D1796102

1 MONTH OF
FREE
READING

at
www.ForgottenBooks.com

By purchasing this book you are eligible for one month membership to ForgottenBooks.com, giving you unlimited access to our entire collection of over 1,000,000 titles via our web site and mobile apps.

To claim your free month visit:
www.forgottenbooks.com/free1048316

ISBN 978-0-365-00879-8
PIBN 11048316

ANNALEN

DER

PHYSIK UND CHEMIE.

BEGRÜNDET UND FORTGEFÜHRT DURCH

F. A. C. GREN, L. W. GILBERT, J. C. POGGENDORFF.

NEUE FOLGE.

BAND XXXIII.

DER GANZEN FOLGE ZWEIHUNDERT NEUNUNDSECHZIGSTER.

UNTER MITWIRKUNG

DER PHYSIKALISCHEN GESELLSCHAFT IN BERLIN

UND INSBESONDERE DES HERRN

H. VON HELMHOLTZ

HERAUSGEGEBEN VON

G. WIEDEMANN.

NEBST SIEBEN FIGURENTAFELN.

LEIPZIG, 1888.

VERLAG VON JOHANN AMBROSIUS BARTH.

Inhalt.

Neue Folge. Band XXXIII.

Erstes Heft.

Geschlossen am 15. December 1887.

Zweites Heft.

Geschlossen am 1. März 1888.

— — —

Nachweis zu den Figurentafeln.

1888. ANNALEN № 1.
DER PHYSIK UND CHEMIE.
NEUE FOLGE. BAND XXXIII.

I. *Ueber eine neue Bestimmung der Grösse „v";*
von F. Himstedt.

(Hierzu Taf. I Fig. 1.)

Die verschiedenen Methoden, welche bisher für die Bestimmung der Grösse „v" (Verhältniss der electromagnetischen und electrostatischen Einheiten der Electricität) benutzt sind, lassen sich in drei Gruppen eintheilen: 1) solche, bei denen man eine Vergleichung der Einheiten für Electricitätsmengen vornimmt (W. Weber und R. Kohlrausch), 2) solche, bei denen man die Einheiten für die electromotorische Kraft vergleicht (W. Thomson, Maxwell, M'Kichan, Shida, Exner), und 3) solche, bei denen man die Einheiten für die Capacität vergleicht[1]) (Ayrton und Perry, Klemenčič, Stoletow, J. J. Thomson, Colley).

Die in electromagnetischem Maasse auszuführenden Messungen sind wohl bei allen drei Gruppen der gleichen und einer genügenden Genauigkeit fähig, dagegen ist hinsichtlich der in electrostatischem Maasse auszuführenden Messungen die dritte Gruppe nach meiner Ansicht den beiden ersten entschieden überlegen, denn die Capacität eines Condensators zu bestimmen, ist eine Aufgabe, die sicher leichter und auch mit grösserer Genauigkeit durchgeführt werden kann, als eine Messung mit dem absoluten Electrometer.[2]) Um so

---

1) Eine Methode, bei welcher man die Einheiten der Widerstände vergleicht, ist von Cohn und Arons Wied. Ann. 28. p. 470. 1886 mitgetheilt, doch liegen noch keine Messungen nach derselben vor.

2) Mit wie grossen Schwierigkeiten genaue Messungen mit dem absoluten Electrometer verbunden sind, erhellt recht deutlich aus den Angaben des Hrn. Exner, Rep. f. Phys. 19. p. 99. 1886. Die Versuche IV—VIII ergeben die Mittelwerthe 0,00327, 328, 323, 324, 321, dabei weichen aber die einzelnen Beobachtungen derselben Versuchsreihe, die

auffallender ist es deshalb, dass gerade die der dritten Gruppe angehörenden Bestimmungen in ihren Resultaten eine sehr wenig befriedigende Uebereinstimmung zeigen. Hierdurch veranlasst, habe ich im vorigen Jahre eine Bestimmung der Grösse „v" veröffentlicht[1]), welche nach der von den Herren Ayrton und Perry, sowie von Hrn. Klemenčič benutzten Methode ausgeführt war und das Resultat des letzteren bestätigte. Ich habe jetzt die Versuche des Hrn. J. J. Thomson wiederholt und dabei einen Werth gefunden, $v = 30{,}08 . 10^9$ cm / sec, welcher von dem des Hrn. Thomson um nahe $1^1/_2$ Proc. abweicht, dagegen mit dem von mir bei der ersten Bestimmung erhaltenen sehr gut übereinstimmt. Auch Hr. Klemenčič hat inzwischen eine zweite Bestimmung nach einer anderen Methode ausgeführt und sehr nahe den früheren Werth wieder gefunden. Es lassen sich demnach jetzt die Versuche der dritten Gruppe folgendermassen zusammenstellen:

Ayrton und Perry[2]) $v = 29{,}41 . 10^9$, Klemenčič[3]) $\begin{cases} v = 30{,}18 . 10^9 \\ v = 30{,}14 . 10^9 \end{cases}$

J. J. Thomson[2]) $\quad v = 29{,}63 . 10^9$, Himstedt $\begin{cases} v = 30{,}074 . 10^9 \\ v = 30{,}0\,41 . 10^9 \end{cases}$

Die Uebereinstimmung in den Resultaten von Ayrton und Perry und J. J. Thomson einerseits, von Klemenčič und mir andererseits[4]) scheint meines Erachtens in Uebereinstimmung mit sonstigen Erfahrungen darauf hinzuweisen, dass die in Frage kommenden Messungen sicher einer Ge-

---

mit derselben Plattendistanz des Electrometers ausgeführt sind, bis zu 3 Proc. von einander ab. Sehr zu bedauern ist übrigens, dass die übrigen Beobachter dieser Gruppe ihre Versuche nicht in extenso mitgetheilt haben.

1) Wied. Ann. 29. p. 560. 1886.
2) G. Wiedemann. Electricität. 4. (2) p. 1004.
3) Klemenčič, Wien. Ber. 93. p. 470. 1886.
4) Ich habe die Versuche des Hrn. Colley hier nicht mit aufgezählt, da diese nach ihm selbst mehr darauf gerichtet gewesen sind, die Brauchbarkeit seiner Methode zu beweisen, als endgültige Werthe zu liefern. Aehnliches gilt von der Untersuchung des Hrn. Stoletow, bei welcher ausserdem die nöthigen Daten fehlen, um eine Reduction auf Ohm vornehmen zu können.

nauigkeit von $^1/_2$ bis $^1/_3$ Proc. fähig sind, und dass die grosse hier zu Tage tretende Differenz von nahe 2 Proc. entweder auf einen principiellen Fehler oder auf ein Versehen in der Anordnung der Versuche zurückgeführt werden muss.

Wenn man nun die Untersuchungen nach dieser Richtung hin betrachtet, so ist es zunächst beachtenswerth, dass die Resultate der mit dem absoluten Electrometer ausgeführten Messungen von M'Kichan und King[1]) $v = 28,92$, Shida[1]) $v = 29,58$, Exner[1]) $v = 29,20$ sehr viel besser mit den Werthen von Ayrton und Perry, resp. J. J. Thomson als mit denen Klemenčič's, resp. den meinigen übereinstimmen. Nun haben Klemenčič und ich Plattencondensatoren benutzt, alle übrigen Beobachter aber Schutzringcondensatoren, resp. Electrometer mit Schutzring, und es liegt deshalb sehr nahe, hierin den Grund für die obige Differenz zu suchen. Allein dem widerspricht, dass Hr. Klemenčič sowohl wie ich bei unseren Versuchen die Gültigkeit der Kirchhoff'schen Formel für Plattencondensatoren innerhalb sehr weiter Grenzen geprüft und bestätigt gefunden haben. Die Correction wegen des freien Randes betrug z. B. bei meinen Versuchen 3 bis 11 Proc. der Gesammtcapacität, und es liess sich in den Resultaten auch nicht der geringste Einfluss hiervon nachweisen.[2]) Ich glaube deshalb nicht, dass durch diesen Umstand sich die obige Differenz wird erklären lassen, doch werde ich versuchen, dies noch durch directe Versuche festzustellen.

Ich möchte aber schon jetzt auf einen anderen Punkt aufmerksam machen, der mir geeignet scheint, möglichenfalls eine Erklärung für jene Differenz zu liefern.

Bei den hier in Frage kommenden Untersuchungen wird v bestimmt mit Hülfe der Relation:

$$v = \sqrt{\frac{C}{\Gamma}},$$

wo C die Capacität des benutzten Condensators in electrostatischem Maasse, Γ die Capacität desselben Condensators

---

1) G. Wiedemann, Electricität. 4. (2) p. 2004.
2) Wied. Ann. **29.** p. 575. 1886.

in electromagnetischem Maasse bezeichnet. Nun wird Γ gefunden, indem der zuvor geladene Condensator durch ein Galvanometer entladen wird; dabei geht aber auch die Ladung der Zuleitungsdrähte, resp. eines Theiles derselben durch das Galvanometer, man bestimmt also auf diese Weise die Capacität des Condensators, vermehrt um die der betr. Zuleitungsdrähte, und muss deshalb von dem gefundenen Werthe die besonders zu bestimmende Capacität der Zuleitungsdrähte in Abzug bringen, ehe man denselben mit der Grösse C vergleicht, d. h. mit der aus den Dimensionen berechneten Capacität des Condensators allein. Berücksichtigt man diese von den Zuleitungsdrähten herrührende Correction nicht, so erhält man für Γ einen zu grossen, mithin für v einen zu kleinen Werth.

Nun haben Hr. Klemenčič und ich die Zuleitungsdrähte in der erwähnten Weise berücksichtigt, und betrug bei ersterem die Capacität der Zuleitungsdrähte im Mittel circa 6 Proc. von der des Condensators. Bei meinen speciell darauf gerichteten Versuchen, diese von der Zuleitung[1]) herrührende Correction so klein als möglich zu machen, ist es mir nicht gelungen, den Betrag unter 3 Proc. herabzudrücken, sodass man also behaupten kann, die Vernachlässigung der Zuleitung würde für v einen um etwa 2 Proc. zu kleinen Werth liefern. In den Arbeiten der Herren Ayrton und Perry und des Hrn. J. J. Thomson findet sich keine Angabe über eine besondere Berücksichtigung der Zuleitung, und da jene Beobachter alle übrigen Messungen detaillirt beschrieben haben, so darf man vielleicht die Vermuthung aussprechen, dass sie diese Correction für zu unbedeutend gehalten und deshalb vernachlässigt haben. Sollte sich diese Vermuthung bestätigen, so würde damit nachgewiesen sein, dass ihre für v gefundenen Werthe zu klein sind, und die oben erwähnte Differenz zwischen ihren Werthen und den von Hrn. Klemenčič und mir gefundenen sich vollkommen erklären lassen.

Ich gehe jetzt dazu über, meine Versuche im einzelnen mitzutheilen.

---

1) Zu der Zuleitung gehört auch der Commutator, mittelst dessen der Condensator abwechselnd geladen und entladen wird.

Die Methode.

Die Methode ist von Maxwell in Electricität und Magnetismus § 776 angegeben. In der Fig. 1 seien AB, BC. CD drei Zweige einer Wheatstone'schen Brücke, deren vierter von einem Condensator K nebst Zuleitungsdrähten und den Quecksilbernäpfen 1 bis 4 eines Stimmgabelunterbrechers gebildet wird. G bezeichnet das Galvanometer, E die Batterie. Schwingen die Stimmgabelzinken gegen einander, so ist die Leitung zwischen 1 und 2 unterbrochen, dagegen zwischen 3 und 4 geschlossen, und der Condensator mit sammt den Zuleitungsdrähten wird geladen. Schwingen die Zinken aus einander, so wird der Contact 3, 4 unterbrochen, dagegen 1, 2 geschlossen, und die Ladungen der Platten und Zuleitungsdrähte können sich durch den Draht AF, dessen Widerstand sehr klein genommen wird, ausgleichen. Macht die Stimmgabel in der Secunde n Schwingungen, und ist $1/n$ klein gegen die Schwingungsdauer der Galvanometernadel, so kann man es durch passende Wahl der Widerstände w_1, w_2, w_3 erreichen, dass die Galvanometernadel keine Ablenkung zeigt. Es besteht dann nach Maxwell die Beziehung:

$$\text{(I)} \qquad n\,\frac{C+\gamma}{v^2} = \frac{w_1}{w_2\,w_3},$$

wo C/v^2 die Capacität des Condensators in electromagnetischem Maasse, γ/v^2 ein von den Zuleitungsdrähten etc. abhängiges Correctionsglied bezeichnet.

Schaltet man jetzt die Condensatorplatten aus und ersetzt w_1 durch einen Widerstand ω von solcher Grösse, dass wieder die Galvanometernadel in Ruhe bleibt, so hat man:

$$\text{(II)} \qquad n\,\frac{\gamma}{v^2} = \frac{\omega}{w_2\,w_3}.$$

Aus (I) und (II) folgt:

$$\text{(III)} \qquad n\,\frac{C}{v^2} = \frac{w_1-\omega}{w_2\,w_3} \quad \text{oder}$$

$$\text{(IV)} \qquad v = \sqrt{\frac{n\,C\,w_2\,w_3}{w_1-\omega}}.\,[1)$$

---

1) Hr. J. J. Thomson benutzte die Formel $v = \sqrt{(n\,C\,w_2\,w_3)/w_1}$, und wenn er hier für C die aus den Dimensionen des Condensators be-

Hr. J. J. Thomson hat darauf aufmerksam gemacht, dass die von Maxwell gegebene Formel nicht streng richtig ist und durch die folgende ersetzt werden muss:

$$(I_a) \quad n\,\frac{C+\gamma}{v^2} = \frac{w_1}{w_2\,w_3}\cdot\frac{1-\dfrac{w_1{}^2}{(w_1+w_2+g)(w_1+w_3+e)}}{\left(1+\dfrac{w_1\,e}{w_2(w_1+w_3+e)}\right)\left(1+\dfrac{w_1\,g}{w_3(w_1+w_2+g)}\right)},$$

wo g der Widerstand des Galvanometers, e der der Batterie ist. Ich habe nach dieser genaueren Formel gerechnet, doch darf ich bemerken, dass bei meinen Apparaten die hieraus für v sich ergebende Correction 0,01 bis 0,03 Proc. betrug.

Der Condensator.

Der Condensator war derselbe Plattencondensator, welchen ich auch zu der ersten Bestimmung verwendet habe.[1]) Den Durchmesser der Platten habe ich von neuem mit dem Comparator gemessen und auf ein von Lingke in Freiberg geliefertes Normalmeter reducirt, das im Frühjahr in der Normalaichungscommission in Berlin mit dem dortigen Normalmeter verglichen war. Das Mittel aus zwei Messungen hat für den mittleren Radius der Platten ergeben:

$$r = 24{,}972 \text{ cm},$$

ein Werth, der mit dem früher gefundenen $r = 24{,}9735$ cm so weit übereinstimmt, dass die Differenz hier gar nicht in Frage kommt.

Die Glasstückchen, welche zwischen die beiden Stahlplatten gelegt wurden, um dieselben voneinander zu isoliren, habe ich nicht von neuem messen können, da ich hier nicht über ein Sphärometer von hinreichender Genauigkeit verfügte. Versuche, die Dicke wenigstens der dünneren Glasplättchen direct mit einem Mikroskop mit Ocularmikrometer zu bestimmen, führten nicht zum Ziel, indem wiederholte Messungen Werthe ergaben, die fast um 1 Proc. voneinander abwichen, also zeigten, dass auf diese Weise die erforderliche Genauigkeit nicht erreicht werden konnte. Dasselbe

---

rechnete Capacität eingesetzt hat, so muss er dadurch für v einen zu kleinen Werth gefunden haben.

1) l. c. p. 563.

Resultat ergaben Versuche, den Abstand der Platten direct mit dem Mikroskop zu messen; auch hierbei waren die Beobachtungsfehler zu gross. Ich habe deshalb für die Dicke der Glasplättchen, die l. c. mitgetheilten Werthe genommen, und habe ferner mich darauf beschränkt, dieses Mal nur mit einer Dicke der Glasplättchen Versuche anzustellen, da ich in meiner früheren Arbeit zur Genüge nachgewiesen zu haben glaube, dass das Endresultat von der Dicke der Plättchen unabhängig, d. h. die Kirchhoff'sche Formel für Plattencondensatoren gültig ist. Die Dicke der benutzten Glasplättchen war früher gefunden.

$$\begin{array}{cccc} \delta_1 & \delta_2 & \delta_3 & \text{Mittel} \\ 0{,}47731 & 0{,}47719 & 0{,}47736 & 0{,}47729. \end{array}$$

Die Glasplättchen wurden in derselben Weise wie bei der früheren Arbeit vor jedem Versuche in heissem Wasser abgewaschen und die Isolirung mit dem Goldblattelectroskop geprüft. Die Aufstellung des Condensators war die gleiche wie früher.

Das Galvanometer.

Das Galvanometer war Wiedemann'scher Construction. Der Glockenmagnet war durch einen Ring aus weichem Eisen der Art astasirt, dass die Schwingungsdauer ca. 14 Secunden betrug, und die Dämpfung nahe aperiodisch war. Die Rollen waren aus 0,1 mm dickem Kupferdraht gewickelt, der mit weisser Seide doppelt umsponnen, und bei dem Aufwickeln durch eine breiige Lösung von Paraffin in Terpentinöl gezogen war. Der Widerstand beider Rollen zusammen betrug 14000 S.-E. bei ca. 18° C.

Die Fussschrauben des Galvanometers ruhten auf kurzen Siegellackstangen. Die Zuleitungsdrähte waren mit Kautschuk überzogen. In der Galvanometerleitung befand sich ein aus Paraffinplatten und Siegellackstangen gefertigter Quecksilbercommutator, der es gestattete, den Strom im Galvanometer unabhängig von der übrigen Stromleitung umzukehren. Die Empfindlichkeit war bei allen Versuchen der Art, dass wenn es durch richtige Abgleichung der Widerstände w_1 w_2 w_3 (cf. p. 5) erreicht war, dass die Galvanometernadel in Ruhe blieb, dann ein Ausschlag von 4—6 mm

erfolgte, wenn einer jener Widerstände um 0,1 Proc. geändert würde. Der Scalenabstand betrug annähernd 4,5 m.

Der Stimmgabelunterbrecher.

Für die Ladung und Entladung des Condensators habe
ich wieder mit bestem Erfolge einen Stimmgabelunterbrecher
benutzt. Die Bügel aus Kupferdraht mit angelötheten feinen
Platinspitzen, welche die Verbindungen zwischen den Quecksilbernäpfen 1, 2, resp. 3, 4 herstellen sollten, waren dabei
wieder auf Siegellackstücken befestigt, die auf die untere,
resp. obere Stimmgabelzinke gekittet waren. Ebenso waren
die Quecksilbernäpfchen aus Glas wieder auf 4—5 cm lange
Siegellackstangen gesetzt, und diese dann auf die Köpfe der
Schrauben gekittet, mit welchen die Näpfchen gehoben und
gesenkt werden konnten. Die Zuleitung zu dem Quecksilber
geschah durch Platindrähte. Von den Enden eines Bügels
z. B. 1, 2 war das eine so lang, dass es ständig ins Quecksilber tauchte, und nur das andere wurde durch die Schwingungen der Gabel abwechselnd eingetaucht und herausge-
hoben.

Die Schwingungszahl der Stimmgabel wurde wieder mit
Hülfe des phonischen Rades bei jedem Versuche in der
früher beschriebenen Weise bestimmt. Die Zahl der Unterbrechungen in einer Secunde konnte durch Laufgewichte von
107 auf 49 herabgedrückt werden.

Die Widerstände.

Die Widerstände waren theils aus 0,1 mm starkem
Nickelindraht, theils aus dickeren Neusilberdrähten hergestellt. Alle Drähte waren doppelt mit weisser Seide umsponnen und bifilar auf Holzröllchen gewickelt. Die Widerstände der einzelnen Rollen betrugen 0,25 bis 20000 S.-E.
Je fünf solcher Rollen waren in ein Glasgefäss mit 2—3 l
Kaiseröl eingesenkt, sodass also nie mehr als 100 000 S.-E.
in einem Gefässe sich befanden. Die Holzrollen waren dabei
an den dicken Zuleitungsdrähten aufgehängt, und diese an
Hartgummiplättchen geschraubt, welche auf dem Holzdeckel
der Art befestigt waren, dass nirgend der Draht mit dem

Holze in Berührung kam. Jeder Zuleitungsdraht endigte in einem Quecksilbergefässe, sodass nie andere als Quecksilbercontacte benutzt wurden. Ich hatte schon bei der ersten Bestimmung eine derartige Anordnung benutzt und habe diese Widerstände auch jetzt sehr bequem gefunden. Die Temperatur lässt sich sehr gut messen und ist ausserordentlich constant. Um kleinere Bruchtheile als 0,25 S.-E. ein- und ausschalten zu können, wurde wieder 1 S.-E. mit einem Kasten von 1—2000 im Nebenschluss benutzt. Alle Widerstandsmessungen sind auf die Siemens'sche Gefässeinheit Nr. 3619 bezogen und für diese der Werth angenommen 1 Ohm = 1,0608 S.-E., wie sich derselbe aus meiner Ohmbestimmung für diesen Etalon ergeben hat. Um die Reduction auszuführen, wurden ein Siemens'scher Universalwiderstandskasten, ein Widerstandskasten 1—5000 S.-E. und ein solcher 1—2000 S.-E. nach den Angaben des Hrn. Dorn[1]) calibrirt und mit diesen dann die einzelnen Rollen verglichen. Diese Bestimmung wurde vor und nach den definitiven Versuchen ausgeführt. Die beiden Bestimmungen lagen nur vier Wochen auseinander, 20. März bis 18. April 1887, und haben vollkommen übereinstimmende Resultate ergeben. Die Temperaturcoëfficienten wurden vorher, 18. December 1886 bis 7. Januar 1887, in der Weise bestimmt, dass die Widerstände einmal gemessen wurden, während sie in einem ungeheizten Zimmer sich befanden, dessen Temperatur Tage lang zwischen 4 und 5° C. sich hielt, das andere mal während sie in einem Tag und Nacht geheizten Zimmer eine Temperatur wenig über 20° C. besassen. Die Siemens'schen Kasten wurden stets nur benutzt bei einer 20° C. sehr nahe liegenden Temperatur.

Die Batterie.

Ich versuchte zuerst, Grove'sche Elemente zu benutzen, allein die aus der Salpetersäure sich entwickelnden Dämpfe machen eine genügende Isolation, ich glaube man darf sagen, geradezu unmöglich. Ich ersetzte deshalb nach Koosen[2])

---

1) Dorn, Wied. Ann. **22.** p. 558. 1884.
2) G. Wiedemann, Electricität. 1. p. 782.

die Salpetersäure durch übermangansaures Kali, die electromotorische Kraft ist hierbei noch grösser als bei Salpetersäure, doch nimmt der Widerstand der Elemente beim Gebrauch sehr schnell zu. Elemente, die unmittelbar nach dem
Zusammensetzen 2 — 3 S.-E. Widerstand hatten, besassen
nach einstündigem Gebrauch einen Widerstand von 8 bis
12 S.-E.

Nun geht in die J. J. Thomson'sche Formel (I$_a$) der
Widerstand der Batterie e ein, jedoch überzeugt man sich
leicht, am einfachsten durch directes Ausrechnen, dass der
Werth des Correctionsgliedes, des zweiten Factors, bei den
von mir benutzten Widerständen w_1 w_2 w_3 sich nur um vollständig zu vernachlässigende Grössen ändert, wenn man für
den Batteriewiderstand Werthe annimmt, die etwa zwischen
300 und 600 S.-E. liegen. Es ist also nicht nöthig, den
Widerstand der Batterie genau zu messen, solange man nur
die Gewissheit hat, dass derselbe jene obere Grenze nicht
weit überschreitet. Ich habe deshalb nur die ersten drei
Versuche mit Grove'schen Elementen und übermangansau-
rem Kali ausgeführt, bei den späteren, wo ich eine grössere
Batterie benutzen musste, wurden grosse Bunsen'sche Chrom-
säureelemente ohne Thonzellen verwendet. Der Widerstand
eines Elementes wurde nie über 3 S.-E. gefunden, sodass der
Widerstand der gesammten Batterie stets unter 250 S.-E. betrug.
Eine vollkommen ausreichende Isolation wurde wieder in
der Weise erreicht, dass die Elementengläser am oberen
Rande mit Paraffin überzogen wurden und der Holztisch,
welcher zur Aufstellung diente, ebenfalls mit einer Paraffin-
schicht bedeckt wurde.

Die Versuche.

Nachdem die Condensatorplatten geputzt, die dazwischen
zu legenden Glasplättchen abgewaschen und mit dem Goldblattelectroskop auf ihre Isolation geprüft waren, wurde der
Stimmgabelunterbrecher in Thätigkeit gesetzt und der Widerstand w_1 so abgeglichen, dass das Galvanometer keinen Ausschlag gab, w_2 und w_3 blieben bei einem Versuche stets
ungeändert. Darauf wurde der Condensator ausgeschaltet,

und ebenso durch einen Vorversuch der Werth von ω (cfr.
Formel II p. 5) gesucht. Nun erst begann die eigentliche
Beobachtung, indem auf einen bestimmten Secundenschlag
das Zählwerk am phonischen Rade eingeschaltet und abwechselnd w_1 und ω bestimmt wurde, ersteres dreimal, letzteres zweimal. Die einzelnen Ablesungen differirten hierbei
nie um 0,1 Proc. voneinander. Bei jeder Bestimmung wurde
die unveränderte Einstellung der Galvanometernadel dadurch
geprüft, dass abwechselnd der Commutator in der Galvanometerleitung und der in der Batterieleitung umgelegt wurde.
Hierauf wurde das Zählwerk am phonischen Rade angehal-
ten und die Temperatur der Widerstände abgelesen. Ein
solcher Versuch dauerte 8 bis höchstens 15 Minuten.

Die Schwingungszahl der Stimmgabel betrug bei den
einzelnen Versuchen 49 bis 107 Schwingungen in der Secunde.
Die Uebereinstimmung der mit so verschiedener Schwingungsdauer erhaltenen Resultate kann als Beweis dienen sowohl
dafür, dass die jedesmalige Contactdauer genügend war, um
eine vollständige Ladung, resp. Entladung des Condensators
zu ermöglichen, als auch dafür, dass die etwa in den Widerständen der Brückenzweige trotz der bifilaren Wickelung
der Widerstandsrollen auftretenden Inductionsströme Zeit
zum Ablauf fanden. Die Widerstände w_2 und w_3 waren, wie
schon erwähnt, zu je 100 000 S.-E. in einem Glasgefässe enthalten. Um nach Möglichkeit zu untersuchen, ob nicht etwa
in dem einen oder anderen Widerstandssatze kleine Isola-
tionsfehler vorhanden wären, wurden bei jedem Versuche
die einzelnen Gefässe umgestellt und für w_3 jedesmal ein
anderes Gefäss benutzt. Auch wurde der Widerstand dieser
beiden Zweige durch Ein-, resp. Ausschalten einzelner Rollen
zwischen den Grenzen 64000 und 165 000 S.-E., resp. 787 000
und 903 000 S.-E. geändert. Der Widerstand w_1 betrug
zwischen 1595 und 5355 S.-E.

In der folgenden Zusammenstellung bezeichnet:
C die nach der Kirchhoff'schen Formel berechnete
Capacität des Plattencondensators,

n die Anzahl der Ladungen, resp. Entladungen in der
Secunde,

w_1 resp. ω und $w_2 w_3$ die Widerstände der drei Zweige der Wheatstone'schen Brücke (cfr. p. 5) in S.-E. E die Anzahl der Elemente.

$$C = 350,204 \text{ cm.}$$

Nr.	n	w_1	ω	w_2	w_3	E	$v \cdot 10^9$
1	107,053	3473,4	351,7	101 140	788 534	50	30,059
2	107,106	3472,5	355,4	101 140	788 534	50	30,089
3	103,278	3358,7	355,3	101 041	787 660	50	30,069
4	103,035	3342,7	355,2	101 041	787 660	50	30,112
5	90,537	2944,2	311,5	101 041	787 660	50	30,070
6	81,509	2651,6	279,8	101 062	787 356	68	30,056
7	68,230	2222,0	236,9	101 072	787 444	68	30,060
8	52,738	1723,4	189,0	101 087	787 788	68	30,066
9	48,831	1595,3	176,1	101 108	787 934	68	30,086
10	99,278	5355,6	565,2	165 072	801 624	88	30,101
11	98,673	2334,7	256,2	68 952	902 693	78	30,088
12	102,552	4510,1	490,5	130 007	837 046	75	30,099
13	102,080	4545,6	490,6	130 007	837 046	75	30,077
14	98,850	4396,8	475,1	130 007	837 046	80	30,103

Mittel 30,081

Als Endresultat dieser Versuche hat sich mithin ergeben:
$$v = 30,081 \cdot 10^9 \ cm/sec,$$
während die früher mit dem Differentialgalvanometer ausgeführten Messungen ergeben hatten:
$$v = 30,074 \cdot 10^9 \ cm/sec.$$
Die fast vollkommene Uebereinstimmung ist natürlich nur Zufall, denn die einzelnen Messungen weichen, wie vorstehende Tabelle erkennen lässt, um fast 0,2 Proc. voneinander ab. Um aber ein Urtheil zu ermöglichen über die erreichte Genauigkeit stelle ich die grössten und kleinsten Werthe hier zusammen, welche bei beiden Bestimmungen erhalten wurden.

	Grösster Werth	Kleinster Werth
1. Bestimmung	$v = 30,132 \cdot 10^9$	$v = 30,032 \cdot 10^9,$
2. „	$v = 30,112 \cdot 10^9$	$v = 30,056 \cdot 10^9.$

Zu bemerken ist dabei noch, dass die beiden Bestimmungen nach verschiedenen Methoden und mit verschiedenen Apparaten ausgeführt wurden.

Darmstadt, October 1887.

II. *Messung der Dielectricitätsconstanten leitender Flüssigkeiten; von E. Cohn und L. Arons.*[1]

Durch eine frühere Untersuchung[2] haben wir gezeigt, wie sich aus der Messung des zeitlichen Verlaufes electrischer Ladungen die Dielectricitätsconstante auch für eine leitende Flüssigkeit bestimmen lässt. Es ergab sich nämlich, dass die beiden Vorgänge, die hier in Frage kommen — die Herstellung der dielectrischen Polarisation und die Leitung — sich einfach superponiren, und dass durch eine geeignete Combination von Beobachtungen die beiden Grössen, welche diese beiden Vorgänge bestimmen, voneinander getrennt werden können: die Dielectricitätsconstante, wie sie definirt ist für einen Isolator aus dem Verhalten ruhender Electricität — und das Leitungsvermögen, definirt aus der stationären Strömung.

Die Leitungsvermögen der untersuchten Flüssigkeiten stiegen auf bis zum Werth $\lambda = 4,5 . 10^{-13}$.[3] Die gefundenen Dielectricitätsconstanten blieben dabei in dem Gebiet der Zahlen, die auch für gute Isolatoren gefunden sind; sie waren sämmtlich kleiner als 5.

Es schien uns von Interesse, die Untersuchung der Dielectricitätsconstante auf besser leitende Flüssigkeiten auszudehnen. Dafür war die bisherige Methode nicht geeignet; denn es wäre nöthig gewesen, wesentlich kleinere Zeiten, als eine Milliontelsecunde zu messen.[4]

Zunächst empfahl sich eine Methode, die für sehr schlecht leitende Substanzen mit Erfolg von Schiller[5] angewandt ist; sie beruht auf der Messung der Oscillationsdauer und Dämpfung der electrischen Schwingungen, welche unter gewissen Bedingungen in einem Leiterkreise entstehen, der durch

---

1) Ueber die Ergebnisse der Untersuchung wurde auf der Naturforscherversammlung in Wiesbaden berichtet.
2) Wied. Ann. 28. p. 454. 1886.
3) Die Leitungsvermögen sind stets auf Quecksilber bezogen.
4) E. Cohn u. L. Arons, l. c. p. 465.
5) Schiller, Pogg. Ann. 152. p. 535 und speciell p. 555 ff. 1874.

einen Condensator aus der fraglichen Substanz geschlossen ist. Sobald man gemäss dem oben Gesagten als bewiesen ansieht, dass Ladung und Leitung unabhängig nebeneinander hergehen, scheint es erlaubt, den Schiller'schen Ansatz für einen Körper von beliebigem Leitungsvermögen zu machen. Die Ausrechnung ergibt dann eine Grenze für die Anwendbarkeit der Methode dadurch, dass mit steigender Leitung die Dämpfung der Schwingungen zunimmt, sodass ihre Beobachtung praktisch unmöglich wird, bis schliesslich die oscillirende Bewegung in eine aperiodische übergeht. Die so durch Rechnung ermittelte obere Grenze für das zulässige Leitungsvermögen lag — gleiche Genauigkeit der Zeitmessungen für beide Methoden vorausgesetzt — erheblich oberhalb der von uns erreichten. Der Versuch, diesen Umstand auszunutzen, ergab aber nicht das erwartete Resultat: bei einem Leitungsvermögen, für welches das Potential noch in wohlausgeprägten Schwingungen hätte verlaufen sollen, änderte es sich thatsächlich in ganz anderer Weise, dem Anschein nach entsprechend der Uebereinanderlagerung einer Wellenlinie mit schnell abnehmenden Amplituden und einer Exponentialcurve. Die Abweichung zwischen Beobachtung und Theorie ist nicht begründet in einer Eigenschaft der Flüssigkeit, die hier gleichzeitig die Rolle des Condensators und des Leiters übernimmt; denn die Erscheinungen verliefen genau ebenso, wenn dieselbe durch einen Luftcondensator und einen Graphitwiderstand — beide nebeneinander geschaltet — ersetzt wurde. Es liegt nahe, die Ursache in der summarischen Art zu suchen, in welcher der Schiller'sche Ansatz die Inductionsrolle als einen Condensator einführt, dessen Platten den Enden der Rolle angefügt sind.[1] Die

---

1) Die Bemerkung, dass dies nur eine Näherung an das wirkliche Verhalten ist, macht schon Schiller, l. c. p. 554. Es würde unseres Erachtens lohnend sein, durch die Rechnung oder den Versuch die Bedingungen aufzusuchen, unter denen die Ungenauigkeit des Ansatzes möglichst geringen Einfluss anf die Resultate hat. Denn die Schiller'sche Methode ist, wo sie überhaupt angewandt werden kann, sehr bequem, und frei von den Fehlerquellen, die fast alle übrigen Methoden in schwer controlirbarer Weise beeinflussen: Leitung und Rückstandsbildung.

Methode erwies sich bei den uns zur Verfügung stehenden
Apparaten thatsächlich nur verwendbar in denselben Grenzen, wie die früher von uns benutzte; so hat sie uns wohl
eine willkommene Controle für Resultate ermöglicht, die
auf anderem Wege gewonnen waren, aber keinen Fortschritt
in der gewünschten Richtung.

Methode der vorliegenden Untersuchung.

Von den Methoden, zu welchen auch die oben erwähnten gehören, bei denen die Dielectricitätsconstante aus der
Beobachtung von Ladungsvorgängen bestimmt wird, sondert
sich scharf eine andere, die auf Kraftmessungen beruht. Das
wohlbekannte Princip derselben lässt sich so aussprechen:
„Wenn ein System von Leitern, die in ein homogenes Medium eingebettet sind, und deren jeder auf gegebenem constantem Potential erhalten wird, eine gegebene Aenderung
seiner Configuration erfährt, so ist die von den electrischen
Kräften geleistete Arbeit proportional der Dielectricitätsconstante des Mediums.“

Dieses Princip ist zuerst von Silow angewandt worden zur Messung der Dielectricitätsconstante gut isolirender
Flüssigkeiten.[1] Silow beobachtete die Ausschläge eines
Quadrantelectrometers, von welchem die Nadel und das eine
Quadrantenpaar mit dem einen, das andere Quadrantenpaar
mit dem anderen Pol einer Volta'schen Kette (Zink und
Kupfer in destillirtem Wasser) verbunden wurde, und welches vollständig mit der zu untersuchenden Flüssigkeit angefüllt werden konnte. Dieser Ausschlag ist, bis auf Correctionen, die durch eine vorgängige Calibrirung leicht zu
ermitteln sind, proportional dem Quadrat der Potentialdifferenz zwischen den Polen der Säule und ferner proportional
der Dielectricitätsconstante des Mediums, welches das Electrometer erfüllt. Ein Versuch mit Luft, ein zweiter mit der
Flüssigkeit ergaben als Verhältniss der beiden Ausschläge
die Dielectricitätsconstante der letzteren.

In dieser Form ist jedoch die Methode nicht brauchbar
für leitende Flüssigkeiten. Wenn man auch die Volta'sche

---

1) Silow, Pogg. Ann. **156**. p. 389. 1875.

Kette durch eine andere von genügend kleinem Widerstand ersetzen würde, um überhaupt Ausschläge von passender Grösse zu erhalten, so würden dieselben doch durch die entstehende Polarisation an Nadel und Quadranten in unregelmässiger und unberechenbarer Weise beeinflusst werden. Silow selbst ist bei dem Versuch, die Dielectricitätsconstante des Alkohols zu bestimmen, zu keinem Resultat gekommen.[1])

Doch liess sich die Methode so abändern, dass sie auch hier zum Ziele führt. — Die constante Kette wurde ersetzt durch die secundäre Rolle eines Inductoriums; auf die Electrometernadel wirkt dann ein periodisch wechselndes Drehungsmoment, das in jedem Augenblick proportional ist dem Quadrat der Potentialdifferenz zwischen den Polen des Inductoriums; und daraus folgt, wenn die Periode des Stromwechsels gegen die Schwingungsdauer der Nadel genügend kurz ist, ein Ausschlag proportional dem Mittelwerth jener Grösse. — Um die Ausschläge auf eine feste Potentialscala zu reduciren, wurden Doppelbeobachtungen in folgender Weise gemacht: Neben das Electrometer, welches die Flüssigkeit aufnehmen konnte und das Flüssigkeitselectrometer (F) heissen mag, war stets ein zweites Electrometer Mascart'scher Construction (M) geschaltet. Seine Theile waren in gleicher Weise mit den Polen des Inductoriums verbunden, wie die von F: Nadel, ein Quadrantenpaar, Gehäuse mit dem einen Pol und zur Erde; das zweite Quadrantenpaar zum anderen Pol. Es mögen heissen:

die Ausschläge von F M,

wenn F Luft enthielt F_0 M_0,

„   „ Flüssigkeit enthielt F_f M_f,

und zwar seien diese Ausschläge bereits auf Grössen reducirt, die den Quadraten der Potentialdifferenzen proportional sind. Dann ist offenbar die Dielectricitätsconstante der Flüssigkeit:

$$\mu = \frac{F_f}{M_f} \bigg/ \frac{F_0}{M_0}.$$

---

1) Silow, l. c. p. 394.

Apparate.

Für die Auswahl des Inductors war geringer Widerstand eine ebenso wesentliche Bedingung, wie hohe electromotori-Kraft. Ganz unbrauchbar für den vorliegenden Zweck sind Inductorien, welche Unterbrechungen im Inneren der Spule besitzen. Wir benutzten ein Helmholtz'sches Schlitten-inductorium mit einer secundären Rolle von 365 S.-E. Widerstand, welches durch Ausziehen der Rolle, eventuell auch durch Einschieben des Eisenkerns, ermöglichte, innerhalb eines grossen Intervalles bequem und schnell jede gewünschte Einstellung der Electrometer zu erreichen. Der Unterbrecher des Apparates war ersetzt durch eine König'sche electro-magnetische Stimmgabel ut_2, bei welcher statt des Queck-silbercontacts ein solcher von Platin auf Platin eingeführt war. Durch Verstellen der Electromagnetpole konnten meh-rere von der natürlichen Schwingungszahl der Stimmgabel verschiedene Unterbrechungszahlen erhalten werden. Der Unterbrecher stand auf einer festen Steinconsole und arbei-tete bei sorgsamer Justirung gleichmässig genug, um den Electrometernadeln für längere Zeit eine feste Einstellung zu geben.

Die cylinderförmigen Quadranten des Flüssigkeitselectro-meters waren isolirt in radialen Schlitzen einer starken Metall-platte verschiebbar, die auf drei Füssen ruhte; an die Platte wurde mittelst Bajonetverschluss der metallene Electrometermantel befestigt. Die Füsse waren so hoch, dass der mit der Flüs-sigkeit gefüllte Mantel bequem unter die Quadranten gescho-ben und sodann senkrecht gehoben werden konnte. In der Mitte trug der Deckel die Aufhängevorrichtung für die Nadel mittelst einer Glasröhre. Die „Nadel", ebenfalls aus zwei Cylinderquadranten bestehend und ziemlich massiv construirt, hing an einem feinen Silberdraht, der gleichzeitig als Zulei-tung diente. Der Widerstand der Suspension betrug 22 S.-E., derjenige zwischen den Electroden des Electrometers bei der bestleitenden der untersuchten Flüssigkeiten 460 S.-E. Durch Verschieben der Quadranten war es möglich, die Empfind-lichkeit des Instrumentes im Verhältniss 1 zu 10 zu variiren.

— Das Innere des Mantels, sowie alle in die Flüssigkeit eintauchenden Theile waren vernickelt.

Beobachtungsverfahren.

Die beiden Electrometer wurden zunächst einzeln in bekannter Weise mittelst einer Volta'schen Säule und Abtheilungen derselben calibrirt. Es ergab sich, dass die Ausschläge α durch ein quadratisches Correctionsglied auf Grössen x reducirt werden konnten, die dem Quadrat des Potentials proportional waren: $x = \alpha + c\,\alpha^2$.

Um diese Calibrirung mittelst constanter Kette für die späteren Beobachtungen mit Wechselströmen verwerthen zu können, mussten aus den von Hallwachs[1]) aufführlich erörterten Gründen die Kettenpole commutirt und aus den beiden Ausschlägen das Mittel genommen werden; für diese Mittelwerthe wurde die oben erwähnte Correction berechnet. Bei der Calibrirung enthielt das Flüssigkeitselectrometer natürlich Luft. Das Mascart'sche Electrometer gab für 60 Volta'sche Elemente ca. 900 mm Ausschlag bei ca. 2,3 m Scalenabstand; die Empfindlichkeit des Flüssigkeitselectrometers war bei der am meisten benutzten Stellung seiner Quadranten $^1/_6$ bis $^1/_7$ von der des Mascart'schen.

Die eigentlichen Messungen wurden in der Art vorgenommen, dass die beiden Electrometer von den beiden Beobachtern gleichzeitig abgelesen wurden, während sie eine feste Stellung bewahrten. Die Beobachtungen für Luft wurden theils mit constanter Kette, theils mit Inductionsstrom gemacht; im ersteren Fall wurde commutirt und das Mittel genommen; dann ergaben die corrigirten Ausschläge in beiden Fällen das gleiche Verhältniss F_0/C_0. Dass dieser Quotient auch für sehr verschiedene Grösse der Ausschläge constant blieb, bildete eine Controle der beiden voneinander unabhängigen Calibrirungen. Den Luftbestimmungen folgten solche für eine Flüssigkeit, welche — mit Inductionsstrom ausgeführt — in gleicher Weise F_f/M_f ergaben. Dann folgten zur Controle wieder Beobachtungen der ersten Art. Die Calibri-

---

1) **Hallwachs**, Wied. Ann. **29.** p. 1. 1886.

rungen wurden ebenfalls mehrfach wiederholt. Durch das
Einfüllen und Entleeren der Flüssigkeit erlitt das Electrometer F mehrmals dauernde Aenderungen seiner Ruhelage,
offenbar verursacht durch permanente Torsion des sehr dünnen
Aufhängedrahtes. Damit waren verbunden kleine Aenderungen
im Verhältniss F_0/M_0 und im Werthe des Correctionsfactors
c für F. Die hierdurch entstehende Unsicherheit kann in
den Resultaten Fehler bis zu 1 % hervorrufen.

Neben diesen Messungen wurden noch die specifischen
Widerstände der untersuchten Flüssigkeiten mittelst alter-
nirender Ströme, Brücke und Dynamometer bestimmt. Die
Flüssigkeiten befanden sich dabei entweder zwischen zwei
nahen Platten in flachen cylindrischen Gefässen, wo dann
die „Widerstandscapacität" des Systems aus ihrer gemessenen
Condensatorcapacität berechnet wurde, oder im Electrometer
selbst, dessen Widerstandscapacität mit derjenigen der vor-
erwähnten Anordnung verglichen war. Diese Bestimmungen
hatten nur den Zweck, die Grössenordnung des Leitungsvermögens festzulegen; sie mögen Fehler bis zu 10 % enthalten.

Resultate.

Unsere Apparate in ihrer gegenwärtigen Form erlaubten
uns, bis zu einem Leitungsvermögen $\lambda = 16.10^{-10}$ vorzudringen,
d. h. bis zu ca. dem 3400 fachen des äussersten Werthes, für
den wir bei unserer früheren Untersuchung noch die Dielectricitätsconstanten messen konnten. Diese Zahl bedeutet
aber keineswegs die Grenze für die Methode selbst; es lässt
sich vielmehr voraussehen, dass man durch zweckmässige Abänderungen der Instrumente und des Beobachtungsschemas
erheblich weiter kommen wird. Von der bis jetzt erreichten
Grenze erhält man eine Anschauung durch die Bemerkung,
dass es sich um ein Leitungsvermögen handelt gleich dem
einer Kochsalzlösung, die in einem Liter Wasser ca. 1 cg
NaCl enthält. F. Kohlrausch[1]) hat Salzlösungen bis zur
ca. 16 fachen Verdünnung und dem entsprechend dem 16 fachen
Widerstand auf ihr Leitungsvermögen untersucht. Wir befinden uns also bereits im Gebiet wohlcharakterisirter Leiter.

---

1) F. Kohlrausch, Wied. Ann. **26.** p. 195. 1885.

Es ergaben sich folgende Dielectricitätsconstanten:

1) **Destillirtes Wasser.** — Die untersuchten Proben hatten ein sehr verschiedenes Leitungsvermögen. Destillirtes Wasser aus dem Vorrathsballon des Instituts gab zunächst, im Electrometer selbst auf seinen Widerstand untersucht:

$$\mu = 74,9 \text{ und } \lambda = 11 . 10^{-10}.$$

Einige Zeit später:

$$\mu = 77,9 \text{ und } \lambda = 11 . 10^{-10}.$$

Es blieb im Electrometer und gab am nächsten Tag:

$$\mu = 76,4 \text{ und } \lambda = 16 . 10^{-10}.$$

Anderes Wasser, sorgfältiger destillirt und frisch ins Electrometer gefüllt, ergab:

$$\mu = 75,3 \text{ und } \lambda = 3,4 . 10^{-10}.$$

Die Ausschläge M_f konnten bei diesen Beobachtungen nur klein sein, wenn die gleichzeitigen Ausschläge F_f in den zulässigen Grenzen bleiben sollten. Wir fügen zur Erläuterung die Daten bei, aus denen der letzte Werth von μ berechnet wurde. Es war in aufeinander folgenden Beobachtungen:

F_f	375	855	565	539	
M_f	31	69	47	44,5	
F_f/M_f	12,1	12,4	12,0	12,1	im Mittel 12,15.

Vorher war bestimmt worden $M_0/F_0 = 6,20$. Daraus: $\mu = 12,15 . 6,20 = 75,3$.

Dasselbe Wasser wurde nochmals untersucht, nachdem die Empfindlichkeit des Flüssigkeitselectrometers durch möglichst weites Herausziehen der Quadranten auf ihren kleinsten Werth gebracht war. Das Verhältniss F_f/M_f sank dadurch auf 4,97, sodass nun entsprechend grössere Werthe M_f beobachtet werden konnten. Gleichzeitig stieg aber natürlich der Quotient M_0/F_0, und zwar auf 15,9, sodass dem grössten M_0, welches zu beobachten war, jetzt nur noch ein Werth $F_0 = 63$ entsprach. Es ergab sich:

$$\mu = 4,97 . 15,9 = 79,0 \text{ bei } \lambda = 3,4 . 10^{-10}.$$

Die Abweichungen zwischen den Resultaten liegen in den Grenzen der Beobachtungsfehler. Es folgt:

Destillirtes Wasser hat eine Dielectricitätsconstante $\mu = 76$ mit einem zulässigen Fehler von höch-

stens 5 Proc. Diese Dielectricitätsconstante ist
innerhalb der Genauigkeitsgrenze der Messungen
unabhängig von den Mengenverhältnissen kleiner
Verunreinigungen, selbst wenn durch dieselben das
Leitungsvermögen auf das Fünffache gesteigert wird.

2) Aethylalkohol von 98 Proc. zeigte eine Dielectricitätsconstante:

$$\mu = 26,5 \text{ bei gleichzeitigem } \lambda = 2,3 \cdot 10^{-10}.$$

Wir setzten demselben eine Spur Chlorammonium zu und
erhielten nun:

$$\mu = 26,0 \text{ und } \lambda = 6,7 \cdot 10^{-10}.$$

Eine Lösung von stärkerem Chlorammoniumgehalt ergab:

$$\mu = 26,9 \text{ und } \lambda = 12 \cdot 10^{-10}.$$

Für ein neues Quantum des unvermischten Alkohols fand
sich dann:

$$\mu = 26,0 \text{ und } \lambda = 2,3 \cdot 10^{-10}.$$

Wir schliessen: Die Dielectricitätsconstante des
98-procentigen Alkohols ist 26,5 mit einem Fehler,
der keinesfalls 5 Proc. erreicht. Auf den Werth der
Dielectricitätsconstante übt es keinen Einfluss,
wenn dem Alkohol Salzmengen zugesetzt werden,
die sein Leitungsvermögen auf den fünffachen Betrag steigern.

Wir wünschten die Dielectricitätsconstante des absoluten
Alkohols kennen zu lernen. Es hätte aber grosse Schwierigkeiten gemacht, unter den Bedingungen des Versuchs mit
sehr wasserarmem Alkohol zu arbeiten. Wir versuchten
deshalb, die fragliche Grösse durch Extrapolation zu gewinnen. Zu dem bereits untersuchten Alkohol wurde ein
Zusatz von weiteren 2 Proc. Wasser gemacht. Es fand sich
$\mu = 26,5$ und am nächsten Tage $\mu = 27,5$ bei $\lambda = 2,4 \cdot 10^{-10}$.
Die Abweichung zwischen diesen beiden Zahlen kann nicht
auf Beobachtungsfehlern beruhen; sie muss vielmehr durch
eine thatsächliche Veränderung innerhalb der Mischung veranlasst sein. Zeitliche Aenderungen im electrischen Verhalten von Alkohol-Aether-Mischungen, denen keine Aende-

rungen ihrer übrigen Eigenschaften entsprachen, hat Pfeiffer[1])
beobachtet und discutirt.

Wir können nur constatiren, dass sicher messbare Unterschiede zwischen den Dielectricitätsconstanten des 98-pro-
centigen und des 96-procentigen Alkohols nicht vorhanden
waren, und wir glauben, mit einem hohen Grad von Wahrscheinlichkeit schliessen zu können: Die Dielectricitätsconstante des absoluten Alkohols weicht nicht um
mehr als 5 Proc. von dem Werth $\mu = 26{,}5$ ab. — Wir
führen noch an:

3) **Amylalkohol.**
$$\mu = 15 \text{ bei } \lambda = 0{,}16 . 10^{-10}.$$
Doch ist die Zahl aus den ersten noch mangelhaften Beobachtungen gewonnen, sodass die Fehlergrenze hier eine etwas
weitere sein mag.

Zur Prüfung der Instrumente wurden ferner zwei gute
Isolatoren untersucht:

4) **Petroleum.**
$$\mu = 2{,}04 \quad \sqrt{\mu} = 1{,}43.$$
Die Brechungsexponenten desselben Petroleums für die Wasser-
stofflinien ergaben sich für:
$$H_\alpha : 1{,}444; \quad H_\beta : 1{,}452; \quad H_\gamma : 1{,}459.$$
Der Werth von μ stimmt überein mit den von anderen
Beobachtern, unter ihnen von Silow[2]) nach der gleichen Me-
thode, erhaltenen, und mit der Maxwell'schen Theorie.

5) **Xylol** aus zwei verschiedenen Lieferungen:
$$\mu = 2{,}39 \text{ und } \mu = 2{,}36. [3])$$
Es wurden noch bestimmt:

6) Die Dielectricitätsconstanten von fünf Mischungen
von Xylol und Aethylalkohol, aufsteigend bis zu 50 Vo-
lumprocenten des letzteren. Die beobachteten Werthe μ und
λ sind in der folgenden Tabelle enthalten, in welcher x den
Alkoholgehalt in Volumtheilen der Mischung bedeutet; die
Constanten für Xylol und für Alkohol selbst sind nochmals
beigefügt.

1) Pfeiffer, Wied. Ann. **26.** p. 235 f. 1885.
2) Silow, Pogg. Ann. **158.** p. 312. 1876: $\mu = 2{,}037$.
2) Siehe hierzu den folgenden Aufsatz.

x	0,0	0,09	0,17	0,30	0,40	0,50	1,0
$\lambda \cdot 10^{12}$	$< 10^{-4}$	0,03	0,4	14	41	98	230
μ beobachtet. . .	2,36	3,08	3,98	7,08	9,53	13,0	26,5
μ berechnet nach a	—	2,92	4,22	7,56	10,85	14,4	—
μ berechnet nach b	—	4,33	6,46	9,60	12,02	14,4	—

Wir legen den beobachteten Zahlen geringen Werth bei, da die Mischungen sich stets langsam veränderten, — in dem Sinn, welcher einer Aenderung der Zusammensetzung durch schnellere Verdunstung des Alkohols entsprach. Immerhin zeigen sie eine bemerkenswerthe Eigenschaft: bei den ersten Zusätzen von Alkohol zum reinen Xylol ändert sich die Dielectricitätsconstante sehr langsam, — im Gegensatz zu dem Verhalten des Leitungsvermögens, das hier wie in anderen Fällen gerade durch die ersten Beimengungen eine rapide Steigerung erfährt. — Bezeichnet man die Dielectricitätsconstante des Xylols mit μ_1, des Alkohols mit μ_2, so stellen sich die Beobachtungen leidlich dar durch den Ansatz:

(a) $\quad \dfrac{\partial \mu}{\partial x} = \text{const.} \, x.(1-x)$, woraus $\mu = \mu_1 + (\mu_2 - \mu_1) x^2.(3 - 2x)$,

während die Annahme:

(b) $\quad \dfrac{\partial \mu}{\partial x} = \text{const.}$, folglich: $\mu = \mu_1 (1-x) + \mu_2 x$

Abweichungen ergibt, welche die möglichen Beobachtungsfehler weit übersteigen. (Vergleiche die beiden letzten Zeilen der Tabelle.)

An die gewonnenen Resultate knüpfen sich folgende Bemerkungen:

a) Zunächst müssen die hohen Werthe auffallen, die sich in aufsteigender Linie für die Dielectricitätsconstanten des Amylalkohols, Aethylalkohols und Wassers ergeben haben. Dieselben fallen selbst der Grössenordnung nach vollkommen aus der Reihe der bisher für diese Constanten gefundenen Zahlen heraus.

b) Die Maxwell'sche Beziehung zwischen Dielectricitätsconstante und Brechungsexponenten, die sich für eine Reihe isolirender und sehr schlecht leitender Substanzen bewährt hat, ist hier auch nicht annähernd erfüllt. Die Abweichungen sind bei weitem auffallender, als bei Glas und bei den fetten Oelen, für welche sie bereits früher constatirt sind. [1])

c) Die auffällig hohen Werthe der Dielectricitätsconstanten sind gefunden worden für Substanzen, die zugleich ein weit höheres Leitungsvermögen besitzen, als diejenigen, für welche man bisher Dielectricitätsconstanten bestimmt hat. Die Untersuchung zeigt aber gleichzeitig[2]), dass beide Werthe durchaus unabhängig von einander sind. Die zufälligen Verunreinigen des Wassers, die sein Leitungsvermögen auf das Fünffache bringen, ändern seine Dielectricitätsconstante nicht merkbar, d. h. sicher nicht um 5 Proc. Dasselbe gilt von den absichtlichen Zusätzen von Salz zum Aethylalkohol.

Der Alkohol und die alkoholischen Salzlösungen umspannen das Gebiet von $\lambda . 10^{10} = 2,3$ bis 12; die verschiedenen Proben destillirten Wassers dasjenige von 3,4 bis 16, das sich mit dem vorigen zum grössten Theil deckt. Gleichwohl ist die Dielectricitätsconstante der zweiten Gruppe dreimal so gross als die der ersten.

d) Dass das Verhältniss λ/μ von Leitungsvermögen und Dielectricitätsconstante für die verschiedenen Körper von sehr verschiedener Grössenordnung sein muss, ergibt sich übrigens aus der einfachen physikalischen Bedeutung dieses Quotienten. Er ist nämlich ein Maass der Geschwindigkeit, mit welcher in der betrachteten — homogenen und isotropen — Substanz bestehende Potentialdifferenzen sich ausgleichen, oder allgemeiner gesagt, bei gegebenen constanten äusseren Kräften gegen ihren festen Endwerth convergiren. In Formeln: der Körper sei vollständig durch zwei Niveauflächen begrenzt, zwischen denen zur Zeit t die Potentialdifferenz E bestehe; für $t = 0$ sei $E = E_0$; es mögen ferner constante äussere electromotorische Kräfte wirken, denen ein stationärer Zustand $E = E_1$ entspricht. Die Capacität des Systems sei c, sein Widerstand w; dann ist:

1) Versuche, für die letztgenannten Substanzen Theorie und Beobachtung zu versöhnen, s. bei Hopkinson Phil. Mag. (5) 13. p. 242. 1882 und British Association-Report für 1886 p. 309. Beibl. 6. p. 496; 11. p. 475.

2) Wie auch die frühere Untersuchung ergab; s. Wied. Ann. 28. p. 475. 1886.

$$E - E_1 = (E_0 - E_1)e^{-\frac{t}{cw}}.$$

Es ist aber stets: $cw = \mu/4\pi\lambda$, folglich ist $T = \mu/4\pi\lambda$ die Zeit, in welcher — unabhängig von der Form des Körpers — die ursprüngliche Differenz zwischen dem Potential E und seinem Endwerth auf $1/e$ ihres Betrages abgesunken ist.[1]

Diese Zeit entspricht für den electrischen Zwangszustand genau der Grösse, welche Maxwell als „Relaxationszeit" in die Betrachtung der mechanischen Zwangszustände eingeführt hat.[2] Es mag gestattet sein, sie als „electrische Relaxationszeit" für die betreffende Substanz zu bezeichnen. Diese Grösse erscheint, obwohl sie aus zwei anderen, längst eingeführten sich einfach ableitet, der besonderen Betrachtung deshalb werth, weil sie, — in derselben Weise, wie die Fortpflanzungsgeschwindigkeit einer electrischen Gleichgewichtsstörung, und im Gegensatz zu allen anderen electrischen und magnetischen Constanten der Körper, wie Leitungsvermögen, Magnetisirungsconstante, Verdet'sche Constante, — eine Grösse ist, deren Dimensionen wir kennen. Sie erscheint nicht nur in unseren electrischen Maasssystemen als eine Zeit, sondern ist thatsächlich eine Zeit und kann in Secunden angegeben werden, sobald λ und μ in demselben einheitlichen Maasssystem gemessen sind. Sie beträgt z. B. für Ricinusöl nach den von uns gefundenen Daten[3] etwa 0,5 Sec., für unser bestleitendes Wasser[4] etwa $4 \cdot 10^{-7}$ Sec.

Dass diese „Relaxationszeit" für verschiedene Körper von sehr verschiedener Grössenordnung ist, zeigt schon die alltäglichste Erfahrung: in Luft kann sie wegen ihrer Grösse, in Metallen wegen ihrer Kleinheit nicht gemessen werden. Im allgemeinen wächst zwar mit dem Uebergang von schlechteren zu besseren Leitern auch die Di-

---

1) Dabei ist abgesehen von der Verzögerung durch Inductionswirkungen, die ja nicht durch die Substanz allein, sondern auch durch die Form des Körpers und durch Substanz, Form und Lage anderer Körper bedingt ist.

2) Maxwell, Phil. Mag. 35. p. 129. 1868. u. Treatise § 111.

3) Wied. Ann. 28. p. 474. 1886; für das Leitungsvermögen des Quecksilbers ist dabei $9{,}5 \cdot 10^{15}$ sec^{-1} zu setzen.

4) S. oben p. 20.

electricitätsconstante, aber ihre Aenderungen sind so ausserordentlich klein gegenüber denen des Leitungsvermögens, dass, so weit unsere Erfahrungen reichen, die Grössenordnung des Quotienten λ/μ stets wesentlich durch die Grössenordnung von λ bestimmt ist. Im besondern ergibt sich, dass die Dielectricitätsconstante metallischer Leiter nicht unendlich gross sein kann (— dass der theoretische Schluss, sie müsse unendlich gross sein, ein Trugschluss ist, ist bereits an anderer Stelle gezeigt[1]) —); denn λ ist eine endliche messbare Grösse, und der Quotient $\mu/4\pi\lambda$ ist nicht nur nicht unendlich gross, sondern sogar unmessbar klein. Nach dem oben Gesagten werden wir annehmen müssen, dass er noch sehr klein ist gegen den Werth, den derselbe Quotient für die hier untersuchten schlecht leitenden Flüssigkeiten hat.

e) Durch weitere Ausbildung der hier dargestellten Methode wird man zu Electrolyten von höherem Leitungsvermögen vordringen können. Uns scheinen weitere Untersuchungen in zwei Richtungen Interesse zu bieten. Es wären 1) wässerige oder alkoholische Lösungen bis zu möglichst hohem Salzgehalt zu prüfen und die Beziehung zwischen dem letzteren und der Dielectricitätsconstante aufzusuchen; 2) die Dielectricitätsconstante möglichst vieler chemisch gut definirter Substanzen festzulegen, um zu erkennen, ob auch hier Gesetzmässigkeiten existiren von der Art, wie sie bezüglich mancher anderen physikalischen Constanten zwischen ähnlich constituirten Körpern bestehen.

Mögliche Einwände und Controlversuche.

In den durchaus unerwarteten Resultaten der Beobachtungen sahen wir einen Anlass, die Methode so viel wie möglich zu controliren und die Versuchsbedingungen nach allen Richtungen zu verändern.

Es fragt sich zunächst, ob die Grundlagen der Rechnung, durch welche die Dielectricitätsconstante aus den Beobachtungen abgeleitet wurde, richtig sind. Sei V das Potential des einen Quadrantenpaares — das des anderen Paares, der

---

1) Wied. Ann. 28. p. 455. 1886.

Nadel und der Hülse ist stets gleich Null —, c seine Capacität, ϑ das Azimuth der Nadel, μ die Dielectricitätsconstante der Flüssigkeit, bezeichne endlich $\overline{V^2}$ den Mittelwerth von V^2 während einer Periode des Stromes. Dann ist μ berechnet unter der Voraussetzung, dass:

$$(1) \qquad \cdot D = \frac{1}{2} \mu \overline{V^2} \frac{\partial c}{\partial \vartheta}$$

das Drehungsmoment sei, das auf die Nadel im Sinne der wachsenden ϑ wirkt, und dem die Torsion des Aufhängedrahtes das Gleichgewicht hält. (Als positiver Drehungssinn mag derjenige festgesetzt werden, welcher die Nadel dem entgegengesetzt geladenen Quadrantenpaar nähert; dann ist D eine positive Grösse.)

D ist thatsächlich der vollständige Ausdruck des Drehungsmomentes, wenn das Dielectricum vollkommen isolirt und die Oberflächen der Electrometertheile mit ruhender Electricität geladen sind. Ausser diesem electrostatischen Drehungsmoment wirkt aber in unserem Falle noch ein electrodynamisches. Seine Grösse ist in der Richtung der wachsenden ϑ:

$$(2) \qquad D_1 = \tfrac{1}{2} \overline{i^2} \frac{\partial p}{\partial \vartheta} = \tfrac{1}{2} \overline{V^2} \cdot \frac{1}{w^2} \frac{\partial p}{\partial \vartheta},$$

wenn i die Stromintensität, w der Widerstand der Flüssigkeit zwischen den Electrometerelectroden und p der Selbstinductionscoëfficient des Stromkreises ist. — Die Kräfte, welche der Strom auf seinen eigenen Träger ausübt, suchen den Stromkreis auszuweiten; sie werden daher in unserem Falle die Nadel aus dem entgegengesetzt geladenen Quadrantenpaar, zu welchem die Strömung übergeht, heraustreiben; d. h. bei unserer Festsetzung über das Vorzeichen, welche D positiv macht, wird D_1 negativ. Wenn also D_1 einen merklichen Einfluss hat, so kann hierdurch die Dielectricitätsconstante nur zu klein bestimmt sein.

Eine Reihe von Beobachtungen zeigt aber, dass die electrodynamische Wirkung überhaupt nicht merklich war.

Zunächst ergaben Versuche mit der nämlichen Substanz die nämliche Dielectricitätsconstante, wenn auch durch Veränderung der Ausschläge und der Quadrantenstellung die Form des flüssigen Leiters geändert wurde. Die Vergleichung

von (1) und (2) zeigt, dass dieses Resultat, falls das electrodynamische Glied nicht verschwindet, nur erhalten werden
konnte, wenn $\partial c/\partial \vartheta$ und $\partial p/\partial \vartheta$ bei allen Formänderungen
des flüssigen Leiters stets dasselbe Verhältniss bewahrt hätten.
— Zu dem Schluss, dass D_1 gegen D verschwindet, gelangt
man ferner durch die übereinstimmenden Resultate, welche
die Messungen an Wasser von verschiedener Reinheit und
an Aethylalkohol von verschiedenem Salzgehalt lieferten,
obwohl die Leitungsvermögen im Verhältniss von $1:\sqrt{22}$,
resp. $1:\sqrt{27}$ variirten. Gl. (2) zeigt nämlich, dass D_1 proportional dem Quadrat des Leitungsvermögens wächst; hätte
es also z. B. bei dem am schlechtesten leitenden Wasser
einen Fehler von 5 Proc. in der Bestimmung von $\mu = 76$
veranlasst, so müsste bei dem am besten leitenden Wasser
der wahre Werth der Dielectricitätsconstante mehr als 150
betragen haben, damit die Beobachtung wieder wie zuvor
$\mu = 76$ liefern konnte. Die letztere Annahme widerspricht
aber auch unseren früheren Erfahrungen[1]), dass procentisch
geringe Zusätze, welche das Leitungsvermögen unter Umständen erheblich ändern, auf die Dielectricitätsconstante nur
einen verschwindenden Einfluss haben.[2]) Wir sind also zu
der Behauptung berechtigt, dass das electrodynamische Glied D_1
überhaupt keine merkliche Grösse hatte.

Ausser dem bisher besprochenen Einwand, der in der
Theorie des Versuchs selbst seine Begründung findet, machte
sich eine Reihe weiterer Bedenken geltend, die weniger genau
formulirt werden können.

In der Flüssigkeit konnten mechanische Strömungen
entstehen und die Nadel in Bewegung setzen. Wenn solche
auf die Messungen Einfluss hatten, so müsste ihre Wirkung,
damit die Beobachtung gleichwohl constante Werthe für μ
liefern konnte, nothwendig 1) dem Quadrat der Potentialdifferenz proportional sein, unabhängig von der Intensität
der electrischen Strömung und 2) in derselben Weise von
der Form der Flüssigkeit abhängen, wie das gesuchte elec-

---

1) Wied. Ann. 28. p. 475. 1886.
2) In Uebereinstimmung hiermit sind die jetzigen Beobachtungen an
Xylolalkoholgemischen s. oben p. 22.

trostatische Drehungsmoment. Denn anderenfalls wird sie durch dieselben Versuche ausgeschlossen, wie die electrodynamische Wirkung. Gegen solche mechanische Störungen spricht ferner, dass die Nadel bei constanter Potentialdifferenz, gemessen am Mascart'schen Electromoter, eine feste Stellung einnahm.[1])

Es trat ferner die Frage auf, ob die Ausschläge beider Electrometer, die sehr verschiedene Schwingungsdauer besassen, von demselben Mittelwerth von V^2 abhängen. Sie wird erledigt durch die obige Bemerkung, dass der Quotient F_0/M_0 (für Luft) gleich ausfiel, mochte man mit constanter Kette oder mit Inductionsströmen arbeiten. Bei den Beobachtungen mit Flüssigkeit, wo der Gebrauch constanter Ketten nicht gestattet war, haben wir wenigstens die Unterbrechungszahl des Inductors geändert, wobei ebenfalls F_f/M_f unverändert blieb. Diese letzteren Versuche beweisen zugleich, dass auch bei den langsamsten der angewandten Wechselströme ein Einfluss etwaiger Polarisation nicht mehr zu bemerken war. Sobald man dagegen eine constante Kette ansetzte, erhielt man im Flüssigkeitselectrometer unregelmässig schwankende und stets zu kleine Ausschläge.

Um sicher zu sein, dass nicht etwa im Fall schlecht leitender Flüssigkeiten die electrischen Wellen des Inductoriums in die schnellen Eigenschwingungen des Stromkreises aufgelöst würden, — wo dann die Aenderung der Unterbrechungszahl ohne Wirkung gewesen wäre — wurde in zahlreichen Versuchen neben die Electrometer noch ein me-

---

1) Bei dem Versuche, unsere Beobachtungen auf Aether und ätherische Salzlösungen auszudehnen, haben wir dagegen den störenden Einfluss solcher Strömungen erfahren. Wenn F reinen Aether enthielt, so war eine feste Ruhelage und Einstellung der Nadel nur zu erreichen, indem der Beobachtungsraum auf sehr niedriger Temperatur erhalten wurde. Wenn aber durch Zusatz von $SbCl_3$ dem Aether ein Leitungsvermögen etwa gleich dem unseres Alkohols gegeben wurde, so erhielt man zwar durch dieselbe Vorsichtsmassregel auch noch eine beständige Ruhelage; sobald jedoch nur kurze Zeit der Strom hindurchgegangen war, gerieth die Nadel in vollkommen unregelmässige Schwingungen, die jede Möglichkeit einer Beobachtung ausschlossen.

tallischer Widerstand von ca. 8000 S.-E. geschaltet. Dies
änderte nichts an den Resultaten.

So war schrittweise an den benutzten Instrumenten und
Anordnungen alles variirt worden, mit Ausnahme der Inductionsrolle. Auch diese wurde in einigen Versuchen, ersetzt
durch eine Rolle mit zwei Windungsreihen, die theils einzeln,
theils hintereinander benutzt wurden. Der Selbstinductionscoëfficient des Stromkreises wurde dabei im ganzen im Verhältniss 1:4 verändert. Die Verhältnisse der Electrometer-
ausschläge blieben stets dieselben.

Endlich haben wir die Methode in möglichst weitem
Umfange direct geprüft durch Vergleichung mit anderen
principiell verschiedenen Methoden. Dazu mussten solche
gewählt werden, welche noch für möglichst gut leitende Substanzen die Bestimmung der Dielectricitätsconstante gestatten;
es sind dies die beiden in der Einleitung erwähnten: die
früher von uns benutzte und die Schiller'sche. Zunächst
wurden die drei Methoden für einen guten Isolator verglichen,
für Xylol. Sie gaben in genauer Uebereinstimmung am gleichen Material:

die neue (aus Kraftmessungen) $\mu = 2{,}36$
die alte (aus Ladungszeiten) . 2,37 [1]
die Schiller'sche . . . . . 2,36.

Sodann wurde durch Mischen von Xylol und Alkohol
eine Flüssigkeit hergestellt von so hohem Leitungsvermögen,
dass sie gerade noch sicher mit den beiden älteren Methoden
untersucht werden konnte. Während der Untersuchung, die
zwei Tage in Anspruch nahm, und bei welcher die Flüssigkeit sich zeitweise in flachen offenen Gefässen befand, sank
ihr Leitungsvermögen beträchtlich; mit dieser Veränderung
war, wie auch frühere Versuche gezeigt hatten (vgl. oben
p. 23), ein freilich sehr viel geringeres Sinken der Dielectricitätsconstante verknüpft. Beide Aenderungen entsprachen
einem allmählich abnehmenden Gehalt an dem niedriger
siedenden Bestandtheil. Es ergab sich nacheinander mittelst

---

1) Siehe hierzu den folgenden Aufsatz.

der neuen   Methode $\mu = 3{,}51$ bei gleichzeitigem $\lambda = 38 \cdot 10$ [14]
„ Schiller'schen „   3,41 „   „   26
„ alten   „   3,32 „
„ neuen   „   3,31 „   „   }19.

Auch hier stimmen die Methoden so gut überein, wie nur erwartet werden durfte.

Für diesen Körper also gibt die neue Methode sicher noch richtige Werthe. Für besser leitende Flüssigkeiten kann sie durch bisher bekannte Methoden nicht controlirt werden. Will man annehmen, dass sie für diese nicht mehr die wahren Dielectricitätsconstanten liefert, so müsste der Fehler auf irgend welche Art durch das verbesserte Leitungsvermögen bedingt sein. Dass das letztere aber an sich die Resultate nicht fälscht, ist oben bewiesen.

Wir schliessen demnach: dass die p. 20—22 gegebenen Werthe der Dielectricitätsconstanten durch constante Fehler nicht entstellt sind.

Strassburg i. E., Phys. Inst. d. Univ.

III. *Nachtrag zu dem Aufsatz:*
„Leitungsvermögen und Dielectricitätsconstante";
von E. Cohn und L. Arons.[1])

Die in dem genannten Aufsatz p. 474 als Dielectricitätsconstanten μ und Leitungsvermögen λ aufgeführten Zahlen bedürfen, wie bereits a. a. O. p. 461 und 473 erwähnt ist, einer Correction. Dieselbe ist, wie sich nun herausgestellt hat, erheblicher, als dort angenommen wurde. Wir geben daher für diejenigen der damals untersuchten Körper, welche chemisch definirt sind — Xylol und Ricinusöl —, die corrigirten Werthe μ und den Weg, auf dem sie ermittelt sind. Auf die im genannten Aufsatz gezogenen Schlüsse hat die Aenderung keinen Einfluss.

---

1) E. Cohn u. L. Arons, Wied. Ann. **28**. p. 454. 1886.

Wir wurden auf den Fehler dadurch aufmerksam gemacht, dass eine andere Messungsmethode[1]) für die Dielectricitätsconstante des Xylols ergab: $\mu = 2,36$, während wir
früher gefunden hatten: $\mu = 2,23$. Eine wiederholte Bestimmung an dem jetzigen Material nach der älteren Methode
und mit der damals benutzten Versuchsanordnung gab wiederum 2,22. Es entstand der Verdacht, dass damals die
„Capacität der Zuleitung" unterschätzt worden sei. Ein Versuch bestätigte dies[2]): die Bestimmung wurde wiederholt mit
dünneren Trennungsplättchen zwischen den Platten des Condensators; der Quotient c_f/c_0 der Capacitäten bei Füllung mit
Flüssigkeit und mit Luft fiel jetzt grösser aus. Die Anordnung wurde darauf so abgeändert, dass die nicht auf festem
Potential gehaltene — innere — Condensatorplatte mit dem
als Zuleitung dienenden Stab sich vollständig in der Flüssigkeit befand, die Capacität der weiteren Zuleitung aber mit
der des Electrometers bestimmt und so subtractiv in Rechnung gebracht wurde. Es wurde wieder mit zwei verschiedenen Plattenabständen beobachtet, bei denen die Capacitäten
sich verhielten wie 1 zu $2^1/_2$, und jetzt übereinstimmend gefunden: $\mu = 2,367$ und 2,371, zugleich in Uebereinstimmung
mit dem Resultat der neuen Methode: $\mu = 2,36$. Mit demselben Condensator wurde nun auch eine Bestimmung nach
Schiller's Methode[3]) vorgenommen; sie gab: $\mu = 2,36$.

Die oben p. 31 angeführten Messungen für die Alkohol-
Xylolmischung nach unserer älteren und der Schiller'schen
Methode sind natürlich mit der verbesserten Anordnung des
Condensators ausgeführt.

Frühere Bestimmungen mit der alten Anordnung hatten
ebenfalls zu kleine Werthe für μ gegeben.

Haben c_f und c_0 die frühere Bedeutung, und bezeichnet
a die Capacität der Zuleitung, so ist also bei den älteren

---

1) S. den vorangehenden Aufsatz.

2) In derselben Weise haben sich, wie aus einer Notiz von Quincke
Proc. Roy. Soc. **41.** p. 459 hervorgeht, nachträglich die Differenzen aufge-
klärt, welche zwischen den von ihm nach verschiedenen Methoden erhaltenen Werthen der Dielectricitätsconstante bestanden; siehe Wied. Ann.
19. p. 717. 1883.

3) S. oben p. 13 u. 30.

Versuchen als Dielectricitätsconstante irrthümlich bestimmt worden der Quotient:

$$q = \frac{c_f + a}{c_0 + a}.$$

Aus den nunmehr bekannten richtigen Werthen von $\mu = c_f/c_0$ ergibt sich übereinstimmend für Xylol und für die Mischung: $a/c_0 = 0,12$, und mit diesem Werth und dem früher für Ricinusöl gemessenen $q = 4,43$ folgt nunmehr: μ für Ricinusöl $= 4,82$. Hopkinson gibt 4,78, Palaz 4,61.[1]

Strassburg i. E., Phys. Inst. d. Univ.

IV. *Beitrag zur Kenntniss der Dielectricitäts-constante der Flüssigkeiten;* von *Franz Tomaszewski.*

Auf Veranlassung des Hrn. Prof. S. v. Wroblewski unternahm ich die Bestimmung der Dielectricitätsconstanten einiger Flüssigkeiten, um zu erforschen, auf welche Art diese Constanten mit der chemischen Constitution der Körper zusammenhängen. Eine in dieser Richtung geführte Untersuchung hätte hauptsächlich über zwei Punkte Aufschluss zu geben: 1) Ueber die Abhängigkeit der Constante D von der Moleculargrösse durch Messung an isomeren, homologen und metameren Verbindungen, 2) über den Einfluss eines neuen Elementes im Molecül durch Bestimmung der Constante heterologer Verbindungen. Bei den bisherigen Untersuchungen von Silow[2], Hopkinson[3], Gordon[4], Quincke[5], Weber[6], Palaz[7] wurde auf die chemische Constitution keine Rücksicht genommen.

---

1) S. Beibl. **11.** p. 259. 1887.

2) Silow, Pogg. Ann. **156.** p. 389. 1875; **158.** p. 306. 1876.

3) Wiedemann, Electricität. **2.** p. 47. 1883.

4) Wiedemann, Electricität **2.** p. 38.

5) Quincke, Wied. Ann. **19.** p. 707. 1883; **28.** p. 529. 1886.

6) Weber, Wied. Ann. **19.** p. 728. 1883.

7) Palaz, Experimentaluntersuchungen über die specifische Inductionscapacität einiger Flüssigkeiten. Inaug.-Diss. Zürich 1886; Beibl. **11.** p. 259. 1887.

Den Gegenstand dieser Arbeit bildet die Beantwortung der ersten Frage.

Am geeignetsten zur Lösung der gestellten Aufgabe erscheinen isomere aromatische Kohlenwasserstoffe, $C_{10}H_{16}$, homologe aromatische Kohlenwasserstoffe, C_nH_{2n-6}, und homologe Alkohole, $C_nH_{2n+1}.OH$. Aus später zu erörternden Gründen wurde die Untersuchung nur auf die zwei ersten Körperfamilien beschränkt, und zwar wurde gemessen die Constante D folgender Flüssigkeiten: Terpentinöl aus Pinus silvestris, Pinus maritima, Pinus australis, Citronenöl, Benzol, Toluol, Paraxylol, Cumol.[1])

Apparat und Princip der Messung.

In der Wahl der Methode waren meine sehr beschränkten Mittel massgebend, und ich wählte die einfachste von den bisher angewandten Methoden, nämlich die von Silow[2]). Der primitive Silow'sche Apparat leidet an der Unbequemlichkeit, dass man nach jedesmaligem Entleeren des Reservoirs das Electrometer von neuem mühsam richtig stellen muss, wenn man vor jeder neuen Füllung das Reservoir völlig reinigen will. Silow fühlte diesen Uebelstand nicht, da er nur eine einzige Flüssigkeit untersuchte. Er entleerte das Reservoir. ohne an dem Instrument zu rühren, mit einem Heber. Zum Messen der Dielectricitätsconstante einer ganzen Reihe von Flüssigkeiten ist aber ein Electrometer erforderlich, dessen Quadranten sammt Nadel sich bequem in die Flüssigkeit eintauchen lassen, und das bei entsprechender Empfindlichkeit kleine Quadranten hat, sodass man mit geringen Flüssigkeitsmengen operiren, also die Untersuchung auch auf theuere Flüssigkeiten erstrecken kann. Endlich

---

1) Als meine Arbeit fast beendigt war, veröffentlichte Negreano (Compt. rend. 104. p. 423. 1887) eine Abhandlung, in der die Constante D des Benzols, Toluols, Metaxylols, Cymols, Pseudocumols und eines nicht näher bestimmten Terpentinöls mit dem Moleculargewicht und der Dichte verglichen wird. Da aber sowohl meine Methode eine andere war, sich theilweise auf andere Flüssigkeiten erstreckte als auch die Resultate beider Untersuchungen nicht ganz übereinstimmen, war ich der Meinung, dass es keinen Anstand habe, meine Arbeit zu veröffentlichen.

2) Silow, Pogg. Ann. 156. p. 389. 1875.

muss sich das zur Aufnahme der Flüssigkeiten bestimmte
Reservoir bequem reinigen lassen, wobei die Aufstellung des
Instrumentes nicht alterirt werden darf.

Diesen Bedingungen entspricht ein dem Edelmann'schen
Electrometer nachgebauter Apparat.

Die Quadranten bestehen aus vier gleichen Segmenten
eines hohlen, vergoldeten Cylinders aus Messing von 6 cm
Durchmesser, 4 cm Höhe, 2,5 mm Wandstärke. Die die
Quadranten tragenden vergoldeten Messingsäulen sind mit
ihren stark gefirnissten Enden in der Ebonitdecke des Glas·
kastens befestigt. Die Nadel besteht aus zwei cylindrischen,
starken, polirten Aluminiumblechen, die am horizontalen Arm
eines vergoldeten Messingkreuzes befestigt sind und innerhalb des Quadrantencylinders an Coconfäden bifilar aufgehängt schweben. Eine Mikrometerschraube erlaubt die Nadel
gegen die Quadranten symmetrisch einzustellen. Die Verbindung der Nadel mit der Erde ist auf folgende Art be-
werkstelligt. In den Boden des zur Aufnahme der Flüssigkeit bestimmten cylindrischen Glasgefässes ist eine oben und
unten offene Glasröhre von der Höhe des Gefässes einge-
schliffen. Diese Röhre wird auf eine zweite in einem Brett
vertical befestigte Glasröhre aufgeschoben, welche unten geschlossen, mit einem eingeschmolzenen Platindraht versehen
und mit Schwefelsäure gefüllt ist. Wenn die Nadel in die
Flüssigkeit eintaucht, die den Raum zwischen der ersten
Röhre und den Reservoirwänden ausfüllt, taucht zugleich ein
am verticalen Arm des Kreuzes angelötheter Platindraht
in die Schwefelsäure. Der Platindraht endigt in eine kleine
Platinscheibe, welche durch Reibung in der Schwefelsäure
die Schwingungen der Nadel in der Luft dämpft. Der ein-
geschmolzene Platindraht ist mit der Erde verbunden. Das
Electrometer war auf einer an der Wand befestigten Con-
sole aufgestellt. Die Entfernung der Fernrohrscala vom
Spiegel betrug ca. 3 m. Zum Laden diente eine Säule von
40 Zink-Kupfer-Wasserelementen. Im übrigen war die Anordnung ganz wie bei Silow. Die Commutatoren bestanden
aus Paraffinplatten mit entsprechenden Verbindungen aus
Draht und Quecksilber. Der die Batterie mit den Quadran-

ten verbindende sehr feine Draht ruhte auf Paraffin-
stützen.

Das Princip der Messung ist folgendes. Das mit dem
Pole der Säule verbundene Quadrantenpaar nimmt die Ladung an $E = C.D.V$, wo C die Capacität, V das Potential
und D die Dielectricitätsconstante bedeutet. Die durch Induction auf der Nadel entstehende Ladung ist $E_1 = \alpha.CDV$.
Diese Electricitäten wirken nach v. Helmholtz[1] aufeinander
in einem dielectrischen Medium mit einer Kraft:

$$F = \beta \cdot \frac{E.E_1}{r^2.D} = \gamma.C^2 V^2 D.$$

Beträgt die Torsion des Fadens w, so ist:

$$\varepsilon.w = \gamma.C^2 V^2 D.$$

Es ist also:
$$D = \frac{w_f}{w_l},$$

wenn w_f den Ablenkungswinkel in der Flüssigkeit, w_l den
Ablenkungswinkel in der Luft bedeutet.

Diese Relation gilt aber nur bei vollkommener Symmetrie des Apparates, welche folgendermassen geprüft werden
kann.

Sind $w_1, w_2 \ldots w_n$ die Ablenkungswinkel bei der Ladung durch $m_1, m_2 \ldots m_n$ Elemente, so ist die Ablenkung
bei der Ladung durch $m_1 + m_2 + \cdots m_n$ Elemente:

$$w = (\Sigma \sqrt{w_n})^2.$$

Das Ergebniss der Prüfung ist in untenstehender Tabelle
zusammengestellt. w bedeutet das Mittel aus je fünf Versuchen für das eine Quadrantenpaar, w' für das zweite,
W das arithmetische Mittel der Werthe w und w_1, W_1 die
berechnete Ablenkung, d die Differenz zwischen den beobachteten und berechneten, E die Anzahl der Elemente.

E	w	w'	W	W'	d
10	7,42	7,67	7,54	—	—
15	17,28	17,73	17,50	—	—
20	29,598	30,706	30,15	30,16	0,01
25	47,225	48,266	47,745	47,87	0,125
35	90,802	91,680	91,24	93,41	2,17

Die Symmetrie des Apparates war also befriedigend.
Die nothwendigen Correcturen wurden überall angebracht.

---

1) v. Helmholtz, Crelle's Journ. 72. p. 117. 1870.

Versuche.

Es wurde zuerst jedesmal die Ablenkung in der Luft bei der Ladung durch 10, 15, 20, 25, 35 Elemente bestimmt. Die Ablenkung in der Luft muss bei jedem Versuch bestimmt werden, weil kleine Aenderungen in der electromotorischen Kraft und der Isolation von Tag zu Tag möglich sind. Hernach wurde das gefüllte Reservoir soweit gehoben, dass die Quadranten und die Nadel in die Flüssigkeit eintauchten, und nach Verlauf von 30 Minuten, nachdem sich die Flüssigkeit vollkommen beruhigt hatte, wurden die Ablenkungen in der Flüssigkeit bei denselben Ladungen bestimmt. In leichtflüssigen Flüssigkeiten entstehen bei ungleichmässiger Beleuchtung durch das Tageslicht Strömungen. Infolge solcher Strömungen konnte Silow die Dielectricitätsconstante des Benzols mittelst seines Electrometers nicht bestimmen. Um diese Störung zu vermeiden, wurde in solchen Fällen im dunklen Zimmer bei künstlicher Beleuchtung der Scala beobachtet. Die Versuche wurden gemacht in einem trockenen, auf 19—21° C. erwärmten Zimmer in der Zeit vom 1. December 1886 bis Ende April d. J. Da schon geringere Verunreinigungen die Constante D bedeutend verändern, müssen die Flüssigkeiten sorgfältig vor Staub geschützt und sowohl das Reservoir, als auch die Quadranten und die Nadel vor jeder neuen Füllung sorgfältig gereinigt werden. Das Reservoir wurde mit Alkohol, Aether und destillirtem Wasser ausgespült und über Schwefelsäure getrocknet. Die Quadranten und die Nadel wurden auf einige Stunden in Alkohol und dann in chemisch reinen Aether eingetaucht. Die Flüssigkeiten waren chemisch rein. Terpentinöl aus Pinus silvestris und Citronenöl ist von Schimmel und Co. in Leipzig, Terpentinöl aus Pinus maritima und australis von Schuchardt in Görlitz, alle anderen Flüssigkeiten sind von Kahlbaum in Berlin bezogen worden. Um Spuren von Harzen und Wasser aus den Oelen zu entfernen, wurden dieselben nach längerem Stehen über Chlorcalcium zweimal destillirt. Silow erwähnt, dass im 99,5 procentigen Aethylalkohol die Electrometernadel gar keine

Ablenkung zeigte. In dem mir zur Verfügung stehenden
Alkohol, der nur 0,2 Proc. Wasser enthielt, zeigte die Nadel
auch gar keine Ablenkung. Auch im Methyl-, Amyl- und
Isobutylalkohol, welche für mich eigens ganz wasserfrei dargestellt worden sind, gab die Nadel keinen Ausschlag.
Die genannten Alkohole sind für statische Electricität
schlechte Isolatoren. Meines Wissens hat niemand, ausser
Silow, bei der Bestimmung der Dielectricitätsconstanten der
Alkohole den Aethylalkohol erwähnt. Die bisher angewandten Methoden sind auch zur Untersuchung der Alkohole nicht geeignet. Die Bestimmung ihrer Dielectricitätsconstanten wäre möglich mittelst der Methode von Cohn
und Arons[1]) oder der Methode von Palaz[2]), was ich bei
ferneren in dieser Richtung zu führenden Untersuchungen
zu thun beabsichtige. Um auch die Gültigkeit der Gleichung $\sqrt{D} = n_\alpha$ zu untersuchen, bestimmte ich die Brechungsexponenten für unendlich lange Wellen. Dieselben wurden
nach der Formel $n = A + B/\lambda^2$ aus den gemessenen Brechungsexponenten für H_α, H_β, H_γ berechnet.

Fehler der electrometrischen Methode.

Die Quadranten und die Nadel bilden einen Condensator, die Leitungsdrähte bilden einen Theil des Collectors.
Infolge dessen ist die Gleichung $D = w_f/w_l$ nicht genau, weil
die Drähte in die Flüssigkeit nicht eintauchen. Es ist nämlich die Ladung in der Luft $E = (C + c)\,V$
"   "   "   "   Flüssigkeit $E' = CDV + Vc$,
wenn c die Capacität des Drahtes bedeutet. Dieser Fehler
kann nicht, wie bei anderen Methoden, in Rechnung gezogen
werden. Ein zweiter Fehler ist die lange Dauer der Ladung.
Der bei allen Methoden nicht ausgeschlossene Einfluss der
Leitung der Flüssigkeit äussert sich um so geringer, je
kürzer der Condensator geladen ist. Bei der electrometri-
schen Methode dauert aber die Ladung ziemlich lange, weil
sich die Nadel in der Flüssigkeit trotz grosser Reibung

---

1) E. Cohn u. L. Arons, Wied. Ann. 28. p. 454. 1886.
2) Palaz, Beibl. 11. p. 259. 1887.

nicht aperiodisch einstellt und erst nach einigen Secunden eine constante Ruhelage einnimmt. Aus den Versuchen Silow's nach der Condensatormethode[1]) scheint es zwar hervorzugehen, dass die Dauer der Ladung D nicht beeinflusst, aber diese Versuche beziehen sich nur auf eine Flüssigkeit, sind daher nicht entscheidend. Diese Fehler sind aber in unserem Falle, wo es mehr um relative Werthe sich handelt, von geringer Bedeutung.

Resultate.

d = Dichte, t = Temperatur, E = Anzahl der Elemente, D = Dielectricitätsconstante, n = Brechungsexponent für unendlich lange Wellen, D = Differenz zwischen $\sqrt{D}$ und n. Jeder Werth von D ist ein Mittel aus 3 bis 5 Bestimmungen.

I. Isomere Verbindungen $C_{10}H_{16}$.

1) Terpentinöl aus Pinus silvestris, linksdrehend,
$$d_{15/_4^0} = 0.8760.$$

t	E	D	arith. Mittel	$\sqrt{D}$	n	$\varDelta$
20° C.	10	2,269	2,271	1,5070	1,4689	0,0381
	15	2,274				
	20	2,270				
	25	2,276				
	35	2,266				

2) Terpentinöl aus Pinus maritima, linksdrehend,
$$d_{15/_4^0} = 0,8671.$$

t	E	D	arith. Mittel	$\sqrt{D}$	n	$\varDelta$
19° C.	10	2,259	2,258	1,5026	1,4561	0,0465
	15	2,260				
	20	2,257				
	25	2,261				
	35	2,253				

3) Terpentinöl aus Pinus australis, rechtsdrehend,
$$d_{15/_4^0} = 0,8660.$$

t	E	D	arith. Mittel	$\sqrt{D}$	n	$\varDelta$
20,5° C.	10	2,269	2,264	1,5046	1,4685	0,0361
	15	2,258				
	20	2,268				
	25	2,265				
	35	2.260				

---

1) Silow, Pogg. Ann. 158. p. 311. 1876.

4) Citronenöl, $d_{18/4^0} = 0,853$.

t	E	D	arith. Mittel	$\sqrt{D}$	n	$\varDelta$
21° C.	10	2,255	2,247	1,4990	1,4706	0,0284
	15	2,250				
	20	2,242				
	25	2,249				
	35	2,239				

II. Homologe Verbindungen.
Aromatische Kohlenwasserstoffe.

1) Benzol, thiofenfrei. C_6H_6. $d_{19/4^0} = 0,8850$.

t	E	D	arith. Mittel	$\sqrt{D}$	n	$\varDelta$
19,6° C.	10	2,243	2,218	1,4892	1,4757	0,0135
	15	2,221				
	20	2,220				
	25	2,197				
	35	2,209				

2) Toluol. C_7H_8. $d_{13/4^0} = 0.872$.

t	E	D	arith. Mittel	$\sqrt{D}$	n	$\varDelta$
22° C.	10	2,312	2,303	1,5175	1,4713	0,0462
	15	2,321				
	20	2,300				
	25	2,292				
	35	2,290				

3) Paraxylol. C_8H_{10}. $d_{20/4^0} = 0,8603$.

t	E	D	arith. Mittel	$\sqrt{D}$	n	$\varDelta$
21,5° C.	10	2,386	2,383	1,5436	[1])	—
	15	2,385				
	20	2,385				
	25	2,380				
	35	2,379				

4) Cumol. C_9H_{12}. $d_{18/4^0} = 0,8751$.

t	E	D	arith. Mittel	$\sqrt{D}$	n	$\varDelta$
20° C.	10	2,439	2,442	1,5627	1,4838	0,079
	15	2,443				
	20	2,446				
	25	2,447				
	35	2,435				

Aus diesen Beobachtungsresultaten ergeben sich folgende Schlüsse:

1) Die Dielectricitätsconstanten isomerer Verbindungen sind verschieden.

-- —   — — —

[1]) Der Brechungsexponent wurde nicht bestimmt, weil sich die Flüssigkeit nach der Bestimmung des D durch Zufall verunreinigte.

2) Weil die Molecularrefraction, d. h. die Grösse $M((n-1)/d)$ isomerer Körper fast gleich ist, so fragt es sich, ob vielleicht auch die Grössen $M((D-1)/d)$ oder $M((\sqrt{D}-1)/d)$ für isomere Körper nicht übereinstimmen. ($M =$ Moleculargewicht).

	M	$M\left(\dfrac{n-1}{d}\right)$	$M\left(\dfrac{D-1}{d}\right)$	$M\left(\dfrac{\sqrt{D}-1}{d}\right)$
Pinus silvestris	136	72,80	197,32	78,71
„ maritima	„	71,54	197,31	78,83
„ australis	„	73,56	198,50	79,24
Citronenöl	„	73,57	198,64	79,67

Die Uebereinstimmung dieser Zahlen ist also nicht schlechter als die der Molecularrefractionen.

3) Die Dielectricitätsconstante homologer Verbindungen wächst mit der Moleculargrösse.

Negreano vergleicht auch die Grössen $(\sqrt{D}-1)/d$, $(D-1)/d$ und $(D-1)/(D+2)/d$ und findet, dass die ersten zwei Grössen wachsen, wenn man in der Reihe fortschreitet, und dass der letzte Ausdruck fast constant ist. Ich habe die Differenzen der Grössen $M((D-1)/d)$ und $M((\sqrt{D}-1)/2)$ für je zwei aufeinander folgende Glieder der Reihe berechnet mit Benutzung auch der von **Negreano** gefundenen Werthe von D für Metaxylol, Pseudocumol und Cymol. In der ersten Verticalreihe der nachstehenden Tabelle sind die Differenzen von $M.((D-1)/d)$, in der zweiten die Differenzen von $M((\sqrt{D}-1)/d)$ zusammengestellt.

Toluol-Benzol . .	29,06	11,48	Pseudocumol-Paraxylol	29,33	12,03
Paraxylol-Toluol .	32,46	12,37	Pseudocumol-Metaxylol	31,72	12,25
Metaxylol-Toluol .	30,07	11,12	Cymol-Cumol	39,16	12,93
Cumol-Paraxylol .	27,89	10,20	Cymol-Pseudocumol .	37,72	12,00
Cumol-Metaxylol .	30,28	11,45			

Die Zahlen der ersten Verticalreihe stimmen nicht überein, die der zweiten sind annähernd gleich.

5) Ob die Constante D von der Grösse der electrisirenden Kraft abhängt, lässt sich aus obigen Beobachtungsresultaten nicht entscheiden, wiewohl für 35 Elemente die Werthe am kleinsten sind. **Quincke** hat gefunden, dass D mit der electrisirenden Kraft abnehme, **Silow** dagegen schliesst aus seinen Versuchen, dass D von der electrisi-

renden Kraft unabhängig sei. Wahrscheinlich treten die Differenzen erst bei grossen Unterschieden der electrisirenden Kräfte merklich hervor. Ich konnte nicht viel mehr als 35 Elemente zur Ladung verwenden, weil dann das Spiegelbild über die Scala hinausging.

6) Die Gleichung $\sqrt{D} = n$ gilt nur näherungsweise.

7) Die von verschiedenen Forschern, ja oft auch von demselben Forscher nach verschiedenen Methoden erhaltenen Werthe der Constante D für dieselbe Flüssigkeit differiren bedeutend. So beträgt z. B. die Constante D des Benzols nach:

Silow . . 2,198
Quincke . 2,050
Weber . 2,207
Negreano 2,2921; meine Messungen ergaben: 2,218.

Silow findet für Terpentinöl nach zwei Methoden 2,221 und 2,153.

Diese Unterschiede sind wahrscheinlich grösstentheils durch verschiedene Reinheit der Flüssigkeiten bedingt.

Hr. Prof. Wroblewski hat mir im Verlauf der ganzen Untersuchung mit Rath beigestanden. Ich erfülle eine angenehme Pflicht, indem ich dem genannten Herrn für sein Wohlwollen meinen Dank ausspreche.

Krakau, im Juni 1887.

V. Ueber einen Zusammenhang zwischen Magnetisirbarkeit und electrischem Leitungsvermögen bei den verschiedenen Eisensorten und Nickel; von W. Kohlrausch in Hannover.

(Hierzu Taf. I Fig. 2—6.)

1) Wird ein Stab oder ein Draht aus Eisen oder Stahl zur hellen Rothgluht oder zur Weissgluht erhitzt und dann sich selbst überlassen, so erfolgt seine Verkürzung beim Abkühlen bekanntlich nicht continuirlich, sondern bei dem Uebergang von der hellen zur dunklen Rothgluht; wenn die bei

höherer Temperatur verschwundene Magnetisirbarkeit sich
wieder einstellt, verlängert er sich plötzlich wieder ein wenig
und zieht sich dann bei fernerer Abkühlung continuirlich bis
zum Erkalten zusammen. Beim Erhitzen findet das Umgekehrte statt, aber es ist die Erscheinung dann weniger ausgeprägt oder weniger leicht zu beobachten. Gore hat diese Thatsachen zuerst beschrieben. Von Barret und von Norris
sind sie dann weiter untersucht worden, und ersterer hat
beobachtet, dass die Wiederausdehnung beim Abkühlen von
einer schwachen Zunahme der Rothgluht und einem Knistern
oder Knacken begleitet ist. Heim[1]) hat später diese Erscheinungen im Zusammenhange einer eingehenden Untersuchung unterzogen und gefunden, dass die anomale Ausdehnung des Eisens vom Kohlenstoffgehalt abhängt. Er hat,
abgesehen von vielen anderen interessanten Resultaten seiner
Untersuchung, zuerst sicher nachgewiesen, dass die anomale
Ausdehnung mit dem Wiedereintritt der Magnetisirbarkeit
beim Abkühlen des Eisens und Stahles stets genau zusammenfällt.[2])

Alle diese Beobachtungen deuten mit grosser Wahrscheinlichkeit auf eine moleculare Aenderung im Eisen hin,
welche nach dem Vorgange Gore's als eine vorübergehende
Verminderung der Cohäsion bei einer bestimmten Temperatur gewöhnlich aufgefasst wird. Dem Einflusse nach, welchen
Härtung, Biegung, Torsion, Dehnung u. s. f. auf das electrische Leitungsvermögen der Metalle ausüben, steht aber
dieses ebenfalls mit der molecularen Structur der Leiter in
irgend welchem Zusammenhange.

Die vorliegende Arbeit enthält nun die Resultate einer
Untersuchung darüber, ob die beschriebene moleculare Aenderung bei der Rothgluht des Eisens auch im Leitungsvermögen ihren Ausdruck findet, mit anderen Worten, ob bei

----

1) Heim, Untersuchungen über die Gore'schen Phänomene. Inauguraldissertation. München, H. Kutzner, 1885. Dort finden sich auch die
übrigen Literaturnachweise.

2) Vielleicht tritt auch der von Tait entdeckte Zeichenwechsel im
sogenannten „Thomson-Effect" im Eisen mit den genannten Erscheinungen gleichzeitig auf.

allmählicher Erhitzung oder Abkühlung eines Eisendrahtes sein electrisches Leitungsvermögen gleichmässig oder doch mit allmählicher Aenderung der Steigung zu- und abnimmt, oder ob es etwa beim Durchgang des Eisens durch die Rothgluht ebenfalls Sprünge oder sonstige auffällige Aenderungen zeigt.

2) Messungsverfahren Fig. 2.

Da das Versuchsmaterial vorwiegend Eisen ist, so musste die Erhitzung, um Oxydation beim Glühen zu vermeiden, unter Ausschluss von Sauerstoff, also in einem geschlossenen Gefäss, stattfinden. Dadurch war von vornherein jede andere Methode der Erhitzung als die durch den electrischen Strom ungemein erschwert, wenn helle Rothgluht erreicht werden und neben der Widerstandsmessung auch eine Bestimmung der Magnetisirbarkeit des glühenden Materials stattfinden sollte. Ich habe daher die Erhitzung durch den Strom bewirkt, aber gleichzeitig den Nachweis geführt, dass der den Draht durchfliessende Strom keinen merklichen störenden Einfluss auf die Versuchsresultate hat.

Das Verfahren der Widerstandsbestimmung war damit auch ohne weiteres gegeben. Die Stromstärke i im Draht wurde in Ampère gemessen und an zwei um die Länge l in Metern von einander abstehenden Punkten des Drahtes, zwischen welchen derselbe gleichmässig erhitzt war, die Spannungsdifferenz e in Volt bestimmt; dann ergibt sich bei dem Querschnitt q des Drahtes in Quadratmillimetern der specifische Widerstand s aus der Beziehung:

$$s = \frac{e}{i}\frac{q}{l}.$$

Die durch grosse Rheostaten R (Fig. 2) regulirte Stromstärke i wurde entweder mit dem Torsionsgalvanometer[1] direct bei d oder in bekannter Weise unter Vorschaltung eines geeigneten Widerstandes w_1 mit einem geaichten Spiegelgalvanometer g_1[2] im Nebenschluss zu 0.1 Ohm gemessen. Letzteres war aus 200 mm breitem und etwa 0,14 mm dickem

---

1) W. Kohlrausch. Centralbl. f. Electrotechn. 8. p. 813. 1886.
2) W. Kohlrausch, Electrotechn. Zeitschr. 7. p. 273. 1886.

Nickelinblech gebildet, dessen Widerstand bei den zur Verwendung gelangten Stromstärken sich noch nicht soviel änderte, dass ein merklicher Messungsfehler entstehen konnte. Die im Nebenschluss vor die Messinstrumente eingefügten Widerstände w_1 und w_2 bestanden theils aus Nickelin, theils aus einer Neusilbersorte mit sehr kleinem Temperaturcoëfficienten. Der Widerstand der Messinstrumente war vergleichsweise sehr klein. Es kommen daher die Aenderungen der Zimmertemperatur gegen sonstige Fehlerquellen, welche Unsicherheiten von einigen Zehntel Procenten bis gelegentlich zu 1 Proc. wohl zur Folge haben konnten, für die Widerstände nicht in Betracht.

Die Spannungsdifferenz e an den Endpunkten des zu messenden Widerstandes ab wurde ebenfalls mit Hülfe eines geaichten Spiegelgalvanometers g_2 bestimmt, unter Vorschaltung von Widerständen w_2 aus Neusilberdraht im Betrage von je nach den Umständen 1000 bis 20000 Ohm.

Die Magnetisirbarkeit des erhitzten Drahtes, welcher (s. unter 3) senkrecht zu seiner Längsrichtung beweglich horizontal aufgehängt war, wurde durch die mit Fernrohr, Spiegel und Scala bestimmte Anziehung gemessen, welche ein in gleicher Höhe mit dem Draht quer vor dessen Mitte aufgestellter und durch Accumulatoren A constant, kräftig erregter Electromagnet m (Fig. 3) auf den Draht ausübte. Der Electromagnet wirkt auch auf den im Draht verlaufenden Strom anziehend oder abstossend, wenn seine magnetische Axe über oder unter dem Draht oder nicht genau senkrecht zu demselben verläuft. Diese störenden Kräfte wurden durch Umwendung der Stromrichtung im Draht bei jeder Bestimmung der Magnetisirbarkeit unschädlich gemacht. Es ist klar, dass nach diesem Verfahren die Magnetisirbarkeit des erhitzten nur relativ zu der des kalten Drahtes bestimmt werden konnte.

3) Versuchsanordnung Fig. 3.

AB (Figur 3) ist ein luftdicht verlötheter Kasten aus Zinkblech mit einer Bodenfläche von 40×25 cm bei 20 cm Höhe. Er steht, durch vier Ecksfüsse erhöht, in einem äusseren Blechuntersatz *CD*. Das um den Kasten gelöthete Blech *EF* bildet mit dem oberen Rande des Kastens eine 10 mm breite und 60 mm tiefe Rinne, welche halb mit Wasser gefüllt ist. Der abnehmbare Kastendeckel *JK* hat einen nach oben und nach unten etwa 50 mm überstehenden Rand *GH*, dessen unterer Theil, in die Wasserrinne eingesetzt, den luftdichten Abschluss des Kastens bewirkt.

ab ist der zu erhitzende Draht, welcher mittelst Klemmen an starken verticalen Kupferstäben befestigt ist. Die oben umgebogenen Enden der Kupferstäbe hängen auf Spitzen, leicht beweglich in den zwei Quecksilbernäpfen *x z*, welchen durch die vom Kastendeckel isolirten Kupferstäbe *e* und *f* der durch eine Schuckert'sche Dynamomaschine erzeugte Hauptstrom *i* zugeführt wird. Die ganze Länge des Drahtes *ab* beträgt etwa 25 cm. Da aber die Enden desselben infolge grosser Wärmeabgabe an die Klemmen und Kupferstäbe die Temperatur der Mitte des Drahtes nicht erreichen, so ist nur die Mitte des Drahtes zur Widerstandsmessung herangezogen. In den um 10 cm von einander abstehenden Punkten *c* und *d* sind zwei äusserst feine Platindrähte am Drahte *ab* hart verlöthet, welche durch *g* und *h* zu dem die Spannungsdifferenz der Punkte *c* und *d* messenden Spiegelgalvanometer führen. *m* ist der Eisenkern des Electromagnets, welcher den durch ein Federgalvanometer gemessenen Strom von 6 Accumulatoren durch die Drähte *ik* erhält. Die Stromstärke beträgt bei den verschiedenen Versuchen 8 bis 15 Ampère und wird mit Hülfe eines starken Bandrheostaten für jede Versuchsreihe constant erhalten. Die durch den Electromagnet bewirkte Anziehung des Drahtes wird durch ein Spiegelglasfenster in der vorderen Kastenwand am Spiegel *o* beobachtet. Eine Glycerindämpfung *p* macht die Bewegungen des aufgehängten Gestelles nahezu aperiodisch.

Der Draht *a b* biegt sich beim Glühen durch und verändert also während des Versuchs seine Lage. Er wird daher bei einem Vorversuche geglüht, dann neuerdings in den Klemmen so gefasst, dass die Durchbiegung senkrecht nach unten erfolgt, und nun der durch das seitliche Fenster *w* beleuchtete Electromagnet während des Versuchs an der senkrecht geführten Stange *l n* so verschoben, dass er in der Höhe dem sich durchbiegenden Drahte folgt. Der Abstand des Drahtes vom Electromagnet bleibt dann genügend constant.

Sauerstofffreies Gas, Leuchtgas oder electrolytischer Wasserstoff, wird bei *u* eingeleitet, fliesst bei *v* ab und streicht während der Versuche unter Ueberdruck, welcher an einem Wassermanometer constatirt wird, langsam durch. Nach dem Austritt aus dem Kasten wird es verbrannt und aus dem Aussehen der Flamme erkannt, ob alle Luft aus dem Kasten vertrieben ist. Der Wasserstoff wird electrolytisch dargestellt in einem anderweitig zu beschreibenden kleinen Wasserzersetzungsapparat, welcher eine Stromstärke von 40 Ampère gut aushält, und daher 16 l Wasserstoff in einer Stunde liefert.

Die von dem erhitzten Draht abgegebene Wärme führt bald zu einer unbequem hohen Temperatur der Kastenwände, welche leicht den Löthfugen gefährlich werden kann. Eine Wasserkühlung ist daher um so mehr erforderlich, als eine Erhitzung des Gases im Kasten auch die Wärmeabgabe des glühenden Drahtes gestört und die Versuchsresultate verschoben haben würde. Ein lebhafter Wasserstrom fliesst bei *q* aus der Wasserleitung auf den Kastendeckel, bedeckt diesen etwa 2 cm hoch, fliesst bei *r* in den Untersatz ab und bespült von *s* nach dem Ausfluss *t* hin den erhöht aufgestellten Kasten am Boden. Die Temperatur im Kasten unter dem Deckel stieg infolge dessen selten über 50°.

4) Beobachtungsverfahren.

Die Dynamomaschine, welche dem zu untersuchenden Draht den Strom zuführte, lief, da sie durch einen Nebenschluss *n* (Figur 2) stets voll belastet gehalten wurde, so gleichmässig, dass die Schwankungen in den Ausschlägen der Instrumente selten mehr als 1 Proc. erreichten. Sobald die Ausschläge constant waren, das heisst, sobald zwischen Arbeitszufuhr und Wärmeabgabe im Draht Gleichgewicht eingetreten war, wurden Stromstärke *i* und Spannung *e* abgelesen. Dann wurde sofort der Strom der Accumulatoren geschlossen, welcher den Electromagnet m erregt, die Stromstärke abgelesen, um ihrer Constanz sicher zu sein, am Spiegel o der Ausschlag gemessen, welchen die Anziehung des Drahtes durch den Electromagnet bewirkt, dann der Hauptstrom i im Draht umgelegt, abermals in gleicher Weise die Magnetisirbarkeit des Drahtes bestimmt und schliesslich Stromstärke und Spannung im Draht controlirt.

5) Versuchsresultate.

a. Reines Eisen.

Durch die Güte der Herren Hartmann und Braun in Bockenheim war ich im Besitz einer Quantität electrolytisch niedergeschlagenen Eisens in Bandform und in Plattenform, welches aus der kaiserlich russischen Expedition zur Anfertigung der Reichspapiere stammt. Eine chemische Untersuchung, welche Hr. Geh. Regierungsrath Kraut gütigst ausführen liess, bestätigte die Reinheit des Eisens. Auch Kohlenstoffgehalt war kaum nachweisbar.

Um die eventuelle Aufnahme von Kohlenstoff beim Glühen des Eisens im offenen Feuer unmöglich zu machen, wurden vorerst nur an den Enden des zu untersuchenden Bandes starke Kupferdrähte hart angelöthet und dieselben in den Klemmen $a\,b$ (Fig. 3) gefasst. Ebenso wurden die zum Spannungsgalvanometer g_2 (Fig. 2) führenden Platindrähte bei c und d (Fig. 3) mit einer feinen Stichflamme hart verlöthet. Dadurch waren nur die Enden der zu untersuchenden Strecke $c\,d$ des Bandes geglüht. 80 Proc. der ganzen Strecke $c\,d$ waren nicht einmal farbig angelaufen. Das Band wurde dann in Wasserstoff geglüht, die erfolgte Durchbiegung durch Nachspannen in den Klemmen a und b thunlichst ausgeglichen und die weitere Untersuchung ebenfalls in Wasserstoff ausgeführt. Die Resultate einer Beobachtungsreihe[1] sind in Tabelle 1 zusammengestellt. Die erste Verticalreihe enthält

---

1) Ich gebe im allgemeinen für jedes Material die zweite Beobachtungsreihe, bei welcher auf Grund der ersten orientirenden Versuchsreihe die Beobachtungen möglichst auch an den charakteristischen Punkten stattfanden.

die laufende Beobachtungsnummer, die zweite die Stromstärke i in Ampère, die dritte den Widerstand des Drahtes w in Ohm, die vierte die dem Draht zugeführte electrische Arbeit $i^2 w$ in Volt-Ampère, die fünfte den specifischen Widerstand s des Materials und die sechste eine der Magnetisirbarkeit proportionale Grösse M.

Tabelle 1. Reines Eisen.
Band: 7,5 × 0,38 m/m dick, 100 m/m lang.
In Wasserstoff.

Nr.	i Ampère	w Ohm	$i^2 w$ Volt Ampère	s Specif. Widerst.	M Magneti- sirbarkeit	
1	—	—	—	—	100	
2	4,92	0,00420	0,1015	0,119	99	
3	11,1	423	0,521	0,121	96	
4	21,96	478	2,35	0,136	83	
5	29,7	524	4,62	0,149	76	
6	36,0	617	8,03	0,176	72	
7	43,7	0,00742	14,1	0,211	67	
8	53,4	0,01145	32,8	0,326	66	
9	58,3	155	52,9	0,442	64	
10	62,0	204	78,6	0,582	63	
11	64,1	283	95,6	0,664	61	dunkelroth
12	65,9	277	120,5	0,790	60	roth
13	67,7	394	180	1,122	6	
14	69,5	406	196	1,156	3	hellroth
15	71,9	416	215	1,185	1	
16	75,2	428	242	1,220	—	gelb
17	78,6	433	267	1,233	—	
18	80,8	434	283	1,236	—	
19	83,9	0,0442	311	1,258	—	

In Fig. 4 sind die Beobachtungen an reinem Eisen in Curven dargestellt. Wählt man die Stromstärke i, welche das Eisen erwärmt, als Abscisse, den specifischen Widerstand s in einer Curve I, die Magnetisirbarkeit M in der anderen Curve II als Ordinaten, so zeigt die Widerstandscurve ein erst langsames, dann sehr rasches Ansteigen bis zu dem Augenblicke, in welchem die Curve für die Magnetisirbarkeit plötzlich und steil abfällt. In diesem Moment wendet auch die Widerstandscurve scharf um und hebt sich bei zunehmender Stromstärke nur noch wenig.

Trägt man die dem Eisen zugeführte electrische Arbeit $i^2 w$ als Abscisse auf (Curve III, Fig. 4), so zeigt sich, dass

der Widerstand bis zum Verschwinden der Magnetisirbarkeit
nahezu der Arbeit proportional wächst, dann aber erfolgt
wieder eine deutlich erkennbare Wendung der Curve, hinter
welcher der Widerstand langsam weiter ansteigt. Die Mag-
netisirbarkeitscurve zu Curve III ist nicht gezeichnet, ebensowenig zu Curve IV, welch letztere den Widerstand des
besprochenen Eisenbandes abhängig von der Stromstärke als
Abscisse darstellt, wenn die Messungen in Leuchtgas statt
in Wasserstoff stattfanden. Infolge des grösseren Wärmeleitungsvermögens[1]) des Leuchtgases finden alle Erscheinungen bei kleineren Stromstärken statt, während die Form der
Curve dieselbe ist, wie in Wasserstoff. Dass der jenseits
des Wendepunktes gelegene Theil der Curve in Leuchtgas
aufwärts gebogen ist, während er im Wasserstoff die umgekehrte Krümmung zeigt, kann damit zusammenhängen, dass
das hellglühende Eisen aus dem zersetzten Leuchtgas Kohlenstoff bindet. Wahrscheinlich aber ist es eine Folge davon,
dass der nach dem Versuch leicht erkennbare, auf der Oberfläche des Eisens aus dem Leuchtgas mechanisch abgeschiedene glühende Kohlenstoff die Wärmeabgabe verlangsamt.

Die Temperaturen der untersuchten Körper zu ermitteln, habe ich nicht versucht. Es ist ja die Temperatur für
die vorliegenden Versuche eine ebenso willkürliche Abscissen-
einheit, wie die zugeführte Arbeit. Da die Temperatur ganz
zu Anfang der abgegebenen Wärmemenge, das heisst der
zugeführten electrischen Arbeit proportional wächst, nachher
aber langsamer als diese, so würde eine Darstellung der vorliegenden Beobachtungen mit der Temperatur als Abscisse
eine Widerstandscurve ergeben, welche, anfangs gleiche Richtung vorausgesetzt, später links von der Curve III, Fig. 4
verlaufen würde.

b. Eisendraht, Stahldraht, Nickel, Platin.

Die Untersuchung dieser Metalle fand in Leuchtgas statt.
Benutzt wurden gewöhnliche käufliche Eisendrähte, dünne

---

1) Es muss möglich sein, auf Grund ähnlicher Versuche einfach und
sehr genau die Wärmeleitungsvermögen verschiedener Gase zu vergleichen. Mit den Vorbereitungen zu einer entsprechenden Untersuchung
bin ich beschäftigt.

Tabelle 2. Eisen.
Draht: 1,75 m/m Durchmesser,
100 m m lang.
In Leuchtgas.

Nr.	Amp.	Spec. Widerst.	Magnetisirbarkeit	
	—	—	100	
1	5,32	0,149	88	
2	9,80	0,153	78	
3	15,0	0,167	70	
4	19,4	0,188	65	
5	24,8	0,213	58	
6	29,9	0,278	53	
7	34,4	0,348	50	
8	39,2	0,500	47	
9	42,8	0,665	44	
10	45,2	0,877	35	
11	46,2	1,034	2	roth
12	47,7	1,073	—	
13	51,2	1,10	—	
14	55,1	1,135	—	

Tabelle 5. Platin.
Draht: 0,5 mm Durchmesser,
100 m/m lang.
In Leuchtgas.

Nr.	Amp.	Spec. Widerst.	
1	1,36	0,159	
2	2,13	0,163	
3	2,91	0,171	
4	3,75	0,178	
5	5,27	0,199	
6	6,66	0,226	
7	8,05	0,256	
8	9,11	0,279	
9	10,9	0,329	
10	11,6	0,350	dunkelroth
11	12,6	0,379	
12	13,5	0,400	gelbroth
13	14,6	0,441	leuchtend gelb
14	15,7	0,472	
15	16,5	0,492	fast weiss

Tabelle 3. Gussstahl.
Stange: 1,87 m/m Durchmesser,
100 m/m lang. In Leuchtgas.

Nr.	Amp.	Spec. Widerst.	Magnetisirbarkeit	
1	—	—	100	
2	5,44	0,194	109	
3	9,64	0,202	117	
4	13,7	0,215	115	
5	18,1	0,234	109	
6	20,9	0,252	104	
7	23,0	0,262	103	
8	27,5	0,305	91	
9	29,9	0,351	65	
10	32,4	0,376	67	
11	35,3	0,432	67	
12	38,7	0,495	66	
13	40,7	0,581	64	
14	42,4	0,647	61	
15	44,4	0,783	62	dunkel-roth
16	45,4	0,776	63	
17	46,5	0,834	61	
18	47,8	0,912	52	roth
19	48,6	1,092	—	hellroth
20	50,8	1,11	—	gelb
21	54,8	1,14	—	hellgelb fast
22	59,6	1,165	—	weiss
23	62,7	1,21	—	

Tabelle 4. Nickel.
Band: 3,55 × 1,15 mm dick,
100 m/m lang. In Leuchtgas.

Nr.	Amp.	Spec. Widerst.	Magnetisirbarkeit	
1	—	—	100	
2	5,16	0,121	100	
3	8,6	0,129	101	
4	12,6	0,132	100	
5	16,1	0,137	97	
6	19,0	0,142	96	
7	20,5	0,144	95	
8	25,2	0,158	89,5	
9	28,2	0,161	89	
10	31,5	0,174	89	
11	36,0	0,192	88	
12	39,8	0,211	87	
13	42,5	0,237	86	
14	46,8	0,285	80	
15	49,6	0,341	60	
16	51,4	0,378	57	
17	52,8	0,388	28	
18	54,5	0,407	—	
19	60,2	0,442	—	
20	66,1	0,446	—	dunkel-roth
21	71,4	0,463	—	

4*

Stangen aus Gussstahl, Streifen, welche von für galvanopla-
stische Zwecke fabrikmässig hergestellten Nickelplatten abgeschnitten wurden, und welche etwa 99,5 Proc. Nickel enthalten dürften, und endlich Platindrähte von Heräus in
Hanau.

Die Tab. 2, 3, 4, 5 (p. 51) enthalten ausser den Dimensionen des untersuchten Materials die Versuchsresultate in leicht
ersichtlicher Form. Die Magnetisirbarbeit bei höheren Temperaturen ist, wie oben in Procenten der bei Zimmertemperatur beobachteten Magnetisirbarkeit angegeben. Eine Vergleichung der Magnetisirbarkeit der verschiedenen Materialien
lässt die Beobachtungsmethode nicht zu.

In Fig. 5 findet sich die graphische Darstellung der vorstehenden Beobachtungen. Um jedoch ein System von Curven zu erhalten, welche für die verschiedenen Materialien
ähnliche Bedeutung haben, sind nicht die Stromstärken selbst,
sondern die Stromdichten in Ampère per qmm als Abscissen und die specifischen Widerstände, beziehungsweise
die Magnetisirbarkeiten als Ordinaten gewählt.

Da auch bei dieser Darstellung die Curven für Nickel
sehr flach verlaufen, und diejenige für Platin der geringen
Widerstandszunahme halber eine sehr lange Abscisse verlangen würde, so sind für Nickel die Ordinaten verdoppelt
und für Platin die Abscissen halbirt.

Ausgezogen sind die Curven für Nickel, Eisendraht und
Platin, punktirt die für Gussstahl, gestrichelt die für reines
Eisen.

Zunächst überrascht der ganz gleichartige Verlauf der
Widerstandscurven von Nickel und den Eisensorten. Anfangs
langsames, dann schnelles Ansteigen des Widerstandes, plötzliche Wendung der Curven, wenn die Magnetisirbarkeit verschwindet, und dann langsameres weiteres Wachsen.[1] Das

---

1) Mit diesem Verlauf der Widerstandscurven stimmen die von
v. Waltenhofen an Stahldraht angestellten Beobachtungen — Sitzung
der mathem.-naturwiss. Classe der kgl. böhm. Ges. d. Wissensch. am
24. April 1874 — gut überein. Nur dürfte der Schluss, den v. Waltenhofen aus diesen Beobachtungen als bestätigt erachtet, nämlich dass
der Widerstand aller glühenden Drähte bei Veränderung der Helligkeit

letzte Ansteigen findet bei Nickel nahezu geradlinig statt, während die Curvenenden bei den Eisensorten aufwärts gebogen erscheinen. Diese scheinbare Biegung dürfte aber, wie oben unter 5 a erwähnt, daher rühren, dass die aus dem Leuchtgas auf den nach Verlust der Magnetisirbarkeit hellglühenden Drähten abgeschiedene Kohle die Wärmeabgabe erschwert, während Nickel bekanntlich den Magnetismus schon unterhalb 400° verliert. Erst bei der letzten Beobachtung am Nickel konnte Rothgluht constatirt werden.

Auffällig ist ferner, dass die specifischen Widerstände von reinem Eisen, Eisendraht und Gussstahl bei hohen Temperaturen, wie z. B. hier am Knick der Curven, sich nur um einige Procente unterscheiden, während bekanntlich bei Zimmertemperatur der Widerstand im allgemeinen um so grösser, je härter die Eisensorte ist. Reines Eisen, Eisendraht und Gussstahl haben im vorliegenden Fall die Widerstände 0,119, 0,149 und 0,194 bei Zimmertemperatur ergeben.

Endlich möchte ich noch besonders hinweisen auf den steilen Verlauf der Widerstandscurven der magnetisirbaren Metalle im Gegensatz zu dem flachen Ansteigen der Platincurve, welch letztere wegen der halbirten Abscissen in der Figur sogar noch doppelt so steil erscheint, als sie wirklich ist. Ich bemerke noch dazu, dass die Curve für Kupfer ganz ähnlich der für Platin verläuft.

Es kann kaum noch ein Zweifel bestehen, dass die **Magnetisirbarkeit selbst der Grund für den steilen Verlauf der Widerstandscurven der Eisensorten und des Nickels ist**, besonders sobald man in Betracht zieht, dass der flache Verlauf der Curven nichtmagnetischer Metalle sich auch bei Nickel und Eisen sofort einstellt, wenn bei hoher Temperatur die Magnetisirbarkeit fehlt. Die vorliegenden Beobachtungen bieten allerdings weiter nichts als eine experimentelle

---

des Glühens ziemlich constant bleibt, und zwar im Vergleich mit der Widerstandsänderung von Zimmertemperatur bis zur Rothgluht, nicht ganz berechtigt sein.

Er ist eben nur für magnetisirbare Metalle richtig. Die Widerstandscurve für Platin zeigt dies ohne weiteres.

Grundlage für die Vermuthung eines inneren Zusammenhanges zwischen electrischer Leitungsfähigkeit und Magnetisirbarkeit des Materials; die Frage nach der Art eines solchen Zusammenhanges bleibt offen.

Aus dem Verlauf der Curven für die Magnetisirbarkeit kann etwas wesentlich Neues nicht gefolgert werden. Dass bei verschiedenen Eisensorten die Magnetisirbarkeit bei zunehmender Temperatur erst zu- und dann ab, oder auch von vornherein abnimmt, ist bekannt.[1]) Ebenso ist bekannt, dass die Curven, was auch ich meist beobachtet habe, bei aufeinanderfolgenden Erwärmungen allmählich anders verlaufen. Beim reinen Eisen fand ich statt des in Figur 4 und 5 beobachteten Verlaufes auch wiederholt nach einem anfänglichen Abfall später ein bis zum plötzlichen Verschwinden des Magnetismus andauerndes Ansteigen der Curve.

Nahe vor ihrem Verschwinden scheint die Magnetisirbarkeit allgemein sehr langsam abzunehmen; auch in den wenigen gezeichneten Curven der Figur 5 ist dies deutlich erkennbar.

6) Prüfung der Methode.

Es liegt der Gedanke nahe, dass der electrische Leitungswiderstand eines magnetisirbaren Materials eine wesentliche Aenderung erleiden könnte, wenn es wie hier von einem kräftigen Strome durchflossen wird. Derselbe bewirkt ja eine Circularmagnetisirung, und dass Magnetisirung überhaupt Widerstandsänderungen im Gefolge hat, ist bekannt. Ich habe daher untersucht, ob der Verlauf der Widerstandscurve der gleiche ist, wenn die Temperaturerhöhung durch Joule'sche Wärme, und wenn sie durch Heizung von aussen hervorgebracht wird. Als Maass für die Temperatur habe ich dabei die eigene Verlängerung des erhitzten Drahtes zu Grunde gelegt.

Figur 6 stellt den verwendeten Apparat dar. *iklm* ist ein Bretterrahmen, mit welchem das Brett *hn* nur in der Mitte von *kl* verschraubt ist. Das Brett *hn* trägt einen

---

1) Baur, Wied. Ann. 11. p. 394. 1880.

langen, niedrigen Schornstein *a a*, über welchem der zu untersuchende Draht durch die Klemmen *b c* mittelst einer sehr
schwachen Spiralfeder *h g* leicht gespannt gehalten wird. Der
unten randerirte Draht *g b* fixirt die Stellung eines auf
Schneide und Pfanne spielenden Hebels *r*, welcher oben einen
Spiegel *s* trägt.

Für die Messung wird nun die wohl erlaubte Voraussetzung gemacht, dass die Ausdehnung des Drahtes *b c* beim
Erwärmen die gleiche ist, möge der Draht durch Flammen
von aussen oder von einem ihn durchfliessenden Strom erhitzt werden. Das heisst, es wird die Ablesung an einer im
Spiegel *s* mit dem Fernrohr beobachteten Scala als den
Wärmezustand des Drahtes *b c* eindeutig bestimmend angesehen.

Bei der Erwärmung durch den Strom, welcher von
e kommend durch einen weichen Streifen *o* aus Kupferblech
in die Klemme *b* eintritt, den Draht *b c* durchfliesst und bei
f austritt, wurde der Widerstand des Drahtstückes *d d* wie
eingangs beschrieben durch Messung von Spannung und
Stromstärke bestimmt und gleichzeitig die Lage des Spiegels
s abgelesen.

Die Erwärmung von aussen geschah durch eine unter
der ganzen Länge des Schornsteins *a a* angebrachte Reihe
von Gasflammen, welche in Abständen von 5 mm aus kleinen
Bohrungen eines Messingrohres brannten und eine zusam-
menhängende, schmale, 25 cm lange Flamme bildeten. Vom
Platze des Beobachters aus erfolgte die Regulirung der Flam-
menhöhe mittelst eines Gashahnes. Die Widerstandsmessung
geschah auch jetzt wie oben. Aber während bei Erwärmung
durch den Strom Stromstärken von mehr als 10 Ampère zur
Verwendung gelangten, wurden bei Erwärmung von aussen
Ströme von höchstens 1 Ampère angewandt.

Trägt man nun in einem Coordinatensystem die am Spiegel beobachteten Verlängerungen eines Eisendrahtes *b c* als
Abscissen, und die zugehörigen Widerstände als Ordinaten
auf, so findet man eine Uebereinstimmung bis auf wenige
Procente zwischen den Werthen, welche die eine und die
andere Methode der Erwärmung liefert. Daraus, dass bald

die einen, bald die anderen Werthe etwas grösser sind, und
dass sich ähnliche Differenzen auch zeigen, wenn man Platindraht statt Eisendraht untersucht, geht mit genügender
Sicherheit hervor, dass die erwähnten kleinen Unterschiede
nicht durch die verschiedenen Methoden der Erwärmung,
sondern durch die Unsicherheit der Flammenheizung entstehen.

Ich habe demnach einen specifischen Einfluss des
erwärmenden Stromes auf den Widerstand der untersuchten Drähte nicht constatiren können.

7) Die Gore'sche Erscheinung mit Hülfe des unter
Nr. 6 beschriebenen Apparates (Fig. 6) noch einmal zu prüfen,
lag sehr nahe. Ich brachte die Drähte im Apparat durch
den Strom zum hellen Glühen, öffnete den Strom und konnte
die meisten bereits bekannten Erscheinungen leicht wieder
beobachten. Bei einem frischen Eisendraht oder Stahldraht
bewegt sich nach dem Oeffnen des Stromes das Fadenkreuz
auf der im Spiegel *s* Fig. 6 beobachteten Scala anfangs rasch
rückwärts, plötzlich lässt die Geschwindigkeit der Bewegung
nach, die Bewegung kehrt sich um, einer plötzlichen Verlängerung des Drahtes entsprechend, und geht bei weiterer
Abkühlung desselben wieder in die alte Richtung zurück.
Bei einiger Aufmerksamkeit kann ein zweiter Beobachter
am Draht selbst das ebenfalls bekannte kurze, schwache
Aufleuchten des rothglühenden Drahtes bei der plötzlichen
Verlängerung wahrnehmen. Wiederholt man den Versuch
an demselben Draht öfter, so verliert die Erscheinung an
Deutlichkeit. Ich habe bei Drähten, welche anfangs etwa
100 mm anomale Ausdehnung bei im ganzen etwa 1000 mm
normaler Ausdehnung an der Scala ergaben, schliesslich kaum
noch eine schwache Verlangsamung der normalen Bewegung
beobachten können. Die Erscheinung ist im allgemeinen um
so auffallender, je stärker der Draht gespannt ist.

Auch bei reinem Eisen, bei welchem Heim — siehe
die eingangs unter 1) citirte Arbeit — die Gore'sche Erscheinung nicht hat constatiren können, wahrscheinlich und
wie Heim selbst vermuthet — vgl. die Anmerkung auf p. 52

seiner Untersuchung — wegen der nur kurzen Stücke electrolytischen Eisens, welches er sich selbst herstellen musste,
habe ich die anomale Ausdehnung bei der Abkühlung sicher
und in erheblichem Betrage constatiren können. Quantitativ
habe ich ihren Betrag nicht bestimmt, halte ihn aber für
geringer, als bei den anderen Eisensorten.

Dagegen war es mir nicht möglich, bei Nickel etwas
Aehnliches zu entdecken. Auch Gore hat vergeblich danach
gesucht. Es scheint, dass Nickel weder beim Wiedereintritt
der Magnetisirbarkeit, welcher ja allerdings bei einer Temperatur weit unterhalb der Rothgluth erfolgt, noch bei einer
anderen Temperatur eine anomale Ausdehnung besitzt.

8) Resultate.[1])

Der specifische Widerstand von gewöhnlichem Eisendraht,
Gussstahl, chemisch reinem (electrolytischem) Eisen und
Nickel wächst mit zunehmender Temperatur erst langsam,
dann weit schneller als bei nicht magnetisirbaren Metallen
bis zu dem Zustand, bei welchem die Magnetisirbarkeit plötzlich verschwindet. In diesem Augenblicke biegt die Widerstandscurve scharf um, und der Widerstand wächst mit weiter
zunehmender Temperatur nur noch sehr langsam.

Es scheint demnach ein Zusammenhang zwischen Magnetisirbarkeit und electrischer Leitungsfähigkeit dieser Metalle
zu bestehen.

Nahe vor dem plötzlichen Verschwinden der Magnetisirbarkeit nimmt dieselbe auffallend langsam ab.

Während bei Zimmertemperatur die specifischen Wider-

---

1) Durch Hrn. G. Wiedemann bin ich in dankenswerther Weise
auf eine vor kurzem erschienene Untersuchung von Knott „The electri-
cal resistance of Nickel at high temperature" Transactions of the royal
Society of Edinburgh. 5. Jul. 1886 aufmerksam gemacht worden. Knott
findet, dass der Widerstand eines Nickeldrahtes bis etwa 320° anfangs
beschleunigt, stark zunimmt und von dieser Temperatur an erheblich
langsamer wächst. Der Knick in der Widerstandscurve und die von
Tait entdeckten auffälligen thermoelectrischen Erscheinungen — Zeichenwechsel im Thomsoneffect — finden bei der gleichen Temperatur statt.
Aehnliche Verhältnisse hält Knott beim Eisen für wahrscheinlich. November 1887.

stände von Gussstahl, gewöhnlichem Eisendraht und reinem
Eisen zu 0,194; 0,149; 0,119 ermittelt wurden, sind dieselben
im Moment des Verschwindens der Magnetisirbarkeit auf die
Werthe 1,09; 1,07; 1,18 einander nahe gerückt.

Die Gore'sche Erscheinung der anomalen Ausdehnung
im Augenblick der wieder eintretenden Magnetisirbarkeit beim
Abkühlen aus der hellen Rothgluht zeigt ausser Gussstahl
und gewöhnlichem Eisendraht auch das chemisch reine Eisen
deutlich. Beim Nickel habe ich die Gore'sche Erscheinung
nicht wahrnehmen können.

Electrotechn. Inst. d. K. Techn. Hochschule zu Hannover,
October 1887.

VI. *Die electrische Leitungsfähigkeit von Lösungen einiger Glieder der Fettsäurereihe in Wasser und einigen Alkoholen; von Karl Hartwig.*

(Hierzu Taf. I Fig. 7—10.)

Die Leitungsfähigkeiten von Lösungen chemischer Verbindungen sind bis jetzt meist nur für Lösungen in Wasser
bestimmt worden; auf diejenigen in anderen Lösungsmitteln
beziehen sich, soweit mir bekannt, die folgenden relativ
wenigen Arbeiten.

Matteucci[1]) war der erste, der ausser wässerigen Lösungen auch alkoholische untersuchte. Seine Behauptung,
dass wässerige und alkoholische Lösungen desselben Stoffes
von gleichem specifischen Gewichte gleich gut leiten, wurde
von G. Wiedemann bezweifelt. Ferner wurden von Oberbeck[2]) die Widerstände von wässerigen und alkoholischen
Lösungen von $CdBr_2$ und $CuCl_2$ bestimmt und gefunden:
1) dass jedes Salz in einer ihm eigenthümlichen Weise die
Leitungsfähigkeit der Lösung vermehrt, 2) dass das Lösungs-

---

1) Matteucci, Wied. Electr. 1. p. 571.
2) Oberbeck, Pogg. Ann. 155. p. 595. 1875.

mittel selbst noch von bedeutendem Einflusse auf das Leitungsvermögen der Lösung ist. Guglielmo[1]) ermittelte die
electrische Leitungsfähigkeit des schon von F. Kohlrausch
in wässerigen Lösungen untersuchten KOH in alkoholischen
Lösungen. Vincentini[2]) stellte Untersuchungen über die
electrische Leitungsfähigkeit von alkoholischen Lösungen
einiger Chloride an und fand, dass eine einfache Beziehung
zwischen der Löslichkeit der Salze in Alkohol und ihrer
Leitungsfähigkeit nicht existirt. Ferner sind von Bartoli[3])
einige Arbeiten vorhanden über electrische Leitungsfähigkeit
von Gemischen von Paraffin und Amylalkohol, von Naphtalin und Phenol; derselbe findet, dass Paraffin und Naphtalin
erst durch Zusatz von Amylalkohol und Phenol zu Leitern
werden. Weiter untersuchte Bartoli[4]) auch Gemische von
anderen organischen Verbindungen, z. B. von Naphtalin mit
Nitronaphtalin oder Phtalsäure, Paraffin mit einer kleinen
Menge Amylalkohol, Essigsäure, Ameisensäure u. s. f. Ausserdem liegen Bestimmungen der electrischen Leitungsfähigkeiten von Lösungen der Pikrinsäure in Wasser, Alkohol
und Gemengen beider, sowie der von Lösungen einiger Salze
in denselben Lösungsmitteln von R. Lenz[5]) vor. Durch
diese Arbeit wurde auch die schon vorhin erwähnte Behauptung Matteucci's als vollkommen unbegründet widerlegt.

Mir schien es wünschenswerth, auch solche Körper zu
untersuchen, welche in mehreren Lösungsmitteln möglichst
vollkommen löslich sind. Deshalb wählte ich für meine Untersuchungen die ersten Glieder der Fettsäurereihe, welche
mit Ausnahme der Ameisensäure, die in Amylalkohol fast

---

1) Guglielmo, Atti della R. Accad. di Torino 17. 1882; Wied.
Electr. 4. 2. p. 1241; Beibl. 6. p. 803. 1882.

2) Vincentini, Mem. R. Acc. di Torino (2) 36. p. 22. 1884;. Beibl.
9. p. 131. 1885.

3) A. Bartoli, l'Orosi. 7. p. 3. u. 233. 1884; Beibl. 8. p. 712. 1884;
9. p. 44. 1885.

4) A. Bartoli, Atti della R. Acc. dei Lincei Rendic. 1. p. 550. 1885;
Beibl. 9. p. 683. 1885.

5) R. Lenz, Mem. de l'Ac. des sciences de St. Pétersbourg. (7) 30.
Nr. 9. 1882; Beibl. 7. p. 399. 1883.

unlöslich ist, mit Wasser, Methylalkohol, Aethylalkohol und Amylalkohol mischbar sind.

Material und Herstellung der Gemische.

Die zu untersuchenden Stoffe bezog ich sämmtlich in grösster Reinheit von Kahlbaum in Berlin.

1) Der Methylalkohol war nach Angabe acetonfrei und hatte bei 15° das specifische Gewicht 0,7978 und bei 18° das electrische Leitungsvermögen $8,79 \cdot 10^{-10}$, das des Quecksilbers von 0° gleich Eins gesetzt.

2) Der Aethylalkohol hatte bei 18° das specifische Gewicht 0,7937 und bei 14,6° die Leitungsfähigkeit $0,95 \cdot 10^{-10}$, dieselbe ist also bei weitem geringer, als die des gewöhnlichen käuflichen Alkohols, welcher bei 15° ein Leitungsvermögen von $1,8 \cdot 10^{-10}$ bis $2,4 \cdot 10^{-10}$ hat.[1]

3) Der Amylalkohol war normal und hatte bei 15° das specifische Gewicht 0,8178 und bei 17° das electrische Leitungsvermögen $0,0688 \cdot 10^{-10}$.

4) Die Ameisensäure war nach Angabe ganz rein und wasserfrei und hatte bei 15° das specifische Gewicht 1,223, dasselbe ist nach Kopp 1,203 und nach Pettersson 1,226.[2]

5) Die Essigsäure hatte bei 18° das specifische Gewicht 1,0582, was mit dem von Kopp für concentrirte Essigsäure angegebenen specifischen Gewichte 1,0597 gut übereinstimmt, jedenfalls wird der Wassergehalt kein bedeutender sein.

6) Die Buttersäure war normal und hatte bei 18° das specifische Gewicht 0,962; nach Kopp ist dasselbe bei 18° gleich 0,97.

Um die Mischungen herzustellen, goss ich in eine Messröhre von 300 ccm Inhalt, welche durch einen eingeschliffenen Stöpsel verschlossen werden konnte, v ccm des Lösungsmittels und bestimmte dessen Temperatur t. Hierauf liess ich aus einer auf Ausfluss geaichten Bürette v_1 ccm der Säure, deren Temperatur t_1 war, nachfliessen, verschloss sodann die Messröhre und schüttelte die beiden Stoffe tüchtig durcheinander.

---

1) E. Pfeiffer, Wied Ann. **25.** p. 238. 1885.
2) Pettersson, Nova Acta. Roy. Soc. Upsala 1879; Beibl. **4.** p. 269. 1880.

Um den Gehalt des Gemisches an den beiden Bestandtheilen für 100 g oder 100 ccm berechnen zu können, musste ich die specifischen Gewichte der Bestandtheile bei verschiedenen Temperaturen bestimmen. Ich benutzte hierzu ein Pyknometer, welches bei 18° 20,0098 g Wasser von 18° fasste. In folgender Tabelle finden sich die gefundenen specifischen Gewichte und die hieraus nach der Formel:

$$s_t = s_0 (1 - \alpha t)$$

berechneten Temperaturcoëfficienten. Der Vergleichung halber habe ich auch die von Kopp[1]) gefundenen Werthe von α beigesetzt.

Namen der Flüssigkeiten	Temp.	Spec. Gew.	α	α nach Kopp's Beob.
Methylalkohol .	13°	0,7996	0,00114	0,00113
	16,3	0,7969		
	19	0,7941		
Aethylalkohol .	12	0,7975	0,00090	0,00104
	18	0,7937		
	21	0,7911		
Amylalkohol . .	15	0,8178	0,00080	0,00097
	17	0,8169		
	18,5	0,8160		
	19	0,8151		
Ameisensäure .	12,5	1,2269	0,00096	0,00099
	16	1,2207		
	18	1,2198		
Essigsäure . .	15,5	1,0607	0,00090	0,00105
	18	1,0582		
	22,8	1,0536		
Buttersäure . .	15	0,9666	0,00170	0,00105
	18	0,9617		

Die in 100 g Lösung enthaltene Gewichtsmenge Säure berechnete ich nach der Formel:

$$p = \frac{100 \, v_1 s_1}{v_1 s_1 + vs},$$

worin s das specifische Gewicht der Flüssigkeit und s_1 das der Säure bedeutet.

Beim Mischen von Säure und Lösungsmittel trat oft eine bedeutende Wärmeentwickelung ein, verbunden mit einer grösseren Contraction. Das beobachtete specifische Gewicht

---

1) **Kopp**, Pogg. Ann. 72. p. 48 ff. 1847.

war deshalb häufig ein anderes, als das unter der Voraussetzung, dass keine Volumänderung eintritt, nach der Formel:

$$s_m = \frac{v_1 s_1 + v s}{v_1 + v}$$

berechnete. Bezeichnet man das beobachtete specifische Gewicht mit S, das berechnete mit S_1, so ist S/S_1 die Contraction.

In den folgenden Tabellen sind die Werthe von S, S_1 und S/S_1 für einen Theil der untersuchten Gemische zusammengestellt. Bei den übrigen Gemischen ist der Quotient S/S_1 so nahezu gleich Eins, dass eine Mittheilung der Werthe nicht interessiren kann. Für die wässerigen Lösungen von Ameisensäure und Buttersäure liegen Bestimmungen dieser Werthe von Lüdeking[1]) vor; ich habe dessen Resultate beigefügt. Ein Vergleich beider Resultate zeigt, dass der Gang der Werthe von S/S_1 in beiden Tabellen der gleiche ist. Meine Werthe sind jedoch sämmtlich etwas höher.

A. Wässerige Lösungen.
a. Ameisensäure.

Beobachter Hartwig.   Beobachter Lüdeking.

g Säure in 100 g Lös.	S	S_1	S/S_1	S	S_1	S/S_1	g Säure in 100 g Lös.
100	1,2198	1,2198	1,0000	1,2182	1,2182	1,0000	100
55,21	1,1286	1,1099	1,0160	1,1306	1,1224	1,0073	56,1
28,18	1,0687	1,0525	1,0153	1,0708	1,0652	1,0053	29,9
14,35	1,0362	1,0253	1,0106	1,0348	1,0317	1,0030	14,5
7,79	1,0191	1,0130	1,0060	1,0191	1,0171	1,0019	7,8
4,03	1,0113	1,0063	1,0050	1,0102	1,0089	1,0013	4,0

b. Buttersäure.

g Säure in 100 g Lös.	S	S_1	S/S_1	S	S_1	S/S_1	g Säure in 100 g Lös.
100	0,9620	0,9620	1,0000	0,9549	0,9549	1,0000	100
35,82	1,0067	0,9850	1,0220	1,0020	0,9329	1,0194	37,9
19,43	1,0077	0,9913	1,0166	1,0047	0,9911	1,0137	19,6
9,68	1,0062	0,9950	1,0113	1,0037	0,9955	1,0082	9,8

B. Alkoholische Lösungen.
a. Essigsäure.

g in 100 g Lösung	S	S_1	S/S_1
100	1,0582	1,0582	1,0000
75,7	0,9796	0,9790	1,0006
47,06	0,9047	0,8998	1,0054
25,00	0,8519	0,8470	1,0058
6,29	0,8080	0,8068	1,0015

---

1) Lüdeking, Wied. Ann. **27**. p. 72 ff. 1886.

Das Maximum der Contraction tritt hier in der Nähe von 25 Proc. ungefähr ein.

b. Buttersäure.

g Säure in 100 g Lös.	S	S_1	S/S_1
100	0,9620	0,9620	1,0000
41,46	0,8626	0,8560	1,0067
23,30	0,8331	0,8287	1,0053
12,01	0,8142	0,8091	1,0063

Die Buttersäure hat wahrscheinlich zwei Maxima der Contraction, eines in der Nähe von 41 Proc. und eines in der Nähe von 12 Proc.

C. Lösungen in Methylakohol.

a. Ameisensäure.

g Säure in 100 g Lös.	S	S_1	S/S_1
100	1,2198	1,2198	1,0000
66,87	1,0266	1,0264	1,0002
38,12	0,9241	0,9168	1,0080
24,30	0,8727	0,8686	1,0046
19,08	0,8553	0,8517	1,0043
9,81	0,8283	0,8234	1,0060
4,86	0,8119	0,8092	1,0033

Auch hier treten zwei Maxima der Contraction auf, eines in der Nähe von 40 Proc. und das zweite in der Nähe von 10 Proc.

b. Essigsäure.

g Säure in 100 g Lös.	S	S_1	S/S_1
100	1,0582	1,0582	1,0000
50,5	0,9167	0,9065	1,0110
33,55	0,8785	0,8667	1,0136
20,27	0,8427	0,8373	1,0064
6,44	0,8103	0,8081	1,0028

Hier tritt ein Maximum der Contraction in der Nähe von 34 Proc. ein.

c. Buttersäure.

g Säure in 100 g Lös.	S	S_1	S/S_1
100	0,9620	0,9620	1,0000
43,66	0,8623	0,8602	1,0025
28,27	0,8346	0,8285	1,0073
11,88	0,8159	0,8118	1,0050

Auch hier tritt ein Maximum der Contraction ein, und zwar bei ca. 24 Proc.

Mit Hülfe der eben mitgetheilten Quotienten S/S_1 habe ich nun stets das Volumen Säure berechnet, welches in 100 Volumtheilen Mischung bei 18^0 enthalten ist, mit Benutzung der Formel:

$$x = \frac{100\, v_1 \cdot S}{(v_1 + v) \cdot S_1}.$$

Hier bedeuten v_1 und v die auf 18^0 reducirten Volumina von Säure und Flüssigkeit.

Methode.

Die sämmtlichen Widerstandsbestimmungen machte ich mit der Kohlrausch'schen Brückenwalze[1] mit Hülfe des Telephons. Um mich von der Zuverlässigkeit meiner Messungen zu überzeugen, bestimmte ich die Widerstandscapacität eines Widerstandsgefässes nochmals, welches ich gelegentlich einer Arbeit über die Leitungsfähigkeit des Phenols und der Oxalsäure in wässerigen und alkoholischen Lösungen[2] benutzt hatte. Ich fand damals mit Beobachtung am Electrodynamometer $m = 0,002\,125$ und diesmal sehr nahe übereinstimmend $m = 0,002\,102$.

Die Widerstandsbestimmungen der wässerigen Lösungen machte ich in einem U-förmigen Gefässe mit Platinelectroden, dessen Widerstandscapacität $m = 299,48 \cdot 10^{-6}$ war. Für die Messungen der Widerstände der übrigen Gemische benutzte ich ein Widerstandsgefäss von folgender Beschaffenheit. In eine Hartgummiplatte, welche mit passenden Einkerbungen

---

1) Kohlrausch, Wied. Ann. 11. p. 658. 1880.

2) Programm der Kreisrealschule Nürnberg 1886. Beibl. 11. p. 101. 1887.

versehen war, waren zwei Glasröhren von ca. 100 mm Länge
eingekittet, die weitere derselben hatte im Lichten einen
Durchmesser von ca. 51 mm, die engere hatte einen äusseren Durchmesser von ca. 45 mm. Die weitere Röhre war
innen mit $^1/_3$ mm dickem Platinblech bis zu einer Höhe von
85 mm verkleidet, und die engere Röhre, welche unten zugeschmolzen war, war aussen mit Platinblech von ebenfalls
85 mm Höhe überzogen. Von jedem der beiden Platincylin-
der ging ein an dieselbe genieteter und mit Silber gelötheter
Platindraht durch die Hartgummiplatte zu starken Messing-
säulchen auf derselben. Die weitere Glasröhre war oberhalb
der Electroden durchbohrt, damit die Flüssigkeit zwischen
den Electroden das gleiche Niveau hatte, wie in dem Gefäss,
in welches sie gestellt wurden. Die Hartgummiplatte, welcher ein Ring von vulkanisirtem Kautschuk untergelegt ist,
bildet zugleich den Verschluss des Gefässes.

Die Widerstandscapacität dieses Gefässes ermittelte ich
mit der von F. Kohlrausch zu derartigen Messungen em-
pfohlenen wässerigen Essigsäure[1] vom specifischen Gewichte
1,022 bei 18°, deren Widerstand ungefähr derselben Grössenordnung angehört, wie diejenigen meiner Gemische. Im
Mittel erhielt ich aus mehreren Beobachtungen:

$$m = 3115{,}03 \cdot 10^{-10}.$$

Die Schwierigkeit, das Telephon beim Messen kleiner
Widerstände zum Schweigen zu bringen, beseitigte ich dadurch, dass ich das von Lenz[2] für alle nach der Brücken-
methode zu machenden Versuche empfohlene Verfahren benutzte.

Zu dem zu messenden kleinen Widerstande fügte ich
noch soviel Widerstand hinzu, dass beide zusammen ungefähr 100 S.-E. betrugen, während der Vergleichswiderstand
auch gleich 100 S.-E. war; dann theilte ich den Messdraht so,
dass das Telephon nicht mehr tönte, was bei dieser Stellung
des Gleitcontactes sehr leicht zu erreichen ist. Hierauf schal-

---

1) F. Kohlrausch, Wied. Ann. 11. p. 660. 1880.
2) Lenz, Mem. de l'Acad. imp. des sciences de St. Pétersbourg (7).
26. Nr. 3 p. 3. 1878.

tete ich den zu messenden Widerstand aus und ersetzte denselben durch soviel Drahtwiderstand als nöthig war, um das
Telephon bei nahezu der gleichen Theilung des Messdrahtes
zum Schweigen zu bringen. Hierdurch erhielt ich zwei Gleichungen zur Bestimmung des unbekannten kleinen Widerstandes x und des ebenfalls sehr kleinen Zuleitungswider-
standes w.

So ergaben sich bei einer Widerstandsbestimmung nach
Anbringung der nöthigen Correctionen folgende Gleichungen:

$$
\begin{array}{ll}
99{,}77 + x + w = 101{,}78 & 99{,}90 + x + w = 101{,}91, \\
101{,}89 \phantom{{}+x} + w = 101{,}97 & 101{,}89 + \phantom{x+{}} w = 101{,}97 \\
\hline
-2{,}12 + x = -0{,}19 & -1{,}99 + x = -0{,}06 \\
\phantom{-2{,}12 +{}} x = 1{,}93 & \phantom{-1{,}99 +{}} x = 1{,}93
\end{array}
$$

Das Ostwald'sche Verfahren[1]), den unverzweigten
Strom durch Drahtwiderstände zu schwächen, habe ich bei
meinen so wenig von einander entfernten Electroden nicht
für so zweckmässig gefunden, da auch hier die Einstellung
noch häufig eine unsichere war.

Die sämmtlichen Widerstände wurden berechnet aus 5
Einstellungen des Gleitcontactes, welche im Maximum um
1 Proc. von einander abwichen.

Die Beobachtungsresultate.

Die erhaltenen Resultate sind in den folgenden Tabellen
niedergelegt. In der ersten Reihe g_p stehen die Zahlen,
welche angeben, wieviel Gramm der Säure in 100 g Lösung
enthalten sind. Die Zahlen in der zweiten Reihe v_p bedeuten, wieviel Cubikcentimeter Säure von 18^0 in 100 ccm Lösung
von 18^0 enthalten sind. In der dritten Reihe t stehen die
Temperaturen, bei welchen die Beobachtungen gemacht wurden, und in der vierten Reihe $k_t \cdot 10^9$ die Leitungsfähigkeiten,
wie sie sich aus den beobachteten Widerständen nach Anbringung aller Correctionen bezogen auf Quecksilber von 6^0
ergeben haben, dessen Leitungsfähigkeit gleich 10^9 gesetzt ist.

---

1) Ostwald, Journ. f. prakt. Chemie. **30.** p. 226. 1884.

A. Die wässerigen Lösungen.
Tabelle I. Ameisensäure.

g_p	v_p	t	$k_t \cdot 10^9$	g_p	v_p	t	$k_t \cdot 10^9$
,03	3,31	3,9	321,92	28,18	24,68	− 0,2	702,93
		11,6	382,39			11,5	880,91
		29,4	512,14			20,5	1030,86
,79	6,51	−0,7	417,04			29,7	1140,86
		11,6	546,81	55,21	51,12	0,7	569,28
		21,7	646,19			10,9	694,41
		30	719,81			18,5	766,84
,35	12,19	−0,1	576,66			29,8	894,04
		11,5	741,25	100	100	3,7	50,12
		19,7	858,53			12,2	59,12
		31,3	998,09			20,9	68,22
		—	—			27,9	76,95

Tabelle II. Buttersäure.

g_p	v_p	t	$k_t \cdot 10^9$	g_p	v_p	t	$k_t \cdot 10^9$
,68	10,13	0,3	65,15			20,5	95,74
		11,2	90,18			29,1	105,70
		20,3	113,65	35,82	37,49	1,0	37,39
		31,6	140,82			19,5	57,35
,43	20,35	1,9	62,61			29,0	66,17
		8,5	74,14			—	—

B. Die Lösungen in Methylalkohol.
Tabelle III. Ameisensäure.

g_p	v_p	t	$k_t^{\bullet} \cdot 10^9$	g_p	v_p	t	$k_t \cdot 10^9$
,86	8,34	1,0	2,29	24,30	21,23	20,5	12,58
		15,8	2,86			29,4	13,94
		20,2	3,36	38,12	28,88	5,8	13,57
		29,7	4,17			11,1	14,93
1,08	13,38	0,9	7,37			20,6	17,78
		11,4	8,78			29,6	20,19
		19,7	9,86	66,87	56,83	1,4	42,22
		29,4	11,07			10,8	49,39
1,30	21,23	2,7	10,05			19,5	54,04
		12,2	11,45			29,5	59,62

Tabelle IV. Essigsäure.

g_p	v_p	t	$k_t^{\bullet} \cdot 10^9$	g_p	v_p	t	$k_t \cdot 10^9$
1,44	4,93	1,6	1,22	33,35	27,87	3,0	1,41
		12,4	1,47			10,5	1,79
		19,9	1,64			19,5	2,15
		31,2	2,11			30,6	2,77
1,27	16,14	5,5	1,59	50,5	43,87	1,1	1,12
		16,7	1,94			9,6	1,63
		19,3	2,22			19,9	1,91
		29,9	2,72			29,5	1,97

5*

Tabelle V. Buttersäure.

g_p	v_p	t	$k_t \cdot 10^9$	g_p	v_p	t	$k_t \cdot 10^9$
11,88	10,08	0,9	0,71	23,27	20,19	20,1	0,98
		12,8	0,87			80,1	1,18
		21,8	1,01	43,66	39,15	−0,9	0,57
		29,3	1,17			11,1	0,75
23,27	20,19	0,3	0,61			19,4	0,89
		10,8	0,78			28,1	1,10

C. Lösungen in Aethylalkohol.

Tabelle VI. Ameisensäure.

g_p	v_p	t	$k_t \cdot 10^9$	g_p	v_p	t	$k_t \cdot 10^9$
5,05	3,85	1,4	0,68	18,24	11,97	18,2	4,42
		11,5	0,81			28,9	4,93
		18,6	0,94	22,09	15,56	2,6	5,33
		29,9	1,15			11,2	6,13
9,52	6,40	−1,2	1,15			19,4	6,87
		13,2	1,51			28,0	7,69
		18,8	1,65	27,72	19,99	−1,2	7,84
		31,3	1,96			10,0	9,37
15,20	9,72	1,3	2,14			19,4	10,44
		11,3	2,59			30,1	11,67
		18,3	2,95	63,96	53,38	−0,6	39,21
		29,8	3,56			10,6	45,15
18,24	11,97	0,4	3,18			19,9	48,98
		11,6	3,90			29,3	51,72

Tabelle VII. Essigsäure.

g_p	v_p	t	$k_t \cdot 10^9$	g_p	v_p	t	$k_t \cdot 10^9$
6,29	4,81	1,4	0,104	25,00	20,14	30,8	0,334
		11,9	0,145	47,06	40,23	2,5	0,228
		21,4	0,175			12,4	0,297
		31,2	0,218			21,3	0,354
25,00	20,14	2,1	0,177			30,4	0,421
		12,3	0,238	75,7	70,08	16,6	0,212
		20,1	0,276			18,2	0,254

Tabelle VIII. Buttersäure.

g_p	v_p	t	$k_t \cdot 10^9$	g_p	v_p	t	$k_t \cdot 10^9$
12,01	9,07	0,9	0,084	23,30	20,7	20,0	0,155
		10,6	0,107			29,3	0,178
		20,6	0,140	41,46	37,14	−0,4	0,076
		30,3	0,178			11,0	0,099
23,30	20,17	0,7	0,090			20,4	0,123
		10,7	0,123			28,5	0,145

D. Die Lösungen in Amylalkohol.
Tabelle IX. Essigsäure.

g_p	v_p	t	$k_t \cdot 10^9$	g_p	r_p	t	$k_t \cdot 10^9$
5,92	4,63	1,0	0,018	16,63	13,33	30,9	0,051
		10,5	0,021	44,21	39,41	1,0	0,058
		20,0	0,025			12,1	0,071
		31,1	0,026			19,7	0,077
16,63	13,33	1,3	0,040			29,0	0,083
		10,7	0,046	53,64	47,15	16,9	0,083
		21,6	0,049			23,7	0,096

Tabelle X. Buttersäure.

g_p	v_p	t	$k_t \cdot 10^9$	g_p	r_p	t	$k_t \cdot 10^9$
6,19	5,30	0	0,0155	28,56	25,33	19,6	0,0408
		11,3	0,0190			29,1	0,0419
		20,4	0,0206	37,53	33,93	2,1	0,0296
		28,6	0,0229			10,6	0,0338
28,56	25,33	−0,4	0,0324			20,2	0,0356
		12,8	0,0377			32,0	0,0374

Bestimmung der Temperaturcoëfficienten und Umrechnung der beobachteten Leitungsfähigkeiten auf die Temperaturen von 0, 18 und 30⁰.

Die Temperaturcoëfficienten wurden bestimmt mit Hülfe der Gleichung:

$$k_t = k_0 \left(1 + \alpha t + \beta t^2\right),$$

gewöhnlich aus den beobachteten Leitungsfähigkeiten in der Nähe von 0, 20 und 30⁰. Das in der Nähe von 10⁰ beobachtete Leitungsvermögen diente als Controle der Berechnung, indem mit Hülfe der gefundenen Temperaturcoëfficienten der Werth für die gleiche Temperatur berechnet wurde. Die folgenden Tabellen enthalten die Resultate dieser Umrechnung und geben die Werthe von k_0, k_{18}, k_{30}, α und β.

Die Resultate für die Temperatur 18⁰ sind in den beiliegenden Figuren in Curven wiedergegeben. In ihnen sind die Gewichtsprocente, das heisst die Anzahl der in 100 g Lösung enthaltenen Gramme Säure die Abscissen und die zugehörigen Leitungsfähigkeiten die Ordinaten. Der Maassstab, nach welchem die Ordinaten aufgetragen sind, ist jeder Curve beigesetzt.

A. Wässerige Lösungen.

Tabelle XI. Fig. 7ₐ. Ameisensäure.

p	$k_0 \cdot 10^9$	$k_{18} \cdot 10^9$	$k_{30} \cdot 10^9$	$\alpha \cdot 10^3$	$\beta \cdot 10^5$
4,08	289,14	431,55	518,69	20,65	−10,1
7,79	424,96	587,96	712,81	27,23	−11,9
14,35	578,24	822,08	959,70	27,65	−14,9
28,18	739,88	994,55	1154,84	26,29	−18,1
55,21	561,02	752,36	908,21	22,69	− 3,0
100	46,9	64,73	79,92	18,15	+16

Das Leitungsvermögen wächst bis zu einem Gehalt von 30 Proc. langsamer als die Concentration und nimmt von hier an wieder ab. Bei höheren Temperaturen tritt das Maximum schon etwas früher ein. Die Verschiebung des Maximums mit der Temperatur ist jedoch hier wie bei den übrigen Lösungen so gering, dass die weiter unten abgeleiteten Gesetze für die Temperatur 18° auch für die anderen Temperaturen Gültigkeit haben. Die Temperaturcoëfficienten α haben ihr Maximum schon bei 15 Proc. Die Coëfficienten β sind negativ; ihr Maximum fällt mit dem der Leitungsfähigkeit ungefähr zusammen. Der reinen Säure entsprechen positive α und β.

Tabelle XII. Fig. 9ₐ. Buttersäure.

p	$k_0 \cdot 10^9$	$k_{18} \cdot 10^9$	$k_{30} \cdot 10^9$	$\alpha \cdot 10^3$	$\beta \cdot 10^5$
9,68	64,45	106,41	136,78	36,11	3,2
19,43	58,76	88,13	109,03	35,23	−36,5
35,82	36,22	54,80	68,22	31,10	−12,9

Das Maximum tritt bei einem Gehalte von 12 Proc. ein, wie sich aus Fig. 9ₐ ergibt, im übrigen hat die Curve grosse Aehnlichkeit mit der für Essigsäure, welche sich in Fig. 8ₐ vorfindet und der Arbeit F. Kohlrausch's[1]) entnommen ist. Die Coëfficienten α haben auch ihr Maximum in der Nähe von 12 Proc., die Coëfficienten β sind erst positiv, dann negativ. Auffallend ist der grosse absolute Werth von β für den Gehalt von 19,43 Proc.

---

1) F. Kohlrausch, Pogg. Ann. **159**. Taf. V. Fig. 1. 1876.

B. Lösungen in Methylalkohol.

Tabelle XIII. Fig. 7ₑ. Ameisensäure.

p	$k_0 \cdot 10^9$	$k_{18} \cdot 10^9$	$k_{30} \cdot 10^9$	$\alpha \cdot 10^3$	$\beta \cdot 10^5$
4,86	2,258	3,239	4,189	17,44	34,0
19,03	7,247	9,580	10,932	13,43	− 3,0
24,30	9,720	11,760	14,993	18,83	− 2,5
38,12	12,223	16,883	20,012	20,64	− 2,2
66,87	41,217	52,640	59,060	17,20	− 1,2

Das Verhalten der Ameisensäure ist ein äusserst eigenthümliches. Die Leitungsfähigkeit wächst, wie am deutlichsten aus Fig. 7ₑ ersichtlich ist, bis zu einem Gehalt von 26 Proc. langsamer wie die Concentration, von hier bis zu 58 Proc. rascher und dann wieder langsamer. Die Curve hat bei 26 und 58 Proc. Inflexionspunkte. Die Coëfficienten α haben bei 40 Proc. ca. ein Maximum. Die Coëfficienten β sind negativ, mit Ausnahme der den verdünnten Lösungen zugehörigen. Sie nähern sich mit steigernder Concentration der Null, werden dann positiv; denn die reine Säure hat ein positives β.

Tabelle XIV. Fig. 8ₑ. Essigsäure.

p	$k_0 \cdot 10^9$	$k_{18} \cdot 10^9$	$k_{30} \cdot 10^9$	$\alpha \cdot 10^3$	$\beta \cdot 10^5$
6,44	1,201	1,643	2,076	14,69	32,0
20,27	1,408	2,114	2,763	23,75	22,7
33,55	1,289	2,132	2,719	31,19	14,0
50,50	1,054	1,799	2,037	59,26	−115,0

Das Maximum der Leitungsfähigkeit liegt bei 0° ungefähr bei 25 Proc., bei 18° bei 30 Proc. und bei 30° bei 23 Proc., ist also von der Temperatur sehr abhängig. Die Coëfficienten α wachsen mit der Concentration und sind sämmtlich positiv. Die Coëfficienten β sind anfangs auch positiv, nehmen beständig ab und werden bei höheren Concentrationen negativ.

Tabelle XV. Fig. 9ₑ. Buttersäure.

p	$k_0 \cdot 10^9$	$k_{18} \cdot 10^9$	$k_{30} \cdot 10^9$	$\alpha \cdot 10^3$	$\beta \cdot 10^5$
11,88	0,699	0,959	1,185	12,48	37,7
23,27	0,607	0,927	1,182	29,89	6,3
43,66	0,582	0,866	1,146	23,30	30,9

Die Buttersäure erhöht das Leitungsvermögen des reinen Methylalkohols nicht wesentlich; denn für denselben ist bei $18°$ $k.10^9 = 0,88$, während für das bestleitende Gemisch $k.10^9 = 0,96$ ist. Die 44-procentige Lösung leitet schon schlechter als das Lösungsmittel. Das Maximum der Leitungsfähigkeit entspricht nach der Curve bei $18°$ ungefähr dem Gehalte von 17,3 Proc. Diesem Gehalte entspricht auch ein Maximum der Coëfficienten α und ein Minimum der Coëfficienten β.

C. Lösungen in Aethylalkohol.

Tabelle XVI. Fig. 7_c. Ameisensäure.

p	$k_0 . 10^9$	$k_{15} . 10^9$	$k_{30} . 10^9$	$\alpha . 10^3$	$\beta . 10^5$
1,91	—	0,682	—	21,22	—
5,05	0,663	0,933	1,156	21,83	16,4
9,52	1,174	1,610	1,911	21,02	8,0
15,20	2,081	2,931	3,577	20,83	8,6
18,24	3,150	4,881	5,054	20,22	— 4,0
22,09	5,092	6,715	7,940	20,07	— 4,7
27,72	8,000	10,183	11,651	17,05	— 4,5
63,96	39,593	47,548	52,272	15,26	—15,4

Der Verlauf der Leitungsfähigkeit ist hier ein ähnlicher wie für die Lösungen dieser Säure in Methylalkohol, bei 5 und 52 Proc. ca. sind Inflexionspunkte. Die Curve der alkoholischen Lösungen verläuft fast parallel mit der für die Lösungen in Methylalkohol. Ich habe den ersten Theil der Curve in Fig. 7_d auch noch grösser gezeichnet, um den Inflexionspunkt am Anfange besser sichtbar zu machen. Die Temperaturcoëfficienten α nehmen beständig ab, die β werden bei 16 Proc. negativ.

Tabelle XVII. Fig. 8_c. Essigsäure.

p	$k_0 . 10^9$	$k_{15} . 10^9$	$k_{30} . 10^9$	$\alpha . 10^3$	$\beta . 10^5$
6,29	0,0995	0,1679	0,2095	29,08	26,6
25,00	0,1661	0,2591	0,3269	30,28	3,05
47,06	0,2110	0,3115	0,4212	31,62	11,1
75,70	—	0,2527	—	12,06	—

Das Maximum der Leitungsfähigkeit tritt bei einer Temperatur von $18°$ beim Gehalte von 49 Proc. ca. ein, bei welchem auch die Coëfficienten α ihr Maximum haben.

Tabelle XVIII. Fig. 9₆. Buttersäure.

p	$k_0 . 10^9$	$k_{18} . 10^9$	$k_{30} . 10^9$	$\alpha . 10^3$	$\beta . 10^5$
12,01	0,0827	0,1307	0,1762	24,94	42,5
28,30	0,0875	0,1452	0,1805	31,13	−39,1
41,46	0,0767	0,1149	0,1512	28,58	10,3

Das Maximum der Leitungsfähigkeit ist nur wenig grösser als die Leitungsfähigkeit des absoluten Alkohols und tritt bei 21,6 Proc. auf. Die Coëfficienten α haben hier ein Maximum, die Coëfficienten β ein Minimum.

D. Lösungen in Amylalkohol.

Tabelle XIX. Fig. 8ₐ. Essigsäure.

p	$k_0 . 10^9$	$k_{18} . 10^9$	$k_{30} . 10^9$	$\alpha . 10^3$	$\beta . 10^5$
5,92	0,0178	0,0234	0,0257	23,99	−30
16,63	0,0389	0,0464	0,0511	15,18	−16,5
44,21	0,0562	0,0748	0,0845	23,94	−30,17
53,64	−	0,0852	−	23,80	−

Das Leitungsmaximum tritt bei 54 Proc. auf. Die Coëfficienten α sind nur wenig von einander verschieden und haben bei 17 Proc. ca. ein Minimum, die Coëfficienten β sind alle negativ.

Tabelle XX. Fig. 9ₐ. Buttersäure.

p	$k_0 . 10^9$	$k_{18} . 10^9$	$k_{30} . 10^9$	$\alpha . 10^3$	$\beta . 10^5$
6,19	0,0155	0,0199	0,0233	14,98	5,8
28,56	0,0326	0,0393	0,0425	16,76	−23,0
37,53	0,0287	0,0344	0,0362	15,68	−25,0

Einem Gehalte von 26 Proc. entspricht ein Maximum der Leitungsfähigkeit. Auch die Coëfficienten α haben hier ihr Maximum.

Einfluss der Esterbildung.

Da beim Mischen organischer Säuren· und Alkohole in ganz reinem Zustande schon bei gewöhnlicher Temperatur eine Esterbildung eintritt, so musste ich untersuchen, ob die von mir erhaltenen Resultate hierdurch in nennenswerther Weise beeinflusst werden können. Ich bestimmte deshalb die Leitungsfähigkeiten einiger Gemische zu verschiedenen Zeiten und reducirte mit Hülfe der für jeden Fall besonders ermittelten Temperaturcoëfficienten auf eine gleiche Temperatur t. Eine 1,9 procentige alkoholische Lösung von Ameisensäure ergab bei 18,9° $k = 0,695 . 10^{-9}$. Nach 6 Stunden war $k = 0,718 . 10^{-9}$, nach einer weiteren Stunde gleich $0,715 . 10^{-9}$. Die Leitungsfähigkeit steigt also um 0,5 Proc. per Stunde.

Ein Zugiessen von Aethylformiat erhöhte die Leitungsfähigkeit dieser Mischung zwar, aber in einem bedeutend geringerem Maasse, als der Zusatz der gleichen Menge Ameisensäure es gethan haben würde.

Eine 54,3 procentige Lösung von Ameisensäure in Methylalkohol hatte bei 18° ein Leitungsvermögen $k = 37,7 . 10^{-9}$, nach 24 Stunden $k = 31,15 . 10^{-9}$ und nach 42 Stunden $k = 28,13 . 10^{-9}$. Hier nimmt also das Leitungsvermögen ab, und zwar beträgt die stündliche Abnahme während 42 Stunden 0,6 Proc. ca.

Zu 140 ccm dieser Mischung von 14° goss ich 18 ccm Methylformiat von 14°. Die Leitungsfähigkeit des Gemisches sank dann auf $22,8 . 10^{-9}$; nach 27 Stunden war sie nur noch $20,7 . 10^{-9}$.

Das Wachsen der Leitungsfähigkeit der Lösungen der Ameisensäure in Aethylalkohol mit der Zeit ist also eine Folge einer Esterbildung; denn das Zugiessen von Aethylformiat erhöht auch die Leitungsfähigkeit. In gleicher Weise ist die Abnahme der Leitungsfähigkeit der Lösungen der Ameisensäure in Methylalkohol eine Folge von Bildung von Methylformiat, da ein Hinzufügen von Methylformiat die Leitungsfähigkeit vermindert.

Eine 16 procentige Lösung von Essigsäure in Amylalkohol ergab bei 11,2° $k = 0,0423 . 10^{-9}$, nach 6 Stunden $k = 0,0434 . 10^{-9}$, nach weiteren 12 Stunden $k = 0,043 . 10^{-9}$ und nach nochmals 6 Stunden $k = 0,047 . 10^{-9}$.

Die Leitungsfähigkeit nimmt also hier im Laufe der Zeit zu, und zwar beträgt die stündliche Zunahme in 24 Stunden 0,47 Proc.

Ein Gemenge aller untersuchten Gemische von Ameisensäure mit Aethylalkohol liess ich 8 Wochen nach Beendigung der Messungen untersuchen; dabei ergab sich, dass 100 ccm dieser Mischung 22,02 g Ameisensäure enthielten, wovon schon 16,01 g esterificirt waren. Die Leitungsfähigkeit war ungefähr die Hälfte von der, welche der nicht esterificirten Mischung entsprochen hätte.

Für ein Gemenge aller schon benutzten Gemische von Ameisensäure und Methylalkohol erhielt ich 12 Wochen nach Schluss der Messungen folgende Analyse: 100 ccm enthalten 22,1 g Ameisensäure, wovon 19,46 g bereits esterificirt sind. Die Leitungsfähigkeit des Gemenges fand ich um circa 25 Proc. höher, als diejenige, welche der nicht esterificirten Mischnng entsprochen hätte. Da, wo also die Esterbildung am Anfange das Leitungsvermögen erhöht, war nach 8 Wochen ein Zurückgehen des Leitungsvermögens eingetreten und umgekehrt.

Für die Vornahme dieser zwei Analysen spreche ich Hrn. Prof. Dr. Kämmerer und den Herren Assistenten Schlegel und Dr. Stockmeier meinen besten Dank aus.

Da meine Messungen sehr bald nach der Mischung vorgenommen wurden und nie länger als eine Stunde dauerten, so waren dieselben durch Esterbildung nicht sehr beeinflusst.

Einfluss des Wassergehaltes der Ameisensäure.

Es ist wohl anzunehmen, dass eine vollständig wasserfreie Ameisensäure nicht herzustellen ist, und wenn es doch möglich sein sollte, so wird sie sich wohl kaum längere Zeit wasserfrei halten. Der eigenthümliche Verlauf der Curven für die alkoholischen Lösungen der Ameisensäure könnte möglicherweise durch den Wassergehalt der Säure bedingt sein. Ich bestimmte deshalb die Leitungsfähigkeit von Lösungen wasserhaltiger Ameisensäure in Aethylalkohol, und zwar nahm ich 40procentige und 60procentige Ameisensäure.

In den nun folgenden Tabellen stehen die Beobachtungsresultate, und zwar enthält die erste Reihe g, die in 100 g Lösung enthaltenen Gramm verdünnter Säure, in der zweiten Reihe s_{18} stehen die specifischen Gewichte der Lösungen bei 18°, die dritte Reihe t enthält die Temperaturen, bei welchen beobachtet wurde, und in der letzten Reihe $k_t \cdot 10^9$ endlich sind die beobachteten Leitungsfähigkeiten enthalten.

A. Wässerige 40procentige Ameisensäure gelöst in Aethylalkohol.

Tabelle XXI.

g_p	s_{18}	t	$k_t \cdot 10^9$	g_p	s_{18}	t	$k_t \cdot 10^9$
4,49	0,807	4,8	0,549	8,51		20,2	2,111
		11,7	0,639			28,5	2,388
		20,7	0,756	16,64	0,843	6,1	6,014
		27,4	0,829			11,8	6,764
8,51	0,819	5,1	1,594			19,8	7,790
		13,7	1,890			29,0	8,961

B. Wässerige 60procentige Ameisensäure gelöst in Aethylalkohol.

Tabelle XXII.

g_p	s_{18}	t	$k_t \cdot 10^9$	g_p	s_{18}	t	$k_t \cdot 10^9$
3,61	0,803	4,2	0,617	17,30	0,844	3,7	6,266
		11,8	0,788			10,7	7,118
		21,3	0,892			19,5	8,058
		28,0	0,995			28,6	9,133
8,90	0,821	4 4	1,819	25,31	0,868	4,2	11,124
		11,7	2,175			11,3	12,306
		21,4	2,565			20,2	13,980
		31,1	2,921			28,5	15,481

In den beiden folgenden Tabellen sind die Werthe von k_t für die Temperaturen 0°, 18° und 30°, sowie die Temperaturcoëfficienten α und β enthalten. In Fig. 10a und 10b sind die Resultate für die Temperatur 18° graphisch dargestellt.

Tabelle XXIII. Fig. 10a.
Die 40procentige Ameisensäure gelöst in Aethylalkohol.

g_p	$k_0 \cdot 10^9$	$k_{18} \cdot 10^9$	$k_{30} \cdot 10^9$	$\alpha \cdot 10^3$	$\beta \cdot 10^5$
4,5	0,476	0,706	0,914	26,9	−18,2
8,5	1,420	2,020	2,460	21,8	− 2,5
16,6	5,310	7,500	9,160	21,9	− 2,0

Tabelle XXIV. Fig. 10b.

Die 60procentige Ameisensäure gelöst in Aethyl-alkohol.

g_p	$k_0 \cdot 10^9$	$k_{18} \cdot 10^9$	$k_{30} \cdot 10^9$	$\alpha \cdot 10^3$	$\beta \cdot 10^5$
3,6	0,556	0,854	1,048	26,9	− 5,2
8,9	1,636	2,529	2,840	26,3	−13,6
17,3	5,853	7,962	9,386	19,6	− 4,9
25,3	10,426	13,503	15,851	16,0	− 5,7

Man sieht aus den Zahlen und noch besser aus Fig. 10, dass die Lösung der 60procentigen Ameisensäure erst besser leitet als die 40procentige, dass beide Lösungen bei ungefähr 15 Proc. gleiches Leitungsvermögen besitzen, und dass von da an die Lösung der 40procentigen Säure besser leitet, als die der 60procentigen. Die Lösung der 40procentigen Säure erreicht bei 100 Proc. ihr Maximalleitungsvermögen $k_{18} \cdot 10^9 = 920$, und die der 60procentigen Säure erreicht bei 100 Proc. ihr Maximalleitungsvermögen $k_{18} \cdot 10^9 = 660$. Die Inflexionspunkte, wie sie die Curve für die Lösungen der reinen Säure hat, sind hier nicht mehr vorhanden, es rühren dieselben also nicht von dem Wassergehalt her. Die gleichen Untersuchungen für Lösungen der wässerigen Ameisensäure in Methylalkohol habe ich wegen Mangels an Säure nicht mehr machen können.

Vergleichung der erhaltenen Resultate.

1. Beziehung zwischen Leitungsfähigkeit und chemischer Constitution.

Die in der beiliegenden Tafel gezeichneten Curven kehren alle, mit Ausnahme von zwei der Ameisensäure entsprechen-den, ihre concave Seite der Abscissenaxe zu und erreichen bei einem gewissen Gehalte an Säure ein Maximum. Dieses Maximum tritt bei der wässerigen Lösung der Ameisensäure bei 30 Proc. ein, bei der der Essigsäure bei 16,6 Proc. und bei der der Buttersäure bei 12 Proc. Die Maxima selbst verhalten sich annähernd wie 21 : 3 : 2. Die Reihenfolge der Säuren nach ihrer Leitungsfähigkeit ist dieselbe, wie sie Ostwald[1] für die verdünnteren Lösungen gefunden hat.

---

1) Ostwald, Journ. f. prakt. Chem. 31. p. 449. 1885.

Die schlechter leitende Säure erreicht also ihr Maximum früher, als die besser leitende. Eine ähnliche Beziehung findet man bei den übrigen Lösungen, wie am besten die folgende Tabelle zeigt, in welcher die Gehalte verzeichnet sind, bei welchen die Maxima eintreten.

Tabelle XXV.

Lösungsmittel	Säuren.		
	CH_2O_2	$C_2H_4O_2$	$C_4H_8O_2$
H_2O	30%	16,6%	12 %
CH_4O	100 „	30 „	17,3 „
C_2H_6O	100 „	49 „	21,6 „
$C_5H_{12}O$	—	54 „	26 „

Man könnte die oben angeführte Beziehung auch so aussprechen:

Je mehr Kohlenstoff eine Säure dieser Reihe enthält, um so früher tritt für ihre Lösungen das Maximum der Leitungsfähigkeit ein.

Aus der mitgetheilten Tabelle ergibt sich aber noch Folgendes:

Je kohlenstoffreicher das Lösungsmittel ist, desto später tritt das Maximum ein.

In welcher Weise die absoluten Werthe der Maxima vom Kohlenstoffgehalt der Bestandtheile der Lösung abhängen, lässt sich am leichtesten aus der folgenden Zusammenstellung für die Temperatur 18° ersehen.

Tabelle XXVI.

	CH_2O_2	$C_2H_4O_2$	$C_4H_8O_2$
H_2O	110 000	15200	10400
CH_4O	6 400	216	96
C_2H_6O	6 400	31	15
$C_5H_{12}O$	—	9	4

Die Leitungsfähigkeiten sind bezogen auf Quecksilber von 0°, dessen Leitungsvermögen gleich 10^{11} gesetzt ist. Es ergibt sich Folgendes:

Die Leitungsfähigkeit ist um so geringer, je grösser bei gleichem Kohlenstoffgehalt des Lösungs-

mittels der Kohlenstoffgehalt der Säure ist, und je
grösser bei demselben Kohlenstoffgehalt der Säure
der Kohlenstoffgehalt des Lösungsmittels ist.

Da die Lösungen der Ameisensäure in Methyl- und
Aethylalkohol ihr Maximum erst bei 100 Proc haben, so
bedeuten die beiden Zahlen in der Tabelle die Leitungsfähigkeiten der reinen Ameisensäure. Auffallend ist der hohe
Betrag dieses Werthes, derselbe ist fast halb so gross als
der der bestleitenden Essigsäurelösung.

2. Eigenthümliches Verhalten der Ameisensäure.

Die Ameisensäure nimmt nach dem Obigen nicht nur
unter den Gliedern der Fettsäurereihe, sondern überhaupt
eine Sonderstellung ein.

Es ist bis jetzt keine chemische flüssige Verbindung bekannt, welche für sich ein guter Leiter wäre.[1]

Die reine Ameisensäure, deren Leitungsfähigkeit 16 000
mal grösser ist, als diejenige der concentrirten Essigsäure,
welche nach Kohlrausch das Leitungsvermögen $0,4 . 10^{-11}$
hat[2]), kann man doch wohl nicht zu den Nichtleitern zählen.

Ferner hat man bei den Lösungen der verschiedensten
Stoffe, welche man bis zu einem hohen Concentrationsgrad
untersuchen konnte, gefunden, dass bei einem gewissen Concentrationsgrad ein Maximum der Leitungsfähigkeit auftritt,
und zwar gleichgültig, ob sie in Wasser oder in anderen
Lösungsmitteln gelöst sind.

Die Ameisensäure, welche mit Methyl- und Aethylalkohol
in jedem beliebigen Verhältnisse gemischt werden kann, zeigt
ein solches Maximum nicht.

Dieses auffallende Verhalten der Ameisensäure in Bezug
auf electrische Leitungsfähigkeit, das sein Analogon in vielen anderen physikalischen Eigenschaften findet, muss sich
aus deren Zusammensetzung erklären, welche sich von derjenigen der übrigen Glieder der Fettsäurereihe dadurch
unterscheidet, dass sie keine Methylgruppe (CH_3) enthält.

---

1) F. Kohlrausch, Pogg. Ann. **159**. p. 270. 1876.
2) F. Kohlrausch, Pogg. Ann. **159**. p. 264. 1876.

Eigenthümlich ist, dass schon das Vorhandensein der Methylgruppe im Lösungsmittel das Leitungsvermögen der Ameisensäure ebenso vermindert, wie wenn die Methylgruppe in der Säure vorhanden wäre.

Am Schlusse dieser Arbeit drängt es mich, auch an dieser Stelle Hrn. Prof. Dr. E. Wiedemann meinen verbindlichsten Dank auszusprechen für die Anregung zu dieser Arbeit und die jederzeit bereitwillig gewährte Unterstützung.

Physikal. Inst. der Univ. Erlangen, Mai 1887.

— ·· —·

VII. *Ueber das Maximum der galvanischen Polarisation von Platinelektroden in Schwefelsäure; von Carl Fromme.*

(Hierzu Taf. I Fig. 11—14.)

Die Frage, welches der Maximalwerth der galvanischen Polarisation in einem Voltameter sei, dessen Flüssigkeit aus verdünnter Schwefelsäure, und dessen Electroden aus Platin bestehen, muss gegenwärtig noch als eine offene betrachtet werden. Zwar besitzen wir schon eine ganze Reihe von Bestimmungen dieser Grösse, aber dieselben weichen in ihren Resultaten so stark voneinander ab, dass der Zweifel berechtigt erscheint, ob denn überhaupt nur ein Werth existirt, ob nicht vielmehr das Maximum der galvanischen Polarisation eine von verschiedenen Verhältnissen stark beeinflusste Grösse ist? Es könnte dasselbe abhängen einmal von der Beschaffenheit der Platinelectroden (blank oder platinirt), sodann von der Grösse derselben, von der Concentration der Schwefelsäure und endlich auch von dem Druck, unter welchem die Entwickelung der electrolytischen Gase stattfindet. Ein Einfluss der Electrodenfläche scheint in der That aus früheren Versuchen hervorzugehen: Denn während alle mit blanken Platinblechen angestellten Versuche Werthe ergeben haben,

welche zwischen 1,97 und 2,56 Dan.[1]) liegen, erhielt **Buff**
mit dünnen Drähten als Electroden 3,31 Dan.[2]) als Maximum
der Polarisation. Da dieses Resultat von **Buff** ganz vereinzelt dastand, so habe ich schon vor längerer Zeit eine
Beobachtung mit kleinen Electroden ausgeführt. Ich erhielt
ebenfalls $p = 3,3$ Dan. Somit entstand die Aufgabe, genaue
Messungen des Maximums bei verschiedener Grösse der Electroden auszuführen. Es geschah dies in der Weise, dass
entweder beide Electroden von gleicher Grösse — beide gross
oder beide klein — genommen wurden, oder aber dass einer
grossen Anode eine kleine Kathode oder umgekehrt gegen-
überstand.

Was weiter einen Einfluss der Concentration der Schwefelsäure anlangt, so geht ein solcher in der That aus einigen
früheren Messungen in der Art hervor, dass mit zunehmender Concentration auch die Polarisation zunimmt[3]) Indess
sind derartige Messungen in so geringer Zahl vorhanden und
lassen das Gesetz der Abhängigkeit so wenig erkennen, dass
ich auch diese Frage in umfassender Weise zu beantworten
gesucht habe. Von einer Untersuchung des Einflusses, welchen die Platinirung der Electroden und der Druck auf die
Polarisation ausübt, habe ich vorläufig noch abgesehen, und
somit beschäftigt sich diese Mittheilung mit der Beantwortung
folgender Frage:

In welcher Weise ist das Maximum der galvanischen Polarisation von Platin in Schwefelsäure
abhängig von der Grösse der Electroden und von
der Concentration der Säure?

1. Material, Apparate und Methode.

Aus chemisch reiner concentrirter Schwefelsäure (von
Merck in Darmstadt) und destillirtem Wasser wurde eine
grössere Reihe von Schwefelsäuremischungen hergestellt, deren
Procentgehalt aus ihren specifischen Gewichten entnommen
wurde. Man begann mit einer Mischung, bestehend aus

---

1) Cf. die Zusammenstellung in Wied. Electr. **2.** p. 695.
2) **Buff**, Pogg. Ann. **130.** p. 342. 1867; Wied. Electr. **2.** p. 691.
3) Die Literatur s. in Wied. Electr. **2.** p. 685 u. 723.

125 ccm Wasser und 1 Tropfen Schwefelsäure, und stieg auf
bis zu einer Mischung von 66,4 Proc. Das benutzte destil-
lirte Wasser war in einem metallenen Destillirapparat bereitet.
Da vermuthet werden konnte, es möchte das Wasser etwas
Metall aufgenommen haben, so wurde später noch eine zweite
Reihe von Schwefelsäuremischungen hergestellt mit Wasser,
welches durch Destillation ausschliesslich in Glasgefässen ge-
wonnen war. Die zweite Reihe kann also Bestandtheile des
Glases als Verunreinigung enthalten. Die erste Reihe ist im
Folgenden durch die fortlaufenden römischen Zahlen I bis
XXII, die zweite durch die arabischen 1 bis 20 bezeichnet. Die
Säuren wurden in wohlverstöpselten Glasflaschen aufbewahrt.

Als Voltameter dienten zwei Gefässe. Das eine war ein
rechteckiger Trog, welcher bis zur Höhe von 1 cm mit Flüssigkeit gefüllt wurde und dann eine Flüssigkeitssäule von 1 qcm
Querschnitt enthielt. Die Länge des Troges betrug $9^1/_2$ cm,
der Abstand der Electroden 1,7 cm. Der Trog diente ausschliesslich zur Untersuchung der Polarisation an grösseren
Electroden, Blechen, welche bis zum Boden des Troges reichten, seinen Querschnitt etwa ausfüllten und demnach mit
einer Fläche von 1 qcm polarisirt wurden. Die Dicke dieser
Bleche betrug 0,02 mm. Das andere Gefäss war cylindrisch,
hatte eine Höhe von 14 cm und einen Durchmesser von 4 cm
und wurde gewöhnlich bis zu $^2/_3$ seiner Höhe mit Flüssigkeit gefüllt. Die Zuleitung des Stromes zu den Electroden
geschah durch mit Quecksilber gefüllte Glasröhren, welche
oben durch einen in das Gefäss gesteckten, mit einer Durch-
lassöffnung für die entwickelten Gase versehenen Kork gingen,
und in deren unteres, nach aufwärts gebogenes Ende die
Electroden eingeschmolzen waren. Es waren dies entweder
Bleche von 1 qcm Fläche oder Drähtchen von 0,11 mm Dicke,
welche eine Oberfläche von 0,8 qmm besassen.

Nach einer grossen Zahl von Vorversuchen, welche nach
der Ohm'schen Methode angestellt wurden, entschloss ich
mich definitiv zur Beibehaltung dieser Methode. Der Strom
von 6 Bunsen'schen Elementen durchlief ein Wiedemann'-
sches Galvanometer (von Hartmann und Braun), einen
Siemens'schen Rheostaten und das Voltameter. Das Gal-

vanometer war nicht astasirt, und es wurde nur eine Rolle
dicken Drahtes zur Hälfte benutzt. Beobachtet wurde bei
acht verschiedenen Rheostatenwiderständen, welche jedesmal
so gewählt wurden, dass die Stromintensitäten sämmtlich
möglichst hoch waren, ohne jedoch zu kleine Unterschiede
zu zeigen. Für eine passende Grösse der Galvanometerab-
lenkung wurde durch geeignete Entfernung der Rolle vom
Magnet Sorge getragen. Der Gang der Beobachtung war nun
der folgende: Das Voltameter wurde zunächst bei möglichst
kleinem Rheostatenwiderstand in den Stromkreis eingeschaltet
und gewartet, bis die Ablenkung des Galvanometers constant
wurde. Dann wurde dieselbe bei acht successiv wachsenden
Rheostatenwiderständen beobachtet, hierauf die Richtung des
Stromes im Galvanometer gewechselt und nun bei denselben,
aber abnehmenden Widerständen beobachtet. Es wurde
darauf das Voltameter ausgeschaltet und durch Zufügung
passender Rheostatenwiderstände etwa bei den nämlichen
Stromintensitäten beobachtet, wie vorher bei eingeschaltetem
Voltameter. Endlich wurde noch unter Einschaltung zweier
grösserer Widerstände ($W = 800$ und $W = 1000$) die Ablenkung des Galvanometers durch die polarisirenden 6 Bunsen,
sowie durch einen Normaldaniell gemessen. Für die Berechnung der Polarisation p müssen folgende drei Voraussetzungen erfüllt sein: Erstens, p besitzt bei den sämmtlichen acht
Strommessungen den gleichen Werth, nämlich seinen Maximalwerth; zweitens, die electromotorische Kraft E der 6 Bunsen ist in den beiden Beobachtungsreihen mit eingeschaltetem
und mit ausgeschaltetem Galvanometer, sowie bei ihrer Vergleichung mit dem Normaldaniell die nämliche; drittens, der
Widerstand jedes Theiles des Stromkreises — den Rheostaten natürlich ausgenommen — ändert sich nicht während der
Beobachtung mit eingeschaltetem Voltameter und ebenfalls
nicht während der Beobachtung mit ausgeschaltetem Voltameter. Die erste Voraussetzung liess sich in den allermeisten
Fällen durch Anwendung starker Ströme erfüllen, in anderen
wenigen, später besonders zu erwähnenden Fällen ergaben
sich indess immer mit der Stromintensität veränderliche Polarisationswerthe. (Cf. unter § 6 und 11).

Um der Erfüllung der zweiten Voraussetzung möglichst nahe zu kommen, wurden die vorhin genannten 40 Ablesungen am Galvanometer möglichst rasch hinter einander gemacht. Völlig constant ist ja keine galvanische Säule, und so nimmt auch die best-zusammengesetzte Bunsen'sche Batterie an electromotorischer Kraft ab, sowohl mit wachsender Stromintensität, als auch mit der Zeit.[1] Die Abhängigkeit von der Stromintensität lässt sich von vornherein durch Anwendung recht grosser Kohlenflächen und concentrirter Salpetersäure auf ein geringes Maass herabdrücken, und sie bleibt dann ohne Einwirkung auf das Resultat, wenn bei ein- und bei ausgeschaltetem Voltameter etwa die gleichen Stromintensitäten benutzt werden.

Um die zeitliche Abnahme von E zu eliminiren, wäre es nöthig gewesen, zwei Beobachtungsreihen mit ausgeschaltetem und zwischen beiden eine mit eingeschaltetem Voltameter anzustellen. Auf diese Anordnung habe ich verzichten müssen, weil häufig ein längerer Stromdurchgang nöthig war, bis sich im Voltameter constante Verhältnisse herstellten, und also die Reihe mit eingeschaltetem Voltameter doch nicht zeitlich in die Mitte zwischen die beiden anderen Reihen gefallen wäre — man hätte denn noch eine Hülfsbatterie benutzen müssen! Ich zog deshalb vor, den aus der Abnahme von E mit der Zeit entspringenden Fehler durch recht rasche Beobachtung nur in möglichst engen Grenzen zu halten. Ueber die Grösse dieses Fehlers wird nachher eine Angabe gemacht werden; ebenso soll von der dritten der drei oben genannten Voraussetzungen später die Rede sein. (Cf. § 11).

Seien nun bei den Beobachtungen mit eingeschaltetem Voltameter die Tangenten der acht immer in mässigen Grenzen sich bewegenden Ablenkungswinkel des Galvanometers — berechnet aus den Scalenablesungen und der Entfernung der Scala vom Spiegel —, sowie die zugehörigen Rheostatenwiderstände durch tg φ und w mit den Indices 1 bis 8 bezeichnet, so combiniren wir zur Berechnung der im Kreise wir-

---

1) C. Fromme, Wied. Ann. 8. p. 310. 1879.

kenden electromotorischen Kräfte $E - p$, wo p die Polarisation, E aber die Summe aller anderen im Kreise vorhandenen electromotorischen Kräfte, also vorzugsweise diejenige der 6 Bunsen bedeutet, die Beobachtungen 1 und 5, 2 und 6, 3 und 7, 4 und 8, und indem wir die Stromintensität $i = c.\operatorname{tg}q$ — wo c der Reductionsfactor des Galvanometers — setzen, erhalten wir 4 Werthe von $E - p$ nach der Gleichung:

$$E - p = c.\operatorname{tg}q_1 . c.\operatorname{tg}q_5 . \frac{w_5 - w_1}{c.\operatorname{tg}q_1 - c.\operatorname{tg}q_5}$$

$$= c.\operatorname{tg}q_1 . \operatorname{tg}q_5 \frac{w_5 - w_1}{\operatorname{tg}q_1 - \operatorname{tg}q_5}, \qquad E - p = c.\alpha_{1,5},$$

und so entsprechend noch drei weitere Werthe für $E - p$. Das Mittel aller 4 möge sein:

$$E - p = c.\alpha.$$

In gleicher Weise liefert die Beobachtungsreihe mit ausgeschaltetem Voltameter:

$$E = c.\beta,$$

also:
$$\frac{E - p}{E} = \frac{\alpha}{\beta} \qquad \text{oder:} \qquad p = E . \frac{\beta - \alpha}{\beta}.$$

Somit haben wir p als Vielfaches von E ausgedrückt, und es bleibt also nur noch übrig, E durch die electromotorische Kraft eines Normalelements, etwa eines Daniells, auszudrücken, zu welchem Zwecke dann die Rolle des Galvanometers seinem Magneten genähert und dessen Ablenkung durch die Batterie sowohl als durch einen Normaldaniell unter Einschaltung eines grossen Widerstandes gemessen wurde.

Diese Beobachtung musste natürlich auch den anderen unmittelbar folgen, damit sich E nicht änderte, und auch eine noch so kurze Oeffnung des Stromkreises musste hierbei vermieden werden, da sonst die bei den vorhergegangenen stärkeren Strömen wohl etwas geringere electromotorische Kraft wieder zugenommen haben würde. Immerhin könnte die unter Einschaltung von 800 oder 1000 S.-E. in Daniells gemessene electromotorische Kraft etwas zu gross ausgefallen sein, wodurch dann auch p ein wenig zu gross werden würde. Berücksichtigt man aber, dass der aus der zeitlichen Abnahme von E entspringende Fehler das Resultat etwas ver-

kleinert, so wird die Einwirkung beider zusammen auf p
auch nur sehr gering sein können. Mehrfache genaue Berechnungen des Fehlers in p, welcher in der zeitlichen Abnahme
von E begründet ist, ergaben, dass derselbe 1 Proc. von p
nicht überschritt. Ich habe von der Anbringung einer Correction aber abgesehen, weil sich die Grösse des anderen,
diesem entgegen wirkenden und in der Veränderlichkeit von
E mit der Stromstärke begründeten Fehlers nur wenig genau
bestimmen lässt.

Der bei der Auswerthung von E in Daniells begangene
Fehler ist auf höchstens 0,01 Dan. zu veranschlagen, was
einen Fehler in p von durchschnittlich 0,002 Dan. verursacht.
Im Allgemeinen grösser sind die aus α und β herrührenden
Fehler. Nimmt man den ungünstigsten Fall an, dass α und
β in entgegengesetzter Richtung von ihren wahren Werthen
abweichen, so ist bei den am besten in den Einzelwerthen
von α und β übereinstimmenden Messungen auf einen Fehler
in p von $\pm$ 0,003 Dan. zu schliessen, bei den am wenigsten
übereinstimmenden dagegen auf einen 10 mal so grossen
Fehler von $\pm$ 0,03 Dan. Die letzteren Fälle gehören jedoch
zu den seltenen. Diejenigen Fälle, in welchen die Einzelwerthe von α und β von der Stromstärke abhängig waren, sind
besonders verzeichnet, ebenso die Beobachtungen, deren Natur
eine gute Uebereinstimmung von vornherein unmöglich machte.

Eine kleine Veränderlichkeit des Reductionsfactors c
des Galvanometers mit dem Ablenkungswinkel bei der Bestimmung von $E-p$ und E ist ohne Einfluss auf p, und die
Constanz von c bei der Auswerthung von E in Daniells
wurde durch besondere Versuche festgestellt. Im übrigen
wurden die nöthigen Correctionen wegen der Fehler des
Rheostaten etc. angebracht. Als Normalelement diente ein
Daniell mit Thondiaphragma, beschickt mit Schwefelsäure von
1,075 specifischem Gewicht, concentrirter Kupfervitriollösung,
amalgamirtem Stangenzink und Kupferblech. Sämmtliche
Materialien waren chemisch rein. Die electromotorische
Kraft dieses Elements ist nach Kittler[1]) gleich etwa 1,10

---

1) Kittler, Wied. Ann. 17. p. 890. 1882. Wegen der Reduction
auf Volts cf. Wiedemann, El. 4. 2. Abth. p. 984.

Volts. Ich habe jedoch aus später ersichtlichen Gründen von einer Umwandlung der zunächst in Daniells erhaltenen Werthe von *p* in Volts abgesehen. Dieses Normaldaniell gab, obwohl während der über mehrere Monate sich erstreckenden zahlreichen Beobachtungen die Flüssigkeiten nur einmal erneuert wurden, sehr constante Resultate. Bedingung war jedoch, dass der Zinkstab stets gut amalgamirt blieb und nach der Amalgamirung von allem überschüssigen Quecksilber durch Abreiben sorgfältig befreit wurde, sowie ferner, dass das Element nur sehr kurze Zeit zusammengesetzt blieb, und nach jedem Gebrauch der Thoncylinder von allem Kupfervitriol durch Auslaugen mit Wasser gereinigt wurde. Die Temperatur des Voltameters lag immer sehr nahe bei 22⁰.

Im Folgenden gebe ich meist auch den Widerstand des polarisirten Voltameters an, der bei der Berechnung von *p* ja leicht mit erhalten wird.

Da Widerstandsbestimmungen ursprünglich nicht in meinem Plane lagen, so waren zur Erhaltung eines constanten Abstandes der Electroden und einer constanten Temperatur keine besonders sicheren Maassregeln getroffen, daher denn die Widerstandswerthe nur geringe Ansprüche an Genauigkeit vertragen.

2. Versuche mit grosser Kathode und grosser Anode. Säuren I—XXII. Trogförmiges Voltameter.

Die Versuche erstreckten sich zunächst über die Säuren I—XIV. Die am Stirnende der Werthe von *p* stehenden Zahlen bezeichnen die Reihenfolge der Versuche, die hinter den Werthen stehenden Zahlen in [] die Anzahl Tage, welche bis zum folgenden Versuch verflossen. Zur näheren Bezeichnung der Säuren I—V dient besser als der Procentgehalt die Angabe, dass dieselben entstanden durch Hinzufügung von 1, 5, 15, 30 und 45 Tropfen concentrirter Schwefelsäure zu 125 ccm Wasser. Die Stromstärke lag bei den Säuren III—XXII zwischen 0,3 und 0,2 Ampère, bei den Säuren I und II war sie dagegen wegen des geringeren Leitungsvermögens derselben kleiner, nämlich bei I 0,04 − 0,03 A. und bei II 0,1 − 0,05 A.

Tabelle I.

Säure	Pro-cent-gehalt	$\bar{r}$				p Mittel	Wahrscheinl. Fehler d. Mitt. ±
I	0,06	10)2,37[1].				2,37	—
II	0,3	1)2,74.	2)2,67[1].	3)2,78.	4)2,67.	2,71	0,03
III	0,9	5)2,64.	6)2,46[4].	7)2,68.	13)2,47.	2,56	0,06
IV	1,9	8)2,30.	9)2,33[1].	14)2,05.	46)2,00.	2,17	0,09
V	2,7	11)1,96.	12)2,07[1].	15)2,00[3].	47)2,00.	2,01	0,02
VI	3,3	16)2,05.	17)2,07.	32)2,35.	48)2,20.	2,17	0,07
VII	4,5	18)2,07.	19)2,04[1].	33)2,22.	49)2,03.	2,09	0,04
VIII	5,8	20)2,18.	21)2,15.	34)2,20.	50)2,08.	2,15	0,03
IX	7,1	22)2,15.	23)2,11[2].	35)2,18.	51)2,22[1].	2,16	0,02
X	11,1	24)2,09.	25)2,06.	36)2,16[1].	52)2,20.	2,13	0,03
XI	13,9	26)2,02.	27)2,08[6].	37)2,29.	53)2,21.	2,15	0,06
XII	18,8	28)2,22.	29)2,20.	38)2,25.	54)2,21.	2,22	0,01
XIII	22,9	30)2,23.	31)2,20[1].	39)2,28.	55)2,18.	2,22	0,02
XIV	31,3	40)2,23.	41)2,22.	42)2,23[5].	56)2,21.	2,22	0,005
XV	37,0	43)2,28.	44)2,26.	45)2,20.	57)2,19.	2,23	0,02

Nach Beendigung dieser Versuche verflossen 42 Tage, während welcher das trogförmige Voltameter nicht polarisirt wurde. Dann erst folgten die Beobachtungen mit den concentrirteren Säuren XVI—XXII. Behufs Anschlusses an die früheren wurden noch drei Versuche mit XIV und XV angestellt.

Tabelle II.

Säure	Pro-cent-gehalt	p				p Mittel	Wahrscheinl. Fehler d. Mittels ±	Widerst. d. Voltameters in S.-E. Mittelw.
XIV	31,3	14)2,10.				2,10	—	1,92
XV	37,0	1)2,06.	15)2,13.			2,09	—	2,08
XVI	44,0	3)2,03.	J)2,08.	16)2,14.	17)2,07.	2,08	0,02	2,31
XVII	47,1	4)2,10.	5)2,09.	18)2,17.	19)2,11.	2,12	0,02	2,40
XVIII	50,5	6)2,11.	7)2,18[2].	20)2,15[1].	21)2,22.	2,15	0,02	2,68
XIX	54,0	8)2,20.	9)2,19.	22)2,15.	23)2,20.	2,19	0,01	3,17
XX	57,6	10)2,19.	11)2,23.	24)2,21.	25)2,25.	2,22	0,01	3,54
XXI	61,4	12)2,31.	13)2,32[1].	26)2,33.	27)2,27[2].	2,31	0,01	3,88
XXII	66,4	28)2,40.				2,40	—	4,57

Ich fasse die aus den Tabellen I und II sich ergebenden Resultate kurz zusammen, ein näheres Eingehen auf dieselben

bis nach der Mittheilung sämmtlicher Versuche verschiebend.
Nach Tab. I würde p mit wachsender Concentration zunächst
wachsen und bei 0,3 Proc. ein hohes Maximum von 2,71 Dan.
erreichen, sodann abnehmen bis 2,7 Proc., wo ein Minimum
von 2,01 Dan. stattfindet, nochmals etwas wachsen bis 3,3 Proc.,
und wieder etwas abnehmen bis 4,5 Proc. Von da an nimmt
p mit weiter wachsender Concentration zu; doch ist die Zunahme zwischen 5,8 und 13,9 Proc., sowie zwischen 18,8 und
37,0 Proc. in Summa Null, nur von 4,5 bis 5,8 Proc. und von
13,9 bis 18,8 Proc. steigt p merklich an.

Der wahrscheinliche Fehler des Mittels übersteigt $\pm 0,03$
bei 0,9, 1,9, 3,3, 4,5 und 13,9 Proc., er wird mit wachsender
Concentration kleiner. Diese bessere Uebereinstimmung der
Beobachtungen zeigt sich dann auch in Tab. II, in welcher
bei den Säuren XVI bis XXI der wahrscheinliche Fehler
des Mittels $\pm 0,03$ niemals erreicht. Der grosse wahrscheinliche Fehler bei XI dürfte nachher durch Tab. IX seine
Begründung finden. Der kleine Fehler $\pm 0,02$ bei Säure V
fällt mit dem absoluten Minimum von p zusammen. Nach
Tab. II ist p von 31,3 bis 44,0 Proc. noch merklich constant,
steigt dann bis 57,6 Proc. langsam und von da bis 66,4 Proc.
rascher.

Ein Vergleich der Tabellen I und II zeigt, dass in letzterer die Werthe von p nicht unbedeutend kleiner sind. Die
Differenz der mit den Säuren XIV und XV erhaltenen p
beträgt 0,12, resp. 0,14 Dan. Auch für die Säuren XVI bis
XIX sind die p der Tab. II kleiner, als für die Säuren XII
bis XV der Tab. I.

Es war mir unmöglich, die Ueberzeugung zu gewinnen,
dass der Grund dieser Verschiedenheit in Fehlern der Beobachtung liege.

Die Widerstandswerthe des Voltameters habe ich in
Tab. I nicht angegeben, weil bei den damaligen Versuchen
zu wenig auf constante Entfernung der Electroden gehalten
wurde. Es genüge deshalb zu erwähnen, dass der Widerstand
mit wachsender Concentration abnahm und das Minimum
des Widerstandes zwischen 31,3 und 37,0 Proc. fiel. Tab. II
zeigt dann, dass bei weiter wachsender Concentration der

Widerstand wieder zunahm, dass aber zwischen 57,6 und
61,4 Proc. diese Zunahme mindestens sehr klein war, oder
wahrscheinlich sogar eine Abnahme stattfand. Die Einzelwerthe des Widerstandes sind nämlich:

Säure				W			
XX	[10]) 3,40.	[11]) 3,45.	[24]) 3,62.	[25]) 3,70.
XXI	[12]) 3,20.	[13]) 3,17.	[26]) 3,50.	[27]) 3,65.

Ueber das Verhalten der Stromstärke bei eingeschaltetem
Voltameter sei vorläufig Folgendes bemerkt: Bei den Säuren
VI bis XXII nahm die Stromstärke bis zur Erreichung
eines nahe constanten Werthes nur ab, dagegen bei den
Säuren I bis V folgte einer anfänglich rasch verlaufenden
Abnahme eine mit wachsender Verdünnung der Säure recht
bedeutend werdende und lang anhaltende Zunahme. Die
Beobachtungen zur Bestimmung von p begannen immer erst
mit dem Eintritt eines etwa constanten Werthes der Strom-
stärke.

   3.   Versuche mit kleiner Kathode und kleiner Anode.
      Säuren II bis XXII. Cylindrisches Voltameter.

   Eine erste Beobachtungsreihe mit den Säuren II bis
XV, welche für eine jede Säure zwei Werthe lieferte, umfasste einen Zeitraum von 7 Tagen.   In den folgenden
5 Tagen wurden in einer zweiten Reihe die vorhergegangenen
Beobachtungen wiederholt mit dem Unterschiede nur, dass
das Voltameter mit mehr Säure gefüllt und in ein Wasserbad
von der Temperatur der Säure (22⁰ C.) eingesetzt wurde. Ein
Thermometer, dessen Kugel ein wenig seitlich von der geraden Verbindungslinie der Electroden sich befand, diente zur
Messung der durch den Strom erzeugten Temperaturerhöhung.
Dieselbe betrug vom Moment der Schliessung des Stromes
bis zum Beginn der Beobachtungen durchschnittlich 1,8⁰, und
während der Beobachtungen noch 0,6⁰. In der ersten Reihe
wird die Zunahme der Temperatur grösser gewesen sein.
   Ich theile vorerst diese beiden Beobachtungsreihen mit.
Die Stromstärke lag bei II zwischen 0,014 und 0,012 Amp.,
bei III bis IX lagen die Grenzen successive höher und betrugen bei X bis XV 0,3 bis 0,2 Amp. Die Messungen sind

in der Reihenfolge ihrer Anstellung aufgeführt, je zwei mit derselben Säure folgen unmittelbar aufeinander. Die eingeklammerten Zahlen bedeuten wieder die Anzahl Tage, welche bis zur folgenden Beobachtung verfliessen.

Tabelle III.

Säure	Procentgehalt	1. Reihe				2. Reihe		
		p		p Mittel	w Mittel	p		p Mittel	w Mittel
II	0,3	3,04.	2,87.	2,95	458	3,06. 3,06.		3,06	457
III	0,9	2,05.	1,76.	1,90	172	2,20. 2,18.		2,19	163
IV	1,9	2,64[1].	2,63.	2,64	95,5	2,46. 2,52.		2,49	98,0
V	2,7	2,76.	2,88.	2,82	58,3	2,66. 2,92.		2,79	61,5
VI	3,3	2,66.	2,64.	2,65	44,7	2,21. 2,19[1].		2,20	50,0
VII	4,5	2,75[1].	2,44.	2,60	34,7	1,95. 2,01.		1,98	38,6
VIII	5,8	2,11.	2,08.	2,10	28,3	2,18. 2,17.		2,18	29,3
IX	7,1	2,27.	2,11[2].	2,19	28,2	2,29. 2,33[2].		2,31	28,8
X	11,1	2,57.	2,56.	2,56	15,8	3,20. 3,04.		3,12	16,6
XI	13,9	2,67.	2,67.	2,67	13,3	2,97. 2,71.		2,84	14,5
XII	18,8	2,96.	2,74[2].	2,85	10,6	2,85. 2,83[1].		2,84	10,8
XIII	22,9	3,02.	2,98.	3,00	9,6	3,05. 3,03.		3,04	10,1
XIV	31,3	3,07.	3,05.	3,06	8,5	3,10. 3,12.		3,11	8,9
XV	37,0	3,02.	3,00.	3,01	8,4	3,04. 3,02.		3,03	9,0

Die graphische Darstellung dieser beiden Reihen gibt Fig. 11. Die Concentration ist Abscisse, die Polarisation Ordinate.

Aus Tab. III ziehen wir vorderhand folgende Schlüsse: Die beiden der gleichen Säure zugehörigen Werthe von p differiren in der ersten Beobachtungsreihe um mehr als 0,1 Dan. bei den Säuren II, III, V, VII, IX, XII, in der zweiten Reihe bei den Säuren V, X, XI. Die Uebereinstimmung ist in der letzteren grösser, als in der ersten. Die Grösse der theilweise bedeutenden Divergenz hängt offenbar zusammen mit der raschen Aenderung von p mit der Conc.

In der ersten Reihe nimmt p von 0,3 bis 0,9 Proc. um etwa 1 Dan. ab, wächst von 0,9 bis 2,7 Proc., nimmt wieder ab von 2,7 bis 5,8 Proc., und wächst von da an bis zu einer Säure von 31,3 Proc. Von 31,3 bis 37,0 Proc. findet nochmals eine geringe Abnahme statt. In der zweiten Reihe hat p im ganzen den nämlichen Verlauf; nur findet sich bei 11,1 Proc. noch ein Maximum und bei 13,9 bis 18,8 Proc. ein Minimum, und das zweite Minimum liegt nicht bei 5,8, sondern bei 4,5 Proc.

Der Widerstand des Voltameters nimmt in beiden Reihen mit wachsender Concentration der Säure ab und erreicht zwischen 31,3 und 37,0 Proc. seinen kleinsten Werth. Er ist in der ersten Reihe in 12 von 14 Fällen kleiner als in der zweiten, was auf Rechnung einer Verschiedenheit der Temperatur oder auch der Entfernung der Electroden gesetzt werden kann.

In der ersten Reihe nahm bei eingeschaltetem Voltameter die Stromstärke zuerst ab und darauf zu bei den Säuren II bis XI, dagegen nur ab bei den Säuren XII bis XV. Zugleich schwärzte sich schon von Säure II an die Kathode, während mit der Anode keine merkliche Veränderung vorging. Vor Beginn der zweiten Beobachtungsreihe wurde der schwarze Beschlag der Kathode nicht entfernt. Bei dieser Reihe nahm dann die Stromintensität bei eingeschaltetem Voltameter niemals zu, sondern nur ab. Von der Erscheinung der Kathodenfärbung wird im § 9 genauer die Rede sein.

Bei mehreren Beobachtungen zeigten die Werthe von $E-p$ einen von der Grösse der miteinander combinirten Stromintensitäten abhängigen Gang. Nur bei zwei Beobachtungen, einmal bei II in der ersten und einmal bei VIII in der zweiten Reihe nahm $E-p$ mit abnehmender Stromintensität zu, dagegen nahm es ab in der ersten Reihe bei fünf Beobachtungen, nämlich einmal bei VI, zweimal bei VII und je einmal bei VIII und IX, und in der zweiten Reihe einmal bei V und je zweimal bei VI und VII. In beiden Reihen sind es also etwa die zwischen dem ersten Maximum und dem zweiten Minimum liegenden Werthe von p, welche desto grösser ausfallen, je kleiner die Stromintensitäten sind. Cf. § 6. p. 103. In allen Fällen aber, in welchen p mit abnehmender Stromintensität wuchs, nahm der Widerstand des Voltameters mit der Stromintensität ab.

Ich gehe nun zu den Beobachtungen mit den Säuren XVI bis XXII über, welche eine ausführlichere Mittheilung erheischen. Wo $E - p$ und w von der Stromintensität sich abhängig zeigten, führe ich die Grenzen der vier Werthe von p und w ausser ihrem Mittel auf. Ich gebe ferner auch, weil hier von besonderer Bedeutung, die Grenzen der Rheostatenwiderstände, bei welchen beobachtet wurde, an. Die Stromstärke lag bei allen Beobachtungen zwischen 0,3 und 0,2 Amp., nur bei den Nummern 15), 16), 18), 19), 20) und 21) war sie viel kleiner.

Tabelle IV.

XVI ,0 %	1) $p = 2,95.$ $w = 9,6.$ Rh.-Wid. 10—22.	3) $p = 2,93.$ $w = 9,4.$ Rh.-Wid. 10—22.	7) $p = 2,93.$ $w = 10,1.$ Rh.-Wid. 10—21.	8) $p = 3,01.$ $w = 9,7.$ Rh.-Wid. 9—
XVII ,1 %	3) $p = 3,26.$ (3,47—3,11) $w = 10,2.$ (9,3—11,0) Rh.-Wid. 8—20.	4) $p = 2,77.$ (3,00—2,62) $w = 10,7.$ (9,8—11,4) Rh.-Wid. 8—20.	9) $p = 4,18.$ $w = 7,1.$ Rh.-Wid. 7—18.	10) $p = 4,11.$ $w = 7,5.$ Rh.-Wid. 7—
VIII ,5 %	5) $p = 4,16.$ $w = 7,5.$ Rh.-Wid. 7—18.	6) $p = 4,00.$ $w = 7,6.$ Rh.-Wid. 7—18.	11) $p = 4,31.$ $w = 7,9.$ Rh.-Wid. 6—16.	12) $p = 4,80.$ $w = 7,8.$ Rh.-Wid. 6—
XIX 4,0 %	13) $p = 4,18.$ (4,22—4,08) $w = 10,7.$ (10,4—11,1) Rh.-Wid. 2—13.	14) $p = 4,10.$ (4,18—4,08) $w = 10,0.$ (9,7—10,4) Rh.-Wid. 4—16.	17) $p = 4,10.$ $w = 9,7.$ Rh.-Wid. 5—17.	
XX 7,6 %	16) $p = 2,67.$ $w = 20,0.$ Rh.-Wid. 300—490.	18) $p = 3,99.$ (4,06—3,91) $w = 12,8.$ (10,7—15,0) Rh.-Wid. 100—149.	19) $p = 2,93.$ $w = 3700.$ Rh.-Wid. 100—1000.	
XXI 1.4 %	15) $p = 2,63.$ $w = 27,5.$ Rh.-Wid. 300—490.	20) $p = 2,73.$ $w = 24,5.$ Rh.-Wid. 250—395.		
XXII ,4 %	11) $p = 2,55.$ $w = 38,5.$ Rh.-Wid. 400—665.			

Die graphische Darstellung gibt Fig. 12. Die Concentration ist Abscisse, die Polarisation, resp. der Widerstand Ordinate.

Die Beobachtungen mit der Säure von 44,0 Proc. schliessen sich an diejenigen mit der 37-procentigen Säure der Tab. III gut an. Der Mittelwerth der p ist 2,95, derjenige der $w = 9,7$. Es dauert also die kleine Abnahme von p, welche bei 31,3 Proc. begann, noch fort. Der Widerstand des Voltameters hat seinen kleinsten Werth überschritten. Die Beobachtung mit der Säure von 47,1 Proc. lieferte zunächst Werthe von p, welche mit abnehmender Stromintensität beträchtlich abnahmen, bei der ersten Messung wieder grösser, als die mit der vorhergehenden Säure erhaltenen waren, aber bei der zweiten noch unter dieselben herabgingen. Zugleich mit abnehmender Stromintensität nahm der Widerstand des Voltameters zu. Bei beiden Messungen war er grösser, als bei der vorhergehenden Säure. Dagegen ergaben die beiden letzten Messungen von der Stromintensität unabhängige, aber beträchtlich grössere Werthe von p, während w wieder unter das bei Säure XIV bis XV beobachtete Minimum sank.

Auf diesem hohen Werthe von mehr als 4 Dan. blieb p auch bei den Säuren von 50,5 und 54,0 Proc. Bei der letzteren nahm in zwei Fällen p mit abnehmender Stromintensität etwas ab und w zu. Mit von 47,1 bis 54,0 Proc. zunehmender Concentration wächst w und überschreitet bei 54,0 Proc. wieder etwas den bei 44,0 Proc. innegehabten Werth.

In Betreff des Verhaltens der Stromintensität bei den Säuren von 44,0 bis 54,0 Proc. ist Folgendes zu bemerken: Ueberall nahm die Stromstärke bis zu einem kleinsten Werth ab, aber während bei der Säure von 44,0 Proc., ebenso wie bei den geringeren Concentrationen, keine oder nur geringe Schwankungen um den Minimalwerth eintraten, war bei den Säuren von 47,1 bis 54,0 Proc. das Galvanometer sehr unruhig, sodass Schwankungen von 10 Sc. um den Minimalwerth keine Seltenheit waren. Hierdurch charakterisiren sich die Säuren mit grossem p und kleinem w, sie sind aber weiter auch noch dadurch ausgezeichnet, dass bei ihnen eine auch ohne Messung leicht erkennbare Verminderung der Gasentwickelung an der Anode eintritt. Die Kathode war bei sämmtlichen Säuren XVI bis XXII schwarz.

Dieses Minus an Sauerstoffentwickelung tritt nun bei den Säuren von 57,6 bis 66,4 Proc. noch mehr hervor.[1]

Schliesst man nämlich den Stromkreis mit einem grösseren Rheostatenwiderstand, so findet an beiden Electroden eine Gasentwickelung statt, welche freilich an der Anode verhältnissmässig zu gering erscheint. Verringert man den Widerstand, so nimmt die Gasentbindung und gleichzeitig die Ablenkung des Galvanometers zuerst verhältnissmässig zu, bis plötzlich, bei weiterer Verminderung des Widerstandes aber manchmal auch ohne eine solche, das Galvanometer sich ganz nahe der Ruhelage einstellt, wobei die Ablenkung theilweise auf ihren hundertsten Theil sinkt. Zur selben Zeit hört die Gasentbindung an der Anode fast ganz auf, indem nur in grösseren Pausen ein Bläschen aufsteigt, während die Kathode einen zwar dünnen, aber ganz continuirlichen Strom von Gasbläschen abgibt. Dieser Zustand bleibt bei weiterer Verminderung des Widerstandes, aber nun auch bei beträchtlicher Erhöhung desselben, wobei die Aenderung der Stromintensität mit dem Widerstand nur sehr klein ist, bestehen. Indess gelangt man bei wachsenden Rheostatenwiderständen schliesslich wieder an einen solchen, bei welchem die anfänglich noch sehr kleine Ablenkung des Galvanometers zuerst langsam, plötzlich rasch zunimmt und einen für den betreffenden Widerstand constanten Werth erreicht. Zugleich ist an der Anode wieder eine lebhafte Gasentbindung eingetreten.

Wenn bei einem gewissen Widerstand die zuerst lebhafte Gasentwickelung (und grosse Ablenkung) erst nach längerer Schliessung aufhört, so kann man den Eintritt dieses Zustandes dadurch beschleunigen, dass man den Stromkreis nur auf einen Moment unterbricht. Bei neuer Schliessung ist dann die Gasentwickelung und die Ablenkung sofort klein. Ist dieser Zustand erst einmal hergestellt, so bleibt er auch nach kurzer Unterbrechung des Stromkreises noch bestehen, nach längerer Unterbrechung aber findet zuerst wieder eine

---

1) Faraday (Exp.-Res. (7) § 728. 1834; Wied. Electr. 2. p. 545) beobachtete schon, dass bei einer Mischung von 2 Maass Schwefelsäurehydrat und 1 Maass Wasser das Verhältniss des Sauerstoffes zum Wasserstoff 1 : 3,5 ist.

lebhafte Gasentwickelung statt, deren Dauer mit der Länge der Unterbrechung wächst.

Die Beobachtungen, welche mit den Säuren von 57,6 bis 66,4 Proc. unter Einschaltung so grosser Rheostaten-widerstände angestellt wurden, dass eine lebhafte Gasentbindung stattfand, ergeben folgende Resultate bezüglich des p und des w: Die Säure von 57,6 Proc. bildet das Endglied in der Gruppe, welche mit 47,1 Proc. begann und sich durch hohe Werthe von p und kleine w auszeichnete. Denn der Versuch 18) lieferte noch den hohen Polarisationswerth von 4 Dan. und einen gegen die vorhergehende Säure nur wenig grösseren Werth des Widerstandes, der freilich mit abnehmender Stromintensität bedeutend zunahm. Dagegen ergab Versuch 16) ein um mehr als 1 Dan. kleineres p und ein w von doppelter Grösse, als bei der Säure von 54,0 Proc. Demnach ist die Säure von 57,6 Proc. zugleich auch das Anfangsglied der nun folgenden Gruppe, in welcher die p und die w continuirlich den bei der Säure von 44,0 bis 47,1 Proc. unterbrochenen Gang fortsetzen, die p den der Abnahme, die w den der Zunahme.

Für den Zustand sehr geringer Gasentwickelung im Voltameter liegt ein Versuch mit der Säure von 57,6 Proc. vor. Es wurde der genannte Zustand durch Schliessung mit $W = 100$ S.-E. hergestellt und nach einiger Zeit 900 S.-E. hinzugefügt, wodurch die Ablenkung des Galvanometers von 47 auf 38 Scalentheile abnahm. Die erhaltenen Werthe $p = 2,93$ Dan. und $w = 3700$ S.-E. zeigen, dass die Ursache der geringen Stromintensität nicht in einem hohen Polarisationswerth, sondern in einer enormen Widerstandszunahme des Voltameters liegt.

4. Versuche mit grosser Kathode und grosser Anode. Säuren 1—20. Trogförmiges Voltameter.

Der Procentgehalt der Säuren 2—8 ist der nämliche, wie der entsprechenden der ersten Reihe II—VIII, die Säure 1 enthält dagegen 3 Tropfen concentrirter Schwefelsäure auf 125 ccm Wasser, und die Säuren 9—20 decken sich der Concentration nach nicht mit den entsprechenden numerirten der ersten Reihe.

In der folgenden Tabelle V haben die Bezeichnungen dieselbe Bedeutung, wie in Tabelle I und II. Die zusammengehörigen *p* und *w* nehmen in den Spalten die gleiche Stellung ein.

Die Stromstärke war bei Säure 1) 0,08—0,06 Amp., bei 2) 0,20 — 0,13 Amp., bei 3) 0,25 — 0,18 Amp., bei 4) — 20 lagen die Grenzen durchschnittlich noch etwas höher als bei 3). Die Abhängigkeit der Polarisation von der Concentration ist in Fig. 13 graphisch wiedergegeben, die des Widerstandes von der Concentration in Fig. 14.

Tabelle V.

Säure	Procentgehalt	*p*			*w*	Mittel *p* (Mit Ausschluss von 1) 2) 3) u. 4))	*w*
1	0,18	15)1,91.	16)1,90.	53)1,96.	130,2. 130,7.	1,94	117,4
		54)1,98.			98,9. 109,9.		
2	0,3	1)2,39.	7)2,49.	17)1,99.	86,7. 85,1. 94,0.	2,02	87,5
		18)2,03.	55)2,08.		92,2. 79,6.		
3	0,9	3)2,18.	4)2,14.	19)2,07.	29,6. 29,4. 30,9.	2,08	29,2
		20)2,07.	56)2,09.		30,4. 25,9.		
4	1,9	5)2,05.	6)2,06.	21)2,10.	14,7. 14,4. 15,0.	2,03	14,5
		22)1,99[1].	57)2,05;1].	58)2,03.	15,5. 13,4. 13,8.		
5	2,7	7)2,02.	8)2,00[3].	23)1,99.	10,2. 10,8. 10,5.	2,01	10,2
		24)2,01.	59)2,01.		10,3. 9,6.		
6	3,3	9)2,03.	10)2,00.	25)2,00.	7,7. 7,7. 7,5.	2,00	7,5
		26)1,95.	60)2,02.		7,5. 7,2.		
7	4,5	11)1,98.	12)1,93.	27)1,98.	5,8. 6,0. 5,6.	1,98	5,6
		28)1,98.	38)2,07.	61)1,97.	5,6. 5,6. 5,3.		
8	5,8	13)1,99.	14)2,00[2].	29)1,98.	4,4. 4,4. 4,3.	2,02	4,3
		30)1,94[22].	31)2,14.	39)2,09.	4,4. 4,7. 4,2.		
		62)1,99.			4,0.		
9	6,4	32)2,14.	40)2,08.		4,2. 4,0.	2,11	4,1
10	10,3	33)2,11.	41)2,11.		2,95. 2,87.	2,11	2,91
11	13,8	34)2,10.	42)2,13.		2,42. 2,42.	2,11	2,42
12	16,8	35)2,09.	43)2,13.		2.15. 2.15.	2,11	2,15
13	23,4	36)2,13.	44)2,14.		1,80. 1,87.	2,13	1,83
14	32,8	37)2,16[4].	45)2,18[1].	46)2,16.	1.77. 1.75. 1.80.	2,17	1,77
15	40,4	47)2,16.			1,97.	2,16	1,97
16	47,1	48)2,21.			2,12.	2,21	2,12
17	49,8	49)2,22.			2.30.	2,22	2,30
18	53,9	50)2,28.			2,85.	2,28	2,85
19	57,8	51)2,36.			3,07.	2,36	3,07
20	65,0	52)2,43[2].			3.65.	2,43	3,65

Schliessen wir einmal die Beobachtungen 1 — 4 bei der Bildung des Mittelwerthes von p aus, so ergibt sich folgender Verlauf von p: Wenn die Concentration der Säure von 0,18 Proc. bis 0,9 Proc. wächst, nimmt die Polarisation zu; bei weiter wachsender Concentration nimmt sie wieder ab und erreicht bei der Säure von 4,5 Proc. einen kleinsten Werth. Von hier an bis 65,0 Proc. nimmt p zu, nur zwischen 6,4 Proc. und 16,8 Proc. bleibt es vollkommen conconstant.

Wenn wir nun die Mittelwerthe in Tabelle V mit denjenigen in Tab. I und II vergleichen, so begegnen uns folgende Unterschiede: Das erste Maximum fällt jetzt auf eine etwas grössere Concentration (0,9 Proc. gegen früher 0,3 Proc.), das erste Minimum bei 2,7 Proc. und das zweite Maximum bei 3 3 Proc. der früheren Versuche fehlen jetzt.

Dagegen liegt auch jetzt ein Minimum von p bei 4,5 Proc., und auch der Verlauf von p bei Concentrationen grösser als 4,5 Proc. stimmt mit dem aus Tabelle I und II sich ergebenden überein.

Was jedoch die Werthe der Tabelle V von denjenigen der Tabelle I und II besonders unterscheidet, das ist die theilweise bedeutende Grössendifferenz der p. Die neuen Werthe sind erheblich kleiner, als die der Tabelle I zwischen 0,3 und 1,9 Proc., ein wenig kleiner bei 3,3 Proc. bis 37,0 Proc. Dagegen sind sie grösser als die früheren der Tab. II, welche ja auch gegen diejenigen der Tab. I zu klein erschienen.

Der hauptsächlichste Unterschied zwischen den älteren und neueren Versuchen liegt bei den kleinsten Concentrationen. Ohne auf die mögliche Ursache desselben hier näher einzugehen — was im § 8 erst geschehen soll —, sei doch schon auf Folgendes aufmerksam gemacht: Die vier ersten Versuche mit den neuen Säuren 2 und 3, welche in die Mittelwerthe der Tabelle V nicht eingeschlossen sind, ergaben grössere Werthe von p, als die späteren Versuche; namentlich gilt dies von den beiden Versuchen 1) und 2). Auf der anderen Seite sind in Tab. I die hohe Werthe von p liefernden Versuche mit den Säuren I bis IV ebenfalls die ersten, wogegen die später angestellten Versuche Nr. 14)

und 46) bei der Säure IV um 0,3 Daniell kleinere Werthe
von p ergaben.

Der Widerstand des Voltameters nimmt mit zunehmender Concentration regelmässig ab, erreicht bei der Säure
von 32,8 Proc. einen kleinsten Werth und nimmt weiter wieder regelmässig zu. Die früher (Tab. II) zwischen 57,6 Proc.
und 61,4 Proc. beobachtete Abnahme zeigt sich hier nicht,
vielleicht nur deshalb, weil man von 57,8 Proc. direct auf
65,0 Proc. überging, ohne noch bei einer zwischen beiden
liegenden Concentration zu beobachten. Die Widerstandscurve (Fig. 14) deutet jedoch wenigstens eine verlangsamte
Zunahme an.

Die Stromintensität nahm bis zu einem kleinsten Werthe
ab. Auf diesem blieb sie stehen bei den Säuren 6 bis 20,
sie nahm dagegen nochmals zu bei den Säuren 1 bis 5.
Dasselbe Verhalten hatte sie bei der ersten Reihe von Säuren
gezeigt. Beobachtet wurde immer erst nach Eintritt eines
etwa constanten kleinsten, resp. grössten Werthes.

5. **Versuche mit kleiner Kathode und kleiner Anode.**
Säuren 1—20. Cylindrisches Voltameter.

Tabelle VI.

Säure	Procentg.	p	w	Säure	Procentg.	p	w
1	0,18	3,05	718	11	13,8	2,91	13,0
2	0,3	2,98	466	12	16,8	3,01	11,3
3	0,9	2,65	187	13	23,4	3,02[1]	9,6
4	1,9	2,45	88	14	32,8	3,12	9,0
5	2,7	2,54	60	15	40,4	3,09	9,1
6	3,3	2,63	44	16	47,1	4,03	8,0
7	4,5	2,83[14]. 2,88 33,0. 32,6		17	49,8	4,18	8,1
8	5,8	2,80	25,7	18	53,9	4,18	9,1
9	6,4	2,73	23,5	19	57,8	3,67	22,5
10	10,3	2,89	16,1	20	65,0	2,60	32,4

Die Beobachtungen sind in der Reihenfolge ihrer Anstellung aufgeführt. Die Stromstärke war bei Säure 1:
0,01 — 0,007 Amp., bei Säure 2—7 successiv grösser, bei 8—18:
0,3 — 0,2 Amp., bei 19: 0,03 — 0,02 Amp., bei 20: 0,02 — 0,01 Amp.

Es nimmt also p mit wachsender Concentration bis zu der Säure von 1,9 Proc. ab, sodann bis zur Säure von 4,5 Proc. zu, nochmals ab bis 6,4 Proc. und wieder zu bis 32,8 Proc. Sodann erhebt sich nach einer Periode kleiner Abnahme p bei 47,1 Proc. plötzlich auf mehr als 4 Daniell, wächst bis 53,9 Proc. noch etwas an und fällt bei weiter wachsender Concentration bis auf 2,6 Dan. bei 65,0 Proc.

Das 1. und 2. Minimum, sowie das 1. Maximum treten jetzt etwas später als in Tab. III. ein, die Höhe der Maxima ist die gleiche wie früher, jedoch die beiden ersten Minima steigen jetzt zu weniger tiefen Werthen herab, sodass sich p bei kleinen Concentrationen innerhalb engerer Grenzen bewegt. Im übrigen herrscht eine gute Uebereinstimmung zwischen den Tabellen III und IV auf der einen und VI auf der anderen Seite.

Die Kathode nahm in allen Säuren eine schwarze Färbung an, die Anode dagegen erhielt bei den kleinsten Concentrationen einen gelben Anflug. Die Stromstärke nahm bis zu einem kleinsten Werthe ab, nur bei den Säuren 1—4 folgte der Abnahme noch eine nicht bedeutende Zunahme. Während sonst das Galvanometer keine Schwankungen der Stromintensität anzeigte, war es bei den Säuren von 47,1. 49,8 und 53,9 Proc. so unruhig, dass Schwingungen um die Einstellung von 10 sc. Amplitude die Regel bildeten. Bei den Säuren von 57,8 und 65,0 Proc. war die Ablenkung sehr klein, und die Gasentwickelung entsprechend nahe gleich Null, wenn der Widerstand im Rheostaten weniger als 200, resp. 400 S.-E. betrug. Bei den beiden Versuchen mit diesen Säuren, welche $p = 3,67$, resp. $p = 2,60$ ergaben, war deshalb im Rheostaten ein Widerstand von 200—248, resp. 400—570 S.-E. Man sieht, dass in der Nähe von 57,8 Proc. sich der Uebergang von der Periode hoher Polarisationswerthe und kleiner Widerstände in diejenige kleiner Polarisationswerthe und wachsender Widerstände vollzieht, in Uebereinstimmung mit den früheren Beobachtungen (Tabelle IV).

Der Widerstand des Voltameters nimmt mit wachsender Concentration ab, erreicht bei 32,8 Proc. den kleinsten Werth, nimmt wieder etwas zu, sinkt plötzlich und ändert sich zunehmend zuerst sehr wenig, später rascher.

Ein Versuch mit der Säure von 57,8 Proc. unter Einschaltung von $W = 0$ und $W = 1000$ — auch bei $W = 1000$ war, wenn es auf $W = 0$ ohne Unterbrechung des Stromkreises folgte, die Stromintensität sehr klein und die Gasentwickelung merklich Null — ergab $p = 2{,}2$ Daniell und $w = 4560$ S.-E.

Wegen der sehr kleinen Ablenkungen kann die Genauigkeit dieser Werthe nur gering sein.

Ein Versuch mit der Säure von 65,0 Proc. unter Einschaltung von 0 und 5000 S.-E. führte auf $w = 29\,000$, aber auf einen negativen Werth von p.

Auf alle Fälle also ist die Ursache der geringen Stromintensität in einer bedeutenden Grösse des Voltameterwiderstandes zu suchen.

Durch die bis jetzt mitgetheilten Versuche ist die Abhängigkeit ermittelt, in welcher die electromotorische Kraft der Polarisation und der Widerstand eines Voltameters von der Grösse der Electroden und von der Concentration der Säure steht. Es drängt sich aber nun die Frage auf, welchen Antheil die einzelne Electrode an der Entstehung der geschilderten Gesetzmässigkeiten hat? Um dieselbe zu beantworten, wurde zunächst einer kleinen Kathode eine grosse Anode — die Grössenverhältnisse sind die bisher angewandten — gegenübergestellt und die Polarisation derselben in den Säuren 1—20 bestimmt; sodann wurde die Rolle der Electroden vertauscht, wobei man zuerst mit den Säuren 1—20 und darauf nochmals mit den Säuren 1—7 beobachtete. Endlich wurden wieder Messungen mit den Säuren 4—8 bei abermals vertauschten Electroden, also kleiner Kathode und grosser Anode, angestellt.

6. **Kathode klein, Anode gross, Säuren 1—20. Cylindrisches Voltameter.**

Den **Werthen** von p und w in Tab. VII füge ich noch folgende **Ergänzungen** hinzu:

Die Stromstärke lag bei den Säuren 7—20 zwischen 0,3 und 0,2 Amp., bei den Säuren 1—6 war sie kleiner und betrug bei Säure 1) nur 0,02 — 0,014 Amp.

Tabelle VII. (Cf. Fig. 13 und 14).

Säure	Procentg.	p	w	p	w
1	0,18	[1] 3,03	462		
		[2] 2,94	404		
2	0,3	[3] 2,94	294		
3	0,9	[4] 2,49	118		
4	1,9	[5] 2,13	56,3	[22] 2,12	53,7
5	2,7	[6] 2,00	40,1	[23] 1,86	39,7
6	3,3	[7] 1,70	30,9	[24] 1,45	32,0
7	4,5	[8] 1,63[3]	23,9	[25] 1,53	23.9
8	5,8	[9] 1,84	17,7	[26] 1,61	18,1
9	6,4	[10] 1,80	16,4		
10	10,3	[11] 1,87	11,3		
11	13,8	[12] 1,92	9,4		
12	16,8	[13] 1,93	8,4		
13	23,4	[14] 2,00	7,15		
14	32,8	[15] 2,12[1]	6,45		
15	40,4	[16] 2,14	7,0		
16	47,1	[17] 2,26	7,5		
17	49,8	[18] 2,26	8.0		
18	53,9	[19] 2,41	8,7		
19	57,8	[20] 2,55	9,4		
20	65,0	[21] 2,65[7]	11,9		

Bei den Säuren 1—5 nahm die Stromstärke zuerst ab und dann wieder zu. Die Zunahme war am bedeutendsten bei Säure 1 — wo sie z. B. in Versuch 2) 16 Proc. des Minimalwerthes betrug — und wurde mit wachsender Concentration kleiner. Der Eintritt durchaus constanter Werthe der Stromintensität konnte nicht abgewartet werden. Bei Säure 1. dauerte der erste Versuch 15 Min., der zweite sofort folgende 18 Min. Von der bedeutenden Verschiedenheit des Widerstandes bei beiden Versuchen wird im § 10 die Rede sein. Bei den Säuren 6—20 nahm die Stromstärke nur bis zu einem kleinsten Werth ab.

Die Kathode erhielt schon bei Säure 2 eine dunkle Färbung, welche später immer intensiver wurde. Schwankungen

der Stromintensität traten, wenn überhaupt, nur in geringer
Grösse auf.

Bei den Säuren 1, 2 und 3 war p von der Stromstärke
merklich unabhängig, ebenso bei den Säuren 10—20. Dagegen
nahm p bei den Säuren 4—9 deutlich, zum Theil sehr stark,
mit abnehmender Stromstärke zu, nämlich:

bei Säure 4	von 2,08	bis 2,17	und von 2,11	bis 2,14.
„ „ 5	„ 1,92	„ 2,06	„ „ 1,81	„ 1,93.
„ „ 6	„ 1,51	„ 1,86	„ „ 1,31	„ 1,55.
„ „ 7	„ 1,50	„ 1,81	„ „ 1,39	„ 1,66.
„ „ 8	„ 1,78	„ 1,92,		
„ „ 9	„ 1,74	„ 1,89.		

Zugleich war der Widerstand des Voltameters mit der
Stromstärke veränderlich, indem er mit dieser abnahm. Cf p. 92.

Die Tabelle enthält die Mittelwerthe von p und w.

Es besitzt also bei kleiner Kathode und grosser Anode
die Polarisation in den verdünntesten Säuren einen hohen
Werth. Sie nimmt aber mit wachsender Concentration sehr
rasch bis zu sehr kleinen Werthen ab, erreicht ein Minimum
bei einer Säure von 3,3 bis 4,5 Proc. und nimmt weiter zuerst rasch, bald aber langsamer und der Concentration etwa
proportional zu.

Der Widerstand des Voltameters nahm mit wachsender
Concentration bis zur Säure von 32,8 Proc. ab und darauf
wieder zu.

7. Grosse Kathode und kleine Anode. Säuren 1—20. Cylindrisches Voltameter.

Bei den sechs ersten Versuchen mit den Säuren 1—6 war
die Anode, welche ja bei den vorhergegangenen Versuchen
als Kathode gedient hatte, noch schwarz, im Verlaufe des
Versuches mit der Säure 7 wurde sie wieder vollständig
blank und blieb es während der Versuche mit den Säuren
8—20. Bei der darauffolgenden Wiederholung der Versuche
mit den Säuren 1—7 war ebenfalls die Anode blank.

Die Stromstärke betrug bei Säure 1) 0,024—0,018 Amp.,
bei 2)—5) war sie successiv grösser, betrug von Säure 6)—19)
0,3—0,2 Amp. und war bei dem Versuch mit Säure 20)
nur 0,033—0,024 Amp.

Tabelle VIII. (Cf. Fig. 13 und 14.)

Säure	Procentg.	p	w	p	w
1	0,18	[1] 1,95	345	[21] 1,89	348
2	0,3	[2] 1,91	256	[22] 1,98	254
3	0,9	[3] 1,92	99,0	[23] 1,92	102
4	1,9	[4] 1,82	48,6	[24] 2,03	48,1
5	2,7	[5] 1,75	34,8	[25] 1,97	34,9
6	3,3	[6] 1,65[1]	26,5	[26] 2,01	26,6
7	4,5	[7] 2,13	20,6	[27] 2,20	19,7
8	5,8	[8] 2,35	14,9		
9	6,4	[9] 2,46	13,5		
10	10,3	[10] 2,65	9,1		
11	13,8	[11] 2,67	7,4		
12	16,8	[12] 2,70	6,5		
13	23,4	[13] 2,83	5,4		
14	32,8	[14] 2,91[1]	4,9		
15	40,4	[15] 2.90	5,3		
16	47,1	[16] 2,91	5,75		
17	49,8	[17] 4,25	2,6		
18	53,9	[18] 4,31	2,8		
19	57,8	[19] 3,81	6,8		
20	65,0	[20] 2,77[3]	9,0		

Zunächst erkennen wir, dass die Beschaffenheit der Anode, sei sie schwarz oder blank, keinen erkennbaren Einfluss auf die Grösse von p und w ausübt bei den Säuren 1—3, dass dagegen bei den Säuren 4—6 der schwarzen Anode beträchtlich kleinere p zukommen, während die w auch da keinen auffälligen Unterschied zeigen. Berücksichtigen wir nur die Beobachtungen, bei welchen die Anode blank war, so ergibt sich, dass bis zur Säure von 3,3 Proc. p nur wenig mit der Concentration veränderlich ist, dass mit weiter wachsender Concentration p zuerst rasch, von 10procentiger Säure an langsamer zunimmt, dass es von 30 bis 47 Proc. constant bleibt, dann plötzlich um mehr als 1 Daniell wächst, diesen hohen Werth bis gegen 57,8 Proc. behält und dann rasch wieder abnimmt.

Die Stromintensität nahm bei allen Säuren nur bis zu einem kleinsten Werthe ab. Bei den Säuren 17, 18 und 19, also bei sehr hohen Polarisationswerthen, schwankte sie stark

um einen Mittelwerth, zugleich erschien die Sauerstoffentwickelung gering. Die Beobachtung mit Säure 20 ergab bei
kleineren Rheostatenwiderständen sehr geringe Stromstärken.
Es wurden daher 210—290 S.-E. eingeschaltet. Im übrigen
finden bei Säure 20 die schon früher bei den Beobachtungen
mit kleiner Kathode und kleiner Anode beschriebenen Erscheinungen statt.

Der Widerstand des Voltameters nimmt mit wachsender
Concentration ab, erreicht bei 32,8 Proc. einen kleinsten
Werth, nimmt bis 47,1 Proc. wieder zu, sinkt aber dann,
zugleich mit dem Eintritt hoher Polarisationswerthe auf
weniger als die Hälfte und nimmt darauf, zuerst sehr langsam, dann rascher, wieder zu.

8. Ergänzende Versuche.

Als die zweite Reihe von Säuren (1—20) bei grosser
Kathode und grosser Anode (Tab. V) für die kleinsten Concentrationen wesentlich kleinere Werthe der Polarisation
lieferte, als die erste Reihe (I—XXII), wurden zur Aufklärung dieses Widerspruchs zuerst nochmals Versuche mit
letzterer bei grosser Kathode und grosser Anode angestellt.
Dieselben fielen der Zeit nach zwischen die Versuche 30)
und 31) der Tabelle V.

Tabelle IX.
Grosse Kathode und grosse Anode. Säuren II—XIX.
Trogförmiges Voltameter.

Säure	Procentg.	p	w	Säure	Procentg.	p	w
II	0,3	[1] 2,07	81,4	VI	3,3	[10] 2,16	7,4
		[2] 2,02	81,0	VII	4,5	[11] 2,14	5,7
		[6] 2,11	88,2	VIII	5,8	[12] 2,10[2]	4,8
III	0,9	[3] 2,20	26,3	IX	7,1	[19] 2,14	4,3
		[4] 2,21	25,6			[20] 2,14	3,8
		[7] 2,29	25,6				
IV	1,9	[5] 2,29[2]	14,8	X	11,1	[14] 2,43	2,8
		[8] 2,15	16,5			[21] 2,45	2,8
V	2,7	[9] 2,14	10,5	XI	13,9	[15] 2,18	2,6
						[22] 2,40[3]	2,5

Säure	Procentg.	p	w	Säure	Procentg.	p	w
XII	18,8	[16] 2,15	2,15	XVI	44,0	[24] 2,19	2,2
XIII	22,9	[17] 2,16	2,0	XVII	47,1	[25] 2,21	2,3
XIV	31,3	[18] 2,17	2,0	XVIII	50,5	[26] 2,23	2,6
XV	37,0	[19] 2,16[3] [23] 2,16	2,0 2,4	XIX	54,0	[27] 2,26	2,9

Erläuternd füge ich dieser Tabelle hinzu: Die Stromstärke nahm bei den Säuren II, III, IV und V zuerst ab und dann zu, bei Säure VI blieb sie merklich constant und bei allen folgenden nahm sie nur ab. Eine Abhängigkeit der Polarisation von der Stromstärke bestand nur bei Versuch 7). Säure III: dort nahm mit abnehmender Stromstärke p von 2,37 bis 2,22 ab und zugleich nahm w von 25,3 bis 26,0 zu.

Weiter wurden mit Benutzung desselben destillirten Wassers, welches zur Bereitung der ersten Säurenreihe (I—XXII) gedient hatte, nochmals die Concentrationen II bis V hergestellt und im trogförmigen Voltameter bei grosser Kathode und grosser Anode untersucht.

Diese Säuren sind zum Unterschiede von den früheren mit II$_a$ bis V$_a$ bezeichnet. Der Zeit nach fallen diese Versuche zwischen die Nr. 19) und 20) der Tabelle IX.

Tabelle X.

Säure	Procentg.	p	w
II$_a$	0,3	2,06	86,4
III$_a$	0,9	2,3	28,7
IV$_a$	1,9	2,17	15,3
V$_a$	2,7	2,08	10,5

Hierbei ist zu bemerken, dass bei III$_a$ p mit abnehmender Stromintensität von 2,16 auf 2,09 und bei IV$_a$ von 2,30 auf 2,08 abnahm. Zugleich nahm w von 28,5 auf 28,9, resp. von 14,8 auf 15,7 zu.

Die Stromintensität nahm von Anfang an zu, bei II$_a$, III$_a$ und IV$_a$ stark, bei V$_a$ wenig.

Die Tabellen IX und X zeigen folgenden Verlauf von
p: Es nimmt p mit zunehmender Concentration der Säure
anfänglich zu, erreicht einen grössten Werth bei 0,9 Proc.
bis 1,9 Proc., nimmt sodann ab bis 2,7 Proc. und ändert
sich wenig von 2,7 bis 7,1 Proc., in dem letzteren Intervall
vielleicht noch ein Maximum und ein Minimum passirend.
Dann nimmt es wieder zu und erreicht bei 11,1 Proc. ein
hohes Maximum, von welchem es bei oder etwas vor 13,9
Proc. wieder herabgeht, um von da an erst sehr langsam,
dann rascher zuzunehmen.

Vergleichen wir diesen Verlauf von p mit dem aus den
Tabellen I und II für dieselbe Reihe von Säuren hervor-
gehenden, so ergibt, dass ein Maximum von p bei sehr kleiner
Concentration auch jetzt auftritt; nur wurde es früher bei 0,3,
jetzt bei 0,9 bis 1,9 Proc. gefunden, und seine Höhe ist jetzt
eine viel kleinere. Es sind die Säuren II und III, bei welchen p bedeutend geringer als früher ist. Ebenso tritt jetzt
ein Minimum bei V ein, und auch das Maximum bei VI ist,
obgleich wenig hervortretend, vorhanden. Das zweite Minimum liegt jetzt nur bei einer etwas höheren Concentration.
Dagegen ist das deutliche und hohe Maximum, welches in
Tabelle IX bei X—XI auftritt, in Tabelle I nicht vorhanden, während der weitere Verlauf von p wieder übereinstimmend ist. Nur die grosse Divergenz zwischen den Werthen
von p bei Säure XI in Tabelle I könnte als Anzeichen
einer auch dort vorhandenen starken Veränderlichkeit von
p mit ändernder Concentration gelten.

Die Grösse von p anlangend, so ist keine Uebereinstimmung zwischen Tab. I und II einerseits und IX und X
andererseits vorhanden bei den Säuren II, III, X und XI.
bei den Säuren IV—IX ist die Uebereinstimmung befriedigend, bald sind die einen, bald die anderen Werthe etwas
grösser, dagegen sind bei den Säuren XII—XV der Tab. I
deren Werthe constant grösser (um 0,06), und bei den Säuren
XIV—XIX der Tabelle II umgekehrt die p constant kleiner
(um 0,09), als diejenigen der Tabelle IX.

Vergleichen wir nun die Tabelle IX mit der Tabelle V,
welche die mit der zweiten Reihe von Säuren 1—20 ange-

stellten Beobachtungen enthält, so ergibt sich eine bei weitem bessere Uebereinstimmung: Es ist nicht nur der Verlauf von p in den beiden Beobachtungsreihen fast vollständig derselbe, sondern es sind auch die p in 10 von 18 Fällen von fast oder ganz der gleichen Grösse. Reducirt man nämlich Tabelle V auf die in Tabelle IX vorkommenden Procentgehalte, so sind die p in Tabelle IX um folgende Beträge grösser als in Tabelle V: 0.05, 0,15, 0,19, 0,13, 0,16, 0.16, 0,08, 0,03, 0,33, 0,18, 0,03, 0,03, 0,01, 0, 0, 0, 0, −0,02. Es übertreffen also von Säure III – VIII die mit der ersten Reihe von Säuren erhaltenen Werthe von p die mit der zweiten Reihe von Säuren (1—20) erhaltenen um eine die Beobachtungsfehler übersteigende Grösse, während von Säure IX (7,1 Proc.) bis XIX (54,0 Proc.) die Uebereinstimmung eine vollkommene zu nennen ist, falls man nur die Säuren X und XI von 11,1 und 13,9 Proc. ausschliesst.

Wenn man die Existenz eines Maximums von p bei den letztgenannten beiden Concentrationen als noch nicht ausser allem Zweifel stehend betrachtet und die in Tab. I und IX zwischen 3,3 und 5,8 Proc. stattfindenden kleinen Schwankungen vernachlässigt, so kann man das wahrscheinlichste Resultat der bisherigen Versuche folgendermassen aussprechen:

Unter Voraussetzung grosser Electroden nimmt die Polarisation des Platins in Schwefelsäure bei wachsender Concentration derselben bis etwa 1,5 Proc. zu, danach folgt eine Abnahme bis etwa 4,5 Proc. und weiterhin eine continuirliche Zunahme, welche nur von 6—17 Proc. durch eine Periode der Constanz unterbrochen wird und auch von 17 bis 40 Proc. sehr unbedeutend ist. Erst mit 40 Proc. beginnt eine stärkere Zunahme. Bei Concentrationen, welche kleiner als 6 Proc. sind, scheint die Bereitung des benutzten destillirten Wassers die Grösse von p bis um 0,13 im Mittel beeinflussen zu können, bei 6—14 Proc. ist sie vielleicht ebenfalls wirksam, bei 19—54 Proc. dagegen ohne jeden Einfluss auf p. In beiden Reihen von Säuren ändert sich, wenn die Concentration von 6 bis 40 Proc. zunimmt, p nur um 3—4 Proc., und wenn die Concentration von 40 auf 66 Proc. wächst, um 14—16 Proc., beide mal im Sinne einer Zunahme.

Welche Werthe von p für die kleinsten Concentrationen als die richtigen zu betrachten sind — die grösseren mit der ersten Reihe von Säuren (I) oder die kleineren mit der zweiten Reihe von Säuren (1) erhaltenen —, will ich nicht entscheiden, denn das zur Reihe (I) benutzte Wasser könnte durch Metalltheile, das zur Reihe (1) gebrauchte dagegen durch Glastheile verunreinigt sein. (Cf. § 9). Zur Erzielung vollkommen einwurfsfreier Polarisationswerthe wird es nöthig sein, die Destillation des Wassers ausschliesslich in Platingefässen vorzunehmen.

Bei den kleinsten Concentrationen bis zu 6 Proc. unterscheiden sich die Mittelwerthe in Tab. IX (Säuren II—VIII) um höchstens 7 Proc. des Durchschnitts, in Tab. V (Säuren 2—8) um höchstens 5 Proc.

Dagegen würde bei kleinen Concentrationen p viel mehr vom Procentgehalt abhängig erscheinen, wenn man sämmtliche Versuche, auch diejenigen der Tabelle I, sowie die Versuche 1—4 in Tabelle V berücksichtigen wollte. Zu einer Erklärung der dort auftretenden hohen Werthe von p konnte der Umstand leiten, dass diese Versuche jedesmal die ersten mit den betreffenden Säuren angestellten waren.

Es war daher denkbar, dass durch den wiederholten Gebrauch dieser Säuren etwas aus ihnen entfernt wurde, was, wenn vorhanden, die Polarisation vergrösserte, also etwa eine Verunreinigung, welche electrolytisch ausgeschieden wurde. Da den Versuchen in Tabelle I mit grossen Electroden die in Tabelle III mit kleinen Electroden folgten, an denen vermuthlich die Ausscheidung etwaiger Verunreinigungen leicht erfolgte, so hätten auf diese wieder folgende Versuche mit grossen Electroden kleinere Werthe von p ergeben müssen. Aus diesem Grunde wurden die früheren Versuche dann wiederholt, und in der That (in Tabelle IX) kleinere p erhalten.

Zur Controle wurden nun noch die Säuren II—V frisch

bereitet, unter Benutzung der gleichen Materialien wie früher, und sogleich zwischen grossen Electroden electrolysirt. Aber statt der erwarteten grossen Werthe von p erhielt man solche (Tab. X), welche von den in Tab. IX erhaltenen sich kaum unterschieden.

Damit ist bewiesen, dass die Ursache der grossen Werthe von p in Tab. I (Säuren II bis IV) nicht in der erstmaligen Benutzung dieser Säuren liegen kann. Das Gleiche gilt dann wohl auch von den Versuchen 1) bis 4) in Tab. V.

Es konnte aber auch die Ursache in der Beschaffenheit der Electroden gesucht werden, und da es mir nicht gelang, nach Ablauf eines Versuches irgend welche Veränderung an den (grossen) Electroden in Form eines Niederschlags[1] wahrzunehmen, so hielt ich es für denkbar, dass die Anhäufung der electrolytischen Gase in den Electroden den Werth von p beeinflusste, d. h. verringerte. Da zwischen den Versuchen der Tabellen I und II und denjenigen der Tab. V eine längere Zeit lag, so konnten die Electroden des trogförmigen Voltameters inzwischen ihren Gehalt an Gas verloren haben und daher bei den Versuchen 1) bis 4) der Tab. V wieder eine höhere Polarisation annehmen.

Um dies zu prüfen, wurden die Electroden des trogförmigen Voltameters, welche nur vor Versuch 1) der Tab. I geglüht worden waren, nach Ablauf eines Versuchs mit Säure I_a geglüht und darauf wieder p in Säure I_a bestimmt. Es ergab sich zwar jetzt ein etwas grösserer Werth von p als zuvor, aber er überschritt dennoch 2 Dan. nur sehr wenig. Da in diesen beiden Versuchen auch die Einzelwerthe von $E - p$ nicht befriedigend übereinstimmten, so wurde späterhin im cylindrischen Voltameter noch ein Versuch mit Säure 2 angestellt, zu welchem neue, 1 qcm grosse und frisch geglühte Electroden dienten. Dieser Versuch gab in der That wieder den hohen Werth $p = 2,30$, welcher den grössten mit Säure 2 in Tab. V erhaltenen Werthen nicht viel nachsteht. Danach halte ich es für wahrscheinlich, dass der Werth von p von der Grösse der Inanspruchnahme der Electroden, nämlich

---

1) Man vergleiche jedoch das im § 9 über Niederschläge auf den Electroden Bemerkte.

von ihrem Gasgehalt abhängig ist und mit Zunahme desselben
abnimmt. Diese Ansicht wird auch durch die aus den Tabellen hervorgehende Thatsache gestützt, dass wenn die Electroden während eines oder mehrerer Tage nicht polarisirt
worden waren, die ersten Beobachtungen immer relativ
grössere Werthe von *p* ergaben.

Indessen wird es zur präcisen Entscheidung dieser Frage
noch weiterer Untersuchungen bedürfen.

9. Ueber die durch den Strom hervorgerufenen sichtbaren
Veränderungen der Electroden.

Hierüber wurde schon bemerkt, dass eine kleine Kathode
immer eine schwarze Färbung erhielt, während eine grosse
Kathode sich nicht bemerkbar veränderte. An der Anode
wurde nur bei den Versuchen mit beiderseits kleinen Electroden und den Säuren 1—6 ein gelber Anflug beobachtet.
Da nun aus Niederschlägen auf den Electroden sich unter
Umständen auf etwaige Verunreinigungen der Schwefelsäuremischungen ein Schluss ziehen lassen wird, so habe ich durch
specielle Versuche diese Verhältnisse etwas genauer zu ermitteln gesucht. Der Strom von 6 Bunsen wurde nur durch
das Voltameter bei nahe gestellten Electroden und während
mehrerer Stunden geleitet, um möglichst starke Niederschläge
zu erhalten. Es ergab sich: Eine kleine Kathode nahm stets
eine schwarze Färbung an, welche in concentrirter Salpetersäure
nicht, dagegen in Königswasser nach längerer Zeit, verschwand.
Leicht lässt sich der Beschlag durch Schaben mit einem Horn-
spatel entfernen. Auch kann man die schwarze Färbung dadurch
beseitigen, dass man einige Zeit den Draht als Anode benutzt.

Schon de la Rive[1]) und später Poggendorff[2]) haben
diese Färbung beobachtet, und aus ihren Versuchen schon
geht hervor, dass das schwarze Pulver Platin ist, welches
aus dem compacten Metall der Kathode durch Disgregation
derselben entstand. Nach Abkratzen des Pulvers fand de la
Rive ein merklich geringeres Kathodengewicht.

Wie de la Rive, fand ich dies Platinschwarz nur an

---

1) De la Rive, Pogg. Ann. 41. p. 156. 1837; 45. p. 421. 1838.
2) Poggendorff, Pogg. Ann. 61. p. 605 1844.

kleiner Kathode, während Poggendorff einen braunen oder schwarzen Anflug auch an Platinplatten beobachtet haben will. Dagegen habe ich in den Säuren 1 und 2 eine grosse Kathode mit einem graubraunen Niederschlag bedeckt gefunden, welcher das Gewicht der Kathode (51 mg) um 0,8 mg im Maximum vergrösserte und in concentrirter Salpetersäure sehr leicht löslich war. Nach Beseitigung des Niederschlages war das Gewicht wieder auf den früheren Werth zurückgegangen. Mikroskopisch-chemische Versuche, welche zur Bestimmung der Natur dieses Niederschlages angestellt wurden, führten zu keinem Resultate. Da er aber weder in den Säuren I bis XXII, noch auch in 3 bis 19 gefunden wurde, so vermuthe ich, dass er von gelösten Bestandtheilen des Glases herrührte, welche in den so wenig Säure enthaltenden Mischungen 1 und 2 sich an der Zersetzung stärker betheiligen. Die Anode nahm — wenn sie gross war, freilich erst nach langer Zeit — in den verdünntesten Säuren beider Reihen eine dunkelgelbe Färbung an, welche in concentrirter Salpetersäure, auch in heisser und nach langer Zeit, und selbst in heissem Königswasser nicht verschwand. Kratzen hatte ebenfalls keinen Erfolg. Eine Gewichtsänderung der Anode war nicht nachweisbar. Ich enthalte mich einer Vermuthung über die Ursache der Anodenfärbung, welche jedenfalls nicht in Verunreinigung der Schwefelsäure zu suchen ist.

Wenn wir uns also erinnern, dass die bei Ermittelung der Polarisationswerthe benutzten Ströme bei weitem schwächer waren und viel kürzere Zeit das Voltameter durchliefen, so folgt aus dem Obigen, dass durch kleine Verunreinigungen des Wassers oder der Schwefelsäure höchstens diejenigen Polarisationswerthe beeinflusst sein können, welche in den verdünntesten Säuren der zweiten Reihe erhalten wurden· Diese Werthe würden dann, wie aus der Vergleichung mit Tab. IX folgt, als zu klein betrachtet werden können.

10. Ueber die Aenderungen der Stromstärke bei eingeschaltetem Voltameter.

Sämmtliche bisher mitgetheilte Resultate über den Verlauf der Stromintensität bei eingeschaltetem Voltameter lassen

sich folgendermassen kurz zusammenfassen: Wenn die Concentration der Säure mehr als 3 Proc. beträgt, so nimmt die
Stromstärke fast ausnahmslos nur ab, indem sie sich einem
kleinsten Werthe annähert. Wenn dagegen die Concentration
kleiner als 3 Proc. ist, so folgt der anfänglichen Abnahme,
die dann immer nur sehr kurze Zeit dauert und oft gar nicht
zur Beobachtung kommt, eine Zunahme, welche nur in einem
Falle ausblieb, als nämlich (in dem cylindrischen Voltameter)
eine grosse Kathode einer kleinen Anode gegenüber stand.

Bei den Versuchen Tab. III mit kleiner Kathode und
Anode wurde jedoch in der ersten Reihe auch noch zwischen
3 und 14 Proc. die Zunahme der Stromstärke beobachtet,
während in der zweiten Reihe niemals eine Zunahme auftrat.
Der Unterschied der beiden Beobachtungsreihen liegt aber
einmal darin, dass bei der zweiten die Temperatur der Säure
constanter gehalten wurde, und zweitens in dem Umstande,
dass während der ersten Reihe der schwarze Beschlag der
Kathode sich bildete, während er beim Beginn der zweiten
schon vorhanden war.

Speciell seien noch folgende Beobachtungen angeführt:
Wenn man bei grosser Kathode und Anode, welche beide
den Querschnitt des trogförmigen Voltameters nahe ausfüllen,
während der Periode der Zunahme die Säure — durch einfaches Neigen des Gefässes — in Bewegung setzt, so nimmt
die Stromstärke momentan ab und dann langsam wieder zu.
Unterbricht man den Strom während der Periode der Zunahme auf kurze Zeit, so ist die Stromstärke bei neuer
Schliessung dauernd grösser, nimmt aber ab und später von
neuem zu. Hat man dagegen die Säure während der Unterbrechung in Bewegung gesetzt, so erscheint bei neuer
Schliessung eine kleinere Stromstärke als vorher. Vermehrte
man, ohne den Strom zu öffnen, den Rheostatenwiderstand,
so nahm die Stromstärke momentan, aber langsam auch noch
weiter ab; verminderte man ihn nach einiger Zeit wieder,
so war die Stromstärke kleiner, als zuerst, und nahm zu.

Die Ursache für die Zunahme der Stromintensität kann
nun sein: Entweder eine nach der anfänglichen Zunahme
wieder eintretende Abnahme der Polarisation oder eine Ab-

nahme des Voltameterwiderstandes oder zugleich eine Abnahme der Polarisation und des Widerstandes oder endlich
auch eine die Zunahme der Polarisation verhältnissmässig
übertreffende Abnahme des Widerstandes.

Um zwischen diesen Möglichkeiten zu entscheiden, wurden Beobachtungen angestellt, einmal als die Stromstärke
das Minimum erst um 8 Proc. überschritten hatte, sodann
als die Stromstärke noch um weitere 4 Proc. gewachsen war.
Der Versuch wurde mit grossen Electroden im trogförmigen
Voltameter und Säure 1 ausgeführt. Er ergab als Mittel
von je vier sehr gut übereinstimmenden Werthen $E - p$
= Const. 15,00, resp. = Const. 15,16 und den Widerstand der
Schliessung weniger Rheostatenwiderstand zu 112,9, resp.
110,5 S.-E. Der Widerstand des Voltameters allein ergibt
sich hieraus durch Abzug von 4 S.-E.

Da nun E, die electromotorische Kraft der 6 Bunsen
jedenfalls nicht zu-, sondern im Gegentheil im Laufe der
beiden Versuche wohl ein wenig abgenommen hat, so folgt
hieraus, dass die Zunahme der Stromintensität durch eine
Abnahme zugleich der Polarisation und des Widerstandes
hervorgerufen wird.

Dass in der That während des Wachsens der Stromintensität der Widerstand des Voltameters abnimmt, liess
sich auch aus Versuchen entnehmen, welche noch in das
Stadium der Vorversuche fielen, und bei welchen die eine
Electrode, nämlich die Kathode, oder beide klein waren. So
war einmal der Widerstand, berechnet aus den zur Zeit der
kleinsten Stromstärke gemachten Ablesungen, 216, dagegen
nur 198 zur Zeit der grössten Stromstärke. In einem anderen Falle sank er von 208 auf 175 und in einem dritten von
300 auf 250. Ob jedoch auch die Polarisation während der
Periode der Zunahme der Stromstärke eine Aenderung erfuhr,
ging aus diesen Versuchen nicht deutlich hervor.

Die Ursache der zweifellosen Widerstandsabnahme wird
man dann zunächst in einer Temperaturzunahme der Säure
suchen, durch welche nach den Versuchen von Beetz, Bartoli u. a. gleichzeitig auch die Polarisation ein wenig verringert werden würde. Diese Erklärung passt gut auf die

Versuche mit gro ss en Electroden im trogförmigen Voltameter,
dessen Querschnitt durch die Electroden nahe ausgefüllt
wurde. Hier nahm die Temperatur der zwischen den Electroden befindlichen Säure infolge des Stromdurchganges zu,
und die Temperaturzunahme konnte sich nur unvollkommen
nach der übrigen Säure ausgleichen. Aber während die bei
einem Versuche beobachtete Zunahme der Stromstärke einer
berechneten Temperatursteigerung von 9⁰ entsprach, zeigte
dagegen das Thermometer nur eine Erwärmung um 5⁰ an.
Ich glaube deshalb, dass die Abnahme des Widerstandes
nur zum Theil durch die Temperaturzunahme, zum anderen
Theil aber durch eine Zunahme der Concentration der Säure
zwischen den Electroden als Folge der Zersetzung herbeigeführt wurde.

Beides erklärt gleich gut, und ohne dass eine Entscheidung getroffen werden könnte, die im Vorhergehenden beschriebenen Versuche, es erklärt auch, weshalb, als ich nun
die Zersetzung zwischen grossen Electroden nicht in dem
trogförmigen, sondern in dem cylindrischen Voltameter vornahm, in dessen grosser Flüssigkeitsmenge die Electroden
frei hingen, und das ausserdem in ein grösseres Wasserbad
gesetzt wurde, die Zunahme der Stromstärke bis auf einen
kleinen Rest verschwand.

Weshalb findet dann aber die Zunahme der Stromstärke
nur bei den kleinsten Concentrationen statt?

Sieht man die Ursache der Zunahme vorzugsweise in einer
Temperaturerhöhung der Säure, so könnte der Grund für das
Ausbleiben der Zunahme bei den grösseren Concentrationen
einer der drei folgenden sein: Es nimmt entweder auch bei
ihnen der Widerstand des Voltameters ab, aber die Polarisation erreicht weniger schnell, als bei den kleinsten Concentrationen ein Maximum, sodass ein Minimum des Widerstandes in kürzerer Zeit oder gleichzeitig mit dem Maximum
der Polarisation eintritt. Es könnte aber auch die Temperaturerhöhung durch die Stromwärme in den stark verdünnten Säuren eine grössere sein, als in den concentrirteren,
oder aber bei gleicher Temperaturerhöhung der Widerstand
stärker abnehmen. Das erste würde eine mit abnehmender

Concentration der Schwefelsäure zugleich erfolgende Abnahme
der Wärmecapacität — was sehr unwahrscheinlich ist —,
das zweite eine Zunahme des Temperaturcoëfficienten bedingen, die nach den Versuchen von F. Kohlrausch erst
bei viel grösseren Verdünnungen, als den von mir gebrauchten, eintritt.

Schreibt man dagegen bei den Versuchen mit dem trogförmigen Voltameter der Zunahme der Concentration der
Säure einen grösseren Antheil an der Abnahme des Widerstandes zu, so wird das Fehlen der Stromzunahme bei den
höheren Concentrationen VI — XIV wegen des dort langsameren Anwachsens der Leitungsfähigkeit mit der Concentration und bei den höchsten XV — XXII wegen der
Abnahme der Leitungsfähigkeit mit wachsender Concentration
verständlich. [1])

Auch auf die Versuche, welche im cylindrischen Voltameter angestellt wurden, wird die oben vorgetragene Erklärung der Stromzunahme angewendet werden können, denn
auch dort trat, wie früher bemerkt, eine wenn auch nur
kleine Temperaturzunahme durch die Stromwärme ein. Eine
Concentrationszunahme wird dagegen kaum einen Einfluss
ausüben. Aber es tritt hier noch ein weiteres, wie ich glaube,
das wichtigste Moment hinzu, das ist die Schwärzung der
Kathode. Wo diese fehlte, da fehlte auch die Stromzunahme,
so bei grosser Kathode und kleiner Anode (§ 7) und in der
zweiten Reihe der Versuche Tab. III, welche mit bereits
schwarzer Kathode begannen.

Wieso durch Bildung von Platinschwarz an der Kathode
und die damit verbundene Auflockerung ihrer Oberfläche der
Widerstand und die Polarisation eine Abnahme erfahren
können, liegt auf der Hand.

11. Vergleichende Discussion sämmtlicher Polarisationswerthe.

Ehe ich die aus einer Vergleichung aller Resultate sich
ergebenden Folgerungen ziehe, möge die für das Folgende

---

1) Ueber die Aenderung des Voltameterwiderstandes infolge der
Electrolyse vgl. auch die Versuche von Cohn, Wied. Ann. **13.** p. 665.
1881, welche nachher (§ 12) besprochen werden sollen.

wichtige Frage discutirt werden, in welcher Weise die aus
zwei Beobachtungen der Stromstärke und des Widerstandes
berechneten Werthe von p und w beeinflusst werden, sobald
eine Abhängigkeit einer dieser beiden Grössen von der Stromintensität besteht?

Eine solche hat sich in erheblichem Maasse nur bei
wenigen Beobachtungen ergeben, nämlich bei den Säuren 4
bis 9 und unter Anwendung einer kleinen Kathode und einer
grossen Anode: es nahm dort mit abnehmender Stromstärke
p zu und w ab.

Wie eine einfache Rechnung lehrt, erhält man, sobald nur eine der beiden Grössen p oder w von der Stromintensität abhängt, für beide unrichtige Werthe, indem dann
w zu klein und p zu gross, oder umgekehrt gefunden wird,
und wenn die eine Grösse mit abnehmender Stärke der combinirten Ströme abnimmt, dann die andere zunimmt. Dabei
ist nicht zu entscheiden, welche Grösse sich factisch mit der
Stromstärke ändert, und welche nur im Rechnungsresultat als
variabel erscheint. Das Wechselverhältniss, in welchem p
und w bei einigen Messungen der Tab. VII standen, ist also
wohl nur ein scheinbares.

In einer nur scheinbaren Abhängigkeit von einander
stehen p und w auch in dem in den Beobachtungen häufig
vorkommenden Falle, dass, wenn von zwei unter gleichen
Verhältnissen angestellten Beobachtungen die eine ein grösseres p als die andere ergibt, diese umgekehrt das grössere
w liefert: Denn $E - p$ und w hängen beide von der immer
mit dem grössten Fehler behafteten Differenz $i_1 - i_2$ ab. Wird
diese dann bei der einen von zwei Beobachtungen z. B. zu
gross gefunden, so wird $E - p$ zu klein, also p zu gross, aber
w zu klein erhalten.

In einem thatsächlichen Zusammenhang stehen dagegen
p und w im Falle einer kleinen Anode und einer Säure von
etwa 48—58 Proc., wo eine plötzliche Aenderung von p auch
von einer gleichzeitigen Aenderung, aber entgegengesetzten
Sinnes von w begleitet ist.

Bei der Gegenüberstellung der mit Electroden verschiedener Grösse gefundenen Polarisationswerthe will ich mich

auf die mit den Säuren 1—20 erhaltenen beschränken und
von diesen — aus den aus dem Früheren ersichtlichen Gründen — noch folgende anschliessen:

Tabelle V Beobachtungen 1) bis 4),
„ VIII „ 1) bis 6).

Die Resultate sind in Figur 13 graphisch dargestellt,
wobei die Concentration Abscisse, die Polarisation Ordinate
ist; sie führen zu folgenden Schlüssen:

Die Grösse der Polarisation wird bei den kleinsten
Procentgehalten vorzugsweise durch die Grösse der Kathode,
bei den mittleren von etwa 8 bis 60 Proc. durch die Grösse
der Anode bestimmt und hängt bei der höchsten Concentration von 65 Proc. von der Grösse beider Electroden nur
wenig ab.

Die Polarisation wächst bei den kleinsten Concentrationen mit abnehmender Grösse der Kathode, bei mittleren
mit abnehmender Grösse der Anode, am grössten ist der
Einfluss der Anodenfläche bei einer Säure von 48—58 Proc.,
wo, fast unabhängig von der Kathodenfläche, mit abnehmender Grösse der Anode die Polarisation um etwa 2 Daniell,
d. h. fast auf das Doppelte wächst. Dagegen wächst mit
abnehmender Kathodenfläche bei den kleinsten Concentrationen die Polarisation um höchstens 1,1 Dan.

Bei einer Concentration von etwa 8—60 Proc. und
kleiner Anode ist der Einfluss der Kathodenfläche stets
gering: von 10—45 Proc. wächst bei abnehmender Fläche
die Polarisation um 0,2—0,3 Daniell, und bei 45—65 Proc.
wird sie um 0,1—0,3 Dan. kleiner.

Bei grosser Anode hängt zwischen 10 Proc. und 65 Proc.
die Polarisation von der Kathodenfläche ebenfalls wenig und
in der Weise ab, dass sie bei 10 bis 42 Proc. an einer kleineren Fläche abnehmend kleiner, bei 42—65 Proc. aber zunehmend grösser ist. Die Maximalunterschiede bei 10 Proc.
und bei 65 Proc. betragen 0,24 und 0,22 Daniell. Den einfachsten Verlauf und die geringste Abhängigkeit von der
Concentration zeigt die Polarisation bei allen vier Curven

zwischen 10 und 45 Proc. In diesem Intervall nimmt sie nur zu, und zwar:

bei grosser Kathode und grosser Anode um 0,1 Daniell,
„   „   „   „   kleiner   „   „ 0,25 „
„ kleiner   „   „   „   „   „ 0,2   „
„   „   „   „   grosser   „   „ 0,85 „

Relativ veränderlicher mit der Concentration der Säure ist die Polarisation bei 0—10 Proc., wo der grösste und kleinste Werth resp. um 0,2, 0,7, 0,6 und 1,5 Dan. auseinanderliegen. Beachtenswerth ist besonders die Polarisation bei kleiner Kathode und grosser Anode, welche beim Uebergang von der verdünntesten bis zu etwa vierprocentiger Säure um die Hälfte kleiner wird.

Diese grosse Veränderlichkeit von p bei kleinen Concentrationen hängt vielleicht mit Constitutionsverschiedenheiten der Schwefelsäure zusammen.[1)]
Die abnorm hohen Werthe der Polarisation, welche in zwei Reihen zwischen 48 und 58 Proc. auftreten, sind lediglich durch die Kleinheit der Anode verursacht: es ist die Polarisation der kleinen Anode, welche bei der Säure von ca. 48 Proc. plötzlich um mehr als 1 Dan. zunimmt und bei der Säure von ca. 58 Proc. ebenfalls rasch wieder um mehr als 1 Dan. abnimmt. (Man vergleiche auch die Versuche mit der ersten Reihe von Säuren I—XXII, Tabelle IV und die Curven Fig. 12.)
Die Ursache dieser hohen Polarisationswerthe muss, da gleichzeitig auch eine bedeutende Verminderung des Widerstandes eintrat, in der durch den Strom um die kleine Anode bewirkten Bildung einer Substanz liegen, welche mit einem stärkeren Polarisationsvermögen die Eigenschaft eines kleineren Widerstandes, als ihn die benutzte Schwefelsäure besitzt, verbindet. Dagegen wird bei einer Säure von mehr als 58 Proc. ein hinreichend starker Strom um die kleine Anode eine Substanz bilden, deren Polarisirungsvermögen nicht er-

---

1) Ueber die Möglichkeit einer Constitutionsänderung cf. F. Kohlrausch, Wied. Ann. 26. p. 161. 1885 u. Mendelejew, Zeitschr. f. phys. Chem. 1. p. 273. 1887.

heblich verschieden von demjenigen der Säure ist, deren
Widerstand aber denjenigen der Säure erheblich übertrifft.
Dass die Bildung dieser letzteren Substanz durch den Strom
selbst geschieht, dass die Gasentbindung an der Anode ihrer
Anhäufung entgegenwirkt, und dass eine fortwährende Zer-
streuung oder Zersetzung derselben stattfindet, geht aus der
früheren Beschreibung der Versuche ohne weiteres hervor.
(Cf. namentlich § 3.)

Ueber die Natur der beiden Substanzen kann man
zweierlei Ansicht sein: Zunächst scheint aus dem von 47-
procentiger Säure an beobachteten Mangel an Sauerstoffent-
wicklung zu folgen, dass von dieser Concentration an eine
erhebliche Bildung von Superoxyden an der Anode stattfindet, zuerst von Ueberschwefelsäure und bei höheren Concentrationen von Wasserstoffsuperoxyd. Dann müsste man der
Ueberschwefelsäure ein höheres Polarisirungs- und Leitungsvermögen als der Säure im Voltameter zuschreiben, während
durch den Gehalt der Säure an Wasserstoffsuperoxyd nur
das Leitungsvermögen der die Anode umgebenden Säure vermindert werden dürfte.

Indessen sind von beiden Superoxyden die genannten
Eigenschaften bis dahin noch unbekannt, und selbst das ist
noch zweifelhaft, ob überhaupt die Polarisations- und Wider-
standserscheinungen von der Bildung der Superoxyde beeinflusst werden. Denn nach Richarz[1]) ist die Ueberschwefel-
säurebildung zwischen den Säuren von etwa 28 und 51 Proc.
(das Maximum liegt bei 40 Proc.) am stärksten, und diese
Periode deckt sich mit derjenigen höchster Polarisationswerthe nicht. Dagegen wäre es denkbar, dass das Vorhandensein von Ueberschwefelsäure, auch wenn sie nur in geringer Menge auftritt — also etwa schon von 10procentiger
Säure an —, gerade die Ursache der höheren Polarisationswerthe ist, welche bei Verkleinerung der Anode sich ergaben.[2])

---

1) F. Richarz, Wied. Ann. 24. p. 183. 1885.

2) Die Potentialdifferenzen, welche aus einer Verschiedenheit der
Concentration an den beiden Electroden entstehen und selbstverständlich
in dem Polarisationswerth einbegriffen sind, können nicht die Ursache

Ein abschliessendes Urtheil über den Einfluss der Superoxyde lässt sich bis dahin nicht abgeben, da einestheils die
Fläche der Anode bei Hrn. Richarz' Versuchen viel grösser
als bei den meinigen und anderentheils die Temperatur etwa
22° niedriger war. Wie aber die Menge der Superoxyde
durch diese beiden Factoren geändert wird, so wird sich
vielleicht auch der Einfluss der Concentration bei Aenderung
von Stromdichte und Temperatur in etwas anderer Weise
äussern.

Eine andere Ansicht über die Natur der beiden Substanzen kann man auf Grund der Thatsache aufstellen, dass
an den Electroden Concentrationsunterschiede gegen die
übrige Masse der Säure auftreten, welche besonders gross
bei kleinen Electroden sind. Da die Beobachtungen zu
wesentlich denselben Resultaten führten, mochte bei kleiner
Anode die Kathode gross oder klein sein, so können wir
uns im Folgenden auf die Berücksichtigung der Concentrationsunterschiede an der Anode beschränken.

Um nun die plötzliche Wiederabnahme des Widerstandes bei der Säure von 47 Proc. zu erklären, müsste man
annehmen, dass dann die kleine Anode von Säure von 84
bis 92 Proc. umgeben sei, in welchem Intervall der specifische Leitungswiderstand mit wachsender Concentration abnimmt. Solche Säure, welche das Hydrat $2H_2O + SO_3$ enthält, müsste dann auch ein stärkeres Polarisationsvermögen
besitzen. Weiter liesse sich die enorme Widerstandsvermehrung bei einer Säure von mehr als 58 Proc. und geringem
Widerstand des Schliessungskreises durch die Annahme deuten, dass nun um die Anode Säure von 100 Proc. und etwas
mehr gelagert ist, welche einen grossen specifischen Leitungswiderstand besitzt. Jndess zeigen meine Versuche beim
Ueberschreiten der 58procentigen Säure doch eine bei weitem grössere Widerstandszunahme, als aus den Beobachtungen von W. Kohlrausch[1] hervorgehen würde.

-- -- -- -- --

sein, da sie viel zu klein sind und ausserdem noch gerade die entgegengesetzte Wirkung ausüben. (Cf. Wied. Ann. 12. p. 399. 1881).

1) W. Kohlrausch, Wied. Ann. 17. p. 69. 1882.

12. Discussion der Messungen des Voltameterwiderstandes.

Es wurde schon bemerkt, dass die Widerstandsberechnungen nur beiläufig geschahen und deshalb auf unveränderliche Stellung und Entfernung der Electroden keine grosse Sorgfalt verwandt wurde. Die Mittheilung der Widerstände könnte deshalb auf den ersten Blick überflüssig erscheinen, da die Widerstandsverhältnisse der Schwefelsäure vornehmlich durch die mit Wechselströmen ausgeführten Messungen hinreichend bekannt sind, und zudem Versuche, welche mit starken constanten Strömen beim Maximum der Polarisation angestellt wurden (Tollinger[1]), zu genau denselben Ergebnissen geführt haben.

Indess handelt es sich aber hier nicht um den Widerstand der Schwefelsäure, sondern um den eines mit Schwefelsäure gefüllten Voltameters, es wird nicht der Widerstand einer Säule von constanter, sondern derjenige einer Säule von variabler Concentration bestimmt, welche von der Kathode zur Anode zunimmt.

Hierdurch unterscheiden sich meine Messungen auch von denjenigen Tollinger's, und deshalb habe ich es nicht für überflüssig gehalten, die Widerstandswerthe mitzutheilen. Sie zeigen, inwiefern die secundären Vorgänge an den Electroden im Stande sind, das Gesetz des Widerstandes bei der Schwefelsäure zu modificiren und können dadurch zur besseren Erkenntniss dieser secundären Vorgänge selbst verhelfen.

Bei jeder Combination von Electroden nimmt der Widerstand des Voltameters mit wachsender Concentration der Säure zuerst bis zu einem kleinsten Werthe ab, welcher überall etwa bei der Säure 14 von 32,8 Proc. eintritt. Bei weiterer Steigerung der Concentration nimmt nun der Widerstand bis zur Säure von 65 Proc. continuirlich zu, ausser wenn eine kleine Anode benutzt wird: dann steigt der Widerstand continuirlich nur bis ca. 47—49 Proc., fällt hier plötzlich und nimmt weiter zuerst langsam und von ca. 54 Proc. an rascher zu. Bei sehr dichten Strömen ist die Zunahme

---

1) Tollinger, Wied. Ann. **1**. p. 510. 1877.

von enormer Grösse. Die anfängliche Abnahme bis 32,8 Proc.
und die darauf folgende Zunahme entspricht dem Widerstandsgesetz der Schwefelsäure, die bei kleiner Anode später
nochmals folgende Abnahme, sowie die enorme Zunahme
ist durch secundäre Vorgänge an der Anode bedingt.

Der Widerstand des Voltameters bei kleiner Kathode
und grosser Anode übertraf stets den bei grosser Kathode
und kleiner Anode. Der Unterschied beider Widerstände,
sowie derselbe in Procenten ihres Mittelwerthes ist nach
den Tabellen VII und VIII:

Säure	1	2	3	4	5	6	7	8	9	10
Differenz	87	39	18	6,7	5,1	4,9	8,8	8,0	2,9	2,2
Diff. in Proc. d. Mitt.	22	14	16	13	14	17	17	18	19	22

Säure	11	12	13	14	15	16	17	18	19	20
Differenz	2,0	1,9	1,75	1,55	1,7	1,75	5,4	5,9	2,6	2,9
Diff. in Proc. d. Mitt.	24	26	28	27	28	27	100	100	82	28.

Es nimmt also der Unterschied der Widerstände ab,
erreicht bei der Säure 14 von 32,8 Proc., bei welcher in
beiden Reihen das Minimum des Widerstandes eintritt, einen
kleinsten Werth, und nimmt darauf wieder zu, nur bei
Säure 17 und 18 ein anomales, durch die Kleinheit der
Anode in der einen Reihe verursachtes Verhalten zeigend.
In Procenten des Mittelwerthes ausgedrückt, nimmt der
Unterschied von Säure 4 an zu und wird von Säure 13 an
constant. Nur bei Säure 17 und 18 steigt er auf fast das
Vierfache. Dass der Unterschied bis zur Säure 14 positiv
ist, erklärt sich wohl aus der Ansammlung verdünnterer,
schlechter leitender Säure um die kleine Kathode, aber con-
centrirterer, besser leitender um die kleine Anode. Weshalb dagegen auch bei den Säuren 14—20 der Unterschied
positiv bleibt, möchte nicht so leicht zu erklären sein.

Um zu untersuchen, ob auch im einzelnen — von der
bei kleiner Anode stattfindenden Anomalität abgesehen —
der Widerstand eines durch starke Ströme polarisirten Voltameters in der gleichen Weise von der Concentration der
Schwefelsäure abhängt, wie wenn es durch Wechselströme
und zwischen grossen, platinirten Electroden polarisirt wird,
kann man aus den Beobachtungen von F. Kohlrausch die

Leitungsvermögen k für die von mir benutzten Concentrationen entnehmen und den Quotienten $k : (1/w) = k.w$ für jede
Combination von Electroden bilden. Man findet, dass $k.w$
nirgends annähernd constant ist; überall nimmt es ab bis zu
etwa sechsprocentiger Säure, darauf zu bis zu etwa 14—20 procentiger, und endlich wieder ab. In dieser letzten Periode
nimmt, wenn die Anode klein ist, bei 47 Proc. $k.w$ plötzlich
stark ab und bei 54—58 Proc. plötzlich wieder zu. Ist auch
die Kathode klein, so ist diese Zunahme sehr bedeutend, und
$k.w$ überschreitet alle früheren Werthe; ist die Kathode aber
gross, so erreicht $k.w$ die früheren Werthe nicht wieder.
Weitere Folgerungen aus diesen Resultaten zu ziehen, verbietet auch die unzureichende Constanz der Temperatur.

Einen Versuch, den Einfluss der Polarisirung auf den
Widerstand eines Platin-Wasservoltameters zu bestimmen, hat
schon E. Cohn[1]) gemacht und gefunden, dass der Widerstand
durch H-Polarisation wächst, durch O-Polarisation dagegen abnimmt. Cohn hält diese Aenderungen für so klein, dass „man in
den meisten Fällen berechtigt sein wird, sie zu vernachlässigen". Mir scheinen jedoch Cohn's Messungen eine Widerstandsverminderung von ca. 2 Proc. zu ergeben, wenn die
eine Electrode durch H, die andere durch O polarisirt wurde.
Eine Angabe über den Schwefelsäuregehalt seines Wassers
macht Cohn nicht. Eine Widerstandsverminderung von
dieser Grösse genügt aber nicht, um die von mir in den
früher genannten Fällen gefundene Zunahme der Stromstärke bei eingeschaltetem Voltameter zu erklären, vor allem
nicht bei kleiner Kathode und grosser Anode. Hier wäre
vielmehr zu erwarten, dass die an den Electroden auftretenden
Centrationsänderungen den Widerstand um die Kathode stärker vermehren, als sie ihn um die Anode vermindern, und daher
eine Abnahme der Stromstärke veranlassen. Cf. §. 10 p. 116.

Ich gebe zum Schluss eine Zusammenstellung der
Hauptresultate:

1. Die Abhängigkeit der Polarisation von dem Procentgehalt der Schwefelsäure ist am verwickeltsten bei sehr kleinen

---

1) E. Cohn, Wied. Ann. **13**. p. 665. 1881.

Concentrationen, wo sowohl eine Zunahme wie eine Abnahme
der Polarisation mit wachsender Concentration stattfindet.
Dagegen nimmt bei grösseren Concentrationen die Polarisation nur zu, wenn die Concentration wächst. Eine Ausnahme findet bei kleiner Anode statt.

2. Das zur Herstellung der verdünnten Schwefelsäure
benutzte destillirte Wasser ist, je nach der Art seiner Bereitung, von Einfluss auf die Höhe der Polarisation, jedoch
nur bei den kleinsten Concentrationen.

3. Das Gesetz, nach welchem sich die Polarisation mit
der Concentration ändert, ist wesentlich auch durch die
Grösse der Electroden bestimmt und gestaltet sich am wenigsten einfach, wenn die Anode klein ist.

4. Die Grösse der Electroden bestimmt ganz wesentlich
auch die Höhe der Polarisation: bei den kleinsten Concentrationen ist jedoch die Grösse der Anode von geringerem
Einfluss, als diejenige der Kathode; bei grösseren Concentrationen verhält es sich umgekehrt.

5. Die äussersten Grenzen der Polarisationswerthe sind,
wenn die Concentration zwischen 0,18 und 65 Proc. liegt:

bei grosser Kathode	und	grosser	Anode	1,94	und	2,43	Dan.
„ kleiner	„	„	„	„	1,45	„	2,98 „
„ „	„	„	kleiner	„	1,90	„	4,18 „
„ grosser	„	„	„	„	1,89	„	4,31 „

sie liegen also am weitesten auseinander bei kleiner Anode
und am wenigsten bei beiderseits grossen Electroden. Diese
Grenzen schliessen alle bis jetzt gefundenen Polarisationswerthe in weitem Kreise ein.

6. Der Widerstand eines durch einen starken constanten
Strom polarisirten Voltameters nimmt mit wachsender Concentration der Säure ab, erreicht ein Minimum bei etwa
derselben Concentration, bei welcher die Beobachtung mit
Wechselströmen für das Leitungsvermögen der Schwefelsäure
einen grössten Werth ergeben hat, und nimmt darauf wieder
zu. Eine Unterbrechung erleidet die Widerstandszunahme
aber bei kleiner Anode, indem bei denjenigen Concentrationen, welche die höchsten Polarisationswerthe von 4 Dan.

und mehr aufweisen, der Widerstand noch unter das vorhergegangene Minimum sinkt. Auch im übrigen bedingen die
durch den Strom an den Electroden hervorgerufenen Con-
centrationsänderungen und sonstigen secundären Vorgänge
Abweichungen von dem Widerstandsgesetz der Schwefelsäure.

Mathem.-Phys. Inst. d. Univ. Giessen, im October 1887.

VIII. *Bemerkungen zu dem Aufsatze:* „*Ueber eine neue polare Wirkung des Magnetis- mus auf die galvanische Wärme in gewissen Substanzen*"[1]; *von Albert von Ettingshausen.*

(Aus dem Anzeiger d. kais. Acad. d. Wiss. in Wien Nr. XVI vom Hrn.
Verf. mitgetheilt.)

Betrachtet man bei dem Phänomen der „galvanomagnetischen Temperaturdifferenz" denjenigen Wärmestrom, der von
dem wärmeren Plattenrande zum kälteren fliesst, so erhält
man durch die Wirkung des Magnetfeldes auf diesen Wärmestrom einen transversalen thermomagnetischen Effect, welcher
nach der für Wismuth geltenden Regel einen galvanischen
Strom liefert, dessen Richtung mit jener des primären galvanischen Stromes zusammenfällt, wodurch also letzterer
verstärkt würde. Dieser Umstand veranlasste mich, das neue
galvanomagnetische Phänomen nicht als Umkehrung des
thermomagnetischen anzusehen, da für die Verstärkung des
primären Stromes sich keine äquivalente Arbeitsleistung
angeben lässt.

Durch eine Bemerkung des Hrn. Prof. Boltzmann
wurde ich indess aufmerksam gemacht, dass zwischen den
beiden Phänomenen doch eine Reciprocität bestehen könne,
sobald man auf den durch den Magnetismus veranlassten
directen Transport der Wärme Rücksicht nimmt. Allerdings ist dies eine Fortführung der Wärme von kälteren

1) v. Ettingshausen, Wied. Ann. **31.** p. 737. 1887.

Stellen der Platte nach wärmeren, also ein Process, der unter gewöhnlichen Verhältnissen nicht auftritt und nur in dem sogenannten Thomson - Effect ein Analogon findet. Würde die Platte allseitig von einem die Wärme sehr gut ableitenden Mittel umgeben sein, so erhielte man infolge der Einwirkung der magnetischen Kraft eine Wärmeströmung von einem Plattenrande zum anderen (senkrecht zur´ Richtung des galvanischen Stromes und zu der der Kraftlinien des Feldes), ohne dass dabei die Ränder eine Temperaturdifferenz besässen.

Nimmt man nun an, dass durch die Wirkung des Magnetismus auf diesen Wärmestrom ebenfalls ein thermomagnetischer Strom hervorgerufen werde, so ist die Richtung desselben jener des primären Stromes entgegengesetzt; überwiegt die Wirkung auf den „galvanomagnetischen Wärmestrom" über die Wirkung auf den gewöhnlichen, infolge der Temperaturdifferenz der Plattenränder hervorgerufenen (dessen Stärke auch von dem Wärmeleitungsvermögen der Platte und der Wärmeabgabsconstante abhängt), so könnte in der That die galvanomagnetische Temperaturdifferenz als Umkehrung des thermomagnetischen Phänomens angesehen werden.

Als Consequenz dieser Voraussetzung ergibt sich, dass die Widerstandsvermehrung einer Wismuthplatte im Magnetfelde grösser erscheinen muss, wenn das Zurückfliessen der Wärme infolge der Leitung möglichst vermindert wird; es müsste also eine Platte in Wasser eine grössere Widerstandsvermehrung zeigen, als wenn dieselbe sich in Luft befindet. Nach Versuchen von Dr. Nernst findet in einer von einem galvanischen Strom durchflossenen Wismuthplatte bei Einwirkung magnetischer Kräfte auch ein Wärmetransport in der Richtung des galvanischen Stromes statt, auf welchen longitudinaler thermomagnetischer Effect ausgeübt werden muss, wodurch ebenfalls die Intensität des Primärstromes oder der scheinbare Widerstand der Platte verändert werden kann; doch dürfte dieser Effect geringer sein, als der durch den transversalen Wärmetransport bewirkte.

Die obige Consequenz bestätigte sich in der That durch

den Versuch. Eine rechteckige Wismuthplatte, durch welche
der Länge nach ein galvanischer Strom geleitet wurde, war
noch mit zwei auf ihrer Mittellinie liegenden „Widerstandselectroden" versehen, die mit einem Galvanometer in Verbindung standen; die Platte befand sich zwischen den Flachpolen
eines Electromagnets.

Man compensirte zunächst in bekannter Weise die Potentialdifferenz zwischen den Widerstandselectroden und beobachtete die bei Erregung des Magnets auftretenden Ausweichungen der Galvanometernadel. Der Versuch wurde
mehrmals wiederholt, wobei die Platte abwechselnd in Luft
und in Wasser von Zimmertemperatur sich befand. Es
ergaben sich — auf gleiche Stärke des die Platte durchfliessenden Stromes bezogen — die Ausweichungen:

in Luft . . . 453 Scalentheile,
„ Wasser . . 477   „   .
„ Luft . . . 455   „   ,

also ist die Widerstandsvermehrung für die mit Wasser umgebene merklich (um 5 Proc.) grösser als für die frei in der
Luft stehende Platte. Die Intensität des magnetischen Feldes war nahe 9000 (C.-G.-S.), die Widerstandsvermehrung in
der Luft betrug über 25 Proc.

Jedenfalls geht aus dem angeführten Versuche hervor,
dass die thermomagnetischen Effecte einen Beitrag zur beobachteten Widerstandsänderung liefern, doch hat es bis jetzt
nicht den Anschein, dass zur Erklärung der letzteren die
genannten Phänomene allein ausreichend seien.

IX. *Ueber den Einfluss magnetischer Kräfte auf die Art der Wärmeleitung im Wismuth; von Albert von Ettingshausen.*

(Aus dem Anzeiger d. kais. Acad. d. Wiss. in Wien mit Zusätzen vom Hrn. Verf. mitgetheilt).

In jüngster Zeit haben die Herren Righi[1]) und Leduc[2]) kurze Berichte über Versuche veröffentlicht, aus denen sie den Schluss ziehen, dass die thermische Leitungsfähigkeit des Wismuths im magnetischen Felde in dem gleichen Betrage abnehme, wie dies für die electrische Leitungsfähigkeit der Fall ist; es ist dabei vorausgesetzt, dass die Kraftlinien des Feldes die Strömungslinien der Wärme, resp. der Electricität rechtwinklig durchschneiden. Hr. Nernst[3]) konnte keinen Einfluss magnetischer Kräfte auf die thermische Leitungsfähigkeit des Wismuths bemerken, dagegen ergaben Experimente, welche ich schon vor längerer Zeit gelegentlich angestellt habe, in der That eine Abnahme für das Wärmeleitungsvermögen k, jedoch schien die Verminderung dieser Grösse bei weitem geringer zu sein, als jene des electrischen Leitungsvermögens $\varkappa$. Sorgfältige neuere Versuche, bei welchen sowohl Platten, als auch Stangen aus Wismuth den Versuchen unterworfen und sehr kräftige magnetische Felder angewendet wurden, haben dieses Resultat bestätigt.

Aus den Mittheilungen des Hrn. Righi ist zu entnehmen, dass er die Temperaturen an drei äquidistanten Punkten einer Wismuthstange mit Hülfe von Thermoelementen mass; Hr. Leduc dagegen hatte eine Anordnung getroffen, um die Temperaturdifferenzen zwischen je zwei Stellen zu beobachten: hierbei musste aber der sogenannte longitudinale thermomagnetische Effect[4]), d. h. eine in der Richtung des Wärmestromes in der Platte wirkende electromotorische Kraft auftreten, welche sich mit Commutirung des Feldes

---

1) Righi, Atti d. R. Acc. dei Lincei (4). **3.** 1. sem. p. 481. Compt. rend. **105.** p. 168. 1887.

2) Leduc, Compt. rend. **104.** p. 1783; **105.** p. 250. 1887.

3) Nernst, Wied. Ann. **31.** p. 760. 1887.

4) v. Ettingshausen u. Nernst, Wied. Ann. **29.** p. 343. 1886.

nicht ändert, sodass aus diesem Grunde Hrn. Leduc's Versuche nicht als entscheidende angesehen werden können.[1]

Die Richtung und Grösse dieses longitudinalen thermomagnetischen Effectes hängt ausser von der Beschaffenheit
des Wismuths wesentlich von der mittleren Temperatur ab,
welche die Theile der Platte zwischen den Electroden besitzen; die durch das Magnetfeld geweckte electromotorische
Kraft zeigt sich dabei von gleicher Stärke, mag man Kupfer-
oder Neusilberdrähte an die Platte löthen, während die
thermoelectrischen Kräfte der Combinationen Wismuth-
Kupfer und Wismuth-Neusilber bei gleicher Temperaturdifferenz der Löthstellen sich nahe wie 6:5 verhalten. So
bewirkte in einer rechteckigen, 0,35 cm dicken, 7 cm langen
Platte aus sehr reinem Wismuth, deren eines Ende durch
einen Dampfstrom erwärmt wurde, ein magnetisches Feld
von der absoluten Intensität $M = 9500$ C.-G.-S. zwischen zwei
Stellen der Mittellinie, deren Temperaturen etwa 99 und
56° C. waren, eine longitudinale electromotorische Kraft von
39 Mikrovolt, welche in der Platte einen Strom von der
kälteren zur wärmeren Stelle verursachte; zwischen den
Stellen mit den Temperaturen 56 und 36° war die longitudinale Kraft 40 Mikrovolt, wirkte aber in der Platte in
entgegengesetzter Richtung: ebenso erzeugten die electromotorischen Kräfte zwischen den Stellen mit den Temperaturen
36 und 24° (29 Mikrovolt), resp. zwischen 24 und 20°
(15 Mikrovolt) Ströme, welche von der wärmeren zur kälteren Stelle in der Platte flossen. Von solchen störenden
Einflüssen sind daher nur Messungen frei, bei welchen kein
Theil der Platte einen Theil der Galvanometerleitung bildet.

Bei meinen Versuchen konnten vier in der Längsmittellinie an der Platte oder an dem Stabe äquidistant (Abstand
1,8 cm) befestigte Löthstellen *A, B, C, D* von Neusilber-
und Kupferdraht, jede für sich mit einer ausserhalb befind-

---

1) In den Zahlenangaben von Hrn. Leduc (Compt. rend. **104.**
p. 1784; auch Journ. de Phys. (2.) 6. p. 379) muss übrigens ein Irrthum
unterlaufen sein; denn es berechnet sich aus denselben die Verminderung
der thermischen Leitungsfähigkeit (für das Feld 7800) zu $5\frac{1}{2}$ Proc., während Hr. Leduc 14 Proc. erhält.

lichen ähnlichen Löthstelle (Normalstelle) zu einem Thermoelemente verbunden werden. Die Normalstelle wurde entweder in ein Loch, welches seitlich in den Eisenkern des
Electromagnets eingebohrt war, (vom Eisen isolirt) einge-
schoben, oder sie tauchte in ein mit Wasser gefülltes Gefäss.
Man beobachtete nun, wie sich die electromotorische Kraft
jedes dieser Thermoelemente bei Erregung des magnetischen
Feldes veränderte. Die erste an die Platte befestigte Löthstelle *A* lag unmittelbar neben dem Dampfrohr, die Temperatur dieser Stelle konnte also durch den Magnetismus nicht
alterirt werden, was auch der Versuch bestätigte: dagegen
wurden die Temperaturen der übrigen Löthstellen bei Erregung des Magnetismus stets ein wenig erniedrigt. Aus der
Beobachtung dieser Temperaturerniedrigung ergibt sich die
Abnahme der Wärmeleitungsfähigkeit, wenn noch der Temperaturüberschuss jeder Löthstelle über diejenige der Umgebung (Normalstelle) bekannt ist. Bei Beobachtung der
durch den Magnetismus erzeugten Temperaturänderung
einer Stelle wurde der zwischen dieser und der Normalstelle
vorhandene thermoelectrische Strom auf passende Weise
compensirt; durch Verkleinerung des Widerstandes der Galvanometerleitung erreichte man, dass bei diesen Messungen
dieselbe electromotorische Kraft eine fast zehnmal so grosse
Nadelausweichung hervorrief, als bei Messung des Tempe-
raturüberschusses der Löthstellen selbst. Der magnetisirende
Strom wurde abwechselnd geschlossen und geöffnet, jede
Beobachtung aber bei beiden Richtungen des erregenden
Stromes mehrmals gemacht. Zur Vermeidung von Luftströmungen war die Platte seitlich mit Watte umgeben[1]), die
Plattenflächen selbst waren nicht mit Watte bedeckt, sondern
standen frei den Polflächen des Electromagnets (welche einen
Durchmesser von $6^1/_2$ cm und eine Distanz von 0,8 cm hatten)
gegenüber. — Den Stand der Galvanometernadel las man
jedesmal erst $1^1/_2$ Minuten nach Schliessung, beziehungsweise
Oeffnung des magnetisirenden Stromes ab; die Aenderung

---

1) Dieser Umstand scheint wichtig zu sein. Vgl. N e r n s t, l. c.
Anhang.

der Nadeleinstellung erfolgte sehr langsam und war nicht
gleich gross für die beiden Erregungsweisen des Magnetfeldes,
doch fanden die Verschiebungen jedesmal nach derselben
Seite der Scala statt.

Es sei gestattet, die Resultate einer Versuchsreihe mit
der oben erwähnten Wismuthplatte hier ausführlicher mitzutheilen; die Normalstelle befand sich in dem Loche des
Electromagnets. Wurden die Löthstellen *A, B, C, D* nacheinander mit der Normalstelle *N* zu je einem Thermoelemente
verbunden, so brachten die thermoelectrischen Ströme folgende Ausweichungen der Galvanometernadel hervor:

$$AN \; 378, \quad BN \; 150{,}1, \quad CN \; 54{,}0, \quad DN \; 15{,}3 \text{ Scalentheile.}$$

Dabei war in die Galvanometerleitung ein Ballast von
20 S.-E. eingefügt, sodass die kleinen Verschiedenheiten in
den Widerständen der einzelnen Thermoelemente gegen den
Gesammtwiderstand der Leitung verschwinden: die angegebenen Zahlen messen daher zugleich die Temperaturüberschüsse der Löthstellen *A, B, C, D* über jene der Normalstelle. Infolge der Erwärmung des Electromagnets (hauptsächlich durch den starken magnetisirenden Strom), wodurch
auch die Temperatur der Normalstelle steigt, nahmen die
Ausweichungen der Galvanometernadel allmählich ein wenig
ab; die angeführten Zahlen sind die Mittelwerthe der sechs-
mal im Laufe des Versuchs wiederholten Beobachtungen.

Es wurde nun der thermoelectrische Strom von *BN* im
Galvanometer compensirt und der Ballastwiderstand gestöp-
selt. Bei Erregung des magnetischen Feldes *M* = 8800 in
dem einen oder anderen Sinne verschob sich dann die Ruhelage der Nadel jedesmal in der Weise, wie es einer Verringerung der thermoelectrischen Kraft des Elementes *BN*
entsprach; nach Oeffnen des magnetisirenden Stromes kehrte
die Nadel wieder langsam gegen die anfängliche Lage zurück.
Die Verschiebungen betrugen 44 und 26 Scalentheile, entsprechend der einen (*a*) und anderen (*b*) Richtung des den
Electromagnet erregenden Stromes; im Mittel also 35 Scalentheile. Wurde in gleicher Weise der Strom des Thermoelementes *CN* compensirt, so waren bei Erregung des Mag-

netfeldes die Nadelverschiebungen 16 (*a*) und 13 (*b*), Mittel
14,5 Scalentheile; beim Thermoelement *D N* endlich waren
sie 8 (*a*) und 6 (*b*), Mittel 7 Scalentheile; auch diese zeigten
eine Verringerung der thermoelectrischen Kraft von *C N*,
resp. *D N* an. Die Wiederholung der Beobachtung mit dem
Thermoelement *B N* gab 39 (*a*) und 25 (*b*), Mittel 32 Scalentheile. Der Temperaturunterschied zwischen den Stellen *A*
und *N* wurde, wie schon erwähnt, durch den Magnetismus
nicht geändert.

Eine directe Bestimmung des Verhältnisses, in welchem
die durch eine constante electromotorische Kraft erzeugten
Stromstärken stehen, wenn einmal (wie bei den eben beschriebenen Versuchen) kein Ballast in der Galvanometerleitung ist, das andere mal aber ein solcher von 20 S.-E.
eingefügt wird, ergab (für die Combinationen *B N*, *C N* und
D N) die Zahlen 9,37, 9,58 und 9,26; genau dieselben Werthe
erhielt man auch aus der Vergleichung des jeweiligen Widerstandes der Galvanometerleitung mit und ohne dem Ballastwiderstand von 20 S.-E.

Wären demnach die durch das magnetische Feld *M* = 8800
veranlassten Temperaturänderungen der Stellen *B*, *C*, *D*
der Platte unter denselben Verhältnissen gemessen worden,
wie die Temperaturüberschüsse, welche diese Stellen über
die Temperatur der Normalstelle *N* (ohne Erregung des
Magnetfeldes) haben, so hätten sich die Ausweichungen der
Galvanometernadel für die Combination *B N*, *C N* und *D N*
beziehungsweise ergeben 33,5 : 9,37 = 3,56; 14,4 : 9,58 = 1,51;
6,0 : 9,26 = 0,76 Scalentheile: oder die im magnetischen Felde
stattfindenden Temperaturdifferenzen von *B*, *C* und *D* gegen
die Temperatur von *N* wären gemessen resp. durch 146,54,
52,49 und 14,54 Scalentheile.

Zur Berechnung der Aenderung des Wärmeleitungsvermögens wandte ich die einfache Exponentialformel an, was
jedenfalls ohne bedeutenden Fehler erlaubt ist, weil das freie
Ende der langen Platte kaum merklich erwärmt wurde; es
ergibt sich somit die Verminderung der thermischen Leitungsfähigkeit *k* in Procenten beziehungsweise 5,2, 2,8 und
3,2, je nachdem man der Rechnung die Temperaturänderung

der Stelle B, C und D zu Grunde legt. Eine Berechnung nach der Formel mit zwei Expontiellen hätte ersichtlich die Resultate nicht wesentlich verändert. Der obige Werth von 5,2 Proc. ist der grösste, den ich überhaupt erhalten habe.

Bei einem anderen Versuch in dem magnetischen Felde M = 9400 war die Verminderung von k beziehungsweise 3,0, 2,1 und 3,7 Proc.

Aehnliche Resultate folgten aus Beobachtungen, wo die Normalstelle in ein Gefäss mit Wasser tauchte. Wiederholte Versuche ergaben stets nur eine geringe Verminderung von k. So betrug dieselbe im Felde M = 9400, berechnet aus der Temperaturerniedrigung der Stelle B, 2,9 Proc.; die Platte war dabei, wie bei den früheren Versuchen, seitlich gut mit Watte umgeben: wurde auf die Flächen der Platte ebenfalls Watte gelegt, sodass also zwischen den Polflächen und der Platte sich eine Watteschicht befand, so war die Verminderung von k in demselben Feld nur 2,1 Proc.

Eine sehr bedeutende Aenderung durch den Magnetismus zeigte die electrische Leitungsfähigkeit $\varkappa$; im Felde M = 9200 fand sich die Widerstandsvermehrung, als der Plattentheil zwischen den Stellen A und B untersucht wurde, 27,1 Proc., zwischen den Stellen B und C: 30,3, zwischen C und D: 28,2 Proc.

Eine Wismuthstange (ziemlich rein), 9,5 cm lang, 0,7 cm dick, auf dieselbe Weise wie der Streifen untersucht, zeigte eine Verminderung von k um 2,1 Proc. im Felde M = 6800, endlich eine Platte aus wenig reinem Wismuth um etwa 3,2 Proc. im Felde M = 9400; bei letzterem Wismuth nahm die electrische Leitungsfähigkeit in demselben Felde nur um circa 14 Proc. ab. Es ergibt sich also aus den angeführten Versuchen, dass thermisches und electrisches Leitungsvermögen durch magnetische Kräfte in sehr verschiedenem Maasse verändert werden.

Schliesslich sei bemerkt, dass das Wismuth, aus welchem die zuerst erwähnte Platte hergestellt ist, sich gegen Kupfer ausserordentlich stark thermoelectrisch wirksam erweist. Die thermoelectrische Kraft innerhalb des Temperaturintervalles von 0 bis 25° C. war für 1° Temperaturdifferenz der Löth-

stellen etwa 70 Mikrovolt, sodass also dieses Wismuth in
der thermoelectrischen Reihe noch höher steht, als die von
E. Becquerel untersuchte Legirung (10 Wismuth, 1 Antimon),
welche gegen Kupfer die thermoelectrische Kraft von 0,000 062
Daniell[1]) oder ungefähr 68 Mikrovolt hatte. Es war zu
erwarten, dass in dem von mir benutzten Wismuth kein Antimon enthalten ist, da ich das Metall von Hrn. Oberbergrath
Dr. Winkler erhalten habe; eine im hiesigen chemischen
Institute ausgeführte Untersuchung ergab in der That, dass
Verunreinigungen, namentlich Antimon und Zinn, höchstens
spurenweise darin enthalten sind.

Deviation der Isothermen im Wismuth. Hr. Leduc[2]) theilt die Beobachtung mit, dass im Wismuth durch
magnetische Kräfte die isothermen Linien eine Drehung
erfahren, welche in demselben Sinne stattfindet, wie die electrischen Acquipotentiallinien in diesem Metall gedreht werden
(Hall'sches Phänomen).

Bei meinen Beobachtungen über den transversalen thermomagnetischen Effect und die galvanomagnetische Temperaturdifferenz[3]) habe ich in reinem Wismuth diese Ablenkung der Isothermen nicht constatiren können; ich brachte
bei den darauf abzielenden Versuchen die Löthstellen nicht
in directe metallische Verbindung mit der Platte, sondern
isolirte dieselben sorgfältig durch zwischen gelegte Glimmerblättchen. Da nun in reinem Wismuth die Deviation der
Isothermen nur sehr gering zu sein scheint, so konnte dieselbe leicht der Beobachtung entgehen, obwohl stets
Commutirungen des magnetischen Feldes vorgenommen
wurden.

Als die thermoelectrischen Sonden in den Mitten der
Langseiten einer rechteckigen Platte angelöthet waren, liess
sich die durch den Magnetismus hervorgerufene Temperaturänderung dieser Stellen ohne Schwierigkeit nachweisen, wenn

---

1) Wiedemann, Electr. 2. p. 261.
2) Leduc, Compt. rend. 104. p. 1784. 1887, s. auch Righi, Mem.
della R. Accad. del Lincei Rendic (4) 3. p. 6. 1887.
3) v. Ettingshausen, Wied. Ann. 31. p. 737. 1887.

die andere Löthstelle des Thermoelementes in ein Gefäss mit
Wasser von constanter Temperatur tauchte.

Was die Grösse dieser Temperaturänderung betrifft, so
fand ich sie bei einer 2,2 cm breiten Platte aus reinem Wismuth im Felde $M = 9500$ nur etwa $^1/_8$ ° C., bei einer anderen
1,8 cm breiten Platte in demselben Felde nahe $^1/_{10}$ °. Dagegen war die Wirkung viel stärker bei einer Platte aus
unreinem Wismuth (2,4 cm breit), wo die Temperaturänderung einer Randstelle bei der Feldintensität $M = 9400$ über
$^1/_2$ ° betrug.

Die Erwärmung der Platten geschah, wie bei den früher
erwähnten Versuchen, durch ein an dem einen Plattenende
angelöthetes, von Wasserdampf durchströmtes Rohr, während
das andere Plattenende frei war; doch wurden die Platten
beiderseits mit Watte bedeckt.

Die Ablenkung der Wärme durch die magnetischen
Kräfte findet in solcher Weise statt, dass dadurch in einer
an die freien Ränder der Wismuthplatte angelegten Leitung
thermoelectrische Ströme entstehen müssen, welche die entgegengesetzte Richtung haben, als die von mir mit Dr. Nernst
beobachteten transversalen thermomagnetischen Ströme;
letztere können also, auch wenn man von ihrer bedeutenden
Stärke absehen wollte, auf die Deviation der Isothermen nicht
zurückgeführt werden, wie auch jüngst von Hrn. Grimaldi[1])
hervorgehoben worden ist.

X. Ueber den Einfluss der Schwellenwerthe der Lichtempfindung auf den Charakter der Spectra; von *Hermann Ebert*.

Schon vor längerer Zeit wurde ich bei der Discussion
gewisser Eigenthümlichkeiten in den sichtbaren Spectren der
eigentlichen Nebelflecke auf die Frage nach den Schwellenwerthen der Lichtempfindung für die Strahlengat-

---

1) Grimaldi, Nuovo cim. (3) **22.** Luglio e Agosto 1887.

tungen verschiedener Brechbarkeit geführt, eine Frage, welche,
insofern sie sich auf die Reizschwellen selbst und nicht auf
die Unterschiedsschwellen in diesem Sinnesgebiete bezieht,
seit den Untersuchungen von Aubert[1]), soviel mir bekannt,
nicht wieder behandelt worden ist. Durch die jüngst erschienenen Arbeiten der Herren H. F. Weber und F. Stenger
über die Lichtemission glühender Körper[2]) bin ich veranlasst,
meine Studien über die erwähnte Frage schon jetzt mitzutheilen, da auch die von den genannten Herren mitgetheilten
Beobachtungen zu ihrer vollkommenen Deutung die Behandlung jener physiologischen, resp. psychophysischen Frage erfordern.

Es handelt sich hier um die Beobachtung, dass sehr
viele Körper, namentlich auch Metalle, schon bei viel niedrigeren Temperaturen als ca. 500°, wie man nach dem Draper'-
schen Satz erwarten sollte, anfangen, Licht auszusenden, und
dass die Qualität des bei beginnender Lichtentwickelung
emittirten Lichtes durchaus nicht die eines ausgesprochenen
Roth ist.[3])

---

1) Aubert, Grundzüge d. physiologischen Optik. Cap. IX des Handb.
der Augenheilkunde von Graefe-Saemisch. 2. p. 485 f. Leipzig 1876.

2) H. F. Weber, Wied. Ann. 32. p. 256. 1887; F. Stenger, Wied.
Ann. 32. p. 271. 1887.

3) Es liegt hierüber eine Anzahl älterer, ähnlicher Beobachtungen
vor, von denen ich mir die Folgenden anzuführen erlaube: Schon Newton machte (Gmelin, Handb. der anorganischen Chem. 1. [163] p. 155)
die Bemerkung, dass Eisen im Dunkeln schwach glühend erscheine
bereits bei 385°, stark glühend bei 400°, in der Dämmerung leuchtend
bei 474°, im Hellen leuchtend endlich bei ungefähr 538°. — Wedge-
wood (Phil. Trans 1792. p. 28 u. 270) und später Williams (Rep.
British Ass. 1835. p. 588; Pogg. Ann. 36. p. 494. 1835) machten die
Beobachtung, dass frische Feilspähne von Zink, Eisen, Cobalt, Antimon,
Wolfram und Kupfer momentan leuchtend werden, wenn man sie auf
eine unterhalb der Rothgluht erhitzte Eisenplatte schüttet; dabei ist
das Licht von blass bläulichweisser Farbe. In diesem Falle konnten
chemische Processe das Leuchten bedingen. Ferner macht Williams
darauf aufmerksam, dass rothglühendes Eisen, wenn man es im Dunklen
erkalten lässt, bevor es zu leuchten aufhört, sein rothes Licht gänzlich
verliert und blass oder milchweiss erscheint. — Aubert, Handb. der
Augenheilkunde von Graefe u. Saemisch, 2. p. 487. Leipzig 1876, hebt
hervor, dass ein eben sichtbar werdender Platindraht nicht, wie ein glühen-

Den Ausgangspunkt meiner Untersuchung bildete die auffallende Einfachheit der Spectra der gasförmigen Nebelflecke; dieselben zeigen in fast allen Fällen drei charakteristische Linien im Grün und Grünblau: $\lambda = 500,4$, $495,8$ und $486,1$. Die erste der drei Linien ist die hellste; sie entspricht der minder brechbaren Componente einer hellen Doppellinie der vierten Plücker'schen Gruppe des Stickstoffspectrums; die zweithellste Linie, die brechbarste, ist mit H_β identisch; bei der schwächsten Linie, der mittleren, ist eine sichere Identificirung mit einer Linie eines irdischen Elementes seither noch nicht gelungen. Mitunter ist ausser diesen drei typischen noch eine brechbarere Linie gesehen worden, welche mit H_γ identisch sein dürfte. Es ist zu untersuchen, warum die in den Nebelflecken sicher vorhandenen Elemente Wasserstoff und Stickstoff nur je eine Linie ihrer Spectren zeigen, und warum gerade nur die genannten?

Man hat diese Erscheinung in zweierlei Weisen zu erklären versucht:

1) Es werden primär nur diese Strahlen und keine anderen ausgesendet; dies würde auf eine eigenthümliche Constitution der Gasnebel schliessen lassen. In der That spricht für besondere physische Beschaffenheit der Umstand, dass nach Huggins[1] selbst mit den vollkommensten Instrumenten sich die brechbarere Componente der an der betreffenden Stelle liegenden Stickstofflinie nicht auffinden lässt. Von den Wasserstofflinien ist die grünblaue durch ihre Beständigkeit bei veränderten äusseren Bedingungen ausgezeichnet. So bemerkt Lagarde[2]), dass bei ihr Druckänderungen am

---

der Draht bei gewöhnlicher Tagesbeleuchtung, sondern farblos und matt erscheint Eben noch schmelzendes oder eben erstarrendes Zink erscheint in ganz dunklem Raume weiss leuchtend; da das Zink bei 415° (Luftthermometer, Person) schmilzt, so findet hier eine Lichtemission bei einer um 100° tieferen Temperatur statt, als der Draper'sche Satz erwarten lässt. — In neuester Zeit hat E. Lecher (Wied. Ann. **17.** p. 477. 1882) auf das Ueberwiegen der grünen Strahlengattungen über die rothen bei den Anfängen der Lichtemission aufmerksam gemacht.

1) Huggins, Bull. Ac. Belg. (2) **49.** p. 267. 1880.

2) Lagarde, Ann. de chim. et de phys. (6) **4.** p. 359. 1885. — Vgl. dazu aber E. Wiedemann, Ann. de chim. et de phys. (6) **7.** p. 143. 1886.

wenigsten die Abhängigkeit von Lichtintensität und Intensität
der electrischen Entladung beeinflussen. Ausserdem fanden
Crookes[1]) und Lockyer[2]), dass bei fortdauernder Ver-
dünnung des Gases, resp. Verminderung der Intensität der
Entladung die grünblaue Linie schliesslich allein in dem
Spectrum des Wasserstoffes übrig bleibt.

Sucht man den Grund der genannten Erscheinung

2) in einem Umstande, der secundär irgendwo auf dem
Wege von der Lichtquelle bis zu unserer Wahrnehmung das
ursprüngliche Spectrum immer in derselben Weise beeinflusst,
so kann man zunächst an eine Absorption denken, welche
das Licht im intrastellaren Raume erfährt, und die sich
auf alle Strahlen ausser den grünen erstreckt. Die Studien
von Niesten[3]) über die Farben der Doppelsterne schienen
auf eine solche elective Absorption der minder brechbaren
Strahlengattungen hinzudeuten. Ob aber die Farbenschätzun-
gen, auf die Niesten sich hierbei stützt, genügende Sicherheit besitzen, und das zur Verfügung stehende Material überhaupt als ausreichend betrachtet werden darf, dürfte noch
weiterer Untersuchungen bedürfen.[4])

Dass die Annahme einer electiven Absorption nicht
erforderlich ist, sondern eine allgemeine Schwächung aller
Strahlengattungen ohne Veränderung an der Lichtquelle
genügt, um die in Rede stehende Vereinfachung des Spectrums
hervorzurufen, das zeigen die älteren Versuche von Huggins, Capron und die späteren, ganz analogen von Fievez
und Young. Huggins[5]) bemerkte, dass bei der grossen
Schwächung, welche das Licht der Geissler'schen Röhren
erfuhr, wenn es durch das Objectiv seines Teleskopes auf
den Spalt des Telespectroskopes aus 10′ Entfernung fiel, bei
dem Stickstoff nur die grüne Linie $\lambda = 500,4$, bei dem Wasserstoff die grünblaue allein im Spectrum sichtbar blieb.
Analoges ergab sich bei directer Schwächung des Lichtes

1) Crookes, Ann. de chim. et de phys. (5) 24. p. 426. 1881.
2) Lockyer, Ann. de chim. et de phys. (5) 16. p. 134 u. 140. 1879.
3) Niesten, Bull. Ac. Belg. (2) 47. No. 1. 1879; Beibl. 4. p. 45. 1880.
4) Vgl. Holden, Sill. Journ. 19. p. 467. 1880; Beibl. 4. p. 726. 1880.
5) Huggins, Phil. Trans. 1868. p. 538.

durch einen vorgeschobenen Rauchglaskeil. Capron[1]) entfernte die Entladungsröhren weiter und weiter vom Spalte; Fievez[2]) und Young[3]) projicirten die capillaren Theile der Spectralröhren auf die Spaltplatte und erzielten die allgemeine Schwächung des Gesammtlichtes durch Beschränken der Linsenöffnung (s. w. u.). Fievez sucht diese Erscheinung durch eine allgemeine Absorption des Raumes, die sich auf alle Strahlengattungen in gleicher Weise erstrecke, zu erklären.[4])

Mir erschien es wahrscheinlich, dass diese Erscheinung aus rein physiologischen Momenten zu erklären sei, dass also der Grund für die Einfachheit dieser Spectren nicht ausser, sondern in uns zu suchen ist. Bei allen Beobachtungen mit dem Auge geht die Retina des Beobachters als integrirender Bestandtheil in den analysirenden Apparat ein, Eigenthümlichkeiten in der Natur des percipirenden Organes oder in unserem „Lichtsinne" müssen sich in den erhaltenen Beobachtungsthatsachen wiederspiegeln, ein Umstand, welcher namentlich in Fällen, wo es sich um Minima der Sichtbarkeit handelt, geradezu bestimmend wird. Um im vorliegenden Falle über den Einfluss dieses subjectiven Factors Gewissheit zu erlangen, wiederholte ich zunächst die Fievez'schen Versuche in wesentlich der gleichen Anordnung. Ausser den Wasserstoff- und Stickstoffröhren untersuchte ich einige mit Quecksilber gefüllte Entladungsröhren. Dieselben eignen sich für derartige Studien ganz besonders, weil sich die Quecksilberlinien von einem total lichtlosen Hintergrunde abheben, indem neben dem Spectrum des Quecksilbers diejenigen aller Verunreinigungen verschwinden.[5]) Die gelbe Doppellinie des

---

1) Capron, Aurorae and their Spectra. 11. p. 108. 1879; Phil. Mag. (5) 9. p. 329. 1880; Beibl. 4. p. 613. 1880.

2) Fievez, Bull. Ac. Belg. (2) 49. p. 107. 1880 u. Ann. de chim. et de phys. (5) 20. p. 179. 1880.

3) Young, Bull. Ac. Belg. (2) 50. p. 8. 1880.

4) Fievez, Bull. Ac. Belg. (2) 49. p. 113. 1880; Ann. de chim. et de phys. (5) 20. p. 185. 1880.

5) E. Wiedemann, Wied. Ann. 5. p. 517. 1878; H. Ebert, Wied. Ann. 32. p. 353. 1887.

Quecksilberspectrums kann bei kräftigen Entladungen eine
sehr grosse Helligkeit erreichen; auch die blaue Linie ist
der hellen grünen unter geeigneten Versuchsbedingungen an
Lichtwerth scheinbar ebenbürtig; trotzdem war die grüne
Linie in allen Fällen diejenige, welche am längsten eine
Abschwächung der Gesammtintensität ertrug. Für die zwei
erstgenannten Gase fand ich die Ergebnisse der früheren
Beobachter bestätigt.

Um einen genaueren Einblick in die hierbei herrschenden Verhältnisse zu gewinnen, und um vor allem nicht auf
unsichere Schätzungen angewiesen zu sein, suchte ich für
die Reizempfindlichkeit des Gesichtssinnes den Strahlengattungen der verschiedenen Wellenlängen gegenüber bestimmte,
ziffermässig gegebene und vergleichbare Werthe zu ermitteln.

Die Reizempfindlichkeit wird gemessen durch den Quotienten aus einer von den zu Grunde gelegten Einheiten abhängigen Constanten, dividirt durch die Reizschwelle der
Reizbewegung.[1]) Ueber diese Schwellenwerthe im Gebiete
des Lichtsinnes liegen bis jetzt keine genaueren Bestimmungen vor. Man hat sogar Bedenken principieller Natur gegen
die Möglichkeit derartiger Bestimmungen geltend gemacht.
Da das Auge infolge schwacher subjectiver Erregungsvor-
gänge selbst in absoluter Finsterniss von einem mehr oder
weniger intensiven Eigenlichte erfüllt ist, die Empfindung
auf diesem Sinnesgebiete sich also eigentlich immerwährend
über der Schwelle des Bewusstseins erhält, so schien hier
die Existenz einer Reizschwelle in dem Sinne, wie wir sie
in den anderen Sinnesgebieten bestimmen, sowie ihre numerische Messbarkeit ausgeschlossen zu sein.[2]) Fasst man indess den Begriff der Reizschwelle etwas enger, so behält
derselbe auch auf diesen Sinnesgebieten eine Bedeutung.
Man kann auch bei einem Organe, welches durch innere
Reizungsvorgänge schon erregt ist, nach der objectiven Stärke
fragen, die ein äusserer, physikalisch zu messender Reiz
haben muss, um eben — natürlich in seiner Eigenschaft als

---

1) W. Wundt, Physiolog. Psychologie 1. p. 323 Leipzig, 1880.
2) W. Wundt, l. c. p. 340.

ä u s s e r e r Reiz — neben dem inneren, ständigen Reize empfunden zu werden.

Eine andere Bedeutung, als die in dieser Fassung enthaltene, können wir dem Begriffe der Reizschwelle, einem Begriffe, welcher dem Gebiete der Wechselwirkung von physischen und psychischen Erscheinungen angehört, überhaupt nicht beimessen. Der numerische Betrag fällt nur in den anderen Sinnesgebieten mit dem Betrage der Gesammtenergie aller Reizungsvorgänge (innerer und äusserer) zusammen, weil man in ihnen die Energie der inneren, unter normalen Verhältnissen wenigstens, gleich Null setzt; das Ebenmerklichwerden der Empfindung des ä u s s e r e n Reizes fällt mit dem Erwachen der Empfindung an sich auf dem betreffenden Sinnesgebiete zusammen. Da wir aber bei dem Lichtsinne bis herab zu den minimalsten Empfindungen deutlich unterscheiden können, was Eigenlicht der Netzhaut ist, und welches Eindrücke sind, die ihre Ursache ausser uns haben, so kann sich kein p r i n c i p i e l l e s Bedenken gegen die Messung der letzteren erheben. Die wirkliche Messung selbst begegnet indess grossen p r a k t i s c h e n Schwierigkeiten. A u b e r t[1]) scheint der Einzige gewesen zu sein, welcher eine solche unternommen hat; er schätzt die Helligkeit, welche uns eben — neben dem Eigenlicht des Auges — zum Bewusstsein kommt, zu $^1/_{300}$ der Lichtstärke eines weissen Papiers, welches vom Vollmondlicht beschienen wird.

Diese Schätzung bezieht sich auf weisses Licht und sagt nichts aus über die relativen Schwellenwerthe für die einzelnen Farben. Bei der ophthalmologischen Diagnose werden farbige Tafeln, die immer schwächer und schwächer beleuchtet werden, dem Auge dargeboten; dasselbe hat dann zu entscheiden, bei welcher Beleuchtungsintensität es keine Farbe mehr erkennt. Hier handelt es sich also um Bestimmungen der Schwellenwerthe für die Empfindungen der Q u a l i tät. Da man ferner mit Pigmentfarben operirt, so ist auch diese Methode für den vorliegenden Zweck nicht zu brauchen; es musste vielmehr das Licht, welches von glühenden

---

1) A u b e r t, Grundzüge der physiolog. Optik. p. 485. Leipzig, 1876.

Körpern selbst ausgesendet wird, in spectraler Zerlegung benutzt werden.

In den folgenden Versuchen ist die relative Empfindlichkeit des Auges für die schwächsten Intensitäten der Strahlengattungen, wie sie in dem weissen Lichte einer bestimmten Lichtquelle enthalten sind, ermittelt worden. Dieselbe bestand in einer Gaslampe mit Rundbrenner; durch einen Eisenblechmantel mit runder Oeffnung wurde die Flamme bis auf einen Theil, der etwa 1 cm über dem Brenner begann, abgeblendet. Das Licht fiel zunächst auf einen matten Schirm von Oelpapier, wodurch auf diesem eine völlig gleichmässig erleuchtete Fläche entstand; diese wurde durch eine Sammellinse von 12 cm Oeffnung auf den Spalt des Steinheil'schen Spectralapparates mit einem 60 gradigen Thalliumprisma projicirt. Die Entfernung Spalt—Linse betrug 125 cm.

Auf einer optischen Bank war ein kreisrundes Diaphragma von 0,07 cm Durchmesser genau axial zum Collimatorrohr und der Projectionslinse verschiebbar und vom Sitze des Beobachters mittelst Schnurläufen leicht zu bewegen. In der Brennebene des Beobachtungsfernrohres befand sich eine verschiebbare Ocularspaltblende, durch welche immer gleich breite Streifen in den verschiedenen Spectralregionen ausgeblendet wurden. Durch Auslegen mit schwarzem Sammetpapier war jedes störende Nebenlicht im Apparat beseitigt; der Beobachter selbst schützte sich durch ein schwarzes übergeworfenes Tuch vor jedem störenden Nebenlicht; die Beobachtungen geschahen im dunkeln Zimmer.

Durch Verschieben des Diaphragmas kann bei den angegebenen Dimensionen das durch den Spalt gehende Strahlenbündel in weiten Grenzen verändert werden; ist die E Entfernung des Diaphragmas von der Spaltplatte (in cm), so ist der Durchmesser der benutzten Linsenöffnung:

$$D = \frac{125 \cdot 0,07 \text{ cm}}{E} = \frac{87,5 \text{ mm}}{E}.$$

Die Helligkeit einer einzelnen Spectralgegend ist bei den verschiedenen Stellungen des Diaphragmas proportional mit D^2.

Die Ablesungen des Abstandes E geschahen durch einen zweiten Beobachter, damit das zu prüfende Auge nicht durch den Wechsel der Helligkeiten ermüdet würde. Bei den Beobachtungen selbst wurde durch Bewegen des Beobachtungsfernrohrs der die Mitte des Gesichtsfeldes ausblendende Ocularspalt auf die einzelnen Theile des Spectrums eingestellt, und dann das Diaphragma weiter und weiter vom Spalte entfernt, sodass die Helligkeit des ausgeblendeten Streifens sich immer mehr verminderte, bis das Auge keinen Lichteindruck mehr empfing. Die Stellung des Diaphragmas, wo dieses stattfand, wurde vom Hülfsbeobachter notirt. Nun wurde das Diaphragma von dem Hülfsbeobachter über diesen Punkt hinausgeschoben und von dem Beobachter so weit wieder hereingezogen, bis er eben einen Lichteindruck wieder empfing. Auf diese Weise wurde die eben untermerkliche und die eben übermerkliche Reizschwelle zugleich bestimmt. Durchweg wurde, wie zu erwarten, der erstgenannte Schwellenwerth kleiner als der zweite gefunden, d. h. das Auge ist im Stande, einen sich in seiner Intensität stetig vermindernden Lichtreiz bis zu einer minimalen Grösse herab zu verfolgen, die unter derjenigen liegt, bei welcher ein neu im Blickfelde des Bewusstseins auftauchender Reiz die Aufmerksamkeit erweckt und percipirt wird, ein Resultat, welches seit Fechner von zahlreichen Forschern auch auf anderen Sinnesgebieten bestätigt worden ist.

Jedes Paar von Einzeleinstellungen wurde mehrere mal in der angegebenen Ordnung und der umgekehrten wiederholt; die erhaltenen Werthe stimmten untereinander bis auf etwa 2 bis 5 Proc. überein; desgleichen zeigten die an verschiedenen Tagen und Tageszeiten beobachteten Werthe keine erheblicheren Abweichungen. Vor jeder Beobachtungsreihe hielt sich der Beobachter längere Zeit im Dunkeln auf; an die Beobachtungen wurde erst geschritten, wenn sich das Auge und der ganze innere Apperceptionsapparat gehörig beruhigt hatte. Dadurch war man gleichzeitig gegen grössere Schwankungen des Einflusses der Adaption der Netzhaut gesichert, da die Empfindlichkeit des Auges für schwache objective

Lichtreize infolge der Adaption sich anfangs zwar ziemlich schnell, nach längerem Aufenthalt im Dunkeln aber immer langsamer und langsamer steigert.[1])

Bei beiden Schwellenwerthen wurden zunächst die Gesammtmittel gesondert gebildet, und dann aus der mittleren übermerklichen und mittleren untermerklichen Reizschwelle die der eben merklichen Minimalempfindung entsprechende Reizstärke durch Bildung des geometrischen Mittels aus den beiden erhaltenen Schwellenwerthen gefunden. Hierbei wird die Vorstellung zu Grunde gelegt, dass die ebenmerkliche Minimalempfindung gleich weit von der über- und untermerklichen entfernt liegt, und für das funktionelle Abhängigkeitsverhältniss zwischen Empfindungsstärke und Reizstärke ein dem Weber'schen Gesetze entsprechendes vorausgesetzt. Nach den Untersuchungen von Langer, G. E. Müller, Hering, v. Helmholtz, Breton und Anderen ist dem Weber'schen Gesetze, namentlich bei den niederen Reizintensitäten und besonders im Gebiete des Lichtsinnes, nur eine angenäherte Gültigkeit beizumessen. Indessen glaubte ich mit Rücksicht auf den Gesammtverlauf dieser Abhängigkeit, dem wahren Werthe durch das geometrische Mittel der beiden Reizstärken näher als durch das arithmetische zu kommen; übrigens unterscheiden sich beide Werthe nur wenig voneinander.

Die folgende Tabelle enthält die relativen Reizschwellen, und zwar für zwei Beobachter: Hrn. stud. J. Seyferth, der so gütig war, mir bei diesen Versuchen zu helfen (S.), und für mich selbst (E.). Daneben stehen die sich hieraus ergebenden relativen Werthe der Farbenempfindlichkeit, die Empfindlichkeit für grün gleich 1 gesetzt.

Die Zahlen beider Beobachter wurden nicht zu Mitteln vereinigt, weil dieselben eine individuelle Bedeutung haben; sie stimmen untereinander sehr gut überein; die etwas grössere Abweichung für Blau mag in physiologischen Abweichungen begründet liegen.

---

1) Aubert, l. c. p. 485.

Tabelle I.

Farbe	Mittlere Wellenlänge	Relative Reizschwelle S.	Relative Reizschwelle E.	Relat. Empfindlichk. S.	Relat. Empfindlichk. E.
roth . . .	675 $\mu\mu$	0,6	0,8	$\frac{1}{1,2}$	$\frac{1}{1,6}$
gelb . . .	590	2,0	2,3	$\frac{1}{4}$	$\frac{1}{5}$
grün . . .	530	0,5	0,5	1	1
grünblau .	500	0,8	1,2	$\frac{1}{1,6}$	$\frac{1}{2,4}$
blau . . .	470	6,8	7,3	$\frac{1}{14}$	$\frac{1}{15}$

Das Resultat vorstehender Messungen ist folgendes:

Die Reizempfindlichkeit $\left(\dfrac{\text{Constanz}}{\text{Reizschwelle}}\right)$ des Auges ist eine verschiedene für die verschiedenen Farben. Sie hat für das Grün bei Lampenlicht den weitaus grössten Werth. Nach dem Grün zeigte sich das Auge in den beiden untersuchten Fällen dem Roth gegenüber am empfindlichsten; dann dem Grünblau, dann erst dem Gelb, endlich dem Blau gegenüber.

Nach den vorausgegangenen Bemerkungen über die Art und Weise, wie dieses Resultat abgeleitet wurde, ist dasselbe nicht so zu verstehen, als wenn wir bei schwachen Beleuchtungen zuerst Grün, in seiner besonderen Farbe, zu erkennen vermöchten. Ueber die Erkennung der Qualitäten der Strahlengattungen der verschiedenen Wellenlängen sagen die Versuche nichts aus; in allen Fällen lief in der Nähe der Minimalempfindung die Farbe des ausgeblendeten Spectralstreifens in dasselbe unqualificirbare Grau aus. Die Versuche zeigen vielmehr, dass das Sehorgan verschieden empfindlich ist je nach den Wellenlängen der dasselbe reizenden Strahlengattungen.

Ich habe weiter die erhaltenen Resultate von den Einflüssen der individuellen Energievertheilung in dem Spectrum der benutzten Lichtquelle befreit. Dies geschah in der Weise, dass ich mit Hülfe der bekannten relativen Helligkeitswerthe

des Gaslichtes zum Sonnenlichte in den verschiedenen Spectralbezirken die Vertheilung der Energie in dem Spectrum
des Gaslichtes direct zu der von Langley für das prismatische Sonnenspectrum bolometrisch festgestellten in Beziehung
setzte. In jedem Spectralbezirke steht für alle Lichtquellen
die physiologisch-optische Intensität zur vorhandenen Energiemenge immer in dem gleichen Verhältnisse; das Helligkeitsverhältniss derselben einfachen Strahlengattung in dem
Lichte zweier Lichtquellen gibt also unmittelbar das Verhältniss der mechanischen Energie der Strahlungen von der
betreffenden Wellenlänge in beiden Lichtquellen ganz unabhängig von der Dispersion des angewandten Apparates, falls
dieser für beide Lichtquellen derselbe ist. Ich legte hierbei
die photometrischen Bestimmungen von Hrn. O. E. Meyer[1])
zu Grunde, weil die von ihm gewählten Stellen des Spectrums am nächsten den bei meinen Versuchen ausgeblendeten
liegen. Da es nur auf den Gang der relativen Helligkeitswerthe, nicht aber auf den absoluten Betrag der Helligkeitsverhältnisse ankommt, so ist es ohne Bedeutung, dass das
Sonnenlicht, ehe es auf den Spalt des Spectralapparates
gelangte, bedeutende Schwächungen durch Reflexionen am
Heliostatenspiegel, den Flächen der Nicols und des Ver-
gleichsprismas erfuhr; aus demselben Grunde konnte das
Helligkeitsverhältniss für eine Spectralgegend (das Gelb)
gleich 1 gesetzt und die übrigen Verhältnisse auf diese
Einheit reducirt werden. Die Lage der verglichenen Spec-
tralstreifen sind leider nicht nach Wellenlängen bestimmt;
im Roth wurden von O. E. Meyer zwei Bestimmungen ausgeführt: hinter C und a; für beide Stellen stimmen die
erhaltenen Werthe fast vollkommen überein; sie sind zu
einem Mittel vereinigt worden. Nimmt man an, die erstgenannte Stelle entspreche der Wellenlänge $\lambda = 650 \, \mu\mu$, die
zweite der Wellenlänge $\lambda = 700$, so ist es jedenfalls erlaubt,
den von Meyer erhaltenen Werth auch auf die von mir
benutzte, in der Mitte liegende Stelle $\lambda = 675$ anzuwenden.
Der Werth für Grün („vor E") kann jedenfalls auf die

---

1) O. E. Meyer, Zeitschr. f. angew. Electricitätslehre. 1. p. 320. 1879.

Stelle 530 noch angewendet werden; der Werth für Grünblau („hinter b"), etwa bei 500, ist der gleiche wie für Grün. (Derselbe fehlt in der Zusammenstellung auf p. 324 a. a. O.). Die Angabe bei Blau „hinter F" dürfte sich auf eine Stelle beziehen, welche von der von mir benutzten ($\lambda = 470\ \mu\mu$) nicht allzuweit entfernt liegt.

Zu den genannten Stellen des Spectrums wurden aus der Langley'schen Curve, welche die Energievertheilung in dem prismatischen Spectrum des durch die Erdatmosphäre gegangenen Sonnenlichtes darstellt[1]), die zugehörigen Ordinaten entnommen; die folgende Tabelle gibt in der vierten Columne diese Ordinaten in E_λ unter Millimetern. Die dritte Columne enthält die von O. E. Meyer erhaltenen relativen Helligkeitswerthe von Gaslicht gegen Sonne, der relative Helligkeitswerth für Gelb gleich Eins gesetzt, die letzte Columne endlich gibt die durch Multiplication der einander entsprechenden Zahlen der dritten und vierten Columne entstandenen Ordinatenwerthe der Energiecurve für das prismatische Spectrum des Gaslichtes.

Tabelle II.

Farbe	Mittlere Wellenlänge	Helligkeit Gaslicht / Helligkeit Sonne nach O. E. Meyer	E_λ (Sonne) nach Langley	E_λ (Gaslicht)
roth	675 $\mu\mu$	4,07	62	252
gelb	590	1,00	45	45
grün	530	0,43	28	12
grünblau . . .	500	0,43	22	10
blau	470	0,23	14	3

Die vorstehenden Zahlen zeigen, dass das Lampenlicht in den Bereichen der minder brechbaren Strahlen relativ viel reicher an Energie ist, als das Sonnenlicht; eine Gasflamme z. B., welche im Gelb ebenso hell, wie das Sonnenlicht ist, würde im Roth mehr als die vierfache Energiemenge als dieses aufweisen. Beachtet man nun, dass nach Langley das

---

1) Langley, Researches of the Solar Heat, Rep. of the Mount Whitney Exped. Washington 1884. Tab. XI.

prismatische Spectrum des Sonnenlichtes an der Erdoberfläche
sein Energiemaximum im Ultraroth (etwa bei $\lambda = 1000 \, \mu\mu$)
hat, und von hier gleichmässig nach dem sichtbaren Spectrum hin abfällt, so ist nach dem Vorigen klar, dass das
Energiemaximum der Strahlung des Gaslichtes weit im Ultraroth liegt; von da fällt die Energiecurve noch viel steiler,
als bei dem Sonnenspectrum nach der Seite der kürzeren
Wellenlängen hin ab, wie die Tabelle zeigt.   Dies stimmt
mit allen sonstigen Erfahrungen überein.   Auch die theo·
retische Behandlung der Frage von Michelson[1]) lässt zu
denselben Ergebnissen gelangen.   Die Flammentemperatur ϑ
zu 2000⁰ angenommen (was jedenfalls zu hoch gegriffen ist),
würde das Energiemaximum nach der Formel:

$$\vartheta \times \lambda^2 \, \mathrm{max} = \mathrm{Const.} = 10000$$

bei $\lambda = \sqrt{5} = 2,2 \, \mu = 2200 \, \mu\mu$ liegen, also weit im Ultraroth;
von hier aus vermindern sich die Ordinaten nach beiden
Seiten hin fortwährend (p. 477 a. a. O.).

Mit Hülfe der gewonnenen Zahlen ist es nun möglich,
die Empfindlichkeit des Auges für die Wellenbewegungen
verschiedener Schwingungsdauer direct mit den Energiemengen der erregenden Aetherbewegung in Beziehung zu setzen,
d. h. die verschiedenen Empfindlichkeiten durch die verschiedenen Energiemengen zu messen, welche zur Auslösung einer
Empfindung nöthig sind.

Wir kennen (dritte und vierte Columne der Tab. I) die
relativen Werthe der Schwächung des Gesammtlichtes, welche
bei den beiden Beobachtern (S.) und (E.) nöthig ist, damit
eben noch eine Lichtempfindung in den bezeichneten Spectralregionen stattfindet; dabei wird an der Lichtquelle nichts verändert.   Für diese gibt nun die letzte Columne der Tab. II
die Energievertheilung.   Also werden die Producte der einander entsprechenden Werthe die relativen Energiemengen
liefern, welche in den verschiedenen Spectralbezirken den
Minimalempfindungen entsprechen.   Die folgende Tabelle gibt
die zusammengehörigen Zahlenwerthe, sowie die mit ihnen
berechneten relativen Empfindungen.

[1) Michelson, Journ. de Phys. (2) **6**. p. 467. 1887.

Tabelle III.

Farbe	Mittlere Wellenlänge	Relative Schwächung des Gesammtlichtes bei der Minimalempfindung		E_λ (Gaslicht)	Relativzahlen der den Minimalempfindungen entsprechenden Energiemengen		Relative Reizempfindlichkeit (Grün = 1 gesetzt)	
		S.	E.		S.	E.	S.	E.
roth . .	675 $\mu\mu$	0,6	0,8	252	151	202	$\frac{1}{25}$	$\frac{1}{34}$
gelb . .	590	2,0	2,3	45	90	104	$\frac{1}{15}$	$\frac{1}{17}$
grün . .	580	0,5	0,5	12	6	6	1	1
grünblau.	500	0,8	1,2	10	8	12	$\frac{1}{1,3}$	$\frac{1}{2}$
blau . .	470	6,8	7,3	8	20	22	$\frac{1}{8}$	$\frac{1}{4}$

Es ergibt sich also der Satz:

Bei dem normalen Auge ist die zur Auslösung einer Lichtempfindung nöthige Energie der erregenden Aetherbewegung am geringsten, wenn die Wellenlänge derselben die der grünen Strahlen ist λ etwa gleich 530 $\mu\mu$). Eine etwa 1,3 bis 2 mal so grosse Energiemenge ist nöthig, um im Grünblau die drei- bis vierfache Menge, um im Blau eine Empfindung unter den gleichbleibenden Umständen im Auge wachzurufen. Für Strahlen von der Wellenlänge der Gelben und Rothen ist die nöthige Energie noch erheblich grösser; sie betrug in den beiden untersuchten Fällen etwa das 15- bis 17-, resp. 25- bis 34-fache der für das Grün nöthigen. Dass trotzdem bei gleichmässiger Abschwächung des Gesammtlichtes sich im Roth die Empfindung sehr lange wach erhalten kann, liegt in dem überwiegenden Reichthum an rothen Strahlen der meisten unserer irdischen Lichtquellen.

Nach diesen Resultaten über die verschiedene Empfindlichkeit des Auges für die verschiedenen Farben lässt sich die Eigenthümlichkeit der sichtbaren Theile der Nebelfleckspectra ohne besondere Hypothesen erklären. Wenn unser Auge für die Strahlen mittlerer Brechbarkeit am empfindlichsten ist, so müssen sich die Spectra schwach leuchtender Objecte oder solcher Lichtquellen, deren Licht aus irgend welchem Grunde stark geschwächt zu uns gelangt, auf diese mittleren Partieen reduciren.

Dabei spielt natürlich der individuelle Charakter der Spectren selbst eine gewisse Rolle, und es ist möglich, dass eine besondere Art der Energievertheilung in denselben den hier geltend gemachten physiologischen Factor gänzlich verdecken kann; dies würde bei einem Spectrum mit sehr intensiven rothen und blauen, aber nur schwachen grünen Linien der Fall sein. Aus diesem Grunde lässt sich z. B. das bezüglich der relativen Werthe der Reizschwellen erhaltene Resultat nicht ohne weiteres auf die von Fievez erwähnte Reihenfolge im Verschwinden der einzelnen Plücker'schen Gruppen des Stickstoffspectrums anwenden. Für Grün liegt indessen der Schwellenwerth so tief, dass in den drei untersuchten Spectren der subjective Factor über die specielle Art, wie die Energie auf die einzelnen Linien vertheilt ist, das Uebergewicht behält. Dass die Linienarmuth der Nebelfleckspectren wirklich nur eine durch physiologische Momente bedingte ist, bestätigen die neuesten astrophotographischen Resultate, indem es gelungen ist, ultraviolette Linien aufzufinden, selbst in Fällen, wo die Menge der im sichtbaren Theile des Spectrums vorhandenen Strahlen eine äusserst geringe ist.

Aus den hier erhaltenen Resultaten lassen sich auch die zum Theil scheinbar überraschenden Ergebnisse der Herren F. Weber und Stenger ohne weiteres ableiten. Da die Schwellenwerthe im Grün ein Minimum besitzen, so ist es nicht auffallend, dass hier bei schwachen Emissionen eine Empfindung zuerst ausgelöst wird. Diese Erscheinung ist bis zu einem gewissen Grade von der Vertheilung der Energie im Spectrum der Lichtquelle unabhängig, so lange man nämlich annehmen darf, dass dieselbe keine hervorragenden Maxima oder Minima im Bereiche des sichtbaren Spectrums aufzuweisen hat. Wenn wir das Auftauchen der Lichtempfindung in den verschiedenen Spectralbezirken bei allmählich zunehmender Gesammtstärke des zerlegten Lichtes verfolgen, so haben wir zwei getrennte Erscheinungen vor uns, die sich für unsere Empfindung übereinander lagern: einmal die ein- für allemal gegebene, mehr oder weniger stabile Empfindlichkeit des Auges für die Strahlen der verschiedenen Wellenlängen, und zweitens die Vertheilung der Energie auf die einzelnen Theile des Spectrums bei den verschiedenen Stadien der Lichtentwickelung. Aus der Reihenfolge allein, in welcher die Lichtempfindung in den verschiedenen Spectralregionen über die Schwelle des Bewusstseins tritt, kann also noch nicht auf die objetive Vertheilung der Energie geschlossen werden.

Ich habe in einer dem obigen Verfahren ganz analogen Weise diese objective Vertheilung der Energie für den bei den Versuchen der Herren F. Weber und Stenger in Betracht kommenden Fall abgeleitet. Wir besitzen über die Lichtemission des glühenden Platins in den verschiedenen Spectralbezirken genaue photometrische Bestimmungen von Mouton[1]), Nichols[2]), Jacques[3]), Violle[4]) und anderen. Nach den Vergleichungen von Mouton[1]) des in einer Lampe von Bourbouze glühenden Platindrahtnetzes mit dem Sonnenlicht ergeben sich für die angeführten Stellen des Normalspectrums die nebenstehenden Helligkeitsverhältnisse (durch Interpolation aus den a. a. O. mitgetheilten Zahlen erhalten).

Tabelle IV$_a$.

Wellen-länge	Sonne Platindraht	$\dfrac{\text{Platindraht}}{\text{Sonne}}$ (Gelb = 1)
675 $\mu\mu$	3,8 [5])	2,05
590 „	7,8	1,00
530 „	12,9	0,61
500 „	15,5	0,50
470 „	22,5	0,84

1) Mouton, Compt. rend. 89. p. 295. 1879; Beibl. 3. p. 868. 1879.
2) Ed. J. Nichols, Inauguraldiss. Göttingen 1879; Beibl. 3. p. 859. 1879.
3) W. Jacques, Inauguraldiss. Baltimore 1879; Beibl. 3. p. 859. 1879.
4) J. Violle, Compt. rend. 88. p. 171. 1879; Beibl. 3. p. 270. 1879. Compt. rend. 92. p. 866 u. 1204. 1881; Beibl. 5. p. 503. 1881; Compt. rend. 98. p. 1032. 1884; Beibl. 8. p. 502. 1884.
5) Die grösste Helligkeit des Sonnen- und Lampenlichtes ist von Mouton gleich 100 gesetzt; die hier berechneten Quotienten haben also nur relative Bedeutung.

Diese Relativzahlen beziehen sich zunächst auf Normal-spectra der beiden Lichtquellen; da aber beim Uebergange vom normalen zum prismatischen Spectrum die Helligkeitscurven der beiden verglichenen Lichtquellen in gleicher Weise verändert werden, so gelten die erhaltenen Zahlen auch für die entsprechenden prismatischen Spectren, und die Zahlen der letzten Columne der Tabelle IV, sind mit den oben citirten (Tabelle II, Columne 3) von Meyer vergleichbar. Da ferner nach den Untersuchungen von Nichols[1]) und Lecher[2]) die Helligkeitscurven im Spectrum des glühenden Platins bei verschiedenen Temperaturen (die „isothermischen Curven") innerhalb weiter Grenzen im wesentlichen den gleichen Verlauf aufweisen, so kann man eine ähnliche Helligkeitsvertheilung, wie die durch die oben mitgetheilten Relativzahlen dargestellte, auch bei den niedrigsten Intensitäten voraussetzen.

Unter Zugrundelegung der oben (p. 148) schon benutzten Ordinatenwerthe der Langley'schen Curve erhält man demnach für die Vertheilung der Energie im prismatischen Spectrum des eben glühenden Platins die folgenden relativen Zahlenwerthe:

Tabelle IV$_b$.

Farbe	Mittl. Wellenl.	E_λ (Platin)
roth	675 $\mu\mu$	127
gelb	590 „	45
grün	530 „	17
grünblau . .	500 „	11
blau	470 „	5

Vergleicht man damit die relativen Energiewerthe für die Minimalempfindung in den verschiedenen Spetralbezirken, wie sie oben berechnet wurden, so kann man unmittelbar die Reihenfolge bestimmen, in welcher sich bei allmählicher Steigerung der Lichtentwickelung des Platinbleches eine Lichtempfindung in den einzelnen Theilen des Spectrums geltend machen muss.

---

1) Ed. L. Nichols, Inauguraldiss. Göttingen 1879; Beibl. **3.** p. 859. 1879.

2) E. Lecher, Wied. Ann. 17. p. 477. 1882.

Man braucht nur die einander entsprechenden Zahlen, welche nach Tabelle III die zur Auslösung der Empfindung nöthigen Energiemengen bezeichnen, zu dividiren durch die nach Tabelle IV$_b$ vorhandenen Energiemengen; die Quotienten stellen die relativen Werthe der Gesammtenergie dar, für welche in den einzelnen Theilen des Spectrums die Empfindung eintritt. Die folgende Tabelle enthält die diesbezüglichen Zahlenwerthe:

Tabelle V.

Farbe	Mittlere Wellenlänge	E_λ (Platin)	Energiemengen der Minimalempfindungen. (Mittel)	Gesammtenergie beim Auftreten der Minimalempfindung. (Für Grün = 1 gesetzt)
roth . . .	675 $\mu\mu$	127	177	4
gelb . . .	590 „	45	97	6
grün . .	530 „	17	6	1
grünblau .	500 „	11	10	3
blau . .	470 „	5	21	12

Der Gesammtverlauf der Erscheinung ist also der, dass zuerst in den Theilen des Spectrums, wo später das Grün erscheint, eine Lichtempfindung überhaupt ausgelöst wird; der hier sichtbare Streifen verbreitet sich allmählich, und zwar nach dem Blau hin schneller (im prismatischen Spectrum!) als nach dem Roth. Beachtenswerth ist der Umstand, dass den hier sich ergebenden Zahlenwerthen zufolge das Roth schon eine gewisse Rolle spielt, nachdem erst im Grün und Grünblau die Empfindung erwacht ist, noch ehe eine Empfindung im Gelb auftritt, was die Erklärung des von Hrn. Stenger p. 274 (a. a. O.) beschriebenen Versuches liefert.

Ohne Zweifel sind die hier mitgetheilten Zahlen für die Reizschwellen grossen individuellen Schwankungen selbst bei normal entwickelten Sehorganen unterworfen. Vielleicht ist der hier für Gelb gefundene Schwellenwerth etwas zu gross. Auf derartige subjective Einflüsse möchte ich mit Hrn. Stenger vor allem den Umstand zurückführen, dass nicht in allen Fällen das Roth die Rolle spielt, welche es den obigen Zahlenwerthen zufolge spielen könnte.

Ich beabsichtige, die hier zunächst nur für zwei Beob-

achter durchgeführte Untersuchung auf eine grössere Zahl
von Individuen auszudehnen.

Zum Schluss erlaube ich mir, Hrn. Prof. Eilhard
Wiedemann für die mannichfache Unterstützung auch bei
dieser Arbeit wie der folgenden den besten Dank zu sagen.

Physikalisches Institut der Univ. Erlangen.

XI. *Ueber den Einfluss der Dicke und Helligkeit der strahlenden Schicht auf das Aussehen des Spectrums; von Hermann Ebert.*

(Aus d. Ber. d. phys.-med. Soc. in Erlangen mitgetheilt vom Hrn. Verf.)

In der neuen (IV.) Auflage (1883) seines Lehrbuches
der Experimentalphysik hält Hr. Wüllner seine Ansichten
über die Ursache des Unterschiedes zwischen Linien- und
Bandenspectren desselben Körpers entgegen den mannig-
fachen dagegen erhobenen Einwänden[1]) aufrecht. Nach ihm
sollen Linienspectra lediglich durch Druck- oder diesen mehr
oder weniger gleichwerthige Dickenveränderungen der leuchtenden Gasschicht in Bandenspectra übergeführt werden können. Um den Einfluss der Dicke der strahlenden Schicht
auf die Natur des ausgesandten Lichtes zu veranschaulichen,
beschreibt Hr. Wüllner im II. Bde. des erwähnten Lehrbuches p. 299 folgenden Versuch:

An ein 2 cm weites und etwa 26 cm langes Glasrohr
sind sechs Nebenrohre von gleicher Weite senkrecht zum
Hauptrohre und alle mit ihren Axen in einer Ebene liegend
seitlich angesetzt, und zwar so, dass sie, sich paarweise an
beiden Enden und in der Mitte des Hauptrohres gegenüber-
stehen. Die Querröhren tragen Electroden an ihren Enden,
ausserdem finden sich zwei eventuell durch Hähne ver-
schliessbare Rohransätze zum Zuleiten von Gas einerseits
und um eine Verbindung des Raumes mit der Quecksilberluftpumpe anderseits zu ermöglichen. Das Röhrensystem

---

1) E. Wiedemann, Wied. Ann. 10. p. 256. 1880.

wird mit Kohlensäure sorgfältig ausgespült und dann mit diesem Gase bei 2—4 mm Druck gefüllt. Setzt man nun zwei von den Electroden mit der secundären Spirale eines hinreichend kräftigen Inductoriums in Verbindung, so kann man das beschriebene Spectralrohr entweder wie gewöhnlich mit Querdurchsicht benutzen, oder bei geeigneter Verbindung, wenn man das Hauptrohr der Länge nach in die Axe des Collimators bringt, eine leuchtende Schicht von 13, resp. 26 cm benutzen, da das positive Büschellicht bei den angeführten Druckbedingungen das ganze Rohr erfüllt, wenn man den Inductionsstrom an den Endröhren eintreten lässt.

Stellt man irgend einen Röhrentheil, durch den die Entladung geht, dem Spalt des Spectralapparates parallel auf, sodass man nur eine etwa 2 cm dicke Schicht des zum Leuchten gebrachten Gases benutzt, so sieht man „nur vier schmale Streifen" im Gelbgrün, Grün, Blaugrün und Blauviolett. „Bringt man aber die Hauptröhre der Länge nach vor den Spalt, sodass man durch die 26 cm lange Schicht des leuchtenden Gases hindurchsieht, so bekommt man das sehr schön ausgebildete Bandenspectrum der Kohlensäure (resp. des Kohlenoxydes), welches schon vor C im Rothen beginnt und bis in das Violette hineinreicht, wie es die sehr viel heller leuchtenden Röhren mit capillarem Zwischenstück zeigen."

Es fragt sich, ob dieses Experiment, welches ich unter genau den gleichen Bedingungen mit demselben Erfolge angestellt habe, uns wirklich den Uebergang eines linienartigen Spectrums in ein Bandenspectrum lediglich durch Vermehrung der Schichtdicke zeigt. Da das Absorptionsvermögen des Gases in dem Zustande, in den wir es überführen, wenn wir es zum Leuchten bringen, für die emittirten Strahlengattungen sicher nicht so gross ist, dass nicht noch das Licht derjenigen Schichten, welche tiefer als 2 cm liegen, durch die davor befindlichen zu uns gelangen könnte[1]), so ist es ganz unvermeidlich, mit der Dicke der strahlenden Schicht zugleich die Helligkeit zu steigern.

1) Vgl. Gouy, Ann. de chim. et de phys. (5) 18. p. 41. 1879.

Um zu entscheiden, ob im vorliegenden Falle die Steigerung der Schichtendicke oder die damit nothwendig verbundene Steigerung der Helligkeit die erwähnte Veränderung im Aussehen des Spectrums hervorruft, stellte ich folgende weitere Versuche an:

1) Durch eine Sammellinse wurde auf der Spaltplatte des Spectralapparates gleichzeitig ein Bild von dem centralen, sehr hellen Theile der Entladungsröhre, welchem die Längsdurchsicht durch das Hauptrohr entspricht, und von dem daran anstossenden erleuchteten Theil des vorderen Seitenrohres entworfen, sodass die Trennungslinie beider Theile etwa die Spaltlänge halbirte; die Brennweite der Linse war so gewählt, dass der volle Strahlenkegel seiner ganzen Oeffnung nach im Spectroskop zur Verwendung kam. Man sieht alsdann beide Spectra übereinander, das Bandenspectrum hell, das Linienspectrum sich deutlich von einem dunklen Hintergrunde abhebend. Durch einen Keil von schwarzem Rauchglase, der alle Strahlengattungen sehr nahe gleichförmig absorbirte, und dessen Keilwinkel nur wenige Grade betrug, konnte die eine Spalthälfte beliebig abgedunkelt werden. Um die Prismenwirkung des Keiles aufzuheben, war er mit einem gleichen aus weissem Glase zu einem Parallelepiped zusammengekittet. Wurde nun die Spalthälfte, welche das hellere Bandenspectrum lieferte, allmählich verdunkelt, so war in dem Momente, wo beide Spectra gleich hell waren, absolut kein Unterschied im Charakter beider mehr erkennbar: die schwächer leuchtenden Partieen der Banden waren mehr und mehr unter die Reizschwelle herabgedrückt worden; es waren schliesslich nur noch die hellen, minder brechbaren Kanten der vier Banden als „vier schmale Streifen" übrig geblieben.

Das Gleiche zeigte sich, wenn man durch zwei Nicols das Licht des helleren Theiles so weit reducirte, dass es dem der schwächer leuchtenden dünneren Schicht gleich wurde: alsdann war kein Unterschied in den Spectren beider Theile mehr zu constatiren.

Endlich wurde dieser Versuch noch in der Form angestellt, dass man sich von dem helleren mittleren Theile der Entladungsröhre mit einem geradsichtigen Spectroskope weiter und weiter entfernte. Während man in der Nähe das Bandenspectrum sehr ausgeprägt erblickte, fand sich beim allmählichen Entfernen bald eine Stelle, wo man, selbst bei ganz axialer Durchsicht durch das Hauptrohr, nur noch die Maxima der Banden zu erkennen vermochte.

2) Zur Controle wurde der umgekehrte Versuch angestellt; die Entladung wurde durch ein Seitenrohr am Ende des Hauptrohres der Länge nach durchgeschickt. Durch geeignet aufgestellte Cylinderlinsen konnte dann immer soviel Licht auf dem Spalte concentrirt werden, dass neben den anfänglich allein sichtbaren vier hellen Linien mehr und mehr von den schwächeren Bestandtheilen der Banden auftraten. Da der Abfall der Helligkeit in diesen Banden nach der brechbaren Seite hin ein ziemlich starker ist, und auf die angegebene Art nicht so viel Licht gesammelt werden konnte, als der centrale Theil bei Längsdurchsicht liefert, so war eine vollständige Entwickelung des Bandenspectrums aus dem anfänglichen Linienspectrum nicht möglich; indessen war nicht zu verkennen, dass der übrigbleibende Unterschied nur ein quantitativer, durchaus kein qualitativer war.

Das Wüllner'sche Experiment liefert also keinen Beweis für die Abhängigkeit des Aussehens eines Spectrums von der Dicke der leuchtenden Schicht, sondern nur den Ausdruck dafür, dass sich Banden mit einseitig abfallender Helligkeit bei Verminderung der Gesammthelligkeit auf mehr oder weniger breite, linienartige Streifen reduciren müssen. Erwägt man die Gleichartigkeit des Linienspectrums von Wasserstoff z. B. in den capillaren Theilen unser Entladungsröhren und in den Gassäulen der Sonnenfackeln, wo uns Schichten von vielen Tausend Kilometern Dicke das Licht liefern, so erkennt man, dass jener Einfluss der Dicke, der ja allerdings nach dem Kirchhoff'schen Gesetze zu erwarten ist, ein sehr minimaler sein muss (Lockyer); jedenfalls ist er nicht im Stande, Aenderungen von so durchgreifender Bedeutung wie die Ueberführung des Spectrums aus einer Classe in eine andere hervorzurufen; zu ihrer Erklärung werden wir vielmehr auf Umänderungen in den Molecülen hingewiesen.

Physikalisches Institut der Univ. Erlangen.

XII. *Bestimmung der Wellenlänge Fraunhofer'-* *scher Linien; von Ferdinand Kurlbaum.*

(Hierzu Taf. II Fig. 1—2.)

Thalén [1]) veröffentlichte 1884 in einer Abhandlung über das Spectrum des Eisens, dass die von Angström ange-gebenen Wellenlängen der Fraunhofer'schen Linien sämmt-lich mit einem sehr erheblichen Fehler behaftet seien. Hervorgebracht war derselbe durch eine fehlerhafte Bestim-mung des den Messungen zu Grunde gelegten Meterstabes. Trotzdem Angström dieser Fehler bald nach Veröffentlichung seiner Messungen bekannt wurde, gelang es seinen Bemüh-ungen nicht, einen nochmaligen Anschluss des Meterstabes an das Pariser Meter herbeizuführen und die Grösse des Fehlers zu bestimmen.

Er hatte für die Länge seines Meterstabes 0,99994 m gefunden, während Thalén als Resultat einer nach Ang-ström's Tode ausgeführten vorläufigen Messung 0,99981 m angibt.

Wird diese Zahl als richtig angenommen, so würden sämmtliche Wellenlängen nicht in Millimetern, sondern in der Einheit 1,00013 mm ausgedrückt sein. Auf das Resultat hat dies den Einfluss, dass eine mittlere Wellenlänge von 540 $\mu\mu$ um 0,07 $\mu\mu$ zu klein angegeben ist, eine Grösse, welche die übrigen bei den Wellenlängenmessungen vorkommenden Be-obachtungsfehler bedeutend übertrifft.

Da sich seit dem Jahre 1868, in dem die Angström'-sche Arbeit veröffentlicht wurde, in der Herstellung von Gittern so ausserordentliche Fortschritte geltend gemacht haben, dass die Gitter an auflösender Kraft engen Doppel-linien gegenüber den besten Prismensystemen gleichkommen, so schien es mir wünschenswerth, mit den heutigen Mitteln die Angström'schen Messungen wieder aufzunehmen, und habe ich mit den Voruntersuchungen im Sommer 1885 be-gonnen.

---

1) R. Thalén, Sur le spectre du fer, obtenu à l'aide de l'arc élec-trique. Upsala 1884.

Die Beobachtungen wurden im Physikalischen Institut
zu Berlin angestellt, und ich möchte nicht verfehlen, Hrn. Ge-
heimen Regierungsrath von Helmholtz meinen tiefstgefühl-
ten Dank auszusprechen für die Förderung und reiche
Unterstützung, die er mir bei meiner Arbeit hat zu Theil
werden lassen.

Ueber denselben Gegenstand erschien im Frühjahr 1886
eine sehr sorgfältige und umfangreiche Arbeit [1]), welche die
directe Messung von nicht weniger als 300 Fraunhofer'schen
Linien umfasst. Die Arbeit wurde ausgeführt von zwei Herren
des Astrophysikalischen Observatoriums zu Potsdam, Hrn. Dr.
G. Müller und Dr. P. Kempf. Sie benutzten vier Glasgitter, welche sämmtlich von Wanschaff hergestellt sind.
Die Gitter sind direct in Glas geritzt, je 20 mm breit und
besitzen auf 1 mm 400, 400, 250 und 100 Striche.

Trotzdem habe ich bei dem Erscheinen der genannten
Arbeit meine Messungen nicht abgebrochen, sondern vollständig zu Ende geführt; weil die von mir benutzten Gitter
von vorzüglicherer Güte waren als die von den Herren Müller
und Kempf verwendeten. Ferner wollte ich prüfen, ob und
in welchem Grade die von ihnen an den Gittern gefundenen
Eigenthümlichkeiten sich an diesen besseren Gittern vorfänden.

Unter den sechs von mir untersuchten Gittern fand ich
nur zwei vorzüglich zu Wellenlängenmessungen geeignet, und
meine Messungen sind ausschliesslich mit diesen beiden ausgeführt. Das eine ist ein Rutherford'sches Gitter, welches dem
Physikalischen Institut gehört. Es ist in Spiegelmetall geritzt, 43 mm breit und hat auf 1 mm 680 Striche, ich werde
es mit G_I bezeichnen. Das andere, gleichfalls in Spiegelmetall geritzte Gitter ist von Rowland und befindet sich
im Besitze von Hrn. Prof. Kayser, welcher mir dasselbe
für die Messungen freundlichst zur Verfügung stellte. Es
ist 42 mm breit und hat auf 1 mm 568 Striche, ich werde
es mit G_{II} bezeichnen.

Zweierlei unter den von den Herren Müller und Kempf
gefundenen Resultaten schien mir besonders bemerkenswerth,

---

1) G. Müller u. P. Kempf, Publ. d. Astroph. Obs z. Potsdam.
5. 1886.

zunächst die Abweichung der mit den vier verschiedenen Gittern gefundenen Wellenlängen. Die Grösse dieser Abweichung ist sehr erheblich und übertrifft um vieles die aus den Messungen der Beugungswinkel einerseits und der Gitterbreiten andererseits abzuleitenden wahrscheinlichen Fehler. Der grösste wahrscheinliche Fehler der gefundenen Gitterbreite betrug:

±0,00021 mm, der kleinste ±0,00010 mm,

der Einfluss eines solchen Fehlers auf eine mittlere Wellenlänge von 540 $\mu\mu$ würde 0,006 $\mu\mu$, resp. 0,003 $\mu\mu$ betragen.

Der durch die Winkelmessungen bedingte wahrscheinliche Fehler wurde durch wenige Messungen leicht unter 0,003 $\mu\mu$ herabgedrückt.

Die übrigen aus der Formel für die Wellenlängen abzuleitenden Einflüsse sind aber noch geringer als die beiden zahlenmässig angegebenen.

Trotzdem ergaben die beiden Gitter, welche von den Herren Verf. als die beiden besseren bezeichnet werden, nach ihrer Angabe für die Wellenlängen eine Abweichung von 0,020 $\mu\mu$, die beiden schlechteren eine solche von 0,047 $\mu\mu$. Die Abweichung findet also in einer höheren Decimalstelle statt, als man vielleicht erwarten konnte.

Es fragt sich nun, welcher Grund sich für diese Abweichung anführen lässt. Alle von den Herren Müller und Kempf angeführten möglichen Ursachen, eine fehlerhafte Angabe der Strichzahl, die Temperatureinflüsse, eine etwaige Krümmung der Glasplatte, auf der das Gitter gezogen wurde, sind nach ihrer eigenen Meinung nicht im Stande, diese Abweichung zu erklären. Sie nehmen aber an, dass die Form und Beschaffenheit der Gitterstriche [1]) einen Einfluss auf die Lage der Spectra und damit auf das Resultat der Messungen ausüben könnte. Da aber alle vier Gitter mit Diamant in Glas geritzt waren, so ist, wenn ihre Ansicht richtig wäre, nicht einzusehen, wie Gitter, die aus verschiedenem Material hergestellt sind, noch annähernd übereinstimmende Resultate ergeben können.

---

1) G. Müller u. P. Kempf, Publ. d. Astroph. Obs. z. Potsdam. 5. p. 86. 1886.

Wird nämlich ein Gitter in Glas geritzt, so bildet der Diamant den Strich unter Heraussprengen einzelner Glastheilchen, wird es dagegen in Metall geritzt, so zieht der Diamant eine gleichmässigere Furche mit aufgeworfenen Rändern, bei einem Gitter auf versilbertem Glas schliesslich wird nur die dünne Silberschicht vom Glas entfernt, während das Glas intact bleibt.

Die drei Herstellungsarten müssen danach eine viel grössere Verschiedenheit in Form und Beschaffenheit der Striche bedingen, als es bei den genannten vier Gittern unter einander, die sämmtlich direct in Glas geritzt waren, der Fall sein konnte.

Damit würde also für die Erklärung der abweichenden Resultate nichts gewonnen sein. Es scheint mir aber folgende naheliegende und einfache Erklärung vollkommen ausreichend zu sein. Die Bestimmung der Gitterconstante geschieht in der Art, dass man die gesammte Gitterbreite, d. h. den Abstand der Mitte des ersten Striches von der Mitte des letzten Striches, misst und die gefundene Gitterbreite durch die Anzahl der Intervalle dividirt; die so gewonnene Grösse wird als Gitterconstante betrachtet. Diese Methode, die sich nicht durch eine andere ersetzen lässt, gibt durchaus nicht die Gitterconstante, sondern das arithmetische Mittel der sämmtlichen Strichabstände. Diese Strichabstände sind aber natürlich nicht gleich, sondern nur ein Gros dieser Strichabstände wird die verlangte angenäherte Gleichheit besitzen, und nur dieses Gros wird sich an der Bildung des sichtbaren, zur Geltung kommenden Hauptspectrums betheiligen, während den übrigen Strichabständen, die gruppenweise nach angenäherter Gleichheit zusammengehören können, lichtschwache Spectren entsprechen, die sich über das Hauptspectrum legen, ohne sichtbar zu werden, und ohne dasselbe, wenigtens bei guten Gittern, auch nur sichtbar zu beeinflussen.

Es wird demnach auf dem Gitter eine Anzahl Striche geben, die sich an der Bildung desjenigen Spectrums, in dem die Winkelmessungen gemacht werden, und um dessen zugehörige Gitterconstante es sich handelt, gar nicht betheiligen.

Es beeinflussen aber sämmtliche Strichabstände das gefundene arithmetische Mittel der Strichabstände.

Man könnte nun glauben, die Wahrscheinlichkeit, dass
sich die wirkliche Gitterconstante und die gefundene decken,
sei sehr gross.

Diese Wahrscheinlichkeit wird aber sehr bedeutend durch
den Umstand verringert, dass jedes Gitter in ebensoviel Partialgitter zerfällt, als Umdrehungen der Schraube zur Herstellung des Gitters erforderlich waren; jedes dieser Partialgitter wird daher die Fehler des Vorhergehenden ähnlich
wiederholen; so zerfällt z. B. das eine der von mir benutzten
Gitter G_I in 80 Partialgitter. Ferner treten bei der Herstellung von Gittern Einflüsse auf, die durchaus nicht geeignet
sind, die Fehler zur gegenseitigen Aufhebung zu bringen.
Man braucht sich nur den Fall zu denken, dass die Temperatur im Anfang der Herstellungszeit constant bleibt, gegen
Ende aber steigt oder fällt. Es ist daher eine Differenz
zwischen der wirklichen Gitterconstante und dem Mittel der
Strichabstände zu erwarten, und in dieser Differenz sehe ich
den Grund für die Abweichungen zwischen den mit verschiedenen Gittern gefundenen Wellenlängen.

Ein zweites von den Herren Müller und Kempf ge-
fundenes Resultat ist noch bemerkenswerther. Sie fanden,
dass ein und dasselbe Gitter in den Spectren verschiedener
Ordnung abweichende Resultate liefere, drei unter den vier
von ihnen benutzten Gittern zeigten diese Eigenthümlichkeit.
Und zwar liess sie sich noch mit Bestimmtheit constatiren,
da die Abweichungen theilweise erheblich grösser als der
mittlere Fehler einer einmaligen Beobachtung sind.

Eine Abweichung von der Theorie, nach der die Sinus
der Ablenkungswinkel für jedes Gitter proportional der Ordnungszahl des Spectrums sind, kann nicht angenommen werden. Doch findet die Thatsache, glaube ich, ihre Erklärung
durch eine Erscheinung, die man bei unvollkommenen Gittern
leicht beobachten kann. [1] Ich untersuchte die Spectren von
zwei Wanschaff'schen Gittern, deren Gitterconstante unge-

---

1) Mascart, Ann. scient. de l'École normale supér. 1. p. 219. 1864.

fähr 0,01 mm und 0,005 mm war; sie waren in Metall geritzt, und wegen ihrer Unvollkommenheit wurden sie nur als Objecte für Mikroskope benutzt; dabei fand sich, dass manche Ordnung nicht nur ein einziges Spectrum umfasste, sondern mehrere Spectra lieferte, die über einander und in verschiedenen Ebenen senkrecht zur optischen Axe des Fernrohrs lagen. Denn bei Verschiebung des Oculars in ein und derselben Richtung erschienen die Fraunhofer'schen Linien wiederholt scharf und völlig unscharf.

Das findet seine Erklärung aber unter der Voraussetzung, dass ein solches Gitter gleichsam mehrere Constanten hat, indem die Gitterstriche ziemlich verschiedene Abstände haben, aber in Gruppen zerfallen, deren jede Striche nahe gleichen Abstandes umfasst.

Es kommen aber nicht für jede Ordnung sämmtliche Gruppen zur Geltung, da die Anzahl der für verschiedene Ordnungen gefundenen Spectra verschieden ist. Hiernach kann man sich wohl vorstellen, dass auch die Spectra verschiedener Ordnung durch verschiedene Strichgruppen hervorgerufen sind. Dasselbe würde für solche rechts- und linksseitige Spectra derselben Ordnung gelten, die, um beiderseits scharf sichtbar zu sein, eine verschiedene Einstellung des Oculars erfordern; eine Eigenthümlichkeit, die sich gleichfalls bei vielen Gittern zeigt. Die Frage, weshalb rechts- und linksseitige Spectra eine verschiedene Einstellung des Fernrohrs erfordern können, ist von Cornu[1]) erörtert. Bisweilen ist das Spectrum einer bestimmten Ordnung auf der einen Seite überhaupt völlig unbrauchbar, während es auf der anderen sehr gut ist. Es würde also die Thatsache, dass man durch die Messungen in den verschiedenen Ordnungen Resultate erhält, die mehr von einander abweichen, als nach den Beobachtungsfehlern zu erwarten ist, nichts Auffälliges haben. Jede solche bemerkbare Unregelmässigkeit dürfte aber immer das Kennzeichen eines unvollkommenen Gitters sein.

Aus dem Vorhergehenden erhellt, dass nicht durch eine

---

1) Cornu, Compt. rend. 80. p. 645. 1875.

Steigerung der Genauigkeit in den Messungen der Ablenkungswinkel und der Gitterbreite wesentlich genauere Resultate für die Wellenlängen erreicht werden können, und dass
die Herstellung von Gittern, wie sie durch Wanschaff
repräsentirt wird, hinter der Genauigkeit der Messungen
wesentlich zurückbleibt. Der Einfluss dieses Umstandes
kann nur dadurch aufgehoben werden, dass möglichst viele
und verschiedenartige Gitter zur Verwendung kommen.

Jedenfalls geht aus dem Gesagten hervor, dass man die
Constante eines einzigen Gitters wahrscheinlich richtiger
finden würde, wenn man sie aus dem Ablenkungswinkel für
eine genau bekannte Wellenlänge berechnet, als wenn man
selbst die genaueste Messung der Breite des Gitters vornimmt.

Hat man mehrere gute Gitter zur Verfügung, so wird
man nach Bestimmung der Gitterconstanten einige Wellenlängen gut bestimmen und mit Hülfe des Mittels aus den
Wellenlängen rückwärts für jedes Gitter eine endgültige
Constante ableiten.

In dieser Weise wurden von den Herren Müller und
Kempf die Constanten für die vier Wanschaff'schen
Gitter abgeleitet, nachdem sie mit allen vier Gittern die
Wellenlängen von elf ausgewählten Normallinien sehr genau
bestimmt hatten. Da bei dreien der Gitter, wie schon erwähnt, auch die Spectra verschiedener Ordnung abweichende
Resultate ergaben, so wurden auch für jede einzelne Ordnung Correctionen berechnet. Dann wurden mit den beiden
Gittern, die sich als die besten herausgestellt hatten und
400, resp. 250 Striche auf 1 mm besassen, die Wellenlängen von ferneren 289 Fraunhofer'schen Linien bestimmt.

Die Correctionen, die an der durch Längenmessung gefundenen Gitterconstante und an dem Spectrum einer bestimmten Ordnung anzubringen sind, geben geradezu ein
Kriterium für die Güte des Gitters ab. An der Hand der
durch meine Messungen gewonnenen Resultate werden wir
sehen, dass die Abweichungen zwischen den mit G_I und G_{II}
für die Wellenlängen gefundenen Werthen verhältnissmässig

gering sind; Ordnungscorrectionen waren überhaupt nicht anzubringen.

Ein weiteres Kriterium für die Güte eines Gitters liegt in der Auflösung enger Doppellinien. Und gerade hierin waren die beiden Gitter den 4 Wanschaff'schen bedeutend überlegen. Dies lag nicht blos an der grösseren Feinheit der Gitter und der dadurch bedingten grösseren Dispersion, denn damit werden zugleich erhöhte Anforderungen an die Gleichheit der Strichabstände gestellt. Uebrigens lösten beide Gitter schon im Spectrum 2. Ordnung Linien auf, die von den feinsten Wanschaff'schen Gittern weder im Spectrum 3. Ordnung, das erst die gleiche Dispersion besass, noch in einem Spectrum höherer Ordnung aufgelöst wurden.

Das Rowland'sche Gitter (G_{II}) gestattet dabei noch Messungen im Spectrum 5. Ordnung, das Rutherford'sche (G_{I}) dagegen zeigte nur die Spectra 1. bis 3. Ordnung vorzüglich.

An einigen Beispielen möchte ich die grössere auflösende Kraft der beiden Gitter zeigen.

Im gelbgrünen Theil des Spectrums findet sich eine dreifache Linie, der im Angström'schen Atlas die Wellenlänge 5476 gegeben ist. Als Beschreibung für die Linie wurde von den Herren Müller und Kempf ihren Messungen hinzugefügt: „sehr starke, breite Doppellinie, vielleicht dreifach". Diese Linie löst sich bei Anwendung der beiden von mir benutzten Gitter schon im Spectrum 2. Ordnung so vollständig in drei Linien auf, zwischen denen das gelbgrüne Feld deutlich erkennbar ist, dass man zunächst an eine Verwechselung der bezeichneten Linie glauben musste. Auf eine diesbezügliche Anfrage theilte mir Hr. Kempf mit, dass die beigedruckte Bezeichnung „vielleicht dreifach" doch nicht zutreffend sei, da es auch noch mit ihren besten Gittern eben erkennbar sei, dass sich die Linie in drei Linien auflöse. Damit liegt also die Auflösung dieser Linie an der Grenze des mit den Wanschaff'schen Gittern erreichbaren, während die Auflösung mit Hülfe des Rutherford'-schen und Rowland'schen Gitters schon im Spectrum

2. Ordnung gar nicht in Frage kommen kann. Die Deutlichkeit steigert sich in den Spectren höherer Ordnung, und das Rowland'sche Gitter, welches beiderseits noch ein vorzügliches Spectrum 5. Ordnung besitzt, zeigt in demselben die drei Linien soweit auseinander gezogen, dass zwischen ihnen zwei gelbgrüne Felder erscheinen, die erheblich breiter als die Linien selbst sind.

Von ferneren Doppellinien, die mit Hülfe der Wanschaff'schen Gitter nicht aufgelöst werden konnten, erwähne ich noch zwei, da sie sich unter den von den Herren Müller und Kempf ausgewählten 11 Normallinien befinden. Diese Normallinien wurden, abgesehen von einer sehr unvortheilhaften Linie, 5623 nach dem Angström'schen Atlas, die von Peirce[1]) als Normallinie vorgeschlagen ist, von dem Gesichtspunkte aus gewählt, dass sie einfach erschienen und leicht auffindbar waren. Zwei unter ihnen sind aber nicht einfach.

Die Linie 4957 ist doppelt, eignet sich aber doch leidlich zu einer Normallinie, da beide Componenten ziemlich gleich erscheinen. Die Linie 6399 dagegen besteht aus einer starken, scharfen Linie, an die sich eine schwächere, verschwommene, weniger brechbare Linie anlehnt. Da ich meine Messungen mit denen von den Herren Müller und Kempf vergleichbar machen wollte, konnte ich diese Linie daher nicht mit berücksichtigen.

Zur Beurtheilung der besonderen Güte des Rowland'schen Gitters möchte ich die Leistungsfähigkeit desselben mit der eines vorzüglichen Prismensystems vergleichen, und zwar wähle ich zur Vergleichung dasjenige, welches Hr. Prof. H. C. Vogel[2]) bei seinen Untersuchungen über das Sonnenspectrum und den relativen Wellenlängenmessungen Fraunhofer'scher Linien benutzt hat. Ich wähle gerade dieses, weil es, nach der Beschreibung der Fraunhofer'schen Linien zu urtheilen, welche die Herren Müller und Kempf gegeben haben, ein bedeutend besseres Spectrum als die

---

1) Peirce, Nature 24. p. 262. 1881.
2) Vogel, Publ. d. Astroph. Obs. z. Potsdam. 1. p. 133. 1879.

Wanschaff'schen Gitter lieferte. Denn für diejenigen Linien, welche die Wanschaff'schen Gitter nicht mehr auflösten, wurde die Beschreibung der Linien häufig den Aufzeichnungen von Hrn. Prof. Vogel entlehnt. Derselbe gibt eine Zeichnung der D-Linien und der dazwischen befindlichen atmosphärischen Linien. Diese gestattet, die Leistungen des Prismensystems für diesen Spectralbezirk mit denen des Rowland'schen Gitters zu vergleichen. Sie entspricht im wesentlichen der D-Gruppe, wie sie das Spectrum 5. Ordnung darbietet. Dabei lege ich keinen besonderen Werth darauf, dass ich mehr atmosphärische Linien zwischen den D-Linien gesehen habe, da diese Anzahl mit dem Zustande der Atmosphäre variirt. Ich werde aber zeigen, dass das Prismensystem eine geringere Auflösungsfähigkeit besass, und dadurch in der Zeichnung eine Linie stark verschoben erscheint.

Zur Vergleichung habe ich unter die Zeichnung von Hrn. Prof. Vogel (s. Fig. 1) die D-Gruppe, wie sie mir erschien, gesetzt, jedoch nur die Linien, auf die es mir hier ankommt. Die so stark gezeichnete Linie f wird von dem Rowland'schen Gitter im Spectrum 5. Ordnung in drei Linien aufgelöst, von denen keine besondere stark ist, sie seien mit f_1, f_2 und f_3 bezeichnet.

Betrachtet man genau die Abstände der Linie f_2 von Linie e und g, so erscheinen die Abstände gerade umgekehrt wie die Abstände der Linie f von Linie e und g. Die Linie f_2 liegt aber nicht in der Mitte zwischen f_1 und f_3, sondern erheblich näher an f_1 als an f_3. Vereinigen sich daher die drei Linien durch Wegfall der Zwischenräume, so muss die dadurch entstehende einfache Linie f nach D_1 rücken, wie wir es in der Zeichnung von Hrn. Prof. Vogel sehen. Die Annahme, f_3 sei identisch mit f, und f_1 und f_2 seien zur Zeit der Aufnahme der Zeichnung nicht vorhanden gewesen, ist nicht möglich, da f_2 eine stets vorhandene Nickellinie ist. Uebrigens ist keine der drei Linien für sich genommen stärker als d.

Entsprechend der besseren Auflösung der Linien erschien a vielmehr losgelöst von D_2, der Abstand war fast gleich der Dicke von D_2, da sich der Zwischenraum auf Kosten beider Linien vergrösserte. Die Trennung war eine so vollständige, dass sich bei Einschiebung von Natriumdampf vor den Spalt deutlich erkennen liess, ob a durch denselben modificirt würde. Brachte man nämlich Natriumdampf so vor den Spalt, dass er in verschiedenen Höhen des Spaltes möglichst verschieden dicht davor lag, so hatte man zu gleicher Zeit die verschiedenen Stadien der Verbreiterung der beiden D-Linien vor sich, indem dieselben an ihrem einen Ende die ursprüngliche Dicke, am anderen etwa die zehnfache besassen, wobei sie sich mit ihren verschwommenen Rändern fast berührten. Bei der ganz allmählichen Verbreiterung konnte man deutlich sehen, dass sich a an derselben nicht betheiligte, sondern nur durch D_2 verdeckt wurde.

Dabei dürfte zu erwähnen sein, dass der schwärzeste Kern der so stark verbreiterten D-Linien nicht mit den ursprünglichen Linien zusammenfällt. So wandert der Kern von D_2 über a hinaus an eine Stelle, wo sich sonst keine Fraunhofer'sche Linie findet, die etwa zur Verstärkung beitragen könnte. Die Linie a ist noch deutlich als Verstärkung sichtbar, während das ursprüngliche D_2 nicht mehr stärker hervortritt. Der schwärzeste Kern von D_1 verschiebt sich etwas nach dem rothen Ende des Spectrums.

Die Vorzüglichkeit der Gitter und ihre ausgezeichnete Brauchbarkeit zu Wellenlängenmessungen dürfte durch das Gesagte, dem ich noch zahlreiche Beispiele folgen lassen könnte, hinreichend erwiesen sein.

I. Bestimmung der Gitterconstanten.

Die Messung der Wellenlängen zerfällt in zwei Hauptaufgaben, die erstere ist die Bestimmung der Gitterconstante, die zweite die Bestimmung der Beugungswinkel. Die erste Aufgabe dürfte auf die grösseren Schwierigkeiten stossen. Sie wurde auf der Kaiserlichen Normalaichungscommission mit Hülfe einer von Repsold erbauten Theilmaschine ausgeführt, und möchte ich für die mir dort gewordene freundliche Unterstützung, ohne welche die Ausführung meiner

Arbeit unmöglich gewesen wäre, Hrn. Regierungsrath Löwenherz meinen herzlichsten Dank aussprechen.

War schon die Ausmessung der dem Astrophysikalischen
Observatorium zu Potsdam gehörigen Gitter ausserordentlich
schwierig, so war dies aus zwei Gründen in noch höherem
Grade bei den beiden mir zur Verfügung stehenden Gittern
der Fall. Denn einerseits waren dieselben, wie p. 160 erwähnt, beträchtlich feiner, andererseits verursachte die
Beleuchtung der undurchsichtigen Metallgitter viel Schwierigkeiten.

Die zur Repsold'schen Theilmaschine gehörigen Mikroskope besassen etwa 60-fache Vergrösserung und waren daher
nicht im Stande, die Gitterstriche, deren sich in diesem
Falle 680, resp. 568 auf 1 mm befanden, getrennt erkennen
zu lassen.

Es musste daher zunächst ein Mikroskop, welches die
Striche gut auflöste, beschafft werden. Auf die liebenswür-
digen Bemühungen von Hrn. Regierungsrath Löwenherz
übersandte Hr. Prof. Abbe ein Objectiv mit sehr grossem
Oeffnungswinkel, welches mit einem Ocular der vorhandenen
Mikroskope zusammengesetzt, etwa 800-fache Vergrösserung
ergab.

Die Schwierigkeit, unter das Objectiv, welches sich in
ganz minimalem Abstand vom Gitter befand, genügendes
Licht zu bekommen, wurde von Hrn. Mechaniker Pensky
mit Hülfe der von Cornu angegebenen Methode der inneren
Beleuchtung gelöst. Er setzte im Inneren des Mikroskopes
über den Objectivlinsen ein total reflectirendes Prisma ein,
welches die eine Hälfte der Linsen bedeckte und durch eine
seitliche Oeffnung des Tubus Licht empfing. Von der Prismenfläche gelangte das Licht durch die Objectivlinsen auf
das Gitter und gab demselben eine genügende Helligkeit,
sodass durch die unbedeckte Hälfte des Objectives ein gutes
Bild erzeugt werden konnte. Das Bild gewann ausserordentlich an Schärfe, nachdem Hr. Pensky über dem letzten
Spiegel, von dem aus das Licht in das Mikroskop gelangte,
und der dicht vor dem Prisma befestigt war, einen Spalt
mit mikrometrisch verschiebbaren Backen angebracht hatte,

durch welchen nur ein schmales Lichtbündel eingelassen wurde.

Bei scharfer Einstellung des Mikroskopes erschien das Gitter als eine sehr helle Fläche, auf der vollkommen schwarze, sehr deutliche Linien erkennbar waren, die einen scheinbaren Abstand von mehr als 1 mm besassen und etwa ein Viertel der Breite der zwischen ihnen liegenden Felder einnahmen. Die im Ocular befindlichen Parallelfäden wurden nicht zum Einstellen auf diese Linien benutzt, sondern eine sehr feine Spitze, die zu diesem Zwecke neben den Fäden befestigt wurde und sich sehr genau auf die Linien einstellen liess. Die Linien konnten wegen ihrer Schärfe den Glauben erwecken, dass sie die in das Gitter geritzten Striche wären; als solche wurden sie auch aufgefasst, bis das Rowland'-sche Gitter darüber Aufklärung gab. Auf diesem Gitter sind der 1., 101., 201. u. s. w. Strich länger gezogen, als die übrigen, stellt man das Mikroskop auf die Enden dieser Striche ein, so erscheint jeder Strich als zwei deutliche, schwarze Linien, die wohl den beiden aufgeworfenen Rändern der Striche entsprechen. Es erscheinen also sämmtliche Striche des Gitters doppelt, und zwar liegen sich die Striche so nahe, dass sich die Wälle je zweier aufeinander folgenden Striche zu einem einzigen vereinigen. Es sind also alle Wälle, mit Ausnahme des ersten und letzten, Doppelwälle. Auffallend ist hierbei, dass der erste und letzte Wall von den übrigen in Stärke und Abstand nicht abweicht.

Hierdurch wird erst klar, was als die Breite des Gitters aufzufassen ist. Fasst man die schwarzen Linien als die Striche selbst auf, so würde der Abstand der ersten Linie von der letzten zu messen sein. In Wirklichkeit aber ist der Abstand der Mitte zwischen der ersten und zweiten von der Mitte zwischen der vorletzten und letzten Linie zu messen. In den Messungen der Gitterbreite bewirkt die verschiedene Auffassung einen Unterschied von einem Gitterintervall, also 1,7 μ, das ist aber eine Grösse, die den wahrscheinlichen Messungsfehler um vieles übertrifft.

Bei dem Rutherford'schen Gitter waren zwar keine Striche absichtlich länger ausgezogen, doch liess sich auch

hier erkennen, dass die Striche unter dem Mikroskop doppelt
erschienen, da die Striche nicht ganz genau gleich lang
waren und stets paarweise etwas länger oder kürzer erschienen. Im übrigen bot dies Gitter denselben Anblick wie das
vorhergehende, nur waren die schwarzen Linien auf der hellen
Flächen etwas näher aneinander gerückt, da hier ein Gitterintervall gleich 1,5 μ war.

Mit Hülfe des beschriebenen Mikroskopes konnten nun
die Messungen der Gitterbreite vorgenommen werden. Sie
wurden in Gemeinschaft mit Hrn. Pensky auf der schon
erwähnten Theilmaschine ausgeführt, die im Comparatorsaal
der Normalaichungscommission aufgestellt ist. Sie besteht,
soweit sie zu den Messungen benutzt wurde, im wesentlichen
aus folgenden Stücken.

Zwei hintereinander befindliche lange Tische dienen zur
Aufnahme der zu vergleichenden Maassstäbe, auf diese sehen
zwei Mikroskope, wolche an einem Schlitten befestigt sind,
der, auf einem vorzüglich gearbeiteten Stahlcylinder gleitend,
die Mikroskope an den Maassstäben entlang führt.

Der bei den Messungen benutzte Maassstab war ein von
Repsold hergestelltes Stahlmeter in Trogform, welches die
Theilung in eingelassenen Platinstreifen trägt und mit R
1878 bezeichnet wird. Die Theilungsfehler sind sehr sorgfältig bestimmt.

Vor den eigentlichen Messungen muss ich noch zwei
Hülfsbestimmungen erwähnen, die wesentlich zur Erleichterung
beitrugen. Die erste betrifft die Justirung der Gitter auf
der Theilmaschine.

Die Gitterstriche müssen senkrecht zur Bewegungsrich-
tung der Mikroskope, d. h. senkrecht zur Schlittenführung,
gelegt werden. Die Herren Müller und Kempf erwähnen
besonders die Schwierigkeit dieser Aufgabe. Sie ging nach
ihrer Beschreibung in folgender Weise von statten.[1] Auf
einen Tisch der Theilmaschine wurde der Meterstab „R 1878"
gelegt, und sein Horizontalstrich mit Hülfe des einen Mikroskopes der Schlittenführung parallel gerichtet. Dann wurde

---

[1] Müller u. Kempf, Publ. d. Astroph. Observ. z. P. 5. p. 22. 1886.

angenommen, dass die Theilstriche senkrecht zum Horizontal-strich gezogen waren, und die Parallelfäden im Mikroskop wurden den Theilstrichen parallel gestellt. Hierauf wurde das Gitter auf den Maassstab gelegt und die Gitterstriche den Parallelfäden parallel gerichtet, welche letztere Mani-pulation die grössten Schwierigkeiten verursachte.

Diese Methode dürfte unbequem sein und nicht die gewünschte Sicherheit bieten. Ich habe mir daher eine Me-thode der Justirung zu verschaffen gesucht, die sich leicht ausführen lässt und die gewünschte Genauigkeit sichert.

Es kommt darauf an, dass die Breite des Gitters auf der zu den Gitterstrichen Verticalen gemessen wird, diese Richtung musste also markirt werden. Die Theilmaschine bot selbst das beste Mittel dazu dar, sowohl eine bestimmte Richtung zu markiren, als auch die Abweichung von der beabsichtigten Richtung zu messen.

Hr. Pensky zog auf jedem der beiden Gitter zwei etwa 0,01 mm starke Linien, welche auf den Gitterstrichen nahezu senkrecht stehen sollten. Dadurch entstand auf jedem Gitter ein Rechteck, zwei Seiten wurden vom ersten und letzten Gitterstrich, die beiden anderen wurden von den nachträglich gezogenen Linien gebildet, welche die unregelmässig verlau-fenden Enden der Gitterstriche abschnitten.

Dabei war es gleichgültig, ob die Winkel genau rechte waren, wenn nur die Abweichung der Winkel genau bekannt war. Bei der Ausmessung der Winkel werden wir sehen, dass es Hrn. Pensky geglückt ist, die Linien fast genau rechtwinklig zu ziehen. Mit Hülfe dieser Linien konnte dann die Justirung der Gitter genau so einfach und sicher, wie die eines Maassstabes geschehen.

Es fragt sich, welche Abweichung der Justirungslinien von der verlangten Richtung für die Messungen der Gitter-breite noch zulässig ist.

Nehmen wir an, es sei der Winkel, mit Hülfe dessen das Gitter justirt wurde, um α von $1R$ verschieden, und sei der dadurch für die Breite e des Gitters bedingte Fehler gleich ε, so haben wir die Gleichung: $\cos \alpha = e/(e + \varepsilon)$.

Es sei nun zur Bedingung gemacht, ε dürfe $0,1 \mu$ nicht überschreiten, so würde sich, wenn wir e den ungefähren Werth 43 mm geben, für α als noch zulässige Grenze 7' 20" ergeben. Die Messung der Justirungswinkel gestaltet sich sehr einfach, es wurden von jedem Rechteck die vier Seiten und beide Diagonalen gemessen. Dabei wäre es hinreichend gewesen, die Stücke auf 0,01 mm genau zu messen, doch sind die gefundenen Werthe genauer. Dadurch, dass ein Stück mehr als nothwendig gemessen wurde, ergaben sich für jeden Winkel zwei Werthe zur Controle. Die grösste vorkommende Differenz zwischen zwei Werthen war kleiner als 30", beträgt also weniger, als den zehnten Theil obiger Grenze.

Die folgenden Zahlen geben die gemessenen Stücke und die berechneten Winkel. Der erste und letzte Gitterstrich sind mit o und n, die beiden nachträglich gezogenen Hülfslinien mit h_1 und h_2, die Diagonalen mit $d\alpha$ und $d\delta$ bezeichnet. Die berechneten Winkel sind zwischen die einschliessenden Seiten des Rechtecks gesetzt.

Gitter I.

o = 42,749 mm	α = 89°59' 49"	
h_1 = 43,346	β = 90 00 02	
n = 42,749	γ = 89 59 59	
h_2 = 43,344	δ = 90 00 12	
o = 42,749		
$d\alpha$ = 60,882		
$d\delta$ = 60,880		

Gitter II.

o = 27,684 mm	α = 89°53' 53"	
h_1 = 41,687	β = 90 06 06	
n = 27,673	γ = 89 54 48	
h_2 = 41,687	δ = 90 05 14	
o = 27,684		
$d\alpha$ = 50,077		
$d\delta$ = 50,001		

Bei G_I sind sämmtliche Abweichungen von 90° soweit unter der angesetzten Grenze von 7' 20" geblieben, dass die Justirungslinien benutzt werden können, ohne dass an der später genau zu messenden Breite des Gitters eine Correction angebracht zu werden braucht.

Für G_{II} dagegen, bei dem die Abweichungen zwischen 6' 7" und 5' 12" liegen, ist an der später zu messenden Breite des Gitters eine Correction von 0,08 μ anzubringen, und zwar musste das Gitter um diese Grösse zu breit erscheinen.

Nach diesen Vorbereitungen gestaltete sich also die Justirung der Gitter ebenso so leicht und einfach, wie die eines Maassstabes.

Die ausserordentlich starke Vergrösserung des Mikroskopes gestattete in Verbindung mit der vorzüglichen Schlittenführung der Theilmaschine noch eine Untersuchung der Gitter, welche für die Breitenmessungen vortheilhaft erschien.

Es fragt sich nämlich, ob die Gitter an verschiedenen Punkten genau gleiche Breite besitzen. Da aber die Abweichungen vermuthlich nicht grösser sein werden, als die bei den Messungen unvermeidlichen Beobachtungsfehler, so war eine Entscheidung der Frage durch die Messungen selbst kaum zu erwarten. Und doch war es wünschenswerth, darüber Genaueres zu wissen, um entscheiden zu können, ob etwaige Differenzen zwischen den Messungen, die an verschiedenen Punkten eines Gitters vorgenommen waren, den Beobachtungsfehlern oder Fehlern des Gitters zuzuschreiben waren. Die Gitter konnten nun aus zwei Gründen eine veränderliche Breite besitzen. Die Gitterstriche konnten divergent oder nicht genau geradlinig sein. Der zweite Punkt liess sich mit Leichtigkeit genau untersuchen.

Das Gitter wurde so auf den Tisch der Theilmaschine gelegt, dass die Gitterstriche der Schlittenführung nahezu parallel waren. Die im Ocular befindliche und mit einer Mikrometerschraube bewegliche Spitze wurde durch Drehung des Mikroskops den Gitterstrichen parallel gestellt und pointirte auf einen der ersten Striche. Nun wurde das Mikroskop an dem Striche entlang geführt und um messbare Strecken verschoben. Die Abweichung der Spitze vom Gitterstrich wurde mit Hülfe der Mikrometerschraube gemessen oder nach Zehnteln eines Gitterintervalls geschätzt. Ein solches Gitterintervall von 1,5, resp. 1,7 μ erschien grösser als 1 mm, und es konnte ein Zehntel davon, also eine sehr kleine Grösse noch mit Leichtigkeit wahrgenommen werden. Es dürfte dabei überraschen, dass die Führung des Schlittens innerhalb der zur Beobachtung nöthigen Zeit keine merkbare Inconstanz zeigte. Dagegen zeigte die Führung in der entgegengesetzten Richtung stets eine constante Abweichung.

Es bildete daher das Mittel aus einem Hin- und Rückgang immer erst eine Messung.

Nachdem so die Abweichung eines der ersten Striche

von der Schlittenführung bestimmt war, wurde die Befestigung des Mikroskops an dem Schlitten so geändert, dass es nun auf einen der letzten Gitterstriche pointirte. Die Abweichungen zwischen Führung und Gitterstrich wurden wieder gemessen und danach die Abweichungen zwischen beiden Endstrichen berechnet. Es war natürlich nicht möglich, einen Gitterstrich der Schlittenführung genau parallel zu legen, es wurden daher die gefundenen Abweichungen so umgerechnet, als wären die Endpunkte des Gitterstriches mit der Schlittenführung zusammengefallen. Es zeigte sich auch, dass das Gitter während der Zeit, die zum Loslösen des Mikroskops und Einstellen auf einen anderen Strich nöthig war, nicht absolut ruhig liegen blieb, sondern Drehungen ausführte. Es konnten daher nicht, wie ursprünglich gehofft wurde, die Gitterstriche auf etwaige Divergenz untersucht werden. Für die Bestimmung der Abweichungen der Gitterstriche untereinander mussten demnach die verglichenen Striche mit ihren Endpunkten aufeinander gelegt gedacht werden.

Ueber den absoluten Verlauf der Striche weiss man damit natürlich noch nichts. Es läge nun nahe, durch Drehung des Gitters um 180° sowohl den absoluten Verlauf der Gitterstriche als auch den der Schlittenführung zu bestimmen; jedoch zeigte sich, dass innerhalb der zur Umjustirung des Gitters nöthigen Zeit wegen der dabei unvermeidlichen Temperaturänderungen auch die Schlittenführung nicht constant genug blieb, wobei aber zu erwähnen ist, dass hier Grössen von 0,1 μ noch deutlich wahrgenommen werden konnten. Es wurden also nur die relativen Abweichungen der Gitterstriche untereinander bestimmt. Diese sagen aber, wenn wir von der vorläufig noch unbekannten Divergenz der Striche absehen, über die Aenderung der Gitterbreite genau so viel aus, wie der absolute Verlauf der Striche. Diese relativen Abweichungen wurden mit grosser Genauigkeit bestimmt, denn die erwähnten Uebelstände sind hierbei kaum störend, da durch Temperaturänderungen hervorgerufene Verschiebungen innerhalb kurzer Zeiträume proportional der Zeit verlaufen und, bei der Methode, die Messungen sofort in umgekehrter Reihenfolge zu wiederholen, auf das Resultat kaum einen Einfluss üben. Die nachstehende Tabelle gibt die gewonnenen Resultate für beide Gitter.

Gitter I.

I. Abst. mm	II. Führ.: o μ	III. F : n μ	IV. F : n μ	V. o : n μ
0	+0,00	+0,00	+0,00	+0,00
5	0,62	0,84	0,79	0,22
10	0,83	1,10	1,00	0,27
15	1,04	1,17	1,21	0,13
20	1,19	1,20	1,27	0,01
25	1,10	1,18	1,28	0,08
30	0,87	1,11	1,17	0,24
35	0,80	1,01	0,99	0,21
40	0,31	0,64	0,64	0,33
43	+0,00	+0,00	+0,00	+0,00

Gitter II.

I. Abst. mm	II. Führ.: o μ	III. F : n μ	V. o : n μ
0,2	+0,00	+0,00	+0,00
2	0,24	0,03	+0,21
4	0,51	0,31	+0,20
6	0,62	0,57	+0,05
8	0,50	0,48	+0,02
10	0,53	0,65	−0,12
12	0,60	0,79	−0,19
14	0,59	0,81	−0,22
16	0,57	0,72	−0,15
18	0,51	0,72	−0,21
20	0,41	0,40	+0,01
22	0,37	0,48	−0,04
24	0,33	0,46	−0,13
26	0,16	0,25	−0,09
28	+0,00	+0,00	+0,00

Die erste Columne definirt den Punkt des Gitterstrichs, der mit der Schlittenführung verglichen wurde, durch seinen Abstand vom Endpunkte des Gitterstriches, der in Millimetern angegeben ist.

Die zweite Columne gibt die Abweichungen des ersten Striches o von der Führung, sie ist in μ ausgedrückt.

Die dritte Columne gibt dasselbe für den letzten Strich n.

Die vierte Columne gibt zur Veranschaulichung der erreichten Genauigkeit noch einmal dieselbe Abweichung, aber gemessen mit Hülfe der Mikrometerschraube, während alle übrigen Werthe durch Schätzung nach Zehnteln eines Gitterintervalles gefunden sind. Diese Columne fehlt bei Gitter II.

Die letzte Columne gibt die Abweichungen zwischen Srich o und Strich n, auf welche es uns hier ankommt, und welche eine Aenderung der Breite der Gitter veranlassen. Sie betragen im Maximum für G_1 0,33 μ, für G_{11} 0,43 μ, die hierdurch allein bedingte grösste Abweichung von einer mittleren Breite beträgt für G_1 0,19 μ, für G_{11} 0,27 μ.

Dass diese Abweichungen so gering sind, spricht für

eine vorzügliche Führung des Diamanten, der die Striche so gleichmässig gezogen hat.

Es ist aber erstaunlich, wie genau diese Führung geprüft werden konnte, und ich möchte Hrn. Pensky, der mit unermüdlicher Ausdauer alle Schwierigkeiten dieser Aufgabe überwand, meinen besonderen Dank aussprechen. Es waren natürlich auch hier die vorbereitenden Arbeiten unvergleichlich schwieriger als die eigentlichen Messungen, in die sich Hr. Pensky mit mir theilte. Die gegebenen Zahlen repräsentiren stets das Mittel aus vier Werthen, von denen von Hrn. Pensky und mir stets je zwei gefunden wurden.

Die in den Zahlen noch vorhandenen Beobachtungsfehler dürften $0,1\ \mu$ kaum übersteigen.

Das Resultat dieser Untersuchung ist also, dass, abgesehen von einer etwaigen constanten Divergenz der Gitterstriche, die Breite der Gitter nicht bedeutend verschieden ist. Es wird sich aber bei den eigentlichen Messungen der Gitterbreite herausstellen, dass die Striche von G_1 allerdings eine erhebliche Divergenz besitzen.

Nach diesen vorbereitenden Bestimmungen konnte zu den eigentlichen Messungen der Gitterbreite geschritten werden. Das Meter $R\,78$ (p. 172) wurde auf den einen Tisch der Theilmaschine (p. 172) gelegt, ein Gitter auf den anderen. Leider war diese Anordnung unvermeidlich. Es wäre vortheilhafter gewesen, das Gitter in die Verlängerung des Meters zu legen, allein der Abstand der Mikroskope in ihrer Verschiebungsrichtung war bei der grossen Breite der Gitter für diese Anordnung zu klein, und es konnte der Abstand nur in der dazu senkrechten Richtung geändert werden. Deshalb musste das Gitter entweder vor oder hinter den Maassstab gelegt werden. Es befand sich dabei in gleicher Höhe mit dem Meter, hatte aber einen anderen Abstand von der Schlittenführung. Daher mussten die Messungen stets mit Vertauschung von Gitter und Meter wiederholt werden, auch wurde die Differenz der Abstände der Mikroskope vom Schlitten notirt und nach Vertauschung von Gitter und Meter dieselbe Differenz wieder hergestellt, wodurch die durch Führungsfehler bewirkten Einflüsse eliminirt werden.

Die Justirung des Meters ging in der bekannten einfachen Weise vor sich, ebenso wurde das Gitter justirt, indem eine der beiden Justirungslinien parallel der Schlittenführung gelegt wurde, wobei die ausserordentlich starke
Vergrösserung des Mikroskopes eine falsche Lage des Gitters nicht unbemerkt lassen konnte. Auf dem Meter und
auf dem Tisch unmittelbar neben dem Gitter lagen je ein
Normalthermometer, welches sich in seiner mit Quecksilber
gefüllten Kapsel befand.

Zur Beleuchtung wurde nur Licht verwandt, welches
eine Alaunlösung passirt hatte; die Lichtquelle selbst wurde
von fliessendem Wasser umspült. Nach der Justirung wurde
die Theilmaschine zum Ausgleich der Temperatur genügende
Zeit sich selbst überlassen. Während der Messungen wurde
eine Holzwand zwischen Theilmaschine und Beobachter eingeschaltet.

Auf das Meter sah stets ein etwa 60-fach vergrösserndes Mikroskop, auf das Gitter das 800-fach vergrössernde
(p. 170). Die im Ocular befindliche Spitze stand den Gitterstrichen parallel, die zugehörige Mikrometerschraube wurde
zum Messen nicht benutzt, sondern der Schlitten mit den
Mikroskopen so weit verschoben, dass die Spitze auf den
gewünschten Gitterstrich genau einstand. Dabei war es überraschend, zu sehen, dass der Schlitten noch um Bruchtheile
eines Gitterintervalls beliebig verschoben werden konnte,
wenn bei schwacher Anspannung seiner Zugschnur durch
leises Klopfen die Reibung zwischen Cylinder und Schlitten
verringert wurde. Es gelang stets, die Spitze auf den gewünschten Gitterstrich genau einstehen zu lassen. Die Messungen geschahen daher in der Weise, dass der Schlitten
genau um die gesuchte Breite des Gitters verschoben wurde,
und diese Verschiebung mit Hülfe des anderen Mikroskopes
am Maassstab gemessen wurde.

Die Fehler, die beim Einstellen auf die Gitterstriche
gemacht wurden, waren aber wegen der etwa 13-mal so starken Vergrösserung weitaus die geringeren.

Deshalb wurden nach dem Einstellen auf den ersten
Gitterstrich die Parallelfäden des anderen Mikroskopes je

fünfmal auf die Theilungsstriche des Meters eingestellt. Darauf wurde der Schlitten bis zum letzten Gitterstrich verschoben, und es wurden wieder fünf Einstellungen auf die Theilstriche des Meters gemacht. Dieselbe Messung wurde sofort mit entgegengesetzter Schlittenführung wiederholt, um den Einfluss der selbständigen Bewegungen der messenden und gemessenen Objecte zu verhindern. Es wurde übrigens nicht nur auf den ersten und letzten Strich eingestellt, sondern auch die ersten und letzten fünf Gitterstriche wurden berücksichtigt.

Jeder Gitterstrich war, wie wir (p. 171) gesehen haben, von zwei seitlichen schwarzen Linien umgeben, in deren Mitte er lag. Da die Linien ein sehr gutes Einstellungsobject darboten, wurde stets auf diese pointirt. Das hat auf die Berechnung der Gitterconstante nur den Einfluss, dass die Breite des Gitters nicht durch die Anzahl der Intervalle, sondern durch die der Striche dividirt werden muss. Dabei ist besonders hervorzuheben, dass der Abstand der ersten und zweiten Linie und ebenso der Abstand der letzten und vorletzten Linie genau so gross war wie die Abstände der übrigen Linien (p. 171).

Ursprünglich wurde jede Messung mit Benutzung derselben Millimeterstriche mehrmals wiederholt, doch waren die dabei gefundenen Werthe so wenig von einander verschieden, im Mittel 0,3 μ, dass sehr bald nach jeder Messung zu einem neuen Maassstabintervall übergegangen wurde. Auch die persönliche Verschiedenheit der Auffassung der Millimeterstriche stellte sich als so geringfügig heraus, dass ich mich später mit Hrn. Pensky in den Hin- und Rückgang einer Messung theilte.

Erheblich grösser waren natürlich die Abweichungen, die sich bei verschiedener Justirung, Aenderung der Beleuchtung und bei Wiederholung der Messung am nächsten Tage zeigten.

Die gewünschte Genauigkeit war daher nur durch eine grosse Anzahl von Justirungen und eine Mannichfaltigkeit der Variationen zu erreichen. Eine Justirung konnte schon als nahezu ausgenutzt betrachtet werden, wenn drei Messun-

gen gemacht waren, wobei dann allerdings die Justirung unverhältnissmässig mehr Zeit in Anspruch nahm, als die drei
Messungen selbst.

Der Plan für die endgültigen Messungen war demgemäss
folgender.

Jede Justirung wurde nur zu drei Messungen mit drei
verschiedenen Maassstabintervallen benutzt; der Uebergang
von einem Intervall zum anderen wurde durch Verschiebung
des Meters um 1 mm bewirkt, während die Lage des Gitters
nicht geändert wurde.

Waren die drei Messungen ausgeführt, so wurde eine
zweite Justirung vorgenommen, die nur darin bestand, dass
das Gitter auf seinem Tisch um 180° gedreht und seine
andere Justirungslinie der Schlittenführung parallel gelegt
wurde.

Die dritte Justirung bestand darin, dass Maassstab und
Gitter die Tische wechselten, wobei also auch die zugehörigen Mikroskope ihren Abstand vom Schlitten ändern
mussten.

Bei der vierten Justirung wurde wieder das Gitter um
180° gedreht.

Damit nun aber die Gitterbreite nicht stets an denselben Stellen, nämlich in der Nähe der Justirungslinien, gemessen würde, so wurde nach jeder Justirung des Gitters
das Gittermikroskop vom Schlitten gelöst und um eine messbare Strecke verschoben, wodurch die Stelle des Gitters
wiederum definirt war.

Vier solche Justirungen, deren jede drei Messungen enthält, bildeten eine vollständige Messungsreihe, die somit zwölf
Messungen und alle nothwendigen Variationen der Anordnung umfasst. Für jedes der beiden Gitter wurden fünf solche
Messungsreihen ausgeführt.

Da die Wiedergabe aller Zahlen, aus denen die zehn
Messungsreihen resultiren, zu viel Raum in Anspruch nehmen würde, so habe ich nur eine mit allen Details wiedergegeben, und zwar der Einfachheit wegen eine von G_{II}, das
an allen Stellen die gleiche Breite zeigte und deshalb zur
Besprechung der erreichten Genauigkeit geeigneter ist. Von

den anderen neun Reihen sind nur die je zwölf Specialwerthe gegeben.

Die eine vollständig angegebene Messungsreihe enthält in Columne 1 die Angabe der benutzten Millimeterstriche. Columne 2 gibt an, die wievielte Gitterlinie, vom Rande aus gerechnet, zur Einstellung benutzt wurde.

Gitter II.

A. Gitter auf dem vorderen, Maassstab auf dem hinteren Tisch.

a. Justirt nach Justirungslinie I.

I.	II.	III.	IV.				V.	VI.	VII.	VIII.		IX.
mm	L	Temp.	Trommelablesung				Mittel	Diff.	Mittel	Correct.		part.
5,3	1	M	0,240	247 257 255 245			249	135		s + 1		
47,0	1	23,59	0,381	382 388 384 383			384		133	i 0		166
47,0	1	G	0,372	375 380 376 383			377	182		m − 12		
5,3	1	23,56	0,250	245 240 242 247			245			G 0		
										M − 22		
4,8	2	M	0,915	905 920 908 910			912	230		s − 11		
46,0	2	23,58	1,135	145 147 140 145			142		229	i + 70		172
46,0	2	G	1,140	142 140 135 140			139	229		m + 15		
4,3	2	23,58	0,915	915 912 905 908			910			G 0		
										M − 22		
3,8	3	M	0,750	745 755 755 751			751	284		s − 6		
45,0	3	23,59	1,036	040 035 030 032			035		285	i + 141		179
45,0	3	G	1,035	040 037 035 038			037	287		m − 7		
3,3	3	23,61	0,752	748 749 745 755			750			G 1		
										M − 22		

b. Justirt nach Justirungslinie II.

5,3	1	M	0,526	520 520 516 512			519	141		s + 7		
47,0	1	25,06	0,656	659 664 664 655			660		141	i 0		175
47,0	1	G	0,658	660 650 661 650			656	141		m − 12		
5,3	1	24,92	0,513	515 520 513 516			515			G + 2		
										M − 31		
4,3	2	M	0,485	477 478 467 468			475	265		s + 12		
46,0	2	25,03	0,738	733 740 740 750			740		262	i + 70		194
46,0	2	G	0,735	735 738 732 730			734	258		m + 15		
4,3	2	24,91	0,480	475 485 472 470			476			G + 1		
										M − 30		
3,3	3	M	0,608	605 615 605 602			607	293		s + 15		
45,0	3	25,02	0,902	902 903 900 894			900		290	i + 141		182
45,0	3	G	0,905	900 898 910 903			903	286		m − 7		
3,3	3	24,92	0,613	622 620 620 610			617			G + 1		
										M − 30		

B. Maassstab auf dem vorderen, Gitter auf dem hinteren Tisch.

c. Justirt nach Justirungslinie I.

I. mm	II. L	III. Temp.	IV. Trommelablesung					V. Mittel	VI. Diff.	VII. Mittel	VIII. Correct.		IX. part.
5,3	3	M	0,335	352	344	338	346	343	298		s	+ 14	
47,0	3	24,86	0,647	635	646	640	636	641		294	i	+ 141	177
47,0	3	G	0,635	635	639	630	635	635	290		m	− 12	
5,3	3	24,66	0,351	343	342	346	345	345			G	+ 3	
											M	− 29	
4,3	2	M	0,575	585	590	582	588	584	256		s	+ 5	
46,0	2	24,95	0,838	847	830	837	847	840		253	i	+ 70	191
46,0	2	G	0,835	836	840	842	838	838	249		m	+ 15	
4,8	2	24,77	0,585	595	585	587	594	589			G	+ 2	
											M	− 30	
3,3	1	M	0,701	704	707	695	710	703	149		s	+ 1	
45,0	1	25,08	0,849	859	851	860	848	852		148	i	0	183
45,0	1	G	0,845	860	842	852	860	852	147		m	− 7	
3,3	1	24,90	0,707	698	706	710	705	705			G	+ 2	
											M	− 31	

d. Justirt nach Justirungslinie II.

I. mm	II. L	III. Temp.	IV. Trommelablesung					V. Mittel	VI. Diff.	VII. Mittel	VIII. Correct.		IX. part.
5,8	1	M	0,440	442	446	435	442	441	160		s	+ 9	
47,0	1	23,54	0,605	601	595	595	605	601		164	i	0	187
47,0	1	G	0,604	605	608	605	606	606	167		m	− 12	
5,3	1	23,44	0,436	444	443	438	435	439			G	+ 1	
											M	− 21	
4,3	2	M	1,000	008	990	007	000	001	240		s	− 12	
46,0	2	23,56	1,243	242	236	243	242	241		242	i	+ 70	190
46,0	2	G	1,233	248	235	250	250	242	244		m	+ 15	
4,3	2	23,48	1,008	992	990	000	000	998			G	+ 1	
											M	− 22	
3,3	3	M	0,958	950	942	955	953	952	294		s	− 15	
45,0	3	23,60	1,253	240	245	250	248	246		294	i	+ 141	196
45,0	8	G	1,288	255	248	240	246	245	295		m	− 7	
3,3	3	23,52	0,953	950	945	952	950	950			G	+ 1	
											M	− 22	

Columne 3 gibt die mittlere Temperatur des Maassstabes M und des Gitters G. Columne 4 zeigt nebeneinander die fünf Ablesungen der Schraubentrommel des Meter-
mikroskopes. Die Mikrometerschraube des anderen Mikroskopes wurde, wie (p. 179) erwähnt ist, nicht benutzt.

Zwei Umdrehungen der Schraubentrommel entsprechen
fast genau 0,1 mm, die Trommel ist in 100 Theile ge-

theilt, ein Zehntel dieser Theile kann noch geschätzt werden. Ein solches Zehntel repräsentirt also $^1/_{20}$ μ, für die Vergleichung der Resultate wollen wir diese Grösse, den sogenannten pars, als Einheit auffassen. Diese entspricht bei der Angabe der Trommelablesungen stets der dritten Stelle.

In Columne 5 sind diese fünf Ablesungen zu einem Mittel vereinigt. Columne 6 gibt die Differenz zweier unter einander stehender Ablesungen, d. h. den Unterschied zwischen der Verschiebung des Schlittens und dem benutzten Intervall des Maassstabes.

Unter dieser bei der Verschiebung des Schlittens in der einen Richtung gefundenen Differenz befindet sich gleich die beim Rückgang gefundene.

Beide Differenzen sind in Columne 7 zu einem Mittel vereinigt.

Columne 8 gibt die Correctionen, die an diesem Werth anzubringen sind. Die Correction s ist durch die Schraubenfehler bedingt, sie ist einer Tabelle der Normalaichungscommission entlehnt. Correction i ist ein Vielfaches eines Gitterintervalles, sie wurde angebracht, wenn nicht die erste und letzte Gitterlinie, sondern die in Columne 2 angegebene Linie zur Einstellung benutzt wurde. Sie setzt nur eine annähernde Kenntniss von der Grösse eines Intervalles voraus, dieses wurde gleich 1,76 μ gesetzt.

Die Temperaturdifferenzen zwischen Gitter und Meter betrugen im Maximum 2 Zehntelgrade. Durch die Correction G, welcher der später bestimmte Ausdehnungscoëfficient des Gitters 0,000 017 64 zu Grunde gelegt ist, wurde die Anzahl der partes so reducirt, als ob das Gitter die Temperatur des Meters besessen hätte.

Die Correction M, welcher der Ausdehnungscoëfficient des Gitters und der des Meters 0,000 010 525 zu Grunde liegt, führt alle Messungen auf die Temperatur 20° zurück.

Die Correction m ist aus der nachstehenden Fehlertabelle für die benutzten Millimeterstriche entlehnt und gibt die Fehler des Maassstabintervalles an.

Die inneren Fehler der benutzten Tabelle.

Intervall		Innerer Fehler	Intervall		Innerer Fehler
mm		partes	mm		partes
0,3	42,0	−22	0,6	44,0	− 3
1,3	43,0	−22	1,6	45,0	+ 5
2,3	44,0	− 1	2,6	46,0	−12
3,3	45,0	− 7	3,6	47,0	−37
4,3	46,0	+15	4,6	48,0	−24
5,3	47,0	−12	5,6	49,0	+ 8

Die Summe aller dieser Correctionen und der ursprünglichen Anzahl partes ist in Columne 9 gegeben. Die Zahlen dieser Columne dürfen nur noch durch Messungsfehler verschieden sein, da sie die Differenzen zwischen der Gitterbreite bei 20° und den corrigirten Maassstabintervallen bei 20° sind. Die dritte Stelle dieser Zahlen repräsentirt $1/20\,\mu$.

Aeusserst gering sind natürlich die Abweichungen zwischen den beiden bei einem Hin- und Rückgang gefundenen Werthen. Die untenstehenden 12 Zahlen sind die Differenzen zwischen Hin- und Rückgang, das Mittel ist 4,2 partes oder 0,21 μ.

+3 +1 −3 0 +7 +7 +8 +7 +2 −7 −4 −1
Mittel = 4,2 partes.

Mit den vier übrigen für Gitter II erhaltenen Messungsreihen sind die zwölf Werthe dieser Messungsreihe noch einmal zusammengestellt (siehe p. 186), sie nimmt den dritten Platz ein.

Aus der Tabelle ist die Anordnung der Messungen ersichtlich, sämmtliche Werthe sind genau so gefunden und reducirt, wie die der vorigen Tabelle. Die Einheit ist wieder der pars.

Columne 1 gibt die Nummer der Messungsreihe und die mittlere Temperatur.

Columne 2 das benutzte Maassstabintervall,

Columne 3 die gemessenen Gitterlinien.

Columne 4 das Resultat.

Columne 5 die Abweichung vom Gesammtmittel der fünfmal 12 Werthe.

Columne 6 das Mittel jeder einzelnen Messungsreihe.

		Gitter II auf dem vorderen Tisch.						Gitter II auf dem hinteren Tisch						
		Justirt nach Linie I			Justirt nach Linie II			Justirt nach Linie I			Justirt nach Linie II			
1.	2.	3.	4.	5.	3.	4.	5.	3.	4.	5.	3.	4.	5.	6.
'emp.	mm	mm	L. part.	Abw.	L.	part.	Abw.	L.	part.	Abw.	L.	part.	Abw.	Mittel A
I. 2,9	0,3 42,0	1	199	+10	1	214	+25	1	196	+ 7	1	168	−23	192,1 +
	1,8 43,0	1	202	+13	1	204	+15	1	183	− 6	1	193	+ 4	
	2,3 44,0	1	184	− 5	1	204	+15	1	175	−14	1	183	− 6	
II. 2,9	0,3 42,0	1	202	+13	1	208	+19	1	174	−15	1	193	+ 4	187,6 −
	1,8 43,0	1	209	+20	1	188	− 6	1	173	−16	1	180	− 9	
	2,3 44,0	1	195	+ 6	1	189	0	1	168	−21	1	177	−12	
III. 4,2	3,8 45,0	8	179	−10	8	182	− 7	3	183	− 6	3	196	+ 7	182,7 −
	4,8 46,0	2	172	−17	2	194	+ 5	2	191	+ 2	2	190	+ 1	
	5,8 47,0	1	166	−23	1	175	−14	1	177	−12	1	187	− 2	
IV. 5,6	3,3 45,0	1	184	− 5	1	178	−11	1	177	−12	1	190	+ 1	186,1 −
	4,3 46,0	2	198	+ 9	2	194	+ 5	2	190	+ 1	2	188	− 6	
	5,3 47,0	8	189	0	3	189	0	3	173	−17	3	188	− 1	
V. 1,7	3,3 45,0	2	199	+10				2	209	+20				194,5 +
	4,3 46,0	2	193	+ 4				2	181	− 8				
	5,3 47,0	2	186	− 3				2	183	− 6				
	0,3 42,0				2	206	+17				2	202	+13	
	1,3 43,0				2	193	+ 4				2	204	+15	
	2,3 44,0				2	185	− 4				2	193	+ 4	
23,5														188,6 ±

Columne 7 gibt die Abweichung dieses Werthes vom Gesammtmittel.

Unter den 60 Einzelwerthen weichen nur vier um mehr
als 20 partes oder 1 μ vom Gesammtmittel ab. Man wird
daher sagen dürfen: Bei den Hülfsmitteln, welche der Normalaichungscommission für Längenmessungen zu Gebote stehen,
sind sämmtliche die Genauigkeit der Messungen störenden
Einflüsse soweit herabgedrückt, dass sie, selbst alle im gleichen Sinne wirkend, kaum im Stande sind, in eine einzelne
Messung einen Fehler zu tragen, der grösser als 1 μ wäre.

Es könnte daher scheinen, als ob sich die Genauigkeit
von 0,1 μ leicht erreichen liesse. Sobald aber eine Genauigkeit angestrebt wird, die grösser als 1 μ ist, so wachsen die
Schwierigkeiten unverhältnissmässig. Bei Berechnung eines
wahrscheinlichen Fehlers wird man die Grösse von 0,1 μ

allerdings bald erreichen. Man kann aber nicht behaupten, dass einem Maassstabintervall überhaupt eine bestimmte Grösse auf 0,1 μ genau zukäme, solange nicht Beobachter, Beleuchtung und Mikroskop dieselben bleiben.

Um diesem Umstande Rechnung zu tragen, wurden für jedes Gitter sechs Intervalle, und zwar zwölf Theilstriche benutzt. Ob diese Zahl genügend war, wird sich später entscheiden lassen. Ich möchte jetzt zeigen, dass die Anordnung der Messungen eine derartige war, dass es gestattet ist, sich durch Berechnung eines wahrscheinlichen Fehlers eine Vorstellung von der erreichten Genauigkeit zu verschaffen.

Berechnen wir für jede einzelne Messungsreihe den wahrscheinlichen Fehler des zugehörigen Mittelwerthes, so erhalten wir untenstehende fünf Werthe, daneben ist die Abweichung dieses Mittelwerthes vom Gesammtmittel gesetzt. Diese Abweichungen sind allerdings grösser, als die wahrscheinlichen Fehler. Erstere betragen durchschnittlich 3,8, letztere 2,3 partes, man wird aber nicht sagen können, dass ein Missverhältniss zwischen ihnen bestände.

W. F. partes	Abweichung partes
±2,7	+3,5
±2,7	−1,0
±2,2	−5,9
±1,6	−2,5
±2,1	+5,9
2,3	3,8

Wollte man nun den wahrscheinlichen Fehler des Gesammtmittels aus den Abweichungen der fünf Mittelwerthe berechnen, indem man diese fünf Werthe als einzige gewonnene Resultate auffasst, so würde man auch damit schon auf die äusserst geringe Grösse von 1,4 partes kommen.

In den folgenden Zahlen sind noch einmal die Abweichungen der fünf Mittelwerthe und der unter obigem Gesichtspunkte berechnete wahrscheinliche Fehler des Endresultates, aber nun in μ als Einheit gegeben.

Abweichung　+0,18,　−0,05,　−0,30,　−0,13,　+0,30 μ,
Wahrscheinlicher Fehler　±0,07 μ.

Vereinigt man stets diejenigen unter den 60 Einzel-

werthen, welche mit demselben Maassstabintervall gefunden
sind, zu einem Mittelwerth, so erhält man nachstehende
sechs Mittelwerthe und ihre Abweichungen in partes und μ,
der wahrscheinliche Fehler des Gesammtmittels ergibt sich
als 1,5 partes oder 0,08 μ. Die Anzahl der benutzten Millimeterstriche dürfte also hinreichend sein.

Intervall mm		Resultat partes	Abw. partes	Abw. μ
0,3	42,0	196,2	+7,6	0,38
1,3	43,0	192,4	+3,8	0,19
2,3	44,0	185,3	−3,3	0,17
3,3	45,0	187,7	−0,9	0,05
4,3	46,0	188,6	0,0	0,00
5,3	47,0	181,3	−7,3	0,37
		188,6	±1,5	±0,08

Wenn man auch annehmen muss, dass der · wirkliche
Fehler des Resultates grösser ist, so glaube ich wenigstens
bis dicht an die Grenze der mit den heutigen Hülfsmitteln
erreichbaren Genauigkeit gekommen zu sein.

Bisher sind zwei sehr kleine Correctionen unerwähnt
geblieben, da sie allen 60 Werthen in gleicher Grösse zukommen und daher am einfachsten erst am Endresultat angebracht werden.

Es war gesagt, dass 1 pars gleich $^1/_{20}$ μ sei, dies ist
nicht ganz genau richtig. Als Mittel von vielen zwischen
die Messungen eingeschalteten Schraubenauswerthungen ergab
sich, dass 2008 partes gleich $^{2000}/_{20}$ μ waren. Danach ist als
Correction an den gefundenen 188,6 partes noch −0,8 anzubringen.

Ausserdem sind die Justirungen des Gitters mit Hülfe
von zwei Justirungslinien erfolgt, die nicht genau senkrecht
auf den Gitterstrichen standen. Wie p. 174 berechnet ist,
musste dadurch die Breite des Gitters 0,08 μ oder 1,6 partes
zu gross gefunden werden.

Die endgültige Anzahl partes ist daher:

$$- (188,6 - 0,8) - 1,6 = -189,4 \text{ oder } = -9,47 \,\mu.$$

Dies ist also die Differenz zwischen der Gitterbreite bei
20° und den Maassstabintervallen, deren innere Fehler bis
jetzt nur ausgeglichen sind.

Für die äusseren Fehler des Maassstabes gilt die Gleichung:

$$R\,1878 = 1\,m + 73{,}27\,\mu + 10{,}525\,t\mu.$$

Als Correction für die benutzten Intervalle des Maassstabes, welche die Grösse von 41,7 mm besitzen, ergibt sich daher $+11{,}83\,\mu$. Das Gitter hat demnach bei 20° die Breite:

41,70000 mm $+11{,}83\,\mu$, $-9{,}47\,\mu$ = 41,70236 mm.

Die Gitterconstante ergibt sich in diesem Falle (p. 180) durch Division der Breite mit der Anzahl der Striche, die gleich 23701 ist.

Die Constante ist bei 20° = 0,001 759 518 mm.

In gleicher Weise wie für Gitter II sind für Gitter I fünf Messungsreihen erhalten. Dabei stellte sich heraus, dass das Gitter I bei Justirungslinie I eine andere Breite besass, als bei Linie II. Für den Gebrauch des Gitters ist es daher nöthig, beide Seiten desselben unterscheiden zu können. Wird das Gitter so aufgestellt, dass die auf ihm befindliche Schrift aufrecht steht, so ist Justirungslinie I die obere, die Linie II die untere. Nach dieser Aufstellung ist die Bezeichnung obere und untere Breite gewählt.

Die Differenz zwischen beiden beträgt 1,5 μ, um diese Grösse divergiren also die ersten und letzten Gitterstriche bei einer Länge von 43 mm, der zugehörige Winkel beträgt 7 Secunden, um diesen würde sich also das Gitter während der Herstellungszeit im Verhältniss zur Führung des Diamanten gedreht haben.

Da die Grösse 1,5 μ fast genau mit der Gitterconstanten 1,47 μ zusammenfällt, also gleich der Grösse der Strichabstände ist, so könnte vermuthet werden, dass diese Differenz in der oberen und unteren Breite des Gitters dadurch bewirkt wäre, dass der Diamant den ersten oder letzten Strich nicht vollständig gezogen hätte, sondern ohne sichtbare Spur über das Metall geglitten wäre. Deshalb wurden die Gitterstriche noch einmal parallel der Schlittenführung gelegt und das Mikroskop langsam an dem ersten und letzten Gitterstriche entlang geführt, wobei sich herausstellte, dass der Diamant nirgends ausgesetzt hatte.

Die Breite des Gitters ist aber auch in der Mitte gemessen und zeigt dort die verlangte mittlere Breite, ebenso bei den Messungen an anderen Stellen.

Dass aber diese Divergenz von 1,5 μ eine sehr deutlich nachweisbare Grösse ist, werden wir bei den am Spectrometer gemessenen Ablenkungswinkeln der Fraunhofer'schen Linien sehen, wo sich der Unterschied zwischen dem oberen und unteren Theile des Gitters ebenfalls bemerkbar machte, obgleich hierbei die Wahrnehmung des Unterschiedes dadurch erschwert war, dass die Aufstellung des Gitters nicht gestattete, die obersten und untersten Theile desselben zu benutzen, sondern nur weniger von der Mitte entfernte Theile.

Wie ich bei den Messungen am Spectrometer nachweisen werde, war die Divergenz der Striche, da keine Concentrationslinse vor den Spalt des Collimators gestellt wurde, nicht von nachtheiligem Einfluss auf das Spectrum und die Messungen. Die Höhe des benutzten horizontalen Gitterstreifens musste natürlich annähernd bekannt sein.

Wegen dieser Divergenz ist bei den p. 191 folgenden fünf Messungsreihen stets die gemessene Gitterstelle bezeichnet. Sie war, wie schon erwähnt, dadurch leicht zu bestimmen, dass bei der Justirung des Gitters das Mikroskop zunächst auf eine der beiden Hülfslinien sah, und dann senkrecht zu dieser Linie verschoben und wieder scharf auf das Gitter eingestellt wurde. Die Verschiebung war messbar an einer Millimeterscala, und die gemessene Gitterstelle ist also jedesmal durch den Abstand von einer der Justirungslinien definirt. Diese beiden Linien sind in der Tabelle II p. 191 mit h_I und h_{II} bezeichnet.

Innerhalb jeder einzelnen Messungsreihe wurden die Stellen des Gitters, an denen die Breite gemessen wurde, so gewählt, dass der resultirende Mittelwerth die Breite der Mitte des Gitters gab. Aus der Ueberschrift, die jede Messungsreihe besitzt, wird man dies erkennen.

Die Zahlen der Tabelle p. 191 sind in derselben Weise gefunden und berechnet, wie bei Gitter II, die Einheit ist wieder der pars = $^1/_{20}\,\mu$, die Anzahl partes gibt die Dif-

ferenz zwischen der Gitterbreite und dem benutzten Maassstabintervall.

Tabelle I.

	part.	Abw.		part.	Abw.		part.	Abw.
	45	+14		32	+ 1	**III**	23	−8
	33	+ 2		26	·· 5		35	+4
I	56	+25	**II**	34	+ 3		34	+8
	80	− 1		9	−·22			
	46	+15		9	−23	**IV**	24	−7
	40	+ 9		19	−12		30	−1
							35	+4
							31,1	±1,9

Tabelle II.

			Gitter I auf dem vorderen Tisch.							Gitter I auf dem hinteren Tisch.						
			Justirt nach Linie h_I			Justirt nach Linie h_{II}			Justirt nach Linie h_I			Justirt nach Linie h_{II}			
1.	2.		3.	4.	5.	3.	4.	5.	3.	4.	5.	3.	4.	5.	6.
'emp	mm	mm	L.	part.	Abw.	L.	part.	Abw.	L.	part.	Abw.	L.	part.	Abw.	Mittel A‖
			bei h_I			bei h_{II}			bei h_I			bei h_{II}			
I. 11,0	0,6	44,0	1	1002	− 8	1	1047	+10	5	1000	− 5	1	1030	− 7	1023,2 +
	1,6	45,0	1	1008	+ 8	1	1041	+ 4	3	995	−10	1	1041	+ 4	
	2,6	46,0	1	1007	+ 2	1	1063	+26	1	1002	− 3	1	1042	+ 5	
			bei h_I			bei h_{II}			bei h_I			bei h_{II}			
II. 16,7	0,6	44,0	1	1005	0	1	1037	0	1	1021	+16	1	1030	− 7	1020,9 +
	1,6	45,0	1	1008	− 2	1	1029	− 8	1	1010	+ 5	1	1019	−18	
	2,6	46,0	1	1010	+ 5	1	1044	+ 7	1	1012	+ 7	1	1031	− 6	
			Mitte des Gitters			Mitte			bei h_I			bei h_{II}			
III. 16,7	3,6	47,0	3	1020	− 1	2	1024	+ 3	1	1022	+17	1	1045	+ 8	1022,5 +
	4,5	48,0	1	1024	+ 3	1	1027	+ 6	1	1004	− 1	1	1039	+ 2	
	5,6	49,0	1	1008	−13	1	1015	− 6	1	1004	− 1	1	1038	+ 1	
			Mitte			Mitte			bei h_I			bei h_{II}			
IV. 11,8	0,6	44,0	5	1015	− 6	3	1018	− 8	1	1006	+ 1	1	1030	− 7	1015,8 −
	1,6	45,0	5	1003	−18	3	1012	− 9	1	992	−13	1	1022	−15	
	2,6	46,0	3	1009	−12	2	1025	+ 4	1	1011	+ 6	1	1046	+ 9	
			10mm von h_I			10mm v. h_{II}			10mm von h_I			10mm v. h_{II}			
V. 18,9	3,6	47,0	3	1023	+10	3	1036	+ 7	3	1022	+ 9	3	1036	+ 7	1021,3 +
	4,6	48,0	2	1011	− 2	2	1025	− 4	2	1023	+10	2	1036	+ 7	
	5,6	49,0	1	1005	− 8	1	1018	−11	1	1008	− 5	1	1013	−16	
17,8															1020,7 ±

Tabelle III.

	1	2	3	4	5	
Abw. μ	+0,13	+0,01	+0,09	−0,25	+0,03	±0,05.
W. F. μ	±0,10	±0,09	±0,08	±0,10	±0,09.	

Bei Gitter I ist der Ausdehnungscoëfficient aber ein anderer, und zwar gleich 0,000 018 78, die Bestimmung desselben findet sich späterhin. Das zur Correction benutzte Gitterintervall wurde gleich 1,47 μ gesetzt.

Es muss hervorgehoben werden, dass die in Columne 5 gegebenen Abweichungen nicht in Bezug auf die mittlere Breite des Gitters, sondern auf die der Gitterstelle zukommende Breite berechnet sind.

Die Differenz zwischen oberer und unterer Breite ergibt sich aus den Messungsreihen I und II, sowie aus der zweiten Hälfte von Reihe III und IV. Wir erhalten durch sie die vorstehenden 18 Werthe der Tab. I, die im Mittel 31,1 partes = 1,56 μ ergeben. Nach dieser Grösse ist die jeder Gitterstelle zukommende Breite berechnet. Die wahrscheinlichen Fehler der fünf Messungsreihen ergeben sich sehr klein, sie sind mit den Abweichungen vom Mittelwerth in Tab. III zusammengestellt, und zwar in μ als Einheit.

In Tabelle IV sind die Werthe, welche mit demselben Maassintervall gefunden sind, zu einem Mittelwerth vereinigt, daneben stehen die Abweichungen in partes und μ.

Tabelle IV.

Intervall mm		Resultat partes	Abw. partes	Abw. μ
0,6	44,0	1020,1	−0,8	0,04
1,6	45,0	1014,6	−6,3	0,32
2,6	46,0	1025,2	+4,3	0,22
3,6	47,0	1028,5	+7,6	0,38
4,6	48,0	1023,6	+2,7	0,14
5,6	49,0	1013,6	−7,3	0,37
		1020,9	±1,6	±0,08

Eine Correction wegen der Justirungslinien war bei diesem Gitter, wie p. 174 gezeigt ist, nicht anzubringen. Dagegen war eine genaue Auswerthung der Mikrometerschraube erforderlich, da eine grosse Strecke der Schraube zum Messen benutzt wurde. Zahlreiche Bestimmungen des Schraubenwerthes, die zwischen die Gitterausmessungen eingeschaltet wurden, ergaben wieder, dass 2008 partes = $^{2000}/_{20}$ μ sind.

Die Differenz zwischen der Gitterbreite bei 20° und den Maassstabintervallen war gleich − 1020,7 partes gefunden, als Correction an dieser Anzahl ist daher noch − 4 anzubringen. Die − 1016,7 partes sind gleich − 50,84 μ.

Als Correction für die äusseren Fehler der Intervalle ist nach der Gleichung p. 189 noch + 12,32 μ anzubringen. Als Breite des Gitters bei 20° ergibt sich also:

$$43,40000 \text{ mm} \quad +12,32 \, \mu, \quad -50,84 \, \mu = 43,36148 \text{ mm}.$$

Die Gitterconstante erhalten wir wieder durch Division durch die Anzahl der Striche, die gleich 29521 ist, sie beträgt 0,001 468 835 mm bei 20°.

Nach dieser Constante, die das Gitter in dem horizontalen Streifen besitzt, der in der Mitte zwischen beiden Justirungslinien liegt, lässt sich die Constante für jeden beliebigen Streifen berechnen Es wurden bei den Winkelmessungen am Spectrometer nur zwei Streifen des Gitters benutzt, die 7 mm von der Mitte des Gitters entfernt lagen.

Berechnen wir die zugehörigen Constanten und ihre Logarithmen, so ergibt sich als die Differenz der Logarithmen 0,000 005 0. Diese Grösse erwähne ich hier, da wir sie einerseits zur Ableitung der Wellenlängen brauchen werden, andrerseits sie aber auch aus den Beugungswinkeln ziemlich genau ableiten können.

(Fortsetzung im nächsten Heft.)

--- ---- --- --

XIII. *Ein experimenteller Beitrag zur Theorie des Regenbogens und der überzähligen Bogen; von C. Pulfrich.*

(Hierzu Taf. II Fig. 8—10.)

———

A i r y [1]) hat die Erscheinungen des Regenbogens am voll-
ständigsten erklärt. Seine Theorie ist von M i l l e r [2]) durch
Messungen an sehr dünnen Wasserfäden geprüft und in ihren
Hauptzügen bestätigt worden.

Es sind im Folgenden einige neue, unter wesentlich anderen Versuchsbedingungen ausgeführte Beobachtungen mitgetheilt, welche die Schlussfolgerungen der A i r y'schen
Theorie in ihrem vollen Umfange verificiren. Ich habe mich
zu dieser Untersuchung um so eher entschliessen können,
da ich bei dem neu construirten Totalreflectometer[3]) über
gut geschliffene und homogene Glascylinder von verhältnissmässig hoher Brechbarkeit verfügte. Gleichzeitig bildet
die Untersuchung ein wichtiges Prüfmittel für die Güte der
Cylinder.

Die Versuche sind mit Hülfe eines grossen M e y e r -
s t e i n'schen Spectrometers unter Benutzung des homogenen
Lichtes der Na-, Li- und Tl-Flamme sowohl, wie auch von
Sonnenlicht ausgeführt. Im letzteren Falle ist es gelungen,
den farbigen Regenbogen spectroskopisch zu zerlegen und
die Messungen über das ganze Spectrum auszudehnen.

Literaturübersicht zur Theorie des Regenbogens.

Die alte D e s c a r t e s - N e w t o n'sche Regenbogentheorie
wurzelt in einfachen geometrischen Grundbegriffen. Bezeichnet man mit i und r Einfalls- und Brechungswinkel, mit k
die Anzahl der Reflexionen, so liefert die Gleichung:

$$(I) \qquad \varrho = 2\,(i - r) + k\,.\,(\pi - 2\,r)$$

den Drehungswinkel des aus seiner Richtung abgelenkten
Strahles. Aus dieser und der bekannten Brechungsgleichung:

———

1) Airy, Pogg. Ann. Ergbd. 1. p. 232. 1842.
2) Miller, Pogg. Ann. 58. p. 214. 1841; 56. p. 358. 1842.
3) Pulfrich, Wied. Ann. 30. p. 193 u. 487.; 31. p. 724. 1887.

(II)
$$\frac{\sin i}{\sin r} = n$$

findet sich für den Einfallswinkel des am wenigsten abgelenkten Strahles:

(III)
$$\cos^2 i = \frac{n^2 - 1}{k^2 + 2k}.$$

Es sind dies die bekannten Formeln, aus denen sich bei
gegebenem Brechungsexponenten für jeden Regenbogen
($k = 1, 2, \ldots$) das Minimum der Ablenkung (ϱ) berechnen
lässt.

Die parallelen Strahlen in der Nähe des Minimums werden als „wirksame Strahlen" bezeichnet. Es ist dies natürlich nicht so zu verstehen, als ob die übrigen Strahlen gar
keine Lichtempfindung hervorzurufen im Stande wären. Die
Strahlen werden nur in der Richtung des Minimums besonders stark reflectirt. Man nennt den durch ϱ bestimmten
Bogen kurz den „geometrischen".

Die erste Erklärung der überzähligen Bogen gab Young
(1804). Aus der Interferenz der zusammengehörigen Strahlen, die unter verschiedenen Einfallswinkeln in den Tropfen
eingedrungen sind und innerhalb desselben verschiedene
Wege durchlaufen haben, folgerte Young eine abwechselnde
Verstärkung und Schwächung der Intensität.

Die Airy'schen Entwickelungen gehen von dem Umstande aus, dass die austretenden Strahlen eine Brennlinie
hervorrufen, bestehend aus zwei getrennten Aesten (a und b
in Fig. 10), welche den am wenigsten abgelenkten Strahl (G)
als gemeinschaftliche Asymptote haben. Airy stellte deshalb zuerst die Gestalt der Lichtwelle fest und verfolgte
dann an der Hand des Huygens'schen Satzes, wonach
jeder Punkt einer Welle das Centrum für ein neues Wellen-
system sei, die Interferenzen der von der Hauptwelle ausgehenden Elementarwellen. Damit wurden sowohl die überzähligen Bogen, als auch die Abweichung der Lage des
Regenbogens von dem ihm durch die Descartes'sche Theorie
angewiesenen Ort erklärt.

Die Vertheilung der Intensität für die drei, in ihrer
Vollkommenheit stetig ansteigenden Theorien, lässt sich an-

schaulich durch eine graphische Darstellung erläutern, wie
es zuerst Airy gethan hat, und wie sie in Fig. 3 wiedergegeben ist. Die punktirte Gerade bezeichnet das Minimum
der Ablenkung.

Da es hier nicht der Ort ist, auf alle Einzelheiten und
Consequenzen der Theorie einzugehen, so sei auf die Airy'-
sche Originalarbeit und auf die anschauliche Behandlung
verwiesen, welche Clausius[1] dem Gegenstand hat zu Theil
werden lassen.

Die Lehrbücher der Physik erwähnen die Airy'sche
Theorie meist gar nicht oder nur vorübergehend, da die
etwas schwierigen mathematischen Entwickelungen nicht leicht
in den Rahmen einer elementaren Behandlung hineinpassen.
Neuerdings hat deshalb Delsaulx[2] einen etwas vereinfach-
ten Weg angegeben, der zu den gleichen (Airy'schen) Resultaten führt. —

Mit genauen Messungen ist die Erscheinung des Regenbogens nur von wenigen verfolgt worden. Babinet[3] gebührt das Verdienst, zuerst Cylinder angewandt zu haben.
Seine Versuche an einfach und doppeltbrechenden Cylindern
sind in mancher Hinsicht erwähnenswerth. Indessen hat
Babinet die Sache nicht weiter verfolgt, da er die Young'-
sche Erklärung der überzähligen Bogen als eine solche an-
sah, „die nichts zu wünschen übrig lasse". Die Airy'sche
Arbeit fand in Frankreich nur vereinzelt[4] ihre richtige
Würdigung.

Auch in der 25 Jahre später durch Babinet der Pariser Academie vorgelegten und sehr umfangreichen Arbeit
von Billet[5] liegt der Schwerpunkt der Untersuchung in
ganz anderen Dingen.[6]

1) Clausius, Grunert's Meteorologische Optik. 1. p. 421. 1850.
2) Delsaulx, Ann. de la Soc. sc. de Bruxelles. 6. 8 pp. 1882. Beibl.
7. p. 299. 1883.
3) Babinet, Pogg. Ann. 41. p. 139. 1837.
4) Raillard, Compt. rend. 44. p. 1142. 1857; 60. p. 1287. 1865.
Pogg. Ann. 126. p. 511. 1865.
5) Billet, Ann. de l'école norm. 5. p. 67. 1868.
6) Ebenso bei Hammerl, Wien. Ber. 86. (2) p. 206. 1883.

Miller ist der einzige, der in sechs ausführlichen Beobachtungsreihen die Winkelabstände einer grossen Anzahl
überzähliger Bogen gemessen hat. Sein von Babinet ent-
lehntes Verfahren, dieselben zu beobachten, bestand im wesentlichen in der Anwendung eines schmalen Verticalspalts,
eines getheilten Kreises und eines kleinen Fernrohrs. Als
Beobachtungsobjecte dienten cylindrische $^1/_2$ mm dicke Wasserfäden, die durch Ausfliessen des Wassers aus einem vertical gestellten Röhrchen gebildet waren.

Streifen	Streifenabstände		Verhältnisszahlen	
	I. Bogen	II. Bogen	beobachtet	nach Airy
I. Max.	0⁰ 32′	0⁰ 59′	0,94	1,08
1. Min.	1 19	2 20	2,51	2,48
II. Max.	1 51	3 17	3,47	3,47
2. Min.	2 23	4 14	4,44	4,44
III. Max.	2 48	5 0	5,20	—
IV. „	3 36	6 26	6,72	—
V. „	4 18	7 42	8,06	—

$d = 0,0185$ Zoll; $n = 1,3345$.

I. Geom. Bogen $\varrho = 138^0\, 8'$; II. Geom. Bogen $\varrho = 231^0\, 17'$.

Zum Vergleich mit den eigenen Beobachtungen sind
einige Zahlen der Miller'schen Messungen in vorstehender Tabelle zusammengestellt. Die Dicke des Wasserfadens
ist mit d bezeichnet, n bedeutet den Brechungsexponenten
„für den hellsten Theil des Spectrums". Die Verhältnisszahlen, die trigonometrischen Tangenten der Winkelwerthe,
sind das Mittel aus den bei allen Beobachtungsreihen erhaltenen, wobei immer der Abstand des zweiten hellen Streifens
vom geometrischen Bogen gleich der Airy'schen Zahl 3,47
gesetzt wurde. Wie man sieht, stimmen die aus den Miller'schen Beobachtungen berechneten Verhältnisszahlen mit
den Airy'schen recht gut überein. Denn dass die erste
Zahl 0,94 etwas zu klein erhalten wurde, liegt offenbar in
der Unsymmetrie des ersten Lichtstreifens und der dadurch
bedingten fehlerhaften Einstellung begründet. Auch hat
Miller durch Einstellung auf den Beginn des ersten Streifens nachweisen können, dass sich die Lichtcurve noch über
den geometrischen Bogen hinaus fortsetzt.

Mit Rücksicht auf die Airy'schen und Miller'schen
Resultate ermittelte Galle[1]) (1843) die genauen Distanzen
des natürlichen Regenbogens von der Sonne.

Neue Beobachtungen an Glascylindern.

Im Ganzen sind zu den Messungen folgende fünf Glascylinder benutzt worden:

Cylinder	Dicke mm	Brechungsexponent für D
I.	36,8	1,73727
II.	38,0	1,7151
III.	35,0	1,61292
IV.	36,9	1,61292
V.	14,7	1,61511

Vorversuche. Um sich zunächst über die gänzlich veränderte Lage der Farbenstreifen zu orientiren, für welche
wir den Namen „Regenbogen" beibehalten wollen, wurden
die Cylinder auf weisser Papierunterlage den horizontal einfallenden Sonnenstrahlen ausgesetzt. Auf diese Weise erschienen die den Regenbogen bildenden Strahlen wie mit dem
Pinsel aufgetragene Farbenstreifen, deren rother Rand verhältnissmässig scharf begrenzt war und deshalb leicht copirt
werden konnte. Fig. 4 stellt die so fixirte Lage der vier
ersten Regenbogen für den II. Cylinder dar. Die Farbenfolge von Roth nach Blau ist durch einen Pfeil angedeutet.
Um die Auffindung des Strahlenganges für jeden einzelnen
Regenbogen zu erleichtern, sind den Zahlen die Buchstaben
o und u beigefügt, welche andeuten sollen, dass die von
rechts kommenden Sonnenstrahlen auf die obere, resp. untere
Hälfte aufgefallen sind. Die Drehungswinkel (ϱ) sind von
der Richtung der einfallenden Strahlen im Sinne der Pfeile
zu zählen. Im Vergleich mit dem natürlichen Regenbogen
fällt in der Figur der grosse Winkelwerth zwischen Io und
IIu besonders in die Augen. Die punktirten Linien o und u
sind die Brennlinien der gebrochenen Strahlen. — Die Intensität der Streifen höherer Ordnung nimmt natürlich stark
ab, indessen ist es mir möglich gewesen, ohne starke Ver-
dunkelung des Zimmers zwölf aufeinanderfolgende Regen-

---

1) Galle, Pogg. Ann. **63.** p. 342. 1844.

bogen zu sehen. Ueber deren Reihenfolge entschied die Benutzung eines Verticalspaltes, den man von der Mitte zum
Rande langsam vorschob.

Mittelst des Verticalspaltes liess sich ferner die Umkehr
der Strahlen in der Gegend des Minimums gut demonstriren.
Die in Fig. 4 sichtbare Krümmung der Streifen in der Nähe
des Cylinders ist eine Folge des bekannten Strahlenganges
und bedeutet den äusseren Zweig der von Airy erkannten
Brennlinie (*b* in Fig. 10).

Auch im Inneren konnte man den Gang der Strahlen,
selbst nach einer dreimaligen Reflexion, noch erkennen. Es
ist dies die Folge einer weisslichen Trübung, von der auch
das beste Glas nicht freizusprechen ist, die aber nur bei
intensiver Beleuchtung sichtbar ist. Der Einblick war durch
die obere polirte Planfläche des Cylinders möglich gemacht.

Orientirung des Cylinders auf dem Tischchen
des Goniometers. Es war die Axe des Cylinders parallel
zur Drehungsaxe des Theilkreises zu richten. Diese Orientirung konnte mit grosser Genauigkeit ausgeführt werden,
und liess sich die Wirkung des Cylinders auf parallele Strahlen hierzu verwerthen. Letztere vereinigen sich nämlich
dicht hinter dem Cylinder in einer verticalen Brennlinie, von
wo aus sie wieder stark divergiren. Statt des Spaltes mit
Querfaden erschien deshalb im Fernrohr ein langgestrecktes
Lichtband von der Höhe des Spaltes mit dunkler Längslinie
in der Mitte. Die Orientirung war nun erreicht, wenn die
dunkle Linie mit dem Durchschnittspunkt des Fadenkreuzes
zusammenfiel und bei einer Drehung des Tischchens keine
Bewegung mehr erkennen liess. Mit Hülfe der drei Stell-
schrauben war das leicht zu bewerkstelligen.

Der Regenbogen bei Na-Licht. Der mit dem
dünnsten Cylinder (V) erzielte II. Regenbogen ist in Fig. 5
zur Anschauung gebracht. Die im Fernrohr sichtbare Erscheinung bringt, wie ein Vergleich mit Fig. 3 ergibt, den
Verlauf der Airy'schen Lichtcurve zum unmittelbaren Ausdruck; die Messung hat nur über den relativen Abstand der
Streifen und über die Lage zum geometrischen Bogen zu
entscheiden. (Ueber Fig. 5 siehe p. 208.)

Für die Cylinder I—IV liegen die Streifen näher zusammen, als in Fig. 5 angedeutet ist, ebenso für den I. Regenbogen. Diejenigen höherer Ordnung haben einen stetig
zunehmenden Abstand der Streifen. Bei der geringen Lichtstärke der Flamme des Bunsen'schen Brenners konnten
aber nur die ersten vier Regenbogen erkannt werden. Mit
Li- und Tl-Licht war schon der II. Regenbogen kaum sichtbar.

Anders bei Sonnenlicht. Die Intensität dieser Strahlen, welche durch eine Sammellinse auf dem Spalte vereinigt
wurden, gestattete selbst die Berücksichtigung des Regenbogens VII. Ordnung. Aus dem Farbenstreifen eines jeden
Regenbogens sind natürlich die einzelnen Streifen nicht mehr
zu erkennen, da die einseitig begrenzten Gebiete der Helligkeit, ähnlich wie es mit dem Farbenspiel der Totalreflexion
der Fall ist, für die verschiedenen Farben sich übereinander-
lagern.

Die spectrale Zerlegung der Farbenstreifen erfolgte in derselben Weise wie früher[1]), mit Hülfe eines stark
dispergirenden Ocularspectroskopes. Der an der Stelle des
Fadenkreuzes im Fernrohr horizontal befestigte Spalt des
Spectroskopes greift aus der verticalen Farbenzone einen
schmalen Querstreifen heraus, der dann zu einem verticalen
Spectrum ausgebreitet wird. Das Resultat der spectralen
Zerlegung ist durch Fig. 6 veranschaulicht. Die verticale
dunkle Linie entspricht dem Querfaden vor dem Spectroskop-
spalt; die Fraunhofer'schen Linien liegen horizontal und
die Interferenzstreifen durchziehen das Gesichtsfeld in schrä-
ger Richtung. Die Zeichnung bezieht sich wieder auf den
II. Regenbogen des Cylinders V, und entsprechen die Abstände für die *D*-Linie genau den Grössenverhältnissen der
Fig. 5. Die Streifen erscheinen aber näher zusammengerückt
zu sein.

Durch Bewegung des Fernrohrs verschiebt sich das
Streifensystem über die festliegenden Fraunhofer'schen
Linien hinweg und lässt sich jeder einzelne Streifen auf den
Durchschnitt von Verticalfaden und Fraunhofer'scher Linie

1) Pulfrich, l. c. II. Mitth. p. 488.

bringen, so wie es in Fig. 6 für den I. Streifen und die
D-Linie angedeutet ist.

Für die Regenbogen höherer Ordnung nimmt mit dem
Streifenabstand für eine bestimmte Farbe gleichzeitig auch
die Dispersion zu. Der senkrechte Abstand der Streifen
scheint derselbe geblieben zu sein; das System nähert sich
immer mehr einer horizontalen Lage, seine Bewegung ist
verlangsamt.

Infolge dessen nahmen die Einstellungsfehler für die
Bogen höherer Ordnung stetig zu. Auch war die Einstellung auf jeden einzelnen Streifen eine die Augen nicht wenig
ermüdende und anstrengende Aufgabe. Hr. cand. Mülheims
hatte die Freundlichkeit, mir später durch Ablesung der Mikroskope einen Theil der Arbeit abzunehmen.

Zeitweise wurde dem Spalte des Spectroskopes auch
eine verticale Lage gegeben. Die Einstellung erfolgte dann
wieder unter Benutzung der Fraunhofer'schen Linien.

In beiden Fällen gewährt das Ganze einen überaus
schönen Anblick. Sorgt man dafür, dass der Spalt genau
im Brennpunkt des Fernrohrobjectivs sich befindet, so lassen
sich hundert und mehr Streifen deutlich erkennen. Bei den
dicken Cylindern gleicht der Anblick in einiger Entfernung
vom I. Streifen dem eines feinen Gitters. Die Streifen folgen in immer geringer werdenden Abständen aufeinander,
scheinen aber schliesslich äquidistant zu sein. Zu sagen, wo
sie aufhören, ist nicht gut möglich, obgleich dies für die
theoretische Erforschung der Erscheinung nicht ohne Interesse ist. Sie sind noch lange sichtbar, nachdem der I. Streifen längst im Ultraviolett dem Auge entrückt ist.

Ueber die Polarisationsverhältnisse werde noch
bemerkt, dass ein vorgehaltenes Nicol mit horizontal liegender kurzen Diagonale den zweiten Regenbogen völlig zum
Verschwinden brachte.

Erneute Untersuchung der Cylinder. Die vier
ersten Cylinder sind direct den neu construirten Totalreflec-
tometern entlehnt, und soweit dies durch den Fühlhebel[1) hat

---

1) Pulfrich, l. c. III. Mitth. p. 731.

cónstatirt werden können, genau gerade. Ihr Querschnitt weicht indessen mehr oder weniger von der genauen Kreisform ab. Für den Zweck, für welchen die Cylinder bestimmt sind, hat selbst eine stärkere Abweichung keinen Einfluss, wie ich ebendaselbst gezeigt habe. Es ist deshalb auch von einer weiteren Vervollkommnung Abstand genommen. Durch eine etwas abgeänderte Schleifmethode ist es gelungen, den zuletzt und eigens zum Zwecke der gegenwärtigen Untersuchung geschliffenen Cylinder V völlig tadellos herzustellen. Die Dickenunterschiede gehen nicht über 0,0005 mm hinaus.

Das Studium der Regenbogen bot nun ein vortreffliches Mittel, die Cylinder bezüglich ihres Querschnittes einer erneuten und empfindlichen Prüfung zu unterwerfen.

Drehte man nach vollbrachter Orientirung des Apparates und Cylinders, und nachdem das Fadenkreuz auf die Mitte eines Streifens eingestellt war, das Tischchen langsam um seine Axe, so trat für die dickeren Cylinder eine kleine Verschiebung der Streifen gegen die frühere Einstellung ein, die eben durch die ovale Gestalt des Querschnittes bedingt war. Sie betrug im stärksten Falle ungefähr die Hälfte der Breite des zweiten Streifens. Ihre Nichtberücksichtigung aber würde den Zweck der Untersuchung, wo minimale Winkelwerthe schon von Belang sind, ganz hinfällig gemacht haben. Es gilt dies besonders für die Regenbogen höherer Ordnung, die infolge der häufigeren Reflexionen im Inneren die Abweichungen in erhöhtem Maasse zeigten.

Bei dem V. Cylinder war von der beschriebenen Bewegung der Streifen selbst bei einer siebenfachen inneren Reflexion nichts zu erkennen. In Uebereinstimmung mit den Angaben des Fühlhebels hat der Cylinder also auch diese empfindliche Prüfung bestanden.

Das Goniometer, ein Meyerstein'sches Instrument, ist früher zu Spectraluntersuchungen vielfach verwandt und beschrieben worden. Der Kreis ist in Zehntelgrade getheilt; die Mikrometer geben 1—2″ an. Eine Untersuchung der Theilung durch directe Ausmessung an einigen Hundert Strichen hat ergeben, dass dem Apparat nicht unerhebliche

Theilungsfehler anhaften, die oft 6—10″ betragen.[1]) Dadurch, dass beide Mikroskope abgelesen wurden, sind diese Ungenauigkeiten nach Möglichkeit eliminirt worden. Trotzdem zeigten sich noch oft Abweichungen, die grösser waren, als man erwarten durfte, und die besonders dann hervortreten, wenn man, um auch andere Stellen der Theilung zu benutzen, die gerade Durchsicht etwas abänderte. Die Erklärung wird wohl in einer nicht ganz gelungenen Achromasie der Objective zu suchen sein und ferner in dem Nachtheil des Meyerstein'schen Apparates, dass man die Fernrohre nicht genau senkrecht zur Drehungsaxe des Theilkreises orientiren kann.

Bei der gegenwärtigen Untersuchung, wo ich mich, besonders was die Bestimmung der Brechungsexponenten angeht, mit relativ richtigen Zahlen nicht begnügen durfte, sind die besprochenen Fehlerquellen nicht ohne Einfluss gewesen.

Bei der Einrichtung des Spectrometers wird ferner das Beobachtungsfernrohr in seiner Bewegung stets durch die beiden Mikroskope behindert, sobald es sich, wie in dem vorliegenden Falle, um Winkel handelt, die den üblichen Ablenkungswinkel der prismatischen Methode übertreffen. Durch Benutzung der beiden festen Lager für das Collimatorrohr wurde die Messung der fraglichen Winkel, mit Ausnahme für den I. und IV. Regenbogen, ermöglicht. Die für den I. Regenbogen mitgetheilten Messungen wurden unter Zuhülfenahme eines ausserhalb des Apparates befestigten zweiten Fernrohres ausgeführt. Dasselbe wurde zuerst auf den betreffenden Streifen eingestellt und die Einstellung dann durch Beleuchtung des Fadenkreuzes auf das eigentliche Fernrohr des Apparates übertragen.

Die Bestimmung der Brechungsexponenten wurde nach der Methode der minimalen Ablenkung an 60-gradigen Prismen, die aus demselben Stück Glas wie die Cylinder geschliffen waren, mit der äussersten Sorgfalt ausgeführt und oft wiederholt. Die p. 198 angegebenen Werthe dürfen auf 1 — 2 Einheiten der fünften Decimale als genau angesehen

---

1) Vgl. auch Sieben, Wied. Ann. 8. p. 140. 1879.

werden. Mit dieser Genauigkeit, welche auch für die folgenden
Zahlen gültig bleibt, ist zugleich die Leistungsfähigkeit des
Meyerstein'schen Spectrometers erschöpft. Für den
II. Cylinder wurde der früher[1]) erhaltene Werth zu Grunde
gelegt.

V. Cylinder.

Linie	Wellenlänge	Brechungsexponent
B	0,6872	1,60854
Li	0,6705	1,60949
C	0,6567	1,61031
D(Na)	0,5898	1,61511
Tl	0,5350	1,62043
E	0,5271	1,62141
F	0,4862	1,62703

Fehlerrechnung. — In wie weit die besprochenen
Fehler von n auf die Lage der nach Formel (I), (II) und (III)
(p. 194 u. 195) berechneten „geometrischen Bogen", ϱ, von Einfluss sind, zeigt die folgende Tabelle, welche für eine Aenderung
des Brechungsexponenten um eine Einheit der fünften Decimale die entsprechenden Winkeländerungen des geometrischen Bogens angibt.

Bogen	1,73727	1,7151	1,61511	1,3346 (Miller)
I.	—	1,8″	2,3″	5,2″
II.	4,1″	4,4	5,1	10,0
III.	—	6,3	7,4	—
IV.	—	8,1	—	—
V.	—	9,9	11,6	—
VI.	—	11,4	—	—
VII.	—	—	15,8	—

Resultate der Messungen. — Die folgenden Tabellen
sind nach dem Vorhergehenden ohne weitere Erklärung verständlich. Sie enthalten die beobachteten Winkelabstände
von den aus den Brechungsexponenten berechneten geometrischen Bogen (ϱ), diese selbst und die Verhältnisszahlen der
Abstände. Wo nicht anders angegeben, beziehen sich Winkel
und Verhältnisszahlen stets auf die Na-Linie (D).

---

1) Pulfrich, l. c. II. Mitth. p. 495.

Winkelabstände.

Streifen	I. Cylinder II. Bogen 300° 35′ 43″	II. Cylinder II. Bogen 298° 1′ 40″	II. Cylinder III. Bogen 414° 10′ 10″	III. und IV. Cylinder II. Bogen 284° 47′ 48″	
I. Max.	1′ 50″	1′ 45″	2′ 53″	2′ 7″	2′ 7″
1. Min.	4 14	4 12	6 45	5 0	—
II. Max.	6 2	5 45	9 37	6 45	6 27
2. Min.	7 23	7 23	12 28	8 39	—
III. Max.	9 5	8 35	13 59	10 25	9 45
IV. „	—	11 19	—	13 21	12 26
V. „	—	13 49	—	15 57	15 5
VI. „	—	15 59	—	18 28	17 27
VII. „	—	—	—	20 41	19 45
VIII. „	—	—	—	22 53	21 51
IX. „	—	—	—	24 59	23 57
X. „	—	—	—	27 5	25 27

Verhältnisszahlen.

I. Max.	1,05	1,06	1,04	1,08	1,14
1. Min.	2,43	2,53	2,43	2,57	—
II. Max.	3,47	3,47	3,47	3,47	3,47
2. Min.	4,25	4,45	4,50	4,45	—
III. Max.	5,22	5,18	5,05	5,35	5,24
IV. „	—	6,83	—	6,86	6,69
V. „	—	8,34	—	8,17	8,12

Was zunächst die vier ersten dickeren Cylinder angeht, so sind die Resultate in Anbetracht der Schwierigkeit der Einstellung auf die eng zusammenliegenden Streifen immerhin bemerkenswerth. Die Uebereinstimmung der Verhältnisszahlen mit der Theorie (vgl. p. 197) ist als eine gute zu bezeichnen, wenn man bedenkt, mit welch' kleinen Winkeln man es hier zu thun hat, und wie leicht die Werthe durch geringe Fehler der Brechungsexponenten beeinflusst werden. Insbesondere fällt die für das Maximum des ersten unsymmetrischen Streifens erhaltene Zahl mit der Airy'schen (1,08) vollkommen zusammen. Auch wurde durch Einstellung auf den Beginn des ersten Streifens der erhaltene Drehungswinkel stets kleiner als der des geometrischen Bogens gefunden.

Die extremen Versuchsbedingungen, wie sie sich in den Miller'schen und den gegenwärtigen Beobachtungen documentiren, erheben also die von Airy für eine bestimmte Farbe verlangte Lichtvertheilung über jeden Zweifel.

Die geometrischen Bogen (ρ) für den V. Cylinder.

Linie	I. Bogen	II. Bogen	III. Bogen	V. Bogen	VII. Bogen
B	—	284° 10' 17"	—	—	—
Li	165° 42' 57"	—			
C	—-	284 25 30	394° 21' 3"	607° 8' 46"	816° 40' 50"
D	166 5 26	285 6 23	395 20 16	608 42 17	818 47 32
Tl	166 26 20	—			
E	—	285 59 31	396 37 14	610 43 46	821 32 24
F	—	286 46 25	—	—	—

Abstände und Verhältnisszahlen
für den V. Cylinder.

I. Bogen.

Streifen	Li	Na	Tl
I.	2' 30"	2' 18"	2' 8"
II.	7 27	5 55	5 49
III.	12 14	10 9	9 20
IV.	—	13 6	—
V.	—	15 42	—

II. Bogen.

Streifen	B	C	D	E	F
I.	3' 55"	3' 55"	3' 30"	3' 19"	3' 11"
II.	14 4	13 26	11 27	10 58	10 9
III.	21 4	19 54	17 54	16 12	15 54
IV.	26 34	25 24	22 51	21 2	20 39
V.	—	30 36	27 31	25 26	24 30
VI.	—	—	31 58	29 25	—
VII.	—	—	36 8	33 19	—
VIII.	—	—	40 1	36 55	—
IX.	—	—	43 46	40 12	—
X.	—	—	47 5	43 40	—

III. Bogen.

Streifen	C	D	E
I.	6' 30"	5' 7"	4' 31"
II.	20 46	17 17	15 54
III.	30 44	26 52	23 42
IV.	38 49	34 48	29 54
V.	45 49	41 42	36 2

V. Bogen.

Streifen	C	D	E
I.	10' 42"	9' 35"	6' 22"
II.	29 30	27 42	24 19
III.	45 2	40 53	37 4
IV.	56 19	52 21	47 56
V.	67 6	63 34	57 8

VII. Bogen.

Streifen	C	D	E
I.	8' 50"*	12' 53"	13' 48"*
II.	—	36 27	35 31
III.	—	55 51	50 40
IV.	—	70 21	—
V.	—	82 52	—

Streifen	I. Bogen	II.	III.	V.	VII.	Miller	Airy
I. Max.	1,35	1,06	1,08	1,20	1,28	0,94	1,08
1. Min.	—	2,50	—	—	—	2,51	2,48
II. Max.	3,47	3,47	3,47	3,47	3,47	3,42	3,47
2. Min.	—	4,44	—	—	—	4,44	4,44
III. Max.	5,95	5,42	5,40	5,12	5,32	5,20	—
IV. „	7,68	6,43	6,97	6,62	6,70	6,72	—
V. „	9,22	8,34	8,37	7,97	7,89	8,06	—

Auch die Abhängigkeit der Winkel von der Dicke der
Cylinder, für welche Airy eine Proportionalität zur dritten
Wurzel aus $1/D^2$ ableitete, tritt aus den Beobachtungen III
und IV (p. 205) deutlich hervor. Um den Einfluss genauer zu
verfolgen, hätte man Cylinder aus demselben Glase und von
sehr verschiedenem Durchmesser nehmen müssen.

Für den V. Cylinder liegen natürlich die Streifen schon
weiter auseinander. Bezüglich des Einflusses der Wellenlänge auf die Abstände zeigen die Tabellen (p. 206) eine
Abnahme der Winkel vom rothen zum blauen Ende des
Spectrums. Auch nach dieser Richtung ist somit die Airy-
sche Regenbogentheorie als bestätigt anzusehen, indem eine
Berechnung aus den Beobachtungen für die D-Linie erkennen
liess, dass die Abstände für die anderen Farben in der That
der dritten Wurzel aus λ^2 proportional sind. Nach Angabe
der Tabelle sind in Fig. 7 die Lichtcurven für den II. Regenbogen aufgezeichnet. Die punktirten Geraden geben die
Lage der zugehörigen geometrischen Bogen an. Der herrschenden Lichtintensität ist durch eine verschiedene Höhe
der Curven Rechnung getragen. Die für fünf Fraunhofer'-
sche Linien ausgeführte Zeichnung lässt die complicirte Zusammensetzung des Farbenbandes gut erkennen; in Wirklichkeit hat jeder Strahl des Spectrums sein besonderes
Streifensystem, wie obige Fig. 6 deutlich erkennen lässt.

Es ist ferner ersichtlich, dass der Durchmesser der
Glascylinder noch erheblich kleiner sein muss (weniger als
$1/2$ mm), ehe der Abstand zwischen dem ersten und zweiten
Streifen so gross geworden ist, dass sich die sämmtlichen
ersten Streifen zu einem Gesammtstreifen, dem farbigen
„Hauptbogen“ und die folgenden Streifen zu selbständigen
„überzähligen Bogen“ vereinigen können, Erscheinungen, wie
sie sich in den Miller'schen Versuchen und dem Regenbogen
der Atmosphäre wiederspiegeln. Es sei bei dieser Gelegenheit noch darauf aufmerksam gemacht, dass infolge der ungleichen Abstände für die verschiedenen Farben die Zahl
der dann sichtbaren überzähligen Bogen immer noch eine
beschränkte bleibt, wenn schon der Hauptbogen aus dem
Farbengemisch sich losgelöst hat.

Es erübrigen noch einige Worte über die Regenbogen
höherer Ordnung. Den Verlauf derselben überblickt man
am besten wieder durch eine graphische Aufzeichnung. Die
wichtigsten Resultate lassen sich auch aus den Tabellen ohne
weiteres erkennen.

Der Winkelabstand der beiden ersten Regenbogen, die
Differenz der geometrischen Bogen, beträgt etwa 119⁰ und
nimmt für die folgenden langsam ab. Jenseits des VII. Regenbogens folgen die einzelnen mit einem Abstande von
nahezu constant 104⁰ aufeinander. Unter Berücksichtigung
dieser Werthe kann man sich aus Fig. 4 über die Lage des
V., VI., VII. und der Bogen höherer Ordnung einigermassen
orientiren.

Des weiteren nehmen die Streifenabstände für eine bestimmte Farbe, sowie die Gesammtabstände verschiedenfarbiger Systeme voneinander stetig und in gleichem Verhältnisse
zu. Denn es fällt z. B. die Mitte des Abstandes $D-E$ für
alle Regenbogen mit dem zwischen dem IV. und V. Streifen
der D-Linie liegenden Minimum zusammen. Da auch die
Verhältnisszahlen mit der Theorie in Uebereinstimmung sich
befinden, so folgt, dass die Airy'sche Lichtvertheilung auch
für alle Bogen höherer Ordnung gültig bleibt.

Bonn, 1. August 1887.

Bemerkung zu Figur 5 der Tafel II.
(Vergl. p. 199.)

Durch ein Versehen ist Fig. 5 um 180⁰ gedreht worden. In den
Figuren 3, 6 und 7 entspricht die Reihenfolge der Streifen von links
nach rechts einer Zunahme des Drehungswinkels ϱ. Diese Znahme ist
jetzt in Fig. 5 in umgekehrter Richtung zu verstehen.

In Wirklichkeit kommt auch diese Streifenfolge vor, wie aus der
entgegengesetzten Pfeilrichtung in Fig. 4 (vgl. p. 198) hervorgeht. In
diesen Fällen verlaufen in Fig. 6 die Streifen von oben links nach unten
rechts. Auch die Bewegung ist dann eine umgekehrte.

XIV. *Ueber eine dem Regenbogen verwandte Erscheinung der Totalreflexion; von C. Pulfrich.*

—

Man lasse aus einiger Höhe, am besten unter dem Drucke der Wasserleitung, in einen rechtwinkeligen Glaskasten Wasser stürzen und setze denselben dann sofort den horizontal einfallenden Sonnenstrahlen aus. Die äusserst fein vertheilten Luftkügelchen, die sich einige Zeit im Wasser halten und nur allmählich nach oben steigen, übernehmen hier die Rolle der Regentropfen der Atmosphäre. Sieht man nämlich unter ca. 90° zur Richtung der ankommenden Strahlen von rechts oder links nach dem Gefäss hin, so zeigt sich schon nach wenigen Augenblicken ein röthlicher Schimmer, zu dem bald die übrigen Farben des Spectrums hinzutreten. Nach Verlauf von 1 bis $1\frac{1}{2}$ Minuten ist die ganze Erscheinung mit sammt den überzähligen Bogen vollständig ausgebildet. Deutlich kann man bei Hin- und Herbewegung des Kopfes den Hauptbogen zwei der überzähligen Bogen und das Roth des dritten überzähligen Bogens erkennen. In dem Augenblicke, wenn die Luftkügelchen die Oberfläche nahezu erreicht haben, ist die Erscheinung am klarsten und intensivsten, um gleich darauf völlig zu verschwinden.

Sehr lichtstark ist die Erscheinung nicht, aber gut zu beobachten. Man suche durch das Wasser hindurchzusehen und beobachte ferner nur mit einem Auge. Durch Anwendung von zähen Flüssigkeiten, in welchen man die Luftkügelchen etwa durch galvanische Zersetzungen erzeugt, lässt sich der Verlauf der Erscheinung etwas verlangsamen.

Wir werden auf die Uebereinstimmung und Reciprocität des Versuches mit dem Regenbogen der Atmosphäre nachher zurückkommen und die Erklärung zunächst an ein zweites Experiment anknüpfen.

Wir denken uns einen der obigen Glascylinder in eine stärker brechende Flüssigkeit eingetaucht, welch' letztere von einem Glasgefäss mit ebenen Wänden aufgenommen wird. Das Gefäss befinde sich auf dem Tischchen eines Goniometers,

und es werde der in der Flüssigkeit vertical aufgestellte
Cylinder durch die vom Collimatorspalt kommenden Strahlen
beleuchtet. Da die umgebende Flüssigkeit eine grössere
Brechbarkeit besitzt als der Cylinder, so können jetzt nur
diejenigen Strahlen in den letzteren eintreten, welche unter
einem kleineren Einfallswinkel als dem Grenzwinkel (*e*) der
Totalreflexion auffallen. Alle weiteren Strahlen werden total
reflectirt, fallen aber in ihrer Richtung mit den aus dem
Cylinder heraustretenden Lichtstrahlen zusammen. Wir haben
demnach hier dasselbe, wie bei dem Regenbogen, wo alle
Strahlen in den Cylinder eingetreten sind, für einen bestimmten Einfallswinkel (*i*) aber ein Minimum der Ablenkung vorhanden ist.

Das Experiment, welches mit Cylinder V und Schwefelkohlenstoff ($e = 82^0$) ausgeführt wurde, liess denn auch die
Uebereinstimmung der Lichtvertheilung mit der oben geschilderten Regenbogenerscheinung (Fig. 5 und 6) erkennen.
Es zeigten sich nämlich, mit dem Grenzstrahl der Totalreflexion beginnend, eine grosse Anzahl von Interferenzstreifen, die immer enger zusammenrückten, je mehr man sich
der geraden Durchsicht näherte. Während indessen früher
die Lichtmaxima vor einem dunkeln Hintergrunde sich abho-
ben, ging hier dieser Eindruck besonders für den ersten
breiten Streifen verloren, indem letzterer in das von den
partiell reflectirten Strahlen beherrschte Gebiet allmählich
überging.

Die mit Rücksicht auf den ersten Versuch der Fig. 8
zu Grunde gelegten Werthe sind:

$n_{\text{Luft}} = 1$, $N_{\text{Wasser}} = 1{,}33$ und da $\sin e = n/N$, $2e = 96^0$.

Dass der Grenzstrahl der Totalreflection dieselbe Rolle
spielt, wie der am wenigsten abgelenkte Strahl der geometrischen Regenbogentheorie, geht auch aus der übereinstimmenden Form der Brennlinien hervor. Fig. 9 ist das Resultat
einer in grossem Maassstabe ausgeführten Construction.[1]
Zum Vergleich sind die Brennlinien des Regenbogens in
Fig. 10 beigefügt. Es ist *a* durch Strahlen gebildet, welche

---

[1] Vgl. den Optischen Atlas von Engel u. Schellbach.

unter den Einfallswinkeln Null bis *e*, resp. *i* in den Cylinder eingetreten sind. Im vorliegenden Falle ist also *a* das Ergebniss sämmtlicher gebrochenen Strahlen. Die reflectirten Strahlen bilden den anderen Zweig der Brennlinie, *b* und *c*, und zwar entspricht *b*, der vom Berührungspunkt mit *G* rechts gelegene Theil, den total-, *c* den partiellreflectirten Strahlen. In Uebereinstimmung mit Fig. 10 werden die in Betracht kommenden Curven *a* und *b* von dem Strahl *G* tangirt, während der Unterschied darin besteht, dass die Brennlinie *b* sich jenseits des Berührungspunktes mit *G* noch weiter fortsetzt.

Wir kommen jetzt auf den zuerst beschriebenen Versuch zurück. Der Umstand, dass man in unmittelbarer Nähe die für den Regenbogen der Atmosphäre passenden Bedingungen verfolgen kann und die Erklärung gleich zur Hand hat, macht den Versuch für denjenigen, welcher sich mit der Theorie des Regenbogens näher beschäftigt, zu einem sehr instructiven.

Zu Anfang befinden sich im Wasser gleichmässig vertheilt sehr viele ungleich grosse Luftkügelchen. Es ist dies die bekannte Bedingung für das Ausbleiben der überzähligen Bogen. Indem aber die grösseren Luftkügelchen schneller in die Höhe steigen, als die kleineren, werden nach einiger Zeit ziemlich gleich grosse sich im Wasser befinden. Der Zustand der übrigbleibenden Kügelchen nähert sich deshalb immer mehr der für das Zustandekommen der überzähligen Bogen doppelten Bedingung der Kleinheit und Gleichheit.[1]

Nur ein Unterschied zwischen dem Regenbogen der Atmosphäre und dem beschriebenen Experiment liegt vor, indem der Hauptbogen nicht sofort oder nur als ein schwacher röthlicher Schimmer auftritt, während doch bei dem eigentlichen Regenbogen der Hauptbogen auch dann noch sichtbar bleibt, wenn keine überzähligen Bogen vorhanden sind. Letzteres erklärt sich leicht, da die Vermischung der Farben, welche für den Hauptbogen an sich schon eine geringere ist, als die der überzähligen Bogen, nur eine einseitige

---

1) Vgl. Clausius, Meteorolog. Optik. 1. p. 431. 1850.

sein kann. Dort behalten also die Randstrahlen, welche
den Beginn der Erscheinung andeuten, immer eine ausgesprochen rothe Färbung. In unserem Falle ist zwar die
Vermischung der Farben für den Hauptbogen ebenfalls eine
einseitige, aber es vereitelt die mit dem Einfallswinkel zuerst
langsam, nachher schnell anwachsende Intensität des partiell
reflectirten, weissen Lichtes das völlige Zustandekommen des
ersten Farbenstreifens. Indem man durch ein Nicol dasselbe zum Theil fortschafft, tritt der Hauptbogen stärker
hervor.

Bonn, 1. August 1887.

XV. *Bestimmung der chromatischen Abweichung achromatischer Objective; von Max Wolf.*
(Hierzu Taf. II Fig. 11—14.)

Hr. H. C. Vogel hat in den Monatsberichten der Ber-
liner Academie 1880 p. 433 eine Methode gegeben, die
gegenseitige Lage der Hauptbrennweiten eines Fernrohrobjectivs für verschiedenfarbige Strahlen zu bestimmen: Vor
dem Ocular des Fernrohres wird ein Spectroskop mit gerader
Durchsicht angebracht. Man erblickt dann von einem Fix-
stern nicht ein lineares Spectrum, sondern ein Band, das in
jener Farbe eine Einschnürung zeigt, auf deren Vereinigungs-
punkt das Spectroskopocular gerade eingestellt ist. Die Verschiebung des Oculars, die nöthig ist, um die Einschnürung
von Farbe zu Farbe wandern zu lassen, gibt die Entfernung
der Vereinigungspunkte der betreffenden Farben voneinander
oder die chromatische Längenabweichung der Objectivlinse
für ein unendlich weit entferntes Object.

Da diese Methode nur für Fernrohre mit parallactischer
Montirung und Triebwerk bequem brauchbar ist, versuchte
ich sie in der Weise zu modificiren, dass ich statt des Sterns
Inductionsfunken zwischen Metallspitzen oder in einer mit
Wasserstoff gefüllten Geissler'schen U-Röhre in 15 bis 20 m

Entfernung von Objectiven mit 0,1 bis 1,5 m Brennweite benutzte. Hierbei erhielt ich nicht gut übereinstimmende Resultate, da die Accommodationsweite meines Auges sich fortwährend änderte. Dasselbe gilt von der Vogel'schen Methode bei Benutzung eines Fixsterns. Nur wenn man sich
anstrengt, mit dem einen Auge ein Object ausserhalb des
Fernrohrs zu fixiren, während man mit dem anderen Auge
die Einstellung macht, bekommt man unter einander stim-
mende Werthe für die Lagen der Brennpunkte. Dies ist bei
Fixsternbeobachtungen sehr schwierig (und ebenso bei Beobachtung der Funken), weil es nöthig ist, den Beobachtungsraum dunkel zu erhalten.

Aus diesem Grunde hängte ich eine dicke Thermometerkugel in grosser Entfernung vom Fernrohr auf und beobachtete das darauf gespiegelte Sonnenbild, das die Gestalt eines
leuchtenden Punktes hat. Dabei konnte das freie Auge gut
auf einen Gegenstand fixirt werden.

Allein es galt, einen anderen, wesentlichen Fehler zu
beseitigen. Es wirkt nämlich das nicht achromatische System:
Ocular + Auge, in nicht zu vernachlässigender Weise und
entstellt das Resultat, sodass man gar nicht die wirkliche
gegenseitige Lage der Brennpunkte durch diese Methoden
bekommt. Der Fehler wird bei grossen Fernrohren, wie sie
Hr. Vogel untersuchte, relativ sehr gering, sodass ihn Hr.
Vogel vernachlässigen konnte; aber bei kleineren Fernrohren
wird man bei Benutzung der besprochenen Methoden unter
Umständen ein Objectiv für sehr schlecht achromatisch erklären müssen, während es in der That gerade ausgezeichnet
achromatisch ist.

Um diese Fehler zu vermeiden, habe ich folgende Methode benutzt: Das zu untersuchende Fernrohr, Fig. 11 (*P*),
wird horizontal gelagert. Vor das Objectiv wird vertical und
senkrecht zur optischen Axe eine versilberte ebene Glasplatte (*G*) gestellt. In den Ocularauszug (*T*) wird ein Korkring (*E*) Fig. 12 mit einer seitlichen Oeffnung (*F*) geschoben,
durch welche ein Heliostat (*H*) Fig. 11 Sonnenlicht auf ein
Quecksilbertröpfchen (*Q*) in der Mitte des Korkringes wirft.
Das Quecksilberkügelchen wird von einem dünnen, verticalen,

aussen berussten Glasröhrchen getragen, das oben gerade
abgeschnitten und bis auf eine enge Oeffnung zugeschmolzen,
unten in einen mit Quecksilber gefüllten, hohlen Kork (*K*)
Fig. 12 gekittet ist. Durch Drehen einer Schraube (*R*) im
unteren Theil dieses Korkes kann die Grösse des Quecksilbertröpfchens geregelt werden. Ich benutzte Quecksilbertropfen von weniger als 0,4 mm Durchmesser auf Glasröhrchen
mit weniger als 0,27 mm weiten Oeffnungen. Das vom Quecksilberkügelchen reflectirte minimale Sonnenbild sendet sein
Licht durch das Objectiv auf den Spiegel (*G*) Fig. 11, der
es abermals durch das Objectiv nach dem Ocular reflectirt.
Von der Güte des Spiegels, resp. der benutzten Stelle desselben überzeugt man sich, indem man das zurückkommende
Sonnenbildchen durch eine starke Lupe betrachtet und mit
dem directen auf dem Quecksilbertropfen vergleicht. Man
sieht so auch, ob das benutzte Objectiv gute Bilder gibt.
Wenn das Sonnenbild auf dem Tröpfchen in der Brennebene des Objectivs ist, kommt nach der Reflexion bei *G*
(Fig. 11) durch das Objectiv ein Bild von jenem ebenfalls in
der Brennebene zu Stande. Und nur dann sind das Sonnenbild auf dem Tropfen und das durch das Objectiv davon erzeugte Bild in einer Ebene (der Brennebene), wenn das erstere
in der Brennebene stand. Betrachtet man daher ein directes
Bild auf dem Quecksilbertröpfchen und das vom Objectiv erzeugte gleichzeitig durch das Ocular, so sind bis auf sehr
kleine Grössen beide nur dann gleichzeitig scharf, wenn beide
in der Brennebene liegen.
Auf dem Ocularauszug wird mit Kolophoniumkitt ein
Schlitten (*V*) Fig. 12 aus Spiegelglasplatten gelagert, der in
einem Korkring (*A*) das mit einer stark convexen Linse ver-
sehene Spectroskop trägt.
Man stellt eine Farbe, sagen wir die *F*-Linie des directen Spectrums, d. h. das vom Sonnenbild auf dem Kügelchen
unmittelbar gesehen wird, ein, indem man das Spectroskopocular mit seinem Träger (*V*) gegen das Kügelchen so lange
verschiebt, bis das Spectrum bei der *F*-Linie scharf oder eingeschnürt ist. Bewegt man nun mit der Oculartriebschraube
den ganzen Ocularstutzen (*T*), so wird, da auch das Spectro-

skopocular mitgenommen wird, das Ocular auf F des directen Spectrums eingestellt bleiben. Man bewegt auf diese
Weise so lange den Stutzen, bis auch im Spectrum des vom
Objectiv kommenden Bildes die F-Linie eingestellt ist. Dies
wiederholt man, bis beide Objecte gleichzeitig scharf oder
eingeschnürt erscheinen. Das Quecksilberkügelchen befindet
sich dann in der Brennebene des Objectivs für das blaue
Licht der F-Linie. Man hat also, wenn man den Abstand
des Tröpfchens vom Objectiv misst, die Brennweite des Objectivs für die beobachtete Farbe.

Zu unserem Zweck liest man nur die Lage einer auf
dem Ocularauszug (T) angebrachten Marke, z. B. eines auf
ein Glasplättchen geritzten Striches, durch ein seitlich auf-
gestelltes Mikroskop mit Ocularmikrometer ab. Das von mir
benutzte Mikrometer gab direct $^1/_{15}$ mm und liess $^1/_{150}$ mm
schätzen. Gewöhnlich beobachtete ich nur auf $^1/_{30}$ mm genau.
Dasselbe führt man für eine andere Farbe aus. Die Differenz
der Ablesungen gibt, abgesehen von Fehlern, die von der
Lage des Bildes auf dem Kügelchen herrühren und in die
Grenze der Beobachtungsfehler fallen, die gegenseitige Entfernung der Brennebenen der zwei Farben.

So verfährt man für die Linien beliebiger Farben und
ermittelt die gegenseitigen Abstände der Brennpunkte, von
deren Lage man sich nach Vogel am besten eine Vorstellung macht durch eine Curve, deren Abscissen die Unterschiede der Brennweiten, deren Ordinaten die Wellenlängen
sind. Für die grünen, blauen und violetten Linien kann das
Sonnenspectrum ohne weiteres benutzt werden; um Linien im
Roth und Gelb gut zu sehen, leitete ich das Sonnenlicht vor
seinem Anfallen auf das Kügelchen durch ein Didymglas oder
ein blaues Glas.

Auch konnte ich seitlich von dem Kügelchen den Apparat mit den electrischen Funken aufstellen, sodass das
Funkenbild vom Tröpfchen reflectirt wurde. Dabei wurden
am vortheilhaftesten Spitzen aus Zink und solche aus Mag-
nesium benutzt oder eine Wasserstoffröhre eingeschaltet.

Man erleichtert sich das Sehen der Fraunhofer'schen
Linien im zurückkommenden Spectrum, wenn man den Ap-

parat so richtet, dass die zwei Spectra horizontal liegend mit ihrer langen Seite einander nahezu berühren.

Die Linien des reflectirten Spectrums müssen dann in die Verlängerung der leicht sichtbaren des directen Spectrums fallen.

Durch dieses Verfahren werden die Fehler der Accommodation und der chromatischen Abweichung des Systems Ocular + Auge eliminirt und die Untersuchung kann bequem bei Tag im Studirzimmer gemacht werden. Die so zu verschiedenen Zeiten erhaltenen Werthe stimmen sehr gut mit einander überein.

Auf Fig. 13 gebe ich eine Curve, wie ich sie von meinem Reinfelder und Hertel'schen Fernrohr von 68 mm Oeffnung und 81 cm Brennweite mit obiger Methode erhielt. Es ist die Curve *B*.

Die Curve *A* wurde von demselben Fernrohr nach der Vogel'schen Methode durch Beobachtung der Spectra von α Lyrae, α Herculis, α Aquilae etc. erhalten.

Endlich stellt *C* für das bei *A* benutzte Ocular die Curve der gegenseitigen Entfernungen des Systems: Ocular + Auge von dem Quecksilbertröpfchen dar. Dieselbe erhielt ich, indem ich die Verschiebungen des Quecksilbertröpfchens mass, die nöthig waren, die einzelnen Farben des directen Spectrums (vom Sonnenbild auf dem Tropfen) scharf einzustellen, wobei das System Ocular + Auge eine feste Aufstellung behielt.

Alle drei Curven sind auf die *F*-Linie reducirt. Die Kreuze geben die beobachteten Werthe an.

Bei den Einstellungen auf die Curven *A* und *C* wurde das freie Auge auf bestimmte Entfernung accommodirt gehalten, indem ich ein in gewisser Entfernung befindliches festes Object mit dem freien Auge fixirte.

Wenn nun *B* wirklich die richtige Curve ist, so muss, wie man durch eine einfache Ueberlegung findet, in jedem Punkt der Axe *F* die Differenz einer Abscisse der Curve *A* weniger derjenigen der Curve *B*, gleich der Abscisse der Curve *C* sein, eine Anforderung, die, wie man sieht, die beobachteten Curven in der That genügend erfüllen.

Dieselbe Bestätigung fand ich bei Durchführung dieser vergleichenden Untersuchung für vier andere Objective.

Es folgt daher für die Anwendung der Vogel'schen Methode oder der von mir zu Anfang gegebenen Modificationen, von denen ich besonders die mit der entfernten Thermometerkugel als sehr praktisch und empfehlenswerth gefunden habe, die Nothwendigkeit, die erhaltenen Werthe durch die für das System Ocular+Auge zu beobachtenden zu verbessern.

Bei grossen Objectiven, für die sich meine Eliminationsmethode auch weniger eignet, und guten Ocularen wird man wohl den Fehler des Oculars und Auges, wenn es nicht auf grosse Genauigkeit ankommt, vernachlässigen können. Durchaus nicht bei Objectiven unter 5 Zoll Durchmesser.

Bei einem sehr guten achromatischen Mikrometerocular von $\frac{1}{2}$ Zoll Brennweite von Reinfelder und Hertel waren die Abscissen der Curve C nur halb so gross, als die des bei der Untersuchung auf Fig. 13 benutzten.

Auf Fig. 14 sind einige der von mir nach obiger Methode beobachteten Curven dargestellt. Hier sind die Abscissen in Zehntausendeln der jeweiligen Brennweite ausgedrückt. (Cf. Vogel a. a. O.). Für jede Curve sind mindestens sechs Punkte beobachtet. Die Anzahl der Beobachtungen für einen Punkt war verschieden für die verschiedenen Objective. Jeder Punkt ist Mittel aus mindesten 10 Einstellungen (bei den meisten Curven aus 20—30).

A ist die Curve für meinen Reinfelder und Hertel'schen 6 Zoller von 262 cm Brennweite;

B für den Steinheil'schen Refractor des physikalischen Instituts der Universität Heidelberg von 75 mm Oeffnung und 114 cm Brennweite;

C für ein Steinheil'sches Ablesefernrohr des physikalischen Instituts von 41 mm Oeffnung und 33 cm Brennweite;

D stellt die interessante Curve eines Steinheil'schen photographischen Objectivs des physikalischen Instituts, eines ausgezeichneten Aplanaten von 32 mm Oeffnung und 18 cm Brennweite, dar;

E gibt die Curve für einen Plössl'schen Dialyten. wo

bekanntlich die Flintglaslinse des Objectivs sich ungefähr in der Mitte des Fernrohrs zwischen Objectiv und Ocular befindet, von 58 mm Oeffnung und 62 cm Brennweite des Hrn. Prof. Quincke;

F gibt die Curve für den Reinfelder und Hertel'schen 8 Zoller von nur 259 cm Brennweite des Hrn. Ed. v. Lade von der Privatsternwarte Monrepos bei Geisenheim; trotz der kurzen Brennweite sind die Farben vortrefflich corrigirt;

G ist die Curve für das G. und S. Merz'sche Objectiv von 83,5 mm Oeffnung und 130 cm Brennweite des Hrn. Dr. Schifferdecker dahier.

Charakteristisch ist die Lage der Scheitel der Curven bezüglich der Farbe. Sie ist für Objective derselben Firma nahezu identisch.

Den Herren, die mir ihre Objective zur Verfügung stellten, in Sonderheit aber Hrn. Prof. Quincke für seine Unterstützung bei dieser Arbeit, spreche ich meinen herzlichsten Dank aus.

Heidelberg, Phys. Inst. August 1887.

XVI. *Ein einfacher Apparat zur Vorführung aller Lagen zweier Punkte, welche eine gegebene Strecke harmonisch theilen, sowie aller Lagen eines durch einen sphärischen Spiegel oder eine sphärische Linse erzeugten Bildes; von K. L. Bauer in Karlsruhe.*

(Hierzu Taf. II Fig. 15—16.)

In einem beliebigen Kreise (Fig. 15) seien die Strecken *AB* und *NN'* zwei zu einander normale Durchmesser; zieht man jetzt aus einem willkürlichen Punkt *O* der Peripherie die durch *N* und *N'* gehenden Secanten, welche die Gerade *AB* in *C* und *D* schneiden, so bilden die Punkte *A, B* und *C, D* nach einem bekannten Lehrsatze ein harmonisches

Doppelpaar. Lässt man den Punkt O den halben Kreis-
umfang $AN'B$ durchwandern und denkt sich für jede Stelle
die Secanten ON, ON' gezogen, so erhält man eine Vorstellung aller Lagen, welche die harmonischen Theilpunkte
C, D bezüglich der constanten Strecke AB einnehmen können.

Hr. Hofmechaniker K. Scheurer dahier (Firma C. Sickler) hat nun nach meinen Angaben einen einfachen Apparat
verfertigt, welcher die erwähnte Drehung des Punktes O
mechanisch auszuführen gestattet, wobei zwei zu einander
normale Metallschienen ON, ON' ihre Lage gegen AB stetig
ändern und in dieser Geraden alle möglichen Punktpaare
C, D bestimmen; vergleiche die im Maassstabe 1:8 gezeichnete Fig. 16, wo Punkt O in N' eingestellt ist.

Vermittelst dieses äusserst bequem zu handhabenden
Apparates kann man die Aufgabe: zu der constanten Strecke
AB und einem der harmonischen Theilpunkte C, D den anderen zu bestimmen, — auf rein mechanische Weise, durch eine
ganz einfache Bewegung, lösen. Bedeutet ferner F den Mittelpunkt des Kreises, so kann man sich fortwährend von der
Richtigkeit der bekannten Beziehung $FC \cdot FD = FB^2$ überzeugen; zur grösseren Bequemlichkeit wurde $FB = 6$ angenommen, damit $FB^2 = 36$ verhältnissmässig viele Theiler erhielt.
Ueberdies ist die Scala des Apparates längs der Geraden AB
verschiebbar und wird zur Prüfung der erwähnten Formel
so gestellt, dass der Nullpunkt in das Centrum F fällt, wie
es in Fig. 16 thatsächlich der Fall ist.

Bringt man ferner am Apparat das Modell eines sphärischen Spiegels oder einer sphärischen Linse an, sodass die
Mitte des Modells in A oder B zu liegen kommt, wohin man
vorher auch den Nullpunkt der Scala schiebt, und bedeutet
F den Brennpunkt, AF oder BF die Brennweite, AB oder
BA die doppelte Brennweite, so lässt sich, wiederum durch
eine einfache Bewegung, die Aufgabe lösen: Zu einem in
der Hauptaxe AB befindlichen optischen Centrum, d. h. zu
einem in dieser Geraden liegenden reellen Divergenzpunkt
oder virtuellen Convergenzpunkt einfallender Strahlen, die
Lage des Bildes zu bestimmen. Den Schlüssel zur Lösung
liefern nämlich die zwei Fundamentalsätze:

1) Bei jedem sphärischen Spiegel wird die doppelte Brennweite (der Krümmungsradius) durch ein in der Hauptaxe liegendes optisches Centrum und dessen Bild harmonisch getheilt.

2) Bei jeder sphärischen Linse wird die doppelte Brennweite durch den Gegenpunkt eines in der Hauptaxe liegenden optischen Centrums und durch das Bild dieses Centrums harmonisch getheilt Zum Verständniss des zweiten Satzes dient die Bemerkung: Der Gegenpunkt des gegebenen optischen Centrums hat mit dem letzteren gleichen Abstand von der Linse, liegt aber auf der entgegengesetzten Seite derselben.

Bei den betreffenden Versuchen werde ein für allemal angenommen, dass die Strahlen von rechts her einfallen; dann sind der Concavspiegel und die Concavlinse in A, der Convexspiegel und die Convexlinse in B anzubringen; die Buchstaben S und L in Fig. 16 bezeichnen die Löcher, wo die zum Apparat gehörigen Spiegel- und Linsenmodelle auf· gesteckt werden, und zwar bezieht sich S_+ auf den Concavspiegel, S_- auf den Convexspiegel, L_+ auf die Convexlinse, L_- auf die Concavlinse. Das gegebene optische Centrum wird durch einen glänzenden Messingknopf, hingegen der nur bei den Linsen zur Anwendung kommende Gegenpunkt durch einen schwarzen Knopf bezeichnet; das vermittelst des Apparates gefundene Bild kann man durch einen zweiten glänzenden Messingknopf hervorheben.

Um alle Fälle zu erschöpfen, hat man das optische Centrum, zu welchem das Bild gesucht werden soll, die unendliche Hauptaxe vollständig durchlaufen zu lassen; also nicht nur, wie es noch oft geschieht, blos den vor dem Spiegel oder der Linse befindlichen Theil, wobei das optische Centrum ein reeller Divergenzpunkt ist, sondern auch den hinter dem Spiegel oder der Linse liegenden Theil, wobei es einen virtuellen Convergenzpunkt bedeutet.

Will man beispielsweise den Fall der Lupe erläutern, so schiebt man den Nullpunkt der Scala nach B und steckt das Modell der Convexlinse in die zwei Löcher L_+, wobei die Mitte des Modells genau über B fällt. Das optische

Centrum C wird etwa im Abstande 4 vor der Linse, nach der obigen Festsetzung rechts von derselben, markirt; hier kann C nur einen reellen Divergenzpunkt einfallender Strahlen bedeuten, die Gegenstandsweite ist folglich positiv, $BC = 4$; die gleichfalls positive Brennweite ist grösser, $FB = 6$. Der Gegenpunkt C' fällt dann auf 4 hinter der Linse, links von derselben; zu diesem bezeichnet der Apparat nach richtiger Einstellung sofort den zugeordneten harmonischen Punkt D im Abstande 12 vor der Linse. D ist das gewünschte Bild des Punktes C; es kann, als vor der Linse liegend, nur virtuell sein, und die Bildweite ist als negativ zu betrachten, $DB = -12$. Das Resultat steht im Einklange mit der algebraisch exacten Linsenformel:

$$\frac{1}{B\bar{C}} + \frac{1}{D\bar{B}} = \frac{1}{FB},$$

worin genau auf die Richtung der Strecken zu achten ist, indem:

$$\frac{1}{4} + \frac{1}{-12} = \frac{1}{6}.$$

Die Spiegelformel für den in B anzubringenden Convexspiegel lautet etwas anders, nämlich:

$$\frac{1}{BC} + \frac{1}{BD} = \frac{1}{BF}.$$

Man hat demnach wohl zu beachten, dass in der Formel $1/a + 1/b = 1/f$ nur die Gegenstandsweite a für Spiegel und Linse übereinstimmend definirt ist, $a = BC$. Anders verhält es sich mit der Bildweite b und folglich auch mit der Brennweite f, welche ja gleichfalls eine Bildweite ist, nämlich die der Gegenstandsweite ∞ entsprechende; denn beim Spiegel muss $b = BD$, $f = BF$, aber bei der Linse $b = DB$, $f = FB$ genommen werden.

Der durch das Ocular des Galilei'schen Fernrohres gegebene Fall lässt sich folgendermassen vorführen. Man schiebt den Nullpunkt der Scala nach A und setzt das Modell der Concavlinse in die zwei Löcher L_-, wobei die Mitte des Modells über A zu stehen kommt; die vor der Linse abgetragene (virtuelle) Brennweite ist negativ, $FA = -6$. Man bezeichnet ein optisches Centrum C hinter der Linse, etwa

im Abstande 9; dieser Punkt ist als der virtuelle Convergenzpunkt der durch das Objectiv gegangenen und auf das
Ocular fallenden Strahlen zu betrachten; die betreffende Gegenstandsweite ist folglich negativ, $AC = -9$. Der Gegenpunkt C'
fällt auf 9 vor der Linse; zu diesem liefert der Apparat
sofort den conjugirten harmonischen Punkt D, im Abstande 18
vor der Linse. D ist der virtuelle Divergenzpunkt der aus der
Hohllinse ausfahrenden Strahlen, das virtuelle Bild des ebenfalls virtuellen Objectes C; die vor der Linse liegende (virtuelle) Bildweite ist als negativ zu betrachten, $DA = -18$.
Das Resultat harmonirt mit der algebraisch genauen Linsenformel:

$$\frac{1}{AC} + \frac{1}{DA} = \frac{1}{FA},$$

worin man wieder sorgfältig die Richtung der Strecken zu
beachten hat; denn es ist:

$$\frac{1}{-9} + \frac{1}{-18} = \frac{1}{-6}.$$

Die entsprechende Spiegelformel für den in A anzubringenden Concavspiegel würde hingegen lauten:

$$\frac{1}{AC} + \frac{1}{AD} = \frac{1}{AF}.$$

Ueber den vorliegenden Gegenstand sprach der Verfasser
bereits im Jahre 1879 in Baden-Baden auf der 52. Versammlung deutscher Naturforscher und Aerzte; auch wurde der
Vortrag bald darauf im 16. Bande von Carl's Repertorium
ausführlich veröffentlicht. Damals war jedoch der auf die
Linsen bezügliche Fundamentalsatz minder passend formulirt;
und der oben besprochene Apparat, welchen die Firma
C. Sickler dahier zu liefern bereit ist, wurde erst vor kurzem hergestellt. Mit besonderer Freude gedenke ich hierbei
der eifrigen Mitwirkung meiner Schüler Vincenz Lachner
und Otto Niebuhr.

XVII. Die Volumen- und Dichtigkeitsveränderungen der Flüssigkeiten durch Absorption von Gasen; von Knut Ångström.
(Hierzu Taf. II Fig. 17.)

1. Schon vor einigen Jahren habe ich die Resultate
einer Untersuchung über die Ausdehnung des Wassers durch
Absorption von Gasen veröffentlicht.[1] Da diese Untersuchungen nicht ohne Bedeutung für die Molecularphysik
sind und ohne Zweifel zur Aufklärung der inneren Natur
der Absorption dienen können, so habe ich nunmehr dieselben auch auf andere Flüssigkeiten als Wasser ausgedehnt
und theile die bisher gewonnenen Resultate mit, wenn die
Arbeit auch noch nicht abgeschlossen ist.

Nach Veröffentlichung meiner ersten Abhandlung sind zwei
neue Arbeiten von Hrn. Blümcke[2] auf demselben Gebiete erschienen, in welchen er die Volumen- und Dichtigkeitsver-
änderungen des Wassers und des Aethylalkohols durch
Absorption von Kohlensäure behandelt. Die Methode desselben bietet den grossen Vortheil, ohne Schwierigkeit bei
sehr hohem Druck beobachten zu können. Mehrere Correctionen, wie z. B. für die Zusammendrückung des Aräo-
meters, für die Brechung des Lichtes beim Austritt aus
dem Absorptionsgefässe u. s. w., können aber dabei nicht mit
hinreichender Genauigkeit gemacht werden. Die Abweichungen zwischen den Bestimmungen des Hrn. Blümcke
einerseits und den der Herren Mackenzie, Nichols und
Wheeler[3] und den meinigen andererseits dürften hierdurch
erklärt werden. Für Bestimmungen der Ausdehnung von
Flüssigkeiten mit kleinem Absorptionsvermögen dürfte diese
Methode auch zu unempfindlich sein.

2. Die in meiner ersten Abhandlung angegebene Methode
gestattet, die Volumina des Gases und der Flüssigkeit genau zu bestimmen, ohne dabei die Flüssigkeit der Ver-

1) Ångström, Öfversigt af k. Vet. Akad. Förh. Nr. 6. p. 37. 1881
u. Wied. Ann. 15. p. 297. 1882.
2) Blümcke, Wied. Ann. 23. p. 404. 1884 u. 30. p. 243. 1887.
3) Mackenzie u. Nichols, Wied. Ann. 3. p. 134. 1878; Nichols
u Wheeler, Phil. Mag. (5) 11. p. 113. 1881.

dampfung auszusetzen. Sie ist aber sehr mühsam, und da
man nur sehr kleine Gasquantitäten nacheinander einführen
kann, wird auch die ganze in die Flüssigkeit eingeführte
Gasquantität sehr klein, wenn die Untersuchung nicht
allzu lange Zeit in Anspruch nehmen soll, wodurch besonders für Flüssigkeiten mit grossem Absorptionscoëfficienten
die Genauigkeit der Bestimmung beeinträchtigt wird. Darum habe ich auch jetzt die folgende ebenso genaue und
bequemere Methode angewendet. Das eigentliche Dilatometer
A (Fig. 17) besteht aus einem U-förmigen mit zwei Dilatometerröhren *S* und *J* versehenem Behälter, dessen Biegung nach
oben gerichtet ist. Die beiden Dilatometerröhren sind in
Millimeter getheilt und haben an den oberen Enden je ein
kleines Reservoir. Das Reservoir der Röhre *J* hat eine
kleine Einschnürung, bis zu welcher man einen etwas coni-
schen, doppelt durchbohrten Korkpfropfen einschieben kann,
in den die Capillarröhre *P* und die Röhre *H* eingesetzt sind.
Mit letzterer ist die in Millimeter getheilte Röhre *GG* verbunden, welche als Gasbehälter dient und mittelst eines
Kautschukschlauches mit dem Quecksilberbehälter *M* in Verbindung steht. Um mit Genauigkeit das in der Röhre *G*
eingeschlossene Gas unter den Druck der Atmosphäre zu
bringen, ist die Röhre mit einem Manometer versehen, bestehend aus einem nach unten gebogenen Capillarrohr *K*,
welches in ein kleines mit concentrirter Schwefelsäure gefülltes Glas *L* eintaucht. Nachdem man vorher die Correction
der Capillarität bestimmt hat, kann man durch zweckmässige
Einstellung des Behälters *M* das in der Röhre *G* eingeschlossene Gas unter den Druck der Atmosphäre bringen.

Durch Kochen unter der Luftpumpe wird das Dilatometer mit der zu untersuchenden Flüssigkeit gefüllt, wobei
die nach unten gerichteten Enden von *A* sammt den Capil-
larröhren *S* und *J* mit Quecksilber abgesperrt werden. Mit
besonderer Sorgfalt muss man danach die Röhren *S* und *J*
von der nach der Füllung zurückgebliebenen Flüssigkeit
befreien. Entfernt man bei Zimmertemperatur alles über-
schüssige Quecksilber aus *B* und *D* und kühlt nachher *A*
ein wenig ab, so zieht sich das Quecksilber in den Capillar-

röhren zur unteren Biegung der Röhren zurück. Führt man in die Röhren ein sehr feines Capillarrohr ein, das in Verbindung mit einer Saugpumpe steht, so kann man sie in wenigen Augenblicken durch einen Luftstrom trocknen.

Das gefüllte Dilatometer wird auf ein kleines Stativ in einem grösseren Behälter gestellt, der von einem noch grösseren hölzernen Behälter umschlossen ist. Der Zwischenraum ist mit Sägespähnen gefüllt. Der Pfropf *F* mit dem darin befindlichen Ende der *H*-Röhre wird in *D* eingesetzt und zur vollkommenen Dichtung Quecksilber hineingegossen. Um das Gas in die *G*-Röhre einzuführen, hebt man den Behälter, bis das Quecksilber bis zum Zweigrohre *K* steigt. *L* wird gesenkt, damit die Schwefelsäure in die Röhre *K* ausfliesst und die Röhre *P* mit dem Gasentwickelungsapparate verbindet. Das reine und wohl getrocknete Gas strömt nun durch die Röhre *P*, den Behälter *D*, die Röhre *H* und weiter durch das Manometerrohr *K* hinaus. Nachdem alle Luft hinausgetrieben ist, wird das Glas *L* gehoben, *M* wird langsam gesenkt und *G* allmählich mit Gas gefüllt. Danach wird das Capillarrohr *P* zugeschmolzen, wo dann das eingeführte Gas luftdicht abgesperrt ist. Die *G*-Röhre ist in Decimeter getheilt, und längs derselben verschiebt sich eine 100 mm lange, in Millimeter getheilte Scala, deren Theilung abwärts läuft, und die bei dem Nullpunkte eine einfache Visirvorrichtung trägt, welche eine genaue Einstellung desselben auf den Stand des Quecksilbers erlaubte. Man kann nun direct auf der Scala den Abstand zum nächsten unteren Decimeterscalentheil ablesen und dadurch den Stand des Quecksilbers in der *G*-Röhre bestimmen.

Der Behälter wird mit zerstossenem Eise gefüllt und mit einem Deckel bedeckt. Nachdem das Dilatometer constante Temperatur erreicht hat, entfernt man das überflüssige Quecksilber, sodass es nur ein wenig über den Deckel des Behälters reicht. Mittelst eines Fernrohres wird die Stellung des Quecksilbers in den graduirten Röhren wiederholt genau abgelesen, bis man sich überzeugt hat, dass die Temperatur der Flüssigkeit des Dilatometers constant ist.

Wenn man Gas in das Dilatometer einführen will, wird

der Behälter *B* mittelst des Schlauches *V* mit einer Saugpumpe in Verbindung gesetzt. In das Verbindungsrohr ist
ein T-Rohr *R* eingesetzt. Durch passende Einstellung des
Behälters *M* wird das Gas in *G* unter den Druck der Atmosphäre gebracht. Der Stand des Quecksilbers in *G*, die
Temperatur des Gases und die Barometerhöhe werden bestimmt. Danach wird das T-Rohr mit einem Finger zuge-
schlossen. Das Quecksilber wird in die Röhre *S* aufgezogen,
sinkt dabei in der Röhre *J*, und bald strömt das Gas in das
Dilatometer hinein. Dabei muss man sorgfältig den Behälter
M gleichzeitig heben, sonst wird die Schwefelsäure bei dem
verminderten Drucke in die Röhre *G* eingesogen. Nachdem man die gewünschte Gasquantität eingeführt hat, öffnet
man wieder das Rohr *R*, sodass das Quecksilber in der Röhre
J seine vorige Stellung einnimmt, stellt *M*, wie vorher beschrieben ist, wieder ein und liest den Stand des Quecksilbers in der Röhre *G* ab, wodurch man das Volumen des
eingeführten Gases erhält. Nach der Absorption desselben
erhält man die dadurch verursachte Volumenvermehrung,
wenn man den Stand des Quecksilbers in den *J*- und *S*-Röh-
ren abliest.

3. In der vorliegenden Untersuchung habe ich mit zwei
Dilatometern von ungefähr 60 ccm Inhalt gearbeitet. Die
Röhren sind in Millimeter getheilt und das Volumen jedes
Scalentheiles genau bestimmt. Für die Röhre *J* des einen
Apparates ist dieses Volumen 0,492, für die Röhre *S* 0,481
und für das Rohr *J* des anderen Apparates 0,494, für das
Rohr *S* 0,500 cmm. Das Volumen jedes Millimeters des
Rohres *G* ist 17,68 cmm.

Bisher habe ich die Absorption von Kohlensäure, Wasserstoff und Luft durch Chloroform, Nitrobenzol, Benzol,
Methylalkohol, Aethylalkohol und Aether untersucht. Die
Flüssigkeiten sind für diesen Zweck von Dr. C. Kahlbaum
in Berlin als chemisch rein bezogen.

In den folgenden Tabellen bezeichnet *G* das in die Flüssigkeit eingeführte, auf 0° und 760 mm Quecksilber reducirte
Gasvolumen, *Δv* die ganze dadurch verursachte Volumenzunahme in cmm. Das Verhältniss *Δv/G* zwischen der von

einer gewissen Gasquantität verursachten Volumenzunahme Δv zu dem Volumen G dieser Gasquantität bei 0^0 und 760 mm, der „Absorptionsdilatationscoëfficient", ist in den Tabellen unter δ aufgeführt. Die Genauigkeit der einzelnen Bestimmungen von δ ist von der Grösse des eingeführten Gasvolumens abhängig. Der grösste Fehler bei der Bestimmung des Absorptionsdilatationscoëfficienten beruht auf einer mangelhaften Bestimmung der Volumenzunahme der Flüssigkeit. Im ungünstigsten Falle und unter der Annahme, dass man bei der Ablesung der Dilatometerröhre einen Fehler von 0,1 mm machen kann, wird der Fehler in dem Resultat ungefähr 0,0001. In einigen Fällen weichen jedoch einzelne Bestimmungen mehr von dem Mittelwerth ab. Der Grund dazu liegt in der grossen Temperaturdilatation der Flüssigkeiten und der Schwierigkeit, die Temperatur des Dilatometers genau auf 0^0 zu halten. Deshalb kann ich, wenn die Beobachtungsreihe nicht eine sehr lange ist, den angeführten Werthen keine grössere Genauigkeit als auf 0,00004 zuschreiben. Das specifische Gewicht der Flüssigkeiten ist mittelst des Pyknometers bestimmt. Alle Bestimmungen des Absorptionsdilatationscoëfficienten sind bei 0^0 gemacht. Der Schmelzpunkt des Benzols und des Nitrobenzols liegt freilich mehrere Grade höher als 0^0, aber mit Vorsicht ist es ohne grosse Schwierigkeit gelungen, diese Flüssigkeiten in unterkühltem Zustande auf 0^0 zu halten.

Tabelle I.

Chloroform. (Spec. Gewicht = 1,51706).

Kohlensäure			Luft			Wasserstoff		
G	Δv	$\frac{\Delta v}{G} = \delta$	G	Δv	$\frac{\Delta v}{G} = \delta$	G	Δv	$\frac{\Delta v}{G} = \delta$
4244	7,92	0,00187	3260	6,45	0,00198	2423	3,78	0,00156
4990	9,43	0,00189	3178	6,57	0,00207	2148	3,49	0,00163
—	—	—	2664	5,59	0,00210	—	—	—
	Mittel = 0,00188			Mittel = 0,00205			Mittel = 0,00160	

Tabelle II. Nitrobenzol. (Spec. Gewicht = 1,22283).

Kohlensäure		
G	Δv	$\frac{\Delta v}{G} = \delta$
3180	5,22	0,00164
3835	6,31	0,00164
2503	2,00	0,00179
2989	5,12	0,00171
3380	5,42	0,00160
3162	2,60	0,00170
	Mittel	= 0,00168

Tabelle III. Benzol. (Spec. Gewicht = 0,90008).

Kohlensäure			Luft			Wasserstoff		
G	Δv	$\frac{\Delta v}{G} = \delta$	G	Δv	$\frac{\Delta v}{G} = \delta$	G	Δv	$\frac{\Delta v}{G} = \delta$
3670	7,30	0,00199	4893	10,02	0,00205	1721	3,01	0,00175
5061	10,02	0,00198	2183	4,68	0,00214	2038	3,56	0,00175
5238	10,65	0,00203	1972	4,52	0,00229	2268	3,63	0,00160
Mittel = 0,00200			Mittel = 0,00216			Mittel = 0,00170		

Tabelle IV. Methylalkohol. (Spec. Gew. = 0,81002).

5473	9,99	0,00183	2439	4,90	0,00200	2419	3,67	0,00152
6332	11,68	0,00184	2910	5,84	0,00201	2510	4,03	0,00161
Mittel = 0,00184			Mittel = 0,00201			Mittel = 0,00157		

Tabelle V. Aethylalkohol. (Spec. Gew. = 0,80715).

2245	4,04	0,00180	2808	5,37	0,00191	1419	2,19	0,00154
2199	3,94	0,00179	2672	5,52	0,00207	2091	3,36	0,00161
2473	4,47	0,00181	2787	5,77	0,00211	1799	2,67	0,00148
1006	1,95	0,00195	—	—	—	1998	2,95	0,00148
3144	5,89	0,00187	—	—	—	1875	2,82	0,00150
3499	6,57	0,00188	—	—	—	—	—	—
2516	4,78	0,00190	—	—	—	—	—	—
3362	6,28	0,00187	—	—	—	—	—	—
3207	5,98	0,00186	—	—	—	—	—	—
3534	6,37	0,00180	—	—	—	—	—	—
Mittel = 0,00185			Mittel = 0,00203			Mittel = 0,00152		

Tabelle VI. Aether. (Spec. Gew. = 0,73631).

3672	7,56	0,00206	2653	6,62	0,00249	2352	4,82	0,00205
4854	9,35	0,00193	3578	8,57	0,00240	2790	5,25	0,00188
1144	2,39	0,00209	3165	7,36	0,00233	2515	4,18	0,00166
7372	14,31	0,00194	2933	7,05	0,00240	2923	5,55	0,00190
2112	4,12	0,00195	2588	6,14	0,00237	2494	4,26	0,00171
—	—	—	—	—	—	2310	4,24	0,00184
Mittel = 0,00200			Mittel = 0,00240			Mittel = 0,00184		

Die folgende Tabelle enthält die Mittelwerthe der vorhergehenden nebst den entsprechenden Werthen für das Wasser aus meiner vorigen Abhandlung.

Tabelle VII.

	Kohlensäure δ_1	Luft δ_2	Wasserstoff δ_3	$\dfrac{\delta_1}{\delta_3}$	$\dfrac{\delta_2}{\delta_3}$
Chloroform , .	0,00188	0,00205	0,00160	1,18	1,28
Nitrobenzol . .	0,00168	—	—	—	—
Wasser [1] . .	0,00130	0,00148	0,00106	1,28	1,35
Benzol . . .	0,00200	0,00216	0,00170	1,18	1,27
Methylalkohol .	0,00184	0,00201	0,00157	1,17	1,28
Aethylalkohol .	0,00185	0,00203	0,00152	1,22	1,34
Aether . . .	0,00200	0,00240	0,00184	(1,09)	1,30
			Mittel =	1,20	1,30

In der 5. und 6. Columne findet man unter δ_1/δ_3 und δ_2/δ_3 das Verhältniss zwischen den Absorptionsdilatationscoëfficienten der Kohlensäure und · des Wasserstoffs und zwischen denen der Luft und des Wasserstoffs für die verschiedenen Flüssigkeiten. Es ergibt sich daraus, dass die δ in den verschiedenen Flüssigkeiten dieselbe Reihenfolge einnehmen. In allen untersuchten Flüssigkeiten ist $\delta_2 > \delta_1 > \delta$. In der That zeigt auch eine nähere Untersuchung der Zuverlässigkeit der Werthe δ_1/δ_2 und δ_2/δ_3, dass diese Quantitäten innerhalb der Grenzen der Beobachtungsfehler constant sind, δ_1/δ_3 für Aether ausgenommen.[2] Diese letztere Abweichung widerspricht jedoch nicht der Auffassung, dass wir hier ein· Gesetz von allgemeiner Gültigkeit haben können, denn sie kann sehr gut auf einer Bildung von Kohlensäureäther beruhen, sodass wir es also nicht mit einem reinen Absorptionsphänomen zu thun haben.

Um zu erfahren, wie die Ausdehnung sich bei Gasmischungen verhält, habe ich durch einige Versuche die Ausdehnung der Flüssigkeit bei Absorption eines gewissen Gases nach vorheriger Absorption eines anderen bestimmt. Folgende Tabelle enthält die dabei gefundenen Resultate.

---

1) Diese Werthe sind aus meiner vorigen Abhandlung genommen.

2) Die Abweichungen für Wasser sind ein wenig grösser, hier aber sind auch die Fehler in der Bestimmung von δ grösser.

Der Alkohol hatte vor den Bestimmungen 3873 cmm Wasserstoff, der Aether 19154 cmm Kohlensäure absorbirt.

Tabelle VIII.

Alkohol-(Wasserstoff-)Kohlensäure			Aether-(Kohlensäure)-Wasserstoff		
G	$\varDelta v$	$\frac{\varDelta v}{G} = \delta$	G	$\varDelta v$	$\frac{\varDelta v}{G} = \delta$
4066	7,69	0,00189	2412	4,38	0,00186
4841	8,90	0,00184	2327	3,83	0,00165
			2260	4,84	0,00192
	Mittel = 0,00187			Mittel = 0,00181	

Hiernach ist der Absorptionsdilatationscoëfficient derselbe, möge die Flüssigkeit vor dem Versuche gasfrei sein oder nicht. Die von der Absorption zweier Gase herrührende Volumenzunahme ist gleich der Summe der von jedem einzelnen verursachten. Dies gilt auch ohne Zweifel für eine Gasmischung, sodass in diesem Falle die Ausdehnung der Flüssigkeiten dieselbe wird, wie wenn sie jedes Gas der Gasmischung für sich absorbiren sollte.

Aus obigen Resultaten würde hervorgehen, dass das angeführte Proportionalitätsgesetz bei den untersuchten Flüssigkeiten nicht nur für Luft, Wasserstoff und Kohlensäure, sondern auch für die Bestandtheile der Luft, Sauerstoff und Stickstoff gelten würde. Als eine allgemeine, wenigstens approximative Regel gilt also folgende: Wenn Gase durch Flüssigkeiten absorbirt werden, stehen die von gleichen Gasquantitäten verursachten Ausdehnungen der Flüssigkeit in bestimmten Verhältnissen zu einander.

Weitere Untersuchungen sind erforderlich, um die Grenzen festzustellen, innerhalb deren dieses Gesetz gültig ist.

4. Mit Hülfe der vorigen Bestimmungen ist es leicht, die durch Gasabsorption verursachte Aenderung des specifischen Gewichts der Flüssigkeit zu berechnen. Da diese Frage theils Gegenstand besonderer Untersuchungen mit negativem Resultat gewesen ist, theils auch eine praktische Bedeutung bei Bestimmungen des specifischen Gewichts verschiedener Körper hat, habe ich obenerwähnte Berechnung in den vorliegenden Fällen ausgeführt.

Hr. A. Schleiermacher hat durch Wägung mittelst des Pyknometers den Einfluss der Absorption von Luft auf das specifische Gewicht des Wassers zu ermitteln gesucht.[1]) Es gelang ihm jedoch nicht, diesen Einfluss zu bestimmen; auf Grund einer Discussion der Zuverlässigkeit der Untersuchung glaubt er aber schliessen zu können, dass die durch Absorption von Luft verursachte Aenderung des specifischen Gewichts des Wassers nicht $\pm$ 0,00002 übersteigen konnte.

Ueber die Aenderung des specifischen Gewichts durch Absorption von Kohlensäure liegen infolge der bedeutenderen Absorption derselben positivere Resultate vor. Nach Hrn. Blümcke[2]) ändert das Wasser von 2—5° bei der Absorption eines gleichen Volumens Kohlensäure von 0° und 760 mm Druck sein specifisches Gewicht von 1,0000 zu 1,0004, und unter denselben Umständen das des Alkohols von 0,8071 zu 0,8075. Diese Werthe dürften jedoch ohne Zweifel ein wenig zu klein sein.

Da ich den Absorptionscoëfficienten für alle von mir untersuchten Flüssigkeiten nicht anzugeben vermag, so habe ich das specifische Gewicht bei der Absorption eines dem Volumen der Flüssigkeit gleichen Gasvolumens von 0° und 760 mm Quecksilberdruck berechnet. Ist das Gewicht der Volumeneinheit der Flüssigkeit $= p$, das Gewicht der Volumeneinheit des Gases von 0° und 760 mm $= p_1$, und der Absorptionsdilatationscoëfficient $= \delta$, so ist das specifische Gewicht der Flüssigkeit nach der Absorption eines gleichen Volumens Gas:

$$S = \frac{p + p_1}{1 + \delta}.$$

Die Aenderung des specifischen Gewichtes durch die Gasabsorption hängt also von dem specifischen Gewichte der Flüssigkeit, von ihrem Absorptionsdilatationscoëfficienten und von dem specifischen Gewichte des Gases ab. Innerhalb der Grenzen der Genauigkeit dieser Untersuchung kann man die obige Formel auch in folgender Weise schreiben:

$$S = p + p_1 - p\,\delta.$$

1) A. Schleiermacher, Wied. Ann. 8. p. 59. 1879.
2) l. c.

Nach dieser Formel und mit Hülfe der vorigen Bestimmungen von δ ist die folgende Tabelle berechnet. Sie enthält in der zweiten Columne das specifische Gewicht der Flüssigkeit bei $0°$, in der dritten, fünften und siebenten ihr specifisches Gewicht nach der Absorption von Kohlensäure, Luft und Wasserstoff, in der vierten, sechsten und letzten die entsprechenden Aenderungen des specifischen Gewichtes. Diese Aenderungen sind bis auf ungefähr 0,00004 exact, mit Ausnahme des Wassers, für welches die Genauigkeit nicht ganz so gross ist.

Tabelle IX.

	Spec. Gew. gasfrei S	Spec. Gew. nach Abs. v. Kohlens. S_1	$S_1 - S$	Spec. Gew. nach Abs. von Luft S_2	$S_2 - S$	Spec. Gew. n. Abs. v. Wasserst. S_3	$S_3 - S$
Chloroform . .	1,51706	1,51618	−0,00088	1,51524	−0,00182	1,51472	−0,00234
Nitrobenzol . .	1,22283	1,22275	−0,00008	—	—	—	—
Wasser . . .	0,99987	1,00054	+0,00067	0,99973	−0,00014	0,99890	−0,00097
Benzol . . .	0,90008	0,90025	+0,00017	0,89943	−0,00065	0,89864	−0,00144
Methylalkohol .	0,81002	0,81050	+0,00048	0,80968	−0,00034	0,80884	−0,00118
Aethylalkohol .	0,80715	0,80763	+0,00048	0,80680	−0,00035	0,80601	−0,00114
Aether . . .	0,73631	0,73681	+0,00050	0,73583	−0,00048	0,73505	−0,00126

Hiernach kann das specifische Gewicht einer Flüssigkeit durch Gasabsorption vergrössert oder vermindert werden; die Absorption von Luft und Wasserstoff vermindert dasselbe bei allen untersuchten Flüssigkeiten; die der Kohlensäure auch bei allen specifisch schweren Flüssigkeiten, sie vermehrt aber das specifische Gewicht der leichteren, und darunter auch das des Wassers. Die Grösse dieser Aenderung wechselt sehr bedeutend und kann bis auf 0,002 betragen.

Da nach Bunsen der Absorptionscoëfficient des Wassers für Luft bei $0° = 0,0247$ ist, wird die Aenderung des specifischen Gewichtes nur 0,000 0035.

Beabsichtigt man also nicht die grösste Genauigkeit zu erreichen, so ist es gleichgültig, ob man bei einer specifischen Gewichtsbestimmung vollständig luftfreies Wasser oder nicht anwendet. Gilt es dagegen, das specifische Gewicht einer

Flüssigkeit zu bestimmen, deren Absorptionscoëfficient nicht bekannt ist, so ist es räthlich, die absorbirte Luft vorher auszutreiben, da ohne Zweifel die Luftabsorption eine Aenderung des specifischen Gewichtes bis um 0,0001 bewirken kann.

5. Hr. W. Ostwald hat die von mir gefundenen Absorptionsdilatationscoëfficienten[1]) und einige von Sarrau mit Anwendung der Versuche von Amagat nach der Formel von Clausius berechnete Molecularvolumina zusammengestellt und aus einer indess nicht allzu befriedigenden Uebereinstimmung zwischen ihnen gefolgert, dass durch Absorption „das Volumen des absorbirten Gases fast vollständig auf das Volumen seiner Molecüle selbst reducirt ist".

Für ein gewisses Verhältniss zwischen den Absorptionsdilatationscoëfficienten und den Molecularvolumen spricht auch die schon vorher von mir nachgewiesene Analogie zwischen dem Verhältniss der Volumina der Gase bei Absorption und bei sehr hohem Druck. Die allgemeinere Bedeutung dieser Analogie folgt auch daraus, dass die Absorptionsdilatationscoëfficienten verschiedener Gase dieselbe Reihenfolge in verschiedenen Flüssigkeiten einnehmen, ja sogar in demselben Verhältniss zu stehen scheinen, sodass die absolute Grösse der Volumenvermehrung von der Natur des Gases abhängig, die Verhältnisse zwischen den Absorptionsdilatationscoëfficienten dagegen von der Natur der Flüssigkeit unabhängig ist. Die Gasabsorption scheint mir indessen ein viel zu complicirtes Phänomen zu sein, um a priori eine Bestimmung der Grösse der Gasmolecüle aus den Grössenverhältnissen der entsprechenden Absorptionsdilatationscoëfficienten zu erlangen. Ich werde später auf diese Fragen zurückkommen.

Stockholms Högskolas Physiska Inst., im Juni 1887.

----

1) W. Ostwald, Stöchiometrie. p. 856. Leipzig 1885.

XVIII. *Zur Frage nach dem Maximum des temporären Magnetismus; von Carl Fromme.*

Im Jahre 1875 habe ich[1]) aus den in meiner Dissertation[2]) mitgetheilten Versuchen mit Eisenstäbchen geschlossen, dass die Curve, für welche die Magnetisirungsfunction Ordinate und das magnetische Moment der Volumeneinheit Abscisse ist, bei sehr grossen Kräften nicht, wie von Rowland und von Stefan angenommen war, geradlinig verläuft, sondern einen Wendepunkt besitzt, nach welchem sie gegen die Abscissenaxe convex wird. Berücksichtigt man dies, so schneidet die Curve die Abscissenaxe viel später, als von Stefan angenommen, und es ergibt sich ein weit grösserer Werth für das Maximum des temporären Magnetismus, welches ich dann zu 17300 in der Volumeneinheit (mm, mgr, sec), also zu 1730 (cm, gr, sec) bestimmte.

In einer jüngst erschienenen Arbeit von H. E. J. G. du Bois[3]) wird an diesen meinen Versuchen der Ausstand gemacht, dass „sie sich nicht beurtheilen liessen." Da in der That in Pogg. Ann. die Einzelbeobachtungen nicht mitgetheilt worden sind, meine Dissertation aber nicht so allgemein zugänglich sein dürfte, so will ich hier diejenigen meiner Beobachtungen ausführlich wiedergeben, welche sich auf die stärksten Kräfte beziehen.

Stab II Sp. Gew. = 7,64		Stab III Sp. Gew. = 7,68		Stab IV Sp. Gew. = 7,65		Stab V Sp. Gew. = 7,61	
k	m	k	m	k	m	k	m
31,2	530	42,4	515	33,4	757	25,3	1018
30,1	661	29,2	954	26,5	970	19,9	1113
24,2	815	22,3	1071	21,6	1102	16,2	1168
13,9[4])	1196[4])	11,6	1299	17,3	1177	9,0	1303
7,4	1360	5,6	1485	9,7	1319	5,5	1387
4,9	1469			5,9	1421	4,4	1446
				3,6	1532		

Das magnetische Moment der Volumeneinheit m ist auf

---

1) Fromme, Gött. Nachr. 1875. p. 500: Wied. Ann. 13. p. 695. 1881.
2) Fromme, Diss. 1874. Auszug in Pogg. Ann. 152. p. 633. 1874.
3) du Bois, Wied. Ann. 31. p. 941. 1887.
4) Die Beobachtung tritt stark aus der Reihe der übrigen und ist wahrscheinlich falsch.

cm, gr, sec bezogen. Stellt man diese Beobachtungen in der
oben angegebenen Weise graphisch dar, so bemerkt man bei
allen Curven den Wendepunkt und erhält durch geradlinige Fortsetzung des letzten Stücks der Curven den
Schnitt mit der Abscissenaxe, also das Maximalmoment zu
resp. 1700. 1700. 1750. 1750, im Mittel 1725. Würde man
dagegen die Curven entsprechend dem Verlauf ihrer letzten
Theile weiter zeichnen, so würde der Schnitt mit der Abscissenaxe etwa erfolgen bei resp. 1770. 1800. 1850. 1900,
im Mittel bei 1830. Auf diesen Werth ist natürlich aber
nichts zu geben; man wird sich vorläufig an den Werth
1725 für das Maximum halten, in der Voraussicht, dass mit
noch grösseren Kräften ausgeführte, die Curve weiter fort-
setzende Versuche diesen Werth vielleicht noch erhöhen
werden. Die Temperatursteigerung, welche während des
Magnetisirens meine Stäbchen zeigten, drückt den Werth
des Maximums etwas herab[1]), doch fällt das gegen die sonstige
Unsicherheit des Werthes gar nicht ins Gewicht.

Hrn. du Bois dürfte nicht bekannt gewesen sein, dass
nach mir noch andere Beobachter den Wendepunkt der
Curve gefunden haben, so Haubner[2]), Ewing[3]), Bidwell.[4]).

Das grösste von Haubner beobachtete Moment ist
1437. Durch geradlinige Verlängerung des letzten Curven-
theils gelangt er auf ein Maximum von 1620.

Bis zu den grössten bei solchen Versuchen angewandten
Kräften sind neuerdings Ewing und Low[5]) aufgestiegen,
welche als grösstes Moment bei Lowmoor-Eisen 1680 und
bei schwedischem Eisen 1700 beobachteten. Während
bei dem letzteren trotz bedeutender Steigerung der Kraft
das Moment constant blieb, indem es nur unbedeutende
Schwankungen um 1700 ausführte, nahm es beim Lowmoor-
eisen mit wachsender Kraft sogar bis 1620 wieder ab. Das
erklärt sich jedoch wohl durch die Unkenntniss der genauen

1) Wassmuth, Wien. Ber. (2) 82. p. 217. 1881; (2) 83. p. 332. 1881.
2) Haubner, Wien. Ber. 82. (2) p. 771. 1881.
3) Ewing, Phil. Trans. Part. II. 1885.
4) Bidwell, Proc. Roy. Soc. of Lond. 40. p. 486. 1886.
5) Ewing u. Low, Proc. Roy. Soc. of Lond. 42. p. 200. 1887.

Werthe der magnetisirenden Kraft. Trotz der kleinen Unsicherheit, welche hierdurch dem Ewing-Low'schen Werthe von ca. 1700 für das Maximum des temporären Magnetismus im weichen Eisen anhaftet, möchte ich doch die Uebereinstimmung constatiren, welche zwischen diesem direct beobachteten und dem aus meinen Versuchen früher indirect gefolgerten Werthe des Maximums besteht. Giessen, October 1887.

XIX. *Zur Frage der anomalen Magnetisirung;* *von Carl Fromme.*

In einer kürzlich erschienenen Arbeit von W. Peukert[1] wird bewiesen, dass eine anomale Magnetisirung, d. h. ein permanentes Moment, dessen Polarität derjenigen des temporären entgegengesetzt ist, auch dann noch eintreten kann, wenn man dem Oeffnungsextrastrom in der Magnetisirungsspirale eine geschlossene Bahn bietet und also einen alternirenden Verlauf des Oeffnungsextrastroms vermeidet. Dies ist jedoch ein Resultat, welches schon aus meinen früheren Arbeiten[2] über diesen Gegenstand hervorgeht. Denn ich habe erstens bewiesen, dass der Einfluss der Entmagnetisirungsgeschwindigkeit sich desto stärker äussert, je weniger gestreckt und weicher der Stab ist[3], sodass nur bei weichen und im Verhältniss zu ihrer Länge dicken Eisenstäben eine Umkehrung der Polarität erfolgt, während gestrecktere Eisenstäbe, sowie Stahlstäbe zwischen den durch langsame und rasche Entmagnetisirung erhaltenen permanenten Momenten lediglich einen Unterschied der Grösse zeigen; zweitens habe ich bewiesen, dass die Wirkung einer Schliessung der Extrastrombahn bei Eisenstäben am kleinsten ist, sodass, wenn ein Eisenstab anomale Magnetisirung zeigt, diese

---

1) W. Peukert, Wien. Ber. 95. (2) 1887; Wied. Ann. 32. p. 291. 1887.
2) Fromme, Gött. Nachr. 1877. p. 514; Wied. Ann. 5. p. 345. 1878; Ber. d. Oberhess. Ges. f. Natur- u. Heilk. 22. p. 65. 1882; Wied. Ann. 18. p. 442. 1883.
3) Peukert benutzte die schon von v. Waltenhofen gebrauchten weichen und sehr dicken Eisenstäbe.

auch durch Schliessung der Extrastrombahn am wenigsten modificirt werden wird.

Denselben Schluss, welchen Hr. Peukert aus seinen Versuchen zieht, dass nämlich die anomale Magnetisirung durch einen oscillirenden Verlauf des Oeffnungsextrastroms nicht verursacht werde, habe ich aus meinen Versuchen, welche mit mannigfaltigem Magnetisirungsmaterial und in weiten Grenzen variirenden Kräften angestellt wurden, schon längst gezogen, bevor noch Hr. G. Wiedemann [1]) auf den möglichen Einfluss dieser Oscillationen aufmerksam machte. Im Gegensatz zu Hrn. G. Wiedemann glaube ich, dass die vorliegenden Versuche vollkommen genügen, darzuthun, dass weder Inductionsströme in der Masse des Körpers — auf welche allein Hr. G. Wiedemann früher diese Erscheinung zurückführen zu können glaubte [2]) — noch auch Oscillationen des Extrastroms — auf welche sich seine spätere Erklärung stützt —, die Ursache der anomalen Magnetisirung, resp. des Unterschiedes sind, welchen eine verschiedene Geschwindigkeit der Entmagnetisirung im permanenten Moment hervorruft. Ich habe daher den constatirten. Einfluss der Entmagnetisirungsgeschwindigkeit auf das permanente Moment als eine specifisch magnetische Erscheinung bezeichnet, hervorgerufen durch die langsamere oder raschere, unter Reibung erfolgende Drehung der Molecularmagnete.

In Uebereinstimmung befinde ich mich dagegen mit Hrn. G. Wiedemann in der Erklärung des Einflusses der Magnetisirungsgeschwindigkeit auf das temporäre Moment, welchen er wie ich auf eine schneller oder langsamer erfolgende Einstellung der Molecularmagnete zurückführt. Damit wird aber meines Erachtens zugegeben, dass auch bei der Reduction einer magnetisirenden Kraft auf Null die Geschwindigkeit der Bewegung der Molecularmagnete die Grösse des (zurückbleibenden) Moments bestimmt — unbeschadet der secundären Wirkungen von Inductionsströmen, deren modificirenden Einfluss ich ja früher ausführlich nachgewiesen habe.

Giessen, im November 1887.

---

1) G. Wiedemann, Electricität. 4. 1. p. 279.
2) G. Wiedemann, Galvanismus. 2. 1. § 316. 1874 u. an a. Orten.

XX. *Bemerkung zu einer Stelle*
in Hrn. Exner's Abhandlung über Contacttheorie;
von W. von Uljanin.

Hr. Exner [1]) scheint die von mir [2]) versuchte Methode zur
Bestimmung der Potentialdifferenz Zn | Cu missverstanden zu
haben, wenn er behauptet [3]), ich hätte dazu über einen Kupfer-
cylinder einen solchen aus Zink gestülpt und zwischen beide
einen solchen Bruchtheil eines Daniells eingeschaltet, dass
beim Aufheben des letzteren kein Ausschlag am Electrometer
erfolgte. Es ist leicht einzusehen, dass die Messung der
Potentialdifferenz auf diese Weise unmöglich ist. Denn damit
kein Ausschlag erfolge, ist es nothwendig, dass ausser den
zwei Cylindern noch das sie umgebende Gehäuse auf demselben Potentiale sich befinde, was bei dieser Anordnung
nicht herzustellen ist, da dasselbe von den Wänden des
Zimmers gebildet wird.

Bei meiner Versuchsanordnung aber stand, wie an der
betreffenden Stelle deutlich angegeben, um die beiden Zinkcylinder noch ein kupfernes Gehäuse. Ferner wurde vor dem
Aufheben der äussere Zinkcylinder von dem inneren abge-
trennt. Dann entsteht, wenn die beiden Zinkcylinder, wie
angenommen wurde, auf demselben Potentiale sind, nur dann
kein Ausschlag beim Entfernen des äusseren Cylinders, wenn
das Kupfergehäuse auf dem Potentiale der Zinkcylinder sich
befindet. Durch Einschalten eines Bruchtheiles eines Daniell-
elementes in die an dasselbe gehende Erdleitung wurde es
auf dieses Potential gebracht.

Man sieht, dass die möglicherweise vorhandene Potentialdifferenz zwischen den beiden Zinkcylindern so nicht
gemessen werden kann, da diese Methode eben die Voraussetzung verlangt, dass zwei Leiter auf demselben Potentiale
sich befinden, was noch am ehesten zu erreichen ist mit zwei
unter sich verbundenen Leitern aus demselben Metalle.

Strassburg, im October 1887.

--- --- - -

1) Exner, Wien. Ber. 95. p. 595. 1887 u. Wied. Ann. 32. p. 53. 1887.
2) v. Uljanin, Wied. Ann. 30. p. 699. 1887.

XXI. *Berichtigung, die Compressibilität des Steinsalzes betreffend; von F. Braun.*

Die Herren Röntgen und Schneider haben die cubische Compressibilität μ des Steinsalzes mittelst des Piëzometers zu 5.10^{-6} bestimmt, ein Werth, welcher von dem von mir auf gleichem Wege gefundenen $(1,4.10^{-6})$ erheblich abweicht. Ich habe in einer kürzlich in diesen Annalen[1]) mitgetheilten Note dem Werthe, den die genannten Herren ermittelt haben, unbedenklich den Vorzug vor meiner Zahl gegeben, da ich mehr eine Orientirung über die Grössenordnung, als eine genaue Bestimmung anstrebte; ich habe aber gleichzeitig darauf hingewiesen, dass aus den Elasticitätsmessungen des Hrn. W. Voigt „nach ja viel genaueren Methoden" für die gleiche Grösse der Werth $1,6.10^{-6}$ folge. Hr. P. Volkmann war nun so freundlich, mich darauf hinzuweisen, dass ich eine neuere Arbeit[2]) von Hrn. Voigt übersehen habe, in welcher er seine früheren Resultate richtig stelle. Danach ergebe sich die Zahl $4,2.10^{-6}$. Die erhebliche Abweichung von dem früheren Werthe ist geeignet, Misstrauen auch gegen diese Methoden zu erwecken. Um daher kein falsches Urtheil über die Genauigkeit der Beobachtungen oder die Zuverlässigkeit der Methoden, welche Hr. Voigt anwendete, entstehen zu lassen, glaube ich, einige Worte hinzufügen zu sollen. Hr. Voigt hatte früher zur Berechnung der Torsionsbeobachtungen eine von Neumann herrührende Formel benutzt, welche aber, wie er später fand, die Abhängigkeit von den Dimensionen der Prismen unrichtig ergibt. Nachdem er das Ungenügende der Neumann'schen Formel an isotropem Glase experimentell erwiesen, dagegen die vorzügliche Uebereinstimmung der Beobachtungen mit einer von de Saint-Venant abgeleiteten Formel gezeigt hatte[3]), hat er die Theorie für krystallisirte Mittel in beliebiger Orientirung weiter geführt und speciell

---

1) Braun, Wied. Ann. **32.** p. 504. 1887.
2) W. Voigt, Ber. der Berl. Acad. 1884. p. 989.
3) W. Voigt, Wied. Ann. **15.** p. 497. 1882.

auch für das reguläre System eine Torsionsformel abgeleitet, welche nur dann in die früher von ihm benutzte Neumann'-sche übergeht, wenn die kleinere Querdimension des Prismas gegenüber der grösseren vernachlässigt wird.[1]) Hr. Voigt hat sich aber nicht damit begnügt, seine früheren Beobachtungen nach den neuen Formeln umzurechnen, sondern auch an sorgfältiger hergestellten Prismen, deren Dimensionen genauer ermittelt und zweckmässiger in Rechnung[2]) gesetzt werden konnten, neue Messungen angestellt. Die directen Beobachtungsresultate weichen von den früheren nur wenig ab. Dagegen wird infolge der Benutzung einer anderen Formel für die Verwerthung der Torsionsbeobachtungen der Werth der Elasticitätsconstanten sehr erheblich geändert. Es ergeben sich nun für die von mir l. c. mit A und B bezeichneten Constanten die Werthe:

$$A = 45{,}85 \cdot 10^4 \text{ Atm.}$$
$$B = 12{,}65 \cdot 10^4 \text{ ,, } .$$

(statt resp. 83 und 53 . 10^4) und daraus $\mu = 3 : (A + 2B)$ $= 4{,}2 \cdot 10^{-6}$ [Atm.$^{-1}$]. Wenn auch nach Hrn. Voigt's Ansicht diese neuen Werthe für A und B noch etwas zu klein sind (μ also zu gross), so liegt die Zahl doch der von den Herren Röntgen und Schneider erhaltenen — wenn man die Schwierigkeit der Piëzometermethode bedenkt — so nahe, dass der Widerspruch, auf den ich früher hinwies, damit zu Gunsten der Röntgen-Schneider'schen Zahl gehoben sein dürfte.

---

1) W. Voigt, Wied. Ann. **16.** p. 409. 1882.
2) W. Voigt, Ber. der Berl. Acad. l. c. p. 990. 1884.

Nekrolog.

Am 17. October 1887 starb zu Berlin

Gustav Robert Kirchhoff

im 63. Lebensjahre.

Druck von Metzger & Wittig in Leipzig.

DER PHYSIK UND CHEMIE.

NEUE FOLGE. BAND XXXIII.

I. *Ueber den Einfluss des Lichtes auf die electrischen Entladungen;* von *E. Wiedemann* und *H. Ebert.*

Im Auszuge der Soc. phys. med. in Erlangen mitgetheilt am 1. Aug., 14. Nov. und 12. Dec. 1887.

(Hierzu Taf. III Fig. 1—4.)

Hr. H. Hertz[1]) hat in einer jüngst erschienenen Abhandlung die Aufmerksamkeit auf einen eigenthümlichen Einfluss des ultravioletten Lichtes auf die electrische Entladung gelenkt: Wenn die Funkenstrecke, durch welche die Entladung eines Inductoriums hindurchgeht, soweit vergrössert wird, dass eben keine Entladung mehr übergeht, so setzt diese sofort wieder ein, wenn die Kugeln der Funkenstrecke und ihr Luftraum von ultravioletten Strahlen getroffen werden. Dieses Verhalten wurde zunächst bei der Wirkung von Funkenstrecken aufeinander bemerkt; ein weiteres Verfolgen der Erscheinung, bei denen zur Beleuchtung auch die electrische Lampe nnd Magnesiumlicht benutzt wurde, führte zu der Ueberzeugung, dass es wesentlich nur die in dem Funkenlicht enthaltenen ultravioletten Strahlen seien, denen diese Wirkung zuzuschreiben ist.

Wir haben die Versuche von Hrn. H. Hertz wiederholt und zwar mit bestem Erfolge. Um jedoch die Erscheinung weiter zu studiren, haben wir uns anderer Versuchsanordnungen bedient, die im wesentlichen darauf hinzielten, die Bedingungen, unter welchen das Phänomen auftritt, zu vereinfachen und die dabei in Frage kommenden einzelnen Momente zu trennen.

Zunächst haben wir an Stelle einer erregenden „activen"

---

1) H. Hertz, Wied. Ann. **31.** p. 983. 1887.

Funkenstrecke bei den definitiven Versuchen ausschliesslich
das Licht einer electrischen Bogenlampe benutzt, und zwar
weil sie sich wegen ihres grossen Reichthums an Strahlen
kürzester Wellenlängen, wie schon Hr. Hertz am Schlusse
seiner Abhandlung hervorhebt, ganz besonders gut für diese
Versuche eignet.

Das Licht der electrischen Lampe wurde durch eine in
ca. 1 m Entfernung aufgestellte Quarzlinse von 28 mm freier
Oeffnung und 5 cm Brennweite auf den zu untersuchenden Theil
des Stromkreises, die zu verändernde „passive" Funkenstrecke
concentrirt. Wenn es darauf ankam, den Lichtkegel scharf
zu begrenzen, so wurde ein besonderer Kopf mit einer
Revolverblende an der Lampe aufgesetzt, und die Diaphrag-
menöffnungen derselben durch die Linse auf die Funkenstrecke projicirt. Um bei den verschiedensten Drucken und
mit verschiedenen Gasen arbeiten zu können, haben wir bei
einer Reihe von Versuchen die Kugeln der Funkenstrecke
in ein cylindrisches Glasrohr von der Form der Fig. 1 eingeschlossen, welches an einer Seite in der Höhe der Kugeln
das mit einer Quarzplatte luftdicht verschlossene Fenster F
trägt. Die Röhre hat $3^{1}/_{2}$ cm Durchmesser im Lichten, 20 cm
Länge und läuft oben und unten in die conaxialen engeren Röhren R_1 und R_2 aus, an welche die Schliffe S_1
und S_2 angeblasen sind. In diese sind die Glasröhren G_1
und G_2 mit Siegellack eingekittet, welche die Zuleitungsdrähte D_1 und D_2 enthalten und dieselben bis an die angelötheten Kugeln K_1 und K_2 bekleiden. Die Kugeln sind aus
Platin und haben 3 mm Durchmesser. Bei der getroffenen
Anordnung war es möglich, die Kugeln leicht herauszuneh-
men und wieder luftdicht einzusetzen, sowie durch gelindes
Anwärmen des Kittes und Verschieben den Kugeln jede beliebige
Entfernung voneinander zu geben. Das Quarzfenster hat 17 mm
freie Oeffnung; von zwei an das Hauptrohr angesetzten Hähnen
H_1 und H_2 schliesst der eine H_1 das zur Quecksilberluftpumpe
führende Röhrensystem Q ab, der andere diente zum Absperren gegen die umgebende Luft. Das Röhrensystem Q
gabelte sich in verschiedene Zweige, die selbst wieder gegeneinander abgesperrt werden konnten. Die Gase, mit denen

die Röhren gefüllt werden sollten, wurden durch den Hahn H_1 eingelassen, nachdem sie durch die nothwendigen Reinigungs- und Trockenvorrichtungen gegangen waren. Um immer ein Urtheil über die Reinheit der Füllung und den Charakter der Entladung (Bildung des Kathodenraumes u. s. w.) zu haben, war gleichzeitig eine Entladungsröhre von der gewöhnlichen Form seitlich mit dem Röhrensysteme Q verbunden.

Ferner war es nöthig, die verwickelte Form der Entladung eines Inductoriums durch eine einfachere zu ersetzen. Wenn das Inductorium auch ganz zweifellose qualitative Resultate ergab, so hatten dieselben doch nicht den erforderlichen Grad von Constanz, was in der Natur dieses Instrumentes begründet liegt. Wir ersetzen dasselbe durch eine Holtz'sche Influenzmaschine, bei welcher also ganz allmählich das zur Entladung erforderliche electrostatische Potential erreicht wird, um auf diese Weise die Versuche auf rein statisch-electrische Verhältnisse zurückzuführen. Hr. H. Hertz bemerkt am Schlusse seiner Abhandlung, dass er bei dem Versuche, statische Electricität zu verwenden, auf Schwierigkeiten gestossen sei. Bei der folgenden Anordnung (Fig. 2) sahen wir das Phänomen mit grösster Regelmässigkeit auftreten: Von den Polen der Influenzmaschine PP wurden die daselbst sich anhäufenden Electricitätsmengen zu den 14 mm grossen Kugeln des Funkenmikrometers M geleitet; vor dem Eintritt in dieselben waren die Zuleitungen verzweigt und zwar nach den Kugeln der passiven[1] Funkenstrecke S hin. Auf diese Weise war letztere in einen Nebenschluss der Hauptleitung gebracht. Wurden nun die Kugeln des Funkenmikrometers so weit voneinander entfernt, dass die Entladung zwischen ihnen gerade eben noch überging, so fand der Ausgleich der Electricität sofort an der passiven Funkenstrecke statt, wenn ein Strahl aus der electrischen Lampe auf dieselbe fiel; durch die Belichtung wurde also das zur

---

[1] Wir benutzen die von Hrn. Hertz eingeführte bequeme Bezeichnungsweise und verstehen unter passiver die von Licht bestrahlte Funkenstrecke. Die Rolle des von ihm als active Funkenstrecke bezeichneten hat bei uns der Flammenbogen. Die hier benutzte Funkenstrecke des Funkenmikrometers hat also nicht etwa die Bedeutung einer activen Funkenstrecke im Hertz'schen Sinne.

Entladurg nöthige Potential unter das an der Funkenstrecke der Mikrometerkugeln nöthige momentan erniedrigt, es wird also kleiner als dasjenige, welches zur Einleitung der Entladung bei Nichtbelichtung erforderlich ist. Hierbei stand die Funkenstrecke des Mikrometers natürlich so, dass von ihr kein Licht auf die passive Funkenstrecke fallen konnte. Wir haben versucht, die Giösse der Potentialerniedrigung dadurch zu schätzen, dass wir feststellten, welche Entfernung der Mikrometerkugeln nöthig war, damit bei belichteter und nichtbelichteter Funkenstrecke eben noch eine Entladung im Funkenmikrometer überging.

Es ergab sich so in einem Falle, dass bei Nichtbelichtung der passiven Funkenstrecke die des Funkenmikrometers 3 mm lang sein konnte, während bei Belichtung der ersteren die Kugeln der letzteren bis auf 2 mm genähert werden mussten, wenn eben keine Entladung mehr durch die Funkenstrecke *S* gehen sollte. Die erhaltenen Zahlenwerthe sind indessen sehr schwankend, ein Zeichen dafür, dass die Versuchsbedingungen noch nicht einfach und stabil genug waren. Indessen wurde schon hier erkannt, dass die Art der Belichtung von grosser Bedeutung war, und die erhaltenen Zahlen fielen sehr verschieden aus, je nachdem mehr das von den Kohlen oder das vom Flammenbogen selbst gelieferte Licht zur Verwendung kam. Wir sind daher zu weiteren Abänderungen der Versuchsbedingungen geschritten.

Durch die bisher angestellten Versuche war nur festgestellt worden, dass durch die Bestrahlung mit ultraviolettem Lichte die Bedingungen zum Eintreten der Entladungen erleichtert werden, dieselben lassen aber noch nicht erkennen, ob dieser Einfluss des Lichtes auf die Entladungen fortdauert, wenn dieselben einmal eingeleitet sind. In vielen Fällen erfolgen ja die Entladungen leichter, wenn sie erst durch irgend welche Umstände eingeleitet worden sind, der Uebergang der Entladung selbst erleichtert demnach die Bedingungen für die folgenden Entladungen. Um zu entscheiden, ob dies auch in vorliegendem Falle stattfinde, oder ob die Bestrahlung dauernd auf die Art der Entladung einwirke, musste das Verhalten der Funkenstrecke vor, im Momente

und während der Bestrahlung bei unausgesetztem Uebergange von Funken geprüft werden können. Dies geschah
in der folgenden Weise (vgl. Fig. 3).

Beide Pole der Influenzmaschine *PP* wurden mit einem
Paraffincommutator verbunden. Derselbe hatte die Form
der gewöhnlichen Wippe; die mit Kautschuk überzogenen Zuleitungsdrähte waren durch sorgsam getrocknete,
vertical über den einzelnen Näpfen stehende Glasröhren
geführt, welche T-stückartig an rechtwinkelig umgebogene
vertical stehende Glassäulen angeschmolzen waren. Der eine
wurde von hier aus direct zur Erde abgeleitet, die auf
dem anderen Pole · angehäufte Electricität ging zu der
zu belichtenden Funkenstrecke, von da durch eine Geissler'sche Röhre (welche in einem Dunkelkasten aufgestellt war), und dann ebenfalls zur Erde. Durch einen gleichfalls in dem Dunkelkasten neben der Spectralröhre aufgestellten, durch ein Uhrwerk bewegten, gleichförmig rotirenden
Spiegel wurden die Bilder der einzelnen Entladungen nebeneinander gelegt. Vermittelst des Paraffincommutators konnte
bald die positive Electricität, bald die negative Electricität
durch die Funkenstrecke und die Entladungsröhre geschickt
werden. Um schnell und sicher die Richtung des Stromes
zu erkennen, wurde eine gewöhnliche Spectralröhre auf eine
der Polkugeln der Maschine mit einer Electrode aufgesetzt,
während gleichzeitig die andere Electrode mit der Hand zur
Erde abgeleitet wurde. Zunächst wurde bei nahe aneinander
stehenden Kugeln (2 bis 3 mm Abstand) im Entladungsapparat
gearbeitet. Die Holtz'sche Maschine wurde durch eine kleine
electromagnetische Arbeitsmaschine (Radmotor) in constante
Umdrehung versetzt. Das Abschneiden der Belichtung und
das Zulassen der ultravioletten Strahlen wurde durch abwech-
selndes Vorschieben oder Zurückziehen eines Brettes oder
einer Scheibe von gewöhnlichem Fensterglase erzielt, welche
sich in geeigneten Führungsleisten bewegten.

Schon bei den ersten nach dieser Methode angestellten
Versuchen zeigte sich, dass der Einfluss der Belichtung
sich während ihrer ganzen Dauer in gleicher Weise
geltend macht. Aber weiter wurde sofort erkannt, dass

nicht nur die in der Zeiteinheit stattfindende Zahl der
Einzelentladungen in erheblichem Maasse verändert
wurde, sondern der ganze Charakter der Entladungen
ein völlig verschiedener war, je nachdem die Entladung belichtet oder nicht belichtet war. Bei der Belichtung
war die Entwickelung des Anoden- und Kathodenlichtes in
der in den Stromkreis eingeschalteten Geissler'schen Röhre
durchaus regelmässig, d. h. genau so, wie bei einer Zuleitung
ohne Funkenstrecke. Die Form der Entladung ist die „normale."[1]) Ganz anders bei nicht belichteter Funkenstrecke. In
dem Momente, wo das Licht die Platinkugeln verlässt, zieht
sich ein grosser Theil des Lichtes, welches bis dahin in
dem capillaren Verbindungsstück zusammengedrängt war,
aus diesem heraus in die Electrodenräume hinein, wodurch
die Helligkeit in der Capillaren stark vermindert erscheint;
das Anodenlicht geht nicht mehr von der äussersten Spitze
der Electrode aus, sondern umflackert ganz unregelmässig
die Anode, das Glimmlicht an der Kathode wird zu-
rückgedrängt, man hat völlig die Erscheinung wie bei
Einschaltung einer gewöhnlichen Funkenstrecke. Das Belichten und Nichtbelichten wirkt also gerade so, wie das
Aus- und Einschalten einer Funkenstrecke. Im rotirenden
Spiegel vergrösserten sich beim Uebergange von Belichtung
zu Nichtbelichtung die Abstände der Bilder etwa in dem
Verhältnisse 3 zu 4, die Zahl der Entladungen in der Zeiteinheit verminderte sich also im Verhältnisse von 4 zu 3,
wobei im ersten Falle die Intervalle der einzelnen Röhren-
bilder völlig gleich waren, im Falle der Nichtbelichtung dagegen eine gewisse Inconstanz auch in den Abständen der
Bilder zum Ausdrucke kam.

Dieser Unterschied im Charakter der Entladungen bei
belichteter und nichtbelichteter Funkenstrecke war auch an
derselben direct mit dem Auge wahrnehmbar. Bei Nichtbelichtung war der Uebergang der Electricität zwischen den
Kugeln ziemlich ungeordnet und schwankend. Unstät hin-
und herbiegende und springende Funkenbahnen, gewöhnlich
mehrere stärkere und eine Menge schwächere, waren bemerk-

---

1) Siehe E. Wiedemann, Wied. Ann. **20**. p. 760. 1883.

bar. Sowie der erste Lichtstrahl den ganzen Zwischenraum erfüllte, schlossen sich sämmtliche Entladungen zu einer einzigen zusammen, die in einem völlig geradlinigen, ruhig an seiner Stelle verharrenden, äusserst zarten Lichtfaden die beiden Kugeln verband. Diese Versuche wurden mit gleichem Erfolge sowohl bei Atmosphärendruck, bei mittleren und niederen Drucken angestellt; ferner bei verschiedenen Umdrehungsgeschwindigkeiten der Scheibe der Influenzmaschine und nach wiederholten Umladungen derselben.

Um die soeben beschriebenen Versuche noch weiter zu variiren und zu bestätigen, schalteten wir an Stelle der Spectralröhre ein Telephon, dessen Umwicklung aus mit Kautschuk überzogenen Drähten hergestellt war[1]), in die Leitung ein. Die so erhaltene Anordnung erwies sich für das weitere Studium der Erscheinung als äusserst bequem und das Kriterium der veränderten Klangerscheinung bei einer Aenderung der Entladungsart als sehr empfindlich. Die bisher erhaltenen Ergebnisse bestätigten sich auch bei dieser Anordnung vollkommen: Bei belichteter Funkenstrecke fanden die Entladungen so regelmässig statt, dass ein vollkommen reiner Ton entstand, dessen Höhe ohne Schwierigkeit bestimmt werden konnte. Bei niederen Drucken war er freilich ziemlich hoch, wenn man die Maschine mit ungeänderter Umdrehungsgeschwindigkeit laufen liess, doch blieb der musikalische Charakter stets bewahrt. Wurden jedoch die ultravioletten Strahlen etwa durch die Fensterglastafel abgeschnitten, so waren sofort die regelmässigen Schwingungen der Platte gestört; das Gehörte war mehr ein Geräusch als ein Ton zu nennen.

Immerhin gelang es wenigstens angenähert ein Urtheil über die Tonhöhe zu gewinnen und zu erkennen, dass dieselbe tiefer als bei der Belichtung war. Genauere Vergleiche der Tonhöhen bei belichteter und nichtbelichteter Funkenstrecke ergaben, dass das Intervall fast genau einer Quarte entsprach, und zwar bei verschiedenen absoluten Tonhöhen,

---

1) M. von Frey u. E. Wiedemann, Ber. der math.-phys. Classe d. kgl. Sächs. Ges. der Wissensch. 1885. p. 184.

d. h. bei den verschiedensten Umdrehungsgeschwindigkeiten der Maschine. Die Belichtung vergrösserte also bei der vorliegenden Anordnung die Zahl der in der Zeitenheit erfolgenden Entladungen etwa im Verhältnisse von 3:4, was in vollster Uebereinstimmung mit den am rotirenden Spiegel erhaltenen Resultaten steht.

Ferner zeigte sich, dass bei dem beschriebenen Vorgange die positive Electrode und die negative Electrode sich nicht gleich verhielten.

Die Verfolgung dieser für das Wesen der Erscheinung wichtigen Thatsache war bei dem bisherigen geringen Abstande der Platinkugeln noch nicht möglich. Bei demselben müssen sich immer Influenzwirkungen der Kugeln aufeinander in störendem Maasse geltend machen. Es wurde daher die obere Kugel bis auf etwa 20 mm von der unteren entfernt, sodass nur die letztere dem Quarzfenster gegenüber stand, die obere dagegen durch die Glaswand vor der Einwirkung des ultravioletten Lichtes dauernd geschützt war, wie es die Fig. 3 darstellt. Bei dieser Anordnung war es im höchsten Grade augenfällig, dass sich die positive und negative Electricität total verschieden verhielten. Durchweg änderte die Entladungsform ihren ganzen Habitus bei Belichtung und Nichtbelichtung, wenn die negative Electricität an der belichteten Kugel eintrat, sie blieb jedoch absolut ungeändert, wenn es die positive Electricität war, welche verwendet wurde.

Die Art der Aenderung bei Belichtung und Nichtbelichtung der negativen Electrodenkugel bestand in Folgendem:

1) Wenn das ultraviolette Licht abgeschnitten war, so war die Funkenbahn unstet und unruhig; der Uebergang der Electricität erfolgte bald auf diesem, bald auf jenem Wege, und zwar in so raschem Wechsel, dass immer mehrere Funkenbahnen infolge der Persistenz des Netzhauteindruckes gleichzeitig sichtbar waren. Sowie das ultraviolette Licht Zutritt erhielt, zogen sich sämmtliche Entladungen auf eine äusserst scharf gezeichnete, völlig stabile Bahn zusammen. Dabei war der Glanz der Entladung ein intensiv weisser, während vorher dieselbe die gewöhnliche röthliche Farbe

der Büschelentladung in atmosphärischer Luft aufwies. Insbesondere war die Gestalt der Bahn charakteristisch, wenn die Kugeln nicht vertical, sondern schräg übereinander gestellt wurden, was durch Biegen des einen Drahtes leicht zu erreichen war. Es fand dann nämlich beim Uebergange von einer Bahn zur anderen eine Verlegung des Ausgangspunktes der Entladung auf der belichteten Kugel statt. Es wurden Verschiebungen dieses Ausgangspunktes auf der belichteten Kugel nach oben und wieder zurück bis zu $1^{1}/_{2}$ mm bei abwechselnder Belichtung und Nichtbelichtung bemerkt. Bei Belichtung stand der feine Lichtfaden senkrecht zur Oberfläche der Kathodenkugel und bog sich nach der Anode hin sanft um, der er dann in genau centraler Richtung zustrebte. Bei Nichtbelichtung schlugen die Funken in unsteten Bogen über, welche sich unregelmässig um eine mittlere Bahn gruppirten, die etwa die Mitten beider Kugeln auf dem kürzesten Wege verbanden. Man sieht, dass, während das Verhalten der nichtbelichteten Funkenstrecke das einer gewöhnlichen war, mit der Belichtung aber ein ganz neues Phänomen eintrat.

Bei Belichtung der p o s i t i v e n Electrode wurde nie eine Veränderung in der Art der Entladung bemerkt; dieselbe war bei Belichtung und Nichtbelichtung gleich unregelmässig und glich in dieser Beziehung vollkommen der der negativen Electricität bei Nichtbelichtung. Täuschungen waren dabei ausgeschlossen, weil bei Anwendung der Glasscheibe die Gesammthelligkeit, bei der das Phänomen beobachtet wurde, fast dieselbe blieb. Dieser schon mit dem Auge direct leicht zu verfolgende Unterschied fand auch bei den übrigen Hülfsmitteln der Prüfung den schärfsten Ausdruck.

2) Wurde das Telephon benutzt, so hörte man bei belichteter negativer Electrode wie vorhin einen deutlichen, völlig regelmässigen Ton, dessen Höhe eine ganz bestimmte war, wenn die Maschine gleichmässig gedreht wurde. Wurde die Glasscheibe vor die Lampe gezogen, so trat ein unregelmässiges Knattern ein, welches sich einem ausgesprochen tieferen Tone mehr oder weniger stark beimischte. Die Belichtung der positiven Electrode hatte auch hier keinen Einfluss.

3) Bei Einschaltung der Geissler'schen Röhre zeigte sich die grösste Regelmässigkeit und Beständigkeit in der Entladungsform bei belichteter negativer Electrode; es war, als ob die Funkenstrecke überhaupt ausgeschaltet gewesen wäre. Beim Abschneiden des Lichtes trat sofort dasselbe Flackern in der Entladungsröhre ein, welches schon oben geschildert wurde; vor allem war es auch hier das blaue negative Glimmlicht, welches sich, während es vorher vollkommen regelmässig ausgebildet war, auf ein Minimum reducirte und regellos die Kathode umflackerte, während ungeschichtetes, unruhiges röthliches Licht in dem Electrodenraume vordrang.

Beim Uebergange von positiver Electricität war die Entladung bei Belichtung und Nichtbelichtung gleich unregelmässig.

Diese Versuche zeigen also, dass es ausschliesslich die negative Electricität ist, welche die oben beschriebenen Veränderungen im Uebergange der Entladungen bedingt; dass in dem früheren Falle dieser Unterschied der beiden Electricitäten nicht so klar zum Ausdruck kommen kann, liegt lediglich in störenden Momenten begründet. Wenn die Kugeln sehr nahe bei einander liegen, so ist es selbst bei der sorgfältigsten Aufstellung nicht zu vermeiden, dass die durch Influenz geladene abgeleitete negative Kugel nicht ebenfalls Spuren von ultraviolettem Lichte empfängt. Man ist nie sicher, dass nicht durch störende Reflexe hier die Bedingungen zum Austritt der negativen Electricität bei Belichtung und Nichtbelichtung verändert werden, was einen Wechsel namentlich im Ton der Entladungen hervorbringen muss, selbst dann, wenn die positive Electricität übergeht.

Sind diese störenden Momente vermieden, so zeigt sich mit grösster Regelmässigkeit, dass durch die Belichtung mit ultraviolettem Lichte die Entladungen in einer Funkenstrecke, welche bei Nichtbelichtung unregelmässig, abgerissen, scharf und geräuschvoll sind, regelmässig gleichförmig. und ruhig werden, jedoch nur beim Uebergange der negativen Electricität.

Die Intensität dieser Einwirkung der ultravioletten Strahlen auf den Uebergang der negativen Electricität ist bei gleichem Abstand der Kugeln nicht unter allen Bedingungen gleich stark; sie hängt erstens ab von dem Druck der Gasatmosphäre, in der die Entladungen übergehen, zweitens von der Art der Belichtung und endlich von der Natur des Gases, in welchem sich die Entladungen abspielen.

Bei einem gewissen mittleren Drucke (von ca. 30 bis 40 cm Quecksilber bei Luft) ist die Einwirkung am stärksten. bei höheren Drucken wird sie geringer, noch schneller vermindert sich ihre Intensität bei abnehmenden Drucken. Um ein Bild von dem Gange der Erscheinung bei verschiedenen Drucken zu geben, theilen wir die Ergebnisse nach dem Beobachtungsjournal mit, bei einer Reihe, welche in atmosphärischer Luft angestellt und mehrfach sowohl in aufsteigender, wie in absteigender Reihenfolge wiederholt und controllirt wurde:

Druck: 735 mm (Atmosphärendruck); negative Electricität und positive Electricität geben bei abwechselndem Belichten und Nichtbelichten keinen deutlichen Tonunterschied, dagegen ist deutlich ein Unterschied zu sehen: wenn negative Electricität übergeht, bei Belichtung ein deutlicher scharfer Lichtfaden, bei Nichtbelichtung unregelmässiges Hin- und Herspringen der Funkenbahn, sodass infolge der Nachdauer der Empfindung immer mehrere gleichzeitig zu sehen sind.

605 mm: bei negativer Electricität zwei Töne zu hören: ein höherer bei Belichtung, der tiefere (nicht ganz so reine) setzt im Momente der Nichtbelichtung ein; Intervall etwa ein halber Ton. An der Funkenstrecke und der eingeschalteten Geissler'schen Röhre grosser Unterschied zu bemerken. Positive Electricität Geräusche im Telephon; kein Unterschied.

505 mm: negative Electricität: Ton bei Belichtung und Nichtbelichtung; belichtet (etwa einen ganzen Ton) höher. Positive Electricität: Knattern im Telephon, Unterschied nicht zu bemerken bei Zulassen und Abschneiden des Lichtes, ebensowenig an der Funkenstrecke selbst und in der der Geissler'schen Röhre zu sehen.

435 mm: negative Electricität; belichtet: Ton; feine Funkenstrecke; unbelichtet: Schwanken des Tones (stark mit

Rasselgeräuschen gemischt), Entladung unruhig. Positive Electricität: kein wesentlicher Unterschied in der Entladungsform derselben.

405 mm: negative Electricität grosser Unterschied, indessen immer Ton bei Belichtung (Ton höher) und Nichtbelichtung (Ton tiefer). Positive Electricität: in beiden Fällen unregelmässiges Geknatter.

334 mm: negative Electricität: belichtet, Ton höher als nicht belichtet; kein Geräusch; die Entladung geht in einer stabilen, regelmässig gekrümmten Bahn über (ein Viertel derselben ist sanft nach der belichteten Kugel hin umgebogen, die übrige Länge geradlinig).. Positive Electricität: kein Unterschied, grosse Zahl einzelner Funkenbahnen.

285 mm: negative Electricität: grosser Unterschied im Ton; Zucken in der Geissler'schen Röhre bei Nichtbelichtung der Funkenstrecke, Nichtzucken bei Belichtung. Positive Electricität: Nichts.

275 mm: negative Electricität: grosser Unterschied; bei Belichtung reiner Ton, bei Nichtbelichtung sehr stark mit Geräuschen vermischt. Beim Uebergang von Nichtbelichtung zu Belichtung streckt sich die Funkenbahn und nimmt regelmässige Gestalt an; dabei hebt sich die Ansatzstelle an der belichteten Kugel (Eintrittsstelle der negativen Electricität in die Funkenstrecke) um fast $1^1/_2$ mm. Positive Electricität: kein Unterschied.

230 mm: negative Electricität: Belichtung: Ton, regelmässige Entladungsform in der Geissler'schen Röhre; Nichtbelichtung: Geräusch, Zucken. Kleine Verschiebung der Ansatzstelle, an der positiven bleibt sie stehen. Positive Electrode: kein oder nur sehr minimaler Unterschied.

160 mm: negative Electrode; Unterschied: Tonintervall ganzer Ton; Gestaltsänderung der Funkenbahn klein. Positive Electrode: Nichts.

120 mm: negative Electrode; die Gestaltsänderung klein; der Tonunterschied sehr deutlich, Intervall ein halber Ton. Positive Electrode: Nichts.

100 mm: negative Electrode: ganz kleiner Unterschied. Positive Electrode: Nichts.

58 mm: negative Electrode: minimaler Unterschied. Positive Electrode: Nichts.

Bei noch niedrigeren Drucken ist kein Unterschied auch
bei Belichtung der negativen Electrode mehr zu hören.

Man sieht also, dass bei allmählich abnehmendem Drucke
die Intensität der Einwirkung erst zunimmt, dann aber wieder abnimmt. Dieser allgemeine Gang der Erscheinung zeigt
sich sowohl bei gewöhnlicher, direct dem Zimmer entnom-
mener und darum etwas feuchter Luft, als auch bei sorgfältig
durch Schwefelsäure und Phosphorpentoxyd getrockneter Luft,
bei Wasserstoff und Kohlensäure, nur dass die Maximal-
wirkung in den einzelnen Fällen bei verschiedenen Drucken
liegt, und, wie weiter unten näher erörtert werden wird, der
absolute Betrag dieser Erscheinung ein sehr verschiedener
ist. Es genüge, eine der angestellten Versuchsreihen in extenso mitgetheilt zu haben. Nur sei noch hervorgehoben,
dass auch bei dieser Versuchsreihe, sowie den später zu erwähnenden mit anderen Gasen als Luft die Maschine wiederholt umgeladen wurde; desgleichen wurden die Rollen der
beiden Electrodenkugeln öfter getauscht, d. h. bald die obere
nicht belichtete, bald die untere belichtete zur abgeleiteten
gemacht; immer konnte constatirt werden, dass nur dann
eine Wirkung des Lichtes bemerkbar ist, wenn die belichtete
Kugel die Kathode ist.

Die Stärke des vom Licht auf die Entladungen aus-
geübten Einflusses hängt aber weiter sehr wesentlich von der
Art der Belichtung der Kugel, wo die negative Electricität
eintritt, und der Lage der Funkenbahn zu der von den
Strahlen getroffenen Stellen ab. Von dem letztgenannten
Einflusse kann man sich leicht durch Drehen des Schliffes,
welcher die aus der Axe des Zuleitungsrohres herausgebo-
gene Kugel trägt, überzeugen, wenn diese Kugel die nicht-
belichtete ist, die Ansatzstelle auf der belichteten (negativen)
Kugel bei dieser Drehung also herumwandern muss, entsprechend den wechselnden Azimuthen der Funkenebene.
Bei einer solchen Drehung konnte man im Telephon sehr
deutlich eine Veränderung des Toncharakters sowie der Ton-

höhe selbst constatiren, ein Zeichen dafür, dass, da an der Auswahl der verwendeten Strahlen nichts geändert wurde, eine gewisse Beziehung zwischen der Lage der Funkenbahn und der Licht- und Schattengrenze auf der Kugel existiren musste. Ausserdem wurden aber die deutlichsten Veränderungen in dem Unterschiede, der bei Belichtung und Nichtbelichtung bemerkbar war, erkannt, wenn durch Heben und Senken des Flammenbogens verschiedene Teile desselben zur Wirksamkeit gelangten. Um einen näheren Einblick in diese Verhältnisse zu gewinnen und namentlich die Frage zu entscheiden, welcher Theil des Voltabogens es ist, dem hauptsächlich die beobachteten Wirkungen zuzuschreiben sind, eignete sich die Anordnung mit den eingeschlossenen Kugeln nicht. Es wurden diese Verhältnisse daher einmal an zwei grösseren Messingkugeln von 14 mm Durchmesser, ferner bei Gegenüberstellung von Platte und stumpfer Spitze, endlich bei Anwendung einer Spitze gegenüber einer anderen Spitze in freier atmosphärischer Luft näher untersucht.

Wurden die beiden Messingkugeln an Stelle des cylindrischen Glasrohres mit den beiden Platinkugeln gesetzt, so zeigte sich bei 4 mm Distanz im Falle des Ueberganges der negativen Electricität ein grosser Unterschied bei Belichtung und Nichtbelichtung, der sich auch schon ohne Telephon mit dem Ohr wahrnehmen liess (höherer Ton resp. tieferer Ton stark mit Geräusch gemischt [Intervalle etwa ein ganzer Ton], und dementsprechend ein Funkenbüschel in dem einen Falle, eine einzige stabile Funkenbahn in dem anderen)[1]; bei positiver Electricität war kein Unterschied zu bemerken. Bei $4^1/_2$ mm Entfernung zeigte sich dasselbe, bei 3 mm war der Unterschied im Falle der negativen Electricität noch grösser als bei den weiteren Distanzen (Intervall im Telephon beinahe eine Terz). Hierbei wurde auf der nicht zur Erde abgeleiteten Kugel, an der also die Electricität eintrat, ein scharfes Bild der Kohlen und des zwischen ihnen befindlichen schwächer leuchtenden Lichtbogens projicirt.

---

[1] Eine ähnliche Beobachtung hat auch Hr. Hertz (Sitzungsber. der Berl. Akad. 1887. p. 895) in einer kurzen Notiz soeben mitgetheilt.

Wenn nur eine Spur des directen Lichtes[1]) oder ein nicht zu
schwacher Reflex von der beleuchteten Kugel her die nichtbeleuchtete trifft, so wird das Phänomen unrein. Wenn z. B.
die nicht abgeleitete Kugel positiv geladen wird, und die
Lichtstrahlen durch eine Linse auf dieselbe geworfen werden,
so kann hierbei Licht auf die durch Influenz negativ geladene zur Erde abgeleitete Kugel reflectirt werden. Dann
wird auch an diesen die Entladung eingeleitet und es zeigen
sich deshalb hier secundär bei Belichtung und Nichtbelichtung der positiven Electrode ähnliche Unterschiede wie
früher bei der der negativen. Es empfiehlt sich daher die
Aufstellung der Kugeln so zu wählen, dass ihre Centrale
gegen die Richtung der auffallenden Strahlen etwas geneigt
ist und die Stelle, wo die Funkenbahn die zur Erde abgeleitete Kugel trifft, möglichst weit in die nichtbeleuchtete
Hälfte derselben hineinrückt. Wenn man die Stellung der
Kugeln so regulirt hat, dass das Phänomen in völliger Reinheit auftritt und dann das Bild des Kohlenbogens mittelst
eines unmittelbar auf die Stelle der belichteten Kugel, von
der die Entladung ausging, aufgelegten Papierstreifens auf-
fängt, so findet man jedesmal, dass genau das Bild des
obersten (heissesten) Randes der hohlbrennenden positiven
Kohle an die Stelle der Oberfläche fällt, von wo der
stetige Lichtfaden bei der Belichtung ausgeht. Umgekehrt
kann man sich leicht davon überzeugen, dass das Phänomen
an Intensität und Regelmässigkeit einbüsst, wenn es nicht
der bezeichnete Theil ist, welcher auf die Kugeln fällt. Es
ist also weniger der schwachleuchtende eigentliche Bogen,
welcher die intensivste Wirkung ausübt, als vielmehr der
ihm unmittelbar benachbarte Rand der positiven Kohle.
Diese an den Kugeln erhaltenen Ergebnisse wurden völlig
durch die mit Platte und Spitze angestellten bestätigt. Stets
wenn die Spitze beleuchtet wurde und an ihr, sei es direct,
sei es durch Influenzwirkung, negative Electricität angehäuft
war, war eine deutliche Wirkung des ultravioletten Lichtes
bemerkbar. Bei Belichtung der Platte waren die Ergebnisse

---

1) Auf diese störenden Reflexe muss auch bei weiter voneinander
abstehenden Kugeln geachtet werden.

nicht so klar, was in der eigenthümlichen Form der Entladungen bei Gegenüberstellung von Spitze und Platte seinen
Grund haben mag. Sehr deutlich war das Phänomen bei
Gegenüberstellung zweier Halbkugeln, welche durch Abrun-
dung der Enden zweier 5 mm dicker Messingdrähte gebildet
wurden. Auch in diesem Falle war die Wirkung am deutlichsten, wenn das Bild des heissesten Theils der Kohlen
auf die Ansatzstelle der Funkenbahn fiel, und zwar zeigte
sich hier deutlicher als bei den grossen Kugeln, dass die
halbkugelförmigen Flächen so gegen die von der genannten Stelle kommenden Strahlen orientirt sein müssen, dass
die Ansatzstelle der Funkenbahn möglichst nahe der Licht-
grenze, wo die Strahlen tangential auffallen, liegt, die
Funkenbahn selbst also in ihrem der belichteten Kugel
nächsten Theile senkrecht gegen die tangirenden Strahlen steht. Um hierbei möglichst den störenden Einfluss
einer directen Beleuchtung auch der abgeleiteten Spitze
zu vermeiden, ist es am vortheilhaftesten, die Spitzen nicht
axial einander gegenüber zu stellen, sondern die nicht Belichtete schräg vor die Belichtete, weil dadurch von der ersteren gerade der Theil im Schatten liegt, wo der Funken
aufliegt. Man erhält dadurch den in Fig. 4 dargestellten
characteristischen Verlauf der Funkenbahn beim Zutritt
der ultravioletten Strahlen *L*. Sowie die genannten Be-
leuchtungsbedingungen beachtet sind, tritt das Phänomen mit
grösster Regelmässigkeit auf; die Erscheinung versagt, wenn
eine der Bedingungen nicht mit aller Sauberkeit erfüllt ist.

Dass Hr. Hertz, wenn er als erregendes Licht das von
einer activen Funkenstrecke ausgehende benutzte, keinen
solchen Schwierigkeiten begegnete, dürfte sich daraus erklären, dass hier die ganze Strecke und nicht nur ein kleiner
Theil derselben erregende Strahlen aussendete.

Schon mehrere der mitgetheilten Beispiele haben erkennen lassen, dass die Grösse des Unterschiedes in der Zahl
der in der Zeiteinheit durch die Funkenstrecke gehenden Einzelentladungen der negativen Electricität bei Belichtung und
Nichtbelichtung sehr verschieden ist, je nach dem Abstande
der beiden Oberflächen, zwischen denen die Entladung über-

geht. Dieser Unterschied in den relativen Zahlen der Einzelentladungen findet seinen einfachsten Ausdruck in dem Intervalle der ihnen entsprechenden Töne. So wurde im Falle der kleinen Platinkugeln bei der Entfernung von 2 mm das Intervall zu einer Quart geschätzt, bei 3 mm Abstand betrug dasselbe im günstigsten Falle nur einen ganzen Ton. Bei den abgerundeten Messingdrähten erhielt man bei 1 mm Abstand einen Tonunterschied von einer Quinte, bei 2 mm war das Intervall ein ganzer Ton, bei 3 mm war der Unterschied schon sehr schwach, es mochte ihm das Tonintervall eines halben Tones entsprechen, bei noch grösseren Abständen war im vorliegenden Falle kein Unterschied mehr wahrzunehmen. Zunächst haben diese Zahlen nur Bedeutung für den vorliegenden Fall, wo in Luft und bei Atmosphärendruck operirt wurde; doch wurde dieselbe Erscheinung auch bei anderen Gelegenheiten constatirt.

Wir können versuchen, uns im Allgemeinen von diesem Verhalten der Entladungen der Belichtung gegenüber Rechenschaft zu geben. Aus den bisher mitgetheilten Ergebnissen geht hervor, dass das Licht, die negative Elektrode treffend, die Bedingungen zum Austritt der negativen Electricität aus der Kathode, an welcher überhaupt unter sonst gleichen Verhältnissen der zum Beginn der Entladung erforderliche Antrieb kleiner ist, als an der Anode, wesentlich erleichtert. Dieser Antrieb entspricht aber nach den Gesetzen der Schlagweite der Wirkung aller Electricitäten des Systems auf die auf der Einheit der Oberfläche an der kritischen Stelle aufgehäufte Electricitätsmenge. Je grösser die letztere ist, z. B. an stärker gekrümmten Stellen, oder bei Annäherung der Electroden infolge der Influenz an den gegenüberliegenden Stellen derselben, desto stärker wird auch der die Entladung fördernde Einfluss der Belichtung sein, desto kleiner brauchen relativ die zu Entladung der Electroden zugeführten Electricitätsmengen zu sein. Eine genauere Theorie wird sich indess erst nach weiteren quantitativen Messungen, welche wir auszuführen beabsichtigen, geben lassen.

Die blosse Belichtung der Luftstrecke für sich zwischen den Electroden hat keinen Einfluss; davon haben wir uns

dadurch überzeugt, dass wir den Strahlenkegel zwischen die
Kugeln fallen liessen, und diese selbst dabei durch Papierstreifen beschatteten. Auch wenn eine kleine Diaphragma-
öffnung zwischen die Kugeln so projicirt wurde, dass die
Kugeln selbst kein Licht empfingen, trat das Phänomen nie
ein. Stets musste die Stelle auf der Kugel selbst getroffen
werden, von der die Entladung ausging, wenn ein Einfluss
der Belichtung bemerkbar werden sollte.

Alle bisherigen Resultate, welche ausschliesslich in Luft
angestellt wurden, erfahren eine Bestätigung durch Versuche
in reinem, electrolytisch gewonnenen Wasserstoff, der durch
Schwefelsäure und Phosphorpentoxyd getrocknet worden
war. Damit man sicher sein konnte, dass von den Platinkugeln jede Spur der adhärirenden und adsorbirten Luft
entfernt war, wurden vor dem Einleiten des Wasserstoffs
kräftige Entladungen des Inductoriums bei grosser Evacuation
des gesammten Raumes durch die Funkenstrecke geschickt;
die Glasmäntel an den Zuleitungen verhinderten dabei, dass
die Entladung von anderen Stellen als den Kugeln ausging.
Waren auf diese Weise die Kugeln eine Zeitlang gereinigt
worden, so wurde der Wasserstoff zugelassen und mit ihm das
ganze Gefäss ausgespült; er wurde wieder unter fortwähren-
dem Durchgehen der Entladungen ausgepumpt und das vorige
Verfahren noch einige Male wiederholt. Die Funkenbahnen
hatten eine intensiv rothe Farbe. Wenn sie sich bei Belichtung zu einer einzigen zusammenschlossen, war ihr Glanz
ein sehr grosser; sie zeigten dann mehr eine weissliche Farbe.
Die Erscheinung ist in Wasserstoff gegen störende Reflexe
und Influenzwirkungen noch empfindlicher als in Luft. Die
Form der Entladung in den Fällen, wo sich die Einwirkung
der Bestrahlung hauptsächlich äussert, ist nicht ganz die
gleiche wie bei Luft. Hier ist es ein zartes Büschelchen,
welches von der positiven Kugel ausgeht und der negativen
zustrebt; es erreicht dieselbe nicht und der Unterschied bei
Belichtung und Nichtbelichtung ist der, dass im ersten Falle
das Büschel sich ganz zusammenzieht, etwa auf $^1/_3$ seiner
Länge bei Nichtbelichtung, dabei auch an Breite einbüsst
und bei diesem Hineinziehen in die Kugel deutlich seine

Farbe wechselt, nämlich aus einem sanften Roth in ein glän- zendes Weiss übergeht. Diese Erscheinung ist besonders deutlich bei Drucken in dem Intervalle von 20 bis 55 cm Quecksilber. Die bemerkten Tonintervalle sind noch bedeu- tender als bei Luft (eine Sext bei 244 mm Druck und 20 mm Kugelabstand), überhaupt ist die Einwirkung der Licht- strahlen bei Wasserstoff noch viel deutlicher ausgesprochen, als bei Luft. Das Maximum der Wirkung liegt bei unserer Anordnung bei Wasserstoff etwa in den Druckgrenzen von 200 bis 300 mm; bei 124 mm war die Wirkung schon recht schwach, indessen konnte sie bis hinab zu 50 mm Druck verfolgt werden. Bei diesem Drucke lag der sehr hohe Ton, der beim Uebergange der negativen Electricität zu hören war, beinahe schon an der Grenze des Hörvermö- gens; gleichwohl konnte man constatiren, dass der Ton- unterschied bei Belichtung und Nichtbelichtung noch einen ganzen Ton betrug. Ist der Wasserstoff mit etwas Luft gemischt, so überwiegen bei niedrigen Drucken die der Lufterscheinung zukommenden Eigenthümlichkeiten der Ent- ladung, bei höheren Drucken die dem Wasserstoff angehörigen.

Noch günstigere Resultate als mit Wasserstoff liessen sich mit Kohlensäure erzielen. Hier waren die Unterschiede beim Austritt der negativen Electricität, wenn das Licht zugelassen oder abgeschnitten wurde, von etwa 75 mm an aufwärts sehr deutlich. Auch hier blieb, wie bei dem Wasser- stoff und der Luft, die Erscheinung unverändert, wenn die abgeleitete und nicht abgeleitete Kugel mit einander ver- tauscht wurden. Bei den Versuchen mit Kohlensäure konnte mit bestem Erfolge ausserhalb des Glascylinders operirt wer- den, und es genügte, einen Strom getrockneter Kohlensäure zwischen den Kugeln des Funkenmikrometers hindurchfliessen zu lassen. Tritt die negative Electricität an der zu belich- tenden Kugel ein, so ist der Unterschied bei Belichtung und Nichtbelichtung ganz ausserordentlich gross. Bei Be- lichtung hat man eine zwar unregelmässig, aber mit mässigem Geräusche erfolgende gleichmässige Entladung (bei 2,5 mm Kugelabstand). Sowie die Strahlen abgeschnitten wurden, wird die Entladung schmetternd. Die positive Elec-

tricität gibt wiederum keine Unterschiede, abgesehen von
solchen, die durch Störungen hervorgerufen sind.

Das wichtigste Ergebniss der Versuche mit Kohlensäure
ist nun aber, dass es nicht ausschliesslich die äussersten
ultravioletten Strahlen sind, welche die erwähnte Erscheinung hervorrufen können, sondern dass auch den sichtbaren Strahlen diese Wirkung in hohem Masse zukommen
kann, was die grosse Deutlichkeit des Phänomens. gerade
bei Kohlensäure unzweifelhaft erkennen liess. Der Versuch wurde in folgender Weise angestellt: Vor die Lampe
wurde eine Glastafel gesetzt; dabei änderte sich der Charakter der Entladung nicht unbeträchtlich, es waren sämmtliche ultravioletten Strahlen abgeschnitten. Wenn nun aber
auch die sichtbaren Strahlen durch Vorhalten und Wegziehen eines Brettes abwechselnd abgeschnitten und zugelassen wurden, so war hier noch ein sehr deutlicher Unterschied wahrzunehmen. Es waren also durch das Glas noch
bei weitem nicht alle wirksamen Strahlen abgehalten worden. Dem entsprach die leicht festzustellende Thatsache,
dass beim abwechselnden Vorhalten und Wegziehen der Glastafel der Unterschied bei weitem nicht so stark war als bei
entsprechenden Operationen mit dem Brette. Um die Spectral-
region näher festzustellen, welche dabei vorzugsweise in Betracht kam, wurden verschiedene gefärbte Gläser und gefärbte Gelatineplatten an Stelle des Brettes verwandt. Alle
rothen Gläser, desgleichen die grünen verhielten sich wie
das Brett; dagegen schnitten blaue und violette Gläser die
wirksamen Strahlen nicht ab, sondern dämpften sie nur
etwas. Mit Rücksicht auf die Absorptionsfähigkeit des Glases
für ultraviolettes Licht scheint uns hiernach festzustehen, dass
bei Kohlensäure die wirksamen Strahlen in dem Gebiete zwischen den Linien G bis K des Sonnenspectrums enthalten sind. Dass es nicht etwa die Wärmestrahlen sein konnten, welche in diesem Falle das Phänomen bedingten, konnte man leicht direct nachweisen:
Wurde erst eine Glastafel vor die Lampenöffnung gebracht
und dann eine Alaunplatte, so war beim Vorbringen der letzteren kein Unterschied zu bemerken; die Alaunplatte liess

also alle Strahlen, welche in diesem Falle wirksam waren, hindurch. Sie absorbirt aber alle Wärmestrahlen. Auch das Dazwischenbringen eines Glastroges, der eine $2^1/_3$ cm dicke Schicht einer Alaunlösung enthielt, beeinträchtigte die Wirkung des durch Gas gegangenen Lichtes nicht in merklichem Grade.

Diese Versuche mit vorgestellter Glastafel und erst nachherigem Abschneiden auch der sichtbaren Strahlen wurden bei Luft wiederholt. Auch hier war mitunter ein Unterschied noch zu bemerken, derselbe war aber erheblich kleiner als bei Kohlensäure. Die Versuche sind bei Luft übrigens so subtil und die zum sicheren Auftreten der Erscheinung nöthigen Bedingungen oft so schwer zu treffen, dass, so sicher die positiven Resultate sind, die negativen in dem eben erwähnten Falle nicht als beweiskräftig angesehen werden können. Es ist daher anzunehmen, dass auch bei Luft an der Wirkung eine Reihe von Strahlen betheiligt ist, welche dem sichtbaren Theile viel näher liegen, als die von Hrn. Hertz bezeichneten. Bei seinen Versuchen, den ersten auf diesem Gebiete, war der Natur der Sache nach die Anordnung nicht so empfindlich, dass diese Erscheinung beobachtet werden konnte.

Was zum Schluss die Vorstellung betrifft, welche wir uns auf Grund der mitgetheilten Versuche über das Wesen des geschilderten Phänomens gebildet haben, so ist zunächst zu bemerken, dass nach unserer Meinung die Erklärung der Erscheinung durch Absorptionswirkungen der die Electrodenkugeln umgebenden und an ihnen durch Adsorption verdichteten Gase, die eventuell sich loslösen, zurückzuweisen ist. Der Grund für die Unzulänglichkeit eines derartigen Erklärungsversuches (wie er in neuester Zeit von Hrn. Arrhenius[1]) versucht worden ist) liegt offenbar in dem übereinstimmenden Verhalten so verschiedenartiger Gase, wie Luft, Wasserstoff und Kohlensäure, umsomehr, als schon die kleinsten Quantitäten activen Lichtes, auf die richtige Stelle gelenkt, die beschriebenen Erscheinungen hervor-

---

1) S. Arrhenius, Wied. Ann. **32.** p. 545. 1887.

rufen. Dadurch wird gleichzeitig die Zurückführung der Erscheinung auf Dissociationswirkungen äusserst unwahrscheinlich. Bedenkt man, wie ausserordentlich viel weniger der Wasserstoff die ultravioletten Strahlen absorbirt, als z. B. die Luft, welche nach Cornu von der Wellenlänge 290 an abwärts überhaupt keine Strahlen mehr durchlässt, so kann die grössere Empfindlichkeit der Entladungen in einer Wasserstoffatmosphäre den Wirkungen des ultravioletten Lichtes gegenüber unmöglich in einer Absorption dieser Strahlen gesucht werden. — Auch eine Aenderung der Ladung der Electrodenoberfläche durch die etwa durch das Licht bewirkte Veränderung der darauf befindlichen Gasschichten u. dergl. ist nicht anzunehmen. Die durch die Belichtung hervorgerufene Erniedrigung des zum Uebergang nöthigen Potentials ist z. B. in dem auf p. 244 beschriebenen Versuche gleich der Erniedrigung gefunden worden, welche das Potential erfährt, wenn man von einer 3 mm langen Funkenstrecke zu einer solchen von 2 mm zwischen 14 mm grossen Kugeln übergeht. Dies entspricht nach den Versuchen von Baille[1] einer Aenderung des Potentials von etwa 10 Volts, was alle zwischen heterogenen Körpern beobachteten Potentialdifferenzen weit übertrifft. Auch würde eine solche Aenderung wohl nicht sofort mit Aufhören der Belichtung verschwinden.

Das wesentlichste Moment für eine Erklärung der Erscheinung scheint uns in dem bei allen unseren Versuchen aufs Unzweifelhafteste bewiesenen Umstande zu liegen, dass es nur die negative Electricität ist, welche allein eine Beeinflussung durch die Lichtstrahlen erkennen lässt. Einer von uns[2] hat bei einer früheren Gelegenheit nachzuweisen gesucht, dass den Kathodenstrahlen Undulationsbewegungen des Lichtäthers zu Grunde liegen von einer Schwingungsdauer, welcher dieselbe Grössenordnung zukommt wie den Lichtschwingungen. Die Wellenlängen des Kathodenlichtes müssen in verschiedenen Gasen verschiedene sein. Der eigenthümliche Umstand, dass die Kathodenstrahlen wesentlich nur nach einer Richtung hin, die im Strahlungspunkte senkrecht zur Oberfläche

---

1) Vgl. G. Wiedemann, Electricität. 4. p. 657.
2) E. Wiedemann, Wied. Ann. 20. p. 781. 1883.

steht, sich verbreiten, scheint darauf hinzudeuten, dass nahe der Oberfläche in den Körpermoleülen selbst schon jene Schwingungen bis zu einem gewissen Grade präformirt sind. Die Kathode ist nicht als ein leuchtender Körper, sondern als eine Wellenfläche aufzufassen, von deren einer Stelle die Kathodenstrahlen ausgehen. Die Gelegenheit zur Bildung von Kathodenstrahlen ist daher immer und überall da, wo electrische Entladungen erfolgen, gegeben, nur können freilich diese Strahlen nur unter gewissen Bedingungen (des Druckes z. B.) austreten. Wenn man sich diesen Bedingungen in irgend einer Weise nähert, wenn also die Kathodenstrahlen eben im Begriffe sind, sich auszubilden, dann kann es nicht verwundern, dass mit den Schwingungen der Kathodenstrahlen isochrone Aetherschwingungen oder Lichtstrahlen von gleicher Wellenlänge mit ihnen, welche die Körperoberfläche an der Stelle treffen, wo sich eben Kathodenstrahlen bilden wollen, diesen Vorgang unterstützen, d. h. zur Auslösung der gleichschwingenden Kathodenstrahlen Veranlassung geben. Das untersuchte Phänomen würde daher zu der Classe jener Erscheinungen gehören, wo durch synchrone Schwingungsvorgänge Bewegungen gleichgestimmter materieller Systeme angeregt werden, wie beispielsweise bei gleichtemperirten Stimmgabeln oder bei der Auslösung eines Explosionsvorganges durch eine Explosionswelle, welche der analog ist, welche der Explosionsvorgang selbst hervorbringt. Dass es in verschiedenen Gasen verschiedene Spectralbezirke sind, welche sich am meisten wirksam erweisen, steht mit der gemachten Annahme in vollstem Einklange, denn die Kathodenstrahlen werden in den verschiedenen Gasen wesentlich verschiedene Wellenlängen besitzen. Dass die Wirkung bei verschiedenen Drucken eine verschieden grosse ist, hängt mit den verschiedenen Stadien zusammen, in denen in den einzelnen Gasen die Entwickelung der Kathodenstrahlen bei den verschiedenen Drucken begriffen ist. Sie muss zunächst mit abnehmenden Drucken wachsen, weil man sich immer mehr den Bedingungen nähert, welche der Kathodenstrahlenentwickelung günstig sind. Von einem gewissen Drucke an muss aber dieser unterstützende Einfluss des Lichtes wieder abnehmen, weil von da an die Entwickelung der Kathodenstrahlen an sich leicht genug vor sich geht, sodass die Unterstützung durch die gleichschwingenden Lichtstrahlen nicht wesentlich mehr ins Gewicht fällt. Dass auch in Gasen von gewöhnlicher Dichtigkeit der Einfluss der Bestrahlung wahrzunehmen ist, beruht darauf, dass auch bei diesen jede Entladung und Ausgabe von negativer Electricität mehr oder weniger von Kathodenstrahlen begleitet sein kann, die freilich schon nach sehr kurzen durchlaufenen Strecken des Gases von diesen absorbirt worden sind. Wie der Einfluss der verschiedenen Entfernungen auf die Wirksamkeit der Lichtstrahlen zu erklären ist, wurde schon oben angedeutet. Dass gerade der heisseste Theil des electrischen Kohlenbogens es ist, welcher sich als besonders wirksam erweist, ist bei der hier dargelegten Auffassung der Erscheinung ohne weiteres verständlich. Es muss eine Strahlengattung, welche ihrer Wellenlänge nach sich überhaupt dazu eignet, einen um so energischeren Einfluss ausüben, je grösser die Amplitude ihrer Schwingungen ist. Nachdem dann einmal die Kathodenstrahlen ausgetreten sind, folgt ihnen in dem durch sie veränderten Gase die gewöhnliche Entladung.

Der Einfluss der Entladung in Gasen auf eine transversale Entladung, wie sie von Hittorf[1]), Svante Arrhenius[2]) und Schuster[3]) beobachtet worden ist, und die schon bei schwachen electromotorischen Kräften eintreten kann, beruht wohl auch auf den hier erwähnten Ursachen, nur dass die Kathodenstrahlen oder die gewöhnliche Entladung selbst dabei die Rolle der beleuchtenden Strahlen übernehmen.

Weitere Untersuchungen über die Entladungen hoffen wir demnächst mittheilen zu können.

Physik. Institut d. Univ. Erlangen, 12. Dec. 1887.

---

1) Hittorf, Wied. Ann. 7. p. 614. 1879.
2) S. Arrhenius, Wied. Ann. 32. p. 515. 1887.
3) Schuster, Proc. Roy. Soc. Lond. 42. p. 371. 1887.

II. *Ueber die thermische Veränderlichkeit des Daniell'schen Elements und des Accumulators; von Georg Meyer.*

(Hierzu Taf. III Fig. 5—10.)

Ueber die thermische Veränderlichkeit des Daniell'schen Elements liegen bis jetzt noch wenige Angaben vor, welche von Lindig[1]), Voller[2]), und von Helmholtz[3]) gemacht sind, und eine Veränderlichkeit des Temperaturcoëfficienten mit der Concentration der angewandten Lösung ist nur von v. Helmholtz beim $ZnSO_4$-Element festgestellt. Aufgabe der folgenden Arbeit ist es, das Verhalten des Temperaturcoëfficienten am H_2SO_4- und $ZnSO_4$-Elemente feszustellen und ausserdem zu untersuchen, ob der Temperaturcoëfficient des Elements gleich ist der Summe der Temperaturcoëfficienten, welche an den einzelnen Contactstellen des Elements auftreten.

Das Material und die Anordnung der Versuche.

Um constante Resultate zu erhalten, wurde auf die Reinheit der angewendeten Substanzen die grösste Sorgfalt verwendet. Die Metalle wurden sämmtlich electrolytisch dargestellt aus Zinksulfat und Kupfersulfat. Es wurden Kupferdrähte von etwa 1 mm Durchmesser sehr stark mit Kupfer überzogen und nur verwandt, so lange die Ueberzüge frisch waren. Ferner wurden Zinkstreifen angefertigt von etwa 5 cm Länge und 4 mm Breite, an Kupferdrähte angelöthet und dann dick mit Zink überzogen. Zum Amalgamiren des Zinks wurde stets destillirtes Quecksilber benutzt und eine Schwefelsäure von derselben Concentration, wie sie auch im Element verwendet wurde. Kupfervitriol, Zinkvitriol und Schwefelsäure waren als chemisch rein aus einer hiesigen Handlung bezogen und auch mehrfach auf ihre Reinheit chemisch geprüft, wobei sich z. B. der Zinkvitriol als vollständig eisen-

---

1) Lindig, Pogg. Ann. 123. p. 1. 1834.
2) Voller, Pogg. Ann. 149. p. 394. 1873.
3) v. Helmholtz, Berl. Ber. 18. p 22. 1882

frei erwies. Zum Zweck der Untersuchung wurden folgende Lösungen hergestellt: Schwefelsäure in den Concentrationen:

1,3, 6,7, 12,0, 19,5, 25,7, 29,5, 34,9, 48,2 Proc.

Kupfervitriol in den Concentrationen:

15,9, 7,7, 1,3 Proc.

Zinkvitriol in den Concentrationen:

25,0, 11,3, 1,8 Proc.

Zink- und Kupfervitriol wurden absichtlich nicht in vollständig concentrirten Lösungen verwendet, weil ein Auskrystallisiren des Salzes zu fürchten war, wenn man das Element auf 0° abkühlte. Bei einigen Versuchen ist nicht immer die betreffende Concentration genau angewandt, da es einigemal nöthig war, neue Lösungen herzustellen, und nicht gerade dieselbe Concentration getroffen wurde; indess ist dies an betreffender Stelle stets bemerkt. Sämmtliche Flüssigkeiten wurden im Vacuum von dem Luftgehalt befreit, und zwar war diese Operation erforderlich, damit das Element nach dem Erhitzen wieder die anfängliche electromotorische Kraft zeigte.

Von Franz Müller in Bonn liess ich mir einen Apparat anfertigen von der Construction Fig. 5, in welchem die Metalle und Flüssigkeiten in Contact gebracht wurden. An das Rohr AB waren die Rohre D und E angesetzt und AB an ein 2 cm weites, 20 cm langes Rohr angeschmolzen; das Trichterrohr D dient zur Füllung, durch E kann die Luft entweichen, durch C werden die Metalle und ein Thermometer eingeführt. In den Boden des Rohres C ist bei A ein kurzes Rohr eingesetzt von etwa 4 cm Länge, welches dazu dient, den eingesenkten Metallstreifen so lange aufzunehmen, bis er die Temperatur der Flüssigkeit angenommen hat. Da unmittelbar nach dem Eintauchen gemessen wurde, so sollte diese Einrichtung das Auftreten electrischer Spannungen verhindern, welche entstehen, wenn man verschiedene warme Stücke desselben Metalls in dieselbe Flüssigkeit taucht. Das Ende B des Rohres AB wurde mit Pergamentpapier zugebunden, und durch Ueberziehen mit einem kurzen Schlauchende der Verschluss gedichtet. Das Pergament-

papier, welches man zu jedem Versuche erneuerte, wurde
vor seiner Verwendung erst 10 Minuten lang in siedendes
destillirtes Wasser gebracht und dann durch Auspressen
zwischen Fliesspapier von dem anhängenden Wasser befreit.
Zweck der Operation war, das Pergamentpapier vollständig
gleich zu erhalten bei den verschiedenen Versuchen; indessen
wird sich später zeigen, dass dies nicht erreicht wurde.
Die benutzten Thermometer waren sorgfältig mit dem Luftthermometer verglichen; es ergab sich aber, als nach Beendigung der Arbeit die Nullpunkte der Thermometer controlirt wurden, dass sich dieselben um 0,3 und 0,2° geändert
hatten. Die hieraus hervorgehende Unsicherheit ist natürlich in den noch mitzutheilenden Zahlenwerthen enthalten.
Um ein Element zusammenzusetzen, wurden zwei der oben
beschriebenen Apparate, von denen der eine durch Pergamentpapier verschlossen war, durch einen kurzen Gummi-
schlauch verbunden. Die Röhren AC und $A'C'$ wurden in
Stativen gehalten; durch D und D' wurden die betreffenden
Flüssigkeiten eingefüllt, welche natürlich niemals die bei
A und A' eingesetzten Röhrchen füllen durften. Durch
Neigen des Apparates und Klopfen konnte man dann die
Luft, welche sich etwa neben dem Diaphragma festgesetzt
hatte, leicht vollständig entfernen. Zur Messung der electromotorischen Kraft wurde ein Kirchhoff'sches Quadrant-
electrometer benutzt, und zwar weil

1) die Aenderungen des inneren Widerstandes von dem
Elemente, welche bei dem geringen Querschnitt desselben
sehr bedeutend waren, keinen Einfluss auf das Resultat
hatten,

2) eine Polarisation des Elementes nicht stattfinden
konnte, da es niemals geschlossen wurde,

3) eine Wasserstoffbedeckung des Zinks durch directe
Einwirkung der Schwefelsäure im erwärmten Element keinen
Einfluss üben konnte, da fast unmittelbar nach dem Ein-
senken der Metalle der Ausschlag beobachtet wurde. Das
Electrometer, von Desaga bezogen, wurde mit Hülfe des
Electrophors geladen, und zwar so stark, dass für 1 Da-
niell ein erster Ausschlag von etwa 350 mm erfolgte bei

einem Scalenabstande von etwa 3 m. Nach Verlauf einer
Woche war die Grösse des Ausschlags bis auf 300 mm heruntergegangen und wurde dann durch einige Funken aus
dem Electrophor wieder auf die vorige Grösse zurückge-
bracht.

Eine andere Einrichtung wurde benutzt bei der Unter-
suchung der thermischen Veränderlichkeit des Accumulators.
Dieser war gebildet aus zwei Bleiplatten von etwa 5 cm
Länge und 3 cm Breite, welche nach der Planté'schen
Methode formirt waren; diese standen in einem weiten Glas-
rohre in Schwefelsäure, welche bei verschiedenen Versuchen
verschiedene Concentration hatte. Die electromotorische
Kraft wurde gemessen vermittelst eines Edelmann'schen
Cylinderquadrantelectrometers, welches nach dem Vorgange
von Hallwachs[1]) in folgender Weise umgestaltet war. Die
an der Nadel hängende Fahne, welche durch Eintauchen in
Schwefelsäure die Dämpfung bewirkte, war entfernt und an
deren Stelle an dem Spiegel eine Glimmerplatte angebracht.
Die Nadel war aufgehängt an einem Platindraht von 0,08 mm
Dicke und etwa 30 cm Länge. Die Ladung erfolgte durch
eine Batterie[2]) von Gypselementen, welche nach der Vorschrift von v. Beetz angefertigt waren. Es wurde nun ein
Endpol durch den zur Aufhängung dienenden Draht mit der
Nadel verbunden und je nach der Stärke der beabsichtigten
Ladung ein Punkt zwischen zwei Paraffinblöcken zur Erde abgeleitet. Zur Ladung wurden 108 Elemente benutzt und
damit für ein Gypsnormalelement von 1,0879 Volt ein einseitiger
bleibender Ausschlag von 209 mm erzielt. Nach Verlauf von
drei Wochen war dieser auf 202 mm heruntergegangen. Bei
den Beobachtungen wurden stets die Pole des Elements commutirt und der Ausschlag nach beiden Seiten hin gemessen.
Die Ruhelage zeigte sich so constant, dass im Laufe der
Messungen nur Verschiebungen von wenigen Zehnteln eines
Scalentheils vorkamen; nachdem der Aufhängedraht län-

---

1) Hallwachs, Wied. Ann, **29.** p. 1. 1886.
2) Um die Batterie vor Zerstörung zu schützen, waren je 12 Elemente in einen massiven Paraffinblock eingegossen und die herausragenden Drähte zwischen den einzelnen Blöcken miteinander verlöthet.

gere Zeit in dem Instrument gehangen hatte, blieb die Ruhelage oft Tage lang ungeändert.

Das Normalelement.

Als Normalelement wurde ein v. Beetz'sches[1]) Gypsnormalelement angewendet, dessen Metalle aus käuflichem Zink
und Kupfer bestanden. Die electromotorische Kraft dieses
Elements wurde in folgender Weise bestimmt. In einem U-förmigen Glasrohre von 20 cm Schenkellänge und 1 cm Durchmesser wurden vorsichtig Zinkvitriol und Kupfervitriol in
concentrirten Lösungen übereinander geschichtet, sodass sie
eine spiegelnde Grenzfläche bildeten, und in den Zinkvitriol
ein mit einem starken galvanoplastischen Ueberzuge versehener amalgamirter Zinkstreifen, in den Kupfervitriol ein
galvanisch verkupferter Kupferdraht eingesenkt. Die electromotorische Kraft einer derartigen Combination:

$$ZnHg \mid ZnSO_4 \mid\mid CuSO_4 \mid Cu$$

ist von F. Weber[2]) in Zürich in absolutem Maasse bestimmt
zu 1,0954 Volt. Mit diesem Element wurde das Gypsnormal
im Laufe der Untersuchung verschiedentlich verglichen und
zwar fanden sich folgende Werthe der electromotorischen
Kraft:

28. Januar	$N = 1,0887$	Volt,
20. Februar	$N = 1,0889$	„
1. April	$N = 1,0856$	„
5. Juli	$N' = 1,0885$	„
Mittel	$N = 1,0879$	Volt.

Der grösste Unterschied der beobachteten Werthe beträgt 0,33 Proc. Jeder der mitgetheilten Werthe ist das
Mittel aus vier Einzelbestimmungen. v. Beetz[3]) findet für
das Verhältniss des Gypselementes zu einem aus Kupfer,
Zink, concentrirter Zink- und Kupfervitriollösung zusammengesetzten den Werth 0,997, während meine Beobachtungen
ergeben 0,993. Der Unterschied mag durch eine Verschie-

---

1) v. Beetz, Wied. Ann. 26. p. 13. 1885.
2) F. Weber, Absolute electromagnetische und calorimetrische Messungen.
3) v. Beetz, Wied. Ann. 22. p. 408. 1884.

denheit der Materialien bedingt sein. Die Anordnung der
Apparate, wie sie durch Fig. 6 dargestellt wird, wurde folgendermassen getroffen: Mit dem Beetz'schen Doppelschlüssel waren verbunden das Versuchselement und das
Normal; die negativen Pole beider waren durch die Gas-
leitung zur Erde abgeleitet, während die Kupferpole schnell
nacheinander mit dem Electrometer verbunden wurden. Es
wurde stets nur der erste Ausschlag beobachtet und zu jeder
Bestimmung neue Metalle verwendet. Nachdem das Versuchselement mit den Flüssigkeiten gefüllt war, wurden die
Metalle in die inneren Röhrchen eingesetzt und, sobald die
Thermometer in den beiden Theilen des Elements gleiche
Temperatur zeigten, die Metalle in die Flüssigkeiten eingesenkt und unmittelbar darauf der Ausschlag am Electrometer
beobachtet. Die Zeit, welche zwischen diesen beiden Operationen verfloss, betrug etwa 20 Secunden. Unmittelbar nach
jeder Beobachtung des Versuchselements wurde der von dem
Normal hervorgebrachte Ausschlag bestimmt. Alsdann wurden neue Metalle in die Röhren eingeführt und das Versuchselement in einem Wasserbade oder durch gestossenes
Eis auf eine andere Temperatur gebracht und die electromotorische Kraft in der vorher angegebenen Weise gemessen.
Es wurde beobachtet der Reihenfolge nach bei folgenden Temperaturen:

$$20, \quad 0, \quad 10, \quad 20, \quad 30, \quad 40, \quad 20.$$

Zeigte sich, dass ein Temperaturcoëfficient sehr klein war,
so wurde nach dem Schema verfahren:

$$20, \quad 0, \quad 20, \quad 40, \quad 20.$$

Um die electromotorische Kraft des Normals selber zu bestimmen, wurde an Stelle des Versuchselements das nach
der Vorschrift von Weber hergestellte Element

$$ZnHg \,|\, ZnSO_4 \,||\, CuSO_4 \,|\, Cu \text{ gesetzt.}$$

**Resultate der Bestimmung des Temperaturcoëfficienten des
H_2SO_4-Elements bei verschiedenen Concentrationen der
H_2SO_4 und des $CuSO_4$.**

Bei den Bestimmungen der Temperaturcoëfficienten der
Elemente, welche mit verschieden concentrirten Flüssigkeiten

gefüllt waren, stellte sich folgendes heraus. Enthielt das
Element verdünnte Schwefelsäure und concentrirte Kupfervitriollösung, so hielt es sich während der Dauer eines Versuches, die zwischen $1\frac{1}{2}$ und 2 Stunden schwankte, vollständig constant; enthielt dagegen das Element concentrirtere
Schwefelsäure und verdünnte Kupfervitriollösung, so war
schon nach kurzer Zeit eine Aenderung der electromotorischen Kraft eingetreten bei constanter Temperatur, und ein
Erwärmen brachte stets eine starke dauernde Schwächung
mit sich. Es war unter diesen Umständen nicht möglich,
die programmmässigen Beobachtungen sämmtlich anzustellen,
und konnte bei 7 procentigem Kupfervitriol die Schwefelsäure
von 48,2 Proc., bei 1,3 procentigem Kupfervitriol die Schwefelsäurelösungen von 29,5, 34,9, 48,2 Proc. nicht mehr verwendet
werden. Die nämliche Inconstanz beobachtete Kittler. Es
wurde jede Beobachtungsreihe doppelt gemacht; in der nachfolgenden Tabelle (p. 272) ist immer das Mittel aus beiden Beobachtungsreihen angegeben. Unter der Annahme, dass die
electromotorische Kraft gegeben sei durch einen Ausdruck
von der Form:

$$E = E_0 + at + bt^2$$

wurden aus den Beobachtungen bei den Temperaturen 0, 20,
40° die Werthe von E_0, a und b berechnet. Mit Hülfe
dieser Constanten wurde dann die electromotorische Kraft
bei den Temperaturen 10 und 30° berechnet und mit den
beobachteten Werthen verglichen.

Die Werthe von E_0 ergeben sich aus jeder Beobachtungsreihe verschieden. Die Ursache lag offenbar in dem
Diaphragma, welches trotz aller Vorsichtsmassregeln nicht
bei jedem Versuche in demselben Zustande sich befand.
Indess hatte dieser Umstand auf die Temperaturcoëfficienten keinen Einfluss, denn es ergaben sich aus verschiedenen
Beobachtungsreihen, trotzdem die Werthe von E_0 bedeutend
voneinander abwichen, doch innerhalb der Fehlergrenzen
gleiche Werthe von a und b. Durch einen besonders zu
diesem Zwecke angestellten Versuch, welcher später erwähnt
wird, wurde festgestellt, dass das Diaphragma keinen Einfluss auf den Temperaturcoëfficienten hat. Aus der p. 272

H_2SO_4	$CuSO_4$ 15,9%	7,7 %	1,8%
1,8 %	$E_0 =$ 1,180 $a = +0{,}000\,765$ $b = +0{,}000\,000\,2$	$E_0 =$ 1,194 $a = +0{,}000\,317$ $b = +0{,}000\,007$	$H_2SO_4 = 0{,}9\%$ $E_0 =$ 1,211 $a = -0{,}000\,128$ $b = -0{,}000\,008$
6,7 „	$E_0 =$ 1,183 $a = +0{,}000\,963$ $b = +0{,}000\,001\,5$	$E_0 =$ 1,194 $a = +0{,}000\,481$ $b = +0{,}000\,008$	$H_2SO_4 = 6{,}9\%$ $E_0 =$ 1,220 $a = +0{,}000\,334$ $b = -0{,}000\,001$
12,0 „	$E_0 =$ 1,178 $a = +0{,}001\,73$ $b = -0{,}000\,012$		$H_2SO_4 = 11{,}9\%$ $E_0 =$ 1,229 $a = +0{,}000\,446$ $b = -0{,}000\,003$
19,5 „	$E_0 =$ 1,185 $a = +0{,}001\,83$ $b = -0{,}000\,016$	$E_0 =$ 1,202 $a = +0{,}000\,487$ $b = +0{,}000\,004$	$E_0 =$ 1,229 $a = +0{,}000\,894$ $b = -0{,}000\,011$
25,7 „	$E_0 =$ 1,173 $a = +0{,}002\,99$ $b = -0{,}000\,026$	$E_0 =$ 1,189 $a = +0{,}000\,807$ $b = +0{,}000\,000\,2$	$H_2SO_4 = 25{,}2\%$ $E_0 =$ 1,233 $a = +0{,}001\,06$ $b = -0{,}000\,010\,9$
29,5 „	$E_0 =$ 1,157 $a = +0{,}002\,74$ $b = -0{,}000\,037$	$E_0 =$ 1,186 $a = +0{,}000\,998$ $b = -0{,}000\,001$	
34,9 „	$E_0 =$ 1,155 $a = +0{,}001\,38$ $b = -0{,}000\,006$	$E_0 =$ 1,182 $a = +0{,}000\,878$ $b = -0{,}000\,003$	
48,2 „	$E_0 =$ 1,144 $a = +0{,}001\,24$ $b = +0{,}000\,000\,8$		

mitgetheilten Tabelle ergibt sich nun, wenn man dieselbe Concentration der $CuSO_4$-Lösung in Betracht nimmt: der Coëfficient von t nimmt mit der Concentration der H_2SO_4 zu bis zu einem Maximum, welches etwa bei 30 Proc. erreicht wird, und nimmt dann bei höheren Concentrationen wieder ab.

Um über den Coëfficienten von t^2 einen Satz auszusprechen, sind bei der Kleinheit dieser Grösse die Beobachtungen nicht genau genug. Eine Abnahme der Concentration der $CuSO_4$-Lösung bewirkt eine Abnahme der Temperaturcoëfficienten, sodass z. B. das mit $CuSO_4$ von 1,8 Proc. und H_2SO_4 von 1,8 Proc. gefüllte Element eine mit zunehmender Temperatur abnehmende Spannung zeigt. Gleichwohl lässt sich noch in der Reihe der kleineren Temperaturcoëfficienten wahrnehmen, dass die Coëfficienten von t mit wachsender Concentration der H_2SO_4 zunehmen bis zu einem Maximum und dann wieder abnehmen. Bei Verwendung von 1,3-procentiger $CuSO_4$-Lösung konnte die Wiederabnahme nicht constatirt werden, da die mit starker H_2SO_4 und verdünntem $CuSO_4$ zusammengesetzten Elemente nicht constant genug waren, wie auch Kittler[1]) beobachtete. Da die Veränderungen der Grösse E_0 offenbar durch das Diaphragma beeinflusst waren, so wurden einer weiteren Betrachtung die von Kittler ermittelten Werthe der electromotorischen Kraft zu Grunde gelegt. Die Resultate[2]) dieser Arbeit sind: „Die electromotorische Kraft des Daniell'schen Elements:

$$ZnHg \mid H_2SO_4 \mid\mid CuSO_4 \mid Cu$$

nimmt mit dem Procentgehalt der Säure zu, sie erreicht ein Maximum, das bei Anwendung concentrirter oder verdünnter $CuSO_4$-Lösungen an der gleichen Stelle, nämlich für 25- bis 30-procentige Schwefelsäure eintritt; bei weiterem Gehalt an Schwefelsäurehydrat nimmt die freie Spannung wieder ab." Aus der auf p. 880 der citirten Abhandlung mitgetheilten Tabelle habe ich unter Benutzung des von v. Beetz[3]) corrigirten Werthes der electromotorischen Kraft des Kittler'schen Normalelements:

$$Cu \mid \underset{\text{conc.}}{CuSO_4} \mid\mid \underset{\text{10 Proc.}}{H_2SO_4} \mid ZnHg = 1,177 \text{ Volt}$$

die Werthe der electromotorischen Kraft für die von mir angewandten Concentrationen berechnet.

$CuSO_4$ =	15,9 %	7,7 %	1,3 %
H_2SO_4 = 34,9 %	1,175	1,190	1,208
29,5 „	1,185	1,197	1,215
25,7 „	1,197	1,207	1,219
19,5 „	1,188	1,202	1,217
12,0 „	1,184	1,194	1,204
6,7 „	1,174	1,184	1,194
[4]) 1,3 „	1,154	1,164	1,179

1) Kittler, Wied. Ann. **17**. p. 887. 1882.
2) Kittler, Wied. Ann. **17**. p. 882. 1882.
3) v. Beetz, Wied. Ann. **26**. p. 24. 1885.
4) Es wurde angenommen, dass die von Kittler als concentrirt an-

Es folgt aus diesen Zahlen, dass bei den Concentrationen der H_2SO_4, welche in der vorliegenden Arbeit verwandt sind, eine Verdünnung der $CuSO_4$-Lösung eine Zunahme der electromotorischen Kraft hervorruft. Ganz entsprechend lassen sich die Beobachtungen der thermischen Veränderlichkeit zusammenfassen. Die electromotorische Kraft des Daniell'-schen Elements $ZnHg \,|\, H_2SO_4 \,'|\, CuSO_4 \,|\, Cu$ lässt sich darstellen durch einen Ausdruck von der Form $E = E_0 + at + bt^2$. Der Werth von a nimmt mit dem Procentgehalt der Säure zu, erreicht ein Maximum, das bei Anwendung von concentrirten oder verdünnten $CuSO_4$-Lösungen an der gleichen Stelle, nämlich für 25- bis 30-procentige Schwefelsäure, einzutreten scheint; bei weiterem Gehalt an Schwefelsäurehydrat nimmt der Werth von a wieder ab. Eine Verdünnung der $CuSO_4$-Lösung ruft bei gleichbleibender Concentration der Schwefelsäure eine Abnahme des Werthes von a hervor. Kittler hat auf p. 883 seiner Abhandlung eine Tabelle aufgestellt, welche den durch eine Verstärkung der Säure bedingten Zuwachs der electromotorischen Kraft enthält; die Werthe dieser Tabelle können indess nur für eine Mitteltemperatur von etwa 20^0 gelten, da die Curven, welche die electromotorische Kraft in ihrer Abhängigkeit von der Temperatur darstellen, für die verschiedenen Concentrationen der Säure nicht parallel verlaufen. Schliesslich scheint es mir noch auffällig, dass das Maximum von E_0 und a zusammenfällt mit dem Maximum der Leitungsfähigkeit der Schwefelsäure, welches ebenfalls nahe bei 30 Proc. liegt, und man kann wohl vermuthen, dass diese Phänomene durch die Molecularbeschaffenheit der Schwefelsäure bedingt sind. Eine graphische Darstellung des Verhaltens des H_2SO_4-Elements ist durch die Curven I bis IV gegeben; die Temperaturen sind als Abscissen, die zugehörigen electromotorischen Kräfte als Ordinaten aufgetragen. Das System I (siehe Fig. 10) enthält die Curven, welche sich für die verschiedenen Con-

---

gegebene $CuSO_4$-Lösung einen Gehalt an $CuSO_4$ von 20 Proc. hatte, und unter dieser Voraussetzung die Interpolation ausgeführt, welche nur angenäherte Werthe liefern konnte. Die Tabelle wird gelten für eine Temperatur von etwa 20^0; Kittler macht keine Temperaturangaben.

centrationen der H_2SO_4 ergeben, wenn die $CuSO_4$-Lösung einen Gehalt von 15,9 Proc. hat. In derselben Weise beziehen sich II und III auf $CuSO_4$-Lösungen von 7,7 und 1,3 Proc. Die Punkte der Curven sind in folgender Weise bestimmt. Es wurden die für jede Concentration der H_2SO_4 angestellten Beobachtungsreihen zusammengestellt und dann jede Zahl der Reihe um die nämliche constante Grösse so geändert, dass die der Temperatur 20⁰ zunächst liegende electromotorische Kraft übereinstimmte mit der auf p. 273 aus den Kittler'schen Beobachtungen abgeleiteten. Auf diese Weise stellen die Curvensysteme das Verhalten des Daniell'schen Elements dar, sowohl bei veränderter Concentration der Lösungen als auch bei Veränderung der Temperatur.

Es erübrigt noch eine Vergleichung der von mir erhaltenen Werthe mit den in anderen Abhandlungen veröffentlichten. Lindig findet in seiner bereits citirten Arbeit, dass die electromotorische Kraft des Daniell'schen Elements bei 8,5⁰ sich zu der bei 36,0⁰ verhält wie 100:104.

Mangels weiterer Angaben nehme ich an, dass sein Element concentrirte $CuSO_4$-Lösung und verdünnte H_2SO_4-Lösung enthielt und bei 8,5⁰ eine electromotorische Kraft von 1,16 Volt hatte. Aus diesen Daten folgt ein Temperaturcoëfficient +0,00167. Da meine Beobachtungen für eine $CuSO_4$-Lösung von 15,9 Proc. und eine H_2SO_4-Lösung von 6,7 Proc. die Zahl +0,000 965 ergeben und eine Anreicherung der $CuSO_4$-Lösung eine Zunahme des Temperaturcoëfficienten hervorruft, so scheint mir zwischen beiden Angaben genügende Uebereinstimmung zu herrschen. Einen abweichenden Werth hat Uppenborn [1] mitgetheilt; dieser untersuchte ein nach Angaben von Kittler hergestelltes Daniell'sches Normalelement in der Form, welche ihm Lodge gegeben hat. Bei diesem Elemente berühren sich die Flüssigkeiten nicht. In einer Pulverflasche befindet sich die Schwefelsäure vom specifischen Gewicht 1,075, in welche ein

---

[1] Uppenborn, Zeitschrift für angewandte Electricitätslehre. 1883. p. 399.

mit concentrirter CuSO$_4$-Lösung gefülltes Probirglas eintaucht; die Ausgleichung der Spannung findet statt durch
die Feuchtigkeitsschicht, welche sich auf dem Rande des
Probirglases niederschlägt. Uppenborn gibt den Temperaturcoëfficienten dieses Elements an zu 0,02 Proc. Zunahme
per Centigrad und die electromotorische Kraft desselben zu
1,1943 Volt. Hieraus ermittelt sich der Temperaturcoëfficient zu +0,000 239, also etwa nur ein Drittel des von mir
für 15,9-procentige CuSO$_4$-Lösung gefundenen. Wie weit
dieser Werth durch den mangelnden Contact der Flüssigkeiten beeinflusst ist, lässt sich nicht entscheiden.

Das ZnSO$_4$-Element.

Eine zweite Versuchsreihe wurde angestellt mit dem
ZnHg ׀ ZnSO$_4$ ‚׀ CuSO$_4$ ׀ Cu-Elemente. Es wurde derselbe
Apparat benutzt und auch ein Diaphragma von Pergament-
papier verwendet. Die beistehende Tabelle gibt die Resul-
tate der Beobachtungen; aus diesen lassen sich folgende
Schlüsse ziehen.

CuSO$_4$ 15,9%.

ZnSO$_4$ 25,0%		ZnSO$_4$ 11,3%		ZnSO$_4$ 1,8%	
t	E	t	E	t	E
0,0	1,1069	0,0	1,1157	0,0	1,0997
10,2	1,0982	19,2	1,1092	19,8	1,1108·
20,3	1,0979	40,2	1,1121	40,6	1,1247
30,8	1,1001				
40,5	1,1033				

$$E = 1,0997 + 0,000\,616\,t$$

CuSO$_4$ 7,7%.

0,0	1,0912	0,0	1,1051	0,0	1,1065
19,4	1,0881	20,4	1,1042	20,1	1,1094 ?
40,6	1,0930	40,1	1,1053	40,8	1,1235

CuSO$_4$ 1,8%.

0,0	1,0956	0,0	1,1024	0,0	1,1089
20,8	1,0950	21,6	1,1014	21,0	1,1162
40,9	1,0932	40,6	1,1024	40,9	1,1252

$$E = 1,1089 + 0,000\,405\,t$$

Bei Verwendung von 25,0-procentiger ZnSO$_4$-Lösung
bei gleich bleibender Concentration der CuSO$_4$-Lösung nimmt
die electromotorische Kraft ab zwischen 0 und 20° und

nimmt wieder zu bis 40°. Geht man über zur 11,3-procen-
tigen ZnSO₄-Lösung, so bleibt dasselbe Verhältniss bestehen,
nur ist die Grösse der Ab- und Zunahme eine geringere
geworden. Die Benutzung der 1,8-procentigen ZnSO₄-Lösung bewirkt, dass innerhalb des ganzen Intervalles von
0 bis 40° eine Zunahme der electromotorischen Kraft stattfindet. Eine Verdünnung der CuSO₄-Lösung bewirkt eine
Abnahme der Temperaturcoëfficienten, gleichviel welche ZnSO₄-
Lösung man anwendet, ohne dass dabei die Art des Verhaltens beeinflusst wird. Bei 1,3-procentiger CuSO₄-Lösung
sind die Temperaturcoëfficienten so klein geworden, dass
man die thermische Veränderlichkeit kaum noch bemerken
kann, nur die Zunahme der electromotorischen Kraft bei
1,8-procentiger ZnSO₄-Lösung ist noch bedeutend geblieben.
Zu gleicher Zeit wollen wir das Verhalten der electromotorischen Kraft bei constanter Temperatur und verschieden
concentrirten Flüssigkeiten betrachten, ebenfalls nach Kittler. [1] Es ergibt sich, dass bei gleichbleibender Concentration der CuSO₄-Lösung eine Verdünnung des Zinkvitriols
stets eine Zunahme der electromotorischen Kraft hervorruft,
während bei gleichbleibender Concentration der ZnSO₄-Lösung eine Verdünnung des Kupfervitriols stets eine Verminderung verursacht. Das Verhalten dieser Temperaturcoëfficienten ist untersucht von v. Helmholtz. [2] Dieser gibt an,
dass die Elemente mit concentrirtem Zinkvitriol Abnahme,
diejenigen mit verdünntem Zinkvitriol Zunahme der electromotorischen Kraft mit wachsender Temperatur zeigen. Bei
concentrirter CuSO₄-Lösung einer ZnSO₄-Lösung vom specifischen Gewicht 1,04 soll das Element vollständig von der
Temperatur unabhängig sein. Aus meinen Beobachtungen
folgt eine derartige, bei allen verwendeten CuSO₄-Lösungen
für eine Zinklösung vom specifischen Gewicht 1,07. Gockel[3]
hat den Temperaturcoëfficienten eines Daniell'schen Elementes bestimmt, in dem ZnSO₄-Lösung von etwa 8 Proc. ver-

---

1) Kittler, Wied. Ann. 17. p. 894. 1882.
2) v. Helmholtz, Berl. Ber. 1882. I. p. 26.
3) Gockel, Wied. Ann. 24. p. 618. 1882.

wendet ist [148,5 g $(ZnSO_4 + 7 H_2O) + 856,5$ g H_2O] und eine
$CuSO_4$-Lösung von ebenfalls 8 Proc. [124,5 g $(CuSO_4 + 5H_2O)$
$+875,5$ H_2O]. Es liegt diese Concentration des $ZnSO_4$ ganz
in der Nähe derjenigen, für welche das Element Unabhängig-
keit der electromotorischen Kraft von der Temperatur zeigt.
Gockel findet demgemäss auch einen sehr kleinen Coëfficienten nämlich $+0,000\,034$. Diese Beobachtung von Gockel
spricht dafür, dass der Procentgehalt an Zinkvitriol, für
welchen Unveränderlichkeit der electromotorischen Kraft mit
der Temperatur stattfindet, höher liegt, als wie ihn v. Helmholtz angibt; nach letzterem soll dieses bei einer 4-procen-
tigen $ZnSO_4$-Lösung stattfinden, während nach Gockel
dieser Punkt bei einer $ZnSO_4$-Lösung zu suchen ist, welche
mehr als 8 Proc. $ZnSO_4$ enthält.

Der Accumulator.

Bei der Untersuchung des Accumulators bildete der
Umstand ein Hinderniss, dass die electromotorische Kraft
desselben mit der Zeit abnahm, und zwar, wie durch Streintz
und Aulinger[1]) festgestellt ist, durch Oxydation der Blei-
platte. Alle Versuche, diese Abnahme durch Auspumpen etc.
zu verhindern, schlugen fehl, und es wurde dieselbe bei
der Berechnung der Resultate unter der Annahme berücksichtigt, dass die Abnahme der Zeit proportional erfolge.
Diese geschah zuerst sehr stark, aber nach einmaliger Erwärmung geschah sie so langsam, dass aus dieser Annahme ein Fehler nicht erwachsen konnte. So nahm z. B.
der einseitige Ausschlag am 26. October innerhalb 49 Minuten ab von 381,6 bis 379,3. Vielleicht trug zu dieser Abnahme noch bei, dass die Bleiplatten klein gewählt waren
und sich in einem ganz geringen Abstande voneinander befanden. Ihre Grösse betrug etwa 3×4 cm; ihr Abstand
war 5 mm. Es wurde der Accumulator mit Schwefelsäure
von den Concentrationen 12,3, 27,8, 45,0 Proc. gefüllt und
bei den Temperaturen 0, 20, 40° untersucht. Es war in
allen diesen Fällen eine Veränderlichkeit mit der Tempera-

---

1) Streintz u. Aulinger, Wied. Ann. 27. p 178. 1886.

tur nicht bemerkbar. Darüber, ob die electromotorische Kraft von der Concentration der Säuren abhängt, kann man auf Grund der angestellten Versuche keine Aussagen machen, da die Versuchsanordnung nicht gestattete, unmittelbar nach der Oeffnung des Ladungsstromes die electromotorische Kraft zu bestimmen. Es betrug nämlich die Dauer einer Messung etwa 6 Minuten. Die Werthe, welche ich für die electromotorische Kraft erhielt, sind:

$$t = 17,6 \quad 1,993 \quad H_2SO_4 \text{ von } 12,3 \text{ Proc.}$$
$$t = 19,6 \quad 2,097 \quad H_2SO_4 \text{ von } 27,8 \quad \text{,,}$$
$$t = 18,5 \quad 1,702 \quad H_2SO_4 \text{ von } 45,0 \quad \text{,,}$$

Ob man aus diesen Zahlen folgern darf, dass die electromotorische Kraft des Accumulators in ähnlicher Weise von der Concentration der Säure abhängt, wie die des Daniell'schen Elements, habe ich einer besonderen Untersuchung vorbehalten.

Ueber den Sitz der Veränderlichkeit der electromotorischen Kraft mit der Temperatur und deren Ursache.

Eine weitere Untersuchung erstreckte sich jetzt darauf, zu ermitteln, wo die thermische Veränderlichkeit ihren Sitz hat, und welches die Ursache dieser Erscheinung ist. Es liegt nahe, zu vermuthen, dass die thermische Veränderlichkeit der Elemente bedingt ist durch die thermische Veränderlichkeit der electromotorischen Kraft der einzelnen in dem Elemente vorkommenden Contactstellen, und dass ferner der Temperaturcoëfficient des Elementes gleich ist der Summe der Temperaturcoëfficienten, welche an den einzelnen Contactstellen stattfinden. Um diese Verhältnisse beurtheilen zu können, war es nöthig, folgende Grössen zu messen:

1) die thermische Veränderlichkeit der Spannung zwischen den in den Elementen verwendeten Metallen und Flüssigkeiten, und zwar unter Benutzung verschiedener Concentrationen derselben Flüssigkeit;

2) die thermische Veränderlichkeit der Spannung zwischen den in den Elementen verwendeten Flüssigkeiten. Die thermoelectrische Spannung zwischen den Metallen wurde

vernachlässigt wegen ihrer geringen Grösse.[1] Auf die beobachtete Veränderlichkeit der Temperaturcoëfficienten des Elementes konnte sie keinen Einfluss gewinnen, da sie ja bei allen Versuchen die nämliche war. Um nun die thermoelectrische Spannung zwischen Metallen und Flüssigkeiten zu beobachten, wurde folgender Apparat construirt (Fig. 7). In ein 20 cm langes, 3 cm weites Glasrohr war am unteren Ende ein dünnes, 4 cm langes Rohr eingeschmolzen. Zwei derartige Rohre wurden durch einen Heber verbunden, dessen beide gleichlangen Schenkel 22 cm voneinander entfernt waren; an das diese letzteren verbindende Rohr war ein durch einen Glashahn verschliessbares Rohr angesetzt. Um den Apparat zu benutzen, wurden die beiden weiten Glasrohre mit der vorher unter der Luftpumpe luftfrei gemachten Flüssigkeit gefüllt und vermittelst dreifach durchbohrter Korkstopfen verschlossen. Mit Hülfe des Hebers wurden die beiden Rohre in Verbindung gesetzt und dann durch Saugen an dem mit dem Glashahne verbundenen Rohre die Flüssigkeit so weit gehoben, dass nach Schliessen des Hahnes eine Communication zwischen den beiden Rohren stattfand. In jedes Rohr wurde ein Thermometer gesenkt. Die inneren eingesetzten Röhrchen dienten dazu, die Metalle so lange aufzunehmen, bis man mit Sicherheit voraussetzen konnte, dass sie die Temperatur der Flüssigkeit angenommen hatten. Der Versuch wurde nun so angestellt, dass eins der weiten Rohre durch gestossenes Eis beständig auf der Temperatur Null gehalten wurde, während man den anderen der Reihe nach die Temperaturen 0, 10, 20, 30, 40° ertheilte. In einigen Fällen wurde auch noch die Temperatur 60° in die Beobachtungen hineingezogen. Die Verbindung mit dem Electrometer wurde derartig hergestellt, dass stets das erwärmte Ende des Apparates mit einem Quadrantenpaar des Edelmann'schen Electrometers verbunden war. Da hier voraussichtlich sehr kleine Grössen zu messen waren, so überzeugte ich mich zunächst davon, dass nicht etwa durch Schliessen des Schlüssels Electricität erregt wurde und ein Ausschlag

---

[1] Sie beträgt nach Gockel zwischen Cu und Zn 0,000 000 27, l. c. p. 635.

entstand. Zu dem Zwecke wurden die Drähte, welche für gewöhnlich das Versuchselement mit dem Schlüssel verbanden, durch eine Klemmschraube in Verbindung gesetzt und dann ·der Schlüssel geschlossen. Es zeigte sich niemals bei mehrfach wiederholten Versuchen auch nur der geringste Ausschlag. Indem ich in der nämlichen Weise mit den Zuleitungsdrähten zum Normalelement verfuhr, ergab sich auch dort dasselbe Resultat. Es wurden in dieser Weise untersucht die thermoelectrischen Spannungen von amalgamirtem Zink gegen Zinkvitriol von 25,0 und 1,8 Proc., und gegen Schwefelsäure von 0,9, 11,9, 25,2, 34,9, 48,2 Proc., von Kupfer gegen Kupfervitriol von 15,9 und 1,3 Proc. Die Resultate der Versuche sind in der folgenden Tabelle zusammengestellt, und zwar ist der Körper, welcher beim Erwärmen positive Electricität zeigt, vorangeschrieben.

	$\frac{\text{Volt}}{\text{Celsius}}$	Nach Bouty.
ZnHg ǀ ZnSO$_4$ 25,0 %	$+0,000\,802$	$\left.\vphantom{\begin{matrix}a\\b\end{matrix}}\right\}$ $+0,000\,807$
ZnHg ǀ ZnSO$_4$ 1,8 „	$+0,000\,696$	
ZnHg ǀ H$_2$SO$_4$ 0,9 „	$+0,000\,268$	
ZnHg ǀ H$_2$SO$_4$ 11,9 „	$+0,000\,183$	
Cu ǀ CuSO$_4$ 15,9 „	$+0,000\,686$	$\left.\vphantom{\begin{matrix}a\\b\end{matrix}}\right\}$ $+0,000\,798.$
Cu ǀ CuSO$_4$ 1,3 „	$+0,000\,643$	

Spannungen thermoelectrischer Art zwischen Metallen und höher concentrirten Schwefelsäuren liessen sich nicht erkennen. In der letzten Columne sind die von Bouty[1]) ermittelten Werthe der Temperaturcoëfficienten angegeben. Bouty findet, dass die Concentration der Lösung ohne Einfluss auf die Coëfficienten sei, während nach meinen Beobachtungen ein solcher, wenn auch nur in sehr in geringem Maasse zu bestehen scheint. Lindig[2]) hat diesen Gegenstand ebenfalls einer Untersuchung unterzogen, und zwar hat er mit Hülfe eines Galvanometers die Stromstärke gemessen,

---

1) Bouty, Compt. rend. **90.** p. 917. 1880. Das Journ. de phys., wo sich wahrscheinlich eine ausführlichere Mittheilung Bouty's findet, war mir nicht zugänglich. Die von Bouty in Daniell gegebenen Coëfficienten sind in Volt umgerechnet unter der Voraussetzung 1 Daniell = 1,16 Volt.

2) Lindig, Pogg. Ann. **123.** p. 1. 1864.

welche durch einseitige Erwärmung eines dem meinigen fast
ganz gleichen Apparates entsteht; er ist zu folgenden Resultaten gelangt: Der thermoelectrische Strom geht vom
kalten zum warmen Metall; ein Einfluss der verschiedenen
Concentrationen der Flüssigkeiten wurde nicht bemerkt;
zwischen Schwefelsäure und amalgamirtem Zink ist keine
thermoelectrische Spannung bemerkbar. Mit Bleiplatten,
wie sie im Accumulator benutzt wurden, habe ich in dieser
Richtung keine Experimente angestellt, da mir durch die
Versuche am Accumulator ihre durch die Zeit bedingte Veränderlichkeit bekannt geworden war, und diese die durch
thermische Einflüsse bewirkte voraussichtlich verdecken würde.

Messung der thermoelectrischen Spannungen zwischen Flüssigkeiten.

Schliesslich erübrigte es noch, diejenigen Spannungen zu
messen, welche beim Erwärmen der Grenzfläche zweier Flüssigkeiten auftreten. Ich bediente mich dazu eines Apparates
(Fig. 8), welcher ganz ähnlich construirt war dem, welchen
Wild in seiner Abhandlung [1] beschreibt. Bei der Ausführung wurde indess die Anwendung von gefirnistem Holz
vermieden und der ganze Apparat aus Glasröhren zusammengesetzt. Zwei etwa 35 cm lange Glasröhren wurden in
ihren oberen Theilen durch ein geneigt nach oben gerichtetes
Rohr verbunden, sodass über die Ansatzstelle von dem einen
langen Rohr 7 cm, von dem anderen 5 cm hinwegragten.
Die unteren Enden der langen Röhren wurden durch Metallkapseln geschlossen, welche je nach der Füllung des Apparates
galvanisch verzinkt, verkupfert und vergoldet waren, und
an deren unteres Ende Drähte angelöthet waren, welche zum
Beetz'schen Doppelschlüssel führten.

Auf das eine lange Glasrohr war eine Kapsel aufgeschoben, welche aus einem 4 cm weiten Glasrohr von 5 cm
Länge und zwei grossen Korken gebildet war. Durch diese
Kapsel liess sich mittelst zweier durch die Korke hindurch-
geführter Glasröhren Wasserdampf hindurchleiten. Sollte

---

1) Wild, Pogg. Ann. **103.** p. 353. 1858.

nun z. B. die thermoelectrische Spannung zwischen concentrirter $ZnSO_4$-Lösung und verdünnter $CuSO_4$-Lösung gemessen wurden, so werde der Apparat durch die verzinkten
Metallkapseln verschlossen, und beide Rohre wurden mit der
$ZnSO_4$-Lösung gefüllt, solange bis die Flüssigkeit in dem
einen Schenkel sich in gleicher Höhe mit der Mitte der
Dampfkapsel befand. Alsdann wurde in jeden Schenkel
eingebracht ein Gummiring (ein abgeschnittenes Stück eines
Schlauches), welcher sich ganz genau an die innere Wand
anlegte und in gleicher Höhe mit der Flüssigkeit endigte.
Auf diesen Ring und zugleich auf die Oberfläche der Flüssigkeit wurde als Diaphragma eine Scheibe von Pergamentpapier gelegt, welches in der bekannten Weise präparirt war,
und auf diese wiederum ein Gummiring aufgesetzt. Auf
dieses Diaphragma wurde die $CuSO_4$-Lösung geschichtet, bis
vermittelst des geneigten Querrohres die Flüssigkeiten in
beiden Schenkeln communicirten. Da nun die Mündung des
Querrohres in dem mit der Dampfkapsel versehenen Schenkel
höher lag als in dem anderen, so war nicht zu fürchten, dass
beim Dampfdurchleiten durch Strömung eine Erwärmung der
zweiten Contactstelle stattfand. Natürlich sorgte man dafür,
dass die Grenzfläche der Flüssigkeiten in dem erwärmten
Schenkel möglichst hoch stand, in dem anderen dagegen
möglichst niedrig. In dem erwärmten Schenkel war bis auf
das Diaphragma ein Thermometer herabgeführt, an dem man
die Temperatur der Grenzfläche ablesen konnte. Die Kapseln
an den Enden der Schenkel waren nebst den angelötheten
Drähten mit Siegellack überzogen und tauchten in ein Gefäss
mit Wasser von Zimmertemperatur. Es wurden verkupferte
Kapseln benutzt, wenn die specifisch schwerere von den beiden Flüssigkeiten Kupfervitriol war; befand sich dagegen
Schwefelsäure zu unterst in den Schenkeln, so wurden stark
vergoldete Kapseln in Anwendung gebracht. Als ich versuchte, die Schenkel unten zuzuschmelzen und vermittelst
eingeschmolzener Platindrähte die Verbindung mit dem Electrometer herzustellen, wurde die Spannung stark inconstant.
Der Versuch wurde so eingerichtet, dass zuerst nach Füllung
des Apparates untersucht wurde, ob bei gleicher Temperatur

der beiden Grenzflächen ein Ausschlag des Electrometers erfolgte. Es ergab sich nun, dass eine vollständige Homogenität der Kapseln selten vorhanden war, indess überstieg der hierdurch hervorgebrachte Ausschlag einen Scalentheil nicht. Alsdann wurde durch die Dampfkapsel Dampf so lange geleitet, bis die Temperatur der Grenzfläche constant wurde, und der Ausschlag am Electrometer beobachtet. Die Temperatur der Grenzfläche betrug etwa 83—84°. Darauf wurde durch die Dampfkapsel mit Hülfe einer Wasserluftpumpe so lange Luft aus dem Zimmer hindurchgesaugt, bis die Anfangstemperatur nahezu wieder erreicht war. Die Resultate der Beobachtungen sind in der folgenden Tabelle zusammengestellt.

H_2SO_4	34,9 %	$CuSO_4$ 16,5 %	unmerkbar.
H_2SO_4	34,9 „	$CuSO_4$ 1,3 „	+0,000 235
H_2SO_4	0,9 „	$CuSO_4$ 15,5 „	+0,000 228.
H_2SO_4	0,9 „	$CuSO_4$ 1,3 „	+0,000 486.
$CuSO_4$	15,5 „	$ZnSO_4$ 1,8 „	unmerkbar.
$CuSO_4$	1,8 „	$ZnSO_4$ 1,8 „	unmerkbar.
$CuSO_4$	15,5 „	$ZnSO_4$ 24,8 „	unmerkbar.
$CuSO_4$	1,3 „	$ZnSO_4$ 24,8 „	unmerkbar.

Um zu untersuchen, ob das Diaphragma einen Einfluss auf den Temperaturcoëfficienten hat, wurden Flüssigkeiten von sehr verschiedenem specifischen Gewicht ohne Anwendung des Diaphragmas nach der von Wild[1]) angegebenen Methode vermittelst Stechheber und Korkscheibe übereinander geschichtet und dann der Versuch ganz wie sonst durchgeführt. Auf diese Weise wurden untersucht $CuSO_4$ 16,5 Proc., $ZnSO_4$ 25,2 Proc.; $ZnSO_4$ 25,2 Proc., $CuSO_4$ 1,3 Proc.; $CuSO_4$ 15,9 Proc., $ZnSO_4$ 1,6 Proc.; $CuSO_4$ 15,9 Proc., H_2SO_4 0,9 Proc.; es ergab sich in diesen Fällen stets dasselbe Resultat, wie bei Anwendung des Diaphragmas. Es lässt sich aus diesen Resultaten auch schliessen, dass der Temperaturcoëfficient der untersuchten Elemente von dem Diaphragma nicht beeinflusst wird. Wild[2]) hat ebenfalls die thermoelectrische Spannung zwischen $CuSO_4$-Lösung von 10 Proc. und

1) Wild, Pogg. Ann. 100. p. 227. 1857.
2) Wild, Pogg. Ann. 103. p. 403 u. 866. 1858.

verdünnter Schwefelsäure untersucht. Es lässt sich aus seinen Mittheilungen ersehen, dass eine solche Spannung vorhanden ist, doch ist die auftretende electromotorische Kraft nicht gemessen. Zwischen $CuSO_4$ von 1,1 Proc. und $ZnSO_4$ von 1,09 Proc. hat Wild den Temperaturcoëfficienten $+0,0000036$ beobachtet. Diese Grösse ist für das Electrometer nicht mehr messbar. Es erübrigt noch, aus den Temperaturcoëfficienten, welche zwischen Metallen und Flüssigkeiten und Flüssigkeiten und Flüssigkeiten beobachtet sind, die Temperaturcoëfficienten der Elemente zu berechnen und mit den am Element gemessenen zu vergleichen. Man findet dann folgende Tabelle.

Element	berechnet	beobachtet
Cu | CuSO$_4$ || H$_2$SO$_4$ | ZnHg 15,5 ... 0,9	$+0,000\ 190$	$+0,000\ 765$
Cu | CuSO$_4$ || H$_2$SO$_4$ | ZnHg 15,5 ... 11,9	$+0,000\ 503$	$+0,001\ 73$
Cu | CuSO$_4$ || H$_2$SO$_4$ | ZnHg 15,5 ... 34,9	$+0,000\ 686$	$+0,001\ 38$
Cu | CuSO$_4$ || H$_2$SO$_4$ ZuHg 1,3 ... 0,9	$-0,000\ 109$	$-0,000\ 128$
Cu | CuSO$_4$ | H$_2$SO$_4$ | ZnHg 1,3 ... 11,9	$+0,000\ 059$	$+0,000\ 446$
Cu | CuSO$_4$ | H$_2$SO$_4$ | ZnHg 1,3 ... 34,9	$+0,000\ 410$	—
Cu | CuSO$_4$, ZnSO$_4$ | ZnHg 15,9 ... 25,0	$-0,000\ 116$	[1])
Cu | CuSO$_4$ | ZnSO$_4$ | ZnHg 15,9 ... 1,8	$-0,000\ 010$	$+0,000\ 616$
Cu CuSO$_4$ | ZnSO$_4$ | ZnHg 1,3 ... 25,0	$-0,000\ 157$	[1])
Cu | CuSO$_4$ || ZnSO$_4$ | ZnHg 1,3 ... 1,8	$-0,000\ 051$	$+0,000\ 405$

In der vorstehenden Zusammenstellung soll die Trennung der Zeichen zweier Verbindungen durch einen senkrechten Strich die Potentialdifferenz zwischen diesen Verbindungen bedeuten; die unter den Zeichen stehenden Zahlen geben den Procentgehalt der betreffenden Lösung an. In der dritten Columne sind als die beobachteten Werthe die Grössen a der Tabellen auf p. 272 und 276 angeführt. Man ersieht aus

---

1) Die Temperaturcoëfficienten dieser Combinationen sind nicht berechnet.

dieser Zusammenstellung, dass die Temperaturcoëfficienten
der Elemente durch die Coëfficienten der einzelnen Contactstellen im allgemeinen nicht gegeben sind. Uebereinstimmung
zwischen diesen beiden Grössen findet beim H_2SO_4-Element
statt, wenn sämmtliche Flüssigkeiten in starker Verdünnung
angewendet werden. Eine ebenso geringe Uebereinstimmung
findet beim $ZnSO_4$-Elemente statt. Die aus den einzelnen
thermoelectrischen Spannungen berechneten Temperaturcoëfficienten fallen stets negativ aus; die directen Beobachtungen
ergeben dagegen, dass bei concentrirten $ZnSO_4$-Lösungen ein
Minimum der electromotorischen Kraft bei 20° stattfindet,
der Temperaturcoëfficient also zuerst negativ ist und dann
positiv wird, dass bei stark verdünntem Zinkvitriol der Temperaturcoëfficient stark positiv wird.

Schluss.

Die von von Helmholtz[1]) aufgestellte Beziehung
$Q = \vartheta\,(\partial p/\partial \vartheta)\,E$ zwischen dem Temperaturcoëfficienten eines
Elementes, seiner electromotorischen Kraft und der Wärme-
tönung der in Betracht kommenden chemischen Processe ist von
Czapski[2]) in dem Satze ausgesprochen: Diejenigen Elemente,
welche nicht alle chemische Wärme in Stromarbeit umsetzen,
haben eine mit wachsender Temperatur abnehmende electromotorische Kraft, und umgekehrt diejenigen, welche zum Theil
auf Kosten ihres eigenen Wärmeinhaltes arbeiten, eine mit der
Temperatur wachsende Kraft. Dieser Satz lässt sich auf das
$ZnSO_4$-Element anwenden und führt zu der Folgerung, dass
durch die Verwendung der verdünnten $ZnSO_4$-Lösung bei
allen Concentrationen der $CuSO_4$-Lösung die Stromarbeit
grösser ist, als die chemische Wärme; eine Anreicherung der
$CuSO_4$-Lösung bewirkt, dass electromotorische Kraft und
chemische Wärme beide zunehmen, die letztere indessen schneller, als die erstere, denn bei Verwendung der 15,9-procentigen
$CuSO_4$-Lösung ist der Temperaturcoëfficient negativ in dem
Intervall von 0—20°. Zwischen 20 und 40° ist die chemische
Wärme in derselben Weise gewachsen, wenn auch in diesem

1) v. Helmholtz. Berl. Ber. 1882. I. p. 22 ff.
2) Czapski, Wied. Ann. 21. p. 216. 1881.

Temperaturintervall die Stromarbeit die chemische Wärme
noch übertrifft. Es deuten diese Verhältnisse darauf hin,
dass die Lösungswärme des $CuSO_4$ sehr veränderlich ist, je
nach der Concentration der Lösung, in welcher gelöst wird,
und dass ferner die Lösungswärme in den concentriteren
$CuSO_4$·Lösungen abhängig ist von der Temperatur. Unsere
Kenntniss von diesen Vorgängen geht indess noch nicht weit
genug, um diese Frage zu entscheiden. Lassen wir die Concentration der $CuSO_4$-Lösung ungeändert und die Concentration der $ZnSO_4$-Lösung stetig abnehmen, so folgt aus der
gleichen Zunahme der electromotorischen Kraft und des
Temperaturcoëfficienten, dass die secundäre Wärme wächst,
sodass das Element, in welchem beiderseitig die verdünntesten
Lösungen benutzt sind, unter starker Wärmeabsorption arbeiten müsste. Beim H_2SO_4-Element scheinen die Verhältnisse
ähnlich zu liegen. Leider lassen sich auf diesen Fall die
Schlüsse nicht anwenden, welche v. Helmholtz gezogen hat,
da die vorkommenden Processe nicht reversibel sind. Um
zu untersuchen, ob der v. Helmholtz'sche Satz nicht trotzdem bei diesem Elemente zutrifft, was sich aus dem parallel
laufenden Verhalten der Temperaturcoëfficienten und der
electromotorischen Kräfte vermuthen lässt, mangelt uns vor
allem die Kenntniss der Lösungswärme von $ZnSO_4$ in verschieden concentrirten Schwefelsäurelösungen. Auffallend
bleibt, dass in beiden Formen des Daniell'schen Elementes
eine Verdünnung der Kupfersulfatlösung eine Abnahme des
Temperaturcoëfficienten hervorruft, während durch den nämlichen Vorgang im H_2SO_4-Element die electromotorische
Kraft verstärkt, im $ZnSO_4$-Element geschwächt wird. Bei
Untersuchung des Accumulators hat sich ergeben, dass der
Temperaturcoëfficient gleich Null ist; es wird also bei der
Entladung die gesammte chemische Energie in Stromarbeit
verwandelt. Wenn daher die electromotorische Kraft des
Accumulators genauer bekannt wäre, so würde sich die Bil-
dungswärme des Bleisuperoxydes aus Bleioxyd berechnen
lassen.

Die Resultate der vorstehenden Arbeit sind in Kürze
die folgenden: Das Daniell'sche H_2SO_4-Element hat eine

mit der Temperatur wachsende electromotorische Kraft; der Werth der Temperaturcoëfficienten ändert sich mit der Concentration der benutzten Flüssigkeiten; mit zunehmender Concentration der H_2SO_4-Lösung wächst der Temperaturcoëfficient, erreicht bei 30 Proc. ein Maximum, um mit weiter wachsender Concentration wieder abzunehmen. Eine Verdünnung der $CuSO_4$-Lösung bewirkt stets eine Abnahme des Temperaturcoëfficienten. Das $ZnSO_4$-Element hat eine mit wachsender Temperatur abnehmende electromotorische Kraft; eine Verdünnung der Zinkvitriollösung bewirkt, dass der negative Temperaturcoëfficient durch Null hindurch zu positiven Werthen übergeht. Eine Verdünnung der Lösung des Kupfersulfates bewirkt auch hier stets eine Abnahme des Temperaturcoëfficienten.

Anhang.

Ich hatte ursprünglich die Absicht, die Combinationen $Cu\,|\,H_2SO_4\,|\,ZnHg$ und $Pt\,|\,H_2SO_4\,|\,ZnHg$ in derselben Richtung zu untersuchen, indessen war es nicht möglich, zu constanten Resultaten zu gelangen. Bei der ersten Combination lag die Ursache darin, dass die Oberfläche des electrolytisch dargestellten Kupfers von den stärker concentrirten Säuren sofort verändert wurde; die geringste Spur von Oxyd bewirkte eine Erhöhung der electromotorischen Kraft. Die drei untersuchten H_2SO_4-Lösungen, welche einen Gehalt hatten von 0,9, 6,9, 11,9 Proc., liessen eine ganz geringe Zunahme der electromotorischen Kraft mit wachsender Temperatur erkennen. Die Versuche mit Platin in Schwefelsäure führten überhaupt zu keinem Resultate, trotzdem das Pt vor dem Gebrauche jedesmal stark ausgeglüht wurde. Indessen zeigte sich, dass beim Erkalten wahrscheinlich Luft absorbirt wurde, und die electromotorische Kraft war jedesmal eine andere, je nachdem das Pt längere oder kürzere Zeit in den kurzen Röhrchen gestanden hatte. Bei der Untersuchung des Accumulators hatte ich die Schwefelsäure verschiedene male unter der Luftpumpe von den aufgelösten Gasen befreit und bei dieser Gelegenheit eine starke Entwickelung von Gas an der Bleiplatte bemerkt. Dies brachte mich auf die Vermuthung, dass das metallische Blei in sehr fein vertheiltem Zustande Wasserstoff absorbirt. Ich stellte mir durch Aus·fällen mit Zink aus einer Lösung von essigsaurem Blei fein zertheiltes Blei her. Mit Hülfe des in Fig. 9 gezeichneten Apparates, der wohl ohne Erklärung verständlich ist, wurde der Versuch gemacht und ergab das Resultat, dass 0,19 ccm Blei 0,0388 ccm Wasserstoff absorbiren, dass das Blei im Stande ist, das 0,206fache seines Volumens zu absorbiren. Durch Erhitzen im luftleeren Raume auf 100⁰ war das Blei vor dem Versuche von einem etwaigen Gasgehalte befreit. Ein Einfluss dieser geringen Absorption auf die electrischen Spannungen im Accumulator ist nicht anzunehmen.

III. Ueber das Zerstäuben glühender Metalle; von Alfred Berliner.

(Hierzu Taf. III Fig. 11.)

---

§ 1. Hr. Nahrwold[1]) hat die interessante Thatsache entdeckt, dass von einem glühenden Draht Theilchen fortgeschleudert werden, welche auf einer benachbarten Glaswand einen Beschlag bilden können. Die Ursache dieser Erscheinung lässt Hr. Nahrwold[2]) unentschieden, indem er sagt: „Ob nun Platin- oder Platinoxydtheilchen fortgeschleudert werden, oder ob das Platin verdampft und sich in geringer Entfernung vom Draht wieder zu festen Theilchen condensirt, spielt für die vorliegende Untersuchung keine Rolle."

§ 2. Bei Gelegenheit von Versuchen, die ich auf Veranlassung von Hrn. Prof. E. Warburg im physikalischen Institut der Universität Freiburg i. B. über Occlusion der Gase durch Platin anstellte, habe ich die Ursache der erwähnten Erscheinung gefunden. Bei diesen Versuchen wurde das Metall, ein dünner Platinstreifen, vor der Beladung mit dem zu untersuchenden Gase durch stundenlanges Glühen

---

1) Nahrwold, Wied. Ann. 31. p. 467. 1887.
2) l. c. p. 469.

im Vacuum von occludirten Gasen möglichst befreit. Der
Platinstreifen befand sich in einem engen Glasrohr, und es
bildete sich der von Hrn. Nahrwold beobachtete Beschlag
an den Wänden des Rohres. Es schien mir nun, als ob der
Beschlag um so stärker hervortrat, jemehr occludirtes Gas
das Metall abgab, und es entstand hierdurch die Vermuthung,
dass die Abgabe occludirten Gases nothwendige Bedingung
für das Eintreten des Beschlages sei.

Diese Vermuthung hat sich durch besondere Versuche,
welche im Folgenden mitzutheilen ich mir erlaube, als richtig ergeben.

§ 3. Das Platin wurde durch einen galvanischen Strom
zum Glühen gebracht und die kupfernen Zuleitungsdrähte
des letzteren bei den ersten Versuchen mit Siegellack eingekittet. Da bei dem viele Stunden lang dauernden Glühen
dieser Verschluss nicht genügte, so wurde bei den definitiven
Versuchen alles eingeschmolzen und der Apparat so eingerichtet, wie Fig. 11 zeigt.

An die dicken, ca. 20 cm langen Kupferdrähte *a* war je
ein 5 cm langer Platindraht *b* angelöthet; die Kupferdrähte
gingen durch das an einem Ende offene Rohr *c* hindurch,
in dessen anderes Ende der Platindraht auf einer Länge von
2 cm so eingeschmolzen war, dass aus dem Glase nur ein
ganz kleiner Platinhaken *d* herausragte; an diesen wurde das
zu untersuchende Metall *e* angehängt. Ueber die Röhre *c*
wurden sechs 3 cm lange Glasröhren *f* lose aufgereiht. Das
Ganze in die Glasröhre *g* gebracht, welche 40 cm lang war
und 2,5 cm lichte Weite hatte, und Röhre *g* mit Röhre *c*
bei *i* verschmolzen. Das Rohr *h* war bei *l* an eine Töpler-Hagen'sche Pumpe angeschmolzen; der Ansatz *k* diente
zum Einlassen von Gas. Um das beim Glühen freiwerdende
Gas aufzufangen, wurde das capillare Ausflussrohr der Pumpe
etwas in das Ausflussgefäss hineingeführt, und über das
erstere ein graduirtes, mit Quecksilber gefülltes Rohr gestülpt.

§ 4. Die Versuche wurden so angestellt, dass zuerst
der ganze Apparat bei Zimmertemperatur möglichst luftleer
gepumpt, dann das Auffangerohr über das Ausflussrohr

gestülpt, und darauf das Platinblech durch 4—6 Bunsen'sche
Elemente zum hellroth Glühen gebracht wurde. Durch Einschaltung eines regulirbaren Widerstandes wurde die an
einer Tangentenbussole beobachtete Stromstärke stets auf
demselben Werth gehalten; und da zudem alle 5 Minuten
das freigemachte Gas durch die Pumpe entfernt wurde, so
glühte das Metall bei allen Versuchen in nahe gleicher
Weise, resp. wenn viel Gas frei gemacht wurde, jedenfalls
schwächer, als wenn nur wenig Gas austrat. Mit dem
Glühen wurde so lange fortgefahren, bis kein Gas mehr ent-
wich, dann durch Klopfen und Neigen die zweite Glasröhre
über das Platin gebracht, und nun von neuem das gasfreie
Platin geglüht, womöglich ebenso lange als das erste mal.
Oefters wurde schon nach einer Stunde, ehe alles Gas dem
Metall entzogen war, eine neue Röhre übergeschoben, damit
der Unterschied im Beschlage leichter hervortrat.

Hierauf wurde der Apparat wieder mit Gas gefüllt und
das Platin mehrere Stunden lang mit demselben in Berührung
gelassen, worauf wieder luftleer gepumpt, die dritte Röhre
übergeschoben und geglüht wurde. Dies wurde so lange fortgesetzt, bis kein Gas mehr kam, dann abermals eine neue
Röhre übergeschoben u. s. w.

§ 5. Die Resultate, welche bei drei derartigen Versuchen
erhalten wurden, sind der leichteren Uebersichtlichkeit wegen
in drei Tabellen wiedergegeben. In der ersten Rubrik ist
angegeben, ob das Metall Gase occludirt enthielt und welche,
in der zweiten die Dauer des Glühens, in der dritten die
Ablenkung, welche die Tangentenbussole zeigte. Die vierte
Rubrik enthält die Nummern der übergeschobenen Glasröhren, die fünfte den gebildeten Beschlag und die sechste
Bemerkungen.

Am vollständigsten ist die dritte Versuchsreihe (Tab. III).
Dieselbe zeigt, dass glühendes Platin, nachdem es von occlu-
dirtem Gas befreit ist, nicht mehr zerstäubt, dass aber Zerstäuben sofort wieder eintritt, wenn dem Metall eine neue
Gasbeladung ertheilt ist.

Tabelle I.

Dauer des Glühens	Ablenk. der Tangentenb.	Nr. der Röhre	Gebildeter Beschlag
Platin in gewöhnlichem Zustande; enthält Gase occl.	1 St.	43°	I	schwarz [1]
	7¼ „	„	„	„
gasfrei	5³⁄₄ „	„	II	keiner [2]
Nachdem das Pt. während 42 Stund. atm. Luft occludirt hatte	½ „	„	III	sehr stark
	³⁄₄ „	„	„	Platinspiegel

Bemerkungen: 1) Das Blech glüht hellgelb. 2) Bei diesem Versuche wurde das Vol. des frei gewordenen Gases nicht bestimmt.

Tabelle II.

Dauer des Glühens	Ablenk. der Tangentenb.	Nr. der Röhre	Gebildeter Beschlag
Platin in gewöhnlichem Zustande; enthält Gase occl.	35 M.	43°	I	violett [1]
	1 St.	„	„	braun
	5 „	„	„	dunkelbraun [2]
gasfre	4½ „	„	II	keiner
Nachdem das Pti 42 St. in Wasserstoffatm. gestand.	³⁄₄ „	37	III	sehr schwach [3]
Aufs neue mit Wasserstoff beladen	¼ „	43	„	sehr stark [4]
	³⁄₄ „	„	„	undurchsichtiger Platinspiegel [5]

Bemerkungen: 1) Das Blech glüht hellgelb. 2) Im ganzen sind ca. 400 cbmm Gas frei geworden. 3) Das Platin glüht nur dunkelroth und werden nur Spuren von Gas frei. 4) Es wird sehr viel Gas frei; das Metall glüht gelb. 5) Es sind 250 cbmm Gas frei geworden. Das Pt. schmilzt plötzlich durch.

Tabelle III.

Dauer des Glühens	Ablenk. der Tangentenb.	Nr. der Röhre	Gebildeter Beschlag
Platin in gewöhnlichem Zustande; enthält Gase occl.	10 M.	46°	I	stark [1]
	2 St.	„	„	undurchsichtig spiegelnd [2]

Bemerkungen: 1) Das Platin glüht hellgelb. 2) Das Vol. des ausgepumpten Gases betrug ca. 280 cbmm. Diese Zahl ist ungenau, da etwas Gas verloren ging.

(Fortsetzung von Tabelle III.)

	Dauer des Glühens	Ablenk. der Tangentenb.	Nr. der Röhre	Gebildeter Beschlag
gasfrei Pt. hat während $4\frac{1}{2}$ Stund. Luft occludirt, der CO_2 und Feuchtigkeit entzogen war	$1\frac{1}{2}$ St.	46^0	II	keiner
	$\frac{3}{4}$ „	45	III	stark [1]
	1 „	„	„	„
				sehr starker
	$1\frac{1}{2}$ „	50	IV	Spiegel [2]
gasfrei	20 M.	„	V	keiner [3]

Bemerkungen: 1) Der Beschlag ist ebenso stark als der iu Rohr I. 2) Blech glüht fast weiss. Das frei gewordene Gas beträgt ca. 400 cbmm. 3) Das Platinblech schmilzt durch.

§ 6. Palladium zerstäubt unter gleichen Umständen leichter als Platin und schon bei tieferer Temperatur, nämlich dunkler Rothgluht. Dies geht aus der folgenden Tabelle hervor, welche auch für Palladium als Ursache des Zerstäubens die Abgabe occludirten Gases darlegt.

Tabelle IV.

	Dauer des Glühens	Ablenk. der Tangentenb.	Nr. der Röhre	Gebildeter Beschlag
Palladium in gewöhnl. Zustande; enth. Gase occl.	3 St. — M.	43^0	I	sehr stark. Sp. [1]
	4 „ 55 „	„	II	„ „ „ [2]
gasfrei	$2\frac{1}{2}$ St.	„	III	sehr schwach [3]
Nachdem das Palladium 6 St. Wasserstoff occludirt hat	$\frac{1}{4}$ „	41	IV	stark. Beschlag [4]
	1 St.	„	„	sehr stark. Spieg.
	$7\frac{1}{2}$ „	„	V	„ „ „ [5]
gasfrei	4 „	„	VI	sehr schwach [6]

Bemerkungen: 1) Das Palladium glüht roth. 2) Es sind im ganzen ca. 550 cbmm Gas frei geworden. 3) Es wurden noch Spuren von Gas frei. 4) Das Metall glüht nur noch dunkelroth. 5) Das Vol. des frei gewordenen Gases betrug ca. 580 cbmm. 6) Es wurden noch Spuren von Gas frei.

§ 7. Auf Grund dieser Versuche kann man behaupten, dass nothwendige Bedingung für das Zerstäuben glühender

Metalle das Entweichen occludirten Gases ist. Wahrscheinlich bewirkt das austretende Gas das Zerstäuben auf rein mechanischem Wege; es kann hierbei an die Beobachtungen des Hrn. J. B. Hannay[1]) erinnert werden, wonach Glas, welches unter Druck Sauerstoff und Kohlensäure absorbirt hat, beim schnellen Erhitzen bis zum Erweichen des Glases das absorbirte Gas unter Aufschäumen des Glases entweichen lässt. Könnte man den zerstäubenden Draht in stark vergrössertem Maassstabe beobachten, so würde man vermuthlich eine rasche Folge von Gaseruptionen sehen, durch welche Theile des glühenden Metalles fortgeschleudert werden.

§ 8. Wahrscheinlich entsteht der schwarze Absatz, der sich in den Glühlampen bei längerem Gebrauche bildet, auf dieselbe Weise. Die Kohle[2]) absorbirt bis zum 1600fachen ihres eigenen Volumens an Gasen, und wenn auch ein Theil dieses Gases durch längeres Ausglühen im Vacuum vor dem Zuschmelzen des Glasballons entfernt wird, so bleibt doch noch ein beträchtlicher Theil zurück, welcher beim späteren Glühen entweicht und dabei etwas Kohle mit sich fortreisst. Die nach dem Glühen erkaltende Kohle absorbirt wieder einen Theil des freigewordenen Gases, gibt dasselbe beim Glühen wieder ab und zerstäubt dadurch von neuem. So geht das Spiel fort, und es entsteht allmählich ein sichtbarer Beschlag.

§ 9. Bei manchen Glühlampen ist die Kohle an den Platindraht mit electrolytisch niedergeschlagenem Kupfer befestigt. In diesen Lampen, welche ich aus der electrotechnischen Fabrik Waldkirch in Waldkirch erhielt, bildet sich auf dem das Kupfer umgebenden Theile der Glaswand ein Beschlag, der im durchfallenden Lichte bläulich, im reflectirten kupferfarbig ist. Hr. Prof. Baumann hatte die Güte, die chemische Analyse dieses Beschlages vorzunehmen, und stellte fest, dass er aus Kupfer besteht. Damit ist auch das Zerstäuben des Kupfers nachgewiesen.

---

1) J. B. Hannay, Chem. News. 44. p. 3 u. 4. 1881. Chem. Ber. 14. p. 2221. 1881.

2) Heim, Electrot. Zeitschr. 7. p. 505. 1886.

§ 10. Ein Metalldraht, welcher bei der Glimmentladung als Kathode dient, hat auch eine hohe Temperatur und ent-hält Gas occludirt; die Bedingungen, welche das Zerstäuben herbeiführen, sind also hier unabhängig von dem electri-schen Zustand des Drahtes erfüllt. Ob electrische Kräfte an der Erscheinung des Zerstäubens hier mitbetheiligt sind, muss durch besondere Versuche entschieden werden.

Phys. Labor. d. Univ. Freiburg i. B., im Nov. 1887.

IV. *Ueber die Leitung der Electricität durch die Gase; von F. Narr in München.*
(Hierzu Taf. III Fig. 12.)

1. Gegen die Annahme einer Leitung der Electricität durch die Gase werden vor allem Versuche angeführt, die in genauerer Weise zuerst von Hittorf angestellt worden zu sein scheinen.[1]) Derselbe befestigte nämlich in einer mit einer Quecksilberluftpumpe verbundenen Glasröhre an einem langen Schellackstäbchen ein Paar Goldblättchen und lud sie durch eine mittelst eines Stöpsels drehbare Messing-feder. War die Röhre mit wohlgetrocknetem Wasserstoff gefüllt und auf dem Boden derselben wasserfreie Phosphor-säure ausgebreitet, so war bei gewöhnlichem Druck und auch bei starker Verdünnung die Ladung der Blättchen noch nach vier Tagen sichtbar. Aus diesen Versuchen folgerte Hittorf, dass trockener Wasserstoff die Electricität nicht leite.

Auf einem anderen Wege nahm Nahrwold[2]) dieselbe Frage wiederholt auf, indem er direct den electrischen Zustand von Luft, in die er Electricität ausströmen liess, vermittelst eines Quecksilbercollectors electrometrisch unter-suchte. Auch er gelangte zu der sehr wahrscheinlichen

---

1) Hittorf, Wied. Ann. 7. p. 595. 1879. — G. Wiedemann, Lehre von der Electricität. 4. p. 601. 1885.
2) Nahrwold, Wied. Ann. 5. p. 460. 1878 u. 81. p. 448. 1887.

Folgerung, dass atmosphärische Luft und ebensowohl auch andere Gase nicht statisch electrisirt werden können, und dass der Verlust, den ein mit Electricität belegter Körper in einem Gasraume erleide, nur auf Rechnung des Staubes, der in demselben schwebe, gesetzt werden dürfe.

Gerade diese letztere Untersuchung hat mich angeregt, die Beweiskraft der Versuche, die gegen eine Leitung der Electricität durch die Gase sprechen sollten, einer näheren Betrachtung zu unterziehen; indem ich hiermit das Ergebniss derselben veröffentliche, schliesse ich zugleich einige neue Versuche an, die ich schon im vorigen Winter über denselben Gegenstand angestellt habe.

2. Was zunächst Hittorf's Versuche angeht, so stimmt das, wie mir wenigstens der Beschreibung nach scheint, seiner Beobachtung allein zugängige Ergebniss vollkommen mit dem von mir unter den entsprechenden Verhältnissen erhaltenen überein. Führt man nämlich einen isolirten Leiter in einem Gasraume mit isolirter Hülle, wie es das Gasgefäss Hittorf's war, Electricität zu, so nimmt derselbe eine Ladung an, die, wie ich an verschiedenen Apparaten nachgewiesen habe[1]), sich in der Folge relativ wenig ändert, mag man Wasserstoff, Luft oder Kohlensäure, und zwar in beliebiger Dichte anwenden. Diese Ladungen sind aber, was Hittorf bei seiner Versuchsanordnung wohl nicht näher beobachten konnte, bei gleicher Electricitätszufuhr in verschieden dichten und verschiedenartigen Gasen verschieden und weisen also auf einen von der Natur und Dichte des Gasraumes abhängigen, mit der Electricitätszufuhr eintretenden und nach sehr kurzer Zeit abschliessenden aber doch sehr geschwächten Vorgang hin, der im Erfolge einem von der Natur und Dichte des Gases abhängigen Electricitätsverluste an dem geladenen Leiter gleichkommt und jedenfalls Hittorf's Folgerung nicht als eine zwingende erscheinen lässt.

Auch Nahrwold's Versuche scheinen mir die Frage nach der Leitung der Electricität durch die Gase vollstän-

---

[1]) F. Narr, Wied. Ann. **5.** p. 145. 1878; **8.** p. 266. 1879; **11.** p. 155. 1880; **16.** p. 558. 1882; **22.** p. 580. 1884.

dig offen zu lassen. Unzweifelhaft beweisen sie nur, dass in
Luft schwebender Staub, was nach seiner Form und Zusammensetzung nicht gerade zu verwundern ist, die Ableitung
der in den Gasraum ausströmenden Electricität in höherem
Maasse zu bewirken im Stande ist; sie lassen dagegen vollkommen unentschieden, ob nicht nebenher doch ein Uebergang von Electricität durch das Gas selbst stattfinde.

Wenn wir nämlich auch die zwar wahrscheinliche, aber
doch nicht nothwendige Annahme festhalten, dass die Leitung der Electricität durch einen gasförmigen Körper mit
einer statischen Ladung seiner Molecüle verbunden sei, so
ist damit noch nicht zugegeben, dass ersterer Vorgang als
ausgeschlossen zu betrachten sei, wenn letztere auf dem von
Nahrwold eingeschlagenen Wege entweder gar nicht oder
nur in minder erheblichem Maasse nachgewiesen werden
könne. In dieser Auffassung wird man sich nämlich zunächst
bei der Conception der Leitung der Electricität durch die
Gase an die Vorstellungen über die Wärmeleitung derselben
anschliessen; bei der weiteren Ausbildung dieser Conception
wird man sich aber doch in erster Linie des Unterschiedes bewusst bleiben müssen, der zwischen diesen beiden Vorgängen durch die electrischen Anziehungs- und Ab-
stossungserscheinungen, die sich in dieser Auffassung vor
allem gerade in der Nähe des der Entladung ausgesetzten
Körpers vollziehen müssen, geschaffen werden wird. Gerade
in einem so dichten Gase, wie es Nahrwold zur Anwendung brachte, können diese Begleiterscheinungen die Folge
nach sich ziehen, dass nur ungemein geringe Electricitätsmengen in die einzelnen von der Entladungstelle entfernte-
ren Theile des Gases eindringen, wie sie Nahrwold in der
That immer auch in der vom Staube mehr oder minder befreiten Luft nachweisen konnte.

Mit vollem Rechte glaube ich daher auch Nahrwold
gegenüber auf meine entgegenstehenden Versuche hinweisen
zu dürfen, die immer in dem oben angegebenen Sinne einen
von der Natur und Dichte des Gasraumes abhängigen Electricitätsverlust an dem geladenen Körper ergaben. Ich, der
ich selbstverständlich immer mit möglichst reinen staubfreien

Gasen zu arbeiten suchte, habe nie bemerkt, dass das Gas
an sich durch vorhergehende Entladungen in dasselbe in
dem Sinne inactiv geworden wäre, wie dies Nahrwold aus
seinen Versuchen folgert. Auch die Versuche, bei denen
ich eine Sättigung des Gases mit Electricität anstrebte,
können hier nicht angezogen werden, weil der Einfluss der
Sättigung bei ihnen um so mehr verschwand, je grösser die
Zwischenzeit war, in der mein Apparat vollkommen ruhig
und luftdicht abgeschlossen, bei Erdverbindung der Hülle
sich selbst überlassen blieb, in der also weder neuer Staub
eintreten, noch der etwa schon vorhandene in das Gas auf-
gewirbelt werden konnte.[1]) Allein Nahrwold selbst gibt ja
auch Thatsachen zu, die ein Verschwinden von Electricität
in den umgebenden Gasraum unzweifelhaft machen, ohne
dass man hierbei dem Staube, der in demselben schwebt,
eine besondere Rolle zuweisen könnte.

Wir stehen hier einfach vor einem Problem, das noch
voll von Räthseln und nicht mit einem Anlaufe zu lösen ist.
So lange wir von einer annähernd klaren mechanischen Vorstellung über den Durchgang der Electricität durch Gase
noch so weit entfernt sind, wie ich dies oben anzudeuten
suchte, und wie dies auch erst kürzlich von R. v. Helmholtz, der doch eigentlich auch bei seinen interessanten
Versuchen das Ungenügende der Staubtheorie zugeben musste,
betont wurde[2]), kann unsere Aufgabe nur darin bestehen,
neue Thatsachen zu gewinnen, welche die Rolle der Gase
allmählich aufhellen. Da solche in zweckentsprechender
Weise nur durch normale, d. h. mit der grössten Regelmässigkeit ausgebildete und durch secundäre Vorgänge nicht
entstellte Erscheinungen geliefert werden können, so halte
ich an der Anwendung erstens einer mässigen Dichte der
Electricität auf dem der Entladung ausgesetzten Körper,
dann nicht blos von dichten, sondern auch von dünnen
Gasen und endlich einer möglichst einfachen Versuchsanordnung unverändert fest.

---

1) F. Narr, Wied. Ann 22. p. 550. 1884.
2) R. v. Helmholtz, Wied. Ann. 32. p 1. 1887.

3. Meine früheren oben angeführten Untersuchungen hatten die Thatsache ergeben, dass auf einer Metallkugel, die isolirt in der Mitte eines kugelförmig begrenzten Gasraumes angebracht ist und bei isolirter, aber leitender Hülle desselben eine bestimmte Electricitätsmenge empfängt, zuerst ein mit der Verdünnung des Gases wachsender stärkerer Electricitätsverlust eintritt, an den sich ein mässiger „Zerstreuungsprocess" anschliesst, und dass sich derselbe Doppelvorgang wiederholt, wenn die Hülle des Gasraumes mit der Erde in leitende Verbindung gebracht wird. Da ich alle Abänderungen, denen dieser ganze Vorgang im Rahmen meiner bisherigen Versuchsanordnung zugängig war, bei meinen früheren Arbeiten erschöpft zu haben schien, so kam mir der Gedanke, die Versuchsanordnung selbst passend umzugestalten und so vielleicht neue Gesichtspunkte zu gewinnen. Die Idee, von der ich geleitet wurde, war folgende.

Wenn wirklich der Electricitätsverlust, den ich an meiner Versuchskugel im ersten Theile des oben beschriebenen Gesammtvorganges beobachtete, durch eine Leitung des Gases entsteht, so muss diese gemäss den gewonnenen Thatsachen eine mit der Verdünnung des Gases wachsende Electricitätsmenge auf die Hülle desselben führen, dieselbe wird selbstverständlich durch die folgende Erdverbindung der Hülle entfernt und kann, da nun im zweiten Theile des beobachteten Gesammtvorganges eine neue Entladung eintritt, nur als ein Hinderniss derselben aufgefasst werden. Geben wir aber die gemachte Grundannahme zu, so muss dieselbe Erscheinung, die durch die Erdverbindung der Hülle herbeigeführt wurde, auch durch eine Gasschicht hervorgerufen werden können, die wir in geeigneter Weise mit jener Hülle in Berührung bringen und zur Erde ableiten. Da die Anzahl der Theilchen dieser Gasschicht, die mit der grossen Fläche der leitenden Hülle in Berührung stehen oder treten, immer eine sehr grosse ist, mag die Gasschicht selbst eine grössere oder geringere Dichte besitzen, so hat man zu erwarten, dass die Erscheinung sich fast als unabhängig von der letzten erweist.

4. Um diese Idee zu verwirklichen, construirte ich fol-

genden Apparat, der in Fig. 12 in einem schematischen
Durchschnitt dargestellt ist. Zwei oben kugelförmig geschlossene und unten offene Hohlcylinder von Messing, von
denen der eine einen Durchmesser von 17 cm, der andere
einen solchen von 11 cm besass, wurden so übereinander gestülpt, dass ihre Axen in eine Gerade fielen, und allerseits,
auch zwischen den beiden Kugelkappen ein freier Zwischenraum von 3 cm Weite blieb. In dieser gegenseitigen Lage
wurden sie dann in einem cylindrischen Metallring von 2 cm
Höhe in der Art wohl isolirt und befestigt, dass sie zunächst
auf Streifen von sehr gut isolirendem Glase, die innerhalb
des Ringes vermittelst einer Schellackschicht fixirt waren,
gestellt wurden, und dann der ganze Ring mit einer schon
oft von mir erprobten Mischung von Siegellack und Schellack ausgegossen wurde. Die Oeffnung des Ringes communicirte nur mit dem inneren Cylinder und wurde, nachdem
der ganze Apparat in umgekehrter Lage, wie ihn die Fig. 12
zeigt, auf einem sehr gut isolirenden Glase mit Wachs befestigt war, mit einer kleinen abgeschliffenen Glasglocke geschlossen. Ein an dieser letzteren seitlich angebrachter Tubulus mit Hahn ermöglichte eine Verbindung des inneren
Cylinders mit der Luftpumpe, während ein zweiter oben be-
findlicher Tubulus luftdicht und isolirt den Draht hindurch
liess, der an seinem einen Ende, in der Mitte des inneren
Cylinderraumes, die Versuchskugel trug, mit seinem anderen
Ende aber die Verbindung mit dem Electrometer herstellte.
Alle Einzelheiten dieser ganzen Einrichtung wurden genau
in der früher beschriebenen Weise[1]) ausgeführt. Auch der
äussere Cylinderraum war durch eine eingekittete Röhre mit
Hahn mit der Pumpe zu verbinden.

5. Zunächst füllte ich den inneren Cylinderraum mit
trockener Luft von 720 mm Druck. Versah ich nun die in
diesem Raume befindliche isolirte Versuchskugel mit einer
Ladung, die in der gewählten Einheit = 590 war, so sank
dieselbe infolge der Zerstreuung bis zum Ende einer Minute
auf 585 und, als ich in demselben Augenblicke den bisher

---

1) F. Narr, Wied. Ann. **16.** p. 558 f. 1882.

isolirten äusseren Cylinder mit der Erde in Verbindung brachte, innerhalb der nächsten Minute auf 538, mochte nun der äussere Cylinderraum mit Luft von 720 oder 1 mm Druck gefüllt sein.

Füllte ich dagegen den inneren Cylinderraum mit .trockener Luft von 1 mm Druck, so erhielt ich, als ich der Kugel wieder die gleiche Electricitätsmenge zuführte, nur eine Ladung = 475, die bis zum Ende der folgenden Minute wieder um ungefähr fünf Einheiten herabsank und, als ich in demselben Augenblicke wieder den bisher isolirten äusseren Cylinder mit der Erde in Verbindung setzte, nach einer weiteren Minute nur noch 214, resp. 171 betrug, als der äussere Cylinderraum mit Luft zuerst von 720 und dann von 1 mm Druck gefüllt war.

Der Vergleich dieser Resultate mit den von mir früher erhaltenen ergibt eine merkwürdige Uebereinstimmung derselben. Die an die Hülle des eigentlichen Versuchsraumes angefügte abgeleitete Gasschicht füllt vollkommen die Rolle der directen Erdverbindung der ersteren aus, und zwar fast unabhängig von der Dichte, die in ihr herrscht, wie dies oben aus den Anschauungen der kinetischen Gastheorie gefolgert worden war.

V. *Ueber den Einfluss des Lichtes auf electrostatisch geladene Körper;*
von Wilhelm Hallwachs.

---

§ 1.

In einer vor kurzem veröffentlichten Abhandlung[1]) hat Hr. Hertz Versuche über die Abhängigkeit der maximalen Länge eines Inductionsfunkens von der Bestrahlung desselben durch einen zweiten Inductionsfunken beschrieben. Er wies nach, dass die beobachtete Erscheinung eine Wirkung ultra-

---

1) H. Hertz, Berl. Ber. 1887. p. 487. Wied. Ann. **31.** p. 983. 1887.

violetter Lichtstrahlen sei; eine weitere Aufklärung über
die Natur des Phänomens konnte jedoch bei den verwickel-
ten Versuchsbedingungen, unter welchen dasselbe aufgefunden wurde, noch nicht erhalten werden. Ich habe versucht,
verwandte Erscheinungen, welche unter einfachen Versuchsbedingungen verlaufen, zu erhalten, um dadurch das Phänomen
einer Erklärung zugänglicher zu machen. Dies gelang bei der
Untersuchung der Einwirkung des electrischen Lichtes auf
electrostatisch geladene Körper. Schon vor Hrn. Hertz
hatte Hr. Schuster[1]) und nach ihm Hr. Arrhenius[2]) Erscheinungen beschrieben, welche in nahem Zusammenhang
mit dem Hertz'schen Phänomen zu stehen scheinen. Ueber
diese Arbeiten geht die Hertz'sche insofern hinaus, als in ihr
bereits der Nachweis über die erste Ursache der Erscheinung geliefert ist.

Die Versuche, welche ich über den Einfluss des electrischen Lichtes auf electrostatisch geladene Körper angestellt
habe, waren meist auf folgende Weise angeordnet. Eine
blank geputzte, kreisförmige Zn-Platte von etwa 8 cm Durchmesser hing an einem isolirenden Stativ und war durch
einen Draht mit einem Goldblattelectroskop in Verbindung
gesetzt. Vor der Zinkplatte stand parallel mit ihr ein grosser
Schirm aus Zinkblech von etwa 70 cm Breite und 60 cm
Höhe. In der Mitte desselben befand sich ein Marienglas-
fenster, durch welches die Strahlen einer jenseits aufgestellten Siemens'schen Bogenlampe auf die Platte fallen konnten. Das System aus Platte und Goldblättern isolirte gut:
während eines Tages nahm die Ablenkung um etwa $1/_4$ ab,
während der Dauer eines Versuches um keinen merkbaren
Betrag. Auch wenn die Bogenlampe im Gang, das Marienglasfenster aber durch geeignete Substanzen bedeckt war,
blieb die Isolation völlig erhalten.

Ladet man die Platte sammt Electroskop, welch
letzteres von den Strahlen nicht getroffen werden

---

1) Schuster, Proc. Roy. Lond. Soc. **42.** p. 371. 1887.
2) S. Arrhenius, Verh. der schwedischen Acad. **44.** p. 405. 1887.
• Wied. Ann. **32.** p. 545. 1887.

kann, negativ electrisch, so beginnen, sobald die
Lichtstrahlen auf die Platte auftreffen, die Gold-
blättchen lebhaft zusammenzufallen; bei positiver
Ladung tritt ein Zusammenfallen auf den ersten
Blick gar nicht, bei genauerer Untersuchung erst
nach längerer Zeit in merklichem Betrag ein.

Um über die Geschwindigkeit des Zusammenfallens der
Blättchen einen quantitativen Anhalt zu bekommen, wurde
auf der einen Glasplatte des Beetz'schen Electroskops eine
Theilung aufgetragen und die Verschiebungen der Enden
der Goldblättchen auf dieser Theilung von einem entfernten
fixen Punkt aus durch eine Linse beobachtet. Dabei ergab
sich z. B., wenn der Abstand der frisch geputzten Zn-Platte
vom Lichtbogen 70 cm betrug, bei negativer Ladung in 5 Se-
conden eine Abnahme der Divergenz um 70 Proc., nach
10 Secunden waren die Blättchen ganz zusammengefallen.
Bei positiver Ladung erhielt man in 60 Secunden nur eine
Abnahme von 10 Proc. Die Wirkung konnte bis zu sehr
grossen Entfernungen, z. B. 3 m, noch beobachtet werden.
Ihre Intensität hing sehr von der Grösse des Lichtbogens ab.

§ 2. Die Wirkung des electrischen Lichtbogens geht hauptsächlich von den ultravioletten Strahlen aus.

Hr. Hertz hat nachgewiesen, dass die von ihm beobachtete Erscheinung auf eine Wirkung der ultravioletten
Lichtstrahlen zurückzuführen ist. Durch den gleichen, analog
geführten Nachweis für unsere Erscheinung ist ihr Zusammenhang mit der von Hertz hergestellt. Die Erklärung für
beide wird unter den einfacheren Versuchsbedingungen vielleicht leichter gelingen.

a) Absorbirende Wirkung verschiedener Medien. — Um die Schwächung der Wirkung beim Durchgang der Lichtstrahlen durch zwischengeschaltete Platten zu
untersuchen, wurde an Stelle des Marienglasfensters eine
Blende aus Metallblech gesetzt, welche eine quadratische
Oeffnung von 4 cm Seite besass. Die benutzten Platten be-
deckten diese Oeffnung vollständig. Der Abstand zwischen

dem Bogen und der electrisirten Zinkplatte betrug 100 cm. Die folgende Tabelle enthält unter den Namen der einzelnen Substanzen die Dicken der absorbirenden Platten in Millimetern, darunter die Anzahl der Secunden, während welcher die Zinkplatte beleuchtet wurde, und weiter die zugehörigen Divergenzabnahmen in Procenten der Anfangsdivergenz, welche in allen Fällen gleich gewählt wurde. Die Ladung war immer negativ, die Wirkung bei positiver Electrisirung in allen Fällen sehr klein.

Gut durchlässige Substanzen.

Ohne	Platte	Marienglas $d = 1$ mm			Marienglas $d = 4,6$ mm		Bergkrystall $d = 6,2$ mm		Steinsalz $d = 3$ mm		
5 sec.	10 sec	5	10	15	5	10	5	10	5	10	15
65 Proc.	100 Proc.	35	70	80	30	70	35	80	30	60	80

Kalkspath
$d = 57$ mm

10 Sec	20	30	40	50
10 Proc.	30	40	60	75

Da eine Marienglasplatte von 4,6 mm Dicke die Wirkung nicht mehr herabmindert, wie eine solche von 1 mm Dicke, so ist anzunehmen, dass die Abnahme der Wirkung durch Reflexion des Lichtes an der Vorderfläche der Platte hervorgerufen wird und diese nicht merklich absorbirt. Dasselbe gilt für Bergkrystall. Steinsalz und Kalkspath absorbiren etwas. Bei einer Dicke von 57 mm liess der letztere die Wirkung noch gut durch.

Stark absorbirende Substanzen.

Metalle, Pappe und Papier heben jede Abnahme der Divergenz auf. Bei Glimmer von nur 0,09 mm Dicke und bei Glas von 2,5 mm Dicke konnte in 120 Secunden keine Spur von Abnahme bemerkt werden.

Um auch über die Absorption von Flüssigkeiten einen Anhalt zu gewinnen, wurde eine Marienglasplatte mit Wasser benetzt, die Abnahme verlief dann ebenso wie ohne Wasserbedeckung. Fügte man einen Tropfen $HgNO_3$ Lösung zu, so hörte die Durchlässigkeit der Platte völlig auf. Das Nämliche trat bei Benetzung mit Petroleum ein.

Auch Gase zeigen Absorption. Stieg zwischen Platte und Lichtbogen ein Leuchtgasstrom auf, so fand die Divergenzabnahme nur mit halber Geschwindigkeit statt.

Für anderweitige Versuche war es wünschenswerth, zu wissen, ob die Wirkung durch Drahtnetz hindurchgehen kann. Bei Anwendung eines sehr dichten Messingdrahtnetzes ergaben sich in 10, 20 und 30 Secunden Abnahmen von 40, 65 und 85 Proc., sodass also Drahtnetz die Wirkung nicht abhält.

Alle Versuche über die Absorption sind in Uebereinstimmung mit den Resultaten von Hrn. Hertz.

b) Reflexion. — Bei der Untersuchung der Reflexion der Wirkung wurde der grosse Blechschirm mit Marienglas-fenster 34 cm vom Lichtbogen entfernt aufgestellt. Direct hinter dem Fenster stand die reflectirende Fläche 45° gegen den Gang der Lichtstrahlen geneigt. Die Zinkplatte befand sich auf der Seite durch den grossen Schirm ebenso wie das Electroskop vor directen Lichtstrahlen geschützt. Der Abstand der Zinkplatte von der reflectirenden Fläche betrug 30 cm, sodass die Strahlen vom Bogen bis zur Platte im Ganzen etwa 70 cm zu durchmessen hatten. Die Ladung war immer negativ. Um sicher zu sein, dass keine secundären Einflüsse mitwirkten, wurde vor und nach jedem Reflexionsversuch die Fläche mit schwarzem Papier überhängt: es fand dann in allen Fällen während 60 Secunden keine Abnahme der Divergenz statt. In der folgenden Tabelle sind unter den reflectirenden Substanzen die Belichtungszeiten und die zugehörigen Divergenzabnahmen angegeben.

Bergkrystall				Belegter Spiegel			Glimmer			Postpapier			
10 sec	20	30	40	50	10	20	30	60	20	40	60	20	60	90	120
15 Proc.	40	70	85	95	5	20	40	75	30	50	80	5	15	30	40

Die Reflexion findet am stärksten bei Bergkrystall statt; Glimmer und belegter Spiegel reflectirten nahe gleich gut, auch bei Postpapier liess sich eine Reflexion nachweisen.

c) Brechung. — Da die von dem Lichtbogen ausgehende Wirkung auch Brechung erleidet, lässt sich einfach nachweisen, welche Strahlen die Erscheinung veranlassen. Bei

den Versuchen über die Brechung wurde dieselbe Anordnung
wie bei den Reflexionsbeobachtungen benutzt, nur an Stelle
der reflectirenden Flächen ein Quarzprisma gesetzt. Konnte
nun die Zn-Platte nur von den ultrarothen und äussersten
rothen Strahlen des Spectrums getroffen werden, so fand
keine Abnahme der Ladung statt. Befand sich die Platte
dagegen im ultravioletten Theile des Spectrums, sodass gerade noch die letzten, sichtbaren, violetten Strahlen auf ihren
Rand auftrafen, so ergab sich in 10, 20, 30, 40 und 50 Secunden eine Abnahme von 20, 40, 60, 75 und 85 Proc. Diejenigen Strahlen, welche die stärksten Wärmewirkungen ausüben, bedingen also die Erscheinung nicht, die ultravioletten
Strahlen sind wirksam. Um zu sehen, ob die Strahlen des
sichtbaren Spectrums einen bedeutenderen Einfluss haben,
stellte man die Platte so auf, dass das ganze sichtbare Spectrum mit Ausnahme der letzten violetten Strahlen dieselbe
traf. Es ergab sich dann in einer Minute eine Abnahme
von nur 15 Proc., während in derselben Zeit die ultravioletten Strahlen die Goldblättchen zum vollständigen. Zusammenfallen brachten. Es ist damit nachgewiesen, dass die
ultravioletten Strahlen den Haupttheil der Wirkung bedingen,
und dass die Strahlen des sichtbaren Spectrums nur einen
geringen Einfluss haben. Bei der Erscheinung, welche
Hr. Hertz beobachtet hat, war eine Wirkung der Strahlen
des sichtbaren Spectrums nicht wahrzunehmen.

d) Wirkung des Magnesiumlichtes. — Man erhielt
die Erscheinung, wenn auch weniger stark, so doch unter
besonders einfachen Bedingungen und mit sehr einfachen
Mitteln, wenn man sich des Magnesiumlichtes zur Bestrahlung der geladenen Zinkplatte bediente. Ein Stück Magne-
siumband wurde allmählich durch eine Metallhülse geschoben,
an deren vorderem Ende es zur Verbrennung gelangte. Die
Strahlen fielen durch das Marienglasfenster des dazwischen
stehenden grossen Schirms auf die 24 cm entfernte Zinkplatte
und bewirkten in 30 Secunden eine Abnahme der Divergenz
von 60 Proc., falls die Ladung negativ war. Bei positiver
Electrisirung konnte während 60 Secunden keine Abnahme
wahrgenommen werden. Auch bei einem Abstand von 40 cm

zwischen Platte und Flamme zeigte sich die Erscheinung noch deutlich; in 70 Secunden ergab sich eine Abnahme der Divergenz von 15 Proc., während nach dem Einschieben einer Glimmerplatte in den Gang der Lichtstrahlen in der gleichen Zeit keine Aenderung in der Einstellung der Goldblättchen zu bemerken war. Bei diesen Versuchen mit grösserem Abstand musste übrigens die Marienglasplatte aus der Oeffnung des grossen Schirmes entfernt werden, damit die Wirkung nicht zu gering wurde.

Bei Anwendung einer Stearinkerze erhielt man auch bei einem Abstand von nur 6 cm keine Wirkung, sobald durch Dazwischenstellen eines Schirmes mit Marienglasfenster eine Berührung der Platte mit den Verbrennungsproducten der Flamme ausgeschlossen war. Nach Entfernung des Schirmes nahm die Ladung unabhängig von ihrem Vorzeichen stets ab. Diese Abnahme ist also auf andere Ursachen zurückzuführen, wie die hier behandelte Erscheinung, und wohl als Spitzenwirkung zu betrachten.

<hr />

Aus den im Vorigen mitgetheilten Versuchen ergibt sich, dass die beobachtete Erscheinung hauptsächlich durch die ultravioletten Lichtstrahlen hervorgerufen wird. Da auch Magnesiumlicht wirksam ist, kann die Ursache der Erscheinung nicht in electrostatischen Kräften bestehen. Eine Verschlechterung der Isolation kann nicht zur Erklärung dienen, weil dann positiv und negativ geladene Körper in gleicher Weise beeinflusst werden müssten. Die Versuche über die Absorption der Wirkung durch zwischengeschaltete Platten verbieten die Ursache in materiellen Theilchen zu suchen, welche vom Lichtbogen weggeschleudert werden; auch würden diese durch den Schirm vor der Platte von dieser ferngehalten. Dass schliesslich nicht etwa eine durch die Strahlen hervorgerufene Temperaturerhöhung zur Erklärung herangezogen werden kann, geht daraus hervor, dass die rothen und ultrarothen Strahlen ganz unwirksam sind.

§ 3. Die Erscheinung wird durch eine Wirkung des ultravioletten Lichtes auf die Oberfläche der geladenen Körper bedingt.

Die Wirkung der Lichtstrahlen dürfte in einer Veränderung der geladenen Körper oder in einer Veränderung des dieselben umgebenden Mediums oder in beiden zugleich bestehen. Dass ein Einfluss auf das Medium die alleinige Ursache sei, war deshalb unwahrscheinlich, weil die Wirkung bei verschiedenem Vorzeichen der Ladung in verschiedener Weise erfolgt. Zum Nachweis, dass die Erscheinung nicht dadurch erklärt werden kann, diente folgender Versuch. Zwei Metallplatten von gleicher Grösse waren sich in 1 m Entfernung vom Lichtbogen so gegenüber gestellt, dass ihre ebenen Oberflächen von den Lichtstrahlen tangirt wurden. Die Mittelpunkte der Platten hatten einen Abstand von etwa 3 cm, jede derselben stand durch einen Draht mit einem Goldblattelectroskop in leitender Verbindung. Erhielt nun die eine Platte eine negative Ladung, während die andere zunächst zur Erde abgeleitet, dann isolirt wurde, so zeigten die Electroskope bei ausgelöschtem Bogen in 60 Secunden keine Aenderung ihrer Einstellung. Sie behielten indess auch dann ihre anfängliche Einstellung, als der Raum zwischen den Platten bis vollständig an die Flächen heran parallel mit diesen vom Lichte bestrichen wurde. Eine kleine Drehung der negativen Platte, sodass die Strahlen nicht mehr parallel mit ihr verliefen, sondern geneigt auftrafen, führte dann einen schnellen Verlust ihrer Ladung herbei. Es folgt daraus, dass das Licht, um unsere Erscheinung zu veranlassen, eine Wirkung auf die Oberfläche der Platte ausüben muss. Ob ausserdem noch eine Modification des Mediums eintritt, lässt sich durch diese Versuche nicht entscheiden.

Da sich die Erscheinung an einen Einfluss auf die Oberfläche knüpft, ist zu untersuchen, ob die Wirkung von der Oberflächenbeschaffenheit abhängt. Zu diesem Zwecke wurde die eine Seite der Zinkplatte mit feinstem Schmirgelpapier blank geputzt, die andere in dem Zustande belassen, welchen sie durch längeres Liegen an der Luft erhalten hatte. Man beobachtete dann bei einem Abstand von 70 cm zwischen Bogen und Platte, wenn die alte Oberfläche der letzteren

dem Licht zugewendet war, in 60 Secunden eine Divergenzabnahme der negativ geladenen Goldblättchen von 18 Proc.
Wendete sich dagegen die blanke Oberfläche nach dem Licht,
so nahm die Divergenz bereits in 5 Secunden um 70 Proc.
ab, in 10 Secunden waren die Blättchen vollständig zusammengefallen. Da die Abnahme, so lange sie klein bleibt,
etwa der Zeit proportional erfolgt, man also mit der alten
Oberfläche in 5 Secunden etwa 1,5 Proc. Abnahme erhalten
hätte, so ist die Wirkung auf die blanke Oberfläche etwa
40—50 mal so stark wie die auf die alte. Weitere Beobachtungen ergaben, dass der Einfluss auf Platten von verschiedenem Material verschieden ist. So war z. B. die Wirkung
auf Eisen schwächer wie die auf Zink, und diese wiederum
schwächer wie die auf Aluminium. Die Angabe von Zahlen
soll erst später erfolgen, wenn die Versuche vervollständigt
sein werden. Man wird es wegen der chemischen Wirksam-
samkeit der ultravioletten Strahlen für wahrscheinlich halten,
dass bei unserem und den verwandten Phänomenen ein chemischer Process an der Oberfläche verläuft; würde sich herausstellen, dass dieser Process bei den Versuchen in Luft
die nämlichen Veränderungen hervorruft, wie sie beim Liegen an der Luft eintreten, so wäre die geringe Stärke unserer Erscheinung bei den verwendeten alten Oberflächen
erklärt.

Im § 1 wurde mitgetheilt, dass auch bei positiv geladenen Platten eine wenn auch geringe Abnahme der Ladung eintritt. Bei älteren Oberflächen war dieselbe zuweilen etwas stärker wie bei frisch geputzten und scheint eine
andere Ursache zu haben, wie die hier hauptsächlich beschriebene Erscheinung.

§ 4. Electricitätsübergang.

Es war anzunehmen, dass die negative Electricität, welche
bei der Belichtung die Platte verlässt, auf die umgebenden
Körper übergehe, und dass die Schnelligkeit dieses Ueberganges abhängig sei von den in der Umgebung der Platte
wirkenden electrischen Kräften. Um die Richtigkeit dieser
Anschauung nachzuweisen, gelangten folgende Versuche zur

Ausführung. Eine Gold- und eine Kupferplatte standen sich in 1 m Entfernung vom Lichtbogen so geneigt einander gegenüber, dass sie von den Lichtstrahlen unter einem Einfallswinkel von etwa 78° getroffen werden konnten. Auf die electrisirte Goldplatte, welche eine alte Oberfläche hatte, übte das Licht, wenn sie allein demselben gegenüber stand, keinen Einfluss aus, während die Wirkung auf die Kupferplatte ziemlich kräftig war. Jede der beiden Platten stand mit einem vor directen Lichtstrahlen geschützten Goldblattelectroskop in Verbindung, der Abstand ihrer Mittelpunkte betrug etwa 3 cm.

Zunächst wurde nun die Kupferplatte negativ geladen und während dessen die Goldplatte zur Erde abgeleitet. Das erste, mit der Kupferplatte verbundene Electroskop zeigte dann eine Divergenz D, die Blättchen des anderen lagen aneinander. Diese Einstellungen erhielten sich, wenn die Platten nicht beleuchtet wurden, sehr gut: es war z. B. in 2 Minuten eine Aenderung nicht wahrnehmbar. Verband man die Platten durch einen dünnen, isolirten Draht, so nahm die Divergenz des ersten Electroskopes um D' ab, das zweite erhielt eine Divergenz d. Ganz dasselbe trat zunächst ein, wenn die Platten wieder, wie angegeben, geladen, sodann aber nicht verbunden, sondern den Strahlen des Lichtbogens ausgesetzt wurden. Dauerte die Belichtung, nachdem die Divergenz des zweiten Electroskopes mit negativer Electricität auf d gestiegen war, noch weiter an, so nahm diese Divergenz langsam wieder ab, ebenso gingen beim ersten Electroskop die Blättchen langsam weiter zusammen. Zuerst tritt also eine nahe, ebenso grosse Electricitätsmenge, wie sie vom negativen System weggeht, auf dem anderen System auf. Diese Ladungsänderungen gehen ziemlich rasch vor sich. Sind dann beide Systeme auf gleiches Potential gelangt, so findet nur noch eine langsame Abnahme der Ladung statt. Ein Versuch, bei welchem beide Platten von vornherein auf gleiches Potential geladen wurden, ergab dementsprechend, dass die Abnahmen der Ladungen in diesem Fall geringer sind, als wenn die Platten einzeln den Lichtstrahlen ausgesetzt werden.

Die vorigen Versuche fanden ihre Erklärung in der Annahme, dass bei der Belichtung mit ultravioletten Lichtstrahlen Electricität von den negativ geladenen Körpern fortgeht und den im Felde wirkenden electrostatischen Kräften folgt. Diese Annahme erklärte auch eine Reihe von Abänderungen des Versuchs. So wurde z. B. die Goldplatte negativ geladen und die Kupferplatte während der Ladung zur Erde abgeleitet. Da die Goldplatte, wie erwähnt, vom Lichte gar nicht beeinflusst wurde, die Kupferplatte aber durch Influenz positiv electrisch war, so durfte bei der Belichtung wegen der geringen Wirkung auf positive Ladung nur eine sehr kleine Abnahme der Ladung der Kupferplatte eintreten. Der Versuch bestätigte dies. Wurde dagegen der Goldplatte eine positive Ladung mitgetheilt, so musste die auf der Kupferplatte influenzirte negative Electricität bei der Belichtung verhältnissmässig schnell, wenn auch langsamer wie bei directer negativer Ladung der Cu-Platte, zur Goldplatte übergeführt werden. Die Beobachtung gab auch in diesem und anderen ähnlichen Fällen ein der Voraussetzung entsprechendes Resultat.

Man ist demnach berechtigt anzunehmen, dass bei der Belichtung negativ electrischer, blanker Metallplatten, deren Oberflächen eine solche Aenderung erleiden, dass negativ electrische Theilchen von ihnen weggehen und den electrostatischen Kräften des Feldes folgen können. Ob dieser Uebergang in anderer Weise erfolgt, wie der gewöhnliche Electricitätsverlust, mag einstweilen dahingestellt bleiben.

§ 5.

Da unsere Erscheinung durch einen Vorgang an der Oberfläche der Platten bedingt wird, und die Wirkung auf positive und negative Electricität verschieden ist, scheint mir bis jetzt von den näher liegenden Annahmen zur Erklärung derselben die am wahrscheinlichsten, dass vielleicht an der Oberfläche auf irgend welche Art eine Scheidung der Electricitäten eintrete. In dieser Richtung unternommene Versuche haben zwar ein die Annahme bestätigendes Resultat geliefert, ihre Anzahl ist aber noch zu gering, und die Versuchsbedingungen sind noch nicht genügend gewechselt worden, um einen endgültigen Schluss zu gestatten. Ich verspare mir daher ihre Veröffentlichung auf eine spätere Gelegenheit.

Phys. Inst. d. Univ. Leipzig, 20. Dec. 1887.

VI. *Zur absoluten Messung homogener magnetischer Felder; von Fr. Stenger.*

(Hierzu Taf. III Fig. 13.)

Zur absoluten Messung homogener magnetischer Felder hat man bisher drei verschiedene Methoden angewandt.

a) Optische Methode. Benutzung der Verdet'schen Constante.

b) Messung durch Inductionsstösse.

c) Anwendung des Lippmann'schen Quecksilbergalvanometers.

Die erste Methode basirt auf der Kenntniss der Verdet'schen Constanten[1]); von Fall zu Fall setzt sie ausserdem die Bestimmung der Dicke der drehenden Schicht, sowie der Drehung selbst voraus. Als selbstverständlich wird angenommen, dass das Licht in der Richtung der Kraftlinien die drehende Substanz durchsetzt. Im Princip ist sie an Einfachheit allen anderen Methoden überlegen und geniesst ausserdem den Vorzug, vom Erdmagnetismus unabhängig zu sein. In praxi dagegen ist ihre Anwendung mit grossen Schwierigkeiten verknüpft, wenn man — besonders für schwächere Felder — damit Feldstärken mit einer Genauigkeit von mindestens 1 Proc. bestimmen will.

Die Methode b) ist in zwei verschiedenen Formen angewandt worden. Entweder vergleicht man das zu bestim-

---

1) Arons, Wied. Ann. 24. p. 161. 1885. Köpsel, Wied. Ann. 26. p. 456. 1885. Rayleigh, Proc. Lond. Roy. Soc. 37. p. 146. 1884. Gordon, Phil. Trans. 1. p. 1. 1877. H. Becquerel, Compt. rend. 100. p. 1374. 1885.

mende Feld direct mit dem der Horizontalintensität, indem
man einen Erdinductor und eine kleine Inductionsspirale
mit einem ballistischen Galvanometer zu einer Stromleitung
schliesst und die Inductionsstösse misst, welche einerseits
die Horizontalintensität im Erdinductor, andererseits das
unbekannte Feld in der Inductionsrolle erzeugt; so Quincke [1),
v. Ettingshausen und Nernst. [2]) Zu bestimmen ist hier die
Horizontalintensität am Orte des Erdinductors, die Windungsfläche für Erdinductor und Inductionsrolle, sowie die
Ausschläge durch die Induction.

In der zweiten Form verzichtet man auf die Benutzung
eines Erdinductors und ermittelt statt dessen für das benutzte Galvanometer Schwingungsdauer, Dämpfungsverhält-
niss und Reductionsfactor, sowie ausserdem den Widerstand
der Strombahn.

In beiden Fällen muss man, um die Methode einiger-
massen empfindlich zu machen, das Galvanometer astasiren.
Die damit verbundenen Schwankungen der Ruhelage der
Nadel, die Fehler, die durch zu langsame Handhabung der
Inductionsrollen entstehen, sowie die Unsicherheit in der
Ablesung des ersten Ausschlags beeinträchtigen die Bequem-
lichkeit und Genauigkeit der Methode.

Die Methode c) [3]) endlich bietet manche Annehmlichkeit.
Die Einstellung des Quecksilbergalvanometers ist kräftig gedämpft; der eigentlich zur Messung dienende Theil ist klein
und erlaubt daher die Untersuchung von Feldern, die nur innerhalb enger Grenzen als homogen zu betrachten sind. Andererseits ist die Methode für schwache Felder unempfindlich;
ferner verlangt sie die Messung der Dicke einer Queck-
silberlamelle auf einige Tausendstel Millimeter, eine nur
schwer erreichbare Genauigkeit.

Nach diesen Erwägungen dürfte daher eine Methode,
absolute Feldstärken genau und bequem zu ermitteln, nicht
ohne Interesse sein. Auf Neuheit kann das Princip der

---

1) Quincke, Wied. Ann. **24.** p. 347. 1885.
2) v. Ettingshausen u. Nernst, Exner's Rep. **23.** p. 93. 1887.
3) Lippmann, Journ. de phys. (2) **3.** p. 384. 1884. Leduc, Journ.
de phys. (2) **6.** p. 184. 1887.

Methode keinen Anspruch machen; es ist einfach die Umkehrung des Bifilargalvanometers.[1]) Eine kleine Spule hängt
bifilar an zwei Drähten, die zugleich die Zuleitungen eines
Stromes bilden. Die Windungsebenen· sind vertical und den
horizontalen Kraftlinien des Magnetfeldes parallel. Ein Strom
von bekannter Stärke i durchfliesst die Rolle und bringt
dadurch eine Ablenkung um den Winkel α hervor. Bezeichnet man weiter mit f die Windungsfläche der Rolle, mit D
die Directionskraft der bifilaren Aufhängung, so ergibt sich
die Feldstärke aus der Gleichung:

$$F = \frac{D \operatorname{tg} \alpha}{f\,i}.$$

Auffälligerweise ist dieses Princip bisher zur absoluten Messung von Magnetfeldern nicht benutzt worden; eine gelegentliche
Anwendung zur Vergleichung eines schwachen Feldes mit
dem des Erdmagnetismus finde ich in einer kleinen Arbeit
von Luggin [2]): Eine einfache Methode zur Vergleichung
magnetischer Felder. Die specielle Ausführung der neuen
Methode geschah in der folgenden Weise.

Es handelte sich im vorliegenden Falle um die Ausmessung des Feldes eines Ruhmkorff'schen Electromagnets. Der Durchmesser der grossen Polplatten war 17 cm.
der Abstand derselben je nachdem 4—8 cm. Die Feldstärke
in 1 dcm Entfernung vom Rande der Platten beträgt etwa
1 Proc. von der in der Mitte des Feldes.

Zunächst werde der kleine Apparat (s. Fig. 13) in seinen
Theilen beschrieben; der Zweck jedes einzelnen wird sich
aus dem Folgenden ergeben.

Auf ein dünnwandiges Glasrohr a von etwa 2,5 cm Länge
und 2 cm Durchmesser wurden zwei Ringe $b_1 b_2$ aus Kupfer
an den Enden aufgekittet. Das als eisenfrei erwiesene
Kupfer stammt aus der Norddeutschen Affinerie in Hamburg,
und ich möchte auch an dieser Stelle Hrn. Dr. E. Wohlwill,
durch dessen liebenswürdige Vermittelung ich die Kupfer-
platten erhielt, meinen besten Dank aussprechen.

---

1) F. Kohlrausch, Wied. Ann. 17. p. 752. 1882.
2) Luggin, Wien. Ber. 95. p. 646. 1887.

In das dünne Glasrohr *d* von ca. 20 cm Länge und 3 mm äusserem Durchmesser waren unten voneinander isolirt zwei Kupferstücke $c_1 c_2$ mit Schellack befestigt, die durch Schrauben auf die Ringe $b_1 b_2$ gepresst wurden; die Form von $c_1 c_2$ geht wohl zur Genüge aus der Abbildung hervor. Das andere Ende von *d* war in ein Ebonitstäbchen *e* eingesetzt und auf dieses abermals voneinander isolirt die Kupferstücke $f_1 f_2$ aufgeschraubt. An diese Kupferstücke waren die dünnen Aufhängedrähte $g_1 g_2$ aus Silber (Durchmesser 0,07 mm) gelöthet. $c_1 f_1$ einerseits, $c_2 f_2$ andererseits sind durch dünne umeinander geschlungene besponnene Kupferdrähte innerhalb des Glasrohres *d* metallisch verbunden.

Endlich ist zwischen den Ringen $b_1 b_2$ auf das Glasrohr *a* eine Lage dünnen Kupferdrahts aufgewickelt und die Enden mit den Ringen leitend verknüpft. Durch Schellackfirniss sind die einzelnen Windungen des besponnenen Drahtes bei dem benutzten schwachen Strome sicher isolirt.

Um Spiegelablesung zu benutzen, ist ein kleiner platinirter Spiegel *h* am unteren Ende des Ganzen angebracht. Das System war in der üblichen Weise durch geeignete Umhüllung gegen Luftströmungen geschützt.

Der Reihe nach mögen nunmehr nähere Angaben über die einzelnen zu messenden Grössen und den Einfluss etwaiger Fehlerquellen folgen.

a) Bestimmung von *D*. — Die Directionskraft *D* wurde[1]) aus dem Gewicht des Bifilars, dem oberen, resp. unteren Horizontalabstand, sowie dem mittleren Verticalabstand der Fadenenden bestimmt, selbstverständlich unter Berücksichtigung etwaiger Correctionen für die Steifheit der Fäden und die Torsionselasticität. Die Distanzmessungen geschahen mit Kathetometer, resp. Comparator. Für ein derartiges Bifilar waren die bezüglichen Daten:

Obere Fadendistanz . . . . . . 3,056 cm
Untere   „   . . . . . . 2,892 „
Verticalabstand im Mittel . . . 53,025 „

Masse des Bifilars plus einem Aufhängedraht:
22,504 g.

---

1) Siehe F. Kohlrausch, Leitfaden. 5. Aufl. p. 167.

Für D ergibt sich der Werth:
$$922{,}09 \ \mathrm{cm^2 g/sec^2}.$$

b) Bestimmung von α. — Vor allem wurde untersucht, ob das Bifilar eine Ablenkung erleidet, wenn man das Feld erregt, ohne dass ein Strom im Bifilarkreis circulirt. Bei dem benutzten Apparate war infolge der Reinheit des Kupfers ein Einfluss der Magnetisirung nicht vorhanden. Wahrscheinlich steht indessen auch der Benutzung weniger guter Kupfersorten nichts entgegen in Anbetracht der grossen Directionskraft der Aufhängung. Ein kleiner davon herrührender Fehler würde ausserdem durch Commutirung des Stromes im Bifilarkreis eliminirt.

Infolge der Construction des Apparates befanden sich die Aufhängedrähte weit ausserhalb des wirksamen Feldes, es war daher von vornherein zu erwarten, dass der Einfluss des Feldes auf die Zuleitungen klein sein werde. Zur Controle wurde die Verbindung der Spule mit b_1 unterbrochen und der Strom direct von c_1 nach c_2 durch ein darüber gelegtes Stück Kupferblech geführt.

Es zeigte sich dann, dass die electrodynamische Wirkung des Feldes auf die gesammte Aufhängung weniger als 1 Proc. der Wirkung auf die Spule beträgt. Dabei ist der grössere Theil des Fehlers darauf zurückzuführen, dass die Drähte innerhalb des Glasrohres d nicht nahe genug aneinander lagen. Die nöthige Correction lässt sich leicht anbringen und würde bei einer vollkommneren Construction — den benutzten Apparat habe ich selbst verfertigt — sich völlig beseitigen lassen.

Die Windungen der Spule waren vertical orientirt und ausserdem parallel den Kraftlinien. Diese Justirungen waren dadurch ermöglicht, dass die oberen Enden der dünnen Aufhängedrähte an Messingstäbe gelöthet waren, die gehoben und gesenkt werden konnten und auch seitliche Verschiebungen in Schlitzen zuliessen.

Die Beobachtungen des Winkels α können sehr rasch und sicher erfolgen, weil durch die bei der Drehung des Apparates in den Kupferringen $b_1 b_2$ durch das Feld inducirten Ströme eine fast aperiodische Dämpfung erreicht ist.

c) Bestimmung von *f*. Da nur eine Lage von Windungen benutzt ist, empfiehlt sich die geometrische Ausmessung der Windungsfläche. Nach der Methode von Himstedt[1]) wurden die Umfänge des leeren und des bewickelten
Glascylinders gemessen, ausserdem die Zahl der Windungen.
Auf die vollkommene Isolation der durch Schellackfirniss
voneinander getrennten Windungen konnte man sich sicher
verlassen, da der angewandte Strom nur ca. 0,01 Amp. betrug.
Für obiges Bifilar war $f = 115{,}64$ qcm.

d) Bestimmung von *i*. Die Messung der Stromstärke
geschah an einer Wiedemann'schen gut gedämpften Spie-
gelbussole, die in genügender Entfernung vom Electromagnet
aufgestellt war, und deren Reductionsfactor täglich im directen Stromkreise mit dem Silbervoltameter ermittelt wurde.
Als Stromquelle diente ein Accumulator, der bei etwa 200 Ohm
äusserem Widerstande auch auf längere Zeit einen völlig constanten Strom lieferte.

Vorzüge der neuen Methode.

Der Apparat selbst ist vorzüglich gedämpft, und auch
zur Strommessung dient ein gut gedämpftes, nicht astasir-
tes Galvanometer. Die einzelnen Messungen können daher
rasch aufeinander folgen. Zweitens werden nur stationäre
Ablesungen gemacht; man kann daher die Zehntel eines
Scalentheils noch schätzen und eine Ablesung für jede Stromrichtung genügt. Drittens ist der angewandte Strom sehr
schwach (im Durchschnitt wurde 0,01 Amp. gebraucht) und
lässt sich daher viel leichter constant erhalten, als bei Leduc,
wo ein Strom von 5 Amp. benutzt ist. Viertens endlich ist
die Methode ausserordenlich viel empfindlicher als alle übrigen. Um nur ein Beispiel anzuführen: — auf eine ausgedehnte Anwendung der Methode werde ich bei anderer Gelegenheit zurückkommen — in einem Felde von 320 C.-G.-S.
betrug der Doppelausschlag des Bifilars 250 Scalentheile bei
Anwendung eines Stromes von etwa 0,01 Ampère. Durch
Anwendung verschieden starker Ströme lässt sich damit

---

1) Himstedt, Wied. Ann. 26. p. 555. 1885.

die Messung von Feldern innerhalb weiter Grenzen ermöglichen.

Jedenfalls kann man bei Bedarf mit der neuen Methode Feldstärken bis auf 0,1 Proc. genau sicher und bequem messen.

Phys. Institut der Univ. Strassburg i. E., im Nov. 1887.

VII. *Bemerkung über die Erklärung des Diamagnetismus; von Ferdinand Braun.*
(Aus den Göttinger Nachr. vom 7. Sept. 1887; mitgetheilt vom Hrn. Verf.)

Zur Erklärung des Diamagnetismus sind im wesentlichen drei Wege eingeschlagen worden. Faraday, seine erste Auffassung verlassend, welche W. Weber, Plücker etc. annahmen, definirte diamagnetische Stoffe dadurch, dass sie im Magnetfeld von Stellen grösserer nach Stellen kleinerer Intensität getrieben werden, ohne über die Polarität derselben eine bestimmte Aussage zu machen[1]); W. Weber[2]), Plücker u. a. erklärten dagegen diese Thatsache dadurch, das in Diamagneticis ein Nordpol einen Nordpol erzeuge; E. Becquerel[3]) endlich nahm auf Grund der Plücker'schen Versuche an, dass alle Körper, mit Einschluss des luftleeren Raumes, paramagnetisch seien; die diamagnetischen aber schwächer als das Vacuum. Die äusserste Grenze seiner Magnetisirungszahl wäre durch diejenige des bekannten stärksten Diamagneticums gegeben. Eine Magnetisirbarkeit des Vacuums ist in die Gleichungen für die Fortpflanzung electrischer Störungen durch Maxwell, v. Helmholtz u. a. der Allgemeinheit halber eingeführt worden.

Dass diamagnetische Körper unter dem Einfluss magnetisirender Kräfte sich in jeder Beziehung (ponderomotorische

---

1) Faraday, Pogg. Ann. 82. p. 240. 1851. Exp. Res. § 2698.
2) W. Weber, Electrodynam. Maassbest., insbes. Diamagnetismus. p. 532. § 11.
3) E. Becquerel, Ann. de chim. et de phys. (3) 28. p. 343. 1850.

Wirkungen zwischen Magneten und Diamagneten, Induction) so verhalten, als ob sie gerade die entgegengesetzte Magnetisirung besässen, welche ein paramagnetischer Stoff unter den gleichen Umständen zeigen würde, ist durch W. Weber, Tyndall u. a. in einer grossen Anzahl von Versuchen nachgewiesen worden. Am häufigsten wird der von W. Weber[1]) beschriebene einfache Versuch angeführt. Einer an einem Coconfaden aufgehängten kleinen Magnetnadel wird ein starker Hufeisenmagnet genähert, die Axe senkrecht zum magnetischen Meridian, in der ersten Hauptlage. Die Nadel nimmt dadurch eine andere Einstellung an. Nähert man von der anderen Seite der Nadel den Pol eines Stabmagnets, so kann man die Nadel in den magnetischen Meridian zurückführen und auch ihre Schwingnngsdauer (Empfindlichkeit) beinahe wieder auf den ursprünglichen Werth bringen. Legt man jetzt zwischen die Pole des Hufeisenmagnets ein grosses Stück Wismuth, so nimmt die Nadel eine Ablenkung an, als ob die Pole des Hufeisenmagnets stärker geworden seien. Ersetzt man das Wismuth durch Eisen, so werden die Wirkungen die entgegengesetzten. W. Weber will damit eine Bestätigung seiner Auffassung, welche mit der ersten von Faraday angenommenen übereinstimmte, geben. Nachdem Faraday dieselbe verlassen hatte, waren diese und ähnliche Versuche für W. Weber der Beweis zu Gunsten seiner Annahme.

Die Versuche sind auch so aufgefasst worden, als ob sie die faktische Existenz einer solchen, der Magnetisirung in paramagnetischen Stoffen entgegengesetzten Vertheilung nachwiesen. Wenigstens sagt G. Wiedemann auch noch in der letzten Auflage seines werthvollen Werkes[2]) bezüglich der Hypothese Becquerel's: „Diese Erklärung ist durch den Nachweis der diamagnetischen Polarität widerlegt." Inwieweit die Autoren der besten unserer grösseren allgemeinen Lehrbücher sich dieser Ansicht anschliessen, geht nicht klar aus dem Inhalt derselben hervor. Jedenfalls kann beim un-

---

1) W. Weber, Pogg. Ann. 78. p. 245. 1848.
2) G. Wiedemann, Electricität. 3. p. 823.

befangenen Leser leicht der Glaube entstehen, dass die thatsächliche Existenz entgegengesetzter Magnetisirung experimentell nachgewiesen sei, da von der Möglichkeit einer anderen
Auslegung nicht die Rede ist.

Dieser Umstand rechtfertigt es vielleicht, wenn ich mit
zwei Worten darauf hinweise, dass eine derartige Entscheidung nicht vorliegt.

Sofern es sich um die Bewegung der Körper im Magnetfelde handelt, ist dies von vornherein klar und unbeanstandet.
— Es kann ein Zweifel nur noch bestehen hinsichtlich der
ponderomotorischen oder inducirenden Wirkung der dia-
magnetisch erregten Stoffe. Die Versuche würden entscheidend sein, wenn man von einem erwiesen unmagnetisirbaren
Medium ausgehen könnte. Sobald man aber überhaupt zu-
gibt, dass der leere Raum magnetisirbar sein könne, so ver-
drängen wir bei allen unseren Versuchen nur einen magnetisirbaren Körper durch einen gleich grossen von anderer
Magnetisirungszahl. Ein Analogon zum angeführten Weber'-
schen Versuche wäre also der folgende: Man setzt zwischen
die Pole des Hufeisenmagnets ein Gefäss voll Eisenchloridlösung und verdrängt einen Theil dieser Flüssigkeit durch
einen schwächer magnetisirbaren Körper. Es versteht sich
von selbst, dass der Effect ebenso ist, als wenn man in Luft
ein Stück Wismuth zwischen die Pole bringt. — Ich möchte
übrigens bei dieser Gelegenheit darauf hinweisen, dass dieser
gewöhnlich als Fundamentalversuch angeführte so beschrieben
wird, als ob er sehr einfach anzustellen sei. Dem ist nicht
so. Faraday[1]) sagt darüber: „Ich habe diesen Versuch
auf's Aengstlichste und Sorgfältigste wiederholt, aber niemals
die geringste Spur einer Wirkung mit dem Wismuth·erhal-
ten." v. Ettingshausen[2]) hat an einer über 4000 mm entfernten Scala mit Spiegelablesung nur 0,95 bis 1,4 Scalentheile constante Ablenkung erhalten, und ich selber habe
mich überzeugt, dass man sehr sichere und voneinander
unabhängige Aufstellungen braucht (z. B. darf die Unterlage

---

1) Faraday, Pogg. Ann. 82. p. 239. 1851. Exp. Res. § 2690.
2) v. Ettingshausen, Wied. Ann. 17. p. 303. 1882.

für den ziemlich schweren Wismuthbarren nicht gleichzeitig diejenige des Magnets sein, falls sie nicht sehr fest ist), wenn der Ursprung der beobachteten Wirkungen unzweifelhaft sein soll.

Die Versuche mit dem Diamagnetometer lassen ganz entsprechend den eben erwähnten eine doppelte Deutung zu. Bewegt man in der sonst leeren Röhre des Apparates einen Wismuthstab um seine eigene Länge nach unten, so ist das gerade so, als ob man die Röhre mit einer magnetischen Substanz, z. B. mit Eisenchloridlösung, füllte und statt des Wismuthstabes einen Glasstab bewegte, der schwächer paramagnetisch ist als die Eisenlösung. Bewegung eines Diamagneticums nach unten ist gerade so als Bewegung eines ebenso grossen ferromagnetischen Körpers nach oben. Ein directer experimenteller Nachweis dieser Analogie wird nur deshalb auf Schwierigkeiten stossen, weil die Magnetnadel des Diamagnetometers nicht mehr, wie bei seiner gewöhnlichen Benutzungsart, nach allen Seite von Materie wesentlich gleicher Magnetisirungszahl (Luft, Kupferdraht, Messing, Glas) umgeben ist. Es wird vielmehr durch die Eisenchloridlösung eine Störung eintreten. Uebrigens ist für die Wirkung alles so vollständig gegeben, dass der Versuch nichts lehren kann, was nicht bequemer auf dem Wege einer verhältnissmässig einfachen Rechnung mit ausreichender Genauigkeit zu ermitteln wäre.

Dass auch die Inductionswirkungen diamagnetischer Körper in der doppelten Weise gleich gut erklärt werden können, ist einleuchtend.

Bis vor kurzer Zeit war meines Wissens kein Versuch bekannt, welcher eine Entscheidung darüber gäbe, ob diamagnetische und paramagnetische Körper sich durch den entgegengesetzten Sinn der Magnetisirung unterscheiden oder dadurch, dass die Magnetisirungszahl der ersteren kleiner, die der letzteren grösser als diejenige des Vacuums ist. Man konnte sich also höchstens durch Wahrscheinlichkeitsgründe leiten lassen. Dass der Magnetismus mit steigender Temperatur abnimmt, der Diamagnetismus im allgemeinen aber gleichfalls, dürfte eher für die erstere Annahme sprechen.

Auch sollte man nach Analogie der Becquerel'schen Hypothese erwarten, dass wir auch Körper kennten, welche durch Influenz seitens electrisirter abgestossen würden. Die Beobachtungen von O. Tumlirz[1]) dagegen würden, wenn die vom Verfasser gegebene Erklärung wirklich die einzig mögliche ist, ein directer Beweis für die Becquerel'sche Auffassung sein.

VIII. *Ueber eine dynamische Methode zur Bestimmung der Dampfspannungen; von G. Tammann.*

(Hierzu Taf. IV Fig. 1—2.)

Bekanntlich ist die directe Bestimmung der Dampfspannungen an Salzlösungen bei niederen Temperaturen sehr schwierig. Dieser Schwierigkeit suchte ich durch Anwendung einer dynamischen Methode zu begegnen. Versuche in dieser Richtung in Bezug auf reines Wasser liegen von V. Regnault[2]) vor.

Indem Regnault ein bekanntes Luftvolumen bei einer bekannten Temperatur mit Wasserdampf sättigte und dann jenes Luftvolumen mit Schwefelsäure trocknete, verglich er die von der Schwefelsäure absorbirten Gewichtsmengen Wasser mit jenen, die die Rechnung aus den Versuchsdaten ergab.

Zur Berechnung dient dabei die folgende Formel. Bedeuten:

t die mittlere Temperatur des mit Wasserdampf gesättigten Luftvolumens,

f die Dampfspannung des Wasserdampfes bei der Temperatur t,

t' die Temperatur des Aspirators am Schluss des Versuches,

---

1) O. Tumlirz, Wied. Ann. **27.** p. 133. 1886.

2) V. Regnault, Ann. de chim. et de phys. (3) **15.** p. 158. 1845.

f' die Dampfspannung des Wasserdampfes bei der Temperatur t',

H den auf $0°$ reducirten, zum Schlusse des Versuches herrschenden Barometerstand,

α den Ausdehnungscoëfficienten der Luft,

k den Ausdehnungscoëfficienten der Substanz des Aspirators,

V_0 das Volumen des Aspirators bei $0°$ C.,

ω das absolute Gewicht eines Liters Luft bei $0°$ C.,

δ die theoretische Dichte des Wasserdampfes,
$$\omega\delta = 0,8042 \text{ g},$$
so ist das Gewicht (Π) des unter jenen Umständen in der Luft enthaltenen Wasserdampfes:

(1) $$\Pi = V_0(1 + kt')\frac{H-f'}{H-f}\cdot\frac{\omega\delta}{1+\alpha t'}\cdot\frac{f}{760}.$$

Sind alle Grössen in der Gl. (1) bis auf f bekannt, so erhält man für f folgenden Ausdruck:

(2) $$f = \frac{H}{1 + \dfrac{V_0(1+kt')\,\omega\delta\,(H-f')}{\Pi(1+\alpha t')\,760}}.$$

Die mittelst der Formel (1) von Regnault berechneten Wassermengen sind um ungefähr 1 Proc. ihres Werthes grösser, als die direct gewogenen.

Kommt dem gesättigten Wasserdampf seine theoretische Dichte zu, so bestätigen die Versuche nach der obigen dynamischen Methode das nach dem statischen gewonnene Resultat. In beiden Fällen fand Regnault, dass die Dampfspannungen ungefähr um 1 Proc. ihres Werthes kleiner sind, als die Spannungen der Dämpfe aus reinem Wasser.

Die Uebereinstimmung jener beiden Versuchsreihen ist aber nur scheinbar. Berechnet man aus den von Regnault gegebenen Versuchsdaten die Mengen des verdampften Wassers, so erhält man ganz andere Wassermengen, als Regnault sie erhielt.

In der folgenden Tabelle sind die Differenzen der neu berechneten Wassermengen und der von Regnault gewogenen Wasserquantitäten für die 68 Versuche Regnault's angegeben.

Der Rechenfehler R e g n a u l t's wurde vergebens gesucht. Vom Versuch 51 an liegt offenbar ein Druckfehler in der Angabe des Aspirators vor. Es ist von Nr. 51 — 68 das Volumen des Aspirators I in die Rechnung eingeführt.

Nr.	Differenz	Nr.	Differenz	Nr.	Differenz	Nr.	Differenz
1	−0,0011 g	18	−0,0005 g	35	+0,0023 g	52	−0,0043 g
2	+ 15	19	− 23	36	− 22	53	− 32
3	− 27	20	− 43	37	+ 14	54	− 03
4	− 17	21	− 20	38	− 10	55	− 06
5	+ 21	22	+ 73	39	− 20	56	− 24
6	+ 13	23	− 21	40	− 53	57	− 21
7	+ 17	24	− 21	41	+ 74	58	− 44
8	+ 16	25	− 33	42	+ 30	59	− 71
9	− 08	26	− 22	43	− 05	60	− 314
10	− 54	27	− 28	44	+ 53	61	− 67
11	− 22	28	− 02	45	+ 33	62	− 86
12	− 14	29	+ 12	46	+ 38	63	− 31
13	+ 03	30	− 26	47	+ 39	64	− 04
14	− 18	31	+ 32	48	+ 42	65	− 03
15	+ 15	32	− 08	49	+ 40	66	− 65
16	+ 29	33	+ 19	50	+ 23	67	− 81
17	+ 29	34	+ 13	51	+ 247	68	− 48

Aus obiger Tabelle ergibt sich, dass die mittlere Abweichung der 68 Differenzen vom Nullwerth − 0,0008 g beträgt. Der durchschnittliche Fehler einer Bestimmung beträgt ± 0,0036, sodass ein Zweifel an der Realität der Abweichung gestattet ist.

Dieser Umstand bestimmte mich, jene Methode auf ihre weitere Anwendbarkeit zu prüfen. Denn durch welche Ursachen die Differenzen auch bedingt sein mögen, eine recht befriedigende Bestimmung der Dampfspannungen für Wasser und wässerige Lösungen scheint ermöglicht.

Bei der Ausführung der Versuche wurde in folgender Weise verfahren. Das Gefäss, welches die zu untersuchende Substanz enthielt, wurde mit einem Trockenapparat[1] ver-

---

1) Durch das Rohr *A* und die Oeffnung *E* in der Kugel strich die feuchte Luft in die Trockenröhre (Fig. 1). Durch die Röhre *B* trat die fast vollständig getrocknete Luft in eine Röhre mit Phosphorsäureanhydrid. Der Raum *C* der Trockenröhre (Fig. 1) enthielt mit Schwefelsäure befeuchteten Bimsstein, bei *D* befand sich Schwefelsäure. Die beschriebene Trockenröhre (Fig. 1) gestattete, 3 g Wasser mit dem geringen Verlust von 1 Proc. zu condensiren.

bunden. Mittelst eines Aspirators von constanter Ausfluss-
geschwindigkeit wurde trockene Luft durch das System
geleitet. Das Volumen der Aspiratoren aus Glas war bei 20° C.:

I   12,4866 l,   II   8,6575 l.

Um die zu untersuchende Substanz während des Versuches bei einer bekannten Temperatur zu erhalten, wurde
sowohl das Gefäss mit der zu untersuchenden Substanz, als
auch die mit Schwefelsäure beschickte Trockenröhre in ein
Wasserbad getaucht, dessen Temperaturschwankungen ein
Thermoregulator angab.

Die Bildung von Schichten verschiedener Temperatur
wurde durch einen Rührer, wie ihn Ostwald[1]) anwandte,
verhindert. Der Luftzug einer über dem Flügelwerk des
Rührers in einem grossen Schornstein brennenden Flamme
erhielt den Rührer beständig in Bewegung.

Die Form des Thermoregulators versinnlicht Fig. 2. Der
Schenkel *A* ist mit Aether und Quecksilber gefüllt. In den
Schenkel *B* führt die am unteren Ende schräg abgeschnittene,
in der Wand bei *D* durchbohrte Röhre *C* das Gas, welches
durch die Röhre *E* zum Brenner geleitet wird. Der Schenkel *A* des Thermoregulators taucht in das Wasserbad. Steigt
die Temperatur des Bades, so drücken die Aetherdämpfe
das Quecksilber in den Schenkel *B*, dieses verschliesst die
Zuleitungsröhre *C*. Kühlt sich nun das Bad ab, so fällt das
Quecksilber, um bald nach kurzem Spiele eine Stellung, die
die Zuleitungsröhre theilweise verschliesst, einzunehmen.

Enthält der zur Füllung des Manometers dienende Aether
ein wenig Wasser, so bildet sich mit der Zeit Alkohol, wodurch die Dampfspannung des wasserhaltigen Aethers mit
der Zeit verändert wird. Um dies zu verhüten, wurde in
den Schenkel *A* ein wenig Chlorcalciumpulver gebracht.

Mit dem Luftdruck ändert sich auch die Temperatur im
Bade, und zwar in stets zu controlirender Weise. Aus den
während des Versuchs beobachteten Barometerständen und
den Spannkraftsbestimmungen für gesättigten Aetherdampf
kann, wenn für einen Barometerstand die Temperatur des

---

1) Ostwald, Journ. f. prakt. Chem. **135.** p. 9. 1883.

Bades bestimmt ist, für alle anderen Barometerstände die Temperatur des Bades abgeleitet werden. Jener Apparat dient als Thermometer mit grossem Gange. Hätte man es in der Gewalt, Aetherpräparate von gleicher Dampfspannung herzustellen, und wären die Dampfspannungen des reinen Aethers bekannt, so wäre der Apparat zu absoluter Temperaturbestimmung besonders geeignet, da seine Empfindlichkeit bei 35° C. die des gewöhnlichen Luftthermometers zehnmal übertrifft.

Zur Temperaturbestimmung des Bades wurden einige Bestimmungen für die Spannung des Wasserdampfes angestellt. In einen Ballon mit einem Zuleitungs- und Abzugsrohr wurde Wasser gebracht, sodass sich das Ende der Zuleitungsröhre 1 cm von der Oberfläche des Wassers befand. Um etwa sich bildende Nebelbläschen zu entfernen, enthielt das Abzugsrohr ein Asbestfilter. Aendert sich während eines Versuches der Barometerstand, so ist das Mittel aus den Beobachtungen bei Beginn und Schluss der Versuche genommen und in den Tabellen unter der Columne H_m verzeichnet. Aus Regnault's Dampfspannungsbestimmungen für Aether und Wasser ergibt sich, dass, wenn bei 35° C. die Dampfspannung des Aethers um 1 mm steigt, sich die des Wassers um 0,086 mm ändert. Unter dieser Annahme wurden die bei verschiedenen Temperaturen beobachteten Dampfspannungen auf eine Temperatur (auf den Barometerstand 760 mm) reducirt.

Aspirator	Π	t'	H	H_m	Dauer des Versuchs	f	f reducirt auf 760 mm	Abweichung vom Mittel 40,52
I	0,5104	20,5	756,3	—	4ʰ	40,27	40,59	+0,07
II	0,3547	20,5	756,3	—	3	40,37	40,69	+0,17
I	0,5110	21,5	760,6	—	3	40,50	40,45	−0,07
I	0,5092	22,0	760,6	—	3	40,46	40,41	−0,11
II	0,3520	22,0	760,6	—	3	40,35	40,30	−0,22
II	0,3517	22,6	757,4	—	4	40,45	40,68	+0,16
II	0,3526	22,6	757,7	—	3,5	40,54	40,74	+0,22
II	0,3460	17,0	742,6	743,7	4	38,77	40,24	−0,28
II	0,3550	16,5	749,0	—	5	39,66	40,61	+0,09

Diese Tabelle lehrt, dass auch unter den erwähnten für die Sättigung der Luft mit Wasserdampf ungünstigen Um-

ständen die Sättigung erzielt wird. Denn die Dauer der
Luftdurchleitung hat keinen Einfluss auf die Grösse der
gefundenen Dampfspannungen.

Sucht man in der beschriebenen Weise die Dampfspannungen von Lösungen zu bestimmen, so fallen sie stets zu
niedrig aus. Die oberen Schichten und die den Wänden
des Ballons adhärirenden Tröpfchen concentriren sich durch
Verdampfung des Wassers. Führte man den Luftstrom
über Schwefelsäurelösungen von bekanntem Gehalte und
wog die verdampften Wassermengen, so waren dieselben
um 3—10 Proc. kleiner, als die mit Hülfe der Regnault'schen[1]) Bestimmungen für Schwefelsäurelösungen berechneten.

Um die Concentrationsstörungen zu vermeiden, müsste
man die zu sättigende Luft durch die Lösung leiten. Da
bei dieser Operation Druckschwankungen und das Anspritzen
von Tropfen an die Gefässwandungen nicht zu vermeiden
sind, so sind von vornherein keine genauen Resultate zu
erwarten, infolge dessen unterliess ich weitere Versuche in
dieser Richtung.

Dagegen erscheint die Methode für gesättigte Lösungen,
deren Uebersättigung verhindert wird, anwendbar. Es wurden mehrere Streifen Filtrirpapier in eine gesättigte Lösung
getaucht, nach der Benetzung ein wenig getrocknet und in
ein U-förmiges Rohr, durch welches die trockene Luft strich,
gebracht.

Gesättigte Lösung von phosphorsaurem Natron
(Na_2HPO_4).

Nr.	Aspi-rator	H	t	H	H_m	Dauer des Ver-suchs	f'	f	$\frac{f'}{f}$
1	II	0,3301	22,8	758,6		3^h	38,11	39,97	0,954
2	II	0,3415	21,5	763,8		3	39,13	40,84	0,958
3	II	0,3416	21,9	759,5	760,4	3	39.21	40,55	0,967

1) V. Regnault, Ann. de chim. et de phys. (3) 15. p. 180. 1845.

Gesättigte Kochsalzlösung (NaCl).

Nr.	Aspirator	$\mathit{\Pi}$	t	H	Dauer des Versuchs	f'	f	$\dfrac{f'}{f}$
1	I	0,3880	18,2	753,1	3ʰ	30,67	39,93	0,768
3	I	0,3883	18,5	749,9	8	30,73	39,65	0,775
4	I	0,3849	18,9	753,8	3	30,58	39,99	0,763
2	I	0,3872	18,4	749,9	4	30,63	39,65	0,773
5	I	0,3859	18,8	753,9	6	30,59	40,00	0,765
							Mittel	0,769

Für eine gesättigte Kochsalzlösung[1]) berechnet sich die relative Spannkraftserniedrigung mal 1000 (μ) aus obigen Bestimmungen zu $\mu = 6{,}37$. Aus R. v. Hemholtz's[2]) Messungen ergibt sich für eine bei derselben Temperatur gesättigte Lösung $\mu = 6{,}83$. E. Warburg und T. Ihmori[3]) fanden bei 18,7° C. $\mu = 7{,}24$. Der wahre Werth von μ für eine bei 35° gesättigte Lösung liegt wohl zwischen 6,70—6,80. Demnach wäre die neu bestimmte Dampfspannung um 5 Proc. zu gross ausgefallen. Der erste Versuch, der in obiger Tabelle nicht mitgetheilt ist, nämlich:

Aspirator I.

$\mathit{\Pi}$ 0,3750 t 18,2 H 753,1   3,5ʰ f' 29,69 f 39,95 $f'{:}f$ 0,743.

ergibt für die Dampfspannung der gesättigten Lösung einen der Wahrheit näher liegenden Werth.

Beim zweiten Versuch (Nr. 1 in der Tabelle) stieg die Dampfspannung auf den angegebenen Werth, um dann annähernd constant zu bleiben. Die Ursache jener Erscheinung ist in folgendem Umstande zu suchen.

Beim Entfernen der Röhre aus dem Bade kühlten sich

---

1) Nach Poggiale und Möller enthält eine gesättigte Kochsalzlösung

bei 34,14° C.   36,44,   36,10 = 36,27 NaCl,
bei 18,7° C.   36,01,   35,75 = 35,88 NaCl.

auf 100 Theile Wasser. Poggiale, Ann. de chim. et de phys. (3) 8. p. 469. 1843; Möller, Pogg. Ann. 117. p. 386. 1862.

2) R. v. Helmholtz, Wied. Ann. 27. p. 536. 1886.

3) E. Warburg u. T. Ihmori, Wied. Ann. 27. p. 504. 1886.

die Wände der Röhre ab, infolge dessen destillirte vom be-
netzten Papier Wasser an die Röhrenwände, dieses bildete
mit den an den Wandungen haftenden Kochsalzkrystallen
eine ungesättigte Lösung. In der That waren an den Stellen
der Röhrenwand, an denen zuerst Kochsalzkrystalle beobachtet wurden, späterhin Flüssigkeitstropfen wahrzunehmen.
Dieser Umstand erschwert die genauen Bestimmungen sehr
bedeutend.

Ferner habe ich Hydrate untersucht. Ueber die Dampfspannungen der wasserhaltigen Salze liegen mehrere einander
widersprechende Angaben vor. Daher erschien es von besonderem Interesse, die Dampfspannungen jener Stoffe nach
obigem Verfahren zu bestimmen.

Zu diesem Zwecke wurden U-förmige Röhren (Länge
jedes Schenkels 15 cm; Durchmesser 1,5 cm) mit dem zu
untersuchenden Salzhydrat gefüllt und unter einander verbunden. Die Füllung jeder Röhre betrug 50 g des grob ge-
pulverten Hydrates. In den Tabellen ist die Anzahl der
bei einem Versuche mit einander verbundenen Röhren verzeichnet.

Die Verwitterung der Krystalle ging hauptsächlich an
der Eintrittsstelle der trockenen Luft vor sich. Auch nach
mehreren Versuchen waren nur 2—3 cm Salz sichtbar verwittert, das übrige Salz bewahrte unverändert sein ursprüng-
liches Aussehen. In den Röhren mit Kupfervitriol, an dem
eine geringe Verwitterung besonders deutlich durch Farben-
veränderung sichtbar wird, waren ausser der erwähnten Ver-
witterungszone einzelne, unregelmässig in den drei Röhren
vertheilte Krystalle ein wenig verwittert.[1]

Jedesmal ergab der erste, in den Tabellen nicht angegebene Versuch eine bedeutend grössere Wassermenge als
der zweite in den Tabellen als Nr. 1 aufgeführte Versuch.
Die Krystalle waren offenbar trotz ihres vollkommen trockenen Aussehens mit einer Lösungshaut bedeckt.

---

1) Diese Krystalle enthielten ebenso wie die gar nicht verwitterten
nur eine Spur Eisenvitriol.

Phosphorsaures Natron Na$_2$HPO$_4$.12H$_2$O.[1)]

Versuche mit einer Röhre.

Nr.	Aspirator	H	t	H	H_m	Dauer des Vers.	f'	f	$\frac{f'}{f}$	f'/f nach Froweïn
1	II	0 3078	22,6	750,2	—	1,5^h	35,62	39,67	0,898	—
3	II	0,3006	22,2	747,8	—	2	34,77	39,42	0,882	—
2	II	0,3082	22,4	749,3	—	3	35,63	39,60	0,900	—
4	II	0,3005	22,0	747,0	—	3	34,71	39,40	0,881	—
5	II	0,3008	22,4	752,8	753,0	5	34,82	39,92	0,872	—

Versuche mit zwei Röhren.

Nr.	Aspirator	H	t	H	H_m	Dauer des Vers.	f'	f	$\frac{f'}{f}$	f'/f nach Froweïn
5	II	0,3258	21,0							
1	II	0,3213	20,2	755,4	755,1	3	36,70	40,10	0,915	—
3	II	0,3272	21,0	764,7	—	3	37,48	40,92	0,916	—
2	II	0,3240	21,0	759,3	759,0	3,5	37,13	40,43	0,919	—
4	II	0,3275	21,8	764,7	—	4	37,66	40,92	0,920	—
6	II	0,3305	20,6	765,5	—	4	37,78	40,99	0,921	—
7	II	0,3188	20,5	750,6	752,6	6	36,47	39,71	0,919	0,879

Zinkvitriol ZnSO$_4$.7H$_2$O.

Versuche mit drei Röhren.

Nr.	Aspirator	H	t	H	H_m	Dauer des Vers.	f'	f	$\frac{f'}{f}$	f'/f nach Froweïn
2	I	0,3677	19,7	757,5	756,6	2,5^h	29,33	40,23	0,729	—
1	I	0,3787	20,0	755,8	753,6	4,5	29,88	39,97	0,746	—
8	I	0,3725	18,0	751,6	751,2	5	29,46	39,76	0,741	—
7	I	0,3757	18,5	750,4	748,1	6	29,77	39,50	0,754	—
6	I	0,3707	18,5	745,8	741,8	7	29,89	38,97	0,754	—
5	I	0,3805	19,1	739,0	745,0	17	30,21	39,23	0,770	—
3	I	0,3986	19,3	757,4	757,4	20	31,64	40,30	0,785	—
4	I	0,3905	19,0	751,5	754,0	27	30,97	40,01	0,774	0,730

Schwefelsaure Magnesia MgSO$_4$.7H$_2$O.

Versuche mit einer Röhre.

Nr.	Aspirator	H	t	H	H_m	Dauer des Vers.	f'	f	$\frac{f'}{f}$	f'/f nach Frowen
1	I	0,2115	22,7	746,8	—	2^h	17,40	39,34	0,442	—
2	I	0,2647	22,1	747,0	—	4	21,59	39,40	0,548	—

1) Ist die über das Salz streichende Luft kohlensäurehaltig, so entsteht kohlensaures Natron, und das durch diese Reaction frei gewordene Wasser bildet mit den Salzen eine Lösung, deren Dampfspannung höher ist als die des zu untersuchenden Salzes. Aus diesem Grunde wurde für die Befreiung der Luft von Kohlensäure Sorge getragen.

Nr.	Aspirator	Π	t	H	Hₘ	Dauer des Vers.	f'	f	f'/f	f'/f nach Frowein
				Versuche mit zwei Röhren.						
2	I	0,2666	22,7	752,7	—	2,5ʰ	21,81	39,90	0,547	—
3	I	0,2655	22,5	753,6	753,3	3	21,70	39,94	0,544	—
4	I	0,2838	23,0	763,8	763,8	3	23,21	40,84	0,568	—
5	I	0,2716	21,9	759,5	760,4	3	22,11	40,49	0,546	—
1	I	0,2849	23,0	752,8	753,0	6	23,29	39,92	0,595	—
				Versuche mit drei Röhren.						
1	I	0,2845	21,2	749,8	750,2	3 ʰ	23,06	39,68	0,581	—
5	I	0,2920	21,3	764,7	—	3	23,66	40,92	0,578	—
4	I	0,2993	21,0	759,1	—	3,5	24,20	40,45	0,598	—
2	I	0,2974	21,0	754,3	—	4	24,05	40,03	0,601	—
3	I	0,2953	20,6	755,6	755,0	4	23,83	40,09	0,595	—
6	I	0,3010	21,8	764,7	—	4	24,87	40,92	0,596	—
7	I	0,3095	21,0	765,5	—	5	25,00	40,99	0,610	—
8	I	0,3078	21,4	754,4	—	9	24,91	40,04	0,622	0,594

Kupfervitriol $CuSO_4.5H_2O$.

Versuche mit drei Röhren.

Nr.	Aspirator	Π	t	H	Hₘ	Dauer des Vers.	f'	f	f'/f	f'/f nach Frowein
2	I	0,0945	22,7	747,8	—	2 ʰ	7,88	39,47	0,200	—
1	I	0,1060	22,6	749,3	—	3	8,82	39,60	0,223	—
4	II	0,0638	18,6	757,5	756,6	3	7,52	40,23	0,187	—
3	II	0,0567	19,5	755,7	754,2	4,5	6,72	40,02	0,168	—
10	II	0,0975	17,7	75 ,6	751,2	5	11,39	39,77	0,286	—
9	II	0,0993	18,0	750,4	748,1	6,5	11,61	39,50	0,294	—
11	II	0,1069	18,0	753,1	753,1	8	12,48	39,93	0,313	—
12	II	0,1025	18,3	750,0	750,0	9	12,00	39,66	0,303	—
8	II	0,1022								—
7	II	0,1140								—
5	II	0,1235	19.2	757,4	757,4	19	14,47	40,30	0,359	—
6	II	0,1268	18,9	751,5	754,0	23	14,88	40,00	0,371	0,365

Chlorbarium $BaCl_2.2H_2O$.

Versuche mit drei Röhren.

Nr.	Aspirator	Π	t	H	Hₘ	Dauer des Vers.	f'	f	f'/f	f'/f nach Frowein
1	II	0,0823	17,2	748,5	748,3	5 ʰ	9,62	39,53	0,243	—
3	II	0,0908	16,8	748,4	748,8	7	10,57	39,57	0,267	—
5	II	0,0913	16,5	746,3	752,8	8	10,62	39,90	0,266	—
2	II	0,0915	17,0	749,2	748,4	14	10,66	39,53	0.270	—
4	II	0,0938	16,8	755,0	751,2	15	10,92	39,76	0,275	0,268

Kalialaun $K_2SO_4Al_2(SO_4)_3 . 24H_2O$.

Drei Röhren, gefüllt mit grobem Pulver.

Nr.	Aspi-rator	Π	t	H	H_m	Dauer des Ver-suchs	f'	f	$\dfrac{f'}{f}$
4	II	0,0378	16,8	750,8	750,1	9 ^{h}	4,44	39,67	0,112
1	II	0,0590	17,5	753,0	753,5	10	6,93	39,96	0,174
2	II	0,0393	18,5	750,8	752,0	10	4,65	39,83	0,117
3	II	0,0419	18,5	749,5	750,1	14,5	4,96	39,67	0,125

Drei Röhren, gefüllt mit grösseren Stücken.

Nr.	Aspi-rator	Π	t	H	H_m	Dauer des Ver-suchs	f'	f	$\dfrac{f'}{f}$
2	I	0,0425	17,0	747,6	747,2	6 ^{h}	3,47	39,43	0,088
1	I	0,0532	16,8	746,8	746,8	16	4,33	39,39	0,110
4	I	0,0497	16,9	745,4	741,6	23	4,05	38,94	0,104
3	I	0,0538	16,0	752,6	759,0	24	4,36	40,44	0,108

Chromalaun $K_2SO_4Cr_2(SO_4)_3 . 24H_2O$.

Versuche mit drei Röhren.

Nr.	Aspi-rator	Π	t	H	H_m	Dauer des Versuchs	f'	f	$\dfrac{f'}{f}$
2	II	0,1963	16,8	747,6	747,2	6 ^{h}	22,49	39,42	0,571
4	II	0,2140	16,0	745,4	741,6	14	24,36	38,94	0,626
1	II	0,2160	16,6	746,8	746,8	16	24,65	39,39	0,626
3	II	0,2168	15,2	752,6	759,0	26	24,59	40,43	0,608

Ammoniakalaun $(NH_4)_2SO_4Al_2(SO_4)_3 . 24H_2O$.

Versuche mit drei Röhren.

Nr.	Aspi-rator	Π	t	H	H_m	Dauer des Ver-suchs	f'	f	$\dfrac{f'}{f}$
1	I	0,0396	17,0	746,8	747,2	6,5 ^{h}	3,23	39,42	0,082
2	I	0,0450	17,5	744,4	745,6	16	3,68	39,28	0,094
3	I	0,0480	16,8	757,4	756,9	19	3,91	40,26	0,097
4	I	0,0541	17,2	756,4	751,7	24	4,41	39,81	0,109

Diese Versuche lehren, dass die Sättigung der trockenen Luft mit dem aus den Hydraten verdampfenden Wasser viel langsamer als beim Wasser oder den gesättigten Lösungen vor sich geht.

Ordnet man die Salzhydrate in eine Reihe, in der die Verdampfungsgeschwindigkeit von links nach rechts abnimmt, so erhält man folgende Reihenfolge:

$Na_2HPO_4 . 12H_2O$, $ZnSO_4 . 7H_2O$, $MgSO_4 . 7H_2O$, $K_2SO_4Cr_2(SO_4)_3 . 24H_2O$,

f'/f 0,92   0,78   0,62   0,61

$BaCl_2 . 2H_2O$, $CuSO_4 . 5H_2O$, $K_2SO_4Al_2(SO_4)_3 . 24H_2O$,

f'/f 0,27   0,37   0,12

$(NH_4)_2SO_4Al_2(SO_4)_3 . 24H_2O$.

f'/f 0,11.

Wie man aus den beigeschriebenen relativen Spannungen ersieht, ordnen sich die so roh beurtheilten Verdampfungsgeschwindigkeiten gewöhnlich in der Reihenfolge der zugehörigen Dampfspannungen.

Vergleicht man die obigen Resultate mit denen, die Frowein[1] nach der statischen Methode erhielt, so bemerkt man, dass, wenn die zu sättigende Luft sehr langsam über die Krystalltrümmer strich, die berechneten Dampfspannungen 2—5 Proc. zu gross ausfielen. Ueber die Ursache dieses Befundes bleibt man im Zweifel. Sollte Frowein den Sättigungszustand seines Vacuums nicht abgewartet haben, oder sollte sich bei längerem Verweilen der Krystalle im feuchten Raume über diesen eine dünne Lösungshaut bilden? Die vorzügliche Uebereinstimmung der Messungen Frowein's untereinander macht die erste Ursache höchst unwahrscheinlich.

Ueberblickt man nochmals obige Tabellen, so bemerkt man, dass, wenn die Geschwindigkeit des Luftstromes abnimmt, die relativen Spannungen nicht beständig zunehmen. Die relativen Spannungen bleiben, nachdem sie ihren normalen Werth (den von Frowein) erreicht haben, bei abnehmender Geschwindigkeit des Luftstromes constant, um schliesslich wieder zu steigen. Aus den Versuchen mit $Na_2HPO_4 . 12H_2O$, $MgSO_4.7H_2O$ und $BaCl_2.2H_2O$ ist dieses Verhalten ersichtlich. Bei den Geschwindigkeiten des Luftstromes, welche die normalen Dampfspannungswerthe ergeben, wird der Wasserdampf so schnell fortgeführt, dass sich eine Lösungshaut auf den Krystallen nicht bilden kann.

Für die Bildung einer Lösungshaut auf den Salzhydraten spricht noch folgende Beobachtung. Es ist allgemein bekannt, dass, wenn mann trockene Krystalle gewisser Hy-

---

1) P. Frowein, Zeitschr. für phys. Chem. **1**. p. 12 u. p 363. 1887.

drate in eine geschlossene Flasche bringt, dieselben zusammenbacken, während andere jene Eigenschaft nicht oder nur in
ganz geringem Maasse besitzen. Hat sich über zwei sich be-
rührenden Krystallen eine Lösungshaut gebildet, so können
bei Temperaturschwankungen feste Verbindungen zwischen
ihnen durch Krystallisation gebildet werden. Ein Zusammen-
kleben der Krystalle scheint unter jenen Annahmen verständlich.

In einer Flasche, die Krystalle der schwefelsauren Magnesia enthielt, wurde in verschiedenen Schichten die Zusammensetzung des Hydrates zu $MgSO_4.6,94H_2O$ gefunden;
der ganze Inhalt der Flasche war fest zusammengebacken.
Ein Zusammenbacken habe ich besonders bei den Krystallen
des phosphorsauren Natrons ($Na_2HPO_4.12H_2O$) und Zinkvitriols beobachtet, während bei denen des Kupfervitriols,
des Bariumchlorides, Kali und Ammoniakalauns ein Zusam-
menkleben der Krystalle bei Zimmertemperatur nicht vorzu-
kommen scheint. Auch meine Versuche sprechen für die
schnellere und stärkere Ausbildung der Lösungshaut bei der
ersten Gruppe der aufgeführten Salzhydrate.

Ferner sei hier noch eine andere Frage berührt. Pareau[1]) fand, dass bei der Umwandlung eines Hydrates in ein
wasserärmeres die Dampfspannung desselben nicht plötzlich
abnimmt. Die folgenden Versuche scheinen zu lehren, dass,
so lange etwas vom wasserreicheren Hydrate zugegen ist, die
diesen zukommende höhere Dampfspannung herrscht. Im
Momente, in dem alles wasserreichere Hydrat zerlegt ist,
scheint die Dampfspannung plötzlich auf den dem wasser-
ärmeren Hydrate entsprechenden Dampfspannungswerth zu
fallen.

Nach dem letzten Versuch wurde aus der Röhre kurz
vor dem Abzugsrohr Salz zur Analyse entnommen. Dieselbe
ergab die Zusammensetzung $SrCl_2.1,994H_2O$, demnach
waren am Ende des zweiten Versuchs höchstens 0,04 Proc.
des Hydrates $SrCl_2.6H_2O$ vorhanden.

---

1) A. Pareau, Wied. Ann. 1. p. 47. 1877.

Chlorstrontium $SrCl_2 . 2{,}014 H_2O$.
Versuche mit drei Röhren.

Nr.	Aspirator	Π	t	H	H_m	Dauer des Versuchs	f''	f' nach Frowein
1	I	0,1175	18,4	750,6	749,3	6^h	9,57	—
2	I	0,1190	18,5	746,9	748,9	6	9,69	14,61
3	I	0,1087	17.6	748,0	747,5	15	8,88	—
4	I	0,0395	17,7	748,5	748,3	5	3,23	—
5	I	0,0117	17,5	749,2	748,4	16	0,96	—
6	I	0,0071	17,1	748,4	748,8	9	0,58	—
7	I	0,0127	16,6	755,0	751,2	13	1,04	—
8	I	0,0227	16,8	746,3	750,7	24	1,85	—

Das Resultat obiger Untersuchung ist ein durchaus negatives.

Die dynamische Methode in ihrer beschriebenen Anwendung ergibt keine brauchbaren Resultate. Dasselbe gilt von einer anderen Methode, dem Verfahren von Müller-Erzbach.[1]) Müller-Erzbach brachte die Salzhydrate in kleine Röhren und bestimmte die Gewichtsverluste der Röhren in trockener Luft. Nach Müller-Erzbach sollen die verdampften Wassermengen proportional den Dampfspannungen der Hydrate sein. Diese Forderung wäre berechtigt, wenn auf der Oberfläche der Krystalle die Maximaldampfspannung herrscht. In folgender Tabelle (s. flgde. Seite) sind die relativen Spannungen Müller-Erzbach's mit denen, die sich aus den Versuchen von Debray[2]), G. Wiedemann[3]), Pareau[4]) und Frowein[5]) nach der statischen Methode ergeben, zusammengestellt. Die relativen Spannungen Müller-Erzbach's sind immer bedeutend kleiner als die nach der statischen Methode bestimmten. (Siehe Tabelle p. 336.)

Wie Stefan[6]) gezeigt hat, gilt für das Volumen v_1 der in der Zeiteinheit durch die Einheit des Querschnittes einer Röhre gehende Dampfmenge die Gleichung $v_1 = k_1 h . \log p/(p-p_1)$.

---

1) W. Müller-Erzbach, Wied. Ann. **23.** p. 607. 1884; **25.** p. 857. 1885; **26.** p. 409. 1885; **27.** p. 623. 1886.

2) Debray, Compt. rend. **79.** p. 890. 1874.

3) G. Wiedemann, Pogg. Ann. Jubelbd. p. 474. 1874.

4) A. Pareau, Wied. Ann. **1.** p. 47. 1877.

5) P. Frowein, Zeitschr. für phys. Chem. **1.** p. 12 u. 363. 1887.

6) J. Stefan, Wien. Ber. **68.** II. Abth. p. 407. 1874.

	t^0	f'/f G. Wiedemann	f'/f Frowein	f'/f Müller-Erzbach
$MgSO_4 . 7H_2O$	18	0,90	0,417	0,31
	34,3	0,88	0,596	
$ZnSO_4 . 7H_2O$	20	0,62	0,560	0,37
	34,3	0,70	0,735	
$CoSO_4 . 7H_2O$	16	0,90	—	0,57
$NiSO_4 . 7H_2O$	17	0,94	—	0,56
$FeSO_4 . 7H_2O$	17	0,62	—	0,30
		Pareau		
$BaCl_2 . 2H_2O$	13	0,14	0,161	0,03
	34,3	0,18	0,271	
$CuSO_4 . 5H_2O$	20	0,30	0,284	0,04
	34,3	0,38	0,868	
		Debray		
$Na_2HPO_4 . 12H_2O$	17	0,72	0,719	0,68

Hier bedeuten für unseren Fall k den Diffusionscoëfficienten
des Wasserdampfes, h die Entfernung der Salzoberfläche vom
offenen Ende der Röhre, p_1 den auf der Oberfläche der
Krystalle herrschenden Druck und p den Barometerstand.
wenn am offenen Ende der Röhre die Dampfspannung des
Wasserdampfes Null ist. Für die Versuche von Müller-
Erzbach ist diese Bedingung erfüllt, doch hat Müller-Erzbach leider nicht die Grösse h für jeden Versuch angegeben.
    Zur Berechnung von p_1 könnte die Formel $p_1 = (hv_1/k)p)$
$(1 + hv_1/2k)$ mit stets ausreichender Genauigkeit verwandt
werden. Hieraus erhält man $hv_1/k = 2p'/(2p-p')$. Da bei
Zimmertemperatur p' gegen $2p$ zu vernachlässigen ist, so kann
man die Verdampfungsgeschwindigkeit proportional der an
der Krystalloberfläche herrschenden Dampfspannung setzen.
Demnach ergeben die Versuche von Müller-Erzbach die
relativen Spannungen des Wasserdampfes auf der Oberfläche
der Krystalle.
    Nach den Versuchen Pape's [1]) sind die Verdampfungs-
geschwindigkeiten auf verschiedenen Flächen der nicht regulären Krystalle verschieden. Demnach geht schon aus diesen
Versuchen hervor, dass die Dampfspannung auf der Ober-

---

1) C. Pape, Pogg. Ann. **124**. p. 329. 1865; **125**. p. 513. 1865.

fläche eines Krystalles nicht gleich der Maximaldampfspannung des Krystalles ist.

Die Dampfspannung an der Oberfläche eines Krystalles hängt von der Beschaffenheit der Oberfläche ab. Ist ein Krystall unverletzt, so ist die Dampfspannung an der Oberfläche sehr bedeutend geringer, als wenn die Oberfläche irgend wie verändert worden ist.

Dorpat, den 10. November 1887.

IX. *Ueber einen allgemeinen qualitativen Satz für Zustandsänderungen nebst einigen sich anschliessenden Bemerkungen, insbesondere über nicht eindeutige Systeme* [1]; *von Ferdinand Braun.*

(Aus den Göttinger Nachr. vom 7. Sept. 1887 mitgetheilt vom Hrn. Verf.)

---

1. Der Zustand eines Systems sei durch gewisse Grössen desselben eindeutig bestimmt. Es sei im stabilen Gleichgewicht für bestimmte Werthe der Variabelen, und es sei durch continuirliche Aenderung derselben möglich, dass das System eine Reihe von stabilen Gleichgewichtszuständen continuirlich durchlaufe, d. h. der Art, dass mit einer unendlich kleinen Aenderung der einen Variabelen im allgemeinen auch nur eine unendlich kleine Aenderung aller anderen im System vorkommenden Grössen verknüpft sei. Es sei ferner auch mit einer endlichen Aenderung einer Variabelen eine endliche Aenderung derjenigen Grössen verknüpft, welche im speciellen Falle überhaupt mit der ersten (independenten) Variabelen sich gleichzeitig ändern sollen. Geht man von einem dieser Gleichgewichtszustände aus und ändert eine Variabele um eine sehr kleine Grösse, so wird sich ein neuer Gleichgewichtszustand herstellen. Es sind nun zwei verschiedene Arten von Systemen zu unterscheiden.

---

1) Den im Folgenden mitgetheilten Satz habe ich vor kurzem in der Zeitschrift für physikalische Chemie (1. p. 269) ohne Beweis publicirt und auf einige Fälle angewendet.

A. Erste Classe von Systemen. Es sind solche, bei denen eine endliche Zeit vergehen kann, bis sich die anderen Variabelen in der Weise geändert haben, wie es der neue Gleichgewichtszustand verlangt. Von diesen sei zunächst die Rede. — Hat man eine unendlich kleine Aenderung einer Variabelen willkürlich hervorgebracht und wartet nun die beim Uebergang in die neue Gleichgewichtslage von selbst eintretenden Aenderungen der Variabelen ab, so können offenbar diese Werthänderungen nicht auf eine endliche Grösse anwachsen. Es würde sonst mit dieser Aenderung nach Voraussetzung auch eine endliche Aenderung der ersten Variabelen bedingt sein, und es wäre überhaupt nicht möglich, einen dem Ausgangszustande unendlich benachbarten herzustellen, was gegen die vorausgesetzte Continuität verstiesse. Es seien $x, y \ldots t$ die Variabelen in einem ersten Gleichgewichtszustand. Man lasse alle bis auf zwei, z. B. x und y constant, ändere x willkürlich um die sehr kleine Grösse $+ \xi$ und warte den neuen Gleichgewichtszustand ab. Während sich dieser herstellt, ändert sich x und y um resp. $\partial \xi$ und ∂y, und es lässt sich stets so einrichten, dass $\partial \xi / \partial y$ einen endlichen eindeutigen Werth hat (z. B. bei Bildung einer Lösung, wenn x etwa den Druck, y das Volumen der Lösung bedeutet, indem man die neu gebildete Schicht Lösung immer in der ganzen vorhandenen Flüssigkeit gleichförmig vertheilt denkt). Eine von selbst eintretende Aenderung von ξ sei bezeichnet als:

$$\delta \xi = \delta x = \frac{\partial \xi}{\partial y} \delta y.$$

Ich will beweisen, dass $\delta \xi$ immer das entgegengesetzte Zeichen von ξ haben muss; $\delta \xi$ und ξ sind dabei im allgemeinen von gleicher Grössenordnung, wie aus der Voraussetzung folgt.

δy sei positiv angenommen. Wäre nun $\partial \xi / \partial y$ auch positiv und constant, so würde das willkürlich hervorgebrachte $+ \xi$ übergehen in $+ (\xi + \delta \xi)$, und da andererseits auch $(\partial y / \partial \xi) \delta \xi$ constant positiv wäre, so würden die Aenderungen der Variabelen von selber endliche Werthe erreichen. Folglich bleiben nur folgende Annahmen:

a) entweder $\partial \xi / \partial y$ ist nicht constant, sondern convergirt

schon für ein unendlich kleines Intervall dy gegen Null —
dies verstösst gegen die angenommene Stetigkeit;

b) oder $\partial \xi/\partial y$ ist $= 0$. Dieser Fall — indifferenten
Gleichgewichts — ist nach Annahme ausgeschlossen, d. h.

c) es bleibt nur die Möglichkeit, dass $\partial \xi/\partial y$ negativ ist.
Daraus folgt, dass $\delta \xi$ negativ ist, wenn ξ positiv ist und umgekehrt, unabhängig vom Vorzeichen von δy, wie man sich
leicht durch Wiederholung des Beweises überzeugt. In Worten: ist die willkürlich hervorgebrachte Aenderung der einen
Variabelen $+ \xi$ und die von selbst eintretende der anderen
$\pm \delta y$, so ist die von selbst eintretende der ersten Variabelen
$- \delta x$, d. h. der Uebergang in den neuen Gleichgewichtszustand ist immer der Art, dass diejenige
willkürlich hervorgebrachte Aenderung der einen
Variabelen, welche den Uebergang veranlasst, bei
dem Uebergang von selber ihrem absoluten Betrage
nach abnimmt.

Ein stetig stabil veränderliches System ist also gleichzeitig ein sich selbst beruhigendes. Ich will es ein autostatisches (abgekürzt für das richtiger gebildete Wort auto-
ephistatisch) nennen.

Voraussetzung ist dabei, dass das System beim Uebergange sich selbst überlassen bleibe. Ist daher die Temperatur
eine variirende Grösse, so muss die Aenderung adiabatisch
gedacht werden.

2. Dieser Satz umfasst das Qualitative einer grossen
Anzahl bekannter Erscheinungen und ist geeignet, neues zu
liefern. Ich will es auf mehreres anwenden: Eis und Wasser
seien bei 0^0 als das System gegeben; erhöht man den Druck
um dp (die Temperatur bleibe constant), bringt man also
eine willkürliche Aenderung des Volumens $- dv$ hervor, so
muss von selber eintreten eine Volumenänderung $+ \delta v$
(und eine Druckänderung $- \delta p$). Da Eis ein grösseres specifisches Volumen als Wasser hat, so muss Eis theilweise
schmelzen. Umgekehrt bei Substanzen, die sich beim Schmelzen ausdehnen. Der Einfluss des Druckes auf die Löslichkeit fester Körper in Flüssigkeiten fällt unter denselben Gesichtspunkt. Substanzen, die durch zunehmenden Druck sich

stärker lösen, müssen unter diesem Drucke sich mit Contraction lösen; diejenigen, welche Dilatation bei der Lösung
zeigen, müssen durch Drucksteigerung ausfallen.[1] Das
Gleiche gilt offenbar für Flüssigkeiten, welche nicht in jedem
Verhältniss mischbar sind.

Ich will den Satz anwenden auf den Fall adiabatischer
Aenderungen. Eine gesättigte Lösung eines Salzes sei in
Berührung mit dem Salze selber. Erhöht man die Tempera-
tur um dt und lässt den neuen Gleichgewichtszustand ein-
treten, so muss, wenn neues Salz in Lösung tritt, dieses
Wärme verbrauchen, das Gleiche muss gelten, wenn Salz
ausfällt; d. h. Substanzen, deren Löslichkeit mit der Tem-
peratur steigt, verbrauchen beim Eintritt in die fast gesättigte
Lösung Wärme (negative Lösungswärme), diejenigen, deren
Löslichkeit fällt, lösen sich unter Entwickelung von Wärme[2]

---

1) F. Braun, Wied. Ann. **30**. p. 250. 1887. Vgl. auch die von Spring
und van't Hoff beschriebene Zersetzung durch Druck, welche auch
als Lösungserscheinungen betrachtet werden kann. Zeitschrift f. phys.
Chemie **1**. p. 227. 1887.

2) Diesen Satz hielt ich, als ich die eingangs erwähnte Notiz für
die „Zeitschr. f. phys. Chem." schrieb, für neu; ich ersah erst später bei
genauerer Durchsicht der Litteratur, dass er schon 1884 von Hrn. Le Chatelier (Compt. rend. **99**. p. 788. 1884) ausgesprochen wurde. Er bildet
augenblicklich den Gegenstand einer Debatte unter französischen Ge-
lehrten. Ich weiss nicht, ob er von Hrn. Le Chatelier, der zwar auch
(Compt. rend. **104.** p. 679. 1887) die Wärme bei Bildung einer gesättigten
Lösung untersucht (aber aus Salz und Wasser), so präcisirt worden ist,
wie ich oben gethan habe, dass er sich nämlich nur auf die Wärmetönungen bei Eintritt in eine fast schon gesättigte Lösung bezieht. —
Im citirten Aufsatze vom Jahre 1884 stellt Hr. Le Chatelier, wie ich
bei dieser Gelegenheit fand, für „Systeme in chemisch-stabilem Gleichgewicht" einen dem von mir ausgesprochenem Satze fast gleichlautenden
auf. Doch finde ich weder eine scharfe Abgrenzung seiner Gültigkeits-
bedingungen, noch einen Beweis desselben, und so wird bei fast gleichem
Wortlaut doch der Inhalt, den Hr. Le Chatelier seinem Satze beimisst,
ein ganz anderer. Dies erhellt am besten aus den Anwendungen, welche
Hr. Le Chatelier gibt. Die meisten Beispiele sind chemischer Natur.
Dagegen sollen unter seinen Satz auch fallen: Fortleitung der Wärme
von einer stärker erhitzten Stelle aus, Aenderungen der Concentration
durch Diffusion. Transport von Metall von einem Punkt einer Lamelle,
die in eine Lösung eines Salzes des Metalles taucht, zu einem anderen
Punkt, Erniedrigung des Schmelzpunktes einer Legirung oder einer Mi-

(Die Grössen λ und η meiner oben citirten Abhandlung sind daher immer von entgegengesetzten Zeichen; das Vorzeichen von ε ist lediglich durch das von ν bestimmt.)[1])

Bei einer Kette ist die Potentialdifferenz an den Polen mit der Temperatur derselben eindeutig verknüpft. Erhöht man die letztere, und entsteht dadurch eine Aenderung der Potentialdifferenz, d. h. ein Ladungsstrom, so muss umgekehrt der Ladungsstrom Temperaturabnahme der Zelle bewirken, d. h. ist er dem ursprünglichen Kettenstrom gleichgerichtet (mit steigender Temperatur zunehmende electromotorische Kraft), so muss die Kette durch einen solchen Strom abgekühlt werden. Umgekehrt, wenn die electromotorische Kraft abnimmt mit steigender Temperatur. Dies ist das Qualitative des v. Helmholtz'schen Satzes.[2]) — Ganz ebenso folgt die Temperaturänderung ungleich erwärmter metallischer Leiter (Peltier- und Thomsoneffect). Denkt man sich die beiden Platten eines aus zwei verschiedenen Metallen bestehenden Condensators mitsammt den Verbindungsdrähten (ohne Aenderung der Capacität) erwärmt, so entspricht der hierbei entstehende Ladungsstrom der thermoelectrischen Kraft an den Löthstellen, — die Wärme, welche er im System entwickelt oder verbraucht, der Peltier'schen Wärme. Wird nur die Contactstelle erwärmt, die Temperatur der Condensatorplatten aber ungeändert gelassen, so entspricht die Ladung den thermoelectrischen Kräften an den Löthstellen und den im Inneren der gleichartigen Metalle auftretenden, die Wärme dem Peltier- und Thomsoneffect. Da

---

schung von Salzen während der fortschreitenden Erstarrung. — Eine präcisere Formulirung, gleichfalls ohne Beweis, findet sich bei Ostwald, Allg. Chem. 2. p. 736. Aber auch die dort angeführten Beispiele sind nicht alle zutreffend.

1) Auch die von Sorret entdeckte Thermodiffusion muss sich diesem Satz fügen. In einer überall gleich concentrirten Lösung entsteht ein Diffusionsstrom, sobald die Temperatur nicht mehr constant ist. Bewirkt ein Einwandern von Salztheilchen eine Temperaturerniedrigung (und Auswandern Temperaturzunahme), so wird die wärmere Stelle salzreicher; dies ist der von Sorret beobachtete Fall. Ein umgekehrter Diffusionsstrom muss eintreten, wenn die Wärmetönungen ihr Zeichen ändern.

2) v. Helmholtz, Ges. Abhandlungen 2. p. 962.

sich beide, wenn die thermoelectrische Kraft als Temperatur-
function bekannt ist, trennen lassen, so würden derartige
Versuche eine Entscheidung der Frage herbeiführen können,
ob die Aenderungen, welche die Contactelectricität mit der
Temperatur erfährt, nur abhängig sind von den sich berüh-
renden Metallen oder auch von dem Zwischenmittel des Condensators.

Dass der Satz aber nur mit Vorsicht anzuwenden ist,
dafür möge das folgende Beispiel dienen. Durch Druckänderung entsteht in hemimorphen Krystallen, wie bekannt,
eine electrische Ladung von gewisser Potentialdifferenz und
umgekehrt durch electrische Ladung eine Druckdifferenz.
Beide sind in der Weise miteinander verknüpft, dass, wenn
durch Druckerhöhung eine in festgesetzter Richtung gerech-
nete Potentialdifferenz $+p$ entsteht, eine derartige Ladung
$+p$ umgekehrt eine Druckabnahme herbeiführt. Man könnte
daher versucht sein, auch diese Erscheinung aus dem Satze
abzuleiten. Dies ist aber nur zulässig, wenn bewiesen ist,
dass Druck und Ladung eindeutig miteinander verknüpft sind,
d. h. dass, wenn die eine Grösse sich ändert, im neuen Gleich-
gewichtszustande auch der anderen nur ein einziger Werth
zukommen kann. Anwendbar würde der Satz also dann,
wenn nachgewiesen wäre, dass eine Platte eines hemimorphen
Krystalles, welche in passender Richtung geschnitten (und
vielleicht mit Belegungen versehen ist), auf denselben für
einen jeden gegebenen Druck nur je einen einzigen, von Null
im allgemeinen verschiedenen Werth der Potentialdifferenz
als Gleichgewichtszustand zulässt. Diese Bedingung war bei
den vorher erwähnten Beispielen erfüllt, und, da wohl alle
festen Körper Leiter der Electricität sind, hat er auch für
diese wahrscheinlich Geltung. — Nachdem Riecke[1] vor
kurzem gezeigt hat, dass, wenn man für hinreichende Isolation sorgt, jedem hemimorphen Krystall bei einer gegebenen
Temperatur eine bestimmte dauernde Electrisirung zukommt,
kann der Satz auf diese Erscheinung und die reciproke angewandt werden.

---

1) Riecke, Gött. Nachr. Nr. 7. 1887.

Anwendbar ist derselbe daher z. B. wieder auf folgenden
Fall. Aendert sich durch den Druck die electromotorische
Kraft eines galvanischen Elementes, d. h. entsteht ein La-
dungsstrom, so muss derselbe umgekehrt solche Processe her-
beiführen, welche eine Volumenabnahme bewirken.[1]) Dieser
Schluss ist schon auf anderem Wege gezogen worden.

Auch wenn in metallischen Leitern durch Druckerhöhung
(Volumenverkleinerung) eine Aenderung der electrischen
Spannungsdifferenz entstände, so müsste umgekehrt ein derartiger Ladungsstrom eine Volumenvergrösserung bewirken.
Man wird kaum bezweifeln können, dass das erstere der Fall
ist. Die Eigenschaften dauernd gehärteter Metalle müssen
continuirlich durch diejenigen temporär verdichteter zu denjenigen der Metalle im natürlichen Zustande (wie er etwa
durch Erstarren der geschmolzenen Stoffe oder durch electro-
lytisches Niederschlagen entsteht) übergehen. Wollte man
nun auch annehmen, dass zwei Metalle desselben chemischen
Stoffes in verschiedenen physikalischen Zuständen bei einer
Temperatur keine electrische Spannungsdifferenz besässen,
so würde dies doch nicht mehr für eine andere gelten, da
bekannt ist, dass dieselben Thermoströme geben. Daraus
folgt: Erhöht man in einem Condensator aus zwei verschiedenen Metallplatten (ohne Aenderung der Capacität) den
Druck auf das Ganze, so wird sich die Ladung ändern.
Ebenso wenn man von zwei gleichen Metallplatten die eine
derselben Druckkräften unterwirft. Je näher man die Platten
von Anfang an bringt, d. h. je grösser die Capacität ist, desto
grösser wird die bewegte Electricitätsmenge. Auch wenn

---

1) Ein Element Zn | ZnSO₄ gesättigt | ZnSO₄ ges. + 8 Vol. H₂O | Zn
zeigte bei Druckerhöhung um einige hundert Atmosphären regelmässige
Zunahme der electromotorischen Kraft; sie liess sich leicht auf das
1,45-fache ihres Werthes bei Atmosphärendruck bringen. Ein Strom,
welcher in der Richtung des Kettenstromes geht, muss also Volumab-
nahme herbeiführen, wie das auch der Fall ist. Eine quantitative Verfolgung dieser Thatsache würde auch entscheiden lassen, ob und wie sich
die electrolytische Ueberführung mit dem Druck ändert. Nach der
F. Kohlrausch'schen Theorie des Widerstandes der Lösungen wären
damit vielleicht die von J. Fink nachgewiesenen Aenderungen dieser
Grösse durch den Druck erklärbar (Wied. Ann. **26.** p. 481. 1885).

sich dieselben berühren, d. h. der Kreis geschlossen ist, muss
der Strom noch entstehen; er wird sich aber nach dem umgekehrten Verhältniss des Widerstandes der Contactstelle der
Platten zu dem Widerstand der übrigen Leitung zwischen
den beiden ihm offenstehenden Wegen vertheilen. Dieser
Strom kann nicht dauernd sein, da sein Aequivalent nur in
äusserer Arbeit gesucht werden kann und solche, den Bedingungen des Versuches zufolge, offenbar nicht dauernd zugeführt werden kann. Er kann daher nur als vorübergehen-
der (Ladungsstrom) auftreten. Wenn ein solcher Strom aber
durch Druckänderungen in Metallen, d. h. durch die damit
hervorgebrachten raschen Volumenänderungen entsteht, so
liegt kein Grund vor, warum nicht jede derartige Volumenänderung von einem solchen begleitet sein soll. Bei der Erregung der flüchtigen Ströme, welche durch Aneinanderlegen
eines heissen und eines kalten Metalles entstehen, könnte
dieser Umstand mitspielen.

Endlich möchte ich noch auf einen zur Zeit gerade
interessirenden Fall hinweisen. Durch bekannte Versuche
ist nachgewiesen, dass der Widerstand vieler Metalle sich
im Magnetfeld ändert. Insbesondere hat Hr. Goldhammer[1])
die Resultate anderer Forscher erweitert und gelangt zu
dem Schlusse, dass bei allen Metallen (sofern überhaupt die
Aenderung beobachtbar ist) der Widerstand in der Richtung
der magnetischen Kraftlinien zunehme; in der dazu senkrechten Richtung nimmt er nur in diamagnetischen Metallen
zu; in magnetischen nimmt er ab. — Denkt man sich nun
die folgende Versuchsanordnung: Eine constante electromotorische Kraft schickt einen Strom durch ein Solenoid und
eine Anzahl Metalldrähte, welche sich im Magnetfelde des
Solenoids befinden. Alle Drähte seien aus dem gleichen
Material, und das Ganze sei auf constanter Temperatur gehalten. Verschiebt man die Drähte von Stellen kleinerer
zu Stellen grösserer magnetischer Feldstärke, so ändert sich
die Stromstärke. Für die diamagnetischen Metalle ist nach
den Erfahrungsresultaten das System offenbar immer ein

---

1) Goldhammer, Wied. Ann. 31. p. 360. 1887.

autostatisches — Verschiebung zu Stellen stärkerer magnetischer Kraft bewirkt Abnahme der Stromstärke, d. h. Abnahme der Feldintensität. Für magnetische Metalle lassen
sich aber Bedingungen herstellen, wo, nach den angeführten
Beobachtungen, das Entgegengesetzte eintreten würde. Wenn
also auch in diesem Falle das System ein autostatisches ist
(und ich sehe keinen Grund, der dagegen spräche), so müsste
noch eine neue Wirkung vorhanden sein. Ueberlegt man,
was für Aenderungen möglich sind, so scheint mir nur eine
Annahme übrig zu bleiben, nämlich die, dass der Widerstand
magnetisirbarer Metalle mit steigender Stromstärke zunehmen
müsse. Da diese Aenderung im gleichen Sinne geht, wie die
durch die zunehmende Joule'sche Erwärmung bedingte, so
wird es nicht ganz leicht sein, eine solche kleine Aenderung
einwurfsfrei nachzuweisen.

B) Eine zweite Classe von Systemen sind diejenigen,
bei welchen es nicht möglich ist, eine Variabele zu ändern,
ohne dass nicht auch gleichzeitig sich mindestens eine andere
mit änderte. In vielen Fällen mag man sich vorstellen können, dass sie sich von der zuerst besprochenen Kategorie
nur durch die Grösse des Zeitintervalles unterscheiden; z. B.
liesse sich bei einem starren Körper plötzlich der auf ihm
lastende Druck ändern, während sein Volum im ersten Moment ungeändert gedacht werden kann. Sofern man aber
die gewöhnlichen mechanischen Eigenschaften dieser Körper
(Beziehung zwischen Volum und Druck, Zug und Länge etc.)
in Betracht zieht, ergiebt der obige Satz nichts, was nicht
schon durch die einfachsten Grundsätze der Mechanik ausgesprochen wäre. Fruchtbar erweist er sich nur, wenn man
entweder andere Eigenschaften (wie Magnetisirbarkeit) heran-
zieht, oder wenn man die Temperatur eine Variabele sein
lässt. Dann aber können diese Systeme ähnlich wie die der
ersten Classe behandelt werden. Es folgt z. B.: Denkt man
sich einen Körper, der anfangs unter einem Drucke p steht,
um $+dt$ erwärmt, sein Volum aber constant erhalten (sodass
p in p' übergeht) und dann plötzlich den Druck p wieder-
hergestellt, so muss dt stets abnehmen, d. h. Abkühlung eintreten. Denn eine Aenderung muss es, der Voraussetzung

nach, erfahren, da es sich mit Aenderung des Volums ändern soll. Würde es aber zunehmen bei der jetzt gegebenen Möglichkeit der freien Volumänderung, so würde diese letztere im Sinne der zunehmenden Temperatur weitergehen, diese wieder die Temperatur im gleichen Sinne ändern — und so würden wieder genau die in § 1 gezogenen Schlüsse gelten. Körper also, welche sich beim Erwärmen ausdehnen, ($p' > p$) kühlen sich bei adiabatischer Ausdehnung ab; solche, welche sich zusammenziehen ($p' < p$), kühlen sich bei adiabatischer Zusammenziehung ab, d. h. erwärmen sich bei adiabatischer Ausdehnung. — Wird die ganze, sehr kleine Aenderung von p bei diesem Vorgange (also $p' - p$) mit ∂p bezeichnet, die zugehörige Temperaturänderung mit ∂t, so hat $\partial p / \partial t$ einen bestimmten Zahlenwerth, wenn derselbe auch dem während des tumultuarischen Vorganges geltenden nicht gleich sein wird.

3. Schwierigkeiten entstehen, wenn das System nicht eindeutig ist. Das würde in dem gerade erwähnten Beispiele eintreten, sobald dauernde Deformation oder elastische Nachwirkung sich geltend macht. So lange die Differentialquotienten der Variabelen dasselbe Vorzeichen behalten, wie in dem analog gebildeten eindeutigen System (also hier einem ideal elastischen Körper), so lange bleibt auch der qualitative Satz gültig. Schliesst man die Betrachtungen an einen solchen idealen Fall an, so lässt sich auch folgern, in welcher Richtung für den reellen Fall die Abweichungen vom idealen liegen müssen. Ich will dies an dem angezogenen Beispiele (thermischer Effect der Dehnung eines Drahtes) durchführen. Die Differentiale für den idealen Fall seien durch grosse Buchstaben, für den reellen durch kleine bezeichnet. Dann ist:

$$\Delta t = \frac{Dt}{Dp} \Delta p, \qquad \delta t = \frac{\partial t}{\partial p} \delta p.$$

Macht man $\Delta p = \delta p$, so ist:

$$\frac{\Delta t}{\delta t} = \frac{Dt/Dp}{\partial t/\partial p}.$$

Dem Dt entspricht ein bestimmter Werth Dp; dies wird nicht mehr für die Beziehungen zwischen ∂t und ∂p gelten. Beachtet man aber, dass:

$$\partial t / \partial p = \frac{\partial t / \partial v}{\partial p / \partial v}$$

ist, so wird nach den Eigenschaften der elastischen Nachwirkung, wenigstens sehr nahezu, $\partial t / \partial v = Dt / Dv$[1]); dagegen $\partial p / \partial v < Dp / Dv$ sein. Bezeichnet daher α einen echten Bruch, definirt aus $\partial p / \partial v = \alpha \, Dp / Dv$, so wird $(Dt / Dp) / (\partial t / \partial p) = \alpha = \varDelta t / \delta t$ oder $\delta t = 1 / \alpha . \varDelta t$, d. h. **die adiabatische Temperaturänderung für einen nachgebenden Körper ist grösser als die für den ideal elastischen Körper nach der Thermodynamik ausgerechnete.**

Dies Verhalten spricht sich thatsächlich in den Resultaten Joule's über den Gegenstand aus. Ich setze zum Beweise die Zahlen her.[2])

	Versuch.	Theorie.
Eisen	−0,115° C.	−0,110° C.
„	−0,124 „	−0,110 „
„	−0,101 „	−0,107 „
Harter Stahl .	−0,162 „	−0,125 „
Gusseisen . .	−0,160 „	−0,112 „
Kupfer . . .	−0,174 „	−0,154 „
Messing . . .	−0,053 „	−0,040 „
„ . . .	−0,076 „	−0,055 „
Guttapercha .	−0,028 „	−0,031 „
„ .	−0,052 „	−0,066 „

Die für Guttapercha angegebenen Versuchszahlen hält Joule für nicht so zuverlässig[3]); das gleiche gilt in noch höherem Maasse für die bei Hölzern gefundenen Effecte[4]), bei welchen Joule eine Correction von 25 Proc. der direct beobachteten Zahlen anbringt. Ich lasse sie deshalb weg, bemerke aber, dass Joule in den drei in Betracht kommenden Fällen kleinere Werthe angibt, als die Theorie verlangt (entgegengesetzt dem Verhalten der Metalle).

4. Aus den Betrachtungen der mechanischen Wärmetheorie scheint mir der gleiche Schluss nicht erlaubt. Sobald die Bedingungen der Reversibilität nicht mehr erfüllt sind, fällt auch die Berechtigung der Rechnung in der üblichen

---

1) Vgl. Graetz, Wied. Ann. **28.** p. 354. 1886.
2) Joule, Phil. Trans. **149.** p. 119. 1859. Cf. auch l. c. p. 100.
3) Joule, l. c. p. 101. 4) Joule, l. c. p. 118.

Form weg, und man muss, um zu sicheren Schlüssen zu
gelangen, einen ganzen dem Carnot'schen Process analog
gebildeten, verfolgen. Construirt man einen solchen, der von
zwei Isothermen T und T' und zwei Adiabaten begrenzt ist,
so wird zunächst für den idealen Fall:

$$Q - Q' = \mu (T - T') = \frac{1}{J} F_1,$$

wenn F_1 die vom System nach aussen abgegebene Arbeit
bedeutet, $T > T'$ ist und J, Q, Q', μ bekannte Bedeutungen
haben. Nimmt man nun den reellen Fall (wie man ihn aus
dem idealen schon durch Verlängerung der Zeiten erhalten
könnte), so kann man immer bewirken, dass dieselben Wärmemengen bei denselben Temperaturen aufgenommen, resp.
abgegeben werden, wie im idealen Fall. Auch der Uebergang von T auf T' längs einer Adiabaten ist möglich. Will
man aber von T' adiabatisch den Körper nach dem An-
fangszustande (p, v, T) zurückführen, so wird er jetzt beim
anfänglichen p sicher nicht den Anfangswerth von v und
höchst wahrscheinlich auch nicht den von T haben. Die
ganze Form der Arbeitsfläche wird sich gegenüber dem idealen Falle geändert haben, und was man zunächst schliessen
kann, ist nur, dass die vom System geleistete äussere Arbeit
F_2 kleiner ist als F_1. Daher ist:

$$J(Q - Q') = F_2 + U,$$

wo U eine innere Energie, die im Körper zurückbleibt,
bedeutet. Ist nur elastische Nachwirkung vorhanden, d. h.
kommt der Körper, wenn auch erst nach sehr langer Zeit,
in seinen Anfangszustand zurück (wobei angenommen wird,
dass dann bei gleicher Länge wie zu Anfang auch seine
innere Energie wieder diejenige des Anfangszustandes sei,
was nicht allgemein gültig ist, wie die Uebereinanderlagerung
von Nachwirkungen zeigt[1]), und denkt man ihn während
dieser ganzen Zeit adiabatisch umhüllt, so muss auch die
ganze äussere Arbeit dieselbe sein, wie im ersten Falle. Die
ganze Grösse U ist dann in äussere Arbeit verwandelt. Aber
es ist zunächst noch unentschieden, ob diese entsteht, indem

---

1) F. Kohlrausch, Pogg. Ann. **158.** p. 372. 1876.

der Draht sich abkühlt, oder ob nicht U, wenigstens zum grössten Theil, was ich für das wahrscheinlichste halte, eine innere potentielle Energie (der Lage) ist, welche frei verwandelbarer Arbeit gleichwerthig ist. Eine Entscheidung durch directe Versuche scheint ausgeschlossen; indirect läge eine Möglichkeit dadurch vor, dass ein im Zustande elastischer Nachwirkung befindliches Metall gegen ein gleiches im gewöhnlichen Zustand in der Lösung eines Salzes des betreffenden Metalles electromotorisch wirksam sein müsste. Und zwar müsste das im Zustande der Nachwirkung befindliche der negative Pol des Elementes sein. Denn indem sich in einem so hergestellten geschlossenen Stromkreise dieses Metall auflöst und in gewöhnlichem Zustande auf der anderen Electrode abscheidet, würde diese innere mechanische Arbeitsfähigkeit in die electrische Energie des Stromkreises umgesetzt. Bezeichnet U die in einer 2 g Wasserstoff electrochemisch äquivalenten Metallmenge durch elastische Nachwirkung aufgespeicherte innere Arbeit, welche sich als das Product von Spannung und Verlängerung durch Nachwirkung ausdrückt, und JU die ihr äquivalente Wärmemenge in Grammcalorien, so wäre die electromotorische Kraft e, bezogen auf Daniell $= 100$, angenähert:

$$ e = \frac{1}{500} \cdot \frac{U\,{}^{1)}}{J} = \frac{1}{500} \cdot \frac{U}{41{,}6 \cdot 10^6} $$

oder, wenn man die electrochemische Electricitätseinheit gleich 193 000 Coulomb annimmt:

$$ e = \frac{U}{193} \cdot 10^{-10} \; \text{Volt;} $$

und U selber wird:

$$ U = \frac{A \cdot P \cdot v}{m} \cdot 1000 \cdot 981 \; [\mathrm{G\,C^2 S^{-2}}], $$

wenn A das electrochemische Aequivalent des Metalles, P die Spannung im Kilogrammgewicht pro Quadratmillimeter, v die Verlängerung in Centimetern durch elastische Nachwirkung, welche unter der Spannung P sich wieder ausgleicht, m die Masse des Drahtes bedeutet.

---

1) Vgl. F. Braun, Wied. Ann. **16.** p. 562. 1882.

Es sei *P* gleich derjenigen Spannung genommen, welche
einen Draht von 1 m Länge temporär um 1 mm verlängert,
v sei gleichfalls = 1 mm gesetzt, so wird für:

Kupfer.	Silber.
P = 12 Kilogrammgewicht	P = 7,4 Kilogrammgewicht
v = 0,1 cm	v = 0,1 cm
A = 64 g	A = 216 g
m = 8,9 g	m = 10,3 g
e = 4,5 Mikrovolt.	e = 7,9 Mikrovolt.

Diese Kräfte wären an und für sich noch mit voller
Sicherheit zu beobachten, wenn nicht die bekannten anderen
Schwierigkeiten kämen. Indessen sind auch die Deformationen klein angenommen und bei Torsion, wo die Energie der
Volumeinheit in den Oberflächenschichten noch dazu grösser
ist, als im Inneren des Drahtes, könnte sich die Erscheinung
wohl am leichtesten nachweisen lassen.

5. Ausserordentlich viel grössere Aenderungen des inneren
Arbeitsvermögens muss man in sehr dünn abgeschiedenen
Schichten von Metallen oder Electrolyten annehmen, wenn
man die von Oberbeck[1]) kürzlich gemessenen electromotorischen Kräfte dünner Metallüberzüge oder das von mir früher
gelegentlich[2]) beobachtete langsame Anwachsen der Kraft
einer Kette Pb | Pb Br$_2$ | Br | Pt daraus erklären will. In
beiden Fällen verhält sich die dickere Schicht wie der negative Kettenpol, die freie Energie der Gewichtseinheit müsste
in ihr grösser sein als in der dünnen Schicht. Ob Aenderungen der mechanischen Arbeitsfähigkeit von so enormer
Grösse, wie sie zur Erklärung dieser Beobachtungen erforderlich wären, denkbar sind, scheint mir fraglich, und ich glaube,
man wird auf die Analogie mit katalytischen Erscheinungen,
welche ich früher betonte, zurückgreifen müssen.

6. Ich komme nochmals kurz auf die elastische Nachwirkung zurück. Man denke sich einen Draht fortwährend
adiabatisch umhüllt. Dehnt man denselben, hält ihn dann
längere Zeit auf constanter Spannung, sodass er elastische
Nachwirkung annimmt, lässt nun die Spannung wieder auf

---

1) Oberbeck, Wied. Ann. **31.** p. 337. 1887.
2) Braun, Wied. Ann. **17.** p. 602. 1862.

die Anfangsspannung fallen und schliesslich bei dieser die
elastische Nachwirkung wieder verschwinden, so hat der den
Zustand des Körpers repräsentirende Punkt (p, v) beinahe
eine geschlossene Curve durchlaufen. Vollständig geschlossen
ist sie aus dem folgenden Grunde nicht. Das System hat,
wie eine graphische Darstellung zeigt, Arbeit consumirt (von
aussen aufgenommen), folglich muss die Endtemperatur höher
sein als die Anfangstemperatur. Auch wenn die elastische
Nachwirkungsdeformation schon während des Wechsels der
Spannungen eintritt, wird noch das gleiche gelten. Dies ist
die Erklärung für die von Villari[1]) beobachtete Erscheinung,
wonach Kautschuk nach raschem Ausziehen und Wieder-
abspannen eine Temperaturerhöhung zeigt. Bei seinen Versuchen war auch dauernde Deformation entstanden. Dass
diese aber nicht der hauptsächlichste Grund für die Erscheinung ist, geht daraus hervor, dass eine rasche Wiederholung
des An- und Abspannens, wo sich bald immer wieder — bis
auf die Temperaturänderung — derselbe Anfangszustand einstellen wird, die Temperaturerhöhung wächst. — Auch Metalle, welche ja einen anderen thermischen Effect beim Ausziehen ergeben, müssen sich ebenso verhalten wie Kautschuk,
d. h. sich erwärmen.

7. Im Vorstehenden ist immer die Annahme gemacht,
dass die Aenderungen continuirlich erfolgen, und die Continuität ist in der bekannten Weise dadurch definirt worden,
dass mit einer unendlich kleinen Aenderung der einen Variabelen auch nur eine unendlich kleine Aenderung aller
anderen verknüpft sei. Es fragt sich: innerhalb welcher
Grenzen kann bei einem System von continuirlichen Aenderungen gesprochen werden, d. h. also auch, innerhalb welcher
Grenzen sind obige Sätze anwendbar? Diese Frage tritt sehr
häufig auf, und speciell in der mechanischen Wärmetheorie
macht es sich oft geltend, dass z. B. mit einer sehr kleinen
Temperaturänderung (die wir praktisch schon als mit einer in
Formeln auftretenden unendlich kleinen unbedenklich identi-
ficirbar betrachten, weil sie an der Grenze des Messbaren

---

1) Villari, Pogg. Ann. **144.** p. 274. 1872.

liegt) eine Aenderung einer anderen Variabelen, z. B. des Druckes, verknüpft ist, welche wir in anderen Fällen nicht als dem unendlich kleinen hinreichend nahestehend ansehen (z. B. 1 Atmosphäre).

Was die Rechnung verlangt, ist lediglich das Folgende: Sei $f(x, y) = z$ eine Function der Variabelen x, y; die nothwendige und ausreichende Bedingung, um eine Aenderung dx als unendlich klein ansehen zu dürfen, ist die, dass:

$$\frac{\partial f(x, y)}{\partial y} = \frac{\partial f(x + dx, y)}{\partial y} \quad \text{und:} \quad \frac{\partial f(x, y)}{\partial x} = \frac{\partial f(x + dx, y)}{\partial x}$$

ist. Dies ist aber stets in demjenigen Gebiete der Fall, in welchem mit einem für die gewünschte Genauigkeit ausreichenden Maasse die ganze Aenderung der Function als lineare Function der Aenderungen der Variabelen dargestellt werden kann. — Wie weit dieses Gebiet reicht, hängt also ab 1) von dem speciellen Fall; 2) von der gewünschten Genauigkeit; z. B. würde für die Beziehungen einer adiabatischen Temperatur- und Druckänderung von Wasser bei 0⁰ und einer verlangten Genauigkeit von 1 Proc., wenn das Gebiet rechtwinklig begrenzt werden soll, das Folgende gelten:

Es sei $z = v$ (Volum); $x = t$; $y = p$ genommen.

a) Nach den von F. Kohlrausch aus den Messungen der verschiedenen Beobachter zusammengestellten Zahlen ist die Aenderung der Dichte:

$$\text{von } 0^0 \text{ auf } 1^0 = 0,000\,05;$$
$$\text{,, } 1^0 \text{ ,, } 2^0 = 0,000\,04.$$

Berechnet man hieraus eine Interpolationsgleichung zweiten Grades, so folgt: In der t-Axe geht das Gebiet von 0 bis 0,11⁰ C.

b) Andererseits ist $\partial v / \partial p = - m v$. Setzt man m constant, so ergibt sich für 10 Atmosphären Druck eine Aenderung des Volums, welche von derjenigen, die sich berechnet, wenn man m als vom Druck abhängig einführt (unter Annahme linearer Abhängigkeit aus den Cailletet'schen Beobachtungen)[1], um weniger als 0,04 Proc. abweicht. Dass v von p abhängig ist, kommt nach den gestellten Bedingungen

---

1) Vgl. Wüllner, Lehrbuch. 4. Aufl. 1. p. 274 ff.

noch nicht in Betracht. Nach dieser Richtung wäre also
eine Aenderung von 10 Atmosphären noch als unendlich
klein anzusehen.

c) Es fragt sich noch, wie $\partial^2 v / \partial t \, \partial p$ sich verhält, und
ob nicht vielleicht durch seinen Werth eine Beschränkung
des Gebietes eintritt. — Nach Grassi nimmt die Compressibilität des Wassers für Fortgang von 0^0 auf $1,5^0$ ab um rund
2 Proc., daher für $0,7^0$ um 1 Proc. Es tritt dadurch keine
weitere Verengerung des Gebietes in der Richtung der Temperaturaxe ein.

Das Resultat wäre also, dass bei der verlangten Genauigkeit von 1 Proc. eine Temperaturzunahme von nur $0,11^0$ C.,
dagegen eine Druckzunahme von mindestens 10 Atmosphären
als unendlich kleine Aenderungen betrachtet werden können.
(Die Bedingung b) allein würde etwa 200 Atmosphären zulassen.)

Das Gebiet ändert sich von Fall zu Fall; für Quecksilber z. B. würde es in der Richtung der Temperaturaxe weit
grösser sein, vielleicht dürften Aenderungen von mehreren
Graden dort noch als unendlich klein betrachtet werden.

X. *Experimentaluntersuchung über das Refractionsvermögen der Flüssigkeiten zwischen sehr entfernten Temperaturgrenzen; von E. Ketteler.* [1]

(Hierzu Taf. III Fig. 3—6.)

I. Methode und Apparat.

1. Vorbemerkungen. Da die Versuche Wüllner's
und Rühlmann's und dann insbesondere neuere Versuche
der Herren Knops und Weegmann beweisen, dass die
sämmtlichen einconstantigen Ausdrücke, welche man bisher
für die Beziehung zwischen Brechungsexponent (n) und Dich-

---

1) Vorgetragen in der phys. Section der 60. Versammlung deutscher Naturforscher und Aerzte in Wiesbaden 1887.

tigkeit (*d*) aufgestellt hat, der Erfahrung nicht genügen, so
habe ich bereits mehrfach[1]) darauf aufmerksam gemacht,
dass diejenigen optischen Theorien, welche innerhalb der pon-
derablen Medien ein Zusammenschwingen der Aether- und
Körpertheilchen supponiren, die Aufstellung auch mehrcon-
stantiger rationeller Ausdrücke ermöglichen. Schreibt man
in der That:

$$\frac{n^2-1}{d}\,(1 - \beta\,d) = M,$$

oder kürzer:

(I) $(n^2 - 1)\,(v - \beta) = M,$

und versteht man unter *v* das Volumen, welches die (schwin-
gungsfähige) ponderable Masseneinheit bei ihrer discreten
Anordnung thatsächlich einnimmt, unter *β* das Volumen,
welches dieselbe bei continuirlicher Raumerfüllung einnehmen würde, also unter (*v* — *β*) das entsprechende Volumen
des intermolecularen Aethers, und bedeutet endlich *M* eine
von der Constitution des Mediums abhängige Molecularfunction, so glaube ich behaupten zu dürfen, dass die vorstehende Form der Gleichung seitens der Vorstellungen,
sowie sie der Reihe nach von den Herren Sellmeier,
v. Helmholtz, Lommel und mir entwickelt sind, gleicher-
massen acceptirt werden kann. Die Divergenz dieser Auf-
fassungen würde erst dann beginnen, wenn es sich darum
handelt, die Molecularfunction *M* auch a priori zu begründen.

   Während ferner andererseits die electromagnetische Licht-
theorie bisher bei einem von Lorentz in Leiden in sie eingeführten, aus verwandten Betrachtungen schon früher von
Lorenz in Kopenhagen abgeleiteten einconstantigen Ausdruck, welcher für die Bedingung:

$$\beta = {}^1\!/_3\,M$$

aus dem obigen zweiconstantigen hervorgeht, stehen geblieben ist, ersehe ich aus einer mir eben beim Abschluss dieser
Arbeit zugehenden Abhandlung des Hrn. Koláček[2]), dass
auch die electromagnetische Theorie auf die vorstehende

---

1) Ketteler, Theor. Optik. Braunschweig 1885. p. 103. Wied. Ann.
30. p. 285. 1887.
2) Koláček, Wied. Ann. 32. p. 224. 1887.

Lorenz'sche Specialannahme: $(^1/_3 M - \beta) = 0$ verzichten zu können scheint, und dass thatsächlich Hrn. Koláček's Formel mit der unserigen identisch ist.

Aus dieser Formel zieht man zunächst für die beiden möglichen Extremfälle den folgenden Schluss. Werden die Volumina v und β einander gleich, sodass folglich kein intermolecularer Aether mehr vorhanden ist, so wird der Brechungsexponent unendlich gross, die entsprechende Fortpflanzungsgeschwindigkeit also Null. Ist dagegen — für den gasförmigen Aggregatzustand — die Dichtigkeit eine so geringe, dass das Eigenvolumen β der Gastheilchen gegen das scheinbare Volumen des Gases v vernachlässigt werden kann, so geht Gleichung (I) über in den Ausdruck für das sogenannte Newton'sche Brechungsvermögen:

$$(n^2 - 1)\, v = M = C,$$

worin C eine Constante bedeutet.

Bevor ich die gegenwärtige Untersuchung in Angriff nahm, hatte ich mich bereits durch eine eingehende Berechnung der Beobachtungen Rühlmann's an Wasser davon überzeugt, dass selbst die zweiconstantige Formel (I). solange man wenigstens M als eine Constante behandelt, der Erfahrung noch keineswegs in Strenge genügt. Ich hoffte daher anfangs, M durch eine nach hohen Potenzen von $d (= 1/v)$ fortschreitende Reihe darstellen zu können, konnte indess über die Schwierigkeit, dass bekanntlich der Brechungsexponent des erkaltenden Wassers auch noch unterhalb der Temperatur des Dichtigkeitsmaximums fortwährend zunimmt, lange nicht fortkommen.

Und doch hat, wie ich meine, gerade diese Anomalie des Wassers für das weitere Verständniss den Schlüssel geboten. Denn geht aus ihr hervor, dass symmetrischen Aenderungen der Dichtigkeit unsymmetrische Aenderungen der Lichtgeschwindigkeit entsprechen können, so muss man schliessen, dass die Wärme nicht nur indirect durch Volumänderung, sondern auch direct durch moleculare Aenderung auf das durchgehende Licht einwirkt, und dass man folglich zu setzen habe:

$$M = f(t),$$

wo t die Temperatur bedeutet. Es sollte daher die Aufgabe der jetzigen Untersuchung sein, die Natur der hier angedeuteten Function zu ergründen und damit die Lehre vom Refractionsvermögen zu einem gewissen Abschluss zu bringen.

Ohne indess die gewonnenen Versuchsresultate schon hier in ihren Einzelheiten heranzuziehen, dürfte es meines Erachtens unschwer gelingen, die in Rede stehende Ergänzung der Gl. (I) auch auf deductivem Wege zu entwickeln. Thatsächlich ist die Grösse M für niedere Temperaturen grösser als für höhere, und wieder für den flüssigen Zustand (M_f) grösser als für den gasförmigen Grenzzustand (M_g), für den sie von der Temperatur unabhängig wird. Und da überhaupt die Differenz ($M_f - M_g$) nur gering ist, so erscheint wohl die Annahme plausibel, dass die kleine Abnahme dieser Differenz, welche der kleinen Temperaturerhöhung dt entspricht, dargestellt werden möge durch die Differentialgleichung:

$$d(M_f - M_g) = - k(M_f - M_g)dt.$$

Man erhielte daraus durch Integration:

(II) $$M = C(1 + a e^{-kt}),$$

und sind hierin a und k zwei experimentell zu ermittelnde neue Constanten, während wieder die Constante M_g des Gaszustandes durch den Buchstaben C ersetzt ist.

Combinirt man endlich die beiden Gleichungen (I) und (II), so repräsentirt sonach die Beziehung:

(III) $$(n^2 - 1)(v - \beta) = C(1 + a e^{-kt})$$

das Gesetz des Refractionsvermögens des flüssigen Aggregatzustandes, soweit natürlich die in Betracht kommenden Dichtigkeitsänderungen durch Wärme und nicht etwa durch Druck oder andere Ursachen bewirkt werden.

Wirklich haben die weiter zu besprechenden Versuche, die sich allerdings vorläufig nur auf Wasser und Alkohol beziehen, dasselbe völlig bestätigt. Diese Flüssigkeiten, deren Brechungsindex auch für den Gaszustand bekannt ist, wurden von mir mittelst eines dazu eigens construirten neuen Apparates zwischen möglichst entfernten Temperaturgrenzen beobachtet.

2. Die Resultate von Knops und Weegmann.
Bevor ich das dem Beobachtungsverfahren zu Grunde liegende Princip sowie die getroffene Einrichtung näher be-
spreche, mag daran erinnert werden, dass bis jetzt überhaupt
erst wenige Substanzen und auch diese nur für ein Intervall
von etwa 10—15° hinlänglich genau untersucht sind. Es
ist daher dankbar anzuerkennen, dass kürzlich die Herren
Knops[1]) und Weegmann[2]) im hiesigen physikalischen
Institute eine Anzahl weiterer (von Hrn. Prof. Anschütz
in Vorschlag gebrachter) Präparate zwischen theilweise erweiterten Temperaturgrenzen spectrometrisch wie pykno-
metrisch bestimmt haben. Hier mag es genügen, die von
Hrn. Weegmann für die theilweise stark brechenden Substanzen beider Arbeiten einheitlich berechnete Tabelle (siehe
p. 358), welche sich speciell auf die durch Formel (I) gegebene Abhängigkeit der Brechung von der Temperatur bezieht, einigermassen vollständig aufzunehmen.

Den sämmtlichen unten mitgetheilten Zahlen sind die
Beobachtungen bei den beiden Temperaturen 15° und 30° zu
Grunde gelegt. Vergleicht man dieselben mit meiner früheren Berechnung der Messungen Wüllner's[3]), so haben die
M und β nahezu gleiche Werthe wie dort. Wie wenig diese
Bestimmungen der Lorenz'schen Formel genügen, ist von
den Hrn. Verfassern direct gezeigt worden. Indirect ersieht
man das nicht blos aus der Grösse des in der Tabelle aufgeführten Coëfficienten ($^1/_3 M - \beta$), sondern namentlich auch
aus dem Betrage x der Formel:

$$\frac{n^2-1}{n^2+x}\frac{1}{d} = M,$$

welcher durchweg grösser ist als 3 und sich sogar über den
früher für Schwefelkohlenstoff gefundenen Werth 4,3 in zwei

---

1) Knops, Molecularrefraction der Isomerien Fumar-Maleïnsäure,
Mesacon-Citracon-Itaconsäure und des Thiophens. Inauguraldissertation.
Bonn 1887.
2) Weegmann, Molecularrefraction einiger Bromverbindungen etc.
Inauguraldissertation. Bonn 1888.
3) Vgl. Ketteler, Wied. Ann. 30. p. 285. 1887.

Fällen bis auf 4,8 erhebt[1]), während er bekanntlich der Lorentz'schen Theorie zufolge überall gleich 2 sein sollte.

Beobachter: Knops	M	β	$\frac{1}{2}M-\beta$	x
Anilin	1,081	0,255	0,105	3,230
Thiophen	0,948	0,222	0,094	3,274
Fumarsäure-Aethyläther . . .	0,856	0,149	0,136	4,761
Maleïnsäure-Methyläther . . .	0,762	0,156	0,098	3,878
Maleïnsäure-Aethyläther . . .	0,796	0,190	0,075	3,763
Maleïnsäure-Propyläther . . .	0,860	0,173	0,114	3,976
Mesaconsäure-Methyläther . .	0,824	0,149	0,126	4,513
Mesaconsäure-Aethyläther . .	0,873	0,155	0,136	4,795
Citraconsäure-Methyläther . .	0,792	0,171	0,093	3,620
Citraconsäure-Aethyläther . .	0,836	0,170	0,109	3,920
Citraconsäure-Anhydrid . . .	0,748	0,155	0,094	3,836
Itaconsäure-Aethyläther . . .	0,807	0,196	0,073	3,116

Beobachter: Weegmann	M	β	$\frac{1}{2}M-\beta$	x
Anilin	1,115	0,232	0,139	3,796
Benzol	1,085	0,263	0,099	3,126
Aethylen-Chlorid	0,701	0,150	0,084	3,663
Aethyliden-Chlorid	0,696	0,156	0,076	3,455
Aethylen-Bromid	0,462	0,118	0,036	2,914
Aethyliden-Bromid	0,483	0,109	0,052	3,451
Aethylen-Tetrabromid	0,436	0,075	0,070	3,440
Acetyliden-Tetrabromid . . .	0,419	0,091	0,049	3,580
Acetylen-Dibromid	0,478	0,102	0,056	3,661
Tribrom-Aethylen	0,482	0,096	0,048	3,487
Vinyl-Tribromid	0,437	0,098	0,048	3,454
Aethyl-Bromid	0,560	0,138	0,049	3,073

Constatiren wir denn hiermit die fernere Unmöglichkeit dieser Theorie und wenden uns nunmehr zu den neuen Versuchen.

3. **Princip des Beobachtungsverfahrens.** Dass ich für die Zwecke meiner Arbeit von den vier möglichen Bestimmungsmethoden von Brechungsexponenten: der Interferentialmethode (Jamin und Lorenz), der mikroskopischen

---

1) Für die anscheinend etwas weniger sicher bestimmten Präparate Fumarsäure Propyläther und Itaconsäure-Methyläther ergaben sich sogar die Werthe $x = 5,6$, resp. $x = 8,5$.

(Bleekrode)[1]), der spectrometrischen und der totalreflecto-
metrischen, von vornherein auf die beiden ersteren Verzicht
geleistet, bedarf wohl kaum der näheren Begründung. Wenn
andererseits Rühlmann[2]) mittelst eines aus zwei grossen
Kreisen zusammengestellten spectrometrischen Apparates die
Brechungsindices des Wassers nur für niedere Temperaturen
bis auf einige Einheiten der fünften Decimale, für mittlere
und höhere aber blos bis auf 1 — 1,5 Einheiten der vierten
Decimale sicher gestellt hat, so scheint mir sein Verfahren
praktisch doch etwas umständlich, und dürfte mit der erreichten Maximaltemperatur von etwa 95° wohl auch die
ungefähre Grenze der Ausführbarkeit erreicht sein. Aber
selbst theoretisch, soweit nämlich der Einfluss der das Hohl-
prisma umgebenden erhitzten Luft in Frage kommt, erscheint
die Methode anfechtbar. Zwar wird sich bei Anwendung
eines spitzen Prismas die zu beiden Seiten desselben zwischen
Spalt und Fernrohr befindliche Luft in planparallele, folglich
indifferente Schichten von continuirlich sich ändernder Dichte
zerfällen lassen, doch kann man eine solche Auffassung bei
sehr schräg einfallenden und austretenden Strahlen nur mehr
als eine einigermassen willkürliche betrachten.[3])

Ich habe mir daher die Aufgabe gestellt, einen Apparat
zu construiren, welcher etwa zwischen den Grenzen von − 30
bis + 300° die Brechungsindices von Flüssigkeiten bei den
genannten höchsten wie niedrigsten Temperaturen mit gleicher Leichtigkeit zu messen gestattet, wie bei gewöhnlicher
Temperatur, und bei welchem ausserdem die Strahlen nahezu
senkrecht durch planparallele Platten ein- und austreten.
Diesen Bedingungen entspricht offenbar nur ein Refractometer mit Benutzung des Grenzwinkels der totalen Reflexion,
wie denn überhaupt in neuester Zeit die sogenannten Totalreflectometer den kostspieligen und doch nur beschränkt

---

1) Bleekrode, Beibl. 9. p. 418. 1885. Derselbe gibt die Brechungsexponenten von verflüssigten Gasen nur auf drei Decimalen.

2) Rühlmann, Pogg. Ann. 132. p. 1 u. 177. 1867.

3) In ähnlicher Weise untersuchte Stefan (Wien. Ber. 62. (2) p. 223.
1871) die Brechung erhitzter fester Körper und v. Lang (Pogg. Ann.
153. p. 448. 1874) die der erhitzten Luft.

anwendbaren Spectrometern erfolgreiche Concurrenz bieten. Kürze halber bezeichnen wir die beiden in Betracht kommenden Hauptformen der Refractometer für Flüssigkeiten als die Kohlrausch'sche, wenn die austretenden Strahlen bei ihrem Durchgange eine Richtungsänderung erfahren, und als die E. Wiedemann-Trannin'sche, wenn eine solche ausgeschlossen ist. Bei der ersteren bedarf man für den hier vorgesetzten Zweck einer durch eine planparallele Glasplatte einseitig begrenzten Luftschicht, welche etwa in einer Kapsel mittelst einer der Platte und dem Austrittsfenster parallelen verticalen Drehaxe in die Flüssigkeit hineinragt und durch directes oder diffuses unter dem Grenzwinkel auffallendes divergirendes Licht beleuchtet wird. Besteht die Kapsel aus einem kurzen Stück Glasrohr mit durchsichtigen Seitenwänden, so ist auch streifender Einfall möglich. Bei der zweiten kommt eine zwischen zwei planparallelen Glasplatten befindliche, möglichst dünne planparallele Luftschicht zur Anwendung, sodass die Strahlen unter dem Grenzwinkel zugleich ein- und austreten. Jede dieser Anordnungen ist für das hier erstrebte Ziel gleich brauchbar, und richtet sich danach, wenn der die Flüssigkeit enthaltende Kessel undurchsichtig ist, nur die Lage des Beleuchtungsfensters.

Benutzt man homogenes Licht, so genügt für die Beobachtung ein senkrecht zum Austrittsfenster befestigtes, auf unendlich eingestelltes Fernrohr. Dasselbe gilt im Falle der dünnen Luftplatte (vgl. unten) auch dann noch, wenn die benutzte Lichtquelle, wie bei der gleichzeitigen Einführung von Lithium-, Natrium- und Thalliumsalz in denselben Brenner, eine gemischte ist, ohne dass dann also die Zuziehung eines Prismas erforderlich wird. Bei weissem Licht dagegen hat man nach dem Vorgange von Mach und Pulfrich das Ocular des Fernrohres durch ein geradsichtiges Spectroskop mit horizontalem Spalt zu ersetzen. Auch lässt sich im Falle der dünnen Luftplatte bei ungeändertem Fernrohr, wie E. Wiedemann[1]) und Trannin[2]) es thun, das einfallende Licht durch ein auf Seite des Beleuchtungsfensters aufge-

---

1) E. Wiedemann, Pogg. Ann. 158. p. 375. 1876.
2) Trannin, Pogg. Ann. 157. p. 302. 1876.

stelltes Spaltrohr mit spitzem Prisma in seinen homogenen
Bestandtheilen parallel machen, indess halte ich hierbei diejenige Stellung des Prismas, bei welcher die Spectrallinien
zur Drehaxe senkrecht stehen, für vortheilhafter, als die von
jenen Physikern benutzte parallele.

Bei der bisher von mir construirten Form des Refractometers habe ich dem unabgelenkten Durchgang der Strahlen
den Vorzug gegeben, weil nämlich erstens für die beiden
symmetrischen Stellungen der Platte der Ort der Lichtquelle
derselbe bleibt, weil zweitens Dispersionsbeobachtungen ohne
Zuziehung eines Spectroskops in praktisch bequemer Weise
ermöglicht werden, und weil auch drittens die Einstellung
auf einen symmetrischen Interferenzstreifen sicherer erscheint,
als auf die Grenze zwischen Hell und Dunkel.

4. Zur Theorie der E. Wiedemann-Trannin'schen
Beleuchtung. — Ueber die Dicke der von ihnen angewandten Luftschicht haben die Urheber derselben keine De-
tailangabe gemacht. Hr. E. Wiedemann[1]) bemerkt, dass
„bei zu geringer Dicke im Spectrum keine scharfe Grenze,
sondern ein allmählicher Uebergang zwischen Hell und Dunkel
sich zeige, dass dagegen bei zu grosser Dicke die stets sich
zeigenden Interferenzstreifen so zahlreich und nahe bei einander auftreten, dass die Grenze verwaschen erscheine. Bei
einer mittleren Dicke endlich, die sich durch Probiren mit
verschieden dicken, zwischen die Glasplatten geschobenen
Glimmerblättchen finden lasse, sei das Spectrum von einzelnen
weit voneinander abstehenden Interferenzstreifen durchzogen,
und die Grenze der Totalreflexion sei dann ganz scharf.“

Der vorstehenden Auffassung gegenüber[2]), welche sich
an die aus der Theorie der Farben dünner Blättchen bekannte, aber hier nicht ausreichende Gangunterschiedsformel
anlehnt:

$$2d \cos r = \mu l,$$

worin d die Dicke der Platte, r der innere Brechungswinkel

---

1) E. Wiedemann, l. c. p. 378.

2) Eine von derselben abweichende Darstellung fand ich nach Abschluss dieser Materie auch bei v. Lang, welcher die Streifen im reflectirten Lichte beobachtet hat. Wien. Ber. 84. (2) p. 361. 1881.

und l die Wellenlänge — dürfte vielleicht folgende, etwas eingehende Darlegung nicht überflüssig sein. Man denke sich die dünne Platte als unendlich ausgedehnt im Inneren eines sie allseitig umgebenden optisch dichteren Mediums und gehe von der Gangunterschiedsformel zur vollständigen Intensitätsformel, aus welcher jene eben herfliesst, zurück. Die Intensität des einfallenden Lichtes heisse $J_e = 1$, die des durchgehenden und reflectirten resp. J_d, J_r. Man hat dann bekanntlich:

$$(1) \quad J_d = \cfrac{1}{1 + \cfrac{4\varrho^2}{(1 - \varrho^2)^2} \sin^2\left(2\pi \frac{d}{l} \cos r\right)}, \quad J_r = 1 - J_d,$$

unter ϱ den Schwächungscoëfficienten der Spiegelung verstanden, sodass folglich, wenn e den Einfallswinkel im umgebenden Medium bedeutet, ϱ^2 den einen oder anderen der beiden Werthe hat:

$$\varrho'^2 = \frac{\sin^2(r - e)}{\sin^2(r + e)}, \quad \varrho''^2 = \frac{\text{tg}^2(r - e)}{\text{tg}^2(r + e)},$$

je nachdem nämlich das einfallende polarisirt gedachte Licht in oder senkrecht zur Einfallsebene polarisirt ist.

Demnach gelten zunächst im durchgehenden Lichte für die Lichtmaxima die bekannten Beziehungen:

$$(2) \quad 2\pi \frac{d}{l} \cos r = (2\mu) \frac{\pi}{2}, \quad J_d = 1.$$

und für die dazwischenliegenden Minima:

$$(3) \quad 2\pi \frac{d}{l} \cos r = (2\mu + 1) \frac{\pi}{2}, \quad J_d = \left(\frac{1 - \varrho}{1 + \varrho}\right)^2.$$

Solange in der Nähe der senkrechten Incidenz e, r und daher auch ϱ nur klein sind, solange ist der Helligkeitsunterschied zwischen Maximis und Minimis nur schwach, und die Interferenzstreifen erscheinen matt. Sie werden in dem Maasse lebhafter, als sich r dem Grenzwerth 90^0 und damit ϱ dem Grenzwerth 1 nähert.

Fixiren wir jetzt für die Nähe dieser Grenze die Lage der aufeinander folgenden Maxima. Wie hier sofort Gleichung (1) lehrt, sind die beiden Gleichungen (2) erfüllt für alle ganzzahligen Werthe von μ mit einziger Ausnahme des der strengen Grenze der Totalreflexion entsprechenden Werthes $\mu = 0$. Während nämlich für alle weiteren μ der Factor $4\varrho^2/(1 - \varrho^2)^2$ einen, wenn auch geringen, so doch endlichen Werth hat, wird er für $\mu = 0$ unendlich gross, und so erscheint denn J_d unter der unbestimmten Form:

$$r = 90^0, \qquad J_d = \frac{1}{1 + \infty \cdot 0}.$$

Um den wirklichen Grenzwerth der Intensität zu erhalten, genügt es, statt des kleinen Sinus des Phasenunterschiedes den ihm gleichen Bogen zu setzen und die Grösse:

$$\frac{4\,\varrho^2}{(1 - \varrho^2)^2} \cos r$$

für die beiden Annahmen ϱ', resp. ϱ'' zu berechnen. So findet man:

$$J_d' = \frac{1}{1 + \pi^2 \dfrac{d^2}{l^2} \operatorname{ctg}^2 e} = \frac{1}{1 + \pi^2 \dfrac{d^2}{l^2} (\nu^2 - 1)},$$

$$J_d'' = \frac{1}{1 + \pi^2 \dfrac{d^2}{l^2} \sin^2 e \cos^2 e} = \frac{1}{1 + \pi^2 \dfrac{d^2}{l^2} \dfrac{\nu^2 - 1}{\nu^4}};$$

wenn noch der relative Brechungsexponent ν mittelst der Näherungsgleichung $\nu = 1 : \sin e$ eingeführt wird. Ein weiter unten folgendes numerisches Beispiel wird zeigen, wie gering dieser Betrag selbst für recht dünne Luftschichten ausfällt.

Es sei jetzt n der absolute Brechungsindex der Flüssigkeit, n' der der dünnen Schicht, und λ die zugehörige Wellenlänge im dispersionsfreien Raume. Mit Benutzung der Beziehungen:

$$\frac{\sin e}{\sin r} = \frac{n'}{n} = \nu, \qquad \frac{\lambda}{l} = n'$$

gibt dann die Bedingung (2) für die successiven Maxima die Gleichungen:

$$\frac{2\,d}{\lambda} \sqrt{n'^2 - n^2 \sin^2 e_1} = 1. \quad \frac{2\,d}{\lambda} \sqrt{n'^2 - n^2 \sin^2 e_2} = 2, \ldots$$

Gleichungen, aus welchen sich d und n berechnen lassen, wenn ausser n' und λ noch $e_1, e_2 \ldots$ bekannt sind. Schreibt man schliesslich für den μten hellen Streifen:

$$(4) \qquad \frac{n'^2 - \mu^2 \frac{\lambda^2}{4\,d^2}}{\sin^2 e_\mu} = \frac{n'^2}{\sin^2 e_g} = n^2,$$

so ist damit die Incidenz e_μ gewissermassen auf die Incidenz des Grenzwinkels e_g reducirt. Es ist dies die Fundamentalformel für die **Wiedemann-Trannin**'sche Beobachtungsweise.

Um die hier besprochenen Verhältnisse möglichst anschaulich zu machen, habe ich noch die Intensität des durchgehenden Lichtes unter der Annahme:

$$n' = 1, \quad l = \lambda, \quad n = 1{,}333, \quad \varrho = \varrho', \quad d = 0{,}01\,\text{mm}$$

für eine grössere Anzahl Incidenzen berechnet. In der folgenden Tabelle I enthält die erste Columne die Einfallswinkel e, die zweite die zugehörigen Werte von J_d und die dritte diejenige Intensität $(1 - \varrho^2)$, welche (wie bei der Beleuchtung von **Kohlrausch** und **Pulfrich**) dem directen Uebergang des Lichtes aus dem Medium n', r in das Medium n, e entsprechen würde.

Tabelle I.

Intensitäten des durchgehenden Lichtes.

e	J_d	$1 - \varrho^2$	e	J_d	$1 - \varrho^2$
48° 34' 56''	0,0005	0	48° 32' 0''	0,011	0,162
50	0,0006	0,032	31 0	0,010	0,185
40	0,0008	0,052	30 0	0,027	0,204
30	0,001	0,066	29 0	0,097	0,221
20	0,002	0,077	28 20	0,791	0,232
0	0,005	0,094	11	1,000	0,285
33 40	0,020	0,109	0	0,733	0,237
23	0,120	0,120	27 40	0,260	0,242
18	0,649	0,123	26 20	0,042	0,260
15	1,000	0,125	24 0	0,029	0,288
10	0,450	0,128	. . . .	. . .	. . .
0	0,096	0,133	. . . .	. . .	. . .
32 45	0,032	0,141	17 17	1,000	0,350

Ueberblickt man die hiernach construirten Curven in Fig. 3, so steigt zunächst die **Kohlrausch**'sche Curve b der dritten und sechsten Columne in dem dem genauen Grenzwinkel:

$$e_g = 48^0\,34'\,56''$$

entsprechenden Punkte mit scharfer Ecke an, nimmt während der folgenden ersten Minute rasch, von da ab langsamer zu, um schon in einem Abstande von 3 bis 4 Minuten von der Grenze sich nahezu dem Gesetze einer geraden Linie anzuschliessen.

Wesentlich anders verläuft die Intensität J_d der Wiedemann'schen Beleuchtung (Curve *a*). Von dem im Grenzpunkte selbst anhebenden, aber verschwindend kleinen Werthe 0,000 45 an bleibt die Helligkeit noch während einer vollen Minute kaum merklich, steigt sodann mit grösster Geschwindigkeit bis zu einem ersten Maximum 1 für $e = 48^0 33' 15''$ an, um sofort unter Bildung eines schmalen, nahezu symmetrischen Berges mit fast gleicher Geschwindigkeit wieder abzunehmen und für $e = 48^0 31' 0''$ den Minimalwerth 0,010 zu erreichen. Von da ab hebt sich die Intensität in mässigerer Krümmung zu einem zweiten breiteren Maximum 1 für $e = 48^0 28' 11''$, um noch langsamer zu einem weiteren, aber weniger tief liegenden Minimum 0,029 herabzufallen. . . .

Kurz, dem ersten schmalen und scharfen Interferenzstreifen auf ganz dunklem Grunde folgt in immer grösseren Abständen eine Reihe weiterer Streifen, die merklich unsymmetrisch sind, und die fortwährend breiter und verwaschener werden, während gleichzeitig ihr Zwischenraum an Helligkeit zunimmt.

Wie sich hiernach die Erscheinung bei reflectirtem Lichte gestalten werde, ist wohl gleichfalls einleuchtend. Da $J_r = 1 - J_d$, so genügt es, durch die Ordinate 1,00 eine Horizontale zu ziehen; die Abstände der Curvenpunkte von dieser Geraden repräsentiren dann sofort die Werthe J_r.

Auch wird man schliesslich übersehen, wie gemäss Gleichung (1) bei Vergrösserung der Plattendicke die Streifen nicht blos näher aneinander rücken, sondern sich auch der Grenze der Totalreflexion continuirlich nähern. Lässt man hierbei freilich mit Hrn. Wiedemann die bisherige Vorstellung einer unendlich ausgedehnten Platte fallen, so wird diese Grenze zwar wohl noch im reflectirten Lichte, nicht aber mehr im durchgehenden Lichte erreicht werden.

5. Beschreibung des Refractometers.[1]) Da die bisher ausgeführte Construction wesentlich für Flüssigkeiten bestimmt ist, welche sich selbst in grösseren Quantitäten leicht rein beschaffen lassen, so sind die Abmessungen des Apparates entsprechend gross gewählt. Nichtsdestoweniger ist die eigentliche „Versuchsflüssigkeit", welche sich in der Kammer *A* (Fig. 4 und 5) befindet, von der sie umgebenden „Erwärmungsflüssigkeit", deren grosse Masse den Apparat gegen vorübergehende Temperaturschwankungen unempfindlich machen soll, im Raume *B* vollständig getrennt. Die Kammer *A* besteht aus einem etwa 95 mm langen, 60 mm breiten und 45 mm hohen viereckigen Kasten aus 4 mm dickem Messingblech, an welchen die beiden offenen Cylinder *C* und *D* angelöthet sind. Nach oben hat diese Kammer eine axiale längliche Oeffnung *a* zur Einführung des Wiedemann-Trannin'schen Plattensystems, sowie zwei kreisförmige *b* zum Einsenken von Thermometern *t*, und führen von diesen Oeffnungen entsprechend geformte Röhren (mit passendem Verschluss) nach aussen. Die Cylinder *C*, *D* sind an ihren inneren Seiten mittelst zwischengelegter weicher Metallringe (anfänglich aus Blei, später aus Zinn) durch Spiegelglasplatten *P*, *P*, welche durch die Schraubenringe *c*, *c'* und *d*, *d'* festgehalten werden, wasserdicht geschlossen. Um den beschriebenen Kasten *A* ist ein zweiter *B* von 120 mm Länge, 105 mm Breite und 95 mm Höhe herumgelöthet, welcher, wie erwähnt, die circa 600 ccm einnehmende Erwärmungsflüssigkeit enthält, und durch welchen die oben besprochenen drei Oeffnungsröhren lothdicht hindurchgehen. Auch der Raum *B* hat oben zwei Röhren (*C*), welche zum Füllen und Entleeren dienen und ebenso wie die vorgenannten bei hohen Temperaturen einen Theil der stark ausgedehnten Flüssigkeit aufzunehmen vermögen. Sämmtliche Löthstellen sind hart verlöthet; endlich sind die beiden Hohlräume *A* und *B* der grösseren Sauberkeit wegen im Innern vernickelt.

Der beschriebene Doppelkasten wird, wie aus der per-

---

1) Dasselbe ist von dem Mechaniker **Max Wolz** in Bonn hergestellt und durch denselben zu beziehen.

spectivischen Seitenansicht (Fig. 5) zu ersehen, durch vier 51 cm
hohe Säulen *SS* aus 2 cm dickem Rundeisen, welche auf einer
horizontalen, quadratischen eisernen Grundplatte *G* von 25 cm
Seite befestigt und oben diagonalartig verbunden sind, in
passender Höhe mittelst festzuschraubender Fortsätze *f* gehalten. Um denselben zu erwärmen, dient ein untergescho-
bener regulirbarer **Finkener'scher Brenner** *W.* Bezweckt
man dagegen Abkühlung, so lässt sich ein weiterer (in der
Zeichnung links angedeuteter) Kasten von schwarz gestriche-
nem Weissblech, der mit einer Kältemischung gefüllt wird,
von unten her um ihn herumschieben. Dieser Kasten, mit
Sand oder anderen schlechten Wärmeleitern gefüllt, würde
sich natürlich auch bei höheren Temperaturen zur Verlangsamung der Abkühlung verwerthen lassen.

Was weiter den optischen Theil betrifft, so heisse das
Fenster im Cylinder *D* das Beleuchtungsfenster, das in *E*
das Beobachtungsfenster. Dem ersteren gegenüber steht in
einiger Entfernung ein sogenannter monochromatischer Brenner *L* mit breiter, schlitzartiger Oeffnung, am anderen befindet sich das Fernrohr *F.* Die im Kasten *A* befindliche
dünne Luftplatte wird beiderseits begrenzt durch sorgfältig
geschliffene planparallele Glasplatten von **Rheinfelder** und
Härtel in München. Dieselben, 45 mm lang, 30 mm hoch
und 5 mm dick, wurden zunächst durch in den Ecken einge-
schobene dreieckige Glimmerblättchen von sphärometrisch
gemessener Dicke ungefähr auf den gewünschten Abstand
gebracht und dann ringsum auf den zu diesem Zwecke mit
Facetten versehenen Rändern verkittet. Sofern die eingeschlossene Luft an den nicht unbeträchtlichen Temperaturänderungen Theil nimmt, so muss dafür gesorgt sein, dass
dieselbe mit der äusseren Luft communicirt. Man erreichte
das, indem man die Doppelplatte durch ein längeres capil-
lares Glasrohr, dessen conisches Ende in eine eingeschliffene
Höhlung derselben eingekittet war, mit der eigentlichen metallischen Drehaxe *g* verband. Diese letztere ist nämlich in
ihrem unteren Theile ein Hohlcylinder von etwa 18 mm Durchmesser, in welchem das erwähnte Glasrohr mittelst der Correctionsschrauben *h* befestigt ist. Die Drehungen wurden

abgelesen an dem horizontalen Kreise K, welcher auf dem
oberen Verbindungsstück der Säulen SS aufruht, und dessen
hohle Sectoren ein Durchführen selbst der längeren Thermometer gestattete. Der Kreis von 13,5 cm Radius, in Drittelgrade
getheilt, gibt mittelst des Nonius 20 Secunden. Noch erwähne
ich, dass zur Verhütung der Wärmeleitung von der Doppelplatte zum Kreise der metallische Hohlcylinder nach Art der
Einrichtung bei Petroleumlampen vielfach durchlöchert ist.

Die grösste Schwierigkeit machte das Verkitten der beiden Planparallelplatten miteinander und mit dem Glasrohr,
und ich darf wohl sagen, dass die Beseitigung derselben erst
nach Monaten gelungen ist. Es handelte sich um die Auffindung eines zähflüssigen Kittes, welcher bei Temperatur
zwischen etwa — 30° und + 300° genügend am Glase haftet,
dabei eine gleichartige, sich nicht blähende Masse bildet von
regelmässiger Ausdehnung und womöglich für wässerige und
alkoholische Flüssigkeiten brauchbar ist. Man entschied sich
schliesslich für den bekannten Leinöl-Mennige-Kitt, welcher
mit grösster Sorgfalt besonders hergestellt und nach dem
Auftragen erst langsam und dann in heisser Luft getrocknet
wurde. Da dieser Kitt zunächst nur in Wasser und Glycerin anwendbar ist, so gab man ihm für die anderen Flüssigkeiten — auf Grund einer Notiz der Beiblätter[1]) — einen
mehrfach dünn aufgetragenen Ueberzug aus einem Gemisch
von pulverisirtem Asbest und dickem Wasserglas.

Zur Beobachtung diente das Fernrohr F mit achroma-
tischem Objectiv von nahezu 154 mm Brennweite. Dasselbe
lässt sich in einer Röhre E, welche die geradlinige Fortsetzung
bildet von dem das Austrittsfenster der Kammer A enthaltenden, oben besprochenen Cylinder C und mit demselben
durch die Justirschrauben k verbunden ist, ein- und ausschie-
ben. Und da auch der Cylinder C mit vielfachen Seiten-
öffnungen versehen ist, so behält das Objectiv nahezu die
Zimmertemperatur. Da das zunächst angewandte Ocular von
zehnmaliger Vergrösserung in Verbindung mit dem nur 20 Secunden gebenden Kreise der erstrebten Genauigkeit hinder-

---

1) Beibl. 8. p. 324. 1884.

lich war, so ersetzte man dasselbe alsbald durch ein etwa
30mal vergrösserndes mit Mikrometervorrichtung. Von den
beiden (verticalen) Parallelfäden derselben ist der eine beweglich, und kann die Grösse seiner Verschiebung an einer in
100 Theile getheilten Trommel T abgelesen werden. Im
Folgenden werden wir diese **mikrometrischen Messungen** als die **primären,** die **Ablesungen am Kreise** aber
nur als **secundäre** ansehen, welche gewisse Anfangs- oder
Endpunkte liefern und überdies zur Controle dienen.

Da das Fernrohr in oben beschriebener Weise mit dem
Austrittsfenster der Kammer A fest verbunden ist und zu
demselben unter Anwendung eines Gauss'schen Oculars
mittelst der Justirschrauben k ein für alle mal normal gestellt werden kann, so muss behufs Ausführbarkeit der mikrometrischen Methode noch verlangt werden, dass auch die Art
der Verbindung zwischen der Kammer A und der die Luftplatte tragenden Axe g jede kleinste relative Drehung aus-
schliesse. Um hier ganz sicher zu gehen, wurden im Verlaufe
der Arbeit die vier Säulen des Apparates, wie schon erwähnt,
zu je zweien durch eiserne Bänder diagonalartig verbunden.
Indess hatten sich früher auch ohne dieselben keinerlei Störungen bemerkbar gemacht.

6. **Formeln für die Benutzung des Ocularmikro-
meters.** Schreiben wir unter Beachtung, dass in der p. 364
abgeleiteten strengen Grundformel (4) der Quotient $q = \lambda/2d$
eine sehr kleine Grösse ist, und dass n' als Brechungsindex der
Luft nur wenig von der Einheit abweicht, diese Formel
näherungsweise so:

$$(5) \qquad \frac{1 - \frac{\mu^2}{2} q^2}{\sin e} = \frac{n}{n'} = \nu,$$

unter ν den relativen Brechungsexponenten der Flüssigkeit
gegen die Luft der Luftplatte verstanden, so lässt sie sich
sofort auf zwei wenig verschiedene Zustände des Apparates
in Anwendung bringen. Unterscheidet man dieselben als Zustände 1 und 2, so erhält man nach Vertauschung von ν und
$\sin e$ durch Subtraction:

$$\frac{1 - \frac{\mu_1}{2} q_1{}^2}{\nu_1} - \frac{1 - \frac{\mu_2{}^2}{2} q_2{}^2}{\nu_2} = \sin e_1 - \sin e_2 = \cos e \, \varDelta e,$$

wo $\varDelta e$ den Unterschied der beiden Winkel e_1 und e_2 bedeutet. Diese kleine Winkelgrösse $\varDelta e$ im Inneren der Flüssigkeit ist freilich der mikrometrischen Messung nicht zugänglich, wohl aber die ihr entsprechende $\varDelta E$ in der umgebenden äusseren Luft. Ist nämlich ν' der Brechungsexponent der Flüssigkeit gegen letztere, so ergibt die Variation des. Brechungsgesetzes:

$$\sin E = \nu' \sin e$$

zwischen den zusammengehörigen Incrementen die Beziehung:

$$\cos E \, \varDelta E = \nu' \cos e \, \varDelta e + \sin e \, \varDelta \nu'.$$

Bei nahezu normaler Incidenz und bei Vernachlässigung kleiner Grössen höherer Ordnung kommt dafür einfacher:

$$\varDelta e = \frac{\varDelta E}{\nu}.$$

Dies in vorstehende Gleichung eingeführt, gibt innerhalb derselben Genauigkeitsgrenzen:

$$(6) \qquad \nu_2 - \nu_1 = \nu \cos e \, \varDelta E + \tfrac{1}{2} (\mu_1{}^2 q_1{}^2 - \mu_2{}^2 q_2{}^2) \nu.$$

Und wenn schliesslich das rechts vorkommende e näherungsweise mit dem Grenzwinkel identificirt und in ν ausgedrückt wird, so lässt sich darin noch substituiren:

$$\nu \cos e = \sqrt{\nu^2 - 1}.$$

Die Gleichung (6) gestattet praktisch folgende dreifache Anwendung.

a. Setzt man unter Constanterhaltung der Farbe und Dichtigkeit $\nu_1 = \nu_2$, $q_1 = q_2$, bezieht also den Winkel $\varDelta E$ auf die Entfernung zweier Interferenzstreifen μ_1 und μ_2, so erhält man:

$$(7) \qquad \tfrac{1}{2} (\mu_2{}^2 - \mu_1{}^2) q^2 = \cos e \, \varDelta E$$

und vermöge der Bedeutung von q:

$$(7_b) \qquad 2d = \lambda \sqrt{\frac{\mu_2{}^2 - \mu_1{}^2}{2 \cos e \, \varDelta E}}.$$

Mittelst dieser Gleichung berechnet sich die Plattendicke d, wenn die Wellenlänge λ bekannt ist.

b. Setzen wir jetzt unter Constanterhaltung der Dichtigkeit diese Plattendicke als bekannt voraus und beziehen für
zwei Farben $\lambda_1 (q_1)$ und $\lambda_2 (q_2)$, die im Spectrum noch hinlänglich nahe liegen, um die Grösse:

$$\sin e\; \Delta\nu = e\,(\nu_2 - \nu_1)$$

vernachlässigen zu können, den Winkel ΔE auf den Abstand
zweier (verschiedenfarbiger) Interferenzstreifen von der gleichen Ordnungszahl $\mu_1 = \mu_2 = u$, so gibt Gleichung (6) den
Unterschied der bezüglichen Brechungsindices. Beispielsweise wird für $\mu = 1$:

(8) $\qquad \nu_2 - \nu_1 = \sqrt{\nu^2 - 1}\; \Delta E + \tfrac{1}{2}(q_1{}^2 - q_2{}^2)\,\nu.$

c. Wird endlich unter Constanterhaltung der Farbe
$(q_1 = q_2)$ ausschliesslich die Dichte variirt, und bedeutet sonach ΔE die hierdurch bewirkte Verschiebung eines und desselben Interferenzstreifens, so erhält man die entsprechende
Aenderung des Brechungsindex mittelst der kurzen und bequemen Form:

(9) $\qquad \Delta\nu = \nu_2 - \nu_1 = \sqrt{\nu^2 - 1}\;.\;\Delta E.$

In allen diesen Formeln braucht natürlich ν, resp. e nur
näherungsweise bekannt zu sein.

II. Die vorgängigen Messungen.

7. Bestimmung des Winkelwerthes der Trommeltheile. Wiewohl es wünschenswerth gewesen wäre, die
Angaben des Mikrometers mit denen eines grösseren genauen
Theilkreises zu vergleichen, so habe ich mich aus zufälligen
äusseren Gründen vorläufig darauf beschränken müssen, diese
Untersuchung mittelst des am Apparate selbst befindlichen,
nur 20 Secunden gebenden Kreises auszuführen.

Nachdem das Refractometer in weiter unten zu bespre-
chender Weise orientirt und mit destillirtem Wasser gefüllt
war, wurde die Mikrometertrommel, deren Nullstellung in der
ungefähren Mitte des Gesichtsfeldes lag, durch zehnmalige Umdrehung auf den Theilstrich + 1000 gestellt. Der bewegliche Verticalfaden, welcher dadurch bis hart an die Grenze
des Gesichtsfeldes herangerückt war, wurde sodann bei Na-
tronbeleuchtung durch passende Drehung der Luftplatte mit

24*

dem ersten Interferenzstreifen zur Deckung gebracht. Nachdem auch diese Ausgangsstellung des Nonius abgelesen, drehte man die Mikrometertrommel um je 100 Theile zurück und rückte mit der Luftplatte jedesmal soviel nach, bis wieder die Coincidenz von Faden und Lichtlinie erzielt war. Die so einander entsprechenden Stellungen von Trommel und Nonius bilden eine Tabelle, die ich in abgekürzter Form hier wiedergebe.

Tabelle II.
Winkelwerth der Trommeltheile.

Trommel	Nonius			$\mathit{\Delta}_{100}$	
+1000	805°	21′	20″	3′	20″
800		14	40	3	30
600		7	40	3	30
400	805	0	40	3	20
200	304	54	0	3	40
− 200		40	0	3	30
− 400		33	0	3	30
− 600		26	0	3	30
− 800	304	19	0		

In der letzten Columne derselben steht der Drehungswinkel, welcher einer Fadenanschiebung um je 100 Trommeltheile entspricht, und den wir früherer Bezeichnung zufolge als Δe_{100} vermerken wollen. Als Mittelwerth für die Verschiebung pro Trommeltheil ergibt sich hieraus der Werth $\Delta e_1 = 2{,}078''$. Multiplicirt man denselben mit dem für die Versuchstemperatur von 17° C. geltenden Brechungsexponenten des Wassers (nahezu $\nu_N = 1{,}333$), so erhält man nach p. 370 den einem Trommeltheil entsprechenden äusseren Winkel $\Delta E_1 = 2{,}771''$, welcher nicht mehr wie Δe_1 von der Natur der Versuchsflüssigkeit, sondern nur noch von den dioptrischen Verhältnissen des Fernrohrs abhängt.

Eine ähnliche weitere Berechnung ergab eine etwas kleinere Zahl; ich habe sie schliesslich auf den bequemen Werth:

$$\Delta E_1 = 2{,}75'' = \tfrac{11}{4}''$$

abgerundet. Demnach würde das ganze Gesichtsfeld auf etwa 2100 Trommeltheilen einen Gesammtwinkel $E = 1° 36'$ umfassen. Schätzt man den bei dieser Abmessung begangenen Fehler auf etwa $30''$, und beachtet man, dass den Versuchen

zufolge bei der Erwärmung des Wassers um 100° und bei der
Erwärmung des Alkohols um 80° die totale Verschiebung
der Interferenzstreifen ungefähr den vorstehenden Betrag erreicht, so mag der Einfluss des erwähnten (fortan als constant
auftretenden) Fehlers für die Resultate selbst als irrelevant
gelten. Innerhalb dieses Bereiches werden dann aber die einzelnen zufälligen Fehler auf einige Secunden herabgedrückt,
sodass also die mikrometrische Methode die beiden Vorzüge
grösserer Bequemlichkeit und grösserer Stetigkeit in sich
vereinigt.

Wie eine frühere Untersuchung[1]) des benutzten Mikrometers ergeben hat, entspricht einer Drehung um 1 Trommeltheil eine absolute Verschiebung von 0,00205 mm. Heisst
daher r die Focaldistanz des Fernrohrobjectivs, so hat man
zu ihrer Ermittelung die Gleichung:

$$0,002\,05 = r \cdot 2,75''$$

und findet daraus: $r = 153,8$ mm.

8. **Bestimmung der Dicke der Luftplatte.** Um
zunächst zu zeigen, wie die hier ausgeführten Messungen die
allgemeinen Gesetze der Farben dünner Blättchen befriedigen,
beziehe man für homogene Beleuchtung die Gleichung (7)
zunächst auf den Abstand $\Delta_{\text{I, II}}$ des ersten ($\mu_1 = 1$) und des
zweiten ($\mu_2 = 2$) Streifens, sodann auf den Abstand $\Delta_{\text{II, III}}$ des
zweiten ($\mu_1 = 2$) und dritten ($\mu_2 = 3$) Streifens u. s. f. Es gilt
dann das bekannte Gesetz der ungeraden Zahlen:

$$\Delta_{\text{I, II}} : \Delta_{\text{II, III}} : \Delta_{\text{III, IV}} = 3 : 5 : 7,$$

wo die Reihe rechts mit 3 (nicht mit 1) beginnt, und wo hier
unter Δ sowohl Δe wie ΔE verstanden werden darf.

In der That ergaben die Ablesungen am Kreise bei
Natriumlicht und Wasserfüllung und unter Benutzung der
Platte A (vgl. u.) die respectiven folgenden Winkel e:

Tabelle III$_a$. Streifenabstände.

	e	Δe
I	48° 35′ 0″	
II	48 32 0	3′
III	48 27 0	5
IV	48 20 0	7

1) Ketteler, Theor. Optik. p. 491.

deren Differenzen $\varDelta$ infolge eines glücklichen Zufalles mit den theoretischen geradezu identisch sind.

Als sodann der bewegliche Faden des Mikrometers successive auf die vier ersten Maxima eingestellt wurde, ergaben sich bei drei-, resp. viermaliger Wiederholung die folgenden Stellungen der Trommel:

Tabelle III$_b$.　Streifenabstände.

T_{I}	T_{II}	T_{III}	T_{IV}
55,7	149,3	282,7	481,5
56,0	144,6	286,4	483,5
56,2	142,0	287,1	486,8
—	141,1	288,0	487,5
$M = 55{,}96$	142,90	286,05	484,82

Demnach verhalten sich die durch Subtraction der Mittelwerthe M zu gewinnenden Abstände $\varDelta e$ wie:

$$\varDelta_{\mathrm{I,\,II}} : \varDelta_{\mathrm{I,\,III}} : \varDelta_{\mathrm{I,\,IV}} = 87{,}0 \; : 143{,}1 : 198{,}8$$
$$= 3{,}06 \; : 5{,}04 \; : 7{,}00$$
$$= 2'\,59'' : 4'\,55'' : 6'\,49'',$$

während sie sich der obigen (Näherungs-)Formel nach verhalten sollten wie:

$$3 : 5 : 7 = 2'\,57'' : 4'\,55'' : 6'\,53''.$$

Was nun die Ermittelung der Plattendicke betrifft, so kamen während des Verlaufes der Untersuchung drei verschiedene Luftplatten zur Anwendung, die als A, B, C unterschieden werden sollen.

Platte A diente zu den Versuchen mit Wasser. Sie erhielt erst nach Beendigung derselben den erwähnten Asbest-Wasserglas-Ueberzug, doch sprang letzterer beim Erwärmen in Alkohol ab, und wurde dadurch eine Umkittung nöthig. Bei dieser Platte waren die Intensitäten so glücklich vertheilt, dass die ersten Maxima von Lithium, Natrium und Thallium in vollster Schärfe neben einander sichtbar waren, also von den weiteren Maximis nicht überdeckt wurden.

Platte B war am vollkommensten als genau planparallele Schicht gelungen; sie zeigte namentlich bei homogener Beleuchtung alle Details der theoretischen Intensitätscurven

(Fig. 3), und hob sich insbesondere der Lichteffect innerhalb der beiden Wendepunkte der einzelnen Maxima von dem schwächeren äusseren Raume prächtig ab. Leider verunglückte diese Platte, als eben ihre Dicke gemessen war.

Mit Platte *C* endlich sind die Versuche für Alkohol ausgeführt worden. Sie war die am wenigsten vollkommene, und fiel zudem das zweite rothe Maximum theilweise auf das erste gelbe.

Zur Bestimmung der Dicke der Platte *A* wurden alle vier, je bei Lithium-, Natrium- und Thalliumlicht beobachteten Maxima herangezogen. Und zwar führte man beispielsweise für Natriumlicht die in Secunden als $\varDelta E$ ausgedrückten Differenzen der schon oben aufgeführten Trommeltheile:

$$T_{II} - T_I = 87,0, \quad T_{III} - T_I = 230,1, \quad T_{IV} - T_I = 428,9$$

in Gleichung (7$_b$) ein, sodass sich diese dann einfacher schreibt:

$$2\,d = \lambda \sqrt{\frac{\mu^2 - 1}{2 \cos e \varDelta E}}.$$

Setzt man jetzt noch früheren Versuchen entsprechend[1]):

$$\lambda_L = 0,67077\,\mu, \quad \lambda_N = 0,58897\,\mu, \quad \lambda_T = 0,53504\,\mu,$$

so gibt die folgende Tabelle alle zur Ausrechnung erforderlichen Daten:

Tabelle IV.

Dicke der Luftplatte *A*.

	$e_L = 48^0\,41'$		$e_N = 48^0\,35'$		$e_T = 48^0\,29'$	
	$\varDelta E_L$	d_L	$\varDelta E_N$	d_N	$\varDelta E_T$	d_T
		mm		mm		mm
II − I	5′ 16″	0,012 91	3′ 59″	0,013 02	3′ 20″	0,012 92
III − I	13 41	0,013 08	10 33	0,013 07	8 51	0,012 95
IV − I	25 29	0,013 12	19 39	0,013 11	16 49	0,012 86
	Mittel = 0,013 04			0,013 07		0,012 91

Da die Heranziehung des dritten und vierten Maximums selbstverständlich ein sehr homogenes Licht voraussetzt, andererseits aber die für diese ersten Messungen benutzten Salze an Reinheit zu wünschen übrig liessen, so suchte man sich durch Einschaltung farbiger Gläser zu helfen. Nichts-

---

[1] Ketteler, Theor. Optik. p. 488.

destoweniger sind die drei aufgeführten Mittelwerthe der d befriedigend constant. Das Generalmittel beträgt:

$$d = 0{,}01300 \text{ mm},$$

und berechnet man mittelst desselben die in der für die ersten Maxima geltenden Formel:

$$\frac{1 - \frac{1}{3}q^2}{\sin e} = v$$

vorkommende Correctionsgrösse $\frac{1}{3}q^2 = \frac{1}{3}(\lambda/2d)^2$, so erhält man:

$$\tfrac{1}{3}q_L^2 = 0{,}000\,333, \quad \tfrac{1}{3}q_N^2 = 0{,}000\,256, \quad \tfrac{1}{3}q_T^2 = 0{,}000\,212.$$

Bezüglich der Dicken der beiden weiteren Platten B und C begnügte man sich mit der Beobachtung der ersten und zweiten Maxima. Da während derselben das Refractometer mit Alkohol gefüllt war, so haben auch die Winkel e andere Werthe. Die Versuchsresultate enthält die folgende

Tabelle V.

Dicken der Platten B und C.

Platte	$e_L = 47^0\ 19'$		$e_N = 47^0\ 14'$		$e_T = 47^0\ 9'$	
	$\varDelta E_L$	d_L	$\varDelta E_N$	d_N	$\varDelta E_T$	d_T
		mm		mm		mm
B	$14'\ 49''$	0,007 597	$11'\ 27''$	0,007 583	$9'\ 23''$	0,007 604
C	$9\ 25$	0,009 53	$7\ 41$	0,009 25	$6\ 2$	0,009 48

Für Platte B ist das Mittel aus den sehr gut übereinstimmenden Einzelwerthen:

$$d = 0{,}007\,595 \text{ mm}$$

mit den Correctionsgrössen:

$$\tfrac{1}{3}q_L^2 = 0{,}000\,974, \quad \tfrac{1}{3}q_N^2 = 0{,}000\,751, \quad \tfrac{1}{3}q_T^2 = 0{.}000\,620.$$

Platte C, deren Dicke:

$$d = 0{,}00942 \text{ mm}$$

zwischen denen der Platten A und B liegt, gibt die erheblich kleineren Werthe:

$$\tfrac{1}{3}q_L^2 = 0{,}000\,633. \quad \tfrac{1}{3}q_N^2 = 0{,}000\,488, \quad \tfrac{1}{3}q_T^2 = 0{,}000\,403.$$

Aus dieser Darlegung geht hervor, dass sich der Einfluss, welchen die Plattendicke auf die refractometrischen Messungen ausübt, bequem und sicher in Rechnung bringen lässt, und dass sich derselbe bei noch weiterer Zunahme der Dicke rasch verkleinert. Sofern übrigens für die weiteren

Versuche ein Temperaturintervall von mehr als 300⁰ in Aus-
sicht genommen ist, so lässt sich noch die Frage stellen, ob
nicht die Ausdehnung der die Luftplatte begrenzenden Kitt-
schicht die obigen Correctionsglieder mit der Temperatur
veränderlich mache. Nun ist zwar das thermische Verhalten
des erhitzten Mennige-Leinöl-Kittes nicht näher bekannt,
indess ergibt eine einfache Rechnung, dass, wenn man diesem
Kitt selbst den stärksten aller bekannten Ausdehnungscoëfficienten, den des Zinks ($^1/_{340}$ pro 100⁰) zulegen wollte, die
Dicke der Platte A bei einer Erwärmung um 340⁰ von 0,00130
nur auf 0,00131 wachsen, und dass somit das Correctionsglied
für Natriumlicht von 0,000256 nur auf 0,000253 sinken
würde.

Da schliesslich die erste Ausführung dieser Verkittung
technische Schwierigkeiten bot, so begreift sich, dass die
optische Bestimmung der Plattendicke A einen ungefähr doppelt so grossen Werth ergab, wie die sphärometrische Messung
der eingeschobenen Glimmerblättchen. Schon bei Platte B
war die Uebereinstimmung eine so gute, dass optische und
sphärometrische Dicke sich verhielten wie 76 : 86. Wenn
dabei auffallender Weise letztere die grössere war, so darf
man bei der zufälligen Kleinheit der in den äussersten Ecken
der planparallelen Glasplatten aufliegenden Glimmerblättchen
wohl vermuthen, dass die inneren Flächen dieser Glasplatten,
wenigstens an den Rändern schwach convex seien. Wie man
also sieht, ist die sichere Herstellung eines vorgeschriebenen
guten Wiedemann-Trannin'schen Plattensystems vorderhand noch ziemlich schwierig.

9. **Weitere Correctionen.** — Da die refractometri-
sche Messung zunächst nur den relativen Brechungsexponenten ν zwischen Flüssigkeit und Luft gibt, die letztere aber
an allen Temperaturänderungen der ersteren Theil nimmt,
so hat man ν auf den leeren Raum zu reduciren. Es geschieht
das mittelst der Gleichung:

$$n = \nu \cdot n',$$

wo n, wie auf p. 363, der charakteristische, absolute Brechungsindex der Flüssigkeit ist, und n' zufolge Ausdruck:

$$n' = 1 + \frac{0,000\,292}{1 + 0,003\,665\,.\,t}\,\frac{p}{760}$$

den für die Temperatur t und den Barometerstand p geltenden Brechungsindex der Luft bedeutet.[1]) Sieht man von den
Aenderungen des letzteren ab, so genügt schon der Ausdruck:

$$n = \nu + \frac{0,000\,292}{1 + 0,003\,665\,.\,t}\,\nu = \nu + f\nu,$$

und darf in demselben als Factor von f irgend ein constanter
Mittelwerth des Brechungsexponenten ν benutzt werden. Ich
habe die Zahlen $n' = 1 + f$ und die Logarithmen $\log f$ zwischen -30 und $+300^0$ von 10 zu 10^0 berechnet und will,
um anderen die gleiche Mühe zu ersparen, auch diese Tabelle
mittheilen.

Tabelle VI.

Brechung der Luft.

t	$n' = 1 + f$	$\log f$	t	$n' = 1 + f$	$\log f$
-30^0	1,000 328 1	0,51604 -4	140^0	1,000 193 0	0,28551 -4
-20	315 2	0,49849	150	188 4	0,27510
-10	303 1	0,48162	160	184 1	0,26497
0	292 0	0,46538	170	179 9	0,25503
$+10$	281 7	0,44973	180	175 9	0,24535
20	272 0	0,43466	190	172 1	0,23585
30	263 1	0,42006	200	168 5	0,22658
40	254 7	0,40597	210	165 0	0,21748
50	246 8	0,39240	220	161 7	0,20859
60	239 4	0,37906	230	158 4	0,19985
70	232 4	0,36618	240	155 4	0,19131
80	225 8	0,35372	250	152 4	0,18292
90	219 6	0,34163	260	149 5	0,17470
100	213 7	0,32980	270	146 8	0,16661
110	208 1	0,31826	280	144 1	0,15870
120	202 8	0,30780	290	141 6	0,15090
130	1,000 197 8	0,29615 -4	300	1,000 139 1	0,14326 -4

Zur Bestimmung der Temperatur der Flüssigkeit dienten
zwei Thermometer von Geissler - Müller, die beide in
Zehntelgrade getheilt waren. Das eine, ein sogenanntes
Normalthermometer, reichte von 0 bis 100^0, das andere, (aus
Jenaer Glas) eigens für die Untersuchung angefertigt, von

---

1) Vgl. hierüber auch Ketteler, Theor. Optik. p. 481. u. Wied. Ann.
30. p. 287. 1887, sowie Chappuis u. Rivière, Compt. rend. **108.** p. 87.
1886.

−25 bis + 25°, und stimmten beide in ihren Angaben gut überein. Selbstverständlich wurden die abgelesenen Temperaturen in Beziehung auf den herausragenden Faden corrigirt; für Temperaturen oberhalb Null findet man eine hierzu brauchbare Tabelle bei Landolt-Börnstein.[1]) Hiernach wende ich mich zu den eigentlichen Versuchen.

III. Das Refractionsvermögen des Wassers.

10. Orientirung des Apparates und Versuchsverfahren. — Nachdem das Refractometer mit der zu untersuchenden Flüssigkeit gefüllt ist, wird unter Anwendung eines Gauss'schen Ocularspiegels zunächst das Fernrohr normal gestellt zum Beobachtungsfenster. Alsdann wird der ganze Doppelkasten mit dem daran festsitzenden Fernrohr zwischen den Kreis und Drehaxe tragenden Säulen so lange verstellt, und wird gleichzeitig an den Correctionsschrauben der Axe so lange gearbeitet, bis auch die Spiegelbilder der Doppelplatte in deren beiden um 180° verschiedenen Stellungen mit dem Fadenkreuz coincidiren. Ueberlässt man der möglichen elastischen Nachwirkung wegen den Apparat einige Zeit sich selber, und bedarf derselbe dann keiner Nachcorrection mehr, so ist er zum Gebrauch vorgerichtet.

Bezüglich der zu erzielenden Temperaturänderungen ist zu beachten, dass nur dasjenige relativ kleine Parallelepiped der Versuchsflüssigkeit, dessen Diagonalfläche die Luftplatte bildet, in seiner ganzen Masse isotherm zu werden braucht, und dass die grosse, im Doppelkasten vorhandene Flüssigkeitsmenge dieses central gelegene Parallelepiped gegen vorübergehende Schwankungen einigermassen träge macht.

Wie schon erwähnt, wurden die Erwärmungen in vollkommen befriedigender Weise (und zwar unter Verzichtleistung auf einen Rührer) von unten her mittelst des vortrefflichen Finkener'schen Brenners bewirkt. Man beobachtete dann nach der sogenannten Methode der Maxima, d. h. man regulirte die Flamme so, dass für die je gewollte Temperatur ein

---

1) Landolt u. Börnstein, Physikalisch-Chemische Tabellen. Berlin 1883. p. 173.

leichtes Maximum entstand. — Wurde dagegen zum Zwecke der Abkühlung der p. 367 erwähnte, mit einer Kältemischung gefüllte Blechkasten um den Flüssigkeitsbehälter herumgelegt, und dadurch eine gegen die Zimmerluft höchstens 20° betragende Temperaturdifferenz zuwege gebracht, so war die allmähliche Wiedererwärmung langsam genug, um continuirlich beobachten zu können.

Schliesslich mag bei diesem Anlass noch bemerkt werden, dass bei der getroffenen Einrichtung thatsächlich weder Fernrohr noch Theilkreis in nennenswerther Weise an der Erwärmung oder Erkaltung theilnehmen, und dass überdies ein etwa davon herrührender, störender Einfluss auf die Orientirung durch die allseitige Symmetrie der Apparattheile möglichst reducirt erscheint.

Gesetzt, solche Störungen wären in merklichem Grade vorhanden, so würde man dieselben mit E. Wiedemann und F. Kohlrausch dadurch eliminiren, dass man in bekannter Weise für jede zu untersuchende Temperatur die Beobachtung doppelsinnig ausführt, also den hierzu seitens der Luftplatte erforderlichen Drehungswinkel $2e$ direct am Kreise abliest. Würde dagegen die relative Lage der Apparattheile sich als wirklich constant nachweisen lassen, so hätte das beschriebene Refractometer z. B. vor dem Kohlrausch'schen den grossen Vorzug an Bequemlichkeit und Zeitgewinn, dass sich mit ihm einsinnig arbeiten liesse. Es würde dann eben genügen, den Incidenzwinkel Null, sei es mittelst des Gauss'schen Ocularspiegels oder mittelst einzelner doppelsinniger Beobachtungen ein für allemal festzustellen, und es brauchte die Luftplatte mit Kreisnonius entweder nur mehr um die Zuwächse $\varDelta e$ gedreht zu werden, oder aber man würde sie ganz an ihrem Orte belassen, dann aber die entsprechende Incremente $\varDelta E$ mittelst des beweglichen Ocularfadens verfolgen.

Um nun nicht blos den Beweis für die thatsächliche Ausführbarkeit der letztgenannten Methoden, sondern auch zugleich ein Urtheil bezüglich der Leistungsfähigkeit der einsinnigen Mikrometer- und der doppelsinnigen Kreisablesung zu gewinnen, habe ich eine Versuchsreihe an Wasser auf

beiderlei Weise durchgeführt. Als dann die beiden so erhaltenen Systeme von Brechungsexponenten graphisch construirt wurden, zeigten in der That beide Curven den gleichen
Verlauf, indess erschien begreiflicher Weise die mikrometrisch
gewonnene als die bei weitem stetigere.

(Fortsetzung im nächsten Heft.)

XI. *Bestimmung der Wellenlänge Fraunhofer'-scher Linien; von Ferdinand Kurlbaum.*

(Hierzu Taf. II Fig. 1—2.)

(Fortsetzung von p. 193.)

II. Die Messung der Ablenkungswinkel.

Wir kommen nun zur zweiten Aufgabe, zur Messung
der Beugungswinkel. Das benutzte Spectrometer ist in der
optischen Werkstatt von Schmidt und Haensch hergestellt,
es besitzt folgende Construction.

An seinem Fussgestell ist eine solide Messingsäule angeschraubt, diese trägt eine horizontale Hülse, welcher durch
Zug- und Druckschrauben geringe Neigungen gegeben werden können. In der Hülse ruht der achromatische Collimator, er hat eine Objectivöffnung von 25 mm und eine
Brennweite von 26,6 cm. Dem gut gearbeiteten Spalt können
durch eine Mikrometerschraube beliebige Breiten gegeben
werden.

Das Fussgestell ist in seiner Mitte durchbrochen und
nimmt eine drehbare Axe auf, mit welcher der Theilkreis
fest verbunden ist. Die Theilung des Kreises ist in vorzüglicher Weise von Wanschaff ausgeführt. Der Kreis
besitzt einen Durchmesser von 165 mm und ist von 10 zu
10 Minuten getheilt. Die Ablesung erfolgt durch zwei um
180° auseinander liegende Nonien. Die Nonien sind zum
Ablesen von 10 Secunden getheilt, doch lässt sich genauer
schätzen.

Die drehbare Axe läuft nach oben in einen Zapfen aus,

auf ihn ist ein Hohlcylinder aufgeschliffen, welcher das durch drei Schrauben verstellbare Tischchen trägt. Der stählerne Zapfen und der Hohlcylinder sind so vorzüglich gearbeitet, dass das Tischchen mit justirtem Gitter abgehoben und wieder aufgesetzt werden kann, ohne dass die Gitterstriche von neuem der Drehungsaxe parallel gestellt werden müssen, nur ausnahmsweise war eine Correction erforderlich.

Wie sich bei Beobachtung des Tischchens unter einem stark vergrössernden Mikroskop herausstellte, bleibt die Drehungsaxe des Tischchens dieselbe, ob es nun für sich um den stählernen Zapfen oder gemeinsam mit dem Theilkreis um dessen Axe gedreht wird.

Das achromatische Beobachtungsfernrohr ist mit den Nonien des Theilkreises fest verbunden und führt mit ihnen eine gemeinsame Drehung um denselben aus. Es besitzt eine Objectivöffnung von 25 mm und 25,5 cm Brennweite. Auf das im Brennpunkt befindliche Fadenkreuz sieht ein etwa 17-fach vergrösserndes Ocular, dasselbe kann durch ein Gauss'sches Ocular ersetzt werden.

Wie man sieht, gestattet das Spectrometer zwei Beobachtungsmethoden; man kann das Gitter fest stehen lassen und das Fernrohr zugleich mit den Nonien drehen, oder das Fernrohr fest stehen lassen und das Gitter zugleich mit dem Theilkreis drehen. Die Drehungsaxen des Fernrohrs und des Theilkreises fallen, wie eine Untersuchung ergab, zusammen.

Das Spectrometer war im vierten Stock des physikalischen Instituts in einem optischen Zimmer aufgestellt, welches nach Süden sieht. Der Spalt des Collimators erhielt das Sonnenlicht von einem Heliostaten von Dubosq, welcher auf einem dazu hergerichteten Vorbau vor dem Fenster stand und vom Zimmer aus dirigirt werden konnte. Der Spiegel warf das Licht in südsüdöstlicher Richtung auf den Spalt. Um beurtheilen zu können, ob die durch den geöffneten Spalt gehenden Sonnenstrahlen parallel der optischen Axe verliefen, wurde über die Collimatorlinse eine Hülse mit durchscheinender Scheibe gezogen, auf welcher sich der Spalt abbildete, und die optische Axe durch einen Punkt markirt war; Spaltbild und Punkt wurden dann aufeinander gelegt.

Die Justirung des Spectrometers ging in folgender Weise vor sich.

Das Fernrohr wurde auf unendlich eingestellt, entweder mit Hülfe des Gauss'schen Oculars und einer spiegelnden planen Glasplatte, oder durch Einstellung auf einen fernen Gegenstand. Statt einer planen Glasplatte konnten auch die Gitter verwendet werden. Dann wurde das Fernrohr auf den Spalt gerichtet und das Spaltrohr so weit ausgezogen, dass er vollkommen scharf erschien und keine Parallaxe gegen das Fadenkreuz zeigte. Dadurch stand der Spalt im Brennpunkt der Collimatorlinse und entsprach einem unendlich fernen Object.

· Um den Spalt parallel der Drehungsaxe des Tischchens zu stellen, wurde zunächst auf der Mitte des Tischchens ein planparalleles Glas befestigt und mit Hülfe der drei Correctionsschrauben parallel zur Drehungsaxe gestellt. Das Kriterium für die Parallelität der Glasplatte und der Drehungsaxe ist bekanntlich, dass derselbe Punkt des an der Glasplatte gespiegelten Spaltes, der mit dem Fadenkreuzschnittpunkt zusammenfällt, auch nach der Drehung der Glasplatte um 180 Grad sich mit demselben deckt. Darauf wurde der eine Faden des Fadenkreuzes dem reflectirten Spaltbild parallel gestellt und das Fernrohr auf den Spalt selbst gerichtet; erschien dieser dem Faden parallel, so war die gewünschte Parallelität des Spaltes und der Drehungsaxe erreicht.

Wurde nun das Fadenkreuz des Gauss'schen Oculars an der Glasplatte gespiegelt und durch Neigen des Fernrohrs mit seinem eigenen Spiegelbild zur Deckung gebracht, so stand die optische Axe des Fernrohrs senkrecht zur Drehungsaxe des Tischchens und dadurch auch senkrecht zu seiner eigenen Drehungsaxe.

Nach Abnahme des planparallelen Glases wurde das Gitter so auf das Tischchen gestellt, dass die getheilte Fläche senkrecht zur Verbindungslinie zweier Correctionsschrauben stand und durch die verlängert gedachte Drehungsaxe ging. Der Punkt, wo diese das Tischchen schnitt, war genau fixirt. Er wurde dadurch bestimmt, dass ein stark vergrösserndes Mikroskop auf die Mitte des Tischchens sah, während dasselbe um seine Axe gedreht wurde.

Bei unverändertem Fernrohr wurde dann mit Hülfe der beiden Schrauben das Gitter so geneigt, dass das Fadenkreuz wieder mit seinem Spiegelbild zusammenfiel, somit stand die Gitterfläche parallel der Drehungsaxe.

Um auch die Gitterstriche derselben parallel zu stellen, wurde durch Beleuchtung des Spaltes ein Spectrum erzeugt und der Punkt des Spaltes markirt, welcher sein Licht zum Fadenkreuzschnittpunkt sandte. Durch Drehung der dritten Schraube wurde dann die Stellung der Gitterstriche so lange variirt, bis bei Drehung des Tischchens stets nur der eine Punkt des farbigen Spaltbildes den Schnittpunkt des Fadenkreuzes durchlief.

Der auf der Gitterfläche stehenden Normalen wurde nach zwei verschiedenen Methoden eine bestimmte Richtung zum einfallenden Strahl gegeben. Zunächst wurde das Tischchen vom stählernen Zapfen abgehoben und das Fernrohr mit dem gewöhnlichen Ocular auf den Spalt gerichtet, sodass er im Fadenkreuzschnittpunkt stand; in dieser Lage wurde das Fernrohr festgeklemmt. Das Tischchen mit Gitter wurde wieder aufgesetzt und an den stählernen Zapfen festgeklemmt, sodass es nur noch mit dem Theilkreis gemeinsam eine Drehung ausführen konnte, auch diese wurde vorläufig verhindert. Hierauf wurde der Stand des Fernrohres am Theilkreis abgelesen. Sollte nun der Einfallswinkel der vom Collimator kommenden Strahlen gleich i werden, so wurde jetzt das Fernrohr um $180-2i$ gedreht und wieder festgeklemmt; darauf wurde das Gitter so gedreht, dass das Spiegelbild des Spaltes im Schnittpunkt des Fadenkreuzes stand, wodurch der Incidenzwinkel die gewünschte Grösse i erhielt.

Die Gitterfläche gab ein scharfes und lichtstarkes Spiegelbild, besser als das einer Glasplatte.

Da sich das Fernrohr dem Collimator nur bis auf einen Winkel von 30^0 nähern liess, so war diese Methode nur anwendbar, solange i nicht kleiner als 15^0 werden sollte.

Sollte *i* kleiner als 15° werden, so wurde folgende Methode angewandt: Das Fernrohr mit dem Gauss'schen Ocular wurde nach Abhebung des Tischchens auf den Spalt gerichtet, sodass er im Fadenkreuzschnittpunkt stand. In dieser Lage wurde das Fernrohr festgeklemmt. Das Tischchen wurde dann wieder aufgesetzt und nun so gedreht, dass das am Gitter gespiegelte Fadenkreuz mit dem Fadenkreuz selbst sich deckte. Nachdem die Stellung des Gitters am Theilkreis abgelesen war, wurde es mit dem Theilkreis um genau 180 − *i* gedreht, und der Einfallswinkel hatte die gewünschte Grösse *i*. Diese Methode wurde nur angewandt, um den Einfallswinkel gleich Null zu machen.

Damit die jeweilige Temperatur des Gitters genau bekannt war, wurde auf der Rückseite desselben ein kleiner Behälter [1]) befestigt, dessen eine Wand vom Gitter selbst gebildet wurde; diese Wand war zum Schutz gegen Quecksilber mit einem sehr dünnen Wachshäutchen, wie es durch Poliren mit Wachs entsteht, überzogen. Der Behälter wurde mit Quecksilber gefüllt, in dieses tauchte die Kugel eines Normalthermometers unter. Der Ausgleich der Temperatur zwischen Gitter und Thermometerkugel war ein ausserordentlich schneller. Somit war die Sicherheit gegeben, dass das Thermometer stets die Temperatur des Gitters anzeigte.

Die drei Beobachtungsmethoden.

Die allgemeine Formel zur Bestimmung der Wellenlängen ist $\lambda = e\left(\sin\left(\delta + i\right) - \sin i\right)/m$, worin λ die Wellenlänge, δ den Ablenkungswinkel, *i* den Einfallswinkel, *m* die Ordnungszahl des Spectrums und *e* die Gitterconstante bedeutet. Wird *i* gleich 0, so wird die Formel: $\lambda = e\left(\sin \delta / m\right)$. Zunächst wurde wegen der Einfachheit der Beobachtungsweise und der Berechnung die letztere Formel zu Grunde gelegt und die Gitterfläche in der oben beschriebenen Weise senkrecht zum Collimator gestellt. Dann wurde auf eine bestimmte Spectrallinie im Spectrum der einen Seite pointirt und das unveränderte Fernrohr bis zu derselben Linie im Spectrum

---

1) Mendenhall, Memoirs of the Science Departement, Tokio Daigaku No. 8. 1881.

der anderen Seite gedreht; der abgelesene Drehungswinkel
war demnach 2δ.

Nach dieser Methode konnten aber nur die Spectra zweiter Ordnung zur Verwendung kommen. Da das Fernrohr
dem Collimator nur bis auf einen Winkel von 30⁰ genähert
werden konnte, die Ablenkungswinkel im Spectrum erster
Ordnung aber kleiner als 30⁰ waren, so konnte das Spectrum
auf diese Weise nicht beobachtet werden. Das Spectrum
dritter Ordnung dagegen konnte wohl noch beobachtet werden, aber Messungen waren unmöglich, weil bei den Ablenkungswinkeln von mehr als 60⁰ stets ein Nonius dem Collimator so nahe kam, dass die Winkel nicht mehr abgelesen
werden konnten. Deshalb mussten andere Methoden aufge-
sucht werden, und es liessen sich danach mit dem Rowland'schen Gitter Messungen in den fünf ersten Spectren
vornehmen, wobei das fünfte Spectrum sogar noch von vorzüglicher Schärfe war. Das Rutherford'sche Gitter gestattete Messungen nur in den ersten drei Spectren.

Die nächstliegende Methode wäre gewesen, im Minimum
der Ablenkung zu beobachten, dasselbe ergibt sich aus der
Formel:

$$\lambda = \frac{2 \sin\frac{\delta}{2} \cos\left(i + \frac{\delta}{2}\right)}{m} \cdot e,$$

für den Fall, dass $-\iota = \frac{1}{2}\delta$ wird, wodurch $\lambda = (2 \sin\frac{1}{2}\delta / m) . e$
wird.

Diese Methode der Beobachtung ist jedoch nur für
durchsichtige Gitter anwendbar. Bei denselben wird der
Ablenkungswinkel vom einfallenden Strahl aus gerechnet, und
da seine Richtung bei Drehung des Gitters dieselbe bleibt,
so macht sich das Minimum der Ablenkung durch eine
Umkehr der Fraunhofer'schen Linien bemerkbar. Bei
Reflexionsgittern dagegen, für die natürlich das Minimum
gleichfalls eintritt, muss der Ablenkungswinkel vom reflectirten Strahl aus gerechnet werden. Die Richtung desselben
ändert sich aber bei Drehung des Gitters, und die Fraunhofer'schen Linien wandern stets in dem gleichen Sinne,
sodass eine Umkehr nicht stattfindet, das Minimum der Ablenkung also nicht beobachtet werden kann.

Es wurde nun folgendes versucht:

Der Einfallswinkel der vom Collimator kommenden Lichtstrahlen wurde so gewählt, dass das reflectirte Spaltbild nicht in den Collimator zurückfiel, sondern mit dem Fernrohr beobachtet werden konnte. Dieser Winkel liess sich in der p. 384 beschriebenen Weise genau messen und das Gitter in seiner Stellung fixiren. Während das Fernrohr auf das reflectirte Spaltbild eingestellt war, wurde seine Stellung am Theilkreis abgelesen, darauf wurde es zur anderen Seite des Collimators geführt, wo die Spectra höherer Ordnung sehr gut beobachtet und die Ablenkungswinkel gemessen werden konnten. Der Einfallswinkel ist für die Berechnung der Wellenlängen negativ zu nehmen, da sich das reflectirte Spaltbild und die gebeugten Strahlen auf entgegengesetzten Seiten der Gitternormalen befanden. Bei dieser Art der Beobachtung stellte sich jedoch ein sehr bedeutender Uebelstand heraus. Bei der Messung des Ablenkungswinkels musste das Fernrohr sowohl auf das reflectirte Spaltbild als auch auf die Fraunhofer'schen Linien eingestellt werden, was ohne Ocularverschiebung[1]) nicht möglich war. Daraus entsprangen aber constante Fehler, die einer gesammten Beobachtungsreihe anhafteten. Die Messungen, die nach dieser Methode angestellt waren, mussten daher alle verworfen werden. Der erwähnte Uebelstand lässt sich jedoch vermeiden, wenn man die ausgeführte Messung nur als eine einseitige auffasst und nach Einstellung des Fernrohres auf die Fraunhofer'sche Linie sofort das Gitter angenähert um den doppelten Einfallswinkel dreht, sodass das reflectirte Spaltbild auf die andere Seite des Collimators fällt. Diese Drehung konnte bei der Construction des Spectrometers ohne Benutzung des Fernrohres genau gemessen und das unveränderte Fernrohr auf die nun auf der anderen Seite des Collimators liegende Fraunhofer'sche Linie eingestellt werden. Dadurch fiel die Aenderung des Fernrohres während der Winkelmessungen fort.

Der eigentliche Ablenkungswinkel ergibt sich leicht aus

---

1) Cornu, Compt. rend. **80.** p. 645. 1875.

den gemessenen Winkel. Die beiden benutzten Einfallswinkel brauchten natürlich nur ungefähr gleich zu sein, genau
bekannt musste aber ihre Summe sein, die auch allein ohne
Benutzung des Fernrohres gemessen wurde.

Diese Art der Beobachtung nahm sehr viel Zeit in
Anspruch, da die Messungen doch auch sofort in umgekehrter
Reihenfolge wiederholt werden mussten. Die Resultate waren
aber von grosser Genauigkeit, da die Ablenkungswinkel im
Spectrum dritter Ordnung, welches allein zur Verwendung
kam, sehr gross sind. Wie sich aus der Formel und den
vorkommenden Winkelgrössen ableiten lässt, erforderte die
Bestimmung des Einfallswinkels weniger als ein Drittel der
Genauigkeit, die in der Bestimmung der Ablenkungswinkel
erreicht wurde. Trotzdem sind nur wenige Beobachtungen
auf diese Art angestellt worden, weil sie einen vollkommen
unbewölkten Himmel voraussetzt, da sonst die ohnehin lange
Beobachtungszeit noch durch Warten verlängert, oder gar
die in der einen Richtung ausgeführte Messung dadurch
werthlos wird, dass ihr die Gegenmessung fehlt.

Nach längeren Versuchen fand ich schliesslich eine Methode, die sich für diese Gitter und dies Spectrometer als
die vortheilhafteste herausstellte. Sie scheint zunächst nicht
viel für sich zu haben, da die gemessenen Winkel auf weniger als die Hälfte ihrer Grösse reducirt werden.

Dem Fernrohr wurde eine feste Stellung möglichst nahe
dem Collimator gegeben; der Winkel $2i$, den beide optischen
Axen bilden sollten, liess sich leicht bestimmen, indem man
das Fernrohr auf den Spalt einstellte und es dann um
$180 - 2i$ herumführte und fest klemmte. Steht das Gitter
so, dass das reflectirte Spaltbild im Fadenkreuz des Fernrohres erscheint, so werden bei Drehung des Gitters die
Spectra verschiedener Ordnung das Fernrohr durchlaufen,
bei Drehung im entgegengesetzten Sinne erscheinen die
Spectra der anderen Seite. Diese besitzen zwar nicht die
gleiche Dispersion, aber dieselbe Ocularstellung des Fern-
rohres genügte für beide Seiten. Beobachtet wurde in der Weise, dass bei feststehendem
Fernrohr eine Fraunhofer'sche Linie in den Fadenkreuz-

schnittpunkt gebracht, und die Stellung des Gitters am Theilkreis abgelesen wurde. Darauf wurde die gleiche Linie auf der anderen Seite der Gitternormalen im Spectrum derselben Ordnung eingestellt, und der Winkel, um den das Gitter hierbei gedreht war, gemessen. So war es möglich, beim Rowland'schen Gitter die fünf ersten Ordnungen, beim Rutherford'schen die drei ersten Ordnungen beiderseits zu verwenden.

Es fragt sich nun, wie die gemessenen Winkel in diesem Falle für die Gleichung:

$$\lambda = \frac{2 \sin \frac{\delta}{2} \cos \left(i + \frac{\delta}{2}\right)}{m} \cdot e$$

zu verwerthen sind. Dies wird sich jedoch nur an der Hand einer Figur erkennen lassen. Dabei wird sich herausstellen, dass die Berechnung unerwartet einfach wird, indem $\cos(i + \frac{1}{2}\delta)$ für alle Spectra und alle Fraunhofer'schen Linien die gleiche Grösse annimmt.

In Fig. 2 (s. Taf.) bedeutet C den Ort des Collimators, F den des Fernrohres, G den des Gitters, die Gitternormale GN_0 halbirt den Winkel der optischen Axen $CGF = 2i_0$, der Einfallswinkel in dieser Stellung ist also i_0. Ich erwähne ausdrücklich, dass die Lage GN_0 nicht bekannt zu sein braucht, dass also das Fernrohr nicht auf das reflectirte Spaltbild eingestellt werden muss. Die Lage GN_0 ist hier nur angegeben, damit man sich über die vorkommenden Winkel orientiren kann; sie wurde aber auch mitbestimmt, weil man dadurch eine gute Controle für etwaige Verschiebungen der Spectrometertheile während der Messungen hatte. In der Figur sind die Lichtstrahlen stets durch unterbrochene Linien angedeutet; die jedesmalige Gitternormale ist durch eine einfache Linie wiedergegeben.

Es sei nun das Gitter so gedreht, dass die zu beobachtende Fraunhofer'sche Linie im Fadenkreuz erscheint. Die Gitternormale ist aus der Lage GN_0 in die Lage GN_1 gedreht, sie hat sich also um den Winkel $N_0GN_1 = \alpha_1$ gedreht. Der reflectirte Lichtstrahl ist aus der Lage GF in die Lage GR_1 übergegangen. Der Ablenkungswinkel des gebeugten

Strahles ist daher $R_1 GF = \delta_1$. Der jetzige Einfallswinkel ist $N_1 GC = i_1$. Der Ablenkungswinkel δ_1 ist also gleich dem doppelten früheren Einfallswinkel i_0 plus dem doppelten jetzigen Einfallswinkel i_1:

$$\delta_1 = 2(i_0 + i_1), \qquad \alpha_1 = i_0 + i_1, \qquad \frac{\delta_1}{2} = \alpha_1,$$

d. h. der halbe Ablenkungswinkel ist gleich dem Winkel, um den das Gitter gedreht ist.

Bisher hatte es sich nur um die absoluten Beträge der Winkel gehandelt; um aber für die Formel der Wellenlänge $\frac{1}{2}\delta + i$, also in diesem Falle $\frac{1}{2}\delta_1 + i_1$ zu bestimmen, müssen wir jetzt auch das Vorzeichen von i_1 berücksichtigen.

δ ist als Ablenkung vom reflectirten Strahl GR_1 aufzufassen und hat daher das entgegengesetzte Vorzeichen vom Reflexionswinkel i_1, den wir in die Formel einsetzen müssen. Daher haben wir nicht $\frac{1}{2}\delta + i_1$, sondern $\frac{1}{2}\delta_1 - i_1$ zu bilden.

$$\frac{\delta_1}{2} = \alpha_1 = i_0 + i_1, \qquad \frac{\delta_1}{2} - i_1 = i_0,$$

d. h. die Summe des halben Ablenkungswinkels und des zugehörigen Reflexionswinkels ist eine constante Grösse und gleich dem halben Winkel der optischen Axen.

Es sei nun die Gitternormale wieder im entgegengesetzten Sinne gedreht, und zwar über die Lage GN_0 hinaus, bis dieselbe Fraunhofer'sche Linie des Spectrums derselben Ordnung im Fadenkreuz erscheint. Die Gitternormale hat die Lage GN_2 angenommen, der reflectirte Strahl ist GR_2. Der Drehungswinkel ist also jetzt $N_0 GN_2 = \alpha_2$, der Ablenkungswinkel $R_2 GF = \delta_2$, der Reflexionswinkel $R_2 GN_2 = i_2$. Den absoluten Beträgen nach ist:

$$\left.\begin{array}{l} \delta_2 = i_2 + \alpha_2 - i_0 \\ \alpha_2 = i_2 - i_0 \end{array}\right\} \quad \delta_2 = 2\alpha_2. \qquad \frac{\delta_2}{2} = \alpha_2.$$

Der halbe Ablenkungswinkel ist wieder gleich dem Drehungswinkel. Da δ_2 und der Reflexionswinkel i_2 entgegengesetztes Vorzeichen haben, so müssen wir wieder $\frac{1}{2}\delta_2 - i_2$ bilden:

$$\frac{\delta_2}{2} - i_2 = \alpha_2 - i_2 = -i_0, \qquad \cos\left(\frac{\delta_2}{2} - i_2\right) = \cos i_0.$$

Wir erhalten also für den Cosinus der gesuchten Winkelsumme, und diesen brauchen wir nur für die Formel der Wellenlänge, wieder genau denselben constanten Werth wie bei der ersten Drehung des Gitters. Setzen wir die gefundenen Winkelwerthe in die Gleichung ein, so erhalten wir:

$$\lambda = \frac{\sin \alpha_1 \cos i_0}{m} e = \frac{\sin \alpha_2 \cos i_0}{m} e.$$

Hieraus folgt, dass $\alpha_1 = \alpha_2$ ist, d. h. $N_0 G$ halbirt den gesammten Drehungswinkel der Gitternormalen, welcher gemessen wurde. Die Lage $N_0 G$ braucht also zur Bestimmung von α_1 und α_2 nicht mitbestimmt zu werden. Damit fällt die Einstellung des Fernrohres auf das reflectirte Spaltbild und die Aenderung der Ocularstellung während der Messung der Ablenkungswinkel fort. Aber es muss der Einwand erhoben werden, dass ja die Bestimmung des Winkels, den beide optischen Axen bilden, mit Hülfe der Einstellung des Fernrohres auf den Spalt selbst geschah, dass also die Grösse i_0 für die verschiedenen Spectra durchaus nicht gleich $\frac{1}{2}\delta + i$ zu sein brauche, und hier wäre ein Fehler besonders zu fürchten, da die Grösse $i_0 = \frac{1}{2}\delta + i$ für alle Werthe derselben Beobachtungsreihe benutzt wurde.

Wir haben aber eine sehr gute Controle dafür, ob ein derartiger constanter Fehler vorhanden war. Wie p. 389 erwähnt ist, wurde, nachdem i_0 für eine Beobachtungsreihe bestimmt war, auch die Lage der Gitternormalen in $G N_0$ mitbestimmt, dasselbe geschah am Ende der Beobachtungsreihe, wo auch i_0 noch einmal gemessen wurde. Die Lage $G N_0$ ist also zweimal bestimmt, sie musste aber stets die Halbirungslinie für den gesammten Drehungswinkel der Gitternormalen sein, und es hat sich keine constante Verschiebung von $G N_0$ aus der mittleren Lage zwischen $G N_1$ und $G N_2$ herausgestellt, deren Einfluss auf das Resultat zu fürchten gewesen wäre. Hierbei kam allerdings der Umstand sehr zu Hülfe, dass i_0 in der Regel kleiner als 16^0 war und nur im Cosinus auftritt; daher übte ein Fehler in der Bestimmung von i_0 auf das Resultat erst den fünften Theil des Einflusses, den ein Fehler in der Bestimmung eines mittleren Ablenkungswinkels verursachte. Um zu veranschaulichen, wie

gering der Einfluss von i_0 auf das Resultat war, sei gesagt,
dass selbst bei Abweichungen von 10 Secunden zwischen der
ersten und zweiten Bestimmung von $2i_0$ der Fehler für eine
mittlere Wellenlänge von 540 $\mu\mu$ höchstens 0,002 $\mu\mu$ betragen
kann, vorausgesetzt, dass der wirkliche Werth von $2i_0$ stets
zwischen beiden Bestimmungen lag. Es kamen ausnahmsweise allerdings Abweichungen bis zu 15″ vor, diese sind
natürlich nicht Beobachtungsfehlern zuzuschreiben, sondern
Verzerrungen in den Theilen des Spectrometers, an dessen
Unveränderlichkeit bei dieser Methode allerdings ausserordentliche Anforderungen gestellt wurden. Natürlich wurde
bei dieser Methode auch die Vorsicht gebraucht, das Fernrohr auf der anderen Seite des Collimators gleichfalls zur
Verwendung zu bringen.

Bei weiterer Verkleinerung von i_0 würde der Einfluss
der Abweichungen noch mehr verschwunden sein, es war
aber nicht möglich, das Fernrohr dem Collimator bis auf
weniger als 30° zu nähern.

Denken wir uns Fernrohr und Collimator immer mehr
genähert, sodass schliesslich ihre optischen Axen zusammen-
fallen, so würde $i_0 = i + \tfrac{1}{2}\delta = 0$ werden, $\cos(i + \tfrac{1}{2}\delta)$ würde
dadurch aus der Formel fallen und $\lambda = (2 \sin\tfrac{1}{2}\delta/m) \cdot e$
werden, d. h. wir erhielten (p. 368) das Minimum der Ab-
lenkung.

Es ist aber in der That möglich, die optischen Axen
zusammenfallen zu lassen. Denken wir uns den Collimator
entfernt, und in dem Fernrohr, welches an seine Stelle gesetzt
ist, im Schnittpunkt des Fadenkreuzes eine leuchtende Linie,
die den Spalt des Collimators vertritt, so würden wir bei
Drehung des Gitters die Spectra dieser Lichtquelle das Fernrohr durchlaufen sehen.

Die Lichtquelle dort anzubringen, ist nun zwar nicht
möglich, aber es lässt sich zwischen Fadenkreuz und Objectivlinse ein Spiegel derartig anbringen, dass er die Hälfte des
Querschnittes des Rohres deckt und das von einem seitlich
angebrachten Spalt kommende Licht als vom Fadenkreuzschnittpunkt kommend erscheinen lässt. Auf diese Weise
würde es möglich sein, auch bei Reflexionsgittern den Winkel

des Minimums der Ablenkung zu messen. Welcher Licht-
verlust dabei eintreten würde, dürfte allerdings die sehr
wesentliche praktische Frage sein. Das Spectrum fünfter
Ordnung erschien übrigens beim Rowland'schen Gitter ohne
Concentrationslinse noch sehr lichtstark.

Nach den drei angegebenen Methoden wurden die Ablenkungswinkel gemessen. Wir können die Methoden am
einfachsten in folgender Weise unterscheiden.

Bei der ersten stand das Gitter senkrecht zum Collimator, nur das Fernrohr wurde gedreht. Beobachtet werden
konnten nur die Spectra zweiter Ordnung. Bei der zweiten
Methode wurden Fernrohr und Gitter gedreht. Es wurden
nur wenige Messungen und nur im Spectrum dritter Ordnung
gemacht. Bei der dritten Methode stand das Fernrohr fest,
und nur das Gitter wurde gedreht. Bei Gitter I wurden die
Spectra zweiter und dritter, bei Gitter II die Spectra zweiter
bis fünfter Ordnung benutzt.

Die dritte Methode hat die genauesten Messungen der
Ablenkungswinkel ergeben, als Ursache davon möchte ich
annehmen, dass die Führung des Theilkreises und leichten
Tischchens, die hierbei allein zur Geltung kam, besser als
die Führung des Fernrohres mit seinem Balancirgewicht war.

Bei der Berechnung der Wellenlängen brauchen wir
noch einen wichtigen Reductionsfactor, dessen Bestimmung
wir hier einschalten wollen, da wir soeben die Mittel dazu
besprochen haben.

Bestimmung der Ausdehnungscoëfficienten.

Da die Gitterconstante mit der Temperatur sich ändert,
so müssen wir den Ausdehnungscoëfficienten ε des Gitters
kennen. Die Bestimmung von ε mit Hülfe eines Compara-
tors würde, da die Gitter wenig breiter als 40 mm waren,
auf grosse Schwierigkeiten gestossen sein, doch bietet sich
in dem Spectrometer ein einfaches Mitel, ε zu bestimmen,
dar, wie sich aus der Formel für die Wellenlänge ableiten
lässt. Bei senkrecht einfallendem Strahl ist $\lambda = (\sin \delta / m)\,\varepsilon$,
λ bedeutet wieder die Wellenlänge, δ den Ablenkungswinkel,
ε die Gitterconstante, m die Ordnung des Spectrums.

λ ist noch nicht definirt, wenn wir nicht angeben, für welches Medium die Wellenlänge gelten soll. Sie gelte momentan für den luftleeren Raum. Dadurch tritt in der Formel der Brechungsexponent n der Luft auf, $\lambda = (n . \sin \delta / m) . e$. Die Gitterconstante e sei bei der Temperatur t gleich e_t, dann ist $e_t = e_0 (1 + \varepsilon t)$.

Wir erhalten daher, wenn wir die Ablenkungswinkel einer Fraunhofer'schen Linie bei den verschiedenen Temperaturen t_1 und t_2 messen, bei denen der Brechungsexponent der Luft n_1 und n_2 sei, die Gleichungen:

$$\lambda = \frac{n_1 \sin \delta_1 e_0 (1 + \varepsilon t_1)}{m} = \frac{n_2 \sin \delta_2 e_0 (1 + \varepsilon t_2)}{m},$$

mithin:

$$\frac{\sin \delta_2 \, n_2}{\sin \delta_1 \, n_1} = \frac{1 + \varepsilon t_1}{1 + \varepsilon t_2},$$

wofür wegen der geringen Grösse von ε:

$$\frac{\sin \delta_2 \, n_2}{\sin \delta_1 \, n_1} = 1 + \varepsilon (t_1 - t_2)$$

gesetzt werden kann.

Ist der Einfallswinkel nicht gleich Null, und hat er die Grösse i, so wird die Formel:

$$\frac{\sin \delta_2 \cos (i_2 + \delta_2) \, n_2}{\sin \delta_1 \cos (i_1 + d_1) \, n_1} = 1 + \varepsilon (t_1 - t_2).$$

Die Berechnung von ε setzt also weder die Kenntniss von λ, noch die Einführung irgend einer Längeneinheit voraus.

Genau bekannt ist der Brechungsexponent der Luft und seine Abhängigkeit von Temperatur und Barometerstand, für 16^0 und 760 mm wurde der Brechungsexponent gleich $1,00278$ gesetzt, er ist für jede Luftdichtigkeit leicht zu berechnen, da, wenn wir die Dichte d nennen:

$$\frac{n_1 - 1}{n_2 - 1} = \frac{d_1}{d_2} \quad \text{gesetzt werden darf.}$$

Die Ablenkungswinkel δ_1 und δ_2 wurden in der angegebenen Weise gemessen, t_1 und t_2 an einem Normalthermometer abgelesen. Die Herren Müller und Kempf[1] sind der Ansicht, bei Metallgittern verursache die Bestimmung

---

1) Müller u. Kempf, Publ. d. astroph. Obs. z. P. **5.** p. 11. 1886.

der jeweiligen Temperatur, sowie des Ausdehnungscoëfficienten des Metalles grosse Schwierigkeiten.

Was den ersten Punkt, die Bestimmung der Temperatur betrifft, so ist sie aber entschieden leichter als bei Glasgittern. Wie es bei ihren Glasgittern nicht anders möglich war, haben sie die Temperatur bestimmt, indem sie diejenige der umgebenden Luft massen, und geben an, dass die Unsicherheit in der Temperaturbestimmung des Gitters kaum mehr als wenige Zehntel eines Grades betragen konnte.

Durch die von mir benutzte und p. 385 erwähnte Methode liess sich aber die Temperatur des Gitters leicht bis auf Bruchtheile eines Zehntelgrades bestimmen, da die Gleichheit der Temperatur von Gitter und Thermometer gesichert war. Es ist allerdings auch erforderlich, dass die Temperatur eines Metallgitters genauer bekannt sei, da der Ausdehnungscoëfficient des Glases erheblich kleiner ist. In diesem Falle ist der Ausdehnungscoëfficient des Metalles 2,2 mal so gross, als der des Glases.

Für die Bestimmung des Ausdehnungscoëfficienten bietet aber ein Glasgitter vor einem Metallgitter keinerlei Vortheil, die erreichbare absolute Genauigkeit ist für beide vollkommen gleich, die procentische beim Metallgitter natürlich grösser. Die Herren Müller und Kempf haben den Ausdehnungscoëfficient des Glases nicht bestimmt, sondern ihn gleich 0,000 008 5 angenommen. An der Hand meiner Beobachtungen werde ich zeigen, dass sich der Ausdehnungscoëfficient eines Gitters hinreichend genau bestimmen lässt, wenn die Beobachtungen bei so verschiedenen Temperaturen angestellt werden, wie sie im Winter durch ein ungeheiztes und durch ein stark geheiztes Zimmer gegeben sind.

Die p. 396 folgenden Tabellen enthalten vier Beobachtungsreihen, die für den Ausdehnungscoëfficienten von Gitter I gefunden sind. Es ist für die drei ersten Reihen sämmtliches zur Berechnung nöthige Material wiedergegeben.

Bei diesen war der Einfallswinkel stets gleich Null, es wurde also nur im Spectrum zweiter Ordnung beobachtet.

Der benutzte horizontale Gitterstreifen (p. 193) lag 7 mm über der Mitte des Gitters. Die erste Columne gibt den

Reihe I.

1. Barom.	2. Temp.	3. δ			4. λ	5. ε	6. Abw.
					mm 0,000	0,0000	
757 769	29,23 9,81	50	40 42	51,4 13,5	568 261 252	179	− 4
„	28,99 10,25	49	58 59	11,2 33,2	562 438 440	190	+ 7
„	29,50 10,48	50	23 24	15,2 31,3	565 873 856	172	−11
„	30,02 11,51	49	20 22	46,3 06,1	557 273 277	191	+ 8
„	30,26 12,21	49	07 09	55,3 08,0	555 483 476	181	− 2
„	30,45 12,35	48	49 50	00,9 15,0	552 834 833	187	+ 4
„	30,67 13,27	47	39 40	37,1 45,2	542 959 957	185	− 2
						183,5	± 1,7

Reihe II.

764 766	28,26 12,82	53	53 55	44,8 05,5	593 459 466	195.	+ 5
„	28,13 12,65	54	04 06	51,0 08,4	594 852 851	186	− 4
„	28,43 13,12	53	37 38	28,2 45,4	591 405 407	190	0
„	27,27 12,32	53	23 24	12,6 29,8	589 581 589	197	+ 7
„	29,83 14,96	53	13 14	38,2 45,6	588 375 374	186	− 4
„	28,72 14,24	53	20 22	45,3 01,1	589 283 293	199	+ 9
„	28,91 15,03	52	33 34	07,5 15,8	583 154 157	193	+ 3
763 766	29,44 15,33	52	02 03	02,4 10,5	579 097 101	193	+ 3
„	29,63 15,58	51	40 41	52,6 55,3	576 305 300	182	− 8
„	29,90 15,80	51	00 01	38,7 40,2	570 930 931	178	−12
						1 89,7	± 1,5

Reihe III.

1. Barom.	2. Temp.	3. δ			4. λ	5. ε	6. Abw.
					mm 0,000	0,0000	
764 765	23,21 6,41	47	23 24	34,0 42,1	540 573 575	191	+ 2
„	23,14 6,97	46 47	59 01	55,7 00,9	537 139 144	192	+ 3
„	23,00 7,03	46	30 31	22,4 25,5	532 813 816	191	+ 2
754 758	28,38 3,85	45	21 23	58,4 25,4	522 696 692	181	— 8
						188,8	± 1,8

Barometerstand, die zweite die Temperatur, die dritte dén Ablenkungswinkel δ. Die vierte soll nur die beobachtete Linie kennzeichnen und gibt die Wellenlänge, die sich aus der Messung ergibt, und zwar in Luft bei 16° und 760 mm. Die fünfte enthält den gesuchten Ausdehnungscoëfficienten ε, die sechste die Abweichung vom Mittelwerthe der Reihe.

Reihe IV.

$\varepsilon \cdot 10^7$	195	198	200	186	162	173	187	196	185
Abw.	+7	+10	+12	—2	—26	—15	—1	+8	—3

$\varepsilon \cdot 10^7$	174	200	186	201	= 188,1.
Abw.	—14	+12	—2	+13	±2,3.

Das zur Berechnung der vierten Reihe nöthige umfangreiche Material ist den Beobachtungen für die Wellenlängen entlehnt. In der Auswahl der Beobachtungen liegt insofern eine Willkür, als nicht sämmtliche Beobachtungen benutzt sind, sondern nur die mit möglichst verschiedener Temperatur. Es wurde hierbei keine Rücksicht darauf genommen, ob die bei verschiedenen Temperaturen angestellten Beobachtungen auch nach derselben Methode angestellt waren. Auch die benutzte Gitterstelle brauchte nicht dieselbe zu sein, da die diesbezügliche Correction, die p. 193 berechnet ist, leicht anzubringen war. Das Endresultat dieser Reihe, deren Beobachtungsmaterial also nicht in der

Absicht gewonnen wurde, zur Berechnung des Ausdehnungscoëfficienten zu dienen, dürfte dadurch kaum gelitten haben.

Bei der Vereinigung der Mittelwerthe der vier Reihen
zu einem Gesammtmittel wurde berücksichtigt, dass die
Reihen nicht gleichwerthig sind. Deshalb wurde jeder Mittelwerth mit einem Factor multiplicirt, der nach dem Product
aus der mittleren Temperaturdifferenz und der Anzahl der
Beobachtungen gebildet ist. Jede Zahl der Reihen 3 und 4
ist im Verhältniss zu denen der Reihe 1 und 2 an und für
sich schon zweiwerthig, da ihnen jedesmal mindestens zwei
Messungen zu Grunde liegen. Unter diesen Gesichtspunkten
wurden den vier Reihen verschiedene Werthe beigelegt, und
zwar verhalten sich die den Reihen 1, 2, 3 und 4 beigeleg-
ten Werthe wie 13:15:14:32, und das Gesammtmittel für
ε wird gleich 1878.

Untenstehende kleine Tabelle gibt noch einmal die
vier Mittelwerthe, ihre Abweichungen und die berechneten
wahrscheinlichen Fehler. Der wahrscheinliche Fehler des
Gesammtmittels ist unter der ungünstigen Annahme abgeleitet, dass diese vier Werthe die einzigen gewonnenen Resultate, und dass sie alle gleichwerthig seien.

	$\varepsilon \cdot 10^8$	Abw.	W. F.
1	1835	−43	±17
2	1897	+19	±15
3	1888	+10	±18
4	1881	+ 3	±23
	1878		± 9

Danach würde der wahrscheinliche Fehler, an die zuge-
hörige Decimalstelle gesetzt, $\varepsilon = 0,000\,018\,78 \pm 9$ ergeben,
es ist nun $0,000\,008\,5$ der von
den Herren Müller und Kempf vorausgesetzte Ausdehnungscoëfficient des Glases. Wir sehen also, dass sich der
berechnete wahrscheinliche Fehler in einer Decimalstelle
befindet, die beim Ausdehnungscoëfficienten des Glases nicht
mehr angegeben ist. Bedenkt man, dass derselbe für verschiedene Glassorten in der siebenten Decimalstelle noch
sehr erheblich variirt, so wird man zugeben müssen, dass

der gemessene Ausdehnungscoëfficient des Metallgitters grösseren Anspruch auf Genauigkeit erheben kann als der für die Glasgitter angenommene. Ich erwähne dies nicht deshalb, weil ich glaubte, dass dadurch die Messungen der Herren Müller und Kempf beeinflusst seien, sondern nur, weil sie in der Bestimmung des Ausdehnungscoëfficienten Schwierigkeiten gesehen haben. Die Differenzen der Temperaturen, bei welchen sie die Messungen ausgeführt haben, waren zu gering, als dass die Resultate durch die Unsicherheit des Ausdehnungscoëfficienten hätten beeinflusst werden können. Bei den von mir mit dem Rutherford'schen Gitter angestellten Messungen waren die Temperaturdifferenzen dagegen bedeutend, es bleibt mir daher bei Angabe der Wellenlängen noch zu zeigen, dass der Ausdehnungscoëfficient mit entsprechender Genauigkeit gemessen ist.

Leider war ich nicht in der Lage, den Ausdehnungscoëfficienten vom Rowland'schen Gitter mit der gleichen Genauigkeit zu bestimmen, da mir dasselbe nur während der warmen Jahreszeit zur Verfügung gestanden hatte. Ein deshalb zu befürchtender Fehler kann jedoch fast vollständig zum Verschwinden gebracht werden. Dies ist dadurch leicht zu erreichen, dass die Breite des Gitters bei annähernd derselben Temperatur gemessen wird, bei welcher die Winkelmessungen am Spectrometer stattgefunden haben. Der Comparatorsaal der Normalaichungscommission, in welchem die Längenmessungen vorgenommen wurden, und dem leicht eine gewünschte Temperatur gegeben werden konnte, bot dazu ein bequemes Mittel dar. Denken wir uns, die mittlere Temperatur bei den Längen- und Winkelmessungen sei genau die gleiche gewesen, so würde der Einfluss eines falschen Ausdehnungscoëfficienten auf das Endresultat der Wellenlängen vollständig verschwunden sein. Die verschiedenen Fraunhofer'schen Linien sind nun zwar nicht alle bei der gleichen mittleren Temperatur beobachtet, aber es ist doch erreicht, dass die mittleren Temperaturen untereinander nur im Maximum um 3,9 Grad differiren, und dass sie von der mittleren Temperatur der Messungen der Gitterbreite nur um höchstens 2,5 Grad abweichen, und für diese Differenz ist die erreichte Genauigkeit vollkommen genügend.

Das Beobachtungsmaterial für den gefundenen Ausdehnungscoëfficienten ist den Messungen für die Wellenlängen entlehnt.

Die in untenstehenden beiden Tabellen gefundenen Resultate sind die einzigen, die ich für Gitter II erhalten habe, auch lagen die Temperaturen nicht sehr weit auseinander, sodass auf die leidliche Uebereinstimmung beider Mittelwerthe kein grosses Gewicht gelegt werden kann. Beide Reihen sind als gleichwerthig anzusehen, das Gesammtmittel ist daher 0,000 017 64. Wollte man den wahrscheinlichen Fehler aus den 20 Einzelwerthen berechnen, so würde man 0,000 017 64 $\pm$ 19 erhalten.

Linie	$\varepsilon \cdot 10^7$	Abw.		Linie	$\varepsilon \cdot 10^7$	Abw.
8	176	− 2		2	166	− 9
„	167	−11		„	207	+32
10	183	+ 5		3	164	−11
„	183	+ 5		„	176	+ 1
11	174	− 4		5	163	−12
„	180	+ 2		„	195	+20
12	185	+ 7		6	161	−14
„	176	− 2		„	180	+ 5
	177,9	$\pm$ 1,5		10	191	+16
				„	169	− 6
				3	155	−20
				„	172	− 3
					174,9	$\pm$ 3,0

Zieht man zur Beurtheilung der erreichten Genauigkeit die für Gitter I erhaltenen Messungsreihen heran, so dürfte derselbe als nicht viel grösser vorausgesetzt werden.

Bei der allgemeinen Besprechung der wahrscheinlichen Fehler werden wir sehen, dass für beide Gitter ε mit genügender Genauigkeit bestimmt ist. Wir kehren nun wieder zur Messung der Ablenkungswinkel zurück, die zur Bestimmung der Wellenlängen angestellt wurden.

Fortsetzung. Die Wellenlängen.

In der Auswahl der Fraunhofer'schen Linien, sowie in der Anzahl der für jede Linie angestellten Messungen wird man einen einheitlich durchgeführten Plan vermissen. Der Grund dafür liegt darin, dass zweimal während der Arbeit der Plan geändert werden musste.

Einmal, weil mir noch ein zweites vorzügliches Gitter, das Rowland'sche, zur Benutzung überlassen wurde, das andere mal wegen des Erscheinens der Arbeit des astrophysikalischen Observatoriums zu Potsdam, deren Resultaten ich die meinigen vergleichbar machen musste.

Die Fehler des Theilkreises habe ich nicht bestimmt, deshalb wurden für jede Linie des Spectrums mindestens sechs verschiedene Stellen des Kreises benutzt, die ungefähr je 30 Grad auseinander lagen. Derselbe ist also, da mit Hülfe von zwei Nonien abgelesen wurde, in seinem ganzen Umfange zur Messung verwendet, und wegen der Grösse der Ablenkungswinkel greifen die benutzten Bogen weit übereinander. Da für jede Fraunhofer'sche Linie also mindestens 12 Kreisbögen zur Verwendung kamen, so darf man wohl annehmen, dass den Fehlern des Theilkreises genügende Gelegenheit gegeben ist, sich gegenseitig auszugleichen oder wenigstens hervorzutreten. Es haben sich auf diesem Wege keinerlei Fehler bemerkbar gemacht, ich muss daher die von Wanschaff ausgeführte Theilung als eine vorzügliche bezeichnen.

Leider steht mir nicht soviel Raum zur Verfügung, dass ich das vollständige Beobachtungsmaterial zur Berechnung der 13 Linien, die sehr genau und mit beiden Gittern ziemlich gleichmässig gemessen sind, wiedergeben könnte, ich gebe es daher nur für zwei Linien vollständig.

Unter diesen 13 Linien befinden sich sieben, die von den Herren Müller und Kempf als Normallinien ausgewählt sind, auch fünf weitere Linien sind von ihnen gemessen. Die Linie 6, die ich deshalb gemessen habe, weil sie zugleich deutlich und doch nicht stark ist, ferner vollkommen isolirt erscheint und eine verschiedene Auffassung kaum zulässt, ist leider nicht von ihnen gemessen.

Die Tabellen (p. 402 u. 403) geben zuerst den Barometerstand und die Temperatur, dann unter *O* die Ordnung des Spectrums, bei Gitter I ist noch die benutzte Gitterstelle (p. 193) hinzugefügt, *o* bezeichnet die obere Seite des Gitters, und zwar die Stelle, die 7 mm über der Mitte liegt, *u* die untere Seite, gleichfalls 7 mm von der Mitte. Unter *M* ist die Methode der Messung angegeben, die drei Methoden sind einfach nach der Reihenfolge, in der ich sie beschrieben habe (p. 385), mit 1, 2, 3 bezeichnet. Bei Methode 1 ist der Ablenkungswinkel δ, bei Methode 2 und 3 $\delta/2$ und $\delta/2 + i$ angegeben.

Tabelle I.

Bar.	Temp.	O	M	δ oder $\frac{1}{2}\delta$			$i + \frac{1}{2}\delta$			λ		Abw.
				Gitter I.	Linie 10.	D_1.				mm 0,000		
766	12,32	2 o	1	53	24	29,8				589	589	+ 5
762	13,32	2 o	1	53	24	25,6					89	+ 5
755	19,45	3 o	3	38	44	54,6	15	51	01,9		88	+ 4
765	23,40	3 o	2	42	05	51,2	26	05	46,4		81	− 3
764	27,27	2 o	1	53	23	12,6					81	− 3
756	23,29	2 o	3	24	40	43,7	15	59	31,9		84	0
"	23,51	"	"	24	40	44,1		"			89	+ 5
"	23,66	3 o	"	38	46	37,0		"			82	− 2
"	24,05	"	"	38	46	39,3		"			94	+10
759	25,15	3 o	"	38	46	36,0	15	59	49,8		80	− 4
"	25,30	"	"	38	46	35,5		"			80	− 4
"	25,46	2 o	"	24	40	41,1		"			77	− 7
"	25,64	"	"	24	40	41,1		"			79	− 5
759	26,55	3 u	"	38	29	48,7	14	43	26,1		86	+ 2
"	26,91	2 u	"	24	31	04,1		"			82	− 2
	28,02									589	584	± 0,9
				Gitter II.	Linie 10.	D_1.						
762	19,27	4	3	44	07	45,2	15	44	08,5	589	592	− 4
"	19,66	3	"	31	28	51,3		"			602	+ 6
"	20,12	2	"	20	22	22,7		...			585	−11
764	24,39	2	1	42	04	40,4					604	+ 8
"	26,19	2	"	42	04	32,7					597	+ 1
766	26,46	3	3	31	33	29,8	16	12	05,5		596	0
"	26,52	4	"	44	15	08,2		"			595	− 1
762	22,32	4	"	44	11	51,6	15	59	24,8		603	+ 7
"	22,66	3	"	31	31	24,5		"			602	+ 6
"	22,96	5	"	60	37	15,8		"			592	− 4
768	30,03	4	"	44	09	04,2	15	51	06,3		593	− 3
"	30,18	3	"	31	29	38,8		"			590	− 6
764	15,08	3	"	31	30	50,0	15	54	36,0		596	0
"	15,37	4	"	44	10	53,3		"			600	+ 4
	22,94									589	596	± 1,0

Nach Methode 2 sind überhaupt nur wenige Beobachtungen und nur mit Gitter I angestellt. Bei Gitter II kam, abgesehen von einigen Controlbeobachtungen, nur Methode 3 zur Anwendung.

Bemerkt sei noch, dass für jede neue Beobachtungsreihe Spectrometer und Gitter neu justirt wurden.

Die Wellenlängen sind berechnet für Luft bei 16° und 760 mm Druck.

Tabelle II.

Gitt.	Beob.	Temp.	λ	W.F.	Diff.	
1	6	25,18	495 742	±1,8	} − 5	1. Sehr starke, doppelte Linie.
2	13	25,76	495 747	±1,1		
1	7	25,76	497 307	±2,1	} 5	2. Scharfe Linie.
2	6	23,80	497 312	±1,6		
1	6	24,98	516 225	±1,7	} 5	3. Ziemlich starke, scharfe Linie.
2	8	22,02	516 230	±0,7		
1	6	23,95	517 260	±1,0	} 6	4. b_2 zu beiden Seiten breite Schatten.
2	14	25,95	517 266	±1,3		
1	7	19,00	528 175	±1,9	} 8	5. Ziemlich starke Linie.
2	6	22,51	528 183	±1,2		
1	7	21,18	544 497	±2,0	} 10	6. Ziemlich starke Linie.
2	9	22,24	544 507	±1,2		
1	10	22,02	545 545	±0,9	} 7	7. Sehr starke, doppelte Linie.
2	13	25,67	545 552	±1,2		
1	14	22,90	562 446	±0,9	} 12	8. Ziemlich starke Linie.
2	13	23,88	562 458	±1,3		
1	6	26,46	573 170	±2,4	} 8	9. Scharfe Linie.
2	8	23,85	573 178	±1,9		
1	15	23,02	589 584	±0,9	} 12	10. D_1.
2	14	22,94	589 596	±1,0		
1	7	27,88	612 211	±1,7	} 12	11. Sehr starke Linie.
2	14	24,05	612 223	±1,3		
1	6	29,06	639 351	±2,6	} 14	12. Scharfe Linie
2	10	24,12	639 365	±1,5		
1	6	25,62	656 271	±2,7	} − 6	13. C.
2	6	25,03	656 277	±1,7		

In Tabelle II sind die Mittelwerthe für die übrigen Linien gegeben. Die erste Columne gibt das benutzte Gitter, die zweite die Anzahl der Beobachtungen, die dritte die mittlere Temperatur, die vierte die Wellenlänge,

die fünfte den wahrscheinlichen Fehler, die sechste die Differenz der mit Gitter I und Gitter Il gefundenen Resultate.

Betrachten wir in Tabelle I die Resultate jedes Gitters
für sich, so ist die Uebereinstimmung eine sehr gute. Demgemäss ist der berechnete wahrscheinliche Fehler der natürlich nur ein Ausdruck für die Genauigkeit der Winkelmessungen sein soll, sehr klein. Er erreicht nie drei Einheiten
in der sechsten Stelle oder 0,003 $\mu\mu$.

Vergleichen wir dagegen in Tabelle II die Mittelwerthe
beider Gitter, so stellt sich eine viel grössere und ziemlich
constante Differenz heraus.

Die Constanz der Differenzen wird deutlicher, wenn wir
die Differenzen der Logarithmen bilden, welche genau gleich
sein müssten. Dieselben sind in Tabelle III gegeben,
die daneben stehenden Abweichungen von der mittleren
Differenz geben uns ein Kriterium dafür, ob die Berechnung
des wahrscheinlichen Fehlers für die Winkelmessungen einen
Sinn hatte, sie geben uns ein viel besseres Bild von der
Grösse der Winkelfehler als der wahrscheinliche Fehler
selbst. Diese Abweichungen sind sehr klein, wollen wir sie
wieder in Einheiten der sechsten Stelle von λ ausdrücken,
so müssen wir sie mit ungefähr $^{5}/_{4}$ multipliciren, da für
eine mittlere Wellenlänge von 540 $\mu\mu$ $d \log \lambda : d\lambda = 4:5$ ist.

Tabelle III.

Linie	1	2	3	4	5	6	7	8	9	10	11	12	13	
Diff.	5	5	4	5	7	7	6	9	7	9	8	9	5	= 7.
Abw.	−2	−2	−3	−2	0	0	−1	+2	0	+2	+1	+2	−2	

Wir sind jetzt im Stande, eine Controle der Messung
der Breite von Gitter I vorzunehmen. Wir hatten p. 192
gefunden, dass das Gitter I oben und unten eine verschiedene Breite besass, und zwar betrug die Differenz 1,5 μ.

Es könnte nun scheinen, als müssten durch diesen Um-
stand die Spectra dieses Gitters an Güte eingebüsst haben.
Allein dies ist nur unter der Voraussetzung richtig, dass
jeder Punkt des beleuchteten Spaltes zu jedem Punkte des
Collimatorobjectives Licht sendet, in diesem Falle würde eine
Kreisfläche auf dem Gitter von der Grösse des Objectives

zur Bildung des Spectrums benutzt werden. Wenn das Sonnenlicht durch eine Sammellinse auf dem Spalt concentrirt wird, so sieht man diese erleuchtete Kreisfläche auf dem Gitter sehr deutlich. Lässt man dagegen das Sonnenlicht einfach parallel der optischen Axe auf den Spalt fallen, so sieht man auf dem Gitter nur einen erleuchteten horizontalen Streifen, dessen Höhe die Höhe des Spaltes ist, und dessen Breite nur von der Enge des Spaltes abhängt. Wird der Spalt bis auf einen Punkt verdeckt, so erscheint auf dem Gitter nur eine horizontale Linie. Jeder Spaltpunkt benutzt also nur einen engen horizontalen Streifen des Gitters, dessen Höhe noch nicht 1 mm erreicht, in dieser Höhe kann die Gitterbreite, da die Striche 43 mm lang sind, aber erst um $1,5/43 = 0,04\,\mu$ variiren, das ist aber eine Grösse, die vollständig vernachlässigt werden darf und auf das Spectrum keinen Einfluss mehr ausübt. Meine Beobachtungen sind stets ohne Concentrationslinse angestellt, ich brauchte daher bei den Messungen nur die Gitterstelle, welche ihr Licht zum Fadenkreuzschnittpunkte sandte, auf 1 mm genau zu kennen, um den Fehler des Gitters unschädlich zu machen.

Es wurden nur zwei Gitterstellen, die 14 mm auseinander und 7 mm von der Mitte entfernt lagen, benutzt. Die Differenz der Logarithmen der zugehörigen Gitterconstanten war nach p. 193 gleich 0,000 005 0, diese Grösse muss sich wieder unmittelbar aus den Logarithmen derjenigen Wellenlängen ergeben, die mit beiden Gitterstellen gemessen sind, und in der That erhalten wir auf diesem Wege die Grösse 0,000 006 0. Die Uebereinstimmung beider Resultate kann noch eine gute genannt werden, wenn man bedenkt, dass die benutzten Gitterstellen nur 14 mm auseinander lagen, und die Beobachtungen nicht in der Absicht angestellt sind, die Correctionsgrösse zu bestimmen. In der Uebereinstimmung liegt aber ein Beweis, dass die Divergenz der Gitterstriche durch eine allmähliche Drehung des Gitters während der Herstellungszeit hervorgebracht ist.

Jedes der beiden Gitter hat in den Spectren verschiedener Ordnung die gleichen Resultate für die Wellenlängen geliefert, da die berechneten Ordnungscorrectionen $0,001\,\mu\mu$

nicht überschreiten, diese Grösse aber noch innerhalb der wahrscheinlichen Fehler liegt.

Bei Gitter I würde die Correction im Spectrum zweiter Ordnung $+0,001 \mu\mu$, im Spectrum dritter Ordnung $-0,001 \mu\mu$ betragen. Für Gitter II würde sie im Spectrum zweiter und fünfter Ordnung gleich Null, im Spectrum dritter Ordnung gleich $-0,001 \mu\mu$, im Spectrum vierter Ordnung gleich $+0,001$ mm sein.

Die Herren Müller und Kempf fanden für ihre Gitter Ordnungscorrectionen bis zur Höhe von $0,015 \mu\mu$, im Mittel betragen dieselben $0,005 \mu\mu$, bei einem der vier Gitter waren dieselben für alle Ordnungen gleich Null.

Vereinigen wir die mit Gitter I und Gitter II gefundenen Resultate zu einem Mittelwerthe und vergleichen diesen mit den von den Herren Müller und Kempf gefundenen Wellenlängen, die gleichfalls für Luft bei 16⁰ und 760 mm Druck gelten, so stellen sich sehr grosse Differenzen heraus, wie aus Tab. 4 ersichtlich ist.

Tabelle IV.

Linie	M. u. K.	GI u. GII	Diff.	Linie	M. u. K.	GI u. GII	Diff.
1	495 770	495 744	+26	8	562 475	562 453	+22
2	497 340	497 809	31	9	573 207	573 174	33
3	516 260	516 227	33	10	589 625	589 590	35
4	517 284	517 263	21	11	612 247	612 217	30
5	528 215	528 180	35	12	639 392	639 358	34
6	fehlt	544 502		13	656 314	656 274	+40
7	545 580	545 548	+32				

In Tab. 5 sind wieder die Differenzen zwischen den Logarithmen der zwölf vergleichbaren Wellenlängen gebildet, und daneben steht die Abweichung von der mittleren Differenz, die auch bisweilen $0,007 \mu\mu$ erreicht.

Tabelle V.

Linie	1	2	3	4	5	7	8	9	10	11	12	13	
Diff.	22	26	27	17	29	25	17	25	25	22	22	26	= 24.
Abw.	−2	+2	+3	−7	+5	+1	−7	+1	+1	−2	−2	+2	

Den Grund für die Grösse der Abweichungen muss man in der verschiedenen Wiedergabe der Fraunhofer'schen

Linien durch die verschiedenen Gitter suchen, auch wird die persönliche Auffassung der Linien nicht ohne Einfluss gewesen sein. Es ist deshalb nur zu beklagen, dass den Herren Müller und Kempf bei den mit soviel Sorgfalt und Mühe vorgenommenen Messungen nicht bessere Gitter zu Gebote gestanden haben.

Man sieht, dass der Genauigkeit in der Bestimmung der Wellenlängen eine Grenze gesetzt ist, die weit vor der Genauigkeitsgrenze liegt, die durch Längen- und Winkelmessungen gegeben ist.

Um dies durch Zahlen zu veranschaulichen, habe ich die partiellen Fehler, welche die einzelnen Bestimmungsstücke verursachen, noch einmal angegeben. Bezeichnen wir die Wellenlänge in Luft bei 16^0 und 760 mm Druck mit λ, so ist $\lambda = (\sin \delta / m) \cdot \big(e (1 + \varepsilon t) n\big) / n_0$, worin n_0 der Brechungsexponent der Luft bei 16^0 und 760 mm ist, derselbe ist gleich $1{,}000\,278$, n bezeichnet den Brechungsexponenten der Luft während der Winkelmessungen. Der Brechungsexponent ist so genau bekannt, dass ein Fehler von dieser Seite nicht zu fürchten ist.

Desgleichen war t (p. 385) hinreichend genau bekannt. Es sind also Fehler nur noch von δ, e und ε, also vom Ablenkungswinkel, der Gitterconstante und dem Ausdehnungscoëfficienten zu erwarten.

Die Grösse der durch δ bedingten Fehler können wir, wie ich p. 404 gezeigt habe, genau angeben, sie liegen im Maximum zwischen $0{,}002$ und $0{,}003$ $\mu\mu$, dasselbe gilt, wenn in der Formel $2 \sin\tfrac{1}{2}\delta \cos (i + \tfrac{1}{2}\delta)$ statt $\sin \delta$ auftritt.

Die Messung der Gitterbreite kann, wenn wir die berechneten wahrscheinlichen Fehler zu Grunde legen dürfen, nur einen Fehler in die Wellenlänge tragen, der zwischen $0{,}001$ und $0{,}002$ $\mu\mu$ liegt.

Unter derselben Voraussetzung würde der Ausdehnungscoëfficient für Gitter I (p. 398), bei welchem der Unterschied der Temperatur während der Längen- und Winkelmessungen im Maximum $11{,}3^0$ beträgt, doch noch nicht einen Fehler verursachen, der $0{,}001$ $\mu\mu$ erreichte.

Für Gitter II konnte der Ausdehnungscoëfficient (p. 400)

zwar nicht mit derselben Genauigkeit bestimmt werden, dafür
beträgt aber auch der Unterschied der Temperaturen während der Längen- und Winkelmessungen nur 2,3°, also etwa
den fünften Theil.

Für die Wellenlängen der Herren Müller und Kempf
können ungefähr dieselben Fehlergrössen gelten, wenn sie
auch einige der verglichenen Linien nicht mit derselben Genauigkeit, wie ich, gemessen haben. Ein Fehler in der Bestimmung der Breite des Gitters musste bei ihren Gittern
den doppelten Fehler in die Wellenlängen tragen, da ihre
Gitter 20 mm, die von mir benutzten 40 mm breit sind.

Angesichts dieser Betrachtungen muss die grosse Differenz zwischen den beiderseitigen Resultaten überraschen.
Sie wird weniger überraschen, wenn wir die sich (p. 406)
gegenüberstehenden Mittelwerthe wieder auflösen in die
Werthe, welche jedes einzelne Gitter geliefert hat. Den
Resultaten der Herren Müller und Kempf liegen, wie
früher erwähnt, vier Gitte zu Grunde, den meinigen zwei.

Aus den constanten Abweichungen der sechs Gitter habe
ich die Werthe berechnet, die jedes einzelne für eine mittlere Wellenlänge von 540 $\mu\mu$ ergeben würde. Die Gitter sind
in Tabelle VI so geordnet, dass die zugehörigen Wellenlängen eine steigende Reihe bilden. Die vier Wanschaff'-
schen Gitter sind nach der Anzahl Striche bezeichnet, die
sie auf ihrer Breite von ungefähr 20 mm besitzen.

Tabelle VI.

Gitter	λ	Diff.
G I	540 000	
G II	08	8
8001	13	5
5001	23	10
8001 L	43	20
2151	540 060	17

Die einzelnen Resultate gehen sehr weit auseinander,
allerdings zeigt die Reihe an keiner Stelle einen besonders
starken Sprung, wie die obenstehenden Differenzen je zweier
aufeinander folgenden Werthe zeigen, aber ich hatte erwartet,

dass meine Werthe zwischen die anderen fallen würden. Am grössten ist die Lücke zwischen 5001 und 8001 L, welche die Herren Müller und Kempf als ihre besten bezeichnet haben. Am engsten schliesst sich das vorzüglichste Gitter II an das recht schlechte Gitter 8001 an. Die Differenz zwischen Gitter I und Gitter II dürfte noch als verhältnissmässig klein bezeichnet werden.

Den Grund für die Abweichungen zwischen den Gittern sehe ich nach den p. 162 gegebenen Betrachtungen in der Unmöglichkeit, die wirkliche Gitterconstante genau zu bestimmen, mit grosser Genauigkeit können wir nur das arithmetische Mittel der Strichabstände bestimmen.

Ueber diese Schwierigkeit kann man auch nicht dadurch hinwegkommen, dass man das Gitter in verticale Streifen zerlegt und die Constante jedes Streifens bestimmt, denn der Fehler in der Bestimmung der Constante jedes Streifens ist natürlich umgekehrt proportional der Breite des Streifens. Daher müssten Unregelmässigkeiten des Gitters, die auf diesem Wege zu Tage treten könnten, schon eine sehr bedenkliche Grösse erreichen.

Als Aushülfe bleibt nur der Weg übrig, den die Herren Müller und Kempf eingeschlagen haben, indem sie mit allen vier Gittern die Wellenlängen von elf Normallinien genau bestimmten, und mit Hülfe dieser Wellenlängen rückwärts die Gitterconstanten berechneten. Als Correctionen für die am Comparator gemessenen Breiten ihrer vier Gitter fanden sie:

$$
\begin{array}{lll}
\text{für Gitter} & 2151 & -0{,}95\,\mu \\
& 5001 & +0{,}49 \\
& 8001 & +0{,}73 \\
\text{Gitter} & 8001\ \text{L} & -0{,}35\,\mu.
\end{array}
$$

Dieselbe Berechnung mit Gitter I und II angestellt, würde ergeben:

$$
\begin{array}{lll}
\text{für Gitter} & \text{I} & +0{,}33\,\mu \\
\text{Gitter} & \text{II} & -0{,}82\,\mu.
\end{array}
$$

Um die Correctionen vergleichbar zu machen, müssten wir die meinigen noch durch zwei dividiren, da Gitter I und II 40 mm, die vier Wanschaff'schen 20 mm breit sind.

Es dürfte schwer sein, etwas Bestimmtes darüber aus-
zusagen, mit welcher Genauigkeit denn nun bis jetzt die
Wellenlängen gemessen sind. Dass die von Thalén (p. 159)
corrigirten Angström'schen Werthe für eine mittlere Wellenlänge mit den meinigen ausgezeichnet übereinstimmen,
darf ich leider nicht als Stütze für meine Resultate anführen; die Differenz beträgt nur 0,001 $\mu\mu$. Wenn auch der
Fehler des Angström'schen Meterstabes nach Thalén's
Angabe corrigirt ist, so war doch die Art und Weise, wie
Angström[1]) seine Gitter indirect mit dem Meterstabe verglich, wenig Vertrauen erweckend. Er werthete mit Hülfe
des Meterstabes die 200 mm lange Schraube einer Theilmaschine aus und mass mit Hülfe des gefundenen Schraubenwerthes die Gitter.

Uebrigens gilt die gute Uebereinstimmung nur für eine
aus allen Wellenlängen berechnete mittlere Wellenlänge.
Denn da Angström nur neun Linien, und zwar die mit A
bis H_2 bezeichneten absolut gemessen, die übrigen aber
durch mikrometrische Messungen angeschlossen hat, so haben
sich Fehler von einer ungewöhnlichen Grösse eingeschlichen,
eine Abweichung von 0,020 $\mu\mu$ ist nicht selten.

Die absoluten Wellenlängenmessungen von Ditscheiner[2]) und van der Willigen[3]) können wir kaum zur Vergleichung heranziehen, da ersterem die Anzahl seiner Gitterstriche nicht bekannt war, und er beim Auszählen der Striche
unter einem Mikroskop abweichende Zahlen erhielt, während
letzterem die genaue Länge seines 30 mm langen Glasmaass-
stabes nicht bekannt war. Die Werthe Ditscheiner's sind
noch 0,112 $\mu\mu$, die von v. d. Willigen noch 0,279 $\mu\mu$
grösser als die von Müller und Kempf.

Einen ganz neuen Weg hat Hr. Macé de Lépinay[4])
eingeschlagen, um die Wellenlänge von D_2 zu bestimmen.
Er misst mit Hülfe der Talbot'schen Linien die Dicken

---

1) Ångström, Recherches sur le spectre solaire. p. 4. Upsal 1868.
2) Ditscheiner, Wien. Ber. 50. II. p. 296. 1864; 52. II. p. 289.
1864; 63. II. p. 565. 1871.
3) van der Willigen, Arch. du Musée Teyler. 1. p. 1. 1868.
4) Macé de Lépinay, Compt. rend. 102. p. 1153. 1886.

eines Quarzwürfels, die unbekannte Wellenlänge von D_2 ist ihm hierbei die Längeneinheit, in dieser Einheit drückt er auch das Volumen des Würfels aus. Dieses Volumen findet er noch einmal durch Wägung des Würfels in Luft und in Wasser, er erhält also auch das Volumen im Metermaass-system ausgedrückt. Beide Ausdrücke für das Volumen er-geben ihm sofort das Verhältniss der Wellenlänge von D_2 zum Meter oder die absolute Wellenlänge. Sein Resultat fällt mitten zwischen diejenigen von Müller und Kempf und die meinigen; bedenkt man aber, dass bei den Verglei-chungen von Meter und Kilogramm noch Abweichungen von 1 pro Mille vorkommen, so wird man die gute Uebereinstimmung nur eine zufällige nennen dürfen. Allerdings geht ein solcher Fehler nur mit einem Drittel seiner Grösse in das Resultat der Wellenlänge ein.

Es bleibt demnach immer noch eine Unsicherheit in der Bestimmung der Wellenlängen bestehen, welche dieselben vorläufig noch ungeeignet macht, als Normalmaasseinheit zu dienen. Liessen sich die absoluten Wellenlängenmessungen mit derselben Genauigkeit ausführen, wie die relativen, so könnte allerdings kaum eine bequemere Einheit gefunden werden. Wollte man aber wirklich das eingeführte Meter an die als unveränderlich vorausgesetzte Lichtwellenlänge anschliessen, um dasselbe von der Veränderlichkeit aller irdischen Substanzen frei zu machen, so würde hierzu eine grosse Anzahl mannigfaltiger Gitter erforderlich sein.

Nachtrag.

Nach Fertigstellung meiner Arbeit erschien eine Ver-öffentlichung der Wellenlängenmessungen von Hrn. Bell.[1] Derselbe hat zwei vorzügliche Glasgitter, welche mit der Rowland'schen Schraube hergestellt waren, benutzt. Das erste besitzt 400, das zweite 266 Striche auf 1 mm.

An den auf dem gewöhnlichen Wege gefundenen Gitter-constanten brachte er Correctionen an, nachdem er die Gitter in verticale Streifen zerlegt und die Breite jedes Streifens für sich untersucht hatte. Die Genauigkeit dieser

---

1) L. Bell, Am. Journ. of Sc. **33.** p. 167. 1887.

Correctionen und ihre Berechtigung wird sich aber erst beurtheilen lassen, nachdem die versprochene Veröffentlichung der angewandten Methode erfolgt sein wird.

Die Wellenlänge von D_1 hat Hr. Bell sehr genau gemessen, die uncorrigirten Werthe für dieselben sind:

I 589 611   II 589 595,

hieran brachte er die Correctionen I −02, II +10 an, er erhielt daher I 589 609 } und zwar für Luft
und II   605 } bei 20° und 760 mm.

Ebenso brachte Hr. Bell eine Correction an der Constanten eines Gitters an, welches ihm Peirce übersandte. Danach ergab das Gitter für D_1 die Wellenlänge 589 604. Die Uebereinstimmung der drei Werthe nach Anbringung der Correction muss eine vorzügliche genannt werden. Ziehen wir zwei Einheiten der letzten Stelle ab, so gelten die Wellenlängen für Luft bei 16° und 760 mm. Vergleichen wir diese Resultate mit dem von Müller und Kempf und mit dem meinigen, so ergibt sich:

$D_1 = 589 625$ Müller, Kempf.

607 }
603 } Bell

602   Peirce corr.

589 590   Kurlbaum.

Wie man sieht, liegen die drei corrigirten Werthe fast genau in der Mitte, sie liegen dem meinigen etwas näher, als dem von Müller und Kempf.

Hr. Bell wird seine Messungen noch mit vorzüglichen Metallgittern fortsetzen. Seine veröffentlichten Resultate sind insofern noch nicht zum vollständigen Abschluss gekommen, als sein Maassstab von Baltimore nach Berlin übersandt ist; derselbe wird auf der Normalaichungscommission an den p. 172 erwähnten Meterstab „Repsold 1878" angeschlossen, mit welchem sowohl Müller und Kempf als auch ich die Constanten der Gitter bestimmt haben, sodass in kürzester Zeit sämmtliche Wellenlängen dieses Stahlmeter als Basis haben werden und umgekehrt dieses Meter in vorzüglicher Weise auf die Wellenlängen bezogen sein wird.

XII. *Ein Versuch über Lichtemission glühender Körper; von Ferdinand Braun.*

(Aus den Göttinger Nachr. vom 7. Sept. 1887 mitgetheilt vom Hrn. Verf.)

Bedeckt man eine kleine Stelle, etwa einige Quadrat-centimeter eines Porzellangegenstandes mit der gewöhnlichen schwarzen Farbe der Porzellanmaler[1]) und erhitzt in einer allseitig, bis auf eine kleine, röhrenförmige Oeffnung, die als Schauloch dient, geschlossenen Muffel, so beobachtet man Folgendes: Sobald die ersten Anfänge der Rothgluht sich einstellen, fängt das Porzellan an zu leuchten. Der schwarze Fleck hebt sich ein wenig von demselben ab. Mit steigen-der Temperatur wird die Lichtemission des Porzellans inten-siver, und man übersieht den ganzen Muffelinhalt, als wenn er von aussen schwach beleuchtet wäre. Steigert man die Hitze noch mehr, so wird der schwarze Farbfleck schwächer, und nach Durchlaufen eines verhältnissmässig kleinen Tem-peraturintervalles hebt sich derselbe so wenig mehr vom Porzellan ab, dass derjenige, welcher die Erscheinung zum ersten mal sieht, denselben vollständig verschwunden glaubt. Erst wenn man einen brennenden Spahn oder eine Gasflamme in die Muffel einführt, überzeugt man sich, dass derselbe noch schwarz (mit einer tief dunkelrothen, rostbraunen Nuance) auf hellem Grunde vorhanden ist. Diese Erschei-nung, die leicht zum Erkennen bestimmter Temperaturen benutzt werden kann, tritt ein bei einer Temperatur, welche ich auf etwa 800° C. schätze. Steigert man die Temperatur noch mehr, so eilt nun die Lichtemission des schwarzen Fleckens derjenigen des Porzellans voran, und bei etwa 1000 bis 1100° C. scheint er hell, weiss strahlend auf dem hell-

---

1) Diese ist ein Gemenge mehrerer Metalloxyde mit einem „Fluss" d. h. einem leicht schmelzbaren Silicat oder Borat. Sie wird mit etwas frischem Terpentinöl, dem eventuell noch etwas „Dicköl zugesetzt, zu einem weichen Brei verrieben und mit dem Pinsel aufgestrichen. „Dick-öl" nennen die Porzellanmaler die Flüssigkeit, welche allmählich über den Rand der Gefässe kriecht, in welchen Terpentinöl an offener Luft steht — wahrscheinlich ein Terpentinölhydrat.

rosenroth glühenden Porzellan. Bei Einführen eines brennenden Körpers in die Muffel sieht er wieder dunkel auf hell
aus. — Andere Porzellanfarben, z. B. Purpur, geben ähnliche Erscheinungen; es genügt sogar ein Tintenstrich (der
in Eisenoxyd übergeht, das sich glänzend einbrennt[1]), aber
kein Stoff gibt sie so intensiv und so wenig durch Reflexe
störend, wie die erwähnte Farbe.

Die Erscheinung erklärt sich einfach: Porzellan ist bei
gewöhnlicher Temperatur und auch bei höherer Temperatur
durchlässig für leuchtende Strahlen, das schwarze Gemenge
der Metalloxyde dagegen für dieselben undurchsichtig, wovon
man sich an einem bemalten, in der Gasflamme glühend
gemachten Porzellantiegel leicht überzeugen kann. In demselben Maasse als die leuchtenden Strahlen mit steigender
Temperatur an Intensität im Glühlicht gewinnen, steigert
sich daher die Lichtemission zu Gunsten des schwarzen
Fleckes. Da er bei Beleuchtung mit einer Quelle höherer
Temperatur immer noch schwarz erscheint, so folgt, dass er
für die Strahlen derselben immer noch grösseres Absorptionsvermögen wie Porzellan besitzt, d. h. mit weitergehender
Glühhitze würde er, falls er nicht sonst eine Aenderung
im Absorptionsvermögen erleidet, stets noch an Helligkeit
gewinnen.

Der Versuch lässt sich natürlich auch im verdunkelten
Raume mit einem glühend gemachten Porzellanscherben zeigen
und empfiehlt sich so als instructiver Vorlesungsversuch. Ich
finde, dass er leidlich gelingt, wenn man einen grösseren
Porzellantiegel innen bemalt und in der Bunsenflamme erhitzt.
Doch tritt das Verschwinden des Schwarz schlecht heraus;
auch bekommt man bei freiem Erhitzen in der Flamme keine
ausreichend hohe Temperatur, um den Fleck auf mehr als eine
dunkle Rothgluht zu bringen. Dagegen sieht man dann sehr
schön, wie ein Goldfleck bei ca. 800° ein intensiv grünliches
Licht (wie eine reine Oberfläche geschmolzenen Kupfers)

---

1) Der Tyndall'sche Versuch, dass ein Tintenfleck auf glühendem
Platin heller leuchtet als das Metall, ist kein Analogon. Er erklärt sich
aus der Rauhigkeit der Oberfläche.

ausstrahlt, welches bei abnehmender Temperatur in ein tiefes Dunkelblau übergeht. Die Farben erinnern durchaus an die Durchlassfarben dünner Goldschichten. Platin leuchtet beim Abkühlen lange intensiver als das Porzellan; das Licht verschwindet ebenso, durch ein schwaches Roth hindurchgehend, wie das der anderen festen undurchsichtigen Körper. Das Verhalten von Gold und Platin zeigt deutlich, dass beim ersteren gewissen Strahlengattungen eine specifische Emission zukommt.

XIII. *Zwei Methoden zur Erregung der Lissajous'schen Schwingungscurven; von H. J. Oosting.*
(Hierzu Taf. IV Fig. 7—9.)

1. **Torsionsschwingungen.** Fig. 7 und 8. — Von zwei Metalldrähten ist der eine horizontal, der andere vertical gespannt. An beide Drähte ist in der Mitte ein Spiegelchen befestigt. Bringt man diese Spiegelchen aus ihrem Ruhezustande, so schwingen sie in zwei zu einander senkrecht stehenden Flächen. Zur Regulirung der Schwingungszeiten ist an die Hinterseite jedes Spiegelchens ein Kupferstück von der in Fig. 8 gezeichneten Form angebracht worden. Werden die Gewichtchen AA nach aussen geschraubt, so vergrössert man die Schwingungszeit. Lasse ich bei meinen Vorrichtungen bei dem einen Drahte die Gewichtchen weg und bringe sie beim anderen Drahte nahe in den äussersten Stand, dann verhalten sich die Schwingungszeiten wie 1:2. Ich bin dadurch im Stande, alle Verhältnisse von 1:1 bis 1:2 zu bekommen.

2. **Pendel unter der Wirkung der Schwere.** — In Fig. 9 habe ich die Vorrichtung gezeichnet, womit ich einem Spiegelchen eine zusammengesetzte Schwingung gebe durch die Combination der Bewegungen zweier Körper, welche unter der Wirkung der Schwere schwingen. Der erste Körper $ABCDEF$ von starkem Kupferdraht besteht aus den

zweimal rechteckig umgebogenen Theilen ABC und EDF, zwischen welche der Ring BD gelöthet ist. Bei A und F hat der Kupferdraht Spitzen, die auf Metall ruhen. Das Ganze schwingt um die Axe AF. Die Theile BC und DE haben Gewichtchen zur Regulirung der Schwingungszeit. In diesem Pendel schwingt ein zweites K, wie das erste aus Kupferdraht bestehend. Mit Spitzen ruht es in den Näpfchen G und H, die auf den Ring des ersten Pendels gelöthet sind, und schwingt um die Axe GH, die senkrecht zur Axe AF steht. Dieses Pendel trägt das horizontale Spiegelchen S.

Will man nicht das Verhältniss $1:1$ des ganzen und des inneren Pendels, sondern ein anderes Verhältniss, so verlängert man die Theile BC und DE und vereinigt diese Theile zur Verstärkung.

Zur objectiven Beobachtung muss man das horizontale Lichtbündel mit einem flachen Spiegel oder einem Prisma mit totaler Reflexion auf das Spiegelchen S werfen und bekommt die Schwingungscurve an der Decke.

Nieuwediep (Holland), im Juni 1887.

Druck von Metzger & Wittig in Leipzig.

DER PHYSIK UND CHEMIE.

NEUE FOLGE. BAND XXXIII.

I. *Ueber eine Bestimmung des mechanischen Aequivalentes der Wärme und über die specifische Wärme des Wassers; von C. Dieterici.*

(Hierzu Taf. V Fig. 1—2.)

I. Einleitung.

Die Beziehung, welche das Lenz-Joule'sche Gesetz zwischen den Einheiten der Wärme und der Electricität festsetzt, ist von hervorragender Wichtigkeit, denn sie bildet ein Bindeglied für die Durchführung des absoluten Maasssystemes. Man könnte, wenn die Einheit der Wärme als Arbeit hinreichend sicher bekannt wäre, diese Beziehung benutzen, um aus ihr eine Bestimmung der electrischen Grössen im absoluten Maasssystem abzuleiten; indessen ergibt sich bei einer näheren Betrachtung der Bestimmungen des mechanischen Aequivalentes der Wärme bald, dass dieser Weg unmöglich ist. Wohl haben die neueren Bestimmungen dieser Constanten eine grosse Genauigkeit erzielt, jedoch sind sie alle ausgeführt für willkürliche Wärmeeinheiten, welche zwar definirbar sind, aber nicht mit Sicherheit bestimmt und reproducirt werden können.

Dagegen haben die Arbeiten der letzten Jahre uns in den Stand gesetzt, die in Frage kommenden electrischen Grössen mit grosser Sicherheit zu ermitteln; die Bestimmung des electrochemischen Aequivalentes des Silbers durch die Herren Kohlrausch und Lord Rayleigh ermöglichen eine sichere Messung der Intensität eines electrischen Stromes in absolutem Maasse; die Bestimmungen des Ohms waren schon im Jahre 1884 so sicher, dass man das legale Ohm als Widerstandseinheit annehmen konnte; seitdem hat eine ganze Reihe von Bestimmungen jene Annahme gesichert. Es bietet sich daher naturgemäss der Weg dar, aus den

electrischen Einheiten das mechanische Aequivalent der
Wärmeeinheit zu bestimmen. Dieser Weg ist mehrfach
schon zu gleichem Zwecke eingeschlagen. Joule, v. Quintus Icilius, H. F. Weber arbeiteten nach dieser Methode.
Indessen war für sie die Bestimmung der electrischen Grössen
in absolutem Maasse stets eine Quelle grosser Unsicherheit,
welche jetzt durch die vorher erwähnten Arbeiten beseitigt
ist. Ich habe daher unter Benutzung der neu gewonnenen
Resultate eine Bestimmung des mechanischen Aequivalentes
der Wärmeeinheit ausgeführt.

II. Versuchsmethode im allgemeinen.

Als Wärme messenden Apparat verwendete ich das von
Bunsen construirte Eiscalorimeter, weil dieser Apparat, wie
die Herren Schuller und Wartha gezeigt haben, einer
grossen Genauigkeit als Messinstrument fähig ist, weil er
ferner Wärmequantitäten zu messen gestattet ohne fort-
dauernde Temperaturbestimmung, welche die wesentlichste
Fehlerquelle aller anderen calorimetrischen Methoden aus-
macht, und schliesslich weil bisher eine sichere Bestimmung
einer Wärmeeinheit nur durch dieses Instrument auszuführen
möglich gewesen ist. Die Beobachtungen über die Abhängigkeit der specifischen Wärme des Wassers von der Temperatur
bieten eine auffallende Unsicherheit dar. Eine jede der sehr
zahlreichen Untersuchungen über diese Frage hat zu einem
nicht nur quantitativ, sondern auch qualitativ abweichenden
Ergebniss von denen der anderen Beobachter geführt. Dagegen zeigen die Bestimmungen der mittleren specifischen
Wärme des Wassers zwischen 0 und 100⁰ eine für Wärmemessungen genügende Uebereinstimmung, und es ist daher
der Vorschlag der Herren Schuller und Wartha, den
auch neuerdings Wüllner vertritt, durchaus zu befürworten,
diese Wärmeeinheit allgemein einzuführen.

Wenn so die Wahl des Calorimeters entschieden war,
so konnte man im Zweifel sein über die zu bestimmenden
electrischen Grössen. Denn schreiben wir das Lenz-Joule'-
sche Gesetz in der Form:

$$\alpha \cdot Q = EJt,$$

worin α das mechanische Aequivalent der Wärmeeinheit, Q die Wärme, t die Zeit bedeutet, so lag die Aufgabe vor, eine electromotorische Kraft E und eine Stromintensität J in absolutem Maasse zu bestimmen. Nehmen wir indess die Form: $$\alpha Q = J^2 w t,$$ so ist Intensität und Widerstand w eines Leiters zu messen. Ich zog die letztere Form vor, weil mir die in ihr enthaltenen electrischen Grössen sicherer bestimmbar erschienen.

Die Messung der Stromintensität wurde unter Benutzung der Angabe der Herren Kohlrausch[1]), dass ein Strom von der Intensität eines Ampère 1,1183 mg Silber in der Secunde ausscheidet, mit dem Silbervoltameter ausgeführt. Dabei tritt aber eine Schwierigkeit auf. Das Voltameter gibt dem Mittelwerth der Intensität J während der Dauer der Wärmeentwickelung. Quadriren wir denselben, so erhalten wir $[1/t \Sigma(i)]^2$, während wir $1/t \Sigma(i^2)$ verlangen. Da sich nun die Stromintensität während der Dauer des Versuches stets um 1 bis 2 Proc. änderte, sowohl wegen der Widerstandszunahme in den metallischen Leitern infolge der Wärme, als auch wegen der durch das Abfressen des Silbers im Voltameter eintretenden Widerstandszunahme, so ist nachzuweisen, dass man für kleine Schwankungen der Intensität das Mittel der Quadrate gleich dem Quadrate des Mittels setzen darf. Nimmt man an, dass i sich proportional der Zeit t ändere, so kann man schreiben:
$$i = a \pm bt.$$
Es ist dann:
$$\left(\frac{1}{t}\Sigma i\right)^2 = \left[\frac{1}{t}\int_0^t (a \pm bt)\,dt\right]^2 = a^2 \pm abt + \frac{b^2}{4}t^2,$$
andererseits ist:
$$\frac{1}{t}\Sigma(i^2) = \frac{1}{t}\int_0^t (a \pm bt)^2\,dt = a^2 \pm abt + \frac{b^2}{3}t^2.$$
Also ist:
$$\frac{1}{t}\Sigma(i)^2 - \left(\frac{1}{t}\Sigma i\right)^2 = (\tfrac{1}{3} - \tfrac{1}{4})\,b^2 t^2 = 0{,}0833\,b^2 t^2.$$
Ist nun bt, d. i. die Zu- oder Abnahme der Strominten-

---

1) F. u. W. Kohlrausch, Wied. Ann. **27**. p. 1. 1886.

sität am Ende des Versuches über die anfängliche selbst
5 Proc. der letzteren, eine Aenderung, welche bei den zu
beschreibenden Versuchen nie vorkam, so ist $bt = \frac{1}{20}a$, also:

$$\frac{1}{t}\,\Sigma(i^2) - \left(\frac{1}{t}\cdot\Sigma(i)\right)^2 = \frac{0,0833}{400}\,a = 0,00021\,a.$$

Hierdurch ist nachgewiesen, dass man bei Intensitäts-
änderungen von 1 bis 2 Proc. im Verlaufe des Versuches
unbedenklich die Angabe des Silbervoltameters in die Rechnung einführen konnte.

Die Anwendung dieses Apparates bestimmte aber die
Methode die dritte im Joule'schen Gesetz enthaltene Grösse,
den Widerstand zu messen; denn es musste der Widerstand
des Leiters, welcher vom Strome durchflossen wurde und
unter seinem Einflusse sich erwärmte, gemessen werden, ohne
dass dadurch auch die Intensität des Stromes sich erheblich
änderte.

Eine Versuchsanordnung, welche diesen Bedingungen
genügte, war die folgende (Fig. 1):

Der Strom einer Batterie von 2—3 Bunsen'schen Elementen durchlief zunächst das Silbervoltameter S, hiernach
einen Drahtwiderstand, zu welchem in einer Nebenschliessung
mit passendem Widerstande ein Galvanometer T eingeschaltet
war, welches die Aenderung der Intensität während des
Versuches zu beobachten gestattete, und trat dann in eine
Wheatstone'sche Drahtcombination ein, nach welcher er
zu der Batterie zurückkehrte. Die beiden Zweige R und W
der letzteren waren gebildet aus zwei nahe gleichen Draht-
widerständen, von denen der eine R ein für starke Ströme
geeigneter Widerstand war, welcher auf constanter Temperatur gehalten wurde, während der andere, W, derjenige
Widerstand war, welcher im Calorimeter sich befand und
während des Versuches gemessen wurde. Diese Messung
geschah durch passendes Abgleichen der beiden Widerstände a
und b, welche aus zwei Siemens'schen Widerstandsscalen
gebildet wurden. Indem man während dieses Abgleichens
die Summe a + b constant erhielt, konnte man den Widerstand W mit dem bekannten Widerstande R vergleichen, ohne

den Gesammtwiderstand des Schliessungskreises erheblich
zu ändern.

III. Specielle Beschreibung der Versuchsanordnung.

Nachdem im Vorstehenden die Versuchsbedingungen und
die Versuchsanordnung im allgemeinen angegeben ist, gebe
ich im Folgenden eine Beschreibung der angewandten Apparate und ihrer Behandlungsweise im einzelnen.

In Bezug auf das Silbervoltameter bemerke ich, dass ich
mich im wesentlichen an die Vorschriften des Hrn. Kohlrausch gehalten habe. Das benutzte Instrument war eines
der gewöhnlichen Construction: ein Platinbecher war gefüllt
mit etwa 20 procentiger Lösung von salpetersaurem Silber,
in diese hinein ragte ein Silberstab, der als Anode diente.
Um das von dem Silberstab abfallende Silberoxyd von dem
Niederschlag zu scheiden, wandte ich anfänglich die Methode
an, unter dem Silberstab ein kleines Glasgefäss zu befestigen,
in welchem das Oxyd gesammelt wurde. Bald jedoch verliess
ich dieselbe, weil sie eine ungleichmässige Stromvertheilung
im Voltameter bedingt, und daher der Niederschlag auf dem
Tiegel ebenfalls ungleichmässig wird. Man kann daher nicht
viele Niederschläge übereinander erzeugen, weil an den dichter
beschlagenen Stellen zu leicht ein Abbröckeln des Niederschlags vorkommt. Daher umwickelte ich später den Silberstab nach der gewöhnlichen Methode mit Fliesspapier. Die
Versuche sind bei Temperaturen zwischen 0° und 10° C. ausgeführt, und es hat sich bei den Silberniederschlägen die
Beobachtung des Hrn. Köpsel[1] bestätigt, dass dieselben,
wenn sie bei niedrigen Temperaturen gewonnen sind, ausserordentlich fest an dem Platin haften. Nach dem Gebrauch
wurden die Tiegel sorgfältig gewaschen, getrocknet und dann
gewogen. Die Gewichtsbestimmungen geschahen mit einem
corrigirten Gewichtssatz auf einer guten Schickert'schen
Wage durch Doppelwägungen. Sie wurden sämmtlich reducirt.

Das Galvanometer T, welches nur dazu diente, Intensitätsschwankungen zu beobachten, war zu einem Widerstande
aus dickem Neusilberdraht in einer Nebenschliessung ein-

---

1) A. Köpsel, Wied. Ann. **26**. p. 456. 1885.

geschaltet, deren Widerstand so abgeglichen war, dass etwa der tausendste Theil des Hauptstromes dieselbe durchlief. Um die Ruhelage des Galvanometers zu controliren, war in die Nebenschliessung ein Commutator eingefügt, welcher den Zweigstrom entweder durch das Galvanometer oder durch eine Nebenleitung, welche gleichen Widerstand bot, wie das Galvanometer, zu leiten gestattete.

Die Wheatstone'sche Drahtcombination konnte nicht nach den für Widerstandsmessungen günstigsten Verhältnissen angelegt werden, wonach sämmtlichen Zweigen möglichst gleiche Widerstände zu geben sind. Diese Forderung zu erfüllen, verhinderten die relativ starken Ströme, welche für eine sichere Wärmemessung anzuwenden nöthig waren. Ich musste daher den Hauptstrom durch die Zweige R und W fliessen lassen, von denen R ein für starke Ströme geeigneter Vergleichswiderstand, W der Widerstand war, in welchem die Wärmeentwickelung gemessen wurde, während die beiden anderen Zweige a und b nur ein geringer Theilstrom durchfloss, und musste danach streben, die ungünstigen Verhältnisse der Stromstärken durch ein sehr empfindliches Galvanometer im Brückendraht zu compensiren.

Der Vergleichswiderstand R war aus zehn dünnen Neusilberdrähten hergestellt, deren jeder 5 m lang war und 20 S.-E. Leitungswiderstand bot. Diese Drähte waren abwechselnd in rechts- und linksgängigen Spiralen aufgewickelt, ihre Enden waren an zwei dicke Neusilberstäbe angelöthet, sodass der durch den einen dieser Stäbe eintretende Strom die zehn Spiralen parallel durchfloss, um durch den zweiten Stab auszutreten. Dieser Widerstand lag während der Versuche in einem Petroleumbade constanter Temperatur, seine Grösse und sein Temperaturcoëfficient wurde in der Fabrik von Siemens und Halske[1]) durch Vergleich mit den dortigen Widerstandsnormalen bestimmt. Es ergab sich der Widerstand R bei der Temperatur t: $R = 2{,}0085\,(1 + 0{,}00033\,t)$ legale Ohm.

Der Drahtwiderstand W, in welchem die Wärmeent-

---

1) Die gütige Erlaubniss, diese Vergleichung auszuführen, verdanke ich Hrn. Dr. O. Fröhlich.

wickelung gemessen wurde, wird bei Beschreibung des Calorimeters besprochen werden.

Die beiden Zweige a und b waren aus zwei Siemens'schen Widerstandsscalen gebildet, von denen die eine a 0,1 bis 5000 S.-E., die andere b 0,1 bis 500 S.-E. enthielt. Da unter dem Einflusse der Wärme sich der Widerstand W nur verhältnissmässig wenig änderte, so hatte b/a stets nahezu denselben Werth. Bei den Versuchen war stets:

$$a + b = 2000 \text{ S.-E.,}$$

während b/a zwischen $921/1079$ und $923/1077$ lag. Das mittlere Verhältniss $p = b/a = 922/1078$ bestimmte ich in der Siemens'schen Fabrik. Es ergab sich $p = 0,85515$, während der nominelle Werth 0,85529 ist. Kennt man dieses mittlere Verhältniss, so kann man, ohne einen in Betracht kommenden Fehler zu begehen, die bei den einzelnen Versuchen etwas abweichenden Verhältnisse berechnen nach der Formel:

$$\frac{b \pm \varepsilon}{a \mp \varepsilon} = \frac{b}{a} \pm \left(1 + \frac{b}{a}\right)\frac{\varepsilon}{a}\,\frac{1}{1 \mp \dfrac{\varepsilon}{a}}.$$

Die Reinheit der Stöpsel wurde sorgfältig beachtet; Temperaturgleichheit in beiden Widerstandskästen konnte vorausgesetzt werden, da beide unmittelbar nebeneinander standen und keiner einseitigen Bestrahlung ausgesetzt waren. Wie man aus den angegebenen Zahlen erkennt, waren in dem Zweige RW etwa 3,7 Ohm Widerstand enthalten, während im Zweige ab 2000 S.-E. oder 1868,8 leg. Ohm eingeschaltet waren. Demnach durchfloss den Zweig ab nur etwa der fünfhundertste Theil des Hauptstromes. Um trotzdem sichere Widerstandsmessungen zu ermöglichen, benutzte ich im Brückendrahte ein gutes Wiedemann'sches Galvanometer, welches durch starke Astasirung hinreichend empfindlich gemacht wurde. Die Erhöhung der Empfindlichkeit konnte nicht nach der gewöhnlichen Compensationsmethode durch einen äusseren Magnet erzielt werden, weil bei Anwendung derselben die von den naheliegenden verkehrsreichen Strassen ausgehenden magnetischen Störungen eine zu grosse Unsicherheit der Ruhelage des Magnets veranlassten. Ich

wendete daher die von Stefan[1]) angegebene Methode der
Astasirung an in der Form, wie ich[2]) sie vor kurzem beschrieben habe. Ein Eisencylinder von 10 mm Wandstärke,
140 mm innerem Durchmesser und 80 mm Höhe wurde so
über die Windungen des Galvanometers gesetzt, dass seine
Axe mit dem Aufhängungsfaden coincidirte. Dann wurde
das Galvanometer mit diesem Cylinder auf eine Platte von
weichem, gut ausgeglühtem Eisen von 2 mm Dicke gesetzt
und ein Eisenkasten von gleicher Wandstärke, der mit einem
passenden Ausschnitt versehen war, um den Spiegel des Galvanometers hindurchzulassen, daraufgesetzt. Aus Schwingungs-
beobachtungen ergab sich, dass bei Anwendung des Cylinders
allein die Directionskraft D' sich zu derselben D ohne Anwendung des Cylinders verhielt wie 1:46; bei Anwendung
des Eisenkastens allein ergab sich:

$$D'':D = 1:3{,}32.$$

Bei gleichzeitiger Anwendung beider Eisenmassen hätte
man erwarten sollen, dass die Directionskraft D''' sich verhielt zu D wie 1 zu 3,82 × 4,60 = 15,27. Dies Verhältniss
traf indessen nicht zu, weil beiden Eisenmassen eine gewisse Polarität innewohnte, welche allerdings durch passendes
Drehen gegeneinander möglichst compensirt war; die Beobachtungen ergaben:

$$D''':D = 1:13{,}5.$$

Der Vorzug dieser Methode besteht darin, dass gleichzeitig mit der Directionskraft auch alle äusseren magnetischen
Störungen in gleichem Maasse geschwächt sind.

Die auf diese Weise erreichte Empfindlichkeit des Galvanometers genügte für den vorliegenden Zweck vollkommen,
denn bei den schwächsten angewendeten Strömen ergab ein
Hinzufügen von 0,1 S.-E. zu einem der Widerstände a oder b
einen Ausschlag von 3 Scalentheilen bei einem Abstande von
circa 3 m zwischen Spiegel des Galvanometers und Fernrohr
mit Scala.

Bei Anwendung der beschriebenen Astasirungsmethode

1) Stefan, Wied. Ann. 17. p. 928. 1882.
2) Dieterici, Verhandlungen der phys. Ges. zu Berlin. 1886. Nr. 17.

ist noch auf einen Umstand aufmerksam zu machen, welcher leicht störend wirkt.

Wenn nämlich in den umgebenden Eisenmassen durch einseitige Bestrahlung Temperaturdifferenzen hervorgerufen werden, so bemerkt man eine Unruhe der Galvanometernadel, welche vermuthlich durch Thermoströme, welche in dem äusseren Eisenmantel verlaufen, veranlasst ist. Man kann dies indessen leicht vermeiden, und es ist leichter, die Eisenhülle vor erheblichen Temperaturdifferenzen zu schützen, als ein empfindliches Galvanometer vor magnetischen Störungen.

In Betreff der Verbindungen innerhalb der Wheatstone'schen Drahtcombination ist zu bemerken, dass sämmtliche Verbindungen, bei denen verschiedenartige Metalle zusammenstiessen, durch 4 Quecksilbernäpfe vermittelt wurden, welche von schmelzendem Eis umgeben waren. Es war diese Vorsicht nöthig, um Thermoströme innerhalb der Brücke zu vermeiden, und eine besondere Prüfung ergab, dass dies auch erreicht war.

Die Wärmemessungen verursachten die meisten Schwierigkeiten, sie wurden mit dem Bunsen'schen Eiscalorimeter ausgeführt, welches nach dem von den Herren Schuller und Wartha[1]) angegebenen Verfahren behandelt wurde. Die Eisschmelzung wurde durch das Gewicht des eingesogenen Quecksilbers bestimmt.

Das von mir benutzte Instrument hatte die gewöhnliche Form, war aber in etwas grösseren Dimensionen; als sonst üblich, ausgeführt; das innere Reagirgläschen hatte 20 cm Länge, die Saugröhre S (Fig. 2) war durch ein Schliffstück mit Quecksilberdichtung mit dem aufsteigenden Schenkel des Calorimeters verbunden. Die Schutzvorrichtungen, welche getroffen waren, um das Calorimeter vor äusserer Wärmezufuhr zu schützen, sind aus Fig. 2 ersichtlich, welche einen Querschnitt derselben darstellt. In derselben ist K_1 der äussere, mit Eis gefüllte Kasten, in welchem das Porzellangefäss P eingesetzt ist. Dieses ist mit reinem destillirten Wasser gefüllt, welches theilweise zum Gefrieren gebracht

1) Schuller u. Wartha, Wied. Ann. 2. p. 359. 1877. Ebenso C. v. Than, Wied. Ann. 13. p. 84. 1881.

war, und in welchem das Calorimeter stand. Auf den Kasten K_1 ist dann ein zweiter mit Eis gefüllter Kasten K_2 aufgesetzt, welcher an seinem Boden eine auf das Gefäss P passende Höhlung frei liess. Dadurch war über dem Calorimeter ein allseitig von Eis umschlossener Luftraum L geschaffen, aus welchem zwei Einschnitte die Zuleitungsdrähte Z und die Saugröhre S herausliessen.

Ist so das Calorimeter vor jeder Wärmezufuhr von aussen geschützt, so hängt sein Verhalten nur noch ab von dem Druck, unter welchem der innere Eismantel steht; liegt das Niveau der an die Saugspitze angesetzten Quecksilbernäpfe höher als das innere Quecksilberniveau, so tritt eine Schmelzung ein, liegt dasselbe niedriger, ein Gefrieren. Indem man das äussere Niveau verändert, muss man also diejenige Höhe finden können, bei welcher weder ein Schmelzen, noch ein Gefrieren stattfindet.[1])

Diese Höhe auszufinden, ist allerdings ein mühseliges Verfahren, da man zu jeder Beobachtung die Saugröhre herausnehmen und ihren verticalen Theil verlängern oder verkürzen muss, wobei alle Verbindungen wieder vor der Glasbläserlampe zusammen geblasen werden müssen. Die Beobachtung ergab, dass bei zwei Höhen, welche um 140 mm voneinander verschieden waren, im einen Falle ein Schmelzen eintrat, sodass stündlich 26,6 mg Quecksilber eingesogen, im anderen Falle ein Gefrieren, sodass 34,5 mg aus der Saugspitze herausgedrängt wurden. Aus diesen Beobachtungen konnte diejenige Höhe berechnet werden, bei welcher weder ein Schmelzen, noch ein Gefrieren eintrat. Sie fand sich um ein weniges höher als das innere Quecksilberniveau. Kleine Niveauveränderungen konnten dndurch erzielt werden, dass man die Saugspitze tiefer oder weniger tief in die aussen angesetzten Quecksilbernäpfe eintauchen liess.

Ist in dieser Weise ein dauerndes Gefrieren oder Schmelzen im Calorimeter vermieden, so bleibt der Zustand des Calorimeters unverändert, solange nicht eine Verunreinigung des umgebenden Wassers eingetreten ist. Bei der geringsten Spur einer solchen tritt sofort ein Gefrieren ein, und deshalb

---

1) Vergl. C. v. Than, l. c.

ist es zu vermeiden, das Gefäss *P* aus einem anderen Material als Glas oder Porcellan zu wählen, weil von den gewöhnlich gebrauchten Metallen stets Verunreinigung in das Wasser übergehen.

Nachdem der Nullpunkt für das leere Calorimeter ermittelt war, wurde das innere Gefäss zur Hälfte mit Petroleum gefüllt und der Drahtwiderstand, dessen Wärmeabgabe gemessen werden sollte, eingesetzt.

Dieser bestand aus zwei dicken Kupferstäben, welche durch einen passenden Kork hindurchgeführt waren, oberhalb desselben Quecksilbernäpfe trugen und unterhalb sogleich nach dem Verlassen des Korkes in 10 mm breite Streifen aus dünnem Kupferschablonenblech übergingen; diese hatten eine Länge von etwa 150 mm, an ihr unteres Ende war eine Spirale von dünnem Neusilberdraht angelöthet, welcher eine Länge von etwa 1 m hatte. Auch jetzt wurde das Verhalten des Calorimeters geprüft; es fand sich, dass durch die Füllung der Zustand desselben sich nicht verändert hatte, woraus hervorging, dass aus dem Luftraum über dem Calorimeter keine Wärme in das Calorimeter hineinwanderte, und dass die zwei Oeffnungen, welche aus jenem Hohlraum zum Hindurchlassen der Zuleitungen und der Saugröhre herausführten, ebenfalls nicht schädlich wirkten.

Sobald nun aber die Zuleitungsdrähte in die Quecksilbernäpfchen über dem Calorimeterkork eingelegt wurden, änderte sich der Zustand des Calorimeters und folgte genau der äusseren Temperatur, trotzdem die Zuleitungen aussen dick mit Guttapercha überzogen, innerhalb des Hohlraums aber auf eine Strecke von etwa 10 cm blank geputzt waren. Dieselben waren aus etwa 2 mm dickem Kupferdraht gewählt. Die Beobachtung ergab:

Aeussere Temperatur	+0,9	+0,5	−0,6	−1,1 °
Eingesogene (−) resp. ausgestossene (+)				
Quecksilbermenge	−3,1	−2,2	+3,5	+8,1 mg

Ich führe diese Beobachtung an, weil in ihr die Begründung liegt für die Anwendung der Schablonenbleche als Zuleiter für den Neusilberdraht im Calorimeter; denn es musste ebenso, wie hier ein Hineinwandern der Wärme in

das Calorimeter beobachtet wurde, ein Herauswandern derselben bei den Versuchen befürchtet werden. Diese Beobachtung zeigt auch zugleich einen Weg an, die Wärmeleitungsfähigkeit verschiedener Metalle miteinander zu vergleichen.

Nach dieser Erfahrung wurde den Zuleitungen die folgende Form gegeben: Ausserhalb des Eiskastens K_4 bestanden sie aus 2 mm starkem dick übersponnenen Kupferdraht;
sobald sie dann in den Luftraum L gelangten, war die Umhüllung gelöst und an die Drähte breite Streifen von dünn-
drahtiger Kupfergaze angelöthet, welche an ihren unteren
Enden durch Kupferbügel zusammengefasst, die Verbindung
mit den Quecksilbernäpfen auf dem Calorimeterkork ver-
mittelten. Durch Einfügen dieser Streifen von Kupfergaze
war die electrische Leitungsfähigkeit nicht verringert, dagegen
infolge der sehr viel grösseren Oberfläche die Wärmeaus-
strahlung begünstigt. Das Calorimeter war jetzt unabhängig
von der äusseren Temperatur.

Der Widerstand der Zuleitungen betrug 0,00917 leg. Ohm.

Die Messungen der Zeit geschahen theils mit einer gut-
gehenden Uhr mit springendem Secundenzeiger, welche mehrmals mit einer Normaluhr verglichen wurde, theils mit einem
Box-Chronometer.

IV. Die Versuche.

Die Beobachtungen geschahen in der Weise, dass vor
jedem Versuch der Zustand des Calorimeters controlirt
wurde durch Wägung der in einer halben Stunde eingesogenen,
bez. ausgestossenen Quecksilbermenge; dann wurde ein zweiter
gewogener Quecksilbernapf an die Saugspitze angesetzt und
dieser drei viertel, resp. eine ganze Stunde an derselben gelassen.

Zu Anfang dieser Zeit wurde der Versuch ausgeführt,
welcher je nach der Stromstärke 10 bis 30 Minuten dauerte;
während der übrigbleibenden 30 Minuten konnten sich die
noch übrigen Wärmemengen ausgleichen. Diese Zeit genügte
stets, wie die Controle des Calorimeters nach einem jeden
Versuch ergab. In der folgenden Tabelle gebe ich die Beobachtungen zweier Versuche, welche an einem Tage ausgeführt
wurden:

Calorimeter:
$10^h\ 15^{min} - 10^h\ 45^{min}$ $+0,4$ mg
$10\quad 45\ -\ 11\quad 30$ $-2522,9$ „
$11\quad 30\ -\ 12\quad 0$ $+1,4$ „
$12\quad 0\ -\ 1\quad 0$ $-2600,9$ „
$1\quad 0\ -\ 1\quad 30$ $-0,2$ „

Versuch I:

Gewicht des Voltametertiegels vor dem Versuch	29,85366 g
„ „ „ nach „ „	30,45898 „
Silberniederschlag	605,202 mg. (Mit Correction der Gewichte und Reduction auf den leeren Raum.)

Strom geschlossen: $10^h\ 47$ Temperatur des Vergleichs-
„ geöffnet: $10\quad 59$ widerstandes R

$\begin{cases} t_R = 4,6^0. \\ t_R = 4,8 \end{cases}$

Intensitätsgalvanometer.			Widerstandsmessung		
Ruhelage		Ausschlag		a	b
$10^h\ 47,5^{min}$	242^{sc}	516	$10^h\ 48^{min}$	1078,6 S.-E.	921,5 S.-E.
48,5	—	517	49	1078,3 „	921,7 „
49,5	—	517	50	1078,2 „	921,8 „
50,5	—	518	51	„ „	„ „
51,5	—	„	52	„ „	„ „
52,5	—	519	53	„ „	„ „
53,5	244	520	54	„ „	921,85 „
54,5	—	520	55	„ „	921,80 „
55,5	—	519	56	„ „	921,85 „
56,5	—	519	57	„ „	„ „
57,5	—	518,5	58	1078,2 „	921,85 „
58,5	—	518			
59	243				

Versuch II:

Gewicht des Voltametertiegels vor dem Versuch	31,90132 g.
„ „ „ „ „ „	32,87370 „
Silberniederschlag	972,185 mg
	(mit Correction und Reduction.)

Strom geschlossen: $12^h\ 2^{min}$ Temperatur des Vergleichs-
„ geöffnet: $12\quad 32$ widerstandes R

$\begin{cases} t_R = 5,4^0. \\ t_R = 5,6. \end{cases}$

Intensitätsgalvanometer.			Widerstandsmessung.		
Ruhelage		Ausschlag	t	a	b
$12^h\ 2^{min}$	239	416	$12^h\ 3^{min}$	1078,8 S.-E.	921,2 S.-E.
4	—	417	5	8,7	1,3 „
6	239	417		⋮	⋮ „
8	—	417	$12\quad 21$	1078,8	921,3 „
10	—	417		⋮	⋮ „
12	239	416,2	$12\quad 31$	1078,8	921,3 „
14	—	416			
16	—	415,2			
18	239	415			
20	—	415			
22	—	414,8			
24	239,7	414,5			
26	—	414,8			
28	—	414,2			
30	—	414,0			
32	240				

Aus den angegebenen Versuchsdaten ersieht man zunächst kleine Schwankungen in den vom Calorimeter ausgestossenen (+), bez. eingesogenen (−) Quecksilbermengen
in den Zeiten vor, zwischen und nach den Versuchen. Dieselben rühren wohl nicht her von wirklichem Schmelzen oder
Gefrieren in demselben, sondern sind zurückzuführen auf die
Schwankungen der Zimmertemperatur, welche der äussere
Theil der Saugröhre mitmachte. Denn da diese ausserhalb
der Eisumhüllungen etwa 250 mm herabgeführt war, so musste
durch die Ausdehnung, bez. Zusammenziehung des in ihr enthaltenen Quecksilbers die Sicherheit der Messung beeinträchtigt werden. Bei 1⁰ Schwankung konnte eine Quecksilbermenge von 1,3 mg ausgestossen, bez. eingesogen werden. Diese
Fehlerquelle konnte ich trotz Umhüllungen nicht vermeiden,
da mir ein Zimmer mit constanter Temperatur nicht zur Verfügung stand. Eine entsprechende Correction habe ich nicht
eintreten lassen, einmal weil die Unsicherheit niemals mehr
als 0,1 Proc. der zu messenden Grösse betrug, dann aber auch,
weil man aus den Beobachtungen vor und nach den Versuchen keinen sicheren Schluss auf den Zustand des Calorimeters in der Zwischenzeit machen kann.

Ferner erkennt man aus den Beobachtungen an dem Galvanometer, welches zur Controle der Constanz des Stromes
diente, die Berechtigung, die Angaben des Silbervoltameters
in die Rechnung einzuführen. Schliesslich ersieht man die
Sicherheit der Widerstandsbestimmung.

Zur Berechnung der Versuchsdaten hat man das .Ge-
wicht des niedergeschlagenen Silbers, ausgedrückt in Milligrammen, durch 1,1183 zu dividiren, um die Intensität des
Hauptstromes J in absolutem Maasse zu erhalten; durch abermalige Division mit 1,00197 erhält man dann i, die Intensität
des Stromes, welcher die Zweige R und W der Wheatstone'schen Drahtcombination durchfliesst.

Als Einheit des Widerstandes habe ich das legale Ohm
zu Grunde gelegt, weil ja sämmtliche neuere Bestimmungen
jene Annahme immer enger und enger umschliessen.

Zur Berechnung der Wärmemengen in Calorien aus den
eingesogenen Quecksilbermengen diente die Annahme, dass

eine mittlere Grammcalorie eine solche Menge Eis von 0^0 schmelze, dass 15,44 mg Quecksilber von 0^0 die Volumendifferenz zwischen jener Menge Eis und dem entsprechenden Wasser von 0^0 ausfüllen. Für diese Zahl fand Bunsen[1] 15,41 mg, Schuller und Wartha[2] 15,442 mg, endlich Velten[3] 15,47 mg. Das hier zu Grunde gelegte Mittel fällt zusammen mit denjenigen Beobachtungen, welche als die sorgfältigsten erscheinen. Die gute Uebereinstimmung dieser Zahlen rechtfertigt die schon vorn befürwortete allgemeine Einführung der mittleren Calorie als Wärmeeinheit.

In den folgenden Tabellen stelle ich die Daten der Versuche und ihre Resultate zusammen. In ihnen bedeutet t die Dauer des Versuches in Secunden, Ag die im Voltameter niedergeschlagene Silbermenge in Milligrammen, i die Intensität des die Widerstände R und W durchlaufenden Stromes ausgedrückt in Ampère, eine Zahl, welche auf die angegebene Weise aus Ag zu erhalten ist, i^2 das Quadrat derselben, a/b das mittlere Verhältniss der Brückenzweige a und b während des Versuches, welches nach der angegebenen Formel aus den Beobachtungen berechnet ist, t_R die Temperatur des Vergleichswiderstandes R in Celsiusgraden, W den mittleren Widerstand des Drahtes im Calorimeter, welcher sich nach den angeführten Daten aus a/b und t_R unter Berücksichtigung des Widerstandes der Zuleitungen leicht berechnen lässt, ausgedrückt in legalen Ohm, Hg die infolge der eingetretenen Schmelzung eingesogene Quecksilbermenge in Milligrammen (corrigirt und reducirt), Q die dieser Schmelzung entsprechende Wärmemenge ausgedrückt in mittleren Grammcalorien, α, den Quotienten $i^2 w \cdot t / Q$, also das mechanische Aequivalent jener Wärmeeinheit in absolutem Maasse.[4]

------

1) Bunsen, Pogg. Ann. **141.** p. 1. 1870.

2) Schuller u. Wartha, l. c. p. 368.

3) Velten, Wied. Ann. **21.** p. 31. 1884.

4) Hier wie auch im Folgenden sind die Werthe für α stets in absolutem Maasse gegeben. Um die Angaben auf Kilogramm-Meter umzurechnen, hat man sie durch g, die Beschleunigung durch die Schwere, zu dividiren, wodurch sämmtliche Zahlen um etwa 2 Proc. grösser werden.

Tabelle I.

											ã
1	900	778,85	0,72232	0,59648	0,85377	7,9°	1,71010	3328,0	215,54	425,92	. 10^5
2	900	770,68	0,76421	0,58404	0,85515	6,1	1,71192	3288,3	212,97	422,51	
3	900	767,73	0,76130	0,57956	0,85326	9	1,70970	3234,7	209,50	425,68	
4	720	605,20	0,75015	0,56273	0,85496	4,7	1,71067	2522,8	163,40	424,19	
5	900,18	751,09	0,74470	0,55455	0,85576	2,3	1,71077	3095,5	200,49	425,94	
6	900	744,65	0,73840	0,54523	0,85429	6	1,71007	3052,6	197,70	424,44	
7	1320,26	1087,80	0,73534	0,54070	0,85481	4,4	1,71000	4454,8	288,52	423,10	
8	600	488,44	0,72635	0,52760	0,85472	6,0	1,71094	1972,6	127,76	424,02	
9	900	730,93	0,72480	0,52534	0,85394	6,8	1,70981	2940,1	190.42	424,52	

Mittel: 424,48 ± 0,28

Tabelle II.

0	900	570,18	0,56535	0,32005	0,85429	5,1°	1,70955	1794,1	116,20	423,80	
1	2400,48	1413,09	0,52535	0,27600	0,85362	5,2	1,70828	4121,9	266,96	423,95	
2	1800,36	997,03	0,49443	0,24427	0,85394	3,9	1,70817	2730,6	176,85	424,76	
3	1800	972,18	0,48200	0,23234	0,85320	5,5	1,70760	2600,8	168,45	423,96	
4	1860	984,	0,47240	0,22316	0,85222	9.7	1,70800	2588,6	167,65	422,87	
5	1920	1008,	0,46875	0,21972	0,85258	8,0	1,70776	2616,4	169,45	425,17	
6											

Mittel: 424,20 ± 0,20

Bei den Versuchen 7 und 14 zeigte das Calorimeter
eine constante Schmelzung, weswegen den Beobachtungen
vor und nach dem Versuche an den unter Hg angegebenen
Gewichtsmengen eine Correction von 10,5, resp. 29,8 mg
angebracht ist. Es waren dies die letzten Versuche, auf
welche, da äussere Umstände ein schnelles Abbrechen derselben verlangten, nicht mehr dieselbe Sorgfalt verwendet
werden konnte. Bei dem Versuch 10 wurde eine constante
Zunahme der Intensität beobachtet, weshalb i^2 berechnet ist
nach der vorn für $(1/t) \Sigma (i^2)$ angegebenen Formel. Im übrigen sind keine Correctionen anzubringen gewesen.

Ausser den angegebenen Versuchen sind, abgesehen von
den Vorversuchen, nur noch vier angestellt. Bei diesen wurden höhere Stromintensitäten (0,9 Amp.) benutzt, sie ergaben
für a die Werthe 426,3, 425,0, 425,5, 428,5. Dieselben sind
nicht berücksichtigt, weil man bei Anwendung dieser hohen
Stromintensität nicht sicher war, dass sämmtliche Wärme
zur Eisschmelzung verbraucht wurde und nicht ein Theil
derselben durch die Zuleiter aus dem Calorimeter heraus-

wanderte, und endlich, weil die Widerstandsmessung des stark erwärmten Drahtes nicht hinreichend sicher war.

Ich habe mich daher darauf beschränkt, nur mit Strömen von den angegebenen Intensitäten zu arbeiten, welche von 3, resp. 2 Bunsen'schen Bechern geliefert wurde. Wenn bei den Versuchen mit diesen Intensitäten ein Theil der entwickelten Wärme durch die Zuleiter aus dem Calorimeter abgeflossen wäre, so hätten, da dasselbe stets mit derselben Menge Petroleum gefüllt war, die Versuche der Tab. I ein höheres Mittel für α geben müssen, als diejenigen der Tab. II. Ein solcher Unterschied ist aber nicht erkennbar, und deshalb ist dieser Fehler als vermieden zu betrachten.

Die Versuche der Tab. I liegen sämmtlich innerhalb 0,8 Proc., die der Tab. II innerhalb 0,5 Proc. der zu bestimmenden Grösse. Ein Blick auf die Tabellen belehrt uns, dass die grössere Sicherheit der zweiten Gruppe von Versuchen durch die sichereren Widerstandsbestimmungen begründet ist.

Als Gesammtmittel ergibt sich, dass diejenige Arbeit, welche der mittleren Grammcalorie äquivalent ist, ausgedrückt im absoluten Maasssystem, ist:

$$424,36 \pm 0,17 . 10^5 \text{ g cm}^2/\text{sec}^2,$$

und zwar liegen dieser Bestimmung folgende Constanten zu Grunde:

Eine mittlere Grammcalorie vermag so viel Eis von 0^0 in Wasser von 0^0 verwandeln, dass die entstehende Volumendifferenz gleich dem Volumen von 15,44 mg Quecksilber von 0^0 ist. Oder mit anderen Worten, unter Benutzung der Bunsen'schen Beobachtungen: die Schmelzwärme des Eises ist 79,87 mittlere Calorien. Das specifische Gewicht des Quecksilbers bei 0^0 ist 13,596.

Ein electrischer Strom von der Intensität eines Ampère schlägt in der Secunde 1,1183 mg Silber nieder.

Der Widerstand eines Ohm ist gleich dem einer Quecksilbersäule von 1 qmm Querschnitt und 106 cm Länge bei 0^0.

V. Vergleich des gewonnenen Resultates mit den Bestimmungen anderer Beobachter.

Wenn wir daran gehen, dass erreichte Resultat mit den Ergebnissen anderer Beobachter zu vergleichen, so gerathen wir in die grössten Schwierigkeiten, weil alle Beobachtungen auf eine willkürlich gewählte Wärmeeinheit bezogen sind, ein Vergleich dieser Wärmeeinheiten aber wegen der grossen Unsicherheit unserer Kenntniss von der Abhängigkeit der specifischen Wärme des Wassers von der Temperatur unmöglich ist. Es bleibt daher nur der Weg übrig, die verschiedenen Bestimmungen des mechanischen Aequivalentes der Wärme zusammenzustellen, sie auf ihre Zuverlässigkeit zu prüfen, aus diesen den muthmasslichen Gang der specifischen Wärme des Wassers zu folgern und diesen mit den directen Versuchen über die specifische Wärme des Wassers zu vergleichen. Nachdem Hr. Rowland[1]) eine vollkommene Zusammenstellung und eine gründliche Kritik aller Beobachtungen gegeben hat, will ich hier nur die hauptsächlichsten Bestimmungen berücksichtigen und noch auf einige dort nicht beachtete Punkte aufmerksam machen.

Von den directen Versuchen, das mechanische Aequivalent der Wärme durch Reibung zu bestimmen, haben wir die Bestimmungen Joule's und Rowland's in Betracht zu ziehen. Rowland's Beobachtungen sind unzweifelhaft die ausgedehntesten und mit bewundernswürdiger Sorgfalt und Umsicht ausgeführt. Seine Bestimmungen umfassen das Temperaturintervall von 5 bis 35⁰ und ergeben die in der folgenden Tabelle angegebenen Daten. Darin bedeutet a die Arbeit im C.-G.-S.-System, welche nothwendig ist, um 1 g Wasser von der Temperatur t um 1⁰ der hunderttheiligen Scala — gemessen am Luftthermometer — zu erwärmen.

$$t = 5 \quad 10 \quad 15 \quad 20 \quad 25 \quad 30 \quad 35^0$$
$$a = 421,2 \quad 420,0 \quad 418,9 \quad 417,9 \quad 417,3 \quad 417,0 \quad 417,3 . 10^5 \frac{\text{g cm}^2}{\text{sec}^2}.$$

Aus diesen Beobachtungen ist das frappirende Factum zu folgern, dass die specifische Wärme des Wassers von 5 bis 30⁰ hin um etwa 1 Proc. abnehmen müsse.

1) Rowland, Proc. Amer. Ac. Boston. (15) 7. p. 75. 1880.

In ausgezeichneter Uebereinstimmung mit diesen Beobachtungen ist Joule's Resultat. Joule[1] selbst hält das aus der Reibung des Wassers hergeleitete Aequivalent für das genaueste. Dieses ist in unseren Einheiten 415,93. 10^5 g cm²/sec² für 1° bei der Temperatur 13 — 16°, gemessen am Quecksilberthermometer. Um diesen Werth auf das Luftthermometer zu reduciren, haben wir ihn nach Recknagel[2] mit 1,006, nach Grunmach[3] mit 1,008 zu multipliciren und erhalten 418,43, resp. 419,26, Werthe, welche in vollkommener Uebereinstimmung mit Rowland's Ergebnissen sind.

Die zweite Methode, das mechanische Aequivalent zu bestimmen, ist diejenige, welche uns die mechanische Theorie der Wärme an die Hand gibt. Denn es gilt für ein vollkommenes Gas die Beziehung:

$$a = R \frac{k}{c_p (k - 1)},$$

worin k das Verhältniss der specifischen Wärmen des Gases, c_p diejenige bei constantem Druck, und $R = p_0 v_0 / a$ aus Regnault's Beobachtungen zu berechnen ist.

Die Grösse k ist für Luft durch Röntgen[4] direct bestimmt, er fand $k = 1,4053$, und diese Beobachtung ist durch Hrn. P. A. Müller[5], welcher nach einer ganz anderen, sehr sinnreichen Methode 1,4046 fand, bestätigt. Das Mittel dieser Beobachtungen 1,4050 stimmt auch mit dem aus der Schallgeschwindigkeit abzuleitenden völlig überein.[6]

Die Grösse k können wir demnach als sicher annehmen, dagegen gilt dies nicht von der Grösse c_p, welche bei der Berechnung von a in Betracht kommt. Für Luft ist diese Grösse durch Regnault[7] und E. Wiedemann[8] bestimmt. Regnault setzte bei diesen Messungen die specifische Wärme

---

1) Joule, Pogg. Ann. Ergbd. **4.** p. 601. 1854.
2) Recknagel, Pogg. Ann. **123.** p. 115. 1864.
3) Grunmach, Metronomische Beiträge. Nr. 3. Berlin 1881.
4) Röntgen, Pogg. Ann. **148.** p. 580. 1873.
5) P. A. Müller, Wied. Ann. **18.** p. 94. 1883.
6) A. Wüllner, Lehrbuch. **8.** p. 522. IV. Aufl. 1885.
7) Regnault, Relations des Experiences. **2.** p. 100.
8) E. Wiedemann, Pogg. Ann. **157.** p. 1. 1876.

des Wassers als constant voraus und mass die Temperaturerhöhung, welche das Wasser des Calorimeters erlitt, wenn
ein gemessenes Quantum Luft von bestimmter Temperatur
durch dasselbe hindurch geleitet wurde. Es ist nun klar,
wenn in der That die specifische Wärme des Wassers
sich so stark ändert mit der Temperatur, wie es die Rowland'schen Daten ergeben, dass dann diese Aenderungen
in den Bestimmungen der Grösse c_p — vorausgesetzt, dass
diese von der Temperatur unabhängig ist — sich müssen
erkennen lassen. Und dies ist auch der Fall. Ordnet man
nämlich die 33 definitiven Versuche Regnault's zur Bestimmung der Grösse c_p nach den mittleren Calorimetertemperaturen, so erhält man eine Gruppe von fünf Versuchen,
bei denen die mittleren Calorimetertemperaturen zwischen
4,6 und 8,1° liegen; diese ergeben $c_p = 0,23741$; die Resultate
dieser Gruppe zeigen grosse Unsicherheiten, in ihr liegt das
Maximum und das Minimum aller Bestimmungen; eine zweite
Gruppe von sechs Versuchen zwischen 9,4 und 11,4° ergibt
$c_p = 0,2365$, die dritte Gruppe von 22 Versuchen zwischen
14,5 und 16,6° gibt $c_p = 0,23779$. Nehmen wir hierzu die
Bestimmung Wiedemann's, welche für die Temperaturen
18 bis 23,6° gilt, und welche $c_p = 0,2389$ [1]) ergibt, so erhalten
wir folgende Daten:

Spec. Wärme des Wassers bei   6,7° = 1 gesetzt : c_p für Luft = 0,23741,
   „   „   „   „   „ 10,5° „   „ : c_p „ „ = 0,23650,
   „   „   „   „   „ 15,2° „   „ : c_p „ „ = 0,23779,
   „   „   „   „   „ 20,4° „   „ : c_p „ „ = 0,2389.

Sehen wir ab von der ersten Bestimmung, welche wegen
der angegebenen Umstände unsicher ist, so ist zweifellos eine
Zunahme von c_p oder wenn wir c_p als constant voraussetzen,
eine Abnahme der specifischen Wärme des Wassers mit der
Temperatur in diesen Zahlen zu erkennen. Die Voraussetzung, dass für Luft die specifische Wärme bei constantem

---

1) Die Einzelwerthe E. Wiedemann's ergeben als Mittel 0,2392,
während er selbst als Mittelwerth 0,2389 angibt. Ich habe es für wahrscheinlicher gehalten, dass ein Druckfehler bei einem Einzelversuch vorgekommen sei, als dass der angegebene Mittelwerth durch einen solchen
entstellt sei.

Druck nicht von der Temperatur abhängig sei, werden wir wohl machen können, denn Regnault fand bei sehr verschiedenen Temperaturen der Luft und nahezu gleichen Temperaturen des Calorimeters constante Zahlen, und auch das Ergebniss, dass das Verhältniss der beiden specifischen Wärmen der Luft mit der Temperatur sich nicht ändere[1]), spricht für dieselbe.

Wir finden also in den Beobachtungen Regnault's und E. Wiedemann's über die Grösse c_p dieselbe Thatsache wieder, welche Rowland beobachtet hat. Berechnen wir mit jenen Zahlen und den bekannten Daten Regnault's über v_0 und p_0 das mechanische Aequivalent der Wärme a, indem wir $a = 1/0,003\,668$ setzen, den Mittelwerth der Beobachtungen von Magnus, Regnault, Recknagel, Jolly und Rowland, so erhalten wir:

$$\alpha_{20,4^0} = 417,45 \qquad \alpha_{15,2^0} = 419,41 \qquad \alpha_{10,5^0} = 421,70 \cdot 10^5 \; \tfrac{\text{g cm}^2}{\text{sec}^2},$$

Zahlen, von denen die beiden ersten mit den entsprechenden Rowland'schen 417,8 und 418,9 recht gut übereinstimmen, während die letzte von der Rowland'schen 419,9 zwar in ihrer Grösse etwas mehr differirt, aber von den vorhergehenden in demselben Sinne abweicht, wie es Rowland beobachtet hat.

Im ganzen bestärkt die angestellte Betrachtung unser Vertrauen zu den Rowland'schen Ergebnissen in hohem Maasse.

Wir kommen nun zu den Resultaten der dritten Methode, aus dem Lenz-Joule'schen Gesetz das Aequivalent der Wärme zu bestimmen.

In erster Linie begegnet uns die Bestimmung Joule's diese ist indessen, worauf Hr. Rowland hinweist, unsicher, weil man je nach dem Verhältniss zwischen der Widerstandseinheit der British Association und dem wahren Ohm, welches von verschiedenen Beobachtern verschieden bestimmt ist, Werthe herleiten kann, welche zwischen 419 und 432 in den hier angewendeten Einheiten liegen. Dasselbe gilt in

---

1) P. A. Müller, l. c. p. 102.

viel höherem Maasse von der Bestimmung v. Quintus Icilius[1]), worauf Hr. F. H. Weber[2]) aufmerksam macht.

Eine Bestimmung, welche in recht guter Uebereinstimmung mit Rowland ist, ist diejenige von Hrn. F. H. Weber[3]),
welche auf dem in Rede stehenden Wege die Arbeit, welche
zur Temperaturerhöhung von 18 auf 19° gemessen am Luftthermometer 419,9.10⁵ g cm²/sec² gibt. Diese Uebereinstimmung ist um so auffallender, als Hr. Weber das Verhältniss
des Ohms zur Siemenswiderstandseinheit aus eigenen Messungen zu 1,0471 ableitet, eine Bestimmung, welche bekanntlich von den Resultaten sämmtlicher anderer Beobachter um
über 1 Proc. abweicht. Nimmt man daher an, dass Hr. Weber
den Widerstand seines Platindrahtes im Calorimeter in S.-E.
richtig gemessen hat, so erhält man, wenn man das legale
Ohm zu Grunde legt, den Werth 414,7. Bei einer aufmerk-
samen Betrachtung findet man aber bald, dass Hr. Weber
bei der calorimetrischen Messung einen Fehler beging, welcher jene erste Abweichung compensirte. Es wurde nämlich
nicht der Widerstand des Calorimeterdrahtes während des
Versuches gemessen, sondern dieser berechnet aus seinem
Werthe bei 0° und seinem Temperaturcoëfficienten, indem
für die Temperatur des Drahtes diejenige gesetzt wurde,
welche das Wasser des Calorimeters hatte. Nun ist aber
a priori klar, dass die Temperatur des Drahtes eine höhere,
als die des Wassers gewesen sein muss, weil sonst keine
Wärmeabgabe von dem Drahte zum Wasser hin stattfinden
konnte.

Die Temperatur des Drahtwiderstandes wird sich während der Versuche in der Weise geändert haben, dass von
der Anfangstemperatur vor dem Versuch beim Einsetzen des
Stromes eine plötzliche sprungweise Erhöhung derselben eintrat, welcher dann eine der Erwärmung des Wassers im
Calorimeter proportionale Aenderung folgte. Jene discontinuirliche Widerstandsänderung hat Hr. Weber nicht in
Betracht gezogen und daher den Widerstand seines Platin-

---

1) v. Quintus Icilius, Pogg. Ann. **101.** p. 69. 1857.
2) F. H. Weber, Züricher Vierteljahrsschr. **22.** p. 273. 1877.
3) F. H. Weber, l. c. p. 292 u. ff.

drahtes, den er bei der Reduction auf absolutes Maass zu hoch berechnete, zu klein infolge des Temperaturfehlers in Rechnung gesetzt. Eine Berechnung ergibt, dass eine Temperaturerhöhung des Drahtes über die des Wassers von 10 bis 12° genügt, um eine vollkommene Compensation beider Fehler herbeizuführen. Nun folgt aus meinen Versuchen, dass die Temperatur des Drahtes im Calorimeter beim Uebergang von der Intensität 0,5 auf 0,75 Amp. um etwa 4° zugenommen hat. Bei Anwendung von Stromintensitäten von 4—6 Amp., wie Hr. Weber sie anwendete, werden wir daher eine Temperaturerhöhung von 10—12° leicht für möglich erachten müssen.

Endlich ist in neuester Zeit von Hrn. H. Jahn[1]) eine Bestimmung des Wärmeäquivalentes nach derselben Methode unter Anwendung des Eiscalorimeters ausgeführt. Die Messungen mit Leitern erster Ordnung sind mehr ausgeführt zu dem Zweck, die Brauchbarkeit der Methode zu prüfen, um dieselbe dann auf Electrolyte anzuwenden, als zu dem Zweck, eine sichere Bestimmung des Wärmeäquivalentes zu liefern. Es ist deshalb auch auf die Behandlung des Eiscalorimeters nicht so grosse Sorgfalt verwendet, dass dieselbe Genauigkeit, die schon Schuller und Wartha und C. v. Than erzielten, erreicht worden wäre. Trotzdem ist es auffallend, dass sämmtliche neun Versuche mit Leitern erster Classe Werthe für das Wärmeäquivalent ergeben, welche kleiner sind, als das von mir erhaltene Mittel. Eine genauere Betrachtung der Resultate des Hrn. Jahn ergibt aber als wahrscheinlich, dass bei Bestimmung einer der electrischen Grössen, welche nach einer Substitutionsmethode ermittelt sind, ein Fehler vorgekommen ist. Denn die ersten fünf Versuche, welche mit einem kleinen Widerstande von 1,3 Ohm angestellt sind, ergeben bei Berechnung mit den von mir zu Grunde gelegten Constanten $417,5 \cdot 10^5$ g cm²/sec², während die folgenden vier Versuche, bei denen ein Widerstand von 3,2 Ohm zur Verwendung kam, $421,0 \cdot 10^5$ g cm²/sec² ergeben. Die Verschiedenheit beider Zahlen voneinander deutet darauf

1) H. Jahn, Wied. Ann. **25.** p. 49. 1885.

hin, dass irgend ein Versehen die Messungen mit dem kleineren Widerstande stärker beeinflusst habe, als die mit dem grösseren, und dass dadurch wohl die Abweichung der Resultate des Hrn. Jahn von dem meinigen zu erklären ist.

VI. Folgerungen für die Abhängigkeit der specifischen Wärme des Wassers von der Temperatur.

Aus dem Ueberblick über die verschiedenen Bestimmungen des mechanischen Aequivalentes der Wärme entnehmen wir ein entschiedenes Zutrauen zu den Messungen Rowland's, und wir sind nun unter Zugrundelegung dieser Resultate und der Hinzunahme des aus meinen Versuchen sich ergebenden Mittels in den Stand gesetzt, die Abhängigkeit der specifischen Wärme des Wassers von der Temperatur abzuleiten.

Dazu machen wir folgende Annahmen:

1. Die specifische Wärme des Wassers ändert sich zwischen 5 und 0^0 in derselben Weise linear mit der Temperatur, wie die Rowland'schen Beobachtungen zwischen 5 und 30^0 ergeben.

2. Zwischen 30 und 100^0 ändert sich dieselbe linear mit der Temperatur.

Die erste Voraussetzung erscheint gewagt, da die Herren Pfaundler und Platter[1]) eine Unregelmässigkeit in der Nähe des Dichtigkeitmaximums wahrscheinlich gemacht haben. Indessen zeigte sich bei einer Wiederholung jener Versuche[2]) mit besseren Mitteln, dass jene ersten Beobachtungen zu unsicher waren, um eine solche Unregelmässigkeit zu constatiren. Die neueren Beobachtungen von G. G. Gerosa[3]) sind wohl als fehlerhaft infolge der unsicheren Temperaturbestimmungen durch Quecksilberthermometer zurückzuweisen.

Die zweite Voraussetzung ist qualitativ durch fast alle Beobachtungen gesichert.

Wir erhalten dann, wenn wir die specifische Wärme des

---

1) Pfaundler und Platter, Pogg. Ann. 140. p. 574. 1870.
2) Pfaundler und Platter, Pogg. Ann. 141. p. 550. 1870.
3) G. G. Gerosa, R. Acad. dei Lincei (3ₐ) 10. 1881.

Wassers zwischen 0 und 1⁰ gleich 1 setzen, den Zahlenwerthen
des Wärmeäquivalentes entsprechend folgende Werthe:

Temperatur	Spec. Wärme	Temperatur	Spec. Wärme
0	1	60	1,0057
10	0,9943	70	1,0120
20	0,9898	80	1,0182
30	0,9872	90	1,0244
40	0,9934	100	1,0306
50	0,9995		

Mittlere specifische Wärme zwischen 0 und 100⁰ $c_m = 1,0045$.
Wenn man den in dieser Tabelle gegebenen Verlauf der specifischen Wärme des Wassers zwischen 0 und 100⁰ mit den
Ergebnissen der directen Versuche, jene Abhängigkeit zu
ermitteln, vergleicht, so findet man im allgemeinen eine gute
Uebereinstimmung. Bei dieser Vergleichung will ich nur diejenigen Beobachtungen berücksichtigen, welche durch ihre
nahe Uebereinstimmung untereinander grössere Sicherheit zu
besitzen scheinen. Abgesehen soll werden von den sehr abweichenden Beobachtungen von Jamin und Amaury[1]) und
M. Stamo[2]) und ebenso auch von Regnault's[3]) Beobachtungen, weil gegen ihre Zuverlässigkeit von vielen Seiten wie
Bosscha, Pape, Velten Bedenken erhoben sind.

Dass der auf den Rowland'schen Bestimmungen des
Wärmeäquivalentes basirende Verlauf der specifischen Wärme
des Wassers auch mit Mischungsversuchen im Einklang ist,
hat er selbst[4]) und nach ihm G. A. Liebig[5]) nachgewiesen.

In dem Temperaturintervall von 40 bis 70⁰ ist ebenfalls
eine gute Uebereinstimmung des hier abgeleiteten Verlaufes
mit dem aus den Mischungsversuchen sich ergebenden vorhanden. In der ersten Spalte der folgenden Tabelle, welche
den Vergleich zeigt, sind enthalten drei Temperaturen, c_{12}
bedeutet die mittlere specifische Wärme zwischen den ersten
beiden, c_{23} diejenige zwischen den letzten beiden Temperaturen. Unter „berechnet" ist das Verhältniss c_{12}/c_{23} nach
dem hier gegebenen Verlauf angegeben:

---

1) Jamin und Amaury, Compt. rend. **70.** p. 661. 1870.
2) M. Stamo, Inaug.-Diss. Zürich 1877. Beibl. 3. p. 344. 1879.
3) Regnault, Relations. **1.** p. 729. 1847.
4) Rowland, l. c. p. 125.
5) G. A. Liebig, Sill. Journ. (3) **26.** p. 57. 1883.

Nr.	$\frac{c_{12}}{c_{23}}$ ber.	$\frac{c_{12}}{c_{23}}$ beob.	Diff.	Beobachter
1	42,37 / 26,7 / 20,07	1,0004	1,0033	−0,0029	v. Münchhausen.
2	42,0 / 25,34 / 17,22	1,0005	1,0037	−0,0032	ber. v. Wüllner.[1]
3	43,27 / 25,99 / 17,32	1,0013	1,0038	−0,0025	
4	54,02 / 26,47 / 17,76	1,0049	1,0052	−0,0003	
5	64,25 / 27,11 / 18,66	1,0086	1,0067	+0,0019	
6	61,53 / 26,04 / 17,91	1,0068	1,0075	−0,0007	
7	41,11 / 18,47 / 7,38	0,9964	0,9863	+0,0101	Velten.[2]
8	42,6 / 15,32 /	0,9961	0,9937	+0,0024	
9	42,2 / 23,23 /	0,9976	0,9968	+0,0008	
10	42,9 / 18,57 /	0,9963	0,9943	+0,0020	
11	50,2 / 24,55 /	1,0026	1,0048	−0,0022	
12	56,8 / 24,68 /	1,0048	1,0060	−0,0012	
13	44,8 / 26,43 /	1,0020	0,9939	+0,0081	

Die Abweichungen, welche vorkommen, erreichen nur bei den Vergleichungen 7 und 13 1 Proc., während alle übrigen unterhalb 0,3 Proc. liegen. Die ersteren beiden würden darauf hindeuten, dass bei 18° ein Maximum stattfinden müsse; dies anzunehmen, gestatten aber nicht die Vergleichungen 2 bis 6 und 10, welche dieselbe oder nahe dieselbe Temperatur enthalten. Im ganzen werden wir bei der Schwierigkeit, welche sich exacten Mischungsversuchen entgegenstellt, die Uebereinstimmung als eine vollkommene ansehen müssen.

Unsicherer wird die Vergleichung in dem Temperaturintervall von 70 bis 100°; denn hier weichen die Mischungsversuche stark voneinander ab. Ein Blick auf die folgende Tabelle, in welcher in derselben Weise, wie vorher, die vorliegenden Mischungsversuche zusammengestellt sind, erweist dies.

Nr.	$\frac{c_{12}}{c_{23}}$ ber.	$\frac{c_{12}}{c_{23}}$ beob.	Diff.	Beobachter
1	75,5 / 26,00 / 16,77	1,0112	1,0046	+0,0066	Velten.
2	76,7 / 26,3 / 16,99	1,0115	1,0047	+0,0068	"
3	93,0 / 23,6 / 11,78	1,0143	0,9837	+0,0306	"
4	98,15 / 22,3 / 12,1	1,0154	1,0115	+0,0039	Baumgartner (Pfaundler).[3]
5	99,6 / 21,96 / 15,64	1,0169	0,9937—0,9945	+0,0228	Velten.
6	98,2 / 11,42 / 1,45	1,0082	1,0136	−0,0054	Baumgartner
7	98,16 / 14,51 / 1,36	1,0095	1,0185	−0,0090	(Pfaundler).

1) A. Wüllner, Wied. Ann. 19. p. 284. 1880.
2) Velten, l. c. p. 32.
3) Pfaundler, Wied. Ann. 8. p. 648. 1879.

Die grosse Unsicherheit, welche sich hier zwischen den Mischungsversuchen zeigt, gestattet nicht, weder eine Bestätigung, noch eine Widerlegung der berechneten Curve abzuleiten, denn die Abweichungen von den beobachteten Werthen liegen theils nach der einen, theils nach der anderen Seite.

Auch die Bemühungen mit dem Eiscalorimeter, die Abhängigkeit der specifischen Wärme des Wassers von der Temperatur zu fixiren, haben nicht den gewünschten Erfolg gehabt. Denn sehen wir ab von den sehr unsicheren Versuchen des Hrn. Neesen[1]), welche ja allerdings nur orientirende sein sollen, so bleiben zwischen den Resultaten der Herren Henrichsen[2]) und Velten[3]) erhebliche Differenzen. In der folgenden Tabelle sind die unter sich vergleichbaren Resultate mit den „berechneten" in derselben Weise, wie vorher, zusammengestellt:

Nr.	t_1 t_2 t_3	$\frac{c_{12}}{c_{23}}$ ber.	$\frac{c_{12}}{c_{23}}$ beob.	Diff.	Beobachter
1	99,68 / 0 / 23,04	1,0102	0,9921	+0,0181	Velten.
2	98,71 / 0 / 24,90	1,0097	1,0260	−0,0163	Henrichsen.
3	99,68 / 0 / 27,67	1,0107	0,9932	+0,0175	Velten.
4	99,68 / 0 / 42,14	1,0118	0,9996	+0,0122	Velten.
5	98,71 / 0 / 42,91	1,0117	1,0185	−0,0068	Henrichsen.
6	98,71 / 0 / 55,17	1,0104	1,0170	−0,0066	Henrichsen.
7	99,68 / 0 / 56,13	1,0103	1,0017	+0,0086	Velten.
8	99,68 / 0 / 70,95	1,0072	1,0009	+0,0063	Velten.
9	98,71 / 0 / 76,69	1,0070	1,0118	−0,0048	Henrichsen.

Bei beiden Beobachtern stimmen die Einzelmessungen, aus denen die Mittelwerthe gefolgert sind, gleich gut unter sich überein, bei beiden ist gleiche Sorgfalt auf die Temperaturbestimmung gelegt, und trotzdem zeigen die Resultate Differenzen von über 3 Proc. Mitten zwischen beiden Beobachtungen liegen die berechneten Werthe.

Die grossen Verschiedenheiten, welche die mit dem Eiscalorimeter ausgeführten Beobachtungen zeigen, machen es wahrscheinlich, dass dieses Instrument ein für diese Unter-

---

1) Neesen, Wied. Ann. 18. p. 870. 1888.
2) Henrichsen, Wied. Ann. 8. p. 88. 1879.
3) Velten, l. c. p. 61.

suchung ungeeignetes ist. Denn es ist nicht abzusehen, in welchem Maasse die Fehler, welche beim Oeffnen des Calorimeters, um das erwärmte Wasser hineinfallen zu lassen, infolge der Zimmertemperatur und der Annäherung des Erwärmungsapparates entstehen müssen, die Messung beeinflussen, oder wie diese Fehler vermieden werden können. Die absonderlichen Eigenthümlichkeiten, welche Hr. Velten aus seinen sehr ausgedehnten und unter sich sehr gut übereinstimmenden Versuchen mit dem Eiscalorimeter für die Abhängigkeit der specifischen Wärme des Wassers folgert, legen den Gedanken nahe, dass jener Fehler die Beobachtungen entstellt habe. Nach Hrn. Velten hat die specifische Wärme des Wassers zwischen 0 und 7⁰ den höchsten Werth, der überhaupt zwischen 0 und 100⁰ vorkommt, sie nimmt dann zwischen 7 und 10⁰ um etwa $3^1/_2$ Proc. ab, um dann zwischen 10 und 20⁰ wieder um etwa $1^1/_2$ Proc. zu wachsen. Bei etwa 40⁰ erreicht sie dann ein zweites Minimum, steigt bis etwa 70⁰, um dann nahezu constant bis 100⁰ zu bleiben. Die Grösse der specifischen Wärme zwischen 0 und 7⁰ steht im Widerspruch mit den von Hrn. Pfaundler mitgetheilten Messungen Baumgartner's, das Verhalten zwischen 7 und 30⁰ widerspricht den directen Mischungsversuchen G. A. Liebig's und Rowland's und den Bestimmungen des Wärmeäquivalentes des letzteren, dem jene Unregelmässigkeit sicher nicht hätte entgehen können, es widerspricht ferner mehreren Mischungsverhältnissen des Hrn. v. Münchhausen und steht schliesslich im Widerspruch mit dem Verhalten, welches wir aus Regnault's und E. Wiedemann's Bestimmungen der specifischen Wärme der Luft bei constantem Druck gefolgert haben.

Die Uebereinstimmung, welche die vorstehende Zusammenstellung zwischen der „berechneten Curve" und den directen Messungen ergeben hat, ist in Anbetracht der grossen Unsicherheit der letzteren als eine genügende anzusehen.

Physik. Inst. Berlin.

II. *Die Verdampfung in ihrer Abhängigkeit vom äusseren Druck; von A. Winkelmann.*

(Hierzu Taf. V Fig. 8.)

————

Während nach Dalton die Verdampfungsmenge einer Flüssigkeit dem Maximaldruck p ihres Dampfes direct, dem äusseren Luftdruck P umgekehrt proportional ist, hat Hr. Stefan[1]) im Jahre 1874 nach einer neuen Theorie der Verdampfung gefunden, dass die Verdampfungsmenge proportional dem Logarithmus eines Bruches ist, dessen Zähler der Luftdruck P, und dessen Nenner die Differenz des Luftdruckes und des Maximaldruckes p des Dampfes darstellt. Ist die Luft nicht frei von dem Dampf der zu verdampfenden Flüssigkeit (wie es beim Wasser gewöhnlich der Fall ist), und ist p' der Druck des Dampfes in der Luft, so ist die Verdampfungsmenge proportional:

$$\log \operatorname{nat} \frac{P-p'}{P-p}.$$

Hr. Stefan hat diese Formel dadurch geprüft, dass dieselbe Flüssigkeit auf verschiedene Temperaturen erwärmt und bei gleichem äusseren Druck die Verdampfungsgeschwindigkeit beobachtet wurde. In diesem Fall war in der obigen Formel P constant, $p' = o$ (weil andere Flüssigkeiten als Wasser benutzt wurden), und p hatte verschiedene Werthe je nach der Temperatur der der Verdampfung unterworfenen Flüssigkeit. Es zeigte sich, dass in der That die obige Formel die Beobachtungen gut wiedergibt.

Eine Prüfung dieser Formel nach einer anderen Seite ist meines Wissens noch nicht vorgenommen. Anstatt nämlich p zu verändern, lässt sich auch der äussere Druck P variiren und so eine Vergleichung der von Dalton und Hrn. Stefan aufgestellten Formeln durchführen. Bei der Wichtigkeit, welche die Stefan'sche Theorie der Verdampfung für verschiedene Vorgänge, ganz besonders für die

————

1) Stefan, Wien. Ber. 68. 2. Abth. p. 385. 1874.

Diffusion, besitzt, schien mir eine solche Prüfung nicht überflüssig.

§ 1. Versuchsanordnung.

Die Verdampfung wurde in ähnlicher Weise, wie in einer
früheren Arbeit[1]) angegeben ist, vorgenommen, nur mit der
Modification, dass verschiedene äussere Drucke anwendbar
waren. Da die entstehenden Dämpfe nicht fortgeführt werden konnten, sondern absorbirt werden mussten, musste man
sich auf die Anwendung von Wasser beschränken.

Ein Glasrohr *a b* von 20 mm Durchmesser (siehe Fig. 3)
und 210 mm Höhe, welches unten einen engeren Ansatz *cd*
von 6 mm Durchmesser und 100 mm Höhe besitzt, nahm ein
dünnes, unten geschlossenes Röhrchen *ef*, dessen lichte Weite
nahezu 1 mm war, auf. Das Röhrchen *ef* besass eine Milli-
metertheilung, deren Nullpunkt an dem oberen abgeschliffenen
Ende lag, und wurde zum Theil mit Wasser gefüllt. Der
Zwischenraum von *ef* und *cd* ebenso wie der untere Theil
der weiteren Röhre *ab* wurde mit concentrirter Schwefelsäure so weit gefüllt, dass die Spitze von *ef* eben aus der
Schwefelsäure heraussah. — Es sei hier sofort erwähnt, dass
anfangs in einem Versuche statt Schwefelsäure Phosphorsäureanhydrid angewandt wurde; es wurde constatirt, dass
hierdurch kein Unterschied in der Verdampfung hervorgebracht wird; man beschränkte sich deshalb bei den späteren
Versuchen auf Schwefelsäure. — Nachdem das Rohr *ab*
durch einen Kautschukpfropf, welchen eine Röhre *gh* durch-
setzte, geschlossen war, wurde dasselbe in ein grösseres
Wasserbad so nahe an die vordere Spiegelglaswand des Bades
gesetzt, dass die Wasserkuppe in dem Röhrchen *ef* sich von
aussen mit einem Mikroskop beobachten liess. Letzteres besass eine Mikrometertheilung und hatte bei einer 35fachen
Vergrösserung einen Focalabstand von 30 mm. Das Rohr
gh wurde mit einer Quecksilberpumpe verbunden und die
Luft hinreichend verdünnt; der zurückbleibende Druck wurde
an dem Manometer der Pumpe, welche während des ganzen

---

1) Winkelmann, Wied. Ann. 22. p. 7. 1884.

Versuches mit dem Apparate in Verbindung blieb, durch ein Kathetometer abgelesen.

Gleichzeitig mit der eben beschriebenen Röhre wurde eine zweite gleicher Art, ohne Verbindung mit der Pumpe, in das Wasserbad gesetzt, um die Verdampfungsmenge unter dem gewöhnlichen Luftdruck zu erhalten. Man gewinnt durch die gleichzeitige Beobachtung zweier solcher Röhren, wie sich später zeigen wird, Vergleichswerthe, welche von kleinen Aenderungen der Temperatur und infolge dessen des Dampfdruckes fast unabhängig sind.

§ 2. Beobachtungsresultate.

Die Verdampfungsmenge in einem engen Rohre ist, wie Hr. Stefan nachgewiesen hat, umgekehrt proportional dem Abstand der Flüssigkeitsoberfläche von dem Ende der Röhre, sobald dieser Abstand nicht zu klein genommen wird. Ist der fragliche Abstand zur Zeit t_0 gleich h_0, zur Zeit t_1 gleich h_1, so ist der mittlere Abstand gleich $\frac{1}{2}(h_1 + h_0)$, und die Grösse:

$$\frac{t_1 - t_0}{\frac{1}{2}(h_1 + h_0)(h_1 - h_0)}$$

gibt die Zeit an, welche verstreicht, damit in dem Abstand 1 eine Flüssigkeitsmenge verdampft, deren Querschnitt gleich dem Querschnitt der Röhre, und deren Höhe gleich 1 ist. Der reciproke Werth des obigen Ausdrucks ist daher proportional der in der Zeiteinheit verdampften Flüssigkeitsmenge, wenn der Abstand des Niveaus vom Ende der Röhre gleich 1 ist.

Die folgenden Tabellen geben die Beobachtungen für diesen Ausdruck wieder. Die Bedeutung der einzelnen Zahlen ergibt sich unmittelbar aus den Tabellen selbst. Parallelversuche, welche zu gleicher Zeit unter verschiedenem Drucke angestellt sind, tragen die gleiche Nummer und sind durch die Indices a und b unterschieden.

Tabelle I.

Nr.	Druck der Luft in mm	Temp.	Zeit	Diff. der Zeiten in Min.	Abstand d. Flüssigkeitsniveaus vom Ende in mm	$\dfrac{t_1 - t_0}{\frac{1}{2}(h_1 + h_0)(h_1 - h_0)}$
1a	61,1	16,45	12h 3m Mitt.	217	62,448	3,896
2a	"	16,95	3 40		63,457	8,416
3a	"	16,70	8 58 Morg.	1038	68,077	3,297
4a	"	18,13	3 2	364	69,680	
1b	749,3	16,45	12h 10m Mitt.	207	11,257	17,21
2b	748,0	16,95	3 37		11,640	46,88
3b	748,0	16,70	9 2 Morg.	1045	13,487	45,36
4b	747,4	18,13	3 5	363	14,020	

Tabelle II.

5a	78,75	18,15	8h 40m	207	56,714	3,983
6a	"	19,05	12 7		57,623	3,765
7a	"	19,55	4 8	241	58,723	3,694
8a	"	19,65	6 59	171	59,506	
5b	747,8	18,15	8h 46m	205	12,834	48,03
6b	747,2	19,05	12 11		13,200	38,92
7b	746,6	19,55	4 13	242	13,663	39,94
8b	746,8	19,65	7 3	170	13,971	

Die folgende Tabelle enthält Doppelversuche, indem gleichzeitig vier Rohre der Beobachtung unterworfen wurden; die unmittelbar vergleichbaren Resultate tragen wiederum dieselbe Nummer.

Tabelle III.

Nr.	Druck der Luft in mm	Temp.	Zeit	Diff. der Zeiten in Min.	Abstand d. Flüssigkeitsniveaus vom Ende in mm	$\dfrac{t_1 - t_0}{\frac{1}{2}(h_1 + h_0)(h_1 - h_0)}$
9a	56,78	20,95	12h 4m	212	57,817	2,845
10a	"	21,15	3 36		59,360	2,367
11a	"	20,25	9 20 Morg.	1064	66,503	2,315
12a	"	21,45	3 31	371	68,871	
9a'	56,78	20,95	12h 6m	212	55,049	2,446
10a'	"	21,15	3 38		56,600	2,345
11a'	"	20,25	9 22	1064	64,117	2,259
12a'	"	21,45	3 33	371	66,597	
9b	746,1	20,95	12h 7m	213	12,406	35,70
10b	746,4	21,15	3 40		12,878	36,14
11b	747,5	20,25	9 24	1064	14,991	36,52
12b	745,9	21,45	3 35	371	15,654	
9b'	746,1	20,95	12h 9m	213	11,863	37,38
10b'	746,4	21,15	3 42		12,334	35,67
11b'	747,5	20,25	9 25	1063	14,551	35,27
12b'	745,9	21,45	3 36	371	15,257	

§ 3. Vergleichung der Beobachtungen mit den Theorien.

Um eine Vergleichung der Beobachtungen mit den Theorien von Dalton, resp. Stefan zu erhalten, ist es am einfachsten, das Verhältniss der Verdampfungsmengen zu bilden. Wie schon angegeben, ist die Verdampfungsmenge nach Dalton proportional p/P, wenn p den Druck des Dampfes an der Oberfläche der Flüssigkeit und P den Druck der Luft bezeichnet, unter welchem sich die Verdampfung vollzieht. Ist für zwei Versuche die Grösse p dieselbe, P aber gleich P_1, resp. P_2, so ist das Verhältniss der Verdampfungsmengen gleich:

$$(2) \qquad \frac{P_2}{P_1}.$$

Nach der Stefan'schen Theorie ist dasselbe Verhältniss gleich:

$$(2) \qquad \frac{\log \dfrac{P_1}{P_1 - p}}{\log \dfrac{P_2}{P_2 - p}}.$$

Die in den Tabellen mitgetheilten Beobachtungen lassen nun direct dieses Verhältniss ableiten; man hat nur die Quotienten der entsprechenden Werthe von $(t_1 - t_0)/\big(\tfrac{1}{2}(h_1 + h_0)(h_1 - h_0)\big)$ zu bilden.

Zur Berechnung nach den Formeln (1) und (2) wurden für P die Mittelwerthe eingesetzt, welche sich aus der Beobachtung am Anfange und am Ende eines jeden Resultats ergeben; der Druck p des gesättigten Dampfes wurde aus der mittleren Temperatur berechnet.[1] Die Resultate der Berechnungen zeigt die folgende Tabelle.

Tabelle IV.

Nr.	Mittlere Temp. t	Druck des Dampfes p mm	Druck der Luft P_2 mm	P_1	Verhältniss der Verdampfungsmengen nach d. Beobachtung	Stefan	Dalton	Beobachtet −Stefan ausgedrückt in Proc.	−Dalton
1,2	16,70	14,12	748,6	61,1	13,89	13,80	12,25	+0,7	+11,8
2,3	16,82	14,23	748,0	„	13,58	13,80	12,24	−1,6	+ 9,8
3,4	17,71	15,05	747,7	„	13,76	13,91	12,24	−1,1	+11,0

1) Phys.-chem. Tabellen von Landolt-Börnstein.

(Fortsetzung der Tabelle IV.)

Nr.	Mittlere Temp. τ	Druck des Dampfes p mm	Druck der Luft P_2 | P_1 mm	Verhältniss der Verdampfungsmengen nach d. Beobachtung	Stefan	Dalton	Beobachtet −Stefan −Dalton ausgedrückt in Proc.	
5,6	18,60	15,92	747,5 78,75	10,80	10,49	9,49	+2,8	+12,1
6,7	19,30	16,63	746,9 ,,	10,34	10,52	9,48	−1,7	+ 7,9
7,8	19,60	16,94	746,7 ,,	10,81	10,54	9,48	+2,6	+12,3
9,10	21,05	18,52	746,2 56,78	15,26	15,70	13,14	−2,9	+13,9
10,11	20,70	18,13	746,9 ,,	15,24	15,66	13,15	−2,8	+13,7
11,12	20,85	18,30	746,7 ,,	15,69	15,67	13,15	+0,1	+16,2

Die vorstehende Tabelle beweist, dass die Stefan'sche Theorie die Beobachtungen gut wiedergibt; die Differenz zwischen den beobachteten und berechneten Werthen ist bald positiv, bald negativ und beträgt im Mittel 1,8 Proc. Die Werthe, welche nach der Dalton'schen Formel berechnet sind, sind sämmtlich kleiner, als die beobachteten, und zwar im Mittel um 12,1 Proc.

Die berechneten Werthe der vorigen Tabelle zeigen ferner, dass eine kleine Aenderung der Dampfspannung p nur einen geringen Einfluss auf das Verhältniss der Verdampfungsmengen ausübt. Trotzdem die Temperatur zweimal um einen vollen Grad wächst, und infolge dessen die Einzelwerthe um etwa 6 Proc. zunehmen (vergl. die Versuche 1, 2 mit 3, 4), wird das Verhältniss der Verdampfungsmengen um weniger als 1 Proc. geändert. Dies ist der Grund, weshalb sich die Ermittelung des gedachten Verhältnisses sehr gut für die Vergleichung der Theorien eignet.

Es ist noch eine Bemerkung zu machen bezüglich der Verschiedenheit der beiden Abstände des Flüssigkeitsniveaus vom Ende der Röhre. In den Versuchen unter dem Drucke einer Atmosphäre lag nach den Tabellen dieser Abstand zwischen 11,2 und 15,6 mm; in den Versuchen unter geringerem Druck (etwa $^1/_{10}$ Atmosphäre) zwischen 55,0 und 69,7 mm. Bei diesen letzteren Versuchen wurde der Abstand deshalb grösser gewählt, um die Geschwindigkeit der Verdampfung abzuschwächen. Nun ist früher[1]) nachgewiesen, dass der Ab-

---

1) Winkelmann, Wied. Ann. 22. p. 155. 1884.

stand der Flüssigkeitsoberfläche vom Ende der Röhre unter
bestimmten Bedingungen auf den Diffusionscoëfficienten von
Einfluss ist, und dass ferner mit wachsendem Abstand der
Diffusionscoëfficient sich einem Grenzwerth nähert. Der gedachte Einfluss ist um so grösser, je stärker die Verdampfung ist.. So fand sich damals, dass in der höheren Temperatur (etwa 92⁰) der Diffusionscoëfficient Wasserdampf-
Wasserstoff in dem Intervall von $h - 25$ bis 46 (wo h den
Abstand der Flüssigkeitsoberfläche vom Ende der Röhre bezeichnet) um 0,47 Proc. zunimmt, wenn h um 1 mm wächst;
bei der niedrigeren Temperatur (etwa 49⁰) war der entsprechende Zuwachs nur 0,065 Proc. Vergleicht man die
Grössen:

$$\frac{t_1 - t_0}{\frac{1}{2}(h_1 + h_0)(h_1 - h_0)} = A$$

miteinander (bezogen auf sec und cm), so findet sich in der
höheren Temperatur $A = 1020$, in der niedrigeren $A = 11050$.
Hieraus geht hervor, dass der Einfluss von h um so geringer
ist, je grösser A, d. h. je langsamer die Verdampfung vor
sich geht.

Da auch für Luft wenigstens in der höheren Temperatur
Versuche über den Einfluss von h vorliegen, so lässt sich
dieser für die jetzt mitgetheilten Versuche annähernd berechnen. In dem Intervall von $h = 23$ bis $h = 71$ mm beträgt
der Zuwachs des Diffusionscoëfficienten Wasserdampf-Luft
bei der Temperatur 92,4⁰ 0,18 Proc. pro Millimeter; es ist
hier[1]) die Grösse $A = 3250$. In den jetzigen Versuchen ist,
wie der folgende Paragraph zeigt, der Minimalwerth von A
bei dem Drucke einer Atmosphäre gleich 216 000; es wird
deshalb A nur eine Aenderung von etwa 0,003 Proc. pro
Millimeter erfahren, und eine Reduction von $h = 11$ auf
$h = 61$ mm wird den Diffusionscoëfficienten nur um 0,15 Proc.
vergrössern. Hieraus folgt, dass die oben mitgetheilten Beobachtungen, obschon sie sich auf verschiedene Abstände der
Flüssigkeitsoberfläche vom Ende der Röhre beziehen, doch
unmittelbar miteinander vergleichbar sind; denn bei der

1) l. c. p. 153.

29*

schwachen Verdampfung ist der fragliche Abstand von fast verschwindendem Einfluss, und deshalb stellen die beobachteten Resultate fast genau jene Grenzwerthe dar, die sie mit wachsendem Abstand erreichen würden.

§ 4. Berechnung des Diffusionscoëfficienten.

Um zu ermitteln, in wie weit die einzelnen Beobachtungsreihen untereinander übereinstimmende Resultate liefern, wurde der Diffusionscoëfficient des Wasserdampfes in Luft berechnet. Hierzu diente die Stefan'sche Formel mit einer kleinen Correction, welche sich auf die Temperatur bezieht.[1]) Die Formel lautet:

$$K_\tau = \frac{(h_1 + h_0)(h_1 - h_0)}{2} \cdot \frac{s}{d_1} \cdot \frac{273 + \tau}{273} \cdot \frac{1}{(t_1 - t_0)\{\log_{nat} P - \log_{nat}(P - p)\}}.$$

In derselben bedeutet h_0, h_1, τ, t, P und p dasselbe, wie in den obigen Tabellen; s stellt die Dichtigkeit des Wassers bei τ^0, bezogen auf Luft von 0^0 und 76 cm Druck als Einheit, dar; d_1 die normale Dichte des Dampfes, ebenfalls bezogen auf Luft von 0^0 und 76 cm Druck als Einheit; es ist $d_1 = 0,623$ gesetzt. K_τ gibt den Diffusionscoëfficienten, bezogen auf 76 cm Druck und die Temperatur τ des Versuches; die zu Grunde liegenden Einheiten sind Centimeter und Secunden.

Um die in § 2 angegebenen Werthe für $(t_1 - t_0)/(\frac{1}{2}(h_1 - h_0)(h_1 + h_0))$ auf Centimeter und Secunden zu reduciren, sind dieselben mit $60 . 10^2$ zu multipliciren.

Die einzelnen Beobachtungen jeder Versuchsreihe sind zu einem Mittelwerthe vereinigt, der in der folgenden Tabelle angegeben ist. Aus den Werthen K_τ wurde K_0 nach der Formel:

$$K_\tau = K_0 \left(\frac{273 + \tau}{273}\right)^2$$

berechnet.

---

[1]) l. c. p. 20.

Diffusionscoëfficienten, Wasserdampf-Luft, reducirt auf 76 cm Druck.

Nr. des Versuchs	1a bis 4a	1b bis 4b	5a bis 8a	5b bis 8b	9a bis 12a'	9b bis 12b'
P (cm)	6,11	74,81	7,875	74,70	5,678	74,86
p (cm)	1,447	1.447	1,650	1,650	1,832	1,832
τ	17,08	17,08	19,27	19,27	20,87	20,87
$\dfrac{s}{d_1}$	1240	1240	1239	1239	1239	1239
$\dfrac{t_1 - t_0}{\frac{1}{2}(h_1 + h_0)(h_1 - h_0)}$	20220	277 920	22884	242 980	14076	216 720
K_τ	0,241	0,243	0,247	0,244	0,232	0,235
K_0	0,213	0,215	0,215	0,213	0,201	0,203

Die Werthe von K_0 schwanken zwischen 0,201 und 0,215.
Die Ursache dieser Differenzen ist theilweise in der Bestimmung der mittleren Temperaturen für die einzelnen Beobachtungen begründet. Da die Temperatur nur am Anfange und am Ende eines jeden Versuches ermittelt wurde, und der einzelne Versuch mehrfach über 12 Stunden dauerte, wird die Bestimmung der mittleren Temperatur in der angegebenen Weise nothwendig mit einiger Unsicherheit behaftet sein. Der Hauptzweck der vorliegenden Arbeit — eine Vergleichung der Verdampfungsmenge unter verschiedenem äusseren Druck mit den Theorien von Dalton und Stefan — wird hierdurch aber, wie schon früher bemerkt, nicht berührt. Der Mittelwerth der obigen Bestimmungen für K_0 ist 0,210, während die älteren Versuche, die bei 49,5, resp. 92,4° angestellt waren[1], für K_0 die Werthe 0,203 und 0,193 geliefert hatten.

Jena, im Januar 1888.

---

[1] l. c. p. 160.

III. Ueber das Ausströmen der Electricität aus einem glühenden electrischen Körper; von K. R. Koch.

Die Versuche von den Herren Guthrie[1]), Nahrwold[2]), Elster und Geitel[3]) zeigen, dass sich die beiden Electricitäten, die positive und die negative, einem glühenden festen Körper gegenüber verschieden verhalten. Hr. Guthrie fand, dass ein negativ geladenes Electroskop durch eine weissglühende Eisenkugel leichter entladen wird, als ein positiv geladenes; war die Eisenkugel nur rothglühend, so konnte vermittelst derselben keine positive Electricität von einer Electrisirmaschine auf ein Electroskop übertragen werden, wohl aber negative. Hr. Nahrwold beobachtete, dass das Maximum der Ladung der Luft bei Zuführung der Electricität durch einen galvanisch-glühenden Platindraht bei Ladung mit positiver Electricität schneller eintrat, als bei Ladung mit negativer; er stellt als eine der möglichen Erklärungen die auf, dass positive Electricität aus einem glühenden Drahte leichter ausströme, als negative. Die Herren Elster und Geitel erklären die Guthrie'schen wie alle hierher gehörigen Erscheinungen durch die von ihnen entdeckte positive Electrisirung der Luft, wenn dieselbe mit einem glühenden Körper in Berührung kommt. Im Verlaufe dieser von mir unternommenen Untersuchung ist eine neue Abhandlung der Herren Elster und Geitel erschienen[4]), in der sie die erwähnte, von Hrn. Nahrwold beobachtete Erscheinung ebenfalls durch jene positive Electrisirung der Luft an glühenden Körpern erklären und zu dem Resultate kommen, dass „immer diejenige Electricität am schnellsten entladen wird, deren Vorzeichen der durch den Glühprocess im Gase entwickelten entgegengesetzt ist."

Es schien mir bei diesen sich zum Theil widersprechenden Erklärungen nun nicht unwichtig zu sein, diese Erschei-

1) Guthrie, Phil. Mag. (4) 46. p. 257. 1873. u. Beibl. 6. p. 686. 1882.
2) Nahrwold, Wied. Ann. 5. p. 460. 1878.
3) Elster u. Geitel, Wied. Ann. 19. p. 588. 1883. 26. p. 1. 1885.
4) Elster u. Geitel, Wied. Ann. 31. p. 109. 1887.

nungen von neuem zu untersuchen. Es zeigte sich hierbei, dass in der That mehr positive Electricität aus einem glühenden Drahte (bei einem Glühzustande von dunkler Rothgluht bis Weissgluht) ausströmt, als negative; bei intensiver Weissgluht erreicht die Menge der ausströmenden negativen Electricität nahe die der positiven, einige Versuche scheinen darauf hinzudeuten, dass bei dem höchsten Grade des Glühens (in den Augenblicken kurz vor dem Durchschmelzen des Drahtes) ebensoviel (vielleicht sogar mehr) negative Electricität ausströmt, als positive.

Man kann diese Erscheinungen auf zwei Arten nachweisen; entweder kann man die Abnahme der dem glühenden Drahte ertheilten Ladung beobachten, oder man kann die von dem glühenden Drahte an die umgebende Luft abgegebene Electricitätsmenge durch Beobachtung der Zunahme des Luftpotentiales bestimmen. Ich habe beide Wege in der nachfolgenden Untersuchung eingeschlagen.

Verbindet man den galvanisch-glühenden Platindraht, der sich bei diesen Versuchen frei in der Zimmerluft befand, mit einem Goldblatt-Electroskop [es versteht sich natürlich, dass sowohl die Batterie wie die Leitungsdrähte sehr sorgfältig isolirt sein müssen[1])], so gelingt es leicht, das Electroskop auch bei glühendem Drahte vermittelst einer geriebenen Siegellackstange (also negativ) zu laden; das Electroskop hält diese Ladung eine geraume Zeit; theilt man ihm jedoch durch eine geriebene Glasstange positive Electricität mit, so divergiren die Blätter wohl anfänglich, sie fallen jedoch bald wieder zusammen. Man kann den Versuch auch so anstellen, dass man das Electroskop mit dem Platindraht bei offener Kette (die zum Glühendmachen dient) verbindet, dasselbe positiv oder negativ ladet und alsdann erst durch Schliessen des Stromes den Draht zum Glühen bringt; es fallen dann wiederum die Blätter schneller zusammen, wenn das Electroskop negativ geladen ist. Diese Erscheinungen sind, wie oben erwähnt, abhängig von der Intensität des Glühens.

---

1) Die Batterie war durch Paraffinklötze isolirt, die Drähte durch eine etwas veränderte Form Mascart'scher Isolatoren.

Um letztere Messung bequem ausführen zu können, wurden die Blättchen des Goldblattelectroskopes vermittelst einer Linse auf einen Schirm projicirt; es konnte dann in der Projection bequem ihr Abstand gemessen werden; da sich Schirm und Electroskop je in der doppelten Brennweite der Linse befanden, so war die auf dem Schirm gemessene Divergenz gleich der wirklichen der Goldblättchen. Die Messung geschah vermittelst eines mit Spitzen versehenen Kalibermaassstabes. Es ergab sich Folgendes:

Art der electrischen Ladung	Glühzustand des Drahtes	Abnahme der Divergenz der Blättchen in der ersten Minute	
		in Millim. uncorrigirt	in Proc. der Anfangsladung (corrigirt wegen sonstig. Verlustes
negativ	weissglühend	1,5 mm	5 Proc.
"	"	4,4 "	8 "
positiv	"	10,4 "	53 "
"	"	20,0 "	64 "
negativ	hellroth-glühend	2 mm	5 Proc.
"	"	4,0 "	7 "
positiv	"	11,5 "	56 "
negativ	dunkelroth-glühend	1,2 mm	0 Proc.
positiv	"	20 "	60 "

Sehr grosser Genauigkeit ist natürlich diese Messung nicht fähig; es wurden deshalb die Quadranten eines Thomson'schen Quadrantelectrometers (Mascart'scher Form) auf ein passendes (entgegengesetztes) Potential geladen und die Nadel mit der Mitte der Batterie, die den Platindraht zum Glühen brachte, verbunden und auf diese Weise die Abnahme des Potentiales unter dem Einflusse des Glühens beobachtet. Die Resultate sind in folgender Tabelle zusammengestellt; die Ladung wurde ausgeführt mit 100 Elementen einer Zn-Cu-MgSO$_4$-Batterie:

Art der electrischen Ladung	Glühzustand des Drahtes	Abnahme der Ladung in den drei ersten Minuten	
		in Scalentheilen	in Proc. des Anfangsausschlages (corr. wegen sonstigen Verlustes)
1) negativ	weissglühend	36,0	33 Proc.
positiv	„	48,5	54 „
„	„	47,5	62 „
negativ		36,0	37 „
positiv	„	43,0	70 „
negativ	dunkelgelbglühend	15,9	8 „
positiv	„	35,5	49 „
negativ	„	13,0	6 „
2) positiv	weissglühend	38,0	65 „
negativ	„	29	50 „
negativ	hellgelbglühend	23	42 „
positiv	„	29	53 „
negativ	gelbglühend	6	11 „
positiv	„	28,5	50 „
positiv	rothglühend	29,5	47 „
negativ	„	0	0 „
negativ	dunkelrothglühend (kaum sichtbar)	0	0 „
positiv	„	4	7 „

Man sieht daraus, dass bei niederen Glühzuständen negative Electricität von dem glühenden Draht nahezu gar nicht abgegeben wird. Bei Weissgluht nähert sich die Menge der ausströmenden negativen Electricität der der positiven.

Auch mit kleineren Potentialen von 1 bis 20 Volt. circa wurden Versuche angestellt und ebenfalls die entsprechende . starke Abnahme der positiven Ladung beobachtet; jedoch sind diese Versuche nicht einwurfsfrei, da, wie die Herren Elster und Geitel nachgewiesen haben, durch das blosse Glühen des Platindrahtes dieser, mithin auch die isolirte Batterie, deren Mitte mit dem Electrometer verbunden war, negativ electrisch werden.

Ein Versuch, direct mit einem empfindlichen Galvanometer dieses Ausströmen der Electricität zu beobachten, gelang nicht.

Diese aus dem glühenden Drahte ausströmende Electricität findet sich in der den Draht umgebenden Luft wieder und kann, nach der oben erwähnten zweiten Methode, vermittelst eines Sammelapparates (Water dropping Collector, isolirter Bunsen'scher Brenner oder Spiritusflamme) nachgewiesen werden. Gewöhnlich wurde wegen seiner grösseren Empfindlichkeit ein Flammensammler (Bunsen'scher Brenner aus Platin) benutzt; es zeigen sich jedoch auch alle unten zu beschreibenden Erscheinungen bei Anwendung eines Water dropping Collectors. Alle Beobachtungen wurden in einem abgeleiteten Metallgehäuse von ca. 1 cbm Inhalt[1]) angestellt, um von äusseren Influenzwirkungen unabhängig zu sein. Es wurde davon Abstand genommen, den Beobachtungsraum staubfrei zu machen, weil sich zeigte, wie die inzwischen veröffentlichten Untersuchungen des Hrn. Nahrwold[2]) dies auch bestätigt haben, dass ein staubfreier Raum (das Gefäss war innen mit Glycerin bestrichen) sofort wieder staubhaltig wurde, wenn der Platindraht in ihm glühte. Die Untersuchung, ob der Raum staubhaltig oder staubfrei ist, wurde nach Hrn. Aitken's[3]) Vorgang mit einem Dampfstrahl gemacht; dieser ist in einem staubfreien Raum unsichtbar, dagegen sichtbar in einem staubhaltigen. Alle Zuleitungsdrähte waren sehr sorgfältig isolirt und wurden vor und nach jedem Versuche auf ihre Isolation geprüft; sie waren ausserdem in abgeleiteten Metallröhren geführt, weil die Vorversuche gezeigt hatten, dass Influenzwirkungen von irgend welchen electrischen Körpern ausserhalb einen grossen Einfluss auf die Zuverlässigkeit der Resultate hatten. Die nöthigen Verbindungen während der Versuche wurden durch Kupferbügel hergestellt, die mit Handgriffen aus Siegellack versehen waren und die in isolirte Quecksilbernäpfe tauchenden Drahtenden verbanden; hierbei werden nun oft durch die Berührung mit den Fingern die Handgriffe negativ electrisch; man vermeidet die dadurch hervorgerufenen Fehler,

---

1) Es ist gut, eine solche Grösse des Gehäuses anzuwenden, weil sonst leicht bei Anwendung eines Flammensammlers durch die Ableitung der Flammengase nach den mit der Erde verbundenen Gefässwänden Unregelmässigkeiten entstehen.

2) Nahrwold, Wied. Ann. **31**. p. 448. 1887.

3) Aitken, Nat. **29**. p. 322. 1884.

wenn man an den Handgriff des Bügels ein Metallstäbchen kittet und immer an diesem den Bügel aufhebt; dadurch kann man die Verbindungen herstellen, ohne die Isolation zu stören, aber auch ohne Electricität hervorzurufen. Eine weitere Fehlerquelle bildet der Bunsen'sche Brenner, der, wie von Hrn. Pellat bereits nachgewiesen ist, bei der Verbrennung positiv electrisch wird, während die umgebende Luft sich während der Verbrennung negativ ladet; ausserdem ist eine möglichst kleine Flamme anzuwenden, wie gleichfalls von Hrn. Pellat bemerkt ist, weil bei einer grossen, flackernden Flamme die Resultate schwankend und ungenau werden.[1]

Die Sammelapparate (der Bunsen'sche Brenner, der Water dropping Collector etc.) sind gegen Influenzwirkung bekanntlich sehr empfindlich; man könnte vielleicht daran denken, dass die auf dieselben von einem glühenden Drahte ausgeübte Wirkung auf einer blossen Influenz beruhte. Dann müsste nach unserer sonstigen Kenntniss der electrischen Influenzerscheinungen dieselbe Wirkung auf den Sammelapparat auch ausgeübt werden bei nichtglühendem Drahte, und die Art der Electricität müsste ohne Einfluss sein. Die Versuche bestätigten dies jedoch nicht.

Es wurde nun zunächst untersucht, welchen Einfluss die Intensität des Glühens des Drahtes auf die Ladung der Luft hatte; die im Folgenden mitgetheilten Versuche sind willkürlich aus der sehr grossen Zahl der angestellten Beobachtungen herausgegriffen.

Unter Rubrik Ladung bedeutet: „*Null*", dass der glühende Platindraht nicht mit irgend einer Electricitätsquelle verbunden war; „— *n*", dass er mit dem negativen Pol einer Batterie von *n*·Elementen, „+ *n*", dass er mit dem positiven Pol von *n*·Elementen verbunden war, wobei der entsprechende andere Pol der Batterie zur Erde abgeleitet war. Die gegenüberstehende Zahl unter der Rubrik: „Electrometer" gibt dann an, welches Potential, ausgedrückt in Scalentheilen (der Ablenkung der Electrometernadel), die Luft des Gehäuses an der Stelle besitzt, an welcher sich der Sammelapparat befindet.

---

[1] Pellat, Journ. de Phys. (2) **4**. p. 256. 1885.

I. Als Sammelapparat diente eine Alkoholflamme, deren Docht mit dem Electrometer verbunden war. 1 Volt liefert am Electrometer eine Ablenkung von 63 Scalentheilen.

Glühzustand des Drahtes	Ladung	Electrometer	Glühzustand des Drahtes	Ladung	Electrometer
rothglühend	0	+ 50	weissglühend	0	+ 26
„	− 100	+ 20	„	− 100	− ∞ *)
„	+ 100	+ ∞	„	+ 100	+ ∞
„	0	+ 23	„	+ 100	+ ∞
„	− 100	+ 16			
„	− 100	+ 12			
„	− 100	± 0	*) Bei der negativen Ladung		
„	+ 100	+ ∞	findet die Ablenkung schneller statt		
„	0	+ 26	als wie bei der positiven.		

II. Als Sammelapparat diente ein Bunsen'scher Brenner; 1 Volt liefert am Electrometer eine Ablenkung von 62 Scalentheilen.

Glühzustand des Drahtes	Ladung	Electrometer	Glühzustand des Drahtes	Ladung	Electrometer
dunkelroth-glühend	0	+ 7	rothglühend	0	+ 25
„	− 100	+ 9	„	− 100	+ 20
„	0	+ 12	„	0	+ 25
„	+ 100	+ ∞	„	+ 100	+ ∞
„	0	+ 21	gelbglühend	0	+ 30
	− 100	+ 18	„	− 100	− 15
	0	+ 15	„	0	+ 27,5
	− 100	+ 14	„	+ 100	+ ∞
„	0	+ 16	weissglühend	0	+ 17
„	+ 100	+ ∞	„	+ 100	+ ∞
rothglühend	0	+ 23	„	− 100	− ∞
„	− 100	+ 17			
„	0	+ 21			
„	+ 100	+ ∞			

Bei den letzten zwei Versuchen wurde bei positiver Ladung im Mittel aus 5 Versuchen gefunden, dass das Ende der Scala erreicht war nach 8,2 Secunden, bei negativer Ladung ebenfalls im Mittel aus 5 Versuchen in 8,3 Secunden.

III. Um alle blossen Influenzwirkungen auszuschliessen und auch unabhängig von dem Potential zu sein, das durch die Verbrennung entsteht, wurde einerseits ein Water dropp-

ing Collector als Sammelapparat angewandt und andererseits
der glühende Platindraht mit einem Drahtkorbe umgeben,
der zur Erde abgeleitet war. Die Empfindlichkeit des Electrometers war reducirt, sodass 1 Volt. eine Ablenkung von
27 Scalentheilen lieferte. War der Platindraht in einem
solchen abgeleiteten Drahtkorbe eingeschlossen, so dauerte
es etwas länger, bis der Sammelapparat das Maximum der
Ladung der Luft anzeigte; es wurde deshalb der Stand des
Electrometers nach 7,5 Minuten notirt; es ergab sich:

Glüh-zustand d. Drahtes	Ladung	Ausschlag des Electr. nach 7,5 mm	Glüh-zustand d. Drahtes	Ladung	Ausschlag des Electr. nach 7,5 mm
kalt	+100	+ 2	intensiv weissglüh.	−100	−154
„	−100	− 1		+100	+270
rothglühend	−100	− 24	nahezu weissglüh.	+100	+195
„	+100	+165		−100	− 52
„	−100	− 12	gelbglühend	+100	+109
			„	−100	− 17

Lässt man den Draht nur glühen, ohne ihn mit einer Electricitätsquelle zu verbinden, leitet ihn etwa zur Erde ab, so
ladet sich, wie die Herren Elster und Geitel beobachtet
haben, die Luft positiv electrisch. Diese Ladung ist jedoch
nur so gering, dass sie auf die soeben erwähnten Erscheinungen nicht von belangreichem Einfluss sein kann; gewöhnlich betrug dieselbe nur 10—20 Scalentheile.

Es wurde noch ferner untersucht, welchen Einfluss der
Abstand des Sammelapparates von dem glühenden Platindraht habe. Es zeigte sich dabei, dass innerhalb der Ver-
suchsgrenzen die Grösse desselben nahezu gleichgültig war,
nur trat das Maximum der Ladung, wie zu erwarten war,
in grösserer Entfernung später ein, als wie in geringerer.
Folgende Versuchsreihen geben darüber Aufschluss.

Als Sammelapparat diente ein Bunsen'scher Brenner.
1 Volt. lieferte am Electrometer eine Ablenkung von 68,8
Scalentheilen.

a) Abstand 3 cm.

Ladung	Electrometer
0	+90
−20	+76,6
0	+90
+20	+∞

b) Abstand 6 cm.

Ladung	Electrometer
0	+92,5
+20	+∞
0	+90
−20	+77
0	+93,4
−20	+78

c) Abstand 12 cm.

Ladung	Electrometer
0	+89
−20	+78,5
0	+90,5
+20	+∞

d) Abstand 24 cm.

Ladung	Electrometer
0	+92
−20	+89
0	+92
+20	+∞

Es findet also von dem geladenen glühenden Platindraht aus ein Uebergang von Electricität statt, der von dem Glühzustande in der Weise abhängig ist, dass bei dunkler Rothgluht fast nur positive Electricität ausströmt; mit steigender Intensität des Glühens wächst die Menge der ausströmenden negativen Electricität und erreicht bei intensiver Weissgluht die der positiven, ja es scheint, als ob sie dieselbe bei einer Erhitzung des Drahtes bis zum Schmelzen überträfe. In naher Beziehung hierzu steht wohl auch die von Hrn. Hittorf[1]) entdeckte Abnahme des Kathodengefälles bei hinlänglich stark erhitzter Kathode.

Es ist schwer, sich eine Vorstellung von der Ursache dieses unipolaren Verhaltens zu machen. Die nach den neuesten Untersuchungen von Hrn. Nahrwold wahrscheinliche Annahme, dass die Electrisirung der Luft in einer Electrisirung des die Luft erfüllenden Staubes bestehe, erklärt dieses entgegengesetzte Verhalten derselben bei Berührung mit einem glühenden Körper nicht, denn man sieht nicht ein, weshalb von dem glühenden Körper mehr positiv geladene Theilchen, als wie negativ geladene fortgeschleudert werden sollten. Es sind auch jedenfalls wohl keine sichtbaren Staubtheilchen, welche die Ladung der Luft vermitteln; denn nach der Entdeckung von Tyndall[2]) ist jeder erhitzte

1) Hittorf, Wied. Ann. 21. p. 133. 1884.

2) Tyndall, On Dust and Disease; lecture given at the Royal Inst. in 1870. Proc. Roy. Inst. 6. 1872.

Körper mit einem staubfreien Raume umgeben, dessen Grösse mit der Temperatur wächst. Auch dieser Raum verhält sich den beiden Electricitäten gegenüber verschieden, bei positiver Ladung des erhitzten Körpers wird die staubfreie Schicht dicker, bei negativer dagegen dünner, wie dies auch die Versuche der Herren Lodge und Clark[1]) zeigen.

Es schien deshalb nicht uninteressant zu sein, einige Versuche über den Uebergang der Electricität vom glühenden Drahte zu dem Sammelapparat anzustellen. Es lässt sich nun leicht zeigen, dass man es hierbei als Träger der Electricität mit Theilchen zu thun hat, die einestheils, scheint es, geradlinig fortgeschleudert werden, die anderentheils aber durch Strömungen überall hingelangen können. Es geben jedoch die Versuche keine Entscheidung darüber, ob man es mit Luft oder Staubtheilchen als Träger zu thun hat. Stellt man zwischen den glühenden Platindraht und den Sammler einen Schirm, der zur Erde abgeleitet ist, so wird die Wirkung bei geladenem glühenden Drahte wohl geschwächt und verzögert, aber nicht aufgehoben. Es wurde ferner der glühende Platindraht in einen zur Erde abgeleiteten Cylinder gesteckt, der an dem einem Ende durch einen Kautschukpfropfen, durch den der Platindraht geführt, geschlossen war; das andere Ende lief in eine Röhre von ca. 1 cm Weite aus; der Platindraht stand in der Axe des Cylinders, sodass er durch die 1 cm weite Röhre gesehen werden konnte; der Sammelapparat zeigte die grösste Ladung an, wenn er in der Verlängerung der Axe der Röhre stand, also von den supponirten direct fortgeschleuderten Theilchen getroffen wurde, aber auch, wenn er sich beträchtlich seitwärts davon befand, zeigte er jene von der Art der mitgetheilten Electricität und dem Glühzustande des Drahtes abhängigen Erscheinungen.

Gibt der Sammelapparat selber zu solchen Luftströmungen Anlass, wie dies ein Bunsen'scher Brenner thut, so reagirt ein solcher Apparat schneller als z. B. ein Waterdropping-Collector, bei dem dies nicht der Fall ist. Man kann aber auch letzteren sofort zum Reagiren bringen, wenn

---

1) Lodge u. Clark, Phil. Mag. (3) 17. p. 814 ff. 1884.

man von dem glühenden geladenen Platindraht her einen
Luftstrom gegen ihn sendet.

Es wurde endlich der geladene glühende Platindraht vollkommen von dem Sammelapparat getrennt, indem der Draht
in ein allseitig geschlossenes und nach Belieben zu isolirendes
oder abzuleitendes Gefäss eingeschlossen wurde. War das
Gefäss von Metall, und war es zur Erde abgeleitet, so zeigte
sich keine Wirkung; war es isolirt, so traten die Erscheinungen gerade so auf, als befände sich der Draht frei dem
Sammler gegenüber; dies erklärt sich dadurch, dass das Metallgefäss durch die vom Drahte ausströmende Electricität
geladen wurde und nun durch Influenz auf den Sammelapparat wirkte. Dieselbe Erscheinung, wie bei einem isolirten
Metallgefäss, trat auch ein, wenn der Platindraht sich in
einem Glasballon befand; wurde der Glasballon aber auf der
Oberfläche leitend gemacht (was durch Bepinseln mit käuf-
licher Bronce leicht geschehen kann), so verhielt er sich abgeleitet wie das abgeleitete Metallgefäss, d. h. es fand keine
Einwirkung auf den Sammelapparat statt; isolirte man denselben, so zeigten sich sofort an dem mit dem Sammelapparate verbundenen Electrometer die entsprechenden Ausschläge,
herrührend von der auf der Oberfläche des Glasballons an-
gesammelten Ladung, die direct mit dem Electrometer nachgewiesen werden konnte.

Wenn diese Versuche nun auch die Frage nicht zu entscheiden vermögen, ob die Luft selbst electrisirt wird, oder
nur der in ihr enthaltene, wenn auch unsichtbare Staub, so
erklären sich doch die am Anfang der Untersuchung angeführten Beobachtungen des Hrn. Nahrwold wie die Experimente des Hrn. Guthrie in einfacher und ungezwungener
Weise aus diesem, durch die obigen Versuche nachgewiesenen
leichteren Ausströmen der positiven Electricität aus glühenden Körpern.

Es wurden noch Versuche angestellt in luftverdünnten
Räumen und in solchen, die mit Wasserstoff angefüllt waren,
ohne dass im wesentlichen andere Resultate hierbei erhalten
worden sind.

Phys. Inst. d. Univ. Freiburg i. B., 24. Dec. 1887.

IV. *Experimentaluntersuchungen über die galvanische Polarisation; von Franz Streintz.*

(Aus dem 96. Bde. der Sitzungsber. der k. Acad. der Wiss. zu Wien, II. Abth., vom 21. Juli 1887, mitgetheilt vom Hrn. Verf.)

(III. Abhandlung.) [1]

---

3. Die Polarisation des Quecksilbers.

Zur Untersuchung wurde chemisch reines Quecksilber in Glasnäpfchen von 5,90 qcm Niveaufläche verwendet. Die Verbindung zwischen den Electroden und der Leitung stellten Platindrähte her, welche durch Siegellack sorgfältig vor der Berührung mit dem Electrolyten geschützt waren.

Die Anfangsdifferenzen zwischen Quecksilber und Zink variirten zwar zwischen 1,27 und 1,35 V., unterlagen aber auch bei lange dauernder Berührung mit der Schwefelsäure kaum einer Veränderung. Es liessen sich daher die beiden Einzelpolarisationen (Hg + O | Hg und Hg | Hg + H) auch hier mit ziemlicher Genauigkeit berechnen. Zur Electrolyse dienten Kräfte von 1,1 V. (1 Daniell) bis 5,5 V. (5 Daniells) aufwärts. Das Quecksilber wurde für jede Versuchsreihe erneuert.

1) e. K. = 1,1 V.

	0,5^m	1,5^m	2,5^m	3,5^m	4,5^m	5,5^m	6,5^m	7,5^m
Hg + O Hg =	0,16	—	0,16	—	0,16	—	0,16	—
Hg Hg + H =	—	0,90	—	0,90	—	0,88	—	0,88
	8,5^m	9,5^m	10,5^m	12^m	14^m	16^m	18^m	20^m
Hg + O Hg =	0,17	—	0,17	—	0,16	—	0,15	—
Hg Hg + H =	—	0,88	—	0,90	—	0,90	—	0,89
	22^m	24^m	26^m	28^m	30^m	3^h 30^m		
Hg + O Hg =	0,16	—	0,14	—	0,14	0,20		
Hg Hg + H =	—	0,91	—	0,91	—	0,88 .		

Die Gesammtpolarisation beträgt 1,04 bis 1,08 V. und wird daher nur um Geringes von e. K. übertroffen. Bemerkenswerth ist die grosse Ueberlegenheit der *H*-Polarisation. Das Ansehen der Kathode blieb völlig unverändert, der Spiegel der Anode hingegen erschien drei Stunden nach erfolgtem Schliessen des Elementes etwas getrübt.

---

1) Vgl. F. Streintz, Wien. Ber. **95.** p. 686. 1887. Wied. Ann. **32.** p. 116. 1887.

Nach Oeffnen des Stromes behielt die Anode durch 30 Minuten ihren Potentialwerth unverändert, während die Kathode schon nach 8 Minuten vollkommen polarisationsfrei war.

2) e. K. = 2,2 V.

	0,5^m	1,5^m	2,5^m	3,5^m	4,5^m	5,5^m	6,5^m	7,5^m
Hg + O : Hg =	0,21	—	0,46	—	0,45	—	0,46	—
Hg | Hg + H =	—	1,45	—	1,45	—	1,43	—	1,42
	8,5^m	9,5^m	10,5^m	12^m	14^m	16^m	18^m	20^m
Hg + O Hg =	0,47	—	0,45	—	0,43	—	0,43	—
Hg ! Hg + H =	—	1,42	—	1,43	—	1,42	—	1,41
	22^m	24^m	26^m	28^m	30^m	2^h 0^m		
Hg + O Hg =	0,43	—	0,42	—	0,43	0,43		
Hg ! Hg + H =	—	1,40	—	1,40	—	1,37.		

Die Gesammtpolarisation erreicht nach 2,5 Minuten einen Maximalwerth von 1,91 V., um dann langsam und stetig abzunehmen. Die Anode hatte sich gleich nach Stromschluss mit einer grauen Schicht bedeckt, an der Kathode war Gasentwickelung bemerkbar.

Nach zwei Stunden wurde der Strom geöffnet; an der Anode blieb eine Polarisation von 0,14 V. durch 30 Minuten bestehen; die Abnahme der H-Polarisation war folgende:

0^m	2^m	4^m	6^m	8^m	10^m	12^m	21^m	30^m
1,23	1,18	1,06	0,99	0,97	0,96	0,95	0,92	0,91.

3) e. K. = 3,3 V.

	0,5^m	2,5^m	4,5^m	6,5^m	8,5^m	10,5^m
Hg + O ' Hg =	0,25	0,27	0,28	0,30	0,38	0,40
	12^m	14^m	16^m	20^m	30^m	2^h
Hg + O Hg =	0,41	0,43	0,43	0,45	0,45	0,46

Hg Hg + H unveränderlich = 1,45.

Das im Vergleiche zu 2) verzögerte Ansteigen der O-Polarisation, welche erst nach 30 Minuten denselben Werth erreicht, wie vorher nach 2,5 Minuten, dürfte durch den grösseren Widerstand der Oxydschicht — diesmal von grünlichgelber Farbe — bedingt worden sein.

Nach Unterbrechung des Stromes blieben an beiden Electroden durch 30 Minuten Polarisationswerthe von 0,10 V., beziehungsweise 1,36 V. bestehen; die Kathode verhielt sich gegen das amalgamirte Zink noch schwach electro-positiv.

4) e. K. = 4,4 V.

	$0,5^m$	$1,5^m$	$2,5^m$	$3,5^m$	$4,5^m$	$5,5^m$	$6,5^m$	$7,5^m$
Hg + O ǀ Hg =	0,17	—	0,18	—	0,40	—	0,58	—
Hg . Hg + H =	—	1,46	—	1,45	—	1,45	—	1,46

	$8,5^m$	$9,5^m$	$10,5^m$	12^m	14^m	16^m	18^m	20^m
Hg + O Hg =	0,68	—	0,75	—	0,80	—	0,81	—
Hg Hg + H =	—	1,45	—	1,46	—	1,46	—	1,46
Hg + O Hg =	0,82	—	0,81	—	0,82	0,87	0,90	
Hg Hg + H =	—	1,46	—	1,46	—	1,46	1,45.	

5) e. K. = 5,5 V.

	$0,5^m$	$1,5^m$	$2,5^m$	$3,5^m$	$4,5^m$	$5,5^m$	$6,5^m$	$7,5^m$	$8,5^m$	$9,5^m$
Hg + O ǀ Hg =	0,14	—	0,52	—	0,89	—	0,96	—	0,95	—
Hg ǀ Hg + H =	—	1,43	—	1,44	—	1,45	—	1,44	—	1,44

	$10,5^m$	12^m	14^m	16^m	18^m	22^m	24^m	26^m	30^m	2^h
Hg + O Hg =	0,94	—	0,89	0,87	0,77	0,73	—	0,72	0,73	0,61
Hg ǀ Hg + H =	--	1,44	—	—	—	—	1,44	—	—	1,43

Aus den Versuchsreihen 4) und 5) geht hervor, dass sich die Verhältnisse an der Anode sehr verwickelt gestalten. Die wirksame Oberfläche wird wahrscheinlich zum Theil aus Oxyd, zum Theil aus Sulfat gebildet sein und daher beständigen electromotorischen Veränderungen unterliegen.

Die H-Polarisation hingegen zeigt von 2,2 V. e. K. an keinerlei Veränderung; ihr hoher Werth von 1,45 V. ist an keinem der anderen untersuchten Metalle auch nur annähernd zu erreichen.

Wird eine mit Oxyd bedeckte Electrode zur Kathode gemacht, so entstehen zunächst an der Oberfläche Sprünge, durch welche das metallische Quecksilber sichtbar wird; dann werden die einzelnen Stückchen der Oxydschicht in wirbelartiger Bewegung fortgeschafft, und schliesslich geräth das Quecksilber in lebhafte stehende Schwingungen. Dieselben werden offenbar von der mit der Schwingungszahl der Stimmgabel wechselnden Capillarität der Oberfläche hervorgerufen werden.

4. Die Polarisation des Goldes.

Die Electroden bestanden aus Blechen von 2,8 cm Länge, 2,1 cm Breite und 0,04 mm Dicke und waren durch Drähte von gleichem Materiale mit der Leitung verbunden.

Die Anfangspotentialdifferenzen zu Zink waren von der Dauer der Berührung der Bleche mit der Schwefelsäure, welche, wie ich hier nochmals hervorheben will, vor jeder Versuchsreihe ausgekocht und dann rasch auf die Zimmertemperatur abgekühlt wurde, abhängig. Es ergaben sich für die beiden Electroden folgende Werthe:

unmittelbar nach Aufstellung des Voltameters	1,33 V.	1,35 V.
„ 10^m	1,35 „	1,35 „
„ 3^h	1,45 „	1,48 „
„ 3^h 20^m	1,45 „	1,44 „

Der Werth von 1,44 Volt konnte als Grundlage für die Berechnung der Einzelpolarisationen (Au + O) Au und Au (Au + H) dienen, weil er sich, falls die Bleche früher sorgfältig gereinigt waren (Ausglühen in der Alkoholflamme, Poliren), regelmässig herstellte, sobald nur das Voltameter ein bis zwei Stunden sich selbst überlassen blieb.

Fromme hat in seinen jüngst veröffentlichten ausführlichen Untersuchungen[1]) den Verlauf der Polarisation an Platin, Gold und Palladium unter den verschiedenartigsten Modificationen studirt; ich werde mich deshalb meist begnügen, im Folgenden nur jene Werthe anzuführen, welche bei geschlossenem Strome erhalten wurden.

1) e. K. = 1,08 V.

	0,5^m	1,5^m	2,5^m	3,5^m	4,5^m	5,5^m	6,5^m	8,5^m	9,5^m
Au + O | Au =	0,47	—	0,62	—	0,66	—	0,67	0,68	—
Au Au + H =	—	0,37	—	0,39	—	0,38	—	—	0,36

	11,5^m	13,5^m	15,5^m	17,5^m	20^m	22^m	24^m	26^m	28^m
Au + O | Au =	0,70	—	0,70	—	0,71	0,72	—	0,73	—
Au Au + H =	—	0,35	—	0,34	—	—	0,32	—	0,31

	30^m	50^m	52^m	70^m	72^m	80^m	82^m
Au + O | Au =	0,74	0,76	—	0,76	—	0,78	—
Au | Au + H =	—	—	0,29	—	0,30	—	0,29.

Die Gesammtpolarisation steht nur unbedeutend hinter e. K. zurück. Die O-Polarisation, von vornherein der H-Polarisation überlegen, ist in stetiger Zunahme, die H-Polarisation in entsprechender Abnahme begriffen. Zum gleichen

---

1) C. Fromme, Wied. Ann. 29. p. 497. 1886; 30. p. 77. 1887.

Ergebnisse ist Fromme[1]) mittelst des trogförmigen Voltameters gelangt.

2) e. K. = 2,22 V.

	$0,5^m$	$1,5^m$	$2,5^m$	$3,5^m$	$4,5^m$	$5,5^m$	$6,5^m$	$7,5^m$
Au + O·Au =	1,19	—	1,22	—	1,22	—	1,23	—
Au Au + H =	—	0,82	—	0,83	—	0,82	—	0,82

	$8,5^m$	$9,5^m$	$10,5^m$	22^m	23^m	38^m	40^m
Au + O ǀ Au =	1,23	—	1,23	—	1,24	—	1,25
Au ǀ Au + H =	—	0,82	—	0,82	—	0,82	—.

Die Gesammtpolarisation beträgt mithin 2,04 bis 2,07 V. und zeichnet sich, sowie jede Einzelpolarisation, durch grosse Constanz aus. Bereits unmittelbar nach Stromschluss fand an beiden Electroden Gasabscheidung statt.

3) e. K. = 3,30 V.

	$0,5^m$	$1,5^m$	$2,5^m$	$3,5^m$	$4,5^m$	16^m	17^m	35^m
Au + O Au =	1,18	—	1,20	—	1,22	—	1,22	—
Au ǀ Au + H =	—	0,74	—	0,76	—	0,81	—	0,88

	37^m	49^m	50^m	52^m	54^m	$2^h 55^m$	$2^h 57^m$
Au + O : Au =	1,23	—	1,24	—	1,24	1,22	—
Au Au + H =	—	0,84	—	0,84	—	—	0,95.

Die Gesammtpolarisation erreicht ihren grössten Werth (2,17 V.) noch ungefähr drei Stunden. Die Anode hatte sich allmählich mit einer intensiv purpurrothen Schicht überzogen, welche beim Erhitzen zuerst gelb, dann schwarzbraun wurde; aller Wahrscheinlichkeit nach besteht diese Schicht aus Goldoxydhydrat $Au(OH)_3$. Aus der Identität mit den Werthen für die O-Polarisation in 2) kann geschlossen werden, dass eine Tendenz zur Bildung dieser Verbindung auch dort schon bestanden habe.[2])

4) e. K. = 5,5 V.

	$0,5^m$	$1,5^m$	$2,5^m$	4^m	5^m	6^m	7^m	8^m
Au + O , Au =	1,12	—	1,12	—	1,12	—	1,12	—
Au , Au + H =	—	0,79	—	0,80	—	0,81	—	0,82

	9^m	10^m	11^m	12^m	25^m	26^m	57^m	58^m
Au + O ǀ Au =	1,14	—	1,14	—	1,16	—	1,16	—
Au ǀ Au + II =	—	0,83	—	0,84	—	0,84	—	0,84

1) C. Fromme, Wied. Ann. **30.** p. 78. 1887.
2) Fromme, l. c. p. **524.**

Die Gesammtpolarisation beträgt 2,00 V., steht also hinter jener in 3) zurück.

5. Die Polarisation des Palladiums.

Als Electroden dienten Platten von 3,0 cm Länge, 2,7 cm Breite und 0,4 mm Dicke.

Die Anfangspotentialdifferenzen zwischen Pd und Zn sind gleichfalls von der Dauer der Berührung der Platten mit dem Electrolyten abhängig.

Die beiden aus einem Stücke geschnittenen und zu electrolytischen Zwecken noch nicht verwendeten Electroden zeigten folgende Werthe:

unmittelbar . . .	1,33 V.	1,32 V.	nach 30ᵐ	. . .	1,42 V.	1,40 V.
nach 10ᵐ . . .	1,34 „	1,37 „	„ 40ᵐ	. . .	1,43 „	1,42 „
„ 20ᵐ . . .	1,40 „	1,38 „	„ 60ᵐ	. . .	1,44 „	1,43 „

Sämmtliche Versuche mussten an einem und demselben Plattenpaare vorgenommen werden. Dabei wurde die Vorsicht gebraucht, dass die eine Electrode nur als Anode in Verwendung stand; an der anderen Electrode wurde nach jeder Versuchsreihe durch viele Stunden O abgeschieden. Dieses Mittel erwies sich aber, wenn die Platte reichlich mit H versehen worden war, als unzureichend. Als Beleg hierfür möge Folgendes dienen: Die Kathode hatte durch einen Strom, welcher von 4 Daniells geliefert wurde und wenig über eine Stunde geschlossen blieb, einen Potentialwerth von 0,66 V. gegen Zn erhalten. Nun entwickelte derselbe Strom durch fünf Stunden O an der Platte; trotzdem zeigte dieselbe nur 0,77 V. am Electrometer.

Aus diesem Grunde versuchte ich es mit Ausglühen der Platte in der Gebläseflamme; dadurch aber wurde die entgegengesetzte Wirkung erzielt. Die Electrode verhielt sich viel stärker electro-negativ, als sie ursprünglich gewesen; es ergaben sich Werthe, welche zwischen 1,5 und 1,6 V. lagen.

Ich habe den Werth von 1,43 V. als Basis für die Berechnung der Polarisationen (Pd + O ! Pd und Pd | Pd + H) gewählt.

Die Gesammtpolarisation wird sich mit Sicherheit angeben lassen, da stets dafür Sorge getragen wurde, dass die beiden Platten zu Beginn jeder Versuchsreihe gleichwerthig waren. Anders verhält es sich jedoch mit den Einzelpolarisationen, welche die Superposition der Anfangsdifferenzen bilden.

1) e. K. = 1,10 V.

	$0,5^m$	$1,5^m$	$2,5^m$	$3,5^m$	$4,5^m$	$5,5^m$	$6,5^m$	$7,5^m$	$8,5^m$	$9,5^m$
Pd + O Pd =	0,58	—	0,67	—	0,74	—	0,76	—	0,77	—
Pd | Pd + H =	—	0,47	—	0,39	—	0,35	—	0,34	—	0,34

	$10,5^m$	$11,5^m$	$12,5^m$	14^m	16^m	28^m	30^m	3^h	$3^h 15^m$
Pd + O | Pd =	0,77	—	0,77	—	0,77	—	0,77	0,78	0,78
Pd | Pd + H =	—	0,33	—	0,33	—	0,33	—	0,32	0,32.

Die O-Polarisation nimmt anfänglich zu, die H-Polarisation um denselben Werth ab; die Summe beider kommt der polarisirenden Kraft genau gleich.

Insofern befindet sich der Versuch in Uebereinstimmung mit der von Fromme[1]) gemachten Beobachtung. Auf eine Uebereinstimmung der Verhältnisszahl beider Polarisationen kann nach dem oben Gesagten kein besonderes Gewicht gelegt werden, da Fromme als Vergleichselectrode ebenfalls Pd in verdünnter Schwefelsäure gewählt hat.

2) e. K. = 2,30 V.

	$0,5^m$	$1,5^m$	$2,5^m$	$3,5^m$	$4,5^m$	$5,5^m$	$6,5^m$	$7,5^m$	$8,5^m$
Pd + O Pd =	0,98	—	1,04	—	1,06	—	1,08	—	1,08
Pd Pd + H =	—	0,70	—	0,70	—	0,70	—	0,70	—

	$10,5^m$	20^m	22^m	24^m	26^m	$3^h 35^m$	$3^h 37^m$	$3^h 45^m$	$3^h 47^m$
Pd + O | Pd =	—	1,09	—	1,09	—	—	1,10	—	1,10
Pd Pd + H =	0,70	—	0,70	—	0,70	0,78	—	0,78	—.

Die Gesammtpolarisation ist in langsamem Ansteigen begriffen; sie beträgt nach 2,5 Minuten 1,74, nach 10 Minuten 1,78 und nach mehreren Stunden 1,88 V.

An der Anode wurde gleich nach Stromschluss Gas entwickelt, von der Kathode sämmtliches absorbirt. Nach dreistündiger Electrolyse hatte sich die letztere — trotz ihrer bedeutenden Dicke — bedeutend gekrümmt.

Die H-Polarisation betrug 1 Minute nach Oeffnen des Stromes 0,70 V. und nach 18 Stunden 0,68 V.

---

1) C. Fromme, l. c. p. 320.

Die *O*-Polarisation nahm folgenden Verlauf:

0^m	2^m	4^m	6^m	19^m	66^m	84^m	18^m
0,91	0,82	0,80	0,80	0,79	0,78	0,77	0,05.

3) e. K. = 3,3 V.

	0,5^m	1,5^m	2,5^m	3,5^m	4,5^m	8,5^m	9,5^m	10,5^m	11,5^m	14^m
Pd + O | Pd =	1,03	—	1,06	—	1,06	—	1,06	—	1,07	—
Pd | Pd + H =	—	0,73	—	0,74	—	0,75*	—	0,74	—	0,75

	16^m	20^m	22^m	28^m	30^m	45^m	47^m	80^m	82^m
Pd + O | Pd =	1,07	—	1,06	1,06	—	1,05	—	1,01	—
Pd | Pd + H =	—	0,76	—	—	0,76	—	0,77	—	0,79.

* Beginn der Gasabgabe.

4) e. K. = 5,5 V.

	0,5^m	1,5^m	2,5^m	3,5^m	4,5^m	5,5^m	14^m
Pd + O | Pd =	1,02	—	1,02	—	1,02	—	1,03
Pd | Pd + O =	—	0,74	—	0,75	—	0,76	—

	16^m	18^m	20^m	70^m	72^m
Pd + O | Pd =	—	1,04	—	1,04	—
Pd | Pd + H =	0,77	—	0,78	—	0,78.

Die Reihen 3) und 4) können als gleichwerthig angesehen werden. Die Gesammtpolarisation beträgt 1,76 V. nach kurz, 1,80 — 1,82 nach längere Zeit vorher erfolgter Schliessung der Kette. Dieselbe hat ihren Maximalwerth bereits bei e. K. = 2,3 V. erreicht. Die Anode wird durch Bildung von Palladiumschwarz chemisch verändert.

6. Die Polarisation des Platins.

Verwendet wurden Plattenelectroden von 2,5 cm Länge, 1,8 cm Breite, 0,04 mm Dicke. Die Anfangspotentialdifferenzen zu Zn schwankten im Intervalle von 1,53 bis 1,58 V. und wurden nur wenig von der Säure beeinflusst. Aus diesem Grunde konnten zur Bestimmung der Polarisationen (Pt + O | Pt und Pt | Pt + H) die jeweiligen Anfangsdifferenzen verwendet werden.

1) e. K. = 1,12 V.

	0,5^m	1,5^m	2,5^m	3,5^m	4,5^m	6^m	8^m	10^m	11^m
Pt + O | Pt =	0,42	—	0,47	—	0,50	—	0,56	—	0,51
Pt | Pt + H =	—	0,68	—	0,62	—	0,58	—	0,53	—
	12^m	14^m	16^m	18^m	20^m	22^m	24^m	26^m	28^m
Pt + O | Pt =	—	0,62	—	0,63	—	0,62	—	0,63	—
Pt | Pt + H =	0,51	—	0,45	—	0,47	—	0,49	—	0,48
	30^m	54^m	56^m	60^m	62^m	90^m	92^m		
Pt + O | Pt =	0,63	0,65	—	0,65	—	0,65	—		
Pt | Pt + H =	—	—	0,46	—	0,46	—	0,47.		

Die Gesammtpolarisation ist wieder identisch mit e. K. Die Methode zeigt sich mithin in diesen Fällen der von Fuchs angegebenen als vollkommen ebenbürtig.

Die O-Polarisation ist — von einem Rückgange bei 11 Minuten abgesehen — ähnlich wie bei Au in stetiger Zunahme, die H-Polarisation in Abnahme begriffen. Das Verhältniss beider Polarisationen ändert sich conform dem von Fromme[1]) am luftleeren Voltameter beobachteten.

2) e. K. = 2,2 V.

	$0,5^m$	$1,5^m$	$2,5^m$	$3,5^m$	5^m	$6,5^m$	$7,5^m$	$8,5^m$	$9,5^m$
Pt + O | Pt =	0,97	—	0,99	—	1,00	—	1,00	—	1,00
Pt | Pt + H =	—	0,89	—	0,88	—	0,88	—	0,88	—

	$11,5^m$	14^m	16^m	18^m	20^m	47^m	49^m	$3^h 20^m$	$3^h 22^m$
Pt + O | Pt =	—	1,00	—	1,02	—	1,01	—	0,97	—
Pt | Pt + H =	0,89	—	0,89	—	0,89	—	0,90	—	0,90.

3) e. K. = 3.3 V.

	$1,5^m$	3^m	5^m	7^m	9^m	11^m	18^m
Pt + O | Pt =	0,99	—	1,01	—	1,03	—	1,03
Pt | Pt + H =	—	0,89	—	0,90	—	0,89	—

	15^m	17^m	42^m	44^m	60^m	62^m
Pt + O Pt =	—	1,03	1,03	—	1,03	—
Pt Pt + H =	0,90	—	—	0,90	—	0,90.

4) e. K. = 4,4 V.

	$0,5^m$	$1,5^m$	$2,5^m$	$3,5^m$	$4,5^m$	$5,5^m$	$6,5^m$
Pt + O | Pt =	0,97	—	0,97	—	1,00	—	1,00
Pt | Pt + H =	—	0,91	—	0,91	—	0,91	—

	14^m	16^m	18^m	20^m	40^m	42^m
Pt + O | Pt =	—	1,00	—	1,00	1,00	—
Pt , Pt + H =	0,90	—	0,89	—	—	0,90.

Die Reihen 2) bis 4) sind fast vollkommen gleichwerthig. Das Maximum der Polarisation beträgt 1,9 V. und wird von einem Strome mit e. K. = 2,2 V. erreicht.

5) e. K. = 7,7 V.

	$0,5^m$	$1,5^m$	$2,5^m$	$3,5^m$	$4,5^m$	$5,5^m$	$6,5^m$
Pt + O | Pt =	0,94	—	0,96	—	0,96	—	0,97
Pt | Pt + H =	—	0,90	—	0,90	—	0,91	—

	12^m	14^m	16^m	18^m	20^m
Pt + O , Pt =	—	0,97	—	0,95	—
Pt Pt + H =	0,92	—	0,92	—	0,93.

---

1) C. Fromme, Wied. Ann. **29.** p. 503. Tab. 1. 1886.

Diese Reihe wurde noch angefügt, weil sie beweist, dass bei einer Stromintensität, welche über die für das Maximum der Polarisation erforderliche hinausgeht, wieder eine Abnahme der O-Polarisation eintritt, welche zwar nicht bedeutend, sich der Beobachtung doch nicht entziehen kann.

Das Gleiche gilt für Pd und in noch auffallenderer Form für Au.

Da die O-Polarisation gleich nach Stromschluss mit geringeren Werthen einsetzt, so kann die Ursache wohl nicht in einer Diffusion des reichlicher entwickelten H zur Anode liegen; es könnte vielmehr angenommen werden, dass der lebhafter ausgeschiedene O die Anode weniger gleichmässig bedeckt als der sparsam entwickelte.

Die H-Polarisation hingegen kann bei Pt als unveränderlich angesehen werden; bei Pd und besonders bei Au ist die Dauer der Entwickelung der massgebendste Factor.

Phys. Inst. der Univ. Graz.

V. Ueber das thermische und galvanische Verhalten einiger Wismuth-Zinn-Legirungen im magnetischen Felde;
von Albert von Ettingshausen und Walther Nernst.

(Aus den Sitzungsber. der kais. Acad. in Wien von den Herren Verfassern mitgetheilt.)

(Hierzu Taf. V Fig. 4—5.)

In einer vor etwa einem Jahre veröffentlichten Abhandlung „über das Hall'sche Phänomen"[1] haben wir die Vermuthung ausgesprochen, dass dasselbe mit der thermoelectrischen Stellung der Substanzen in einer nahen Beziehung stehen dürfte. Zu dieser Annahme berechtigte unter anderem

---

[1] v. Ettingshausen u. Nernst, Wien. Ber. **94.** p. 560. 1886; Beibl. **11.** p. 352. 1887.

die Thatsache, dass Tellur und Wismuth, welche die extrem-
sten Lagen in der thermoelectrischen Reihe einnehmen, unter
den bisher untersuchten Stoffen das Phänomen auffallend
kräftig zeigen.

Durch die Untersuchungen Rollmann's[1] ist bekannt,
dass Zusätze von Zinn zu Wismuth dessen thermoelectrische
Stellung sehr bedeutend verändern, sodass eine Legirung,
welche etwa 6 Proc. Zinn enthält, sich gegen Antimon thermoelectrisch positiv verhält. Andererseits schien es von
Interesse, die thermomagnetischen Effecte, welche wir zuerst
in einigen Metallen beobachtet haben[2], auch bei den Bi-Sn-
Legirungen zu studiren; ebenso sollten die Temperaturdiffe-
zen, welche an den Rändern der von einem galvanischen
Strome durchflossenen Platte infolge magnetischer Kräfte
auftreten[3], genauer verfolgt werden, um einen Zusammenhang zwischen den beiden Phänomenen, eventuell einen solchen mit dem Hall'schen Drehungsvermögen oder mit der
scheinbaren Widerstandszunahme, welche Wismuth und seine
Legirungen im Magnetfelde zeigen, aufzusuchen.

Es wurden daher sowohl in reinem Wismuth, als auch
in vier Legirungen von Wismuth und Zinn die genannten
Erscheinungen gemessen, während die Platten senkrecht zu
den Kraftlinien im Magnetfelde standen. Wenn nun auch
die numerischen Resultate mancher unserer Beobachtungen
nicht Anspruch auf grössere Genauigkeit erheben können,
so scheinen doch die allgemeinen Ergebnisse von genügendem Interesse zu sein, um schon jetzt von denselben Mittheilung zu machen.

Zur Herstellung des homogenen magnetischen Feldes,
in welches die Platten gebracht wurden, diente ein neuer
aus der physikalischen Werkstätte von Hartmann und
Braun bezogener grosser Electromagnet. Die Polflächen

---

1) Rollmann, Pogg. Ann. **83.** p. 77. 1851; **84.** p. 275. 1851; **89.**
p. 90. 1853.

2) v. Ettingshausen u. Nernst, Wied. Ann. **29.** p. 343. 1886;
Nernst, ib. **31.** p. 760. 1887.

3) v. Ettingshausen, Wied. Ann. **31.** p. 737. 1887.

desselben sind Kreise von $6^1/_2$ cm Durchmesser; der Draht
der Magnetisirungsrollen ist mit Asbest isolirt und überdies mit einer getheerten Wollumspinnung bedeckt. Der
Widerstand der beiden hintereinander geschalteten Rollen
beträgt 1 Ohm. Als Stromquelle verwendeten wir anfangs
Bunsen'sche Elemente, später Accumulatoren (System Far-
baky-Schenek); letztere liefern durch längere Zeit derart
constante Ströme, dass es möglich war, durch Einschalten
von Ballastwiderstand neben die Electromagnetspulen bei
jeder Versuchsreihe sehr nahe wieder die gleichen Feldstärken herzustellen. Die Intensität des magnetischen Feldes
wurde in bekannter Weise durch Herausbewegen eines kleinen
Inductors aus dem Felde und Vergleichung der dadurch
inducirten electromotorischen Kraft mit jener, welche ein
Erdinductor gibt, nach absolutem Maasse ermittelt. Bei
kleiner Distanz d der Polflächen (etwa 0,1 cm) und einem
magnetisirenden Strome von etwa 8—9 Amp. ist das Feld
an allen Stellen sehr nahe gleich stark; bei einer Distanz
$d = 0,4$ cm ist es an den Rändern um etwa 1 Proc. stärker
als in der Mitte zwischen den Flächen. Bei obiger Stromintensität war für $d = 1$ bis 2 cm die Feldstärke M nahe
verkehrt proportional der Distanz; bei sehr kleinem d (0,03 cm)
stieg dagegen M nur wenig an, wenn der magnetisirende
Strom zwischen 9 und 13 Amp. variirte.

In der Tab. I sind ausser den Dimensionen (Länge λ,
Breite β, Dicke δ) der verwendeten Platten die electrischen
Leitungsfähigkeiten $\varkappa$ (in absolutem Maasse) und die Tem-
peraturcoëfficienten a des Widerstandes angegeben; die Platte
aus reinem Wismuth[1]) ist mit Bi, die Legirungen sind mit
L I bis L IV bezeichnet. Das zu den Legirungen verwendete
Zinn war käufliches, welches aber nur sehr wenig fremde
Beimengungen enthielt.

[1) Das von Hrn. Hüttenmeister F. Bischoff in grösster Reinheit
hergestellte Metall wurde neuerlich durch gütige Vermittelung des Hrn.
Oberbergrathes Dr. Cl. Winkler erhalten.

Tabelle I.

Wismuth	Zinn	λ	β	δ	$\varkappa$ (c s)	α
Gewichtstheile						
		cm	cm	cm		
Bi 100	—	4,8	2,2	0,093	$4{,}80 . 10^{-6}$	—0,0012
L I 99,05	0,95	5,5	2,2	0,088	2,46	+0,0016
L II 98,54	1,46	5,0	2,2	0,115	2,71	+0,0018
L III 93,86	6,14	5,3	1,7	0,110	3,46	+0,0024
L IV 86,9	13,1	5,3	2,2	0,080	5,62	+0,0025

Es steigt also bei zunehmender Temperatur (zwischen 0 und 30⁰) der Widerstand bei sämmtlichen Legirungen; bei reinem Wismuth nimmt dagegen der Widerstand mit steigender Temperatur ab. Mit zunehmendem Zinngehalt wächst auch der Temperaturcoëfficient α. Die Leitungsfähigkeit nimmt bei Zusatz von wenig Zinn sehr stark ab, um dann wieder zu wachsen.[1])

Für die Platten wurden zuerst in gewöhnlicher Weise die Hall'schen Drehungsvermögen R für verschiedene Intensitäten des Magnetfeldes M ermittelt; desgleichen bestimmte man die im Magnetfelde auftretende Veränderung[2]) des electrischen Leitungswiderstandes $\Delta r / r$. Die kurzen Seiten der rechteckigen Platten waren bei diesen Versuchen an Kupferdrähte in ihrer ganzen Ausdehnung angelöthet; jede Platte besass zwei „Hallelectroden" in den Mitten der Langseiten und ausserdem zwei „Widerstandselectroden" auf der Längsmittellinie.

Um Temperaturveränderungen nach Thunlichkeit auszuschliessen, wurden die Platten in einen mit Wasser gefüllten Trog mit Glimmerwänden eingesenkt, der zwischen den Magnetpolen stand. Es fand sich:

---

1) Man sehe die Resultate von Hrn. Righi, Journ. de phys. (2) **3.** p. 355. 1884; Beibl. **8.** p. 858. 1884.

2) Die hierbei gebrauchte Methode war ähnlich jener, welche in der Abhandlung, Wien. Ber. **95.** p. 714. 1887, beschrieben ist.

Tabelle II.

	M (cgs)	R	M	$\frac{\Delta r}{r}$ in Proc.		M (cgs)	R	M	$\frac{\Delta r}{r}$ in Proc.
Bi;	1650	−10,27	1600	2,58	$L\,I$;	1920	−1,80	3870	2,18
	2520	9,50	3160	7,87		3560	1,19	8770	5,77
	3640	8,72	5880	19,7		6120	0,48	11500	7,45
	6080	7,14	8410	30,8		7630	0,18		
	8170	6,12	10470	40,2		9200	+0,047		
	9830	5,40	11200	48,6		11920	0,127		
	11100	4,95							
$L\,II$;	2030	− 0,68	3860	0,69	$L\,III$;	3330	−0,047	3870	0,19
	3930	0,36	8670	2,27		6220	+0,015	8770	0,61
	5920	0,085	11400	3,18		8680	0,060	11500	0,87
	7280	+ 0,073				10070	0,078		
	8860	0,217				11350	0,092		
	11490	0,377							

	M (cgs)	R	M	$\frac{\Delta r}{r}$ in Proc.
$L\,IV$;	200	+0,02	3860	0,09
	1900	0,022	8670	0,32
	3560	0,028	11400	0,46
	9200	0,039		
	11920	0,044		

Um die thermomagnetischen Wirkungen, sowie die galvanomagnetischen Temperaturänderungen zu beobachten, wurden dieselben Platten in folgender Weise hergerichtet. An die kurzen Seiten derselben sind Messingröhren mm (Fig. 4) von etwa 10 cm Länge und 0,5 cm Durchmesser gelöthet, durch welche Wasser von bestimmter Temperatur fliessen kann, sodass in der Platte P ein gewisses Wärmegefälle hergestellt wird. An jede Messingröhre ist ein Kupferdraht d gelöthet, um durch die Platte auch einen galvanischen Strom leiten zu können. Die Röhren sind an einem passend ausgeschnittenen Holzrahmen H befestigt, an diesen ist ein Messingstab S geschraubt, sodass die Platten leicht zwischen die Flachpole des Electromagnets (in der Figur punktirt angedeutet) gebracht werden können.

An die Mitten der langen Rechtecksseiten sind die Löthstellen a_1 und a_2 von zwei Thermoelementen Neusilber-Kupfer angelöthet; die anderen Löthstellen jedes Thermoelementes b_1 und b_2 befinden sich ausserhalb nebeneinander in einem Wasserbade. Verbindet man die Drähte Cu_1 und Cu_2 (s. Fig.) mit der Leitung zum Galvanometer, so beobachtet man, sobald die Platte von einem Wärmestrom durchflossen wird, einen galvanischen Strom, aus welchem die electromotorische Kraft der transversalen thermomagnetischen Wirkung sich ergibt. Zur Beobachtung des longitudinalen thermomagnetischen Effectes wird die Galvanometerleitung einfach an die Röhren mm angelegt; zugleich erhält man bei dieser Anordnung die thermoelektrische Potentialdifferenz der Legirung gegen Kupfer.

Zur Messung der galvanomagnetischen Temperaturänderungen wird ein galvanischer Strom J durch die Platte geleitet, während resp. Cu_1 und Cu_1' oder Cu_2 und Cu_2' zum Galvanometer führen. Die Galvanometerbeobachtung gibt dann die Temperaturerhöhung oder Erniedrigung an, welche durch das magnetische Feld an einem der Plattenränder hervorgerufen wird.

Wie man sieht, erhält man also hier nur die Temperaturänderung eines Plattenrandes gegen die Temperatur der Umgebung; wird aber das Feld commutirt, so gibt die Galvanometerbeobachtung die Temperaturdifferenz des oberen und unteren Randes, welche der Erregung des Feldes M entspricht. Bei der eben beschriebenen Einrichtung können Hall'sche Ströme in der Galvanometerleitung nicht auftreten.

Bei Beobachtung der transversalen thermomagnetischen Ströme und bei Messung der Hall'schen Wirkung wurde ebenfalls stets der den Electromagnet erregende Strom commutirt; dagegen konnte der longitudinale thermomagnetische Effect und die Widerstandsänderung natürlich nur bei abwechselnder Schliessung und Oeffnung des magnetisirenden Stromes gemessen werden.

Den im Folgenden angegebenen Zahlen liegt stets das absolute cm-g-sec-Maass, sowie der Centesimalgrad als Einheit der Temperaturdifferenz zu Grunde.

Die Tabelle III) enthält die direct beobachteten electromotorischen Kräfte q und l der transversalen und longitudinalen thermomagnetischen Wirkung; t_1 und t_2 bedeuten die Temperaturen des bei den Versuchen durch die Röhren fliessenden Wassers; ausserdem ersieht man aus den Werthen θ die thermoelectrische Potentialdifferenz der betreffenden Legirung gegen Kupfer für 1^0 C. Temperaturdifferenz der Löthstellen (bei mittlerer Temperatur).

Tabelle III.

$Bi.$ $t_1 = 0,9^0$	$t_2 = 19,2^0$	$\theta = -6500$	$LI.$ $t_1 = 0,8^0$	$t_2 = 21,0^0$	$\theta = +282$
M (cgs)	q (cgs)	l (cgs)	M (cgs)	q (cgs)	l (cgs)
2810	5070	1810	2820	2970	7160
4720	8450	3340	4700	3940	14900
9480	16040	14300	9390	4610	31100

$LII.$ $t_1 = 0,8$	$t_2 = 20,0$	$\theta = +1950$	$LIII.$ $t_1 = 0,8$	$t_2 = 19,8$	$\theta = +3910$
2800	2310	3660	2830	324	799
4680	3200	8250	4710	475	1840
9400	3730	18000	9440	595	4720

$LIV.$ $t_1 = 0,8$	$t_2 = 21,0$	$\theta = +3390.$
M (cgs)	q (cgs)	l (cgs)
2800	128	242
4700	188	576
9380	235	1670

Die Richtung der transversalen Kraft q war sowohl bei *Bi*, wie bei sämmtlichen Legirungen n o r m a l, d. h. m a n gelangt von der Eintrittsstelle des Wärmestromes zur Eintrittsstelle des thermomagnetischen Stromes in die Platte durch eine Bewegung entgegengesetzt dem Sinne der das Magnetfeld ersetzenden Ströme. Der durch den longitudinalen thermomagnetischen Effect hervorgerufene galvanische Strom floss stets in der Richtung des Wärmestromes in der Platte.

Weiter gibt Tabelle IV die aus den electromotorischen Kräften der Thermoelemente folgenden Temperaturdifferenzen Δ der Plattenränder in Celsiusgraden, welche auftreten, wenn das magnetische Feld M erregt wird; auch ist die Intensität des die Platte durchfliessenden Stromes J angegeben. Die aus den Messungen mit dem einen und anderen Thermoelement erhaltenen Resultate wichen mitunter beträchtlich (15 bis 20 Proc.) voneinander ab; indess kann dies wohl nicht auffallen, weil ja die Art und Weise, wie die Löthstellen a_1

und a_2 die Plattenränder berühren, auf die Messung der Temperaturdifferenz von wesentlichem Einfluss sein muss, was auch einige Versuche bestätigten. Es können aus diesem Grunde die absoluten Zahlenwerthe Δ mit erheblichen Fehlern behaftet sein, während die für ein und dieselbe Platte angeführten Werthe untereinander wohl vergleichbar sind. Die Platten waren bei diesen Versuchen allseitig dicht mit Watte umgeben.

Tabelle IV.

	M (cgs)	Δ Cels.°	J (cgs)		M (cgs)	Δ Cels.°	J (cgs)
$Bi.$	2800	0,962	0,556	L I.	2780	1,40	0,663
	4710	1,65	560		4670	1,93	655
	9360	3,24	561		9310	2,46	655
L II.	2830	0,536	0,613	L III.	2800	0,208	0,668
	4690	770	620		4670	326	669
	9390	961	622		9830	442	659

	M (cgs)	Δ Cels.°	J (cgs)
L IV.	4700	0,050	0,688
	9350	073	685

Bei sämmtlichen Platten trat das Phänomen in der gleichen Weise auf; man gelangt von der Eintrittsstelle des Stromes J in die Platte zu demjenigen Rand, dessen Temperatur erhöht wird, durch eine Bewegung im Sinne der das Magnetfeld ersetzenden Ströme.

Es muss noch erwähnt werden, dass sowohl bei den Bestimmungen von R und $\Delta r/r$, wie auch bei den Messungen von Δ stets jeder Versuch wiederholt wurde, nachdem die Richtung des Plattenstromes commutirt worden war, und dass die angeführten Resultate die Mittel aus diesen beiden (meist etwas verschiedenen) Werthen sind.

Bei Betrachtung der in den Tabellen II—IV zusammengestellten Ergebnisse überraschen zunächst die für R gefundenen Zahlenwerthe. Legirung I zeigt in schwächeren Feldern ein sehr geringes Drehungsvermögen, verglichen mit jenem des reinen Wismuths; mit wachsender Scheidekraft sinkt R schnell, um bei der Feldintensität $M = 9000$ entgegengesetztes Vorzeichen anzunehmen: das positive Drehungsvermögen, welches für $M = 12000$ gefunden wurde, erreicht an Grösse fast jenes des Antimons ($+ 0,18$). Ein analoges Verhalten zeigen die Legirungen II und III, jedoch mit dem Unterschiede, dass bei II der Uebergang von negativen Werthen R in positive schon bei einer Feldstärke M etwa 6800, bei III noch etwas früher eintritt. Das positive Drehungsvermögen von II im Felde $M = 11500$ ist mehr als doppelt so gross, als jenes des Antimons. Legirung IV endlich zeigt selbst bei den schwächsten Feldintensitäten positive Werthe R; letzteres ist jedoch relativ sehr gering und steigt bei starkem Felde auf etwa das Doppelte an.

Bei Legirungen von Kupfer und Zink, von denen ersteres ein negatives, letzteres positives Drehungsvermögen besitzt, hatte Hall[1]) gefunden, dass für dieselben der Werth von R stets näher jenem des Kupfers liegt, als nach der Zusammensetzung der Legirung zu erwarten wäre. Nach unseren Beobachtungen zeigen die Metalle Wismuth und Zinn, welche beide negative R besitzen, in der Legirung negatives oder positives Drehungsvermögen, je nach der Intensität des magnetischen Feldes, und bei höherem Zinngehalt überhaupt nur positives R.

Unwillkürlich drängt sich bei diesem völlig abnormen Verhalten der Legirungen die Vermuthung auf, dass hier ein anderes Phänomen hinzugekommen sei, welches bei steigendem Zinngehalt der Legirung in den Vordergrund tritt, und welches eine der Hall'schen entgegengesetzte, transversale electromotorische Kraft veranlasst.

Da die Platten bei den Versuchen (Tab. II) sich in einem Wassertroge befanden, so ist eine grössere Temperaturverschiedenheit der einzelnen Theile der Platte und daher das Vorhandensein eines gewöhnlichen Wärmestromes in derselben wohl ausgeschlossen. Es erscheint jedoch die Annahme nicht unwahrscheinlich, ja fast nothwendig, dass die oben erwähnte Anomalie die Folge einer thermomagnetischen Wirkung des Magnetfeldes auf einen „galvanomagnetischen Wärmestrom" sei; dieser würde die Platte senkrecht zur

---

1) Hall, Phil. Mag. (5) **19.** p. 419. 1885; Beibl. **9.** p. 455, 1885.

Richtung des Primärstromes durchfliessen, seine Entstehung
aber nicht einer Temperaturverschiedenheit der einzelnen
Plattentheile, sondern einer „thermomotorischen" Wirkung
des Magnetfeldes verdanken.[1])

Um die Vorstellungen zu fixiren, sei die im Magnetfelde befindliche Platte in der Richtung des Pfeiles *J* (Fig. 5)
von einem galvanischen Strome durchflossen; die Richtung
der Ampère'schen Ströme des Magnetfeldes sei durch den
gefiederten Pfeil bezeichnet. Die Erfahrung lehrt dann, dass,
wenn die Platte in der Luft steht, der obere Rand eine
höhere, der untere eine niedrigere Temperatur als die Umgebung zeigen.

Wenn nun aber die Platte — wie bei obigen Versuchen
— in einem die Wärme gut ableitenden Mittel sich befindet,
so wird die durch den Magnetismus zum oberen Rand hin-
getriebene Wärme absorbirt, dagegen die vom unteren Rand
fortbewegte ersetzt: es fliesst also durch die Platte infolge
der Wirkung des Magnets ein Wärmestrom in der Richtung
des Pfeiles *W*. Unter der Annahme, dass auf diesen Wärmestrom, wie auf einen gewöhnlichen (durch Temperaturverschiedenheit verursachten) ein longitudinaler thermomagnetischer Effect ausgeübt werde, muss in einer die Punkte a_2
und a_1 der Ränder verbindenden Leitung ein galvanischer
Strom auftreten, welcher — nach der früher angegebenen
Regel — die Richtung des Pfeiles *j* hat: dieser Strom ist,
wie man sieht, der Richtung des Hall'schen (Pfeil *i*) entgegengesetzt. Bei Commutirung von *J* sowohl, wie bei jener
von *M* ändert auch der Wärmestrom *W* seine Richtung, und
daher sind wieder *j* und *i* einander entgegengesetzt gerichtet.
Die electromotorische Kraft, welche den Strom *j* veranlasst,
wächst nun jedenfalls mit der Feldintensität in weit höherem

---

1) v. Ettingshausen, Wied. Ann. **38**. p. 127. 1888. In einer kreisförmigen Platte, welche radial von einem galvanischen Strom durchflossen ist, wird durch galvanomagnetische Wirkung die Wärme in concentri-
schen Kreisen herumgetrieben, ohne dass dabei in der Platte die geringste Temperaturverschiedenheit auftritt; solche würde erst, wenn man
die Platte etwa in der Richtung eines Radius aufschneidet, an den Rändern des Schnittes erscheinen.

Maasse, als die electromotorische Kraft der Hall'schen Wirkung, weil diese ungefähr der ersten, jene dagegen eher der dritten Potenz der Feldstärke entsprechend zunimmt.[1])

Im reinen Wismuth scheinen diese Wirkungen im Verhältniss zur Hall'schen nur gering zu sein; möglicherweise erklärt sich aber dadurch die Abnahme des R bei höheren Feldstärken. Diese Abnahme des R hat bekanntlich zur Folge, dass die electromotorische Kraft der Hall'schen Wirkung, gemessen durch $R.M$, bei höheren Scheidekräften geringer werden kann[2]); bei dem diesmal untersuchten reinen Wismuth war dagegen das Geringerwerden der Wirkung, selbst bei der grössten angewandten Feldstärke ($M = 14500$), nicht zu constatiren.

Uebrigens bewährte sich, wie wir uns durch Versuche mit Legirung II überzeugten, der sogenannte Vertauschungssatz[3]) der Primär- und Hall-Electroden (Gleichbleiben der Wirkung) auch bei diesen das Phänomen bei hohen Feldstärken anomal zeigenden Platten. Ebenso schien zwischen der Intensität des Hall'schen Stromes und jener des Primärstromes stets Proportionalität stattzufinden.

Die eingangs erwähnte Vermuthung einer Beziehung zwischen dem Hall'schen Drehvermögen und dem thermoelectrischen Verhalten (vgl. θ, Tabelle III) wird durch die Versuchsergebnisse zwar nicht in der erwarteten Weise bestätigt, indess erscheint es immerhin bemerkenswerth, dass geringe Beimengungen von Zinn zu Wismuth, welche die thermoelectrische Stellung dieses Metalls in so ausserordentlichem Maasse verändern, auch das Drehvermögen sehr stark beeinflussen. Zusatz von grösserer Menge Zinn verleiht in der That der Legirung ein positives Drehungsvermögen. Auf eine nähere Discussion dieses Punktes kann erst eingegangen werden, wenn die Frage nach dem Ursprung der thermoelectrischen Kräfte ihrer Lösung näher gebracht sein wird.

Zwischen der Grösse der transversalen, thermomagne-

---

1) Für reines Wismuth ist $\varDelta$ dem M (bei gleichem J) ziemlich genau proportional; dies gilt nicht mehr für die Legirungen.

2) Wien, Ber. **94.** p. 592. 1886.

3) l. c. p. 568.

tischen, electromotorischen Kraft und der bei derselben Feldstärke auftretenden galvanomagnetischen Temperaturdifferenz
der Plattenränder scheint eine nähere Beziehung vorhanden
zu sein (s. Tab. III und IV).

Zur Vergleichung dieser beiden Phänomene soll die transversale electromotorische Kraft auf die Einheit der die Platte
per Secunde durchfliessenden Wärmemenge bezogen werden,
d. h. es soll, wenn:

$$W = k_i \frac{t_2 - t_1}{\lambda} \beta \delta$$

die Intensität des Wärmestromes ist (k_i = Wärmeleitungsvermögen der Platte), der Quotient:

$$q_1 = \frac{q}{W}$$

berechnet werden; desgleichen werde die galvanomagnetische
Temperaturdifferenz der Plattenränder auf die Einheit des
die Platte durchfliessenden galvanischen Stromes bezogen, also:

$$\Delta_1 = \frac{\Delta}{J}$$

gebildet. Der Quotient der auf dieselbe Stärke des magnetischen Feldes M bezogenen Grössen q_1 und Δ_1:

$$\frac{q_1}{\Delta_1} = \frac{\lambda}{k_i \beta \delta} \frac{q J}{(t_2 - t_1) \Delta}$$

gibt also das Verhältniss der transversalen thermomagnetischen und galvanomagnetischen Wirkung, welche resp. der
per Secunde die Platte durchströmenden Wärmemenge (1 g
Cal.) und Electricitätsmenge 1 (cmg) entspricht. Wir haben
nun noch die Annahme gemacht, dass das Wärmeleitungsvermögen k_i der electrischen Leitungsfähigkeit $\varkappa$ proportional
sei, weil Versuche, die erstere Grösse für die einzelnen Platten direct zu bestimmen, keine hinreichend sicheren Resultate ergeben haben.

Es wurde nämlich für jede Platte mittelst dreier an
dieselbe äquidistant angelötheter Thermoelemente nach der
bekannten Methode von Despretz das Verhältniss k_a / k_i
der Wärmeabgabsconstante zur Wärmeleitungsfähigkeit bestimmt; hierbei befand sich die Platte unter denselben Bedingungen wie bei den früheren Beobachtungen, also dicht

mit Watte umgeben, zwischen den Magnetpolen. Das Thermoelement, welches zur Bestimmung der Umgebungstemperatur
diente, war in ein kleines, in den Eisenkern des Electromagnets gebohrtes Loch eingeführt. Für die (gleichfalls mit
Watte umgebene) Platte wurde dann k_a ermittelt, indem man
durch dieselbe einen galvanischen Strom von der absoluten
Intensität J leitete und den Temperaturüberschuss τ der
Platte über jene der Umgebung beobachtete; ist w der absolute Widerstand der Platte, so hat man:

$$k_a = \frac{2 \cdot 4 J^2 w}{2 (\beta + \delta) \lambda \tau} \cdot 10^{-8}.$$

Um zu vermeiden dass die Platte hierbei durch Leitung
an die Messingröhren Wärme abgebe oder von diesen em-
pfange, wurde durch die letzteren ein Strom warmen Wassers
geleitet, und J derart regulirt, dass ein Thermoelement, dessen
eine Löthstelle an die Platte angeschmolzen war, dessen andere in das Wasser der Röhren tauchte, keine Temperaturdifferenz zeigte. Sobald dies erreicht war, wurde der Temperaturunterschied τ zwischen Platte und Umgebung bestimmt.
Die für k_a erhaltenen Werthe sind für:

	Bi	$L\,I$	$L\,II$	$L\,III$	$L\,IV$
$k_a =$	0,00051	0,00041	0,00039	0,00041	0,00040,

welche Werthe sämmtlich grösser sind als die von H. Weber[1]
für Neusilber (0,00030) und Eisen (0,00027) in Luft erhaltenen.[2]

Bei Ermittelung des Verhältnisses k_a/k_i schienen nur die
Versuche mit der reinen Wismuthplatte und den Legirungen
I und III einigermassen sichere Werthe zu liefern; für die

---

1) H. Weber, Pogg. Ann. 146. p. 282. 1873.

2) Es bestätigte sich, was bereits Wied. Ann. 31. p. 759. 1887 erwähnt
wurde, dass k_a für die frei in der Luft stehende Platte sehr bedeutend
kleiner ist, als für die zwischen die nahe gebrachten Polflächen gestellte
und mit Watte allseitig umgebene. Dass bei früheren Versuchen (l. c.)
die Abgabsconstante k_a viel grösser gefunden wurde, dürfte sich aus dem
Umstande erklären, dass damals als Umgebungstemperatur jene der die
Platte einhüllenden Watte genommen wurde; dadurch erschienen die
Temperaturüberschüsse τ zu klein.

Legirungen II und IV waren die Ergebnisse sehr schwankende. Es folgte für:

	Bi	L I	L III
$k_i =$	0,017	0,008	0,012
$c = k_i/x =$	3500	3200	3500.

Hiernach würde das für die reinen Metalle von verschiedenen
Forschern aufgestellte Gesetz[1] auch für die beiden Legirungen (genähert) gelten, wie auch schon G. Wiedemann
für einige Bi-Sn-Legirungen gefunden hat.[2] Die oben angegebene Wärmeleitungsfähigkeit für reines Wismuth ist in
guter Uebereinstimmung mit der von L. Lorenz[3] gefundenen; dagegen differirt unser Werth der electrischen Leitungsfähigkeit bedeutend von dem seinigen.[4] Nimmt man
daher vorläufig für alle Legirungen $c = 3500$ an, so erhält
man die in Tabelle V angeführten Quotienten q_1/Δ_1.

Würde im Magnetfelde die thermische Leitungsfähigkeit
eine analoge Veränderung erfahren, wie dies für die electrische beobachtet wird, so würden die Werthe q_1/Δ_1 in entsprechender Weise grösser werden; doch scheint die Aenderung des thermischen Leitungsvermögens, wenn sie überhaupt
vorhanden ist, nur gering zu sein.[5]

Tabelle V.

$Bi.$	M	2800	4710	9420		L I.	M	2800	4690	9350
	$q_1 \Delta_1$	223.10^3	219.10^3	212.10^3			q_1/Δ_1	223.10^3	212.10^3	195.10^3

L II.	M	2820	4690	9400		L III.	M	2820	4690	9380
	q_1/Δ_1	287.10^3	279.10^3	262.10^3			q_1/Δ_1	128.10^3	120.10^3	109.10^3

L IV.	M	4700	9370
	q_1/Δ_1	196.10^3	166.10^3.

Die Quotienten q_1/Δ_1 für je eine Platte bei verschiedenen
Intensitäten des magnetischen Feldes haben in der That nahe
gleiche Werthe, woraus zu schliessen ist, dass die beiden

---

1) Wiedemann, Electricität. 1. p. 533.
2) G. Wiedemann, Pogg. Ann. 108. p. 393. 1859.
3) L. Lorenz, Wied. Ann. 13. p. 422 u. 598. 1881.
4) v. Ettingshausen, Wien. Ber. 95. p. 724. 1887.
5) Bei Versuchen, welche ich vor einiger Zeit anstellte, glaube ich
in der That, eine kleine Verminderung des Wärmeleitungsvermögens für
Wismuth bemerkt zu haben. S. Wied. Ann. 32. p. 129. 1888.

Phänomene in gleicher Weise von der Grösse M abhängen. Aber auch für die verschiedenen Platten weichen die Werthe obiger Quotienten (mit Ausnahme von L III) nicht allzusehr voneinander ab. Besonders fällt die ziemlich gute Uebereinstimmung der Werthe für das reine Wismuth und Legirung I (auch IV) auf; für Legirung II ist der Quotient allerdings sehr merklich grösser, während er für Legirung III viel kleiner ist; hier möge aber erinnert werden, dass die Breite der Platte III von jener der übrigen um fast $1/4$ verschieden war (1,7 gegen 2,2 cm). Durch die in Tabelle V angegebenen Zahlen scheint es einigermassen wahrscheinlich gemacht, dass zwischen den Phänomenen der transversalen, thermomagnetischen electromotorischen Kraft und der galvanomagnetischen Temperaturdifferenz eine Reciprocität bestehe, namentlich wenn man erwägt, welch' grosse Fehler bei der Messung der Temperaturdifferenzen unterlaufen können. Wie oben hervorgehoben wurde, ist bei Bildung der Quotienten $q_1/\varDelta_1$ das Verhältniss $k_i/\varkappa$ für reines Wismuth und die Legirungen als gleich angenommen worden; auch ist bei Berechnung der durch die Platte fliessenden Wärmemenge die Wärmeabgabe an die Umgebung ganz unberücksichtigt geblieben.

In Betreff des longitudinalen thermomagnetischen Effectes ist zu bemerken, dass ein directer Zusammenhang mit einer der anderen bisher behandelten Erscheinungen, welche durch den Magnetismus in den Platten hervorgerufen werden, nicht deutlich ersichtlich ist; auch scheint keine Beziehung zu dem thermoelectrischen Verhalten der Legirungen stattzufinden. Der longitudinalen thermomagnetischen Wirkung entspricht ebenfalls eine galvanomagnetische Temperaturdifferenz[1]); es entsteht nämlich im Magnetfelde, wenn ein galvanischer Strom eine Platte aus reinem Wismuth oder einer Wismuth-Zinn-Legirung durchfliesst, auch in Richtung desselben ein Temperaturunterschied, und zwar wird bei Platten, welche den longitudinalen Effect in solchem Sinne zeigen, wie die oben untersuchten, dasjenige Ende der Platte, wo der Primärstrom austritt, wärmer, während das untere Plattenende sich ab-

---

1) Nernst, l. c. p. 784.

kühlt. Zwischen den beiden zuletzt genannten Phänomenen
dürfte eine ähnliche Reciprocität bestehen, wie zwischen den
thermomagnetischen und galvanomagnetischen Transversal-
effecten; doch konnten wir bisher noch keine genaueren
Messungen hierüber anstellen.

Die kürzlich von Hrn. Grimaldi[1]) mit Wismuth angestellten Experimente bestätigen vollständig die von uns[2])
zuerst über den longitudinalen thermomagnetischen Effect
gemachten Mittheilungen und enthalten keine neuen Thatsachen. Grimaldi fasst den longitudinalen Effect als eine
durch Aenderung der thermoelectrischen Stellung des Wismuths
im Magnetfelde hervorgerufene Erscheinung auf, was ebenfalls
berechtigt ist, wie man auch die eben beschriebene Umkehrung als eine Art Peltier'sches Phänomen auffassen könnte.

Die Widerstandsänderung, welche im Magnetfelde auftritt, ist um so geringer, je grösser der Zinngehalt der Legirung wird, ein Zusammenhang zwischen $\Delta r/r$ und R ist
wohl nicht zu erkennen. Ein solcher scheint überhaupt
zweifelhaft, wenn man die Resultate miteinander vergleicht,
die für die Widerstandszunahme und das Drehungsvermögen
bei Wismuth, Antimon und Tellur sich ergaben. So war
z. B. bei der Feldintensität $M = 7660$ für die genannten drei
Substanzen $\Delta r/r$, resp. 0,20, 0,006 und 0,0014, während die
Drehungsvermögen R bei demselben Felde, resp. die Werthe:
$-4,7$, $+0,18$ und $+790$ besassen. Ebensowenig ist zwischen
den Werthen von $h = \varkappa MR$ oder h^2 und der Widerstandsänderung eine einfache Beziehung aufzufinden.[3])

Hingegen scheint die Widerstandsänderung eher den
thermomagnetischen und galvanomagnetischen Transversal-
effecten ungefähr parallel zu gehen. Es ist dies nicht allzusehr überraschend, wenn man bedenkt, dass wenigstens ein
Theil dieser scheinbaren Zunahme[4]) des electrischen Wider-

---

1) Grimaldi, Atti della R. Acc. dei Lincei; Rend. (4) 3. fasc. 3°.
p. 134. 1887 Influenza, del magnetismo sulle proprietà thermoelettriche
del Bismuto. Palermo 1887.

2) v. Ettingshausen u. Nernst, Wien. Anz. 20. Mai 1886.

3) Vgl. Goldhammer, Wied. Ann. 31. p. 370. 1887.

4) Nernst, l. c. p. 783.

standes — welche ja mit gleichem Recht als eine der Intensität des die Platten durchfliessenden Stromes proportionale
electromotorische Gegenkraft gedeutet werden kann — sich
aus obigen beiden Phänomenen erklären lässt. Eine solche
electromotorische Gegenkraft tritt nämlich auf, wenn auf den
galvanomagnetischen Wärmestrom W (Fig. 5) ein thermomagnetischer Transversaleffect ausgeübt wird; allerdings scheint
nach den bisherigen Versuchen dieselbe nicht so stark zu
sein, um das Phänomen der Widerstandsänderung im Magnetfelde beim Wismuth vollständig erklären zu können.

Vielleicht dürfte es mit der Zeit gelingen, das Hall'sche
Phänomen auf thermomagnetische Ströme und galvanomagnetischen Wärmetransport zurückzuführen. Jedenfalls muss
jede Theorie, welche die Hall'sche Wirkung erklären will,
auch die eben genannten Effecte mit umfassen, weil ein
inniger Zusammenhang dieser Phänomene ausser Zweifel
steht; dieser Forderung wird durch die bisher aufgestellten
Erklärungsweisen nicht genügt.

Es scheint, dass man durch die thermomagnetischen und
durch die Erscheinungen des galvanomagnetischen Wärme-
transportes zu der Annahme gedrängt wird, dass ein galvanischer Strom Wärme mit sich führe, und umgekehrt ein
Wärmestrom electromotorische Kräfte ausübe, eine Hypothese, welche bekanntlich vor einiger Zeit von F. Kohlrausch[1]) als Grundlage einer Theorie der thermoelectrischen
Erscheinungen aufgestellt worden ist.

Was die Auffassung des Hall'schen Phänomens als
directe Wirkung des Magnetismus auf die bewegte Electricität anbelangt, so möge zum Schluss noch ein diesbezüg-
licher Versuch angeführt werden. Der in einer Wismuthplatte erzeugte Hall'sche Strom wurde durch eine zweite
Wismuthplatte als Primärstrom geleitet; jede der beiden
Platten stand in dem homogenen Felde eines Electromagnets,
sodass jede unabhängig von der anderen der magnetischen
Einwirkung unterworfen werden konnte. Der auftretende
Hall'sche Strom zweiter Ordnung hatte die genau gleiche

---

1) F. Kohlrausch, Pogg. Ann. **156.** p. 601. 1875.

Intensität, wie in dem Falle, wo an Stelle des Hall'schen Stromes erster Ordnung ein gleichstarker Strom einer galvanischen Kette durch die zweite Platte geleitet wurde. Als man ferner die electromotorische Kraft des Hall'schen Stromes erster Ordnung compensirte, sodass durch die zweite Platte kein galvanometrisch messbarer ·Strom hindurchfloss, liess sich auch kein Hall'scher Strom zweiter Ordnung beobachten.

Veranlassung zur Ausführung dieses Experimentes gab die Betrachtung in der Abhandlung Boltzmann's[1]) in welcher auseinandergesetzt wird, dass unter Zugrundelegung der W. Weber'schen Anschauung eines galvanischen Stromes das Hall'sche Phänomen nur dann erklärlich sei, wenn die beiden Electricitäten mit ungleichen Geschwindigkeiten in der Platte strömen. Als Resultat der Wirkung des Magnetismus auf die beiden Electricitäten erhielte man dann einen Hall'schen Strom, in welchem positive und negative Electricität nach der gleichen Richtung, aber mit ungleichen Kräften getrieben würden. Falls diese Kräfte nun einen Strom veranlassen könnten, in welchem beide Electricitäten nach derselben Richtung, jedoch in verschiedener Menge flössen, so wäre derselbe zwar in seiner Einwirkung auf die Galvanometernadel äquivalent einem gewöhnlichen (nach Weber's Anschauung), in welchem die eine Hälfte des Ueberschusses als positive Electricität nach der einen Richtung, die andere Hälfte als negative Electricität nach der entgegengesetzten Richtung fliessen würde; er müsste aber, wenn er, wie im obigen Versuch, einer nochmaligen Einwirkung des Magnetismus unterworfen würde, einen Hall'-schen Strom von wesentlich grösserer Intensität liefern, als ein gewöhnlicher (gleich starker) galvanischer Strom.

Infolge einer ähnlichen Ueberlegung müsste ein Hall'-scher Strom erster Ordnung, dessen electromotorische Kraft compensirt wäre, sodass er galvanometrisch nicht wirkte, dennoch durch eine zweite, in einem Magnetfeld befindliche Platte geschickt, einen galvanometrisch nachweisbaren Hall'-

---

1) Boltzmann, Wien. Ber. **94.** p. 644. 1886. Vgl. auch H. A. Lorentz, Arch. Néerl. **19.** p. 123. 1884; Beibl. **8.** p. 869. 1884.

schen Strom zweiter Ordnung liefern. Aus dem negativen Resultate der Versuche folgt, dass, wenn man das Hall'sche Phänomen aus einer directen Wirkung des Magnetismus auf die strömende Electricität erklären will, zu den oben gemachten Annahmen noch die hinzutreten muss, dass jedes Fliessen von Electricität, wobei nicht gleiche Mengen positiver nach der einen und negativer nach der anderen Richtung strömen, in metallischen Leitern überhaupt nicht zu Stande kommt.

VI. *Ueber die Leitungsfähigkeit des Vacuums;* von *A. Foeppl.*

---

§ 1. Die Erscheinungen der electrischen Leitung in den Metallen und Electrolyten, welche man als Leiter erster und solche zweiter Classe zu bezeichnen pflegt, sind seit langer Zeit wohlbekannt. Dagegen ist es unseren Tagen vorbehalten geblieben, die Gesetze der Electricitätsleitung in den Gasen, welche eine dritte Classe von Leitern bilden, näher zu erforschen.

Durch die sorgfältigen Untersuchungen, welche in den letzten Jahren und Jahrzehnten von befähigten Experimentatoren und mit den vollkommensten Hülfsmitteln über die Gasentladungen ausgeführt wurden (u. a. erinnere ich an die Arbeiten von Hittorf, G. Wiedemann, E. Wiedemann, Goldstein), ist diese Aufgabe ihrer Lösung um vieles näher gerückt worden. Trotzdem lässt sich bisher noch nicht einmal sagen, dass sich die theoretischen Anschauungen schon so weit abgeklärt hätten, dass sie alle nach einem gemeinsamen Gesichtspunkte convergirten. Vielmehr besteht noch der lebhafteste Widerstreit der Meinungen in den wesentlichsten Punkten.

Einer der wichtigsten dieser Punkte scheint mir die Frage nach der Leitungsfähigkeit des Vacuums zu sein. Ein Vacuum in strengem Sinne vermögen wir allerdings mit unseren Mitteln nicht herzustellen, und es dürfte selbst zu bezweifeln sein, ob der interplanetare Raum als solches aufzufassen ist. Das Vacuum kann für uns daher nur ein Grenzbegriff sein. Logischer Weise kann man darum bei einer Discussion über physikalische Fragen dem Vacuum nur solche Eigenschaften beilegen, die ein Raum bei fortschreitender Evacuirung als Grenzzustand einer vorausgehenden continuirlichen Folge von Zwischenzuständen erkennen lässt. In diesem Sinne ist auch ohne Zweifel jede Aeusserung der seitherigen Discussion über die Leitung des Vacuums aufzufassen.

Von mehreren Seiten, insbesondere von Edlund und Goldstein, ist die Behauptung ausgesprochen worden, dass das Vacuum ein guter Leiter sei, welche Thatsache nur verschleiert werde entweder durch eine Polarisation der Electroden oder durch einen Uebergangswiderstand zwischen diesen und den verdünnten Gasen in den Geissler'schen Röhren. Von Edlund wird zur Begründung dieser Behauptung namentlich darauf hingewiesen, dass durch Induction (oder Influenz?) in einer stark evacuirten Röhre noch Lichterscheinungen hervorgerufen werden können, wenn durch Electroden eine Entladung durch dieselbe nicht mehr geleitet werden kann. Indessen habe ich in der ganzen einschlägigen Literatur keinen Hinweis darauf finden können, dass in einem Vacuum jemals eine electrische Strömung beobachtet worden wäre, die auf eine Voltainduction oder Magnetinduction zurückgeführt werden könnte.

§ 2. Das sicherste Verfahren, die electrische Leitungsfähigkeit eines Mediums unabhängig von allen secundären Vorgängen zn studiren, dürfte darin bestehen, aus der betreffenden Substanz einen homogenen, geschlossenen Stromkreis zu bilden und den Verlauf eines Stromes innerhalb desselben zu beobachten. Zur Erregung von Strömen in diesem homogenen Stromkreise kennt die Physik unserer Tage nur ein Mittel: die Induction.

Diese Methode, die electrische Leitungsfähigkeit eines Mediums durch die Beobachtung des in einem homogenen Stromkreise inducirten Stromes zu bestimmen, scheint bisher weder angewendet noch vorgeschlagen worden zu sein. Ich verspreche mir von der Anwendung derselben noch manche wichtige Aufschlüsse. In dieser Hinsicht möchte ich nur auf die folgende interessante Frage hinweisen.

Man denke sich etwa aus verdünnter Schwefelsäure, die in geeignet geformte Röhren aus isolirendem Material (Glas) eingefüllt ist, einen geschlossenen homogenen Stromkreis gebildet, in dem durch Induction ein Strom in bestimmter Richtung hervorgerufen wird. Es entsteht nun die Frage: 1) ob unter solchen Umständen die Electrolyte überhaupt leiten, 2) wenn sie leiten, ob sie sich hierbei wie metallische Leiter verhalten, oder ob eine Electrolyse ohne Electroden möglich ist, 3) an welchen Stellen sich die Ionen im letzteren Falle abscheiden.

§ 3. Der soeben geschilderte Ideengang liegt auch einigen Versuchen zu Grunde, welche ich über die Leitungsfähigkeit verdünnter Gase mit gütiger Bewilligung und zum Theil auf die directe Veranlassung und mit Unterstützung des Hrn. G. W i e d e m a n n im physikalisch-chemischen Institute der Universität Leipzig gegen Ende des Jahres 1886 ausgeführt habe.

Zur Zusammenstellung des geschlossenen homogenen Vacuumstromkreises verwendete ich ausser geraden Verbindungsstücken zwei Spiralen aus Glasröhren, welche aus der kunstgeübten Hand des Glasbläsers G ö t z e in Leipzig hervorgegangen sind. Zur Evacuirung diente eine T ö p l e r'sche Quecksilberluftpumpe, welche die Herstellung so starker Verdünnungen gestattete, dass die Röhren in der Hauptsache nur noch Quecksilberdampf enthielten. Der Inhalt des festen Glasgefässes der Pumpe, welches etwa 750 ccm Volumen hat, reducirte sich zuletzt beim Hube der Pumpe, als dieser Gasinhalt durch das aufsteigende Quecksilber in das nach aussen führende Rohr gedrängt war, oft schon in den oberen Theilen dieses Rohres zu einer kleinen Luftperle, welche an den Wänden des Rohres hängen blieb und nicht weiter ausgetrieben werden konnte.

Für das Auftreten oder Fehlen eines Inductionsstromes in dem Vacuumstromkreise lassen sich mehrere Kriterien angeben. In der That müsste ein solcher Strom erstens magnetische Kräfte ausüben und liesse sich also durch die Be-

obachtung einer Magnetnadel erkennen. Zweitens müssten
nach dem Joule'schen Gesetze Erwärmungen auftreten, die
auf verschiedene Art nachgewiesen werden könnten. Drittens ist es mindestens sehr wahrscheinlich, dass er von einem
Lichtphänomene begleitet wäre. Wenigstens haben bei allen
bisherigen Versuchen Ströme von oft sehr geringer Intensität,
welche durch eine Geissler'sche Röhre gingen, ein, wenn
auch manchmal nur schwaches Leuchten derselben hervorgebracht.

Von diesen Kriterien ist das letztgenannte weitaus das
empfindlichste. Da es indessen nicht ganz einwandfrei ist,
habe ich bei den meisten Versuchen das erste mit zur Hülfe
genommen. Dagegen habe ich das zweite nicht benutzt.

§ 4. Die Spiralen, welche ich zu den Versuchen verwendete, hatten folgende Dimensionen. Zunächst stand mir
eine Spirale aus Kupferdraht zur Verfügung, welche zu einem
Electromagnet gehört, der zur Nachweisung der Drehung
der Polarisationsebene des Lichtes dient. Diese Spirale
bildet einen Hohlcylinder von 7,1 cm innerem und 15,3 cm
äusserem Durchmesser und 24,0 cm Höhe. Sie wird gebildet
aus 12 Lagen von je 72 Windungen eines ohne die isolirende
Hülle 0,22 cm starken Kupferdrahtes. Die Enden dieses
Drahtes waren in Verbindung gebracht mit den Electroden
einer galvanischen Säule, welche bei den meisten Versuchen
aus 4 bis 6 Bunsen'schen Elementen von den üblichen
Dimensionen, in einem Falle aus 35 Accumulatorzellen zusammengestellt war. In den ersterwähnten Fällen betrug die
Stärke des die Spirale durchfliessenden primären Stromes
nahezu 1 Amp., im letzten 22,5 Amp.

In den cylindrischen Hohlraum dieser Spirale, welche
kurz die Spirale *A* genannt werden soll, passte die grössere
der beiden Glasspiralen, die mit *B* bezeichnet werden möge.
Die Spirale *B* war aus Glasröhren von 0,7 cm äusserem und
0,42 cm innerem Durchmesser aus einem Stücke hergestellt.
Sie besitzt 2 Windungslagen von je 18 Windungen. Der
äussere Durchmesser der ganzen Spirale beträgt 6,7 cm, der
mittlere Durchmesser der äusseren Windungen somit 6,0 cm;
der mittlere Durchmesser der inneren Windungen 4,0 cm;

der verbleibende cylindrische Hohlraum hat einen Durchmesser von 3,3 cm. Bei einigen Versuchen wurde der letztere durch ein Bündel ausgeglühten Eisendrahtes ausgefüllt.

An die beiden Enden der Spirale B waren Schliffe angeblasen.

Die Spiralen A und B waren bei allen Versuchen so
aufgestellt, dass die gemeinsame Axe derselben senkrecht
stand. Sollte das Auftreten eines Inductionsstromes durch
Beobachtung einer Magnetnadel geprüft werden, so gingen
von den Endschliffen der Spirale B aus zwei im wesentlichen
horizontal verlaufende Verbindungsröhren nach den Endschliffen einer anderen Spirale C. Die letztere war aus einem
Glasrohre derselben Art und mit denselben Windungsdurch-
messern hergestellt wie B, hatte aber nur den dritten Theil
der Länge jener, sodass sie in 2 Windungslagen zusammen
12 Windungen besass. Die Spirale C war mit horizontal
gerichteter Axe so aufgestellt, dass die Windungsebenen
(ungefähr) in den magnetischen Meridian fielen. Von einem
hölzernen Stative hing senkrecht über der Mitte der Spirale
C ein Coconfaden herab, der durch die Zwischenräume der
beiden Windungslagen (infolge absichtlich an dieser Stelle
angebrachter geringer Ausbiegungen) mit genügendem Spielraum hindurchging und einen in dem cylindrischen Hohlraum der Spirale C schwingenden Magnetspiegel (derselbe
gehörte zu einem Wiedemann'schen Galvanometer) trug.
Zum Schutz gegen Luftströmungen wurden Glasplatten und
Papierstücke zu einem Gehäuse um die Spirale C vereinigt.
Zur Dämpfung der Magnetschwingungen war ein Stück
starkes Kupferblech, in cylindrischer Form zusammengebogen,
in den Hohlraum der Spirale C hereingelegt worden, sodass
nur ein geringer Spielraum zwischen dem Rande des Magnets und dem Bleche verblieb. Die Beobachtung des Magnets geschah in der gewöhnlichen Weise mit Hülfe von Fernrohr und Scala.

Von den beiden Verbindungsröhren, welche die Endschliffe
der Spiralen B und C miteinander verbanden, hatte die eine
eine Abzweigung nach der Pumpe, welche sich durch einen
Hahn absperren liess. Durch einen anderen Hahn konnte

man ausserdem den geschlossenen Vacuumstromkreis an dieser Stelle unterbrechen.

Die Spiralen *A* und *B* einerseits und die Spirale *C* andererseits hatten eine horizontale Entfernung voneinander, die etwa 240 cm betrug. Um die magnetische Wirkung des in *A* kreisenden primären Stromes, resp. des in der Höhlung von *B* befindlichen Eisendrahtbündels zu compensiren, war in den primären Stromkreis eine zweite Rolle von wenig Windungen eines starken Drahtes eingefügt, die so lange verschoben wurde, bis der primäre Strom keine wahrnehmbare Wirkung mehr auf den Magnet ausübte.

§ 5. Alle Versuche, die ich mit dem Vacuumstromkreise anstellte, fielen insofern negativ aus, als es mir in keinem Falle gelang, einen Inductionsstrom nachzuweisen.

Ein solcher hätte aber auftreten müssen beim Unterbrechen und Umkehren des primären Stromes in der Spirale *A*, das durch ein Gyrotrop, und zwar (nach der sog. Multiplicationsmethode) in Zwischenräumen erfolgte, die der Schwingungsdauer des Magnets entsprachen.

Es trat hierbei gar keine Bewegung des Magnets ein, wenn die oben erwähnte Compensationsrolle ihre richtige Lage hatte; traf dies nicht ganz zu, so blieb der Gang der Schwingungen des Magnets derselbe, ob man durch den früher erwähnten Hahn die Vacuumstromleitung unterbrach oder geschlossen hielt.

Der Versuch wurde sehr häufig wiederholt bei den verschiedensten Drucken, von einigen Centimetern Quecksilbersäule an bis zu den niedrigst erreichbaren. Dagegen überschritt die Stärke des primären Stromes in keinem Falle die von etwa 1 Amp., weil ein ausgiebigerer Electromotor nicht im Besitze des physikalisch-chemischen Institutes ist, und der Transport des ganzen Apparates nach einem anderen Locale nicht wohl durchführbar war.

Zur Controle und zum Zwecke des Vergleiches war es erwünscht, in einem metallischen Stromkreise unter den gleichen Versuchsbedingungen, wie sie für den Vacuumstromkreis bestanden, einen Inductionsstrom zu erregen und dessen Intensität festzustellen. Die vortheilhafteste Anordnung hätte

in diesem Falle darin bestanden, die Glasspiralen und Verbindungsröhren an ihrem Platze zu lassen und sie mit Quecksilber zu füllen. Doch schien dies zu umständlich und für
den Bestand der immerhin sehr zerbrechlichen Glasrohrleitung zu gefährlich. Ich nahm daher anstatt dessen einen
Kupferdraht.

Schon während die Glasrohrleitung zusammengesetzt war,
hatte ich eine solche Kupferdrahtleitung neben jener angebracht, um eine fortwährende Controle zu haben. Das Eisen-
drahtbündel, welches gewöhnlich in dem Hohlraume der Spirale *B* steckte, war mit 36 Windungen eines mittelstarken
Kupferdrahtes umgeben, dessen Enden durch Klemmschrau-
ben mit einer weiteren Leitung in Verbindung waren, die
überall parallel zur Glasleitung lief. Allerdings war die aus
12 Windungen (wie bei Spirale *C*) gebildete Spirale in ziemlich grossem Abstande von dem Magnet (etwa 20 cm) und in
schräg seitlicher Lage angebracht, sodass ein directer zahlen-
mässiger Vergleich hier nicht wohl möglich war. Es sei
erwähnt, dass ein einmaliges Unterbrechen des primären
Stromes, wenn die Drahtleitung geschlossen war, einen Inductionsstoss hervorrief, der dem Magnet einen Ausschlag
von 14 bis 20 Scalentheilen gab. Die Differenz in diesen
Zahlen ist hauptsächlich auf die wenig fixirte und zuweilen
etwas veränderte Lage der Hülfsdrahtleitung zurückzuführen.

Nach Auseinandernahme der Vacuumleitung wiederholte
ich dann den Versuch mit einem 0,20 cm starken Kupfer-
drahte, dessen Form und Lage soviel als möglich in Uebereinstimmung gebracht wurde mit derjenigen, welche vorher
die Glasröhren eingenommen hatten.

In diesem Falle wurde nach drei- bis viermaligem Commutiren der Magnet über die Lage des labilen Gleichgewichts
hinausgeworfen, während unter gleichen Umständen die Vacuumleitung gar keinen Einfluss auf den Magnet erkennen liess.

§ 6. Schon bei den vorstehend beschriebenen Versuchen
wurde fortwährend darauf geachtet, ob etwa eine Lichterscheinung in der Vacuumleitung wahrzunehmen sei. Um
die Bedingungen für das Auftreten einer solchen günstiger
zu gestalten, wurde alsdann bei einer neuen Versuchsreihe

die Spirale *C* ganz weggelassen und die Spirale *B* durch
ein ganz kurzes Verbindungsrohr zwischen den beiden Endschliffen in sich geschlossen, die Länge der gesammten Leitung dadurch also ohne Einbusse an der electromotorischen
Kraft erheblich verringert.

Auch wurde bei einigen Versuchen die Spirale *B* ersetzt
durch ein einfaches cylindrisches Glasgefäss, das in den Hohlraum der Spirale *A* passte.

Selbstverständlich wurde wieder bei den verschiedensten
Drucken beobachtet, ohne dass indessen ein Leuchten der
Spirale oder des Glascylinders wahrzunehmen gewesen wäre.
Besondere chemische Hülfsmittel (lichtempfindliche Platten)
zum Erkennen des Leuchtens wurden indessen nicht ver-
wendet.

Durch die liebenswürdige Bereitwilligkeit des Hrn. Julius Kalb in Leipzig, der mir in seiner electrotechnischen
Werkstätte eine Accumulatorenbatterie von 35 Elementen
zur Verfügung stellte, war es mir ermöglicht, diesen Versuch
noch mit grösserer electromotorischer Kraft zu wiederholen.
Die kurz geschlossene Spirale *B* wurde zu diesem Zwecke
ebenso wie das erwähnte cylindrische Glasgefäss evacuirt und
abgeschmolzen, da ein Transport der Luftpumpe nicht thun-
lich erschien. Die Spirale *B* wurde auf einen Druck von
etwa 1,5 mm Quecksilbersäule gebracht, welcher ungefähr
demjenigen entspricht, welcher bei einer gewöhnlichen Geissler'schen Röhre der Entladung den geringsten Widerstand
entgegensetzt. Das cylindrische Glasgefäss dagegen wurde
soweit evacuirt, als sich dies mit der vorzüglich arbeitenden
Pumpe erreichen liess. Die Stärke des durch die Spirale *A*
gehenden primären Stromes betrug in diesem Falle, wie bereits oben bemerkt, 22,5 Amp. und wurde an einem in die
Leitung des Hrn. Kalb eingefügten Galvanometer abgelesen.
Die Stromunterbrechung geschah durch schnelles Herausziehen eines Verbindungsdrahtes aus einem Quecksilbernapfe.
Auch hier konnte ich keine Lichterscheinung wahrnehmen.

Hrn. Julius Kalb möchte ich auch an dieser Stelle
meinen besten Dank für sein zuvorkommendes Eingehen auf
meine Wünsche aussprechen.

§ 7. Nach dieser Beschreibung meiner Versuche möchte ich zu einer Darlegung der Schlüsse übergehen, welche sich nach meiner Ansicht aus denselben ziehen lassen.

Sieht man die stark verdünnten Gase als Dielectrica an. die sich in einem gewissen Zwangszustande befinden, der bei seiner Steigerung zu einem plötzlichen, die Entladung darstellenden Bruche führt, wie dies etwa nach Maxwell's Theorie auszuführen wäre, so können die oben geschilderten Versuchsergebnisse nicht überraschen. In der That ist in diesem Falle nur die local inducirte electromotorische Kraft und nicht das Linienintegral derselben längs des Bogens der Spirale *B* zur Theorie des Versuches heranzuziehen.

Es ist aber nicht zu verkennen, dass sich jene Theorie (ohne modificirende Zusätze, die etwa die bestehenden Widersprüche beseitigen könnten) nur schwer mit den bis dahin bekannten Thatsachen vereinigen lässt. Namentlich lassen sich die nach Hittorf bei Verwendung einer galvanischen Säule als Electromotor in den Geissler'schen Röhren auftretenden continuirlichen Entladungen nach der rein dielectrischen Theorie kaum construiren.

Die Beobachtung, dass bei den für die gewöhnliche Entladung günstigsten Drucken die Länge der Röhren innerhalb sehr weiter Grenzen ohne merklichen Einfluss auf das zur Entladung erforderliche Potential ist, dass ferner nach Hittorf bei derselben Röhre mit wachsender Stromintensität die Leitungsfähigkeit zunimmt, was sich wiederum dahin ausdrücken lässt, dass sich die Potentialdifferenz beider Electroden unter allen Umständen auf einer nahezu constanten Höhe erhält, — dies alles legte die Analogie der Electricitätsleitung in den Gasen mit jener in den Electrolyten sehr nahe.

Wenn nun aus diesen Betrachtungen der Schluss gezogen wird, dass die verdünnten Gase, resp. das Vacuum an sich gute Leiter seien, so wird es vor allem nöthig sein, diesen Begriff des guten Leiters zunächst etwas näher zu definiren.

Der Begriff der Leitungsfähigkeit der Leiter erster und zweiter Classe ist auf das engste verknüpft mit dem Ohm'-

schen Gesetze. Wenn nun ohne weitere Definition dieser
Bezeichnung das Vacuum zu den guten Leitern gerechnet
wird, so scheint mir darin implicite die Voraussetzung enthalten zu sein, dass auch für diese Leiter dritter Classe das
Ohm'sche Gesetz Gültigkeit habe.

Unter Leitungsfähigkeit hat man in der That seither
nie etwas anderes verstanden, als das Verhältniss der Stromintensität zu dem Potentialgefälle in der betreffenden Richtung. Die Gleichung:

$$(1) \qquad w = \lambda \, \frac{\partial \varphi}{\partial z},$$

worin w die specifische Stromintensität in der Richtung der
Z-Axe bedeutet, ist als die Definition der specifischen Leitungsfähigkeit λ zu betrachten.

Diese Definitionsgleichung sagt vor allem aus, dass
auch das geringste Potentialgefälle $\partial \varphi / \partial z$ eine ihm proportionale Strömung hervorruft. Soll nun mit der Behauptung,
dass das Vacuum ein Leiter sei, gesagt werden, dass die
Gl. (1) für dasselbe erfüllt sei, so muss man schliessen, dass bei
meinen Versuchen der Vacuumstromkreis von einem Strome
durchzogen wurde, dessen Intensität gleich ist dem Linien-
integrale der electromotorischen Kraft dividirt durch den
Gesammtwiderstand der Leitung (im Ohm'schen Sinne).

Man könnte ja freilich dem Begriffe der Leitungsfähigkeit der Gase nachträglich einen anderen Sinn unterlegen
und etwa sagen, die Gl. (1) sei hier zu ersetzen durch die
Definitionsgleichung:

$$(2) \qquad w = \lambda \left(\frac{\partial \varphi}{\partial z} - a \right),$$

worin die Grösse a etwa das Maximum der dielectrischen
Polarisation vorstellt. Integrirt man dieselbe über einen
linearen geschlossenen Stromkreis, so würde man ein modi-
ficirtes Ohm'sches Gesetz erhalten:

$$(3) \qquad E = JR + al,$$

worin l die Länge der Leitung bedeutet.

Für die gewöhnliche Entladung in den Geissler'schen
Röhren wäre auf der rechten Seite von Gl. (3) dann noch
ein von der Länge l unabhängiges Glied zuzufügen, das die

Polarisation der Electroden (resp. den Uebergangswiderstand) darstellt.

Natürlich liesse sich auch noch in anderer Weise, als dies durch Gl. (2) geschehen ist, dem Begriffe der Leitungsfähigkeit ein anderer Sinn unterlegen, als er bisher allein damit verbunden wurde. Ich muss mich aber hier darauf beschränken, zu prüfen, inwiefern man berechtigt ist, das Vacuum als einen Leiter im gewöhnlichen Sinne anzusehen.

§ 8. Den Inductionscoëfficienten der beiden Spiralen A und B aufeinander, also das bestimmte Integral:

$$Q = \int \int \frac{ds\, ds_1}{r} \cos \varepsilon$$

habe ich durch Rechnung zu 270 000 cm ermittelt. Bei der Ausführung dieser Rechnung führte ich die Integrationen nach der Cylinderaxe durch gewöhnliche Quadraturen, die übrigen Integrationen durch ein sehr bequemes, graphisches Verfahren aus, das verhältnissmässig schnell zum Ziele führt. Die electromotorische Kraft der Induction in dem Vacuumstromkreise, also der Werth $Q.(dJ/dt)$, lässt sich nur sehr approximativ angeben, da weder die Gesammtdauer des Oeffnungsfunkens der primären Säule, noch viel weniger aber das Aenderungsgesetz von J in dieser Zeit genau bekannt sind. Nach der von G. Wiedemann gegebenen Zusammenstellung[1]) der Versuche über die Dauer der Entladungsfunken beträgt diese im allgemeinen ein geringes Vielfaches von ein Milliontel Secunde, nach einem Beobachter (Ogden Rood) nur einen Bruchtheil dieser Zeit. Dabei zeigt sich, dass bei der Entladung einer Batterie die Zeitdauer zunimmt mit der Capacität derselben und mit der Schlagweite. Der hier vorliegende Fall wird sich in Parallele stellen lassen mit der Entladung einer Batterie von geringer Capacität und sehr geringer Schlagweite.

Ungefähr (freilich nur der Grössenordnung nach) wird man daher annehmen dürfen, dass das Maximum der Intensitätsänderung des primären Stromes beim Oeffnen so gross ist, dass ein Milliontel Secunde zum Verschwinden dieses

---

1) G. Wiedemann, Electricität. 4. p. 754. 1885.

Stromes genügen würde, wenn die Aenderung fortwährend die gleiche Grösse behielte. Dabei ist zu beachten, dass in dem Ausdrucke $Q.(dJ/dt)$ der inducirende Einfluss des Eisendrahtbündels nicht mit in Rechnung gestellt ist, was sich damit rechtfertigen dürfte, dass der Eisenkern andererseits das Verschwinden des primären Stromes verzögern wird. Im übrigen dürfte sich die für die Intensitätsänderung gemachte Annahme auch im allgemeinen im Einklang befinden mit den Erfahrungen, welche man mit gewöhnlichen Inductorien macht.

Das Maximum der in dem Vacuumkreise inducirten electromotorischen Kraft wird sich hiernach setzen lassen gleich $270\,000 . 0,1 . 10^6 = 270 . 10^8$ C.-G.-S.-Einheiten oder gleich 270 Volt, wenn der primäre Strom die Stärke von 1 Amp. hatte, und höher als 5000 Volt für den Versuch, bei welchem der primäre Strom durch die Accumulatorbatterie geliefert wurde.

Diese Zahlen sind so hoch, dass auch eine Aenderung hinsichtlich der für dJ/dt gemachten Annahme innerhalb der zulässig erscheinenden Grenzen jeden Zweifel darüber ausschliesst, dass ein deutlich wahrnehmbares Leuchten durch Volta- resp. Magnet-Induction in einem homogenen Vacuumstromkreise nicht hervorgerufen werden kann.

§ 9. Einen sichereren Anhalt erhält man durch den Vergleich des Integralstromes mit derjenigen Electricitätsmenge, welche bei den bisherigen Versuchen mit Geissler'schen Röhren bei einmaligem Durchgange diese zu hellem Leuchten brachte.

Nun ist die grösste Electricitätsmenge, welche von einer Töpler'schen Influenzmaschine mit 20 Scheiben geliefert werden kann, gleich $81 . 10^{-4}$ Weber'schen Intensitätseinheiten oder gleich $81 . 10^{-6}$ C.-G.-S.-Einheiten.[1]

Bei den quantitativen Versuchen von E. Wiedemann[2] wurde ein Strom von rund $6 . 10^{-4}$ Dan.-Siemens oder $72 . 10^{-6}$ C.-G.-S.-Einheiten beobachtet, was mit der erstgenannten Zahl ungefähr übereinstimmt. Dabei wurden bis

---

1) G. Wiedemann, l. c. 2. p. 227.
2) E. Wiedemann, Wied. Ann. 10. p. 229. 1880.

zu 144 000 Entladungen in der Minute im rotirenden Spiegel
beobachtet. Die Electricitätsmenge, welche einer Entladung
entspricht, wäre hiernach etwa gleich $3 \cdot 10^{-8}$ Einheiten des
electromagnetischen C.-G.-S.-Systems zu setzen. Da das Rohr,
wie sich im rotirenden Spiegel zeigt, nach jeder Entladung
wieder ganz dunkel wird, würde also auch ein einmaliger
Durchgang dieser Electricitätsmenge eine Lichterscheinung
hervorbringen können.

Dabei ist zu beachten, dass auch ein Inductionsstrom
in sehr kurzer Zeit abläuft, sodass sich kaum einwenden
lässt, dass bei gleicher Quantität doch die Maximalintensität
geringer wäre, als bei jenen Entladungen. Es geht dies
auch schon aus den oben berechneten grossen electromotorischen Kräften hervor.

Bezeichnet man den Gesammtwiderstand des Vacuumstromkreises im Ohm'schen Sinne mit R, so würde, wenn
sich das Vacuum als Leiter ansehen liesse, das Zeitintegral
des Inductionsstromes gleich $QJ:R$ zu setzen sein. Also
müsste:

$$\frac{270\,000 \cdot 2{,}25}{R} < 3 \cdot 10^{-8}$$

sein, woraus sich $R > 20250$ Ohm berechnet.

Die Gesammtrohrlänge betrug für die kurz geschlossene
Spirale B etwa 620 cm. Mit Quecksilber gefüllt, würde die
Leitung bei 0,42 cm Durchmesser 0,448 Q. E. oder 0,422 Ohm
Widerstand darbieten. Der specifische Widerstand des Vacuums ist also mindestens 48 000 mal so hoch zu setzen, als
derjenige des Quecksilbers, oder nahezu 3 Millionen mal höher
als derjenige des Kupfers.

§ 10. Um noch eine Zahlenangabe machen zu können,
welche von dem Kriterium der Lichterscheinung unabhängig
ist, gehe ich auf die mit der Magnetnadel ausgeführten
Versuche zurück. Der Vergleich der Leitungsfähigkeit des
Vacuums mit jener des Kupfers gestaltet sich hier sehr einfach, wenn auch die Art der Ausführung meiner Versuche
nur approximative Werthe anzugeben gestattet.

Nach mehrmaligem Commutiren brachte der Vacuumstromkreis keine Ablenkung des Magnets hervor, während

der Kupferstromkreis den Magnet herumwarf. Jedenfalls hatte der Inductionsstrom in letzterem Falle eine mindestens 1000 mal grössere Intensität als im ersteren. Mit Rücksicht auf die Draht- und Röhrendurchmesser (0,2 und 0,42 cm) ist hiernach auf Grund dieses Versuches die Leitungsfähigkeit des Vacuums (bis zu den höchsten Verdünnungen) mehr als 4400 mal geringer zu setzen, als diejenige des Kupfers.

Auch diese Zahl ist hoch genug, um einen Vergleich des Vacuums mit gut leitenden Metallen auszuschliessen.

Nach alledem dürfte durch die oben beschriebenen Versuche der Nachweis erbracht sein, dass sich die Goldstein-Edlund'sche Ansicht, dass das Vacuum an sich ein guter Leiter sei, nicht weiter aufrecht erhalten lässt.

Hrn. Professor G. Wiedemann möchte ich auch an dieser Stelle meinen herzlichsten Dank aussprechen, sowohl für die vielfache Anregung, welche ich im Gespräche mit ihm über die hier abgehandelten Dinge empfing, als auch für die freundliche Erlaubniss, meine Versuche mit den Mitteln des seiner Leitung unterstellten Institutes durchführen zu dürfen.

Nachtrag.

Die in dem vorstehenden Aufsatze beschriebenen Versuche wurden bereits vor Jahresfrist ausgeführt, bisher aber nicht veröffentlicht, weil es wünschenswerth erschien, dieselben vorher noch nach einigen Richtungen hin zu vervollständigen. Nachdem mir aber so lange Zeit hindurch äussere Gründe hindernd in den Weg traten, welche mich nicht zu einer Weiterführung der Versuche gelangen liessen, glaubte ich, die Veröffentlichung nicht weiter hinausschieben zu sollen.

Es möge mir noch die Bemerkung gestattet sein, dass ich in einer späteren Abhandlung auf die aus meinen Versuchsresultaten zu ziehenden Schlüsse noch weiter einzugehen beabsichtige.

Leipzig, im December 1887.

VII. *Experimentaluntersuchung*
über das Refractionsvermögen der Flüssigkeiten zwischen sehr entfernten Temperaturgrenzen; von E. Ketteler.

(Hierzu Taf. III Fig. 3—6.)

(Fortsetzung von p. 381.)

11. Die Beobachtungen an Wasser. Das als Versuchsflüssigkeit benutzte Wasser war destillirt und unter der Luftpumpe luftfrei gemacht; als Erwärmungsflüssigkeit diente gewöhnliches destillirtes Wasser. Da die von Rühlmann gegebenen Zahlen zwischen 0 und 20° als überaus zuverlässig gelten dürfen, und nur seine bei höheren Temperaturen angestellten Messungen angreifbar sind, so habe ich mich auf das Intervall von 20 bis 95° beschränkt. Indem ich bezüglich der Einzelheiten auf das Vorhergehende verweise, bemerke ich nur noch, dass bei der gleich mitzutheilenden Hauptversuchsreihe sämmtliche Beobachtungen alternirend für Natrium-, Lithium- und Thalliumlicht, und zwar, so gut es anging, bei identischem Thermometerstand gemacht wurden. Stets wurde in Intervallen von ungefähr 10 Graden die Temperatur sowie die entsprechende mikrometrische Lage der drei ersten ($\mu_L = \mu_N = \mu_T = 1$) Maxima notirt. Wegen der Langsamkeit der Erwärmung — die ganze Reihe nahm etwa 3—4 Stunden in Anspruch — waren die Zwischenzeiten lang genug, um für einen raschen und sicheren Farbenwechsel sorgen zu können.[1]

Einen Ueberblick über die am 13. Juni v. J. ausgeführte Reihe gibt zunächst die folgende

---

[1] Natrium und auch Lithium kamen als Perlen zur Verwendung, die grüne Flamme erzeugte man je nach Umständen bald mittelst eines in eine Thalliumlösung tauchenden Asbestfadens, bald mittelst einer mit Thalliumsalz überzogenen Lithiumperle.

Tabelle VII.
Wasser. Beobachtete Trommelstellung.

ι	Natriuml.	Lithiuml.	Thalliuml.	ι	Natriuml.	Lithiuml.	Thalliuml.
20,9°	5018,2	—	—	61,9°	—	4321,5	—
21,0	—	4842,0	5174,5	62,1	—	[4300,0]	—
30,95	4924,6	—	—	73,0	[4300,0]	—	4447,3
31,0	—	4750,5	—	71,8	—	4148,0	—
30,92	—	—	5085,5	80,2	—	—	[4300,0]
41,75	—	—	4956,0	80,8	4146,5	—	—
41,7	4797,8	—	—	80,2	—	3984,0	—
41,6	—	4625,0	—	79,7	—	3993,0	—
56,15	—	—	4740,6	87,62	—	—	4154,5
56,5	—	—	4734,0	87,50	4006,5	—	—
56,54	4583,0	—	—	87,37	—	—	4158,5
55,7*	4597,2	—	4743,5	87,0	—	3845,2	—
55,9	—	4423,6	—	86,1	—	3862,5	—
62,2	—	—	4642,5	94,2	3863,5	—	—
62,25	4492,5	—	—	93,65	—	3706,0	—

Die erste Columne derselben enthält die abgelesenen Temperaturen, die drei folgenden geben die zugehörigen drei Trommelstellungen, die von einem willkürlichen Anfangswerthe ab gezählt sind. Man sieht, dass der Gang der Temperatur im allgemeinen ein aufsteigender war. Wenn für jede der drei Farben die gleiche Trommelstellung 4300,0 eingeklammert vorkommt, so soll das andeuten, dass für dieselbe der bezügliche Interferenzstreifen gerade durch den festen Verticalfaden hindurch ging. Sofern indess die Lage dieses Fadens irrthümlich als mit dem Nullstrich der Trommel genau coincidirend angenommen und dieser Fehler leider zu spät erkannt wurde, so muss von einer Verrechnung dieser Zahlen abgesehen werden.

An die mitgetheilte Tabelle möge sich sofort noch eine kleine weitere schliessen, welche sich auf die Dispersion des Wassers bei gewöhnlicher Temperatur bezieht.

Tabelle VIII.
Dispersion des Wassers.

ι	T	N	L
	444,5	289,0	111,5
23,5°	446,8	288,0	112,0
	446,0	288,5	112,1
	446,0	—	—
Mittel:	445,8	288,5	111,9

Sie ergibt die Differenzen (in Trommeltheilen):

$$T_T - T_N = 157{,}3, \quad T_N - T_L = 176{,}6.$$

12. **Berechnung der Indices; Dispersion.** Auf der Grundlage der Tabelle VII sind alsdann die den einzelnen Temperaturen entsprechenden $\Delta \nu$ mittelst der einfachen Gleichung (9) berechnet worden. Wie sich diese Rechnung gestaltet, ersieht man aus den drei folgenden Tabellen, in welchen die drei beobachteten Farben einzeln behandelt sind.

Tabelle IX.

Beobachtete Brechungsexponenten.

Wasser. Natriumlicht.

τ	ΔE	$\sqrt{\nu^2-1}$	$\sqrt{\nu^2-1}\,\Delta E$		$\Delta \nu$	ν
20,9°	0″	0,8814	0′	0″	0	1,332 870
30,95	257,4	0,8810	3	47	0,001 100	1,331 770
41,7	349,8	0,878	5	8	0,001 493	1,330 277
56,54	590,7	0,876	8	39	0,002 516	1,327 761
55,7	−37,7	0,874	−0	33	−0,000 160	1,327 921
62,25	287,9	0,870	4	12	0,001 222	1,326 699
73,0	530,2	0,868	7	43	0,002 245	[1,324 454]
80,8	422,1	0,864	6	6	0,001 774	1,322 680
87,5	385,0	0,862	5	32	0,001 610	1,321 070
94,2	393,2	0,8586	5	38	0,001 639	1,319 431

Tabelle X.

Beobachtete Brechungsexponenten.

Wasser. Lithiumlicht.

τ	ΔE	$\sqrt{\nu^2-1}$	$\sqrt{\nu^2-1}\,\Delta E$		$\Delta \nu$	ν
21,0°	0″	0,8779	0′	0″	0	1,330 670
31,0	251,6	0,876	3	41	0,001 071	1,329 599
41,6	345,1	0,874	5	2	0,001 464	1,328 134
55,9	553,8	0,872	8	4	0,002 347	1,325 788
61,9	280,8	0,869	4	5	0,001 188	1,324 600
62,1	59,1	0,866	0	51	0,000 247	[1,324 353]
71,8	418,0	0,8645	6	1	0,001 750	1,322 603
80,2	451,0	0,862	6	29	0,001 886	1,320 717
79,7	−24,8	0,862	−0	21	−0,000 102	1,320 819
87,0	406,4	0,860	5	50	0,001 697	1,319 122
86,1	−47,6	0,858	−0	43	−0,000 209	1,319 330
93,65	430,4	0,8563	8	8	0,001 784	1,317 546

Tabelle XI.
Beobachtete Brechungsexponenten.
Wasser. Thalliumlicht.

τ	$\varDelta E$	$\sqrt{\nu^2-1}$	$\sqrt{\nu^2-1}\,\varDelta E$	$\varDelta \nu$	ν
21,0°	0″	0,8818	0′ 0″	0	1,334 770
30,92	250,5	0,8794	3 40	0,001 067	1,333 703
41,75	351,7	0,8764	5 8	0,001 493	1,332 210
56,15	592,3	0,8734	8 37	0,002 507	1,329 704
56,5	18,2	0,8734	0 16	0,000 078	1,329 626
55,7	−26,1	0,8734	−0 23	−0,000 112	1,329 738
62,2	277,7	0,8724	4 2	0,001 178	1,328 564
73,0	536,8	0,8714	7 48	0,002 269	1,326 295
80,2	405,1	0,8700	5 52	0,001 707	[1,324 589]
87,62	400,1	0,8635	5 45	0,001 673	1,322 916
87,37	−11,0	0,8635	−0 9	−0,000 044	1,322 960

Die erste Columne gibt wieder die Temperatur, die zweite die als $\varDelta E$ umgerechneten Trommeltheile in Bogensecunden, in der folgenden dritten steht der den Rühlmann'schen Angaben entnommene Näherungswerth $\sqrt{\nu^2-1}$ und in der vierten das Product $\varDelta E\sqrt{\nu^2-1}$ als Winkelgrösse. Der Bogen oder Sinus derselben ist endlich der gesuchte und in der fünften Columne aufgeführte negative Indexzuwachs $\varDelta \nu$.

Um von den Incrementen zu den vollen Beträgen der Indices überzugehen, bedarf es offenbar bei Zuziehung der Tabelle VIII und in Anbetracht der äusserst langsamen Dispersionsänderung des Wassers nur eines einzigen Ausgangswerthes. Ich habe als solchen für Natriumlicht, und zwar für die Temperatur 20,9° die Zahl:

$$\nu_N^{20,9} = 1,332\,870$$

angenommen, welche mit den Versuchen Rühlmann's und anderer völlig übereinstimmt. Darnach konnte zunächst die Tabelle IX durch Hinzufügung der Columne der ν sofort vervollständigt werden.

Was ebenso die beiden anderen Farben betrifft, so sind zunächst die Differenzen $(\nu_N - \nu_L)$, $(\nu_T - \nu_N)$ aus der für die Zimmertemperatur geltenden Tabelle VIII mittelst der Dispersionsformel:

$$\nu_2 - \nu_1 = \sqrt{\nu^2-1}\,\varDelta E + \tfrac{1}{2}(q_1{}^2 - q_2{}^2)\,\nu$$

zu berechnen. Nun geben die als $\varDelta E$ ausgedrückten Trommeltheile:

$$\varDelta E_{N,L} = 8'\,6''\;,\quad \varDelta E_{T,N} = 7'\,12'',$$

sodann folgt aus den p. 376 angegebenen Constanten der angewandten Platte A:

$$^{1}/_{2}\,(q_L^2 - q_N^2) = 0,000\,076\;,\quad ^{1}/_{2}\,(q_T^2 - q_N^2) = 0,000\,045.$$

Setzt man diese Werthe ein, so erhält man:

$$\nu_N - \nu_L = 0,002\,177\;,\quad \nu_T - \nu_N = 0,001\,905,$$

während z. B. von Rühlmann für 20^0 gefunden ist:

$$\nu_N - \nu_L = 0,00219\;,\quad \nu_T - \nu_N = 0,00191.$$

Man ersieht aus dieser Darlegung, dass eine Vernachlässigung der Plattenconstanten q das Resultat um 10, resp. 6 Einheiten der fünften Decimale verkleinern würde.

Mittelst der vorstehenden Dispersionswerthe in Verbindung mit dem für $21,0^0$ interpolirten Index $\nu_N = 1,332\,861$ erhält man die Indices:

$$\nu_L^{21,0} = 1,330\,684,\; \nu_T^{21,0} = 1,334\,766,$$

welche sich von den in den Tabellen X und XI angenommenen nur unwesentlich unterscheiden. Somit können auch diese durch Hinzufügung der letzten Columne der ν vervollständigt werden.

Um dem Leser auch über die Abhängigkeit des dem ersten Interferenzstreifen entsprechenden, direct am Kreise[1]) abgelesenen Winkels e von der Temperatur wenigstens einen Ueberblick zu verschaffen, dazu dürften schon die fünf folgenden Zahlen (für Natriumlicht) hinreichen:

$t =$	$19,5^0$	$47,25^0$	$76,8^0$	$80,5^0$	$94,0''$
$e =$	$48^0\,35'\,30''$	$48^0\,45'\,40''$	$49^0\,2'\,40''$	$49^0\,5'\,30''$	$49^0\,15'\,45''$.

Mittelst der letzten z. B. ergibt sich für $94,0^0$ der Index $\nu = 1,319\,433$, während in Tab. IX für $94,2^0$ der Werth $\nu = 1,319\,431$ verzeichnet steht.

13. Construction der Curven der Indices; Ausgleichungsrechnungen. Ein besseres Urtheil über die Qualität der gewonnenen Zahlensysteme und über den Grad ihrer Uebereinstimmung gewährt das graphische Construc-

---

1) Der Durchmesser desselben — nicht der Radius, wie es p. 368 heisst — beträgt 13,5 cm.

tionsverfahren. Während überdies jede einzelne Bestimmung des Winkels e einen für sich abgeschlossenen, selbständigen Versuch bildet, reihen sich die mikrometrischen Ablesungen derart aneinander, dass ein einmal gemachter Fehler sich durch die ganze weitere Zahlenfolge hindurchzieht, und zu deren Controle bietet wieder .die Construction der Curven das einfachste und jederzeit anwendbare Mittel.

Ich habe dieselbe in grösserem Maassstabe in der Weise ausgeführt, dass die Temperaturen als Abscissen und die Indices als Ordinaten behandelt wurden, und dass je 1^0 C. durch 10 mm und je eine Einheit der vierten Decimale durch 2 mm repräsentirt wurde. Die drei so gewonnenen Curven verlaufen genähert äquidistant, sie zeigen keinerlei auffallende Zickzacksprünge, und wenn sie überdies für das Intervall von 0 bis 20^0 durch die Rühlmann'schen Daten vervollständigt werden, so haben sie (vgl. **Fig. 6.** Taf. III) einen parabolischen Verlauf mit einem anscheinenden Maximum bei 0^0. Charakteristisch für meine Beobachtungen ist die mit der Temperatur zunehmende Steilheit aller drei Curven, wohingegen die Rühlmann'schen Ausgleichungsrechnungen zu einem bei etwa 80^0 gelegenen Wendepunkte führen, der aber für die drei Farben verschoben erscheint.

Rühlmann hat für die Darstellung seiner Beobachtungen mehrere Interpolationsformeln versucht und ist schliesslich auf Grund einer Vermuthung über den Verlauf der Curve bei negativen Temperaturen bei der symmetrischen dreiconstantigen Formel:

$$v = v_0 - a t^2 + b t^4$$

stehen geblieben. Die hierin vorkommenden Constanten, nach der Methode der kleinsten Quadrate berechnet, haben beispielsweise für Celsiusgrade und Natriumlicht die Werthe:

$$v_0 = 1,33374, \quad a = 0,000\,002\,014\,1, \quad b = 0,000\,000\,000\,049\,1$$

und nehmen sämmtlich mit steigender Brechbarkeit etwas zu. Ich selber habe der Berechnung meiner Zahlen das neue, p. 356 von mir entwickelte Gesetz zu Grunde gelegt. Man findet in der weiter unten folgenden Tab. XV die auf den leeren Raum reducirten Indices n_L, n_N, n_T von 5 zu 5 Graden nach demselben berechnet und in der Columne 5 die Differenz zwischen den (entsprechend behandelten) Angaben von Rühlmann und mir. Vergleicht man nun mittelst derselben die beiden so ausgeglichenen, also continuirlich verfliessenden beiderseitigen Zahlenfolgen, so ist die Uebereinstimmung bis gegen 85° eine so gute, dass die entsprechenden Curven sich mit leichten Kräuselungen durcheinander hindurchschlängeln. Von 85° ab tritt dann eine plötzliche, scharfe Divergenz ein, und so rechtfertigt sich wohl der Schluss, dass Rühlmann's Formel noch um ein weiteres viertes Glied $-ct^6$ zu vervollständigen gewesen wäre.

14. **Die Anwendung des neuen Gesetzes.** Da dasselbe von der Form ist:

$$(n^2 - 1)(v - \beta) = C(1 + a e^{-kt}) = M,$$

so hat dasselbe ebenfalls vier Constanten. Sowie indess für Rühlmann der Werth v_0 beobachtet ist, so entnehme ich hier die Constante C des gasförmigen Aggregatzustandes den Messungen des Hrn. Lorenz (Kopenhagen).[1]) Nach Lorenz ist für Wasserdampf und Natriumlicht:

$$(n^2 - 1)v = 0,62035 = C.$$

Darnach bleiben also noch die drei Constanten β, α, k zu ermitteln übrig. Die Lösung dieser Aufgabe ist, wie ich gestehe, eine recht peinliche und mühsame gewesen, zumal da die dazu erforderlichen Gleichungen im allgemeinen ihren linearen Charakter verloren haben. Durch rationelles Probiren bin ich indess in folgender Weise zum Ziele gekommen. Setzt man zunächst näherungsweise $a = o$ und $C = 0,62035$, so ergibt irgend ein Beobachtungspaar n_N, v den Näherungswerth $\beta = 0,203$. Sodann modificirte man diese Grösse schrittweise so lange, bis in der Gleichung:

$$\frac{M_1 - C}{M_2 - C} = e^{k(t_2 - t_1)}$$

etwa für die Beobachtungspaare in der Nähe von $t = 0$, 20, 40, 60, 80 der Exponent k sich als genügend constant erwies. Mittelst des so gewonnenen Mittelwerthes von k be-

---

1) Lorenz, Wied. Ann. **11**. p. 97. 1880.

rechnete sich schliesslich *a.* In dieser Weise erhielt ich das Constantensystem:

(I) $\qquad \beta = 0{,}20271, \quad a = 0{,}00246, \quad k = 0{,}02290.$

Dasselbe lässt sich zunächst dazu benutzen, um rückwärts für die sämmtlichen beobachteten Temperaturen die Indices zu berechnen. In dieser Weise ist die sogleich zu besprechende Tabelle XII entstanden.

Was endlich die Dispersion des Wassers betrifft, so habe ich hier einfach zu constatiren, dass das schon im Jahre 1865 für den gasförmigen Aggregatzustand von mir aufgefundene Gesetz:

(IV) $\qquad \dfrac{n_a^2 - 1}{n_\beta^2 - 1} = \text{Const.},$

unter α und β zwei beliebige Farben bei beliebiger gleicher Dichte verstanden, auch für den flüssigen Zustand seine Gültigkeit bewahrt. Demnach sind in unserer Hauptgleichung (III) β, a, k von der Farbe unabhängig, und ist ausschliesslich C mit derselben veränderlich. Der für letztere angestellten Rechnung zufolge ist zu setzen:

$$C_L = 0{,}61574, \quad C_N = 0{,}62035, \quad C_T = 0{,}62438,$$

und so lassen sich denn auch die beobachteten Indices n_L, n_T mittelst der angegebenen Constantenwerthe reproduciren.

15. **Die Tabellen XII, XIII, XIV.** — Hiernach ist die Einrichtung der in Rede stehenden Tabellen folgende. In der ersten Columne stehen die abgelesenen Temperaturen τ, in der zweiten die in Beziehung auf den herausragenden Faden corrigirten Temperaturen t, die dritte enthält die den letzteren entsprechenden Volumina v nach Volkmann[1]), die vierte die beobachteten und mittelst der Tab. VI auf den leeren Raum reducirten Brechungsindices $n = v n'$, die fünfte endlich die nach obiger Formel berechneten Indices.

———— — — —

1) Landolt u. Börnstein, l. c. p. 33.

Tabelle XII. Berechnete Brechungsexponenten.
Wasser. Natriumlicht.

τ	t	v	n beobachtet	n berechnet	δ
20,9°	20,90°	1,00196	1,33323	1,33318	+5
30,95	30,98	1,00456	1,33212	1,33211	+1
41,7	41,79	1,00844	1,33062	1,33066	−4
56,54	56,79	1,01532	1,32808	1,32812	−4
55,7	55,95	1,01491	1,32825	1,32827	−2
62,25	62,59	1,01835	1,32702	1,32703	−1
80,8	81,45	1,02988	1,32298	1,32297	+1
87,5	88,30	1,03455	1,32136	1,32137	−1
94,2	95,17	1,03952	1,31972	1,31967	+5

Tabelle XIII. Berechnete Brechungsexponenten.
Wasser. Lithiumlicht.

τ	t	v	n beobachtet	n berechnet	δ
21,0°	21,00°	1,00198	1,33108	1,33100	+ 3
31,0	31,04	1,00457	1,32995	1,32997	− 2
41,6	41,71	1,00840	1,32847	1,32852	− 5
55,9	56,16	1,01500	1,32611	1,32610	+ 1
61,9	62,24	1,01816	1,32492	1,32496	− 4
71,8	72,29	1,02402	1,32291	1,32289	+ 2
80,2	80,85	1,02948	1,32102	1,32100	+ 2
79,7	80,85	1,02916	1,32112	1,32111	+ 1
87,0	87,80	1,03420	1,31942	1,31938	+ 4
86,1	86,88	1,03356	1,31962	1,31960	+ 2
93,65	94,61	1,03909	1,31783	1,31772	+11

Tabelle XIV. Berechnete Brechungsexponenten.
Wasser. Thalliumlicht.

τ	t	v	n beobachtet	n berechnet	δ
21,0°	21,00°	1,00198	1,33513	1,33507	+6
30,92	30,96	1,00456	1,33405	1,33403	+2
41,75	41,86	1,00846	1,33255	1,33254	+1
56,15	56,41	1,01512	1,33003	1,33006	−3
56,5	56,77	1,01532	1,32995	1,32996	−1
55,7*	55,96	1,01491	1,33006	1,33014	−8
62,2	62,54	1,01835	1,32888	1,32889	−1
73,0	73,52	1,02479	1,32660	1,32660	0
87,62	88,44	1,03465	1,32321	1,32316	+5
87,37	88,18	1,03446	1,32325	1,32324	+1

Vergleicht man die als δ aufgeführten Differenzen zwischen Beobachtung und Rechnung, so ist die Uebereinstimmung überall eine befriedigende, und so sind denn die Brechungsexponenten des Wassers für die drei benutzten Farben nunmehr zwischen den Grenzen 0 und 95° bis auf wenige Einheiten der fünften Decimale sicher gestellt, während bei Rühlmann bisher für höhere Temperaturen noch Abweichungen bis zu 2—3 Einheiten der vierten Decimale vorkamen.

16. **Die Temperaturcoëfficienten des Wassers für Refraction und Dispersion.** — Im Interesse der Uebersichtlichkeit habe ich nunmehr die Indices n_L, n_N, n_T von 5 zu 5° zwischen den Temperaturen 0 und 100° berechnet und die je 5° entsprechende Abnahme in den Differenzencolumnen $\varDelta$ hinzugefügt. Vgl. Tab. XV.

Die mit δ überschriebenen Abweichungen zwischen Rühlmann und mir sind bereits p. 511 besprochen worden.

Tabelle XV.
Brechung des Wassers zwischen 0 und 100°.

t	n_L	$\varDelta$	δ	n_N	$\varDelta$	δ	n_T	$\varDelta$	δ
$-10°$	1,331 490	$-32,6$	„	1,333 660	$-32,8$	„	1,335 563	$-88,0$	„
-5	1,331 816	$-12,5$	„	1,333 988	$-12,6$	„	1,335 893	$-12,6$	„
0	1,331 941	$+3,0$	-3	1,334 114	$+3,0$	0	1,336 019	$+2,9$	$+4$
5	1,331 911	15,9	-5	1,334 084	16,0	-2	1,335 990	16,2	$+5$
10	1,331 752	27,4	-4	1,333 924	27,5	-1	1,335 828	27,6	0
15	1,331 478	37,6	-3	1,333 649	37,9	-8	1,335 552	38,1	$+4$
20	1,331 102	46	0	1,333 270	46	$+2$	1,335 171	47	$+5$
25	1,330 64	54	$+4$	1,332 81	55	$+4$	1,334 70	55	$+6$
30	1,330 10	62	$+6$	1,332 26	62	$+6$	1,334 15	62	$+5$
35	1,329 48	70	$+2$	1,331 64	71	$+6$	1,333 58	71	$+8$
40	1,328 78	76	$+8$	1,330 93	76	$+7$	1,332 82	77	$+1$
45	1,328 02	82	$+9$	1,330 17	83	$+4$	1,332 05	83	-1
50	1,327 20	87	$+5$	1,329 34	87	$+2$	1,331 22	88	-4
55	1,326 33	93	$+2$	1,328 47	94	-2	1,330 34	93	-7
60	1,325 40	98	0	1,327 53	98	-5	1,329 41	99	-18
65	1,324 42	103	-2	1,326 55	104	-9	1,328 42	105	-14
70	1,323 39	109	-4	1,325 51	109	-11	1,327 87	110	-13
75	1,322 30	110	-1	1,324 42	112	-10	1,326 27	111	-9
80	1,321 20	115	0	1,323 30	115	-8	1,325 16	116	-3
85	1,320 05	119	$+4$	1,322 15	119	-3	1,324 00	120	$+9$
90	1,318 86	124	$+3$	1,320 96	125	$+5$	1,322 80	126	$+27$
95	1,317 62	127	$+27$	1,319 71	128	$+21$	1,321 54	129	$+54$
100	1,316 35		$+46$	1,318 43		$+44$	1,320 25		$+94$
120	1,310 89	615	„	1,312 94	619	„	1,314 73	621	„
140	1,304 74	661	„	1,306 75	665	„	1,308 52	669	„
160	1,298 13	725	„	1,300 10	729	„	1,301 83	733	„
180	1,290 88	841	„	1,292 81	846	„	1,294 50	850	„
200	1,282 47		„	1,284 35		„	1,286 00		„

Die Tabelle beginnt mit einer versuchsweisen Berechnung einiger Indices des unter 0⁰ künstlich erkalteten, tropfbar flüssigen Wassers unter Verwerthung der von Rossetti[1])
gegebenen Volumina. Doch gebe ich diese Zahlen mit aller
Reserve, da eine derartige Ausdehnung der Formel theoretisch angegriffen werden könnte und genauere Versuche hierüber in Vorbereitung sind.[2])

Was dagegen über 100⁰ hinausliegende Temperaturen
betrifft, so dürfte das besprochene Refractionsgesetz selbst
sehr weit gehende Extrapolationen (die doch streng genommen nur Interpolationen sind) nicht zu scheuen brauchen.
Es sind daher am Schlusse der Tabelle für fünf Temperaturen
von 120—200⁰ unter Benutzung der von Hirn[3]) ermittelten
Volumina die entsprechenden Brechungsexponenten berechnet
worden, und ich glaube, im nächsten Paragraphen die ungefähre Grenze für die Zuverlässigkeit dieser Zahlen fixiren
zu können.

Ebenso wie in Tab. XV die Abnahme und die Temperaturcoëfficienten der Refraction, so enthält die nun folgende Tab. XVI die Abnahme und Temperaturcoëfficienten
der Dispersion.

Die Zahlen verlaufen regelmässig, ohne wie bei Rühlmann ein Minimum, resp. Maximum zu zeigen.

---

1) Landolt-Börnstein, l. c. p. 84.

2) Nachträgliche Bemerkung. Diese Versuche, für welche sich das
Pulfrich'sche Totalreflectometer ganz vorzüglich eignet, sind heute —
16. Nov. 1887 — soweit vorgerückt, dass ich folgendes Resultat schon
mittheilen kann. Die Brechungsindices des Wassers sind zwischen 0 und −3⁰ ziemlich constant, um von da ab, entgegen den
Angaben Damien's (Landolt-Börnstein, l. c. p. 205), verhältnissmässig sehr rasch abzufallen. Hiernach wäre also thatsächlich ein
Maximum vorhanden, und läge dasselbe bei etwa −1¹/₂⁰. Vielleicht
dürfte es so schon genügen, den Exponenten $k t$ in $k (t + 1,5)$ abzuändern, um der in Rede stehenden kleinen Verschiebung Rechnung zu
tragen.

3) Hirn, Ann. de chim. et de phys. (4) 10. p. 32. 1867. Der Einfachheit wegen ist hier vom gleichzeitigen Einfluss des benutzten hohen
Druckes auf die Lichtbrechung abgesehen.

Tabelle XVI.
Dispersion des Wassers zwischen 0 und 200°.

t	$n_N - n_L$	$\varDelta$	$n_T - n_N$	$\varDelta$	$n_T - n_L$	$\varDelta$
0°	0,002 173	5	0,001 905	4	0,004 078	9
20	2 168	13	1 901	12	4 069	25
40	2 155	19	1 889	14	4 044	33
60	2 136	27	1 875	24	4 011	51
80	2 109	28	1 854	25	3 960	53
100	2 081	30	1 826	29	3 907	59
120	2 051	37	1 797	31	3 848	68
140	2 014	40	1 766	36	3 780	76
160	1 974	43	1 730	36	3 704	79
180	1 931	50	1 694	46	3 625	96
200	0,001 881		0,001 648		0,003 529	

17. Die Molecularfunction M. Schlussresultate. — Bei einer weiter ausgedehnten Prüfung der Function M als des Productes:

$$(n^2 - 1)(v - \beta)$$

in Beziehung auf ihre Abhängigkeit von β hat sich herausgestellt, dass es auffallender Weise für Wasser noch ein zweites ähnliches Constantensystem gibt, welches den Beobachtungen wenigstens zwischen den Grenzen 0 und 100° ebenso vollkommen genügt, wie das bisher besprochene erste. Dasselbe hat die Werthe:

(II) $\beta = 0{,}15999$, $a = 0{,}05617$, $k = 0{,}000\,937$.

Verglichen mit dem ersten, ist hier a beträchtlich grösser, während β und k abgenommen haben. Letzteres ist bereits so klein, dass sich bei Vernachlässigung der höheren Potenzen von k der Exponentialausdruck für M schreiben lässt:

$$M = C[1 + a(1 - kt)],$$

und so würde das Refractionsgesetz selber auf die in Beziehung auf t lineare Form zurückkommen:

$$(n^2 - 1)(v - \beta) = c - \gamma t,$$

deren drei Constanten in einfacher Weise zu finden wären.

Um den Unterschied des Verlaufes der nach den Constantensystemen I und II berechneten Molecularfunction M zu übersehen, habe ich die Rechnung von 20 zu 20 Grad durchgeführt.

Tabelle XVII.
Molecularfunction M; Lorenz'scher Ausdruck.

t	$(n^2-1)(v-\beta)$ I.	Δ	$\dfrac{n^2-1}{n^2+2} v$	Δ	$(n^2-1)(r-\beta)$ II.	Δ
0°	0,621 872		0,206 347		0,655 192	
		559		144		646
20	0,621 313		0,206 203		0,654 546	
		354		92		635
40	0,620 959		0,206 111		0,653 911	
		224		54		623
60	0,620 735		0,206 057		0,653 288	
		141		26		612
80	0,620 594		0,206 031		0,652 676	
		90		11		600
100	0,620 504		0,206 020		0,652 076	
		57		2		589
120	0,620 447		0,206 018		0,651 487	
		35		− 5		578
140	0,620 412		0,206 023		0,650 909	
		23		− 9		568
160	0,620 389		0,206 032		0,650 341	
		14		−13		556
180	0,620 375		0,206 045		0,649 785	
		9		−18		548
200	0,620 366		0,206 063		0,649 237	
Lim.	0,620 350	—	0,206 783	—	0,620 850	

Wie sich aus den betreffenden Columnen der vorstehenden Tabelle ergibt, ist der Unterschied zwischen den aufgeführten Extremwerthen für I bei sehr starker Abnahme (Δ) nur gering, für II dagegen bei schwacher Abnahme verhältnissmässig gross. Während, wie schon erwähnt, beide Systeme zwischen 0 und 100° den mitgetheilten Beobachtungen gleich gut entsprechen, geben sie zwischen 100 und 200° etwas abweichende n. Man erhielt nämlich:

$t =$	120	140	160	180	200°
$n_I =$	1,31089	1,30474	1,29813	1,29088	1,28247
$n_{II} =$	1,31094	1,30485	1,29831	1,29117	1,28291.

Hier mag etwa der halbe Unterschied dieser Zahlen als ungefähres Maass ihrer Zuverlässigkeit gelten.

Welches der beiden Systeme I und II dem wirklichen Naturvorgange am nächsten kommt, darüber lässt sich vorläufig nicht entscheiden; während wohl die Reihe I durch ihren schärferen Abfall befriedigt, nähert sich dagegen Reihe II mehr dem Verhalten des Alkohols.

Schliesslich werde noch bemerkt, dass sich die beiden mittleren Columnen der Tabelle XVII auf den Lorenz'schen Ausdruck beziehen, und dass, wie man aus ihnen ersieht, die Annahme der Constanz desselben mit den Versuchen in Widerspruch stehen würde.

Dahingegen dürfte die hier vorgetragene neue Auffassungsweise namentlich die bisher so aufklärungsbedürftige optische Anomalie des Wassers dem Verständniss wesentlich näher bringen.

18. Dispersion des Wasserdampfes. Nachdem ich das p. 513 herangezogene Dispersionsgesetz IV zunächst an Gasen geprüft und für beträchtliche Dichtigkeitsänderungen bestätigt gefunden, habe ich dasselbe alsbald auch auf Dämpfe und auf den Uebergang vom gasförmigen in den flüssigen Aggregatzustand[1]) in Anwendung gebracht. Da meine hierauf bezüglichen Versuche inzwischen von Mascart[2]) und besonders von Lorenz[3]) und Prytz[4]) mit dem gleichen Erfolg wiederholt und weiter vervollständigt worden sind, so erübrigte wohl nur mehr der Nachweis, dass auch die Flüssigkeiten selber sich dem genannten Gesetze noch bei den weitestgehenden Temperaturänderungen fügen. Indem nun die gegenwärtige Arbeit diesen Nachweis zunächst für Wasser (und Alkohol) thatsächlich erbringt, erhebt sie damit den Satz von der „Constanz des Dispersionsvermögens des flüssig-gasförmigen Zustandes" auf den Rang eines Naturgesetzes und vermehrt damit zugleich die Sicherheit, mit welcher die Dispersion der Dämpfe aus der der Flüssigkeiten zahlenmässig erschlossen werden kann.

Beispielsweise berechnen sich mittelst des von Lorenz beobachteten Brechungsindex n_N des Wasserdampfes die folgenden einander entsprechenden Werthe:

$$n_L = 1,000\ 248\ 14$$
$$n_N = 1,000\ 250\ 00$$
$$n_T = 1,000\ 251\ 62.$$

Endlich ergeben die Messungen van der Willigen's an flüssigem Wasser[5]) für Wasserdampf die auf die Fraunhofer'schen Linien bezüglichen Indices:

---

1) Ketteler, Farbenzerstreuung der Gase. Bonn 1865. Theor. Optik, p. 462 u. 486.

2) Mascart, Compt. rend. 78. p. 617 u. 679. 1874.

3) Lorenz, Vidensk. Selsk. Skrifter (5) 8. p. 205. 1859: 10. p. 485. 1875. Wied. Ann. 11. p. 70. 1880.

4) Prytz, Wied. Ann. 11. p. 104. 1880.

5) van der Willigen, Arch. du Musée Teyler 1868.

$$n_A = 1{,}000\,246\,50 \qquad\qquad n_E = 1{,}000\,251\,92$$
$$n_B = 1{,}000\,247\,77 \qquad\qquad n_F = 1{,}000\,253\,56$$
$$n_C = 1{,}000\,248\,41 \qquad\qquad n_G = 1{,}000\,256\,53$$
$$n_D = 1{,}000\,250\,00 \qquad\qquad n_H = 1{,}000\,259\,00.$$

Hiermit sind denn, wie es für optisch-chemische Untersuchungen absolut erforderlich ist, die Brechungsverhältnisse
des Wassers sämmtlich auf den Gaszustand reducirt.

IV. Das Refractionsvermögen des Alkohols.

19. Vorbemerkungen. Der untersuchte wasserfreie
Alkohol, welcher speciell für diese Arbeit in der hiesigen
Marquardt'schen Fabrik dargestellt wurde, hatte den Siedepunkt 78,4°. Sein specifisches Gewicht, für 0 und 20° bestimmt, betrug resp.:

$$s_0 = 0{,}80681, \qquad s_{20} = 0{,}78987,$$

während beispielsweise bei 0° das specifische Gewicht für den
von Kopp[1]) verwendeten Alkohol 0,8095 und für den von
Wüllner[2]) benutzten 0,8133 betrug. Nach Mendelejeff[3])
ist $s_0 = 0{,}80625$. Da der Brechungsindex v_N für 20° etwa
fünf Einheiten der vierten Decimale kleiner gefunden wurde,
als nach den Angaben anderer (Lorenz) zu erwarten war,
so war einigermassen zu befürchten, dass auch die von Kopp
oder Pierre bestimmten Coëfficienten der Wärmeausdehnung
nicht mehr ohne weiteres würden anwendbar sein.

Es sind daher von einem meiner Schüler einige directe
volumetrische Bestimmungen ausgeführt worden. Dazu diente
statt des Kopp'schen Dilatometers (Volumpyknometers) ein
circa 100 ccm fassendes Geissler'sches Gewichtspyknometer,
dessen Capillarrohr durch ein aufgeschliffenes, genügend weites
birnförmiges Gefässchen (mit Stöpsel) verschliessbar war, und
in dessen Inneres ein eingeschmolzenes, in $1/5°$ getheiltes
Thermometer hineinragte. Aus Versuchen in Eis und in
einem bis zu über 50° erwärmten Wasserbade ergaben dann
die Nettogewichte p, entsprechend der (die Ausdehnung 3β
des Glases berücksichtigenden) Formel:

---

1) Kopp, Pogg. Ann. **72.** p. 1. 1847.
2) Wüllner, Pogg. Ann. **133.** p. 1. 1868.
3) Mendelejeff, Pogg. Ann. **138.** p. 250. 1869.

$$\frac{v_t}{v_0} = \frac{p_0}{p}(1 + 3\,\beta t), \qquad v_0 = \frac{1}{s_0},$$

zwar mit Leichtigkeit die bezüglichen Volumina v, indess blieben leider namentlich die etwas höheren Temperaturen t wegen der Schwierigkeit ihrer genauen Correction mit einiger Unsicherheit behaftet.

Von den verschiedenen, diese Versuche darstellenden Interpolationsformeln bin ich schliesslich bei der folgenden stehen geblieben:

(I) $v = 1{,}24130 + 0{,}001\,300\,2 \cdot t + 0{,}000\,001\,231 \cdot t^2 + 0{,}000\,000\,016\,97 \cdot t^3$,

während sich beispielsweise die Formel Kopp's für den gleichen Anfangszustand v_0 auf die Gestalt bringen lässt:

(II) $v = 1{,}24130 + 0{,}001\,292\,7 \cdot t + 0{,}000\,000\,972\,69 \cdot t^2 + 0{,}000\,000\,021\,87 \cdot t^3$.

Wenngleich hier die beiden mittleren Coëfficienten der Reihe (I) etwas grösser, der dritte dagegen etwas kleiner ist, als in Reihe (II), so stimmen doch nach Ausweis der folgenden Tabelle XVIII die nach beiden berechneten Volumina ziemlich befriedigend überein.

Tabelle XVIII.
Ausdehnung des Alkohols.

t	v_I	v_{II}	δ
0^0	1,24130	1,24130	0
19,78	1,26764	1,26742	+22
31,08	1,28342	1,28308	+34
39,89	1,29620	1,29580	+40
51,32	1,31356	1,31316	+40
61,58	1,32999	1,32970	+29
71,66	1,34703	1,34698	+ 5

Es gilt das der Differenzencolumne δ zufolge namentlich für die niederen und höheren Temperaturen, während für die mittleren Abweichungen bis zu vier Einheiten der vierten Decimale vorkommen.

Der Vorsicht wegen möge indess ausdrücklich constatirt werden, dass alle derartigen Differenzen die Resultate dieser Arbeit in allem Wesentlichen unbeeinflusst lassen.

20. **Die Messungen an Alkohol. Erste Reihe.** Während sich der oben besprochene Alkohol als Versuchsflüssigkeit in dem inneren Kasten des Refractometers befand,

war der äussere bei den Versuchen, bei denen die Temperatur bis an den Siedepunkt heran gesteigert wurde, mit Wasser, dagegen bei den Versuchen mit der Kältemischung mit gewöhnlichem Spiritus gefüllt. Die Methode war wieder die mikrometrische, und zwar bezieht sich die zunächst mitzutheilende Tabelle XIX auf die am 18. August d. J. ausgeführte Hauptversuchsreihe bei Erwärmung mittelst untergeschobenen Brenners.

Tabelle XIX.

Alkohol. Beobachtete Trommelstellung.

ι	Natriumlicht	Lithiumlicht	Thalliumlicht
19,78°	5073,0	4920,3	5219,3
26,46	4852,0	—	—
26,50	—	4702,5	4995,9
31,03	4700,3	—	
31,10	—	4547,8	4841,0
34,85	4591,0	4439,3	4737,6
39,78	4380,9	4231,6	4527,5
44,43	4202,1	4059,4	—
44,10	—	—	4355,0
51,10	3937,5	3783,8	4071,5
55,40	3765,2	3617,6	3898,6
61,23	3532,3	3391,9	—
61,00	—	—	3684,5
66,23	3329,2	[3182,8]	3470,3
66,23	1065,4	[919,0]	1405,0
71,10	866,3	717,0	1201,1
75,75	676,6	531,6	—
75,70	—	—	1019,0

Auch hier sind die Beobachtungen bei Natrium-, Lithium- und Thalliumlicht alternirend ausgeführt, und es gelang diesmal noch besser als früher, sie — zur Vereinfachung der Rechnung — bei identischer Temperatur zu Stande zu bringen.

Als Incidenzwinkel e für das erste Maximum des Natriumlichtes wurde für die Temperatur 19,0° mittelst des Kreises gefunden:
$$e^1_N = 47° 12' 30'',$$
und wurde wieder die zugehörige Dispersion unter Benutzung des Mikrometers mit möglichster Sorgfalt gemessen. Ich will indess diesmal auf die Wiedergabe der etwas umständlichen Tabellen verzichten und mich auf folgende Angaben beschränken.

Zunächst wurde, wie beim Wasser, in der p. 507 besprochenen Weise der bewegliche Faden successive auf die
drei ersten Maxima eingestellt, und man erhielt in Trommeltheilen:

$$T_N - T_L = 151,4, \qquad T_T - T_N = 144,4,$$

erstere Zahl als Mittel aus je sechs, letztere als Mittel aus
je acht Ablesungen.

Sodann wurde unter gleichzeitiger Benutzung des festen
Fadens das gelbe Maximum mit demselben durch Drehung
der Luftplatte zur Deckung gebracht und der bewegliche
Faden alternirend auf das rothe und grüne Maximum eingestellt. Mittelst dieses von Temperaturschwankungen mehr
unabhängigen Verfahrens ergab sich:

$$T_N - T_L = 151,9, \qquad T_T - T_N = 145,9$$

als Mittel aus sieben, resp. sechs Ablesungen.

21. Berechnung der Indices. Beginnen wir diesmal
mit der Feststellung der drei Indices für die Ausgangs-
temperatur 19,78°.

Für Natriumlicht ergibt der für 19,0° beobachtete, oben
mitgetheilte Incidenzwinkel $e_N^l = 47^0\ 12'\ 30''$ in Verbindung mit
der p. 376 besprochenen Correctionsgrösse $\frac{1}{2} q_N^2 = 0,000\,488$ der
angewandten Platte C zufolge Gleichung (5) den Brechungsexponenten $\nu_N^{19} = 1,362\,050$. Daraus folgt nach leichter (etwa
mittelst des Wüllner'schen Temperaturcoëfficienten 0,00039
auszuführender) Interpolation:

$$\nu_N^{19,78} = 1,361\,749.$$

Die beiden anderen Indices erhält man wieder mittelst
Gleichung (8), wenn man darin die Mittelwerthe $T_{N,L} = 151,6$
und $T_{T,N} = 145,1$ als:

$$\varDelta E_{N,L} = 6'\ 57''. \qquad \varDelta E_{T,N} = 6'\ 39''$$

einführt und überdies die Correctionsgrössen der Platte C:

$$\tfrac{1}{2}(q_L^2 - q_N^2) = 0,000\,145, \qquad \tfrac{1}{2}(q_N^2 - q_T^2) = 0,000\,085$$

berücksichtigt. So ergeben sich die Differenzen:

$$\nu_N - \nu_L = 0,002\,065, \qquad \nu_T - \nu_N = 0,001\,903,$$

Zahlen, welche bei Vernachlässigung des Platteneinflusses
um nicht weniger als 20, resp. 12 Einheiten der fünften

Decimale zu klein würden. Beiläufig bemerkt, waren die wenig verschiedenen Werthe 0,002 055 und 0,001 907 mittelst des Kreises direct beobachtet worden. Demnach wird jetzt:

$$\nu_L^{19,78} = 1,359\,684, \qquad \nu_T^{19,78} = 1,363\,652,$$

und lässt sich nunmehr die Umrechnung der Tabelle XIX mittelst Gleichung (9) zur Ausführung bringen.

Die so entstandenen Tabellen XX, XXI, XXII sind gegen die oben für Wasser mitgetheilten analogen Tabellen beträchtlich abgekürzt, auch dürften die hinlänglich erläuterten Ueberschriften der einzelnen Columnen zu ihrem Verständniss genügen.

Tabelle XX. Beobachtete Brechungsexponenten.

Alkohol. Natriumlicht.

ι	t	$\varDelta E$		$\varDelta \nu$	ν	n
19,78°	19,78°	0′	0″	0	1,361 749	1,36212
26,46	26,49	10	8	0,002 728	1,359 025	1,35939
31,03	31,08	6	57	0,001 860	1,357 165	1,35752
34,35	34,42	5	1	0,001 838	1,355 827	1,35618
39,78	39,89	9	47	0,002 560	1,353 267	1,35361
44,43	44,59	8	11	0,002 170	1,351 097	1,35144
51,10	51,32	12	8	0,003 205	1,347 892	1,34823
55,40	55,68	7	53	0,002 071	1,345 821	1,34615
61,23	61,58	10	40	0,002 794	1,343 027	1,34335
66,23	66,67	9	19	0,002 429	1,340 598	1,34092
71,10	71,66	9	7	0,002 367	1,338 232	1,33855
75,75	76,34	8	41	0,002 245	1,335 986	1,33630

Tabelle XXI. Beobachtete Brechungsexponenten.

Alkohol. Lithiumlicht.

ι	t	$\varDelta E$		$\varDelta \nu$	ν	n
19,78°	19,78°	0′	0′	0	1,359 684	1,36005
26,50	26,53	9	59	0,002 676	1,357 009	1,35737
31,10	31,15	7	5	0,001 890	1,355 118	1,35548
34,35	34,42	4	58	0,001 321	1,353 797	1,35415
39,78	39,89	9	31	0,002 526	1,351 271	1,35162
44,43	44,59	7	53	0,002 084	1,349 187	1,34953
51,10	51,32	12	38	0,003 329	1,345 858	1,34619
55,40	55,68	7	37	0,001 996	1,343 863	1,34419
61,23	61,58	10	21	0,002 703	1,341 159	1,34149
66,23	66,67	[9	35]	0,002 492	1,338 668	1,33899
71,10	71,66	9	16	0,002 399	1,336 269	1,33659
75,75	76,34	8	30	0,002 192	1,334 077	1,33439

Tabelle XXII.
Beobachtete Brechungsexponenten.
Alkohol. Thalliumlicht.

τ	t	ΔE		$\Delta \nu$	ν	n
19,78°	19,78°	0′	0″	0	1,363 652	1,36402
26,50	26,53	10	14	0,002 760	1,360 892	1,36126
31,10	31,15	6	58	0,001 871	1,359 021	1,35938
34,35	34,42	4	58	0,001 307	1,357 714	1,35807
39,78	39,89	9	38	0,002 573	1,355 141	1,35549
44,10	44,25	7	54	0,002 102	1,353 039	1,35388
51,10	51,32	13	0	0,003 441	1,349 598	1,34993
55,40	55,68	7	56	0,002 100	1,347 499	1,34783
61,00	61,35	9	49	0,002 585	1,344 914	1,34524
66,23	66,67	9	49	0,002 568	1,342 346	1,34267
71,10	71,66	9	20	0,002 441	1,339 905	1,34022
75,70	76,28	8	21	0,002 175	1,337 730	1,33804

Das Rechnungsverfahren wich nur insofern von dem
früheren ab, als man die nöthigen Näherungswerthe $\sqrt{\nu^2 - 1}$
nicht mehr als bekannt voraussetzen durfte, sondern schrittweise von oben nach unten vorgehen musste.

22. **Die Messungen an Alkohol. Zweite Reihe.**
Neben der Versuchsreihe, bei welcher die Flüssigkeit von
der Zimmertemperatur an allmählich erwärmt wurde, ist am
22. August eine zweite zur Ausführung gekommen, bei welcher der Alkohol vorgängig erkaltet und sodann, sich selbst
überlassen, bei der langsamen Wiederzunahme der Temperatur
beobachtet wurde. Die Abkühlung bewirkte man unter Benutzung des p. 367 beschriebenen Blechkastens mittelst Kältemischung aus Eis und Kochsalz. Da der Apparat für derartige Versuche noch kleiner Verbesserungen bedarf, so war
die bisherige Ausführung derselben namentlich insofern
schwierig, als sich das Beleuchtungsfenster (und in geringerem Grade wohl auch das Beobachtungsfenster) fortwährend
mit condensirtem Wasserdampf beschlug und daher vor der
Ablesung vielfach gereinigt werden musste. Infolge dieses
Umstandes ist auch nur eine Reihe für Natriumlicht zu
Stande gekommen.
Die gewonnenen Zahlen enthält die folgende

Tabelle XXIII. Beobachtete Brechungsexponenten.

Alkohol. Natriumlicht. Zweite Reihe.

t	t	$Tr.$	$\varDelta E$	$\varDelta \nu$	ν	n
−7,9°	−7,85°	1003,5	4′ 14″	0,001 156	1,372 782	1,37319
−5,0	−4,94	911,1	4 50	0,001 317	1,371 626	1,37203
−2,0	−1,92	805,5	7 37	0,002 069	1,370 309	1,37071*
+3,5	+3,48	639,3	5 0	0,001 855	1,368 240	1,36863
7,0	6,98	580,2	4 36	0,001 245	1,366 885	1,36727
10,0	9,98	429,9	4 17	0,001 157	1,365 640	1,36602
13,0	12,98	336,5	4 32	0,001 221	1,364 483	1,36486
16,0	15,96	237,4	5 14	0,001 407	1,363 262	1,36364
19,5	19,45	123,0	0 0	0	1,361 855	1,36223

In dieselbe ist ausser den sämmtlichen Columnen der drei letzten Tabellen noch die mit *Tr.* überschriebene weitere aufgenommen, welche die jeweilige Trommelstellung angibt. Da die Wiedererwärmung bis zur Zimmertemperatur volle vier Stunden in Anspruch nahm, so konnte bequem der Durchgang durch die einzelnen Gradstriche des Thermometers verfolgt werden; die obige Tabelle ist daher nur ein Auszug aus den gemachten Notirungen. Bemerkt mag noch werden, dass das beobachtete erste Maximum des Natriumlichtes, welches von −7.9° bis 0° ein verbreitertes, verwaschenes Band bildete, von 0° ab eine schmale, schärfere Linie wurde, die indess nach der dunkeln Seite des Gesichtsfeldes hin von äusserst feinen (für gewöhnlich nicht sichtbaren), weiteren Interferenzstreifen eingefasst war. Auch diese letzteren, welche sich wohl auf ungleichförmige Dichtigkeit zurückführen lassen, störten einigermassen die Beobachtung.

Bei der Berechnung der Indices wurde der für 19,5° durch Interpolation gewonnene Werth zu Grunde gelegt.

23. Construction der Curven. Interpolationsformeln. Die durch die vorbeschriebenen beiden Reihen gewonnenen Zahlen wurden alsbald einer dreifachen Behandlung unterworfen. Sie wurden zunächst graphisch construirt, sodann nach gewissen Interpolationsformeln und schliesslich nach dem vollständigen Refractionsgesetze berechnet.

Behandelt man wieder t als Abscissen, n als Ordinaten,

so zeigt die gewonnene Curve den durch Fig. 6ᵦ dargestellten Verlauf. Anfänglich zwischen den Grenzen — 8° und etwa + 31° erscheint dieselbe als nahezu gerade Linie, indem sich der Brechungsexponent auf der ganzen Strecke pro Grad um den nahezu constanten Betrag 0,00040.2, d. h. um ungefähr 40 Einheiten der fünften Decimale vermindert. Dieser Coëfficient steigt sodann plötzlich zwischen 31 und 34° auf 42,0 an, erreicht bei 40° den noch erheblich höheren Werth 46,2, um von da ab nach Ausweis der folgenden Zusammenstellung bis 76° nur noch mehr langsam zuzunehmen.

t	— 8° + 31	34	40	45	50	55	60	65°
$\Delta n / \Delta t$	40,2	42,0	46,2	46,5	46,9	47,4	47,8	48,3

Die Curve der Indices besitzt also zwischen 31 und 34° eine merkliche Krümmung, nähert sich aber dann einer zweiten, sehr viel steileren geraden Linie, deren Richtung mit der der ersteren einen nicht unbeträchtlichen Winkel bildet.

Sehen wir jetzt zu, wie sich die Interpolationsformeln verhielten. Denselben wurde nach Analogie der üblichen volumetrischen Formeln die Gestalt gegeben:

$$n = n_0 - at + bt^2 - ct^3 + dt^4,$$

und da von den hierin vorkommenden Constanten n_0 aus den Beobachtungen interpolirt werden konnte, so blieben nur mehr a, b, c, d zu berechnen übrig.

Beschränkte man die Formel zunächst unter Verzichtleistung auf das letzte Glied auf eine vierconstantige Reihe, so ergaben sich:

$$\text{A.} \begin{cases} n_0 = 1,37007, & \log a = 0,57214 - 4 \\ \log b = -0,09724 - 6, & \log c = -0,65744 - 9. \end{cases}$$

Diese Reihe erwies sich indess als absolut unbrauchbar, um die gemessenen Brechungsindices innerhalb der Grenzen der Beobachtungsfehler zu reproduciren. In der Tabelle XXIV nämlich übersteigen die als δ_A aufgeführten Abweichungen zwischen Beobachtung und Rechnung besonders für die niederen und mittleren Temperaturen jedes zulässige Maass.

Tabelle XXIV.

Alkohol.   Interpolationsformeln.

t	δ_A	δ_B	t	δ_A	δ_B
$-7,85^0$	—	-25	$31,08^0$	$+13$	$+ 7$
$-4,94$	$+17$	-12	$39,89$	$+14$	$+ 4$
$+3,48$	-11	0	$44,59$	$+10$	$+ 2$
$6,98$	-23	$+ 5$	$51,32$	0	$+ 1$
$9,98$	-18	0	$55,68$	$- 4$	0
$12,98$	-14	$+ 3$	$61,58$	$- 4$	$+ 4$
$15,96$	-15	$- 1$	$66,67$	$- 5$	$+ 6$
$19,78$	-11	$- 2$	$71,66$	$- 1$	$+ 3$
$26,49$	0	0	$76,34$	0	-10

Indess selbst, als durch Hinzufügung eines fünften Gliedes die Constanten die Werthe erhielten:

$$n_0 = 1,37007$$
$$\text{B.} \begin{cases} \log a = 0,61789 - 4, \quad \log b = 0,22177 - 6 \\ \log c = 0,75636 - 8, \quad \log d = 0,60481 - 10, \end{cases}$$

trat wenigstens für die beiden tiefsten Temperaturen (vgl. die
mit δ_B überschriebene Columne) noch keine genügende Bes-
serung ein.   Man darf daher wohl behaupten, dass derartige
Formeln, welche sich für die Ausdehnungsverhältnisse als so
praktisch bewähren, hier gar nicht am Platze sind.

24. **Anwendung des vollständigen Refractions-
gesetzes.** Im Anschluss an die vorstehenden Ausführungen
soll zuvörderst das Resultat dieser Rechnungen mitgetheilt
und dann erst die Art der Constantenermittelung besprochen
werden.   Beschränkt man sich auf die Beobachtungen bei
Natriumlicht, so lassen sich die beiden oben beschriebenen
Versuchsreihen (Tabelle XX und XXIII) in eine einzige,
von $- 7,85^0$ bis $+ 76,34^0$ reichende Gesammtreihe zusammenfassen.

Die jetzt mitzutheilende Tabelle XXV hat wieder in
ihren fünf ersten Columnen die gleiche Einrichtung wie
früher.   Die Volumina v sind berechnet mittelst der Aus-
dehnungsformel I auf p. 521.   Vergleicht man Beobachtung
und Rechnung, so sind die Differenzen δ etwa mit Abrech-
nung der beiden letzten befriedigend klein, und dürften gerade diese beiden grösseren Abweichungen am Ende der

Reihe auf eine Ungenauigkeit der Volumenformel zurückzuführen sein.

Tabelle XXV. Berechnete Brechungsexponenten.
Alkohol. Natriumlicht.

t	v	n beobachtet	n berechnet	δ	$\dfrac{\Delta n}{\Delta t}$
—7,85°	1,23108	1,37319	1,37319	0	0,000 404
—4,94	1,23485	1,37203	1,37201	+ 2	0,000 403
—1,92	1,23879	1,37071*	1,37079	— 8	0,000 402
+3,48	1,24586	1,36863	1,36862	+ 1	0,000 400
6,98	1,25047	1,36727	1,36722	+ 5	0,000 399
9,98	1,25444	1,36602	1,36602	0	0,000 400
12,98	1,25844	1,36486	1,36482	+ 4	0,000 400
15,96	1,26245	1,36364	1,36363	+ 1	0,000 401
19,78	1,26764	1,36212	1,36210	+ 2	0,000 404
26,49	1,27692	1,35939	1,35939	0	0,000 407
31,08	1,28342	1,35752	1,35752	0	0,000 420
34,42	1,28820	1,35618	1,35612	+ 6	0,000 462
39,89	1,29620	1,35361	1,35359	+ 2	0,000 465
44,59	1,30323	1,35144	1,35141	+ 3	0,000 469
51,32	1,31356	1,34823	1,34825	— 2	0,000 474
55,68	1,32044	1,34615	1,34619	— 4	0,000 478
61,58	1,32999	1,34335	1,34337	— 2	0,000 483
66,67	1,33848	1,34092	1,34090	+ 2	0,000 488
71,66	1,34703	1,33855	1,33846	+ 9	0,000 494
76,34	1,35527	1,33630	1,33615	+15	
100	1,3994	—	1,3244	—	0,000 64
150	1,5402	—	1,2924	—	0,000 98
200	1,8330	—	1,2437	—	

Auch hier habe ich die nach den Versuchen Hirn's
für 100°, 150°, 200° berechneten Indices hinzugefügt.

Die letzte Columne enthält die den ausgeglichenen n
entsprechenden Werthe des Temperaturcoëfficienten $\Delta n / \Delta t$.

25. Die Constanten. Was jetzt die zu diesen Rechnungen benutzten Constanten betrifft, so handelte es sich
wieder um die Ermittelung der Werthe C, β, a, k der Gleichungen I, II, III. Dieselbe war wegen des eigenthümlichen
Verlaufes der Curve $n = f(t)$ besonders interessant, sie bot
aber bei ihrer ersten Ausführung einige Schwierigkeiten, die
nur durch Handinhandgehen von Rechnung und Construction
bewältigt wurden.

Da nach Lorenz (l. c. p. 96) für Alkoholdampf die
Constante: $C_N = 0,8475$

beträgt, so hoffte ich, wie früher beim Wasser, durch Vernachlässigung von a zu einem erträglichen Werthe von β zu gelangen, indess der so gefundene Werth $\beta = 0{,}277$ erwies sich als völlig unbrauchbar. Als dann der Einfluss der Aenderungen von β näher untersucht und schliesslich die Zahl $\beta = 0{,}20$ in die Gleichung:

$$(n^2 - 1)\,(v - \beta) = M$$

eingeführt wurde, ergab sich folgendes bemerkenswerthe Resultat.

Die Molecularfunction M blieb auffallend constant zwischen den Temperaturen -8^0 und $+31^0$, um von da ab ziemlich plötzlich erst rascher und dann langsamer abzufallen. Es wurde dann auch diese Curve der M construirt; sie ist natürlich (vgl. Fig. 6_a) zwischen -8^0 und $+31^0$ eine horizontale Gerade, von da ab senkt sie sich in anfangs geradliniger, später mehr aufwärts gekrümmter Form.

Da diese Curve unverkennbar einer Exponentialcurve ähnlich sieht, so habe ich sie unter Zugrundelegung des Werthes $\beta = 0{,}20$ nach dem Gesetze:

$$M = C\left(1 + a\,e^{-k\,(t - t_0)}\right)$$

berechnet, indem ich für t_0 als Anfangstemperatur der Senkung der Zeichnung selbst den genaueren Werth $t_0 = 33{,}69^0$ entnahm. Der Erfolg war ein recht guter. Nicht bloss zeigte sich k als hinreichend constant, sondern es war auch, wie die vorhergehende Tabelle gezeigt hat, die Uebereinstimmung zwischen beobachteten und berechneten Indices eine völlig befriedigende.

Hiernach gilt denn zwischen den Grenzen $t = 33{,}69^0$ und $t = \infty$ die Formel:

$$M = C_N\left(1 + a\,e^{-k\,(t - t_0)}\right)$$

mit den Constanten:

$$C_N = 0{,}8475, \qquad t_0 = 33{,}69^0$$
$$\beta = 0{,}200, \quad a = 0{,}07748, \quad k = 0{,}002\,215$$

und zwischen den Grenzen von mindestens $t = -10^0$ bis $t = 33{,}69^0$ die einfachere:

$$M = C_N(1 + a) = 0{,}91317.$$

Die mittelst der vorstehenden Constanten ausgeglichenen Werthe von M, dieselben, welche zur Ausrechnung der Indices gedient haben, findet man in der zweiten Columne der folgenden

Tabelle XXVI.

Alkohol. Molecularfunction M etc.

t	$(n^2-1)(v-\beta)$	$\dfrac{n^2-1}{n^2-2}v$	$(n^2-1)\,v$	$(n-1)\,v$
−7,85°	0,91317	0,28060	1,0908	0,45948
−4,94	0,91317	0,28066	—	—
−1,92	0,91317	0,28073	—	—
+3,48	0,91317	0,28086	—	—
6,98	0,91317	0,28093	1,0870	0,45920
9,98	0,91317	0,28100	—	—
12,98	0,91317	0,28107	—	—
15,96	0,91317	0,28114	—	—
19,78	0,91317	0,28123	—	—
26,49	0,91317	0,28139	1,0828	0,45892
31,08	0,91317	0,28149	—	—
34,42	0,91306	0,28154	—	—
39,89	0,91227	0,28148	—	—
44,59	0,91160	0,28144	1,0769	0,45797
51,32	0,91065	0,28137	—	—
55,68	0,91005	0,28133	—	—
61,58	0,90923	0,28128	—	—
66,67	0,90851	0,28124	—	—
71,66	0,90784	0,28119	—	—
76,34	0,90722	0,28116	1,0643	0,45557
100	0,9042	0,2810	—	—
150	0,8983	0,2813	—	—
200	0,8929	0,2826	—	—
Lim	0,8475	0,2825	0,8475	0,4237

Erwähnenswerth dürfte noch der Umstand sein, dass beim Alkohol derjenige Punkt P der Curve der M (Fig. 6$_6$), für welchen die gerade Linie links in die Exponentialcurve rechts übergeht, ein zwischen dem noch unbekannten Gefrier- und dem Siedepunkt irgendwo gelegener intermediärer Punkt ist, während man hätte erwarten können, dass, wie beim Wasser, die Anfangstemperatur t_0 mit dem Gefrierpunkt selbst zusammenfalle. [1]

Die drei letzten Columnen der letzten Tabelle geben noch eine Uebersicht über den Verfluss der von den älteren

---

1) Vgl. indess die nachträgliche Bemerkung auf p. 516.

Theorien als constant angenommenen, am Kopfe jeder Columne vermerkten Grösse.

26. **Dispersion des Alkohols im flüssigen und gasförmigen Zustand.** Was schliesslich die Indices der beiden anderen Farben betrifft, so gilt auch für Alkohol das Dispersionsgesetz:

$$\frac{n_a^2 - 1}{n_\beta^2 - 1} = \text{const.},$$

und so folgt, dass von den fünf Constanten β, a, k, t_0 und C die vier ersteren von der Farbe unabhängig sind, also ausschliesslich C mit derselben variirt. Statt nun den Beweis für diese Sätze, wie es oben für Wasser geschehen ist, in der Weise zu führen, dass auch die Brechungsexponenten für Lithium- und Thalliumlicht aus den Constanten selbst berechnet und mit den beobachteten Werthen verglichen würden, habe ich mich hier darauf beschränkt, für das zur Verfügung stehende Temperaturintervall von 19,78 bis 76,34° die Quotienten der gemessenen brechenden Kräfte für Rothgelb, Gelbgrün, Rothgrün zu folgender Tabelle zusammenzustellen.

Tabelle XXVII.

Dispersion des Alkohols.

t	$\dfrac{n_N^2 - 1}{n_L^2 - 1}$	$\dfrac{n_T^2 - 1}{n_N^2 - 1}$	$\dfrac{n_T^2 - 1}{n_L^2 - 1}$
19,78°	1,00662	1,00608	1,01274
26,51	1,00652	1,00600	1,01256
31,11	1,00664	1,00600	1,01268
34,42	1,00662	1,00597	1,01263
39,89	1,00652	1,00610	1,01266
44,59	1,00630	1,00584*	1,01218
51,32	1,00675	1,00565	1,01244
55,68	1,00655	1,00564	1,01223
61,58	1,00630	1,00593*	1,01227
66,67	1,00655	1,00588	1,01247
71,66	1,00668	1,00567	1,01239
76,34	1,00652	1,00597	1,01253
Mittel	1,00655	1,00589	1,01248

Dabei werde bemerkt, dass zunächst die zweite und dritte Columne für die in der ersten angegebenen Temperaturen berechnet wurden. Die Zahlen 26,51 und 31,11° sind Mittel-

werthe aus den einander sehr nahe liegenden Beobachtungen
der Tabellen XX bis XXII. Ferner sind für die beiden mit
einem * versehenen Angaben der dritten Columne, welche
sich auf die etwas abweichenden Temperaturen 44,25 und
61,35° beziehen, die zugehörigen n_N durch Interpolation gewonnen worden. Die Quotienten der vierten Columne endlich sind das Product aus den neben ihnen stehenden der
zweiten und dritten.

Ueberblickt man die Zahlen dieser Verticalcolumnen und
beachtet, dass die Beobachtungsfehler der n, die ja bei der
Bildung der Ausdrücke $(n^2 - 1)$ um eine Decimalstelle vor-
rücken, hier von bedeutendem Einfluss sind, so dürfen sie
wohl als befriedigend constant gelten. Am zuverlässigsten
sind die Beobachtungen für Natrium- und Lithiumlicht, und
in der That fällt der Mittelwerth der zweiten Columne mit
dem möglichst sorgfältig bestimmten Anfangswerthe derselben
ziemlich genau zusammen. Die etwas grösseren Abweichungen
für Thalliumlicht erklären sich aus der grösseren Schwierigkeit rascher und sicherer Ablesungen bei nicht völlig homogener Färbung. Demnach erhält man nunmehr:

$$C_L = 0,84198, \qquad C_N = 0,84750, \qquad C_T = 0,85249.$$

Mittelst unseres Dispersionsgesetzes lassen sich dann
weiter auch die drei einander entsprechenden Brechungsverhältnisse des Alkoholdampfes mit voller Sicherheit angeben. Man findet:

$$n_L = 1,000\ 867\ 22$$
$$n_N = 1,000\ 872\ 90$$
$$n_T = 1,000\ 878\ 04,$$

Zahlen, deren beide ersten mit den direct von Lorenz gemessenen Werthen (1,000 863 3 und 1,000 872 9) genügend
übereinstimmen. Und wenn endlich die van der Willigen'-
sche Reihe für den flüssigen Zustand[1] herangezogen wird,
so berechnet sich für die Fraunhofer'schen Linien:

$$n_A = 1,000\ 862\ 57 \qquad\qquad n_E = 1,000\ 879\ 31$$
$$n_B = 1,000\ 866\ 04 \qquad\qquad n_F = 1,000\ 884\ 77$$
$$n_C = 1,000\ 867\ 87 \qquad\qquad n_G = 1,000\ 895\ 25$$
$$n_D = 1,000\ 872\ 90 \qquad\qquad n_H = 1,000\ 904\ 45.$$

[1] van der Willigen, Arch. du Musée Teyler. 1870.

Ich schliesse mit der Bemerkung, dass meine Versuche zunächst für Schwefelkohlenstoff und Aether fortgeführt und später auch auf Flüssigkeiten mit hohem Siedepunkt, wie Terpentinöl und Glycerin, ausgedehnt werden sollen.

Bonn, im October 1887.

***

VIII. *Ueber die durch feine Röhrchen im Kalkspath hervorgerufenen Lichtringe und die Theorie derselben; von Karl E. Franz Schmidt.*

(Hierzu Taf. V Fig. 6—16.)

Im Jahre 1844 beobachtete Brewster[1] zwei weisse Lichtringe im Kalkspath, wenn er durch denselben nach einer punktförmigen Lichtquelle hinsah. Dieselben konnte er durch Neigen des Spathes bald erweitern, bald zu einem Punkte verengen. Er fand bei genauerer Betrachtung in dem betreffenden Stücke sehr feine Röhrchen und erkannte in diesen die Ursache der Erscheinung.

Drei Jahre später veröffentlichte[2] er weitere Details. Neben den weissen primären Ringen, deren Licht senkrecht zu einander polarisirt war, sah er noch zwei secundäre, einen vollen Kreis und einen offenen Bogen. Beide waren farbig.

Bei einer bestimmten Stellung des Spathes beobachtete Brewster ein vollkommen circulares Spectrum mit einem violetten centralen Flecke und einem rothen äusseren Ringe.

Lag die Lichtquelle zwischen Vollkreis und Bogen, so war die Farbenfolge in beiden Bildern die gleiche. Neigte Brewster den Spath so, dass beide Ringe auf derselben Seite der Lichtquelle lagen, so kehrte sich die Farbenfolge in dem Bogen um. Brewster gibt an, dass diese secundären Ringe durch doppelte Reflexion des ordinären und extraordinären Lichtes im Inneren des Krystalls hervorgerufen seien.

---

1) Brewster, Proc. of the reports of the British Assoc. XIV. meeting held at York Sept. 1844. L'Institut 1845. Nr. 593. p. 171.

2) Brewster, Phil. Mag. 33. p. 489. 1848.

Auch beim Beryll hat Brewster ähnliche Lichtringe beobachtet.

Diese Beobachtungen sind wenig bekannt geworden; eine eingehendere Untersuchung über das Zustandekommen der Ringe ist bis jetzt nicht gegeben worden.

Im Folgenden will ich zunächst meine eigenen Beobachtungen solcher Lichtringe mittheilen, da ich Abweichungen von Brewster's Beobachtungen[1]) gefunden, und im Anschluss daran eine Theorie der Erscheinung entwickeln.

A. Experimentelle Beiträge.

Die Canälchen sind ungemein zarte Gebilde; es gelang mir nicht, bei etwa 1000-facher Vergrösserung eine Anschauung über Querschnitt und Oberfläche zu gewinnen. Durch Vergleich mit der Breite eines Theilstriches (= 0,002 mm) im Ocular des Mikroskopes schätzte ich die Dicke zu 0,0006 mm.

Die Canälchen liegen — wie mir Hr. B. Hecht freundlichst mittheilte — immer[2]) in der Durchschnittsgeraden einer Zwillingsebene mit einer anderen oder einer Zwillingsebene mit einer Spaltfläche. Letzteres war bei den Stücken der Fall, die mir zu Gebote standen. Sie verliefen parallel der langen Kante des Spaltstückes, $\alpha\beta$ Fig. 6. Bei einigen Exemplaren waren sie wenig zahlreich und regellos im Inneren vertheilt; bei einem Stücke lagen sie genau in einer Ebene und gingen von einer Spaltfläche bis zur anderen ganz durch den Spath hindurch; ihre Endpunkte markirten sich auf der natürlichen Spaltfläche $\beta\gamma\delta\varepsilon$ für das unbewaffnete Auge als feine Linie MN Fig. 7.

Dieses Stück zeigte die Lichtringe ganz besonders schön, bei den anderen war die Erscheinung weit weniger ausgesprochen; je regelrechter die Röhrchen lagen, und je grösser ihre Zahl war, desto schöner trat die Erscheinung auf.

Die von mir beobachteten Lichtringe. Hielt ich

---

1) Die von Brewster beschriebene Erscheinung habe ich in meinem Präparate nicht auffinden können, obgleich an demselben alle Spaltflächen polirt waren.

2) Rose, Ueber die im Kalkspath vorkommenden hohlen Canäle. Physik. Abhandl. der kgl. Acad. zu Berlin 1886. p. 57 ff.

den nahe dem Auge befindlichen Krystall so gegen eine punktförmige Lichtquelle, dass das Licht denselben in der Richtung AB Fig. 6 durcheilte, so sah ich die Lichtquelle nach oben und unten senkrecht zu den Canälchen zu einem Lichtstreifen erweitert. Neigte ich nun den Krystall so, dass die Richtung der Lichtstrahlen mit CB oder DB zusammenfiel, so sah ich die Lichtquelle gleichfalls zu einem Lichtstreifen erweitert, jedoch war derselbe gekrümmt, wenn die Neigung beträchtlich wurde. Die Oeffnung des Bogens hatte eine von der Richtung der Canälchen abhängige Lage.

Bezeichnet Fig. 8: 1 die Lichtquelle, 0 den Mittelpunkt der Augenlinse, und sind a und b die Durchschnitte der Röhrenebene mit der Ebene der Zeichnung bei zwei verschiedenen Lagen des Gebildes, so zeigte die Verbindungslinie Lichtquelle-Mittelpunkt des Lichtringes (oM Fig. 10) in Richtung des Pfeiles I bei Stellung a, des Pfeiles II bei Stellung b. Die Krümmung des Bogens nahm zu, je mehr sich die Richtung der Röhrchen der Lage 0—1 näherte.

Sah ich endlich in der Richtung FG durch, so zeigten sich zunächst 2 Bilder des Lichtpunktes, und durch jedes ging ein Kreis, dessen Durchmesser ich durch Neigen des Krystalls grösser und kleiner machen konnte. Wenn die Ebene der Canälchen mit der Verticalebene zusammenfiel, so lagen beide Lichtpunkte in einer Horizontalebene e und o Fig. 9.

Hielt ich den Spath so, dass der durch e gehende Kreisbogen 1 möglichst wenig Krümmung zeigte, so lag der durch o gehende Kreisbogen 2 mit seiner concaven Seite nach I und durchschnitt 1, da er grössere Krümmung hatte. Liess ich nun durch Neigen 1 kleiner werden, so nahm auch 2 ab und wurde zunächst ein Vollkreis, der an dem der Lichtquelle gegenüberliegenden Theile des Bogens Farben zeigte, der innere Bogen war blau, der äussere roth, zwischen ihnen konnte man noch gelb und grün wahrnehmen. Die Farben sind reine Spectralfarben.

Die Radien der Kreise nahmen mit weiterem Neigen ab, die Farbenintensität zu, schliesslich wurde die Erscheinung undeutlich, und schien sich der Kreis mit der Lichtquelle zu vereinigen. Weiteres Neigen im gleichen Sinne liess den Kreisbogen 1 sich zu einem Vollkreise ausbilden, während in *o* ein neuer Kreis entstand, der auch wieder Farben zeigte und jetzt seinen Mittelpunkt in II hatte (Fig. 10). Die Farbenfolge war umgekehrt wie früher, der äussere Kreis war blau, der innere roth. Mit weiterem Neigen nahm der Radius dieses Kreises zu, während jetzt der kleiner werdende Kreis 1 anfing, farbig zu werden. Die Reihenfolge der Farben von aussen nach innen war blau-roth, also auch umge-- kehrt wie früher bei Kreis 2. Auch dieser Kreis konnte durch weiteres Neigen mit dem Lichtpunkte vereinigt werden. Ferneres Drehen im selben Sinne erzeugte einen Kreis, dessen Mittelpunkt jetzt auch in II lag, und dessen diametral dem Punkte *e* gegenüberliegender Theil die Farbenfolge blau-roth von innen nach aussen zeigte. Durch weiteres Neigen nahmen die Radien von 1 und 2 mehr und mehr zu, und schliesslich sah ich nur noch Lichtbogen, deren concave Seiten nach II zeigten.

Die Untersuchung mit einem Nicol ergab, dass der durch *e* gehende Kreisbogen extraordinäres, der durch *o* gehende ordinäres Licht hatte.

Die ganze Erscheinung zeigte sich dann am deutlichsten, wenn man den Kalkspath sehr nahe an das Auge heranbrachte und auf die Lichtquelle accomodirte. Schon wenige Centimeter vom Auge entfernt, verschwanden die Bogen, und man sah erleuchtete Theile der Röhrchen senkrecht zu ihrer Längsrichtung übereinander liegen.

Durch ein Präparat, das ich durch Abspalten parallel der Ebene *βγδε* von dem oben erwähnten erhielt (dessen Kante *αβ* nur 6 mm lang war), sah ich die Lichtbogen auch. Nur wenn ich das Stück dem Auge so nahe als möglich brachte, erhielt ich Vollkreise mit den farbigen Rändern.

Ich konnte die Erscheinung auch mit einem Fernrohr betrachten; es darf aber die Objectivlinse desselben nur klein sein. Die Ringe werden am schönsten, wenn man das Fernrohr auf die Entfernung der Lichtquelle einstellt.

Auch konnte ich mit Hülfe einer Linse von 10 mm Durchmesser die Erscheinung auf einen weissen Schirm projiciren.

Ich liess einfach Sonnenlicht auf den Kalkspath fallen, stellte hinter demselben die Linse auf und senkrecht zur Richtung der Sonnenstrahlen einen weissen Schirm. Diesen brachte ich in eine solche Entfernung von der Linse, dass sie auf demselben ein scharfes Sonnenbild entwarf. Die Ringe wurden dann am schärfsten. Durch ein geeignetes Neigen des Krystalls konnte ich dann den Ringen alle möglichen gegenseitigen Lagen geben. Neigte ich die Ebene des Schirmes, so konnte ich die Kreise zu Ellipsen machen. Bei sehr starker Neigung hatten dieselben sehr grosse Excentricität; jedoch waren die Theile derselben, welche weit aus der Brennebene der Linse gerückt waren, nicht mehr so scharf wie früher.

Diese im Kalkspath beobachteten Ringe habe ich in Zusammenhang bringen können mit folgender Erscheinung. Ich bediente mich eines Gitters, das ich aus sehr feinen Nähnadeln herstellte. Da die Nadelaxen nur kleine Winkel mit den auffallenden Lichtstrahlen bilden dürfen, wenn man Vollkreise beobachten will, so befestigte ich die Nadeln nur auf einer Seite mit ihren Endpunkten an einem dünnen Holzstäbchen.

Standen die Nadelaxen senkrecht zur Verbindungslinie Auge—Lichtquelle, so sah ich durch das nahe dem Auge gehaltene Gitter einen Lichtstreif senkrecht zu den Nadeln, wie man ihn beobachtet, wenn von einem Punkte kommendes Licht durch einen Spalt gebeugt wird. Drehte ich das Gitter, sodass die Winkel zwischen jener Verbindungsgeraden und Nadelaxen klein wurden, so wurde der Lichtstreif bogenförmig gekrümmt, bei einer bestimmten Stellung sah ich dann einen vollkommen scharfen Vollkreis. Einen solchen erhielt ich auch, wenn ich nur eine Nadel anwandte, indem ich Licht in der Fig. 11 angegebenen Weise von der Cylinderfläche reflectiren liess.

Von der Länge dieser Nadel war die Grösse des Bogens unabhängig, ganz kurze Enden lieferten den gleich grossen Vollkreis mit derselben Intensität wie längere Stücke.

Bei derselben Grösse des Kreises war aber bei Anwendung von einer Nadel der Lichtbogen nicht so intensiv hell, wie er es bei Anwendung einer grösseren Zahl von Nadeln war.

Wenn durch Neigen der Nadel ein Theil des Kreises aus dem Gesichtsfeld verschwand, so konnte man durch Bewegung des Auges die Fortsetzung des Bogens auffinden und durch passendes Verfolgen die einzelnen Theile des ganzen Kreises nacheinander in das Gesichtsfeld bringen.

Die Intensität in den einzelnen Bogentheilen nahm mit Vergrösserung der Radien der Kreise ab.

Auch diese Kreise kann man mit einem Fernrohr beobachten.

Der einzige Unterschied, der zwischen diesen und den im Kalkspath beobachteten Ringen besteht, ist der Mangel der Farben bei jenen und das Fehlen eines zweiten Bogens, schliesslich der Mangel der Polarisation.

B. Theorie.

Das Auftreten der Doppelringe beim Kalkspath, deren Licht stets senkrecht zu einander polarisirt ist, erklärt sich leicht durch die Doppelbrechung; die Farben habe ich durch die Dispersion der beiden Lichter im Kalkspath vollkommen mit der Erfahrung übereinstimmend erklären können.

Unter Berücksichtigung dieser Erwägungen und der oben beschriebenen Versuche ist es ausreichend, eine Theorie der Lichtringe zu entwickeln für ein Röhrengebilde, das mit der Lichtquelle und dem Auge im selben isotropen Medium (etwa Luft) sich befindet.

Ich will folgende geometrische Hülfssätze vorausschicken:

Satz I. Wird ein Strahl in einem Punkte einer Geraden gespiegelt, so liegt das zugehörige reflectirte Strahlenbündel auf der Oberfläche eines Kreiskegels.

Satz II. Wird das von einem weit entfernt liegenden Punkte kommende Strahlenbündel an einem System in einer Ebene liegender paralleler Geraden reflectirt, so liegen die Punkte der verschiedenen Geraden, welche Strahlen nach einem festen Punkte senden, auf einer Parabel; vorausgesetzt, dass dieser Punkt in einer Ebene liegt, welche durch den

Lichtpunkt geht und senkrecht steht zu der Ebene, welche die Geraden enthält.

Satz III. Die durch diese Parabel und den festen Punkt bestimmte Kegelfläche ist congruent mit der Fläche des Kreiskegels, welche nach Satz I der Geraden zugehört, die in einer Ebene mit dem festen Punkte und der Lichtquelle liegt.

Beweis des Satzes I.

Der Beweis ergibt sich direct aus der Eigenschaft des reflectirten Strahlenbündels mit der Ebene, welche sämmtliche Normalen des spiegelnden Punktes in sich aufnimmt, den gleichen Winkel einzuschliessen, wie der einfallende Strahl.

Passend knüpfen wir hieran eine Bemerkung, die wir später benutzen werden.

Bedeutet Fig. 12: G die spiegelnde Gerade, P den licht-reflectirenden Punkt, so beschreiben wir um diesen eine Kugel, die den einfallenden Strahl in S schneide — die Ebene der Zeichnung falle mit der durch Lichtpunkt und Gerade bestimmten Ebene zusammen.

Man erkennt leicht, dass die reflectirten Strahlen auf der Kegelfläche $PS'E$ liegen, wenn $SA = S'A$ und $SA' = A'D$ gemacht sind.

Der Durchschnitt einer zu G senkrechten Ebene mit der Kegelfläche ist ein vollständig geschlossener Kreis, wenn man die Gesammtheit der reflectirten Strahlen ins Auge fasst, d. h. die Werthe ψ[1]) von $-\frac{1}{2}\pi$ bis $+\frac{1}{2}\pi$ nimmt.

Der Winkel zwischen Erzeugender und Axe ist $= 90 - \varphi$.

Dreht man nun die ganze Fig. um G als Axe, so erhält man das reflectirte Strahlenbündel, das zu Strahlen gehört, welche unter dem Winkel φ aber in anderen Ebenen, die nicht auf der Zeichnungsebene zusammenfallen, liegen; der Kegel behält seine Lage im Raume bei.

Die analogen Punkte S' werden natürlich andere und andere Lagen auf dem Kreis $S'DES'$ annehmen.

Beweis des Satzes II.

Gegeben sei ein System von beliebig vielen parallelen, in einer Ebene liegenden Geraden; durch die mittelste G_m denke man eine zu dieser Ebene Senkrechte gelegt, welche

---

1) Die Bedeutung von ψ und φ folgt aus der Figur.

den Lichtpunkt 1 und den festen Punkt 0 in sich aufnimmt.
Fig. 13.

Wir suchen für jede Gerade den Punkt p auf, welcher
einen Lichtstrahl nach o reflectirt. Die Aufgabe lösen wir
mit Hülfe des Fermat'schen Principes (Princip der schnellsten
Ankunft).

Wir denken uns ein rechtwinkliches Coordinatensystem
so gelegt, dass seine xz-Ebene die Geraden in sich aufnimmt,
die z-Axe falle mit der Geraden G_m zusammen, die x-Axe
stehe senkrecht zu derselben.

Bezeichnet dann r_1 die Entfernung $1p$ und r_0 die Entfernung po, so sagt jenes Princip aus:

$$\frac{d}{dt} \cdot \frac{r_1 + r_0}{v} = \frac{d}{dt} (r_1 + r_0) = o,$$

wo v die Geschwindigkeit des Lichtes und d/dt den Differentialquotienten nach der Zeit bedeuten.

Sind $o, y_1, -z_1$ die Coordinaten des leuchtenden Punktes 1

$o, y_0, +z_0$ „ „ „ festen „ o,

X, o, Z „ „ Punktes p,

so hat man:

$$r_1{}^2 = X^2 + y_1{}^2 + (Z + z_1)^2,$$
$$r_0{}^2 = X^2 + y_0{}^2 + (Z - z_0)^2.$$

Das Fermat'sche Princip gibt dann die Gleichung
zwischen Z und X:

$$o = \left(\frac{Z}{z_1} + 1\right)\left(\frac{X^2 + y_1{}^2}{z_1{}^2} + \left(\frac{Z}{z_1} + 1\right)^2\right)^{-1/2}$$
$$+ \left(\frac{Z}{z_0} - 1\right)\left(\frac{X^2 + y_0{}^2}{z_0{}^2} + \left(\frac{Z}{z_0} - 1\right)^2\right)^{-1/2}.$$

Entwickelt man die Wurzel unter Berücksichtigung der
Grössenordnung der Glieder und führt die Multiplication
aus, so erhält man bei passender Wahl des Coordinaten-
anfangs die Gleichung:

(I) $o = X^2 + Z \cdot 2 y_0 \cdot \operatorname{ctg} \varphi$ [1]),

d. h. also: die gesuchten Punkte liegen auf einer
Parabel.

---

[1]) φ bezeichnet den Einfallswinkel des an G_m reflectirten Strahles.

Beweis des Satzes III.

Es lässt sich leicht zeigen, dass eine im Abstand p vom Mittelpunkt eines Kreiskegels parallel einer Tangentialebene construirte Ebene eine Parabel ausschneidet, deren Gleichung von der Form:

$$\xi^2 + \zeta . 2p . \operatorname{tg} \psi = o \text{ ist.}^{1)}$$

Die Zusammenstellung dieser Gleichung mit der obigen Parabelgleichung ergibt für diese einen Kreiskegel, bei dem der Winkel zwischen Erzeugender und Axe $= 90 - \varphi$ ist, d. h. also eine mit der in (I) p. 540 betrachteten congruente Kegelfläche.

Von diesen Sätzen wollen wir eine Anwendung auf das vorliegende Problem machen.

a) Der durch ein e Nadel erzeugte Bogen.

Wegen der grossen Entfernung der Lichtquelle können wir das auf die Nadel fallende Lichtbündel als parallel ansehen. Wir wollen nun zunächst diejenigen Strahlen in's Auge fassen, die zu den Punkten eines Kreises gehören, den eine zur Cylinderaxe senkrechte Ebene aus seiner Oberfläche ausschneidet.

Zieht man zu allen einfallenden und reflectirten Strahlen Parallele durch den Schnittpunkt dieser Ebene mit der Cylinderaxe, so fällt die Parallele zu den auffallenden Strahlen mit SP, Fig. 12, zusammen, und die Parallelen zu den reflectirten Strahlen geben die Kegelfläche.

Die Werthe ψ. cf. Fig. 12 und p. 540, sind zu nehmen von $- \pi/2$ bis $+ \pi/2$, da der Radius des obigen Durchschnittskreises gegen die Entfernung der Lichtquelle verschwindend klein ist.

Alle Punkte, die auf derselben Erzeugenden der Cylinderfläche liegen, senden ein paralleles Strahlenbündel auf die Augenlinse. Um nun das auf der Netzhaut entstehende Bild zu erhalten, hat man einfach den Fig. 12 gezeichneten Kegel PSE parallel zu sich selbst bis an den Mittelpunkt der Linse zu verschieben.

Der Durchschnitt seiner Oberfläche mit der Netzhaut

---

1) ψ = Winkel an der Spitze des Kegels.

liefert das durch die Linse entworfene Bild; also einen Kegel-
schnitt, und zwar einen Kreis oder eine Ellipse, die aber nur
wenig vom Kreise abweichen kann, da die Netzhaut in allen
Fällen fast senkrecht zur Kegelaxe steht.

Wir haben somit die Reflexion an einer Cylinderfläche
zurückgeführt auf den einfacheren Fall der Reflexion an
einer Geraden und wollen im Folgenden diese statt der Cy-
linderflächen in die Betrachtung einführen.

Man erkennt leicht, dass durch passendes Neigen der
Linie G der Kreis $S'DES'$, Fig. 12, grösser und kleiner
gemacht werden kann, dass S' mit E zusammenfallen kann,
und endlich durch geeignetes Neigen S zwischen E und B
fällt, sodass der Mittelpunkt des Kreises auf der anderen
Seite von SE liegt (s. p. 536).

b) Der durch beliebig viele parallel in einer Ebene
liegende Nadeln erzeugte Bogen.

Für die mittelste Nadel, deren Axe mit der Lichtquelle
und dem Linsencentrum in einer Ebene liegt, erhält man
das Bild auf die in a) angegebene Weise.

Für eine beliebige Nadel der Gitters findet man eine
Kegelfläche, die der in a) behandelten bis auf unendlich
Kleines congruent ist, da die Einfallswinkel φ für das diese
Nadel treffende Strahlenbündel nur unendlich wenig von dem
φ der mittelsten Nadel abweicht.

Die Spitze des Kegels liegt in dem Punkte, dessen Z-Co-
ordinate aus der Parabelgleichung I p. 541 folgt, wenn man
den zugehörigen X-Werth einsetzt.

Verschiebt man den Kegel parallel zu sich selbst bis in
den Mittelpunkt der Linse; so gibt der Durchschnitt seiner
Oberfläche mit der Netzhaut wieder das von dieser Nadel
herrührende Bild an.

Dieses Bild fällt mit dem durch die mittelste Nadel erzeugten zusammen, da alle Kegel parallel liegende Axen haben.

Die Verlängerung der von den Nadeln nach dem Linsencentrum reflectirten Strahlen liegt nach Satz III gleichfalls
auf dieser Kegelfläche und schneidet die Netzhaut in einem
bestimmten Punkte Σ'.

Je weiter die Nadel von der mittelsten abliegt, desto weiter rückt Σ' von Σ ab, wenn Σ der zur mittelsten Nadel gehörende analoge Punkt ist.

Die Hinzufügung anderer Nadeln zur mittelsten hat also zunächst eine Intensitätserhöhung in den Bogentheilen zur Folge.

Nun zeigt die Beobachtung, dass die Grösse der Kreise, die das Auge auf einmal zu übersehen vermag, ein Maximum erreicht für eine bestimmte Zahl von Nadeln.

Der Grund des Verschwindens eines Bogentheiles liegt darin, dass die Augenlinse von den Strahlen, die diesen Bogentheil hervorrufen, nicht mehr getroffen wird.

Fasst man die mittelste Nadel allein ins Auge, so wird für ein bestimmtes φ (Einfallswinkel) und bei einer bestimmten Stellung der Linse ein ganz bestimmter Theil des Kreises zu überblicken sein, der sich gleich weit nach beiden Seiten hin von dem oben genannten Punkt Σ erstreckt.

Da für eine andere Nadel der analoge Punkt Σ' nicht mit Σ zusammenfällt, jedoch auch bei dieser Nadel wieder die Endpunkte des Bogens gleich weit von Σ' abliegen werden, so wird der ursprüngliche Bogen durch diese Nadel vergrössert werden, und durch Hinzufügung einer genügenden Zahl von Nadeln auf beiden Seiten des Gitters kann man bis zu gewissen Grenzen den am vollen Kreise fehlenden Bogentheil ergänzen.

Besonders bemerkbar macht sich dem unbewaffneten Auge der Unterschied in den Maximis der gleichzeitig zu übersehenden Kreise beim Uebergang von einer Nadel zu einem Gitter von 4—6 Nadeln.

Die Anwendung der Betrachtungen auf das im Spath befindliche Röhrensystem hat keine Schwierigkeit. Unter Zugrundelegung der an den cylinderförmigen Nadeln gemachten ganz analogen Beobachtungen besonders der Thatsache[1]), dass

---

1) Man kann das leicht beobachten, indem man mit Hülfe eines Schirmes, in dem sich ein kleines Loch befindet, eine grössere Zahl von Röhrchen von der Beleuchtung ausschliesst. In derselben Stellung des Auges sieht man dann bei einem grösseren Kreise nur einen Theil des Kreisbogens, wenn man den Schirm vor den Spath hält.

bei grösser werdenden Kreisen (im Kalkspath) immer mehr
Röhren bei dem Zustandekommen der Lichtringe mitwirken,
glaube ich den Schluss ziehen zu müssen, dass diese Röhren
sehr regelrecht gestaltete kreiscylindrische[1]) Oberflächen haben.

Bei einer bestimmten Stellung des Spathes zum Auge
und zur Lichtquelle werden dann die Werthe von φ für die
beiden Wellen bestimmte, aber voneinander abweichende
Werthe haben; daher müssen zwei Kreise entstehen, und ihre
Grösse muss verschieden sein. Man braucht sich in dem
obigen Falle, wo das Röhrengebilde in demselben Medium
mit der Lichtquelle liegt, nur zwei Lichtpunkte zu denken,
die ungleich entfernt von der Ebene des Röhrengebildes abliegen, man würde in diesem Falle gleichfalls zwei Lichtringe
von ungleicher Grösse erhalten.

Man erkennt nach diesen Auseinandersetzungen, weshalb
die Lichtringe um so schöner werden, je grösser die Zahl
der Röhren ist, und je mehr Parallelismus ihre Richtungen
zeigen.

Wenn man mit dem Spathe der Lichtquelle nahe
kommt, bemerkt man, dass sich mehrere Lichtbögen wie
Zwiebelschalen in mehr oder minder grossen Abständen neben
einander lagern (Fig. 16), diese Erscheinung findet ihre Erklärung dadurch, dass in diesen Lagen des Spathes die
Winkel φ nicht mehr für alle Strahlen denselben Werth
haben. Ich konnte die Erscheinung sehr schön nachahmen,
wenn ich bei dem Nadelgitter die einzelnen Nadeln nicht
genau in eine Ebene brachte.

---

1) Vielleicht ist es für die Vorstellung zunächst befremdend, dass in
krystallinischen Gebilden rundlich gestaltete Canälchen vorkommen sollen.
Brewster hat experimentell derartige Formenbildungen nachgewiesen. Er hat (Edinb. Journ. Nr. IX. p. 122. 1825; Pogg. Ann. 7. p. 496 ff.
1826.) die Gestalt von Höhlungen beschrieben, die er im Topas entdeckt
hat. Dieselben zeigen keineswegs eine Gestalt, die sich irgendwie nach
den Krystallflächen des Topases richtet.
Er sagt (Pogg. Ann. 7. p. 497. 26): „Sie sehen theilweise aus,
als seien sie auf der Drehbank gedreht.“

Das Auftreten der Farben.

Die farbigen Ringe entstehen durch Brechung des Lichtes beim Uebertritt aus Luft in den Krystall. Beim Durchsetzen eines Spathes mit parallelen Grenzflächen kann sich eine Dispersion nur dann bemerklich machen, wenn durch eine Reflexion im Innern eine merkliche Aenderung der Richtung des Lichtstrahles hervorgerufen ist.

Der Theil des Bogens, der die Lichtquelle in sich aufnimmt, zeigt keine Farben. Die diesen Bogen hervorrufenden Strahlen treffen die Cylinderflächennormalen fast alle unter dem Einfallswinkel $\varphi = 90^0$ und durchsetzen den Spath daher seiner ganzen Länge nach in fast ungeänderter Richtung; alle Farbenstrahlen treten sonach parallel dem einfallenden Lichtstrahle aus und werden daher vom Auge in ein und demselben Punkte vereinigt, den Gesammteindruck weiss hervorrufen.

Für die weiter von dem Bilde des Lichtpunktes abliegenden Theile des Bogens weichen die zugehörigen Winkel φ immer mehr von 90^0 ab und es werden die verschiedenen Farben unter verschiedenen Winkeln reflectirt, daher wird in diesen Theilen des Ringes ein allmählicher Uebergang des weissen zum farbigen Lichte stattfinden, wie die Beobachtung zeigt.

Der sich anschliessende Bogen zeigt die Farben sehr ausgesprochen.

Die in Fig. 10 gezeichnete Erscheinung tritt ein, wenn das Licht im Innern reflektirt wird bei der Lage β (Fig. 14); dreht man den Spath um 180^0 herum, sodass aber dieselbe Fläche dem Licht gegenüber steht wie früher (Stellung α Fig. 14), so wird jetzt das extraordinäre Licht die Fig. 10 gezeichnete Farbenfolge zeigen, das ordinäre dagegen die gleiche Folge aufweisen, die in der ersten Stellung (β) das extraordinäre gehabt.

Eine ähnliche Umkehr der Folge in den Farben beobachtete ich an dem Lichte, das an Spalt- und Schliffflächen reflectirt wurde im Innern des Krystalls. Durch diese Spiegelung und zweimalige Brechung kann unter Umständen die Dispersion aufgehoben werden.

So sieht man bei einem Kalkspathprisma, dessen drei Seiten unter 60° gegen einander angeschliffen sind[1]), das ordinäre Bild eines Collimatorspaltes nie farbig. Das extraordinäre Bild war nur dann farblos, wenn das Licht an der der Axe parallelen Fläche gespiegelt wurde.

Das an Spaltflächen reflectirte Licht zeigt im extraordinären Spectrum eine andere Farbenfolge als das ordinäre.

Es lassen sich alle diese Erscheinungen ableiten mit Hülfe der Brechungsgesetze der beiden Wellen im Kalkspath. Zeichnet man die Durchschnitte der von Hamilton[2]) in die Optik eingeführten Indexflächen mit den Reflexionsebenen und construirt die zu verschiedenen Einfallswinkeln gehörenden reflectirten Normalen, so erkennt man, dass bei so grossen Einfallswinkeln, wie sie für das Zustandekommen der Kreise nothwendig sind, im extraordinären Lichte eine Durchkreuzung der blauen und rothen Strahlen stattfindet; so, dass der rothe Strahl unter Winkeln aus der Fläche austritt, die der Richtung der ordinären Strahlen näher liegt, als dies beim blauen extraordinären Lichte der Fall ist; sodass also dem rothen ordinären Lichtbogen der rothe extraordinäre zunächst liegt.

Die Umkehr der Farbenfolge bei dem gleichpolarisirten Lichte bei Reflexion an Seite I und II ergibt sich ohne weiteres aus Fig. 15.

Denkt man, wie es oben geschehen, das Röhrengebilde mit Lichtquelle und Linse in demselben isotropen Medium befindlich, so erklären sich die Farben in dem reflectirten Bogen *B'* (Fig. 10) leicht, wenn man die durch Brechung im Krystall herbeigeführte Aenderung in der Richtung der Lichtstrahlen ersetzt durch ein Weiter- oder Näherrücken der Lichtquelle an das Röhrengebilde in einer zu diesem

---

1) Die eine Seite war parallel der optischen Axe angeschliffen. Man kann die Nothwendigkeit dieser Beobachtung leicht einsehen, wenn man sich das Prisma an der Seite gespiegelt denkt, an der im Innern die Reflexion stattfindet. Man erkennt dann leicht, wenn man den Gang der Strahlen im gespiegelten Prisma betrachtet, dass die verschiedenfarbigen Strahlen parallel aus der dritten Seite treten müssen.

2) Hamilton, Trans. Roy. Irish Acad. 17. p. 144. 1838.

senkrechten Ebene, wie wir es schon pag. 545 für die Erklärung der mehrfachen Ringe gethan.

Es ändern sich damit die Winkel φ und damit die Parameter und die Lage der Scheitelpunkte der Parabeln und dadurch naturgemäss die auf der Netzhaut erzeugten Bilder.

Math.-phys.Inst. d. Univ. Königsberg i.Pr., 29. Nov. 1887.

IX. *Ueber die Farbenzerstreuung im Auge; von Max Wolf.*
(Hierzu Taf. V Fig. 17.)

Betrachtet man einen weissen Lichtpunkt durch eine Convexlinse und ein kleines Spectroskop mit gerader Durchsicht, so sieht man ein Spectrum, das keineswegs die Gestalt einer Linie hat, sondern z. B. am einen Ende eingeschnürt ist, während es am anderen . auseinander gezerrt erscheint. Die Ursache liegt darin, dass erstlich die Brennpunkte der Linse und zweitens diejenigen des Auges für verschiedenfarbige Strahlen verschiedene Entfernung von den brechenden Flächen haben.

Indem ich durch Bewegung des Objectes das Spectroskopocular erst scharf auf eine Farbe und dann auf eine andere einstellte, d. h. die Einschnürung von einer Farbe zur anderen wandern liess und die Verschiebung des Objectes von der ersteren zur letzteren Einstellung mass, erhielt ich die Differenz der Entfernungen, in denen die betreffenden zwei Farben deutlich durch den Apparat gesehen wurden; daraus konnte ich dann die Sehweiten des Auges für die verschiedenen Farben bestimmen.

Die Untersuchung wurde folgendermassen angestellt. Als Lichtpunkt benutzte ich das auf einem kleinen Quecksilberkügelchen Q (Fig. 17) reflectirte Sonnenbildchen. Das Kügelchen sass am oberen Ende eines engen Glasröhrchens, das in einen durchbohrten Kork K gekittet war. Derselbe war mit Quecksilber gefüllt und trug unten eine Schraube S.

Durch Umdrehen dieser Schraube regelte ich die Grösse des Tröpfchens. Das Röhrchen hatte oben eine nahezu $^1/_4$ mm weite Oeffnung. Dieser kleine Apparat steckte in einem Korkrohr R, das in den Ocularauszug T eines Fernrohrs geschoben war.

Seitlich bei F hatte dieser Kork eine Oeffnung, durch die das Sonnenlicht von einem Heliostaten eindrang und auf das Kügelchen Q fiel. Korkrohr und Glasröhrchen waren mit Russ geschwärzt. Der Ocularauszug T war durch einen Trieb leicht in der Richtung der optischen Axe beweglich, sodass man durch Drehen des Triebes den Apparat mit dem Quecksilberkügelchen dem Ständer G mikrometrisch nähern konnte. Das Fernrohr war auf die Tischplatte geschraubt und diente überhaupt nur als Träger des Ocularauszuges mit dem Quecksilberapparat. Der Ständer G trug eine planconvexe Linse L, die convexe Seite dem Object zugekehrt, und einen Prismensatz P; dahinter kam mein Auge zu stehen. Damit das Auge eine unveränderliche Entfernung vom Spectroskopocular behielt, wurde der Kopf durch geeignete Vorrichtungen festgehalten und ausserdem durch Einvisiren zweier verschieden entfernter Objecte mit dem nicht beobachtenden Auge die Stellung controlirt.

Auf dem Ocularauszug war eine Marke angebracht, deren Verschiebung man seitlich durch ein Mikroskop mit Ocularmikrometer ablesen konnte.

Während ich mit dem einen Auge durch das Spectroskop beobachtete, fixirte ich mit dem anderen ein in bestimmter Entfernung befindliches Object von bestimmter Farbe, sodass das freie Auge und das durch das Spectroskop beobachtende stets dieselbe Accommodation behielten. Die Farbe des Objectes wurde so hergestellt, dass das freie (nicht beobachtende) Auge durch ein farbiges Glas hindurch, das hauptsächlich die Farben von der Wellenlänge der Fraunhofer'schen Linie F durchliess, den entfernten weissen Gegenstand fixirte.

Auf diese Weise erhielt ich für die Differenzen der Einstellung auf die verschiedenen Farben des Spectrums Werthe, die in Millimetern ausgedrückt und auf die Einstellung der

Linie F als Ausgangslage bezogen wurden. Die Beobachtung
ist ziemlich schwierig und muss öfters wiederholt werden.
Ich fand als Mittel aus 4 Beobachtungsreihen:

Fraunhofer'sche							
Linie:	B	C	D	E	F	G	H
Abweich. von der							
Einstellung auf F:	$+0,96$	$+0,86$	$+0,60$	$+0,30$	$\pm0,00$	$-0,49$	$-0,94$ mm.

Dabei wurde das freie Auge auf ein in 13 m Entfernung befindliches Object der Wellenlänge F fixirt. Trotzdem konnte
ich für die Berechnung annehmen, dass das fixirte Object
sich in unendlicher Entfernung befand. Zu dieser Annahme
berechtigte der folgende Versuch.

Wenn mit oben beschriebenem Apparat auf eine Linie,
z. B. die H-Linie des Spectrums, auf dem Kügelchen eingestellt wurde, während mein freies Auge auf ein Object in
35 cm Entfernung accommodirt war, also auch das durch das
Spectroskop beobachtende, so ergab sich eine bestimmte Lage
des Quecksilberkügelchens. Dieselbe wurde abgelesen, und
deren Werth wollen wir jetzt als Ausgangswerth betrachten.

Wurde das freie Auge auf 70 cm Entfernung accommodirt und gleichzeitig wieder auf H eingestellt, so war zu
dieser Einstellung ein Entfernen des Quecksilberkügelchens
um ca. 0,3 mm erforderlich aus derjenigen Lage, die es bei
Accommodation auf 35 cm einnahm.

Wurde von der Accommodationsweite 70 cm zu der auf
140 cm übergegangen, so betrug die Verschiebung des Kügel-
chens, die nöthig war, damit im Spectrum H wieder deutlich
erschien, nur noch gegen 0,2 mm. Beim Uebergang von
140 cm auf 345 cm Accommodationsweite nur noch nicht
ganz 0,1 mm, und von dort bis zur Accommodation auf ein
unendlich entferntes Object im ganzen noch etwa 0,04 mm.
Steht also das Quecksilberkügelchen in einer Entfernung
vom Auge, die zu einer Accommodationsweite von 13 m gehört, so ist seine Stellung nur um einen sehr kleinen Bruchtheil von 0,04 mm von derjenigen verschieden, die einer Accommodation auf Unendlich entsprechen würde. Dasselbe
Gesetz gilt für alle Farben in ähnlicher Weise. Auch ist,

nebenbei bemerkt, die Distanz der Orte des Quecksilberkügelchens bei verschiedenen Accommodationszuständen meines
Auges für verschiedene Farben, sagen wir Roth *A* und Violett *H*, nahezu constant.

Aus dem Angeführten folgt, dass ich annehmen durfte,
bei Beobachtung der Werthe der oben gegebenen Tabelle
sei das Auge auf ein in unendlicher Entfernung befindliches
Object von der Lichtart der Fraunhofer'schen Linie *F*
accommodirt gewesen.

Das heisst: **Das Auge war so beschaffen, dass
der Brennpunkt der blauen Strahlen *F* auf der Netzhaut lag.**

Dieser Accommodationszustand, also Gestalt und Lage
der Augenlinse gegen die Netzhaut, wurde für die Einstellung
auf alle Linien des Spectrums beibehalten.

Für die spätere Rechnung nahm ich der Einfachheit
halber die Listing'sche Fläche des reducirten Auges mit
dem Radius $\varrho = 5{,}1248$ mm an.[1]

Es bezeichnen nun bez. für die Linse und für das Auge:
$p\ \pi$ den Objectabstand, $p_1\ \pi_1$ den Bildabstand, $f\ \varphi$ die Brennweite, $r\ \varrho$ den Radius, $n\ \nu$ den Brechungsexponenten, D die
Distanz zwischen Scheitel der Listing'schen Fläche und
der Linse. Die Brennweiten und Brechungsexponenten für
Blau sollen durch den Index ♭ bezeichnet werden.

Nehmen wir den Fall, dass im Spectrum die *F*-Linie
deutlich gesehen werde. Dann müssen die Strahlen, da die
Netzhaut im Brennpunkt für Blau steht, parallel auf das
Auge fallen und parallel aus der Lupe ausgetreten sein, d. h.
aus deren Brennpunkt für Blau hergekommen sein. Für diesen Fall ist also die Objectweite der Lupe die Brennweite
für Blau, $p = f_\flat$.

Die Accommodationsweite beider Augen bleibe nun ungeändert, und es werde z. B. das Roth im Spectrum deutlich gesehen. Es fällt jetzt ein rothes Bild in den blauen
Brennpunkt im Auge. Damit dies geschehen konnte, musste
das Kügelchen aus der soeben beschriebenen Einstellung von

---

[1] Vgl. v. Helmholtz, Phys. Optik. II. Aufl. p. 90.

dem Auge um eine Strecke — sie sei $\varDelta$ —, entfernt werden.
Das Sonnenbildchen steht also jetzt in der Entfernung
$p = f_b + \varDelta$ vom Scheitel der planconvexen Linse entfernt.
— Ebenso finden sich die p für alle übrigen Farben, und
es sind somit die Objectabstände p vor der Linse für verschiedene Farben durch die gemessenen Differenzen und
die Brennweite der Linse für Blau gegeben, wir brauchen
nur die Werthe der obigen Tabelle (p. 550) zu p_b hinzuzufügen.

Wir betrachten nun das optische System, das von der
Linse und der in festem Abstand davon befindlichen Listing'-
schen Fläche gebildet wird. Für die planconvexe Linse
gilt:

$$(1) \qquad \frac{1}{p} + \frac{1}{p_1} = \frac{1}{f} = \frac{n-1}{r},$$

und für die Listing'sche Fläche des reduzirten Auges:

$$(2) \qquad \frac{1}{\nu \pi} + \frac{1}{\pi_1} = \frac{1}{\varphi} = \frac{\nu-1}{\nu \varrho}.$$

Aus der Formel (1) können wir sofort, da uns nach
Obigem zu jeder Farbe die Objectabstände p bekannt sind,
vermittelst Radius und Bechungsexponenten der Linse die
Bildweiten p_1 berechnen. Der Radius der Linse wurde mit
dem Ophthalmometer = 11,68 mm gefunden. Die Brechungsexponenten ihrer Glassorte, die anderweitig bekannt waren,
finden sich der folgenden Tabelle beigefügt.

Haben wir mit diesen Grössen die Bildweiten p_1 berechnet, so können wir daraus unmittelbar die Objectweiten π
des Auges für verschiedene Farben oder die Sehweiten finden.
Denn die Beobachtung war so angestellt — es wurde nur
das Quecksilberkügelchen bewegt —, dass die Distanz D zwischen Scheitel der Linse und der Listing'schen Fläche constant blieb. Dieselbe betrug 44 mm.

Die Bilder der Linse sind die Objecte für das Auge;
es müssen sich also Objectweiten der Linse und Bildweiten
des Auges zu D ergänzen. Auf diese Weise fand ich die
folgenden Sehweiten des auf Blau in unendlicher Entfernung
accommodirten Auges:

Fraun- hofer'sche Linie	Sehweiten des Auges cm	Brechungs- exponenten d. benutzten Linse	Fraun- hofer'sche Linie	Sehweiten des Auges cm	Brechungs- exponenten d. benutzten Linse
B	$-$ 88,4	1,5262	F	$\mp\infty$	1,5362
C	$-$ 98,8	1,5271	G	$+$178,2	1,5418
D	$-$141,6	1,5298	H	$+$ 90,3	1,5468
E	$-$268,9	1,5332			

Bis hierher ist über die Gestalt des Auges keine Voraussetzung gemacht. Erst jetzt benutzen wir die Listing'sche Fläche. Nach der angewandten Methode der Beobachtung ist π_1, die Bildweite des Auges, constant und gleich der Brennweite des Auges für Blau; d. h. es ist:

$$\frac{1}{\pi_1} = \frac{1}{\varphi_b} = \frac{\nu_b - 1}{\nu_b \varrho}.$$

und wenn man dies in (2) einsetzt:

$$\frac{1}{\nu\pi} + \frac{\nu_b - 1}{\nu_b \varrho} = \frac{\nu - 1}{\nu \varrho},$$

woraus man erhält:

(3) $$\nu = \nu_b \left(1 + \frac{\varrho}{\pi}\right).$$

Die Objectabstände π sind, wie sie die oben gegebene Tabelle gibt, sehr gross gegen ϱ und ν_b, daher wird, wenn man auch ν_b etwas fehlerhaft annimmt, $\nu - \nu_b$ doch nahezu richtig aus Formel (3) erhalten werden.

Nimmt man als Brechungsexponenten der Substanz im reducirten Auge für mittleres Licht 1,3365 [1]), so wäre $\nu_b = 1,3410$ zu wählen. Damit ergeben sich die Differenzen der Brechungsexponenten der einzelnen Farben gegen jenen für Blau so, wie sie die folgende Tabelle darstellt. Daneben ist das Gleiche für Wasser aufgeführt, die dritte Columne enthält die Brechungsexponenten selbst, die vierte die daraus abgeleiteten Brennweiten der Listing'schen Fläche, die fünfte die chromatischen Längenabweichungen für dieselbe.

---

1) v. Helmholtz, Phys. Optik. II. Aufl. p. 90 u. 140.

Linie	$\nu - \nu_b$ Auge	$\nu - \nu_b$ Wasser	ν Auge	φ Auge	$\varphi - \varphi_b$ Auge
				mm	mm
B	0,0078	0,0069	1,3332	20,50	+0,35
C	0,0069	0,0061	1,3341	20,47	+0,32
D	0,0049	0,0042	1,3361	20,37	+0,22
E	0,0026	0,0019	1,3384	20,27	+0,12
F	0,0000	0,0000	1,3410	20,15	±0,00
G	0,0039	0,0035	1,3449	19,99	−0,16
H	0,0076	0,0094	1,3486	19,83	- 0,32

Daraus ist ersichtlich, dass die Dispersion im reducirten Auge grösser als im Wasser ist.

Heidelberg, Phys. Inst., November 1887.

X. Ueber eine neue Methode zur Bestimmung der Rotationsdispersion einer activen Substanz, und über einen Fall von anomaler Dispersion; *G. H. von Wyss.*

(Hierzu Taf. V Fig. 18—20.)

In den Jahren 1845 und 1846 veröffentlichten Fizeau und Foucault[1]) einerseits und Broch[2]) andererseits ein Verfahren, um das Drehungsvermögen einer activen Substanz für Strahlen von verschiedener Wellenlänge zu bestimmen. Nach dieser Methode durchlaufen die Sonnenstrahlen der Reihe nach ein polarisirendes Nicol, die active Substanz, ein analysirendes Nicol und schliesslich ein Spectrometer mit Collimator, Prisma und Fernrohr. Das entstehende Spectrum enthält neben den Fraunhofer'schen Linien noch einen schwarzen Absorptionsstreifen, welcher den beim Durchgang durch den Analysator ausgelöschten Strahlen entspricht, und welcher bei der Drehung des letzteren das Spectrum durchwandert. Um nun das Drehungsvermögen der Substanz für irgend eine Wellenlänge zu bestimmen, welche mit einer Fraunhofer'schen Linie correspondirt, dreht man den Analysator so lange, bis die Mitte des Streifens im Fadenkreuze

---

1) Fizeau et Foucault, Compt. rend. **21**. p. 1155. 1845.
2) Broch, Dove's Repert. d. Phys. **7.** p. 113. 1846.

des Fernrohres erscheint, das vorher natürlich auf die betreffende Linie eingestellt war.

Nach diesem Verfahren sind fast alle bisherigen Untersuchungen auf dem Gebiete der Rotationsdispersion ausgeführt worden, wie diejenigen von G. Wiedemann[1]), Arndtsen[2]), Gernez[3]), Stefan[4]), Soret und Sarasin[5]), Nasini[6]) und anderen.

Die Genauigkeit der Methode leidet aber an dem Umstande, dass die Einstellung des Fadenkreuzes auf die Mitte des Absorptionsstreifens erhebliche Schwierigkeiten darbietet, da derselbe keine scharf begrenzten Ränder hat. Die Ungenauigkeit nimmt zu, wenn die Rotationswinkel und die Dispersion klein sind, weil in diesem Falle der Halbschatten, der den Streifen auf beiden Seiten begleitet, breiter wird. So erreichte Gernez für einen Winkel von 23^0 eine Genauigkeit von $^1/_{200}$, während bei den Messungen von Arndtsen, in denen der Winkel kleiner ist als $^1/_{10}{}^0$, die Unsicherheit des Resultates $^1/_7$ und noch mehr beträgt. Nun gewähren unsere heutigen Polarisationsinstrumente, die Halbschattenapparate mit Lippich'schem Polarisator eine weit höhere Genauigkeit, und schien es mir daher wünschenswerth zu untersuchen, ob sich dieselben nicht auch dazu verwenden lassen, das Dispersionsvermögen einer Substanz zu bestimmen. Im Verlauf meiner Versuche bot sich mir ein Fall von anomaler Dispersion dar, welcher wohl einiges Interesse erregen dürfte. Ich erlaube mir daher, im Folgenden die Resultate meiner Arbeit mitzutheilen.

Methode.

Der Polarisationsapparat, den ich zu meinen Messungen benutzte, war ein Halbschattenapparat mit Lippich'schem Polarisator, derselbe, dessen sich Köpsel[7]) bediente zur

---

1) G. Wiedemann, Pogg. Ann. **82**. p. 215. 1851.
2) Arndtsen, Ann. de chim. et de phys. (3) **54**. p. 403. 1858.
3) Gernez, Ann. de l'école norm. **1**. p. 1. 1864.
4) Stefan, Wien. Ber. (2) **50**. p. 88. 1864.
5) Soret u. Sarasin, Compt. rend. **81**. p. 610. 1875.
6) Nasini, Atti dei lincei. (3) **13**. p. 129. 1882.
7) Köpsel, Wied. Ann. **26**. p. 456. 1885.

Bestimmung der Constanten des Schwefelkohlenstoffes für die electromagnetische Drehung der Polarisationsebene des Natriumlichtes. Da sich an der citirten Stelle eine genaue Beschreibung des Apparates vorfindet, halte ich eine abermalige Schilderung desselben für überflüssig, und begnüge ich mich, auf jene Arbeit hinzuweisen. Das Princip des Apparates lässt sich übrigens leicht aus Fig. 18 ersehen, in welcher G und G' die beiden Glan'schen Prismen des Polarisators, G'' dasjenige des Analysators, F das Beobachtungsfernrohr und R die Flüssigkeitssäule bezeichnet.

Eine der Grundbedingungen für die Benutzung der Halbschattenpolarimeter ist, dass die Lichtstrahlen, die ins Auge des Beobachters gelangen, einfarbig seien. Die Einstellung des Analysators auf gleiche Helligkeit, resp. gleiche Dunkelheit der beiden Hälften des Gesichtsfeldes kann nur dann mit Genauigkeit gefunden werden, wenn dieselben überall den gleichen Farbenton besitzen. Um dies zu erreichen, kann man entweder vor das Ocular des Fernrohres F farbige Absorptionsgläser halten oder nur monochromatisches Licht in das Polarimeter eintreten lassen. Durch einzelne farbige Gläser dringt immer Licht von mehr als einer Wellenlänge durch, und eine Combination von mehreren Gläsern, welche wirklich monochromatisches Licht durchlässt, hätte die Helligkeit des Gesichtsfeldes zu stark beeinträchtigt. Ich entschied mich daher für die zweite Methode.

Es boten sich da zwei Möglichkeiten dar. ʻAls Lichtquellen konnte ich glühende Dämpfe anwenden, in erster Linie eine Natriumflamme. Allein neben dieser wäre die Auswahl an monochromatischen, und dabei doch intensiven und längere Zeit andauernden Flammen beschränkt gewesen. Ich zog es daher vor, eine kräftige weisse Lichtquelle zu benutzen, und deren Strahlen vor ihrem Eintritt ins Polarimeter durch ein Prisma in ein Spectrum zu zerstreuen. Damit hatte ich es in der Hand, die Wellenlänge der Strahlen, für welche der Drehungswinkel bestimmt werden sollte, leicht nach Belieben zu variiren, und dabei jede dem sichtbaren Spectrum angehörige Wellenlänge zu benutzen.

Als Lichtquelle diente mir anfänglich eine von F. Schmidt

und Haensch in Berlin construirte Zirkonlampe. Ich fand
aber, dass das von dem weissglühenden Zirkon ausgesandte
Licht zu schwach sei für meine Messungen, und arbeitete in
der Folge ausschliesslich mit Sonnenlicht. Die Sonnenstrahlen
erhielten durch einen, ebenfalls von F. Schmidt und Haensch
construirten Heliostat eine horizontale Richtung und wurden
nach ihrem Eintritt ins Arbeitszimmer von einer biconvexen
14 zölligen Linse *C* in deren Brennpunkte vereinigt, der auf
den Spalt *A* eines Spectrometers fiel. Die Anordnung dieser,
sowie der im weiteren beschriebenen Apparate ist aus der
Fig. 18 ersichtlich.

Zur prismatischen Zerstreuung des weissen Lichtes be-
diente ich mich eines Spectrometers (verfertigt von Steinheil. in München), welches möglichst genau justirt war.
Nachdem ich zuerst mit Hülfe des auf unendlich eingestellten
Fernrohres *a* den Collimatorspalt *B* in die Brennweite der
Collimatorlinse *B'* gebracht hatte, wurden nach dem gewöhnlichen Verfahren die Axen des Fernrohres *a* und des
Collimatorrohres *b*, sowie die Ebene des Prismentischchens
senkrecht zur Drehaxe des Spectrometers gerichtet, dem
Prisma die Stellung der minimalen Ablenkung gegeben und
der ganze Apparat so orientirt, dass die Axe des Collimatorrohres mit derjenigen des Polarimeters zusammenfiel, und
der Spalt *B* dem Polarisator zugekehrt war. An die Stelle
des im Fernrohr *a* befindlichen Oculares setzte ich sodann
einen zweiten Spalt *A*, so, dass er sich genau in der Brennweite der Fernrohrlinse *A'* befand. Es liess sich das leicht
controliren. Beleuchtete ich nämlich den Spalt *B* durch eine
Natriumflamme, so entwarf die Linse *A'* in ihrer Brennweite
ein Bild desselben. Der Auszug des Fernrohres wurde dann
so eingestellt, dass der Spalt *A* und das Bild von *B*, beide
durch eine Lupe betrachtet, keine Parallaxe zeigten. Liess
ich nun umgekehrt auf *A* das von der Linse *C* erzeugte
Sonnenbild fallen, so erhielt ich in der Ebene von *B* ein
Spectrum. Das Fernrohr *a* war drehbar, der Collimator *b*
dagegen fest mit der Drehaxe des Spectrometers verbunden.
Ich konnte daher jede beliebige Partie des Spectrums mit
dem Spalte *B* zusammenfallen lassen, ohne dass die Richtung

der austretenden Strahlen geändert wurde, vorausgesetzt natürlich, dass der Brennpunkt der Linse C immer auf den Spalt A fiel. Die beiden Spalten hatten eine Breite von je einem halben Millimeter.

Es musste nun dafür gesorgt werden, dass alle aus dem Spectrometer divergirend austretenden Strahlen den Polarisator durchdringen und durch das Fernrohr F ins Auge des Beobachters gelangen Dieser sieht in diesem Falle nicht die durch den Spalt B gebildete schmale Lichtlinie, sondern die breite, dem Polarimeter zugekehrte, helle Prismenfläche, wodurch dieselbe Wirkung erzielt wird, wie wenn sich eine breite, ausgedehnte Lichtquelle direct vor dem Polarimeter befindet. Um die von einer solchen Lichtquelle ausgesandten Strahlen parallel zu richten, ist gewöhnlich vor dem Polarisator ein Linsensystem angebracht. (Köpsel bezeichnet dasselbe in seiner oben citirten Arbeit mit LL.) An dessen Stelle setzte ich eine einfache biconvexe Linse D und gab derselben eine solche Lage, dass sie ein Bild des Spaltes B auf der Objectivlinse des Fernrohres F entwarf. Um diesen Ort zu finden, verfuhr ich folgendermassen.

Nachdem das Ocular des Fernrohres so eingestellt war, dass die dem Beobachter zugekehrte Kante des Glan'schen Prismas G' im Gesichtsfelde als scharfe dunkle Linie erschien, wurde der Polarisator entfernt und die Linse D in diejenige Lage gebracht, bei welcher die leuchtende Prismenfläche im Fernrohre deutlich und in ihrer ganzen Breite sichtbar wurde. Nach vielen Versuchen fand ich, dass eine Linse von 20 cm Brennweite, in einer Entfernung von 21,5 cm vom Spalte B aufgestellt, meinem Zwecke am besten entsprach. Die Linse wurde dann mittelst einer Fassung an ein Messingrohr angeschraubt, das sich über den Polarisator schieben liess, der letztere wieder eingesetzt, und nun das Rohr so weit herausgezogen, dass die Linse den gewünschten Abstand vom Spalte hatte. So erhielt ich im Fernrohre ein in seiner ganzen Ausdehnung beleuchtetes Gesichtsfeld, dessen beide Hälften durch Drehung des Analysators abwechselnd verdunkelt wurden. Die Empfindlichkeit der Einstellung auf gleiche Dunkelheit konnte variirt werden durch Aenderung des Winkels, welchen die Hauptschnittebenen der beiden Prismen G und G' miteinander bilden. Bei meinen Versuchen hatte dieser Winkel eine Grösse von 5°.

Um nun ein Urtheil zu haben über die Wellenlänge der Strahlen, für welche ich den Rotationswinkel bestimmen wollte, graduirte ich das Spectrometer. Ich beleuchtete den Spalt B durch Natrium- und Lithiumlicht und glühenden Wasserstoff und drehte das Rohr a so, dass das Bild des beleuchteten Spaltes mit dem Spalte A zusammenfiel, was sich mit Hülfe einer Lupe leicht verificiren liess. Aus den am Theilkreise abgelesenen Ablenkungswinkeln und dem brechenden Winkel des Prismas, der $= 59° 31' 46''$ war, erhielt ich für die 4 Wellenlängen von Na, Li, H_a, H_β die resp. Brechungsexponenten des Prismas. Diese 8 Elemente genügen aber zur Berechnung der 3 Constanten der Cauchy'-schen Formel:

$$n^2 = A + \frac{B}{\lambda^2} + \frac{C}{\lambda^4}.$$

mit deren Hülfe ich dann rückwärts für jeden beliebigen Ablenkungswinkel die entsprechende Wellenlänge bestimmen konnte. Ich habe für die Wellenlängen von Li, H_a, Na, H_β die Thalén'schen Zahlen[1]) gewählt, und so für die Constanten A, B, C die Werthe erhalten:

$$A = 2,63326 \qquad B = 2,8894 \times 10^{-8} \qquad C = 7,501 \times 10^{-16}.$$

In der Folge benutzte ich zu meinen Messungen Strahlen, deren Ablenkungswinkel sich je um 10′ unterscheiden. Ich bezeichne die entsprechenden Wellenlängen mit den Indices 1 .... 12.

Das Spectrometer wurde zweimal graduirt, vor und nach den definitiven Messungen. Es zeigte sich, dass sich der Nullpunkt des Theilkreises mit der Zeit etwas verschoben hatte, sodass den unverändert gebliebenen Einstellungen 1 .... 12 am Ende der Messungen nicht mehr dieselben Wellenlängen entsprachen, wie am Anfang.

---

1) Kayser, Spectralanalyse p. 343 u. ff.

$\lambda_{Li} = 670,5 \, \mu\mu$; $\quad \lambda_{H_a} = 656,2$; $\quad \lambda_{Na} = 589,5$; $\quad \lambda_{H_\beta} = 486,1$.

In der Tabelle 1 enthalten die 1. und 2. Columne die zusammengehörigen Brechungsexponenten und Wellenlängen der ersten Graduirung n' und λ', die 3. und 4. diejenigen der zweiten n'' und λ'', und die 5. endlich die aus den Wellenlängen λ' und λ'' berechneten Mittelwerthe λ, welche ich meinen Rechnungen zu Grunde legte. Einerseits darf ich annehmen, dass sich der Nullpunkt gleichmässig verschoben habe, wofür der Umstand spricht, dass Bestimmungen, welche ich während der Voruntersuchungen machte, ebenfalls eine, und zwar eine gleichgerichtete Verschiebung ergeben; und andererseits war der Spalt B nicht so eng, dass die Wellenlängen der austretenden Strahlen sich um weniger als um $1/_{100}$ von einander unterscheiden. Die in der Tabelle enthaltenen Werthe von λ', λ'' und λ sind in $\mu\mu$ (Milliontel Millimeter) angegeben.

Tabelle 1.

	n'	λ'	n''	λ''	λ
1.	1,64431	659,1	1,64402	663,4	661,2
2.	64600	635,9	64571	639,7	637,8
3.	64769	615,1	64739	618,5	616,8
4.	64937	596,4	64908	599,5	598,0
5.	65105	579,4	65076	582,3	580,8
6.	65273	564,0	65244	566,6	565,3
7.	65440	549,8	65411	552,2	551,0
8.	65607	536,8	65578	539,0	537,9
9.	65774	524,7	65745	526,7	525,7
10.	65940	513,6	65911	515,3	514,5
11.	66106	503,1	66077	504,9	504,0
12.	66271	493,4	66243	495,3	494,4

Zwischen der Linse D und dem Spalte B war eine im Innern geschwärzte Pappröhre angebracht zur Abhaltung von seitlich einfallenden Strahlen. Dessenungeachtet, und trotzdem ich auch die Röhren des Spectrometers und die Kanten der Spalten geschwärzt, und den ganzen Spectralapparat mit einem schwarzen wollenen Tuche bedeckt hatte, zeigte sich im Verlaufe der Untersuchungen, dass noch eine kleine Menge diffuses, weisses Licht ins Polarimeter gelangte. Bei kleinen Rotationswinkeln und geringer Dispersion übte dasselbe keinen störenden Einfluss auf die Messungen aus, wohl aber bei grossen. Hatte ich nämlich für gelbes Licht und bei einem Winkel von 180° den Analysator auf gleiche Dunkelheit eingestellt, so bildete die jetzige Lage der Hauptschnittebene des Prismas G'' mit denjenigen, welche den rothen und blauen Strahlen entsprachen, Winkel von 50°. Infolge dessen waren diese Strahlen des diffusen, weissen Lichtes noch kräftig genug, um die eine Hälfte des Gesichtsfeldes roth, die andere blau zu färben, wodurch natürlich eine genaue Einstellung schwierig wurde. Immerhin erreichte ich nach einiger Uebung, dass das Mittel aus fünf Ablesungen nur mit einem wahrscheinlichen Fehler von $^3/_{1000}$ behaftet war. Für Wellenlängen dagegen, die unter 514 und über 640 $\mu\mu$ liegen, wurden bei so grossen Winkeln die Einstellungen unmöglich, da in diesen Fällen das Gesichtsfeld infolge der nicht geschwächten gelben Strahlen des diffusen Lichtes intensiv gelb erschien, und so sich jeder Helligkeitsunterschied verwischte. Diesen Uebelstand hätte ich durch eine weitere Reinigung des aus dem Spectrometer austretenden Lichtes vermindern können. Die Anwendung von Absorptionsgläsern schien mir aber, wie ich früher schon bemerkte, unzweckmässig, und eine weitere prismatische Zerstreuung der Strahlen liess sich aus verschiedenen Gründen nicht durchführen. Ich begnügte mich daher mit dem einen Prisma und Spectrometer und beschränkte mich auf den durch die oben angeführten Wellenlängen begrenzten Theil des Spectrums, wenn es sich um grosse Rotationswinkel und grosse Dispersion handelte. Waren dagegen diese Grössen klein, so lagen die Grenzen des benutzbaren Spectrums über 660 und unter 493 $\mu\mu$.

Die active Flüssigkeit befand sich in einer Glasröhre, die an den beiden Enden durch planparallele Glasplatten verschlossen wurde. Ich habe vorher untersucht, ob diese Deckgläser keine polarisirende Wirkung ausübten, fand aber, dass die Nulllage des Analysators dieselbe blieb, ob die mit Luft gefüllte Röhre offen oder durch die Glasplatten verschlossen war. Die Ablesungen am Theilkreise des Analysators wurden stets an zwei diametral entgegengesetzten Stellen mit Nonius und Lupe gemacht. Als massgebend betrachtete ich dann das Mittel aus je zwei zusammengehöri-

gen Ablesungen. Die im Folgenden angeführten Drehungswinkel sind, wenn nichts anderes bemerkt ist, reducirt und
geben das specifische Drehungsvermögen der Substanz an,
d. h. das Drehungsvermögen einer Flüssigkeitsschicht von
1 dcm Länge, dividirt durch die Dichte der Flüssigkeit. Den
direct abgelesenen Drehungswinkel bezeichne ich mit α, den
entsprechenden reducirten mit $[\alpha]$.

Die Röhre hatte eine Länge von 1001,5 mm, welche
Grösse mit Hülfe eines Kathetometers leicht bis auf $1/_{10000}$
ihres Werthes gemessen werden konnte. Die Dichte der
Flüssigkeit wurde nach der gewöhnlichen Methode mittelst
eines einfachen Pyknometers bestimmt. Sämmtliche Messungen machte ich bei Zimmertemperatur, welche im Laufe
der Untersuchungen nur um 2 bis 3 Grade variirte. Zum
Schutze gegen grosse Temperaturschwankungen während
kurzer Zeit war die Röhre mit einer dicken Schicht Watte
umhüllt.

Anomale Dispersion.

Als active Flüssigkeit, für welche ich die Rotationsdispersion bestimmen wollte, hatte ich Terpentinöl gewählt.
Dasselbe war von J. G. Riedel in Berlin bezogen und
sorgfältig destillirt worden. Es war linksdrehend und ergab
für die Wellenlänge $\lambda = 661$ ein specifisches Drehungsvermögen von 3,0815°, also eine ungewöhnlich schwache Rotation. Mit abnehmender Wellenlänge nahm der Winkel
langsam zu, bis er für die Wellenlänge $\lambda = 565$ einen Maximalwerth von 3,3688° erreichte. Von da an nahm er wieder
ab, je mehr ich den Spalt B nach dem blauen Ende des
Spectrums rücken liess, sodass der Wellenlänge $\lambda = 494$
nur noch ein Winkel von 2,9976° entsprach. Für jeden
Werth von λ wurden fünf Ablesungen gemacht. Vor und
nach der Messungsreihe bestimmte ich die Lage des Null-
punktes ebenfalls aus je fünf Ablesungen. Das Mittel der
beiden Bestimmungen legte ich der Berechnung der Winkel
zu Grunde. Ich gebe die Messungsreihe in der Tabelle 2
in extenso wieder. Die erste Zeile enthält die Wellenlängen,
die zweite bis sechste die Winkel α, wie sie die fünf Ab-

lesungen ergeben, die siebente und achte die jeweiligen Mittelwerthe α_m und deren wahrscheinliche Fehler $\varDelta\alpha$, und
endlich die neunte Zeile die reducirten Winkel [α]. Der
wahrscheinliche Fehler bleibt unter $^1/_{1000}$, ein Resultat, das
sehr befriedigend zu nennen ist.

Tabelle 2.

λ	661.2	637,8	616,8	598,0	580,8	565,8
α	26,696	27,531	28,206	28,816	29,216	29,331
	766	561	281	876	186	411
	731	566	216	821	276	366
	721	576	281	901	201	356
	766	516	316	861	206	376
α_m	26,736	27,550	28,260	28,855	29,217	29,368
$\varDelta\alpha$	± 0,014	± 0,011	± 0,021	± 0,016	± 0,016	± 0,013
[α]	3,0815	3,1766	3,2583	3,3270	3,3688	3,3861
λ	551,0	537,9	525,7	514,5	504,0	494,4
α	29,276	29,086	28,496	27,956	27,011	25,986
	301	091	521	941	081	26,066
	316	061	536	941	046	25,976
	286	091	556	961	021	976
	296	086	551	986	086	986
α_m	29,295	29,083	28,534	27,957	27,049	25,998
$\varDelta\alpha$	± 0,007	± 0,006	± 0,012	± 0,008	± 0,015	± 0,017
[α]	3,3777	3,3533	3,2900	3,2234	3,1188	2,9976

Drei weitere Versuchsreihen lieferten dasselbe Ergebniss, wie sich aus der Tabelle 3 sehen lässt. Die römischen
Zahlen bezeichnen die vier Messungsreihen mit Einschluss
der in der Tabelle 2 angeführten. Die erste Zeile enthält
wiederum die Wellenlängen, die zweite bis fünfte die reducirten Winkel, als Mittel aus je fünf Bestimmungen. Die
sechste die aus den vier Versuchsreihen resultirenden Mittelwerthe. In den Zeilen 7—10 sind die Dispersionsverhält-
nisse angegeben, d. h. die Verhältnisse (α_n/α_1) der einzelnen Winkel zum ersten der Reihe, welcher der Wellenlänge $\lambda = 661,2$ entspricht, und in der elften Zeile endlich
die bezüglichen Mittelwerthe.

G. H. v. Wyss.

Tabelle 3.

λ	661,2	637,8	616,8	598,0	580,8	565,3
[α] I	3,0815	3,1766	3,2583	3,3270	3,3688	3,3861
II	0823	1774	2547	3173	3558	3780
III	0747	1734	2575	3148	3560	3733
IV	0638	1580	2438	3074	3473	3688
Mittel	3,0756	3,1713	3,2536	3,3166	3,3570	3,3766
$\left[\frac{\alpha_n}{\alpha_1}\right]$ I	1,	1,0309	1,0574	1,0797	1,0932	1,0991
II	1,	0309	0559	0762	0887	0959
III	1,	0321	0594	0781	0915	0971
IV	1,	0307	0587	0795	0925	0995
Mittel	1,	1,0312	1,0579	1,0784	1,0915	1,0979

λ	551,0	537,9	525,7	514,5	504,0	494,4
[α] I	3,3777	3,3533	3,2900	3,2234	3,1188	2,9976
II	3666	3396	2790	2066	1047	9893
III	3668	3375	2816	1997	1030	9815
IV	3651	3288	2771	2070	1049	9720
Mittel	3,3691	3,3398	3,2819	3,2092	3,1079	2,9851
$\left[\frac{\alpha_n}{\alpha_1}\right]$ I	1,0961	1,0882	1,0677	1,0460	1,0121	0,97277
II	0922	0835	0638	0403	0073	96983
III	0950	0855	0673	0407	0092	96969
IV	0983	0865	0696	0467	0134	97004
Mittel	1,0954	1,0859	1,0671	1,0434	1,0105	0,97058

Die vier Messungsreihen wurden an verschiedenen Tagen
ausgeführt. Da mit der Zeit etwas Terpentinöl verdunstete
und sich dadurch in der Röhre eine Luftblase bildete, wurde
an jedem Tage die Röhre wieder aufgefüllt. Die absoluten
Werthe der Winkel nehmen im Durchschnitt langsam ab
von Reihe zu Reihe. Dagegen bleiben die Dispersionsver-
hältnisse constant und stimmen unter einander bis auf $^6/_{1000}$
überein. Trägt man die Wellenlängen als Abscissen, die
Rotationswinkel als Ordinaten auf (wobei diese letzteren als
negativ angesehen werden, wenn die Substanz linksdrehend
ist), so erhält man vier parabolische Curven, welche genau
den gleichen Verlauf zeigen. Das Maximum liegt immer an
derselben Stelle, bei der Wellenlänge λ = 565,3. Die Curve
aa' in Fig. 19 ist diejenige, welche den Mittelwerthen entspricht. Fig. 20 stellt dieselbe Curve dar, nur sind in ihr
die Richtungen der positiven und negativen Ordinatenaxen
mit einander vertauscht, und der Maassstab für die Ordinaten vierzigmal grösser als in Fig. 19.

Aus den erhaltenen Resultaten geht hervor, dass das Terpentinöl eine anomale Dispersion besass; denn in der Regel nimmt das Drehungsvermögen mit abnehmender Wellenlänge continuirlich zu.

Biot hat bekanntlich zuerst die Fundamentalgesetze der Rotationspolarisation aufgestellt, darunter ein Dispersionsgesetz, nach welchem das Drehungsvermögen umgekehrt proportional ist dem Quadrate der Wellenlänge. Er fand aber auch in der Weinsäure eine Substanz, welche diesem Gesetze, das überhaupt den Erfahrungsthatsachen nur unvollkommen genügt, geradezu widersprach, indem sie die Schwingungsebene der violetten Strahlen weniger drehte, als die der rothen. Die Möglichkeit, achromatische Linsen herzustellen, brachte ihn auf den Gedanken, dass man eine solche anomale Rotationsdispersion auch künstlich hervorrufen könne, wenn man die Lichtstrahlen zwei Flüssigkeitsschichten durchlaufen lässt, welche die Polarisationsebene in entgegengesetzten Richtungen drehen und zugleich ein verschiedenes Dispersionsvermögen besitzen. Biot zeigte denn auch in seiner Abhandlung[1]), wie man die beiden Flüssigkeitsschichten in ihrer Länge und Dichte combiniren müsse, damit sich ihre farbenzerstreuenden Wirkungen compensiren.

Nach Biot, der sich bei seinen Versuchen farbiger Absorptionsgläser bediente und die Wellenlänge des angewandten Lichtes nicht genau definirt, hat Arndtsen[2]) die Dispersion der Weinsäure untersucht, mit Hülfe der Broch'schen Methode. Er kam, zu denselben Resultaten wie sein Vorgänger, fand nämlich, dass das Drehungsvermögen einer 50 procentigen Weinsäurelösung in Wasser für die grünen Strahlen ein Maximum ergebe. Durch Verdünnung der Lösung verschob sich das Maximum nach dem violetten Ende des Spectrums. Am Schlusse seiner Abhandlung spricht Arndtsen noch die Ansicht aus, es sei die von ihm untersuchte Weinsäure ein Gemisch von links- und rechtsdrehender Säure.

---

1) Biot, Ann. de chim. et de phys. (3) 36. p. 405. 1852.
2) Arndtsen, Ann. de chim et de phys. (3) 54. p. 403. 1858.

Es liess sich demnach vermuthen, dass ich ebenfalls eine Mischung zweier entgegengesetzt drehender Terpentinöle vor mir hatte. Um die Richtigkeit dieser Vermuthung zu prüfen, verschaffte ich mir aus verschiedenen Bezugsquellen Terpentinöl und suchte mir aus den verschiedenen Proben ein linksdrehendes und ein rechtsdrehendes Oel aus. Das erstere sei mit T_1, das letztere mit T_2 bezeichnet. Da beide Oele schon rectificirt und vollkommen durchsichtig waren, was für meine Zwecke genügte, glaubte ich von einer nochmaligen Destillation absehen zu können. Ich untersuchte in erster Linie für T_1 und T_2 Drehungs- und Dispersionsvermögen in je zwei Beobachtungsreihen, deren Resultate sich aus den beiden mit T_1 und T_2 bezeichneten Gruppen der Tabelle 4 ersehen lassen. Die beiden ersten Zeilen jeder Gruppe enthalten die reducirten, gemessenen Winkel, als Mittel aus je fünf Ablesungen. Der maximale wahrscheinliche Fehler eines dieser Winkel ist $^1/_{500}$. Die dritte Zeile gibt die aus den beiden ersten gebildeten Mittelwerthe, denen die Curven bb' und cc' in Fig. 19 entsprechen. Die vierte Zeile enthält die Werthe, welche mit Hülfe der Boltzmann'schen Formel:

$$\alpha = \frac{A}{\lambda^2} + \frac{B}{\lambda^4}$$

berechnet wurden. Die Constanten A und B hatten dabei folgende Werthe:

$$T_1)\ A_1 = \quad 5{,}14309 \times 10^{-6} \qquad T_2)\ A_2 = 3{,}83732 \times 10^{-6}$$
$$B_1 = -\,2{,}79867 \times 10^{-13} \qquad B_2 = 6{,}13710 \times 10^{-13}$$

Die berechneten Werthe schliessen sich den beobachteten sehr nahe an.

Ich stellte nun aus den beiden Oelen T_1 und T_2 fünf Mischungen her, $M_1 \ldots M_5$, und untersuchte jede derselben wiederum in je zwei Beobachtungsreihen. Die Resultate sind ebenfalls in der Tabelle 4 (p. 567) angegeben, und zwar in den mit $M_1 \ldots M_5$ bezeichneten Gruppen. p ist der Procentgehalt einer Mischung an rechtsdrehendem Oele T_2. Die beiden ersten Zeilen einer Gruppe enthalten wieder die beobachteten Winkel $[\alpha]$ (als Mittel aus fünf Bestimmungen).

T a b e l l e 4.

		514,5	525,7	587,9	551,0	565,3	580,8	598,0	616,8	637,8
T_1	[α]	−15,324	−14,904	−14,455	−13,919	−13,381	−12,837	−12,246	−11,619	−10,941
	[α_m]	−15,369	−14,904	−14,489	−13,930	−13,389	−12,798	−12,212	−11,578	−10,943
	[α_b]	−15,347	−14,904	−14,447	−13,925	−13,385	−12,818	−12,229	−11,599	−10,942
		−15,435	−14,946	−14,432	−13,905	−13,354	−12,787	−12,194	−11,585	−10,952
T_2	[α]	23,287	21,943	20,602	19,339	18,007	16,732	15,519	14,313	13,156
	[α_m]	23,289	21,915	20,592	19,291	17,996	16,726	15,502	14,320	13,190
	[α_b]	23,288	21,929	20,597	19,315	18,002	16,729	15,510	14,316	13,173
		23,255	21,917	20,594	19,298	18,018	16,769	15,530	14,327	13,143
M_1 p = 20,184	[α]	−7,6233	−7,5361	−7,4115	−7,2628	−7,0844	−6,8785	−6,6451	−6,3761	−6,0917
	[α_m]	−7,6146	−7,5182	−7,4039	−7,2553	−7,0734	−6,8629	−6,6271	−6,3702	−6,0872
	[α_b]	−7,6190	−7,5272	−7,4077	−7,2591	−7,0789	−6,8707	−6,6361	−6,3732	−6,0895
		−7,5490	−7,4697	−7,3729	−7,2159	−7,0498	−6,8542	−6,6300	−6,3682	−6,0747
M_2 p = 29,724	[α]	−3,7871	−3,8741	−3,9230	−3,9572	−3,9545	−3,9317	−3,8717	−3,7958	−3,6918
	[α_m]	−3,7801	−3,8688	−3,9214	−3,9492	−3,9458	−3,9162	−3,8648	−3,7860	−3,6878
	[α_b]	−3,7836	−3,8705	−3,9222	−3,9532	−3,9502	−3,9240	−3,8683	−3,7909	−3,6898
		−3,8632	−3,9558	−4,0298	−4,0447	−4,0555	−4,0355	−3,9836	−3,8957	−3,7741
M_3 p = 32,277	[α]	−2,7877	−2,8672	−2,9708	−3,0420	−3,0822	−3,1119	−3,1109	−3,0793	−3,0259
	[α_m]	−2,7849	−2,8633	−2,9642	−3,0412	−3,0826	−3,1081	−3,1033	−3,0771	−3,0222
	[α_b]	−2,7363	−2,8653	−2,9675	−3,0416	−3,0824	−3,1090	−3,1071	−3,0782	−3,0241
		−2,8767	−3,0154	−3,1352	−3,1961	−3,2542	−3,2811	−3,2753	−3,2341	−3,1584
M_4 p = 39,839	[α]	−0,0249	−0,2799	−0,5108	−0,7268	−0,9058	−1,0623	−1,1865	−1,2843	−1,3277
	[α_m]	−0,0172	−0,2740	−0,4985	−0,7094	−0,8881	−1,0383	−1,1621	−1,2593	−1,3231
	[α_b]	−0,0211	−0,2770	−0,5046	−0,7181	−0,8967	−1,0503	−1,1743	−1,2718	−1,3254
		+0,0448	−0,2301	−0,4853	−0,6825	−0,8807	−1,0467	−1,1777	−1,2744	−1,3348
M_5 p = 50,233	[α]	4,1027	3,6597	3,2356	2,8332	2,4579	2,1129	1,8048	1,4926	1,2404
	[α_m]	4,1047	3,6581	3,2481	2,8354	2,4547	2,1157	1,7952	1,5003	1,2494
	[α_b]	4,1037	3,6589	3,2419	2,8343	2,4563	2,1143	1,8000	1,4965	1,2449
		4,0604	3,5983	3,1571	2,7724	2,3817	2,0244	1,7056	1,4194	1,1717

und die dritte die aus den beiden ersten gebildeten Mittelwerthe. Diesen entsprechen in Fig. 19 die Curven *dd'*, *ee'*,
ff', *gg'*, *hh'*. Sie bilden augenscheinlich den Uebergang
zwischen den Curven *bb'* und *cc'*. Schon die Curve *dd'* (M_1)
lässt erkennen, dass sie einem Maximum zustrebt. Dasselbe
fällt aber in den violetten Theil des Spectrums, über die
Grenzen hinaus, bis zu welchen ich beobachten konnte.
Dagegen zeigt die Curve *ee'* ein Maximum für die Wellenlänge $\lambda = 551$. Es ist in Fig. 19 mit einem * bezeichnet.
Bei der folgenden, *ff'*, hat sich das Maximum verschoben
und entspricht der Wellenlänge $\lambda = 581$. Dazwischen liegt
dasjenige der Curve *aa'* (s. Tabelle 3), welche das ursprünglich
untersuchte Terpentinöl repräsentirt. Es lässt sich daher
annehmen, dieses letztere · sei in der That eine Mischung
von links- und von rechtsdrehendem Oele gewesen, für
welche $p = 68$ Proc. wäre. Die Curve *gg'* schneidet die
Abscissenaxe. Für die Wellenlänge $\lambda = 514$ compensiren
sich somit die beiden Bestandtheile der Mischung M_4.
Die Mischung M_5 endlich ist für alle Strahlen, so weit ich
beobachten konnte, rechtsdrehend und bietet keine Anomalien dar.

Ich habe nachträglich mit Hülfe der von Biot[1]) angegebenen Formel aus den Rotationswinkeln von T_1 und T_2
und dem Procentgehalte p die Winkel berechnet, welche die
Mischungen $M_1 \ldots M_5$ zeigen sollten. Sind $[\alpha']$ und $[\alpha'']$ die
specifischen Drehungsvermögen zweier Substanzen für den-
selben Lichtstrahl, und mischt man p' Theile der ersten mit
p'' Theilen der zweiten, so ist nach Biot das specifische
Drehungsvermögen der Mischung für den gleichen Lichtstrahl:

$$[\alpha] = p'[\alpha'] + p''[\alpha''].$$

Die nach dieser Formel berechneten Werthe sind je in
der vierten Zeile einer Gruppe ($M_1 \ldots M_5$) der Tab. 4 angeführt. Sie weichen allerdings zum Theil sehr erheblich von
den beobachteten Werthen ab. Ich glaube, diese Abweichungen erklären sich daraus, dass die Zimmertemperatur an den

---

1) Biot, Ann. de chim. et de phys. (3) **36**. p. 467. 1852.

verschiedenen Beobachtungstagen nicht genau dieselbe blieb,
sondern um 3° variirte. In wie weit diese Temperaturschwankungen die Resultate beeinflussen, vermag ich nicht
zu sagen, da mir zu meinem Bedauern die Verhältnisse nicht
gestatteten, in besonderen Messungsreihen die Abhängigkeit
des Drehungsvermögens von der Temperatur für die von mir
benutzten Oele zu untersuchen. Berücksichtigt man den
Einfluss der Temperatur in aller Strenge, so wird die Biot'-
sche Formel ohne Zweifel Werthe liefern, die mit den beobachteten genau übereinstimmen.

Zum Schlusse sei es mir noch vergönnt, ein Urtheil zu
fällen über die von mir beschriebene Methode.

Wenn es sich darum handelt, für eine genau definirte
Wellenlänge das Drehungsvermögen einer Substanz seinem
absoluten Werthe nach zu bestimmen, so wird man mit dem
bisherigen, Broch'schen Verfahren genauere Resultate erzielen, da dasselbe erlaubt, direct auf die Fraunhofer'schen
Linien zurückzugreifen. Will man dagegen die Constanz des
Dispersionsvermögens untersuchen, resp. dessen Abhängigkeit
von der Temperatur, der Concentration der Lösung, der
Magnetisirung u. s. f., so wird man sich damit begnügen
können, das Drehungsvermögen der betreffenden Substanz
für einzelne Strahlencomplexe von constant bleibender. mittlerer Wellenlänge zu bestimmen. In solchen Fällen wird
aber, wie ich glaube, meine Methode im Stande sein, gute
Dienste zu leisten.

Berlin, Phys. Institut, August 1887.

XI. *Ueber das Absorptionsspectrum des flüssigen Sauerstoffs und der verflüssigten Luft; von K. Olszewski.*

(Aus dem 95. Bde. der Sitzungsber. der k. Acad. der Wiss. II. Abth.
vom 20. Jan. 1887, mitgetheilt vom Hrn. Verf.)

Bei der Bestimmung des Siedepunktes des Ozons beobachtete ich, dass die dunkelblauen Ozontropfen, welche sich oberhalb des als Kühlungsmittel verwendeten flüssigen Sauerstoffes gebildet hatten, stets auffallend verblassten und ihre blaue Farbe theilweise einzubüssen schienen, sobald sie in die tieferen, von flüssigem Sauerstoff umgebenen Theile des Verflüssigungsröhrchens gelangten. In der Voraussetzung, dass diese Erscheinung durch eine Absorption der blauen Strahlen im flüssigen Sauerstoff verursacht sein dürfte, versuchte ich es, dieselbe mittelst des Spectroskopes zu prüfen, und erhielt dabei folgende Resultate:

Ein gegen das Fenster gerichtetes B r o w n i n g'sches Taschenspectroskop ergab zwar keine deutliche Absorption im blauen Felde des Spectrums, es erschienen aber zwei auffallend starke dunkle Linien in Orange und Gelb. Ehe das Licht in das Spectroskop gelangte, ging es zwar durch die zwölf Glaswände meines Apparates[1]), sowie durch eine Schicht flüssigen Aethylens, die viel stärker war als die Sauerstoffschicht, welche das Röhrchen mit dem verflüssigten Ozon umgab; es konnten die dunklen Linien jedoch weder durch das Glas, noch durch das flüssige Aethylen veranlasst sein, da sie stets verschwanden, sobald die letzten Tropfen des flüssigen Sauerstoffes sich verflüchtigt hatten.

Indem ich dieses Experiment öfters wiederholte, fand ich, dass jene dunklen Linien bei der Verflüchtigung des flüssigen Sauerstoffes denn doch nicht spurlos verschwanden, und ich überzeugte mich alsbald, dass sie sich in dem Sonnenspectrum auch dann, wenn das Licht nicht durch meinen Apparat ging, freilich in einem viel schwächeren Grade, bemerkbar machten, dass mithin die durch den flüssigen Sauer-

---

1) K. Olszewski, Wied. Ann. **31**. p. 58. 1887.

stoff veranlassten Absorptionslinien auch in dem gewöhnlichen Sonnenspectrum vorhanden seien.

Meine ersten Versuche hatte ich in den Mittagsstunden angestellt und die Linien nach Verflüchtigung des Sauerstoffes ganz schwach gefunden; sobald ich aber den Versuch in die Abendstunden verlegte, erschienen sie bei Sonnenuntergang und bei Betrachtung des Abendhimmels sehr deutlich, wurden aber fast ganz schwarz, wenn das Licht durch den flüssigen Sauerstoff ging. Es waren zweifellos dieselben Linien, welche das Sonnenspectrum selbst enthielt.

Wurden die Absorptionen des flüssigen Sauerstoffes mittelst eines Vierordt'schen Spectroskopes untersucht, so erweiterten sie sich infolge der grösseren Dimensionen des Spectrums und bildeten Absorptionsstreifen, ganz analog den entsprechenden tellurischen Absorptionen des Sonnenspectrums. Auch bei Anwendung von electrischem Bogenlicht, sowie bei der Benutzung des Drummond'schen Kalklichtes beobachtete ich stets deutlich die beiden Absorptionen in Orange und Gelb. Die Dicke der flüssigen Sauerstoffschicht betrug bei den erwähnten Experimenten nicht mehr wie 7 mm; denn obgleich die Sauerstoffröhre einen inneren Durchmesser von 12 mm hatte, wurden die inneren 5 mm von dem zur Verflüssigung des Ozons dienenden Röhrchen eingenommen. Bei den folgenden Versuchen wurde nun dieses Röhrchen weggelassen, wodurch einerseits eine grössere Dicke der Sauerstoffschicht (12 mm), anderseits eine grössere Durchsichtigkeit des Apparates erzielt wurde. Auch diese Versuche wurden übrigens, ebenso wie die früheren, bei atmosphärischem Druck, mithin bei der Siedetemperatur des Sauerstoffes, welche ich bereits früher gleich − 181,4° gefunden habe. angestellt. Drummond'sches Licht ergab nunmehr im Vierordt'schen Spectralapparate ausser jenen zwei Absorptionsstreifen in Orange und Gelb, welche ich bereits bei den früheren Experimenten beobachtet hatte, und welche jetzt auffallend stark auftraten, noch zwei andere Absorptionen. nämlich eine sehr schwache im grünen und eine zweite etwas stärkere im blauen Felde, welche jedoch bedeutend schwächer war, wie die beiden Hauptstreifen in Gelb und Orange.

Die Lage der Absorptionsstreifen des flüssigen Sauerstoffes bestimmte ich in Ermangelung eines genaueren Apparates mit dem Vierordt'schen Spectroskop und erhielt
folgende, auf Wellenlängen reducirte Werthe:

in Orange . . . . 634 — 622,
„ Gelb . . . . 581 — 573.
„ Grün . . . . 535　　,
„ Blau . . . . 481 — 478.

Das beigegebene Spectrum gibt ein Bild des Absorptionsspectrums des flüssigen Sauerstoffes bei 12 mm
Durchmesser der Flüssigkeit und einer Temperatur von
— 181,4 °.

B　　C　　　　D　　　　　　E　　　　　F
|　　　　628　　　577　　　535 |　　　　| 480

Absorptionsspectrum des flüssigen Sauerstoffs.

Die Zahlen 628, 577, 535 und 480 μ bezeichnen die den
Mitten der Absorptionsstreifen entsprechende Wellenlänge;
der Streifen 628 ist durch seine Breite, der Streifen 577
durch seine Dunkelheit ausgezeichnet; die ungleich schwächeren Streifen 535 und 480 scheinen in dem Sonnenspectrum
nicht vorhanden zu sein.

Nachdem ich auf die angegebene Weise die Absorptions-
eigenschaften des flüssigen Sauerstoffes festgestellt hatte,
glaubte ich auch den zweiten Hauptbestandtheil der atmosphärischen Luft auf jene Eigenschaften prüfen zu müssen.
Bei den zu diesem Zwecke angestellten Versuchen verwendete ich jedoch nicht reinen Stickstoff, sondern von Wasser-
dämpfen und Kohlensäure vollständig befreite Luft. Das
Spectrum der flüssigen Luft untersuchte ich mit dem gleichen Apparate und unter denselben Bedingungen, wie früher-
hin das Sauerstoffspectrum, nämlich bei dem gewöhnlichen

atmosphärischen Drucke und der Siedetemperatur der Luft
(etwa −191°); der Durchmesser der beobachteten Flüssigkeit
betrug auch jetzt 12 mm; Drummond'sches Kalklicht bildete
die Lichtquelle.

Ich hatte in dem Absorptionsspectrum der flüssigen
Luft neue Absorptionsstreifen erwartet, fand aber meine
Hoffnungen getäuscht; selbst die den Wellenlängen 628 und
577 μ entsprechenden Absorptionsstreifen erschienen anfangs
sehr schwach, nahmen zwar in dem Maasse, als infolge des
beständigen Siedens die Flüssigkeit sauerstoffreicher wurde,
an Stärke zu, erreichten jedoch bei weitem nicht die Intensität der Absorptionen des reinen Sauerstoffes. Ausser diesen für den Sauerstoff charakteristischen Streifen waren
aber in dem Luftspectrum keine anderen Absorptionsstreifen zu finden.

Die Bestimmung der Absorptionsstreifen des flüssigen
Sauerstoffs ist für das Verständniss des Sonnenspectrums
insofern von Bedeutung, als es uns die Natur einiger seiner
tellurischen, d. h. von der Atmosphäre abhängigen Absorptionslinien kennen lehrt. Janssen's und Secchi's Untersuchungen haben dargethan, dass die meisten dieser Linien
der Absorptionskraft des in der atmosphärischen Luft enthaltenen Wasserdampfes ihre Entstehung verdanken. Nach
Angström sind es aber die Bänder *A*, *B*, α und δ, welche
wegen ihrer Beständigkeit und wegen ihrer geringen Abhängigkeit von der Temperatur durch den Einfluss des
Wasserdampfes sich nicht erklären lassen. Die geringe Absorptionsfähigkeit der in der Luft enthaltenen farblosen Gase,
resp. die Schwierigkeit der Beobachtung einer entsprechend
mächtigen Schicht dieser Körper stand bisher der Zurückführung dieser Bänder auf den Einfluss eines bestimmten
Bestandtheiles der Luft störend entgegen. Aus meinen Versuchen erhellt aber, dass der flüssige Sauerstoff ungeachtet
seiner Farblosigkeit selbst in sehr dünnen Schichten eine
überaus bedeutende Absorptionskraft besitze, dass seine beiden stärksten Absorptionsstreifen 628 und 577 μ mit den

entsprechenden tellurischen Absorptionen des Sonnenspectrums genau übereinstimmen und zweien der von Angström angeführten Streifen, nämlich α und δ, entsprechen. Die vollständige Uebereinstimmung der tellurischen Absorptionsstreifen α und δ mit den Absorptionsstreifen des flüssigen Sauerstoffs lässt aber den Schluss nicht als zu gewagt erscheinen, dass es auch in der Atmosphäre der Sauerstoff sei, welcher jene Absorptionsstreifen verursache. Bei der relativen Schwäche der beiden anderen Streifen im grünen und blauen Theile des Sauerstoffspectrums ist es kaum zu verwundern, dass sich dieselben im Sonnenspectrum nicht nachweisen lassen.

Anmerkung. Erst nach Abschluss der vorliegenden Abhandlung hatte ich Gelegenheit, die neuesten Arbeiten Janssen's[1]) und Egoroff's[2]) über das Absorptionsspectrum des Sauerstoffs kennen zu lernen.

Egoroff erhielt bei Anwendung einer 60 m langen, Sauerstoff unter 6 Atmosphären Druck enthaltenden Röhre, das Absorptionsspectrum des Sauerstoffs und schloss aus demselben, dass die tellurischen Liniengruppen A, B und wahrscheinlich auch α des Sonnenspectrums durch den Sauerstoff veranlasst seien.

Janssen beobachtete die Absorption des Sauerstoffs in einer Röhre von gleicher Länge, aber bei 27 Atmosphären Druck und fand ausser den von Egoroff nachgewiesenen Absorptionen auch solche jenseits des Roth, dann zwischen A und B, B und C, ferner drei dunkle Banden; eine im Roth, nahe bei α, eine im Gelbgrün, nahe bei D und eine im Blau. Das Sonnenspectrum enthält nach Janssen wohl die Liniengruppen A, B und α, nicht aber die anderen von ihm gefundenen Absorptionen.

Ob im Absorptionsspectrum des flüssigen Sauerstoffs auch die Gruppen A und B, welche nach Egoroff dem Spectrum des gasförmigen Sauerstoffs eigen sind, vorkom-

---

1) Janssen, Compt. rend. **101.** p. 649. 1885; **102.** p. 1352; 1886.
2) Egoroff, Compt. rend. **101.** p. 1143. 1885.

men, kann ich weder behaupten, noch verneinen, da genaue
Beobachtungen der Absorptionen des flüssigen Sauerstoffs
in diesem Randtheile des Spectrums bei der dermaligen Zusammenstellung meines Apparates noch nicht mit genügender Schärfe ausgeführt werden konnten.[1]

XII. *Fallapparat;* *von J. Puluj.*

- -

Zur Demonstration, dass im luftleeren Raume alle Körper gleich schnell fallen, bediene ich mich in meinen Vorlesungen eines Apparates, der
hier beschrieben werden soll,
weil er in ebenso einfacher als
bequemer und sicherer Weise
die Demonstration dieser Erscheinung gestattet. Der Apparat besteht, wie aus bei-
stehender Figur zu ersehen
ist, aus einer 40 mm weiten,
1500 mm langen, gut evacuirten und an beiden Enden zu-
geschmolzenen Glasröhre, welche eine Kugel von 15 mm
Durchmesser und eine leichte
Feder enthält. In dem nach
unten hängenden Ende der
Glasröhre steckt ein Kautschukpfropfen zum Schutz der

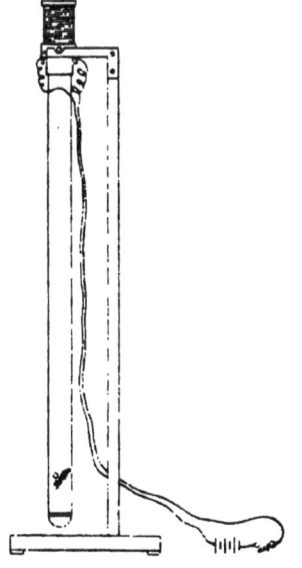

---

1) Nach Veröffentlichung obiger Abhandlung in den Wiener
Sitzungsberichten habe ich zur genaueren Erforschung des Absorptionsspectrums des flüssigen Sauerstoffs noch einen Versuch angestellt; obwohl
ich aber zur Verflüssigung des Sauerstoffs eine weitere Röhre gebrauchte
und die Dicke der Sauerstoffschicht bis 15 mm vergrösserte, konnte ich
ausser den vier angegebenen Absorptionen, deren Lage ich durch die
neuen Messungen bestätigt fand, keine anderen finden.

Glasröhre gegen die Stösse der herabfallenden Kugel, und auf das obere Ende derselben ist mittelst Siegellack eine messingene Hülse mit Flansche aufgekittet, an welche ein mit Eisenkern versehener Electromagnet angeschraubt werden kann. Im dickeren Ende des Federkiels steckt eine 2 mm lange feine eiserne Nadelspitze, und auf das Federkielende ist ein einseitig zugeschmolzenes, sehr dünnes Glasröhrchen aufgekittet, womit verhütet werden soll, dass die Nadelspitze durch den Electromagnet aus dem Federkiel herausgezogen werde. Die Fallröhre ist in der Gabel eines hölzernen Gestells mittelst zweier Zapfen, mit denen der Electromagnet versehen ist, aufgehängt. Zur Erregung des Electromagnets verwende ich einen Accumulator, bestehend aus drei Selon-Volkmar'schen Zellen.

Der Versuch wird in folgender Weise angestellt. Die Fallröhre wird vom Gestell herabgenommen und langsam geneigt, bis die Feder und die Kugel in das Feld des Electromagnets gelangen; man schliesst! nachher den electrischen Strom und hängt die Fallröhre an dem Gestelle auf. Sowohl die Feder als die Kugel werden vom Electromagnet am oberen Ende der Glasröhre festgehalten und sofort fallen gelassen, sobald der electrische Strom unterbrochen wird.

Prag, 20. Januar 1888.

Druck von Metzger & Wittig in Leipzig.

1888.   A N N A L E N   № 4.

DER PHYSIK UND CHEMIE.
NEUE FOLGE. BAND XXXIII.

I. Ueber die Gesetzmässigkeiten im Absorptionsspectrum eines Körpers; von Fr. Stenger.

§ 1. Die Absorption des Lichtes in Salzen wie in Farb-körpern ist bereits sehr häufig der Gegenstand ausführlicher Untersuchungen gewesen. In Bezug auf die Absorption eines Körpers von bestimmter chemischer Zusammensetzung waren es zwei Fragen, die man sich vorgelegt hat. Erstens ist das Spectrum etwas Constantes, für ihn Charakteristi-sches, ist es mit anderen Worten unter verschiedenen Um-ständen, z. B. im festen Zustande und in Lösung, wenn auch nicht absolut das gleiche, so doch wenigstens dem Charakter nach constant, oder kann unter verschiedenen Bedingungen die Absorption erheblich variiren? Zweitens hat man ein-gehender erforscht, ob bei der Lösung desselben Materials in verschiedenen Lösungsmitteln eine gesetzmässige Beziehung zwischen der Absorption der Lösung und den Eigenschaften des reinen Lösungsmittels sich constatiren lässt. Für eine grosse Reihe von Substanzen wurde eine derartige einfache Beziehung von Kundt[1]) aufgefunden und in der bekannten Form wiedergegeben: „In verschiedenen farblosen Lösungs-mitteln wird im allgemeinen ein Absorptionsstreifen einer darin gelösten Substanz um so mehr nach dem rothen Ende des Spectrums verschoben, je grösser das Brechungs- und Dispersionsvermögen des Lösungsmittels ist." Spätere Unter-suchungen[2]), hauptsächlich von H. W. Vogel[3]), haben für

1) Kundt, Pogg. Ann. Jubelbd. p. 615. 1874. Wied. Ann. 4. p. 34. 1878.

2) F. v. Lepel, Die Erkennung der Magnesia mit Hülfe des Spec-troskops und die Aenderung der Absorptionsspectra einiger Farbstoffe in verschiedenen Lösungsmitteln. Dissertation. Greifswald 1877.

3) H. W. Vogel, Berl. Monatsber. 1878. p. 409.

beide Fragen ein negatives Resultat geliefert; nach ihm ist weder das Absorptionsspectrum für eine Substanz constant, noch lässt sich die Kundt'sche Regel als allgemein gültig betrachten.

Im Anschluss an meine Beobachtungen über die Fluo-rescenz[1]) habe ich in den letzten zwei Jahren nun eine Reihe von Wahrnehmungen gemacht, die mich auf eine ein-fache Erklärung jener Anomalien hingeleitet haben.

Alle Untersuchungen, welche auf die Prüfung der oben erwähnten Gesetzmässigkeiten ausgingen, betrachteten stets als ihr Object einen Körper von bestimmter chemischer Zusammensetzung. Man beobachtete sein Absorptions-spectrum in den verschiedenen Aggregatzuständen und in verschiedenen Lösungsmitteln. Durchgreifende Gesetze fand man bei dieser Beobachtungsweise nicht; wie ich im Folgen-den zeigen werde, muss man die Absorption des Lichtes primär bedingt ansehen durch die Grösse der phy-sikalischen Molekel. Nur dann tritt mit der Aen-derung des Aggregatzustandes oder durch den Lö-sungsprocess eine Aenderung im Absorptionsspec-trum ein, wenn damit gleichzeitig eine Aenderung der physikalischen Molekel verknüpft ist; und um-gekehrt, jede Aenderung im Charakter des Absorp-tionsspectrums ist mit einer Aenderung der physi-kalischen Molekel verbunden.

§ 2. Eindeutig ist definirt, was in chemischem Sinne als Molekel zu bezeichnen ist; damit sind aber die kleinsten Theilchen unserer Körper in physikalischer Beziehung nicht identisch, sondern im allgemeinen haben wir als physikalische Molekel[2]) eine Verbindung von mehreren chemischen zu einer engeren Gruppe anzusehen. Im Gaszustande mögen sich in vielen Fällen beide Begriffe decken; bei niederer Temperatur, resp. höherer Dichte, muss man aber selbst da bei einigen Substanzen, z. B. bei Essigsäuredampf[3]), die

---

1) Fr. Stenger, Wied. Ann. 28. p 201. 1886.
2) Naumann, Molecülverbindungen nach festen Verhältnissen. Hei-delberg 1872.
3) Naumann, Lieb. Ann. 155. p. 325. 1870.

Existenz complicirterer Molekeln voraussetzen. Ohne Ausnahme wird man bei flüssigen und festen Körpern diese Annahme machen. Nach dem Vorgange von Lehmann[1] fasst man alle jene Fälle, bei welchen die Grösse der physikalischen Molekel bei gleicher chemischer Zusammensetzung variirt, unter dem Namen der physikalischen Polymerie zusammen. Dass unter diese Kategorie im allgemeinen auch die Auflösung eines festen Körpers in einer Flüssigkeit zu rechnen ist, ergibt sich aus Beobachtungen von Hittorf[2] und Lenz[3] über die Aenderung der Ueberführungszahlen mit der Concentration in einigen wässerigen und alkoholischen Salzlösungen. Das prägnanteste Beispiel bietet Jodcadmium; nach Hittorf und Lenz hat man in seinen concentrirten wässerigen und alkoholischen Lösungen complexe Molekeln anzunehmen, die mit fortschreitender Verdünnung graduell zerfallen. Aehnliches wird bald in geringerem, bald in höherem Grade für alle Salze gelten, und mit Arrhenius[4] bin ich der Meinung, dass wir deshalb für die verdünnten Salzlösungen die ausgesprochensten Gesetzmässigkeiten gefunden haben, weil wir es dann vermuthlich mit den einfachsten physikalischen Molekeln zu thun haben.

Offenbar liegt die Vermuthung nahe, dass, wie derselbe chemische Körper sich in Bezug auf mehrere physikalische Eigenschaften, je nach der Grösse seiner physikalischen Molekel verschieden verhält, auch im optischen Verhalten jedesmal eine Aenderung eintreten wird, wenn, sei es durch Ueberführung in einen anderen Aggregatzustand, sei es durch Lösung, eine Aenderung, wenn ich den Ausdruck anwenden darf, in der „Disgregation" eintritt. Diese Vermuthung hat sich in vollem Umfange bestätigt, und ich glaube, dass durch die folgende, enger als bisher gefasste Formulirung sich die in der Einleitung erwähnten Gesetzmässigkeiten vollkommen aufrecht erhalten lassen.

1) Das Absorptionsspectrum ist charakteristisch

---

1) Lehmann, Ueber phys. Isomerie. Dissert. Strassburg 1877.
2) Hittorf, Pogg. Ann. 106. p. 545 u. folg. 1859.
3) Lenz, Mém. de l'acad. impér. de St. Pétersb. 30. 1881.
4) Arrhenius, Bijhang till k. Svensk. Vet. Ak. Hand. 1884.

für einen Körper von gegebener chemischer Zusammensetzung, wenn man ihn nur stets unter Bedingungen vergleicht, wo die Molecularaggregation die gleiche ist. Die Aenderung des Aggregatzustandes ist ohne Einfluss, wenn sie die Disgregation nicht ändert.

2) Die Kundt'sche Regel wird für alle farblosen Lösungsmittel gelten, in welchen die physikalische Molekel die gleiche ist.

§ 3. Im Folgenden sind eine Anzahl von Fällen zusammengestellt, welche mit grosser Wahrscheinlichkeit für einen Einfluss der Molecularaggregation auf die Absorptionserscheinungen sprechen. Es soll vorläufig nicht meine Aufgabe sein, für jeden concreten Fall meine Vermuthung als begründet nachzuweisen; mir kam es hauptsächlich darauf an, für zukünftige Untersuchungen die leitenden Gesichtspunkte zu formuliren.

I. Derselbe chemische Körper in verschiedenen Lösungsmitteln.

§ 4. Fälle, wo wie bei Cobaltchlorür das Krystallwasser von Einfluss ist, lasse ich hier, als durch chemische Vorgänge zu erklären, bei Seite.

1) Als erstes greife ich ein Beispiel heraus, das ich einer Notiz von E. Wiedemann[1]) entnehme. Jod, in Schwefelkohlenstoff gelöst, zeigt violette, in Alkohol braune Farbe. Die violette Farbe der Schwefelkohlenstofflösung ähnelt also der Farbe des Joddampfes, und man wird daher anzunehmen haben, dass die physikalischen Molekeln des Jodes in der Schwefelkohlenstofflösung einfacher sind, als in der alkoholischen. „Ist diese Annahme richtig, so war zu erwarten, dass beim Abkühlen der violetten Lösung diese eine braune Farbe annehmen würde. In der That trat die Erscheinung ein, wenn man eine solche Lösung in einem Gemische von fester Kohlensäure und Aether stark abkühlte."

---

1) E. Wiedemann, Sitzungsber. der phys. med. Societät zu Erlangen. März 1887.

2) Magdalaroth (Naphtalinroth). — Bei Magdalaroth existirt ein wesentlicher Unterschied in der Absorption zwischen der alkoholischen und der wässerigen Lösung. Die alkoholische Lösung fluorescirt sehr kräftig und zeigt bei geeigneter Concentration einen höchst intensiven Streifen, der dicht bei *D* scharf einsetzt und nach Blau zu langsameren Abfall zeigt. Durch einen leichten Schatten geht er in einen zweiten viel schwächeren Streifen über. Die wässerige Lösung fluorescirt bei gewöhnlicher Temperatur kaum merklich. Das Absorptionsspectrum zeigt nur einen breiten verschwommenen Schatten. Bei höherer Temperatur[1] aber fluorescirt die Lösung relativ stark und zeigt auch ein Absorptionsspectrum, das dem der alkoholischen Lösung ähnlich ist. E. Wiedemann[2] setzt zur Erklärung dieser Differenzen die Bildung neuer chemischer Verbindungen, von Hydraten und Alkoholaten voraus. Dieser Meinung kann ich mich nicht anschliessen, denn nach meinen Versuchen verhält sich Magdalaroth auch in Benzol, Toluol, Xylol, Terpentinöl und Schwefelkohlenstoff anders als in der alkoholischen Lösung. Durch Anwendung eines Gemisches dieser Flüssigkeiten mit Alkohol konnte man graduell das Absorptionsspectrum der rein alkoholischen Lösung in das davon abweichende in den genannten reinen Flüssigkeiten überführen. Die näheren Angaben für Toluol mögen genügen.

a) 2 Tropfen concentrirte alkoholische Lösung wurden mit 20 ccm Toluol versetzt. Eine Schicht von 1 cm Dicke gab im Absorptionsspectrum zwei Streifen von nahezu gleicher Intensität.

b) 19,5 ccm Toluol + 0,5 ccm Alkohol gaben mit 2 Tropfen derselben alkoholischen Normallösung bereits viel kräftigere Absorption, und zwar war der näher nach Roth liegende Streifen erheblich intensiver als der zweite, fiel aber noch nach beiden Seiten nahezu gleich ab.

c) 16 ccm Toluol + 4 ccm Alkohol lieferten endlich den ersten Streifen ausserordentlich viel stärker als den zweiten

---

1) F. Stenger, Wied. Ann. 28. p. 225. 1886.
2) E. Wiedemann, Ueber Fluorescenz und Phosphorescenz. Phys.-med. Societät zu Erlangen 1887.

und kommen somit der alkoholischen Lösung bereits nahe; wie bei dieser fällt der erste Streifen schroff nach Roth ab, stuft sich dagegen allmählich nach Grün ab. Ganz ähnlich ist der Verlauf bei Schwefelkohlenstoff, Benzol, Xylol, Terpentinöl. Je mehr Alkohol, je weniger von der anderen Flüssigkeit als Lösungsmittel benutzt wird, um so näher kommt das Absorptionsspectrum in seinem Charakter dem der alkoholischen Lösung. Für die gleiche Farbstoffmenge nimmt die Stärke der Absorption gleichzeitig zu, ebenso die Intensität des Fluorescenzlichtes.

Worin sind diese Veränderungen begründet?

E. Wiedemann[1]) scheint auch in diesen Fällen chemische Einflüsse anzunehmen. Bei so verschiedenen Lösungsmitteln, wie Benzol, Schwefelkohlenstoff, Terpentinöl scheint mir aber diese Annahme nicht wahrscheinlich, sondern ich vermuthe, dass die Ursache darin liegt, dass man es je nachdem mit verschiedenen physikalischen Molekeln zu thun hat. Ich hoffe, dass die folgenden Bemerkungen für meine Ansicht sprechen.

Magdalaroth löst sich sehr gut in Alkohol, dagegen in reinem Benzol, Toluol, Xylol, Terpentinöl, Schwefelkohlenstoff, kaltem Wasser nicht merklich. Erst durch Zusatz von Alkohol zu diesen Flüssigkeiten, resp. durch Erwärmung des Wassers kann man den Lösungsprocess einleiten. Es ist daher zu vermuthen, dass mit zunehmendem Gehalte an Alkohol die Disgregation des Magdalarothes zunimmt, die Feinheit der Vertheilung wächst. In roher Weise kann man das direct sichtbar machen. Schüttet man einen Tropfen alkoholische Lösung auf Filtrirpapier, so breitet sich die Färbung genau ebenso weit aus, als die Flüssigkeit vorwärts schreitet. Bei den schlechten Lösungen in Benzol, Schwefelkohlenstoff, Toluol, Xylol, Terpentinöl mit geringem Zusatz von Alkohol, resp. von Wasser bleibt der Farbstoff auf dem Papiere an der Stelle liegen, wo der Tropfen hingebracht war, und das ungefärbte Lösungsmittel schreitet für sich fort. Aehnliche Unterschiede in der Disgregation sind für eine

---

1) E. Wiedemann, l. c. p. 4 u. 5.

grosse Menge von Substanzen bereits bekannt, und sind sogar von Goppelsröder[1]) zu einer Methode ausgearbeitet worden, um ein Gemisch von Farbstoffen in seine Bestandtheile aufzulösen.

II. Das Verhalten desselben Körpers im festen Zustande und in Lösung.

§ 5. H. W. Vogel[2]) hat für eine Reihe von Stoffen die Absorption im festen Zustande untersucht. Es wurde dazu eine passend concentrirte Lösung auf Glasplatten eingedunstet. Es zeigte sich, dass meist das Absorptionsspectrum des so erhaltenen festen Farbstoffes oder Salzes erheblich von dem der Lösung differirt, und man hat daraus mit Recht den Schluss gezogen, dass die Absorption eines Körpers von bestimmter chemischer Zusammensetzung von seinem Aggregatzustand bedingt sein kann.

Mir scheint auch in diesem Falle der Grund der Abweichung darin zu liegen, dass man es im festen Zustande mit anderen physikalischen Molekeln zu thun hat, als in Lösungen, und dass damit auch eine Aenderung in der Absorption verknüpft ist. Ich schliesse das daraus, dass es mir gelungen ist, Farbstoffe, die H. W. Vogel benutzt hat, in den festen Zustand zu versetzen und trotzdem ein Absorptionsspectrum zu erhalten, das dem der Lösung in seinem Charakter vollkommen gleicht. Ich habe dazu, kurz gesagt, den Farbstoff gelöst und mit der Lösung Flüssigkeiten gefärbt, die relativ schnell erstarren, Gelatine, Collodium, Stärkekleister und Gummi arabicum. Es zeigte sich dann, dass der Uebergang aus dem flüssigen in den festen Zustand am Charakter des Absorptionsspectrums nichts ändert, wie ich wohl sagen darf, aus dem Grunde, dass die Bildung der complicirten Molecularaggregate, wie sie der reine feste Farbstoff besitzt, durch die vorhergegangene Lösung und nachherige Fixirung der Theilchen in dem erstarrenden Medium verhindert ist. Gelatine erwies sich im allgemeinen am geeignetsten. Einige Einzelheiten werden zur Erläuterung wünschenswerth sein.

---

1) Goppelsröder, Romen's Journ. 1887.
2) H. W. Vogel, l. c. p. 409.

1) Magdalaroth zeigt, in festem Zustande durch Ein-
dampfen einer Lösung erhalten, nach H. W. Vogel eine
schwache Bande bei D und einen breiten verwaschenen Streif,
dessen Mitte zwischen b und E liegt. Ausserdem tritt noch
eine Absorption des Indigo und Violett ein. Mit Magdalaroth gefärbte Gelatinehäutchen sollen sich dem festen Farbstoff ähnlich verhalten; sie fluoresciren nicht. Diese Angaben
sind nicht correct. E. Wiedemann[1]) hat für Gelatine, die
mit Magdalaroth ·gefärbt war, sehr deutliche Fluorescenz
erhalten, und ich kann sowohl für Gelatine, wie für Collodium diese Behauptung in vollem Umfange bestätigen. Es
gelingt allerdings nicht sicher, gute Präparate zu erhalten,
weil Magdalaroth in dem der Gelatine zugesetzten Wasser
schwer löslich ist; eine kleine Menge Essigsäure ist deshalb
zuzusetzen.

Was die Absorption anlangt, so fand ich sowohl bei
Collodium- wie Gelatinehäutchen, die mit Magdalaroth gefärbt
waren, zwei Streifen im Spectrum, den ersten im Gelbgrün
sehr intensiv und steiler nach Roth abfallend, den zweiten
im Grün schwach, also vollkommen denselben Charakter, wie
ihn die alkoholische Lösung zeigt.

2) Eosin liefert nach H. W. Vogel ein eclatantes Bei-
spiel der Differenz der Absorption im festen und gelösten
Zustande; im ersteren zeigt es zwei blasse, verwaschene
Banden, die durch einen Schatten ineinander übergehen. Die
alkoholische Lösung dagegen zeigt einen höchst intensiven
Streifen.

Was man aber im Handel unter dem Namen Eosin
erhält, ist eine je nach der Bezugsquelle variable Mischung
verschiedener Substitutionsproducte. Da die Absorptions-
spectren der Bestandtheile des Gemisches merklich variiren,
ist es begreiflich, dass verschiedene Beobachter für das in
wechselnden Verhältnissen hergestellte Gemisch auch entsprechende Differenzen im Absorptionsspectrum finden.

Durch die liebenswürdige Vermittelung des Hrn. Dr. Caro
standen mir aus der Sammlung der Anilin- und Sodafabrik
Ludwigshafen neben anderen Substanzen drei Eosinsorten

---

1) E. Wiedemann, l. c. p. 1.

zur Verfügung, und zwar die Kaliumsalze von Tetrabromfluorescein, Tetrajodfluorescein, Dichlortetrajodfluorescein. Bei
allen drei Körpern ist das Spectrum der wässerigen und der
alkoholischen Lösung ähnlich; die beiden Streifen sind in
den alkoholischen Lösungen um annähernd den gleichen Betrag von sechs Theilen der Bunsen'schen Scala nach Roth
verschoben, also im Sinne der Kundt'schen Regel. In jedem
Falle ist der erste Streifen intensiv, der zweite schwach.
Völlig gleichen Charakter zeigt nach meinen Beobachtungen
eine mit Tetrabromfluorescein, Tetrajodfluorescein oder Dichlortetrajodfluorescein gefärbte feste Schicht von Gelatine
oder Gummi arabicum.

3) Für meine Auffassung spricht ferner ein Versuch
von H. W. Vogel[1]) selbst, den ich wörtlich anführen möchte:
„Fester Indigo und festes indigoschwefelsaures Kali zeigt
eine continuirliche Absorption, die im Roth, Gelb und Violett
am stärksten, im Blau am schwächsten ist. Lässt man indigoschwefelsaures Kali mit Gummi arabicum eintrocknen, so wirkt
das Medium sehr merklich auf das Spectrum, indem alsdann
der Absorptionsstreifen der Lösung mit verwaschenen Rändern deutlich neben der continuirlichen Absorption sichtbar
bleibt."

III. Derselbe Körper im gasförmigen und gelösten Zustande.

§ 6. In Lösung wird ausnahmslos die physikalische Molekel complicirter sein als im gasförmigen Zustande. Man
wird daher erwarten müssen, dass zwischen dem Spectrum
der Lösung und des Dampfes ähnliche Differenzen vorhanden
sind, wie zwischen dem Spectrum einer Verbindung und
eines Elementes. Es wird das Spectrum des Dampfes dem
Linienspectrum, das der Lösung mehr dem Bandenspectrum
gleichen.

Sehr deutlich zeigt sich die Erscheinung bei Jod. Das
Spectrum des Joddampfes zeigt bekanntlich bei gewisser Dicke
der Schicht eine grosse Zahl von feinen Linien von Roth bis
Violett. Eine Lösung von Jod in Schwefelkohlenstoff dagegen zeigt allerdings noch die violette Farbe des Dampfes,

---

1) H. W. Vogel, l. c. p. 422.

aber statt der zahlreichen Absorptionslinien sieht man im Spectrum nur einen homogenen Schatten.

IV. Fluorescenz und Disgregation.

§ 7. Eine grosse Reihe von Körpern fluorescirt in Lösung, dagegen in festem Zustande für sich nicht. Durch Lösung des Farbstoffes in Gelatine dagegen erhält man leicht Schichten von Fluoresceïn, Magdalaroth, Tetrabromfluoresceïn, Dichlortetrajodfluoresceïn, Phenosafranin etc., welche lebhaft fluoresciren, auch wenn sie völlig erhärtet sind. Präparate, die über einen Monat alt sind, zeigen die Erscheinung in unveränderter Weise. Man wird den Schluss machen dürfen, unter Berücksichtigung des für verschiedene Lösungen Gesagten, dass ein und derselbe Körper um so leichter fluorescirt, je kleiner seine physikalische Molekel ist. Dass bei Lösungen von Fluoresceïn, Eosin, Magdalaroth mit steigender Concentration die Stärke des Fluorescenzlichtes anfangs wächst, später aber bis zu Null abnimmt, wird dadurch seine Erklärung finden, dass die physikalische Molekel bei hoher Concentration complicirter ist als in verdünnter Lösung.

§ 8. Mit diesen Andeutungen muss ich mich vorläufig begnügen und muss eine genauere Untersuchung der Beziehung zwischen der Grösse der physikalischen Molekel und dem Absorptionsspectrum der Zukunft überlassen.

Da ich selbst in der nächsten Zeit keine Zeit finden werde, die Untersuchung fortzuführen, habe ich mir erlaubt, die wenigen oben angeführten Versuche mitzutheilen.

Phys. Institut der Univ. Strassburg i. E., im Jan. 1888.

II. *Ueber Knallgasexplosion;*
von A. von Oettingen und A. von Gernet.
(Hierzu Taf. VII.)

Im Jahre 1867 hat Bunsen den Vorgang einer Knallgasexplosion einer eingehenden experimentellen und theoretischen Untersuchung unterzogen und auf Grund seiner Resultate das Princip successiver Partialexplosionen

aufgestellt, welches wir mit neuen Methoden experimentell
zu prüfen unternahmen. Besteht nämlich wirklich ein Vorgang der Bunsen'schen Auffassung entsprechend, so schien
es nicht aussichtslos, mittelst der bekannten Methode des
rotirenden Spiegels das gesammte Phänomen zu analysiren.
Wir glauben, unseren Zweck erreicht zu haben, und können
nach Ueberwindung mancher Schwierigkeiten Bilder von dem
Explosionsvorgange vorlegen, die eine der Bunsen'schen
Auffassung entsprechende Deutung fordern. Da gegen Bunsen die umfangreichen Untersuchungen von Berthelot und
Vieille, sowie ein Theil der Arbeiten von Mallard und
Le Chatelier zu sprechen scheinen, so sei es gestattet, zuerst
mit einem kurzen Ueberblick über die erwähnten drei Unter-
suchungsreihen den Stand der Frage zu kennzeichnen.

1. Einleitung.

Zur Berechnung des Maximums der Temperatur, welches
bei der Explosion erreicht werden könnte, setzt Bunsen[1])
eine Gleichung an, in welcher der Druck, den das verbren-
nende Gas erzeugt, die bekannte Verbrennungswärme des
Wasserstoffes und die specifische Wärme der Verbrennungs-
producte eingehen. In dieser Relation soll der Druck experimentell ermittelt und dann die Verbrennungstemperatur
berechnet werden. Das Explosionsgefäss von 8,15 cm Höhe
und 1,7 cm Lumen war mit einem starken aufgeschliffenen
Glase bedeckt, welches durch einen Hebelarm gegen das
Gefäss gedrückt wurde. Durch verschiedene Belastung des
Hebels wurde der Druck variirt. Bei 8 Atmosphären ward
der Verschluss durch die Explosion fortgeschleudert, bei zwölf
nicht mehr, und die Explosion erfolgte lautlos. Durch Aenderung der Gewichte und Einschränkung der Grenzen konnten
9,5 Atmosphären als Druck für Wasserstoffknallgas festge-
gestellt werden. — Andererseits versuchte Bunsen die
Geschwindigkeit, mit welcher die Explosion sich fortpflanzt,
zu bestimmen: Unter hohem Druck liess er das Knallgas
ausströmen aus einer Oeffnung von nur 1,2 mm. Der Gas-
strom, entzündet, brannte in freier Luft. Nun wurde der

---

1) Bunsen, Pogg. Ann. **131.** p. 161. 1867.

Druck und mithin die Geschwindigkeit des Ausströmens langsam vermindert, bis die Flamme in den Cylinder zurückschlug. Die jetzt berechnete Strömungsgeschwindigkeit setzte Bunsen gleich der Explosionsgeschwindigkeit und fand so 34 m pro Secunde.

Die gemessenen Druckwerthe führten zur Kenntniss der erreichten Maximaltemperatur. Aus dieser erschliesst Bunsen, dass unmöglich die gesammte Masse auf einmal explodiren könne, sondern nur so viel, als der aus dem Druck berechneten Temperaturerhöhung entspreche, d. h. $^1/_3$ des Ganzen, der Rest des Gases bleibe unverbrannt, aber bei hoher Temperatur. Nach einiger Zeit, wenn durch Abkühlung und Strahlung die Temperatur gesunken sei, verbrenne wiederum ein Theil (und zwar die Hälfte des Restes) und so fort. Kurz gesagt, es gäbe nur „eine discontinuirliche, gleichsam stufenweise erfolgende Verbrennung".[1]

Berthelot und Vieille[2] in ihren umfangreichen hochinteressanten Versuchen behaupten gegen Bunsen, die specifische Wärme der Gase wachse beträchtlich mit der Temperatur. Um annäherungsweise die mittlere specifische Wärme zu erfahren, wurden folgende Betrachtungen angestellt: Es sei k das verbrannte Gasvolumen als Bruchtheil des Ganzen, g das Contractionsverhältniss (Verhältniss des verbrannten zum dissociirt gedachten Volumen, für $H_2O = \tfrac{2}{3}$), so muss statt des beobachteten Anfangsdruckes p_0 vielmehr $p_0(1-k+kg)$ in Rechnung gebracht werden. Es wird:

$$(1) \qquad t = 273\left(\frac{p}{p_0} \cdot \frac{1}{1-k+kg} - 1\right).$$

Gesetzt, die Verbrennung sei eine vollständige, so wird $k = 1$ und:

$$t_1 = 273\left(\frac{p}{p_0} \cdot \frac{1}{g} - 1\right).$$

1) Bunsen, l. c. p. 176.
2) Berthelot u. Vieille, Compt. rend. **93.** p. 18 u. 613. 1881; **94.** p. 101. 149. 822. 1882; **95.** p. 151 u. 199. 1882; **96.** p. 672. 1186. 1883; **98.** p. 5. 545. 601. 646. 770. 852. 1884; **99.** p. 1097. 1884. Besonders Ann. de chim. et de phys. (5) **12.** p. 302. 1877; (6) **4.** p. 18. 1885.

Bei Voraussetzung vollständiger Dissociation dagegen $k = 0$ und:

$$t_2 = 273 \left(\frac{p}{p_0} - 1 \right).$$

Zwischen t_1 und t_2 muss die wahre Endtemperatur liegen. Weiter findet Berthelot eine untere Grenze für k, indem er den Werth der specifischen Wärme c bei $0°$ benutzt und:

$$(2) \qquad\qquad k' = \frac{c t_2}{Q}$$

annimmt. Dieser Werth von k' gibt, in Gl. (1) eingesetzt, einen neuen Werth t_3. Letzterer, in Gl. (2) verwerthet, gibt wieder ein k'', welches, in (1) eingesetzt, t_4 liefert. Endlich wird:

$$t = \frac{t_1 + t_4}{2}$$

angenommen, wobei unklar bleibt, weshalb der angenäherte Werth t_4 und der Maximalwerth t_1 mit gleichem Gewicht eintreten. Endlich wird aus t die mittlere specifische Wärme:

$$\gamma = \frac{Q}{t}$$

gesetzt und so gross gefunden, dass Berthelot ein Erreichen der Dissociationstemperatur bei der Verbrennung für unwahrscheinlich hält. Mit Bestimmtheit also wird das Factum von ihm nicht geleugnet.[1]

Gegen Berthelot sei es gestattet, nur darauf hinzuweisen, dass, falls Dissociationen statthaben, γ einem sehr complicirten Begriffe entsprechen würde.

Weiter hat Berthelot die Fortpflanzungsgeschwindigkeit der Explosion gemessen und durch seine Resultate eine ganz neue Auffassung des Phänomens begründet. Ein eisernes Rohr von 5 m Länge mit 8 mm Durchmesser war an einem Ende mit Electroden versehen, am anderen Ende mit einem seitlichen Ansatz, der in einer Durchbohrung einen Metallstift trug, vor welchem eine berusste Trommel rotirte.

---

[1] Doch sagt Berthelot wörtlich: „Les expériences de M. Bunsen ne procurent donc aucune donnée certaine, ni même probable, relativement au degré, à la nature, ou même à l'existence de la dissociation; car il n'est point permis, dans l'état présent de science, d'en tirer des conclusions déterminées." Ann. de chim. et de phys. (5) **12**. p. 308. 1877.

Ein electrischer Punkt markirt den Anfang, der Stift das
Ende der Explosion. Die Messung ergab so bedeutende
Werthe der Fortpflanzungsgeschwindigkeit, dass dieselbe offen-
bar einem ganz anderen Processe entsprach, als dem, den
Bunsen zu messen geglaubt hatte. In der nachfolgenden
Tabelle übersieht man in der vorletzten Columne die vom
Anfang an gemessene mittlere Geschwindigkeit der Explosion.
Bei diesen Versuchen waren die Marken durch Verpuffen
von Knallquecksilber erzeugt, welches einen an verschiedenen
Stellen des Explosionsrohres angebrachten Stanniolstreif zer-
riss und dadurch eine galvanische Leitung unterbrach. Der
Zeitraum zwischen zwei solchen Durchbohrungen ergab die
Geschwindigkeit für die Zwischenstrecke.

Für unsere Versuche ist ausser dem absoluten Werthe
der gefundenen Geschwindigkeiten die Behauptung von Wichtigkeit, dass die Fortpflanzungsgeschwindigkeit der Explosion
anfangs klein sei, dann rasch zunehme bis zu einem höchsten
Werthe, der für Wasserstoffknallgas 2880 m betrug.

**Fortpflanzungsgeschwindigkeit der Explosionen
nach Berthelot und Vieille.**

Entfernung vom Entzündungsfunken in Metern	Beobachtete Zeitdauer in Secunden	Mittlere Geschwindigkeit in Metern	
		vom Anfang an	in jedem Intervall
0,02	0,000 275	72	72
0,05	0,000 342	146	448
0,50	0,000 541	924	2261
5,25	0,002 108	2491	3031
20,19	0,007 620	2649	2710
40,43	0,015 100	2679	2706

Die von Berthelot gefundenen Druckwerthe stimmen
gut mit denen Bunsen's überein. Wenn das Rohr einen
engen Durchmesser hat, oder wenn fremde Gase beigemengt
sind, kann statt der Explosion (mode de détonation) eine
langsame Verbrennung eintreten (régime de combustion).
Offenbar hat Bunsen letzteren Verbrennungsmodus gehabt,
als er die Geschwindigkeit zu messen unternahm; die enge
Oeffnung von 1,7 mm hinderte die Explosion. Berthelot

findet die Geschwindigkeit der Explosion nahe gleich der des Schalles.[1])

Eine weitere umfangreiche Arbeit wurde von den Herren Mallard und Le Chatelier publicirt.[2]) Die ersten Mittheilungen betreffen nur die langsame Verbrennung. Später wurden wirkliche Explosionen untersucht, auf die wir hier näher eingehen müssen. Es sind das die mit einem Bourdon'schen Metallmanometer angestellten Druckmessungen nebst Registrirung des zeitlichen Verlaufes.[3]) Mit dem geräumigen Explosionsgefäss communicirt eine gewundene metallene Hohlspirale, die am entgegengesetzten Ende verschlossen und mit einer rechtwinklig angebrachten Zeigernadel versehen war.

Der durch die Explosion hervorgerufene Druck theilt sich der in der Spirale enthaltenen Flüssigkeit (Glycerin) mit, wodurch eine rotatorische Bewegung des Zeigers entsteht. Auf einer rotirenden Trommel wird der Druck registrirt. Die Curve steigt von 0 an auf und erreicht stets (wohl zu beachten) nach 0,03 Secunden ein Maximum, um dann allmählich zu fallen, entsprechend der Abkühlungsgeschwindigkeit des Gases. Der berechnete absolute Maximaldruck stimmt gut mit Bunsen's und Berthelot's Resultaten überein.

Mallard und Le Chatelier schliessen nun aus ihren Curven, dass bei H_2O-Knallgasexplosionen keine Dissociation statthabe, wie Bunsen glaubt; aber — wie sie ausdrücklich betonen — wenigstens nicht, nachdem der höchste

---

1) Berthelot setzt in die Clausius'sche Formel 29,345 $\sqrt{T/\varrho}$, $T = 3000^0$ C. und ϱ = der Dichte des Gases. Die kinetische translatorische Bewegung nimmt proportional der Temperatur zu, die Fortpflanzungsgeschwindigkeit der Gasmolecüle muss also proportional der Wurzel aus der absoluten Verbrennungstemperatur sein. Die Entzündung pflanzt sich von Schicht zu Schicht fort. „Es scheint die Fortpflanzungsgeschwindigkeit der Explosion und der Molecularbewegung, wenn nicht identisch, so doch nahe verwandt zu sein."

2) Mallard u. Le Chatelier, Compt. rend. **93.** p. 145 u. 962. 1881; **95.** p. 599 u. 1352. 1882; **96.** p, 1014 u. 1076. 1883. Ferner aber und sehr ausführlich, mit Copieen photographischer Abbildungen in Ann. de mines. (8) **4.** p. 272. 1883 mit Taf. VIII bis XVIII.

3) Mallard u. Le Chatelier, Ann. de mines. (8) **4.** Taf. XVIII.

Druck bereits erreicht ist. Anders bei CO-Knallgas, sofern bei höheren Drucken keine einfache Abkühlung stattfindet, daher eine Dissociation im Sinne der Bunsen'schen Auffassung wohl wahrscheinlich sei. — Auf die oben angeführten Zahlen bei den Druckmessungen kommen wir später zurück.

Nach dieser Darlegung der vorliegenden Frage wenden wir uns unseren eigenen Versuchen zu, die eine der Bunsen'schen Theorie entsprechende Deutung zu verlangen scheinen.

2. Methode der Versuche.

Um ein Bild von den Vorgängen während der Explosion zu erhalten, wandten wir den rotirenden Spiegel an. Statt des von W. Feddersen mit so grossem Erfolg angewandten Hohlspiegels, kehrten wir zum Wheatstone'schen Planspiegel zurück, combinirten aber mit demselben, um reelle Bilder zu entwerfen, die photographische Camera.[1]) Diese Methode, die, wie es scheint, noch nicht angewandt worden ist, gestattet, eine beliebige Verkleinerung der Bilder mit grosser Schärfe zu verbinden. Ersteres erscheint durchaus nothwendig, wenn man die Explosionserscheinung in einer etwa 400 mm langen Eudiometerröhre wiedergeben will.

In Fig. 2 sei A ein Querschnitt durch das Eudiometerrohr, das man sich senkrecht zur Papierebene vorstelle, st der Spiegel, $s't'$ eine andere Stellung desselben, mithin CB die virtuelle Bildbahn. OP repräsentire das photographische Objectiv, v die Bildweite, die Entfernung $AS = CS = BS$ sei $= r$, der Drehungswinkel des Spiegels sei $\frac{1}{2}\varphi$. Ferner werde $BMC = \psi$ gesetzt; GF die photographirte reelle Bildbahn. Alsdann ist, wenn noch $SM = k$ gesetzt wird:

$$(1) \qquad v = \frac{(k + r) \cdot f}{k + r - f},$$

$$MC \cos \psi = k + r \cdot \cos \varphi, \qquad MC \sin \psi = r \sin \varphi, \quad \text{also:}$$

---

1) Vgl. Centralztg. für Optik u. Mechanik. 1887. 8. Nr. 20 u. 23, wo die ganze Methode von einem von uns ausführlich dargestellt ist, und die Vortheile derselben erläutert worden sind. Damit das Bild G von C auf G falle, muss $r = f$ gewählt werden, und damit y genau proportional φ werde, muss ausserdem $k = 2r$ sein (s. ob. Gleichung (4)).

$$(2) \qquad \operatorname{tg} \psi = \frac{r \cdot \sin \varphi}{k + r \cos \varphi},$$

$$(3) \qquad y = v \cdot \operatorname{tg} \psi = \frac{(k + r) \cdot f}{k + r - f} \cdot \frac{r \sin \varphi}{k + r \cos \varphi}, \qquad \text{also:}$$

$$(4) \qquad y = \frac{r \cdot f}{k + r - f} \cdot \varphi \left\{ 1 + \frac{2r - k}{k + r} \cdot \frac{\varphi^2}{6} \right\}.$$

In erster und hinreichender Annäherung darf:

$$(5) \qquad y = \frac{r \cdot f}{k + r - f} \cdot \varphi$$

gesetzt werden. Eine leichte Schätzung lehrte, dass bei den von uns gewählten Dimensionen ein Maximalfehler von 1 Proc. begangen werden könnte.

Das Eudiometer, eine vortreffliche Arbeit von Greiner und Friedrichs in Stützerbach, bestand aus einem dicken Glasrohr von 480 mm Länge mit einem inneren Radius von 10 mm (s. Fig. 10). Die Wandungen waren gleichfalls 10 mm dick. An beiden Enden war das Rohr durch gut eingeschliffene Glashähne verschlossen, welche zum Einfüllen des Gases mit einer Durchbohrung versehen waren. Die Entfernung von Hahn zu Hahn betrug 400 mm. An drei Stellen waren Electrodenpaare von der Seite her eingekittet in zuvor gebohrte Löcher, so zwar, dass die 2 mm dicken Platinelectroden nur die Glaswand durchsetzten, ohne ins Innere des Rohres hineinzuragen. Dadurch war eine gründliche Reinigung des Inneren leicht möglich. Electrodenpaare befanden sich am Anfange des Rohres, in der Mitte und in $1/4$ der Rohrlänge vom Anfange. Auswendig wurde das ganze Eudiometer mit schwarzem Papier beklebt, nur ein 3 mm breiter Spalt über die ganze Rohrlänge ward ausgespart. Auch gewöhnliche Endiometer, besonders kurze, von 145—300 mm Länge wurden benutzt, indess sprangen dieselben gar häufig bei Explosion reinen Knallgases.[1]

---

1) Die beschriebenen Eudiometer mit Glashähnen halten jede Explosion aus. Man hüte sich nur, die Glashähne gar zu fest hineinzudrücken, denn die dadurch hervorgerufene Spannung bewirkt, dass während der Explosion viel leichter das Eudiometer zertrümmert wird.

Das Wasserstoffknallgas wurde electrolytisch dargestellt und aus dem Gasometer direct ungetrocknet ins Eudiometer übergeführt, bald durch langes Durchstreichenlassen, bald durch Verdrängung von zuvor eingefülltem Quecksilber. Der rotirende Planspiegel war 100 mm breit und 80 mm hoch. Ein Gewicht von 20 kg setzte das Räderwerk in Bewegung, sodass pro Secunde 6—7 Umdrehungen erfolgten. Dass diese Geschwindigkeit genügte, war ein günstiger Umstand, denn der Spiegel hatte ein beträchtliches Gewicht. Zudem war er mit einem 170 mm langen Metallzeiger verbunden, der gleichfalls stark die Bewegung hemmte. Durch die Länge des Zeigers erreicht man aber eine sehr präcise Anfangsstellung des zu entwerfenden Bildes. Bei jedem Versuche wurde die Rotationsgeschwindigkeit gemessen. Ein electrischer Entladungsfunke entzündete stets das Gas in dem Momente, wo das Bild auf die photographische Platte fiel, wie solches schon von Wheatstone und Feddersen erreicht war. Fig. 10 zeigt die Versuchsanordnung. Eine Holtz'sche Influenzmaschine ladet von C aus die Flasche A, deren äussere Belegung zur Erde abgeleitet war. Unterdess rotirt bereits der Spiegel sammt dem Zeiger c. Man senkt nach einiger Zeit den Fallarm e, dadurch reicht das Potential der Flasche bis zum Knopfe b hin. — Einen Augenblick später kommt c heran, die Entladung geht durch c nach Metal!theilen des Spiegels und weiter von g nach der Eudiometerelectrode k', erzeugt den Funken kl und erreicht die negative Belegung bei n. Das Bild der Explosion erscheint in O reell und konnte photographisch fixirt werden.

Die Strecke r betrug 1000 mm, $k = 145$ mm, $f = 137$ mm. Das angewandte Objectiv war ein Voigtländer Aplanat von 13 cm Brennweite.

Bei subjectiver Beobachtung zeigte sich eine vielgegliederte Lichterscheinung, die unmöglich präcise gedeutet werden konnte. Das Licht der Explosion ist intensiv gelb, spectral liess sich nur die Natronlinie erkennen, zuweilen auch Calcium. Es ist deshalb nicht auffallend, dass auch die empfindlichste Beernaert-Platte kaum eine Spur der Wirkung zeigte. Das Behandeln mit Cyanin gibt zwar Gelbempfindlichkeit, doch auch nicht hinreichend. Auch mit Azalinplatten ward kein Resultat erzielt.[1])

Schliesslich fielen die Versuche mit Eastman's Negativpapier günstig aus. Aber auch jetzt waren die Bilder schwach und gestatteten keine sichere Deutung. Endlich versuchten wir, die Gasexplosion durch Zusatz leichtzersetzlicher Salze zu färben.[2]) Die mit Salmiak, Chlormagnesium, Zinkoxyd, Zinnoxyd, Chlorthallium und Kupferchlorür angestellten Versuche waren sämmtlich brauchbar und lehrreich, das Kupfersalz ergab aber die besten Bilder. Mag nun auch ein Theil der Wärme von den beigemengten Salzen absorbirt werden, diesen Fehler wird man gern hinnehmen, wenn nur etwas Bestimmtes sichtbar wird. Ausserdem consumiren die Glaswände doch auch Wärme, was aus dem Leuchten in Natriumlicht hervorgeht, daher das Kupfersalz kaum das Wesentliche der Erscheinung beeinträchtigt.

Um eine gleichmässige Salzschicht zu erhalten, wurde das Rohr inwendig befeuchtet, das Salz hineingestreut und nach tüchtigem Schwenken das nicht haftende Pulver ausgeschüttet, dann das Rohr im Trockenschrank getrocknet und schliesslich mittelst Watte die Stelle im Inneren des Rohres wieder gereinigt, wo der Papierspalt sich befand. Für jeden Versuch mussten diese zeitraubenden Manipulationen wiederholt werden.

Um Schleier zu vermeiden, wurde der Oxalatentwickler bis zur Hälfte mit Wasser verdünnt, dann von Zeit zu Zeit concentrirter Entwickler hinzugefügt. Die Entwickelung musste oft eine ganze Stunde fortgesetzt werden.

Die Bilder sind Negative, sodass die Schwärzen Lichtwirkung bedeuten. Es wurde versucht, Copieen anzufertigen, dabei schien indess doch von der Prägnanz der Wirkung manches verloren zu gehen.

3. Deutung der Versuche.

Wir sehen auf allen Bildern (Fig. 1 bis 8) an der linken Seite den Entzündungsfunken. Er tritt bald am oberen

---

1) Unterdess sind neue Sensibilisirungsmethoden erfunden worden.
2) Ein ähnliches Verfahren schlugen Dewar und Liveing ein. S. Beibl. 8. p. 644. 1884.

Ende des Eudiometers, bald in der Mitte (Fig. 8), bald auf $^{1}/_{4}$ der Rohrlänge auf, (Fig. 6), je nachdem, welches der oben beschriebenen Electrodenpaare benutzt wurde. Den Funken begleitet eine verticale Lichtlinie, die nur dem Reflex electrischen Lichtes angehört. Weiter rechts, durch eine leergebliebene Strecke getrennt, folgt das Hauptlichtbild, welches drei Arten von Lichtwirkungen zeigt:

1) Eine durch das Eudiometer mehrere mal hin und her gehende Lichtlinie, die wir Hauptwelle nennen wollen. In Nr. 3, 5 und 6 sehen wir sie dreimal, in Nr. 8 viermal, in Nr. 2 siebenmal auf und ab gehen.

2) Eine oder mehrere Nebenwellen, welche der Hauptwelle nahe parallel laufen. In Nr. 5 eine starke und eine viel schwächere zwischen zwei Hauptwellen, in Nr. 8 links oben deren vier nebeneinander, in Nr. 3 bei genauer Betrachtung (besonders am Originale im durchscheinenden Licht einer Lampe) eine grössere Zahl von Nebenwellen, die der Hauptwelle das Ansehen eines breiten continuirlichen Lichtbandes ertheilen. Unten heben sie sich deutlicher voneinander ab.

3) Zahlreiche kürzere sinusoïde Wellen, die niemals ein Rohrende erreichen, nur eine kurze Strecke des Rohres einnehmen, besonders schön in Nr. 2, 3 und 8.[1)]

Sind nun sämmtliche sichtbare Wellen ein Bild des Explosionsverbrennungsprocesses selbst? Wir müssen diese Frage verneinen. Wir halten alle Bilder für Compressionswellen in den Verbrennungsproducten nach vollendeter Explosion. Die Explosion selbst ist unsichtbar.

Die Entstehung der Hauptwelle denken wir uns folgendermassen: Die Explosion durcheilt das Rohr, etwa so, wie Berthelot solches discutirt hat. Am Ende des Rohres tritt

---

1) Horizontale gerade weiss gebliebene Strecken (Fig. 5 und 8) sind nur Folge der zufälligen Trübung des Eudiometerspaltes, analog den schwarzen Spectrumstreifen bei unreinem Spalt. Es mögen während der Explosion oder auch vorher unreine Stellen sich gebildet haben, die dem Licht den Durchgang verwehren. — Die weiss gebliebenen Ecken in Nr. 8 oben und unten, und in Nr. 7, sind die Stellen, wo die Cassettenstützen das photographische Papier verdeckten.

ein Reflex ein, es kehrt eine Stosswelle zurück, um oben
wieder reflectirt zu werden, und so fort. Wie man erkennt,
sind die ersten Wellen dieser Art durchaus dunkel. Auch
subjectiv betrachtet, hat der Anfang der Explosion keine
Leuchtkraft. Relativ spät nach 0,001 Secunden ungefähr
beginnt das Aufleuchten, und zwar in einem gewissen Wel-
lenzuge, bald von unten, bald von oben her (vgl. 1, 2, und 3,
oder wie in Nr. 5, wo gleichzeitig die von unten und oben
herkommenden Stosswellen sich kreuzen). Das relativ späte
Aufleuchten hängt offenbar damit zusammen, dass das ex-
plodirende Knallgas gar nicht leuchtet, ferner damit, dass
die Metallsalze ca. 0,001 Secunden Zeit gebrauchen, um
eine zum Aufleuchten nöthige Temperatur zu erhalten. Ueberhaupt ist festzuhalten, dass bei unserem Knallgas nur die
Metalltheile Leuchtkraft haben, und dieser Punkt ist
der wesentlichste zur richtigen Beurtheilung der Erscheinung.

Es lässt sich überall ein Mitreissen der Metalltheilchen
durch die Hauptwelle beobachten. Infolge der Trägheit der
Materie bleiben die leuchtenden Theile hinter der Stosswelle
zurück und verursachen die eigenthümliche Gestalt einer
Federfahne (s. Fig. 5, 6, 7). — Sobald eine rückkehrende
Stosswelle die fliegenden Metalltheilchen trifft, werden sie in
der Richtung des neuen Stosses beschleunigt (s. Fig. 2, 3
und 8). Dadurch entstehen die oben sub 3 erwähnten sinusoïden Wellen, deren Form von der Trägheit des Metalles,
seiner momentanen Geschwindigkeit und von jeder neuen Beschleunigung abhängt.

Bei genauer Betrachtung dieser Wellen finden wir eine
Störung im regelmässigen Verlauf der Curven, dieselben erscheinen polygonal, und zwar bemerkt man leicht den Einfluss der sub 2 erwähnten Nebenwellen. Eine jede dieser
letzteren ertheilt den Metalltheilchen plötzlich eine
Beschleunigung, dadurch erzeugt jede Nebenwelle einen
Knick in der Curve. Der Betrag dieser Knickung wird wiederum sowohl von den momentan bereits vorhandenen Geschwindigkeiten der Metalltheilchen, wie von der Intensität
der Stosswelle abhängen. In Fig. 8 ertheilt die Hauptwelle
stets sofort eine neue Richtung den Theilchen, dieselben keh-

ren in spitzem Winkel ihre Bewegung um, scheinbar ohne Zeitverlust. Dasselbe zeigt Fig. 5. Besonders schön zeigt Nr. 3 (mit TlCl) eine polygonale Gestalt, allen Nebenwellen gehorchend. In Fig. 8 links oben sind, kurz vor dem reflectirenden Rohrende, alle auf- und absteigenden Wellen kenntlich, während die beiden mittleren polygonalen Curven von von unten herkommende starke Stosswellen verrathen. Das Fortbestehen der Nebenwellen kann man in Fig. 8 bis in den 3. Zug hinein verfolgen, während Knickungen noch im 4. und 5. Zuge deutlich auftreten.

Man könnte geneigt sein, stark markirte Wellen, wie in Nr. 5, für Explosionswellen zu halten; allein gerade dieses Beispiel lehrt, dass wir es mit Stosswellen in einem bereits völlig verbrannten Gase zu thun haben. Hierfür spricht erstens der Umstand, dass die in das Rohr hinabfahrende Welle bei ihrer Umkehr sofort eine ebenso hohe Temperatur erzeugt, wie auf dem Hingange. Beruhte das Phänomen an dieser Stelle auf Explosion, so wäre nicht abzusehen, wie eine so hohe Temperatur wiederholt hervorgebracht werden könnte, wenn soeben die Verbrennung an derselben Stelle stattgehabt hatte. Noch entscheidender sind die Durchkreuzungsstellen in Nr. 5. — Zwei Stosswellen können sich offenbar durchdringen, und eine jede wird ungestört ihren Weg fortpflanzen, von Verbrennungswellen liesse sich dasselbe wohl nicht behaupten.

Woher aber stammen die Nebenwellen? Sie treten überall auf, besonders deutlich da, wo die Explosion in der Mitte des Rohres begann, wie in Nr. 8. Zunächst jedoch wählen wir andere Figuren als Ausgangspunkt der Betrachtung, wie Nr. 3 und 5, bei welchen die Explosion am oberen Rohrende beginnt. — Hier finden wir keine andere Deutung, als dass von den Electroden aus folgeweise Explosionen stattgefunden haben, gerade in dem Sinne, wie solches in genialer Weise von Bunsen erschaut wurde. Wir wüssten keinen anderen Grund ausfindig zu machen für die in kurzen Intervallen sich folgenden Nebenwellen.

Nehmen wir mit Bunsen an, es sei eine Dissociationstemperatur von der ersten Explosionswelle erzeugt worden.

so wird dieser Welle nach kurzer Zeit (etwa 1—2 zehntau-
sendstel Secunde) eine zweite Explosionswelle folgen. Wenn
sie uns sichtbar wäre, sie müsste dicht neben dem electrischen Funken oben im Rohr anheben und nahe parallel dem
Bilde der Hauptwelle hinunterlaufen. Sie müsste der reflectirten ersten Welle begegnen und von hier an als Stosswelle
zum unteren Ende sich fortpflanzen, wenn sie nicht noch
explosivem Gase später unten begegnet. Nachdem sie unten
reflectirt worden, kehrt sie sofort als reine Stosswelle zurück,
da das Gas soeben der Explosion unterlag und wegen zu
hoher Temperatur momentan noch nicht explosiv ist. Der
ersten Nebenwelle folgt von oben her eine zweite Explosionswelle, die nunmehr zweien Stosswellen begegnet, später bis
zum Boden des Eudiometers Explosion hervorrufen kann, um
dann wieder als Stosswelle zurückzukehren. Wir hoffen, diese
Deutung durch selbstleuchtende Knallgase prüfen zu können.
In dieser Richtung angestellte Versuche mit CS_2 haben leider noch keine Entscheidung herbeigeführt. Nicht immer
verlaufen die Wellen so regelmässig, wie etwa in Fig. 8. —
Zum Beispiel in Fig. 5 laufen zwei Wellen hinunter, nähern
sich beständig und treffen beim Hinaufgehen zusammen, sodass sie oben als eine Welle anlangen.

Eine wichtige Frage ist noch zu erörtern. Wann beginnt der Verbrennungsprocess? Beginnt er sofort mit dem
Entzündungsfunken, oder erleidet er eine Verzögerung, sodass
er durch die erste sichtbare Welle dargestellt wird? Die
oben versuchte Deutung der Abbildungen setzt bereits ersteres
voraus. Jetzt soll diese Annahme aus den Bildern selbst
erschlossen werden. Wir finden nämlich noch Anhaltspunkte
im Intervalle zwischen electrischem Funken und Lichtbild
für das Vorhandensein mehrerer nichtleuchtender Anfangs-
wellen, und zwar in Fig. 6 und 8. Vom Funken aus verfolgt man einen unregelmässig gewellten Lichtstreif, fast senkrecht zur verticalen Lichtlinie, die der electrische Funke
erzeugte. An diesen Stellen sind die Metalltheilchen durch
den Funken bereits in hohe Temperatur versetzt. Die Gluth
wird dauernd erhalten dadurch, dass die Explosionstemperatur
hinzukommt. Das electrische Funkenbild wird ja nur durch

den verticalen Strich repräsentirt, ohne jegliche sichtbare Seitenausbreitung, denn bei der Kürze der angewandten Batterieschliessung und bei der geringen Rotationsgeschwindigkeit des Spiegels wird das Bild des electrischen Funkens noch nicht ausgebreitet.[1]) Die besprochene Linie gehört also Metalltheilchen an, und sie wäre ganz gerade, wenn keine Ursache zu Richtungsänderungen vorhanden wäre. Statt dessen finden wir die Linie an mehreren Stellen geknickt. Hieraus folgt (s. besonders Fig. 6), dass unsichtbare Wellen ihren Weg von einem Ende des Rohres zum anderen genommen haben, das glühende Metall fortstossend und dem Lichtstreif analog den sinusoïden Wellen eine polygonale Gestalt verleihend. Wir müssen uns daher dafür entscheiden, dass die Explosion sofort durch den Funken erfolgt, und dass der Wasserstoff, ohne zu leuchten, verbrennt, trotz der hohen Temperatur von ca. 3000 Grad.

Endlich wäre noch hervorzuheben, dass im weiteren Verlaufe die Abstände zwischen zwei Wellen beständig zunehmen; daraus folgt, dass eine Verlangsamung im Bewegungsprocesse der Stosswellen stattfindet. Es wird offenbar durch Leitung und Strahlung eine Abkühlung eintreten. Infolge dessen vermindert sich die Fortpflanzungsgeschwindigkeit der Stosswellen, und andererseits erglühen die Metalltheilchen mit immer geringerer Intensität.

Nach diesen Deductionen sei es gestattet, noch einmal auf die Versuche von Mallard und Le Chatelier zurückzukommen. Diese Herren haben nicht Explosionen photographirt, sondern langsame Verbrennungen explosiver Gemische mit Beimengung hemmender Gase. Das dort gebotene Material ist deshalb unserem Gegenstande ferner abliegend. Andererseits ist es zu umfangreich, um in Kürze genügend ·berücksicht werden zu können. Wir erlauben uns daher nur einige Andeutungen, sofern letztere mit der Deutung von Versuchen dieser Art direct unsere Auffassung berühren. Es wurden dort die Verbrennungen mittelst einer Linse auf

---

1) Die gesammte oscillatorische Entladung der Flasche *A* ist von so kurzer Dauer, dass von successiven Zündungen vom Funken her nicht gesprochen werden kann.

eine rotirende Trommel projicirt, welch letztere mit photographisch sensiblem Papier überzogen war und in Rotation
versetzt werden konnte. Man überlegt leicht, dass diese
sonst schöne Methode keine Analyse grosser Geschwindigkeiten gestattet. Einer Rotation der Trommelaxe entsprach
eine Bildbahn von ca. 30 cm, während wir eine Bildbahn von
960 cm bei jeder einzelnen Rotation des Spiegels erhielten.
Aber die Deutung der schönen Abbildungen[1]) von Mallard
und Le Chatelier scheint uns keine ganz richtige zu sein.
Die Verbrennung hat nämlich auch dort das Ansehen, als
ob glühende Theilchen mit beträchtlicher Amplitude hin und
her oscilliren. Beigemengte Metalltheile gab es aber dort
nicht, da Schwefelkohlenstoffverbrennungen (mit $3NO_2$) untersucht wurden.

Es scheint uns, dass dort nur die hohe Temperatur immer
neue Gastheile zum Leuchten bringe. Dass die scheinbaren
Amplituden denselben Gastheilchen angehören sollen, darüber
fehlt gänzlich der Nachweis, ja die Möglichkeit des Auf-
leuchtens neuer Theile wird in der Discussion nicht einmal
erwähnt. — Im Sinne unserer Auffassung gewinnen jene Abbildungen vielleicht sogar eine erhöhte Bedeutung.[2])

4. Quantitative Verwerthung der Beobachtungen.

Die nachstehende Tabelle gibt zunächst alle Grössen wieder, die bei den Versuchen Fig. 1—8 gemessen wurden. Die
Ueberschriften erklären hinreichend die Bedeutung der Zahlen.

---

1) Mallard u. Le Chatelier, Ann. d. mines (8) 4. Taf. X.
2) Um den Gegensatz schärfer zu präcisiren, geben wir eine Stelle
(p. 332) wörtlich wieder: „Dans les tubes de 0,08 m de diamêtre, cette
amplitude maxima a varié de 0,50 m à 1,10 m (Planche 10. Fig. 1, 2, 3)
c'est à dire, qu'elle a pu atteindre dans certains cas plus du tiers de la
longueur totale du tube. Nous ferons remarquer en passant que les
oscillations de la flamme étant précisément celles des tranches
gazeuses en combustion (?), nos expériences donnent pour la pre-
mière fois une idée précise de l'amplitude des mouvements vibratoires
d'une masse gazeuse qui émet un son."
Ebensowenig wie wir die Amplituden als solche der Gastheilchen
zugeben können, ebensowenig vermögen wir die angeblichen Obertöne
des tönenden Flammenrohres (1., 2., 3., 4. und 6. Oberton) aus den photographischen Abbildungen zu erschliessen.

Nr. der Fig.	Dimensionen des Eudiometers		Fär- bende Substanz	Entfer- nung r des Eudio- meters vom Spiegel	Zeitwerthe, ent- sprechend einem Millimeter des photogr. Bildes in $1/10^7$ Sec.
	Länge	Durchm.			
	mm	mm			
1	145	13	ZnO	630	884
2	245	13	$CuCl_2$	680	884
3	300	13	TlCl	630	884
4	295	13	$Sn(OH)_2$	900	976 [1]
5	400	10	$CuCl_2$	900	976
6	400	10	$CuCl_2$	900	946 [2]
7	400	10	$CuCl_2$	900	880 [3]
8	400	10	$CuCl_2$	900	880 [4]

Bemerkungen. 1) Anfangspunkt fehlt. 2) Funken in $1/4$ Rohr-länge 3) Anfang nicht sichtbar. 4) Funke in der Rohrmitte.

Um einigermassen die Fortpflanzungsgeschwindigkeit der Explosion sowohl, wie die der Stosswellen zu messen, versuchten wir die Fig. 6 einer Deutung entsprechend dem Schema Fig. 6_b zu unterziehen.

$fg = 8,7$ mm und $gi = 13$ mm. Diesen Grössen entspricht die doppelte Eudiometerlänge, also 800 mm. — Diese Strecke wurde zurückgelegt in $8,7 \times 0,000\,094\,6 = 0,000\,823$ Sec. Ebenso gi entsprechend $0,001\,228\,9$ Sec. Daraus ergibt sich eine mittlere Geschwindigkeit für fg von 972 m, für gi von 651 m. Dieselbe Rechnung auf Nr. 5 angewandt, gibt 1200 und 730 m.

Aehnliche Resultate geben alle Bilder. Die grösste Vorsicht im Verfolgen einer Linie muss beobachtet werden, da Kreuzungen und Verschmelzungen vorkommen. — Die vorstehend gefundenen Zahlen sind nahe ums Doppelte verschieden. Das hängt damit zusammen, dass sämmtliche Wellen mit einer continuirlich abnehmenden Geschwindigkeit sich geltend machen. Leider sind die ersten Wellen nicht sichtbar. Wir wollen versuchen, aus Nr. 5 und 6 Schlüsse zu ziehen. In Nr. 6 hat der Punkt von Anfang an die Metalltheilchen in Gluht versetzt. Während aber sonst die Funkenstelle sofort wieder erlischt, hat hier offenbar die Explosion die hohe Temperatur aufrecht erhalten. Wir deuten die bezügliche Stelle im Sinne der schematisch entworfenen Fig. 6_b. Die von unten reflectirte Explosionswelle hat zuerst die

Theilchen hinaufgeworfen. Bei *b* wurden dieselben durch
eine Welle, die gleichzeitig mit der nach unten verlaufenden
begann, aber nach oben lief und dort reflectirt wurde, zurück
nach unten geworfen. Dieselbe Welle wird unten bei *c*
reflectirt und gibt wieder einen mächtigen Stoss hinauf.
Vor der Rückkehr von *d* aus hat übrigens eine Nebenwelle
die Theilchen schon zur Umkehr gezwungen bei *x*. Der
Stoss bei *b* entspricht einem Moment nach 600 mm Weg
(d. h. zweimal ³/₄ der Rohrlänge). Die Welle vor *b* kann,
als gar zu unsicher, kaum benutzt werden. Ausmessungen
mit dem Zirkel an dem Original gaben folgende Tabelle für
die mittleren Geschwindigkeiten.

Ermittelung der Explosions- und Stosswellen-
geschwindigkeiten für die Abbildung Nr. 6
(graph. Fig. 11).

Strecke nach Schema 6b	Bildstrecke in mm	Zurückgelegte Strecke			Verbrauchte Zeit in 1/10⁶ Sec.	Abscisse Wegstelle	Geschwindigkeit Meter pro Sec.
		Länge	von	bis			
a c	3,3	800	0	800	293	400	2550
d e	5,8	800	1100	1900	548	1500	1460
f g	8,7	800	1500	2300	823	1900	972
e h	11,4	800	1900	2700	1078	2300	742
g i	13,0	800	2800	3100	1229	2700	651

Zur Verwerthung dieser Zahlen in graphischer Darstellung wurde in siebenter Rubrik die Abscisse gleich dem
mittleren Ort in einer Strecke, letztere gerechnet vom Anfang
der Explosion, gesetzt, die Ordinaten sind die zugehörigen
Geschwindigkeiten. Beispielsweise verläuft die Strecke *de*
zwischen 1100 und 1900 mm vom Anfang, daher auf den
Ort 1500 die gefundene Geschwindigkeit 1538 bezogen wurde.

Aehnlich ward das Schema Nr. 5ᵦ gebildet für die Haupt-
und für eine Nebenwelle. Uebrigens bleibt die Unterschei-
dung solcher Wellenarten gleichgültig, wenn man nur die
Wellenzüge verfolgen kann. Verlängert man *en* bis oben
bei *a*, so trifft man sicher noch nicht den Funken. Gewiss
aber kann bis *p* nur noch eine Erschütterung von oben nach

unten, bis *d*, und hinauf, bis *p*, angenommen werden. Ebenso
lässt die andere Welle sich verfolgen, *h n* bis unten verlängert,
gibt *k*. Diese Welle halten wir für eine Dissociations- oder
Nebenwelle, die oben neben *p* ihr Bild begonnen hätte. Endlich bemerke man noch, dass *bf* schneller gelaufen ist, als
die nachfolgende Welle *hl*, da letztere bei *l* reflectirt wird
und bei *i* fast gleichzeitig mit *c* eintrifft. So erhalten wir
eine sichere Welle *pdaebfcg*, die andere *khli*. In folgender Tabelle ist der der Rechnung zu Grunde liegende Weg
stets 800 mm lang.

Explosions- und Stosswellengeschwindigkeiten zu Nr. 5ᵦ.

Strecke nach Schema 5b	Bild-strecke in mm	Zurückgelegte Strecke			Ver-brauchte Zeit in 1/10⁶ Sec.	Wegstelle Abscisse	Geschwin-digkeit Ordinate Met. pr. Sec.
		Länge	von	bis			
b a	3,2	800	0	800 mm	312	40⁰	2560?
d e	4,0	800	400	1200	390	800	2050?
a b	4,8	800	800	1600	468	1200	1710
e f	7,0	800	1200	2000	683	1600	1200
b c	8,8	800	1600	2400	859	2000	930
f g	11,2	800	2000	2800	1098	2400	730
k l	6,2	800	400	1200	605	800	1300
h i	10,0	800	800	1600	976	1200	820

Aehnlich wie vorhin wurden die Resultate graphisch auf
Fig. 11 eingetragen. Der Beginn der Curve bleibt hier wie
früher eine unsichere Schätzung.

Berthelot und Vieille glauben, dass auf der ersten
Strecke die Geschwindigkeit ganz allmählich wachse. Indess
wurden bei ihren Versuchen die Zeitdauern durch Bewegung
eines Metallstiftes registrirt. Wahrscheinlich ist hierbei eine
beträchtliche Verspätung der betreffenden Marke eingetreten.
Unsere eigenen Versuche in dieser Richtung haben unzweifelhaft dargethan, dass selbst das Fortschleudern eines kleinen
Papierblättchens am Ende der Explosionsröhre eine merkliche
Verspätung verursacht. Bei 40 m Rohrlänge wird ein solcher
Fehler kaum das Resultat trüben, für solche Strecken fand
nämlich Berthelot 2830 m Geschwindigkeit. Dagegen soll
bei nur 0,02 m vom Anfang die Zeitdauer 0,00027 Secunden

betragen, ein Resultat, welches von unseren Versuchen durchaus widerlegt wird.

Mallard und Le Chatelier wenden sich gegen Bunsen's Theorie successiver Partialexplosionen auf Grund ihrer hochinteressanten Versuche mit einem Bourdon'schen Metallmanometer. Auch hier aber kann für die eigentliche Explosion gar nichts erschlossen werden. Die Drehung der dort angebrachten Zeigernadel, und somit auch die entsprechende Curve, erreichen ein Maximum des Druckausschlages stets nach 0,03 Secunden. Aber nach unseren Untersuchungen ist der Explosionsprocess bereits in 0,001 Secunden beendet und in etwa 0,004 Secunden sind die Druckwellen bereits so geschwächt, dass sie kein Leuchten der Metalltheilchen mehr hervorrufen.

Hieraus ist zu schliessen, dass jene Bourdonfeder viel zu träge ist, um diese Zeitmessungen zu gestatten, wenigstens gilt dies für die Periode der Explosion. Der Druck während des Abkühlungsprocesses, der weit langsamer verläuft, kommt dagegen dort sehr gut zur Darstellung.

Die Abbildung Nr. 4 ist wenig brauchbar. Wir brachten sie nur wegen der auffallenden Parallelität und gleichbleibenden Geschwindigkeit zweier sich unmittelbar folgenden und schön sich kreuzenden Stosswellen. Der Anfang der Explosion hat das Papier nicht getroffen.

Die schöne Abbildung Nr. 8 gibt direct messbare Geschwindigkeiten bis 1600 m pro Secunde. Bei dieser Explosion findet eine auffallend langsamere Abkühlung statt. Das Gas scheint länger warm zu bleiben, wenn die Explosion nicht am Ende beginnt, wie in Nr. 5, sondern in der Mitte, wie in Nr. 8 oder in $^1/_4$ bei Nr. 6. — Deutlich sieht man die Amplituden der Metalltheilchen abnehmen von Anfang bis gegen Ende der Lichterscheinung.

Die graphische Darstellung findet man in derselben Fig. 11. Die Curve ist viel weniger steil, das Gas kühlt sich langsam ab, oder es behält längere Zeit die hohen Geschwindigkeiten. In der Berechnung wurden nur die Stosswellen einer Art benutzt. Die sehr deutlichen Nebelwellen lassen sich wohl nur in dem Gebiete *df* nach *eg* deutlich verfolgen,

Explosions- und Stossgeschwindigkeiten zu Nr. 8.

Strecke nach Schema 8b	Bild- strecke in mm	Zurückgelegte Strecke			Ver- brauchte Zeit in Sec.	Wegstelle Abscisse	Geschwin- digkeit Ordinaten
		Länge	von	bis			
$p\,a$	0,9 ?	200 mm	0	2₁0	0,000 079	100	2530 ?
$p'b$	3,2 ?	600	0	600	0,000 281	300	2140 ?
$a\,c$	5,0	800	200	1000	0,000 440	600	1820
$b\,d$	5,8	„	600	1400	0,000 510	1000	1570
$c\,e$	6,5	„	1000	1800	0,000 572	1400	1400
$d\,f$	7,0	„	1400	2200	0,000 616	1800	1300
$e\,g$	7,5	„	1800	2600	0,000 669	2200	1215
$f\,h$	8,1	„	2200	3000	0,000 713	2600	1120
$g\,i$	8,7	„	2600	3400	0,000 766	3000	1045
$h\,k$	9,3	„	3000	3800	0,000 810	3400	977
$i\,l$	10,0	„	3400	4200	0,000 880	3800	901
$k\,m$	10,8	„	3800	4600	0,000 950	4200	842

können mithin nicht zu Messungen benutzt werden. — Die Figuren 1, 2 und 3 markiren sehr deutlich die Hauptwelle, welche Geschwindigkeiten von 1500 m an abwärts mit sehr langsamer Abkühlung verräth. Die sinusoïden Wellen da- gegen verrathen sehr deutlich das Vorhandensein von Neben- wellen, besonders Nr. 3 mit Thallium gefärbt und Nr. 1 mit ZnO. Bei Nr. 3 beginnt das Aufleuchten der Thalliumtheil- chen auffallend spät.

Einige Versuche in einem längeren Gummischlauche wurden angestellt. Ein kurzes Eudiometer wurde mit sol- chem Schlauch versehen und das andere Ende des letzteren über ein Glasrohr gesteckt, dessen unteres Ende verschlossen war. Die Gesammtlänge betrug 2250 mm. Die Röhren wur- den einander gegenüber aufgestellt, so wie Fig. 9₆ es zeigt. Die Explosion begann bei a, durcheilte das Gummirohr, drang bei c in das zweite Glasrohr und erreichte das Ende des- selben bei d. — Es wurde die Abbildung Fig. 9 erhalten, trotzdem dass während der Explosion das Gummirohr ab- sprang. Man sieht, dass der Schlauchansatz einen Reflex veranlasst hat. Denn im Glasrohr ab bemerkt man oscilla- torische Bewegungen mit deutlichen Haupt- und Nebenwellen, während geraume Zeit später die Explosion im anderen Glas- rohre angelangt ist. Hier tritt nur ein kräftiger Stoss auf, der wahrscheinlich nicht der ersten Explosionswelle, sondern schon einem später auftretenden Stosse entspricht. Die Berechnung ergibt eine Geschwindigkeit von wenigstens 1500 m. Dieser Werth entspricht nämlich der Voraussetzung, die Explosion sei in dem photographisch fixirten Momente im zweiten Rohre angelangt.

Resultate.

Fassen wir zum Schluss unsere Resultate zusammen:

1. Die Knallgasexplosion (Wasserstoff) geht lichtlos vor sich. Durch die hohe Temperatur wird das Glas des Eudiometers soweit angegriffen, dass ein Aufleuchten von Natrontheilchen beginnt.

2. Durch Hinzufügen von Metallsalzen erhält man Abbildungen, die einen Schluss auf den Hergang der Explosion und auf die Geschwindigkeiten gestatten.

3. Drei Arten von Wellenbewegungen lassen sich unterscheiden:

a) eine Hauptwelle, die man der Berthelot'schen Entdeckung gemäss die Berthelot'sche Welle nennen könnte.

b) dieser mehr oder weniger parallel laufende Nebenwellen.

c. geknickte polygonale Wellen geringerer Amplituden.

4. Sämmtliche Abbildungen gehören wahrscheinlich einem Zustande nach vollendeter Explosion an, ausgenommen die Versuche in sehr kurzen Röhren.

5. Das Leuchten nach jedem Reflex am festen Eudiometerende, sowie das ungestörte Fortleuchten beim Durchkreuzen zweier Wellenzüge führte zu der Erkenntniss, dass nur Stosswellen vorliegen.

6. Die Nebenwellen liessen sich nur im Lichte der Bunsen'schen Theorie als Reflexe der aufeinander folgenden, von der Funkenstelle ausgehenden Explosionen deuten und könnten deshalb Bunsen'sche Wellen genannt werden.

Wenn dem Knallgase indifferente Gase beigemischt werden, wird sich die Zahl der Nebenwellen verringern, und schliesslich werden dieselben wahrscheinlich ausbleiben. Die experimentelle Bestätigung dieser Vermuthung steht noch aus.

7. Die polygonalen Wellen verrathen die wahren Bewegungen der glühenden Metalltheilchen und geben untrüglichen Ausweis über die Wirkung der Stosswellen. Daraus geht hervor, dass dieselben keineswegs ein Abbild der Amplituden glühender Gastheilchen darbieten.

8. Das Funkenbild gestattet eine angenäherte Messung der Geschwindigkeit der Explosion, sowie eine Anschauung von der Geschwindigkeit der Abkühlung der heissen Gasmasse. Die gefundenen Werthe gehören in die Kategorie der von Berthelot gemessenen Grösse von 2800 m per Secunde, während die Abnahme der Stosswellenfortpflanzungsgeschwindigkeit bis 600 m sich constatiren liess.

9. Während Berthelot und Vieille ihre Aufmerksamkeit auf Druck und Geschwindigkeit, und ferner auf die davon abzuleitenden Grössen, Temperatur und specifische Wärme der Gase concentrirten, hatten wir uns speciell auf die Prüfung der Bunsen'schen Theorie beschränken wollen. Nur in Bezug auf den Beginn und den Vorgang der Explosion befinden wir uns im Widerspruch zu Berthelot.

10. Mallard und Le Chatelier haben im letzten Theile ihrer Abhandlung den Explosionsvorgang untersucht und Druckwerthe für den Abkühlungsprocess gemessen. Ihre photographischen Abbildungen — auf einer rotirenden Walze — bezogen sich auf langsame Verbrennung (Geschwindigkeit von 1 bis 2 m). Bei den geringen von ihnen angewandten Rotationsgeschwindigkeiten konnte auch nur die langsame Verbrennung, nicht aber der Explosionsvorgang dargestellt werden, doch ist das letzte Ende ihrer Figur 6 Taf. XI im Sinne unserer Haupt- und Nebenwellen zu deuten. Speciell in Bezug auf Wasserstoffknallgas befinden wir uns auch mit diesen Herren nicht im Widerspruch, insofern dieselben eine Dissociationstemperatur als Hemmung der stetigen Explosion während der ersten Oscillation ihrer Bourdonfeder als möglich einräumen; da die Schwingungsdauer der letzteren 0,03 Secunden betrug, so konnte der Vorgang der Explosion, die nach unseren Versuchen mit

allen Partialexplosionen zusammen in 0,001 Secunde beendet ist, unmöglich registrirt werden.

Versuche über Explosion von Schwefelkohlenstoffknallgas sind ohne färbende Substanz bereits gelungen und weisen einen dem geschilderten ähnlichen Vorgang auf.

Dorpat, December 1887.

III. *Ueber electromotorische Gegenkräfte in galvanischen Lichterscheinungen*[1]; *von Ernst Lecher.*

(Hierzu Taf. VI Fig. 1—5.)

Edlund hat in den Jahren 1867 und 1868 zwei Arbeiten[2] veröffentlicht, in welchen er den Nachweis zu erbringen sucht, dass sowohl im electrischen Funken, als auch im galvanischen Lichtbogen eine electromotorische Gegenkraft wirksam sei. Nun lässt sich aber zeigen, dass diese Versuche und ihre Ergebnisse auch erklärt werden können, ohne die physikalisch schwer plausible Vorstellung einer Gegenkraft heranzuziehen. Es sind schon die Ueberlegungen, von welchen ausgehend Edlund diese Gegenkraft sucht, nicht stichhaltig. Die mechanische Arbeit nämlich, die eine electrische Entladung in der Luft beim Aufreissen der Pole leistet, soll eine electromotorische Kraft und infolge dessen einen nach rückwärts verlaufenden Disjunctionsstrom erzeugen.[3] Nun ist diese Zerreibung der Pole nichts weiter, als eine mechanische Arbeit, die der Strom im Funken sowohl als auch im Lichtbogen leistet. In einer electrolytischen Zersetzungszelle leistet der Strom allerdings gleichfalls Arbeit durch

---

1) Diese Arbeit enthält der Hauptsache nach mit einigen Kürzungen und Erweiterungen Resultate, welche in zwei getrennten Abhandlungen in den Wien. Ber. **95**. p. 628 u. p. 992. 1887 erschienen sind.

2) Edlund, Bulletin (Ovfersigt) des travaux de l'Acad. roy. des sc. de Suède pour 1868. Pogg. Ann. **134**. p. 250. 1868. Phil. Mag. (4) **36**. p. 352. 1868. Ann. de chim. et de phys. (4) **13**. p. 450. 1867 u. Pogg. Ann. **131**. p. 586. 1867.

3) Vgl. auch G. Wiedemann, Electricität 4. p. 855.

Zerlegung der electrolytischen Bestandtheile. Das allein bedingt aber noch keineswegs eine electromotorische Gegenkraft; dieselbe entsteht vielmehr erst dadurch, dass die zersetzten Bestandtheile wieder in ihren unzersetzten Zustand zurückstreben und durch diesen Rückprocess electromotorisch wirken. Edlund führt als besonders wichtig Versuche von Riess[1]) an, wonach beim Zerreiben von Substanzen, z. B. Kohle, Electricität entsteht, ich glaube aber kaum, dass das Losreissen der Electrodenmaterie durch den Funken mit diesem Entstehen von Reibungselectricität etwas gemein habe.

I. Ueber Disjunctionsströme.

Ich fasse meine Aufgabe nicht dahin auf, Edlund auf seinen oft complicirten experimentellen Pfaden allüberallhin zu folgen, ich will vielmehr nur an wenigen, aber typischen Versuchen die Unhaltbarkeit der Disjunctionsströme nachweisen.

In Fig. 1 ist die Versuchsanordnung Edlund's skizzirt. AB sind die Saugkämme einer Influenzmaschine, ab die beiden Electroden. Von a führt ein gut isolirter Draht über c nach i, der Strom der Maschine theilt sich hier zwischen einem Neusilberdrahte von passender Länge ihk und der Galvanometerleitung G, geht von k, woselbst eine Ableitung zur Erde angebracht ist, durch einen Widerstand m über e nach d. Wird die Maschine in Gang gesetzt, und springen zwischen b und d die Funken über, so zeigt das Galvanometer G einen bestimmten Ausschlag. Electrostatische Wirkungen werden durch die Erdleitung k beseitigt. Werden jetzt aber zwischen c und e die Kugeln f und g eingeschaltet, so wird zwar dem Galvanometer G durch diesen neuen Funken ein gewiss beträchtlicher Theil des Maschinenstromes entzogen, gleichwohl aber steigt der Ausschlag um das 15—20-fache. Dieser Ausschlag soll von einer electromotorischen Gegenkraft des Funkens fg herrühren. Nun meint Edlund, dass es zwar bei einer oberflächlichen Betrachtung

---

1) Riess, Pogg. Ann. **133**. p. 178. 1868.

des Gegenstandes widersinnig erscheine, wenn bei Einschaltung der Funkenstrecke fg trotz einer Stromentziehung der Galvanometerausschlag auf das 20-fache steige, und gibt eine Erklärung dieses Widerspruches [1]), die mir aber selbst vom Standpunkte seiner später ausgeführten Electricitätstheorie kaum zulässig erscheint; dass es sonst allgemein herrschenden Begriffen widerspricht, ist, wie G. Wiedemann [2]) ausführt, selbstverständlich. Edlund würde durch Einschaltung der Funkenstrecke fg, was doch an und für sich einen bedeutenden Energieverbrauch bedingt, eine 20 mal so grosse Electricitätsmenge erzeugen, als die Influenzmaschine liefert. ·

Es scheint nach diesen Bedenken fast überflüssig, der Sache weitere Aufmerksamkeit zu schenken. Ich thue dies nur aus dem Grunde, weil die von Edlund fast gleichzeitig ausgesprochene Idee einer electromotorischen Gegenkraft des galvanischen Lichtbogens scheinbar wenigstens an — vielleicht auch nur scheinbarem — Boden gewonnen hat, und diese beiden electromotorischen Gegenkräfte trotz ihrer Verschiedenheit dem eingangs erwähnten Fehlschlusse ihr Dasein verdanken; auch hat Edlund noch in allerneuesten Arbeiten seine Gedanken weiter auszuwerthen versucht. [3])

Der wunde Fleck in Edlund's Arbeit liegt in der Anwendung des Zweigdrahtes ihk. Die Aufgabe dieser Galvanometerbrücke wäre nach Edlund ein Aufheben der Wirkung der Inductionsströme, welche die das Galvanometer bei jedem Funken stossweise durchfliessenden Maschinenströme induciren. In G entsteht zuerst ein Inductionsstrom in entgegengesetzter, und dann beim Aufhören des Hauptstromes ein zweiter Inductionsstoss in gleicher Richtung. Wenn fg ausgeschaltet ist, fliessen diese beiden gleichen Electricitätsmengen rasch hintereinander in entgegengesetzten Richtungen durch $Gkhi$, resp. $Gihk$, und heben sich in ihrer Wirkung auf die Galvanometernadel auf. Wenn nun aber in fg der Funke überspringt, so schliesst er für kurze Zeit die Zweig-

---

1) Edlund, Pogg. Ann. **139**. p. 377. 1870.

2) G. Wiedemann, Electricität. **4**. p. 743.

3) Edlund, Mem. pres. a l'acad. d. Suède. **11**. Feb. 1885; Wied. Ann. **28**. p. 560. 1885; siehe auch Schluss dieses Kapitels p. 619.

leitung *kegfci*, und es kann, wenn der Funke diese Zweigleitung z. B. gerade zur Zeit schliesst, als der Oeffnungsstrom
daselbst übergeht, der durch Einschaltung dieses Funkens *fg*
erzeugte Ausschlag in ganz natürlicher Weise auf Rechnung
dieses Extrastromes der Oeffnung gesetzt werden; denn derselbe findet auf seiner Gesammtbahn einen geringeren Widerstand als der Extrastrom der Schliessung. Um diese — auch
von E d l u n d zugestandene — Wirkung wegzubekommen,
müsste die Funkenbahn *kmegfci* im Vergleiche mit *ihk* sehr
gross sein. „Aber in demselben Maasse, wie der Widerstand
in der Brücke vermindert wird, wird auch der Ausschlag
des Disjunctionsstromes verringert, weil dieser dann seinen
Weg mehr und mehr durch die Brücke statt durch das
Galvanometer nimmt. Der Widerstand in der Brücke darf
deshalb nicht geringer gemacht werden, als dass die Wirkung
der Inductionsströme auf die Magnetnadel eben gerade un-
merklich wird."[1]

Diese Fehlerquelle hat E d l u n d somit richtig erkannt,
ihre Bedeutung jedoch, wie G. W i e d e m a n n in seinem Lehrbuche der Electricität ganz richtig vermuthet[2]), entschieden
unterschätzt. Ich will von den vielen Argumenten E d l u n d's
gegen die Wirkung des Extrastromes nur eines herausgreifen,
sind sie doch alle so ziemlich gleich und gleichwerth. E d-
l u n d schaltet bei *m* noch einmal einen Draht und in Zweigleitung dazu eine Galvanometerrolle ein. .Es ist somit das
in Fig. 1 gezeichnete Galvanometersystem einfach verdoppelt.[3])
Die Ausschläge des Galvanometers *G* bleiben aber gleich; es
wirkt also das Einschalten der zweiten Rolle und ihrer
Brücke und der dadurch erzeugte neue Extrastrom nach
E d l u n d nicht, weil der Extrastrom überhaupt nicht merklich wäre; dass man aber diesen durch die zweite Rolle
erzeugten Extrastrom in der Rolle *G* nicht merkt, finde ich
ganz selbstverständlich, denn der von der zweiten Rolle durch
den Funken gehende Theil des Extrastromes theilt sich zwi-

1) Edlund, Pogg. Ann. **139.** p. 355. 1870.
2) G. Wiedemann, Electricität. **4.** p. 743.
3) Edlund, Pogg. Ann. **139.** p. 371. 1870.

schen Galvanometer und Brücke, ist somit in letzteren kaum zu merken.

_____

Ich habe den eben geschilderten Edlund'schen Hauptversuch nachgemacht; die von mir verwendete Influenzmaschine scheint etwas schwächer zu sein als die Edlund's, wenigstens bediente ich mich kleinerer Funkenstrecken, und zwar war der Abstand bd 10 mm und fg etwa 1—3 mm. Die Maschine wurde durch einen kleinen Wassermotor gedreht. Als Galvanometer verwendete ich den von Prof. v. Lang[1]) construirten Apparat, welcher isolirt aufgestellt war und auch ohne Anwendung besonderer Vorsichtsmassregeln, wahrscheinlich infolge der grossen Metallmassen, keinerlei Beeinflussung durch statische Influenz zeigte. Die Isolirung der einzelnen (verschiedenen) Galvanometerrollen wurde nach einer eigenen später (p. 618) zu beschreibenden Methode geprüft. Die Länge und der Widerstand der Brücke ihk war bei verschiedenen Versuchen sehr verschieden.

Versuch 1. Zunächst legte ich mir die Frage vor, warum springt bei ef ein Funke über, und in welcher Richtung? Der Funke fg ist bedeutend kleiner als der bei bd, springt aber nicht, wie Edlund glaubt[2]), gleichzeitig, sondern etwas später über. Er springt, wie auch Edlund findet[3]), nur dann über, wenn die Influenzmaschine mit einer Ladungsflasche versehen ist. Es ergibt sich nun, dass der Funke fg von ganz derselben Art ist, wie der in dem bekannten Knochenhauer'schen Versuche[4]), welchen v. Oettingen erklärt hat. Ist d bei der Entladung positiver Pol, so ist g im Seitenfunken der negative Pol. Ich habe diese Funkenrichtung mittelst Geissler'scher Röhren constatirt. Ferner findet man den Funken unverändert, wenn die Erdleitung statt bei k bei h, bei i bei c oder bei f angelegt wird, hingegen blieb der Funke ganz aus oder erschien nur sehr schwach, wenn man die Erdleitung bei e oder bei g anlegte.

_____

1) v. Lang, Wien. Ber. **67.** p. 101. 1873.
2) Edlund, Pogg. Ann. **134.** p. 338. 1868.
3) Edlund, Pogg. Ann. **134.** p. 339. 1868.
4) Knochenhauer, Pogg. Ann. Jubelbd. p. 269. 1874.

Es wird somit unmittelbar nach der Entladung bd die Kugel d und die in kurzer metallischer Verbindung stehende Kugel d infolge der bekannten Oscillation negativ electrisch und zieht dadurch die positive Electricität von f in Form eines Funkens zu sich. Ist hingegen die Erdleitung nicht hinter dem Widerstande m, sondern direct bei g oder e angebracht, so wird die zum Ersatze nöthige positive Electricität direct aus der Erde zuströmen, und es kann der Funke fg nicht zu Stande kommen. Damit stimmt auch die von Edlund gemachte, allerdings anders gedeutete Beobachtung, dass wenn zwischen e und g eine Inductionsrolle eingeschaltet wird, der Funke viel matter ist und nicht im gleich weiten Abstande zwischen den Kugeln durchschlagen kann, als wenn die Rolle entfernt ist.[1])

Versuch 2. Die Versuchsanordnung ist genau die Edlund's, wie sie in Fig. 1 dargestellt, nur der Widerstand der Brücke ihk ist veränderlich, indem ich die Länge dieses Drahtes von etwa 8 bis gegen 40 Ω änderte. In folgender Tabelle steigt der Widerstand[2]) von 1—4. Die zweite Columne gibt die Galvanometerausschläge, wenn nur bei bd ein Funke übergeht, während in der dritten Reihe jene Ausschläge stehen, welche man erhält, wenn f und g so weit genähert sind, dass auch zwischen diesen ein zweiter kleinerer Funke überspringt. Dieser Versuch zeigt wohl ziemlich deutlich, wie es mit der electromotorischen Gegenkraft bestellt ist.

Brücke-widerstand	Nur Funke bei bd	Funke bei bd und bei fg
Nr. 1	35	49
„ 2	55	55
„ 3	100	72
„ 4	144	90

In Nr. 1 war der Galvanometerausschlag ohne Funkenstrecke fg gleich 35, und in Nr. 4 stieg er auf 144, d. h. die Empfindlichkeit des Galvanometers wurde durch die betref-

---

1) Edlund, Pogg. Ann. **139.** p. 369. 1870.
2) Die Widerstände 1—4 stehen in einem ganz willkürlichen Verhältnisse.

fende Aenderung von *ihk* viermal so gross; war hingegen der
Funke bei *fg* eingeschaltet, so änderte sich der Ausschlag
von 49 auf 90. Nehmen wir an, es ginge sämmtliche Electricität der Influenzmaschine bei Einschaltung der Funkenstrecke über *fg*, dann hätte bei Nr. 4, d. h. bei einer viermal
so empfindlichen Schaltung des Galvanometers auch der Ausschlag der hier nicht geänderten electromotorischen Gegenkraft viermal so gross sein müssen, d. h. $49 \times 4 = 196$. Nun
ist aber der ganze Ausschlag thatsächlich nur 90, also weniger als die Hälfte des erwarteten. Dazu kommt noch, dass
durch die Aenderung des Widerstandes *ihk* die über *fg*
fliessende Electricitätsmenge geändert wird. Es ist in Nr. 4
der Funke viel heller als in Nr. 1, somit auch die electromotorische Gegenkraft bedeutend stärker, und es müsste
daher obige Differenz eigentlich noch mehr zu Ungunsten
E d l u n d 's vergrössert werden.

Da aber hier sich jener Theil des Hauptstromes, welcher
auch noch nach Einschaltung der Funkenstrecke *fg* das Galvanometer durchströmt, nicht bestimmen lässt, habe ich die
Versuchsanordnung E d l u n d 's noch in folgender einfacher
und, wie ich glaube, ganz einwurfsfreier Weise abgeändert.[1]

V e r s u c h 3. Diesmal blieb die Brücke unverändert.
Hingegen konnte man bei *m* einen Widerstand von $10^4 \, \Omega$,
welcher aus einem dünnen, mit Bleistift (Faber Nr. 1) be-
strichenen Papierstreifen bestand, leicht ein- oder ausschalten.
Wenn die Kugeln *fg* so weit auseinandergezogen sind, dass
nur bei *bd* ein Funke übergeht, so liefert der Maschinen-
strom einen Ausschlag von etwa 13, gleichgültig, ob der
Widerstand ein- oder ausgeschaltet ist.

Wenn jetzt *f* und *g* einander so genähert werden, dass
zwischen ihnen der kleine Funke überspringt, so ist bei
gleichzeitiger Einschaltung des Widerstandes *m* absolut kein
Ausschlag wahrzunehmen, sowie aber *m* durch einen Draht
überbrückt wird, gibt das Galvanometer 48, den E d l u n d '-
schen Ausschlag.

---

1) Eine Abänderung dieses Versuches, welche eine numerische Vergleichung der Erklärung von E d l u n d und G. W i e d e m a n n zulässt, findet
sich in meiner oben citirten Arbeit, Wien. Ber. **95.** p. 634. 1887.

Es ist nun schwer erklärlich, warum der Widerstand *m*, dessen Einschalten den Strom der Maschine nicht beeinflusst, den in gleicher Richtung und doch jedenfalls auch mit Stössen von *g* über *G* nach *f* fliessenden Disjunctionsstrom ganz aufheben soll. Sitzt jedoch die Ursache des Edlund'schen Ausschlages in *G*, dann wird durch das Einschalten von *m* das Verhältniss von *khi* uud von *kmegfci* in so bedeutender Weise alterirt, dass obiges Resultat selbstverständlich ist.

Versuch 4. Das Ideal der Edlund'schen Versuchsanordnung wäre eine variable Brücke, und zwar eine solche, welche dem Hauptstrome einen grossen Widerstand entgegensetzt, hingegen für die Inductionsströme möglichst leitend wäre. Dies lässt sich experimentell in der Weise erreichen, dass man als Brücke direct eine Polarisationszelle verwendet. Ich brachte zu dem Zwecke zwei Platinplatten von je 1 qdcm Fläche und in 1 dcm Entfernung voneinander in eine Lösung von Kupfervitriol. Der schwache Hauptstrom polarisirte die Platten so stark, dass er in sehr bedeutender Stärke das Galvanometer durchfloss. Die Inductionsströme hingegen sind durch eine solche kurze und gut leitende Brücke aus Kupfervitriol in ihrer Wirkung auf das Galvanometer unschädlich gemacht, wenigstens ist bei dieser Anordnung der Strom ohne Einschaltung der Funkenstrecke *fg* immer grösser, als mit derselben.

Wenn man das Galvanometer nicht fortwährend in directer Verbindung mit der Polarisationszelle belassen will, kann man auch die Polarisationszelle allein einschalten und dieselbe erst, nachdem die Maschine eine bestimmte Zeit hindurch gewirkt, mittelst einer Wippe mit dem Galvanometer in Verbindung setzen. Die Galvanometerausschläge sind dann genau wie vorher mit Funken *fg* immer kleiner, und zwar erfolgt dieses Resultat immer sicher, wenn die Electroden der Zelle hinlängliche Grösse haben und in gehöriger Entfernung sich befinden.[1]

---

1) Es ist vielleicht die Ausserachtlassung dieser Umstände die Ursache, warum Edlund bei Polarisationsversuchen andere Resultate erhielt. Pogg. Ann. **134**. p. 347. 1868.

Versuch 5. Ich will schliesslich noch eine viel einfachere Methode angeben, um einen Funken gleichzeitig mit
einem Galvanometer in eine geschlossene Leitung zu bringen.
Edlund sagt: „Wenn der galvanische Strom, der, wie angenommen wird, in dem electrischen Funken entsteht, mit
Hülfe des Galvanometers untersucht werden soll, muss der
Funke durch eine geschlossene Leitung mit dem Galvanometer verbunden sein. Die Erfüllung dieser nothwendigen
Bedingung glückte endlich nach einigen fruchtlosen Bemühungen", und nun beschreibt Edlund die auf p. 610
dargestellte, ziemlich complicirte Methode.

Das alles lässt sich aber viel einfacher in folgender
Weise erreichen. Es sei in Fig. 2 *HH* die Influenzmaschine,
ab die beiden Electroden, während *a* zur Erde abgeleitet,
ist *b* durch den Draht *e* mit der einen Platte *c* eines Verti-
calcondensators von Kohlrausch verbunden. Die beiden
Platten dieses Condensators *cc'* sind überdies durch eine gut
paraffinirte Glasplatte voneinander isolirt. Von der zweiten
Platte *c'* geht eine Doppelleitung über ein Galvanometer
iGE', und zugleich parallel über eine Funkenstrecke *ifgE*
zur Erde.

a) Nehmen wir zuerst an, es sei die Funkenstrecke *fg*
so weit geöffnet, dass sie bei folgender Betrachtung gar nicht
ins Spiel käme. Dann wird beim Umdrehen der Scheibe der
Influenzmaschine zuerst *b* mit — sagen wir — positiver Electricität geladen. Die positive Electricität der zweiten Platte *c'*
fliesst während dieser ganzen Ladungszeit sacht über *G* zur
Erde *E*. Springt nun plötzlich der Funke zwischen *a* und *b*
über, so wird diese ganze, zur Erde abgestossene Electricitätsmenge auf demselben Wege *EGi* wieder zur Condensatorplatte *c'* zurückfliessen. Wenn die Funken zwischen *a*
und *b* in rascher Aufeinanderfolge überspringen (etwa drei-
bis fünfmal in der Secunde), so bleibt die Galvanometernadel
selbstverständlich, aber nur, wenn der Draht sehr gut isolirt,
in Ruhe. Die durch das Galvanometer hin und her gehenden Electricitätsmengen sind, trotz ihrer verschiedenen Geschwindigkeit, gleich und heben sich natürlich auf, was Edlund nach den auf p. 611 angedeuteten Bemerkungen schon

nicht zugeben dürfte, weil nach ihm der Galvanometerausschlag bedingt wäre durch das Product Masse mal Geschwindigkeit.

Da man die Entfernung der beiden Platten cc' beliebig
reguliren kann, ist diese Methode ganz vorzüglich geeignet,
um für bestimmte Schlagweiten die Isolation einer Galvanometerrolle zu prüfen.

b) Wenn man nun die beiden Kugeln f und g bis auf
einige Millimeter nähert, so tritt folgende Erscheinung ein:
während des allmählichen Ladens der Platte c fliesst die
ganze abgestossene Electricitätsmenge von c' durch das Galvanometer nach E. Beim Entladen von ab strebt diese Electricitätsmenge plötzlich wieder nach c zurück, und zwar geschieht dies, indem sich zwischen f und g ein Funke bildet,
durch welchen der grösste Theil dieser Electricitätsmenge
den Rückweg findet. Springen bei dieser Anordnung die
Funken ab in rascher Aufeinanderfolge über, so geschieht
dasselbe zwischen f und g; G gibt einen constanten Ausschlag in der durch den Pfeil angedeuteten Richtung.[1] Dieser Ausschlag zeigt natürlich absolut keine Spur von einer
electromotorischen Gegenkraft, welche gegen die Stromrichtung des Funkens das Galvanometer so beeinflusste, dass
nicht nur der ursprüngliche Strom verdeckt, sondern sogar
ein Ausschlag nach entgegengesetzter Richtung erfolgen
würde. Vielleicht (?) ist im Funken fg eine electromotorische Gegenkraft vorhanden, jedenfalls aber kann sie niemals
und unter keiner Bedingung solche, den Hauptstrom über-
ragende Wirkungen hervorbringen, wie Edlund dies in so
vielen Versuchen beobachtet haben will.[2] Ein derartiges
„Vielleicht" kann aber wohl, besonders wenn es physikalisch
so unwahrscheinlich ist, einstweilen unberücksichtigt bleiben.

---

1) Auch wenn statt fg ein gerader Widerstand von etwa 10⁵ Ω eingeschaltet ist, erhält man einen Galvanometerausschlag in der Richtung
des Pfeiles, denn bei so kurzen Stromstössen ist die Selbstinduction der
Leitung bei einer Stromtheilung von grossem Einflusse.

2) Am auffallendsten in dieser Beziehung ist der Versuch Edlund's,
wo direct neben dem Funken das Galvanometer einen der Funkenrichtung entgegengesetzten Ausschlag gibt. Pogg. Ann. 134. p. 346. 1868.

Nun knüpft sich an diese electromotorische Gegenkraft eine Reihe von physikalisch höchst wichtigen Folgerungen; ich erinnere vor allem an die in neuester Zeit oft besprochene Idee, dass das Vacuum ein Leiter der Electricität sein soll. Nach Worthington[1]) aber finden durch den leeren Raum hindurch Influenzwirkungen statt, eine Thatsache, die Edlund nicht ganz bestreiten kann, welche aber nur dann mit einer Leitung des Vacuums in Einklang zu bringen ist, wenn man für den Uebergang der Electricität in dieses Vacuum eine grosse electromotorische Gegenkraft annimmt.[2]) Es entfällt somit diese ziemlich complicirte Erwiderung Edlund's auf Worthington's Einwendung.

Dass ein vollkommenes Vacuum einen Strom von selbst sehr hoher Spannung auch bei knapp nebeneinander stehenden Electroden nicht mehr durchlässt, hat seinen Grund entweder in einem Uebergangswiderstand oder aber in einer räumlichen Ausbreitung der Entladung, sodass es dann gleichgültig wäre, ob man zwei Electroden in grösserer oder geringerer Entfernung einander gegenüberstellt.

II. Ueber den galvanischen Lichtbogen.

Die Thatsache, dass der scheinbare Widerstand des electrischen Lichtbogens sehr gross ist und sich mit der Länge kaum ändert, ist lange bekannt und wurde in verschiedener Weise erklärt. Edlund[3]) und in neuerer Zeit v. Lang[4]) und Arons[5]) nehmen eine electromotorische Gegenkraft an, welche dem Hauptstrome entgegenwirkt und dadurch die grosse Potentialdifferenz an den beiden Electroden erzeugt. Ebenso Fröhlich[6]) und Peukert[7]), welche jedoch vor der grossen

---

1) Worthington, Phil. Mag. 1885; Exner's Rep. 21. p. 422. 1885.

2) Edlund, Exner's Rep. 21. p. 389. 1885.

3) Edlund, Pogg. Ann. 131. p. 536. 1867; 133. p. 353. 1868; 134. p. 250. 337. 1868; 139. p. 353. 1870; 140. p. 552. 1870; Wied. Ann. 15. p. 514. 1882.

4) v. Lang, Wien. Ber. II. 91. p. 814. 1885; II. 95. p. 84. 1887.

5) Arons, Wied. Ann. 30. p. 95. 1887.

6) Fröhlich, Electrot. Zeitschr. Berlin 1883. p. 150.

7) Peukert, Zeitschr. für Electrotechnik. Wien 1885. p. 111.

Zahl von etlichen 40 Volt zurückscheuen und theilweise auch einen Uebergangswiderstand annehmen. G. Wiedemann hingegen spricht in seinem Lehrbuche der Electricität[1]) die Vermuthung aus, dass der galvanische Lichtbogen möglicherweise eine discontinuirliche Entladung der Electricität sei, wodurch man gleichfalls zu einer Erklärung der thatsächtichen Verhältnisse gelangt. Schliesslich möchte ich noch einen vierten Punkt erwähnen, welchem vielleicht auch ein gewisser, wenn schon kleiner Antheil an der Constanz der Potentialdifferenz gebührt, nämlich den Umstand, dass die Electricität zwischen den zwei Spitzen sich räumlich ausbreitet.

Es sind somit vier verschiedene Gründe für die beobachtete, fast constante Grösse der Potentialdifferenz anzuführen, welche entweder einzeln oder vielleicht auch in Combination auftreten können:

1. Electromotorische Gegenkraft,
2. Uebergangswiderstand,
3. Discontinuirliche Entladung,
4. Räumliche Ausbreitung.

Die Erscheinungen am galvanischen Lichtbogen sind so complicirt, dass ich trotz der folgenden Versuche nicht wage, mich definitiv für eine oder einige der obigen Hypothesen zu entscheiden. Zudem liessen meine experimentellen Hülfsmittel oft zu wünschen übrig, so vor allem die Gramme'sche Maschine, welche mir in den meisten Fällen als Stromquelle diente, und welche in Verbindung mit einem Gasmotor von einer Pferdekraft oft recht inconstant wirkte. Die Versuche dürfen aber gleichwohl die Vermuthung G. Wiedemann's noch wahrscheinlicher und die electromotorische Gegenkraft Edlund's noch unwahrscheinlicher machen, als sie es von Haus aus waren.

Ein Versuch über die electromotorische Gegenkraft.

Im Jahre 1868 veröffentlichte Edlund einen Versuch, welcher direct die Wirkung der electromotorischen Gegenkraft zeigen soll.

---

1) G. Wiedemann, Electricität. 4. p. 885 n. 855. 1885.

Es wurde durch eine passend construirte Wippe die Batterie, welche den Lichtbogen speist, rasch ausgeschaltet, und andererseits ein empfindliches Galvanometer in eine Leitung mit den Electroden eingeschaltet. Dieses Umwerfen der Wippe beansprucht $^1/_{80}$ Secunde, und dann soll nach Edlund der Widerstand des erlöschten Lichtbogens circa 10 Ohm sein, und es soll das Galvanometer auch stets einen dem ursprünglichen entgegengesetzten Strom anzeigen, welcher durch die electromotorische Gegenkraft des Lichtbogens erzeugt sein soll.

Ich glaube jedoch, dass dieser Versuch Edlund's überflüssig complicirt ist, und dass man nach folgender Methode viel leichter und rascher diesen Gegenstrom müsste finden können. In Fig. 3 bedeutet D die Dynamomaschine, von welcher die Leitung über a zum Lichtbogen L (Kohlenelectroden) führt, von da über a' durch einen Commutator cc' zum Galvanometer G und andererseits wieder von hier durch den Commutator cc' über b' und b zurück zur Maschine. Die Galvanometernadel ist mit einer passenden Hemmung versehen, sodass sie nur nach einer Seite ausschlagen kann. Die Ablesung erfolgte mit Spiegel und Fernrohr; da jedoch der volle Strom der Maschine die Nadel weit über die Scala hinausgetrieben hätte, war dem Galvanometer ein passender Widerstand d vorgeschaltet. Zunächst wurde der Commutator so gestellt, dass bei brennendem Lichte die Nadel sich frei bewegen konnte und eine genau bestimmte Ablenkung zeigte; hierauf wurde zuerst der Commutator umgelegt; wurde jetzt das electrische Licht wieder angezündet, so wäre der Ausschlag ebenso gross wie früher, aber in entgegengesetzter Richtung erfolgt, wenn die Nadel nicht durch die Hemmung genau am Nullpunkte zurückgehalten wäre. Ueberdies wird jetzt noch der Nebenschluss d entfernt, und es liess sich jetzt leicht berechnen, dass der Ausschlag der Nadel ohne Hemmung circa das 5—7fache der ganzen Scala betragen hätte. Wir haben somit in diesem Momente des Versuchs in der Leitung einer Dynamomaschine nur eingeschaltet ein electrisches Licht und ein Galvanometer, welches ohne Hemmung einen sehr bedeutenden Ausschlag geben würde. Jetzt bringe ich die beiden Punkte a und b durch einen kurzen metallischen Contact in Verbindung; die Maschine ist ganz kurz geschlossen und wirkt gar nicht mehr auf die übrige Leitung, die wir auch als ein ganz geschlossenes System betrachten können. Wäre nun in L eine electromotorische Gegenkraft thätig, so würde der dadurch erzeugte Gegenstrom, unbeeinflusst von der Hemmung, einen Ausschlag des Galvanometers in entgegengesetzter Richtung erzeugen müssen. Leider wird eine derartige Hemmung ebenso wie die anliegende Galvanometernadel ein wenig federn; es wird somit bei diesem plötzlichen Kurzschlusse ein kleiner Ausschlag erfolgen, der aber, selbst wenn wir ihn auf Rechnung einer Gegenkraft setzen würden, höchstens zu einem Werthe von 2 Volt führen würde. Aber selbst gegen diesen kleinen Werth spricht ein weiterer Versuch, dass der Ausschlag gleich bleibt, wenn der Kurzschluss statt bei ab bei $a'b'$ erfolgt.

Ich halte diesen Versuch nicht für einen absoluten Gegenbeweis gegen die electromotorische Kraft des Lichtes, denn man könnte ja immerhin sagen, dass der Widerstand des erlöschenden Lichtbogens ein sehr grosser sei. Jedenfalls aber ist obiger Versuch in directem Widerspruche mit dem Resultate Edlund's, weil dieser zwischen dem Erlöschen des Lichtbogens und der Constatirung des Gegenstromes eine unvergleichlich grössere Zeit verstreichen lassen muss, als dies bei meiner Methode geschieht.

Dass bei Erlöschen des Lichtes der Widerstand nur sehr allmählich steigt, kann man aus folgendem einfachen Experimente ersehen. Wenn man nämlich in eine Leitung, die ein electrisches Licht speist, die primäre Spule eines Ruhmkorff so einschaltet, dass das Licht dort brennt, wo im Interruptor beim gewöhnlichen Gebrauche des Apparates die Unterbrechung stattfindet, so erhält man in der secundären Spirale dadurch, dass man die Kohlen langsam abbrennen und auslöschen lässt, keinen Funken, wohl aber bei einem sehr raschen Auseinanderziehen derselben. Der Widerstand steigt im ersteren Falle zu langsam.

Mit Rücksicht auf diese eben geschilderte Erscheinung

dürfte obigem Versuche vielleicht doch eine grössere Bedeutung zukommen, als es auf den ersten Blick scheint.

Bereits in der im Jahre 1867 veröffentlichten Arbeit zeigte Edlund dadurch, dass er für den galvanischen Lichtbogen entsprechende Widerstände substituirte, in indirecter Weise, dass die Potentialdifferenz an den beiden Electroden sich ausdrücken lässt durch eine Formel:

$$a + bl,$$

wo *a* und *b* zwei Constanten, *l* die Länge des Lichtbogens bedeutet.

Wenn *bl* als die gewöhnliche, dem Widerstande entsprechende Potentialdifferenz aufgefasst wird, so kann die Constante *a* nicht nur durch eine electromotorische Kraft, sondern auch durch eine Arbeitsleistung erklärt werden, welche der electrische Strom im Bogen leistet. Ebenso können, wie ich glaube, die neueren v. Lang's und Aron's auch so gedeutet werden, dass eine bestimmte Energiemenge zur Ueberbrückung der Electroden verbraucht wird.[1]

Ist die Potentialdifferenz der Electroden von der Temperatur abhängig?

v. Lang hat die Potentialdifferenz verschiedener Electroden mittelst eines Voltmeters (Galvanometers von grossem Widerstande) bestimmt und glaubt, dass diese Potentialdifferenz, oder, wie er sich ausdrückt, die electromotorische Gegenkraft eine Uebereinstimmung mit dem Schmelzpunkte des Electrodenmaterials zeige. Nun kann man aber ebenso behaupten, dass die Metalle im Lichtbogen bis fast zu ihrem Schmelzpunkte, jedenfalls aber nie weit darüber hinaus erhitzt werden, und dass daher die Potentialdifferenz der Electroden direct durch ihre Temperatur bestimmt werde. Dabei fällt auch die Ausnahmestellung, welche Silber zeigt, weg.

---

1) Ueber eine Anordnung, welche auch in Bezug auf obige Verhältnisse grosses Interesse bietet, siehe Hertz, Wied. Ann. 19. p. 797. 1883. Will man die Annahme, deren Berechtigung später wahrscheinlich gemacht werden soll, machen, dass die Entladung eine discontinuirliche sei, so lässt sich dieses Hertz'sche Beispiel leicht für die Vorgänge im Lichtbogen zurechtlegen.

In der That fand ich, dass künstliche Temperaturänderungen die Potentialdifferenz oft ziemlich bedeutend ändern können. Ich habe zu dem Zwecke drei verschiedene Methoden angewendet.

Methode 1. Die beiden Electroden stehen sich horizontal in einer Linie gegenüber und können mit Hülfe passender Schrauben einander beliebig genähert werden. Die eine Electrode ist zur Erde abgeleitet, und die andere führt zur Lemniscate eines Thomson'schen Electrometers, dessen zwei Quadrantenpaare mit Hülfe einer kleinen Batterie auf +25 Volts, resp. −25 Volts geladen waren. Der Ausschlag des Electrometers hat so die passende Grösse und ist überdies dem Potentiale der Lemniscate proportional. Geaicht wurde das Electrometer vor und nach jedem Versuche mit 50 kleinen Elementen, deren Werth nach einem Clarkelement bestimmt war. Es wird somit die Potentialdifferenz der Electroden direct electromotorisch abgelesen.

Die zur Erde abgeleitete Electrode kann mittelst eines Gasgebläses erwärmt werden.

Methode 2. Wie früher; nur sind beide Electroden bis knapp an ihre Spitze sehr dick mit dünnem Kupferdraht umwickelt, um durch die Leitung desselben eine Abkühlung hervorzubringen.

Methode 3. Die Electroden stehen senkrecht übereinander, und die untere taucht bis auf ihre Spitze in ein grosses Quecksilberbad, wodurch sie beträchtlich gekühlt wird. Das Quecksilber selbst ist mit einer dünnen Wasserschicht bedeckt, um die schädliche Wirkung aufsteigender Quecksilberdämpfe zu mindern.

Kohlenelectroden (5,5 mm Durchmesser). Die nach diesen drei Methoden erreichten Resultate sind bei Kohle am auffallendsten.

Ich werde die einzelnen Messungen nicht in Tabellen mittheilen, sondern der grösseren Uebersichtlichkeit wegen nur die wichtigsten Resultate im Mittel angeben. Ebenso sei ein für allemal erwähnt, dass die Stromstärke, die ausgiebig zu ändern ich nicht im Stande war, immer auch bei anderen Versuchen auf ca. 5 Ampère erhalten wurde.

Stehen die Kohlen einander in einer Entfernung von 2 mm horizontal gegenüber, so ist die Potentialdifferenz ca. 42 Volts, beim Erwärmen der negativen kälteren Electrode steigt diese Potentialdifferenz bis auf 52 Volts; beim Erwärmen hingegen der positiven Electrode auf 48 Volts. Diese letzteren Zahlen sind die äussersten erreichten Grenzwerthe und sind sehr abhängig von dem Grade der Erwärmung, d. h. von der Regulirung des Gaszuflusses beim Gasgebläse.

Stellt man die Kohlen senkrecht übereinander, so ist, da jetzt die untere Kohle stets die obere erwärmt, die Potentialdifferenz von vornherein eine grössere, und zwar wenn die positivere Kohle oben ist, etwa 47 Volts, wenn sie unten ist, 46 Volts; wird die untere Kohle durch Quecksilber gekühlt, so ist die Potentialdifferenz 43, wenn es die negative, und sehr angenähert 41, wenn es die positive ist. Letztere Zahl gilt ebenso wie alle übrigen für eine Electrodendistanz von 2 mm, ist aber nicht direct, sondern durch Extrapoliren bestimmt, da im letzteren Falle, d. h. bei Kühlung der positiven (heissen) Kohle der Lichtbogen in dieser Distanz nicht mehr ruhig brennt. Zu erwähnen wäre hier noch, dass die durch Quecksilber gekühlte Kohle nicht wie gewöhnlich spitzig und kegelförmig zubrennt, sondern sich ziemlich flach abstumpft, während die obere Kohle eine Spitze bildet, die mit einem kleinen blätterförmigen Schirm sich umkränzt. Letztere Erscheinung dürfte vielleicht auf eine Wirkung der Wasserdämpfe sich zurückführen.

Am auffallendsten zeigt sich die Wirkung der Abkühlung, wenn man beide Electroden dick mir Kupferdraht umwickelt, sodass nur die brennenden Spitzen hervorsehen; die Potentialdifferenz sinkt dann bis auf 35 herunter.

Wollte man für die untersuchten Fälle die Resultate durch die Formel $a + bl$ ausdrücken, so hätte man (l in Millimetern):

für horizontale Electroden	ohne Kühlung	$33{,}0 + 4{,}5\,l$ Volts
„ verticale „		$35{,}5 + 5{,}7\,l$ „
„ horizontale „	mit Kupferkühlung	$25{,}0 + 5{,}0\,l$ „

als Potentialdifferenz der Electroden. Diese Formel gibt im ersten und zweiten Falle Abweichungen von der Beobachtung bis zu $\pm 1,5$ Volts, im dritten bis zu ± 3 Volts. Es ist somit experimentell zweifellos gemacht, dass die Potentialdifferenz bei Kohlen von der Temperatur derselben abhängt. Damit stimmt auch die Thatsache überein, dass dickere Kohlenstäbe, welche sich weniger stark erwärmen, als dünne, eine geringere Potentialdifferenz zeigen.

Platinelectroden (5 mm Durchmesser). Horizontale Platinelectroden zeigen bei der Distanz von 2 mm ca. 35 Volt; sind sie beide sorgfältig mit Kupferdraht umwickelt, welcher zwar in der Nähe der Spitzen mit den Electroden zusammenschmilzt, dieselben aber doch einige Millimeter frei vorstehen lässt, so sinkt die Potentialdifferenz auf 26.

Mit Quecksilberkühlung gelang es mir leider nicht, brauchbare Resultate zu erzielen. Ebenso habe ich der Kostbarkeit des Materials wegen, weil beim gleichzeitigen Erhitzen durch ein Gasgebläse das Platin ziemlich rasch abtropfte, auf die Untersuchung des Einflusses der Erwärmung verzichten müssen, doch halte ich es nach den von mir gemachten Erfahrungen für kaum zweifelhaft, dass die Resultate analoge sein werden, wie bei Kohle.

Für horizontale Platinelectroden ergibt sich:

$$28,0 + 4,1\,l \pm 1,8 \text{ Volt.}$$

Mit Kupferkühlung werden die Resultate sehr unsicher.

Eisenelectroden [5,5 mm Durchmesser). Bei diesem Materiale war es mir unmöglich, brauchbare Resultate zu erzielen. Es schien mir zwar beim Erwärmen die Potentialdifferenz zu steigen und beim Kühlen durch Kupferdrahtleitung zu sinken, doch liegen diese Differenzen innerhalb der Beobachtungsfehler. Ganz unmöglich war es, Eisen mittelst des Quecksilberbades zu kühlen, denn dann wuchsen aus der oberen ungekühlten Electrode, sowohl während des Versuches, als ganz besonders nach Oeffnen des Stromes ganze Knorpeln und Knollen hervor. Die Potentialdifferenz horizontaler Electroden ist:

$$20 + 5\,l \pm 3 \text{ Volt.}$$

Kupferelectroden (4,4 mm Durchmesser). Die Temperatur ist hier schon eine so tiefe, dass nur der Einfluss

der Erwärmung untersucht wurde. Die Potentialdifferenz bei
2 mm Distanz ist ca. 26 und steigt beim Erwärmen der einen
Electrode auf etwa 28 Volt, und zwar wahrscheinlich etwas
mehr beim Erwärmen der negativen, als beim Erwärmen der
positiven Electrode.

Ich habe die Erwärmung auch dadurch zu erreichen gesucht, dass ich an eine gewöhnliche Kohlenelectrode vorn
ein 1 cm langes, gleich dickes Kupferstück anschraubte;
doch ist mit dieser Anordnung nichts zu erreichen, da der
grossen Hitze wegen (die Wärme der Kupferelectroden bleibt
der schlechten Ableitung wegen concentrirt) das Kupfer rasch
abtropft.

Silberelectroden (4,9 mm Durchmesser) Bei 2 mm
Entfernung ist die Potentialdifferenz zweier horizontal gegen-
überstehender Silberstäbe ungefähr 20 Volt und steigt beim
Erhitzen des positiven auf 23, beim Erhitzen des negativen
Poles auf 28 Volt.

Bei Silber sowohl, als bei Kupfer erscheint das constante
Glied sehr klein, es ist z. B. für Silber $a = 8$ und $b = 6$;
doch sind gerade bei diesen zwei Metallen meine Messungen
weniger zahlreich.

Es wird noch eine grosse Reihe von Methoden geben,
um den Einfluss der Temperatur zu studiren; so kann man
z. B. die eine Kohle horizontal stellen und die andere senkrecht darüber, je nachdem die untere Spitze der senkrechten
Electrode über dem Anfange oder über der Mitte der Horizontalelectrode stehen, müssten die Werthe sich ändern. Es
zeigt sich hier aber eine grosse Schwierigkeit in der Bestimmung der Entfernung der Electroden. Ueberdies habe ich
noch die untere Horizontalelectrode langsam unter der Senkrechten hin und her geschoben oder auch um ihre Längs-
axe rotiren lassen; doch sind auch hier die Resultate sehr
schwankende, weil der Lichtbogen durch das Bewegen der
Electroden mechanisch sehr alterirt wird.

Letzteren Versuch machte ich, um ein Analogon für das
Zischen des Bogens zu schaffen. Dieses Zischen des Bogens
erklärt sich nämlich, wie ich glaube, durch folgende Hypothese, in Ermangelung einer besseren (mir wenigstens ist

überhaupt keine andere bekannt), ziemlich ungezwungen; wird
der Strom zu stark (nähert man die Electroden einander zu
sehr), so geht die Entladung, wenn eine Stelle zu warm geworden, fortwährend sprungweise an anderen kälteren Stellen
über, durch welches Hin- und Herspringen ein Ton entsteht,
und zugleich durch Inanspruchnahme der kälteren Partien
die Potentialdifferenz fällt.

Weil die in diesem Capitel beschriebenen Versuche ohne
Ausnahme eine Abhängigkeit der Potentialdifferenz von der
Temperatur anzeigen, so glaube ich zum Aussprechen folgender Vermuthung berechtigt zu sein: Es hängt auch bei verschiedenen Electroden die Potentialdifferenz nicht so sehr von
der Substanz dieser Electroden, als wie von der allerdings
durch die Substanz bedingten Temperatur ab. Ich selbst
war nicht in der Lage, Temperaturbestimmungen der Electroden direct vorzunehmen. Es wäre aber eine diesbezügliche Untersuchung gewiss von grossem Interesse.

Einige Versuche über das Innere des Lichtbogens.

Ueber den Potentialverlauf im Inneren des Bogens existiren bis jetzt, soweit mir bekannt, keine Versuche. Ich
will daher einige allerdings vielleicht nicht ganz einwurfsfreie
Zahlen mittheilen. Ich steckte nämlich direct in den Lichtbogen hinein einen kleinen Kohlenstift, $1\frac{1}{5}$ mm dick, welcher
senkrecht so gegen die Electroden stand, dass sein Ende
genau in der Mitte des Lichtbogens sich befand. Das Ende
dieses Stiftes spitzte sich in der Hitze von selbst zu. Dieser
Stift stand in Verbindung mit dem Electrometer. Die eine
Electrode war zur Erde abgeleitet, sodass das Electrometer
direct das Potential des Ortes des Kohlenstiftes annehmen
muss.

Durch Vorversuche überzeugte ich mich zuerst (an Eisen,
Platin und Kohle), dass das Einführen des Stiftes die Potentialdifferenz der Electroden nicht bedeutend ändert.

Bei Kohlenelectroden zeigte sich, wenn der Stift in Berührung mit der nicht abgeleiteten negativen Electrode war,
ein Potential von etwa 46 Volt, welcher Werth der Potentialdifferenz der Electroden entspricht. War die Spitze des

Stiftes aber nicht in Berührung mit der positiven Electrode, so konnte man dieselbe längs dem ganzen Lichtbogen entlang führen, ohne dass das Potential von etwa 36 Volt sich stark änderte. Es macht somit das Potential im Kohlenlichtbogen einen doppelten Sprung; der Widerstand des Lichtbogens enscheint sehr klein, viel kleiner, als er nach der gewöhnlichen Deutung der Constante b (in der früheren Formel $a + bl$) hätte erscheinen müssen. Der Lichtbogen hatte bei diesen Versuchen mindestens eine Länge von 2,5 mm, und das entspräche einem Potentialgefälle von 10 Volt, welches innerhalb des Lichtbogens selbst sich hätte zeigen müssen, und welches bei seiner Grösse gewiss nicht hätte übersehen werden können. Des ferneren ergibt sich die interessante Thatsache, dass die gesammte Potentialdifferenz sich zusammensetzt aus zwei Theilen; es findet nämlich unmittelbar an der positiven heisseren Electrode ein Potentialsprung von 36, an der negativen kälteren ein solcher von 10 Volt statt.

Bei umgekehrter Stromrichtung zeigt dementsprechend der Stift nur ein Potential von 10 Volt; es ist somit auch hier die Potentialdifferenz einer einzelnen Electrode gegen den Lichtbogen von der Temperatur abhängig.

Die Resultate bleiben die gleichen, wenn man statt des Kohlenstiftes einen kleinen Platinstift in den Bogen einsenkt, nur zeigt sich hier der Missstand, dass das Platin rasch abschmilzt.

Ein fernerer Uebelstand, welcher mir das gewonnene Resultat nur als ein provisorisches erscheinen lässt, liegt darin, dass man die eingesenkte Spitze eine ziemlich grosse Strecke senkrecht aus dem Lichtbogen herausziehen kann, ohne dass das Potential dieser Spitze sich wesentlich ändert. Wir haben somit durch Einsenken eines derartigen Prüfstiftes nicht einen Punkt, sondern den Mittelwerth einer senkrecht zur Stromesrichtung liegenden Linie electrometrisch gemessen. Gleichwohl aber deutet die eben geschilderte Erscheinung darauf hin, dass die räumliche Ausbreitung des Lichtbogens eine ziemlich beträchtliche ist.

Diese bei Kohle beobachtete einseitige Potentialdifferenz fand ich aber nicht bei Platin, Eisen, Silber oder Kupfer.

Das Potential des inneren Lichtbogens liegt ziemlich in der Mitte zwischen den Potentialen der beiden Electroden; vielleicht liegt der Grund darin, dass die Temperaturen der Electroden weniger sich voneinander unterscheiden, als bei Kohle, vielleicht auch darin, dass sonstige, noch nicht studirte Erscheinungen des Ueberganges von Electricität oder Erscheinungen von Influenz stark glühender Körper hindernd sich geltend machen. Wäre ein Uebergangswiderstand an den Electroden vorhanden, so müsste derselbe sich in Zusammenhang bringen lassen mit Erscheinungen, welche Guthrie[1]) auf einem allerdings anderen Gebiete studirte, und welche neuerdings von verschiedenen Forschern weiter ausgearbeitet worden, ohne dass sie jedoch ihre Arbeiten in gegenseitigen Zusammenhang gebracht hätten.

Noch eine Bemerkung möchte ich hier anschliessen. welche sich mir bei Betrachtung des Lichtbogens aufdrängte.

In den meisten Fällen, besonders auffallend aber bei Silber- und Kupferelectroden, scheint die Hauptrichtung der Convection von der negativen zu der positiven Electrode zu führen. Die Lichterscheinung strömt so heftig aus der negativen Electrode heraus, dass z. B. ebensowohl die Metalldämpfe, als auch von unten aufsteigender Rauch heftig in dieser Richtung fortgeschleudert werden. Bei Platin, Eisen und Kohle ist die Erscheinung weniger ausgeprägt, dass aber auch hier ein Strömen der Materie von der negativen zur positiven Electrode stattfindet, beweisen, wie ich glaube, wenigstens für Kohle die Versuche von Dewar[2]), welche direct manometrische Druckunterschiede nachweisen.

Ich will von meinen vielen Notizen über das Aussehen des Bogens bei verschiedenen Electroden keine mittheilen, da bei der Mannigfaltigkeit der Erscheinung ein einheitlicher Gesichtspunkt noch mangelt; ich will nur noch eine, wie ich glaube, wichtige Thatsache erwähnen; wenn man nämlich das von den Electroden ausgestrahlte Licht abblendet, um den Lichtbogen selbst besser sehen zu können, so zeigt sich. dass die Breite desselben in der Mitte eine ver-

---

1) Guthrie, Phil. Mag. (4), 46. p. 257. 1873.
2) Dewar, Chem. News 45. p. 87. 1882; Beibl. 6. p. 512. 1882.

hältnissmässig sehr grosse ist. Es strömt somit die Electricität nicht nur direct von einer Electrode zur anderen
über, sondern auch in immer mehr sich ausbauchenden Strom-
linien. Wäre diese Ausbreitung eine vollkommen räumliche,
so würde der Widerstand nur an beiden Electrodenflächen
liegen und die Potentialdifferenz derselben unabhängig sein
von ihrer Entfernung. Auf jeden Fall wird die räumliche
Ausbreitung des Lichtbogens bei einer Erklärung seines
Widerstandes einmal mit in Rechnung gezogen werden müssen, wenn dieser Einfluss vielleicht auch als nicht bedeutend
sich herausstellt.

Ueber die Discontinuität des Lichtbogens.

Diese, wie ich glaube, zuerst von G. Wiedemann[1] vermuthete Anschauung, dass das Ueberfliessen der Electricität
im Lichtbogen ein stossweises sei, hat von vornherein etwas
ungemein Bestechendes, und ein weiteres Eingehen in die
thatsächlichen Verhältnisse lässt diesen Gedanken noch wahrscheinlicher werden. Jedenfalls müssen, da der rotirende
Spiegel den Lichtbogen nicht in Theilbilder zerlegen kann,
die einzelnen Entladungen sehr rasch aufeinander folgen.
Auch die sonstigen ersten Versuche, die ich anfänglich anstellte, liessen eine Discontinuität der Erscheinung nicht erkennen. Weder Dynamometer noch Telephon gaben in den
verschiedensten Schaltungen positive Resultate. Allerdings
kann die Anwendung des Telephons sehr leicht zu Täuschungen Anlass geben, da im Strom einer Dynamomaschine Töne
von sehr hohen Schwingungen vorkommen, welche aus der
Rollenanzahl, Bewickelungsart und Umdrehungsgeschwindigkeit dieser Maschinen schwer erklärlich sind.

Diese Fehlerquelle wurde durch Anwendung einer Bunsenbatterie eliminirt, und dann blieben die Versuche bei Kohlenelectroden und nicht zischenden Lichtbogen stets negativ.

Auch folgende Versuchsanordnung, welche ich gleichfalls
leider nur mit Kohlenelectroden anstellte, liess ein Stossen
des Stromes nicht erkennen. Es ist in Fig. 4 der Draht,

---

1) G. Wiedemann, Electricität 4. p. 835 u. 855. 1885.

welcher den Strom von der Dynamomaschine *D* zum
Lichtbogen *I.* führt, in zwei Theile getheilt. Jeder dieser
Theile enthält eine Galvanometerrolle *rr'*, welche in ent-
gegengesetztem Sinne auf die Galvanometernadel *ns* wirken.
Durch Aufheben des Schlüssels *ab* kann eine [Ruhmkorff)
Rolle von sehr grosser Selbstinduction und geringem Widerstande eingeschaltet werden, während *a'b'* einen ebenso grossen
geraden Widerstand öffnet. Zunächst sind *ab* und *a'b'* zu,
und es werden die Rollen *r* und *r'* so gestellt, dass die Galvanometernadel (für Spiegelablesung) in Ruhe bleibt. Die
Stromvertheilung zwischen diesen beiden Zweigen würde bei
Aufheben von *ab* und *a'b'*, wenn der Strom continuirlich ist,
nicht geändert, hingegen müsste bei rasch aufeinander folgenden Stössen, wegen der grossen Selbstinduction in *R*, ein
grösserer Theil durch die andere Zweigleitung fliessen. Die
Nadel zeigte aber keinen sicheren Ausschlag. Entweder
weil der Strom continuirlich ist, oder weil die einzelnen Entladungen zu rasch aufeinander folgten. Da jedoch die Galvanometernadel bei diesem Versuche sehr unruhig war, und
überdies vielleicht die Selbstinduction der Galvanometerrollen
das Resultat stören konnten, probirte ich noch zwei andere
Methoden, welche der schönen Arbeit von H. Hertz: „Versuche über Glimmentladung"[1]), die eine der Idee nach, die
andere direct entnommen waren.

Der eine Pol des electrischen Lichtes war zur Erde abgeleitet, und vom anderen Pole führten zwei kurze metallische
Leitungen direct zur Lemniscate und zum einen Quadrantenpaar eines Thomson'schen Electrometers, während eben dieselbe Electrode überdies noch mittelst der secundären Rolle
eines sehr grossen Ruhmkorffapparates mit dem zweiten Quadrantenpaar in Verbindung stand. Wenn das Potential an
der Electrode sich sehr rasch ändert, so wird infolge der
grossen Selbstinduction das eine Quadrantenpaar mit einem
constanten Mittelwerth dieses Potentials geladen; das andere
Quadrantenpaar aber und die Lemniscate werden in Uebereinstimmung mit der Electrode stets gleichzeitig dasselbe
Potential haben, welches sehr rasch um diesen Mittelwerth

---

1) Hertz, Wied. Ann. **19.** p. 782. 1888.

herumschwankt. Da sie somit stets mit gleichnamiger Electricität, wenn auch in wechselndem Betrage, gefüllt sind, so müsste stets ein Ausschlag nach ein und derselben Richtung erfolgen. Trotzdem die Scala in 5 m Entfernung von dem Electrometer aufgestellt war, zeigte sich weder bei Electroden von Kupfer. Silber, Eisen, Kohle oder Platin irgend ein Ausschlag. Der Grund hiervon dürfte mit Berücksichtigung des sogleich zu schildernden Versuches wahrscheinlich darin gelegen sein, dass die Amplituden der Potentialschwingungen zu geringe sind.

Folgende Methode hingegen ist überaus empfindlich und gab dementsprechend auch ein in gewisser Beziehung positives Resultat. Ich bediente mich dabei eines Apparates, welchen ich entsprechend den Angaben von Hertz construirte; ein sehr dünner Messingdraht (Fig. 5), $1/_{20}$ mm Durchmesser und von 50 cm Länge war horizontal ausgespannt, wobei das eine Ende fest an einer Mikrometerschraube sass, während das andere Ende mit einer federnden Kupferspirale verbunden war. Knapp am letzteren Ende war der Messingdraht um eine verticale Stahlaxe (Durchmesser 1,5 mm) einmal herumgewickelt. Die Stahlaxe, welche oben und unten in gut gearbeiteten Messinglagern ruhte, trug einen kleinen Ablesespiegel. Wenn durch den horizontalen Messingdraht ein schwacher Strom hindurchfloss, so verlängerte sich der Draht infolge der Erwärmung, und die Spiegelrotation zeigte an der 5 m entfernten Scala eine entsprechende Ablenkung. Während die eine Electrode e', wie in Fig. 5 ersichtlich, direct mit der einen Platte eines Condensators c' (ein Mikrofarad) verbunden wurde, war in die Leitung, welche die Electrode e mit der anderen Condensatorplatte c verband, einmal das eben geschilderte Apparatchen A und überdies noch die primäre Spule eines grossen Ruhmkorffapparates R (Widerstand $= 0,02 \ \Omega$) eingeschaltet; ab ist ein dicker Metalldraht, welcher den Ruhmkorff rasch aus- oder einschalten lässt.

Es sei zunächst ab metallisch geschlossen, dann wird, wenn das Potential an e und e' rasch vibrirt, der Condensator rasch hintereinander so geladen und entladen, dass die den dünnen Messingdraht durchzuckenden Ströme einen Ausschlag geben müssen.

Silber- und Kupferelectroden geben bei keiner Länge des Lichtbogens einen Ausschlag.

Kohlenelectroden geben einen Ausschlag von etlichen 40 mm und mehr, wenn der Lichtbogen zischt; sowie aber die Distanz etwas grösser wird, und der Lichtbogen zu zischen aufhört, verschwindet der Ausschlag sofort. Wenn selbst bei grösserer Distanz der Lichtbogen plötzlich zu zischen anfängt, erscheint auch plötzlich ein Ausschlag. Wenn ich neben den ersten Condensator cc' einen zweiten ff' parallel schaltete, stieg der Ausschlag auf das Doppelte. Durch Einschalten des Ruhmkorff's (Aufheben von ab) verschwand jeder Ausschlag sogleich. Es folgen somit, was auch aus dem Misslingen sämmtlicher früher geschilderten Methoden hervorgeht, die Potentialschwankungen so rasch auf einander, dass die Selbstinduction der Rolle R die einzelnen Stromwellen vollkommen glättet.

Bei Eisenelectroden tritt schon bei grosser Distanz ein Ausschlag ein, und wenn man die Electroden einander langsam nähert, geht die Scala rasch aus dem Gesichtsfelde hinaus. Es ist gewöhnlich auch nicht möglich, die beiden Eisenspitzen im Lichtbogen bis zur Berührung zu bringen, da bereits vorher das Licht mit einem leisen Knall verlöscht. Bei Einschaltung des Ruhmkorff erfolgt weder ein Ausschlag, noch verlöscht das Licht, wenn man auch die Eisenspitzen bis zur Berührung bringt.

Noch auffälliger werden die Versuche bei Anwendung von Platinelectroden. Die Erwärmung des dünnen Messingdrahtes ist hier so gross, dass er gewöhnlich an irgend einer Stelle abschmilzt. Ich habe daher die beiden Electroden direct durch einen dicken Draht mit den beiden Condensatorflächen verbunden. In einer Entfernung von 3 mm brennt der Lichtbogen ganz ruhig, nähert man nun die beiden Platinelectroden einander noch so allmählich, so verlöscht das Licht bei einer Electrodendistanz von etwa $1\frac{1}{2}$ mm mit einem lauten Knall, und es ist unmöglich, die beiden Platinelectroden durch einen Lichtbogen zu entzünden. Doch geht das natürlich ganz leicht, wenn man die Condensatoren entfernt, es gelingt aber eben so leicht, wenn man in die zum Condensator führende Leitung die primäre Spule des Ruhmkorffapparates einschaltet. Wenn im letzteren Falle die Platinelectroden in einer Entfernung von 1−2 mm ganz ruhig leuchten, so genügt ein einfaches Ausschalten des Ruhmkorffs (durch Ueberbrücken von *ab*), um den Lichtbogen momentan mit einem lauten Knall zu verlöschen.

Aus dem Vorangehenden scheint somit hervorzugehen, dass mindest bei Eisen- und Platinelectroden der Strom stossweise durch den Lichtbogen hindurchgeht; durch das Einschalten des Condensators muss nach jeder Entladung dieser Condensator frisch gefüllt werden, und es scheint, als ob dadurch das Entladungstempo soweit verzögert wird, dass der Lichtbogen verlöschen muss. Diese Wirkung dürfte wahrscheinlich durch die Oscillationen, wie sie bei Condensatorentladungen auftreten, wesentlich verstärkt werden. Eine weitere Verstärkung scheint auch durch die Wirkung der Extraströme der Dynamomaschine erzeugt zu werden, denn, wenn auch bei Anwendung einer entsprechenden Bunsenbatterie alle die geschilderten Erscheinungen in gleicher Weise stattfanden, so schien mir doch in letzterem Falle der Knall beim Aufhören des Lichtbogens minder intensiv.

Wenn man zwischen Condensator und Electrode die primäre Spule eines Ruhmkorff einschaltet und durch die Selbstinduction dieser Rolle das stossweise Laden und Entladen des Condensators verhindern kann, so müssen auch in der secundären Ruhmkorffspirale Inductionswirkungen sich nachweisen lassen, und in der That springen zwischen den Enden derselben, wenn man dieselben gehörig (bis auf Bruchtheile eines Millimeters) nähert, bei brennendem Lichtbogen ganz kleine Funken continuirlich über.

Eine weitere Anwendung dieser Methode gestattet schliesslich noch zu entscheiden, welcher der beiden Pole an dieser discontinuirlichen Entladung den Hauptantheil hat und da ergeben sich folgende Resultate.

Bei der zischenden Kohle ist es der positive Pol, denn man kann einer positiven Kohle als negativen Pol wieder eine Kohle oder auch Kupfer oder Silber gegenüberstellen, es bleibt die frühere geschilderte Erscheinung sichtbar. Wenn

man bei diesen Combinationen und einer Anordnung, wie sie
in Fig. 5 beschrieben ist, die Electroden so weit nähert,
dass Zischen eintritt, so zeigt in eben demselben Momente
auch der Spiegel des früher erwähnten Apparatchens einen
Ausschlag an. Derselbe bleibt jedoch bei grösseren Elec-
trodendistanzen aus. Ebenso ist, wenn man den Strom
umkehrt, d. h. die Kohle in den eben geschilderten Combinationen zum negativen Pole macht, absolut kein Ausschlag
zu sehen, selbst wenn man die Electroden bis zum Verlöschen
des Lichtbogens zusammenschiebt.

Interessant ist die analoge Untersuchung von Eisen und
Platin; dieselbe ergibt nämlich genau das entgegengesetzte
Resultat; nur kann man hier, besonders bei Platin, das früher
benutzte Apparatchen weglassen. Wenn man einer positiven
Platinelectrode eine solche von Kohle, Kupfer oder Silber
gegenüberstellt, und die beiden Electroden je mit den Condensatorplatten direct kurz verbindet, so brennt der Lichtbogen bei Distanzen von einigen Millimetern fast ebenso,
wie bei ganz kleinen Entfernungen; man kann die Electroden
oft bis zur Berührung zusammenschieben, ohne etwas Auffälliges zu bemerken. Kehrt man jedoch die Stromrichtung
um, d. h. macht man in obigen Combinationen und bei sonst
ganz gleicher Anordnung Platin zum negativen Pole, so verlöscht das Licht, wenn man die Electroden langsam gegeneinander schraubt, plötzlich mit einem Knalle, es ist unmöglich, bei etwa 1 mm Electrodendistanz den Lichtbogen zu
entzünden. Das Einschalten des Ruhmkorffs vernichtet diese
Erscheinung, dafür zeigt aber ein kleiner Funke das Auftreten der Inductionswirkung in der secundären Spirale an;
ebenso wie Platin, nur minder auffällig, verhält sich Eisen.

Die in diesem Capitel mitgetheilten Beobachtungen bedürfen noch weiterer, vor allem quantitativer Untersuchungen,
bevor sie ein sicheres Fundament zur Aufstellung einer neuen
Hypothese werden könnten. Gleichwohl glaube ich jetzt
schon folgende Vermuthung als ziemlich wahrscheinlich hin-
stellen zu können. Der Uebergang der Electricität im galvanischen Lichtbogen ist ein discontinuirlicher, bei Kupfer-
und Silberelectroden erfolgen die einzelnen Stösse wahrschein-

lich so schnell, dass sie sich factisch nicht mehr nachweisen lassen. Die Anzahl der einzelnen Stösse ist bei Eisen und vor allem bei Platin eine bedeutend kleinere, und man kann daher mit den bis jetzt angewandten Hülfsmitteln die Erscheinung hier bereits constatiren: Die Entladungen gehen vom negativen Pole aus. Eine weitere Muthmassung, warum diese Intermittenz bei den schwerer schmelzbaren oder vielleicht besser ausgedrückt, bei den schwerer flüchtigen Metallen eine langsamere ist, scheint mir einstweilen noch verfrüht. Nach den bis jetzt gemachten Versuchen scheint die Kohle trotz der hohen Potentialdifferenz von Kohlenelectroden in Bezug auf die Discontinuität des Lichtes dem Kupfer und Silber näher zu stehen, als dem Eisen und Platin, denn ich glaube mit einiger Berechtigung, die früher nachgewiesene Intermittenz beim Zischen, da dieselbe am positiven Pole ihren Sitz hat, nicht mit den Erscheinungen bei Eisen und Platin identificiren zu sollen.

Die positiven Ergebnisse dieser Arbeit sind

I. für den electrischen Funken:

1. Die electromotorische Kraft des Funkens ist physikalisch sehr unwahrscheinlich.

2. Sämmtliche Beweise Edlund's für diese Kraft sind unrichtig.

II. für den galvanischen Lichtbogen:

1. Eine electromotorische Gegenkraft ist direct durch einen Rückstrom noch nicht nachgewiesen.

2. Die Potentialdifferenz der Electroden ist abhängig von ihrer Temperatur.

3. Ist die negative Electrode Eisen oder Platin, so ist die Entladung discontinuirlich.

Univ. Wien, Phys. Cabinet.

IV. Ueber das Leitungsvermögen beleuchteter Luft; von Svante Arrhenius.

(Der schwed. Acad. der Wiss. mitgetheilt den 11. Jan. 1888).

(Hierzu Taf. VI Fig. 6—7.)

In einer früheren Abhandlung[1]) bin ich bei der Discussion der Versuchsdaten zu der Anschauung geführt worden, dass die Luft durch Bestrahlung mit geeignetem Licht wie ein Electrolyt leitend wird. Um diese Ansicht experimentell zu bestätigen, habe ich im physikalischen Institut der schwedischen Academie der Wissenschaften die im Folgenden erwähnten Versuche angestellt.

1. **Versuchsanordnung.** Ein kurzes, cylindrisches Glasrohr A (Fig. 6) von 10 mm innerem Durchmesser wurde an dem einen Ende mit der Luftpumpe verbunden, am anderen mit einer zur Axe des Rohres senkrechten, 3 mm dicken Quarzplatte Z abgeschlossen. In das Rohr waren zwei Platindrähte (p und p_1) einander gegenüber so eingelöthet, dass sie von der Quarzplatte (Z) 4 mm entfernt waren. Der Abstand dieser Drähte betrug 1,4 mm. Von einer mit Ladflaschen versehenen Holtz'schen Maschine (H) gingen Zuleitungsdrähte zu zwei am Rand einer Glasplatte befestigten Nadeln (N und N_1), deren Spitzen 1,7 mm voneinander abstanden. Die Ebene durch N und N_1 stand senkrecht auf der Linie durch p und p_1 (und nicht so, wie sie der Uebersichtlichkeit wegen in der Fig. 6 gezeichnet ist). Die Spitzen von N und N_1 lagen in einem Abstand von 0,34 mm von der Quarzplatte (Z). Wenn also ein Funken zwischen diesen Spitzen übersprang, so wurde die Luft zwischen den Platindrähten (p und p_1) dadurch beleuchtet. Die Holtz'sche Maschine (H) wurde im Tact nach den Schlägen eines Metronomes gedreht und lieferte einen Strom von $41,5 . 10^{-6}$ Amp. Die beiden Platindrähte (p und p_1) waren durch eine Leitung verbunden, welche in G ein empfindliches Thomson'sches Galvanometer (1 Scalentheil $= 3,2 . 10^{-11}$ Amp.) und in S eine

---

1) S. Arrhenius, Wied. Ann. **32**. p. 565. 1887.

Säule von 38 Clark'schen Elementen hinter einem Commutator (*K*) enthielt. Da der Widerstand dieser Elemente und
des Galvanometers gegen denjenigen der untersuchten Luft
vollkommen verschwindet, so ist der Ausschlag des Galvanometers (*G*) dem Leitungsvermögen der Luft zwischen den
Platindrähten (*p* und *p₁*) proportional.

    2. **Allgemeines.** Wenn die Holtz'sche Maschine (*H*)
nicht gedreht wurde, oder überhaupt kein Funke zwischen
den Nadelspitzen übersprang, so zeigte das Galvanometer bei
Umlegen des Commutators (*K*) einen Ausschlag von einigen
Scalentheilen, herrührend von einem kurzdauernden Ladungsstrom; die Galvanometernadel ging aber gleich in ihre Ruhelage zurück. Liess man dann einen Strom von Funken zwischen den Nadelspitzen überspringen, so wich, bei geeignetem
Drucke im Glasrohre *A*, die Galvanometernadel bedeutend
aus, sodass bei Umlegung des Commutators ein Stellungs-
unterschied von etwa 100 Scalentheilen wahrgenommen wurde.
Dieser Ausschlag zeigt an, dass die Luft zwischen den
Platindrähten (*p* und *p₁*) durch das Licht der Funken leitend
geworden ist; von einer merklichen Erwärmung der Luft
kann nämlich hier nicht die Rede sein. Um die Einwendung
zu beseitigen, dass dieser Ausschlag möglicherweise von
electrostatischen oder electrodynamischen Wirkungen des Maschinenstromes direct oder indirect herrühren könnte, machte
ich folgenden Versuch. Vor der durchsichtigen Quarzplatte
wurde ein dünnes Blatt von electrischem Papier (Nitrocellu-
lose) befestigt, wodurch, da dieses Papier ein vorzüglicher
Nichtleiter ist, keine merkbare Aenderung der electrostatischen
oder electrodynamischen Einwirkung des Maschinenstromes
entstehen konnte, dagegen die Beleuchtung der Luft im Glasrohr *A* durch den Funken bedeutend beeinträchtigt wurde.
Der Ausschlag der Galvanometernadel wurde durch Einführen
des electrischen Papieres von 110 auf 10 Scalentheile erniedr-
rigt, um nachher, nach Entfernung des Papieres, wieder
seinen früheren Werth zurückzunehmen. Die zehn zurückbleibenden Scalentheile können durch die nicht vollkommene Un-
durchsichtigkeit des Papieres erklärt werden. Dieser Versuch,
der mehrere mal mit demselben Erfolg wiederholt wurde,

lässt wohl keine andere Deutung übrig, als dass die Luft zwischen den Platindrähten (p und p_1) durch Beleuchtung mittelst des electrischen Funkens leitend gemacht wird. Auch die atmosphärische Luft besitzt ein grosses Absorptionsvermögen für die dabei wirkenden Strahlen, indem eine Vergrösserung des Abstandes der Nadelspitzen von der Quarzplatte um 0,34 mm den Ausschlag auf etwa die Hälfte erniedrigt. Die Wirkung der Funken auf das Leitungsvermögen der Luft nahm allmählich ab, indem die Quarzplatte von den Funken angegriffen wurde, sodass sie allmählich ihre Durchsichtigkeit verlor. Es sei auch erwähnt, dass keine merkliche Funkenbildung zwischen den Platindrähten (p und p_1) auftrat, wozu auch offenbar die Stromstärke viel zu klein war, ebenso wie auch, dass die Erscheinung bei einer electromotorischen Kraft von 9 Clarks zu beobachten war; im allgemeinen wurde jedoch eine electromotorische Kraft von 38 Clarks verwendet.

3. **Einfluss des Luftdruckes.** Unter übrigens gleichen Umständen ist der Ausschlag des Galvanometers sehr stark von dem Drucke der leitenden Luft abhängig. Bei sehr niederen und hohen Drucken ist der Ausschlag Null und geht also bei einem bestimmten Drucke — im vorliegenden Falle etwa 4—5 mm — durch ein Maximum, wie aus der folgenden Tabelle erhellt.

Druck in mm	0,03	0,12	0,6	1,5	3,0	6,0	9,0	12,0	15,0	21,0
Stromstärke in 10^{-10} Amp.	0	0	0,9	1,9	6,1	6,7	2,6	1,3	0,3	0

In dieser Beziehung verhält sich also die beleuchtete Luft ganz so wie die im Kathodenlichte phosphorescirende Luft, wie es auch zu vermuthen war. Ich habe auch in der angeführten Abhandlung eine theoretische Erklärung dieses Umstandes gegeben, welche auf die hier untersuchte Erscheinung, wie leicht zu ersehen, verwendbar ist, sodass ich auf eine nähere Erörterung derselben verzichten kann.

4. **Electrolytische Leitung der Luft.** Nachdem ich im Vorigen gezeigt habe, dass beleuchtete Luft sich ebenso verhält, mag die Lichtquelle gewöhnliches oder Kathodenlicht sein, wird es genügen, nachzuweisen, dass die von Kathodenlicht bestrahlte Luft electrolytisch leitet. Wenn man zwei

verschiedene., einander berührende Metalle durch einen Leiter
verbindet, so entsteht entweder ein Strom in dem geschlossenen Kreise, oder es geschieht nichts. Unter Voraussetzung,
dass keine Temperaturverschiedenheiten in diesem Kreise
vorkommen, ist im ersten Fall der eingeschaltete Leiter
ein Electrolyt, im zweiten Falle leitet er wie ein Metall.
Um also zu entscheiden, ob phosphorescirende (beleuchtete)
Luft electrolytisch oder metallisch leitet, verfuhr ich folgendermassen. In ein rechtwinkliges Rohr (*AB*, Fig. 7) von 20,5 mm
Durchmesser hatte ich im obersten Punkte des 58 mm langen
verticalen Schenkels (*A*) einen Platindraht (*a*) eingelöthet.
In demselben Schenkel war unten eine kreisrunde Aluminiumplatte (*b*) von 18 mm Durchmesser auf einem Platinstiel
eingelöthet, sodass die Axe des vorliegenden horizontalen
Schenkels (*B*) nahe senkrecht durch den Mittelpunkt der
Platte (*b*) ging. Durch ein 3,5 mm starkes, in 27 mm Entfernung von der Platte (*b*) angelöthetes, horizontales Seitenrohr (*c*) konnten verschiedene Metalldrähte in den Schenkel
(*B*) eingeführt werden. Uebrigens war das rechtwinklige Rohr
(*AB*) mit der Luftpumpe verbunden. Zwei dünne Drähte
wurden jetzt mittelst Siegellacks einander parallel in sehr
kleiner Entfernung (unter 1 mm) miteinander verbunden und
nachher in das Seitenrohr (*C*) eingeführt. Wenn man dann
durch einen im verticalen Rohrschenkel (*A*) verlaufenden primären Strom im horizontalen Schenkel (*B*) Kathodenlicht
entwickelte, so wurde, wie ich in meiner angeführten Arbeit
gezeigt habe, die Luft in diesem Schenkel (*B*) leitend. Die
beiden durch das Seitenrohr eingeführten Drähte zeigen dann,
auch wenn sie beide aus demselben Metall bestehen, eine
gewisse Potentialdifferenz. Bei geeigneten Drucken ist diese
jedoch sehr klein; so z. B. erwies sie sich bei den Drucken
0,41, 0,25 und 0,07 mm kleiner als resp. $^1/_{20}$, $^1/_{10}$ und $^1/_{10}$
Daniell.[1]) Um zu erproben, ob dies auch bei den neuen
Versuchen der Fall sein würde, führte ich zwei Platindrähte
durch das Seitenrohr, sodass eine durch die beiden Drähte
gelegte Ebene so weit als möglich der Aluminiumplatte

---

1) S. Arrhenius, Wied. Ann. **32.** p. 548. 551. 552 u. 559. 1887.

parallel lag. Da für kleine electromotorische Kräfte der
Ausschlag der electromotorischen Kraft proportional ist[1]), so
konnte man durch Vergleichung der Ausschläge, welche durch
die genannte Potentialdifferenz allein und durch dieselbe um
einen Clark[2]) vergrössert oder vermindert entstanden, diese
Differenz auswerthen. Sie betrug bei 0,6 und 0,08 mm resp.
0,04 und 0,07 Volt. Man kann danach hoffen, die Bestimmung
der Potentialdifferenz verschiedener Metalle in phosphorescirender Luft auf etwa 0,1 Volt genau auszuführen. Ich befestigte also in der oben beschriebenen Weise einen Draht
aus Platin und einen aus Zink (käuflichem) und bestimmte,
wie oben angegeben, die Potentialdifferenz zwischen denselben.
Nachdem eine solche Bestimmung ausgeführt war, wurde ein
neuer, geschmirgelter Zinkdraht genommen, der Platindraht
gereinigt und eine neue Bestimmung in derselben Weise
ausgeführt. In allen Fällen wurde ein Strom beobachtet,
welcher in der leitenden Luft von Zink zu Platin ging, also
ganz, wie wenn man Zink und Platin durch Wasser vereinigt
hätte. Folgende kleine Tabelle enthält die gemessenen Werthe
der electromotorischen Kraft neben den Drucken, bei welchen
die Messungen ausgeführt wurden.

Druck in mm	0,3	0,06	0,2	0,9	0,16	0,6	0,22	
Potentialdiff. in Volts	0,92	0,75	0,90	0,68	1,01	0,69	1,05	Mittel 0,86 V.

In dem Mittel dürften die Fehler, welche durch unsymmetrische Lage der beiden Drähte in der Bahn des
Primärstromes entstehen, und welche die Potentialdifferenz
zwischen zwei gleichen (z. B. Platin-) Drähten hervorrufen,
ziemlich aufgehoben sein.

Inzwischen ist zu bemerken, dass die Potentialdifferenz
zwischen Zink und Platin mit der Zeit abzunehmen scheint.
Bei dem Drucke 0,22 mm ergaben fünf nacheinander folgende
Bestimmungen, von denen jede etwa 8 Minuten in Anspruch
nahm, während welcher Zeit die Stärke des Secundärstromes
im Mittel etwa 10^{-6} Amp. vor, folgende Werthe in Volts
1,05, 0,94, 0,79, 0,64, 0,63. Auch in dieser Beziehung scheint
also die Luft sich etwa wie Wasser zu verhalten. Wahr-

---

1) S. Arrhenius, l. c. p. 559.
2) 1 Clark ist gleich 1,45 Volts angenommen.

scheinlich rührt dieses Sinken der Potentialdifferenz von einer kleinen Oxydation des Zinkes her.

Obgleich diese Messungen nicht besonders sichere Werthe ergeben, so dürfte wohl doch aus ihnen hervorgehen, dass die Luft electrolytisch leitet. Bekanntlich ist seit der Entdeckung des Galvanismus immer darüber gestritten worden, ob der sogenannte Voltaeffect wirklich seinen Sitz am Berührungspunkte zweier Metalle oder an den Berührungspunkten der Metalle und des umgebenden Gases hat. Die Grösse des Peltiereffects scheint für die letzte Alternative zu sprechen. Der oben gefundene Werth der Potentialdifferenz zwischen Zink und Platin in phosphorescirender Luft ist von derselben Grössenordnung wie der für den Voltaeffect gefundene. Es ist wohl unzweifelhaft, dass durch diesen Umstand die letzte Alternative, welches in letzter Zeit bedeutend an Boden gewonnen zu haben scheint, und welches mit besonderem Geschick von Oliver Lodge[1]) vertreten worden ist, viel an Wahrscheinlichkeit gewonnen hat.

Im Vorigen ist gezeigt worden, dass die Luft bei Bestrahlung mittelst geeigneten Lichtes bei Drucken, die zwischen etwa 1 und 20 mm liegen, electrolytisch leitend wird. Obgleich es aber bei anderen Drucken nicht gelungen ist, diese Wirkung zu verfolgen, dürfte wohl kein Zweifel obwalten, dass dieselbe auch unter solchen Umständen stattfindet. Dafür sprechen besonders die schönen Versuche von Hertz[2]), welche zeigen, dass die Funken in Luft von gewöhnlichem Druck sich leichter ausbilden, wenn die Funkenstrecke beleuchtet wird, als wenn sie im Dunklen gehalten ist. Diese Versuchsergebnisse können nämlich sehr leicht erklärt werden, wenn man annimmt, dass die Luft durch Beleuchtung ihr Leitungsvermögen vergrössert.

Stockholm, im Jan. 1888.

---

1) O. Lodge, Phil. Mag. (5) 19. p. 153. 254 u. 340. 1885; 20. p. 372. 1885; 21. p. 263. 1886.
2) Hertz, Wied. Ann 31. p. 983. 1887.

V. Ueber die Compressibilität des Wassers; von W. C. Röntgen und J. Schneider.

(Hierzu Taf. VI Fig. 8—9.)

Die Versuche zur Bestimmung der scheinbaren Compressibilität des Wassers, welche wir früher mittheilten[1]), erreichen nicht denselben Grad von Genauigkeit, wie unsere Versuche über die relative scheinbare Compressibilität von Lösungen. Der Grund dieser Verschiedenheit liegt darin, dass wir bei jenen Versuchen nur kleine Drucke anwenden konnten, und dass folglich die Volumenänderungen in den Piëzometern zu gering waren, um mit einiger Sicherheit die Richtigkeit der letzten Stelle des gefundenen Werthes (0,0000438) garantiren zu können. Dies war uns damals recht wohl bekannt; wir veröffentlichten diesen Werth aber trotzdem, weil die erreichte Genauigkeit genügte, um den beabsichtigten Zweck jener Bestimmung zu erreichen, nämlich die Erkennung von Gesetzmässigkeiten, welche zwischen der molecularen Compressibilität einer Lösung und ihrer Capillarconstante bestehen. Bei der Fortsetzung unserer Untersuchung über Volumenelasticität stellte sich die Nothwendigkeit heraus, den Werth der scheinbaren Compressibilität des Wassers genauer zu bestimmen, und wir entschlossen uns daher, die Versuche mit grösseren Drucken und bei verschiedenen Temperaturen zu wiederholen.

Der Apparat, mit welchem die neueren Versuche ausgeführt wurden, unterscheidet sich von dem früher benutzten nur insoweit, als ein anderes Manometer angewendet wurde. Es wird somit genügen, wenn wir auf die frühere Beschreibung verweisen und die des neuen Manometers hinzufügen.

Die etwa 610 cm lange verticale Manometerröhre bestand aus vier durch aufgekittete Stahlfassungen miteinander verbundenen Glasröhren. Um dieselbe aufstellen zu können, musste das Gewölbe des Kellers, in welchem der Compressionsapparat aufgestellt war, durchbrochen werden; hölzerne, zwischen Boden und Decke der beiden übereinander liegenden

---

1) Röntgen u. Schneider, Wied. Ann. **29.** p. 197. 1886.

Arbeitsräume eingestemmte Balken dienten zur Befestigung des Manometers. Das untere Ende der langen Röhre war durch eine Verschraubung mit einem kräftigen Dreiweghahn aus Stahl (*I* in Fig. 8) verbunden, der selbst auf dem abnehmbaren Deckel eines starkwandigen eisernen Cylinders aufgeschraubt war. Die durchgehende verticale Durchbohrung des Hahnkörpers setzte die Manometerröhre mit einem bis auf den Boden des Cylinders reichenden kurzen Rohre in Verbindung; die seitliche Durchbohrung führte zu einer engen, kurzen Glasröhre, welche zuerst vom Hahnkörper weg horizontal verlief, dann nach unten und schliesslich wieder nach oben gebogen war (Fig. 8); das letzte Stück derselben hatte dieselbe Weite wie die Manometerröhre. Von einer zweiten Durchbohrung des Deckels führte eine enge Kupferröhre zu dem Stiefel der Pumpe des Compressionsapparates: der Kolben war vorher daraus entfernt. Der im Inneren 7,4 cm weite, ungefähr 10 cm hohe Eisencylinder stand mit der den Compressionsapparat enthaltenden Glaswanne auf einem grösseren, sehr solid gebauten Tische.

Der Compressionsapparat, die Kupferröhre und der obere Theil des Eisencylinders waren mit Wasser gefüllt; im unteren Theile des Cylinders, in der Manometerröhre, in dem vom Hahn seitlich abgehenden Röhrchen, sowie in allen Verbindungskanälen zwischen diesen Theilen befand sich Quecksilber. Es wurde dafür gesorgt, dass in keinem Raum Luft übrig blieb.

Es ist nun leicht einzusehen, in welcher Weise die erforderlichen Druckänderungen im Inneren des Compressionscylinders erzeugt wurden. Wir wollen die dazu nöthigen, verschiedenen Stellungen der beiden Hähne am Eisencylinder I und am Compressionsapparat II angeben. Um Atmosphärendruck herzustellen, wurde der Hahn 1 so gestellt, dass die Manometerröhre vom Eisencylinder abgesperrt war, der Inhalt des letzteren dagegen mit dem seitlichen Röhrchen communicirte; Hahn II verband den Compressionsapparat mit der Kupferröhre und mit dem oben am Apparat angebrachten kleinen Wasserbehälter. Dem Druck der Wassersäule vom Niveau in diesem Behälter bis zur Oberfläche des

Quecksilbers im Eisencylinder hielt die Quecksilbersäule von jener Oberfläche an gerechnet bis zum Stand in dem seitlich vom Hahne angebrachten Röhrchen das Gleichgewicht. Sollte darauf der höhere Druck eingeleitet werden, so wurde zuerst der Hahn II so gestellt, dass der Compressionsapparat nur mit der Kupferröhre communicirte, und dann der Hahn I um einen Winkel von 90° gedreht, sodass die Manometerröhre mit dem Eisencylinder in Verbindung stand, das seitliche Röhrchen dagegen abgesperrt war. Die erzeugte Druckerhöhung wäre nun ohne weiteres zu messen durch die Höhendifferenz des Niveaus neben dem Hahne und oben in der Manometerröhre, wenn das Quecksilber im Inneren des Eisencylinders denselben Stand behalten hätte; dies ist aber nicht der Fall, denn durch die Zusammendrückung der Luft im Compressionsapparat[1]) tritt Quecksilber aus der Manometerröhre in den Eisencylinder, und wird dort der Stand erhöht. Der Betrag dieser Erhebung ist aber leicht aus dem Querschnitt des Cylinders, dem der Manometerröhre und der Senkung des Standes des Quecksilbers in dieser Röhre zu berechnen; es ergab sich bei allen Versuchen fast immer ein Werth von 0,5 cm, um welche somit die Länge der Quecksilbersäule im Manometer zu verkürzen ist. Um wieder auf Atmosphärendruck zurückzukommen, wurde der Hahn I wieder in die erste Stellung gebracht, während der Hahn II vorläufig unverändert stehen blieb. Durch die Ausdehnung der Luft im Compressionsapparat wurde das in den Eisencylinder eingetretene Quecksilber durch das Seitenröhrchen hinausgetrieben. Erst nachdem das Ausfliessen des Quecksilbers aufgehört hatte, und das Niveau in jenem Röhrchen auf denselben Stand wie zuvor gebracht war, wurde, um ganz sicher zu sein, dass im Compressionsapparat wieder der ursprüngliche Druck herrschte, auch der Hahn II in die erste Stellung zurückgedreht. Das ausgeflossene Quecksilber wurde wieder oben in die Manometerröhre eingegossen.

Zur Reduction der Quecksilbersäule auf 0° waren in verschiedener Höhe vier Thermometer angebracht. Die unten

---

1) Vgl. Röntgen u. Schneider, Wied. Ann. **29.** p. 173. 1886.

angegebenen Längen der Säulen sind auf 0°, 45° Breite und Meereshöhe reducirt. 1 Atmosphäre entspricht dem Druck einer reducirten Quecksilbersäule von 76,00 cm.

Beide Piëzometer waren mit sorgfältig destillirtem, durch Kochen ziemlich luftfrei gemachtem Wasser gefüllt. Die bei gewöhnlicher Temperatur und Atmosphärendruck absorbirte Luft übt zwar auf die Zusammendrückbarkeit des Wassers keinen merklichen Einfluss aus[1]), sie hat aber leicht zur Folge, dass sich in den Piëzometern kleine Bläschen abscheiden, welche das Resultat der Versuche stark fälschen könnten.

Alle wichtigeren, bei der Ausrechnung benutzten Grössen wurden nochmals auf das genaueste bestimmt. Wir geben dieselben im Folgenden an.

Der Inhalt der Piëzometer wurde neuerdings zweimal durch Wägung mit Wasser bestimmt. Die Resultate dieser Wägungen sind in der folgenden Zusammenstellung enthalten:

Piëzometer I mit Wasser von 17,95° bis zum Theilstrich 19,7 . . . . = 132,542 g in Luft,
Piëzometer I leer . . . . = 73,312 „ „ „ .
Daraus berechnet sich der Inhalt des Piëzometers I bei 17,95° bis zum Theilstrich 19,7 . . . . . = 59,372 ccm.
Piëzometer I mit Wasser von 0,00° bis zum Theilstrich 19,9 . . . . = 132,585 g in Luft,
Piëzometer I leer . . . . = 73,312 „ „ „ .
Aus diesen Zahlen ergibt sich der Inhalt des Piëzometers I bei 0° bis zum Theilstrich 19,9 . . . = 59,843 ccm.

Berechnet man aus beiden Bestimmungen den Inhalt des Piëzometers I bei 17,95° bis zum Theilstrich 20,0, indem man den cubischen Ausdehnungscoëfficienten des Glases = 0,000 025 5 zu Grunde legt, und indem man beachtet, dass die Theilstriche mit grösserem Nennwerth einem kleineren Volumen entsprechen, und dass der Querschnitt der Capillare I = 0,003 555 qcm ist, so findet man die beiden vorzüglich übereinstimmenden Werthe 59,371 ccm, resp. 59,370 ccm.

---

1) **Röntgen** u. **Schneider**, Wied. Ann. **31.** p. 1002. 1887.

Piëzometer II mit Wasser von 17,95° bis zum Theil-
strich 0,3 . . . . = 126,882 g in Luft,
Piëzometer II leer . . . . = 63,765 „ „ „ .
Daraus: Inhalt des Piëzometers II bei 17,95° bis
zum Theilstrich 0,3 . . . . = 62,767 ccm.
Piëzometer II mit Wasser von 0,00° bis zum Theil-
strich 3,8 . . . . = 126,415 g in Luft,
Piëzometer II leer . . . . = 63,765 „ „ „ .
Daraus: Inhalt des Piëzometers II bei 0,00° bis
zum Theilstrich 3,8 . . . . = 62,724 ccm.

Aus beiden Bestimmungen ergibt sich in ähnlicher Weise
wie oben für Piëzometer I der Inhalt des Piëzometers II
bei 17,95° bis zum Theilstrich 4,0 zu 62,753 ccm, resp. zu
62,752 ccm; für den Querschnitt der Capillare II ist der
Werth 0,003 604 qcm zu setzen.

Die sehr zeitraubende Calibrirung der Capillaren, welche
seinerzeit in sehr sorgfältiger Weise ausgeführt wurde, wurde
nicht wiederholt. Die auf p. 174 der citirten Arbeit mitgetheilte Tabelle ist daher wiederum zu benutzen. Die oben
angeführten Werthe für die Querschnitte der Capillaren stellen die mittleren, für die calibrirten Intervalle geltenden
Querschnitte dar; die Aenderung, welche dieselben durch
Druck und Temperatur erleiden, braucht nicht berücksichtigt
zu werden.

Von den übrigen constanten Fehlern der Beobachtungen
ist Folgendes nachträglich zu erwähnen.[1]

Die Fehler, welche aus den durch Druckänderungen in
den Piëzometern erzeugten Temperaturänderungen entstehen,
haben wir auf eine Grösse reducirt, welche mit unseren Piëzometern sicher nicht mehr wahrnehmbar ist; d. h. dieselben sind
kleiner als 0,005 cm. Da nun die durch Druck hervorgerufenen Niveausenkungen bei den Versuchen über die Compressibilität des Wassers ungefähr 6,00 cm betragen, so folgt,
dass der in Rede stehende Fehler das Resultat nicht um 1
Promille fälschen kann.

Wenn der Druck in den Compressionscylinder eingelassen wird, so steigt das Wasser in der Gabel, und zwar im
ganzen um 7,5 cm bei allen Versuchen, die mit vollem Druck

---

1) Vgl. l. c. p. 177 bis 184.

angestellt wurden. Dadurch wird im Inneren der Piëzometer der Druck kleiner sein als aussen. Für die Grösse des Fehlers gaben wir früher den Werth + 0,010 für beide Piëzometer an. Neuere Versuche haben gezeigt, dass dieser Werth zwar noch für Piëzometer II gültig ist, dass derselbe dagegen für Piëzometer I infolge der grösseren Dicke der Glaswand etwas zu gross ist und durch den Werth + 0,008 ersetzt werden muss. Es ergab sich nämlich, dass das Niveau im Piëzometer I um 0,208 cm, dasjenige im Piëzometer II um 0,238 cm steigt, wenn in beiden Piëzometern blos der innere Druck um denselben Betrag von 13,23 cm Quecksilber vermindert wird.

Aus diesen Zahlen lässt sich sofort die Grösse eines dritten Fehlers berechnen, der in ähnlicher Weise wie der zweite entsteht. Die durch Druck bewirkte Volumenänderung des Wassers wird durch die in den Capillaren stattfindende Senkung des Niveaus beobachtet; diese Senkung selbst hat aber zur Folge, dass der innere Druck gegen den äusseren abnimmt, die direct beobachtete Niveauverschiebung ist somit wiederum ètwas zu klein. Man findet aus den oben angegebenen Werthen leicht, dass man zu jedem Centimeter Senkung im Piëzometer I 0,00110 cm, im Piëzometer II 0,00132 cm noch hinzuzufügen hat.

Schliesslich ist noch die vierte Fehlerquelle zu besprechen; so unbedeutend dieselbe zu sein scheint, und so wenig dieselbe bis jetzt von anderen Beobachtern beachtet wurde, so ist es doch gerade diese gewesen, welche uns genöthigt hat, für die Zuverlässigkeit der von uns erhaltenen Resultate viel engere Grenzen zu ziehen, als es sonst der Fall gewesen wäre, wenn wir nur die übrigen Fehler zu berücksichtigen gehabt hätten. [1]

Die aus der durch Druck erzeugten Niveauverschiebung in den Capillaren berechnete scheinbare Volumenverminderung des Wassers ist zu gross um den Betrag des Volumens Wasser,

---

1) Letzteres ist z. B. der Fall, wenn die auf Wasser bezogene relative scheinbare Compressibilität von verdünnten wässerigen Lösungen bestimmt werden soll. Bei diesen Bestimmungen macht sich der besprochene Fehler gar nicht oder nicht merklich geltend. Vgl. l. c. p. 182.

welches beim Sinken des Niveaus an der Capillarwand haften
bleibt. Bleibt dasselbe in der Form von Tröpfchen zurück,
so ist der Fehler überhaupt nicht zu bestimmen, und der
Versuch unbrauchbar. Durch sorgfältiges Reinigen mit Säuren, Aetzkali und destillirtem Wasser bringt man es dahin,
dass die zurückbleibende Wassermenge in der Form einer
gleichmässigen Schicht die Wand bedeckt, und in diesem
Falle ist dieselbe einer Bestimmung zugänglich. Eine grössere
Zahl von darauf hinzielenden Versuchen wurde in der bereits auf p. 182 der citirten Arbeit kurz mitgetheilten Weise
gemacht; sehr gut übereinstimmende Resultate lieferten dieselben keineswegs, denn für das Volumen des auf der Länge
von 1 cm der Röhrenwand haften bleibenden Wassers fanden
wir Werthe, die zwischen 0,000 028 832 und 0,000 014 16 ccm
schwankten. Da sich aber am häufigsten und namentlich
bei den gut verlaufenden Versuchen der mittlere Werth
0,000 021 624 ccm ergab, so sehen wir diesen als den richtigen
an. Es würde zu weitläufig sein, wenn wir an dieser Stelle
alle Details und die zu überwindenden Schwierigkeiten mittheilen würden; wir hoffen, darüber im Zusammenhang mit
ähnlichen Erscheinungen bei einer anderen Gelegenheit be-
richten zu können.

Aus dem angegebenen, für richtig gehaltenen Werthe
ergibt sich, dass die in Rede stehende Correction für jedes
Centimeter der beobachteten Niveauverschiebung — 0,0060 cm
beträgt, und zwar für beide Piëzometer.[1]

Die scheinbare Compressibilität des Wassers wurde bei
den Temperaturen 17,95°, 9,00° und 0,00° bestimmt. Die
Lufttemperatur im Keller, in welchem wir die Versuche an-
stellten, war bei jeder Versuchsreihe möglichst gleich der
Badtemperatur und constant, was namentlich bei der höchsten Temperatur in der früher angegebenen Weise sehr gut
gelang. Um die tiefste Temperatur (0,00°) herzustellen, wurde
das ca. 50 l haltende Bad mit festgestampftem, reinem Schnee

---

1) Der früher angegebene Werth — 0,012 cm wurde aus Versuchen
abgeleitet, deren Genauigkeit für die damals zu erreichenden Ziele aus-
reichte, die aber nunmehr durch bessere ersetzt werden mussten.

und eiskaltem, destillirtem Wasser bis auf einen kleinen, für die Beobachtung der Piëzometer nöthigen Raum gefüllt, wodurch wiederum eine äusserst contante Temperatur im Compressionsgefäss erreicht wurde. Weniger constant war die Temperatur von 9,00°, und dementsprechend ist auch die Uebereinstimmung in den einzelnen Versuchen bei dieser Temperatur eine weniger gute, als bei den anderen.

Die benutzten Thermometer, sowie die Gewichtssätze und Längenmaasse waren mit Etalons, welche von der Normalaichungscommission bezogen wurden, verglichen.

Die folgenden Tabellen enthalten die an den Piëzometern und am Manometer gemachten Beobachtungen. Bezüglich der Anordnung dieser Tabellen etc. verweisen wir auf p. 176 unserer Arbeit in Wied. Ann. 29.

Tabelle I. Versuche bei 17,95°.

Reihen-folge d. Ables.	Stand im Piëzo-meter I	Stand im Piëzo-meter II	Beob-achtete Zeit	Druck-änderung in cm Hg red auf 0° etc.	Bemerkungen
1	19,620 cm	0,260 cm	9ʰ 45ᵐ	—	
2	25,535 „	6,500 „	10 0	603,5	
3	19,675 „	0,335 „	15	—	
4	25,555 „	6,530 „	30	602,5	
5	19,700 „	0,360 „	45	—	} Versuchsdauer
6	25,575 „	6,555 „	11 15	604,5	1 Stunde
7	19,685 „	0,345 „	45	—	
8	25,575 „	6,550 „	12 0	604,8	
9	19,685 „	0,350 „	15	—	Pause von 1 St.
10	19,710 „	0,365 „	1 15	—	
11	26,605 „	6,580 „	30	603,9	
12	19,745 „	0,395 „	45	—	} Versuche
13	22,040 „	2,830 „	55	—	bei geringerem
14	19,735 „	0,380 „	2 5	—	Druck
15	22,265 „	3,065 „	15	—	
16	19,700 „	0,360 „	25	—	
17	19,685 „	0,^40 „	40	—	}
18	25,540 „	6,510 „	3 10	602,0	Versuchsdauer
19	19,670 „	0,320 „	40	—	1 Stunde
20	25,535 „	6,500 „	4 10	602,3	
21	19,665 „	0,315 „	40	—	
22	25,560 „	6,525 „	55	603,8	
23	19,681 „	0,335 „	5 10	—	
24	25,565 „	6,535 „	25	604,1	
25	19,665 „	0,320 „	40	—	
26	25,545 „	6,505 „	55	604,8	
27	19,640 „	0,285 „	6 10	—	

Tabelle II. Versuche bei 9,00°.

Reihen-folge d. Ables.	Stand im Piëzo-meter I	Stand im Piëzo-meter II	Beob-achtete Zeit	Druck-änderung in cm Hg red. auf 0° etc.	Bemerkungen
1	18,920 cm	1,640 cm	8ʰ 40ᵐ	—	
2	25,060 „	8,070 „	55	604,3	
8	18,905 „	1,630 „	9 10	—	
4	25,045 „	8,065 „	25	603,1	
5	18,930 „	1,650 „	40	—	
6	25,080 „	8,100 „	55	604,2	
7	18,980 „	1,710 „	10 10	—	
8	25,165 „	8,185 „	25	605,1	
9	19,060 „	1,795 „	40	—	
10	25,260 „	8,285 „	55	606,0	
11	19,130 „	1,870 „	11 10	—	
12	25,345 „	8,370 „	25	606,8	
13	19,220 „	1,960 „	40	—	

Tabelle III. Versuche bei 0,00°.

Reihen-folge d. Ables.	Stand im Piëzo-meter I	Stand im Piëzo-meter II	Beob-achtete Zeit	Druck-änderung in cm Hg red. auf 0° etc.	Bemerkungen
1	19,865 cm	3,770 cm	1ʰ 0ᵐ	—	
2	26,400 „	10,580 „	15	604,2	
3	19,860 „	3,760 „	80	—	
4	26,395 „	10,575 „	45	604,1	
5	19,860 „	3,765 „	2 0	—	
6	26,390 „	10,570 „	15	604,4	
7	19,850 „	3,760 „	80	—	Zwischen Abl. 7 u.
8	19,845 „	3,750 „	3 15	—	8 fror die Kupfer-
9	26,385 „	10,565 „	80	603,1	röhre zu
10	19,860 „	3,765 „	45	—	
11	26,410 „	10,590 „	4 0	604,1	
12	19,865 „	3,775 „	15	—	
13	26,420 „	10,595 „	30	603,8	
14	19,870 „	3,780 „	45	—	

Aus diesen Beobachtungen leiten wir zunächst die Tabelle IV ab, welche die im Piëzometer I, resp. II direct beobachteten, sowie die auf Normalcalibermaass reducirten Senkungen enthält; die Ergebnisse der Versuche mit geringerem Druck sind weggelassen.

Tabelle IV.

Piëzometer I.		Piëzometer II.		
Senkung in cm.		Senkung in cm.		
beobacht.	auf Normalcali-bermaass red.	beobacht.	auf Normalcali-bermaass red.	Bemerkungen
5,887	5,888	6,202	6,127	
5,867	5,868	6,182	6,108	
5,882	5,878	6,202	6,128	
5,890	5,886	6,202	6,128	
5,877	5,873	6,200	6,127	
5,862	5,858	6,180	6,106	Versuche
5,867	5,863	6,182	6,107	bei 17,95°.
5,887	5,883	6,200	6,125	
5,892	5,888	6,207	6,132	
5,892	5,888	6,202	6,137	
6,147	6,140	6,435	6,389	
6,127	6,120	6,425	6,379	
6,125	6,118	6,420	6,375	Versuche
6,145	6,138	6,432	6,388	bei 9,00°.
6,165	6,159	6,452	6,410	
6,170	6,164	6,455	6,415	
6,537	6,536	6,815	6,816	
6,535	6,534	6,812	6,813	
6,535	6,534	6,807	6,808	Versuche
6,532	6,531	6,807	6,808	bei 0,00°.
6,547	6,546	6,820	6,821	
6,552	6,551	6,817	6,818	

Die Zahlen der zweiten und vierten Columne verwenden wir zuerst zur Berechnung eines Werthes, der bei unseren früheren und folgenden Untersuchungen eine wichtige Rolle spielt: des Verhältnisses der durch gleiche Drucke in beiden Piëzometern verursachten, auf Normalcalibermaass reducirten Senkungen. Bildet man die Summe der Zahlen aus der zweiten Columne und dividirt dieselbe in die Summe der Zahlen aus der vierten Columne, so findet man als Quotient 1,0418. Früher[1]) ergab sich aus wenigen Versuchen der Werth 1,041; derselbe ist also von jetzt an durch den genaueren 1,0418 zu ersetzen.

Wir kommen nun zur Berechnung der scheinbaren Compressibilität des Wassers. Dazu werden von den Versuchen bei 17,95° nur die Zahlen benutzt, welche mit dem Piëzometer II gefunden wurden; die zehn Versuche zeigen eine so gute Uebereinstimmung, dass es unnöthig wäre, auch noch

---

1) **Röntgen** u. **Schneider**, l. c. p. 175.

die mit dem Piëzometer I erhaltenen zur Berechnung heranzuziehen. Dagegen soll die scheinbare Compressibilität bei
9,00⁰ und 0,00⁰ aus den an beiden Piëzometern abgelesenen
Senkungen berechnet werden, und zwar in der Weise, dass
wir die mit dem Piëzometer II gefundenen Werthe mit denen
von Piëzometer I zusammenstellen, nachdem die letzteren mit
dem soeben berechneten Werth 1,0418 multiplicirt sind. In
allen Fällen wird somit die scheinbare Compressibilität des
im Piëzometer II enthaltenen Wassers bestimmt.[1])

Scheinbare Compressibilität des Wassers bei 17,95⁰ im Piëzometer II.

Correction für das Steigen des Wassers in der Gabel . .	+0,010 cm,
„ „ „ Sinken „ „ im Piëzometer . .	+0,008 „ ,
„ „ die die Capillarwand benetzende Wassermenge	—0,087 „ ,
Gesammtcorrection	—0,019 cm.

Senkung im Piëzometer II in cm auf Normal-caliber-maass red.	corrigirt	Reducirter Druck in cm Hg	Senkung für 1 Atmosph. in cm	Bemerkungen
6,127	6,108	603,5	0,7692	
6,108	6,089	602,5	0,7681	
6,128	6,109	604,5	0,7680	
6,128	6,109	604,8	0,7677	
6,127	6,108	603,9	0,7687	
6,106	6,087	602,0	0,7685	Versuchsdauer
6,107	6,088	602,3	0,7682	1 Stunde
6,125	6,106	603,8	0,7686	
6,132	6,113	604,1	0,7691	
6,137	6,118	604,8	0,7688	
		Mittel	0,7686	

[1]) Die scheinbaren Compressibilitäten des im Piëzometer I und des
im Piëzometer II enthaltenen Wassers müssen nicht vollständig gleich
sein; sie sind verschieden, wenn die Compressibilitäten des Glases oder,
wie wir uns lieber ausdrücken wollen, wenn die Deformationscoëfficienten
beider Piëzometer verschieden sind. Nun ergeben wohl die mitgetheilten
Versuche, dass eine solche Verschiedenheit nicht oder wenigstens in kaum
merklichem Maasse existirt, trotzdem aber haben wir uns für die mit
dem Piëzometer II erhaltenen Zahlen entschieden, und zwar deshalb, weil
dieses Piëzometer bei den früheren und bei den später mitzutheilenden
Versuchen zur Aufnahme von anderen Substanzen als Wasser diente,
deren relative scheinbare Compressibilität bestimmt werden sollte, und
weil wir mit Hülfe dieser Versuche zu einem Werthe für die wahre
Compressibilität des Wassers gelangen wo'len. Vgl. p. 660 dieser Abhandl.

Aus diesem Mittelwerthe und dem Querschnitt der Capillare II = 0,003 604 qcm berechnet sich:

die durch 1 Atm. im Piëzometer II erzeugte
   scheinbare Volumenänderung des Wassers = 0,002 770 0 ccm,
der Inhalt des Piëzometers II bei 17,95° bis zum
               Theilstrich 0,3 beträgt = 62,766 ccm.

Folglich finden wir:

die scheinbare Compressibilität des Was-
   sers bei 17,95° im Piëzometer II = **0,000 044 13 Atm.**$^{-1}$.

Die Versuche, bei welchen zwischen je zwei Ablesungen eine halbe Stunde verlief, liefern denselben Werth, wie die übrigen, bei welchen nur eine viertel Stunde gewartet wurde.

Scheinbare Compressibilität des Wassers bei 9,00° im Piëzometer II.

Correction für das Steigen des Wassers in der Gabel . .	+0,010 cm,
„ „ „ Sinken „ „ im Piëzometer .	+0,009 „ ,
„ „ die die Capillarwand benetzende Wassermenge	−0,038 „ ,
Gesammtcorrection	−0,019 cm.

Senkung im Piëzometer II in cm auf Normal-caliber-maass red.	corrigirt	Reducirter Druck in cm Hg	Senkung für 1 Atmosph. in cm	Bemerkungen
6,389	6,370	604,3	0,8011	
6,379	6,360	603,1	0,8015	
6,375	6,356	604,2	0,7995	
6,388	6,369	603,1	0,8000	
6,410	6,391	606,0	0,8015	
6,415	6,396	606,3	0,8018	
. . .	. . .			
6,397	6,388	604,3	0,8021	Diese Werthe
6,376	6,357	603,1	0,8010	sind aus den Be-
6,374	6,355	604,2	0,7994	obachtungen mit
6,395	6,376	605,1	0,8008	Piëzometer I ab-
6,416	6,397	606,0	0,8023	geleitet. Vergl.
6,422	6,403	606,3	0,8026	p. 654.
		Mittel	0,8011	

Daraus ergibt sich:

die durch 1 Atm. im Piëzometer II erzeugte
   scheinbare Volumenänderung des Wassers   = 0,002 887 3 ccm.
der Inhalt des Piëzometers II bei 9,00° bis
               zum Theilstrich 1,8 ist   = 62,745 ccm.

Folglich finden wir:

die scheinbare Compressibilität des
    Wassers bei 9,00° im Piëzometer II = **0,000 046 02 Atm.⁻¹.**

Scheinbare Compressibilität des Wassers
bei 0,00° im Piëzometer II.

Correction für das Steigen des Wassers in der Gabel . . +0,010 cm,
    „   „   „ Sinken   „   „   im Piëzometer . . +0,009 „ ,
    „   „   „ die die Capillarwand benetzende Wassermenge −0,041 „ ,

Gesammtcorrection −0,022 cm.

Senkung im Piëzometer II in cm auf Normal-calibermaass red.	corrigirt	Reducirter Druck in cm Hg	Senkung für 1 Atmosph. in cm	Bemerkungen
6,816	6,794	604,2	0,8546	
6,813	6,791	604,1	0,8544	
6,808	6,786	604,4	0,8533	
6,808	6,786	603,1	0,8549	
6,821	6,799	604,1	0,8554	
6,818	6,796	603,8	0,8554	
. . .	. . .	. . .	. . . .	
6,809	6,787	604,2	0,8537	Diese Werthe
6,807	6,785	604,1	0,8536	sind aus den Be-
6,807	6,785	604,4	0,8532	obachtungen mit
6,804	6,782	603,1	0,8546	Piëzometer I ab-
6,820	6,798	604,1	0,8552	geleitet. Vergl.
6,825	6,803	603,8	0,8563	p. 654.
		Mittel	0,8546	

Daraus ergibt sich:

die durch 1 Atm. im Piëzometer II erzeugte
    scheinbare Volumenänderung des Wassers = 0,003 079 8 ccm,
der Inhalt des Piëzometers II bei 0,00° bis
        zum Theilstrich 3,8 ist = 62,724 ccm.

Folglich finden wir:

die scheinbare Compressibilität des
    Wassers bei 0,00° im Piëzometer II = **0,000 049 10 Atm.⁻¹.**

Vergleicht man die in den vierten Columnen enthaltenen
Werthe mit einander, so erkennt man, dass die zufälligen
Fehler bei unseren Versuchen und namentlich bei den unter
günstigen Bedingungen angestellten Versuchen bei 17,95° sehr
klein sind. Die grösste in der auf p. 654 mitgetheilten vierten
Columne vorkommende Differenz beträgt noch nicht 0,2 Proc.

der einzelnen Werthe, was in Anbetracht davon, dass der
eine der beiden Factoren, aus denen jene Zahlen berechnet
wurden, eine Länge von etwas über 6 cm ist, von welcher
die Unterabtheilungen des Millimeters durch Schätzung gewonnen wurden, sehr wenig zu nennen ist. In der That sind
es die constanten Fehler, und darunter, wie oben schon erwähnt wurde, hauptsächlich der durch das Zurückbleiben
einer Wasserschicht auf der Capillarwand beim Sinken des
Niveaus verursachte Fehler, welche den Genauigkeitsgrad
der für die scheinbare Compressibilität des Wassers gefundenen Werthe bestimmen. Eine sorgfältige Abwägung ihres
Einflusses führt zu dem Resultat, dass die vorletzte Stelle
der mitgetheilten Werthe als richtig zu betrachten ist.

Es dürfte von Interesse sein, unsere Versuchsresultate
mit denen anderer Beobachter zu vergleichen. Da wir nur
die scheinbare Compressibilität des Wassers bestimmten,
so kann es sich auch nur um eine Vergleichung der für die
Aenderung der Compressibilität mit der Temperatur gefundenen Werthe handeln; wir müssen sogar dabei voraussetzen,
dass der Deformationscoëfficient unseres Piëzometers sich
nicht merklich ändert, wenn die Temperatur von 0^0 auf
18^0 steigt; wozu wir aber nach den darüber vorliegenden
Beobachtungen zu urtheilen wohl berechtigt sein dürften.
Auf Taf. VI Fig. 9 sind die Beobachtungen Grassi's (*G*), die
von Pagliani und Vicentini (*P* u. *V*) und die unserigen
(*R* u. *S*) in ein Coordinatennetz eingetragen. Aus dieser
Zeichnung ist ersichtlich, dass die Grassi'schen Versuche
mit ziemlich beträchtlichen, zufälligen Fehlern behaftet sind,
insbesondere die bei tieferen Temperaturen: Zwischen 0^0
und 4^0 liegt keineswegs ein Maximum der Compressibilität,
wie Grassi vermuthete; die Gestalt der Curve an jener Stelle
ist die Folge von Beobachtungsfehlern. Weiter erkennt man,
dass Pagliani und Vicentini[1]) eine raschere Abnahme der
Compressibilität mit steigender Temperatur fanden als Grassi;
leider ist uns die Originalarbeit dieser Herren nicht zugäng-

---

1) Pagliani und Vicentini bestimmten, beiläufig bemerkt, auch
nur die scheinbare Compressibilität.

lich, sodass wir die durch Interpolation berechneten, in den Beiblättern 8. p. 794 1884 mitgetheilten Werthe haben eintragen müssen. Trotzdem unsere Versuche nicht weiter als bis zu 18° reichen, so lassen dieselben doch erkennen, namentlich dann, wenn man die von uns erreichte Genauigkeit berücksichtigt, dass die Compressibilität des Wassers wenigstens von 8° an nicht so rasch abnimmt, wie es Pagliani und Vicentini fanden. Der Verlauf unserer Curve scheint sich mehr der von Beobachtungsfehlern befreiten Grassi'schen Curve anzuschliessen. Gewiss wäre es wünschenswerth gewesen, unsere Versuche auf höhere Temperaturen auszudehnen, sollten dieselben aber mit derselben Präcision ausgeführt werden, so würden dazu grössere Hülfsmittel erforderlich gewesen sein, als uns zu Gebote standen.

Die Tafel enthält noch eine vierte Curve; dieselbe wurde aus Versuchen über die Aenderung des Brechungsexponenten des Wassers mit dem Druck erhalten, welche von Herrn Dr. Zehnder im hiesigen Laboratorium bei verschiedenen Temperaturen ausgeführt wurden und demnächst veröffentlicht werden sollen. Die in dieser vierten Curve dargestellten Werthe der Compressibilität des Wassers sind aus jenen Versuchen unter Annahme der Gültigkeit der Gladstone-Landolt'schen Regel $(n-1)/d =$ const. berechnet. Es ist nun bemerkenswerth, dass die so berechnete Differenz der Compressibilitäten bei 9° und 18° genau, diejenige der Compressibilitäten bei 0° und 9° bis auf 3 Einheiten der letzten als sicher bezeichneten Stelle mit der von uns gefundenen Differenz übereinstimmte. Dieser Unterschied von 3 Einheiten könnte auch dadurch verursacht sein, dass die Temperatur des Wassers bei jenen optischen Versuchen nicht 0°, sondern eine um einige Zehntel höhere war. Letzteres ist nicht unmöglich, denn die Versuchsanordnung brachte es mit sich, dass eine Unsicherheit in der Bestimmung dieser tiefen Temperatur nicht ausgeschlossen werden konnte.

Die oben mitgetheilten Versuche bieten die Möglichkeit die wirkliche Compressibilität der Lösungen und Salze, von welcher wir die relative scheinbare Compressibilität bestimmten, zu berechnen, sobald die wahre Compressibilität des Wassers mit genügender Sicherheit bekannt sein wird.

Es ist bekannt, dass die Elasticität fester Körper häufig Gegenstand von ausgezeichneten theoretischen und experimentellen Untersuchungen war; so hat man z. B. häufig aus Biegungs- und Torsionsversuchen mit Stäben die Elasticitätsconstanten derselben bestimmt. In manchen Fällen aber ist die Richtigkeit der erhaltenen Werthe keineswegs über jeden Zweifel erhaben. Selbst angenommen, dass es gelungen wäre, durch sinnreiche Methoden und Versuchscombinationen die Schwierigkeit zu überwinden, welche die genaue Messung der Dimensionen und Deformationen namentlich von kleinen Stäbchen bietet, so bleibt doch noch ein Bedenken übrig; dasselbe richtet sich gegen die Berechnung der Resultate. Die nöthigen Formeln liefert die Theorie, es fragt sich aber, ob die bei der Ableitung jener Formeln gemachten Annahmen auch bei den Versuchen in hinreichendem Maasse zutreffen. Ein sehr lehrreiches Beispiel in dieser Hinsicht bieten die Untersuchungen von W. Voigt über die Elasticität des Steinsalzes.[1])

Es dürfte daher erwünscht sein, wenn man mit Hülfe der Piëzometermethode, somit auf einem ganz anderen Wege, eine Controle ausüben könnte. Dass diese Methode bei richtiger Handhabung im Stande ist, diesen Dienst zu leisten, glauben wir in unserer Arbeit über die Compressibilität des Steinsalzes gezeigt zu haben; neue Versuche mit Steinsalz und Sylvin sind bereits seit längerer Zeit abgeschlossen und sollen demnächst veröffentlicht werden.

Die Verwendung der Piëzometerversuche zu dem angegebenen Zweck wird aber erst dann im vollen Umfange stattfinden können, wenn der genaue Werth der Compressibilität des Wassers bekannt sein wird. Solange dies nicht der Fall ist, haben unsere Versuche mit festen Körpern nur eine beschränkte Bedeutung: Man kann aus denselben die Differenz der cubischen Compressibilitäten fester Körper

---

1) W. Voigt, Pogg. Ann. Ergbd. 7. p. 214. 1876. Berl. Ber. 1884. p. 989. Vgl. auch F. Braun, Wied. Ann. 32. p. 504. 1887 und 88. p. 239. 1888.

ableiten und untersuchen, ob diese übereinstimmt mit jener,
welche sich aus den Biegungs- und Torsionsversuchen mit
Stäbchen ergibt, denn die Differenz der beobachteten scheinbaren Compressibilitäten ist der Differenz der wahren gleich.

Zum Schluss möchten wir noch angeben, welchen Werth
man aus unseren Versuchen für die wirkliche Compressibilität
des Wassers bei 17,95° erhält, wenn man annimmt, dass
die von Hr. Voigt gefundenen Elasticitätsconstanten des
Steinsalzes zu richtigen Werthen für die cubische Compressibilität dieser Substanz führen. Eine mit aller Sorgfalt angestellte neuere Untersuchung[1]) ergab für die Constanten A und B[2])
bei 20° die Werthe 4753, resp. 1313, wenn als Einheit der
Druck eines Kilogrammes auf die Fläche eines Quadrat-
millimeters angenommen wird. Daraus berechnet sich die
cubische Compressibilität des Steinsalzes $= 3 : (A + 2B)$[3]) zu
0,000 004 20 Atm.$^{-1}$. Die relative scheinbare Compressibilität
des Steinsalzes finden wir bei 18° $= 0,0476$, und daraus die
scheinbare Compressibilität $= 0,000 044 13 . 0,0476 = 0,000 002 10$.
Folglich beträgt die Deformationsconstante unseres Piëzometers II : 0,000 002 10 Atm.$^{-1}$ und die wirkliche Compressibilität des Wassers bei 17,95° : 0,000 046 2 Atm.$^{-1}$; ein Werth,
der mit dem von Grassi gefundenen genau übereinstimmt.[4])
Aus leicht begreiflichen Gründen halten wir diesen Werth
bis auf weiteres für den zuverlässigsten und setzen ihn
an die Stelle des früher[5]) mitgetheilten.

Für die Compressibilität des Wassers bei 9,00° und 0.00°
ergeben sich die Werthe: 0,000 048 1, resp. 0,000 051 2 Atm.$^{-1}$.

Phys. Inst. d. Univ. Giessen, 5. Febr. 1888.

----

1) W. Voigt, Berl. Ber. 1884. p. 990.
2) Nach der Bezeichnung von Hrn. Neumann. Vergl. dessen Vorlesungen über die Theorie der Elasticität, herausg. von O. E. Meyer.
3) Neumann's Vorlesungen. p. 181.
4) Grassi, Ann. de chem. et de phys. (3) 21. p. 437. Vgl. die Tab.
auf p. 451 und nicht die am Schluss der Abhandlung.
5) Röntgen u. Schneider, Wied. Ann. 29. p. 198. 1886.

VI. *Mathematische Theorie*
der transversalen Schwingungen eines Stabes von veränderlichem Querschnitt; von F. Meyer zur Capellen.

§ 1. Einleitung.

Von G. Kirchhoff[1]) sind die Transversalschwingungen eines unendlich dünnen, ursprünglich geraden, homogenen Stabes untersucht worden, der der Breite nach von zwei parallelen Ebenen, der Dicke nach von zwei Ebenen begrenzt ist, welche einen sehr kleinen Winkel miteinander bilden. Hierzu sind von F. Vogel[2]) einige weitere Ausführungen gemacht und Versuche angestellt worden.

Denkt man sich durch diesen Stab eine Querschnittsebene gelegt, welche die gegeneinander convergirenden Begrenzungsebenen senkrecht durchschneidet, so ist der Querschnitt ein Dreieck, und die Transversalschwingungen des Stabes, welche von G. Kirchhoff und F. Vogel behandelt werden, sind die Vibrationen parallel zur Ebene des Dreiecks. Es scheint nun nicht uninteressant, auch diejenigen Schwingungen zu untersuchen, bei welchen der Stab senkrecht zur Ebene des dreieckigen Querschnittes vibrirt. Der Stab, welcher in Folgendem betrachtet werden soll, sei also der Dicke nach von zwei parallelen Ebenen, der Breite nach von zwei Ebenen begrenzt, welche einen sehr kleinen Winkel miteinander bilden.

§ 2. Aufstellung der Differentialgleichung.

Die allgemeine Differentialgleichung ist bekannt[3]) und leicht mit Hülfe des Hamilton'schen Principes abzuleiten

Es soll die z-Axe mit der Hauptaxe des Stabes zusammenfallen, die durch die Schwerpunkte der Querschnitte geht,

---

1) G. Kirchhoff, Wied. Ann. **10.** p. 501. 1880.

2) F. Vogel, Transversalschwingungen eines keilförmigen Stabes, Inauguraldissertation, Berlin 1881.

3) Rayleigh, Theorie des Schalles. **1.** p. 275.

und die Schwingungen sollen parallel der y-Axe eines recht-
winkligen Coordinatensystemes vor sich gehen.

Wenn dann an den Enden keine Kräfte wirken, welche
Arbeit leisten, so ergibt sich[1]) als Differentialgleichung der
Bewegung, welche für alle Punkte des Stabes erfüllt sein
muss:

$$(1) \qquad \mu q \frac{\partial^2 \eta}{\partial t^2} = - E \cdot \frac{\partial^2}{\partial z^2}\left(\varkappa \cdot \frac{\partial^2 \eta}{\partial z^2}\right),$$

und als Bedingungen für jedes Ende:

$$(2) \qquad \varkappa \frac{\partial^2 \eta}{\partial z^2}\, \delta\, \frac{\partial \eta}{\partial z} = 0,$$

$$(3) \qquad \frac{\partial}{\partial z}\left(\varkappa \frac{\partial^2 \eta}{\partial z^2}\right)\delta \eta = 0.$$

Hierbei ist μ die Dichtigkeit und E der Elasticitäts-
coëfficient des Materials, aus welchem der Stab besteht. q
die Fläche des Querschnittes, also μq die Masse des letzteren, und $\mu \varkappa$ bedeutet das Trägheitsmoment desselben in
Beziehung auf eine Axe, welche durch den Schwerpunkt des
Querschnittes geht und senkrecht zur Biegungsebene steht,
und zwar ist:

$$q = \int\int dx . dy, \qquad \varkappa = \int\int y^2 . dx . dy,$$

ferner η die Verrückung des Querschnittes zur Zeit t.

Machen wir nun die Voraussetzung, η sei proportional
einer harmonischen Function der Zeit, d. h.:

$$\eta = u . \cos \lambda t,$$

wo u eine Function von z allein bedeutet, so geht die Be-
wegungsgleichung über in:

$$(4) \qquad q . \mu \lambda^2 u = E \cdot \frac{d^2}{dz^2}\left(\varkappa \cdot \frac{d^2 u}{dz^2}\right).$$

Die Entfernung der beiden parallelen Ebenen von der
z-Axe sei $y = \pm h$ und die variable Breite am festen Ende
$2b$. Legt man dann den Coordinatenanfangspunkt in die
Spitze des Stabes, so ist:

$$q = 4h \cdot \frac{bz}{l}, \qquad \varkappa = \frac{4 h^3}{3} \cdot \frac{bz}{l}.$$

---

1) Siehe **Kirchhoff**, l. c.

Durch Einsetzen dieser Werthe wird Gl. (4), wenn wir noch:

$$\frac{3\mu\lambda^2}{h^2 E} = a^4 \quad \text{und} \quad za = z'$$

setzen:

(I)
$$z'u = \frac{d^2}{dz'^2}\left(z'\frac{d^2 u}{dz'^2}\right).$$

§ 3. Lösung der Differentialgleichung.

Um die Differentialgleichung (I) zu lösen, setze man:

$$u = Az'^\alpha + Bz'^\beta + Cz'^\gamma + Dz'^\delta + \cdots,$$

wo:
$$\alpha < \beta < \gamma < \delta < \cdots$$

Es muss dann zufolge der Differentialgleichung sein:

$$\alpha(\alpha-1)^2(\alpha-2)Az'^{\alpha-3} + \beta(\beta-1)^2(\beta-2)Bz'^{\beta-3}$$
$$+ \gamma(\gamma-1)^2(\gamma-2)Cz'^{\gamma-3} + \cdots$$
$$+ \cdots - Az'^{\alpha+1} - Bz'^{\beta+1} - Cz'^{\gamma+1} - \cdots = 0.$$

Hieraus ergeben sich folgende Bedingungen:

$$\alpha(\alpha-1)^2(\alpha-2) = 0,$$
$$\beta - 3 = \alpha + 1; \quad \beta.(\beta-1)^2(\beta-2)B - A = 0,$$
$$\gamma - 3 = \beta + 1; \quad \gamma.(\gamma-1)^2(\gamma-2)C - B = 0,$$
$$\delta - 3 = \gamma + 1; \quad \delta.(\delta-1)^2(\delta-2)D - C = 0,$$

$$-\ -\ -\ -\ -\ -\ -\ -\ -\ -\ -\ -\ -\ -$$

Es ist demnach, wenn die willkürliche Constante A weggelassen wird:

$$u = z'^\alpha + \frac{z'^{\alpha+4}}{(\alpha+4)(\alpha+3)^2(\alpha+2)}$$
$$+ \frac{z'^{\alpha+8}}{(\alpha+8)(\alpha+7)^2(\alpha+6)(\alpha+4)(\alpha+3)^2(\alpha+2)} + \cdots$$

Für diejenigen Functionen u, welche unserer Differentialgleichung genügen sollen, bestimmt sich die Grösse α aus der Gleichung:

$$\alpha(\alpha-1)^2(\alpha-2) = 0,$$

welche drei voneinander verschiedene Lösungen hat, nämlich:

$$\alpha = 0; \quad \alpha = 1; \quad \alpha = 2.$$

Die Wurzel $\alpha = 1$ ist eine Doppelwurzel; daher erhält man zunächst drei particuläre Integrale. Diese sind:

$$(1)\quad u_1 = 1 + \frac{z'^4}{4.8^2.2} + \frac{z'^8}{8.7^2.6.4.3^2.2} + \frac{z'^{12}}{12.11^2.10.8.7^2.6.4.3^2.2} + \cdots,$$

$$(2)\quad u_2 = z' + \frac{z'^5}{5.4^2.3} + \frac{z'^9}{9.8^2.7.5.4^2.3} + \frac{z'^{13}}{13.12^2.11.9.8^2.7.5.4^2.3} + \cdots,$$

$$(3)\quad u_3 = z'^2 + \frac{z'^6}{6.5^2.4} + \frac{z'^{10}}{10.9^2.8.6.5^2.4} + \frac{z'^{14}}{14.13^2.12.10.9^2.8.6.5^2.4} + \cdots$$

Ein viertes Integral, entsprechend der doppelten Wurzel $\alpha = 1$, findet man, wenn man auf u für $\alpha = 1$ folgende Betrachtung anwendet:

Führt man in die Differentialgleichung für u den Differentialquotienten von u nach α ein, so erhält man dasselbe Resultat, als ob man die Gleichung nach α differenzirt, d. h. es muss auch $du/d\alpha$ eine Lösung sein. Die Ausführung der angedeuteten Differentiation ergibt:

$$\frac{du}{d\alpha} = u.\log z' - \left\{\frac{z'^{\alpha+4}}{(\alpha+4)(\alpha+3)^2(\alpha+2)}\left(\frac{1}{\alpha+4} + \frac{2}{\alpha+3} + \frac{1}{\alpha+2}\right)\right.$$

$$+ \frac{z'^{\alpha+8}}{(\alpha+8)(\alpha+7)^2(\alpha+6)(\alpha+4)(\alpha+3)^2(\alpha+2)}$$

$$\left.\cdot\left(\frac{1}{\alpha+4} + \frac{2}{\alpha+3} + \frac{1}{\alpha+2} + \frac{1}{\alpha+8} + \frac{2}{\alpha+7} + \frac{1}{\alpha+6}\right) + \cdots\cdots\right\}.$$

Also ist für $\alpha = 1$:

$$(4)\quad u_4 = u_2.\log z' - \left\{\frac{z'^5(\frac{1}{5} + \frac{2}{4} + \frac{1}{3})}{5.4^2.3} + \frac{z'^9(\frac{1}{5} + \frac{2}{4} + \frac{1}{3} + \frac{1}{9} + \frac{2}{8} + \frac{1}{7})}{9.8^2.7.5.4^2.3} + \cdots\right\}.$$

Dieses Integral ist indessen auszuschliessen, weil es für $z' = 0$ unendlich gross wird.

Daher ist das zu betrachtende Integral der Differentialgleichung:

$$(II)\qquad u = C_1 u_1 + C_2 u_2 + C_3 u_3,$$

wo C_1, C_2 und C_3 willkürliche Constanten bedeuten.

§ 4. Berechnung der Schwingungszahlen der Partialtöne.

Da der Stab an seinem dünnen Ende frei ist, so gelten die Bedingungen, dass für $z = 0$:

$$(III)\qquad z'.\frac{d^2u}{dz'^2} = 0 \quad \text{und} \quad \frac{d}{dz'}\left(z'.\frac{d^2u}{dz'^2}\right) = 0.$$

Setzt man nun in dem Ausdrucke für:

$$C_1.z'.\frac{d^2u_1}{dz'^2} + C_2.z'.\frac{d^2u_2}{dz'^2} + C_3.z'.\frac{d^2u_3}{dz'^2}$$

$z = 0$, so wird die erste Bedingung (III) erfüllt.

Bildet man nunmehr:

$$C_1 \cdot \frac{d}{dz}\left(z' \cdot \frac{d^2 u_1}{dz'^2}\right) + C_2 \cdot \frac{d}{dz}\left(z' \cdot \frac{d^2 u_2}{dz'^2}\right) + C_3 \cdot \frac{d}{dz}\left(z' \cdot \frac{d^2 u_3}{dz'^2}\right)$$

und setzt $z = 0$, so verschwinden die zwei ersten Glieder, während das dritte nicht verschwindet, weshalb sein muss:

$$C_3 = 0.$$

So reducirt sich das allgemeine Integral auf:

(IV) $$u = C_1 u_1 + C_2 u_2.$$

Das zweite Ende soll so befestigt sein, dass für dasselbe ist:

(V) $$u = 0 \quad \text{und} \quad \frac{du}{dz'} = 0.$$

Es finden daher für dasselbe folgende Bedingungen statt:

$$C_1 u_1 + C_2 u_2 = 0, \quad C_1 \cdot \frac{du_1}{dz'} + C_2 \cdot \frac{du_2}{dz'} = 0.$$

Hieraus folgt:

(VI) $$u_1 \cdot \frac{du_2}{dz'} - u_2 \cdot \frac{du_1}{dz'} = 0.$$

Setzt man die verschiedenen Reihen ein, so gelangt man zu folgender Gleichung:

(VII)
$$\begin{cases} 0 = 1 - \frac{1^2}{4!\,2!} z'^4 + \frac{(1.5)^2}{8!\,4!} z'^8 - \frac{(1.5.9)^2}{12!\,6!} z'^{12} \\ \qquad + \frac{(1.5.9.13)^2}{16!\,8!} z'^{16} - \cdots \cdots \end{cases}$$

Diese Gleichung hat unendlich viele Wurzeln z', welche nach der Bedeutung von z' in dieser Gleichung die Tonhöhen der Partialschwingungen bestimmen. Die ersten sechs Wurzeln habe ich zunächst mit Hülfe der gebräuchlichen Näherungsmethoden berechnet und gefunden:

$$z_1' = 2.6752: \qquad z_5' = 14,9495;$$
$$z_2' = 5,5715; \qquad z_6' = 18,0830;$$
$$z_3' = 8.6798; \qquad \text{---} \ \text{---} \ \text{---}$$
$$z_4' = 11,8126; \qquad \text{---} \ \text{---} \ \text{---}$$

Die Differenz zweier aufeinander folgender Wurzeln nähert sich augenscheinlich dem Werth π.

Da die Bedingungen (V) für $z = l$ angewandt sind, so ist $z' = al$. Es entspricht also jeder Wurzel z' ein anderes

a, da l constant und gegeben ist, a aber ist durch § 2 bestimmt. Es ist:

$$z_n' = a_n l, \qquad a_n^4 = \frac{3 \mu \lambda_n^2}{h^2 \cdot E}.$$

Hieraus folgt:

(VIII) $$\lambda_n = z_n'^2 \cdot \frac{h}{l^2} \sqrt{\frac{E}{3\mu}}.$$

Die Schwingungszahl eines Theiltones ist demnach der Dicke direct, dem Quadrat der Länge umgekehrt proportional, dagegen unabhängig von der Breite des Stabes am befestigten Ende.

Der Grundton hat also die Schwingungszahl:

$$\lambda_1 = (2,6752)^2 \cdot \frac{h}{l^2} \cdot \sqrt{\frac{E}{3\mu}},$$
$$= 7,156 \cdot \frac{h}{l^2} \cdot \sqrt{\frac{E}{3\mu}},$$

während bei dem in der anderen Ebene schwingenden — keilförmigen — Stabe:

$$\lambda_1 = 5,315 \cdot \frac{h}{l^2} \cdot \sqrt{\frac{E}{3\mu}}$$

und beim parallelepipedischen:

$$\lambda_1 = 3,516 \cdot \frac{h}{l^2} \cdot \sqrt{\frac{E}{3\mu}} \quad \text{ist.[1]}$$

Man sieht, dass bei gleichen Werthen von h und l der Grundton des in Untersuchung stehenden Stabes annähernd die Quarte von dem des keilförmigen und die Octave von dem Grundton des parallelepipedischen Stabes ist, sie verhalten sich annähernd wie

$$4 : 3 : 2.$$

§ 5. Lage der Knotenpunkte.

In den Knotenpunkten muss sein:

$$u = o, \quad \text{d. h.} \quad o = C_1 u_1 + C_2 u_2.$$

Bezeichnet man die Werthe von u_1 und u_2 für $z' = z_n'$ mit $u_1^{(n)}$ und $u_2^{(n)}$, so bestimmt sich das Verhältniss der Constanten C_1 und C_2 aus der identischen Gleichung:

$$o = C_1 u_1^{(n)} + C_2 u_2^{(n)}.$$

_____

[1] G. Kirchhoff, l. c.

Man findet daher zur Bestimmung der Lage der Knotenpunkte des n. Partialtones die Gleichung:

IX) $$o = u_1 . u_2^{(n)} - u_2 . u_1^{(n)},$$

aus der die Wurzeln zu berechnen sind, welche zwischen o und z'_n liegen. Nennt man diese Wurzeln

$$z_n'^{(m)},$$

so ist der zugehörige Werth von z bestimmt durch:

$$z = \frac{z_n'^{(m)}}{z'_n} l$$

Man sieht hieraus, dass die Lage der Knotenpunkte nur von der Ordnung des Tones und der Länge des Stabes abhängt. Es ist:

$u_1^{(1)} = 1{,}7269;$	$u_2^{(1)} = 3{,}2535;$
$u_1^{(2)} = 20{,}2368;$	$u_2^{(2)} = 33{,}5404;$
$u_1^{(3)} = 353{,}1895;$	$u_2^{(3)} = 589{,}7552;$
$u_1^{(4)} = 6858{,}7606;$	$u_2^{(4)} = 11448{,}8459;$
$u_1^{(5)} = 139\,412{,}0587;$	$u_2^{(5)} = 232\,714{,}2454;$
$u_1^{(6)} = 2\,896\,272{,}7419;$	$u_2^{(6)} = 4\,834\,613{,}8111;$

Gleichung IX) ergibt für den Grundton keine Wurzel, kleiner als z_1', also erfolgt die Grundschwingung ohne Knoten. Für den zweiten Ton findet man eine Wurzel kleiner als z_2', welche also einen Knotenpunkt ergibt, und entsprechend hat der m. Theilton $(m-1)$ Knotenstellen.

Die Wurzeln sind für die verschiedenen Theiltöne:

$' = 1{,}8832;$

$= 1{,}8542;$ $z_3'^{(2)} = 4{,}7694;$

$' = 1{,}8524;$ $z_4'^{(2)} = 4{,}7848;$ $z_4'^{(3)} = 7{,}8862;$

$) = 1{,}8525;$ $z_5'^{(2)} = 4{,}7842;$ $z_5'^{(3)} = 7{,}9016;$ $z_5'^{(4)} = 11{,}0094;$

$) = 1{,}8525;$ $z_6'^{(2)} = 4{,}7843;$ $z_6'^{(3)} = 7{,}9013;$ $z_6'^{(4)} = 11{,}0371;$ $z_6'^{(5)} = 13{,}97$

Es folgt aus dieser Uebersicht, dass sich die Wurzeln $z_n'^{(m)}$ constanten Werthen nähern. Beachtet man dies, so ergibt die Gleichung für die Entfernung z eines Knotenpunktes vom freien Ende, dass die Abstände der ersten Knotenpunkte vom Nullpunkte bei zwei Tönen nahezu den Quadratwurzeln aus ihren Schwingungszahlen umgekehrt proportional sind, ebenso der zweiten u. s. f.

§ 6. Vergleichung des betrachteten Stabes mit einem Kreissector von sehr kleinem Winkel.

Man kann den Stab betrachten als einen Kreissector von sehr kleinem Winkel, dessen Bogen also unendlich klein gegen den Radius ist. Es müssen dann bei den höheren Tönen Schwingungszahlen und Lage der Knotenpunkte des Sectors nahezu übereinstimmen mit denen des prismatischen Stabes.

Es lautet die allgemeine Differentialgleichung für Platten in Polarcoordinaten:

$$\left(\frac{d^2}{dr^2} + \frac{1}{r}\cdot\frac{d}{dr} - \frac{n^2}{r^2} \pm k^2\right) w_n = 0. [1]$$

Hierin nimmt r die Stelle von z, w von u ein, und k wird gleich a, wenn man das Verhältniss der Quercontraction zur Längendilatation gleich Null setzt.

In dem Falle, dass die Schwingungen symmetrisch um den Mittelpunkt der Platte stattfinden, wird $n = 0$. Daher wird die Differentialgleichung:

$$\frac{d^2 u}{dz^2} + \frac{1}{z}\cdot\frac{d u}{dz} \pm a^2 u = 0.$$

Setzt man wieder, wie in § 2:

$$z a = z',$$

so geht dies über in:

(X.)
$$\frac{d^2 u}{dz'^2} + \frac{1}{z'}\cdot\frac{d u}{dz'} \pm u = 0.$$

Als Lösung ergibt sich für die obere Gleichung mit dem positiven Zeichen die Bessel'sche Function $J_0(z')$ und für die untere mit dem negativen Zeichen $J_0(iz')$, während die beiden anderen Lösungen ebenso wie bei den Schwingungen von kreisförmigen Scheiben ausgeschlossen werden müssen, zufolge der Bedingung, dass für $z = 0$ die Schwingung frei ist.

Nennen wir der Analogie wegen die erstere Function u_2 und die zweite u_1, sodass ist:

$$u_1 = 1 + \frac{z'^2}{2^2} + \frac{z'^4}{(2.4)^2} + \frac{z'^6}{(2.4.6)^2} + \cdots\cdots$$

$$u_2 = 1 - \frac{z'^2}{2^2} + \frac{z'^4}{(2.4)^2} - \frac{z'^6}{(2.4.6)^2} + \cdots\cdots$$

[1] Rayleigh 1. p. 395.

Alsdann ist:

(XI.) $$u = C_1 u_1 + C_2 u_2 .$$

Da der den Sector begrenzende Bogen fest ist, so gelten für $z = l$ die Bedingungen (V), d. h. es ist:

$$0 = C_1 u_1 + C_2 u_2 \text{ und } 0 = C_1 \cdot \frac{d u_1}{d z} + C_2 \cdot \frac{d u_2}{d z} ,$$

woraus, analog (VI), folgt:

(XII.) $$u_2 \cdot \frac{d u_1}{d z} - u_1 \cdot \frac{d u_2}{d z} = 0 .$$

Nun folgt aus den Reihen für u_1 und u_2, dass sein muss:

$$u_2 \cdot \frac{d u_1}{d z} - u_1 \cdot \frac{d u_2}{d z} = z' + A_1 \cdot z'^5 + A_2 z'^9 + A_3 \cdot z'^{13} + \cdots \cdots$$

Zur Bestimmung der Coëfficienten A_1, A_2 etc. kann man aber eine Differentialgleichung vierter Ordnung aufstellen. Nach (X) ist:

$$\frac{d^2 u_1}{d z^2} + \frac{1}{z} \cdot \frac{d u_1}{d z} - u_1 = 0$$

$$\text{und } \frac{d^2 u_2}{d z^2} + \frac{1}{z} \cdot \frac{d u_2}{d z} + u_2 = 0 .$$

Multiplizirt man diese Gleichungen

$$\text{mit } \frac{d u_2}{d z} \text{ und } u_2 \text{ oder } u_2$$

$$\frac{d u_1}{d z} \qquad u_1 \qquad - u_1$$

und addirt sie jedesmal, so findet man:

a) $$u_2 \cdot \frac{d u_1}{d z} - u_1 \cdot \frac{d u_2}{d z} = - \frac{1}{z'^2} \cdot \frac{d}{d z} z'^3 \cdot \frac{d u_1}{d z} \cdot \frac{d u_2}{d z} ,$$

b) $$z' \left(u_2 \cdot \frac{d^2 u_1}{d z'^2} + u_1 \cdot \frac{d^2 u_2}{d z'^2} \right) + \frac{d}{d z} (u_1 \cdot u_2) = 0 ,$$

c) $$2 u_1 \cdot u_2 = \frac{1}{z} \cdot \frac{d}{d z} z' \cdot \left(u_2 \cdot \frac{d u_1}{d z} - u_1 \frac{d u_2}{d z} \right) .$$

Mit Hülfe der identischen Gleichung:

$$\frac{d^2}{d z'^2} (u_1 \cdot u_2) = u_2 \cdot \frac{d^2 u_1}{d z'^2} + u_1 \cdot \frac{d^2 u_2}{d z'^2} + 2 \frac{d u_1}{d z} \cdot \frac{d u_2}{d z}$$

kann man (b) transformiren in:

$$\frac{d u_1}{d z} \cdot \frac{d u_2}{d z} = \frac{1}{2 z} \cdot \frac{d}{d z} z' \cdot \frac{d}{d z} (u_1 \cdot u_2) .$$

Mit Rücksicht hierauf und auf Gl. (c) wird schliesslich (a):

$$u_2 \cdot \frac{du_1}{dz'} - u_1 \cdot \frac{du_2}{dz'}$$

$$= -\frac{1}{4z'^2} \cdot \frac{d}{dz'} \, z' \cdot \frac{d}{dz} \, z' \cdot \frac{d}{dz'} \, \frac{1}{z'} \cdot \frac{d}{dz'} \, z' \cdot \left(u_2 \cdot \frac{du_1}{dz'} - u_1 \cdot \frac{du_2}{dz'} \right).$$

Durch Einsetzen der Reihe erhält man:

$$u_2 \cdot \frac{du_1}{dz'} - u_1 \cdot \frac{du_2}{dz'} = z' - \frac{1}{(2.4)2^2.3} z'^5 + \frac{1}{(2.4.6.8)(2.4)^2.5} z'^9 - \cdots$$

So wird die Gleichung zur Bestimmung der möglichen Tonhöhen:

$$\text{(XIII)} \quad \left\{ \begin{array}{l} 0 = 1 - \dfrac{1}{(2.4)2^2.3} z'^4 + \dfrac{1}{(2.4.6.8)(2.4)^2 5} z'^8 \\[2mm] \quad - \dfrac{1}{(2.4.6.8.10.12)(2.4.6)^2 7} z'^{12} + \cdots \end{array} \right.$$

Als die ersten sechs Wurzeln dieser Gleichung fand ich

$z_1' =$	3,1962;	$z_5' =$	15,7080;
$z_2' =$	6,3065;	$z_6' =$	18,8496;
$z_3' =$	9,4391;	— — — —	
$z_4' =$	12,5664;	— — — —	

Man sieht, dass die Differenz zweier aufeinander folgenden Wurzeln wie in § 4 gegen π convergirt. Auch hier ist:

$$z_n' = a_n l, \qquad a^2 = \frac{\lambda_n}{h} \cdot \sqrt{\frac{E}{3\mu}},$$

und entsprechend der Gl. (VIII) in § 4:

$$\text{(XIV)} \qquad \lambda_n = z_n'^2 \cdot \frac{h}{l^2} \cdot \sqrt{\frac{E}{3\mu}}.$$

Demnach ergeben sich alle Töne des Sectors etwas höher, als beim prismatischen Stabe. Es ist das ein auf den ersten Blick auffallendes Resultat; wir werden am Schluss der Abhandlung näher darauf eingehen.

Was die Lage der Knotenpunkte anbetrifft, so findet für diese, analog (IX), die Gleichung statt:

$$\text{(XV)} \qquad 0 = u_1 \cdot u_2^{(n)} - u_2 \cdot u_1^{(n)},$$

wenn man mit $u_2^{(n)}$ und $u_1^{(n)}$ die Werthe von u_2 und u_1 für z_n' bezeichnet.

Nennt man, wie oben, die Wurzeln der Gl. (XV) $z_n'^{(m)}$,

so ist der zugehörige Werth von z, welches die Entfernung eines Knotenpunktes vom freien Ende angibt:

$$z = \frac{z_n'^{(m)}}{z_n'} l.$$

Es ist:

$u_1^{(1)} = 5{,}7292;$	$u_2^{(1)} = -0{,}3192;$
$u_1^{(2)} = 88{,}9903;$	$u_2^{(2)} = +0{,}2252;$
$u_1^{(3)} = 1655{,}3537;$	$u_2^{(3)} = -0{,}1838;$
$u_1^{(4)} = 32605{,}3719;$	$u_2^{(4)} = +0{,}1574;$
$u_1^{(5)} = 673\,409{,}1768;$	$u_2^{(5)} = -0{,}1768;$
$u_1^{(6)} = 14\,205\,189{,}3803;$	$u_2^{(6)} = +0{,}1325;$

Als Wurzeln von Gl. (XV) findet man:

1) $= 2{,}3906;$

1) $= 2{,}4055;\ \ z_3'^{(2)} = 5{,}5061;$

1) $= 2{,}4048;\ \ z_4'^{(2)} = 5{,}5206;\ \ z_4'^{(3)} = 8{,}6397;$

1) $= 2{,}4048;\ \ z_5'^{(2)} = 5{,}5201;\ \ z_5'^{(3)} = 8{,}6543;\ \ z_5'^{(4)} = 11{,}7798;$

1) $= 2{,}4048;\ \ z_6'^{(2)} = 5{,}5201;\ \ z_6'^{(3)} = 8{,}6540;\ \ z_6'^{(4)} = 11{,}7926;\ \ z_6'^{(5)} = 14{,}9$

Auch hier ist es augenscheinlich, dass sich die Wurzeln constanten Grössen nähern.

Zieht man in Betracht, dass u_1 und u_2 die Bessel'schen Functionen $J_0(iz')$ und $J_0(z')$ sind, und daher die Relationen stattfinden:

$$J_0'(z') = -J_1(z'); \qquad J_0'(iz') = \frac{1}{i} J_1(iz'),$$

so kann man Gl. (XII) schreiben:

$$0 = \frac{J_0(z')}{J_1(z')} + i \cdot \frac{J_0(iz')}{J_1(iz')}.$$

Entwickelt man diese Functionen nach fallenden Potenzen von z', so ist[1]):

$$J_0(z') = \sqrt{\frac{2}{\pi z'}} \left\{ \left(1 - \frac{(1 \cdot 3)^2}{1 \cdot 2 (8z')^2} + \frac{(1 \cdot 3 \cdot 5 \cdot 7)^2}{1 \cdot 2 \cdot 3 \cdot 4 (8z')^4} - \cdots \right) \cos\left(z' - \frac{\pi}{4}\right) \right.$$
$$\left. + \left(\frac{1^2}{1 \cdot 8z'} - \frac{(1 \cdot 3 \cdot 5)^2}{1 \cdot 2 \cdot 3 (8z')^3} + \frac{(1 \cdot 3 \cdot 5 \cdot 7 \cdot 9)^2}{1 \cdot 2 \cdot 3 \cdot 4 \cdot 5 (8z')^5} - \cdots \right) \sin\left(z' - \frac{\pi}{4}\right) \right\}.$$

1) Siehe E. Lommel, Studien über die Bessel'schen Functionen. p. 8 u. 57.

$$J_1(z') = \sqrt{\frac{2}{\pi z'}} \left\{ \left(1 + \frac{3.5}{1.2(8z')^2} - \frac{3.5.7.9.1.8.5}{1.2.3.4(8z')^4} + \cdots \right) \sin\left(z' - \frac{\pi}{4}\right) \right.$$

$$\left. + \left(\frac{3}{8z'} - \frac{3.5.7.1.3}{1.2.3.4(8z')^3} + \frac{3.5.7.9.11.1.3.5.7}{1.2.3.4.5(8z')^5} - \cdots \right) \cos\left(z' - \frac{\pi}{4}\right) \right\},$$

$$J_0(iz') = \frac{1}{\sqrt{2}\pi} \cdot \frac{e^{z'}}{\sqrt{z'}} \left\{ 1 + \frac{1^2}{1.8z'} + \frac{(1.3)^2}{1.2(8z')^2} + \frac{(1.3.5)^2}{1.2.3(8z')^3} + \cdots \right\},$$

$$J_1(iz') = i\frac{1}{\sqrt{2}\pi} \cdot \frac{e^{z'}}{\sqrt{z'}} \left\{ 1 - \frac{3}{8z'} - \frac{3.5}{1.2(8z')^2} - \frac{3.5.7}{1.2.3(8z')^3} - \cdots \right\}.$$

Durch Einsetzen dieser Werthe in Gl. (XII) erhält man eine Gleichung von der Form:

$$\operatorname{tg}\left(z' - \frac{\pi}{4}\right) = -\frac{1 + \frac{a_1}{8z'} + \frac{a_2}{(8z')^2} + \frac{a_3}{(8z')^3} + \frac{a_4}{(8z')^4} + \cdots}{1 + \frac{b_1}{8z'} + \frac{b_2}{(8z')^2} + \frac{b_3}{(8z')^3} + \frac{b_4}{(8z')^4} + \cdots}.$$

in welcher a und b gewisse Constanten bezeichnen.

Die rechte Seite nähert sich für sehr grosse z' der Grenze -1. Es wird alsdann:

$$\operatorname{tg}\left(z' - \frac{\pi}{4}\right) = -1, \quad \text{d. h.} \quad z_n' = \pi.n,$$

wo für n der Reihe nach die Zahlen 1, 2, 3, ... zu setzen sind.

Für die höheren Töne sind demnach die Schwingungszahlen den Quadraten der aufeinander folgenden Zahlen der natürlichen Zahlenreihe proportional. Schon von der vierten Wurzel an stimmen beim Sector die durch Rechnung gefundenen Werthe mit den Näherungswerthen bis zur fünften Decimale überein, denn es ist:

$$4\pi = 12{,}5664 = z_4'.$$

Auch beim prismatischen Stabe befolgen die Schwingungszahlen mit sehr hoher Ordnungszahl des Tones immer mehr dies Gesetz, obwohl bis zum sechsten Theiltone die Berechnung einer Tonhöhe und eines Tonintervalles nach der Näherungsformel:

$$\lambda_n = n^2\pi^2 \cdot \frac{h}{l} \cdot \sqrt{\frac{E}{3\mu}}$$

noch eine nur rohe Annäherung an den wahren Werth ergibt. Es ist z. B. nach § 4:

$$\frac{z_6'^2}{z_5'^2} = 1{,}463, \quad \text{während} \quad \frac{6^2}{5^2} = 1{,}44 \text{ ist.}$$

Die Gl. (XV) zur Berechnung der Lage der Knotenpunkte kann man auch schreiben:

$$0 = u_1 \cdot \frac{u_2^{(n)}}{u_1^{(n)}} - u_2 \, .$$

Der Factor $u_2^{(n)}/u_1^{(n)}$ wird nun für grosse z_n' sehr klein: so ist z. B.:
$$\frac{u_2^{(6)}}{u_1^{(6)}} = 0{,}000\,000\,009 \ldots$$

Es müssen daher für sehr grosse z_n' die Wurzeln der Gl. (XV) annähernd übereinstimmen mit den Wurzeln der Gleichung: $\qquad J_0(z') = 0.$

Näherungsweise sind also, wie in § 5, die Entfernungen der ersten Knotenpunkte zweier Töne vom Nullpunkte den Quadratwurzeln aus ihren Schwingungszahlen umgekehrt proportional, ebenso der zweiten u. s. f. Es ist, wenn $z'^{(n)}$ die n. Wurzel der Gleichung $J_0(z') = 0$ bezeichnet:

$$z_2'^{(1)} = z_3'^{(1)} = \ldots = z_n'^{(1)} = z^{(1)},$$
$$z_3'^{(2)} = z_4'^{(2)} = \ldots = z_n'^{(2)} = z'^{(2)},$$

Die Wurzeln der Gleichung $J_0(z') = 0$ entnehmen wir einer von Stokes angegebenen Formel.[1]) Diese sind:

$$z'^{(1)} = \;\;2{,}4048; \qquad\qquad z'^{(5)} = 14{,}9311;$$
$$z'^{(2)} = \;\;5{,}5201;$$
$$z'^{(3)} = \;\;8{,}6540;$$
$$z'^{(4)} = 11{,}7926; \qquad\qquad z'^{(m)} = \frac{\pi}{4}\,(4m - 1).$$

Diesen letzteren Näherungswerth findet man folgendermassen:

$J_0(z')$ kann geschrieben werden:

$$J_0(z') = \frac{1}{\sqrt{\pi \cdot z}}\left\{ \left(1 - \frac{(1.3)^2}{1.2.(8z')^2} + \frac{(1.3.5.7)^2}{1.2.3.4\,(8z')^4} - \cdots \right)(\cos z' + \sin z') \right.$$
$$\left. + \left(\frac{1^2}{1.8z} - \frac{(1.3.5)^2}{1.2.3\,(8z')^3} + \frac{(1.3.5.7.9)^2}{1.2.3.4.5.(8z')^5} - \cdots \right)(\sin z' - \cos z') \right\}.$$

Setzt man dies gleich Null, so folgt:

$$\operatorname{tg} z' = -\,\frac{1 - \dfrac{1^2}{1.8z'} - \dfrac{(1.3)^2}{1.2\,(8z')^2} + \dfrac{(1.3.5)^2}{1.2.3\,(8z')^3} + \dfrac{(1.3.5.7)^2}{1.2.3.4\,(8z')^4} - \cdots}{1 + \dfrac{1^2}{1.8z'} - \dfrac{(1.3)^2}{1.2\,(8z')^2} - \dfrac{(1.3.5)^2}{1.2.3\,(8z')^3} + \dfrac{(1.3.5.7)^2}{1.2.3.4\,(8z')^4} + \cdots}\,.$$

---

1) cf. Lord Rayleigh, Theorie des Schalles. 1. p. 363. 1880.

Für sehr grosse z' convergirt die rechte Seite gegen —1, d. h. es wird:

$$\mathrm{tg}\, z' = -1 \quad \text{und} \quad z' = \frac{\pi}{4}(4m - 1),$$

wo für m die Zahlen 1, 2, 3, 4,.... zu setzen sind.

Demnach ist der zum m. Knotenpunkte des n. Partialtones gehörige Werth von z annähernd:

$$z = \frac{4m - 1}{4n}\, l.$$

§ 7. Schlussbetrachtung.

Ich möchte noch zur Vergleichung die Werthe von z, welche zu den Knotenpunkten der Partialtöne gehören, sowohl für den prismatischen Stab wie für den Sector zusammenstellen, hierbei $l = 1$ angenommen.

Werthe von z für die Knotenpunkte des prismatischen Stabes.

Oberton	1. Knoten	2. Knoten	3. Knoten	4. Knoten	5. Knoten
1.	—	—	—	—	—
2.	0,3290	—	—	—	—
3.	0,2136	0,5495	—	—	—
4.	0,1568	0,4051	0,6676	—	—
5.	0,1239	0,3200	0,5286	0,7363	—
6.	0,1024	0,2646	0,4369	0,6104	0,7730

Werthe von z für die Knotenpunkte des Sectors.

Oberton	1. Knoten	2. Knoten	3. Knoten	4. Knoten	5. Knoten	m. Knoten
1.	—	—	—	—	—	—
2.	0,3791	—	—	—	—	—
3.	0,2548	0,5833	—	—	—	—
4.	0,1914	0,4393	0,6875	—	—	—
5.	0,1531	0,3514	0,5509	0,7499	—	—
6.	0,1276	0,2929	0,4591	0,6256	0,7921	—
	—	—	—	—	—	—
$n.$	$\dfrac{2{,}4048}{\pi \cdot n}$	$\dfrac{5{,}5201}{\pi \cdot n}$	$\dfrac{8{,}6540}{\pi \cdot n}$	$\dfrac{11{,}9726}{\pi \cdot n}$	$\dfrac{14{,}9312}{\pi \cdot n}$	$\dfrac{4m - 1}{4n}$

Es ist aus diesen Tabellen ersichtlich, dass die Lage der Knotenpunkte des prismatischen Stabes auch bei hoher Ordnung des Tones keineswegs mit der des Sectorstabes zusammenfällt. Wenn der Stab an der Einklemmungsstelle durch einen Kreis vom Radius l begrenzt wird, so liegen die Knoten sämmtlich dem festen Ende näher, als wenn er ein Dreieck von der Höhe l bildet.

Wir haben gesehen, dass der Kreissector von unendlich kleinem Winkel, von dem man meinen sollte, dass er dieselben Töne und Knotenlinien ergäbe, wie ein Stab von der Form eines sehr langen, gleichschenkligen Dreieckes, höhere Schwingungszahlen für jeden Einzelton hat, als dieser. Woran liegt es nun, dass nach der Theorie die beiden Stäbe sich ungleich verhalten, während sie in Wirklichkeit doch als gleich betrachtet werden müssen? Dies hat seinen Grund darin, dass die Schwingungsform des Sectors eine andere ist.

Wir haben hier ein sehr interessantes Beispiel für die Anwendung eines von Lord Rayleigh ausgesprochenen Gesetzes.[1]) Hier heisst es: Wenn die Kanten festgeklemmt sind, so ist eine Entfernung jedes äusseren Theiles mit einer Tonerhöhung verbunden. So findet er auch, dass die Tonhöhe eines regulären Polygons zwischen denen des eingeschriebenen und umschriebenen Kreises liegt.

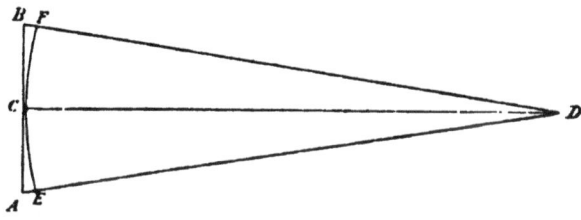

Es sei AB die festgeklemmte Kante des Dreieckstabes von der Höhe $DC = l$; dann können wir aus diesem die Schwingungen des Sectorstabes erhalten, indem wir eine Gebundenheit einführen, bei der die Kante ECF festgeklemmt ist. Die Wirkung der Gebundenheit ist die, die Tonhöhe jeder Componente zu steigern. Der Theil $ABFCE$, der während der Bewegung in Ruhe bleibt, kann dann entfernt werden. Es muss also der Sectorstab DEF höhere Schwingungszahlen der Partialtöne ergeben, als der Dreieckstab DAB.

Dasselbe Princip kann angewandt werden zur Vergleichung des prismatischen Stabes mit dem parallelepipedischen.

---

1) Lord Rayleigh 1. § 230.

Die Gleichung (I). p. 363, lässt sich schreiben:

$$u = \frac{d^4 u}{d z'^4} + \frac{2}{s'} \cdot \frac{d^3 u}{d z'^3}.$$

Ist nun der Stab sehr lang, und wird z' sehr gross genommen, betrachtet man also Theile des Stabes in der Nähe des festen Endes höherer Theiltöne, so wird das letzte Glied auf der rechten Seite sehr klein im Vergleich zum ersten. Die Form der Schwingung muss sich also mehr und mehr derjenigen eines parallelepipedischen Stabes nähern. Dann ergäbe sich u aus der Differentialgleichung:

$$u = \frac{d^4 u}{d z'^4}.$$

und man erhielte für die Grössen z_1', z_2', z_3',...... z_n', welche die aufeinander folgenden Töne bestimmen, die Werthe[1]):

$z_1' = 1{,}875\,104;$	$z_5' = 14{,}137\,168;$
$z_2' = 4{,}694\,737;$	$z_6' = 17{,}278\,759;$
$z_3' = 7{,}854\,758;$	$-\;-\;-\;-\;-$
$z_4' = 10{,}995\,541;$	$z_n' = \frac{\pi}{2}(2n-1).$

Man sieht wieder, dass durchaus nicht die höheren Partialtöne des prismatischen Stabes mit denen eines sehr langen, parallelepipedischen zusammenfallen, sondern vielmehr stets höher bleiben, und zwar aus dem Grunde, weil der prismatische äussere Theile vom parallelepipedischen fortnimmt.

Nach demselben Gesetz müssen die Töne des von G. Kirchhoff untersuchten keilförmigen Stabes höher sein. als die des parallelepipedischen. Weil bei dem keilförmigen Stabe zwar Masse hinweggenommen, der Biegungswiderstand aber gleichzeitig verringert wird, so muss er die Töne weniger hoch zeigen, als der Dreieckstab, bei dem nur Masse hinweggenommen wird.

Bildet man die Differenzen zwischen den z_n' des Sectors und des prismatischen Stabes, sowie zwischen den z_n' des letzteren und des parallelepipedischen Stabes, so findet man, dass sich diese Differenzen constanten Werthen nähern, nämlich dem Werthe $\pi/4$. So ist z. B.:

----- - ---

1) Lord Rayleigh 1. p. 300.

z'_6 des Sectors $= 18,8496$ ⎱ Diff. $= 0,7666,$

z'_6 des prismatischen Stabes $= 18,0830$ ⎰

z'_6 des parallelepipedischen Stabes $= 17,2788$ ⎱ Diff. $= 0,8042.$

Der Werth von $\pi/4$ aber ist:

$$\frac{\pi}{4} = 0,7854.$$

Demnach wird der Näherungswerth für z'_n der höheren Theiltöne des prismatischen Stabes sein:

$$z'_n = \frac{\pi}{4}(4\,n - 1).$$

Es ist dann:

$z'_{(n)}$ des Sectors $= \pi . n$ ⎱ Diff. $= \pi/4,$

$z'_{(n)}$ des prismatischen Stabes $= \pi/4\,(4\,n - 1)$ ⎰

$z'_{(n)}$ des parallelepiped. Stabes $= \pi/2\,(2\,n - 1)$ ⎰ Diff. $= \pi/4.$

Ebenso verhält es sich mit den Grössen $z'^{(m)}_n$, d. h. den Wurzeln der Gleichung für die Lage der Knotenpunkte. Auch hier nähern sich die Differenzen zwischen den $z'^{(m)}_n$ des Sectors und des prismatischen Stabes einerseits und denen des letzteren und des parallelepipedischen Stabes andererseits dem Werthe $\pi/4$. So ist demnach:

$z'^{(m)}_n$ des Sectors $= \pi/4\,(4\,m - 1)$ ⎱ Diff. $= \pi/4.$

$z'^{(m)}_n$ des prismatischen Stabes $= \pi/4\,(2\,m - 1)$ ⎰ Diff. $= \pi/4.$

$z'^{(m)}_n$ des parallelepiped. Stabes $= 4/\pi\,(2\,m - 3)$ ⎰

Hiernach ist für den prismatischen Stab der zum m. Knotenpunkte des n. Partialtones gehörige Werth von z, welches die Entfernung des Knotens vom freien Ende angibt:

$$z = \frac{2\,(2\,m - 1)}{4\,n - 1}\,l.$$

Hiernach ist z. B. für den vierten Knotenpunkt des fünften Partialtones:

$z = 0,7368\,l$, während er in Wirklichkeit ist:

$z = 0,7363\,l.$

Zur Uebersicht möchte ich die Näherungswerthe von z'_n und $z'^{(m)}_n$ der drei Stäbe in einer kleinen Tabelle zusammenstellen:

	z_n'	$z_n'^{(m)}$
Sector	$\pi \cdot n$	$\frac{\pi}{4}(4m - \mathrm{I})$
Prismatischer Stab . .	$\frac{\pi}{4}(4n - 1)$	$\frac{\pi}{2}(2m - 1)$
Parallelepipedischer Stab	$\frac{\pi}{2}(2n - 1)$	$\frac{\pi}{4}(4m - 3)$

Dies merkwürdige Resultat wird sich auch wohl direct beweisen lassen. Jedenfalls aber darf man für den prismatischen Stab für z_n' und $z_n'^{(m)}$ obige Näherungswerthe annehmen und hierauf eine Berechnung der ersten Wurzeln, der Gl. (VII) und (IX) gründen, indem man ähnlich wie Lord Rayleigh[1]) verfährt und resp. setzt:

$$z_n' = \frac{\pi}{4} \cdot (4n - 1) - (-1)^n \, \alpha,$$

$$z_n'^{(m)} = \frac{\pi}{2}(2m - 1) - (-1)^m \, \beta,$$

und hierin α und β als sehr kleine Grössen behandelt, also ihre Potenzen vernachlässigt.

Zum Schluss möchte ich Hrn. Privatdocent Dr. A. Elsas in Marburg meinen Dank aussprechen, mich zu gegenwärtiger Abhandlung veranlasst zu haben.

--- --- --- ---

VII. *Das Wärmeleitungsvermögen harten und weichen Stahles; von Fr. Kohlrausch.*

(Aus den Sitzungsber. d. Würzburger phys.-med. Ges., vom Dec. 1887, mitgetheilt vom Hrn. Verf.)

Man weiss durch Mousson[2]), besonders aber durch die eingehende Untersuchung von Barus[3]), dass das electrische Leitungsvermögen des Stahls von dem Härtezustande abhängt:

---

1) Lord Rayleigh, Theorie des Schalles. 1. § 174. 1880.
2) Mousson, Neue Denkschr. d. Schweiz. Ges. 14. p. 1. 1855.
3) Barus, Dissert. Würzburg; Wied. Ann. 7. p. 399. 1879.

und zwar, wie Barus fand, so stark, dass die Härtung eines
weichen Stahlstabes dessen Leitungswiderstand auf das Zwei-
bis Dreifache steigern kann.

Wenn nun die von Wiedemann und Franz an verschiedenen Metallen nachgewiesene Beziehung, dass ein Metall von Wärme und von Electricität ungefähr gleich leicht
durchdrungen wird [1]), auch für den Einfluss der mechanischen
Zubereitung oder der Molecularaggregation gilt, so ist zu
erwarten, dass das Wärmeleitungsvermögen des Stahls von
dessen Härtezustand stark beeinflusst wird.

Untersuchungen über den Einfluss der mechanischen Beschaffenheit eines Metalles auf sein Wärmeleitungsvermögen
liegen meines Wissens bis jetzt nicht vor. Um so mehr erschien es mir der Mühe werth, in dem Falle des Stahles,
wo die Unterschiede sich vielleicht ohne Schwierigkeit nachweisen lassen, eine Bestimmung zu versuchen.

Die Wahrscheinlichkeit der Bejahung der gestellten
Frage folgt schon aus der Thatsache, dass die Angaben über
das Wärmeleitungsvermögen in Eisen und Stahl viel weiter
auseinandergehen, als bei anderen Stoffen. Kirchhoff und
Hansemann finden an drei Sorten die Zahlen 0,096, 0,137
und 0,142 Gr-Cal./cm sec. Die Verfasser sprechen nicht
über mögliche Ursachen des grossen Unterschiedes und erklären dieselben wohl hauptsächlich aus dem verschiedenen
Gehalt an Kohlenstoff oder Silicium. Eine Anmerkung jedoch, aus welcher hervorgeht, dass die magnetische Coercitiv-
kraft des schlechter leitenden Eisens die grössere war, lässt
schon einen Einfluss des Härtezustandes auf das Leitungsvermögen vermuthen. [2])

Ich untersuchte zwei kreiscylindrische abgedrehte und
gut polirte Stahlstäbe von 1,20 cm Durchmesser, 30 cm Länge
und 270 g Masse. [3]) Sie waren aus demselben Stück geschnitten. Der eine war geglüht und langsam erkaltet, der andere
„glasgehärtet".

---

1) G. Wiedemann u. Franz, Pogg. Ann. **89**. p. 531. 1853.

2) Kirchhoff u. Hansemann, Wied. Ann. **18**. p. 417. 1881; daselbst wird das Leitungsvermögen in Mg.-Cal./mm sec. angegeben.

3) Der weiche Stab wog 271, der harte 268 g.

Empfindliche Hände bemerken schon bei dem blossen Anfassen der kalten Stäbe, dass der weiche Stahl besser leitet als der harte. Auch ein Vorlesungsversuch über die Geschwindigkeit des Abschmelzens von Wachs oder ähnliches genügt, um die Verschiedenheit augenfällig zu machen.[1]

Um einen ungefähren Anhaltspunkt über die quantitativen Verhältnisse zu erhalten, habe ich nach der sogenannten Despretz'schen Methode, ähnlich wie Wiedemann und Franz, einige Messungen ausgeführt. Man erhitzte das Stabende mit Dampf und mass nach dem Stationärwerden der Temperatur den Temperaturüberschuss u über die umgebende Luft in drei gleich voneinander abstehenden Querschnitten.[2]

Hierzu wurde ein Thermoelement aus zusammengelöthetem, ganz dünnem Neusilber- und Eisendraht benutzt. Diese Drähte wurden, durch ein kleines Gewicht beschwert, so über den horizontal liegenden Stab gehängt, dass die Löthstelle sich oben befand. In etwa 10 cm Abstand von dieser Stelle waren beide Drähte an dünne Kupferdrähte angelöthet, die durch einen Commutator mit einem Spiegelgalvanometer mit starker Dämpfung von etwa 700 Ohm Widerstand verbunden waren. Wenn das Thermoelement stets in derselben Weise mit dem Stabe in Berührung steht, so ist offenbar die Temperatur der Löthstelle derjenigen des betreffenden Querschnittes proportional. Dass ersteres der Fall war, ergab sich daraus, dass ein wiederholtes Ueberhängen des Thermoelementes über denselben Querschnitt des stationär erhitzten Stabes merklich denselben Nadelausschlag gab. Kleine Schwankungen der Temperatur eliminirten sich durch eine geeignete Wiederholung der Beobachtungen.

Strahlungen waren durch Schirme und durch Belegungen

---

1) Am bequemsten ist hier vielleicht das folgende Verfahren. Man stellt die zu vergleichenden Stäbe mit den unteren Enden in eine Kältemischung, etwa aus Schnee und Weingeist und beobachtet, die Höhe, bis zu welcher ein Wasser, resp. Eisbeschlag aus der umgebenden Atmosphäre stattfindet.

2) Da das Wärmeleitungsvermögen des Eisens von 0 auf 100° nach Lorenz (Wied. Ann. 13. p. 598. 1881) sich nur um 2 Proc. ändert, so brauchte ich für meine Zwecke dies nicht zu berücksichtigen.

mit Watte hinreichend vermieden. Die Löthstellen an das Kupfer hatten für meine Zwecke hinreichend genau die Lufttemperatur. Da das Neusilbereiseneielement zufällig eine der Temperaturdifferenz nahe proportionale electrische Kraft zeigte, so wurde der Ausschlag, welchen das Galvanometer gab, wenn man den Commutator umlegte, für die Temperaturdifferenz u gesetzt.

Um eine ungefähre Angabe über das absolute Leitungsvermögen zu gewinnen, wurde die Wärmeabgabe der Stäbe an die Umgebung gemessen, indem man den ganzen Stab erwärmte und demnächst mit übergehängtem Thermoelement seine allmähliche Temperaturabnahme bestimmte. Hr. Sheldon führte diese Beobachtung aus. Nach derselben nahm die Temperatur in 10 Minuten im Verhältniss 1,67 : 1 ab; das „äussere Temperaturleitungsvermögen" in 1 Secunde ist also $= 1{,}67^{1/600} - 1 = 0{,}00086$.

Diese Zahl mit der specifischen Wärme 0,117[1]) und der Dichtigkeit 7,9 multiplicirt, gibt das auf den Querschnitt eins reducirte „äussere Wärmeleitungsvermögen" $= 0{,}00080$, sodass man, das innere Leitungsvermögen mit k bezeichnet, hat:

$$\frac{d^2 u}{dx^2} = \frac{0{,}00080}{k}\, u.$$

Betrachtet man nun in drei je um die Länge l auseinanderliegenden Querschnitten die Temperaturen u_1, u_2, u_3, setzt:

$$\frac{u_1 + u_3}{2u_2} = n,$$

so ist das Wärmeleitungsvermögen k bekanntlich:

$$k = 0{,}00080 \left[\frac{l}{\log \mathrm{nat}\,(n + \sqrt{n^2 - 1})} \right]^2.$$

Man erhielt:

für l	=	4	5	8	8 cm
k hart	=	0,063	0,062	0,061	0,062
k weich	=	—	0,106	0,118	0,111

im Mittel also:

k hart	=	0,062 [Gramm-Cal./cm sec.]
k weich	=	0,111 „ „ „

1) Nach Regnault, der die specifische Wärme des harten Stahles um 1 Proc. höher, die Dichtigkeit um etwa ebenso viel niedriger fand, als beim weichen Stahl. Pogg. Ann. 72. p. 73. 1844. Vgl. auch vor. S.

Hiernach ist das Leitungsvermögen des weichen
Stahles also um beinahe 80 Procent grösser als dasjenige des harten. Ja, da mit dem Erwärmen zu Temperaturen von der Ordnung des siedenden Wassers schon
ein merkliches Anlassen vor sich geht, so würde das Leitungsvermögen in niederer Temperatur bestimmt bei dem
harten Stabe noch etwas kleiner ausgefallen sein.

Ferner wurde das electrische Leitungsvermögen
der beiden Stäbe bestimmt, indem man einen constanten gemessenen Strom hindurchsandte und mittelst zweier aufge-
setzter Schneiden hiervon einen Strom durch ein empfindliches Galvanometer in einer Leitung von 5000 bis 10000
Ohm Widerstand abzweigte. Der Reductionsfactor auf absolutes Strommaass war mit Hülfe eines Clark'schen Elementes bestimmt worden. Die auf Quecksilber bezogenen
Leitungsvermögen sind nach einer Messung von Hrn. Sheldon:

$$\varkappa \text{ hart} = 3,3, \qquad \varkappa \text{ weich} = 5,5.$$

Es wurde noch ein geglühter und langsam erkalteter
Stab von gleichen Dimensionen aus Schmiedeeisen untersucht.[1] Sein Leitungsvermögen war noch um 40 Proc. grösser
als dasjenige des weichen Stahles:

$$\varkappa \text{ weiches Schmiedeeisen} = 7,6.$$

Dass sein Wärmeleitungsvermögen in ähnlichem Ver-
hältniss grösser war, zeigte ein Versuch in der Kältemischung
(S. 680. Anm.). Die Beschlagshöhe betrug bei dem harten
Stahl 72 mm, bei dem weichen Stahl 92 mm, bei dem weichen
Eisen 110 mm.

Als Verhältniss des Wärmeleitungsvermögens k zu dem
electrischen Leitungsvermögen $\varkappa$ ist also gefunden worden:

	Harter Stahl	Weicher Stahl
$\dfrac{k}{\varkappa} =$	$\dfrac{0,062}{3,3} = 0,019$	$\dfrac{0,111}{5,5} = 0,020$.

Die entsprechenden Zahlen bei Kirchhoff und Hansemann lauten für 15°:

---

1) Dieses Eisen wurde von Flussspath geritzt; der weiche Stahl von
Apatit, der harte von Quarz.

Stab Nr. I.	Nr. II.	Nr. III.

$$\frac{k}{\varkappa} = \frac{0{,}1418}{6{,}803} = 0{,}0208 \qquad \frac{0{,}0964}{4{,}006} = 0{,}0237 \qquad \frac{0{,}1875}{6{,}569} = 0{,}0209.[1])$$

Da meine Bestimmung des Leitungsvermögens für Wärme nur den Anspruch einer genäherten Messung macht, so ist die Uebereinstimmung von $k/\varkappa$ nicht vollständiger zu erwarten.

Während also das Leitungsvermögen verschiedenen und verschieden behandelten Eisens und Stahles bis gegen das Dreifache verschieden sein kann, scheint, wie schon Kirchhoff und Hansemann für ihre Stäbe bemerken, das Verhältniss der Leitungsvermögen für Wärme und Electricität ungefähr dasselbe zu bleiben.

Würzburg, November 1887.

— — — ——

VIII. *Ueber die kinetische Theorie unvollkommener Gase; von Ladislaus Natanson.*

— — —

Von den Kräften, die zwischen Gasmolecülen thätig sind, will ich voraussetzen, dass man ihre Wirkung erst bei gewisser Annäherung der Molecüle zu berücksichtigen braucht. Für die Rechnung wollen wir dafür eine Grenze annehmen, die R heissen mag. Ist ein Molecül von allen übrigen mehr als um R entfernt, so bewegt es sich geradlinig; solche Molecüle wollen wir freie Molecüle nennen. Nähern sich dagegen zwei (oder mehrere) Molecüle bis zur Entfernung R, so findet krummlinige Bewegung statt, und es können, je nach Grösse und Richtung der relativen Geschwindigkeit, zwei Fälle eintreten: entweder nähern sich die Molecüle bis zu einer Minimumentfernung und gehen sodann auseinander; oder wird die Bewegung stationär, ein beständiges System wird gebildet. Den ersten Fall will ich als einen Zusammenstoss bezeichnen; die im zweiten entstehenden Systeme sollen Aggregate heissen.

---

1) Aus Lorenz' Zahlen (l. c.) leite ich für Eisen ab $k/\varkappa = 0{,}166/9{,}2 = 0{,}018$ für 15°.

Der Inhalt der vorliegenden Abhandlung lässt sich nun, wie folgt, zusammenfassen. Zunächst wird der Procentsatz solcher Molecüle berechnet, die zu einem beliebigen Zeitmomente eben in bimolecularen Zusammenstössen begriffen sind. Eine für weitere Schlüsse wichtige Eigenschaft der Bewegung, die während eines Zusammenstosses vom Schwerpunkte beider Molecüle ausgeführt wird, wird bewiesen. Analoge Probleme werden für Zusammenstösse behandelt, an welchen drei, vier u. s. w. Molecüle sich betheiligen. In Bezug auf Aggregate wird eine Rechnung angestellt, deren Resultate mit thermodynamischen Formeln übereinstimmen. Aus den gewonnenen Sätzen wird eine kinetische Definition der Temperatur in unvollkommenen Gasen abgeleitet, sowie der Druck solcher Gase berechnet; vorher jedoch erfährt der Satz vom Virial, welcher der letzteren Rechnung zu Grunde liegt, eine Verallgemeinerung, die auch unstationäre Bewegungen umfasst.

§ 1. Betrachten wir ein Molecül Nr. 1, dessen Geschwindigkeit $v_1 = \sqrt{x_1'^2 + y_1'^2 + z_1'^2}$ ist. Zwischen den übrigen Molecülen findet man:

$$(1) \qquad \frac{N}{\alpha\sqrt{\pi}} e^{-\frac{x'^2}{\alpha^2}} dx',$$

deren der X-Axe parallele Geschwindigkeitscomponente zwischen x' und $x' + dx'$ liegt. Hierin ist N die Anzahl Molecüle, α ist der bekannte Modulus des Clerk-Maxwell'schen Gesetzes. (Werth der wahrscheinlichsten Geschwindigkeit.) Setzen wir $x' = x_1' - \xi'$ u. s. w., so ist ξ' die Componente der relativen Geschwindigkeit der Molecüle Nr. 1 und des betrachteten Molecüls. Diese relative Geschwindigkeit soll w heissen und mit v_1 den Winkel γ bilden; eine durch w und v_1 gezogene Ebene soll mit einer anderen, die durch v_1 einer fixen Geraden parallel gelegt wird, den Winkel φ einschliessen. Dann ist die Anzahl derjenigen Molecüle, für welche die Grösse der relativen Geschwindigkeit (mit dem Molecül Nr. 1) zwischen w und $w + dw$ liegt, und dessen Richtung von Winkeln, die zwischen

γ und $\gamma + d\gamma$, φ und $\varphi + d\varphi$ enthalten sind, bestimmt wird, gleich:

$$(2) \qquad \frac{N}{\alpha^3 \pi^{3/2}}\, e^{-\frac{1}{\alpha^2}\,(v_1{}^2 + w^2 - 2v_1 w \cos\gamma)}\, w^2 \sin\gamma\, dw\, d\gamma\, d\varphi.$$

Wollen wir die Molecüle nur der Grösse der Geschwindigkeit, nicht ihrer Richtung nach unterscheiden, so haben wir (2) nach φ und γ zu integriren. Unter N Molecülen findet man demzufolge:

$$(3) \qquad \frac{N}{\alpha \sqrt{\pi}} \cdot \frac{w}{v} \left[e^{-\frac{(v-w)^2}{\alpha^2}} - e^{-\frac{(v+w)^2}{\alpha^2}} \right] dw$$

Molecüle, die sich mit einer relativen, zwischen w und $w + dw$ liegenden Geschwindigkeit gegen ein Molecül bewegen, dessen absolute Geschwindigkeit gleich v ist. Die mit (2) und (3) bezeichneten Sätze werden weiter unten öftere Anwendung finden; der Ausdruck (3) ist bereits von Maxwell gegeben worden. Zur Abkürzung will ich die in der eckigen Klammer befindliche Function mit $\varpi(v, w, \alpha)$ bezeichnen.

§ 2. Danach muss ein Molecül, das sich mit der Geschwindigkeit v bewegt, in der Zeiteinheit mit:

$$(1) \qquad \frac{N R^2 \sqrt{\pi}}{\alpha v \nu} \int_0^\infty w^2\, \varpi(v, w, \alpha)\, dw$$

Molecülen zusammentreffen, wenn mit ν das Gasvolumen bezeichnet wird.[1]) Die mittlere Anzahl Zusammenstösse C, die ein Molecül während der Zeiteinheit erfährt, ergibt sich daraus zu $2\sqrt{2\pi} N R^2 \alpha / \nu$, und in der gesammten Gasmenge finden während der Zeiteinheit $\frac{1}{2} N . C$ Zusammenstösse statt. Es wird nun gefragt, wie viele Zusammenstösse gleichzeitig verlaufen. Setzen wir, dass jederzeit im Gase $N c_2$ Molecüle zusammenstossen, so ist c_2 zu berechnen. Nehmen wir an, jeder Zusammenstoss bedürfe einer Zeit τ, und es vergehe zwischen zwei aufeinanderfolgenden Zusammenstössen eines Molecüls im Mittel ein Zeitintervall $\bar{\theta} = 1/C$. In der Zeit $\bar{\tau}$

---

1) Die Grösse (1) ist mit der Anzahl B von O. E. Meyer (Die kinetische Theorie der Gase. § 136) identisch. Indessen halte ich die oben angeführte Form für bequemer.

kommen $\frac{1}{2}N.\,C.\,\overline{\tau}$ Zusammenstösse vor; wird unter $\overline{\tau}$ die
mittlere Dauer eines Zusammenstosses verstanden, so ist dies
die Zahl der gleichzeitig verlaufenden Zusammenstösse, denn
es wird aus dieser Anzahl der letzte eben zur Zeit beginnen,
zu welcher der erste endigt. Diese Anzahl kann auch in
die Form $\frac{1}{2}N.\,\overline{\tau}/\overline{\theta}$ gebracht werden, sodass der Coëfficient c_2
einfach dem Verhältnisse beider Zeitintervalle $\overline{\tau}$ und $\overline{\theta}$
gleich ist.

Diese Rechnung wollen wir nun strenger wiederholen.
Haben zwei zusammentreffende Molecüle die Massen m_1 und
m_2, wird die relative Geschwindigkeit, die gegenseitige Entfernung, die Kräftefunction derselben in einem beliebigen
Momente des Zusammenstosses mit w, r, U, im Anfangsmo-
mente dagegen mit w^0, R, U^0 bezeichnet, bedeuten endlich:
s das Minimum von r, ψ^0 und ψ den spitzen Winkel (w^0, R),
resp. (w, r), so ist:

$$(2) \qquad \tau = 2 \int_s^R \frac{dr}{\sqrt{w^{02}\left(1 - \dfrac{R^2}{r^2}\sin^2\psi^0\right) + \dfrac{2(m_1 + m_2)}{m_1 m_2}(U - U^0)}},$$

$$(3) \qquad s = \frac{R \sin w^0}{\sqrt{1 + \dfrac{2(m_1 + m_2)}{m_1 m_2}.\,\dfrac{\overline{U}_s - \overline{U}^0}{w^{02}}}};$$

danach ist τ bekannt, wenn das Wirkungsgesetz gegeben ist.
Andererseits folgt aus Formel (3), § 1, dass in der Zeiteinheit:

$$(4) \qquad \frac{4N^2R^2}{a^4\nu}v w^{02} e^{-\frac{v^2}{a^2}}\,\omega\,(v,\,w^0,\,a)\,dw^0\,dv$$

Zusammenstösse derart vorkommen, dass am Beginne derselben die relative Geschwindigkeit zwischen w^0 und w^0+dw^0,
die absolute Geschwindigkeit eines Molecüls zwischen v und
$v + dv$ liegen. Integrirt man nach v und beachtet, dass
$2 \sin\psi^0 \cos\psi^0\,d\psi^0$ die Wahrscheinlichkeit dafür angibt, dass
der Winkel ψ^0 zwischen ψ^0 und $\psi^0+d\psi^0$ liegt, so erhält man:

$$(5) \qquad \frac{2N^2R^2\sqrt{2\pi}}{a^3\nu}w^{03} e^{-\frac{w^{02}}{2a^2}}\sin\psi^0\cos\psi^0\,d\psi^0\,dw^0$$

als Anzahl der in der Zeiteinheit stattfindenden Zusammenstösse, die unendlich nahe Werthe der relativen Anfangs-

geschwindigkeit und des Winkels (w^0, R) haben, für welche folglich die Zeitdauer nur unendlich kleine Unterschiede aufweisen kann. Gleichzeitig sind also:

(6)
$$\frac{2 N^2 R^2 \sqrt{2\pi}}{a^3 \nu} \tau w^{03} e^{-\frac{w^{02}}{2a^2}} \sin \psi^0 \cos \psi^0 \, d\psi^0 \, dw^0$$

solche Zusammenstösse zugegen, und für c_2 wird erhalten:

(7)
$$\frac{c_2}{2} = \frac{N R^2 \sqrt{2\pi}}{a^3 \nu} \int\limits_{W}^{\infty} \int\limits_{\Psi}^{\pi/2} \tau w^3 e^{-\frac{w^2}{2a^2}} \sin \psi \cos \psi \, d\psi \, dw.$$

Hierin bedeuten W und Ψ Grenzen für w^0 und ψ^0, bei welchen eine unstationäre Bewegung, wie sie in unserer Vorstellung über Zusammenstösse vorausgesetzt wird, noch möglich ist. Diese Grenzen hängen gänzlich vom Wirkungsgesetze ab und können für einfachere Fälle leicht berechnet werden. Somit ist c_2, soweit es möglich ist, bestimmt. Als erste Annäherung kann man τ gleich $2 R \cos \psi^0 / w^0$ setzen; diesem Werthe nähert sich bei beliebigem Kraftgesetze die Grösse τ, falls die kinetische Energie der zusammentreffenden Moleküle sehr gross gegen die Kräftefunction ist. Alsdann wird $c_2 = \frac{4}{3} N \pi R^3 / \nu$, d. h. c_2 stellt in erster Annäherung das Verhältniss aller R-Kugeln zum Gasvolumen vor.

§ 3. Von der Geschwindigkeit, mit welcher der Schwerpunkt zweier Moleküle während eines Zusammenstosses fortschreitet, will ich nun beweisen, dass sie stets dem Clerk-Maxwell'schen Vertheilungsgesetze unterworfen ist. Beide Moleküle sollen dabei gleiche Massen haben. Man überzeugt sich leicht, dass in der Zeiteinheit:

(1)
$$\frac{8 N^2 R^2}{a^6 \nu} v_1^2 v_2^2 w e^{-\frac{v_1^2 + v_2^2}{a^2}} \sin \zeta \, dv_1 \, dv_2 \, d\zeta$$

Zusammenstösse erfolgen, in welchen die absoluten Geschwindigkeiten der zusammentreffenden Moleküle und der von diesen Geschwindigkeiten eingeschlossene Winkel zwischen den Grenzen v_1 und $v_1 + dv_1$, v_2 und $v_2 + dv_2$, ζ und $\zeta + d\zeta$ eingeschlossen sind. Da nun die Geschwindigkeit der fortschreitenden Bewegung des Schwerpunktes V an w (die relative Anfangsgeschwindigkeit) und die übrigen Grössen folgendermaassen gebunden ist:

(2) $v_1{}^2 + v_2{}^2 = \dfrac{w^2}{2} + 2V^2$,   (3) $w^2 = v_1{}^2 + v_2{}^2 - 2v_1v_2\cos\vartheta$;

so ist die Zahl derjenigen Zusammenstösse, für welche die drei Geschwindigkeiten V, w, v_1 zwischen den Grenzen V und $V + dV$, w und $w + dw$, v_1 und $v_1 + dv_1$ enthalten sind:

(4) $\dfrac{16\,N^2R^2}{\alpha^6\nu}\,V\,w^2\,v_1\,e^{-\frac{2V^2}{\alpha^2} - \frac{w^2}{2\alpha^2}}\,dV\,dw\,dv_1.$

Wird dieser Ausdruck nach v_1 und w integrirt und mit der gesammten Anzahl der stattfindenden Zusammenstösse verglichen, so liefert er die gesuchte Wahrscheinlichkeit einer Geschwindigkeit $V, V + dV$ des Schwerpunktes. Bei der ersten Integration ist jedoch zu beachten, dass (2) und (3) zufolge in $\frac{1}{2}w^2 + V^2 + Vw$ das Maximum, in $\frac{1}{2}w^2 + V^2 - Vw$ das Minimum von $v_1{}^2$ gegeben ist, sodass:

(5) $\dfrac{16\,N^2R^2}{\alpha^6\nu}\,V^2w^3e^{-\frac{2V^2}{\alpha^2} - \frac{w^2}{2\alpha^2}}\,dV\,dw$

Zusammenstösse in der Zeiteinheit vorkommen, in welchen V und w zwischen V und $V + dV$, w und $w + dw$ liegen. Gleichzeitig verlaufen daher:

(6) $\dfrac{32\,N^2R^2}{\alpha^6\nu}\,\tau\,V^2e^{-\frac{2V^2}{\alpha^2}}\,w^3e^{-\frac{w^2}{2\alpha^2}}\sin\psi\,\cos\psi\,d\psi\,dw\,dV$

derartige Zusammenstösse, in welchen noch überdiess der Winkel ψ zwischen ψ und $\psi + d\psi$ enthalten ist. Fragt man nach der Wahrscheinlichkeit eines solchen Zusammenstosses, so hat man (6) mit Nc_2 zu dividiren; dies liefert:

(7) $\dfrac{8}{\alpha^3}\sqrt{\dfrac{2}{\pi}}\cdot\dfrac{\tau w^3\,e^{-\frac{w^2}{2\alpha^2}}\sin\psi\,\cos\psi\,d\psi\,dw}{\displaystyle\int_W^\infty\int_\psi^{\pi/2}\tau w^3\,e^{-\frac{w^2}{2\alpha^2}}\sin\psi\,\cos\psi\,d\psi\,dw}\,V^2e^{-\frac{2V^2}{\alpha^2}}\,dV.$

Um die Wahrscheinlichkeit von $V, V + dV$ allein zu finden, muss nach ψ und w integrirt werden; es kommt dafür:

(8) $\dfrac{4}{\left(\dfrac{\alpha}{\sqrt{2}}\right)^3\sqrt{\pi}}\,V^2e^{-\frac{V^2}{(\alpha/\sqrt{2})^2}}\,dV,$

d. h. die Geschwindigkeiten V sind nach dem Maxwell'schen Gesetze vertheilt, wobei als neuer Modulus β die Grösse $\alpha/\sqrt{2}$ fungirt. Aus diesem Satze folgt, dass der Mittelwerth von V gleich $\frac{4}{3}\beta^2 = \frac{2}{3}\alpha^2$ ist.

§ 4. Einen dreifachen Zusammenstoss kann man als einen solchen auffassen, in welchem ein Molecül mit einem Paare bereits zusammentreffender Molecüle zusammenstösst. Mithin sind wir im Stande aus dem in § 3 erwiesenen Satze die Anzahl dreifacher Zusammenstösse, die in der Zeiteinheit vorkommen, herzuleiten. In der Zeiteinheit kommt es nämlich:

$$\frac{2N^2}{\alpha^3\beta\nu}c_2\lambda^2\, v w^2 e^{-\frac{v^2}{a^2}}\, \varpi\,(v,w,\beta)\,dv\,dw \qquad (\text{wo } \beta = a/\sqrt{2})$$

mal vor, dass ein Molecül mit einer absoluten Geschwindigkeit $v, v + dv$ mit einem Molecülpaare zusammentrifft und dabei die relative Geschwindigkeit beider zwischen w und $w + dw$ liegt. Ueberhaupt finden also in der Zeiteinheit $N^2 c_2 R^2 \sqrt{\pi(\alpha^2 + \beta^2)}/\nu$ dreifache Zusammenstösse statt, d. h. sie sind im Verhältnisse $c_2 \sqrt{3}/2 : 1$ seltener als die normalen. Man denkt sich leicht einen Coëfficienten c_3, dem früheren c_2 analog gebildet und τ_3, die Zeitdauer eines dreifachen Zusammenstosses, enthaltend; alsdann verlaufen $Nc_2 c_3/6$ dreifache Zusammenstösse gleichzeitig. Freilich können nicht mehr die Variabelen angegeben werden, von welchen τ_3 abhängig ist.

Für Zusammenstösse noch höherer Ordnung wird man analoge Coefficienten $c_4{}', c_4{}''$ (je nachdem ob zwei Molecülpaare untereinander, oder ein Molecül mit einem dreifachen System zusammentrifft) u. s. w. gebildet denken; alsdann kann die Ordnungsgrösse der hier in Betracht kommenden Ausdrücke aus folgender Zusammenstellung erkannt werden, in welcher Zahlenfactoren unterdrückt worden sind und unter Z die Grösse $\sqrt{2\pi}\,N^2 R^2\,\alpha/\nu$ zu verstehen ist:

		Zweifache Zusammenstösse	Drei-fache	Vierfache	
				zweier Paare	1 Molecül mit 3 Mol.
Es findet statt	in der Zeiteinheit	Z	$Z.c_2$	$Z.c_2{}^2$	$Z.c_2.c_3$ etc.
	gleichzeitig	$N.c_3$	$N.c_2.c_3$	$N.c_2{}^2.c_4'$	$N.c_2 c_3 c_4''$ etc.

§ 5. Maxwell's Gesetz gilt ebenso für die Schwerpunktsbewegung in allen Zusammenstössen höherer Ordnung, wie in solchen, wo nur zwei Molecüle zusammenstossen. Um dies mit einem Schlage zu beweisen, wollen wir folgendes Theorem zunächst aufstellen. Kommen Zusammenstösse zwischen Systemen vor, deren Gesammtmassen m_1 und m_2 sind, und deren Schwerpunktsgeschwindigkeiten nach dem Maxwell'schen Gesetze vertheilt sind, und zwar so, dass die neuen Moduli α und β der Beziehung $m_1 \alpha^2 = m_2 \beta^2$ genügen, so entstehen Systeme $(m_1 + m_2)$, deren Schwerpunkte nach dem Maxwell'schen Gesetze sich bewegen, wobei der neue Modulus γ durch $(m_1 + m_2)\gamma^2 = m_1 \alpha^2 = m_2 \beta^2$ bestimmt ist. Der Beweis gestaltet sich hier vollkommen dem in § 3 gegebenen analog, sodass ich nur die Hauptmomente desselben anführen will. Zwischen den erwähnten N_1-Systemen m_1 und N_2-Systemen m_2 kommen in der Zeiteinheit:

$$\frac{8\,N_1\,N_2\,R^2}{\alpha^3\,\beta^3\,\nu}\,v_1{}^2\,v_2{}^2\,e^{-\left(\frac{v_1{}^2}{\alpha^2} + \frac{v_2{}^2}{\beta^2}\right)}\,w\sin\zeta\,d\zeta\,dv_1\,dv_2$$

Zusammenstösse vor, die durch Werthe $v_1, v_1 + dv_1$; $v_2, v_2 + dv_2$; $\zeta, \zeta + d\zeta$ der Variabelen charakterisirt sind. Nun ist:

$$\frac{m_1\,m_2}{m_1 + m_2}\cdot\frac{w^2}{2} + (m_1 + m_2)\frac{V^2}{2} = m_1\frac{v_1{}^2}{2} + m_2\frac{v_2{}^2}{2}, \text{ und}$$

$$V^2 + \left(\frac{m_1}{m_1 + m_2}\right)^2 w^2 + \frac{2\,m_1}{m_1 + m_2}\cdot wV, \text{ resp.}$$

$$V^2 + \left(\frac{m_1}{m_1 + m_2}\right)^2 w^2 - \frac{2\,m_1}{m_1 + m_2}\,wV$$

sind als Grenzen für $v_2{}^2$ anzusehen; daher kommen durch Werthe $w, w + dw$; $V, V + dV$ charakterisirte Zusammenstösse in der Anzahl:

$$\frac{16\,N_1\,N_2\,R^2}{\alpha^3\,\beta^3\,\nu}\,V^2 e^{-\frac{(m_1 + m_2)\,V^2}{m_1\,\alpha^2}}\,w^3 e^{-\frac{w^2}{\alpha^2 + \beta^2}}\,dw\,dV$$

vor. Die Elemente V, w, ψ in einem zufällig gewählten Zusammenstosse zwischen den Grenzen $V, V + dV$; $w, w + dw$; $\psi, \psi + d\psi$ zu treffen, besteht die Wahrscheinlichkeit:

$$\dfrac{\displaystyle\int\limits_{0}^{\infty}\int\limits_{W}\int\limits_{\Psi}\tau\,V^{2}\,e^{-\dfrac{(m_{1}+m_{2})\,V^{2}}{m_{1}\,\alpha^{2}}}\quad w^{3}\,e^{-\dfrac{w^{2}}{\alpha^{2}+\beta^{2}}}\sin\psi\,\cos\psi\,d\psi\,dw\,dV}{\displaystyle\int\limits_{0}^{\infty}\int\limits_{W}^{\infty}\int\limits_{\Psi}^{\pi/2}\tau\,V^{2}\,e^{-\dfrac{(m_{1}+m_{2})\,V^{2}}{m_{1}\,\alpha^{2}}}\quad w^{3}\,e^{-\dfrac{w^{2}}{\alpha^{2}+\beta^{2}}}\sin\psi\,\cos\psi\,d\psi\,dw\,dV}\;;$$

da aber τ von V unabhängig ist, so folgt das gesuchte Vertheilungsgesetz von V zu:

(1)
$$\frac{4}{\gamma^{3}\sqrt{\pi}}\,V^{2}\,e^{-\dfrac{V^{2}}{\gamma^{2}}}\,dV,\text{ worin (2) }\gamma^{2}=\frac{m_{1}\,\alpha^{2}}{m_{1}+m_{2}}=\frac{m_{2}\,\beta^{2}}{m_{1}+m_{2}}.$$

Da in der Regel dreifache Zusammenstösse vorkommen, wenn freie Molecüle mit Systemen zweier Molecüle zusammentreffen, und allgemein k-fache Zusammenstösse aus freien Molecülen, zwei-, drei- u. s. w. bis $(k-1)$-fachen Systemen sich zusammensetzen, so werden wir das eben bewiesene Theorem schrittweise benutzen können, um den anfangs angeführten und für zweifache Zusammenstösse bereits bewiesenen Satz auf immer complicirtere Zusammenstösse auszudehnen.

§ 6. Aus den in § 3 und § 5 gezogenen Schlüssen folgt unmittelbar, dass der Mittelwerth der kinetischen Energie sowohl für freie Molecüle, als für die Schwerpunkte sämmtlicher Systeme gleich sein, und zwar $\tfrac{1}{2}\,m\,\alpha^{2}$ betragen muss. Bezeichnen wir mit $\overline{(q)}$ den Mittelwerth einer Grösse q, und mit einem angehängten Index die Zahl der im Zusammenstosse theilnehmenden Molecüle, so finden wir, nach den bewiesenen Formeln, für freie Molecüle $\tfrac{1}{2}\,m\,\overline{(v^{2})}=\tfrac{1}{2}\,m\,\alpha^{2}$, für zweifache Zusammenstösse $\tfrac{1}{2}\,2\,m\,\overline{(\,V^{2}\,)}_{2}=\tfrac{1}{2}\,m\,\alpha^{2}$, für dreifache Zusammenstösse (vgl. Form. (2) § 5, mit $m_{1}=m$, $m_{2}=2\,m$): $\tfrac{1}{2}\,3\,m\,(\,\overline{V^{2}}\,)_{3}=\tfrac{1}{2}\,m\,\alpha^{2}$, für vierfache (desgleichen mit $m_{1}=m$, $m_{2}=3\,m$ oder auch $m_{1}=2\,m$, $m_{2}=2\,m$): $\tfrac{1}{2}\,4\,m\,\overline{(\,V^{2}\,)}_{4}=\tfrac{1}{2}\,m\,\alpha^{2}$ u. s. f. Und ist allgemein $k=i+j$, $m_{k}=m_{i}+m_{j}$, so findet man für k-fache Zusammenstösse aus (1) und (2) § 5:

$$\overline{V_{k}^{2}}=\tfrac{3}{2}\,\alpha_{k}^{2}=\tfrac{3}{2}\,\frac{m_{i}\,\alpha_{i}^{2}}{m_{i}+m_{j}}=\frac{m_{i}}{m_{k}}\,\overline{V_{i}^{2}}\quad\text{d. h. }\tfrac{1}{2}\,m_{k}\,\overline{V_{k}^{2}}=\tfrac{1}{2}\,m_{i}\,\overline{V_{i}^{2}},$$

d. h. den erhaltenen Schluss kann man immer weiter anwenden.

44*

§ 7. Um die Zahl der Aggregate zu berechnen, die in der Gasmenge vorkommen, kann man sich der bereits angewandten Methode bedienen. Ein Aggregat bleibe die Zeit ϑ hindurch erhalten, und ϑ hänge von w, von ψ und noch von beliebigen, mit x allgemein zu symbolisirenden Variabelen ab, deren Vertheilungsgesetz in $F(x)\,dx$ gegeben sei. Erinnert man sich der Formel (5), § 2, so hat man die Anzahl M bimolecularer Aggregate aus:

$$(1)\quad M = \frac{N^2}{\nu}\cdot\frac{2\,R^2\sqrt{2\pi}}{\alpha^3}\sum\iiint \vartheta\, e^{-\frac{w^2}{2\,\alpha^2}} w^3 \sin\psi\cos\psi\, F(x)\,dx\,d\psi\,dw$$

zu berechnen; denn gleichzeitig sind so viele Aggregate vorhanden, als sich während der Zeit ϑ neue bilden. Die Integration muss in so viele Theile gesondert werden, als verschiedene Typen der zwischen ϑ, w, ψ bestehenden Beziehung vorkommen können; dies wird durch das Summationszeichen angedeutet. Die Integralsumme, mit $2\,R^2\sqrt{2\pi}/\alpha^3$ multiplicirt, wollen wir mit $1/f(t)$, und mit t die absolute Temperatur bezeichnen; diese letztere wollen wir mit der Gleichung $m\alpha^2 = kt$ einführen, wozu die Berechtigung später erwiesen werden soll. Hierin ist k ein constanter Factor. Eine einfache Rechnung führt zu:

$$\frac{d\log f(t)}{dt} = \frac{1}{2\,k\,t^2}\left(3kt - m\,\frac{\sum\iiint \vartheta\, e^{-\frac{w^2}{2\,\alpha^2}} w^5 \sin\psi\cos\psi\, F(x)\,dx\,d\psi\,dw}{\sum\iiint \vartheta\, e^{-\frac{w^2}{2\,\alpha^2}} w^3 \sin\psi\cos\psi\, F(x)\,dx\,d\psi\,dw}\right),$$

wo das letzte Glied in der Klammer den Mittelwerth $\overline{w^2}$ des Quadrates der relativen Anfangsgeschwindigkeit in existirenden Aggregaten angibt. Erfahrungsmässig muss nun die (mittlere) gesammte innere Energie der Aggregate zur mittleren kinetischen Energie der fortschreitenden Bewegung in einem Verhältnisse stehen, das durch die Grösse des Verhältnisses $\varkappa$ beider specifischen Wärmen bestimmt wird. Die erstere Energie sei $\tfrac{1}{2}m\overline{w^2} + \overline{\varPi}$, wobei also $\overline{\varPi}$ die mittlere potentielle Energie zweier Molecüle eines Aggregates· beim Entstehen desselben bedeutet. Die zweite Energie ist $\tfrac{3}{2}m\alpha^2$, und das Verhältniss beider $(5-3\varkappa)/3(\varkappa-1)$. Dadurch wird:

$$\frac{d \log f(t)}{dt} = \frac{3\varkappa - 4}{\varkappa - 1} \cdot \frac{1}{t} + \frac{2\,\overline{\varPi}}{kt^2}, \qquad f'(t) = A\,t^{\frac{3\varkappa - 4}{\varkappa - 1}}\,e^{-\frac{2\overline{\varPi}}{kt}}$$

erhalten, wo A von der Temperatur unabhängig ist. Da $N^2 = M.\nu.f(t)$ gesetzt wurde, so stimmt unser Resultat mit der allgemeinen Gibbs'schen Dissociationsgleichung, insofern A vom Volumen nicht abhängt, was auch die Erfahrung mit ziemlicher Annäherung bestätigt. Ich setze also:

$$M = \frac{N^2}{A\nu}\,e^{m/t}\,t^n, \qquad m = \frac{2\,\overline{\varPi}}{k}, \qquad n = \frac{4 - 3\varkappa}{\varkappa - 1}.$$

Diese Berechnung ist nicht eine rein kinetische. Indessen scheint mir eine kinetische Theorie der Dissociationserscheinungen noch heute fast unübersteigbare Schwierigkeiten zu bieten, und ist auch, meiner Ansicht nach, der moleculare Mechanismus derselben (insbesondere was den Einfluss des Druckes betrifft) trotz allen Dissociationstheorien unerklärt geblieben.

§ 8. Nachdem ein Bild von der Beschaffenheit unvollkommener Gase in den vorangegangenen Paragraphen gegeben worden ist, will ich versuchen, eine Zustandsgleichung abzuleiten. Eine solche muss die Temperatur enthalten, und es wird gefragt, wie die Definition der Temperatur unvollkommener Gase zu geben ist. In diesem Falle können sehr verschiedene Mittelwerthe der kinetischen Energie der Molecularbewegung gebildet werden, und den allgemeinen Mittelwerth sämmtlicher kinetischer Energie als Temperaturmaass ohne weiteres anzusehen, wie öfters geschehen, scheint mir ein willkürliches Verfahren zu sein. Ich erhalte als Resultat der unten mitgetheilten Betrachtungen, dass die mittlere kinetische Energie der freien Molecüle das Temperaturmaass abgibt.

Wenn zwischen zwei gemischten Gasen kein beständiger Wärmestrom fliesst, weder nach der einen, noch nach der anderen Richtung, so soll angenommen werden, dass beide Gase gleiche Temperatur haben. Ich beginne mit der Berechnung der Energiemenge, die die freien Molecüle (z. B. des ersten Gases) m_1 in ihren Zusammenstössen gewinnen oder verlieren. In einem Zusammenstosse m_1, m_2 findet folgende Energieänderung statt. Mit ^{0} und $'$ mögen Werthe bezeichnet werden, die von den Variabeln im Anfangs-, resp. am Endmomente des Zusammenstosses angenommen werden; mit v_1, v_2 seien die absoluten Geschwindigkeiten von m_1, resp. m_2, mit w die gegenseitige relative Geschwindigkeit im Anfangs- sowohl wie im Endmomente bezeichnet. Alsdann ist:

(1) $v_1' \cos(v_1'X) = v_1^0 \cos(v_1^0 X) + \dfrac{m_2}{m_1 + m_2}(\cos(w'X) - \cos(w^0 X))$.

Wenn wir den zwischen den Richtungen von w^0 und w' eingeschlossenen Winkel mit 2ω, und mit φ den Winkel bezeichnen, den die Bahnebene mit einer durch die w^0 Richtung parallel der X-Axe gezogenen Ebene bildet, so finden wir:

(2) $\begin{cases} \cos(w'X) = \cos(w^0 X)\cos 2\omega + \sin(w^0 X)\sin 2\omega \cos\varphi, \\ \qquad\qquad \cos(w'X) - \cos(w^0 X) = \\ = -2\sin\omega\,(\cos(w^0 X)\sin\omega - \sin(w^0 X)\cos\omega\cos\varphi). \end{cases}$

Ziehen wir in der Bahnebene eine Gerade A so, dass sie mit der w^0 Richtung den Winkel $\pi/2 - \omega$ einschliesse, so haben wir darin die Symmetrieaxe der Bahn. Mit der X-Axe bildet sie den Winkel $\cos(AX) = \cos(w^0 X)\sin\omega - \sin(w^0 X)\cos\omega\cos\varphi$, sodass die Gl. (1) [vgl. auch (2)] in:

$v_1' \cos(v_1'X) = v_1^0 \cos(v_1^0 X) - \dfrac{2m_2}{m_1 + m_2} w \sin\omega \cos(AX)$ u. s. w.

und ferner in:

(3) $v_1'^2 = v_1^{02} + \dfrac{4m_2^2}{(m_1 + m_2)^2} w^2 \sin^2\omega - \dfrac{4m_2}{m_1 + m_1} v_1^0 w \sin\omega \cos(v_1^0 A)$

übergeht. Wird von den w^0 und v_1^0 Richtungen der Winkel γ, von der Bahnebene und einer durch w^0 parallel v_1^0 gezogenen Ebene der Winkel δ gebildet, so folgt, dass im Zusammenstosse die Energie des m_1 Molecüls folgende Aenderung erfährt:

(4) $\begin{cases} \dfrac{m_1}{2} v_1'^2 - \dfrac{m_1}{2} v_1^{02} = \dfrac{2m_2^2 m_1}{(m_1 + m_2)^2} w^2 \sin^2\omega - \\ - \dfrac{2m_2 m_1}{m_1 + m_2} v_1^0 w (\sin^2\omega \cos\gamma + \sin\gamma \sin\omega \cos\omega \cos\delta). \end{cases}$

Den Index ^{0} wollen wir fortan unterdrücken. Das Vertheilungsgesetz der Elemente w, ψ, v, γ, δ, von welchen die Aenderung der Energie bestimmt wird, (denn ω ist von w und ψ abhängig) lässt sich wie folgt ermitteln. Die Geschwindigkeitsmoduli der N_1 freien m_1-Molecüle, resp. der N_2 m_2-Molecüle sollen α und β sein. Nach (2) § 1 findet man:

$$\frac{2N_2}{\beta^3\sqrt{\pi}} e^{-\frac{v^2 + w^2 - 2vw\cos\gamma}{\beta^2}} w^2 \sin\gamma \, dy \, dw$$

m_2-Molecüle, für welche die relative Geschwindigkeit mit einem m_1-Molecül zwischen w und $w + dw$, der Winkel von w und v_1 zwischen γ und $\gamma + d\gamma$ enthalten sind. Jedes solches Molecül begegnet in der Zeiteinheit:

$$\frac{4N_1}{\alpha^3\sqrt{\pi}} R^2 w v^2 e^{-\frac{v^2}{\alpha^2}} \sin\psi \cos\psi \, d\delta \, d\psi \, dv$$

m_1-Molecülen derart, dass v_1 zwischen v und $v + dv$, und die Winkel ψ und δ zwischen ψ und $\psi + d\psi$, δ und $\delta + d\delta$ liegen. Da in jedem Zusammenstosse, der unter allen diesen Bedingungen stattfindet, die Aenderung der m_1-Energie durch (4) gegeben ist, so wird in der Zeiteinheit von den m_1-Molecülen in m_1, m_2 Zusammenstössen die Energiemenge gewonnen:

$$(5) \begin{cases} \frac{16N_1 N_2 R^2}{\alpha^3\beta^3\pi} \cdot \frac{m_1 m_2}{m_1 + m_2} \times \left[\frac{m_2}{m_1 + m_2} \int_0^\infty \int_0^\infty \int_0^{\pi/2} \int_0^\pi \int_0^{2\pi} v^2 e^{-\frac{v^2}{\alpha^2}} w^6 e^{-\frac{v^2 + w^2 - 2vw\cos\gamma}{\beta^2}} \times \right. \\ \qquad \times \sin\gamma \sin^2\omega \sin\psi \cos\psi \, d\delta \, d\gamma \, d\psi \, dv \, dw \\ - \int_0^\infty \int_0^\infty \int_0^{\pi/2} \int_0^\pi \int_0^{2\pi} v^3 e^{-\frac{v^2}{\alpha^2}} w^4 e^{-\frac{v^2 + w^2 - 2vw\cos\gamma}{\beta^2}} \times \\ \qquad \times \sin\gamma \cos\gamma \sin^2\omega \sin\psi \cos\psi \, d\delta \, d\gamma \, d\psi \, dv \, dw \\ - \int_0^\infty \int_0^\infty \int_0^{\pi/2} \int_0^\pi \int_0^{2\pi} v^3 e^{-\frac{v^2}{\alpha^2}} w^4 e^{-\frac{v^2 + w^2 - 2vw\cos\gamma}{\beta^2}} \times \\ \qquad \left. \times \sin^2\gamma \sin\omega \cos\omega \sin\psi \cos\psi \cos\delta \, d\delta \, d\gamma \, d\psi \, dv \, dw \right]. \end{cases}$$

Nach δ, nach γ und nach v kann integrirt werden, da ω nur von w und ψ abhängt. Eine etwas weitläufige Rechnung, die jedoch keine Schwierigkeiten bietet, liefert die übergeführte Energiemenge zu:

$$(6) \quad 16\sqrt{\pi} \cdot \frac{m_1 m_2}{(m_1 + m_2)^2} N_1 N_2 R^2 \frac{1}{(\alpha^2 + \beta^2)^{5/2}} (m_2 \beta^2 - m_1 \alpha^2) \int_0^\infty \int_0^{\pi 2} w^5 \sin^2 \omega \, e^{-\frac{w^2}{\alpha^2 + \beta^2}} \times$$

$$\times \sin \psi \cos \psi \, d\psi \, dw,$$

und da das Doppelintegral durchaus positiv ist, so kann der Energiestrom zwischen den m_2- und den m_1-Molecülen nur dann verschwinden, (alsdann aber muss er verschwinden), wenn $m_2 \beta^2 = m_1 \alpha^2$ geworden ist.

Da nun, wie in den Paragraphen 3, 5 und 6 gezeigt worden ist, sämmtliche complicirtere Systeme des einen Gases den Mittelwerth $\frac{1}{2} m_1 \alpha^2$ kinetischer Energie fortschreitender Bewegung, des zweiten — $\frac{1}{2} m_2 \beta^2$, aufweisen müssen, und auch (§ 5) vermischte Systeme (z. B. $(m_1 + m_2)$ u. s. w.) den Mittelwerth $\frac{1}{2} m_1 \alpha^2 = \frac{1}{2} m_2 \beta^2$ haben müssen, wenn diese Mittelwerthe für die freien Molecüle sich bereits ausgeglichen haben, so folgt, dass die zum Wärmegleichgewichte zwischen freien Molecülen einzig wesentliche Bedingung auch dazu genügt, Wärmegleichgewicht zwischen freien Molecülen und complicirteren Systemen, sowie unter den Systemen selbst herbeizuführen. Hierbei ist auf die innere Energie der Systeme keine Rücksicht genommen. Wäre indessen für zusammengesetzte Complexe eine andere Bedingung des Wärmegleichgewichtes richtig, so müsste für vielatomige Gase das Avogadro'sche Gesetz seine Gültigkeit verlieren. Andererseits aber wäre in einem unvollkommenen Gase ein stabiles Wärmegleichgewicht zwischen sämmtlichen Arten der Bestandtheile unmöglich, wenn die Bedingung dazu auch noch für eine Combination zweier Arten von derjenigen, die für freie Molecüle gilt, verschieden wäre. Alsdann wäre immer zwischen den m_1- und m_2-Molecülen ein Wärmestrom vorhanden; die Energie müsste mithin von einer Art zur anderen in vorgeschriebener Weise stetig circuliren. Solche Vorgänge sind nicht denkbar, weil zur Circulation der Energie in einer bestimmten Richtung kein Grund vorhanden sein kann.

Mit Rücksicht auf die oben angenommene Definition der Temperatur und das Ergebniss unserer Berechnung haben wir also $m_1 \alpha^2 = m_2 \beta^2$ als Function der Temperatur allein zu betrachten; eine Function, die von der Natur des Gases unabhängig sein muss, im übrigen aber willkürlich gewählt werden kann. Danach dürfte als Temperatur jede Function der üblichen Temperatur allein angesehen werden; der gewöhnlichen Annahme entspricht $m_1 \alpha^2 = 2\lambda t$, wo λ eine für alle Gase gleiche Constante bedeutet.

§ 9. Bevor ich zur Berechnung des Druckes übergehe, muss ein Satz aufgestellt werden, welcher etwas allgemeiner als der Satz vom Virial erscheint. Ich will mich auf den Fall zweier Molecüle m_1, m_2 beschränken. Jede derselben soll zur Zeit 0 in Kugeln hineinragen, die um den Schwerpunkt mit den Radii R_1, R_2 beschrieben sind; nach dem Verlaufe einer Zeit τ sollen die Molecüle aus diesen Kugeln heraustreten. Nur wenn τ unendlich wäre, könnte der Satz von Virial auf diesen Fall, der unseren normalen Zusammenstoss vorstellt, angewandt werden. Es sollen u_1, u_2; r_1, r_2 die Geschwindigkeiten und die Entfernungen der Molecüle zur Zeit t, beide auf den Schwerpunkt bezogen, bedeuten; w, $\varphi(r)$ sollen die relative Geschwindigkeit der Molecüle und die zwischen ihnen wirksame Anziehungskraft bezeichnen; mit r und R sollen endlich $r_1 + r_2$, resp. $R_1 + R_2$ benannt werden. Alsdann können die bekannten Bewegungsgleichungen, aus welchen Clausius den Satz vom Virial entwickelt, in folgender Gleichung zusammengefasst werden:

$$(1)\quad \frac{m_1}{2} u_1^2 + \frac{m_2}{2} u_2^2 = \frac{m_1 m_2}{m_1 + m_2} \cdot \frac{w^2}{2} = \tfrac{1}{2} r\, \varphi(r) + \frac{m_1}{4} \frac{d^2(r_1^2)}{dt^2} + \frac{m_2}{4} \frac{d^2(r_2^2)}{dt^2}.$$

Der Winkel, welchen die relative Geschwindigkeit u_1 mit dem aus m_1 nach dem Schwerpunkte hin gerichteten Radius r_1 bildet, soll ψ_1 betragen, und in den Momenten $t=0$, $t=\tau$ die Werthe ψ_1^0, ψ_1' erlangen. Analoges soll für m_2 gelten. Demgemäss ist:

$$\frac{dr_1}{dt} = -u_1 \cos\psi_1, \qquad \frac{dr_2}{dt} = -u_2 \cos\psi_2,$$
$$\psi_1' = \pi - \psi_1^0, \qquad \psi_2' = \pi - \psi_2^0$$

zu setzen. Wird (1) mit dt multiplicirt, von 0 bis τ integrirt, und darauf mit τ dividirt, so kommt:

$$(2) \begin{cases} \dfrac{m_1 m_2}{m_1 + m_2} \cdot \overline{\dfrac{w^2}{2}} - \dfrac{1}{2}\overline{r\,\varphi(r)} = \dfrac{\overline{m_1 R_1 u_1{}^0 \cos \psi_1{}^0 + m_2 R_2 u_2{}^0 \cos \psi_2{}^0}}{\tau} \\ \qquad = \dfrac{m_1 m_2}{m_1 + m_2} \cdot \overline{\dfrac{w^0 R \cos \psi^0}{\tau}}, \end{cases}$$

wenn ψ^0 den spitzen Winkel zwischen w^0 und R bezeichnet, und ein waagerechter Strich Mittelwerthe, die sich auf die Zeit τ beziehen, andeutet. Unser Satz lautet also, wenn unter T und V die kinetische Energie (der gegen den Schwerpunkt relativen Bewegung) und das Virial verstanden werden, wie folgt:

$$(3) \qquad \overline{T} - \overline{V} = \frac{m_1 m_2}{m_1 + m_2} \cdot \overline{\frac{w^0 R \cos \psi^0}{\tau}}.$$

$\overline{T}$ ist grösser als $\overline{V}$; setzen wir $\tau = \infty$, so werden beide gleich, wir haben den Satz von Clausius wiedergefunden.

§ 10. Wenn man eine lange Zeit hindurch die augenblicklichen Gesammtsummen der kinetischen Energie und des Virials für alle Molecüle bildet und daraus die Mittelwerthe zieht, so erhält man erst diejenigen Mittelwerthe, auf welche der Satz vom Virial anwendbar ist. Indessen können diese augenblicklichen Summen zu verschiedenen Zeitmomenten nicht verschieden ausfallen, wenn der Zustand des Gases stationär geworden ist, sodass sie von ihren Mittelwerthen nicht merklich abweichen. Um aber den augenblicklichen Mittelwerth $\overline{(q)}$ irgend einer Grösse q für sämmtliche Gasmolecüle zu berechnen, muss man beachten, dass dt/τ die Wahrscheinlichkeit angibt, ein System zusammenstossender Molecüle bei zufälliger Wahl im Momente t bis $t + dt$ des Zusammenstosses zu treffen. Danach ist $\overline{(q)}$ nach der Gleichung zu berechnen:

$$\overline{(q)} = \int \cdots \int\!\int\!\int_0^\tau q F \cdot \frac{dt}{\tau}\, dx\, dy \ldots dz,$$

wenn τ und $\int_0^\tau q\, dt$ von beliebigen Veränderlichen $x, y, \ldots z$ abhängen, deren Vertheilungsgesetz die Function F angibt. Nun ist $\int_0^\tau q\, dt / \tau$ dem Mittelwerthe $\overline{q}$ der Grösse q in einem Zusammenstosse gleich, sodass:

$$(1) \qquad \overline{(q)} = \int \cdots \int\!\int \overline{q} F\, dx\, dy \ldots dz.$$

Vollständig analoge Betrachtungen gelten für Aggregate, in welchem Falle τ mit der Zeitdauer einer Bewegungsperiode zu ersetzen ist.

Im Volumen ν seien N Molecüle, darunter $N(1-x)$ freie, enthalten; Nc_2, Nc_3, Nc_4 ... Molecüle seien eben in zwei-, drei-, vierfachen Zusammenstössen begriffen; Na_2, Na_3, Na_4 ... Molecüle seien zu zwei-, drei-, vierfachen ... Aggregaten verbunden. Offenbar ist $a_2 + c_2 + a_3 + c_3 + a_4 + c_4 + \cdots$ gleich x. Bezeichnen wir Ausdrücke, die sich auf Zusammenstösse, resp. auf Aggregate beziehen, mit einem angesetzten c, resp. a, und die Zahl dazugehöriger Molecüle mit einem Zahlenindex, so haben wir die Virialgleichung folgendermaassen zu schreiben:

$$
(2) \begin{cases}
\frac{3}{2} p\nu + N\frac{a_2}{2}\overline{\left(\frac{1}{2}\,\overline{r\varphi(r)}\right)}_{a2} + N\frac{c_2}{2}\overline{\left(\frac{1}{2}\,\overline{r\varphi(r)}\right)}_{c2} \\
\quad + N\frac{a_3}{3}\overline{\left(\sum\frac{1}{2}\,\overline{r\varphi(r)}\right)}_{a3} + N\frac{c_3}{3}\overline{\left(\sum\frac{1}{2}\,\overline{r\varphi(r)}\right)}_{c3} \\
\quad + \cdots\cdots\cdots\cdots \\[4pt]
= N(1-x)\frac{m}{2}\overline{(v^2)} \\
\quad + N\frac{a_2}{2}\frac{2m}{2}\overline{(V^2)}_{a2} + N\frac{a_2}{2}\overline{\left(\sum_2\frac{m\overline{u^2}}{2}\right)}_{a2} + N\frac{c_2}{2}\frac{2m}{2}\overline{(V^2)}_{c2} \\
\quad + N\frac{c_2}{2}\overline{\left(\sum_2\frac{m\overline{u^2}}{2}\right)}_{c2} + N\frac{a_3}{3}\frac{3m}{2}\overline{(V^2)}_{a3} + N\frac{a_3}{3}\overline{\left(\sum_3\frac{m\overline{u^2}}{2}\right)}_{a3} \\
\quad + N\frac{c_3}{3}\frac{3m}{2}\overline{(V^2)}_{c3} + N\frac{c_3}{3}\overline{\left(\sum_3\frac{m\overline{u^2}}{2}\right)}_{c3} \\
\quad + \cdots\cdots\cdots\cdots
\end{cases}
$$

Hierin ist p der auf die Flächeneinheit wirkende Gasdruck, v die Geschwindigkeit freier Molecüle, V die Geschwindigkeit des Schwerpunktes eines Molecülcomplexes, u die relative Geschwindigkeit der Molecüle eines Complexes gegen dessen Schwerpunkt. Eine Σ ohne Zahl deutet eine Summation der Werthe an für sämmtliche Combinationen zu zwei, eine Σ mit Zahl, eine nach einzelnen Molecülen gehende Summation.

Beachtet man den in § 6 ausgesprochenen Satz, welcher nach dem in § 8 Gesagten auch auf Aggregate auszudehnen ist, so wird man zu einer bedeutenden Vereinfachung in (2) geführt; eine weitere ergibt sich aus der Bemerkung, dass die Bewegung in Aggregaten stationär sein muss, und daher die Gleichungen:

$$\overline{\left(\sum_2 \frac{m\overline{u^2}}{2}\right)}_{a2} = \overline{\left(\frac{1}{2}\,\overline{r\,\varphi\,(r)}\right)}_{a2}, \qquad \overline{\left(\sum_3 \frac{m\overline{u^2}}{2}\right)}_{a3} = \overline{\left(\sum \frac{1}{2}\,\overline{r\,\varphi\,(r)}\right)}_{a3}$$

bestehen müssen. Bedenkt man noch, dass x gleich $a_2 + c_2 + a_3 + c_3 + \cdots$ ist, und beachtet man den in § 9 bewiesenen Satz, so hat man (2) unter der Gestalt:

$$p\,v = N\,\frac{m\,\alpha^2}{2}\Big(1 - \frac{a_2}{2} - \frac{c_2}{2} - \frac{2\,a_3}{3} - \frac{2\,c_3}{3} - \cdots\Big)$$

$$+ N\,\frac{c_2}{3}\,\overline{\left(\frac{m\,w^0\,R\,\cos\psi^0}{\tau}\right)}_{c2} + N\,\frac{2\,c_3}{9}\,\overline{\left(\sum_3 \frac{m\overline{u^2}}{2} - \sum \frac{1}{2}\,\overline{r\,\varphi\,(r)}\right)}_{c3} + \cdots$$

zu schreiben. Die Wahrscheinlichkeit in einem zweifachen Zusammenstosse die Elemente w und ψ zwischen w und $w + dw$, ψ und $\psi + d\psi$ zu treffen, beträgt nach § 2:

$$\frac{2\,N\,R^2\,\sqrt{2\pi}}{\alpha^3\,\nu}\cdot\frac{\tau}{c_2}\,w^3\,e^{-\frac{w^2}{2\,\alpha^2}}\sin\psi\,\cos\psi\,d\psi\,dw;$$

wendet man dies auf die Berechnung des Mittelwerthes des mit $N c_2/3$ multiplicirten Gliedes an, und erinnert sich, dass:

$$\frac{c_2}{2} = \frac{N\,R^2\,\sqrt{2\pi}}{\alpha^3\,\nu}\int_W^\infty\int_\psi^{\pi/2}\tau\,w^3\,e^{-\frac{w^2}{2\,\alpha^2}}\sin\psi\,\cos\psi\,d\psi\,dw$$

ist, so wird man auf:

$$(3)\ \begin{cases} \qquad\qquad p\,v = \frac{N\,m\,\alpha^2}{2}\Big(1 - \frac{a_2}{2} + \\ + \frac{N\,R^2\,\sqrt{2\pi}}{\alpha^3\,\nu}\int_W^\infty\int_\psi^{\pi/2}\Big(\frac{w^2}{3\,\alpha^2}\cdot\frac{2\,R\,\cos\psi}{w} - \tau\Big)w^3\,e^{-\frac{w^2}{2\,\alpha^2}}\sin\psi\,\cos\psi\,d\psi\,dw\Big) \\ - \frac{N\,m\,\alpha^2}{2}\Big(\frac{2\,a_3}{3} + \frac{2\,c_3}{3} + \cdots\Big) + N\,\frac{2\,c_3}{9}\,\overline{\left(\sum_3 \frac{m\overline{u^2}}{2} - \sum \frac{1}{2}\,r\varphi(r)\right)}_{c3} + \cdots \end{cases}$$

geführt. Das dritte Glied in der ersten Klammer mag b_2 heissen; analoge Integrale, die aus dem Zusammenziehen der Ausdrücke:

$$-\frac{Nm\,a^2}{2}\cdot\frac{2\,c_3}{3} \quad \text{und} \quad +N\frac{2c_3}{9}\overline{\left(\sum_3\frac{m\,u^2}{2}-\sum\frac{1}{2}\,\overline{r\,\varphi(r)}\right)}_{c3};$$

$$-\frac{Nm\,a^2}{2}\cdot\frac{3\,c_4}{4} \quad \text{und} \quad +N\frac{c_4}{6}\overline{\left(\sum_4\frac{m\,u^2}{2}-\sum\frac{1}{2}\,\overline{r\,\varphi(r)}\right)}_{c4}\text{ u. s. w.}$$

in der Gl. (3) entstehen müssten, mögen mit b_3, b_4 u. s. w. kurz bezeichnet werden. Mit R wollen wir $N\lambda$ ersetzen, wo λ die am Ende des § 8 erwähnte Constante bedeutet; unter t und v wollen wir die absolute Temperatur und das Volumen (anstatt wie bisher v) verstehen. Nimmt man alsdann auf das in § 8 bewiesene Rücksicht, so darf man die Gleichung:

$$pv = Rt\left(1 - \frac{a_2}{2} + b_2 - \frac{2\,a_3}{3} + b_3 - \frac{3\,a_4}{4} + b_4 - \cdots\right)$$

als die Zustandsgleichung aufstellen, zu welcher die in dieser Abhandlung entwickelten Annahmen führen. Was die Ausrechnung der Glieder a und b betrifft, so haben wir in § 7:

$$\frac{a_2}{2} = \frac{a\,e^{m/t}\,t^n}{v}$$

erhalten, worin a, m, n von der Natur des Gases abhängige Constanten bezeichnen. Das Integral b_2 kann unter speciellen Voraussetzungen gefunden werden. So z. B. wenn die zwischen den Moleculen wirksamen Kräfte der dritten Potenz der Entfernung verkehrt proportional sich ändern, so ist $b_2 = 0$. Allgemein lässt es sich zeigen, dass b_2 die Form:

$$j\,\frac{\frac{1}{3}N\pi R^3}{v}\cdot\frac{U}{E}$$

hat; U ist die Kräftefunction zweier Molecüle in der Entfernung R, E hat die Bedeutung $\frac{1}{2}m\,a^2$; j ist eine von U/E abhängige reine Zahl, die als nahezu constant zu betrachten ist, wenn U/E als sehr klein angenommen wird, was wohl für unvollkommene Gase der Wahrheit entspricht. Die übrigen Glieder sind nicht zu berechnen; es lässt sich nur beweisen, dass man immer $a_i = F_i(t)/v^{i-1}$ haben muss, wobei freilich die Function $F_i(t)$ für $i > 2$ nicht angegeben werden kann.

IX. *Zum Verhalten der Electricität in Gasen;* *von F. Narr in München.*

1. In früheren Untersuchungen über das Verhalten der Electricität in Gasen war ich zu dem Ergebnisse gekommen, dass, wenn man eine bestimmte, auf einem Sinuselectrometer angesammelte Electricitätsmenge vermittelst eines Quecksilberdoppelnäpfchens von Schellack mit metallischem Bügel auf eine relativ kleine Messingkugel, die sich in der Mitte eines grossen, kugelförmig begrenzten Gasraumes befindet, bei isolirter metallischer Hülle desselben überträgt, eine Gesammtladung des Systems sich ergibt, die von der Natur und Dichte des Gasraumes abhängig ist, und dass dieselbe eine von denselben Umständen bedingte Verminderung erfährt, sobald jene Hülle mit der Erde in Verbindung gesetzt wird. In meiner letzten Arbeit[1]) habe ich experimentell festzustellen versucht, dass die Erdverbindung der Hülle, mag sie Luft von gewöhnlicher Dichte oder in sehr verdünntem Zustande enthalten, ersetzt werden könne durch eine angefügte und zur Erde abgeleitete Luftschicht sowohl von gewöhnlicher, als auch von sehr geringer Dichte.

2. Um nun gewissen Einwänden von vornherein zu begegnen, und um insbesondere die Frage direct zu beantworten, ob denn wirklich Luft von gewöhnlicher Dichte, die zwischen zwei leitenden Hüllen eingeschlossen ist, eine so beträchtliche Abführung von Electricität von der inneren Hülle bewerkstelligen könne, wenn die äussere Hülle mit der Erde in Verbindung gesetzt wird, habe ich folgende neue Versuche angestellt. Das Sinuselectrometer, dessen Capacität ich zu diesem Zwecke durch passende Verbindung mit einer sehr grossen Metallkugel verstärkte, wurde vermittelst desselben Quecksilberdoppelnäpfchens von Schellack mit beweglichem Bügel direct mit der inneren Hülle des in der oben angezogenen Abhandlung beschriebenen ringförmigen Raumes, der mit trockener Luft von gewöhnlicher Dichte gefüllt war, in Verbindung gesetzt und die Aenderung untersucht, welche

---

1) Narr, Wied. Ann. **38.** p. 295. 1888.

. die Gesammtladung dieses Systems bei verschiedenen Electrometerladungen erfuhr, wenn die äussere Hülle einmal abgeleitet, das andere mal aber isolirt war und erst später mit
der Erde in Verbindung gesetzt wurde. Die Resultate, die
ich in den letzten zwei Jahren auf diesem Wege erhielt,
waren vollkommen übereinstimmend; ich führe daher nur
eine Reihe derselben an, die das Charakteristische vollständig erkennen lassen. Die.beiden Electricitäten wiesen, wenigstens innerhalb der Grenzen meiner Genauigkeit, keine
Unterschiede auf.

In der zunächst folgenden Tabelle:

1.	2.	3.	4.	5.
0,4045	0,6249	0,8366	0,8961	0,9617
0,1078	0,1907	0,2053	0,2157	0,2453
—	0,1748	0,1967	—	0,2307
—	0,1697	0,1914	—	0,2223

bedeutet die erste Zahl in einer jeden Verticalreihe die am
Electrometer beobachtete Ladung desselben in dem Augenblicke, in dem dasselbe durch den Bügel mit der inneren
Hülle in Verbindung gesetzt wurde, während die äussere
Hülle abgeleitet war, die zweite Zahl aber die Gesammtladung
des Systems nach 2 Minuten. Um mich auch über den Betrag
der Zerstreuung zu orientiren, habe ich bei drei der Versuche
auch die Gesammtladung des Systems am Ende der 3. und
4. Minute angegeben. Da ich trotz der beträchtlich vergrösserten Capacität des Electrometers unter diesen Verhältnissen keine erheblichere Ladung des Systems erzielen konnte,
so habe ich stark steigende, aber mit dem Electrometer nicht
mehr messbare Electricitätsmengen in derselben Weise auf
das System übertragen und ebenso am Ende der 2., 3. und
4. Minute nach der Bügelverbindung folgende Ladungen erhalten:

6.	7.	8.
0,3487	0,5342	0,6491
—	0,4979	0.6304
—	0,4563	0.6056

In der folgenden Tabelle:

9.	10.	11.	12.	13.
0,4045	0,6249	0,8366	0,8961	0,9617
0,3137	0,4198	0,5551	0,5897	0,6396
0,3084	0,4150	0,5496	0,5846	0,6287
0,1009	0,1662	0,1891	0,2018	0,2417

bedeutet die erste Ziffer in einer jeden Verticalreihe die am Electrometer beobachtete Ladung desselben in dem Augenblicke, in dem dasselbe durch den Bügel mit der inneren Hülle in Verbindung gesetzt wurde, während die äussere Hülle isolirt war, die zweite Ziffer die Ladung des Systems nach 2 Minuten, die dritte Ziffer dieselbe Grösse am Ende der 3. Minute, als die äussere Hülle abgeleitet wurde, und endlich die vierte Ziffer die hiernach noch verbleibende Ladung des Systems am Ende der 4. Minute.

3. An den vorstehenden Resultaten ist das zunächst Auffallende, wie gering die Ladungen:

| 0,1078 | 0,1907 | 0,2053 | 0,2157 | 0,2453 |

des Systems bei steigenden Ladungen des Electrometers trotz seiner beträchtlich vergrösserten Capacität bleiben, wenn die äussere Hülle mit der Erde in Verbindung ist; sie werden erst etwas erheblicher, wenn man die Zufuhr von Electricität in hohem Maasse steigert, wie dies bei den Versuchen 6, 7 und 8 der Fall war. Vergleicht man mit denselben die Ladungen:

| 0,3187 | 0,4198 | 0,5551 | 0,5897 | 0,6896, |

welche das System unter denselben Verhältnissen bei isolirter Hülle annimmt, so ergeben sich die sehr beträchtlichen Differenzen:

| 0,2059 | 0,2291 | 0,3498 | 0,3740 | 0,3943. |

Verbindet man endlich in dem letzteren Falle die vorher isolirte äussere Hülle mit der Erde, so sinken die Ladungen des Systems auf:

| 0,1009 | 0,1662 | 0,1891 | 0,2018 | 0,2417, |

also auf Werthe herab, welche von demselben Range sind, wie die bei schon ursprünglich abgeleiteter äusserer Hülle bei den gleichen Electrometerladungen erhaltenen. Die zweifellos von mancherlei Umständen bedingte Zerstreuung vermag jedenfalls eine Erklärung der beobachteten Differenzen nicht zu geben. Zur Ergänzung füge ich noch hinzu, dass, sowie einmal die Erdverbindung der äusseren Hülle eingetreten war, eine wiederholte Isolirung derselben keine

merkliche Aenderung im Stande des Electrometers herbeiführte, und dass die Resultate aller Versuche von dem Umstande, ob schon Versuche vorangegangen waren oder nicht,
sich als vollkommen unabhängig erwiesen. Endlich erwähne
ich noch, dass die durch die Erdverbindung der äusseren
Hülle herbeizuführende Verminderung der Ladung des Systems auch durch kurze Ableitungen derselben allmählich zu
erzielen waren, die z. B. bei einem Satze von Versuchen die
Electrometerablenkungen:

9⁰ 17′	2⁰⁰ 23′	34⁰ 47′	64⁰ 47′	69⁰ 7′
1 27	2 37	3 21	5 13	5 49
1 3	1 27	1 59	2 37	2 47
— 57	1 17	1 43	1 59	2 13

bis zum Eintreten keiner weiteren merklicheren Aenderung
zur Folge hatten. Die Verminderung der Ladungen wäre
jedenfalls eine noch allmählichere geworden, wenn ich den
einzelnen Ableitungen, die möglichst gleichmässig ausgeführt
wurden, eine kürzere Dauer hätte geben können, was aber
nur durch eine complicirte Einrichtung zu ermöglichen gewesen wäre. Endlich möchte ich noch hervorheben, dass
auch die Ladungen des Systems bei isolirter äusserer Hülle
nicht den Electrometerladungen proportional, sondern um
einen Betrag zu klein sind, der mit diesen letzteren wächst.

3. Erwägungen verschiedener Art veranlassten mich,
diese Versuche noch in einer abgeänderten und zugleich
etwas erweiterten Form zu wiederholen, indem ich die innere
Hülle von ca. 230 qcm einfacher Fläche durch die eine kreisförmige Platte, die äussere Hülle durch die andere kreisförmige Platte eines gewöhnlichen Kohlrausch'schen Luft-
condensators, deren Radius 7 cm betrug, ersetzte. Mit diesem
Apparate erhielt ich folgende Resultate:

A.				B.			
3 cm	2 cm	1 cm	$\frac{1}{2}$ cm	3$\frac{1}{2}$ cm	2$\frac{1}{2}$ cm	1$\frac{1}{2}$ cm	$\frac{1}{2}$ cm
0,8961	0,8961	0,8961	0,8961	0,6304	0,6304	0,6304	0,6304
0,5504	0,5438	0,5371	0,5131	0,3941	0,3940	0,3826	0,3548
0,5445	0,5397	0,5327	0,5093	0,3908	0,3908	0,3788	0,3495
0,5247	0,5049	0,4572	0,3765	0,3777	0,3738	0,3491	0,2632
0,5191	0,5029	0,4544	0,3788	0,3731	0,3715	0,3466	0,2625
0,5142	0,5001	0,4516	0,3781	0,3719	0,3676	0,3454	0,2614

In jeder Verticalreihe bedeutet die erste Zahl den Abstand der beiden Condensatorplatten, von denen zunächst die äussere isolirt war, bei dem betreffenden Versuche, die zweite Zahl die Ladung des Electrometers im Augenblicke der Bügeleinschaltung, die dritte und vierte die Ladung des Systems eine, resp. zwei Minuten später; am Ende dieser letzteren wurde die äussere Condensatorplatte mit der Erde verbunden. Die fünfte und sechste Zahl bezieht sich auf die Ladung des Systems eine, resp. zwei Minuten später; am Ende dieser letzteren wurde endlich die äussere Platte wieder isolirt und nach einer weiteren Minute die Ladung des Systems bestimmt, welche die letzte Zahl einer jeden Verticalreihe ergibt.

Vergleichen wir die am Ende der dritten Minute beobachtete Ladung mit der auf denselben Augenblick vermittelst der angegebenen Zerstreuung reducirten Ladung am Ende der sechsten Minute, und bilden wir ihre Differenzen, so erhalten wir:

bei einer Electrometerladung = 0,6304 und einem Plattenabstande von:

$3^1/_2$ cm	$2^1/_2$ cm	$1^1/_2$ cm	$1/_2$ cm
0,3908	0,3908	0,3788	0,3495
0,3806	0,3769	0,3510	0,2671
0,0102	0,0139	0,0278	0,0824

dagegen bei einer Electrometerladung = 0,8961 und einem Plattenabstande von:

3 cm	2 cm	1 cm	$1/_2$ cm
0,5445	0,5397	0,5327	0,5093
0,5299	0,5073	0,4600	0,3782
0,0146	0,0324	0,0727	0,1311

Alle diese Zahlen zusammen beweisen aber, dass der qualitative Charakter der Erscheinungen hier genau derselbe ist wie bei der ersten Versuchsanordnung, dass er also unabhängig ist von der Form der beiden parallelen Metallflächen, von dem sie voneinander isolirenden Mittel und endlich von dem Umstande, ob sie einen sonst offenen oder ganz geschlossenen Luftraum enthalten; der quantitative Charakter derselben wird wohl vor allem durch die Grösse jener

Flächen und unzweifelhaft von ihrem Abstande bedingt. Die Ladungen des Systems nehmen bei gleicher Electrometerladung sowohl bei isolirter als auch bei abgeleiteter äusserer Platte ab, während ihre Differenzen wachsen, wenn der Abstand der beiden Platten sich vermindert, was wohl mit Rücksicht auf die Resultate der ersten Versuchsanordnung, nicht durch die hierdurch veränderten Influenzeinflüsse seine vollständige Erklärung finden kann.

4. Meine Versuchsanordnung ist trotz der angestrebten möglichst grossen Einfachheit doch zu complicirt, als dass man die an ihr sich abspielenden Erscheinungen mit Vortheil theoretisch genauer verfolgen könnte. Ich discutire sie daher nur auf Grund einiger allgemeiner Prinzipien, indem ich zur Ermittelung ihrer wahren Ursache das ausschliessende Verfahren anwende.

Als das Hauptresultat, das ich mit meiner ersten Versuchsanordnung erhielt, sehe ich die Thatsache an, dass die gleiche Electrometerladung eine sehr verschiedene Ladung des Systems herbeiführte, je nachdem die äussere Hülle isolirt oder mit der Erde verbunden war; es handelt sich nun darum, diesen beträchtlichen und mit der Electrometerladung erheblich wachsenden Unterschied zu erklären.

Wenn wir einem Systeme von Leitern eine bestimmte Electricitätsmenge mittheilen, so ist die Vertheilung derselben auf dem Systeme, also auch die Anzeige eines darin enthaltenen Electrometers von den Influenzeinflüssen, denen das System ausgesetzt ist, abhängig, jene erstere muss aber wieder dieselbe werden, wenn wir die gleichen Influenzeinflüsse wieder herstellen. Demgemäss könnte man in erster Linie zunächst wenigstens versucht sein, anzunehmen, dass der beobachtete Unterschied auf Rechnung der verschiedenen Influenz zu setzen sei, der das System bei isolirter oder mit der Erde verbundener äusserer Hülle unterworfen ist. Dann müsste aber dieser Unterschied verschwinden, wenn wir das eine mal die vorher isolirte äussere Hülle mit der Erde verbinden, das andere mal die Erdverbindung der äusseren Hülle aufheben, sie also isoliren. Da aber nun ersteres wirklich angenähert eintritt, das letztere dagegen nicht, wie besonders

ziffermässig klar aus den Resultaten meiner zweiten Versuchsanordnung erhellt, so erklärt obige erste Annahme den beobachteten Unterschied nicht. Wenn derselbe aber sonach nicht
auf einem verschiedenen, durch die Abänderung der Influenzeinflüsse herbeigeführten Vertheilung derselben Electricitätsmenge beruhen kann, so vermag er seinem Sinne nach nur
als ein Verlust aufgefasst werden, den die Ladung des
Systems durch die Erdverbindung der äusseren Hülle er-
litten hat.

Wenn wir die Ursache dieses Verlustes an meiner ersten
Versuchsanordnung untersuchen, so können wir wohl nur
folgende Annahmen machen, die nicht alle auch meine zweite
Versuchsanordnung treffen. Erstens könnte nämlich die durch
die Schellacksiegellackschicht geschaffene Isolirung der beiden
Hüllen voneinander der der inneren Hülle ertheilten Ladung
nicht gewachsen gewesen sein, sodass sie durch die Erdverbindung der äusseren Hülle bis auf einen gewissen durch die relative
Güte der Isolirung bedingten Rest direct abgeleitet wurde.
Es ist aber leicht einzusehen, dass diese Annahme unbedingt
zu verwerfen ist. Nach derselben begriffe man nämlich
zunächst gar nicht, warum schwachen Ladungen schwache
Rückstände, starken Ladungen aber starke Rückstände ent-
sprächen; insbesondere unerklärlich bliebe es, warum diese
Schicht so grosse Electricitätsmengen, wie in den Versuchen 7
und 8 ganz gut, bei relativ mässiger Zerstreuung, isoliren
könne, während dies bei den schwachen Ladungen der Versuche 1 bis 5 nicht mehr der Fall sein sollte. Hierbei
muss ich die Bemerkung einschalten, dass die geringen
Schwankungen der äusseren Verhältnisse während meiner
Versuche, die alle an sehr kalten Tagen im geheizten Zimmer angestellt wurden, auf die beide Hüllen trennende Isolir-
schicht keinen Einfluss gewinnen konnten, weil sie immer
nur mit abgeschlossener trockener Luft in Berührung blieb.
Zum Ueberflusse beweisen dasselbe noch überdies meine Versuche in der zweiten Anordnung, bei denen der Grund-
charakter der Erscheinungen keine Aenderung erfuhr, obwohl keine Schellackschicht die beiden Condensatorplatten
trennte.

Zweitens könnte man die Annahme machen, dass der beobachtete Ladungsverlust durch den Staub herbeigeführt werde, der in der Luft, die zwischen den beiden Hüllen eingeschlossen ist, schwebt. Zunächst constatire ich nach dieser Beziehung hin, dass stärkere Verluste an electrisirten Leitern durch staubähnliche Körper nur mit Sicherheit in den Fällen nachgewiesen wurden, in denen ungewöhnlich grosse Mengen derselben in den Entladungsraum eingeführt wurden. Wiederholt hebe ich aber auch hier wie in meiner letzten Arbeit hervor, dass mein Entladungsraum immer in ruhendem und luftdicht verschlossenem Zustande vielfachen Entladungen ausgesetzt wurde, sodass eine beträchtlichere Menge von wirksamem Staube in schwebendem Zustande gerade nach den letzten Untersuchungen Nahrwold's hierüber nicht mehr vorhanden sein konnte. Endlich hätte man unbedingt bei dem offenen Luftraume zwischen den beiden Condensatorplatten unter gleichen Verhältnissen von dieser Annahme aus grössere Verluste erwarten müssen, als bei meiner ersten Versuchsanordnung, bei der ein Wiedereindringen von neuem Staube oder ein Wiedersicherheben des schon vorhandenen ganz ausgeschlossen war.

Drittens könnte man annehmen, dass die Erdverbindung der äusseren Hülle die Dichtigkeit der Electricität auf der inneren Hülle so sehr steigerte, dass eine Entladung in der Schlagweite oder ein Ausströmen der Electricität in der gewöhnlichen Bedeutung dieses Wortes eingetreten wäre. Aber auch diese dritte Annahme ist leicht zu erledigen, da wiederum nicht einzusehen wäre, warum für so grosse Ladungen wie in den Versuchen 7 und 8 kein Ausströmen, keine Entladung in der nämlichen Schlagweite eintreten sollte, wenn dies für die weit schwächeren Ladungen in den Versuchen 1—5 angenommen werden würde.

Endlich bleibt noch eine einzige und darum auch allein haltbare Annahme übrig, dass der beobachtete Verlust auf einem durch die Erdverbindung erst ermöglichten oder verstärkten Uebertritt von Electricität aus der inneren Hülle in die Luft selbst beruhe. Ich gebrauche mit Absicht diesen Ausdruck, weil es meine Versuche äusserst wahrscheinlich

machen, dass ein theilweiser Uebertritt dieser Art auch schon
bei isolirter äusserer Hülle stattfindet. Vergleiche ich aber
diese Resultate mit den früher erhaltenen, die ich schon in
einem kurzen Satze an der Spitze dieser Abhandlung zusam-
menfasste, so ergibt sich für mich der höchst wahrscheinliche
Schluss, dass von einem jeden electrisirten Körper Electricität
in die umgebende Luft eindringt, dass dieser Uebergang durch
eine geeignete Ableitung der Luft verstärkt werden kann,
und dass endlich die Vergrösserung der Oberfläche des geladenen Körpers in Luft von gewöhnlicher Dichte den gleichen Erfolg nach sich zieht, wie die Verdünnung der Luft
bei kleiner Oberfläche des geladenen Körpers; diese letztere
Folgerung ist aber bei Annahme einer Leitung der Electricität durch die Gase eine nothwendige Consequenz der Anschauungen der kinetischen Gastheorie. Was für die Luft
hier ausgesprochen ist, gilt nach meinen früheren Versuchen
unzweifelhaft auch für die übrigen Gase, deren Unterschiede
sich aber stärker nur bei geringerer Dichte geltend machen.

X. *Bemerkungen zu einem Aufsatze des Hrn. P. Duhem, die Peltier'sche Wirkung in einer galvanischen Kette betreffend; von A. Gockel.*

In Compt. rend. 104. p. 1697. 1887 wendet sich Herr
P. Duhem gegen eine von mir veröffentlichte Arbeit[1],
welche den Zweck hatte, zu untersuchen, ob sich die Differenz zwischen der gesammten in einer galvanischen Kette
entwickelten Wärme und dem in Stromenergie übergegangenen Antheil derselben (galvanische Wärme) darstellen lasse
durch die von v. Helmholtz gegebene Formel:

$$Q = (dp/d\vartheta)\,(E/J),$$

---

1) A. Gockel, Wied. Ann. 24. p. 618. 1885.

worin Q diejenige Electricitätsmenge angibt, die dem Element zugeführt, resp. entzogen werden muss, um es nach dem Durchgang der Electricitätsmenge E wieder auf seine frühere Temperatur zu bringen, wo ferner ϑ die vom absoluten Nullpunkt an gemessene Temperatur, $dp/d\vartheta$ die Veränderlichkeit der electromotorischen Kraft der Kette mit der Temperatur, und J das mechanische Aequivalent der Wärmeeinheit bezeichnet. Diesen von v. Helmholtz entwickelten Ausdruck für Q habe ich kurz den Peltiereffect genannt wegen seiner Uebereinstimmung mit der für diese Erscheinung seither als gültig angenommenen von W. Thomson[1] entwickelten, von Le Roux[2] für Leiter erster Classe und von Bouty[3] auch für Combinationen von Metallen mit Electrolyten experimentell geprüften Formel:

$$P = \vartheta\,(dp/d\vartheta)\,(E/J),$$

worin P das Maass der bei dem Peltier'schen Phänomen entwickelten Wärmemenge in einer von der Electricitätsmenge E durchflossenen Combination darstellt, die übrigen Zeichen aber dieselbe Bedeutung haben, wie oben.

Hr. Duhem führt nun aus, dass a priori gar keine Beziehung besteht zwischen der von v. Helmholtz gegebenen Formel für die Differenz zwischen der gesammten in einer Kette entwickelten Wärme und dem in Stromenergie übergegangenen Antheil derselben und dem von W. Thomson entwickelten Ausdruck für den Peltiereffect; daraus zieht Hr. Duhem den Schluss, dass meine Experimente nichts gegen die v. Helmholtz'sche Theorie beweisen.

Hr. Duhem scheint aber übersehen zu haben, dass ich, wie es auch Czapsky[4] gethan hat, dessen Resultate er gelten lässt, gar keine directen Wärmemessungen vornahm, sondern die Veränderlichkeit der thermoelectrischen Kraft der untersuchten Combinationen mit der Temperatur mass. Die hieraus nach der v. Helmholtz'schen Formel berech-

---

1) W. Thomson, Phil. Mag. 11. p. 285. 1856.
2) Le Roux, Ann. de chim. et de phys. (4) 10. p. 243. 1867.
3) Bouty, Journ. de phys. 9. p. 229. 1880.
4) Czapsky, Wied. Ann. 21. p. 209. 1884.

nete Wärme sollte gleich sein der Differenz zwischen der gesammten im Element verbrauchten Wärme und dem in Stromenergie übergegangenen Antheil derselben. Meine Experimente haben bewiesen, dass dieses im allgemeinen nicht der Fall ist. Ob diese Differenz zwischen Theorie und Beobachtung von unrichtig bestimmten Wärmetönungen herrührt, wie man nach den Arbeiten von Jahn[1]) annehmen kann, scheint mir eine noch der experimentellen Lösung harrende Frage zu sein.

Nachtrag. Als Vorstehendes schon gedruckt war, erhielt ich einen weiteren Aufsatz von Duhem.[2]) Mit Bezug darauf bemerke ich: die Resultate, die ich erhielt, indem ich die Veränderlichkeit der electromotorischen Kraft einer Kette mit der Temperatur dadurch bestimmte, dass ich die thermische Veränderlichkeit der electromotorischen Kraft an den einzelnen Contactstellen, z. B. Kupfer-Kupfervitriol, Kupfervitriol-Zinkvitriol, Zinkvitriol-Zink, Zink-Kupfer mass, stimmen mit den von Czapsky und Jahn gewonnenen Zahlen überein. Letzterer hat meine Resultate theilweise bei seinen Rechnungen verwerthet und dabei Uebereinstimmung zwischen Beobachtung und Theorie erhalten.

Tauberbischofsheim, im Januar 1888.

---

1) Jahn, Wied. Ann. 28. p. 21 u. 491. 1886.
2) Duhem, Ann. de chim. et de phys. (7) 12. p. 433. 1887.

Berichtigungen.

Bd. XXXI. (Nahrwold) p. 449 Z. 16 v. u. muss es 0,5 mm statt 5 mm heissen.

Bd. XXXII. (O. E. Meyer) p. 646 Z. 8 v. o. sind am Anfang die Worte: „für $r > R$" hinzuzufügen.

Bd. XXXIII. (v. Oettingen und v. Gernet) p 592 Z. 23 v. o. lies Fig. 12 statt Fig. 2.

Druck von Metzger & Wittig in Leipzig.

Lightning Source UK Ltd.
Milton Keynes UK
UKHW020655260219
337881UK00007B/892/P